EUROPA-FACHBUCHREIHE
für Metallberufe

Ulrich Fischer   Max Heinzler   Friedrich Näher   Heinz Paetzold
Roland Gomeringer   Roland Kilgus   Stefan Oesterle   Andreas Stephan

Tabellenbuch Metall

43., neu bearbeitete und erweiterte Auflage

Europa-Nr.: 10609 mit Formelsammlung
Europa-Nr.: 1060X ohne Formelsammlung

VERLAG EUROPA LEHRMITTEL · Nourney, Vollmer GmbH & Co. KG
Düsselberger Straße 23 · 42781 Haan-Gruiten

Autoren:

Ulrich Fischer	Dipl.-Ing. (FH)	Reutlingen
Roland Gomeringer	Dipl.-Gwl.	Meßstetten
Max Heinzler	Dipl.-Ing. (FH)	Wangen im Allgäu
Roland Kilgus	Dipl.-Gwl.	Neckartenzlingen
Friedrich Näher	Dipl.-Ing. (FH)	Balingen
Stefan Oesterle	Dipl.-Ing.	Bermatingen
Heinz Paetzold	Dipl.-Ing. (FH)	Mühlacker
Andreas Stephan	Dipl.-Ing. (FH)	Kressbronn

Lektorat:
Ulrich Fischer, Reutlingen

Bildbearbeitung:
Zeichenbüro des Verlages Europa-Lehrmittel, Leinfelden-Echterdingen

Das vorliegende Buch wurde auf der **Grundlage der neuen amtlichen Rechtschreibregeln** erstellt.

Maßgebend für die Anwendung der Normen und der anderen Regelwerke sind deren neueste Ausgaben. Sie können durch die Beuth Verlag GmbH, Burggrafenstr. 6, 10787 Berlin, bezogen werden.

43. Auflage 2005

Druck 6 5 4

Alle Drucke dieser Auflage sind im Unterricht nebeneinander einsetzbar, da sie bis auf die korrigierten Druckfehler und kleine Normänderungen unverändert sind.

ISBN 10 3-8085-1723-9, ISBN 13 978-3-8085-1723-9 mit Formelsammlung
ISBN 10 3-8085-1673-9, ISBN 13 978-3-8085-1673-7 ohne Formelsammlung

Umschlaggestaltung unter Verwendung eines Fotos der Firma TESA/Brown & Sharpe, CH-Renens

© 2005 by Verlag Europa-Lehrmittel, Nourney, Vollmer GmbH & Co. KG, 42781 Haan-Gruiten
http://www.europa-lehrmittel.de

Satz: Satz+Layout Werkstatt Kluth GmbH, 50374 Erftstadt
Druck: Media-Print Informationstechnologie, 33100 Paderborn

Vorwort

Das Tabellenbuch Metall eignet sich für die Ausbildung, besonders beim lernfeldorientierten Unterrichten, für die Weiterbildung und die betriebliche Praxis in den Berufen des Maschinenbaues und der Fertigungstechnik.

Zielgruppen
- Industrie- und Handwerksmechaniker
- Fertigungsmechaniker
- Zerspanungsmechaniker
- Technische Zeichner
- Meister- und Technikerausbildung
- Praktiker in Handwerk und Industrie
- Studenten des Maschinenbaues

Hinweise für den Benutzer

Der Inhalt des Buches umfasst Tabellen und Formeln in sieben Hauptkapiteln sowie Inhalts-, Sachwort- und Normenverzeichnisse.

Die **Tabellen** enthalten die wichtigsten Regeln, Bauarten, Sorten, Abmessungen und Richtwerte der aufgenommenen Sachgebiete.

Bei den **Formeln** wird in der Legende auf die Nennung von Einheiten verzichtet, wenn mehrere Einheiten möglich sind. Die jeder Formel angefügten Rechenbeispiele verwenden aber die in der Praxis üblichen Einheiten. Auch die oft parallel zum Buch verwendeten *„Formeln für Metallberufe"* geben die Einheiten an, um vor allem den Berufsanfängern beim Berechnen eine Hilfestellung zu geben.

In der *„CD-Datenbank Metalltechnik"*, der digitalen Form des Tabellenbuches, können die Formeln und Einheiten auch selbsttätig umgestellt werden.

Bezeichnungsbeispiele, die bei allen Normteilen, Werkstoffen und bei den Kurzangaben in Zeichnungen eingefügt sind, werden durch einen roten Pfeil (⇒) hervorgehoben.

Das **Inhaltsverzeichnis** am Anfang des Buches wird durch Teilinhaltsverzeichnisse vor jedem Hauptkapitel ergänzt.

Das **Sachwortverzeichnis** am Schluss des Buches (Seite 406 …424) ist besonders ausführlich gehalten und enthält neben den deutschen auch die englischen Bezeichnungen.

Im **Normenverzeichnis** (Seite 399…405) sind alle im Buch zitierten aktuellen Normen und Regelwerke aufgeführt, oft auch noch die Vorgängernormen, um dem Leser den Übergang von gewohnten zu neuen Normen zu erleichtern.

Anmerkung zur 43. Auflage

Die rasche technische Entwicklung und Internationalisierung der Normen erforderten eine grundlegende Neubearbeitung. Dabei wurden auch viele Anregungen unserer Leser berücksichtigt und die Übersichtlichkeit weiter verbessert. Hinweise und Verbesserungsvorschläge können dem Verlag und damit den Autoren unter der Adresse lektorat@europa-lehrmittel.de gerne mitgeteilt werden.

Sommer 2005 — Autoren und Verlag

1 Technische Mathematik — M — 9…32
2 Technische Physik — P — 33…56
3 Technische Kommunikation — K — 57…114
4 Werkstofftechnik — W — 115…200
5 Maschinenelemente — M — 201…272
6 Fertigungstechnik — F — 273…344
7 Automatisierungs- und Informationstechnik — A — 345…398

Inhaltsverzeichnis

7 Automatisierungs- und Informationstechnik   345

Normenverzeichnis   399...403

Sachwortverzeichnis   404...422

Normen und andere Regelwerke

Normung und Normbegriffe

Normung ist eine planmäßig durchgeführte Vereinheitlichung von materiellen und nichtmateriellen Gegenständen, wie z.B. Bauteilen, Berechnungsverfahren, Prozessabläufen und Dienstleistungen, zum Nutzen der Allgemeinheit.

Normbegriff	Beispiel	Erklärung
Norm	DIN 7157	Eine Norm ist das veröffentlichte Ergebnis der Normungsarbeit, z.B. die Auswahl bestimmter Passungen in DIN 7157.
Teil	DIN 30910-2	Der Teil einer Norm steht im Zusammenhang zu anderen Teilen mit gleicher Hauptnummer. DIN 30910-2 beschreibt z.B. Sinterwerkstoffe für Filter, während die Teile 3 und 4 Sinterwerkstoffe für Lager und Formteile beschreiben.
Beiblatt	DIN 55350 Bbl 1	Ein Beiblatt enthält Informationen zu einer Norm, jedoch keine zusätzlichen Festlegungen. Das Beiblatt DIN 55350 Bbl 1 enthält z.B. ein Gesamt-Stichwortverzeichnis zu den in DIN 55350 enthaltenen Begriffsdefinitionen der Qualitätssicherung.
Entwurf	E DIN EN 10025-1	Ein Norm-Entwurf ist das vorläufig abgeschlossene Ergebnis einer Normungsarbeit, das in der Fassung der vorgesehenen Norm der Öffentlichkeit zur Stellungnahme vorgelegt wird. Die geplante DIN EN 10025-1 für Lieferbedingungen warmgewalzter Erzeugnisse aus Baustählen liegt der Öffentlichkeit z.B. seit Dezember 2000 als Entwurf E DIN EN 10025-1 vor.
Vornorm	DIN V 17006-100 (1999-04)	Eine Vornorm ist das Ergebnis einer Normungsarbeit, das wegen bestimmter Vorbehalte vom DIN nicht als Norm herausgegeben wird. DIN V 17006-100 behandelt z.B. Zusatzsymbole zu den Bezeichnungssystemen für Stähle.
Ausgabedatum	DIN 76-1 (2004-06)	Zeitpunkt des Erscheinens, welcher im DIN-Anzeiger veröffentlicht wird und mit dem die Norm Gültigkeit bekommt. Die DIN 76-1, welche Freistiche für metrische ISO-Gewinde festlegt, ist z.B. seit Juni 2004 gültig.

Normenarten und Regelwerke (Auswahl)

Art	Kurzzeichen	Erklärung	Zweck und Inhalte
Internationale Normen (ISO-Normen)	ISO	International Organisation for Standardization, Genf (O und S werden in der Abkürzung vertauscht)	Den internationalen Austausch von Gütern und Dienstleistungen sowie die Zusammenarbeit auf wissenschaftlichem, technischem und ökonomischem Gebiet erleichtern.
Europäische Normen (EN-Normen)	EN	Europäische Normungsorganisation CEN (Comunité Européen de Normalisation), Brüssel	Technische Harmonisierung und damit verbundener Abbau von Handelshemmnissen zur Förderung des Binnenmarktes und des Zusammenwachsens von Europa.
Deutsche Normen (DIN-Normen)	DIN	Deutsches Institut für Normung e.V., Berlin	Die nationale Normungsarbeit dient der Rationalisierung, der Qualitätssicherung, der Sicherheit, dem Umweltschutz und der Verständigung in Wirtschaft, Technik, Wissenschaft, Verwaltung und Öffentlichkeit.
	DIN EN	Europäische Norm, deren deutsche Fassung den Status einer deutschen Norm erhalten hat.	
	DIN ISO	Deutsche Norm, in die eine Internationale Norm unverändert übernommen wurde.	
	DIN EN ISO	Europäische Norm, in die eine Internationale Norm unverändert übernommen wurde und deren deutsche Fassung den Status einer deutschen Norm hat.	
	DIN VDE	Druckschrift des VDE, die den Status einer deutschen Norm hat.	
VDI-Richtlinien	VDI	Verein Deutscher Ingenieure e.V., Düsseldorf	Diese Richtlinien geben den aktuellen Stand der Technik zu bestimmten Themenbereichen wieder und enthalten z.B. konkrete Handlungsanleitungen zur Durchführung von Berechnungen oder zur Gestaltung von Prozessen im Maschinenbau bzw. in der Elektrotechnik.
VDE-Druckschriften	VDE	Verband Deutscher Elektrotechniker e.V., Frankfurt am Main	
DGQ-Schriften	DGQ	Deutsche Gesellschaft für Qualität e.V., Frankfurt am Main	Empfehlungen für den Bereich der Qualitätstechnik.
REFA-Blätter	REFA	Verband für Arbeitsstudien REFA e.V., Darmstadt	Empfehlungen für den Bereich der Fertigung und Arbeitsplanung.

M

1 Technische Mathematik

d	$\sqrt{d}$	$A = \frac{\pi \cdot d^2}{4}$
1	1,0000	0,7854
2	1,4142	3,1416
3	1,7321	7,0686

Sinus	=	$\frac{\text{Gegenkathete}}{\text{Hypotenuse}}$
Kosinus	=	$\frac{\text{Ankathete}}{\text{Hypotenuse}}$
Tangens	=	$\frac{\text{Gegenkathete}}{\text{Ankathete}}$
Kotangens	=	$\frac{\text{Ankathete}}{\text{Gegenkathete}}$

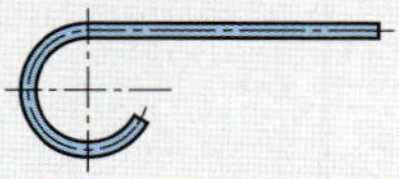

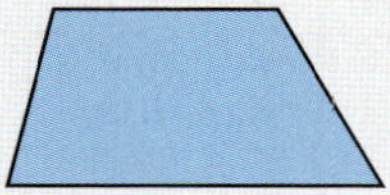

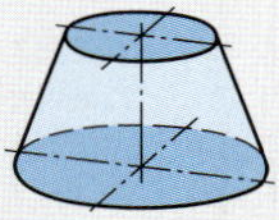

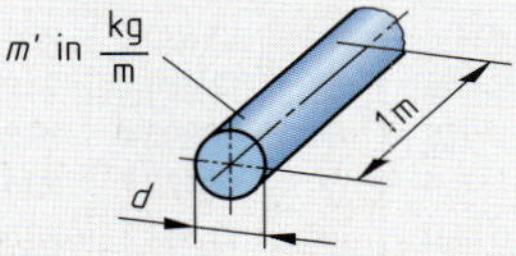

$$\frac{3}{x} + \frac{5}{x} = \frac{1}{x} \cdot (3+5)$$

$$1\ kW \cdot h = 3,6 \cdot 10^6\ W \cdot s$$

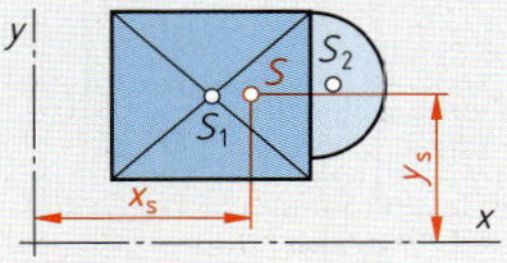

m' in $\frac{kg}{m}$

M

Quadratwurzel, Kreisfläche

d	$\sqrt{d}$	$A=\frac{\pi \cdot d^2}{4}$	d	$\sqrt{d}$	$A=\frac{\pi \cdot d^2}{4}$	d	$\sqrt{d}$	$A=\frac{\pi \cdot d^2}{4}$	d	$\sqrt{d}$	$A=\frac{\pi \cdot d^2}{4}$
1	1,0000	0,7854	51	7,1414	2042,82	101	10,0499	8011,85	151	12,2882	17907,9
2	1,4142	3,1416	52	7,2111	2123,72	102	10,0995	8171,28	152	12,3288	18145,8
3	1,7321	7,0686	53	7,2801	2206,18	103	10,1489	8332,29	153	12,3693	18385,4
4	2,0000	12,5664	54	7,3485	2290,22	104	10,1980	8494,87	154	12,4097	18626,5
5	2,2361	19,6350	55	7,4162	2375,83	105	10,2470	8659,01	155	12,4499	18869,2
6	2,4495	28,2743	56	7,4833	2463,01	106	10,2956	8824,73	156	12,4900	19113,4
7	2,6458	38,4845	57	7,5498	2551,76	107	10,3441	8992,02	157	12,5300	19359,3
8	2,8284	50,2655	58	7,6158	2642,08	108	10,3923	9160,88	158	12,5698	19606,7
9	3,0000	63,6173	59	7,6811	2733,97	109	10,4403	9331,32	159	12,6095	19855,7
10	3,1623	78,5398	60	7,7460	2827,43	110	10,4881	9503,32	160	12,6491	20106,2
11	3,3166	95,0332	61	7,8102	2922,47	111	10,5357	9676,89	161	12,6886	20358,3
12	3,4641	113,097	62	7,8740	3019,07	112	10,5830	9852,03	162	12,7279	20612,0
13	3,6056	132,732	63	7,9373	3117,25	113	10,6301	10028,7	163	12,7671	20867,2
14	3,7417	153,938	64	8,0000	3216,99	114	10,6771	10207,0	164	12,8062	21124,1
15	3,8730	176,715	65	8,0623	3318,31	115	10,7238	10386,9	165	12,8452	21382,5
16	4,0000	201,062	66	8,1240	3421,19	116	10,7703	10568,3	166	12,8841	21642,4
17	4,1231	226,980	67	8,1854	3525,65	117	10,8167	10751,3	167	12,9228	21904,0
18	4,2426	254,469	68	8,2462	3631,68	118	10,8628	10935,9	168	12,9615	22167,1
19	4,3589	283,529	69	8,3066	3739,28	119	10,9087	11122,0	169	13,0000	22431,8
20	4,4721	314,159	70	8,3666	3848,45	120	10,9545	11309,7	170	13,0384	22698,0
21	4,5826	346,361	71	8,4261	3959,19	121	11,0000	11499,0	171	13,0767	22965,8
22	4,6904	380,133	72	8,4853	4071,50	122	11,0454	11689,9	172	13,1149	23235,2
23	4,7958	415,476	73	8,5440	4185,39	123	11,0905	11882,3	173	13,1529	23506,2
24	4,8990	452,389	74	8,6023	4300,84	124	11,1355	12076,3	174	13,1909	23778,7
25	5,0000	490,874	75	8,6603	4417,86	125	11,1803	12271,8	175	13,2288	24052,8
26	5,0990	530,929	76	8,7178	4536,46	126	11,2250	12469,0	176	13,2665	24328,5
27	5,1962	572,555	77	8,7750	4656,63	127	11,2694	12667,7	177	13,3041	24605,7
28	5,2915	615,752	78	8,8318	4778,36	128	11,3137	12868,0	178	13,3417	24884,6
29	5,3852	660,520	79	8,8882	4901,67	129	11,3578	13069,8	179	13,3791	25164,9
30	5,4772	706,858	80	8,9443	5026,55	130	11,4018	13273,2	180	13,4164	25446,9
31	5,5678	754,768	81	9,0000	5153,00	131	11,4455	13478,2	181	13,4536	25730,4
32	5,6569	804,248	82	9,0554	5281,02	132	11,4891	13684,8	182	13,4907	26015,5
33	5,7446	855,299	83	9,1104	5410,61	133	11,5326	13892,9	183	13,5277	26302,2
34	5,8310	907,920	84	9,1652	5541,77	134	11,5758	14102,6	184	13,5647	26590,4
35	5,9161	962,113	85	9,2195	5674,50	135	11,6190	14313,9	185	13,6015	26880,3
36	6,0000	1017,88	86	9,2736	5808,80	136	11,6619	14526,7	186	13,6382	27171,6
37	6,0828	1075,21	87	9,3274	5944,68	137	11,7047	14741,1	187	13,6748	27464,6
38	6,1644	1134,11	88	9,3808	6082,12	138	11,7473	14957,1	188	13,7113	27759,1
39	6,2450	1194,59	89	9,4340	6221,14	139	11,7898	15174,7	189	13,7477	28055,2
40	6,3246	1256,64	90	9,4868	6361,73	140	11,8322	15393,8	190	13,7840	28352,9
41	6,4031	1320,25	91	9,5394	6503,88	141	11,8743	15614,5	191	13,8203	28652,1
42	6,4807	1385,44	92	9,5917	6647,61	142	11,9164	15836,8	192	13,8564	28952,9
43	6,5574	1452,20	93	9,6437	6792,91	143	11,9583	16060,6	193	13,8924	29255,3
44	6,6332	1520,53	94	9,6954	6939,78	144	12,0000	16286,0	194	13,9284	29559,2
45	6,7082	1590,43	95	9,7468	7088,22	145	12,0416	16513,0	195	13,9642	29864,8
46	6,7823	1661,90	96	9,7980	7238,23	146	12,0830	16741,5	196	14,0000	30171,9
47	6,8557	1734,94	97	9,8489	7389,81	147	12,1244	16971,7	197	14,0357	30480,5
48	6,9282	1809,56	98	9,8995	7542,96	148	12,1655	17203,4	198	14,0712	30790,7
49	7,0000	1885,74	99	9,9499	7697,69	149	12,2066	17436,6	199	14,1067	31102,6
50	7,0711	1963,50	100	10,0000	7853,98	150	12,2474	17671,5	200	14,1421	31415,9

Die für $\sqrt{d}$ und A angegebenen Werte sind gerundet.

M

Werte der Winkelfunktionen Sinus und Kosinus

Sinus 0°...45°

Grad ↓	0′	15′	30′	45′	60′	
0°	0,0000	0,0044	0,0087	0,0131	0,0175	89°
1°	0,0175	0,0218	0,0262	0,0305	0,0349	88°
2°	0,0349	0,0393	0,0436	0,0480	0,0523	87°
3°	0,0523	0,0567	0,0610	0,0654	0,0698	86°
4°	0,0698	0,0741	0,0785	0,0828	0,0872	85°
5°	0,0872	0,0915	0,0958	0,1002	0,1045	84°
6°	0,1045	0,1089	0,1132	0,1175	0,1219	83°
7°	0,1219	0,1262	0,1305	0,1349	0,1392	82°
8°	0,1392	0,1435	0,1478	0,1521	0,1564	81°
9°	0,1564	0,1607	0,1650	0,1693	0,1736	80°
10°	0,1736	0,1779	0,1822	0,1865	0,1908	79°
11°	0,1908	0,1951	0,1994	0,2036	0,2079	78°
12°	0,2079	0,2122	0,2164	0,2207	0,2250	77°
13°	0,2250	0,2292	0,2334	0,2377	0,2419	76°
14°	0,2419	0,2462	0,2504	0,2546	0,2588	75°
15°	0,2588	0,2630	0,2672	0,2714	0,2756	74°
16°	0,2756	0,2798	0,2840	0,2882	0,2924	73°
17°	0,2924	0,2965	0,3007	0,3049	0,3090	72°
18°	0,3090	0,3132	0,3173	0,3214	0,3256	71°
19°	0,3256	0,3297	0,3338	0,3379	0,3420	70°
20°	0,3420	0,3461	0,3502	0,3543	0,3584	69°
21°	0,3584	0,3624	0,3665	0,3706	0,3746	68°
22°	0,3746	0,3786	0,3827	0,3867	0,3907	67°
23°	0,3907	0,3947	0,3987	0,4027	0,4067	66°
24°	0,4067	0,4107	0,4147	0,4187	0,4226	65°
25°	0,4226	0,4266	0,4305	0,4344	0,4384	64°
26°	0,4384	0,4423	0,4462	0,4501	0,4540	63°
27°	0,4540	0,4579	0,4617	0,4656	0,4695	62°
28°	0,4695	0,4733	0,4772	0,4810	0,4848	61°
29°	0,4848	0,4886	0,4924	0,4962	0,5000	60°
30°	0,5000	0,5038	0,5075	0,5113	0,5150	59°
31°	0,5150	0,5188	0,5225	0,5262	0,5299	58°
32°	0,5299	0,5336	0,5373	0,5410	0,5446	57°
33°	0,5446	0,5483	0,5519	0,5556	0,5592	56°
34°	0,5592	0,5628	0,5664	0,5700	0,5736	55°
35°	0,5736	0,5771	0,5807	0,5842	0,5878	54°
36°	0,5878	0,5913	0,5948	0,5983	0,6018	53°
37°	0,6018	0,6053	0,6088	0,6122	0,6157	52°
38°	0,6157	0,6191	0,6225	0,6259	0,6293	51°
39°	0,6293	0,6327	0,6361	0,6394	0,6428	50°
40°	0,6428	0,6461	0,6494	0,6528	0,6561	49°
41°	0,6561	0,6593	0,6626	0,6659	0,6691	48°
42°	0,6691	0,6724	0,6756	0,6788	0,6820	47°
43°	0,6820	0,6852	0,6884	0,6915	0,6947	46°
44°	0,6947	0,6978	0,7009	0,7040	0,7071	45°
	60′	45′	30′	15′	0′	↑ Grad

Kosinus 45°...90°

Sinus 45°...90°

Grad ↓	0′	15′	30′	45′	60′	
45°	0,7071	0,7102	0,7133	0,7163	0,7193	44°
46°	0,7193	0,7224	0,7254	0,7284	0,7314	43°
47°	0,7314	0,7343	0,7373	0,7402	0,7431	42°
48°	0,7431	0,7461	0,7490	0,7518	0,7547	41°
49°	0,7547	0,7576	0,7604	0,7632	0,7660	40°
50°	0,7660	0,7688	0,7716	0,7744	0,7771	39°
51°	0,7771	0,7799	0,7826	0,7853	0,7880	38°
52°	0,7880	0,7907	0,7934	0,7960	0,7986	37°
53°	0,7986	0,8013	0,8039	0,8064	0,8090	36°
54°	0,8090	0,8116	0,8141	0,8166	0,8192	35°
55°	0,8192	0,8216	0,8241	0,8266	0,8290	34°
56°	0,8290	0,8315	0,8339	0,8363	0,8387	33°
57°	0,8387	0,8410	0,8434	0,8457	0,8480	32°
58°	0,8480	0,8504	0,8526	0,8549	0,8572	31°
59°	0,8572	0,8594	0,8616	0,8638	0,8660	30°
60°	0,8660	0,8682	0,8704	0,8725	0,8746	29°
61°	0,8746	0,8767	0,8788	0,8809	0,8829	28°
62°	0,8829	0,8850	0,8870	0,8890	0,8910	27°
63°	0,8910	0,8930	0,8949	0,8969	0,8988	26°
64°	0,8988	0,9007	0,9026	0,9045	0,9063	25°
65°	0,9063	0,9081	0,9100	0,9118	0,9135	24°
66°	0,9135	0,9153	0,9171	0,9188	0,9205	23°
67°	0,9205	0,9222	0,9239	0,9255	0,9272	22°
68°	0,9272	0,9288	0,9304	0,9320	0,9336	21°
69°	0,9336	0,9351	0,9367	0,9382	0,9397	20°
70°	0,9397	0,9412	0,9426	0,9441	0,9455	19°
71°	0,9455	0,9469	0,9483	0,9497	0,9511	18°
72°	0,9511	0,9524	0,9537	0,9550	0,9563	17°
73°	0,9563	0,9576	0,9588	0,9600	0,9613	16°
74°	0,9613	0,9625	0,9636	0,9648	0,9659	15°
75°	0,9659	0,9670	0,9681	0,9692	0,9703	14°
76°	0,9703	0,9713	0,9724	0,9734	0,9744	13°
77°	0,9744	0,9753	0,9763	0,9772	0,9781	12°
78°	0,9781	0,9790	0,9799	0,9808	0,9816	11°
79°	0,9816	0,9825	0,9833	0,9840	0,9848	10°
80°	0,9848	0,9856	0,9863	0,9870	0,9877	9°
81°	0,9877	0,9884	0,9890	0,9897	0,9903	8°
82°	0,9903	0,9909	0,9914	0,9920	0,9925	7°
83°	0,9925	0,9931	0,9936	0,9941	0,9945	6°
84°	0,9945	0,9950	0,9954	0,9958	0,9962	5°
85°	0,9962	0,9966	0,9969	0,9973	0,9976	4°
86°	0,9976	0,9979	0,9981	0,9984	0,9986	3°
87°	0,9986	0,9988	0,9990	0,9992	0,9994	2°
88°	0,9994	0,9995	0,9997	0,9998	0,99985	1°
89°	0,99985	0,99991	0,99996	0,99999	1,0000	**0°**
	60′	45′	30′	15′	0′	↑ Grad

Kosinus 0°...45°

Die angegebenen Werte der Winkelfunktionen sind auf vier Stellen nach dem Komma gerundet.

M

Werte der Winkelfunktionen Tangens und Kotangens

Tangens 0°...45°

Grad ↓	0′	15′	30′	45′	60′	Grad
0°	0,0000	0,0044	0,0087	0,0131	0,0175	89°
1°	0,0175	0,0218	0,0262	0,0306	0,0349	88°
2°	0,0349	0,0393	0,0437	0,0480	0,0524	87°
3°	0,0524	0,0568	0,0612	0,0655	0,0699	86°
4°	0,0699	0,0743	0,0787	0,0831	0,0875	85°
5°	0,0875	0,0919	0,0963	0,1007	0,1051	84°
6°	0,1051	0,1095	0,1139	0,1184	0,1228	83°
7°	0,1228	0,1272	0,1317	0,1361	0,1405	82°
8°	0,1405	0,1450	0,1495	0,1539	0,1584	81°
9°	0,1584	0,1629	0,1673	0,1718	0,1763	80°
10°	0,1763	0,1808	0,1853	0,1899	0,1944	79°
11°	0,1944	0,1989	0,2035	0,2080	0,2126	78°
12°	0,2126	0,2171	0,2217	0,2263	0,2309	77°
13°	0,2309	0,2355	0,2401	0,2447	0,2493	76°
14°	0,2493	0,2540	0,2586	0,2633	0,2679	75°
15°	0,2679	0,2726	0,2773	0,2820	0,2867	74°
16°	0,2867	0,2915	0,2962	0,3010	0,3057	73°
17°	0,3057	0,3105	0,3153	0,3201	0,3249	72°
18°	0,3249	0,3298	0,3346	0,3395	0,3443	71°
19°	0,3443	0,3492	0,3541	0,3590	0,3640	70°
20°	0,3640	0,3689	0,3739	0,3789	0,3839	69°
21°	0,3839	0,3889	0,3939	0,3990	0,4040	68°
22°	0,4040	0,4091	0,4142	0,4193	0,4245	67°
23°	0,4245	0,4296	0,4348	0,4400	0,4452	66°
24°	0,4452	0,4505	0,4557	0,4610	0,4663	65°
25°	0,4663	0,4716	0,4770	0,4823	0,4877	64°
26°	0,4877	0,4931	0,4986	0,5040	0,5095	63°
27°	0,5095	0,5150	0,5206	0,5261	0,5317	62°
28°	0,5317	0,5373	0,5430	0,5486	0,5543	61°
29°	0,5543	0,5600	0,5658	0,5715	0,5774	60°
30°	0,5774	0,5832	0,5890	0,5949	0,6009	59°
31°	0,6009	0,6068	0,6128	0,6188	0,6249	58°
32°	0,6249	0,6310	0,6371	0,6432	0,6494	57°
33°	0,6494	0,6556	0,6619	0,6682	0,6745	56°
34°	0,6745	0,6809	0,6873	0,6937	0,7002	55°
35°	0,7002	0,7067	0,7133	0,7199	0,7265	54°
36°	0,7265	0,7332	0,7400	0,7467	0,7536	53°
37°	0,7536	0,7604	0,7673	0,7743	0,7813	52°
38°	0,7813	0,7883	0,7954	0,8026	0,8098	51°
39°	0,8098	0,8170	0,8243	0,8317	0,8391	50°
40°	0,8391	0,8466	0,8541	0,8617	0,8693	49°
41°	0,8693	0,8770	0,8847	0,8925	0,9004	48°
42°	0,9004	0,9083	0,9163	0,9244	0,9325	47°
43°	0,9325	0,9407	0,9490	0,9573	0,9657	46°
44°	0,9657	0,9742	0,9827	0,9913	1,0000	45°
	60′	45′	30′	15′	0′	↑ Grad

Minuten — Kotangens 45°...90°

Tangens 45°...90°

Grad ↓	0′	15′	30′	45′	60′	Grad
45°	1,0000	1,0088	1,0176	1,0265	1,0355	44°
46°	1,0355	1,0446	1,0538	1,0630	1,0724	43°
47°	1,0724	1,0818	1,0913	1,1009	1,1106	42°
48°	1,1106	1,1204	1,1303	1,1403	1,1504	41°
49°	1,1504	1,1606	1,1708	1,1812	1,1918	40°
50°	1,1918	1,2024	1,2131	1,2239	1,2349	39°
51°	1,2349	1,2460	1,2572	1,2685	1,2799	38°
52°	1,2799	1,2915	1,3032	1,3151	1,3270	37°
53°	1,3270	1,3392	1,3514	1,3638	1,3764	36°
54°	1,3764	1,3891	1,4019	1,4150	1,4281	35°
55°	1,4281	1,4415	1,4550	1,4687	1,4826	34°
56°	1,4826	1,4966	1,5108	1,5253	1,5399	33°
57°	1,5399	1,5547	1,5697	1,5849	1,6003	32°
58°	1,6003	1,6160	1,6319	1,6479	1,6643	31°
59°	1,6643	1,6808	1,6977	1,7147	1,7321	30°
60°	1,7321	1,7496	1,7675	1,7856	1,8040	29°
61°	1,8040	1,8228	1,8418	1,8611	1,8807	28°
62°	1,8807	1,9007	1,9210	1,9416	1,9626	27°
63°	1,9626	1,9840	2,0057	2,0278	2,0503	26°
64°	2,0503	2,0732	2,0965	2,1203	2,1445	25°
65°	2,1445	2,1692	2,1943	2,2199	2,2460	24°
66°	2,2460	2,2727	2,2998	2,3276	2,3559	23°
67°	2,3559	2,3847	2,4142	2,4443	2,4751	22°
68°	2,4751	2,5065	2,5386	2,5715	2,6051	21°
69°	2,6051	2,6395	2,6746	2,7106	2,7475	20°
70°	2,7475	2,7852	2,8239	2,8636	2,9042	19°
71°	2,9042	2,9459	2,9887	3,0326	3,0777	18°
72°	3,0777	3,1240	3,1716	3,2205	3,2709	17°
73°	3,2709	3,3226	3,3759	3,4308	3,4874	16°
74°	3,4874	3,5457	3,6059	3,6680	3,7321	15°
75°	3,7321	3,7983	3,8667	3,9375	4,0108	14°
76°	4,0108	4,0876	4,1653	4,2468	4,3315	13°
77°	4,3315	4,4194	4,5107	4,6057	4,7046	12°
78°	4,7046	4,8077	4,9152	5,0273	5,1446	11°
79°	5,1446	5,2672	5,3955	5,5301	5,6713	10°
80°	5,6713	5,8197	5,9758	6,1402	6,3138	9°
81°	6,3138	6,4971	6,6912	6,8969	7,1154	8°
82°	7,1154	7,3479	7,5958	7,8606	8,1443	7°
83°	8,1443	8,4490	8,7769	9,1309	9,5144	6°
84°	9,5144	9,9310	10,3854	10,8829	11,4301	5°
85°	11,4301	12,0346	12,7062	13,4566	14,3007	4°
86°	14,3007	15,2571	16,3499	17,6106	19,0811	3°
87°	19,0811	20,8188	22,9038	25,4517	28,6363	2°
88°	28,6363	32,7303	38,1885	45,8294	57,2900	1°
89°	57,2900	76,3900	114,5887	229,1817	∞	0°
	60′	45′	30′	15′	0′	↑ Grad

Minuten — Kotangens 0°...45°

Die angegebenen Werte der Winkelfunktionen sind auf vier Stellen nach dem Komma gerundet.

Winkelfunktionen im rechtwinkligen Dreieck

Definitionen

Bezeichnungen im rechtwinkligen Dreieck	Bezeichnungen der Seitenverhältnisse		Anwendung	
			für $\sphericalangle \alpha$	für $\sphericalangle \beta$

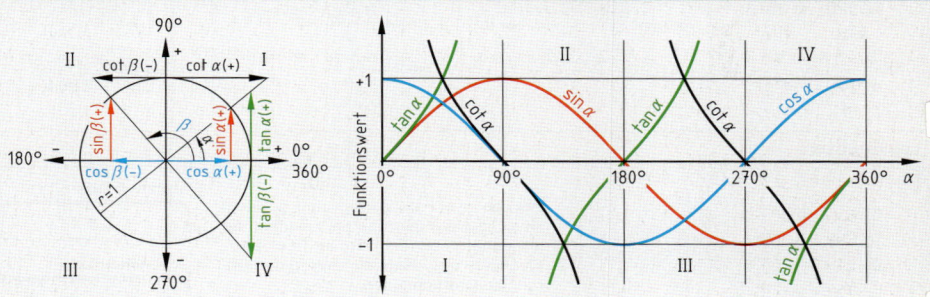

c Hypotenuse, *a* Gegenkathete von α, *b* Ankathete von α	**Sinus**	$= \dfrac{\text{Gegenkathete}}{\text{Hypotenuse}}$	$\sin \alpha = \dfrac{a}{c}$	$\sin \beta = \dfrac{b}{c}$
	Kosinus	$= \dfrac{\text{Ankathete}}{\text{Hypotenuse}}$	$\cos \alpha = \dfrac{b}{c}$	$\cos \beta = \dfrac{a}{c}$
c Hypotenuse, *a* Ankathete von β, *b* Gegenkathete von β	**Tangens**	$= \dfrac{\text{Gegenkathete}}{\text{Ankathete}}$	$\tan \alpha = \dfrac{a}{b}$	$\tan \beta = \dfrac{b}{a}$
	Kotangens	$= \dfrac{\text{Ankathete}}{\text{Gegenkathete}}$	$\cot \alpha = \dfrac{b}{a}$	$\cot \beta = \dfrac{a}{b}$

Verlauf der Winkelfunktionen zwischen 0° und 360°

Darstellung am Einheitskreis   Verlauf der Winkelfunktionen

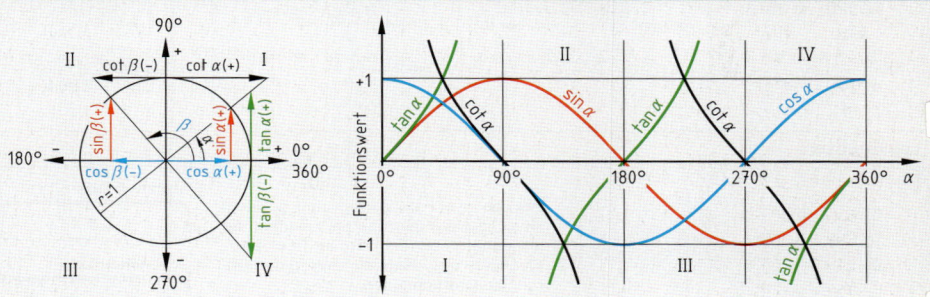

Die Werte der Winkelfunktionen von Winkeln > 90° können auf die Werte der Winkel zwischen 0° und 90° zurückgeführt und dann aus Tabellen (Seite 11 und 12) abgelesen werden. Das Vorzeichen der Funktionswerte ergibt sich aus dem Verlaufsdiagramm. Taschenrechner mit Winkelfunktionen geben die Werte und das Vorzeichen für beliebige Winkel direkt aus.

Beispiel: Beziehungen für den II. Quadranten

Beziehungen	Beispiel: Funktionswerte für den Winkel 120° (α = 30° in den Formeln)	
$\sin (90° + \alpha) = +\cos \alpha$	$\sin (90° + 30°) = \sin 120° = +0{,}8660$	$\cos 30° = +0{,}8660$
$\cos (90° + \alpha) = -\sin \alpha$	$\cos (90° + 30°) = \cos 120° = -0{,}5000$	$-\sin 30° = -0{,}5000$
$\tan (90° + \alpha) = -\cot \alpha$	$\tan (90° + 30°) = \tan 120° = -1{,}7321$	$-\cot 30° = -1{,}7321$

Funktionswerte für ausgewählte Winkel

Funktion	0°	90°	180°	270°	360°	Funktion	0°	90°	180°	270°	360°
sin	0	+1	0	−1	0	tan	0	∞	0	∞	0
cos	+1	0	−1	0	+1	cot	∞	0	∞	0	∞

Beziehungen zwischen den Funktionen eines Winkels

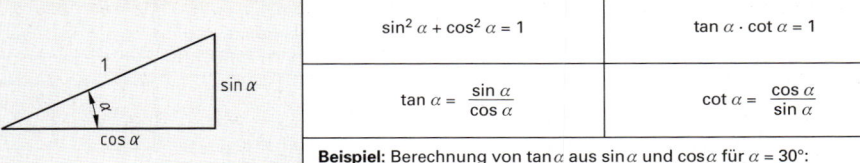

	$\sin^2 \alpha + \cos^2 \alpha = 1$	$\tan \alpha \cdot \cot \alpha = 1$
Dreieck mit Seiten 1, $\sin \alpha$, $\cos \alpha$	$\tan \alpha = \dfrac{\sin \alpha}{\cos \alpha}$	$\cot \alpha = \dfrac{\cos \alpha}{\sin \alpha}$

Beispiel: Berechnung von $\tan \alpha$ aus $\sin \alpha$ und $\cos \alpha$ für α = 30°:
$\tan \alpha = \sin \alpha / \cos \alpha = 0{,}5000 / 0{,}8660 = 0{,}5774$

M

M

Winkelfunktionen im schiefwinkligen Dreieck, Winkel, Strahlensatz

Definition des Sinus- und Kosinussatzes

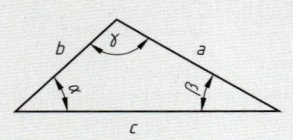

Sinussatz	Kosinussatz
$a : b : c = \sin\alpha : \sin\beta : \sin\gamma$ $$\frac{a}{\sin\alpha} = \frac{b}{\sin\beta} = \frac{c}{\sin\gamma}$$	$a^2 = b^2 + c^2 - 2 \cdot b \cdot c \cdot \cos\alpha$ $b^2 = a^2 + c^2 - 2 \cdot a \cdot c \cdot \cos\beta$ $c^2 = a^2 + b^2 - 2 \cdot a \cdot b \cdot \cos\gamma$

Anwendung zur Seiten- und Winkelberechnung

Seitenberechnung		Winkelberechnung	
mit dem Sinussatz	mit dem Kosinussatz	mit dem Sinussatz	mit dem Kosinussatz
$a = \dfrac{b \cdot \sin\alpha}{\sin\beta} = \dfrac{c \cdot \sin\alpha}{\sin\gamma}$	$a = \sqrt{b^2 + c^2 - 2 \cdot b \cdot c \cdot \cos\alpha}$	$\sin\alpha = \dfrac{a \cdot \sin\beta}{b} = \dfrac{a \cdot \sin\gamma}{c}$	$\cos\alpha = \dfrac{b^2 + c^2 - a^2}{2 \cdot b \cdot c}$
$b = \dfrac{a \cdot \sin\beta}{\sin\alpha} = \dfrac{c \cdot \sin\beta}{\sin\gamma}$	$b = \sqrt{a^2 + c^2 - 2 \cdot a \cdot c \cdot \cos\beta}$	$\sin\beta = \dfrac{b \cdot \sin\alpha}{a} = \dfrac{b \cdot \sin\gamma}{c}$	$\cos\beta = \dfrac{a^2 + c^2 - b^2}{2 \cdot a \cdot c}$
$c = \dfrac{a \cdot \sin\gamma}{\sin\alpha} = \dfrac{b \cdot \sin\gamma}{\sin\beta}$	$c = \sqrt{a^2 + b^2 - 2 \cdot a \cdot b \cdot \cos\gamma}$	$\sin\gamma = \dfrac{c \cdot \sin\alpha}{a} = \dfrac{c \cdot \sin\beta}{b}$	$\cos\gamma = \dfrac{a^2 + b^2 - c^2}{2 \cdot a \cdot b}$

Winkelarten

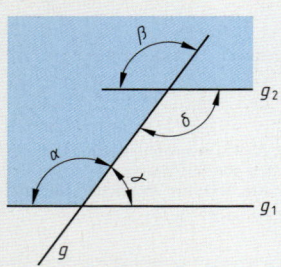

Werden zwei Parallelen g_1 und g_2 durch eine Gerade g geschnitten, bestehen für die dabei gebildeten Stufen-, Scheitel-, Wechsel- und Nebenwinkel geometrische Zusammenhänge.

Stufenwinkel

$$\alpha = \beta$$

Scheitelwinkel

$$\beta = \delta$$

Wechselwinkel

$$\alpha = \delta$$

Nebenwinkel

$$\alpha + \gamma = 180°$$

Winkelsumme im Dreieck

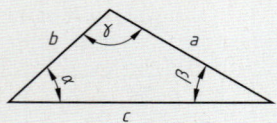

In jedem Dreieck ist die Summe der Innenwinkel gleich 180°.

Winkelsumme im Dreieck

$$\alpha + \beta + \gamma = 180°$$

Strahlensatz

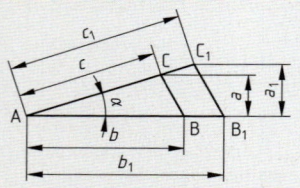

Werden zwei vom Punkt A ausgehende Strahlen von zwei Parallelen BC und B_1C_1 geschnitten, bilden die Abschnitte der Parallelen und die zugehörigen Strahlenabschnitte gleiche Verhältnisse.

Strahlensatz

$$\frac{a}{a_1} = \frac{b}{b_1} = \frac{c}{c_1}$$

$$\frac{a}{b} = \frac{a_1}{b_1} \qquad \frac{b}{c} = \frac{b_1}{c_1}$$

Klammerrechnung, Potenzieren, Radizieren

Klammerrechnung

Art	Erklärung	Beispiel
Ausklammern	Gemeinsame Faktoren (Divisoren) in Summen und Differenzen werden vor eine Klammer gesetzt.	$3 \cdot x + 5 \cdot x = x \cdot (3+5) = 8 \cdot x$ $\dfrac{3}{x} + \dfrac{5}{x} = \dfrac{1}{x} \cdot (3+5)$
	Ein Bruchstrich fasst Ausdrücke in gleicher Weise zusammen wie eine Klammer.	$\dfrac{a+b}{2} \cdot h = (a+b) \cdot \dfrac{h}{2}$
Auflösen von Klammern	Ein Klammerausdruck wird mit einem Wert (Zahl, Variable, Klammerausdruck) multipliziert, indem man jedes Glied der Klammer mit diesem Wert multipliziert.	$5 \cdot (b+c) = 5b + 5c$ $(a+b) \cdot (c-d) = ac - ad + bc - bd$
	Ein Klammerausdruck wird durch einen Wert (Zahl, Variable, Klammerausdruck) dividiert, indem man jedes Glied der Klammer durch diesen Wert dividiert.	$(a+b):c = a:c + b:c$ $\dfrac{a-b}{5} = \dfrac{a}{5} - \dfrac{b}{5}$
Binomische Formeln	Multiplikationen des Terms $(a+b)$ oder $(a-b)$, jeweils mit sich selbst, sind binomische Formeln.	$(a+b)^2 = a^2 + 2ab + b^2$ $(a-b)^2 = a^2 - 2ab + b^2$ $(a+b) \cdot (a-b) = a^2 - b^2$
Punkt- und Strichrechnung	Bei gemischten Ausdrücken müssen zuerst die Klammern aufgelöst werden. Danach wird die Punkt- und dann die Strichrechnung ausgeführt.	$a \cdot (3x - 5x) - b \cdot (12y - 2y)$ $= a \cdot (-2x) - b \cdot 10y$ $= -2ax - 10by$

Potenzieren

Begriffe	a Basis; x Exponent; y Potenzwert Produkt aus gleichen Faktoren	$a^x = y$ $a \cdot a \cdot a \cdot a = a^4$ $4 \cdot 4 \cdot 4 \cdot 4 = 4^4 = 256$
Addition Subtraktion	Potenzen mit gleicher Basis und gleichen Exponenten werden wie gleichartige Zahlen behandelt.	$3a^3 + 5a^3 - 4a^3$ $= a^3 \cdot (3 + 5 - 4) = 4a^3$
Multiplikation Division	Potenzen mit gleicher Basis werden multipliziert (dividiert), indem man die Exponenten addiert (subtrahiert) und die Basis beibehält.	$a^4 \cdot a^2 = a \cdot a \cdot a \cdot a \cdot a \cdot a = a^6$ $2^4 \cdot 2^2 = 2^{(4+2)} = 2^6 = 64$ $3^2 : 3^3 = 3^{(2-3)} = 3^{-1} = 1/3$
Negativer Exponent	Zahlen mit negativen Exponenten können auch als Bruch geschrieben werden. Die Zahl erhält dann den positiven Exponenten und steht im Nenner.	$m^{-1} = \dfrac{1}{m^1} = \dfrac{1}{m}$ $a^{-3} = \dfrac{1}{a^3}$
Bruch im Exponenten	Potenzen mit gebrochenen Exponenten können auch als Wurzeln geschrieben werden.	$a^{\frac{4}{3}} = \sqrt[3]{a^4}$
Null im Exponenten	Jede Potenz mit dem Exponenten null hat den Wert eins.	$(m+n)^0 = 1$ $a^4 : a^4 = a^{(4-4)} = a^0 = 1$ $2^0 = 1$

Radizieren

Begriffe	x Wurzelexponent; a Radikant; y Wurzelwert	$\sqrt[x]{a} = y$ oder $a^{1/x} = y$
Vorzeichen	Gerade Wurzelexponenten ergeben positive und negative Werte, wenn der Radikant positiv ist. Bei negativem Radikant ist der Wert eine imaginäre Zahl.	$\sqrt[2]{9} = \pm 3$ $\sqrt[2]{-9} = +3i$
	Ungerade Wurzelexponenten ergeben positive Werte, wenn der Radikant positiv ist, und negative Werte, wenn der Radikant negativ ist.	$\sqrt[3]{8} = 2$ $\sqrt[3]{-8} = -2$
Addition Subtraktion	Gleiche Wurzeln können addiert und subtrahiert werden.	$\sqrt{a} + 3\sqrt{a} - 2\sqrt{a} = 2\sqrt{a}$
Multiplikation Divison	Wurzeln mit gleichem Wurzelexponenten werden multipliziert (dividiert), indem man das Produkt (den Quotienten) der Radikanten radiziert.	$\sqrt[n]{a} \cdot \sqrt[n]{b} = \sqrt[n]{ab}$ $\dfrac{\sqrt[3]{a}}{\sqrt[3]{n}} = \sqrt[3]{\dfrac{a}{n}}$

M

Gleichungsarten, Umformregeln

Gleichungen

Art	Erklärung	Beispiel
Größen-gleichung	Äquivalente Terme (gleichwertige Formelausdrücke) stellen Beziehungen zwischen Größen dar (vgl. Umformungsregeln).	$v = \pi \cdot d \cdot n$ $(a + b)^2 = a^2 + 2\,ab + b^2$
Zahlenwert-gleichung	Sofortige Umrechnung von Einheiten und Konstanten in eine SI-Einheit im Ergebnis. Wird nur in besonderen Fällen verwendet, z.B. wenn technische Größen vorgegeben sind oder zur Vereinfachung.	$P = \dfrac{M \cdot n}{9550}$; P in kW, wenn n in 1/min und M in Nm
Bestimmungs-gleichung	Berechnung des Wertes einer Variablen.	$x + 3 = 8$ $x = 8 - 3 = 5$
Funktions-gleichung	Zuordnungsgleichung: y ist die Funktion von x mit x als unabhängige Variable; y als abhängige Variable. Die Zahlenpaare (x/y) einer Wertetabelle bilden den Graphen der Funktion im x/y-Koordinatensystem.	$y = f(x)$ $\Re \rightarrow$ reelle Zahlen
	Konstante Funktion Der Graph ist eine Parallele zur x-Achse.	$y = f(x) = b$
	Proportionalfunktion Der Graph ist eine Gerade durch den Ursprung.	$y = f(x) = mx$ $y = 2x$
	Lineare Funktion Der Graph ist eine Gerade mit der Steigung m und dem y-Abschnitt b (Beispiel unten).	$y = f(x) = mx + b$ $y = 0,5x + 1$
	Quadratische Funktion Der Graph jeder quadratischen Funktion ist eine Parabel (Beispiel unten).	$y = f(x) = x^2$ $y = a_2 x^2 + a_1 x + a_0$

Lineare Funktion $y = mx + b$

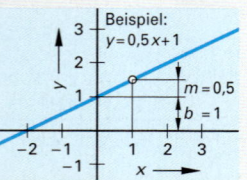

Quadratische Funktion $y = x^2$

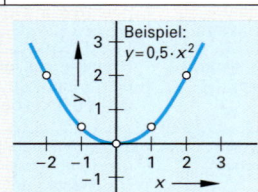

Umformungsregeln

Die Umformung gegebener Gleichungen wird meist verwendet, damit die gesuchte Größe allein auf der linken Seite der Gleichung steht.

Addition Subtraktion	Man kann auf beiden Seiten die gleiche Zahl addieren oder subtrahieren. Die Gleichungen $x + 5 = 15$ und $x + 5 - 5 = 15 - 5$ sind gleichwertig, d.h., sie sind äquivalent.	$\begin{aligned} x + 5 &= 15 & \vert -5 \\ x + 5 - 5 &= 15 - 5 \\ x &= 10 \\ y - c &= d & \vert + c \\ y - c + c &= d + c \\ y &= d + c \end{aligned}$
Multiplikation Division	Man kann auf beiden Seiten mit der gleichen Zahl multiplizieren oder durch die gleiche Zahl dividieren.	$\begin{aligned} a \cdot x &= b & \vert : a \\ \dfrac{a \cdot x}{a} &= \dfrac{b}{a} \\ x &= \dfrac{b}{a} \end{aligned}$
Potenzieren	Man kann auf beiden Seiten der Gleichung die Werte mit dem gleichen Exponenten potenzieren.	$\begin{aligned} \sqrt{x} &= a + b & \vert \;()^2 \\ (\sqrt{x})^2 &= (a + b)^2 \\ x &= a^2 + 2ab + b^2 \end{aligned}$
Radizieren	Man kann auf beiden Seiten der Gleichung die Werte mit dem gleichen Wurzelexponent radizieren.	$\begin{aligned} x^2 &= a + b & \vert \;\sqrt{} \\ (\sqrt{x})^2 &= \sqrt{a + b} \\ x &= \pm\sqrt{a + b} \end{aligned}$

Dezimale Vielfache und Teile von Einheiten, Zinsrechnung

Dezimale Vielfache und Teile von Einheiten   vgl. DIN 1301-1 (2002-10)

M

Mathematik			SI-Einheiten			
Zehner-potenz	Name	Zahlenwert (Faktor)	Vorsatz-Name	Zeichen	Beispiele Einheit	Bedeutung
10^{18}	Trillion	1 000 000 000 000 000 000	Exa	E	Em	10^{18} Meter
10^{15}	Billiarde	1 000 000 000 000 000	Peta	P	Pm	10^{15} Meter
10^{12}	Billion	1 000 000 000 000	Tera	T	TV	10^{12} Volt
10^{9}	Milliarde	1 000 000 000	Giga	G	GW	10^{9} Watt
10^{6}	Million	1 000 000	Mega	M	MW	10^{6} Watt
10^{3}	Tausend	1 000	Kilo	k	kN	10^{3} Newton
10^{2}	Hundert	100	Hekto	h	hl	10^{2} Liter
10^{1}	Zehn	10	Deka	da	dam	10^{1} Meter
10^{0}	Eins	1	–	–	m	10^{0} Meter
10^{-1}	Zehntel	0,1	Dezi	d	dm	10^{-1} Meter
10^{-2}	Hundertstel	0,01	Zenti	c	cm	10^{-2} Meter
10^{-3}	Tausendstel	0,001	Milli	m	mV	10^{-3} Volt
10^{-6}	Millionstel	0,000 001	Mikro	μ	μA	10^{-6} Ampere
10^{-9}	Milliardstel	0,000 000 001	Nano	n	nm	10^{-9} Meter
10^{-12}	Billionstel	0,000 000 000 001	Piko	p	pF	10^{-12} Farad
10^{-15}	Billiardstel	0,000 000 000 000 001	Femto	f	fF	10^{-15} Farad
10^{-18}	Trillionstel	0,000 000 000 000 000 001	Atto	a	am	10^{-18} Meter

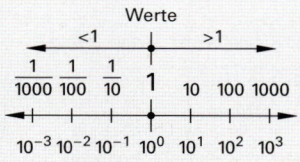

Werte

$$\frac{1}{1000} \quad \frac{1}{100} \quad \frac{1}{10} \quad 1 \quad 10 \quad 100 \quad 1000$$

$$10^{-3} \quad 10^{-2} \quad 10^{-1} \quad 10^{0} \quad 10^{1} \quad 10^{2} \quad 10^{3}$$

Zahlen größer 1 werden mit **positivem** und Zahlen kleiner 1 werden mit **negativem Exponenten** dargestellt.

Beispiele: $4300 = 4{,}3 \cdot 1000 = 4{,}3 \cdot 10^{3}$
$14\,638 = 1{,}4638 \cdot 10^{4}$

$$0{,}07 = \frac{7}{100} = 7 \cdot 10^{-2}$$

Zinsrechnung

K_0 Anfangskapital Z Zinsen t Laufzeit in Tagen, Verzinsungszeit
K_t Endkapital p Zinssatz pro Jahr

Zins

$$Z = \frac{K_0 \cdot p \cdot t}{100\,\% \cdot 360}$$

1. Beispiel:

$K_0 = 2800{,}00\ \text{€}; \quad p = 6\,\frac{\%}{a}; \quad t = {}^1/_2\,a; \quad Z = ?$

$$Z = \frac{2800{,}00\ \text{€} \cdot 6\,\frac{\%}{a} \cdot 0{,}5\,a}{100\,\%} = \mathbf{84{,}00\ €}$$

1 Zinsjahr (1 a) = 360 Tage (360 d)

360 d = 12 Monate

1 Zinsmonat = 30 Tage

2. Beispiel:

$K_0 = 4800{,}00\ \text{€}; \quad p = 5{,}1\,\frac{\%}{a}; \quad t = 50\,d; \quad Z = ?$

$$Z = \frac{4800{,}00\ \text{€} \cdot 5{,}1\,\frac{\%}{a} \cdot 50\,d}{100\,\% \cdot 360\,\frac{d}{a}} = \mathbf{34{,}00\ €}$$

Zinseszinsrechnung bei Einmalzahlung

K_0 Anfangskapital Z Zinsen n Laufzeit
K_n Endkapital p Zinssatz pro Jahr q Aufzinsungsfaktor

Endkapital

$$K_n = K_0 \cdot q^n$$

Beispiel:

$K_0 = 8000{,}00\ \text{€}; \quad n = 7\ \text{Jahre}; \quad p = 6{,}5\,\%; \quad K_n = ?$

$$q = 1 + \frac{6{,}5\,\%}{100\,\%} = 1{,}065$$

$K_n = K_0 \cdot q^n = 8000{,}00\ \text{€} \cdot 1{,}065^7 = 8000{,}00\ \text{€} \cdot 1{,}553986$
$\qquad = \mathbf{12\,431{,}89\ €}$

Aufzinsungsfaktor

$$q = 1 + \frac{p}{100\,\%}$$

M

Prozentrechnung, Schlussrechnung

Prozentrechnung

Der **Prozentsatz** gibt den Teil des Grundwertes in Hundertstel an.
Der **Grundwert** ist der Wert, von dem die Prozente zu rechnen sind.
Der **Prozentwert** ist der Betrag, den die Prozente des Grundwertes ergeben.

P_s Prozentsatz, Prozent P_w Prozentwert G_w Grundwert

Prozentwert
$$P_w = \frac{G_w \cdot P_s}{100\%}$$

1. Beispiel:

Werkstückrohteilgewicht 250 kg (Grundwert); Abbrand 2% (Prozentsatz)
Abbrand in kg = ? (Prozentwert)

$$P_w = \frac{G_w \cdot P_s}{100\%} \quad \frac{250\,\text{kg} \cdot 2\%}{100\%} = \mathbf{5\,kg}$$

Prozentsatz
$$P_s = \frac{P_w}{G_w} \cdot 100\%$$

2. Beispiel:

Rohgewicht eines Gussstückes 150 kg, Gewicht nach der Bearbeitung
126 kg, zerspantes Gewicht in %?

$$P_s = \frac{P_w}{G_w} \cdot 100\% = \frac{150\,\text{kg} - 126\,\text{kg}}{150\,\text{kg}} \cdot 100\% = \mathbf{16\,\%}$$

Schlussrechnung

Dreisatz für direkt proportionale Verhältnisse

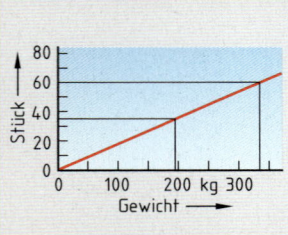

Beispiel:

60 Rohrkrümmer wiegen 330 kg. Wie groß ist das Gewicht von
35 Rohrkrümmern?

1. Satz: | Behauptung | 60 Rohrkrümmer wiegen 330 kg

2. Satz: | Berechnung der Einheit: durch Dividieren |

1 Rohrkrümmer wiegt $\frac{330\,\text{kg}}{60}$

3. Satz: | Berechnung der Mehrheit: durch Multiplizieren |

35 Rohrkrümmer wiegen $\frac{330\,\text{kg} \cdot 35}{60} = \mathbf{192{,}5\,kg}$

Dreisatz für indirekt proportionale Verhältnisse

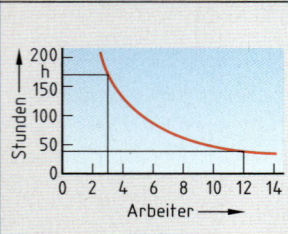

Beispiel:

3 Arbeiter benötigen für einen Auftrag 170 Stunden. Wie viel
Stunden benötigen 12 Arbeiter für den gleichen Auftrag?

1. Satz: | Behauptung | 3 Arbeiter benötigen 170 Stunden

2. Satz: | Berechnung der Einheit: durch Multiplizieren |

1 Arbeiter benötigt $3 \cdot 170\,\text{h}$

3. Satz: | Berechnung der Mehrheit: durch Dividieren |

12 Arbeiter benötigen $\frac{3 \cdot 170\,\text{h}}{12} = \mathbf{42{,}5\,h}$

Dreisatz mit mehrgliedrigen Verhältnissen

Beispiel:

660 Werkstücke werden durch
5 Maschinen in
24 Tagen hergestellt.

In welcher Zeit können
312 Werkstücke gleicher Art von
9 Maschinen angefertigt werden?

1. Dreisatz: 5 Maschinen fertigen 660 Werkstücke in 24 Tagen
1 Maschine fertigt 660 Werkstücke in $24 \cdot 5$ Tagen

9 Maschinen fertigen 660 Werkstücke in $\frac{24 \cdot 5}{9}$ Tagen

2. Dreisatz: 9 Maschinen fertigen 660 Werkstücke in $\frac{24 \cdot 5}{9}$ Tagen

9 Maschinen fertigen 1 Werkstück in $\frac{24 \cdot 5}{9 \cdot 660}$ Tagen

9 Maschinen fertigen 312 Werkstücke in $\frac{24 \cdot 5 \cdot 312}{9 \cdot 660} = \mathbf{6{,}3\ Tagen}$

Formelzeichen, mathematische Zeichen

Formelzeichen
vgl. DIN 1304-1 (1994-03)

Länge, Fläche, Volumen, Winkel

Formelzeichen	Bedeutung	Formelzeichen	Bedeutung	Formelzeichen	Bedeutung
l	Länge	r, R	Radius	α, β, γ	ebener Winkel
b	Breite	d, D	Durchmesser	Ω	Raumwinkel
h	Höhe	A, S	Fläche, Querschnittsfläche	λ	Wellenlänge
s	Weglänge	V	Volumen		

Mechanik

Formelzeichen	Bedeutung	Formelzeichen	Bedeutung	Formelzeichen	Bedeutung
m	Masse	F	Kraft	G	Schubmodul
m'	längenbezogene Masse	F_G, G	Gewichtskraft	μ, f	Reibungszahl
m''	flächenbezogene Masse	M	Drehmoment	W	Widerstandsmoment
ϱ	Dichte	T	Torsionsmoment	I	Flächenmoment 2. Grades
J	Trägheitsmoment	M_b	Biegemoment	W, E	Arbeit, Energie
p	Druck	σ	Normalspannung	W_p, E_p	potenzielle Energie
p_{abs}	absoluter Druck	τ	Schubspannung	W_k, E_k	kinetische Energie
p_{amb}	Atmosphärendruck	ε	Dehnung	P	Leistung
p_e	Überdruck	E	Elastizitätsmodul	η	Wirkungsgrad

Zeit

Formelzeichen	Bedeutung	Formelzeichen	Bedeutung	Formelzeichen	Bedeutung
t	Zeit, Dauer	f, v	Frequenz	a	Beschleunigung
T	Periodendauer	v, u	Geschwindigkeit	g	örtliche Fallbeschleunigung
n	Umdrehungsfrequenz, Drehzahl	ω	Winkelgeschwindigkeit	α	Winkelbeschleunigung
				$Q, \dot{V}, q_v$	Volumenstrom

Elektrizität

Formelzeichen	Bedeutung	Formelzeichen	Bedeutung	Formelzeichen	Bedeutung
Q	Ladung, Elektrizitätsmenge	L	Induktivität	X	Blindwiderstand
U	Spannung	R	Widerstand	Z	Scheinwiderstand
C	Kapazität	ϱ	spezifischer Widerstand	φ	Phasenverschiebungswinkel
I	Stromstärke	$\gamma, \varkappa$	elektrische Leitfähigkeit	N	Windungszahl

Wärme

Formelzeichen	Bedeutung	Formelzeichen	Bedeutung	Formelzeichen	Bedeutung
T, Θ	thermodynamische Temperatur	Q	Wärme, Wärmemenge	$\Phi, \dot{Q}$	Wärmestrom
$\Delta T, \Delta t, \Delta\vartheta$	Temperaturdifferenz	λ	Wärmeleitfähigkeit	a	Temperaturleitfähigkeit
t, ϑ	Celsius-Temperatur	α	Wärmeübergangskoeffizient	c	spezifische Wärmekapazität
α_l, α	Längenausdehnungskoeffizient	k	Wärmedurchgangskoeffizient	H_u	spezifischer Heizwert

Licht, elektromagnetische Strahlung

Formelzeichen	Bedeutung	Formelzeichen	Bedeutung	Formelzeichen	Bedeutung
E_v	Beleuchtungsstärke	f	Brennweite	I_e	Strahlstärke
		n	Brechzahl	Q_e, W	Strahlungsenergie

Akustik

Formelzeichen	Bedeutung	Formelzeichen	Bedeutung	Formelzeichen	Bedeutung
p	Schalldruck	L_P	Schalldruckpegel	N	Lautheit
c	Schallgeschwindigkeit	I	Schallintensität	L_N	Lautstärkepegel

Mathematische Zeichen
vgl. DIN 1302 (1999-12)

Math. Zeichen	Sprechweise	Math. Zeichen	Sprechweise	Math. Zeichen	Sprechweise
$\approx$	ungefähr gleich, rund, etwa	$\sim$	proportional	log	Logarithmus (allgemein)
$\hat{=}$	entspricht	a^x	a hoch x, x-te Potenz von a	lg	dekadischer Logarithmus
...	und so weiter	$\sqrt{}$	Quadratwurzel aus	ln	natürlicher Logarithmus
∞	unendlich	$\sqrt[n]{}$	n-te Wurzel aus	e	Eulersche Zahl (e = 2,718281...)
$=$	gleich	$\lvert x \rvert$	Betrag von x	sin	Sinus
$\neq$	ungleich	$\perp$	senkrecht zu	cos	Kosinus
$\overset{def}{=}$	ist definitionsgemäß gleich	$\parallel$	ist parallel zu	tan	Tangens
$<$	kleiner als	$\uparrow\uparrow$	gleichsinnig parallel	cot	Kotangens
$\leq$	kleiner oder gleich	$\uparrow\downarrow$	gegensinnig parallel	(), [], {}	runde, eckige, geschweifte Klammer auf und zu
$>$	größer als	$\sphericalangle$	Winkel		
$\geq$	größer oder gleich	$\triangle$	Dreieck	π	pi (Kreiszahl = 3,14159...)
$+$	plus	$\cong$	kongruent zu		
$-$	minus	Δx	Delta x (Differenz zweier Werte)	$\overline{AB}$	Strecke AB
$\cdot$	mal, multipliziert mit	%	Prozent, vom Hundert	$\overset{\frown}{AB}$	Bogen AB
$-, /, :$	durch, geteilt durch, zu, pro	‰	Promille, vom Tausend	a', a''	a Strich, a zwei Strich
Σ	Summe			a_1, a_2	a eins, a zwei

M

M

Einheiten im Messwesen

SI[1])-Basisgrößen und Basiseinheiten   vgl. DIN 1301-1 (2002-10), -2 (1978-02), -3 (1979-10)

Basisgröße	Länge	Masse	Zeit	Elektrische Stromstärke	Thermodynamische Temperatur	Stoffmenge	Lichtstärke
Basiseinheit	Meter	Kilogramm	Sekunde	Ampere	Kelvin	Mol	Candela
Einheitenzeichen	m	kg	s	A	K	mol	cd

[1]) Die Einheiten im Messwesen sind im Internationalen Einheitensystem (SI = **S**ystème **I**nternational d'Unités) festgelegt. Es baut auf den sieben Basiseinheiten (SI-Einheiten) auf, von denen weitere Einheiten abgeleitet sind.

Basisgrößen, abgeleitete Größen und ihre Einheiten

Größe	Formelzeichen	Einheit Name	Zeichen	Beziehung	Bemerkung Anwendungsbeispiele
Länge, Fläche, Volumen, Winkel					
Länge	l	**Meter**	m	1 m = 10 dm = 100 cm = 1000 mm 1 mm = 1000 µm 1 km = 1000 m	1 inch = 1 Zoll = 25,4 mm In der Luft- und Seefahrt gilt: 1 internationale Seemeile = 1852 m
Fläche	A, S	Quadratmeter Ar Hektar	m^2 a ha	1 m^2 = 10 000 cm^2 = 1 000 000 mm^2 1 a = 100 m^2 1 ha = 100 a = 10 000 m^2 100 ha = 1 km^2	Zeichen S nur für Querschnittsflächen Ar und Hektar nur für Flächen von Grundstücken
Volumen	V	Kubikmeter Liter	m^3 l, L	1 m^3 = 1000 dm^3 = 1 000 000 cm^3 1 l = 1 L = 1 dm^3 = 10 dl = 0,001 m^3 1 ml = 1 cm^3	Meist für Flüssigkeiten und Gase
ebener Winkel (Winkel)	$\alpha, \beta, \gamma \ldots$	Radiant Grad Minute Sekunde	rad ° ′ ″	1 rad = 1 m/m = 57,2957...° = 180°/π 1° = $\frac{\pi}{180}$ rad = 60′ 1′ = 1°/60 = 60″ 1″ = 1′/60 = 1°/3600	1 rad ist der Winkel, der aus einem um den Scheitelpunkt geschlagenen Kreis mit 1 m Radius einen Bogen von 1 m Länge schneidet. Bei technischen Berechnungen statt α = 33° 17′ 27,6″ besser α = 33,291° verwenden.
Raumwinkel	Ω	Steradiant	sr	1 sr = 1 m^2/m^2	Ein Objekt, dessen Ausdehnung in einer Richtung 1 Grad misst und senkrecht dazu ebenfalls 1 Grad, bedeckt einen Raumwinkel von 1 sr.
Mechanik					
Masse	m	**Kilogramm** Gramm Megagramm Tonne	kg g Mg t	1 kg = 1000 g 1 g = 1000 mg 1 t = 1000 kg = 1 Mg 0,2 g = 1 Kt	Gewicht im Sinne eines Wägeergebnisses oder eines Wägestückes ist eine Größe von der Art der Masse (Einheit kg). Masse für Edelsteine in Karat (Kt).
längenbezogene Masse	m'	Kilogramm pro Meter	kg/m	1 kg/m = 1 g/mm	Zur Berechnung der Masse von Stäben, Profilen, Rohren.
flächenbezogene Masse	m''	Kilogramm pro Meter hoch zwei	kg/m^2	1 kg/m^2 = 0,1 g/cm^2	Zur Berechnung der Masse von Blechen.
Dichte	ϱ	Kilogramm pro Meter hoch drei	kg/m^3	1000 kg/m^3 = 1 t/m^3 = 1 kg/dm^3 = 1 g/cm^3 = 1 g/ml = 1 mg/mm^3	Die Dichte ist eine vom Ort unabhängige Größe.

Einheiten im Messwesen

Größen und Einheiten (Fortsetzung)

Größe	Formel-zeichen	Einheit Name	Zeichen	Beziehung	Bemerkung Anwendungsbeispiele
Mechanik					
Trägheitsmo-ment, Mas-senmoment 2. Grades	J	Kilogramm mal Meter hoch zwei	$kg \cdot m^2$	Für homogene Körper gilt: $J = \varrho \cdot r^2 \cdot V$	Das (Massen-)Trägheitsmoment hängt neben der Gesamtmasse des Körpers auch von dessen Form und der Lage der Drehachse ab.
Kraft Gewichtskraft	F $F_G,\ G$	Newton	N	$1\ N = 1\ \dfrac{kg \cdot m}{s^2} = 1\ \dfrac{J}{m}$ $1\ MN = 10^3\ kN = 1\,000\,000\ N$	Die Kraft 1 N bewirkt bei der Masse 1 kg in 1 s eine Geschwindigkeitsände-rung von 1 m/s.
Drehmoment Biegemoment Torsionsmoment	M M_b T	Newton mal Meter	$N \cdot m$	$1\ N \cdot m = 1\ \dfrac{kg \cdot m^2}{s^2}$	1 N · m ist das Moment, das eine Kraft von 1 N bei einem Hebelarm von 1 m bewirkt.
Impuls	p	Kilogramm mal Meter pro Sekunde	$kg \cdot m/s$	$1\ kg \cdot m/s = 1\ N \cdot s$	Der Impuls ist das Produkt aus Masse mal Geschwindigkeit. Er hat die Rich-tung der Geschwindigkeit.
Druck mechanische Spannung	p $\sigma,\ \tau$	Pascal Newton pro Millimeter hoch zwei	Pa N/mm^2	$1\ Pa = 1\ N/m^2 = 0{,}01\ mbar$ $1\ bar = 100\,000\ N/m^2$ $\quad = 10\ N/cm^2 = 10^5\ Pa$ $1\ mbar = 1\ hPa$ $1\ N/mm^2 = 10\ bar = 1\ MN/m^2$ $\quad = 1\ MPa$ $1\ daN/cm^2 = 0{,}1\ N/mm^2$	Unter Druck versteht man die Kraft je Flächeneinheit. Für Überdruck wird das Formelzeichen p_e verwendet (DIN 1314). 1 bar = 14,5 psi (pounds per square inch = Pfund pro Quadratinch)
Flächen-moment 2. Grades	I	Meter hoch vier Zentimeter hoch vier	m^4 cm^4	$1\ m^4 = 100\,000\,000\ cm^4$	früher: Flächenträgheitsmoment
Energie, Arbeit, Wärmemenge	$E,\ W$	Joule	J	$1\ J = 1\ N \cdot m = 1\ W \cdot s$ $\quad = 1\ kg \cdot m^2/s^2$	Joule für jede Energieart, kW · h bevor-zugt für elektrische Energie.
Leistung, Wärmestrom	P Φ	Watt	W	$1\ W = 1\ J/s = 1\ N \cdot m/s$ $\quad = 1\ V \cdot A = 1\ m^2 \cdot kg/s^3$	Leistung beschreibt die Arbeit, die in einer bestimmten Zeit verrichtet wurde.
Zeit					
Zeit, Zeitspanne, Dauer	t	Sekunde Minute Stunde Tag Jahr	s min h d a	 $1\ min = 60\ s$ $1\ h = 60\ min = 3600\ s$ $1\ d = 24\ h = 86\,400\ s$	3 h bedeutet eine Zeitspanne (3 Std.), 3^h bedeutet einen Zeitpunkt (3 Uhr). Werden Zeitpunkte in gemischter Form, z.B. $3^h24^m10^s$ geschrieben, so kann das Zeichen min auf m verkürzt werden.
Frequenz	$f,\ \nu$	Hertz	Hz	$1\ Hz = 1/s$	1 Hz ≙ 1 Schwingung in 1 Sekunde.
Drehzahl, Umdrehungs-frequenz	n	1 pro Sekunde 1 pro Minute	1/s 1/min	$1/s = 60/min = 60\ min^{-1}$ $1/min = 1\ min^{-1} = \dfrac{1}{60\ s}$	Die Anzahl der Umdrehungen pro Zeiteinheit ergibt die Drehzahl, auch Drehfrequenz genannt.
Geschwin-digkeit	v	Meter pro Sekunde Meter pro Minute Kilometer pro Stunde	m/s m/min km/h	$1\ m/s = 60\ m/min$ $\quad = 3{,}6\ km/h$ $1\ m/min = \dfrac{1\ m}{60\ s}$ $1\ km/h = \dfrac{1\ m}{3{,}6\ s}$	Geschwindigkeit bei der Seefahrt in Knoten (kn): 1 kn = 1,852 km/h mile per hour = 1 mile/h = 1 mph 1 mph = 1,60934 km/h
Winkel-geschwin-digkeit	ω	1 pro Sekunde Radiant pro Sekunde	1/s rad/s	$\omega = 2\ \pi \cdot n$	Bei einer Drehzahl von $n = 2/s$ beträgt die Winkelgeschwindigkeit $\omega = 4\ \pi/s$.
Beschleuni-gung	$a,\ g$	Meter pro Sekunde hoch zwei	m/s^2	$1\ m/s^2 = \dfrac{1\ m/s}{1\ s}$	Formelzeichen g nur für Fallbeschleu-nigung. $g = 9{,}81\ m/s^2 \approx 10\ m/s^2$

M

M

Einheiten im Messwesen

Größen und Einheiten (Fortsetzung)

Größe	Formel-zeichen	Einheit Name	Zeichen	Beziehung	Bemerkung Anwendungsbeispiele
Elektrizität und Magnetismus					
Elektrische Stromstärke	I	Ampere	A		Die Bewegung elektrischer Ladung nennt man Strom. Die Spannung ist gleich der Potentialdifferenz zweier Punkte im elektrischen Feld. Den Kehrwert des elektrischen Widerstands nennt man elektrischen Leitwert.
Elektr. Spannung	U	Volt	V	$1\,V = 1\,W/1\,A = 1\,J/C$	
Elektr. Widerstand	R	Ohm	Ω	$1\,\Omega = 1\,V/1\,A$	
Elektr. Leitwert	G	Siemens	S	$1\,S = 1\,A/1\,V = 1/\Omega$	
Spezifischer Widerstand	ϱ	Ohm mal Meter	$\Omega \cdot m$	$10^{-6}\,\Omega \cdot m = 1\,\Omega \cdot mm^2/m$	$\varrho = \dfrac{1}{\varkappa}$ in $\dfrac{\Omega \cdot mm^2}{m}$
Leitfähigkeit	$\gamma, \varkappa$	Siemens pro Meter	S/m		$\varkappa = \dfrac{1}{\varrho}$ in $\dfrac{m}{\Omega \cdot mm^2}$
Frequenz	f	Hertz	Hz	$1\,Hz = 1/s$ $1000\,Hz = 1\,kHz$	Frequenz öffentlicher Stromnetze: EU 50 Hz, USA 60 Hz
Elektr. Arbeit	W	Joule	J	$1\,J = 1\,W \cdot s = 1\,N \cdot m$ $1\,kW \cdot h = 3,6\,MJ$ $1\,W \cdot h = 3,6\,kJ$	In der Atom- und Kernphysik wird die Einheit eV (Elektronenvolt) verwendet.
Phasenver-schiebungs-winkel	φ	–	–	für Wechselstrom gilt: $\cos\varphi = \dfrac{P}{U \cdot I}$	Winkel zwischen Strom und Spannung bei induktiver oder kapazitiver Belastung.
Elektr. Feldstärke	E	Volt pro Meter	V/m		$E = \dfrac{F}{Q}$, $C = \dfrac{Q}{U}$, $Q = I \cdot t$
Elektr. Ladung	Q	Coulomb	C	$1\,C = 1\,A \cdot 1\,s$; $1\,A \cdot h = 3,6\,kC$	
Elektr. Kapazität	C	Farad	F	$1\,F = 1\,C/V$	
Induktivität	L	Henry	H	$1\,H = 1\,V \cdot s/A$	
Leistung Wirkleistung	P	Watt	W	$1\,W = 1\,J/s = 1\,N \cdot m/s$ $= 1\,V \cdot A$	In der elektrischen Energietechnik: Scheinleistung S in $V \cdot A$
Thermodynamik und Wärmeübertragung					
Thermo-dynamische Temperatur	T, Θ	Kelvin	K	$0\,K = -273,15\,°C$	Kelvin (K) und Grad Celsius (°C) werden für Temperaturen und Temperaturdifferenzen verwendet.
Celsius-Temperatur	t, ϑ	Grad Celsius	°C	$0\,°C = 273,15\,K$ $0\,°C = 32\,°F$ $0\,°F = -17,77\,°C$	$t = T - T_0$; $T_0 = 273,15\,K$ Grad Fahrenheit (°F): $1,8\,°F = 1\,°C$
Wärme-menge	Q	Joule	J	$1\,J = 1\,W \cdot s = 1\,N \cdot m$ $1\,kW \cdot h = 3\,600\,000\,J = 3,6\,MJ$	$1\,kcal \mathrel{\hat=} 4,1868\,kJ$
Spezifischer Heizwert	H_u	Joule pro Kilogramm	J/kg	$1\,MJ/kg = 1\,000\,000\,J/kg$	Freiwerdende Wärmeenergie je kg Brennstoff abzüglich der Verdampfungswärme des in den Abgasen enthaltenen Wasserdampfes.
		Joule pro Meter hoch drei	J/m³	$1\,MJ/m^3 = 1\,000\,000\,J/m^3$	

Einheiten außerhalb des SI

Länge	Fläche	Volumen	Masse	Energie, Leistung
1 inch $= 25,4$ mm 1 foot $= 0,3048$ m 1 yard $= 0,9144$ m 1 See-meile $= 1,852$ km	1 sq.in $= 6,452\,cm^2$ 1 sq.ft $= 9,29\,dm^2$ 1 sq.yd $= 0,8361\,m^2$ **Druck** 1 bar $= 14,5$ psi	1 cu.in $= 16,39\,cm^3$ 1 cu.ft $= 28,32\,dm^3$ 1 cu.yd $= 764,6\,dm^3$ 1 gallon $= 3,785\,dm^3$ 1 barrel $= 158,8\,dm^3$	1 oz $= 28,35$ g 1 lb $= 453,6$ g 1 t $= 1000$ kg 1 short ton $= 907,2$ kg 1 Karat $= 0,2$ g	1 PSh $= 0,735$ kWh 1 PS $= 735$ W 1 kcal $= 4186,8$ Ws 1 kcal $= 1,166$ Wh 1 kpm/s $= 9,807$ W 1 Btu $= 1055$ Ws 1 hp $= 754,7$ W

Vorsätze dezimaler Teile und Vielfache

Vorsatz	Piko	Nano	Mikro	Milli	Zenti	Dezi	Deka	Hekto	Kilo	Mega	Giga	Tera
Vorsatzzeichen	P	N	μ	m	c	d	da	h	k	M	G	T
Zehnerpotenz	10^{-12}	10^{-9}	10^{-6}	10^{-3}	10^{-2}	10^{-1}	10^{1}	10^{2}	10^{3}	10^{6}	10^{9}	10^{12}
				Teile				Vielfache				

$1\,mm = 10^{-3}\,m = 1/1000\,m$, $1\,km = 1000\,m$, $1\,kg = 1000\,g$,   1 GB (Gigabyte) $= 1\,000\,000\,000$ Byte

Berechnungen am rechtwinkligen Dreieck

Lehrsatz des Pythagoras

M

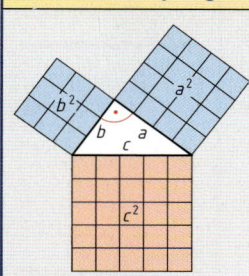

Im **rechtwinkligen Dreieck** ist das Hypotenusenquadrat flächengleich der Summe der beiden Kathetenquadrate.

a Kathete

b Kathete

c Hypotenuse

Quadrat über der Hypotenuse

$$c^2 = a^2 + b^2$$

1. Beispiel:

$c = 35\,\text{mm}; a = 21\,\text{mm}; b = ?$

$b = \sqrt{c^2 - a^2} = \sqrt{(35\,\text{mm})^2 - (21\,\text{mm})^2} = \mathbf{28\,mm}$

Länge der Hypotenuse

$$c = \sqrt{a^2 + b^2}$$

2. Beispiel:

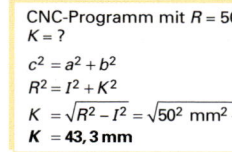

CNC-Programm mit $R = 50\,\text{mm}$ und $I = 25\,\text{mm}$.
$K = ?$

$c^2 = a^2 + b^2$

$R^2 = I^2 + K^2$

$K = \sqrt{R^2 - I^2} = \sqrt{50^2\,\text{mm}^2 - 25^2\,\text{mm}^2}$

$\mathbf{K = 43,3\,mm}$

Länge der Katheten

$$a = \sqrt{c^2 - b^2}$$

$$b = \sqrt{c^2 - a^2}$$

Lehrsatz des Euklid (Kathetensatz)

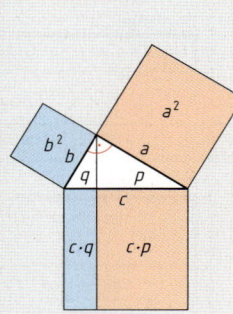

Das Quadrat über einer Kathete ist flächengleich einem Rechteck aus der Hypotenuse und dem anliegenden Hypotenusenabschnitt.

a, b Katheten

c Hypotenuse

p, q Hypotenusenabschnitte

Quadrat über der Kathete

$$b^2 = c \cdot q$$

$$a^2 = c \cdot p$$

Beispiel:

Ein Rechteck mit $c = 6\,\text{cm}$ und $p = 3\,\text{cm}$ soll in ein flächengleiches Quadrat verwandelt werden. Wie groß ist die Quadratseite a?

$a^2 = c \cdot p$

$a = \sqrt{c \cdot p} = \sqrt{6\,\text{cm} \cdot 3\,\text{cm}} = \mathbf{4,24\,cm}$

Höhensatz

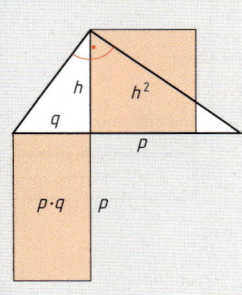

Das Quadrat über der Höhe h ist flächengleich dem Rechteck aus den Hypotenusenabschnitten p und q.

h Höhe

p, q Hypotenusenabschnitte

Quadrat über der Höhe

$$h^2 = p \cdot q$$

Beispiel:

Rechtwinkliges Dreieck

$p = 6\,\text{cm}; q = 2\,\text{cm}; h = ?$

$h^2 = p \cdot q$

$h = \sqrt{p \cdot q} = \sqrt{6\,\text{cm} \cdot 2\,\text{cm}} = \sqrt{12\,\text{cm}^2} = \mathbf{3,46\,cm}$

Teilung von Längen, Bogenlänge, zusammengesetzte Länge

Teilung von Längen

M

Randabstand = Teilung

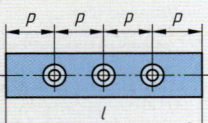

l Gesamtlänge n Anzahl der Bohrungen
p Teilung

Beispiel:

$l = 2$ m; $n = 24$ Bohrungen; $p = ?$

$$p = \frac{l}{n+1} = \frac{2000 \text{ mm}}{24 + 1} = \mathbf{80 \text{ mm}}$$

Teilung

$$p = \frac{l}{n+1}$$

Randabstand ≠ Teilung

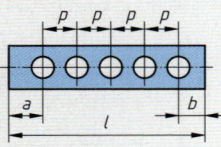

l Gesamtlänge n Anzahl der Bohrungen
p Teilung a, b Randabstände

Beispiel:

$l = 1950$ mm; $a = 100$ mm; $b = 50$ mm;
$n = 25$ Bohrungen; $p = ?$

$$\boldsymbol{p} = \frac{l - (a+b)}{n-1} = \frac{1950 \text{ mm} - 150 \text{ mm}}{25 - 1} = \mathbf{75 \text{ mm}}$$

Teilung

$$p = \frac{l - (a+b)}{n-1}$$

Trennung von Teilstücken

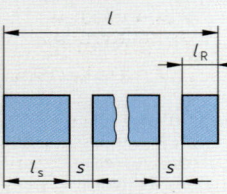

l Stablänge s Sägeschnittbreite
z Anzahl der Teile l_R Restlänge
l_s Teillänge

Beispiel:

$l = 6$ mm; $l_s = 230$ mm; $s = 1,2$ mm; $z = ?$; $l_R = ?$

$$\boldsymbol{z} = \frac{l}{l_s + s} = \frac{6000 \text{ mm}}{230 \text{ mm} + 1,2 \text{ mm}} = 25,95 = \mathbf{25 \text{ Teile}}$$

$$\boldsymbol{l_R} = l - z \cdot (l_s + s) = 6000 \text{ mm} - 25 \cdot (230 \text{ mm} + 1,2 \text{ mm})$$
$$= \mathbf{220 \text{ mm}}$$

Anzahl der Teile

$$z = \frac{l}{l_s + s}$$

Restlänge

$$l_R = l - z \cdot (l_s + s)$$

Bogenlänge

Beispiel: Schenkelfeder

l_B Bogenlänge α Mittelpunktswinkel
r Radius d Durchmesser

Beispiel:

$r = 36$ mm; $\alpha = 120°$; $l_B = ?$

$$l_B = \frac{\pi \cdot r \cdot \alpha}{180°} = \frac{\pi \cdot 36 \text{ mm} \cdot 120°}{180°} = \mathbf{75,36 \text{ mm}}$$

Bogenlänge

$$l_B = \frac{\pi \cdot r \cdot \alpha}{180°}$$

$$l_B = \frac{\pi \cdot d \cdot \alpha}{360°}$$

Zusammengesetzte Länge

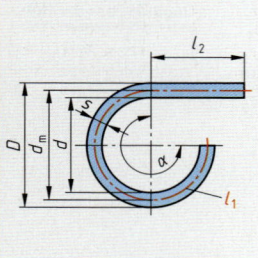

D Außendurchmesser d Innendurchmesser
d_m mittlerer Durchmesser s Dicke
l_1, l_2 Teillängen L zusammengesetzte Länge
α Mittelpunktswinkel

Beispiel (Zusammengesetzte Länge, Bild links):

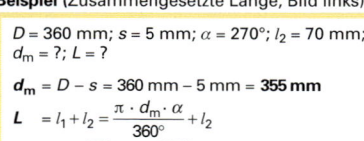

$D = 360$ mm; $s = 5$ mm; $\alpha = 270°$; $l_2 = 70$ mm;
$d_m = ?$; $L = ?$

$$\boldsymbol{d_m} = D - s = 360 \text{ mm} - 5 \text{ mm} = \mathbf{355 \text{ mm}}$$

$$\boldsymbol{L} = l_1 + l_2 = \frac{\pi \cdot d_m \cdot \alpha}{360°} + l_2$$

$$= \frac{\pi \cdot 355 \text{ mm} \cdot 270°}{360°} + 70 \text{ mm} = \mathbf{906,45 \text{ mm}}$$

Zusammengesetzte Länge

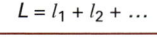

$$L = l_1 + l_2 + \dots$$

Gestreckte Länge, Federdrahtlänge, Rohlänge

M

Gestreckte Längen

Kreisring

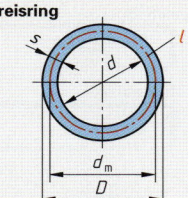

D Außendurchmesser
d Innendurchmesser
d_m mittlerer Durchmesser
s Dicke
l gestreckte Länge
α Mittelpunktswinkel

Gestreckte Länge beim Kreisring

$$l = \pi \cdot d_m$$

Gestreckte Länge beim Kreisringausschnitt

$$l = \frac{\pi \cdot d_m \cdot \alpha}{360°}$$

Kreisringausschnitt

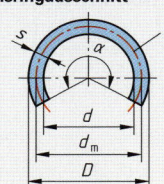

Beispiel (Kreisringausschnitt):

$D = 36$ mm; $s = 4$ mm; $\alpha = 240°$; $d_m = ?$; $l = ?$

$d_m = D - s = 36$ mm $- 4$ mm $= 32$ mm

$l = \dfrac{\pi \cdot d_m \cdot \alpha}{360°} = \dfrac{\pi \cdot 32 \text{ mm} \cdot 240°}{360°} = \textbf{67,02 mm}$

Mittlerer Durchmesser

$$d_m = D - s$$

$$d_m = d + s$$

Federdrahtlänge

Beispiel: Druckfeder

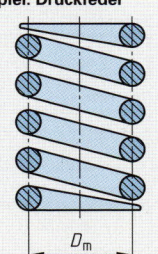

l gestreckte Länge der Schraubenlinie
D_m mittlerer Windungsdurchmesser
i Anzahl der federnden Windungen

Beispiel:

$D_m = 16$ mm; $i = 8,5$; $l = ?$

$l = \pi \cdot D_m \cdot i + 2 \cdot \pi \cdot D_m$
$= \pi \cdot 16$ mm $\cdot 8,5 + 2 \cdot \pi \cdot 16$ mm $= \textbf{528 mm}$

Gestreckte Länge der Schraubenlinie

$$l = \pi \cdot D_m \cdot i + 2 \cdot \pi \cdot D_m$$

$$l = \pi \cdot D_m \cdot (i + 2)$$

Rohlänge von Schmiedeteilen und Pressstücken

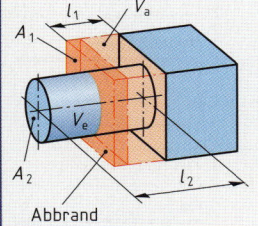

Beim Umformen ohne Abbrand ist das Volumen des Rohteiles gleich dem Volumen des Fertigteiles. Tritt Abbrand oder Gratbildung auf, wird dies durch einen Zuschlag zum Volumen des Fertigteiles berücksichtigt.

V_a Volumen des Rohteiles
V_e Volumen des Fertigteiles
q Zuschlagsfaktor für Abbrand oder Gratverluste
A_1 Querschnittsfläche des Rohteiles
A_2 Querschnittsfläche des Fertigteiles
l_1 Ausgangslänge der Zugabe
l_2 Länge des angeschmiedeten Teiles

Beispiel:

An einem Flachstahl 50 x 30 mm wird ein zylindrischer Zapfen mit $d = 24$ mm und $l_2 = 60$ mm abgesetzt. Der Verlust durch Abbrand beträgt 10 %. Wie groß ist die Ausgangslänge l_1 der Schmiedezugabe?

$V_a = V_e \cdot (1 + q)$

$A_1 \cdot l_1 = A_2 \cdot l_2 \cdot (1 + q)$

$l_1 = \dfrac{A_2 \cdot l_2 \cdot (1 + q)}{A_1} =$

$= \dfrac{\pi \cdot (24 \text{ mm})^2 \cdot 60 \text{ mm} \cdot (1 + 0,1)}{4 \cdot 50 \text{ mm} \cdot 30 \text{ mm}} = \textbf{20 mm}$

Volumen ohne Abbrand

$$V_a = V_e$$

Volumen mit Abbrand

$$V_a = V_e + q \cdot V_e$$

$$V_a = V_e \cdot (1 + q)$$

$$A_1 \cdot l_1 = A_2 \cdot l_2 \cdot (1 + q)$$

M

Eckige Flächen

Quadrat

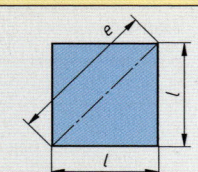

A Fläche   e Eckenmaß
l Seitenlänge

Beispiel:

$l = 14$ mm; $A = ?$; $e = ?$
$A = l^2 = (14\ \text{mm})^2 = \mathbf{196\ mm^2}$
$e = \sqrt{2} \cdot l = \sqrt{2} \cdot 14\ \text{mm} = \mathbf{19,8\ mm}$

Fläche

$$A = l^2$$

Eckenmaß

$$e = \sqrt{2} \cdot l$$

Rhombus (Raute)

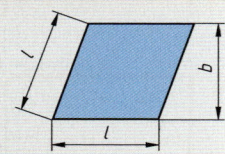

A Fläche   b Breite
l Seitenlänge

Beispiel:

$l = 9$ mm; $b = 8,5$ mm; $A = ?$
$A = l \cdot b = 9\ \text{mm} \cdot 8,5\ \text{mm} = \mathbf{76,5\ mm^2}$

Fläche

$$A = l \cdot b$$

Rechteck

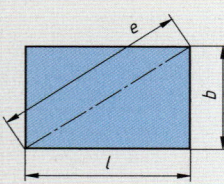

A Fläche   b Breite
l Länge   e Eckenmaß

Beispiel:

$l = 12$ mm; $b = 11$ mm; $A = ?$; $e = ?$
$A = l \cdot b = 12\ \text{mm} \cdot 11\ \text{mm} = \mathbf{132\ mm^2}$
$e = \sqrt{l^2 + b^2} = \sqrt{(12\ \text{mm})^2 + (11\ \text{mm})^2} = \sqrt{265\ \text{mm}^2}$
$= \mathbf{16,28\ mm}$

Fläche

$$A = l \cdot b$$

Eckenmaß

$$e = \sqrt{l^2 + b^2}$$

Rhomboid (Parallelogramm)

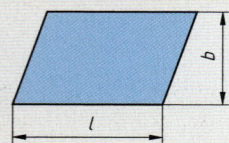

A Fläche   b Breite
l Länge

Beispiel:

$l = 36$ mm; $b = 15$ mm; $A = ?$
$A = l \cdot b = 36\ \text{mm} \cdot 15\ \text{mm} = \mathbf{540\ mm^2}$

Fläche

$$A = l \cdot b$$

Trapez

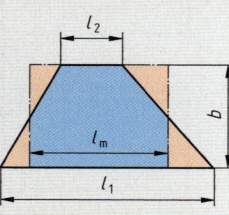

A Fläche l_m mittlere Länge
l_1 große Länge   b Breite
l_2 kleine Länge

Beispiel:

$l_1 = 23$ mm; $l_2 = 20$ mm; $b = 17$ mm; $A = ?$

$A = \dfrac{l_1 + l_2}{2} \cdot b = \dfrac{23\ \text{mm} + 20\ \text{mm}}{2} \cdot 17\ \text{mm}$
$= \mathbf{365,5\ mm^2}$

Fläche

$$A = \frac{l_1 + l_2}{2} \cdot b$$

Mittlere Länge

$$l_m = \frac{l_1 + l_2}{2}$$

Dreieck

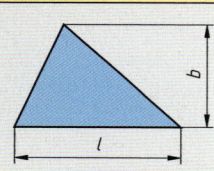

A Fläche   b Breite
l Seitenlänge

Beispiel:

$l_1 = 62$ mm; $b = 29$ mm; $A = ?$

$A = \dfrac{l_1 \cdot b}{2} = \dfrac{62\ \text{mm} \cdot 29\ \text{mm}}{2} = \mathbf{899\ mm^2}$

Fläche

$$A = \frac{l \cdot b}{2}$$

Dreieck, Vielecke, Kreis

Gleichseitiges Dreieck

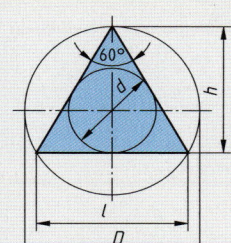

A Fläche
d Inkreisdurchmesser
l Seitenlänge
h Höhe
D Umkreisdurchmesser

Umkreisdurchmesser

$$D = \frac{2}{3} \cdot \sqrt{3} \cdot l = 2 \cdot d$$

Fläche

$$A = \frac{1}{4} \cdot \sqrt{3} \cdot l^2$$

Beispiel:

$l = 42$ mm; $A = ?$; $h = ?$

$$A = \frac{1}{4} \cdot \sqrt{3} \cdot l^2 = \frac{1}{4} \cdot \sqrt{3} \cdot (42 \text{ mm})^2$$
$$= \mathbf{763{,}9 \text{ mm}^2}$$

Inkreisdurchmesser

$$d = \frac{1}{3} \cdot \sqrt{3} \cdot l = \frac{D}{2}$$

Dreieckshöhe

$$h = \frac{1}{2} \cdot \sqrt{3} \cdot l$$

Regelmäßige Vielecke

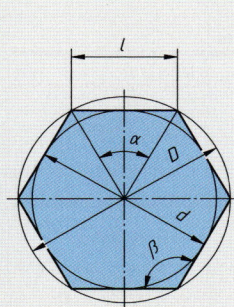

A Fläche
l Seitenlänge
D Umkreisdurchmesser
d Inkreisdurchmesser
n Eckenzahl
α Mittelpunktswinkel
β Eckenwinkel

Inkreisdurchmesser

$$d = \sqrt{D^2 - l^2}$$

Fläche

$$A = \frac{n \cdot l \cdot d}{4}$$

Umkreisdurchmesser

$$D = \sqrt{d^2 + l^2}$$

Seitenlänge

$$l = D \cdot \sin\left(\frac{180°}{n}\right)$$

Beispiel:

Sechseck mit $D = 80$ mm; $l = ?$; $d = ?$; $A = ?$

$$l = D \cdot \sin\left(\frac{180°}{n}\right) = 80 \text{ mm} \cdot \sin\left(\frac{180°}{6}\right) = \mathbf{40 \text{ mm}}$$

$$d = \sqrt{D^2 - l^2} = \sqrt{6400 \text{ mm}^2 - 1600 \text{ mm}^2} = \mathbf{69{,}282 \text{ mm}}$$

$$A = \frac{n \cdot l \cdot d}{4} = \frac{6 \cdot 40 \text{ mm} \cdot 69{,}282 \text{ mm}}{4} = \mathbf{4156{,}92 \text{ mm}^2}$$

Mittelpunktswinkel

$$\alpha = \frac{360°}{n}$$

Eckenwinkel

$$\beta = 180° - \alpha$$

Berechnung regelmäßiger Vielecke mit Hilfe von Tabellenwerten

Ecken-zahl n	Fläche $A \approx$			Umkreis-durchmesser $D \approx$		Inkreis-durchmesser $d \approx$		Seitenlänge $l \approx$	
3	$0{,}325 \cdot D^2$	$1{,}299 \cdot d^2$	$0{,}433 \cdot l^2$	$1{,}154 \cdot l$	$2{,}000 \cdot d$	$0{,}578 \cdot l$	$0{,}500 \cdot D$	$0{,}867 \cdot D$	$1{,}732 \cdot d$
4	$0{,}500 \cdot D^2$	$1{,}000 \cdot d^2$	$1{,}000 \cdot l^2$	$1{,}414 \cdot l$	$1{,}414 \cdot d$	$1{,}000 \cdot l$	$0{,}707 \cdot D$	$0{,}707 \cdot D$	$1{,}000 \cdot d$
5	$0{,}595 \cdot D^2$	$0{,}908 \cdot d^2$	$1{,}721 \cdot l^2$	$1{,}702 \cdot l$	$1{,}236 \cdot d$	$1{,}376 \cdot l$	$0{,}809 \cdot D$	$0{,}588 \cdot D$	$0{,}727 \cdot d$
6	$0{,}649 \cdot D^2$	$0{,}866 \cdot d^2$	$2{,}598 \cdot l^2$	$2{,}000 \cdot l$	$1{,}155 \cdot d$	$1{,}732 \cdot l$	$0{,}866 \cdot D$	$0{,}500 \cdot D$	$0{,}577 \cdot d$
8	$0{,}707 \cdot D^2$	$0{,}829 \cdot d^2$	$4{,}828 \cdot l^2$	$2{,}614 \cdot l$	$1{,}082 \cdot d$	$2{,}414 \cdot l$	$0{,}924 \cdot D$	$0{,}383 \cdot D$	$0{,}414 \cdot d$
10	$0{,}735 \cdot D^2$	$0{,}812 \cdot d^2$	$7{,}694 \cdot l^2$	$3{,}236 \cdot l$	$1{,}052 \cdot d$	$3{,}078 \cdot l$	$0{,}951 \cdot D$	$0{,}309 \cdot D$	$0{,}325 \cdot d$
12	$0{,}750 \cdot D^2$	$0{,}804 \cdot d^2$	$11{,}196 \cdot l^2$	$3{,}864 \cdot l$	$1{,}035 \cdot d$	$3{,}732 \cdot l$	$0{,}966 \cdot D$	$0{,}259 \cdot D$	$0{,}268 \cdot d$

Beispiel: Achteck mit $l = 20$ mm $A = ?$; $D = ?$

$A \approx 4{,}828 \cdot l^2 = 4{,}828 \cdot (20 \text{ mm})^2 = \mathbf{1931{,}2 \text{ mm}^2}$; $D \approx 2{,}614 \cdot l = 2{,}614 \cdot 20 \text{ mm} = \mathbf{52{,}28 \text{ mm}}$

Kreis

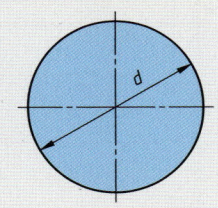

A Fläche   U Umfang
d Durchmesser

Beispiel:

$d = 60$ mm; $A = ?$; $U = ?$

$$A = \frac{\pi \cdot d^2}{4} = \frac{\pi \cdot (60 \text{ mm})^2}{4} = \mathbf{2827 \text{ mm}^2}$$

$$U = \pi \cdot d = \pi \cdot 60 \text{ mm} = \mathbf{188{,}5 \text{ mm}}$$

Fläche

$$A = \frac{\pi \cdot d^2}{4}$$

Umfang

$$U = \pi \cdot d$$

M

M

Kreisausschnitt, Kreisabschnitt, Kreisring

Kreisausschnitt

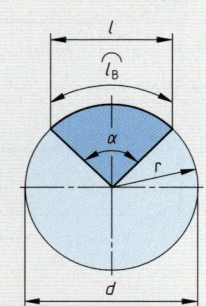

A	Fläche	l	Sehnenlänge
d	Durchmesser	r	Radius
l_B	Bogenlänge	α	Mittelpunktswinkel

Beispiel:

$d = 48$ mm; $\alpha = 110°$; $l_B = ?$; $A = ?$

$$l_B = \frac{\pi \cdot r \cdot \alpha}{180°} = \frac{\pi \cdot 24\,\text{mm} \cdot 110°}{180°} = \textbf{46,1 mm}$$

$$A = \frac{l_B \cdot r}{2} = \frac{46,1\,\text{mm} \cdot 24\,\text{mm}}{2} = \textbf{553 mm}^2$$

Fläche

$$A = \frac{\pi \cdot d^2}{4} \cdot \frac{\alpha}{360°}$$

$$A = \frac{l_B \cdot r}{2}$$

Sehnenlänge

$$l = 2 \cdot r \cdot \sin\frac{\alpha}{2}$$

Bogenlänge

$$l_B = \frac{\pi \cdot r \cdot \alpha}{180°}$$

Kreisabschnitt

Kreisabschnitt mit $\alpha \leq 180°$

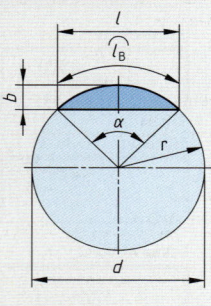

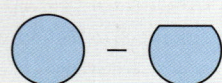

A	Fläche	b	Breite
d	Durchmesser	r	Radius
l_B	Bogenlänge	α	Mittelpunktswinkel
l	Sehnenlänge		

Beispiel:

$b = 15,1$ mm; $l = 52$ mm; $l_B = 62,83$ mm; $r = ?$; $A = ?$

$$r = \frac{b}{2} + \frac{l^2}{8 \cdot b}$$

$$= \frac{15,1\,\text{mm}}{2} + \frac{(52\,\text{mm})^2}{8 \cdot 15,1\,\text{mm}}$$

$$= 29,93\,\text{mm} = \textbf{30 mm}$$

$$A = \frac{l_B \cdot r - l \cdot (r - b)}{2}$$

$$= \frac{(62,83 \cdot 30)\,\text{mm}^2 - 52 \cdot (30 - 15,1)\,\text{mm}^2}{2}$$

$$= \textbf{555,1 mm}^2$$

Fläche

$$A = \frac{\pi \cdot d^2}{4} \cdot \frac{\alpha}{360°} - \frac{l \cdot (r - b)}{2}$$

$$A = \frac{l_B \cdot r - l \cdot (r - b)}{2}$$

Sehnenlänge

$$l = 2 \cdot r \cdot \sin\frac{\alpha}{2}$$

$$l = 2 \cdot \sqrt{b \cdot (2 \cdot r - b)}$$

Breite

$$b = \frac{l}{2} \cdot \tan\frac{\alpha}{4}$$

$$b = r - \sqrt{r^2 - \frac{l^2}{4}}$$

Kreisabschnitt mit $\alpha > 180°$

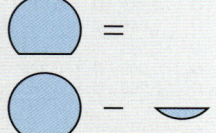

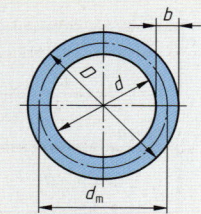

Bogenlänge

$$l_B = \frac{\pi \cdot r \cdot \alpha}{180°}$$

Radius

$$r = \frac{b}{2} + \frac{l^2}{8 \cdot b}$$

Kreisring

A	Fläche	d_m	mittlerer Durchmesser
D	Außendurchmesser		
d	Innendurchmesser	b	Breite

Beispiel:

$D = 160$ mm; $d = 125$ mm; $A = ?$

$$A = \frac{\pi}{4} \cdot (D^2 - d^2)$$

$$= \frac{\pi}{4} \cdot (160^2\,\text{mm}^2 - 125^2\,\text{mm}^2) = \textbf{7834 mm}^2$$

Fläche

$$A = \pi \cdot d_m \cdot b$$

$$A = \frac{\pi}{4} \cdot (D^2 - d^2)$$

Würfel, Vierkantprisma, Zylinder, Hohlzylinder, Pyramide

M

Würfel

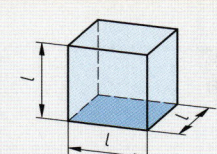

V Volumen l Seitenlänge
A_O Oberfläche

Beispiel:

$l = 20$ mm; $V = ?$; $A_O = ?$

$V = l^3 = (20 \text{ mm})^3 = \textbf{8000 mm}^3$
$A_O = 6 \cdot l^2 = 6 \cdot (20 \text{ mm})^2 = \textbf{2400 mm}^2$

Volumen

$$V = l^3$$

Oberfläche

$$A_O = 6 \cdot l^2$$

Vierkantprisma

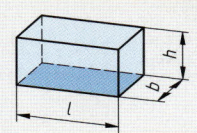

V Volumen h Höhe
A_O Oberfläche b Breite
l Seitenlänge

Beispiel:

$l = 6$ cm; $b = 3$ cm; $h = 2$ cm; $V = ?$
$V = l \cdot b \cdot h = 6 \text{ cm} \cdot 3 \text{ cm} \cdot 2 \text{ cm} = \textbf{36 cm}^3$

Volumen

$$V = l \cdot b \cdot h$$

Oberfläche

$$A_O = 2 \cdot (l \cdot b + l \cdot h + b \cdot h)$$

Zylinder

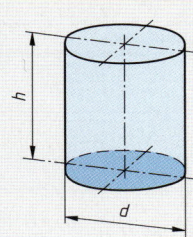

V Volumen d Durchmesser
A_O Oberfläche h Höhe
A_M Mantelfläche

Beispiel:

$d = 14$ mm; $h = 25$ mm; $V = ?$

$V = \dfrac{\pi \cdot d^2}{4} \cdot h$

$\quad = \dfrac{\pi \cdot (14 \text{ mm})^2}{4} \cdot 25 \text{ mm}$

$\quad = \textbf{3848 mm}^3$

Volumen

$$V = \frac{\pi \cdot d^2}{4} \cdot h$$

Oberfläche

$$A_O = \pi \cdot d \cdot h + 2 \cdot \frac{\pi \cdot d^2}{4}$$

Mantelfläche

$$A_M = \pi \cdot d \cdot h$$

Hohlzylinder

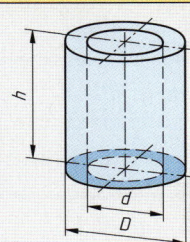

V Volumen D, d Durchmesser
A_O Oberfläche h Höhe

Beispiel:

$D = 42$ mm; $d = 20$ mm; $h = 80$ mm;
$V = ?$

$V = \dfrac{\pi \cdot h}{4} \cdot (D^2 - d^2)$

$\quad = \dfrac{\pi \cdot 80 \text{ mm}}{4} \cdot (42^2 \text{ mm}^2 - 20^2 \text{ mm}^2)$

$\quad = \textbf{85 703 mm}^3$

Volumen

$$V = \frac{\pi \cdot h}{4} \cdot (D^2 - d^2)$$

Oberfläche

$$A_O = \pi \cdot (D + d) \cdot \left[\frac{1}{2} \cdot (D - d) + h\right]$$

Pyramide

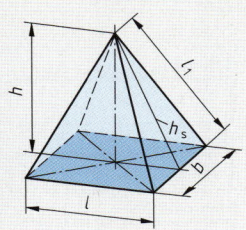

V Volumen l Seitenlänge
h Höhe l_1 Kantenlänge
h_s Mantelhöhe b Breite

Beispiel:

$l = 16$ mm; $b = 21$ mm; $h = 45$ mm; $V = ?$

$V = \dfrac{l \cdot b \cdot h}{3} = \dfrac{16 \text{ mm} \cdot 21 \text{ mm} \cdot 45 \text{ mm}}{3}$

$\quad = \textbf{5040 mm}^3$

Volumen

$$V = \frac{l \cdot b \cdot h}{3}$$

Kantenlänge

$$l_1 = \sqrt{h_s^2 + \frac{b^2}{4}}$$

Mantelhöhe

$$h_s = \sqrt{h^2 + \frac{l^2}{4}}$$

M

Pyramidenstumpf, Kegel, Kegelstumpf, Kugel, Kugelabschnitt

Pyramidenstumpf

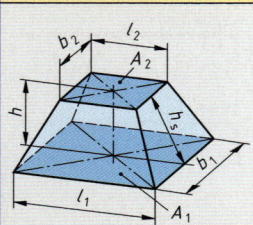

V	Volumen	l_1, l_2	Seitenlängen	b_1, b_2	Breiten
A_1	Grundfläche	A_2	Deckfläche	h	Höhe
		h_s	Mantelhöhe		

Beispiel:

$l_1 = 40$ mm; $l_2 = 22$ mm; $b_1 = 28$ mm;
$b_2 = 15$ mm; $h = 50$ mm; $V = ?$

$$V = \frac{h}{3} \cdot (A_1 + A_2 + \sqrt{A_1 \cdot A_2})$$

$$= \frac{50\,\text{mm}}{3} \cdot (1120 + 330 + \sqrt{1120 \cdot 330})\,\text{mm}^2$$

$$= \textbf{34 299 mm}^3$$

Volumen

$$V = \frac{h}{3} \cdot (A_1 + A_2 + \sqrt{A_1 \cdot A_2})$$

Mantelhöhe

$$h_s = \sqrt{h^2 + \left(\frac{l_1 - l_2}{2}\right)^2}$$

Kegel

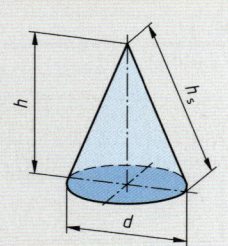

V	Volumen	h	Höhe
A_M	Mantelfläche	h_s	Mantelhöhe
d	Durchmesser		

Beispiel:

$d = 52$ mm; $h = 110$ mm; $V = ?$

$$V = \frac{\pi \cdot d^2}{4} \cdot \frac{h}{3}$$

$$= \frac{\pi \cdot (52\,\text{mm})^2}{4} \cdot \frac{110\,\text{mm}}{3}$$

$$= \textbf{77 870 mm}^3$$

Volumen

$$V = \frac{\pi \cdot d^2}{4} \cdot \frac{h}{3}$$

Mantelfläche

$$A_M = \frac{\pi \cdot d \cdot h_s}{2}$$

Mantelhöhe

$$h_s = \sqrt{\frac{d^2}{4} + h^2}$$

Kegelstumpf

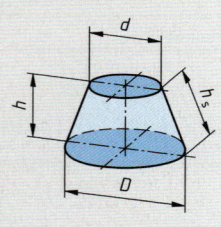

V	Volumen	d	kleiner
A_M	Mantelfläche		Durchmesser
D	großer	h	Höhe
	Durchmesser	h_s	Mantelhöhe

Beispiel:

$D = 100$ mm; $d = 62$ mm; $h = 80$ mm; $V = ?$

$$V = \frac{\pi \cdot h}{12} \cdot (D^2 + d^2 + D \cdot d)$$

$$= \frac{\pi \cdot 80\,\text{mm}}{12} \cdot (100^2 + 62^2 + 100 \cdot 62)\,\text{mm}^2$$

$$= \textbf{419 800 mm}^3$$

Volumen

$$V = \frac{\pi \cdot h}{12} \cdot (D^2 + d^2 + D \cdot d)$$

Mantelfläche

$$A_M = \frac{\pi \cdot h_s}{2} \cdot (D + d)$$

Mantelhöhe

$$h_s = \sqrt{h^2 + \left(\frac{D - d}{2}\right)^2}$$

Kugel

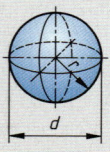

V	Volumen	d	Kugeldurchmesser
A_O	Oberfläche		

Beispiel:

$d = 9$ mm; $V = ?$

$$V = \frac{\pi \cdot d^3}{6} \cdot \frac{\pi \cdot (9\,\text{mm})^3}{6} = \textbf{382 mm}^3$$

Volumen

$$V = \frac{\pi \cdot d^3}{6}$$

Oberfläche

$$A_O = \pi \cdot d^2$$

Kugelabschnitt

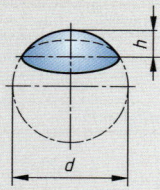

V	Volumen	d	Kugeldurchmesser
A_M	Mantelfläche	h	Höhe
A_O	Oberfläche		

Beispiel:

$d = 8$ mm; $h = 6$ mm; $V = ?$

$$V = \pi \cdot h^2 \cdot \left(\frac{d}{2} - \frac{h}{3}\right)$$

$$= \pi \cdot 6^2\,\text{mm}^2 \cdot \left(\frac{8\,\text{mm}}{2} - \frac{6\,\text{mm}}{3}\right)$$

$$= \textbf{226 mm}^3$$

Volumen

$$V = \pi \cdot h^2 \cdot \left(\frac{d}{2} - \frac{h}{3}\right)$$

Oberfläche

$$A_O = \pi \cdot h \cdot (2 \cdot d - h)$$

Mantelfläche

$$A_M = \pi \cdot d \cdot h$$

Volumen zusammengesetzter Körper, Berechnung der Masse

M

Volumen zusammengesetzter Körper

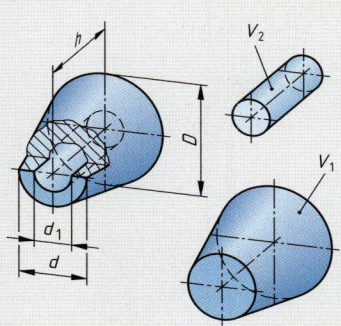

V Gesamtvolumen
V_1, V_2 Teilvolumen

Gesamtvolumen

$$V = V_1 + V_2 + \ldots - V_3 - V_4$$

Beispiel:

Kegelhülse; $D = 42$ mm; $d = 26$ mm;
$\quad\quad d_1 = 16$ mm; $h = 45$ mm; $V = ?$

$$V_1 = \frac{\pi \cdot h}{12} \cdot (D^2 + d^2 + D \cdot d)$$

$$= \frac{\pi \cdot 45 \text{ mm}}{12} \cdot (42^2 + 26^2 + 42 \cdot 26) \text{ mm}^2$$

$$= 41\,610 \text{ mm}^3$$

$$V_2 = \frac{\pi \cdot d_1^2}{4} \cdot h = \frac{\pi \cdot 16^2 \text{ mm}^2}{4} \cdot 45 \text{ mm} = 9048 \text{ mm}^3$$

$$\boldsymbol{V} = V_1 - V_2 = 41\,610 \text{ mm}^3 - 9048 \text{ mm}^3 = \boldsymbol{32\,562 \text{ mm}^3}$$

Berechnung der Masse

Masse, allgemein

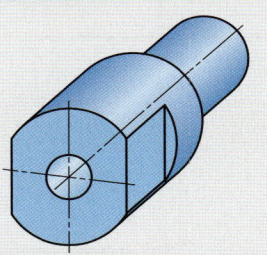

m Masse ϱ Dichte
V Volumen

Beispiel:

Werkstück aus Aluminium;
$V = 6,4 \text{ dm}^3$; $\varrho = 2,7 \text{ kg/dm}^3$; $m = ?$

$$\boldsymbol{m} = V \cdot \varrho = 6,4 \text{ dm}^3 \cdot 2,7 \, \frac{\text{kg}}{\text{dm}^3}$$

$$= \boldsymbol{17,28 \text{ kg}}$$

Masse

$$m = V \cdot \varrho$$

Werte für Dichte von festen Stoffen, Flüssigkeiten und Gasen: Seite 116 und 117

Längenbezogene Masse

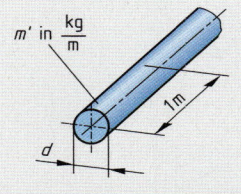

m Masse l Länge
m' längenbezogene Masse

Beispiel:

Rundstahl mit $d = 15$ mm;
$m' = 1,39 \text{ kg/m}$; $l = 3,86 \text{ m}$; $m = ?$

$$\boldsymbol{m} = m' \cdot l = 1,39 \, \frac{\text{kg}}{\text{m}} \cdot 3,86 \text{ m}$$

$$= \boldsymbol{5,37 \text{ kg}}$$

Längenbezogene Masse

$$m = m' \cdot l$$

Anwendung: Berechnung der Masse von Profilen, Rohren, Drähten … mit Hilfe von Tabellenwerten für m'

Flächenbezogene Masse

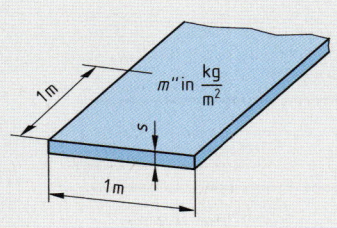

m Masse A Fläche
m'' flächenbezogene Masse

Beispiel:

Stahlblech
$s = 1,5$ mm; $m'' = 11,8 \text{ kg/m}^2$;
$A = 7,5 \text{ m}^2$; $m = ?$

$$\boldsymbol{m} = m'' \cdot A = 11,8 \, \frac{\text{kg}}{\text{m}^2} \cdot 7,5 \text{ m}^2$$

$$= \boldsymbol{88,5 \text{ kg}}$$

Flächenbezogene Masse

$$m = m'' \cdot A$$

Anwendung: Berechnung der Masse von Blechen, Folien, Belägen … mit Hilfe von Tabellenwerten für m''

Linien- und Flächenschwerpunkte

Linienschwerpunkte

M

l, l_1, l_2 Länge der Linien S, S_1, S_2 Schwerpunkte der Linien
x_s, x_1, x_2 waagerechte Abstände der Linienschwerpunkte von der y-Achse
y_s, y_1, y_2 senkrechte Abstände der Linienschwerpunkte von der x-Achse

Strecke

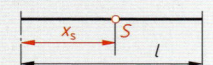

$$x_s = \frac{l}{2}$$

zusammengesetzter Linienzug

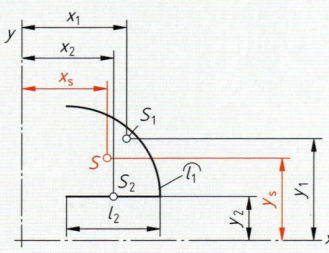

Kreisbogen

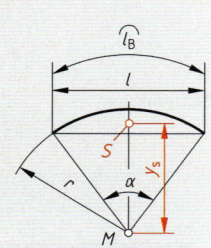

Berechnung von l und l_B:
Seite 28

allgemein

$$y_s = \frac{r \cdot l}{l_B}$$

$$y_s = \frac{l \cdot 180°}{\pi \cdot \alpha}$$

Halbkreisbogen

$$y_s \approx 0{,}6366 \cdot r$$

Viertelkreisbogen

$$y_s \approx 0{,}9003 \cdot r$$

$$x_s = \frac{l_1 \cdot x_1 + l_2 \cdot x_2 + \ldots}{l_1 + l_2 + \ldots}$$

$$y_s = \frac{l_1 \cdot y_1 + l_2 \cdot y_2 + \ldots}{l_1 + l_2 + \ldots}$$

Flächenschwerpunkte

A, A_1, A_2 Flächen S, S_1, S_2 Schwerpunkte der Flächen
x_s, x_1, x_2 waagerechte Abstände der Flächenschwerpunkte von der y-Achse
y_s, y_1, y_2 senkrechte Abstände der Flächenschwerpunkte von der x-Achse

Rechteck

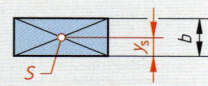

$$y_s = \frac{b}{2}$$

Dreieck

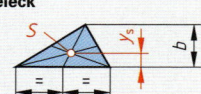

$$y_s = \frac{b}{3}$$

Kreisausschnitt

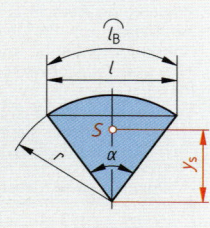

allgemein

$$y_s = \frac{2 \cdot r \cdot l}{3 \cdot l_B}$$

Halbkreisfläche

$$y_s \approx 0{,}4244 \cdot r$$

Viertelkreisfläche

$$y_s \approx 0{,}6002 \cdot r$$

zusammengesetzte Flächen

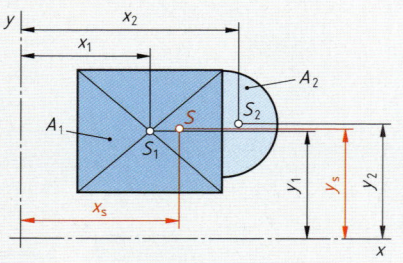

Kreisabschnitt

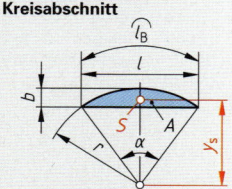

$$y_s = \frac{l^3}{12 \cdot A}$$

$$x_s = \frac{A_1 \cdot x_1 + A_2 \cdot x_2 + \ldots}{A_1 + A_2 + \ldots}$$

$$y_s = \frac{A_1 \cdot y_1 + A_2 \cdot y_2 + \ldots}{A_1 + A_2 + \ldots}$$

2 Technische Physik

P

Gleichförmige und gleichförmig beschleunigte Bewegung

Gleichförmige Bewegung

Geradlinige Bewegung

Weg-Zeit-Schaubild

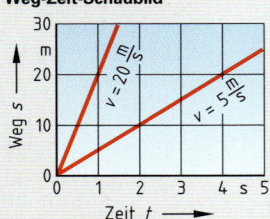

v Geschwindigkeit
t Zeit
s Weg

Beispiel:

$v = 48$ km/h; $s = 12$ m; $t = ?$

Umrechnung: $48 \dfrac{\text{km}}{\text{h}} = \dfrac{48\,000\ \text{m}}{3600\ \text{s}} = 13{,}33 \dfrac{\text{m}}{\text{s}}$

$t = \dfrac{s}{v} = \dfrac{12\ \text{m}}{13{,}33\ \text{m/s}} = \mathbf{0{,}9\ s}$

Geschwindigkeit

$$v = \frac{s}{t}$$

$1\dfrac{\text{m}}{\text{s}} = 60 \dfrac{\text{m}}{\text{min}} = 3{,}6 \dfrac{\text{km}}{\text{h}}$

$1\dfrac{\text{km}}{\text{h}} = 16{,}667 \dfrac{\text{m}}{\text{min}}$

$\qquad = 0{,}2778 \dfrac{\text{m}}{\text{s}}$

Kreisförmige Bewegung

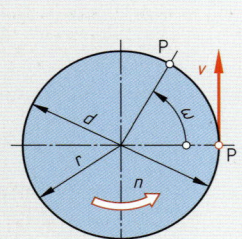

v Umfangsgeschwindigkeit, Schnittgeschwindigkeit
ω Winkelgeschwindigkeit

n Drehzahl
r Radius
d Durchmesser

Beispiel:

Riemenscheibe, $d = 250$ mm; $n = 1400$ min^{-1}; $v = ?; \omega = ?$

Umrechnung: $n = 1400\ \text{min}^{-1} = \dfrac{1400}{60\ \text{s}} = 23{,}33\ \text{s}^{-1}$

$v = \pi \cdot d \cdot n = \pi \cdot 0{,}25\ \text{m} \cdot 23{,}33\ \text{s}^{-1} = \mathbf{18{,}3} \dfrac{\text{m}}{\text{s}}$

$\omega = 2 \cdot \pi \cdot n = 2 \cdot \pi \cdot 23{,}33\ \text{s}^{-1} = \mathbf{146{,}6\ s^{-1}}$

Schnittgeschwindigkeit bei kreisförmiger Schnittbewegung: Seite 35

Umfangsgeschwindigkeit

$$v = \pi \cdot d \cdot n$$

$$v = \omega \cdot r$$

Winkelgeschwindigkeit

$$\omega = 2 \cdot \pi \cdot n$$

$\dfrac{1}{\text{min}} = \text{min}^{-1} = \dfrac{1}{60\ \text{s}}$

Gleichförmig beschleunigte Bewegung

Geradlinig beschleunigte Bewegung

Geschwindigkeit-Zeit-Schaubild

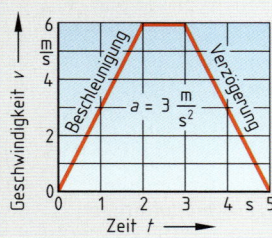

Die Zunahme der Geschwindigkeit in 1 Sekunde heißt **Beschleunigung,** die Abnahme **Verzögerung.** Der freie Fall ist eine gleichförmig beschleunigte Bewegung, bei der die Fallbeschleunigung g wirksam ist.

v Endgeschwindigkeit bei Beschleunigung, Anfangsgeschwindigkeit bei Verzögerung
s Weg t Zeit
a Beschleunigung g Fallbeschleunigung

1. Beispiel:

Gegenstand, freier Falls aus $s = 3$ m; $v = ?$

$a = g = 9{,}81 \dfrac{\text{m}}{\text{s}^2}$

$v = \sqrt{2 \cdot a \cdot s} = \sqrt{2 \cdot 9{,}81\ \text{m/s}^2 \cdot 3\ \text{m}} = \mathbf{7{,}7} \dfrac{\text{m}}{\text{s}}$

2. Beispiel:

Kraftfahrzeug, $v = 80$ km/h; $a = 7$ m/s^2; Bremsweg $s = ?$

Umrechnung: $v = 80 \dfrac{\text{km}}{\text{h}} = \dfrac{80\,000\ \text{m}}{3600\ \text{s}} = 22{,}22 \dfrac{\text{m}}{\text{s}}$

$v = \sqrt{2 \cdot a \cdot s}$

$s = \dfrac{v^2}{2 \cdot a} = \dfrac{(22{,}22\ \text{m/s})^2}{2 \cdot 7\ \text{m/s}^2} = \mathbf{35{,}3\ m}$

Bei Beschleunigung aus dem Stand oder bei Verzögerung bis zum Stand gilt:

End- oder Anfangsgeschwindigkeit

$$v = a \cdot t$$

$$v = \sqrt{2 \cdot a \cdot s}$$

Beschleunigungsweg/ Verzögerungsweg

$$s = \frac{1}{2} \cdot v \cdot t$$

$$s = \frac{1}{2} \cdot a \cdot t^2$$

$$s = \frac{v^2}{2 \cdot a}$$

Weg-Zeit-Schaubild

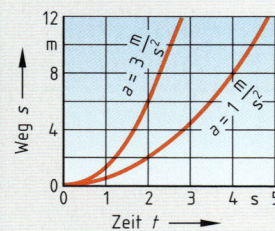

P

Geschwindigkeiten an Maschinen

Vorschubgeschwindigkeit

Drehen

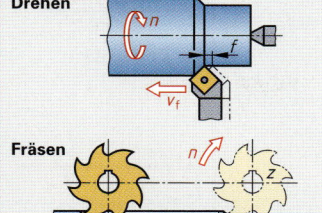

Fräsen

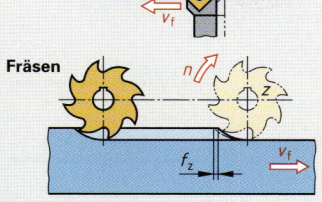

Gewinde-trieb

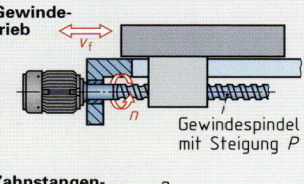

Gewindespindel mit Steigung P

Zahnstangen-trieb

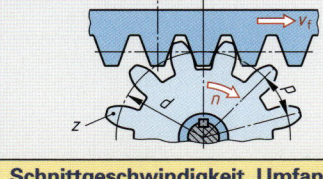

v_f Vorschubgeschwindigkeit
n Drehzahl
f Vorschub
f_z Vorschub je Schneide
z Anzahl der Schneiden, Zähnezahl des Ritzels
P Gewindesteigung
p Teilung der Zahnstange

1. Beispiel:

Walzenfräser, $z = 8$; $f_z = 0,2$ mm; $n = 45$/min; $v_f = ?$

$$v_f = n \cdot f_z \cdot z = 45\,\frac{1}{min} \cdot 0,2\,mm \cdot 8 = 72\,\frac{mm}{min}$$

2. Beispiel:

Vorschubantrieb mit Gewindespindel, $P = 5$ mm; $n = 112$/min; $v_f = ?$

$$v_f = n \cdot P = 112\,\frac{1}{min} \cdot 5\,mm = 560\,\frac{mm}{min}$$

3. Beispiel:

Vorschub mit Zahnstangentrieb, $n = 80$/min; $d = 75$ mm; $v_f = ?$

$$v_f = \pi \cdot d \cdot n = \pi \cdot 75\,mm \cdot 80\,\frac{1}{min}$$

$$= 18\,850\,\frac{mm}{min} = 18,85\,\frac{m}{min}$$

Vorschubgeschwindigkeit beim Bohren, Drehen

$$v_f = n \cdot f$$

Vorschubgeschwindigkeit beim Fräsen

$$v_f = n \cdot f_z \cdot z$$

Vorschubgeschwindigkeit beim Gewindetrieb

$$v_f = n \cdot P$$

Vorschubgeschwindigkeit beim Zahnstangentrieb

$$v_f = n \cdot z \cdot p$$

$$v_f = \pi \cdot d \cdot n$$

P

Schnittgeschwindigkeit, Umfangsgeschwindigkeit

Schnittgeschwindigkeit

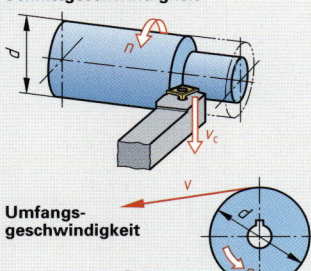

Umfangs-geschwindigkeit

v_c Schnittgeschwindigkeit
v Umfangsgeschwindigkeit
d Durchmesser
n Drehzahl

Beispiel:

Drehen, $n = 1200$/min; $d = 35$ mm; $v_c = ?$

$$v_c = \pi \cdot d \cdot n = \pi \cdot 0,035\,m \cdot 1200\,\frac{1}{min}$$

$$= 132\,\frac{m}{min}$$

Schnitt-geschwindigkeit

$$v_c = \pi \cdot d \cdot n$$

Umfangs-geschwindigkeit

$$v = \pi \cdot d \cdot n$$

Mittlere Geschwindigkeit bei Kurbeltrieben

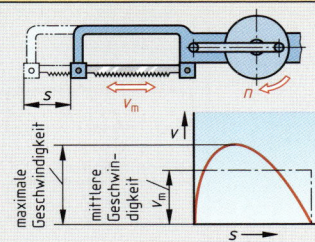

maximale Geschwindigkeit · mittlere Geschwindigkeit v_m

v_m mittlere Geschwindigkeit
n Anzahl der Doppelhübe
s Hublänge

Beispiel:

Maschinenbügelsäge, $s = 280$ mm; $n = 45$/min; $v_m = ?$

$$v_m = 2 \cdot s \cdot n = 2 \cdot 0,28\,m \cdot 45\,\frac{1}{min}$$

$$= 25,2\,\frac{m}{min}$$

Mittlere Geschwindigkeit

$$v_m = 2 \cdot s \cdot n$$

Arten von Kräften

Zusammensetzung und Zerlegung von Kräften

Für die folgenden Beispiele gewählt: $M_k = 10 \dfrac{N}{mm}$

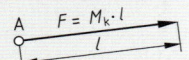

$F = M_k \cdot l$

F_1, F_2 Teilkräfte	l Pfeillänge
F_r Resultierende	M_k Kräftemaßstab

Darstellen von Kräften

Kräfte werden durch Pfeile dargestellt.
Die Länge l des Pfeils entspricht der Größe der Kraft F.

Pfeillänge

$$l = \frac{F}{M_k}$$

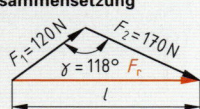

Addieren von Kräften auf gleicher Wirkungslinie

Beispiel: $F_1 = 80\ N$; $F_2 = 160\ N$; $F_r = ?$
$F_r = F_1 + F_2 = 80\ N + 160\ N = $ **240 N**

Summe

$$F_r = F_1 + F_2$$

Subtrahieren von Kräften auf gleicher Wirkungslinie

Beispiel: $F_1 = 240\ N$; $F_2 = 90\ N$; $F_r = ?$
$F_r = F_1 - F_2 = 240\ N - 90\ N = $ **150 N**

Differenz

$$F_r = F_1 - F_2$$

Zusammensetzung

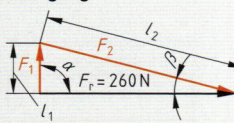

Zerlegung

Zusammensetzung und Zerlegung von Kräften, deren Wirkungslinien sich schneiden

Beispiel zeichnerische Zusammensetzung:

$F_1 = 120\ N$; $F_2 = 170\ N$; $\gamma = 118°$;
$M_k = 10\ N/mm$; $F_r = ?$; Gemessen: $l = 25\ mm$
$F_r = l \cdot M_k = 25\ mm \cdot 10\ N/mm = $ **250 N**

Beispiel zeichnerische Zerlegung:

$F_r = 260\ N$; $\alpha = 90°$; $\beta = 15°$; $M_k = 10\ N/mm$;
$F_1 = ?$; $F_2 = ?$; Gemessen: $l_1 = 7\ mm$; $l_2 = 27\ mm$
$F_1 = l_1 \cdot M_k = 7\ mm \cdot 10\ N/mm = $ **70 N**
$F_2 = l_2 \cdot M_k = 27\ mm \cdot 10\ N/mm = $ **270 N**

Berechnung des Kraftecks bei Zusammensetzung oder Zerlegung

Form des Kraftecks	benötigte Winkel-funktion
Krafteck rechtwinklig	Sinus, Kosinus, Tangens
Krafteck schiefwinklig	Sinussatz, Kosinussatz

Kräfte bei Beschleunigung und Verzögerung

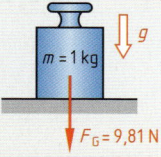

Für die Beschleunigung und die Verzögerung von Massen ist eine Kraft erforderlich.
F Beschleunigungskraft a Beschleunigung
m Masse

Beispiel:

$m = 50\ kg$; $a = 3\ \dfrac{m}{s^2}$; $F = ?$

$F = m \cdot a = 50\ kg \cdot 3\ \dfrac{m}{s^2} = 150\ kg \cdot \dfrac{m}{s^2} = $ **150 N**

Beschleunigungskraft

$$F = m \cdot a$$

$1\ N = 1\ kg \cdot \dfrac{m}{s^2}$

Gewichtskraft

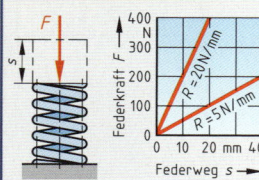

Die Erdanziehung bewirkt bei Massen eine Gewichtskraft.
F_G, G Gewichtskraft g Fallbeschleunigung
m Masse

Beispiel:

Stahlträger, $m = 1200\ kg$; $F_G = ?$

$F_G = m \cdot g = 1200\ kg \cdot 9,81\ \dfrac{m}{s^2} = $ **11 772 N**

Gewichtskraft

$$F_G = m \cdot g$$

$g = 9,81\ \dfrac{m}{s^2} \approx 10\ \dfrac{m}{s^2}$

Berechnung der Masse: Seite 31

Federkraft (Hooke'sches Gesetz)

Innerhalb des elastischen Bereiches sind Kraft und zugehörige Längenänderung einer Feder proportional.
F Federkraft s Federweg
R Federrate

Beispiel:

Druckfeder, $R = 8\ N/mm$; $s = 12\ mm$; $F = ?$

$F = R \cdot s = 8\ \dfrac{N}{mm} \cdot 12\ mm = $ **96 N**

Federkraft

$$F = R \cdot s$$

Federkraftänderung

$$\Delta F = R \cdot \Delta s$$

Drehmoment, Hebel, Fliehkraft

Drehmoment und Hebel

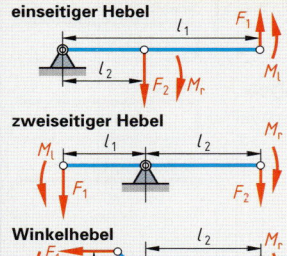

einseitiger Hebel

zweiseitiger Hebel

Winkelhebel

Die **wirksame Hebellänge** ist der rechtwinklige Abstand zwischen Drehpunkt und Wirkungslinie der Kraft. Bei scheibenförmig drehbaren Teilen entspricht die Hebellänge dem Radius r.

M Drehmoment F Kraft
l wirksame Hebellänge
ΣM_l Summe aller linksdrehenden Momente
ΣM_r Summe aller rechtsdrehenden Momente

Beispiel:

Winkelhebel, $F_1 = 30$ N; $l_1 = 0{,}15$ m; $l_2 = 0{,}45$ m;
$F_1 = ?$

$$F_2 = \frac{F_1 \cdot l_1}{l_2} = \frac{30\ \text{N} \cdot 0{,}15\ \text{m}}{0{,}45\ \text{m}} = \textbf{10 N}$$

Drehmoment

$$M = F \cdot l$$

Hebelgesetz

$$\Sigma M_l = \Sigma M_r$$

Hebelgesetz bei nur 2 Kräften

$$F_1 \cdot l_1 = F_2 \cdot l_2$$

P

Auflagerkräfte

Beispiel für Auflagerkraft

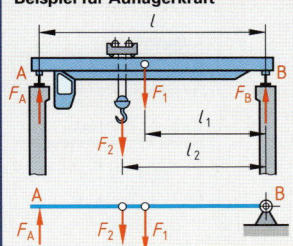

Zur Berechnung der Auflagerkräfte nimmt man einen Auflagerpunkt als Drehpunkt an.

F_A, F_B Auflagerkräfte l, l_1, l_2 wirksame
F_1, F_2 Kräfte   Hebellängen

Beispiel:

Laufkran, $F_1 = 40$ kN; $F_2 = 15$ kN; $l_1 = 6$ m;
$l_2 = 8$ m; $l = 12$ m; $F_A = ?$
Lösung: gewählter Drehpunkt B; die Lagerkraft F_A
wird am einseitigen Hebel angenommen.

$$F_A = \frac{F_1 \cdot l_1 + F_2 \cdot l_2}{l} = \frac{40\ \text{kN} \cdot 6\ \text{m} + 15\ \text{kN} \cdot 8\ \text{m}}{12\ \text{m}} = \textbf{30 kN}$$

Hebelgesetz

$$\Sigma M_l = \Sigma M_r$$

Auflagerkraft in A

$$F_A = \frac{F_1 \cdot l_1 + F_2 \cdot l_2 \ldots}{l}$$

$$F_A + F_B = F_1 + F_2 \ldots$$

Drehmoment bei Zahnradtrieben

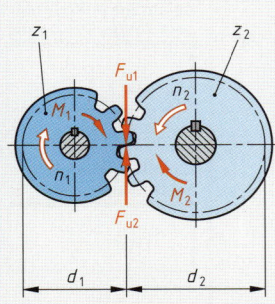

Der Hebelarm bei Zahnrädern entspricht dem halben Teilkreisdurchmesser d. Sind die Zähnezahlen zweier ineinandergreifender Zahnräder verschieden, ergeben sich unterschiedliche Drehmomente.

Treibendes Rad   **Getriebenes Rad**
F_{u1} Umfangskraft F_{u2} Umfangskraft
M_1 Drehmoment M_2 Drehmoment
d_1 Teilkreisdurchmesser d_2 Teilkreisdurchmesser
z_1 Zähnezahl z_2 Zähnezahl
n_1 Drehzahl n_2 Drehzahl
         i Übersetzungsverhältnis

Beispiel:

Getriebe, $i = 12$; $M_1 = 60$ N · m; $M_2 = ?$
$M_2 = i \cdot M_1 = 12 \cdot 60$ N · m = **720 N · m**

Übersetzungen bei Zahnradtrieben: Seite 259

Drehmomente

$$M_1 = \frac{F_{u1} \cdot d_1}{2}$$

$$M_2 = \frac{F_{u2} \cdot d_2}{2}$$

$$M_2 = i \cdot M_1$$

$$\frac{M_2}{M_1} = \frac{z_2}{z_1}$$

$$\frac{M_2}{M_1} = \frac{n_1}{n_2}$$

Fliehkraft

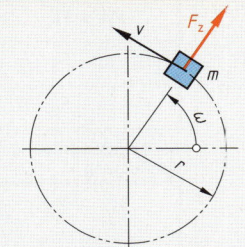

Die **Fliehkraft** F_z entsteht, wenn eine Masse auf einer gekrümmten Bahn, z. B. einem Kreis, bewegt wird.

F_z Fliehkraft ω Winkelgeschwindigkeit
m Masse v Umfangsgeschwindigkeit
r Radius

Beispiel:

Turbinenschaufel, $m = 160$ g; $v = 80$ m/s;
$d = 400$ mm; $F_z = ?$

$$F_z = \frac{m \cdot v^2}{r} = \frac{0{,}16\ \text{kg} \cdot (80\ \text{m/s})^2}{0{,}2\ \text{m}} = 5120\ \frac{\text{kg} \cdot \text{m}}{\text{s}^2} = \textbf{5120 N}$$

Fliehkraft

$$F_z = m \cdot r \cdot \omega^2$$

$$F_z = \frac{m \cdot v^2}{r}$$

P

Arbeit und Energie

Mechanische Arbeit, Hubarbeit und Reibungsarbeit

Arbeit wird verrichtet, wenn eine Kraft längs eines Weges wirkt.

F	Kraft in Wegrichtung	W	Arbeit
F_G, G	Gewichtskraft	s	Kraftweg
F_R	Reibungskraft	s, h	Hubhöhe
F_N	Normalkraft	μ	Reibungszahl

Arbeit

$$W = F \cdot s$$

1. Beispiel:

$F = 300$ N; $s = 4$ m; $W = ?$

$W = F \cdot s = 300$ N $\cdot 4$ m $= 1200$ N $\cdot$ m $= \textbf{1200 J}$

Hubarbeit

$$W = F_G \cdot h$$

2. Beispiel:

Reibungsarbeit, $F_N = 0,8$ kN; $s = 1,2$ m; $\mu = 0,4$; $W = ?$

$W = \mu \cdot F_N \cdot s = 0,4 \cdot 800$ N $\cdot 1,2$ m $= 384$ N $\cdot$ m $= \textbf{384 J}$

Reibungsarbeit

$$W = \mu \cdot F_N \cdot s$$

1 J = 1 N $\cdot$ 1 m

$= 1$ W $\cdot$ s $= 1 \dfrac{\text{kg} \cdot \text{m}^2}{\text{s}^2}$

1 kW $\cdot$ h = 3,6 MJ

Potenzielle Energie

Lageenergie   **Federenergie**

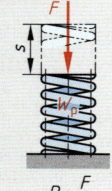

Potenzielle Energie ist gespeicherte Arbeit (Lageenergie, Federenergie).

E_p, W_p	potenzielle Energie	R	Federrate
F_G, G	Gewichtskraft	s, h	Weg, Hub- oder
F	Kraft		Fallhöhe, Federweg

Lageenergie

$$W_p = F \cdot s$$

Beispiel:

Fallhammer, $m = 30$ kg; $s = 2,6$ m; $W_p = ?$

$W_p = F_G \cdot s = 30$ kg $\cdot 9,81 \dfrac{\text{m}}{\text{s}^2} \cdot 2,6$ m $= \textbf{765 J}$

Energie der Feder

$$W_p = \frac{R \cdot s^2}{2}$$

$R = \dfrac{F}{s}$

Kinetische Energie

geradlinige Bewegung

Kinetische Energie ist Energie der Bewegung.

E_k, W_k	kinetische Energie	v	Geschwindigkeit
ω	Winkelgeschwindigkeit	m	Masse
J	Massenträgheitsmoment		

Kinetische Energie bei geradliniger Bewegung

$$W_k = \frac{m \cdot v^2}{2}$$

Drehbewegung (Rotation)

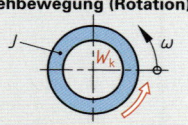

Beispiel:

Fallhammer, $m = 30$ kg; $s = 2,6$ m; $W_k = ?$

$v = \sqrt{2 \cdot g \cdot s} = \sqrt{2 \cdot 9,81 \text{ m/s}^2 \cdot 2,6 \text{ m}} = 7,14$ m/s

$W_k = \dfrac{m \cdot v^2}{2} = \dfrac{30 \text{ kg} \cdot (7,14 \text{ m/s})^2}{2} = \textbf{765 J}$

Kinetische Energie bei Drehbewegung

$$W_k = \frac{J \cdot \omega^2}{2}$$

Goldene Regel der Mechanik

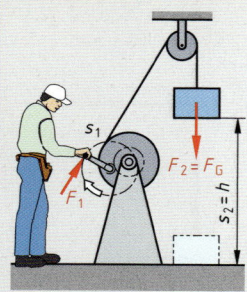

Was an Kraft gewonnen wird, geht an Weg verloren.

W_1	aufgewendete Arbeit	W_2	abgegebene Arbeit
F_1	aufgewendete Kraft	F_2	abgegebene Kraft
s_1	Weg der Kraft F_1	s_2	Weg der Kraft F_2
F_G, G	Gewichtskraft	η	Wirkungsgrad
h	Hubhöhe		

„Goldene Regel" der Mechanik

$$W_1 = W_2$$

$$F_1 \cdot s_1 = F_2 \cdot s_2$$

$$F_1 \cdot s_1 = F_G \cdot h$$

Beispiel:

Hubeinrichtung, $F_G = 5$ kN; $h = 2$ m; $F = 300$ N; $s = ?$

$s = \dfrac{F_G \cdot h}{F} = \dfrac{5000 \text{ N} \cdot 2 \text{ m}}{300 \text{ N}} = \textbf{33,3 m}$

Bei Berücksichtigung der Reibung

$$W_1 = \frac{W_2}{\eta}$$

Einfache Maschinen

Feste Rolle[1]

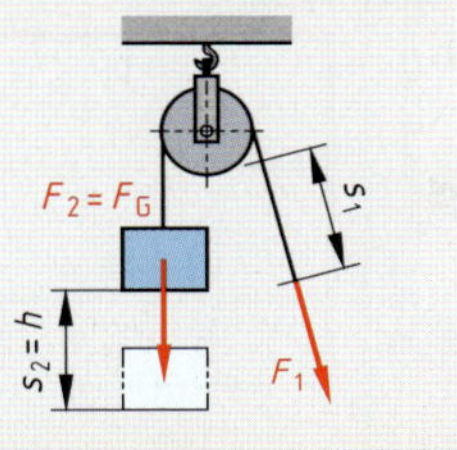

$$F_1 = F_G$$

$$s_1 = h$$

$$W_2 = F_G \cdot h$$

Lose Rolle[1]

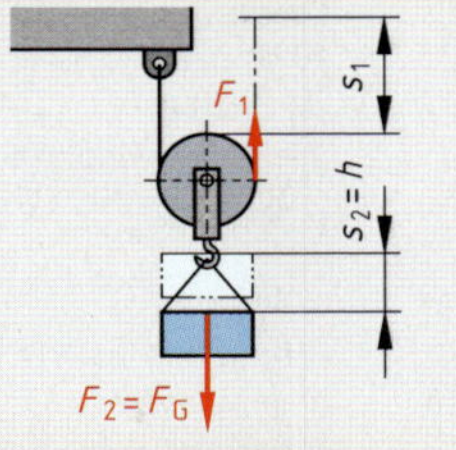

$$F_1 = \frac{F_G}{2}$$

$$s_1 = 2 \cdot h$$

$$W_2 = F_G \cdot h$$

Flaschenzug[1]

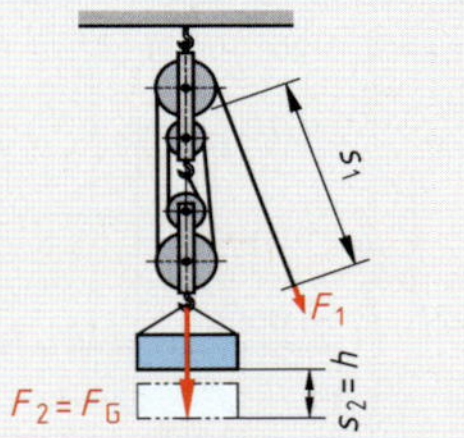

n Anzahl der tragenden Seilstränge, Rollenzahl

$$F_1 = \frac{F_G}{n}$$

$$s_1 = n \cdot h$$

$$W_2 = F_G \cdot h$$

Schiefe Ebene[1]

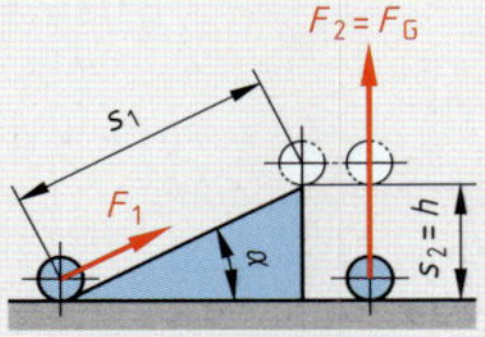

α Neigungswinkel

$$F_1 \cdot s_1 = F_G \cdot h$$

$$F_1 = F_G \cdot \sin\alpha$$

$$W_2 = F_G \cdot h$$

Keil[1]

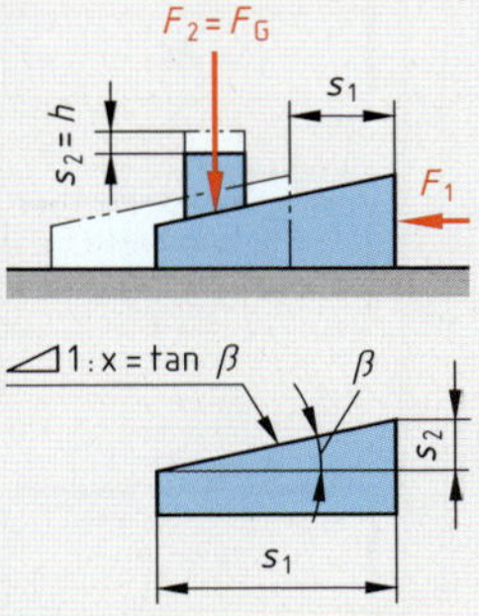

β Neigungswinkel
$\tan\beta$ Neigung

$$F_1 \cdot s_1 = F_2 \cdot h$$

$$F_2 = \frac{F_1}{\tan\beta}$$

$$s_2 = s_1 \cdot \tan\beta$$

$$W_2 = F_2 \cdot h$$

$1 : x = \tan\beta$

Schraube[1]

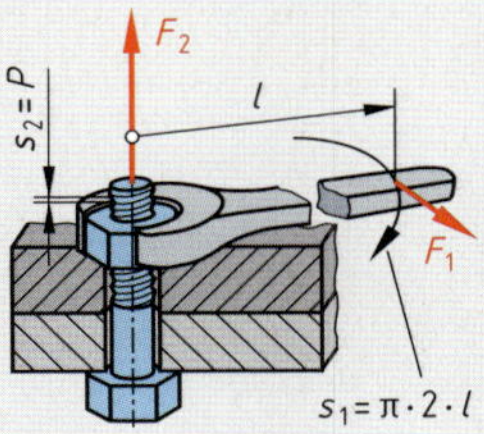

P Gewindesteigung
l Hebellänge
Für 1 volle Umdrehung

$$F_1 \cdot 2 \cdot \pi \cdot l = F_2 \cdot P$$

$$s_1 = 2 \cdot \pi \cdot l$$

$$W_1 = F_1 \cdot 2 \cdot \pi \cdot l$$

$$W_2 = F_2 \cdot P$$

$s_1 = \pi \cdot 2 \cdot l$

Seilwinde[1]

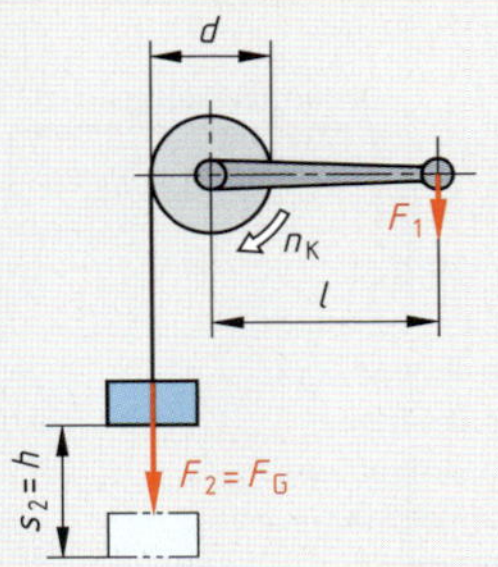

l Kurbellänge
d Trommeldurchmesser
n_K Zahl der Kurbelumdrehungen

$$F_1 \cdot l = \frac{F_G \cdot d}{2}$$

$$h = \pi \cdot d \cdot n_K$$

$$W_2 = F_G \cdot h$$

Räderwinde[1]

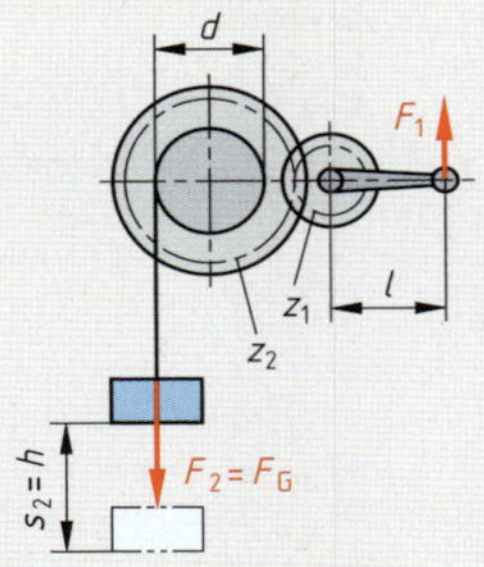

l Kurbellänge
d Trommeldurchmesser
i Übersetzungsverhältnis

$$F_1 \cdot l \cdot i = \frac{F_G \cdot d}{2}$$

$$i = \frac{z_2}{z_1}$$

$$W_2 = F_G \cdot h$$

[1] Die Formeln gelten für den gedachten reibungsfreien Zustand. Bei diesem ist die aufgewendete Arbeit W_1 gleich der abgegebenen Arbeit W_2.

Leistung und Wirkungsgrad

Leistung bei geradliniger Bewegung

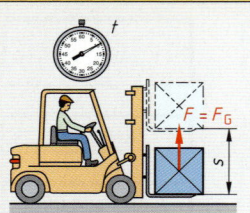

Leistung ist die Arbeit in der Zeiteinheit.

P	Leistung	s	Weg in Kraftrichtung
W	Arbeit	t	Zeit
v	Geschwindigkeit		

1. Beispiel:

Gabelstapler, $F = 15$ kN; $v = 25$ m/min; $P = ?$

$$P = F \cdot v = 15\,000 \text{ N} \cdot \frac{25 \text{ m}}{60 \text{ s}} = 6250 \frac{\text{N} \cdot \text{m}}{\text{s}} = 6250 \text{ W} = \textbf{6,25 kW}$$

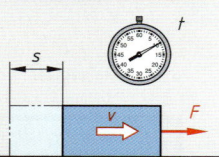

2. Beispiel:

Kran hebt Werkzeugmaschine, $m = 1,2$ t; $s = 2,5$ m; $t = 4,5$ s; $P = ?$

$F_\text{G} = m \cdot g = 1200 \text{ kg} \cdot 9,81 \text{ m/s}^2 = 11772 \text{ N}$

$$P = \frac{F_\text{G} \cdot s}{t} = \frac{11772 \text{ N} \cdot 2,5 \text{ m}}{4,5 \text{ s}} = 6540 \text{ W} = \textbf{6,5 kW}$$

Leistung von Pumpen und Zylindern: Seite 371

Leistung

$$P = \frac{W}{t}$$

$$P = \frac{F \cdot s}{t}$$

$$P = F \cdot v$$

$1 \text{ W} = 1 \dfrac{\text{J}}{\text{s}}$

$\qquad = 1 \dfrac{\text{N} \cdot \text{m}}{\text{s}}$

$1 \text{ kW} = 1,36 \text{ PS}$

Leistung bei kreisförmiger Bewegung

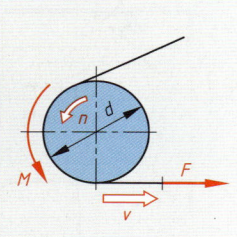

P	Leistung	s	Weg in Kraftrichtung
M	Drehmoment	t	Zeit
F	Umfangskraft	n	Drehzahl
v	Geschwindigkeit	ω	Winkelgeschwindigkeit

Beispiel:

Riementrieb, $F = 1,2$ kN; $d = 200$ mm; $n = 2800$/min; $P = ?$

$P = F \cdot \pi \cdot d \cdot n$

$= 1,2 \text{ kN} \cdot \pi \cdot 0,2 \text{ m} \cdot \dfrac{2800}{60 \text{ s}} = 35,2 \dfrac{\text{kN} \cdot \text{m}}{\text{s}} = \textbf{35,2 kW}$

Zahlenwertgleichung:
Einsetzen → M in N · m, n in 1/min
Ergebnis → P in kW

Schnittleistung bei Werkzeugmaschinen: Seiten 299 und 300

Leistung

$$P = F \cdot v$$

$$P = F \cdot \pi \cdot d \cdot n$$

$$P = M \cdot 2 \cdot \pi \cdot n$$

$$P = M \cdot \omega$$

oder:

Leistung

$$P = \frac{M \cdot n}{9550}$$

Wirkungsgrad

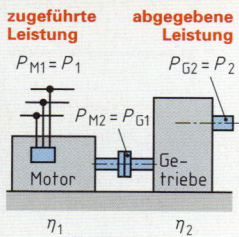

zugeführte Leistung
$P_\text{M1} = P_1$

abgegebene Leistung
$P_\text{G2} = P_2$

$P_\text{M2} = P_\text{G1}$

Motor   Ge-triebe

$\eta_1 \qquad \eta_2$

$\eta = \eta_1 \cdot \eta_2$

Unter dem Wirkungsgrad versteht man das Verhältnis von abgegebener Leistung oder Arbeit zu zugeführter Leistung oder Arbeit.

P_1	zugeführte Leistung	P_2	abgegebene Leistung
W_1	zugeführte Arbeit	W_2	abgegebene Arbeit
η	Gesamtwirkungsgrad	η_1, η_2	Teilwirkungsgrade

Beispiel:

Antrieb, $P_1 = 4$ kW; $P_2 = 3$ kW; $\eta_1 = 85\%$; $\eta = ?$; $\eta_2 = ?$

$\eta = \dfrac{P_2}{P_1} = \dfrac{3 \text{ kW}}{4 \text{ kW}} = \textbf{0,75}; \qquad \eta_2 = \dfrac{\eta}{\eta_1} = \dfrac{0,75}{0,85} = \textbf{0,88}$

Wirkungsgrad

$$\eta = \frac{P_2}{P_1}$$

$$\eta = \frac{W_2}{W_1}$$

Gesamtwirkungsgrad

$$\eta = \eta_1 \cdot \eta_2 \cdot \eta_3 \cdots$$

Wirkungsgrade η (Richtwerte)

Braunkohlekraftwerk	0,32	Otto-Motor	0,27	Bewegungsgewinde	0,30
Steinkohlekraftwerk	0,41	Kfz-Dieselmotor (Teillast)	0,24	Zahnradgetriebe	0,97
Erdgaskraftwerk	0,50	Kfz-Dieselmotor (Volllast)	0,40	Schneckengetriebe $i = 40$	0,65
Gasturbine	0,38	Großdieselmotor (Teillast)	0,33	Reibradgetriebe	0,80
Dampfturbine (Hochdruck)	0,45	Großdieselmotor (Volllast)	0,55	Kettentrieb	0,90
Wasserturbine	0,85	Drehstrom-Motor	0,85	Breitkeilriemengetriebe	0,85
Kraft-Wärmekopplung	0,75	Werkzeugmaschine	0,75	Hydrogetriebe	0,75

P

Reibungsarten, Reibungszahlen

Reibungskraft

Haftreibung, Gleitreibung

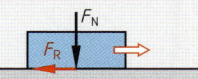

Haftreibung, Gleitreibung

Rollreibung

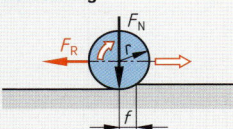

Die auftretende Reibungskraft ist von der Normalkraft F_N abhängig und von

- der Reibungsart: Haft-, Gleit- oder Rollreibung
- dem Reibungszustand (Schmierzustand): Festkörper-, Misch- oder Flüssigkeitsreibung
- der Oberflächenrauheit
- der Werkstoffpaarung (Werkstoffkombination)

Die Einflüsse werden in der aus Versuchen ermittelten Reibungszahl μ zusammengefasst.

F_N Normalkraft f Rollreibungszahl
F_R Reibungskraft μ Reibungszahl r Radius

1. Beispiel:

Gleitlager, $F_N = 100\ N$; $\mu = 0{,}03$; $F_R = ?$
$F_R = \mu \cdot F_N = 0{,}03 \cdot 100\ N = \mathbf{3\ N}$

2. Beispiel:

Kranrad auf Stahlschiene, $F_N = 45\ kN$; $d = 320\ mm$; $f = 0{,}5\ mm$; $F_R = ?$
$$F_R = \frac{f \cdot F_N}{r} = \frac{0{,}5\ mm \cdot 45\,000\ N}{160\ mm} = \mathbf{140{,}6\ N}$$

Reibungskraft bei Haft- und Gleitreibung

$$F_R = \mu \cdot F_N$$

Reibungskraft bei Rollreibung[1]

$$F_R = \frac{f \cdot F_N}{r}$$

[1] verursacht durch elastische Verformungen zwischen Rollkörper und Rollbahn

P

Reibungszahlen (Richtwerte)

Werkstoffpaarung	Anwendungsbeispiel	Haftreibungszahl μ		Gleitreibungszahl μ	
		trocken	geschmiert	trocken	geschmiert
Stahl/Stahl	Schraubstockführung	0,20	0,10	0,15	0,10...0,05
Stahl/Gusseisen	Maschinenführung	0,20	0,15	0,18	0,10...0,08
Stahl/Cu-Sn-Legierung	Welle in Massivgleitlager	0,20	0,10	0,10	0,06...0,03[2]
Stahl/Pb-Sn-Legierung	Welle in Verbundgleitlager	0,15	0,10	0,10	0,05...0,03[2]
Stahl/Polyamid	Welle in PA-Gleitlager	0,30	0,15	0,30	0,12...0,03[2]
Stahl/PTFE	Tieftemperaturlager	0,04	0,04	0,04	0,04[2]
Stahl/Reibbelag	Backenbremse	0,60	0,30	0,55	0,03...0,02
Stahl/Holz	Bauteil auf Montagebock	0,55	0,10	0,35	0,05
Holz/Holz	Unterleghölzer	0,50	0,20	0,30	0,10
Gusseisen/Cu-Sn-Legierung	Einstellleiste an Führung	0,28	0,16	0,21	0,20...0,10
Gummi/Gusseisen	Riemen auf Riemenscheibe	0,50	–	–	–
Wälzkörper/Stahl	Wälzlager[3], Wälzführung[3]	–	–	–	0,003...0,001

[2] Mit zunehmender Gleitgeschwindigkeit und sich einstellender Misch- und Flüssigkeitsreibung verliert die Werkstoffpaarung ihren Einfluss.
[3] Berechnung erfolgt trotz rollender Bewegung üblicherweise wie bei Haft- bzw. Gleitreibung.

Rollreibungszahlen (Richtwerte)

Werkstoffpaarung	Anwendungsbeispiel	Rollreibungszahl f in mm
Stahl/Stahl	Stahlrad auf Führungsschiene	0,05
Gummi/Beton	Transportrollen auf Hallenboden	0,15
Gummi/Asphalt	Autoreifen auf Straße	4,5

Reibungsmoment und Reibungsleistung in Lagern

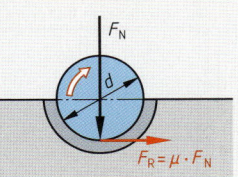

M Reibungsmoment μ Reibungszahl
F_N Normalkraft d Durchmesser
P Reibungsleistung n Drehzahl

Beispiel:

Stahlwelle in Cu-Sn-Gleitlager, $\mu = 0{,}05$; $F_N = 6\ kN$; $d = 160\ mm$; $M = ?$
$$M = \frac{\mu \cdot F_N \cdot d}{2} = \frac{0{,}05 \cdot 6000\ N \cdot 0{,}16\ m}{2} = \mathbf{24\ N \cdot m}$$

Reibungsmoment

$$M = \frac{\mu \cdot F_N \cdot d}{2}$$

Reibungsleistung

$$P = \mu \cdot F_N \cdot \pi \cdot d \cdot n$$

Druckarten

Druck

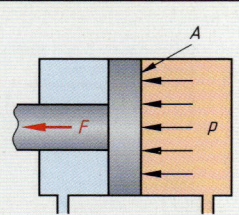

p Druck	A Fläche
F Kraft	

Beispiel:

$F = 2$ MN; Kolben-$\varnothing$ $d = 400$ mm; $p = ?$

$$p = \frac{F}{A} = \frac{2000000\ \text{N}}{\frac{\pi \cdot (40\ \text{cm})^2}{4}} = 1591\ \frac{\text{N}}{\text{cm}^2} = \textbf{159,1 bar}$$

Berechnungen zur Hydraulik und Pneumatik: Seite 370

Druck

$$p = \frac{F}{A}$$

Druckeinheiten

$$1\ \text{Pa} = 1\ \frac{\text{N}}{\text{m}^2} = 0,00001\ \text{bar}$$

$$1\ \text{bar} = 10\ \frac{\text{N}}{\text{cm}^2} = 0,1\ \frac{\text{N}}{\text{mm}^2}$$

1 mbar = 100 Pa = 1 hPa

Überdruck, Luftdruck, absoluter Druck

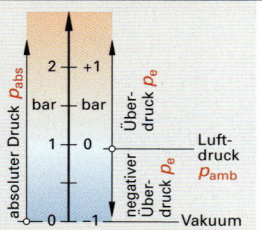

p_e Überdruck (excedens, überschreitend)
p_{amb} Luftdruck (ambient, umgebend)
p_{abs} absoluter Druck

Der Überdruck ist
positiv, wenn $p_{abs} > p_{amb}$ ist und
negativ, wenn $p_{abs} < p_{amb}$ ist (Unterdruck)

Beispiel:

Autoreifen, $p_e = 2,2$ bar; $p_{amb} = 1$ bar; $p_{abs} = ?$

$p_{abs} = p_e + p_{amb} = 2,2$ bar + 1 bar = **3,2 bar**

Überdruck

$$p_e = p_{abs} - p_{amb}$$

$p_{amb} = 1,013$ bar ≈ 1 bar
(Normal-Luftdruck)

Hydrostatischer Druck, Auftrieb

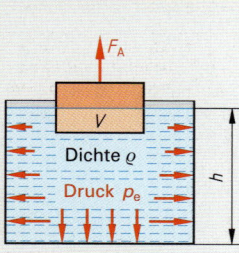

p_e hydrostatischer Druck, Eigendruck	F_A Auftriebskraft
	V Eintauchvolumen
ϱ Dichte der Flüssigkeit	h Flüssigkeitstiefe
g Fallbeschleunigung	

Beispiel:

Welcher Druck herrscht in 10 m Wassertiefe?

$$p_e = g \cdot \varrho \cdot h = 9,81\ \frac{\text{m}}{\text{s}^2} \cdot 1000\ \frac{\text{kg}}{\text{m}^3} \cdot 10\ \text{m}$$

$$= 98\,100\ \frac{\text{kg}}{\text{m} \cdot \text{s}^2} = 98\,100\ \text{Pa} \approx \textbf{1 bar}$$

Hydrostatischer Druck

$$p_e = g \cdot \varrho \cdot h$$

Auftriebskraft

$$F_A = g \cdot \varrho \cdot V$$

$$g = 9,81\ \frac{\text{m}}{\text{s}^2} \approx 10\ \frac{\text{m}}{\text{s}^2}$$

Dichtewerte: Seite 117

Zustandsänderung bei Gasen

Verdichtung

Zustand 1   **Zustand 2**

p_{abs1} V_1 T_1

p_{abs2} V_2 T_2

Gesetz von Boyle-Mariotte

Druck p_{abs} (bar) vs Volumen V (dm³), $T_1 = T_2$

Zustand 1	Zustand 2
p_{abs1} absoluter Druck	p_{abs2} absoluter Druck
V_1 Volumen	V_2 Volumen
T_1 absolute Temperatur	T_2 absolute Temperatur

Beispiel:

Ein Kompressor saugt $V_1 = 30$ m³ Luft mit
$p_{abs1} = 1$ bar und $t_1 = 15\,°C$ an und verdichtet
sie auf $V_2 = 3,5$ m³ und $t_2 = 150\,°C$.
Welcher Druck p_{abs2} herrscht?

Berechnung der absoluten Temperaturen (Seite 51):

$T_1 = t_1 + 273 = (15 + 273)$ K = 288 K
$T_2 = t_2 + 273 = (150 + 273)$ K = 423 K

$$p_{abs2} = \frac{p_{abs1} \cdot V_1 \cdot T_2}{T_1 \cdot V_2}$$

$$= \frac{1\ \text{bar} \cdot 30\ \text{m}^3 \cdot 423\ \text{K}}{288\ \text{K} \cdot 3,5\ \text{m}^3} = \textbf{12,6 bar}$$

Allgemeine Gasgleichung

$$\frac{p_{abs1} \cdot V_1}{T_1} = \frac{p_{abs2} \cdot V_2}{T_2}$$

Sonderfälle:
bei konstanter Temperatur

$$p_{abs1} \cdot V_1 = p_{abs2} \cdot V_2$$

bei konstantem Volumen

$$\frac{p_{abs1}}{T_1} = \frac{p_{abs2}}{T_2}$$

bei konstantem Druck

$$\frac{V_1}{T_1} = \frac{V_2}{T_2}$$

P

Belastungsfälle, Beanspruchungsarten, Werkstoffkennwerte, Grenzspannungen

Belastungsfälle

statische Belastung	dynamische Belastung	
ruhend	schwellend	wechselnd

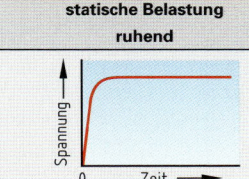

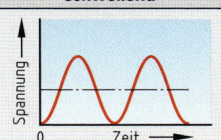

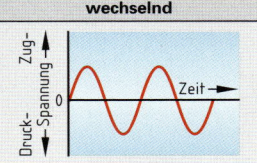

Belastungsfall I
Größe und Richtung der Belastung sind gleichbleibend, z.B. bei einer Gewichtsbelastung auf Pfeilern.

Belastungsfall II
Die Belastung steigt auf einen Höchstwert an und geht auf null zurück, z.B. bei Kranseilen und Federn.

Belastungsfall III
Die Belastung wechselt zwischen einem positiven und einem gleich großen negativen Höchstwert, z.B. bei umlaufenden Achsen.

Beanspruchungsarten, Werkstoffkennwerte und Grenzspannungen

Beanspruchungsart	Spannung	Wertstoffkennwerte			Maßgebende Grenzspannung σ_{lim} für Belastungsfall		
		Festigkeit	Grenzwerte gegen plastische Formänderung	Form-änderung	I	II	III
Zug	Zug-spannung σ_z	Zug-festigkeit R_m	Streckgrenze R_e 0,2%-Dehn-grenze $R_{p0,2}$	Dehnung ε Bruch-dehnung A	Werkstoff zäh (Stahl) / spröd (Guss-eisen) R_e / R_m $R_{p0,2}$	Zug-Schwell-festigkeit σ_{zSch}	Zug-Wechsel-festigkeit σ_{zW}
Druck	Druck-spannung σ_d	Druck-festigkeit σ_{dB}	Quetsch-grenze σ_{dF} 0,2%-Stauch-grenze $\sigma_{d0,2}$	Stauchung ε_d Bruch-stauchung ε_{dB}	Werkstoff zäh (Stahl) / spröd (Guss-eisen) σ_{dF} / σ_{dB} $\sigma_{d0,2}$	Druck-Schwell-festigkeit σ_{dSch}	Druck-Wechsel-festigkeit σ_{dW}
Biegung	Biege-spannung σ_b	Biege-festigkeit σ_{bB}	Biege-grenze σ_{bF}	Durch-biegung f	Biege-grenze σ_{bF}	Biege-Schwell-festigkeit σ_{bSch}	Biege-Wechsel-festigkeit σ_{bW}
Abscherung	Scher-spannung τ_a	Scher-festigkeit τ_{aB}	–	–	Scher-festigkeit τ_{aB}	–	–
Verdrehung (Torsion)	Torsions-spannung τ_t	Torsions-festigkeit τ_{tB}	Verdreh-grenze τ_{tF}	Verdreh-winkel φ	Verdreh-grenze τ_{tF}	Torsions-Schwell-festigkeit τ_{tSch}	Torsions-Wechsel-festigkeit τ_{tW}
Knickung	Knick-spannung σ_k	Knick-festigkeit σ_{kB}			Knick-festigkeit σ_{kB}	–	–

P

Festigkeitswerte, zulässige Spannungen, Sicherheitszahlen

Festigkeitswerte für statische und dynamische Belastung[1]

Beanspruchungsart	Zug, Druck			Absche-rung	Biegung			Verdrehung		
Belastungsfall	I	II	III	I	I	II	III	I	II	III
Grenz-spannung σ_{lim}	$R_e, R_{p0,2}$ $\sigma_{dF}, \sigma_{d0,2}$	σ_{zSch} σ_{dSch}	σ_{zW} σ_{dW}	τ_{aB}	σ_{bF}	σ_{bSch}	σ_{bW}	τ_{tF}	τ_{tSch}	τ_{tW}
Werkstoff	Grenzspannung σ_{lim} in N/mm²									
S235	235	235	150	290	330	290	170	140	140	120
S275	275	275	180	340	380	350	200	160	160	140
E295	295	295	210	390	410	410	240	170	170	150
E335	335	335	250	470	470	470	280	190	190	160
E360	365	365	300	550	510	510	330	210	210	190
C15	440	440	330	600	610	610	370	250	250	210
17Cr3	510	510	390	800	710	670	390	290	290	220
16MnCr5	635	635	430	880	890	740	440	360	360	270
20MnCr5	735	735	480	940	1030	920	540	420	420	310
18CrNiMo7-6	835	835	550	960	1170	1040	610	470	470	350
C22E	340	340	220	400	490	410	240	245	245	165
C45E	490	490	280	560	700	520	310	350	350	210
C60E	580	580	325	680	800	600	350	400	480	240
46Cr2	650	630	370	720	910	670	390	455	455	270
41Cr4	800	710	410	800	1120	750	440	560	510	330
50CrMo4	900	760	450	880	1260	820	480	630	560	330
30CrNiMo8	1050	870	510	1000	1470	930	550	735	640	375
GS-38	200	200	160	300	260	260	150	115	115	90
GS-45	230	230	185	360	300	300	180	135	135	105
GS-52	260	260	210	420	340	340	210	150	150	120
GS-60	300	300	240	480	390	390	240	175	175	140
EN-GJS-400	250	240	140	400	350	345	220	200	195	115
EN-GJS-500	300	270	155	500	420	380	240	240	225	130
EN-GJS-600	360	330	190	600	500	470	270	290	275	160
EN-GJS-700	400	355	205	700	560	520	300	320	305	175

[1] Die Werte wurden ermittelt mit zylindrischen Proben von $d \leq 16$ mm und polierter Oberfläche. Sie gelten für: Baustähle im normalgeglühten Zustand; Einsatzstähle für die Kernfestigkeit nach Einsatzhärtung und Rückfeinung; Vergütungsstähle im vergüteten Zustand.
Die Druckfestigkeit für Gusseisen mit Lamellengraphit ist $\sigma_{dB} \approx 4 \cdot R_m$.
Für den Stahlhochbau sind die Werte nach DIN 18800 zu verwenden.

Zulässige Spannung für Vordimensionierung von Maschinenbauteilen

Aus Sicherheitsgründen dürfen Bauteile nur mit einem Teil der zur bleibenden Verformung, zum Bruch oder Dauerbruch führenden Grenzspannung σ_{lim} belastet werden.

σ_{zul} zulässige Spannung σ_{lim} Grenzspannung je nach
v Sicherheitszahl (untere Tabelle)   Beanspruchungsart und Belastungsfall

zulässige Spannung (Vordimensionierung)

$$\sigma_{zul} = \frac{\sigma_{lim}}{v}$$

Beispiel:

Wie groß ist die zulässige Zugspannung $\sigma_{z\,zul}$ für eine Sechskantschraube ISO 4017 – M12 x 50 – 10.9, wenn bei statischer Belastung 1,5fache Sicherheit gefordert wird?

$$\sigma_{lim} = R_e = 1000 \,\frac{N}{mm^2} \cdot 0,9 = 900 \,\frac{N}{mm^2}; \quad \sigma_{zzul} = \frac{\sigma_{lim}}{v} = \frac{900 \,N/mm^2}{1,5} = 600 \,\frac{N}{mm^2}$$

Festigkeitswerte für Schrauben: Seite 211

Sicherheitszahlen v für Vordimensionierung von Maschinenbauteilen

Belastungsfall	I (statisch)		II und III (dynamisch)	
Werkstoffart	Zähe Werkstoffe, z.B. Stahl	Spröde Werkstoffe, z.B. Gusseisen	Zähe Werkstoffe, z.B. Stahl	Spröde Werkstoffe, z.B. Gusseisen
Sicherheitszahl v	1,2…1,8	2,0…4,0	3…4[1]	3…6[1]

[1] Die hohen Sicherheiten gegenüber den Grenzspannungen berücksichtigen die bei der Vordimensionierung noch nicht erfassbaren festigkeitsmindernden Einflüsse der Bauteilgestalt (Gestaltfestigkeit Seite 48).

P

Beanspruchung auf Zug, Druck, Flächenpressung

Beanspruchung auf Zug

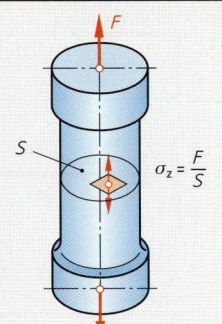

Die Berechnung der zulässigen Spannung gilt nur für statische Belastung (Belastungsfall I).

σ_z	Zugspannung	R_e	Streckgrenze
F	Zugkraft	R_m	Zugfestigkeit
S	Querschnittsfläche	v	Sicherheitszahl
σ_{zzul}	zulässige Zugspannung	F_{zul}	zulässige Zugkraft

Beispiel:

Rundstahl, σ_{zzul} = 130 N/mm² (S235JR, v = 1,8)
F_{zul} = 13,7 kN; d = ?

$$S = \frac{F_{zul}}{\sigma_{zzul}} = \frac{13\,700\,N}{130\,N/mm^2} = 105\,mm^2$$

d = **12 mm** (nach Tabelle Seite 10)

Festigkeitswerte R_e und R_m: Seiten 130 bis 138
Berechnung der elastischen Dehnung: Seite 190

Zugspannung
$$\sigma_z = \frac{F}{S}$$

zulässige Zugkraft
$$F_{zul} = \sigma_{zzul} \cdot S$$

zulässige Zugspannung

für Stahl
$$\sigma_{zzul} = \frac{R_e}{v}$$

für Gusseisen
$$\sigma_{zzul} = \frac{R_m}{v}$$

Beanspruchung auf Druck

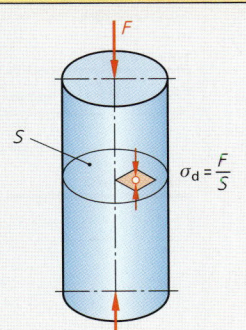

Die Berechnung der zulässigen Spannung gilt nur für statische Belastung (Belastungsfall I).

σ_{dF}	Quetschgrenze	F	Druckkraft
σ_d	Druckspannung	F_{zul}	zulässige Druckkraft
σ_{dzul}	zulässige Druckspannung	S	Querschnittsfläche
v	Sicherheitszahl	R_m	Zugfestigkeit

Beispiel:

Gestell aus EN-GJL-300; S = 2800 mm²;
v = 2,5; F_{zul} = ?

$$F_{zul} = \sigma_{dzul} \cdot S = \frac{4 \cdot R_m}{v} \cdot S$$

$$= \frac{4 \cdot 300\,N/mm^2}{2,5} \cdot 2800\,mm^2 = 1\,344\,000\,N$$

Festigkeitswerte: Seite 44 sowie Seiten 160 und 161

Druckspannung
$$\sigma_d = \frac{F}{S}$$

zulässige Druckkraft
$$F_{zul} = \sigma_{dzul} \cdot S$$

zulässige Druckspannung

für Stahl
$$\sigma_{dzul} = \frac{\sigma_{dF}}{v}$$

für Gusseisen
$$\sigma_{dzul} \approx \frac{4 \cdot R_m}{v}$$

Beanspruchung auf Flächenpressung

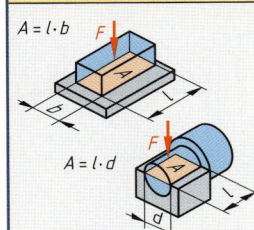

F	Kraft	A	Berührungsfläche, projizierte Fläche
p	Flächenpressung		

Beispiel:

Zwei Bleche mit je 8 mm Dicke werden mit einem Bolzen DIN 1445-10h11 x 16 x 30 verbunden. Wie groß ist die übertragbare Kraft bei einer zulässigen Flächenpressung von 280 N/mm²?

$$F = p \cdot A = 280\,\frac{N}{mm^2} \cdot 8\,mm \cdot 10\,mm$$

$$= \textbf{22\,400\,N}$$

Flächenpressung
$$p = \frac{F}{A}$$

Zulässige Flächenpressung bei Stift- und Bolzenverbindungen mit Stiften und Bolzen aus Stahl (Richtwerte)

Einbaufall	Presssitz glatter Stift			Sitz mit gekerbtem Teil			Gleitsitz glatter Bolzen		
Belastungsfall	I	II	III	I	II	III	I	II	III
Bauteilwerkstoff	zulässige Flächenpressung in N/mm²								
S235	100	70	35	70	50	25	30	25	10
E295	105	75	40	75	55	30	30	25	10
Stahlguss	85	60	30	60	45	20	30	25	10
Gusseisen	70	50	25	50	35	20	40	30	15
CuSn-, CuZn-Legierung	40	30	15	30	20	10	40	30	15
AlCuMg-Legierung	65	45	25	45	35	15	20	15	10

Anhaltswerte für zulässige spezifische Lagerbelastung verschiedener Gleitlagerwerkstoffe: Seite 261

P

Beanspruchung auf Abscherung und Knickung

Beanspruchung auf Abscherung

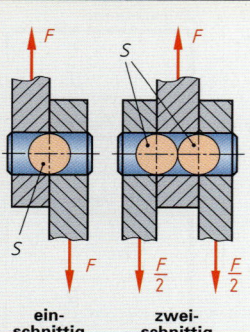

ein-
schnittig

zwei-
schnittig

Der belastete Querschnitt darf nicht abgeschert werden.

τ_a Scherspannung F_{zul} zulässige Scherkraft
$\tau_{a\,zul}$ zul. Scherspannung S Querschnittsfläche
τ_{aB} Scherfestigkeit v Sicherheitszahl

Beispiel:

> Zylinderstift $\varnothing$ 6 mm, einschnittig beansprucht,
> E 295, $v = 3$; $F_{zul} = ?$
>
> $\tau_{a\,zul} = \dfrac{\tau_{aB}}{v} = \dfrac{390 \text{ N/mm}^2}{3} = 130\ \dfrac{\text{N}}{\text{mm}^2}$
>
> $S\ = \dfrac{\pi \cdot d^2}{4} = \dfrac{\pi \cdot (6 \text{ mm})^2}{4} = 28{,}3 \text{ mm}^2$
>
> $F_{zul} = S \cdot \tau_{a\,zul} = 28{,}3 \text{ mm}^2 \cdot 130\ \dfrac{\text{N}}{\text{mm}^2} = \textbf{3679 N}$

Festigkeitswerte τ_{aB} und Sicherheitszahlen: Seite 44

Scherspannung

$$\tau_a = \frac{F}{S}$$

zulässige Scherspannung

$$\tau_{a\,zul} = \frac{\tau_{aB}}{v}$$

zulässige Scherkraft

$$F_{zul} = S \cdot \tau_{a\,zul}$$

Schneiden von Werkstoffen

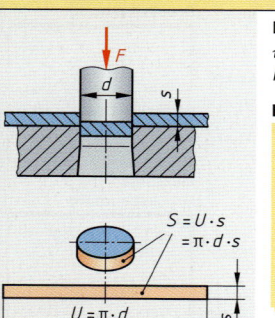

$S = U \cdot s$
$= \pi \cdot d \cdot s$

$U = \pi \cdot d$

Der belastete Querschnitt muss abgeschert werden.

$\tau_{aB\,max}$ max. Scherfestigkeit S Scherfläche
$R_{m\,max}$ max. Zugfestigkeit F Schneidkraft

Beispiel:

> Lochen eines 3 mm dicken Bleches aus S235JR;
> $d = 16$ mm; $F = ?$
>
> $R_{m\,max} = 470 \text{ N/mm}^2$ (Tabelle Seite 130)
> $\tau_{aB\,max} \approx 0{,}8 \cdot R_{m\,max} = 0{,}8 \cdot 470 \text{ N/mm}^2 = 376 \text{ N/mm}^2$
> $S = \pi \cdot d \cdot s = \pi \cdot 16 \text{ mm} \cdot 3 \text{ mm} = 150{,}8 \text{ mm}^2$
> $F = S \cdot \tau_{aB\,max} = 150{,}8 \text{ mm}^2 \cdot 376 \text{ N/mm}^2 = 56701 \text{ N}$
> $= \textbf{56,7 kN}$

Festigkeitswerte $R_{m\,max}$ für Stähle Seiten: 130 bis 138

maximale Scherfestigkeit

$$\tau_{aB\,max} \approx 0{,}8 \cdot R_{m\,max}$$

Schneidkraft

$$F = S \cdot \tau_{aB\,max}$$

Beanspruchung auf Knickung (nach Euler)

Belastungsfall und freie
Knicklänge (nach Euler)

Belastungsfall

I   II   III   IV

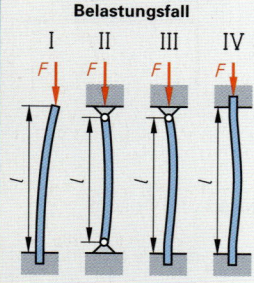

freie Knicklänge

$l_k = 2 \cdot l$ $l_k = l$ $l_k = 0{,}7 \cdot l$ $l_k = 0{,}5 \cdot l$

Die Berechnung der Knickung nach Euler gilt nur für
schlanke Bauteile und innerhalb des elastischen Bereiches der Werkstücke.

$F_{k\,zul}$ zulässige Knickkraft E Elastizitätsmodul
l Länge I Flächenmoment
l_k freie Knicklänge   2. Grades
v Sicherheitszahl (im Maschinenbau $\approx$ 3...10)

Beispiel:

> Träger IPB200, $l = 3{,}5$ m; beidseitig eingespannt;
> $v = 10$; $F_{k\,zul} = ?$; $E = 210000 \text{ N/mm}^2 = 21 \cdot 10^6 \text{ N/cm}^2$
> (Tabelle unten); $I^{1)} = 2000 \text{ cm}^4$
>
> $F_{k\,zul} = \dfrac{\pi^2 \cdot E \cdot I}{l_k^2 \cdot v} = \dfrac{\pi^2 \cdot 21 \cdot 10^6\ \frac{\text{N}}{\text{cm}^2} \cdot 2000 \text{ cm}^4}{(0{,}5 \cdot 350 \text{ cm})^2 \cdot 10}$
>
> $= 1{,}35 \cdot 10^6 \text{ N} = \textbf{1,35 MN}$

1) Flächenmomente 2. Grades: Seite 49 und 146 bis 151.
Für den Stahlhochbau sind nach DIN 18800 und DIN
4114 besondere Berechnungsverfahren vorgeschrieben.

zulässige Knickkraft

$$F_{k\,zul} = \frac{\pi^2 \cdot E \cdot I}{l_k^2 \cdot v}$$

Elastizitätsmodul E in kN/mm^2

Stahl	EN-GJL-150	EN-GJL-300	EN-GJS-400	GS-38	EN-GJMW-350-4	CuZn40	Al-Leg.	Ti-Leg.
196...216	80...90	110...140	170...185	210	170	80...100	60...80	112...130

P

Beanspruchung auf Biegung und Torsion

Beanspruchung auf Biegung

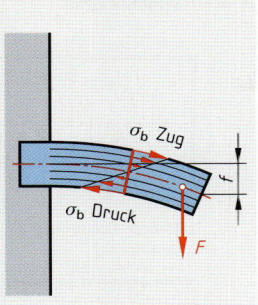

Bei Beanspruchung auf Biegung treten im Bauteil Zug- und Druckspannungen auf. Die maximale Spannung in der Randzone des Bauteils wird berechnet, sie darf die zulässige Biegespannung nicht überschreiten.

σ_b Biegespannung
M_b Biegemoment
W axiales Widerstandsmoment

F Biegekraft
f Durchbiegung

Biegespannung

$$\sigma_b = \frac{M_b}{W}$$

Zulässige Biegespannung $\sigma_{b\,zul}$ nach Seite 44

P

Beispiel:

Träger IPE-240, $W = 324\ cm^3$ (Seite 149); einseitig eingespannt; Einzelkraft $F = 25\ kN$; $l = 2,6\ m$; $\sigma_b = ?$

$$\sigma_b = \frac{M_b}{W} = \frac{F \cdot l}{W} = \frac{25\,000\ N \cdot 260\ cm}{324\ cm^3}$$

$$= 20\,061\ \frac{N}{cm^2} = \mathbf{200\ \frac{N}{mm^2}}$$

Biegebelastungsfälle auf Bauteilen

Träger mit einer Einzelkraft belastet	Träger mit gleichmäßig verteilter Belastung

einseitig eingespannt

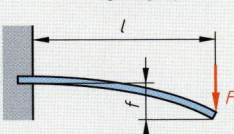

$$M_b = F \cdot l$$

$$f = \frac{F \cdot l^3}{3 \cdot E \cdot I}$$

einseitig eingespannt

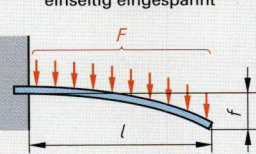

$$M_b = \frac{F \cdot l}{2}$$

$$f = \frac{F \cdot l^3}{8 \cdot E \cdot I}$$

auf zwei Stützen

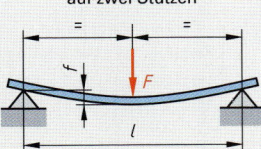
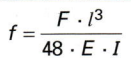

$$M_b = \frac{F \cdot l}{4}$$

$$f = \frac{F \cdot l^3}{48 \cdot E \cdot I}$$

auf zwei Stützen

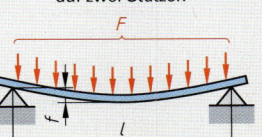
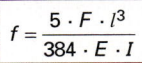

$$M_b = \frac{F \cdot l}{8}$$

$$f = \frac{5 \cdot F \cdot l^3}{384 \cdot E \cdot I}$$

doppelseitig eingespannt

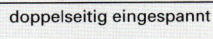
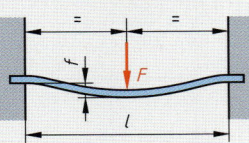

$$M_b = \frac{F \cdot l}{8}$$

$$f = \frac{F \cdot l^3}{192 \cdot E \cdot I}$$

doppelseitig eingespannt

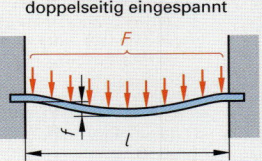

$$M_b = \frac{F \cdot l}{12}$$

$$f = \frac{F \cdot l^3}{384 \cdot E \cdot I}$$

E Elastizitätsmodul; Werte: Seite 46   *I* Flächenmoment 2. Grades; Formeln: Seite 49; Werte: Seiten 146 bis 151

Beanspruchung auf Verdrehung (Torsion)

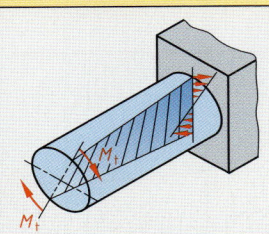

M_t Torsionsmoment
W_p polares Widerstandsmoment

τ_t Torsionsspannung

Torsionsspannung

$$\tau_t = \frac{M_t}{W_p}$$

Zulässige Torsionsspannung $\tau_{t\,zul}$ nach Seite 44 bzw. Seite 48

Beispiel:

Welle, $d = 32\ mm$; $M_t = 420\ N \cdot m$; $\tau_t = ?$

$$W_p = \frac{\pi \cdot d^3}{16} = \frac{\pi \cdot (32\ mm)^2}{16} = 6\,434\ mm^3$$

$$\tau_t = \frac{M_t}{W_p} = \frac{420\,000\ N \cdot mm}{6434\ mm^3} = \mathbf{65,3\ \frac{N}{mm^2}}$$

Polare Widerstandsmomente: Seiten 49 und 151

Gestaltfestigkeit

Gestaltfestigkeit und zulässige Spannung bei dynamischer Beanspruchung

Die Gestaltfestigkeit ist die Dauerfestigkeit eines dynamisch beanspruchten Bauteilquerschnitts unter zusätzlicher Berücksichtigung der festigkeitsmindernden Einflüsse der Bauteilgestalt. Die wesentlichen Einflüsse sind dabei

- die Form des Bauteils (auftretende Kerbwirkung)
- Bearbeitungsqualität (Oberflächenrauigkeit)
- Rohteilabmessungen (Bauteildicke)

Unter Berücksichtigung einer erforderlichen Sicherheit ergibt sich die zulässige Spannung für den Festigkeitsnachweis eines dynamisch beanspruchten Bauteilquerschnitts.

σ_G Gestaltfestigkeit
σ_{lim} Grenzspannung des ungekerbten Querschnitts, z. B. σ_{bw} oder τ_{tSch} (Seite 44)
ν_D Sicherheit gegen Dauerbruch

b_1 Oberflächenbeiwert
b_2 Größenbeiwert
β_k Kerbwirkungszahl
$\sigma(\tau)_{zul}$ zulässige Spannung

Gestaltfestigkeit
(dynamische Beanspruchung)

$$\sigma_G = \frac{\sigma_{lim} \cdot b_1 \cdot b_2}{\beta_k}$$

$$\tau_G = \frac{\tau_{lim} \cdot b_1 \cdot b_2}{\beta_k}$$

zulässige Spannung
(dynamische Beanspruchung)

$$\sigma_{zul} = \frac{\sigma_G}{\nu_D}$$

$$\tau_{zul} = \frac{\tau_G}{\nu_D}$$

ν_D bei Stahl $\approx 1,7$

Beispiel:

Umlaufende Achse, E335, Querbohrung, Oberflächenrauigkeit $Rz = 25$ μm, Rohteildurchmesser $d = 50$ mm, Sicherheit $\nu_D = 1,7$; $\sigma_G = ?$; $\sigma_{zul} = ?$

$\sigma_{bW} = 280$ N/mm² (Seite 44); $b_1 = 0,8$ ($R_m = 570$ N/mm², Diagramm unten);
$b_2 = 0,8$ (Diagramm unten); $\beta_k = 1,7$ (Tabelle unten)

$\boldsymbol{\sigma_G} = \dfrac{\sigma_{bW} \cdot b_1 \cdot b_2}{\beta_k} = \dfrac{280 \text{ N/mm}^2 \cdot 0,8 \cdot 0,8}{1,7} = \textbf{105 N/mm}^2$

$\boldsymbol{\sigma_{zul}} = \sigma_G/\nu_D = 105$ N/mm² $/ 1,7 = \textbf{62 N/mm}^2$

Kerbwirkung und Kerbwirkungszahlen β_k für Stahl

Beispiel: Spannungsverteilung bei Zugbeanspruchung

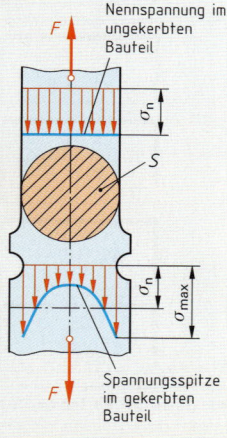

Nennspannung im ungekerbten Bauteil

σ_n

S

σ_n
σ_{max}

Spannungsspitze im gekerbten Bauteil

Ungekerbte Querschnitte weisen einen ungestörten Kraftfluss und damit eine gleichmäßige Spannungsverteilung auf. Querschnittsveränderungen führen zu Verdichtungen der Kraftlinien und somit zu Spannungsspitzen. Die Festigkeitsminderung, die sich dadurch ergibt, wird in erster Linie von der Kerbform, aber auch von der Kerbempfindlichkeit des Werkstoffes beeinflusst.

Form der Kerbe	Werkstoff	Kerbwirkungszahl β_k	
		Biegung	**Verdrehung**
Welle mit Absatz	S185…E335	1,5…2,0	1,3…1,8
Welle mit Rundkerbe	S185…E335	1,5…2,2	1,3…1,8
Welle mit Einstich für Sicherungsring	S185…E335	2,5…3,0	2,5…3,0
Passfedernut in Welle	S185…E335	1,9…1,9	1,5…1,6
	C45E+QT	1,9…2,1	1,6…1,7
	50CrMo4+QT	2,1…2,3	1,7…1,8
Scheibenfedernut in Welle	S185…E335	2,0…3,0	2,0…3,0
Vielkeilwelle	S185…E335	–	1,6…1,8
Welle an Übergangsstelle zu festsitzender Nabe	S185…E335	2,0	1,5
Welle oder Achse mit Querbohrung	S185…E335	1,4…1,7	1,4…1,8
Flachstab mit Bohrung	S185…E335	1,3…1,5	Zugbelastung 1,6…1,8

Oberflächenbeiwert b_1 und Größenbeiwert b_2 für Stahl

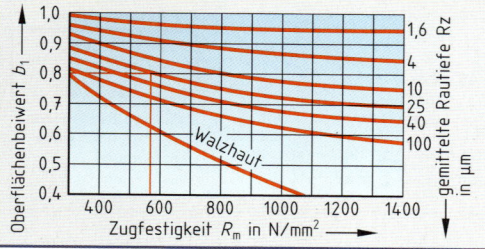

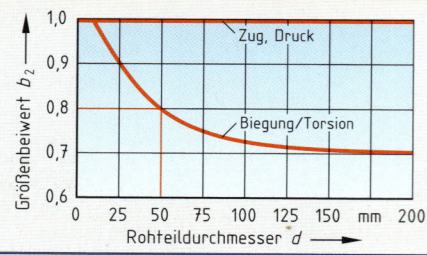

P

Flächenmomente und Widerstandsmomente[1]

Form des Querschnitts	Biegung und Knickung		Vedrehung (Torsion) polares Widerstandsmoment W_p
	Flächenmoment 2. Grades I	axiales Widerstandsmoment W	
	$I = \dfrac{\pi \cdot d^4}{64}$	$W = \dfrac{\pi \cdot d^3}{32}$	$W_p = \dfrac{\pi \cdot d^3}{16}$
	$I = \dfrac{\pi \cdot (D^4 - d^4)}{64}$	$W = \dfrac{\pi \cdot (D^4 - d^4)}{32 \cdot D}$	$W_p = \dfrac{\pi \cdot (D^4 - d^4)}{16 \cdot D}$
	$I = 0,05 \cdot D^4 - 0,083\, d \cdot D^3$	$W = 0,1 \cdot D^3 - 0,17\, d \cdot D^2$	$W_p = 0,2 \cdot D^3 - 0,34\, d \cdot D^2$
	$I = 0,003 \cdot (D + d)^4$	$W = 0,012 \cdot (D + d)^3$	$W_p = 0,2 \cdot d^3$
auch für mehr Keile gültig	$I = 0,003 \cdot (D + d)^4$	$W = 0,012 \cdot (D + d)^3$	$W_p = 0,006 \cdot (D + d)^3$
	$I_x = I_z = \dfrac{h^4}{12}$	$W_x = \dfrac{h^3}{6}$ $W_z = \dfrac{\sqrt{2} \cdot h^3}{12}$	$W_p = 0,208 \cdot h^3$
	$I_x = I_y = \dfrac{5 \cdot \sqrt{3} \cdot s^4}{144}$ $I_x = I_y = \dfrac{5 \cdot \sqrt{3} \cdot d^4}{256}$	$W_x = \dfrac{5 \cdot s^3}{48} = \dfrac{5 \cdot \sqrt{3} \cdot d^3}{128}$ $W_y = \dfrac{5 \cdot s^3}{24 \cdot \sqrt{3}} = \dfrac{5 \cdot d^3}{64}$	$W_p = 0,188 \cdot s^3$ $W_p = 0,123 \cdot d^3$
	$I_x = \dfrac{b \cdot h^3}{12}$ $I_y = \dfrac{h \cdot b^3}{12}$	$W_x = \dfrac{b \cdot h^2}{6}$ $W_y = \dfrac{h \cdot b^2}{6}$	$W_p = \eta \cdot b^2 \cdot h$ Werte für η siehe Tabelle unten
	$I_x = \dfrac{B \cdot H^3 - b \cdot h^3}{12}$ $I_y = \dfrac{H \cdot B^3 - h \cdot b^3}{12}$	$W_x = \dfrac{B \cdot H^3 - b \cdot h^3}{6 \cdot H}$ $W_y = \dfrac{H \cdot B^3 - h \cdot b^3}{6 \cdot B}$	$W_p = \dfrac{t \cdot (H + h) \cdot (B + b)}{2}$

[1] Flächenmomente 2. Grades und axiale Widerstandsmomente für Profile: Seiten 146 bis 151

Hilfswerte η für polare Widerstandsmomente von Rechteckquerschnitten

h/b	1	1,5	2	3	4	6	8	10	∞
η	0,208	0,231	0,246	0,267	0,282	0,299	0,307	0,313	0,333

P

Vergleich verschiedener Querschnittsformen

Querschnitt		längenbezogene Masse		Widerstands- oder Flächenmomente bei Beanspruchungsart							
				Biegung				Knickung		Verdrehung	
Form	Normbezeichnung	m'		W_x		W_y		I_{min}		W_p	
		kg/m	Faktor[1]	cm³	Faktor[1]	cm³	Faktor[1]	cm³	Faktor[1]	cm³	Faktor[1]
Rundstab EN 10060 – 100		61,7	1,00	98	1,00	98	1,00	491	1,00	196	1,00
Vierkantstab EN 10059 – 100		78,5	1,27	167	1,70	167	1,70	833	1,70	208	1,06
Rohr EN 10220 – 114,3 x 6,3		16,8	0,27	55	0,56	55	0,56	313	0,64	110	0,56
Hohlprofil EN 10210-2 100 x 100 x 6,3		18,3	0,30	67,8	0,69	67,8	0,69	339	0,69	110	0,56
Hohlprofil EN 10210-2 120 x 60 x 6,3		16,1	0,26	59	0,60	38,6	0,39	116	0,24	77	0,39
Flachstab EN 10058 – 100 x 50		39,3	0,64	83	0,85	41,7	0,43	104	0,21	–	–
T-Profil EN 10055 – T100		16,4	0,27	24,6	0,25	17,7	0,18	88,3	0,18	–	–
U-Profil DIN 1026 – U100		10,6	0,17	41,2	0,42	8,5	0,08	29,3	0,06	–	–
I-Profil DIN 1025- I100		8,3	0,13	34,2	0,35	4,9	0,05	12,2	0,02	–	–
I-Profil DIN 1025- IPB100		20,4	0,33	89,9	0,92	33,5	0,34	167	0,34	–	–

[1] Faktor, bezogen auf Rundstab EN 10060-100 (Querschnitt erste Tabellenzeile)

P

Auswirkungen bei Temperaturänderungen

Temperatur

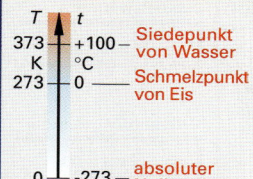

Temperaturen werden in **Kelvin** (K), **Grad Celsius** (°C) oder **Grad Fahrenheit** (°F) gemessen. Die Kelvinskale geht von der tiefstmöglichen Temperatur, dem absoluten Nullpunkt, aus, die Celsiusskale vom Schmelzpunkt des Eises.

T Temperatur in K (thermodynamische Temperatur)
t, ϑ Temperatur in °C
t_F Temperatur in °F

Beispiel:

$t = 20\,°C; T = ?$
$T = t + 273 = (20 + 273)\,K = \mathbf{293\ K}$

Temperatur in Kelvin

$$T = t + 273$$

Temperatur in Fahrenheit

$$t_F = 1{,}8 \cdot t + 32$$

P

Längenänderung, Durchmesseränderung

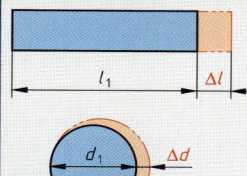

α_l Längenausdehnungskoeffizient
$\Delta t, \Delta \vartheta$ Temperaturänderung
Δl Längenänderung
Δd Durchmesseränderung
l_1 Anfangslänge
d_1 Anfangsdurchmesser

Beispiel:

Stahlplatte, $l_1 = 120\,mm$; $\alpha_l = 0{,}000\,012\,\frac{1}{°C}$
$\Delta t = 800\,°C$; $\Delta l = ?$
$\Delta l = \alpha_l \cdot l_1 \cdot \Delta t$
$\quad = 0{,}000\,012\,\frac{1}{°C} \cdot 120\,mm \cdot 800\,°C = \mathbf{1{,}15\ mm}$

Längenänderung

$$\Delta l = \alpha_l \cdot l_1 \cdot \Delta t$$

Durchmesseränderung

$$\Delta d = \alpha_l \cdot d_1 \cdot \Delta t$$

Längenausdehnungskoeffizienten:
Seiten 116 und 117

Volumenänderung

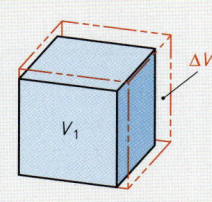

α_V Volumenausdehnungskoeffizient
$\Delta t, \Delta \vartheta$ Temperaturänderung
ΔV Volumenänderung
V_1 Anfangsvolumen

Beispiel:

Benzin, $V_1 = 60\,l$; $\alpha_V = 0{,}001\,\frac{1}{°C}$; $\Delta t = 32\,°C$; $\Delta V = ?$

$\Delta V = \alpha_V \cdot V_1 \cdot \Delta t = 0{,}001\,\frac{1}{°C} \cdot 60\,l \cdot 32\,°C = \mathbf{1{,}9\ l}$

Volumenänderung

$$\Delta V = \alpha_V \cdot V_1 \cdot \Delta t$$

Für feste Stoffe
$\alpha_V = 3 \cdot \alpha_l$
Volumenausdehnungskoeffizienten: Seite 117
Volumenausdehnung (Zustandsänderung) der Gase: Seite 42

Schwindung

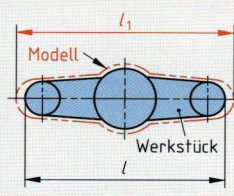

S Schwindmaß in %
l Werkstücklänge
l_1 Modelllänge

Beispiel:

Al-Gussteil, $l = 680\,mm$; $S = 1{,}2\,\%$; $l_1 = ?$
$l_1 = \dfrac{l \cdot 100\,\%}{100\,\% - S} = \dfrac{680\,mm \cdot 100\,\%}{100\,\% - 1{,}2\,\%}$
$\quad = \mathbf{688{,}2\ mm}$

Modelllänge

$$l_1 = \frac{l \cdot 100\,\%}{100\,\% - S}$$

Schwindmaße:
Seite 163

Wärmemenge bei Temperaturänderung

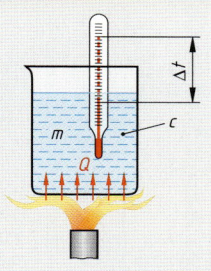

Die **spezifische Wärmekapazität c** gibt an, wie viel Wärme nötig ist, um 1 kg eines Stoffes um 1 °C zu erwärmen. Bei Abkühlung wird die gleiche Wärmemenge wieder frei.

c spez. Wärmekapazität
$\Delta t, \Delta \vartheta$ Temperaturänderung
Q Wärmemenge
m Masse

Beispiel:

Stahlwelle, $m = 2\,kg$; $c = 0{,}48\,\frac{kJ}{kg \cdot °C}$;
$\Delta t = 800\,°C$; $Q = ?$
$Q = c \cdot m \cdot \Delta t = 0{,}48\,\frac{kJ}{kg \cdot °C} \cdot 2\,kg \cdot 800\,°C = \mathbf{768\ kJ}$

Wärmemenge

$$Q = c \cdot m \cdot \Delta t$$

$1\,kJ = \dfrac{1\,kW \cdot h}{3600}$
$1\,kW \cdot h = 3{,}6\,MJ$

Spezifische Wärmekapazitäten:
Seiten 116 und 117

Wärme beim Schmelzen, Verdampfen, Verbrennen

Schmelzwärme, Verdampfungswärme

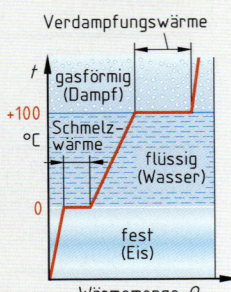

Um Stoffe vom festen in den flüssigen bzw. vom flüssigen in den gasförmigen Zustand zu überführen wird Wärmeenergie (sog. Schmelz- bzw. Verdampfungswärme) benötigt.

Q Schmelzwärme, Verdampfungswärme

q spez. Schmelzwärme

r spezifische Verdampfungswärme

m Masse

Schmelzwärme

$$Q = q \cdot m$$

Verdampfungswärme

$$Q = r \cdot m$$

Beispiel:

Kupfer, $m = 6{,}5$ kg; $q = 213 \frac{kJ}{kg}$; $Q = ?$

$Q = q \cdot m = 213 \frac{kJ}{kg} \cdot 6{,}5 \text{ kg} = 1384{,}5 \text{ kJ} \approx \mathbf{1{,}4 \text{ MJ}}$

Spezifische Schmelz- und Verdampfungswärme:
Seiten 116 und 117

Wärmestrom

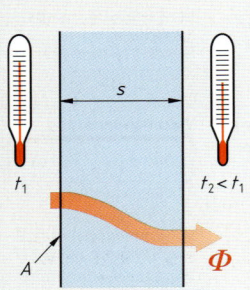

Der **Wärmestrom** Φ verläuft innerhalb eines Stoffes stets von der höheren zur niedrigeren Temperatur.

Die **Wärmedurchgangszahl** k berücksichtigt neben der Wärmeleitfähigkeit eines Bauteils die Wärmeübergangswiderstände an den Grenzflächen der Bauteile.

Φ Wärmestrom

λ Wärmeleitfähigkeit

k Wärmedurchgangszahl

$\Delta t, \Delta \vartheta$ Temperaturdifferenz

s Bauteildicke

A Fläche des Bauteils

Wärmestrom bei Wärmeleitung

$$\Phi = \frac{\lambda \cdot A \cdot \Delta t}{s}$$

Beispiel:

Wärmeschutzglas, $k = 1{,}9 \frac{W}{m^2 \cdot °C}$; $A = 2{,}8 \text{ m}^2$;
$\Delta t = 32\,°C$; $\Phi = ?$

$\Phi = k \cdot A \cdot \Delta t = 1{,}9 \frac{W}{m^2 \cdot °C} \cdot 2{,}8 \text{ m}^2 \cdot 32\,°C = \mathbf{170 \text{ W}}$

Wärmestrom bei Wärmedurchgang

$$\Phi = k \cdot A \cdot \Delta t$$

Wärmeleitfähigkeitswerte λ:
Seiten 116 und 117,
Wärmedurchgangszahlen k:
unten auf dieser Seite

Verbrennungswärme

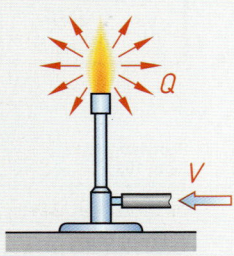

Unter dem **spezifischen Heizwert H_u (H)** eines Stoffes versteht man die bei der vollständigen Verbrennung von 1 kg oder 1 m³ des Stoffes frei werdende Wärmemenge.

Q Verbrennungswärme

H_u, H spezifischer Heizwert

m Masse fester und flüssiger Brennstoffe

V Volumen von Brenngasen

Verbrennungswärme fester und flüssiger Stoffe

$$Q = H_u \cdot m$$

Beispiel:

Erdgas, $V = 3{,}8 \text{ m}^3$; $H_u = 35 \frac{MJ}{m^3}$; $Q = ?$

$Q = H_u \cdot V = 35 \frac{MJ}{m^3} \cdot 3{,}8 \text{ m}^3 = \mathbf{133 \text{ MJ}}$

Verbrennungswärme von Gasen

$$Q = H_u \cdot V$$

Spezifische Heizwerte H_u (H) für Brennstoffe						Wärmedurchgangszahlen k für Baustoffe und Bauteile		
Feste Brennstoffe	H_u **MJ/kg**	**Flüssige Brennstoffe**	H_u **MJ/kg**	**Gasförmige Brennstoffe**	H_u **MJ/m³**	**Bauelemente**	s **mm**	$k \frac{W}{m^2 \cdot °C}$
Holz	15…17	Spiritus	27	Wasserstoff	10	Außentüre, Stahl	50	5,8
Biomasse (trocken)	14…18	Benzol	40	Erdgas	34…36	Verbundfenster	12	1,3
Braunkohle	16…20	Benzin	43	Acetylen	57	Ziegelmauer	365	1,1
Koks	30	Diesel	41…43	Propan	93	Geschossdecke	125	3,2
Steinkohle	30…34	Heizöl	40…43	Butan	123	Wärmedämmplatte	80	0,39

Größen und Einheiten, Ohmsches Gesetz, Widerstand

Elektrische Größen und Einheiten

Größe		Einheit		
Name	**Zeichen**	**Name**	**Zeichen**	
Elektrische Spannung	U	Volt	V	
Elektrische Stromstärke	I	Ampere	A	
Elektrischer Widerstand	R	Ohm	Ω	
Elektrischer Leitwert	G	Siemens	S	
Elektrische Leistung	P	Watt	W	

$$1\,\Omega = \frac{1\,\text{V}}{1\,\text{A}}$$

$$1\,\text{W} = 1\,\text{V} \cdot 1\,\text{A}$$

P

Ohmsches Gesetz

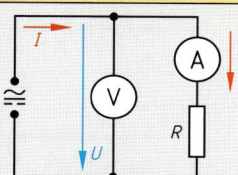

U Spannung in V
I Stromstärke in A
R Widerstand in Ω

Beispiel:

$R = 88\,\Omega$; $U = 230\,\text{V}$; $I = ?$

$$I = \frac{U}{R} = \frac{230\,\text{V}}{88\,\Omega} = \textbf{2,6 A}$$

Stromstärke

$$I = \frac{U}{R}$$

Schaltzeichen:
Seite 351

Widerstand und Leitwert

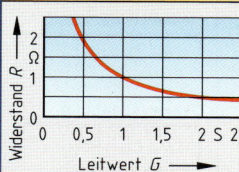

R Widerstand in Ω
G Leitwert in S

Beispiel:

$R = 20\,\Omega$; $G = ?$

$$G = \frac{1}{R} = \frac{1}{20\,\Omega} = \textbf{0,05 S}$$

Widerstand

$$R = \frac{1}{G}$$

Leitwert

$$G = \frac{1}{R}$$

Spezifischer elektrischer Widerstand, elektrische Leitfähigkeit, Leiterwiderstand

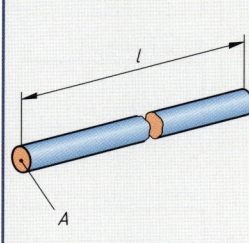

ϱ spezifischer elektrischer Widerstand in $\Omega \cdot \text{mm}^2/\text{m}$
γ elektrische Leitfähigkeit in $\text{m}/(\Omega \cdot \text{mm}^2)$
R Widerstand in Ω
A Leiterquerschnitt in mm^2
l Leiterlänge in m

Beispiel:

Kupferdraht, $l = 100\,\text{m}$;
$A = 1,5\,\text{mm}^2$; $\varrho = 0,0179\,\frac{\Omega \cdot \text{mm}^2}{\text{m}}$; $R = ?$

$$R = \frac{\varrho \cdot l}{A} = \frac{0,0179\,\frac{\Omega \cdot \text{mm}^2}{\text{m}} \cdot 100\,\text{m}}{1,5\,\text{mm}^2} = \textbf{1,19}\,\boldsymbol{\Omega}$$

Spezifische elektrische Widerstände: Seiten 116 und 117

Spezif. elektrischer Widerstand

$$\varrho = \frac{1}{\gamma}$$

Leiterwiderstand

$$R = \frac{\varrho \cdot l}{A}$$

Widerstand und Temperatur

Werkstoff	T_k-Wert α in 1/K
Aluminium	0,0040
Blei	0,0039
Gold	0,0037
Kupfer	0,0039
Silber	0,0038
Wolfram	0,0044
Zinn	0,0045
Zink	0,0042
Grafit	− 0,0013
Konstantan	± 0,00001

ΔR Widerstandsänderung in Ω
R_{20} Widerstand bei 20 °C in Ω
R_t Widerstand bei der Temperatur t in Ω
α Temperaturkoeffizient (T_k-Wert) in 1/K
Δt Temperaturdifferenz in K

Beispiel:

Widerstand aus Cu; $R_{20} = 150\,\Omega$; $t = 75\,°\text{C}$; $R_t = ?$

$\alpha = \textbf{0,0039 1/K}$; $\Delta t = 75\,°\text{C} - 20\,°\text{C} = 55\,°\text{C} \,\hat{=}\, \textbf{55 K}$

$R_t = R_{20} \cdot (1 + \alpha \cdot \Delta t)$
$\quad = 150\,\Omega \cdot (1 + 0,0039\,\text{1/K} \cdot 55\,\text{K}) = \textbf{182,2}\,\boldsymbol{\Omega}$

Widerstandsänderung

$$\Delta R = \alpha \cdot R_{20} \cdot \Delta t$$

Widerstand bei Temperatur t

$$R_t = R_{20} + \Delta R$$

$$R_t = R_{20} \cdot (1 + \alpha \cdot \Delta t)$$

Stromdichte, Schaltung von Widerständen

Stromdichte in Leitern

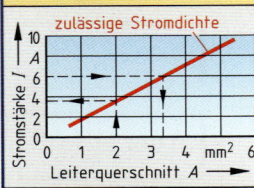

J Stromdichte in A/mm²
I Stromstärke in A
A Leiterquerschnitt in mm²

Beispiel:

$A = 2,5$ mm²; $I = 4$ A; $J = ?$

$$J = \frac{I}{A} = \frac{4\,\text{A}}{2,5\,\text{mm}^2} = 1,6\ \frac{\text{A}}{\text{mm}^2}$$

Stromdichte

$$J = \frac{I}{A}$$

Spannungsabfall in Leitern

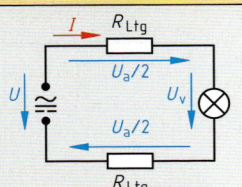

U_a Spannungsabfall im Leiter in V
U Klemmenspannung in V
U_v Spannung am Verbraucher in V
I Stromstärke in A
R_{Ltg} Leiterwiderstand für Zuleitung bzw. Rückleitung in Ω

Spannungsabfall

$$U_a = 2 \cdot I \cdot R_{Ltg}$$

Spannung am Verbraucher

$$U_v = U - U_a$$

Reihenschaltung von Widerständen

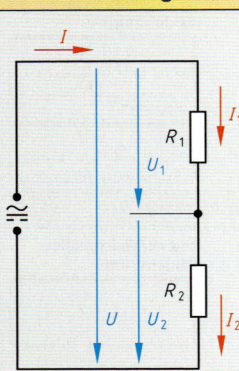

R Gesamtwiderstand, Ersatzwiderstand in Ω
I Gesamtstrom in A
U Gesamtspannung in V
R_1, R_2 Einzelwiderstände in Ω
I_1, I_2 Teilströme in A
U_1, U_2 Teilspannungen in V

Beispiel:

$R_1 = 10\,\Omega$; $R_2 = 20\,\Omega$; $U = 12$ V; $R = ?$; $I = ?$;
$U_1 = ?$; $U_2 = ?$

$R = R_1 + R_2 = 10\,\Omega + 20\,\Omega = \mathbf{30\,\Omega}$

$I = \dfrac{U}{R} = \dfrac{12\,\text{V}}{30\,\Omega} = \mathbf{0{,}4\ A}$

$U_1 = R_1 \cdot I = 10\,\Omega \cdot 0,4\,\text{A} = \mathbf{4\ V}$
$U_2 = R_2 \cdot I = 20\,\Omega \cdot 0,4\,\text{A} = \mathbf{8\ V}$

Gesamtwiderstand

$$R = R_1 + R_2 + \ldots$$

Gesamtspannung

$$U = U_1 + U_2 + \ldots$$

Gesamtstrom

$$I = I_1 = I_2 = \ldots$$

Teilspannungen

$$\frac{U_1}{U_2} = \frac{R_1}{R_2}$$

Parallelschaltung von Widerständen

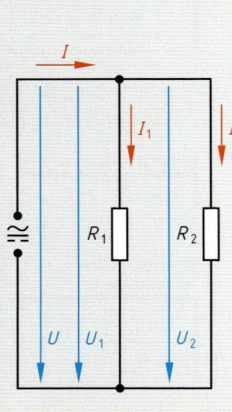

R Gesamtwiderstand, Ersatzwiderstand in Ω
I Gesamtstrom in A
U Gesamtspannung in V
R_1, R_2 Einzelwiderstände in Ω
I_1, I_2 Teilströme in A
U_1, U_2 Teilspannungen in V

Beispiel:

$R_1 = 15\,\Omega$; $R_2 = 30\,\Omega$; $U = 12$ V; $R = ?$; $I = ?$;
$I_1 = ?$; $I_2 = ?$

$R = \dfrac{R_1 \cdot R_2}{R_1 + R_2} = \dfrac{15\,\Omega \cdot 30\,\Omega}{15\,\Omega + 30\,\Omega} = \mathbf{10\,\Omega}$

$I = \dfrac{U}{R} = \dfrac{12\,\text{V}}{10\,\Omega} = \mathbf{1{,}2\ A}$

$I_1 = \dfrac{U_1}{R_1} = \dfrac{12\,\text{V}}{15\,\Omega} = \mathbf{0{,}8\ A};$ $I_2 = \dfrac{U_2}{R_2} = \dfrac{12\,\text{V}}{30\,\Omega} = \mathbf{0{,}4\ A}$

Gesamtwiderstand

$$\frac{1}{R} = \frac{1}{R_1} + \frac{1}{R_2} + \ldots$$

$$R^{1)} = \frac{R_1 \cdot R_2}{R_1 + R_2}$$

Gesamtspannung

$$U = U_1 = U_2 = \ldots$$

Gesamtstrom

$$I = I_1 + I_2 + \ldots$$

Teilströme

$$\frac{I_1}{I_2} = \frac{R_2}{R_1}$$

1) Berechnung mit dieser Formel nur möglich bei zwei parallel geschalteten Widerständen.

Stromarten

Gleichstrom (DC[1]; Zeichen –), Gleichspannung

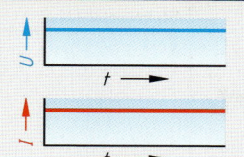

Gleichstrom fließt nur in einer Richtung und mit gleich bleibender Stromstärke. Die Spannung ist ebenfalls konstant.

I Stromstärke in A

U Spannung in V

t Zeit in s

[1] von Direct Current (engl.) = Gleichstrom

Stromstärke

$$I = \text{konstant}$$

Spannung

$$U = \text{konstant}$$

P

Wechselstrom (AC[2]; Zeichen ~), Wechselspannung

Periodendauer und Frequenz

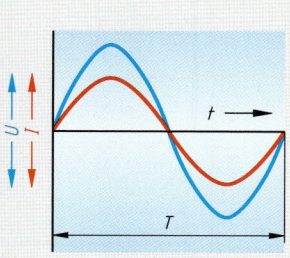

Bei einer sich ständig nach einer Sinuskurve verändernden Spannung wechseln auch die freien Elektronen ständig ihre Fließrichtung.

f Frequenz in 1/s, Hz

T Periodendauer in s

ω Kreisfrequenz in 1/s

I Stromstärke in A

U Spannung in V

t Zeit in s

Beispiel:

Frequenz 50 Hz; $T = ?$

$$T = \frac{1}{50\,\frac{1}{s}} = 0,02\ s$$

[2] von Alternating Current (engl.) = Wechselstrom

Periodendauer

$$T = \frac{1}{f}$$

Frequenz

$$f = \frac{1}{T}$$

Kreisfrequenz

$$\omega = 2 \cdot \pi \cdot f$$

$$\omega = \frac{2 \cdot \pi}{T}$$

1 Hertz = 1 Hz = 1/s =
1 Periode je Sekunde

Maximalwert und Effektivwert von Strom und Spannung

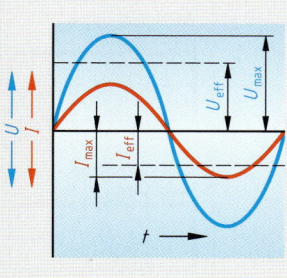

I_{max} Maximalwert der Stromstärke in A

I_{eff} Effektivwert der Stromstärke in A

U_{max} Maximalwert der Spannung in V

U_{eff} Effektivwert der Spannung in V (ergibt an einem Ohmschen Widerstand die gleiche Leistung wie eine ebenso große Gleichspannung)

I Stromstärke in A

U Spannung in V

t Zeit in s

Beispiel:

$U_{eff} = 230\ V$; $U_{max} = ?$

$$U_{max} = \sqrt{2} \cdot 230\ V = \textbf{325 V}$$

Maximalwert der Stromstärke

$$I_{max} = \sqrt{2} \cdot I_{eff}$$

Maximalwert der Spannung

$$U_{max} = \sqrt{2} \cdot U_{eff}$$

Drehstrom (Dreiphasenwechselstrom)

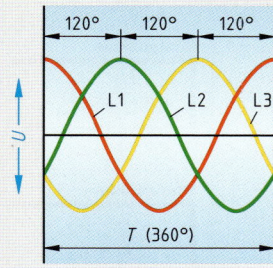

Drehstrom wird aus drei um je 120° versetzte Wechselspannungen erzeugt.

U Spannung in V

T Periodendauer in s

L1 Phase 1

L2 Phase 2

L3 Phase 3

U_{eff} Effektivspannung zwischen Phase und Nullleiter = 230 V

U_{eff} Effektivspannung zwischen zwei Phasenleitern = 400 V

Maximalwert der Spannung

$$U_{max} = \sqrt{2} \cdot U_{eff}$$

Elektrische Arbeit und Leistung, Transformator

Elektrische Arbeit

W elektrische Arbeit in kW · h
P elektrische Leistung in W
t Zeit (Einschaltdauer) in h

Beispiel:

Kochplatte, $P = 1,8$ kW; $t = 3$ h;
$W = ?$ in kW · h und MJ

$W = P \cdot t = 1,8$ kW · 3 h = **5,4 kW · h = 19,44 MJ**

Elektrische Arbeit

$$W = P \cdot t$$

1 kW · h = 3,6 MJ
= 3 600 000 W · s

P

Elektrische Leistung bei Gleichstrom und induktionsfreiem Wechsel- oder Drehstrom[1]

Gleich- oder Wechselstrom

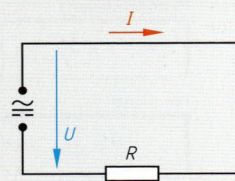

P elektrische Leistung in W
U Spannung (Leiterspannung) in V
I Stromstärke in A
R Widerstand in Ω

1. Beispiel:

Glühlampe, $U = 6$ V; $I = 5$ A; $P = ?$; $R = ?$
$P = U \cdot I = 6$ V · 5 A = **30 W**
$R = \dfrac{U}{I} = \dfrac{6\,\text{V}}{5\,\text{A}} = $ **1,2 Ω**

Drehstrom

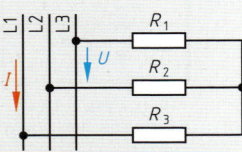

2. Beispiel:

Glühofen, Drehstrom, $U = 400$ V; $P = 12$ kW; $I = ?$
$I = \dfrac{P}{\sqrt{3} \cdot U} = \dfrac{12\,000\,\text{W}}{\sqrt{3} \cdot 400\,\text{V}} = $ **17,3 A**

[1] d.h. nur bei Wärmegeräten (Ohmsche Widerstände)

Leistung bei Gleich- oder Wechselstrom

$$P = U \cdot I$$

$$P = I^2 \cdot R$$

$$P = \dfrac{U^2}{R}$$

Leistung bei Drehstrom

$$P = \sqrt{3} \cdot U \cdot I$$

Elektrische Leistung bei Wechsel- und Drehstrom mit induktivem Lastanteil[2]

Wechselstrom

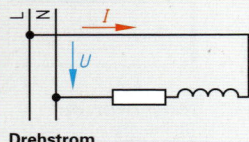

P Wirkleistung in W
U Spannung (Leiterspannung) in V
I Stromstärke in A
$\cos\varphi$ Leistungsfaktor

Beispiel:

Drehstrommotor, $U = 400$ V; $I = 2$ A;
$\cos\varphi = 0,85$; $P = ?$
$P = \sqrt{3} \cdot U \cdot I \cdot \cos\varphi = \sqrt{3} \cdot 400$ V · 2 A · 0,85
    = 1178 W ≈ **1,2 kW**

Drehstrom

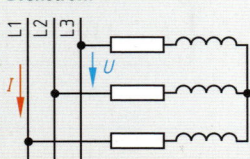

[2] z.B. bei Elektro-Motoren und -Generatoren

Wirkleistung bei Wechselstrom

$$P = U \cdot I \cdot \cos\varphi$$

Wirkleistung bei Drehstrom

$$P = \sqrt{3} \cdot U \cdot I \cdot \cos\varphi$$

Transformator

Eingangs- seite (Primärspule)   **Ausgangs- seite** (Sekundär- spule)

N_1, N_2 Windungszahlen I_1, I_2 Stromstärken in A
U_1, U_2 Spannungen in V

Beispiel:

$N_1 = 2875$; $N_2 = 100$; $U_1 = 230$ V; $I_1 = 0,25$ A; $U_2 = ?$; $I_2 = ?$

$U_2 = \dfrac{U_1 \cdot N_2}{N_1} = \dfrac{230\,\text{V} \cdot 100}{2875} = $ **8 V**

$I_2 = \dfrac{I_1 \cdot N_1}{N_2} = \dfrac{0,25\,\text{A} \cdot 2875}{100} = $ **7,2 A**

Spannungen

$$\dfrac{U_1}{U_2} = \dfrac{N_1}{N_2}$$

Stromstärken

$$\dfrac{I_1}{I_2} = \dfrac{N_2}{N_1}$$

3 Technische Kommunikation

K

Strecken, Lote, Winkel

Parallele zu einer Strecke

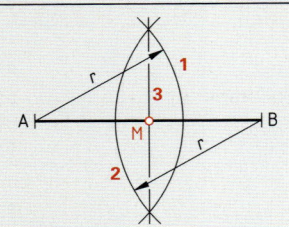

Gegeben: Strecke $\overline{AB}$ und Punkt P auf gesuchter Parallele g'

1. Kreisbogen mit Radius *r* um A ergibt Schnittpunkt C.
2. Kreisbogen mit Radius *r* um P.
3. Kreisbogen mit Radius *r* um C ergibt Schnittpunkt D.
4. Verbindungslinie $\overline{PD}$ ist Parallele g' zu $\overline{AB}$.

Halbieren einer Strecke

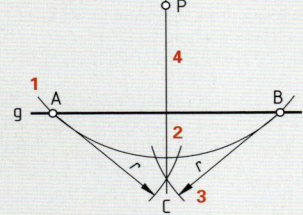

Gegeben: Strecke $\overline{AB}$

1. Kreisbogen 1 mit Radius *r* um A; $r > \frac{1}{2}\,\overline{AB}$.
2. Kreisbogen 2 mit gleichem Radius *r* um B.
3. Die Verbindungslinie der Kreisschnittpunkte ist die Mittelsenkrechte bzw. die Halbierende der Strecke $\overline{AB}$.

Fällen eines Lotes

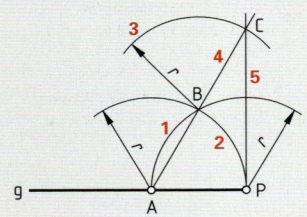

Gegeben: Gerade g und Punkt P

1. Beliebiger Kreisbogen 1 um P ergibt Schnittpunkte A und B.
2. Kreisbogen 2 mit Radius *r* um A; $r > \frac{1}{2}\,\overline{AB}$.
3. Kreisbogen 3 mit gleichem Radius *r* um B (Schnittpunkt C).
4. Die Verbindungslinie des Schnittpunktes C mit P ist das gesuchte Lot.

Errichten einer Senkrechten im Punkt P

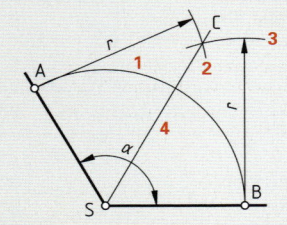

Gegeben: Gerade g und Punkt P

1. Kreisbogen 1 um P mit beliebigem Radius *r* ergibt Schnittpunkt A.
2. Kreisbogen 2 mit gleichem Radius *r* um Punkt A ergibt Schnittpunkt B.
3. Kreisbogen 3 mit gleichem Radius *r* um B.
4. A und B verbinden und Gerade verlängern (Schnittpunkt C).
5. Punkt C mit Punkt P verbinden.

Halbieren eines Winkels

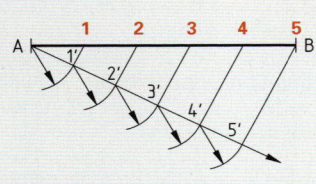

Gegeben: Winkel α

1. Beliebiger Kreisbogen 1 um S ergibt Schnittpunkte A und B.
2. Kreisbogen 2 mit Radius *r* um A; $r > \frac{1}{2}\,\overline{AB}$.
3. Kreisbogen 3 mit gleichem Radius *r* um B ergibt Schnittpunkt C.
4. Die Verbindungslinie des Schnittpunktes C mit S ist die gesuchte Winkelhalbierende.

Teilen einer Strecke

Gegeben: Strecke $\overline{AB}$ soll in 5 gleiche Teile geteilt werden.

1. Strahl von A unter beliebigem Winkel.
2. Auf dem Strahl von A aus mit dem Zirkel 5 beliebige, aber gleich große Teile abtragen.
3. Endpunkt 5' mit B verbinden.
4. Parallelen zu $\overline{5'\,B}$ durch die anderen Teilpunkte ziehen.

K

Tangenten, Kreisbögen, Vielecke

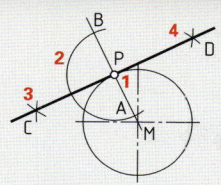

Tangente durch Kreispunkt P

Gegeben: Kreis und Punkt P

1. Verbindungslinie $\overline{MP}$ ziehen und verlängern.
2. Kreis um P ergibt Schnittpunkte A und B.
3. Kreisbögen um A und B mit gleichem Radius ergeben Schnittpunkte C und D.
4. Verbindungslinie CD ist Senkrechte zu $\overline{PM}$.

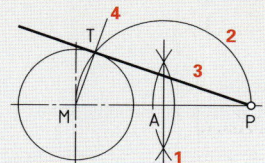

Tangente von einem Punkt P an den Kreis

Gegeben: Kreis und Punkt P

1. $\overline{MP}$ halbieren. A ist Mittelpunkt.
2. Kreis um A mit Radius $r = \overline{AM}$. T ist Tangentenpunkt.
3. T mit P verbinden.
4. $\overline{MT}$ ist senkrecht zu $\overline{PT}$.

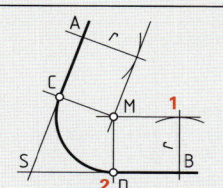

Rundung am Winkel

Gegeben: Winkel ASB und Radius r

1. Parallelen zu $\overline{AS}$ und $\overline{BS}$ im Abstand r ziehen. Ihr Schnittpunkt M ist der gesuchte Mittelpunkt des Kreisbogens mit dem Radius r.
2. Die Schnittpunkte der Lote von M mit den Schenkeln $\overline{AS}$ und $\overline{BS}$ sind die Übergangspunkte C und D.

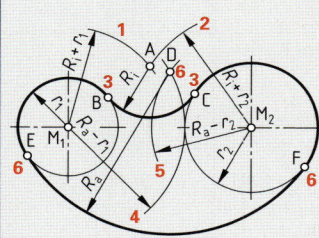

Verbindung zweier Kreise durch Kreisbögen

Gegeben: Kreis 1 und Kreis 2; Radien R_i und R_a

1. Kreis um M_1 mit Radius $R_i + r_1$.
2. Kreis um M_2 mit Radius $R_i + r_2$ ergibt mit 1 den Schnittpunkt A.
3. A mit M_1 und M_2 verbunden ergibt die Berührungspunkte B und C für den Innenradius R_i.
4. Kreis um M_1 mit Radius $R_a - r_1$.
5. Kreis um M_2 mit Radius $R_a - r_2$ ergibt mit 4 den Schnittpunkt D.
6. D mit M_1 und M_2 verbunden und verlängert ergibt die Berührungspunkte E und F für den Außenradius R_a.

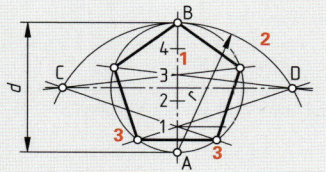

Regelmäßiges Vieleck im Umkreis (z.B. Fünfeck)

Gegeben: Kreis mit Durchmesser d

1. $\overline{AB}$ in 5 gleiche Teile teilen (Seite 58).
2. Kreisbogen mit Radius $r = \overline{AB}$ um A ziehen ergibt C und D.
3. C und D mit 1, 3 … (sämtlichen ungeraden Zahlen) verbinden. Die Schnittpunkte mit dem Kreis ergeben das gesuchte Fünfeck.
   Bei **Vielecken** mit **gerader Eckzahl** sind C und D mit 2, 4, 6 usw. (sämtlichen geraden Zahlen) zu verbinden.

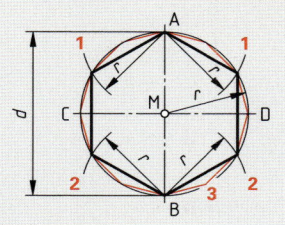

Sechseck, Zwölfeck im Umkreis

Gegeben: Kreis mit Durchmesser d

1. Kreisbögen mit Radius $r = \dfrac{d}{2}$ um A.
2. Kreisbögen mit Radius r um B.
3. Verbindungslinien ergeben Sechseck.
   Für Zwölfeck sind die Zwischenpunkte festzulegen. Einstiche zusätzlich in C und D.

K

Inkreis und Umkreis beim Dreieck, Kreismittelpunkt, Ellipse, Spirale

Inkreis eines Dreiecks

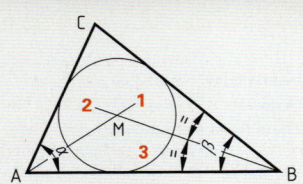

Gegeben: Dreieck

1. Winkel α halbieren.
2. Winkel β halbieren (Schnittpunkt M).
3. Inkreis um M.

Umkreis eines Dreiecks

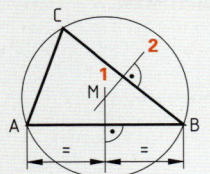

Gegeben: Dreieck

1. Mittelsenkrechte auf der Strecke $\overline{AB}$ errichten.
2. Mittelsenkrechte auf der Strecke $\overline{BC}$ errichten (Schnittpunkt M).
3. Umkreis um M.

Bestimmung des Kreismittelpunktes

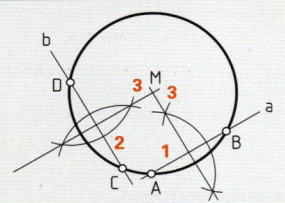

Gegeben: Kreis

1. Beliebige Gerade a schneidet den Kreis in A und B.
2. Gerade b (möglichst senkrecht zur Geraden a) schneidet den Kreis in C und D.
3. Mittelsenkrechte auf den Sehnen $\overline{AB}$ und $\overline{CD}$ errichten.
4. Schnittpunkt der Mittelsenkrechten ist Kreismittelpunkt M.

Ellipsenkonstruktion aus zwei Kreisen

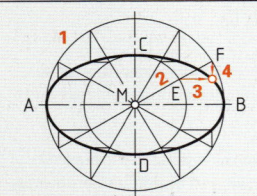

Gegeben: Achsen $\overline{AB}$ und $\overline{CD}$

1. Zwei Kreise um M mit den Durchmessern $\overline{AB}$ und $\overline{CD}$.
2. Durch M mehrere Strahlen ziehen, die die beiden Kreise schneiden (E, F).
3. Parallelen zu den beiden Hauptachsen $\overline{AB}$ und $\overline{CD}$ durch E und F ziehen. Schnittpunkte sind Ellipsenpunkte.

Ellipsenkonstruktion in einem Parallelogramm

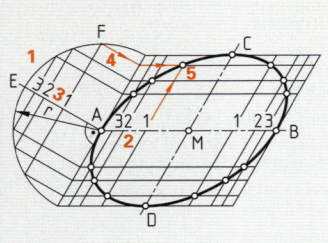

Gegeben: Parallelogramm mit den Achsen $\overline{AB}$ und $\overline{CD}$

1. Halbkreis mit Radius $r = \overline{MC}$ um A ergibt E.
2. $\overline{AM}$ (bzw. $\overline{BM}$) halbieren, vierteln und achteln ergibt Punkte 1, 2 und 3. Durch diese Punkte Parallelen zur Achse $\overline{CD}$ ziehen.
3. $\overline{EA}$ halbieren, vierteln und achteln ergibt die Punkte 1, 2 und 3 auf der Achse $\overline{AE}$. Parallelen durch die Punkte zur Achse $\overline{CD}$ ergeben Schnittpunkte F am Kreisbogen.
4. Durch Schnittpunkte F Parallelen zu $\overline{AE}$ bis zur Halbkreisachse, von dort Parallelen zur Achse $\overline{AB}$ ziehen.
5. Parallelenschnittpunkte entsprechender Zahlen sind Ellipsenpunkte.

Spirale (Näherungskonstruktion mit dem Zirkel)

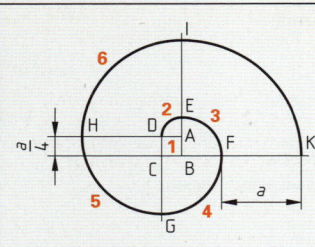

Gegeben: Steigung a

1. Quadrat ABCD mit $a/4$ zeichnen.
2. Viertelkreis mit Radius $\overline{AD}$ um A ergibt E.
3. Viertelkreis mit Radius $\overline{BE}$ um B ergibt F.
4. Viertelkreis mit Radius $\overline{CF}$ um C ergibt G.
5. Viertelkreis mit Radius $\overline{DG}$ um D ergibt H.
6. Viertelkreis mit Radius $\overline{AH}$ um A ergibt I (usw.).

K

Zykloide, Evolvente, Parabel, Hyperbel, Schraubenlinie

Zykloide

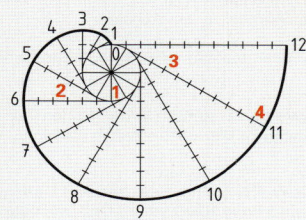

Hilfskreis 5 Schnittpunkt von Hilfskreis 5 mit Parallele 5

Roll-
kreis

Grundlinie
$U = \pi \cdot d$

verlängerte
waagrechte
Mittellinie

Gegeben: Rollkreis mit Radius r

1. Rollkreis in beliebig viele, aber gleich große Teile einteilen, z.B. 12.
2. Grundlinie ($\hat{=}$ Umfang des Rollkreises $= \pi \cdot d$) in gleich große Teile einteilen, hier ebenfalls 12.
3. Senkrechte Linien in den Teilpunkten 1…12 auf der Grundlinie ergeben mit der verlängerten waagerechten Mittellinie des Rollkreises die Mittelpunkte M_1…M_{12}.
4. Um die Mittelpunkte M_1…M_{12} Hilfskreise mit Radius r ziehen.
5. Die Schnittpunkte dieser Hilfskreise mit den Parallelen durch die Rollkreispunkte mit der gleichen Nummerierung ergeben die Zykloidenpunkte.

Evolvente

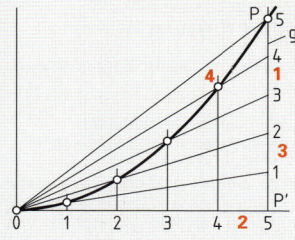

Gegeben: Kreis

1. Kreis in beliebig viele, aber gleich große Teile einteilen, z.B. 12.
2. In den Teilpunkten Tangenten an den Kreis ziehen.
3. Vom Berührungspunkt aus auf jeder Tangente die Länge des abgewickelten Kreisumfanges abtragen.
4. Die Kurve durch die Endpunkte ergibt die Evolvente.

Parabel

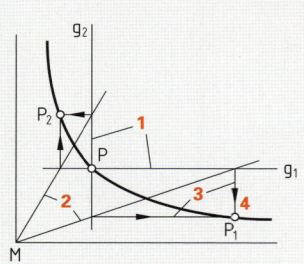

Gegeben: Rechtwinklige Parabelachsen und Parabelpunkt P

1. Parallele g zur senkrechten Achse durch Punkt P ergibt P′.
2. Abstand $\overline{OP'}$ auf der waagrechten Achse in beliebig viele Teile (z.B. 5) einteilen und Parallele zur senkrechten Achse ziehen.
3. Abstand $\overline{PP'}$ in gleich viele Teile einteilen und mit 0 verbinden.
4. Schnittpunkte der Linien mit gleichen Zahlen ergeben weitere Parabelpunkte.

Hyperbel

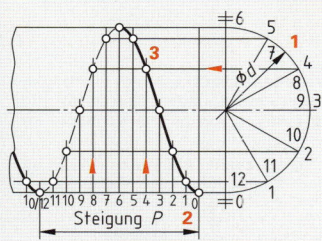

Gegeben: Rechtwinklige Asymptoten durch M und Hyperbelpunkt P

1. Parallelen g_1 und g_2 zu den Asymptoten durch Hyperbelpunkt P ziehen.
2. Von M aus beliebige Strahlen ziehen.
3. Durch die Schnittpunkte der Strahlen mit g_1 und g_2 Parallelen zu den Asymptoten ziehen.
4. Schnittpunkte der Parallelen (P_1, P_2 …) sind Hyperbelpunkte.

Schraubenlinie (Wendel)

Gegeben: Kreis mit Durchmesser d und Steigung P

1. Halbkreis in z.B. 6 gleiche Teile teilen.
2. Die Steigung P in die doppelte Anzahl, z.B. 12, gleicher Strecken unterteilen.
3. Gleiche Zahlen waagerechter und senkrechter Linien zum Schnitt bringen. Die Schnittpunkte ergeben Punkte der Schraubenlinie.

K

Kartesisches Koordinatensystem
vgl. DIN 461 (1973-03)

K

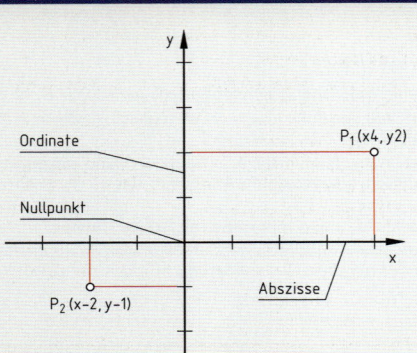

Koordinatenachsen
- Abszisse (waagrechte Achse; x-Achse)
- Ordinate (senkrechte Achse; y-Achse)

Abzutragende Werte
- Positive: vom Nullpunkt nach rechts bzw. oben
- Negative: vom Nullpunkt nach links bzw. unten

Kennzeichnung der positiven Achsrichtungen mit
- Pfeilspitzen an den Achsen oder
- Pfeilen parallel zu den Achsen

Formelzeichen werden kursiv eingetragen an der
- Abszisse unterhalb der Pfeilspitze
- Ordinate links neben der Pfeilspitze

bzw. vor den Pfeilen parallel zu den Achsen.

Skalen sind meist linear, manchmal auch logarithmisch geteilt.

Größen für Zahlenwerte. Sie stehen bei den Skalen-Teilstrichen. Alle negativen Zahlenwerte erhalten ein Minuszeichen.

Einheiten der Zahlenwerte stehen zwischen den beiden letzten positiven Zahlen von Abszisse und Ordinate oder hinter den Formelzeichen.

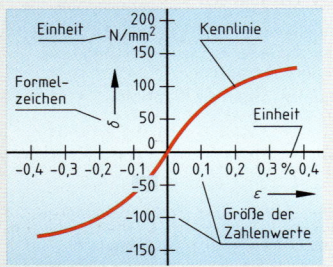

Netzlinien erleichtern den Eintrag der Zahlenwerte.

Kennlinien (Kurven) verbinden die im Diagramm eingetragenen Zahlenwerte.

Linienbreiten. Die Linien werden im Verhältnis Netzlinien : Achsen : Kennlinien = 1 : 2 : 4 gezeichnet.

Diagramm-Ausschnitte werden gezeichnet, wenn vom Nullpunkt aus nicht in jeder Richtung Zahlenwerte abzutragen sind. Der Nullpunkt darf auch unterdrückt werden.

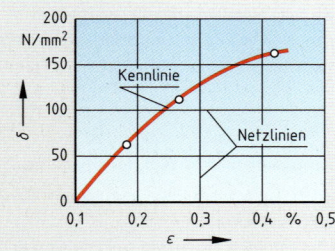

Beispiel (Federkennlinie):

Von einer Tellerfeder sind folgende Werte bekannt:

Federweg s in mm	0	0,3	0,6	1,0	1,3
Federkraft F in N	0	600	1000	1300	1400

Wie groß ist die Federkraft F bei einem Federweg $s = 0,9$ mm?

Lösung:

Die Kennwerte werden in ein Diagramm übertragen und mit einer Kennlinie verbunden. Eine senkrechte Linie bei $s = 0,9$ mm schneidet die Kennlinie im Punkt A.

Mit Hilfe einer waagrechten Linie durch A wird an der Ordinate eine Federkraft $F \approx 1250$ N abgelesen.

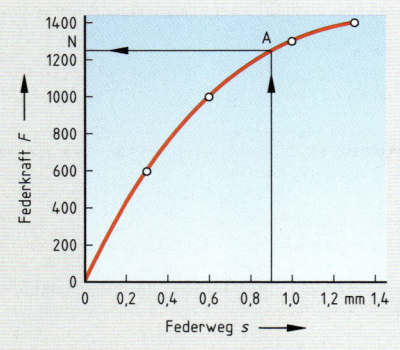

[1] Mit Diagrammen werden wertmäßige Zusammenhänge zwischen veränderlichen Größen dargestellt.

Koordinatensysteme, Flächendiagramme

Kartesisches Koordinatensystem (Fortsetzung)   vgl. DIN 461 (1973-03)

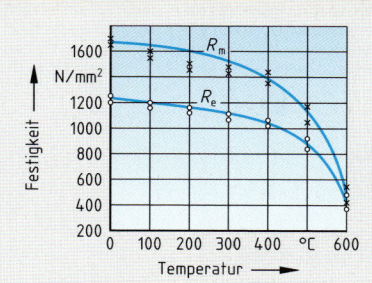

Diagramme mit mehreren Kennlinien

Bei stark streuenden Messwerten werden für jede Kennlinie besondere Zeichen verwendet, z. B.: ○, ×, □

Kennzeichnung der Kennlinien

• bei Verwendung derselben Linienart durch die Namen der Veränderlichen bzw. durch deren Formelzeichen
• durch unterschiedliche Linienarten

Polarkoordinatensystem   vgl. DIN 461 (1973-03)

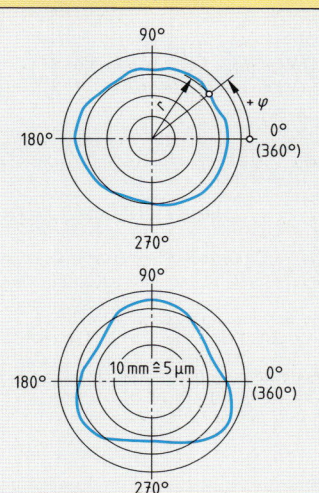

K

Polarkoordinatensysteme besitzen eine 360°-Teilung

Nullpunkt (Pol). Schnittpunkt von waagrechter und senkrechter Achse

Winkelzuordnung. Die waagrechte Achse rechts vom Nullpunkt wird dem Winkel 0° zugeordnet.

Winkelabtrag. Positive Winkel werden entgegen dem Uhrzeigersinn abgetragen.

Radius. Der Radius entspricht der Größe des abzutragenden Wertes. Zum leichteren Abtragen der Werte können um den Nullpunkt konzentrische Kreise gezogen werden.

Beispiel:

> Mit Hilfe einer Messmaschine wird überprüft, ob die Rundheit einer gedrehten Buchse innerhalb einer geforderten Toleranz liegt.
>
> Die ermittelte Unrundheit wurde vermutlich durch zu starkes Spannen der Buchse im Backenfutter verursacht.

Flächendiagramme

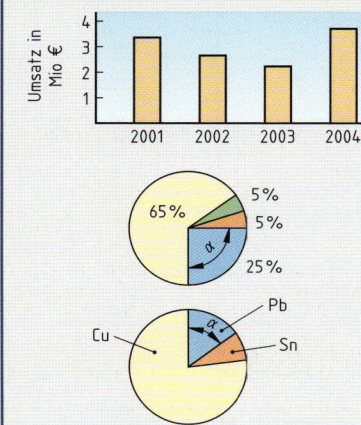

Säulendiagramme

Mit Säulendiagrammen werden die darzustellenden Größen als waagrechte oder senkrechte, jeweils gleich dicke Balken gezeigt.

Kreisflächendiagramme

Mit Kreisflächendiagrammen werden meist Prozentwerte dargestellt. Dabei entspricht der Umfang einer Kreisfläche 100 % ($\widehat{=}$ 360°).

Mittelpunktswinkel. Der zu einem abzutragenden Prozentanteil x gehörende Mittelpunktswinkel beträgt:

$$\alpha = \frac{360° \cdot x\,\%}{100\,\%}$$

Beispiel:

> Wie groß ist der Mittelpunktswinkel für den Bleianteil der Legierung CuPb15Sn8?
>
> Lösung: $\quad \alpha = \dfrac{360° \cdot 15\,\%}{100\,\%} = 54°$

Schriftzeichen

Beschriftung, Schriftzeichen
vgl. DIN EN ISO 3098-0 (1998-04) und DIN EN ISO 3098-2 (2000-11)

Die Beschriftung von technischen Zeichnungen kann nach Schriftform A (Engschrift) oder nach Schriftform B erfolgen. Beide Formen dürfen senkrecht (V = vertikal) oder um 15° nach rechts geneigt (S = schräg) ausgeführt werden. Um eine gute Lesbarkeit zu gewährleisten, soll der Abstand zwischen den Schriftzeichen zwei Linienbreiten betragen. Der Abstand darf auf eine Linienbreite verringert werden, wenn bestimmte Schriftzeichen zusammentreffen, z. B. LA, TV, Tr.

Schriftform B, V (vertikal)

ABCDEFGHIJKLMNOPQRSTUVWXYZ
abcdefghijklmnopqrstuvwxyz□
1234567890 IVX[(!?.,;'-=+ ×·.√ %&)]⌀

Schriftform B, S (schräg)

ABCDEFGHIJ abcdefghij 1234567890 ⌀□

Schriftform A, V (vertikal)
ABCD efghijk 123456 ⌀□

Schriftform A, S (schräg)
ABCD efghijk 123456 ⌀□

Maße
vgl. DIN EN ISO 3098-0 (1998-04)

b_1 bei diakritischen[1] Zeichen
b_2 ohne diakritische Zeichen
b_3 bei Großbuchstaben und Zahlen

[1] diakritisch = zur weiteren Unterscheidung, insbesondere von Buchstaben, dienend

Schrifthöhe h bzw. Höhe der Großbuchstaben (Nennmaße) in mm	1,8	2,5	3,5	5	7	10	14	20

Verhältnis der Maße zur Schrifthöhe h
vgl. DIN EN ISO 3098-3 (1998-04)

Schriftform	a	b_1	b_2	b_3	c_1	c_2	c_3	d	e	f
A	$\frac{2}{14} \cdot h$	$\frac{25}{14} \cdot h$	$\frac{21}{14} \cdot h$	$\frac{17}{14} \cdot h$	$\frac{10}{14} \cdot h$	$\frac{4}{14} \cdot h$	$\frac{4}{14} \cdot h$	$\frac{1}{14} \cdot h$	$\frac{6}{14} \cdot h$	$\frac{5}{14} \cdot h$
B	$\frac{2}{10} \cdot h$	$\frac{19}{10} \cdot h$	$\frac{15}{10} \cdot h$	$\frac{13}{10} \cdot h$	$\frac{7}{10} \cdot h$	$\frac{3}{10} \cdot h$	$\frac{3}{10} \cdot h$	$\frac{1}{10} \cdot h$	$\frac{6}{10} \cdot h$	$\frac{4}{10} \cdot h$

Griechisches Alphabet
vgl. DIN EN ISO 3098-3 (2000-11)

A	α	Alpha	Z	ζ	Zeta	Λ	λ	Lambda	Π	π	Pi	Φ φ (ph) Phi
B	β	Beta	H	η	Eta	M	μ	Mü	P	ϱ	Rho	X χ Chi
Γ	γ	Gamma	Θ	ϑ	Theta	N	ν	Nü	Σ	σ	Sigma	Ψ ψ Psi
Δ	δ	Delta	I	ι	Jota	Ξ	ξ	Ksi	T	τ	Tau	Ω ω Omega
E	ε	Epsilon	K	ϰ	Kappa	O	o	Omikron	Y	υ	Ypsilon	

Römische Ziffern

I = 1	II = 2	III = 3	IV = 4	V = 5	VI = 6	VII = 7	VIII = 8	IX = 9
X = 10	XX = 20	XXX = 30	XL = 40	L = 50	LX = 60	LXX = 70	LXXX = 80	XC = 90
C = 100	CC = 200	CCC = 300	CD = 400	D = 500	DC = 600	DCC = 700	DCCC = 800	CM = 900
M = 1000	MM = 2000	Beispiele: MDCLXXXVII = 1687		MCMXCIX = 1999		MMIV = 2004		

Normzahlen, Radien, Maßstäbe

Normzahlen und Normzahlreihen[1]

vgl. DIN 323-1 (1974-08)

R 5	R 10	R 20	R 40	R 5	R 10	R 20	R 40
1,00	1,00	1,00	1,00	4,00	4,00	4,00	4,00
			1,06				4,25
		1,12	1,12			4,50	4,50
			1,18				4,75
	1,25	1,25	1,25		5,00	5,00	5,00
			1,32				5,30
		1,40	1,40			5,60	5,60
			1,50				6,00
1,60	1,60	1,60	1,60	6,30	6,30	6,30	6,30
			1,70				6,70
		1,80	1,80			7,10	7,10
			1,90				7,50
	2,00	2,00	2,00		8,00	8,00	8,00
			2,12				8,50
		2,24	2,24			9,00	9,00
			2,36				9,50
2,50	2,50	2,50	2,50	10,00	10,00	10,00	10,00
			2,65				
		2,80	2,80				
			3,00				
	3,15	3,15	3,15				
			3,35				
		3,55	3,55				
			3,75				

Reihe	Multiplikator
R 5	$q_5 = \sqrt[5]{10} \approx 1,6$
R 10	$q_{10} = \sqrt[10]{10} \approx 1,25$
R 20	$q_{20} = \sqrt[20]{10} \approx 1,12$
R 40	$q_{40} = \sqrt[40]{10} \approx 1,06$

Radien

vgl. DIN 250 (2002-04)

				0,2			0,3	**0,4**	0,5	**0,6**	0,8						
1		1,2		**1,6**	2		**2,5**	3	**4**	5	**6**	8					
10	12	**16**	18	**20**	22	**25**	28	**32**	36	**40**	45	**50**	56	**63**	70	**80**	90
100	110	**125**	140	**160**	180	**200**	Die fett gedruckten Tabellenwerte sind zu bevorzugen.										

Maßstäbe[2]

vgl. DIN ISO 5455 (1979-12)

Natürlicher Maßstab	Verkleinerungsmaßstäbe				Vergrößerungsmaßstäbe		
1 : 1	1 : 2	1 : 20	1 : 200	1 : 2000	2 : 1	5 : 1	10 : 1
	1 : 5	1 : 50	1 : 500	1 : 5000	20 : 1	50 : 1	
	1 : 10	1 : 100	1 : 1000	1 : 10000			

[1] Normzahlen sind Vorzugszahlen, z. B. für Längenmaße und Radien. Durch ihre Verwendung werden willkürliche Abstufungen vermieden. Bei den Normzahlreihen (Grundreihen R5 ... R40) ergibt sich jede Zahl der Reihe durch Multiplizieren der vorhergehenden mit einem für die Reihe gleichbleibenden Multiplikator. Reihe 5 (R 5) ist R 10, diese R 20 und diese R 40 vorzuziehen. Die Zahlen jeder Reihe können mit 10, 100, 1000 usw. multipliziert oder durch 10, 100, 1000 usw. dividiert werden.

[2] Für besondere Anwendungen können die angegebenen Vergrößerungs- und Verkleinerungsmaßstäbe durch Multiplizieren mit ganzzahligen Vielfachen von 10 erweitert werden.

K

Zeichenblätter

Zeichnungsvordrucke
vgl. DIN EN ISO 5457 (1999-07) und DIN EN ISO 216 (2002-03)

Format	A0	A1	A2	A3	A4	A5	A6
Abmessungen der Formate[1] in mm	841 x 1189	594 x 841	420 x 594	297 x 420	210 x 297	148 x 210	105 x 148
Abmessungen der Zeichenfläche in mm	821 x 1159	574 x 811	400 x 564	277 x 390	180 x 277	–	–

[1] Die Abmessungen Höhe : Breite der Zeichnungsvordrucke verhalten sich wie $1 : \sqrt{2}$ (= 1 : 1,414).

Faltung auf DIN-Format A4
vgl. DIN 824 (1981-03)

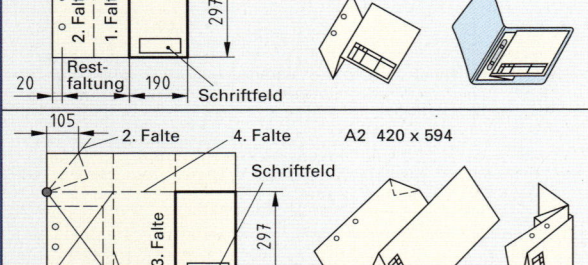

A3 297 x 420

1. Falte: Rechten Streifen (190 mm breit) nach rückwärts einschlagen.

2. Falte: Restblatt so falten, dass die Kante der 1. Falte vom linken Blattrand einen Abstand von 20 mm hat.

A2 420 x 594

1. Falte: Linken Streifen (210 mm breit) nach rechts einschlagen.

2. Falte: Dreieck in 297 mm Höhe bei 105 mm Breite nach links umlegen.

3. Falte: Rechten Streifen (192 mm breit) nach rückwärts einschlagen.

4. Falte: Faltpaket in 297 mm Höhe nach rückwärts einschlagen.

Schriftfelder
vgl. DIN EN ISO 7200 (2004-05), Ersatz für DIN 6771-1

Die Breite des Schriftfeldes beträgt 180 mm. Die Maße für die einzelnen Datenfelder (Feldbreiten und Feldhöhen) sind nicht vorgeschrieben. Die Tabelle unten auf dieser Seite enthält Beispiele für mögliche Feldmaße.

Beispiel für ein Schriftfeld:

Verantwortl. Abtlg.	Technische Referenz	Erstellt durch	Genehmigt von	
AB 131 **11**	Susanne Müller **12**	Christiane Schmid **13**	Wolfgang Maier **14**	**15**

Schuler AG **1**
Bergstadt

| Dokumentenart | | Dokumentenstatus | |
| Zusammenbauzeichnung **9** | | freigegeben **10** | |

Titel, Zusätzlicher Titel **2**
Kreissägewelle **3**
komplett mit Lagerung

A225-03300-012 **4**

| Änd. **5** | Ausgabedatum **6** | Spr. **7** | Blatt **8** |
| A | 2005-01-15 | de | 1/3 |

Zeichnungsspezifische Angaben, wie z.B. Maßstab, Projektionssinnbild, Toleranzen und Oberflächenangaben, werden außerhalb des Schriftfeldes auf dem Zeichnungsvordruck angegeben.

Datenfelder in Schriftfeldern

Feld-Nr.	Feldname	Höchstzahl der Zeichen	Feldbezeichnung erforderlich	Feldbezeichnung optional	Feldmaße (mm) Breite	Feldmaße (mm) Höhe
1	Eigentümer der Zeichnung	nicht festgelegt	ja	–	69	27
2	Titel (Zeichnungsname)	25	ja	–	60	18
3	Zusätzlicher Titel	25	–	ja	60	
4	Sachnummer	16	ja	–	51	
5	Änderungsindex (Zeichnungsversion)	2	–	ja	7	
6	Ausgabedatum der Zeichnung	10	ja	–	25	
7	Sprachenzeichen (de = deutsch)	4	–	ja	10	
8	Blatt-Nummer und Anzahl der Blätter	4	–	ja	9	
9	Dokumentenart	30	ja	–	60	9
10	Dokumentenstatus	20	–	ja	51	
11	Verantwortliche Abteilung	10	–	ja	25	
12	Technische Referenz	20	–	ja	43	
13	Zeichnungs-Ersteller	20	ja	–	43	
14	Genehmigende Person	20	ja	–	43	
15	Klassifikation/Schlüsselwörter	nicht festgelegt	–	ja	19	

K

Linien

Linien in Zeichnungen der mechanischen Technik

vgl. DIN ISO 128-24 (1999-12)

Nr.	Benennung, Darstellung	Beispiele für die Anwendung
01.1	Volllinie, schmal	• Maß- und Maßhilfslinien • Hinweis- und Bezugslinien • Gewindegrund • Schraffuren • Lagerichtung von Schichtungen (z.B. Trafoblech) • Umrisse eingeklappter Schnitte • kurze Mittellinien • Lichtkanten bei Durchdringungen • Ursprungskreise und Maßlinienbegrenzungen • Diagonalkreuze zur Kennzeichnung ebener Flächen • Umrahmungen von Einzelheiten • Projektions- und Rasterlinien • Biegelinien an Rohteilen und bearbeiteten Teilen • Kennzeichnung sich wiederholender Einzelheiten (z.B. Fußkreisdurchmesser bei Verzahnungen)
	Freihandlinie, schmal [1]	• Vorzugsweise manuell dargestellte Begrenzung von Teil- oder unterbrochenen Ansichten und Schnitten, wenn die Begrenzung keine Symmetrie- oder Mittellinie ist
	Zickzacklinie, schmal [1]	• Vorzugsweise mit Zeichenautomaten dargestellte Begrenzung von Teil- oder unterbrochenen Ansichten und Schnitten, wenn die Begrenzung keine Symmetrie- oder Mittellinie ist
01.2	Volllinie, breit	• sichtbare Kanten und Umrisse • Gewindespitzen • Grenze der nutzbaren Gewindelänge • Schnittpfeillinien • Oberflächenstrukturen (z.B. Rändel) • Hauptdarstellungen in Diagrammen, Kanten und Fließbildern • Systemlinien (Stahlbau) • Formteillinien in Ansichten
02.1	Strichlinie, schmal	• verdeckte Kanten • verdeckte Umrisse
02.2	Strichlinie, breit	• Kennzeichnung von Bereichen mit zulässiger Oberflächenbehandlung (z.B. Wärmebehandlung)
04.1	Strich-Punktlinie (langer Strich), schmal	• Mittellinien • Symmetrielinien • Teilkreise bei Verzahnungen • Lochkreise
04.2	Strich-Punktlinie (langer Strich), breit	• Kennzeichnung von Bereichen mit (begrenzter) geforderter Oberflächenbehandlung (z.B. Wärmebehandlung) • Kennzeichnung von Schnittebenen
05.1	Strich-Zweipunktlinie (langer Strich), schmal	• Umrisse benachbarter Teile • Endstellungen beweglicher Teile • Schwerlinien • Umrisse vor der Formgebung • Teile vor der Schnittebene • Umrisse alternativer Ausführungen • Umrisse von Fertigteilen in Rohteilen • Umrahmung besonderer Bereiche oder Felder • Projizierte Toleranzzone

[1] Es soll nur eine der Linienarten Freihandlinie und Zickzacklinie in einer Zeichnung angewendet werden.

Längen von Linienelementen

Linienelement	Linienart Nr.	Länge	Linienelement	Linienart Nr.	Länge
lange Striche	04.1 und 05.1	$24 \cdot d$	Lücken	02.1, 02.2, 04.1, 04.2 und 05.1	$3 \cdot d$
kurze Striche	02.1 und 02.2	$12 \cdot d$	**Beispiel: Linienart 04.2**		
Punkte	04.1, 04.2 und 05.1	$< 0,5 \cdot d$	$24 \cdot d$ $3 \cdot d$ $0,5 \cdot d$ $3 \cdot d$		

K

Linien

Linienbreiten und Liniengruppen

vgl. DIN ISO 128-24 (1999-12)

Linienbreiten. In Zeichnungen werden meist zwei Linienarten verwendet. Sie stehen zueinander im Verhältnis 1: 2.

Liniengruppen. Die Liniengruppen sind im Verhältnis $1 : \sqrt{2}$ ($\approx 1 : 1,4$) gestuft.

Auswahl. Linienbreiten und Liniengruppen werden entsprechend der Zeichnungsart und -größe sowie dem Zeichnungsmaßstab und den Anforderungen für die Mikroverfilmung und/oder das Reproduktionsverfahren ausgewählt.

Liniengruppe	zugehörige Linienbreiten (Maße in mm) für		
	breite Linien	schmale Linien	Maß- und Toleranzangaben, grafische Sinnbilder
0,25	0,25	0,13	0,18
0,35	0,35	0,18	0,25
0,5	0,5	0,25	0,35
0,7	0,7	0,35	0,5
1	1	0,5	0,7
1,4	1,4	0,7	1
2	2	1	1,4

Beispiele für Linien in technischen Zeichnungen

vgl. DIN ISO 128-24 (1999-12)

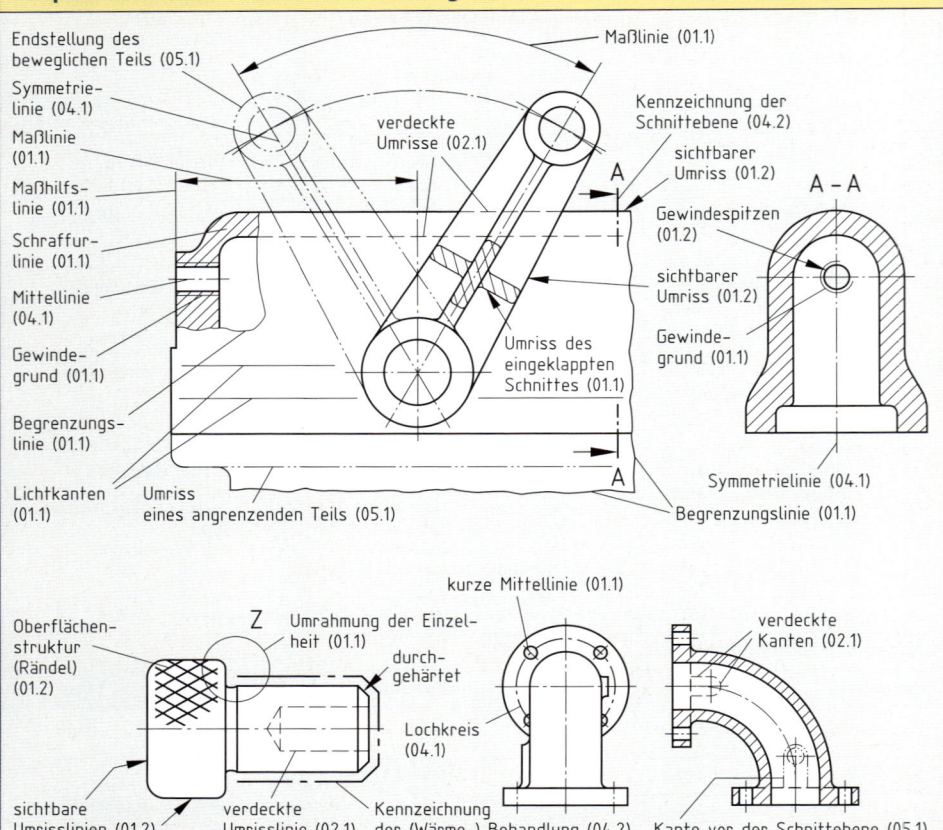

Endstellung des beweglichen Teils (05.1)
Symmetrielinie (04.1)
Maßlinie (01.1)
Maßhilfslinie (01.1)
Schraffurlinie (01.1)
Mittellinie (04.1)
Gewindegrund (01.1)
Begrenzungslinie (01.1)
Lichtkanten (01.1)
Umriss eines angrenzenden Teils (05.1)

Maßlinie (01.1)
verdeckte Umrisse (02.1)
Kennzeichnung der Schnittebene (04.2)
sichtbarer Umriss (01.2)
A
Gewindespitzen (01.2)
sichtbarer Umriss (01.2)
Gewindegrund (01.1)
Umriss des eingeklappten Schnittes (01.1)
A

A – A
Symmetrielinie (04.1)
Begrenzungslinie (01.1)

Oberflächenstruktur (Rändel) (01.2)
Z Umrahmung der Einzelheit (01.1)
durchgehärtet
sichtbare Umrisslinien (01.2)
verdeckte Umrisslinie (02.1)
Kennzeichnung der (Wärme-) Behandlung (04.2)

kurze Mittellinie (01.1)
Lochkreis (04.1)

verdeckte Kanten (02.1)
Kante vor der Schnittebene (05.1)

K

Grundregeln für die Darstellung, Projektionsmethoden

Grundregeln für die Darstellung
vgl. DIN ISO 128-30 (2002-05) und DIN ISO 5456-2 (1998-04)

Auswahl der Vorderansicht. Als Vorderansicht wird die Ansicht gewählt, die bezüglich Form und Abmessungen die meisten Informationen liefert.

Weitere Ansichten. Wenn für die eindeutige Darstellung oder die vollständige Bemaßung eines Werkstückes weitere Ansichten erforderlich sind, ist zu beachten:

• Die Auswahl der Ansichten ist auf das Notwendige zu beschränken.
• In den zusätzlichen Ansichten sollen möglichst wenig verdeckt darzustellende Kanten und Umrisse vorhanden sein.

Lage weiterer Ansichten. Die Lage weiterer Ansichten ist von der Projektionsmethode abhängig. Bei Zeichnungen nach den Projektionsmethoden 1 und 3 (Seite 70) muss das Symbol für die Projektionsmethode im Schriftfeld angegeben werden.

Axonometrische Darstellungen[1)]
vgl. DIN ISO 5456-3 (1998-04)

K

Isometrische Projektion

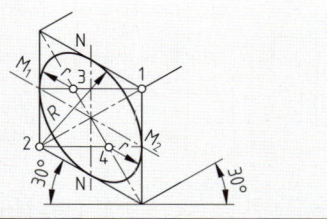

$X : Y : Z = 1 : 1 : 1$

Kreis als Ellipse
Kreis als Ellipse

Näherungskonstruktion der Ellipse:
1. Rhombus tangential um Bohrung zeichnen, Rhombusseiten halbieren ergibt die Schnittpunkte M_1, M_2 und N.
2. Verbindungslinien von M_1 nach 1 und von M_2 nach 2 ziehen ergibt die Schnittpunkte 3 und 4.
3. Kreisbögen mit Radius R um 1 und 2 und mit Radius r um 3 und 4.

Dimetrische Projektion

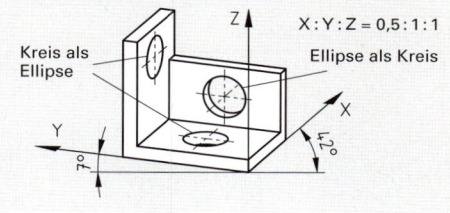

$X : Y : Z = 0,5 : 1 : 1$

Kreis als Ellipse
Ellipse als Kreis

Konstruktion der Ellipsen:
1. Hilfskreis mit Radius $r = d/2$ zeichnen.
2. Höhe d in beliebige Anzahl gleicher Strecken teilen und Felder (1 bis 3) zeichnen.
3. Hilfskreis-Durchmesser in gleiche Felderzahl teilen.
4. Aus Hilfskreis Streckenlängen a, b usw. in Rhombus übertragen.

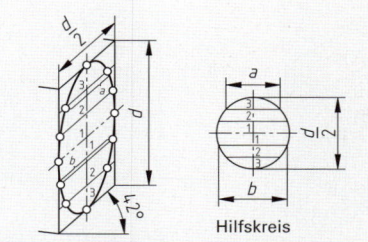

Hilfskreis

Kavalier-Projektion

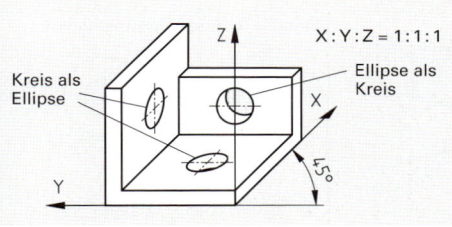

$X : Y : Z = 1 : 1 : 1$

Kreis als Ellipse
Ellipse als Kreis

Ellipsenkonstruktion wie Seite 60 (Ellipsenkonstruktion in einem Parallelogramm).

Kabinett-Projektion

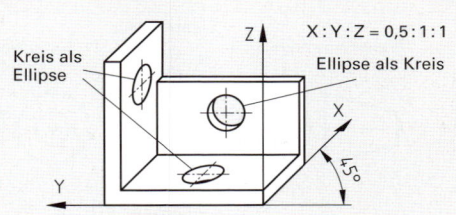

$X : Y : Z = 0,5 : 1 : 1$

Kreis als Ellipse
Ellipse als Kreis

Ellipsenkonstruktion wie bei der dimetrischen Projektion (oben).

[1)] Axonometrische Darstellungen: einfache, bildliche Darstellungen.

Projektionsmethoden

vgl. DIN ISO 128-30 (2002-05)
und DIN ISO 5456-2 (1998-04)

Pfeilmethode

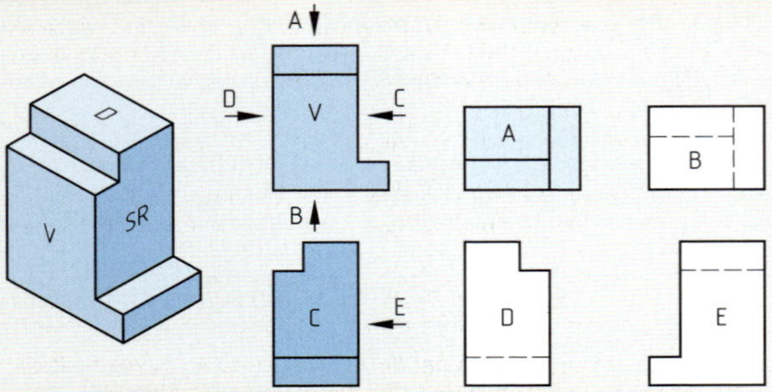

Kennzeichnung der Betrachtungs-richtung:
• mit Pfeillinie und Großbuchstaben

Kennzeichnung der Ansichten:
• mit Großbuchstaben

Lage der Ansichten:
• beliebig zur Vorderansicht

Anordnung der Großbuchstaben:
• oberhalb der Ansichten
• senkrecht in Leserichtung
• oberhalb oder rechts der Pfeillinie

Projektionsmethode 1

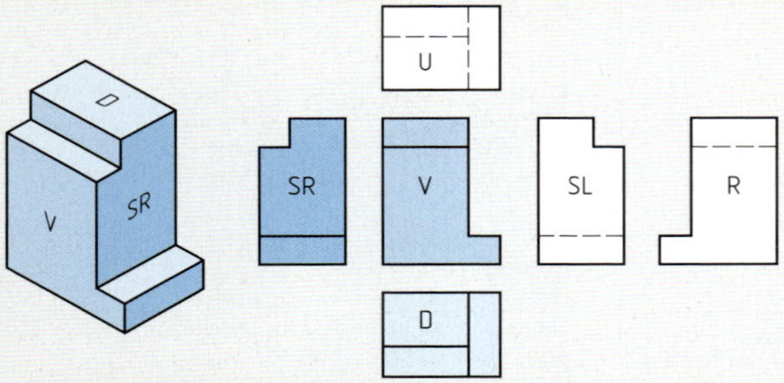

Bezogen auf die Vorderansicht V liegen:

D	Draufsicht	unterhalb von V
SL	Seitenansicht von links	rechts von V
SR	Seitenansicht von rechts	links von V
U	Untersicht	oberhalb von V
R	Rückansicht	links oder rechts von V

Sinnbild

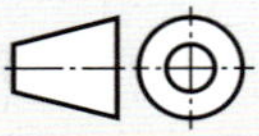

Projektionsmethode 3[1]

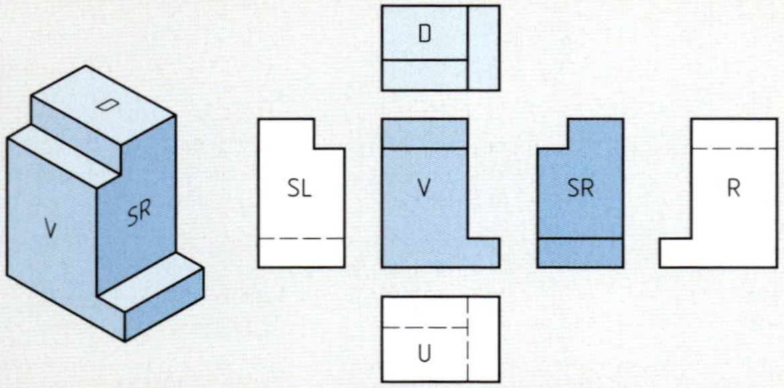

Bezogen auf die Vorderansicht V liegen:

D	Draufsicht	oberhalb von V
SL	Seitenansicht von links	links von V
SR	Seitenansicht von rechts	rechts von V
U	Untersicht	unterhalb von V
R	Rückansicht	links oder rechts von V

Sinnbild

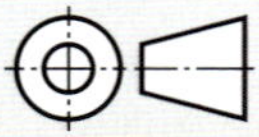

Sinnbilder für Projektionsmethoden

Sinnbild[2] für

Projektionsmethode 1 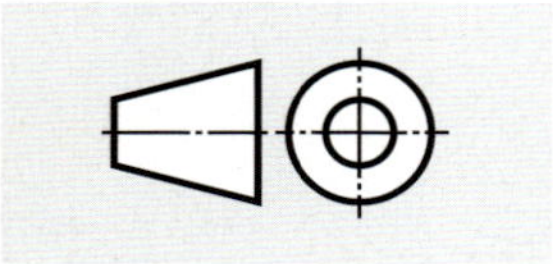	Projektionsmethode 3 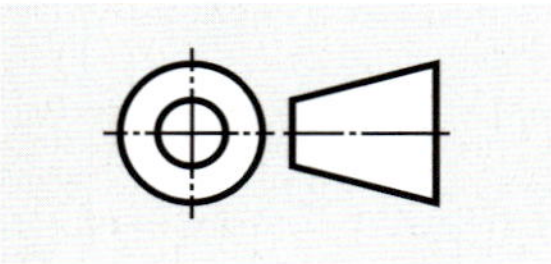

Anwendung in
Deutschland und den meisten
europäischen Ländern

englischsprachigen Ländern,
z. B. USA

Sinnbild für Projektionsmethode 1

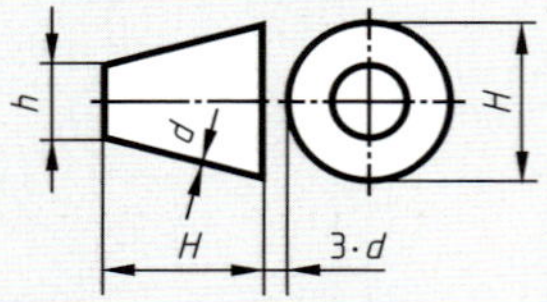

h Schrifthöhe in mm (Seite 64)
$H = 2 \cdot h$
$d = 0,1 \cdot h$

[1] Eine Projektionsmethode 2 ist nicht vorgesehen.
[2] Das Sinnbild wird auf dem Zeichnungsvordruck (Seite 66) angegeben.

Ansichten

vgl. DIN ISO 128-30 und -34 (2002-05)

Teilansichten

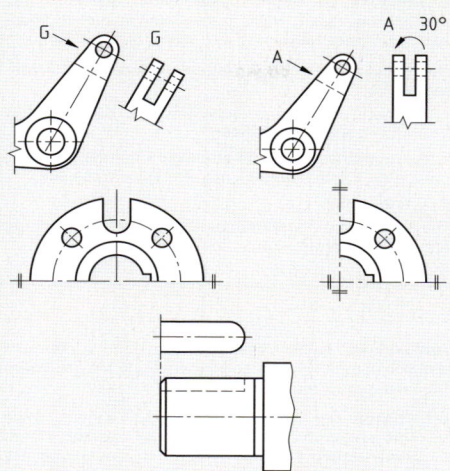

Anwendung. Teilansichten werden gekennzeichnet, wenn ungünstige Projektionen oder verkürzte Darstellungen vermieden werden sollen.

Lage. Die Teilansicht wird in Pfeilrichtung oder gedreht dargestellt. Der Drehwinkel muss angegeben werden.

Begrenzung. Diese erfolgt durch eine Zickzacklinie.

Anwendung. Bei Platzmangel z.B. genügt die Darstellung eines Bruchteils des ganzen Werkstückes.

Kennzeichnung. Durch zwei kurze, parallele Volllinien durch die Symmetrielinie außerhalb der Ansicht.

Anwendung. Wenn die Darstellung eindeutig ist, genügt statt einer Gesamtansicht eine Teilansicht.

Darstellung. Die Teilansicht (Projektionsmethode 3) wird durch eine schmale Strich-Punktlinie mit der Hauptansicht verbunden.

Angrenzende Teile

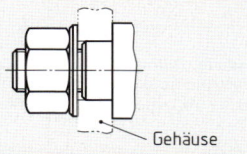

Anwendung. Angrenzende Teile werden gezeichnet, wenn diese zum Verständnis der Zeichnung beitragen.

Darstellung. Diese erfolgt mit schmalen Strich-Zweipunktlinien. Geschnittene angrenzende Teile werden nicht schraffiert.

Vereinfachte Durchdringungen

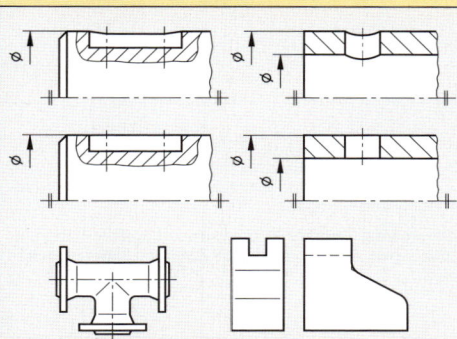

Anwendung. Wenn die Zeichnung verständlich bleibt, dürfen gerundete Durchdringungslinien durch gerade Linien ersetzt werden.

Darstellung. Mit breiten Volllinien gezeichnet werden gerundete Durchdringungslinien bei Nuten in Wellen und Durchdringungen von Bohrungen, deren Durchmesser sich wesentlich unterscheiden.

Mit schmalen Volllinien werden gedachte Durchdringungslinien von Lichtkanten und gerundeten Kanten an der Stelle gezeichnet, an der bei scharfkantigem Übergang die (Umlauf-)Kante wäre. Die schmalen Volllinien berühren die Umrisse nicht.

Unterbrochene Ansichten

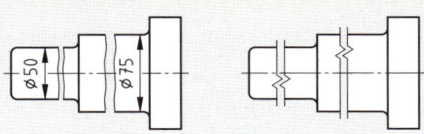

Anwendung. Um Platz zu sparen, können von langen Werkstücken nur die wichtigen Bereiche dargestellt werden.

Darstellung. Die Begrenzung der belassenen Teile erfolgt durch Freihandlinien oder Zickzacklinien. Die Teile müssen eng aneinander gezeichnet werden.

K

Ansichten

vgl. DIN ISO 128-30
und -34 (2002-05)

Wiederkehrende Geometrieelemente

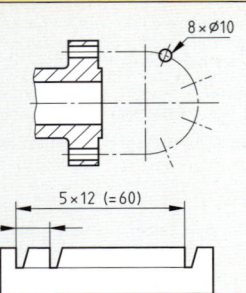

Anwendung. Bei Geometrieelementen, die sich regelmäßig wiederholen, muss das einzelne Element nur einmal gezeichnet werden.

Darstellung. Bei nicht gezeichneten Geometrieelementen wird bei
- symmetrischen Geometrieelementen die Lage mit schmalen Strich-Punktlinien
- unsymmetrischen Geometrieelementen der Bereich, in dem sie sich befinden, mit schmalen Volllinien

gekennzeichnet.
Die Anzahl der Wiederholungen muss durch Bemaßung angegeben werden.

Bauteile in größerem Maßstab (Einzelheiten)

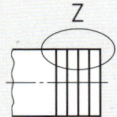
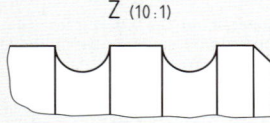

Anwendung. Teilbereiche eines Werkstücks, die nicht deutlich dargestellt werden können, dürfen in größerem Maßstab gezeichnet werden.

Darstellung. Der Teilbereich wird durch eine schmale Volllinie eingerahmt oder eingekreist und mit einem Großbuchstaben versehen. Nach der Darstellung des Teilbereichs in einem größeren Maßstab wird dieser mit demselben Großbuchstaben gekennzeichnet. Zusätzlich wird der Vergrößerungsmaßstab angegeben.

Geringe Neigungen

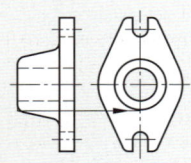
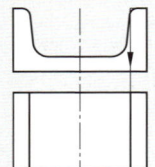

Anwendung. Geringe Neigungen an Schrägen, Kegeln oder Pyramiden, die sich nicht deutlich zeigen lassen, müssen in der zugehörigen Projektion nicht gezeichnet werden.

Darstellung. Mit einer breiten Volllinie wird diejenige Kante gezeichnet, die der Projektion des kleineren Maßes entspricht.

Bewegliche Teile

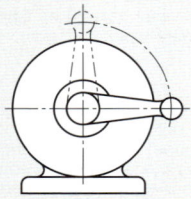

Anwendung. Kenntlichmachung alternativer Lagen und Extremstellungen von beweglichen Bauteilen in Zusammenbauzeichnungen.

Darstellung. Bauteile in alternativen Lagen und Extremstellungen werden mit Strich-Zweipunktlinien gezeichnet.

Oberflächenstrukturen

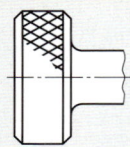

Darstellung. Strukturen wie Rändel und Prägungen werden mit breiten Volllinien dargestellt. Vorzugsweise soll die Struktur nur teilweise gezeichnet werden.

Schnittdarstellung

vgl. DIN ISO 128-40,
-44 und -50 (2002-05)

Schnittarten

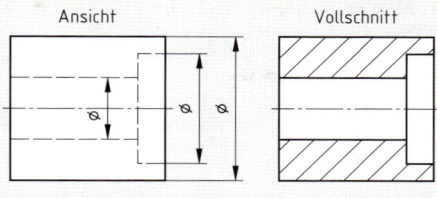

Schnitt. Mit einem Schnitt kann das Innere eines Werkstückes gezeigt werden. Den vorderen Teil des Werkstückes, der die Sicht auf das Innere verdeckt, denkt man sich dabei als herausgeschnitten.

In einem Schnitt werden

• die Schnittebene und zusätzlich hinter der Schnittebene liegenden Werkstückumrisse oder

• nur die Schnittebene

dargestellt.

Vollschnitt. Der Vollschnitt zeigt das in einer Ebene durchschnitten gedachte Werkstück.

Halbschnitt. Von einem symmetrischen Werkstück wird eine Hälfte als Ansicht, die andere als Schnitt dargestellt.

Teilschnitt. Ein Teilschnitt zeigt nur einen Teil des Werkstückes im Schnitt.

Begriffe

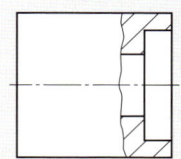

Schnittebene. Die Schnittebene ist eine gedachte Ebene, in der das Werkstück durchschnitten ist. Komplizierte Werkstücke können auch in zwei oder mehreren Schnittebenen dargestellt werden.

Schnittfläche. Sie entsteht beim gedachten Durchschneiden des Werkstückes. Die Schnittfläche wird durch eine Schraffur (unten und Seite 75) gekennzeichnet.

Schnittlinie. Sie markiert die Lage der Schnittebene, bei zwei oder mehreren Schnittebenen den Schnittverlauf. Die Schnittlinie wird mit einer breiten Strich-Punktlinie gezeichnet.

Bei zwei oder mehreren Schnittebenen wird der Verlauf der Schnittlinie an den Enden der jeweiligen Schnittebene mit kurzen breiten Volllinien angedeutet.

Kennzeichnung der Schnittlinie. Sie erfolgt mit gleichen Großbuchstaben. Pfeile, die mit breiten Volllinien gezeichnet werden, geben die Blickrichtung auf die Schnittebene an.

Kennzeichnung des Schnittes. Der Schnitt wird mit den gleichen Großbuchstaben wie die Schnittlinie gekennzeichnet.

Schraffur bei Schnitten

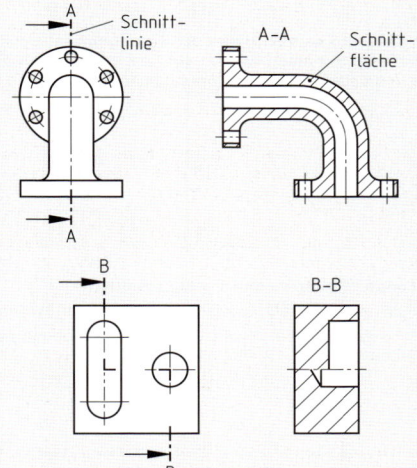

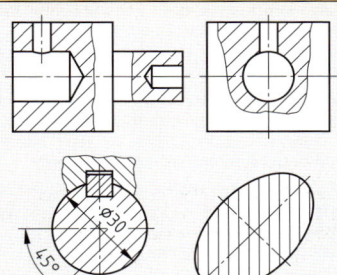

Schraffurlinien. Die Schraffurlinien werden mit parallelen Volllinien, vorzugsweise unter einem Winkel von 45° zur Mittellinie oder zu den Hauptumrisslinien, gezeichnet. Für Beschriftungen wird die Schraffur unterbrochen.

Schraffiert werden bei

• Einzelteilen: alle Schnittflächen in gleicher Richtung und in gleichem Abstand,

• aneinander grenzenden Teilen: die Teile in unterschiedlichen Richtungen oder Abständen,

• großen Schnittflächen: vorzugsweise die Randzonen.

K

Schnittdarstellung

vgl. DIN ISO 128-40, -44 und -50 (2002-05)

Besondere Schnitte

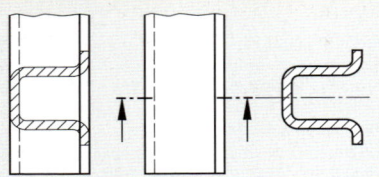

Profilschnitte. Sie dürfen
- in eine Ansicht gedreht eingezeichnet werden.
  Die Umrisslinien des Schnittes werden mit schmalen Volllinien dargestellt.
- aus einer Ansicht herausgezogen werden.
  Der Schnitt muss mit der Ansicht durch eine schmale Strich-Punktlinie verbunden sein.

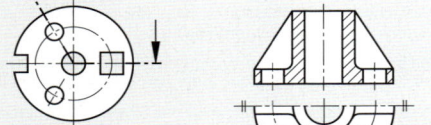

Schnitte von Ebenen, die sich schneiden. Schneiden sich zwei Ebenen, so darf eine Schnittebene in die Projektionsebene gedreht werden.

Einzelheiten bei Rotationsteilen. Gleichmäßig angeordnete Einzelheiten außerhalb der Schnittfläche, z. B. Bohrungen, dürfen in die Schnittebene gedreht werden.

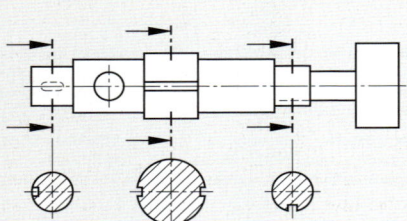

Umrisse und Kanten. Hinter der Schnittebene liegende Umrisse und Kanten werden nur gezeichnet, wenn sie zur Verdeutlichung der Zeichnung beitragen.

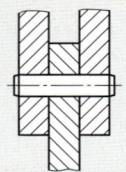 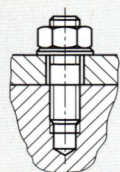 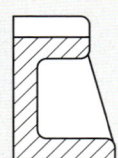

Teile, die nicht geschnitten werden

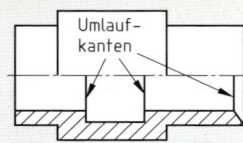

In Längsrichtung werden nicht geschnitten:
- Teile ohne Hohlräume, z. B. Schrauben, Stifte, Wellen
- Bereiche eines Einzelteils, die sich vom Grundkörper abheben sollen, z. B. Rippen.

Zeichnerische Hinweise

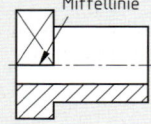

Umlauf- kanten

Kante auf der Mittellinie

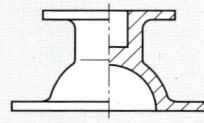

Werkzeugkanten
- **Umlaufkanten.** Kanten, die durch das Schneiden sichtbar werden, müssen dargestellt werden.
- **Verdeckte Kanten.** In Schnitten werden verdeckte Kanten nicht dargestellt.
- **Kanten auf der Mittellinie.** Fällt bei einem Schnitt eine Kante auf die Mittellinie, so wird sie dargestellt.

Halbschnitte bei symmetrischen Werkstücken
Die Schnitthälften symmetrischer Werkstücke werden vorzugsweise bei
- waagrechter Mittellinie unterhalb
- senkrechter Mittellinie rechts
der Mittellinie gezeichnet.

K

Schraffuren, Systeme der Maßeintragung

Schraffuren
vgl. DIN ISO 128-50 (2002-05)

Schnittflächen werden im Allgemeinen ohne Rücksicht auf den Werkstoff mit der Grundschraffur gekennzeichnet. Teile, deren Stoff besonders herausgehoben werden soll, können mit einer besonderen Schraffur versehen werden.

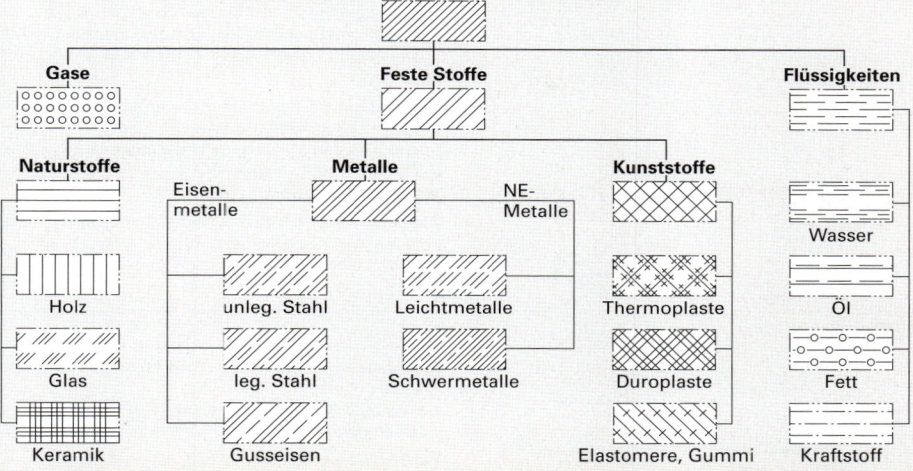

K

Systeme der Maßeintragung
vgl. DIN 406-10 (1992-12)

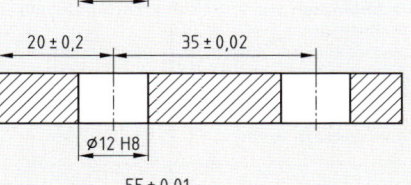

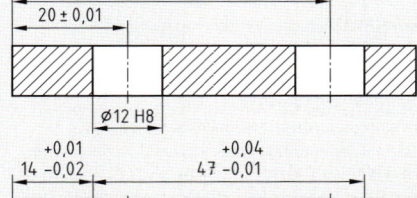

Die **Bemaßung und Tolerierung von Werkstücken** kann
- funktionsbezogen,
- fertigungsbezogen oder
- prüfbezogen

erfolgen.

In einer Zeichnung dürfen mehrere Systeme der Maßeintragung verwendet werden.

Funktionsbezogene Maßeintragung

Merkmal. Auswahl, Eintrag und Tolerierung der Maße erfolgen nach konstruktiven Erfordernissen.

Fertigungsbezogene Maßeintragung

Merkmal. Maße, die für die Fertigung erforderlich sind, werden aus den Maßen der funktionsbezogenen Maßeintragung berechnet.

Prüfbezogene Maßeintragung

Merkmal. Maße und Toleranzen werden entsprechend der vorgesehenen Prüfung in die Zeichnung eingetragen.

Maßeintragung in Zeichnungen

Maßlinien, Maßlinienbegrenzung, Maßhilfslinien, Maßzahlen   vgl. DIN 406-11 (1992-12)

Maßlinien

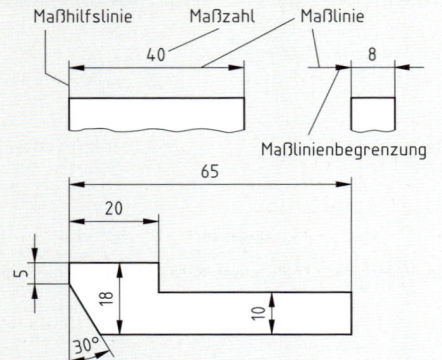

Ausführung. Maßlinien werden mit schmalen Volllinien gezeichnet.

Eintrag. Maßlinien werden bei
- Längenmaßen parallel zur bemaßenden Länge
- Winkel- und Bogenmaßen als Kreisbogen um den Mittelpunkt des Winkels bzw. des Kreisbogens

eingetragen.

Platzmangel. Bei Platzmangel dürfen Maßlinien
- von außen an Maßhilfslinien gezogen
- innerhalb des Werkstückes eingetragen
- an Körperkanten angesetzt

werden.

Abstände. Maßlinien sollen einen Mindestabstand von
- 10 mm von Körperkanten und
- 7 mm untereinander

haben.

Maßlinienbegrenzung

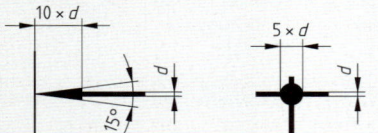

Maßpfeile. Im Regelfall begrenzen Maßpfeile die Maßlinien.
- Pfeillänge: 10 x Maßlinienbreite
- Schenkelwinkel: 15°

Punkte. Sie werden bei Platzmangel verwendet.
- Durchmesser: 5 x Maßlinienbreite

Maßhilfslinien

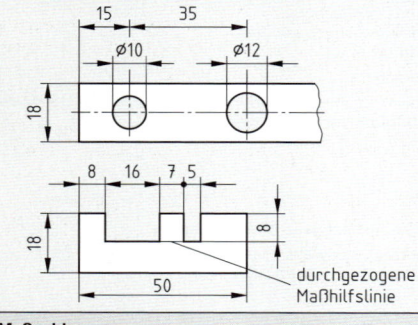

durchgezogene Maßhilfslinie

Ausführung. Maßhilfslinien werden rechtwinklig zur zu bemaßenden Länge mit schmalen Volllinien dargestellt.

Besonderheiten
- **Symmetrische Elemente.** Innerhalb symmetrischer Elemente dürfen Mittellinien als Maßhilfslinien verwendet werden.
- **Unterbrochen** werden Maßhilfslinien z. B. für den Maßeintrag.
- **Innerhalb einer Ansicht** darf die Maßhilfslinie zur Bemaßung auseinander liegender gleicher oder ähnlicher Formelemente durchgezogen werden.
- **Zwischen zwei Ansichten** dürfen Maßhilfslinien nicht durchgezogen werden.

Maßzahlen

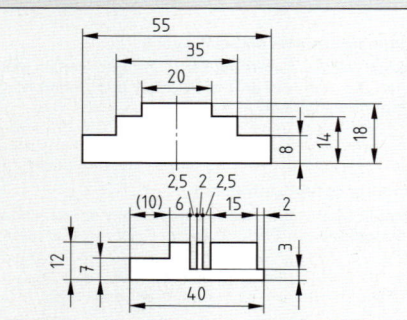

Eintrag. Maßzahlen werden eingetragen
- in Normschrift nach DIN EN ISO 3098
- in einer Mindestgröße von 3,5 mm
- oberhalb der Maßlinie
- von unten und von rechts lesbar
- bei mehreren parallelen Maßlinien: versetzt untereinander.

Platzmangel. Bei Platzmangel darf die Maßzahl
- an einer Hinweislinie
- über der Verlängerung der Maßlinie

eingetragen werden.

K

Maßeintragung in Zeichnungen

Bemaßungsregeln, Hinweis- und Bezugslinien, Winkelmaße, Quadrat und Schlüsselweite   vgl. DIN 406-11 (1992-12) und DIN ISO 128-22 (1999-11)

Bemaßungsregeln

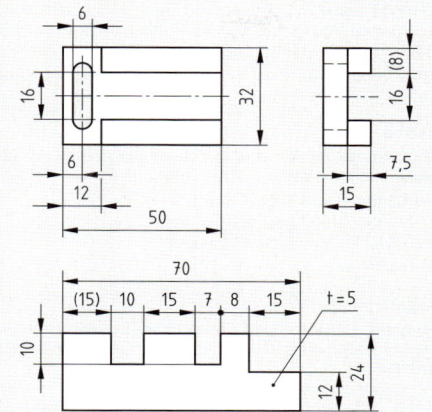

Maßeintrag

• Jedes Maß wird nur einmal eingetragen. Gleiche Maße verschiedener Formelemente sind aber getrennt einzutragen.

• Sind mehrere Ansichten gezeichnet, so erfolgt der Maßeintrag dort, wo die Form des Werkstücks am besten erkennbar ist.

• Symmetrische Werkstücke. Die Lage der Mittellinie wird nicht bemaßt.

Maßketten. Geschlossene Maßketten sind zu vermeiden. Falls aus fertigungstechnischen Gründen Maßketten erforderlich sind, muss ein Maß der Kette in Klammern gesetzt werden.

Flächige Werkstücke. Bei flächigen Werkstücken, die nur in einer Ansicht gezeichnet sind, kann das Dickenmaß mit der Kennzeichnung t

• in der Ansicht oder
• in der Nähe der Ansicht

eingetragen werden.

Hinweis- und Bezugslinien

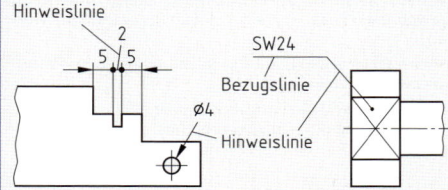

Hinweislinien. Hinweislinien werden mit schmalen Volllinien dargestellt. Sie enden

• mit einem Pfeil, wenn sie auf Körperkanten
• mit einem Punkt, wenn sie auf eine Fläche
• ohne Kennzeichnung, wenn sie auf andere Linien

zeigen.

Bezugslinien. Bezugslinien werden in Leserichtung mit schmalen Volllinien gezeichnet. Sie dürfen an Hinweislinien angebracht werden.

Winkelmaße

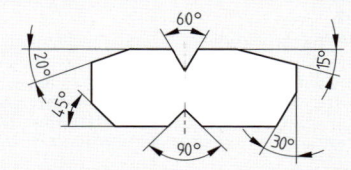

Maßhilfslinien. Die Maßhilfslinien zeigen zum Scheitelpunkt des Winkels.

Maßzahlen. Diese werden im Regelfall tangential zur Maßlinie so eingetragen, dass sie oberhalb der waagrechten Mittellinie mit ihrem Fuß, unterhalb mit ihrem Kopf zum Scheitelpunkt des Winkels zeigen.

Quadrat, Schlüsselweite

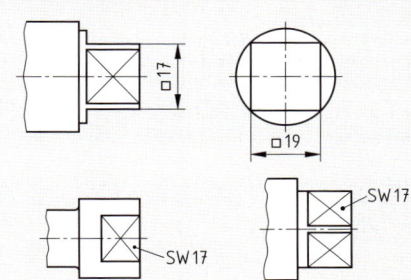

Quadrat

Sinnbild. Bei quadratischen Formelementen wird das Sinnbild vor die Maßzahl gesetzt. Die Größe des Sinnbilds entspricht der Größe der Kleinbuchstaben.

Bemaßung. Quadratische Formen sollen vorzugsweise in der Ansicht bemaßt werden, in der ihre Form erkennbar ist. Es ist nur eine Seitenlänge des Quadrates anzugeben.

Schlüsselweite

Sinnbild. Bei Schlüsselweiten werden die Großbuchstaben SW vor die Maßzahl gesetzt, wenn der Abstand der Schlüsselflächen nicht bemaßt werden kann.

K

Maßeintragung in Zeichnungen

Durchmesser, Radius, Kugel, Fasen, Neigung, Verjüngung, Bogenmaße vgl. DIN 406-11 (1992-12)

K

Durchmesser, Radius, Kugel (sphärisch)

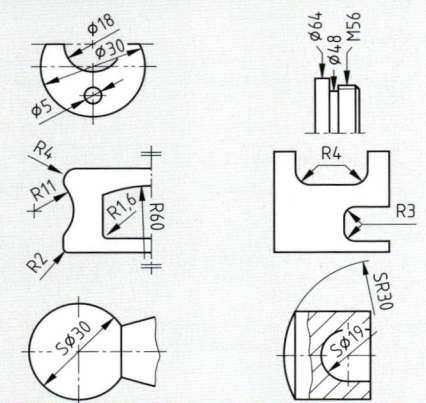

Durchmesser

Sinnbild. Bei allen Durchmessern wird als Sinnbild ⌀ vor die Maßzahl gesetzt. Seine Gesamthöhe entspricht der Höhe der Maßzahlen.

Platzmangel. Bei Platzmangel werden die Maße von außen an die Formelemente gesetzt.

Radius

Sinnbild. Bei Radien wird der Großbuchstabe R vor die Maßzahl gesetzt.

Maßlinien. Die Maßlinien sind

• vom Mittelpunkt des Radius oder
• aus der Richtung des Mittelpunktes

zu zeichnen.

Kugel (sphärisch)

Sinnbild. Bei kugeligen Formelementen wird vor die Durchmesser- oder Radiusangabe der Großbuchstabe S gesetzt.

Fasen, Senkungen

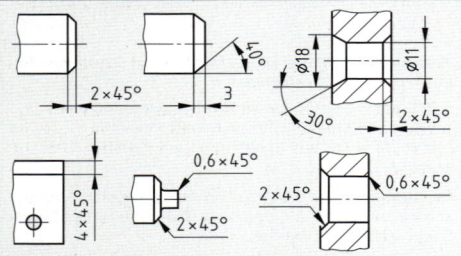

45°-Fasen und Senkungen von 90° können unter Angabe des Winkels und der Fasenbreite vereinfacht bemaßt werden. Die Maße dürfen bei gezeichneten und nicht gezeichneten Fasen mit einer Hilfslinie eingetragen werden.

Andere Fasenwinkel. Bei Fasen mit einem von 45° abweichenden Winkel sind

• der Winkel und die Fasenbreite oder
• der Winkel und der Fasendurchmesser

einzutragen.

Neigung, Verjüngung

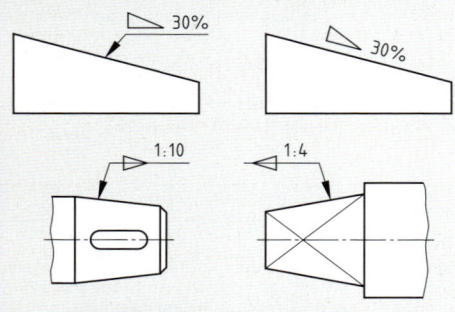

Neigung

Sinnbild. Vor der Maßzahl wird das Sinnbild ◿ angegeben.

Lage des Sinnbildes. Das Sinnbild wird so angeordnet, dass dessen Neigung der Neigung des Werkstückes entspricht. Vorzugsweise wird das Sinnbild mit einer Bezugs- und Hinweislinie mit der geneigten Fläche verbunden.

Verjüngung

Sinnbild. Vor der Maßzahl wird das Sinnbild ▷ auf einer Bezugslinie angegeben.

Lage des Sinnbildes. Die Lage des Sinnbildes muss der Richtung der Werkstückverjüngung entsprechen. Mit einer Hinweislinie wird die Bezugslinie des Sinnbildes mit dem Umriss der Verjüngung verbunden.

Bogenmaße

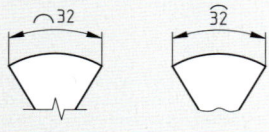

Sinnbild. Vor der Maßzahl wird das Sinnbild ⌒ eingetragen. Bei manueller Zeichnungserstellung darf der Bogen mit einem ähnlichen Sinnbild über der Maßzahl gekennzeichnet werden.

Maßeintragung in Zeichnungen

Nuten, Gewinde, Teilungen   vgl. DIN 406-11 (1992-12) und DIN ISO 6410-1 (1993-12)

K

Nuten

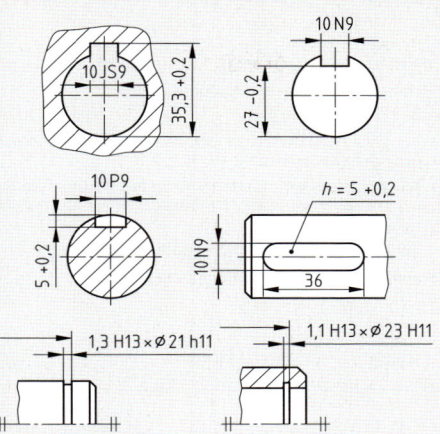

Nuttiefe. Die Nuttiefe wird bei

- geschlossenen Nuten von der Nutseite
- offenen Nuten von der Gegenseite

bemaßt.

Vereinfachte Bemaßung. Bei nur in der Draufsicht dargestellten Nuten erfolgt der Eintrag der Nuttiefe

- mit dem Buchstaben h oder
- in Kombination mit der Nutbreite.

Bei **Nuten für Sicherungsringe** darf die Nuttiefe ebenfalls durch Kombination mit der Nutbreite eingetragen werden.

Nutenmaße für
Keile: Seite 239
Passfedern: Seite 240
Sicherungsringe: Seite 269

Gewinde

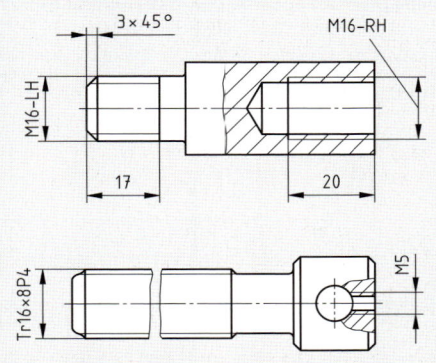

Kurzbezeichnungen. Für genormte Gewinde werden Kurzbezeichnungen verwendet.

Linksgewinde. Linksgewinde werden mit LH gekennzeichnet. Befinden sich an einem Werkstück sowohl Links- als auch Rechtsgewinde, so erhalten diese den Zusatz RH.

Mehrgängige Gewinde. Bei mehrgängigen Gewinden werden hinter dem Nenndurchmesser die Gewindesteigung und die Teilung angegeben.

Längenangaben. Diese geben die nutzbare Gewindelänge an. Die Tiefe des Grundloches (Seite 211) wird im Regelfall nicht bemaßt.

Fasen. Fasen an Gewinden werden nur dann bemaßt, wenn ihr Durchmesser nicht dem Gewindekern- bzw. dem Gewindeaußendurchmesser entspricht.

Teilungen

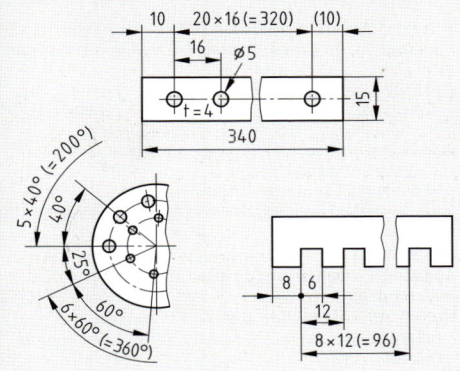

Gleiche Formelemente. Bei Teilungen gleicher Formelemente, die untereinander dieselben Abstände oder Winkel aufweisen, werden

- die Anzahl der Elemente
- der Abstand der Elemente
- die Gesamtlänge bzw. der Gesamtwinkel (in Klammern)

angegeben.

Maßeintragung in Zeichnungen

Toleranzangaben   vgl. DIN 406-12 (1992-12), DIN ISO 2768-1 (1991-06) und DIN ISO 2768-2 (1991-04)

Toleranzangaben durch Abmaße

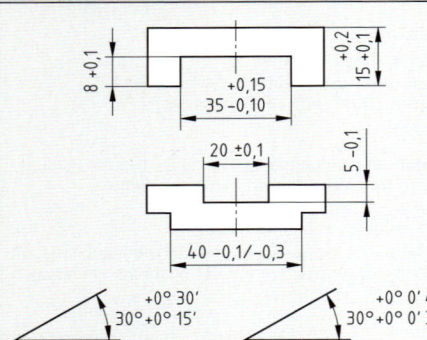

Eintrag. Der Eintrag der Abmaße erfolgt
- hinter dem Nennmaß
- bei zwei Abmaßen auch so, dass das obere Abmaß über dem unteren steht
- bei gleich großem oberem und unterem Abmaß durch ein ±-Zeichen vor dem Zahlenwert, der nur einmal eingetragen wird
- bei Winkelmaßen mit der Angabe der Einheit

K

Toleranzangaben durch Toleranzklassen

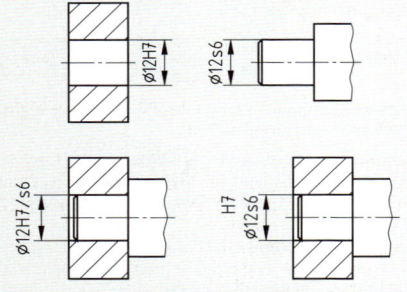

Eintrag. Der Eintrag der Toleranzklassen erfolgt bei
- einzelnen Nennmaßen: hinter dem Nennmaß
- gefügt dargestellten Teilen: Die Toleranzklasse des Innenmaßes (Bohrung) steht vor oder über der Toleranzklasse des Außenmaßes (Welle).

Toleranzangaben für bestimmte Bereiche

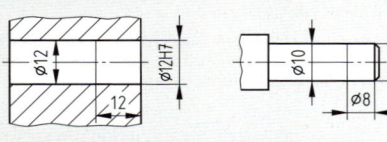

Gültigkeitsbereich. Der Bereich, in dem eine eingetragene Toleranz gültig ist, wird durch eine schmale Volllinie begrenzt.

Toleranzangaben durch Allgemeintoleranzen

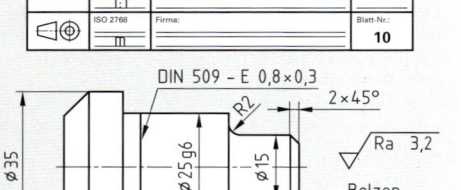

Anwendung. Allgemeintoleranzen werden verwendet für
- Längen- und Winkelmaße
- Form und Lage.

Zeichnungseintrag. Der Hinweis auf Allgemeintoleranzen (Seite 110) kann erfolgen:
- in der Nähe der Einzelteilzeichnung
- bei Schriftfeldern nach DIN 6771 (zurückgezogen): im Schriftfeld.

Angaben. Es werden angegeben:
- die Normblatt-Nummer
- die Toleranzklasse für Längen- und Winkelmaße
- bei Bedarf die Toleranzklasse für Form- und Lagetoleranzen

Maßeintragung in Zeichnungen

Maße
vgl. DIN 406-10 und -11 (1992-12)

Maßarten

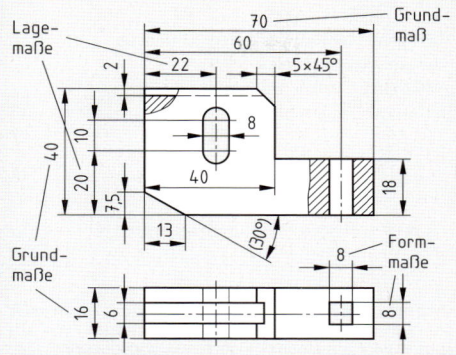

Grundmaße. Grundmaße geben die
- Gesamtlänge
- Gesamtbreite
- Gesamthöhe

eines Werkstückes an.

Formmaße. Mit Formmaßen werden z. B. die
- Maße von Nuten
- Maße von Absätzen

festgelegt.

Lagemaße. Mit ihnen wird z. B. die Lage von
- Bohrungen
- Nuten
- Langlöchern

vorgeschrieben.

K

Besondere Maße

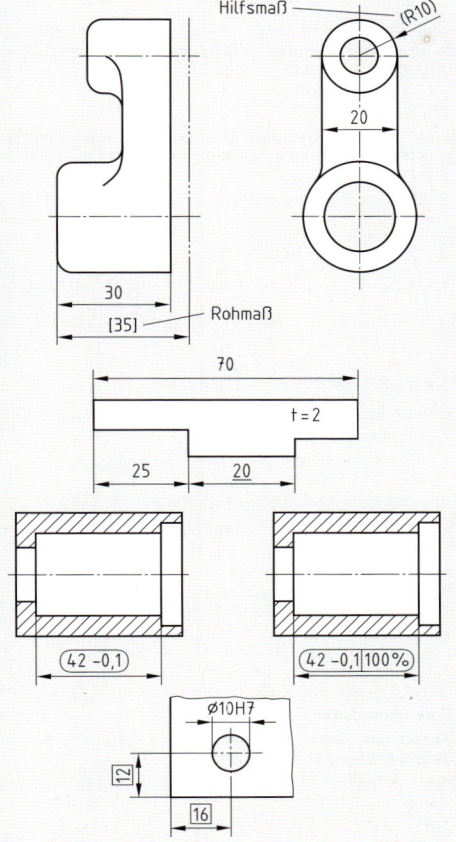

Rohmaße

Aufgabe. Rohmaße informieren z. B. über die Abmessungen von gegossenen oder geschmiedeten Werkstücken vor der spanenden Bearbeitung.

Kennzeichnung. Rohmaße werden in eckige Klammern gesetzt.

Hilfsmaße

Aufgabe. Hilfsmaße dienen der zusätzlichen Information. Zur geometrischen Bestimmung des Werkstückes sind sie nicht erforderlich.

Kennzeichnung. Hilfsmaße werden
- in runde Klammern gesetzt
- ohne Toleranzen eingetragen.

Nicht maßstäblich gezeichnete Maße

Kennzeichnung. Nicht maßstäblich gezeichnete Maße werden, z. B. bei Zeichnungsänderungen, durch Unterstreichen gekennzeichnet.

Unzulässig sind unterstrichene Maße bei Zeichnungen, die rechnerunterstützt angefertigt werden (CAD).

Prüfmaße

Aufgabe. Es wird darauf hingewiesen, dass diese Maße vom Besteller besonders geprüft werden. Gegebenenfalls werden sie einer 100-%-Prüfung unterzogen.

Kennzeichnung. Prüfmaße werden in seitlich abgerundete Rahmen gesetzt.

Theoretisch genaue Maße

Aufgabe. Diese Maße geben die geometrisch ideale (theoretisch genaue) Lage der Form eines Formelementes an.

Kennzeichnung. Die Maße werden ohne Toleranzangaben in einen Rahmen gesetzt.

Bemaßungsarten

Parallelbemaßung, steigende Bemaßung, Koordinatenbemaßung[1]   vgl. DIN 406-11 (1992-12)

Parallelbemaßung

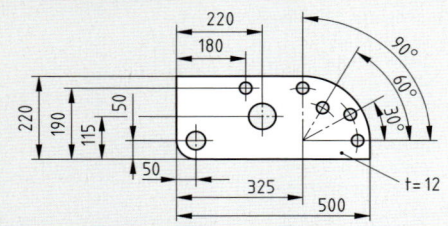

Maßlinien. Mehrere Maßlinien werden bei
- Längenmaßen parallel
- Winkelmaßen konzentrisch

zueinander eingetragen.

Steigende Bemaßung

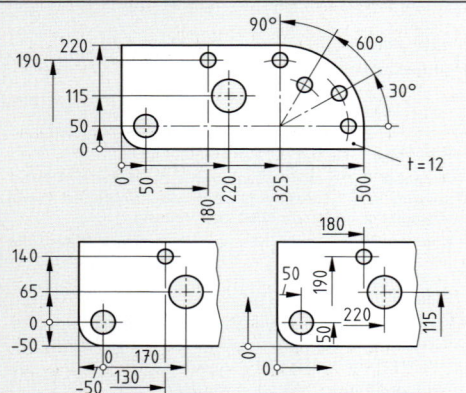

Ursprung. Die Maße werden vom Ursprung aus in jeder der drei möglichen Richtungen eingetragen. Der Ursprung wird mit einem kleinen Kreis angegeben.

Maßlinien. Für den Eintrag gilt:
- im Regelfall wird für jede Richtung nur eine Maßlinie verwendet
- bei Platzmangel dürfen zwei oder mehrere Maßlinien verwendet werden. Die Maßlinien dürfen auch abgebrochen dargestellt werden.

Maße. Diese
- müssen, wenn sie vom Ursprung aus in der Gegenrichtung eingetragen werden, mit einem Minuszeichen versehen sein
- dürfen auch in Leserichtung eingetragen werden.

Koordinatenbemaßung

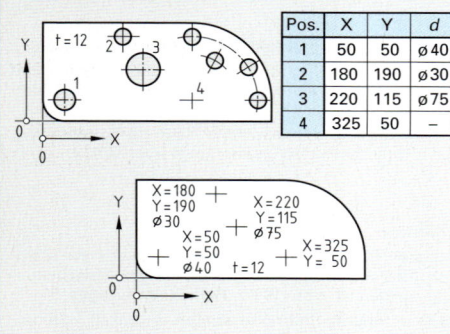

Pos.	X	Y	d
1	50	50	ø40
2	180	190	ø30
3	220	115	ø75
4	325	50	–

Kartesische Koordinaten (Seite 63)

Koordinatenwerte. Diese werden
- in Tabellen eingetragen oder
- in der Nähe der Koordinatenpunkte angegeben.

Koordinatenursprung. Der Koordinatenursprung
- wird mit einem kleinen Kreis angegeben
- kann an beliebiger Stelle der Darstellung liegen.

Maße. Diese müssen, wenn sie vom Ursprung aus in der Gegenrichtung eingetragen werden, mit einem Minuszeichen versehen sein.

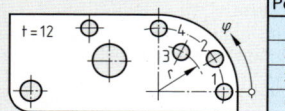

Pos.	r	φ	d
1	140	0°	ø30
2	140	30°	ø30
3	100	60°	ø30
4	140	90°	ø30

Polarkoordinaten (Seite 63)

Koordinatenwerte. Die Koordinatenwerte werden in Tabellen eingetragen.

[1] Parallelbemaßung, steigende Bemaßung und Koordinatenbemaßung dürfen miteinander kombiniert werden.

Zeichnungsvereinfachung

Vereinfachte Darstellung von Löchern   vgl. DIN 6780 (2000-10)

Lochgrund, Linienbreiten bei vereinfachter Darstellung

vollständige Dar-stellung, vollstän-dige Bemaßung	vollständige Dar-stellung, verein-fachte Bemaßung	vereinfachte Dar-stellung, verein-fachte Bemaßung

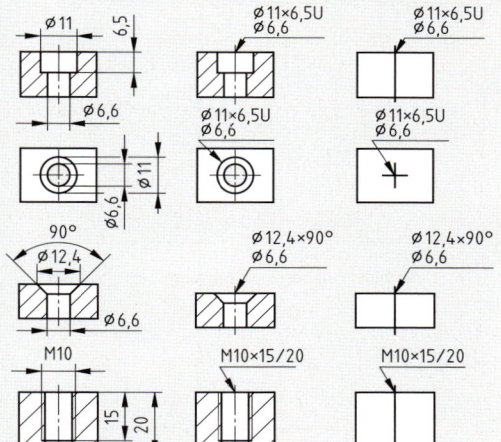

Lochgrund

Die Form des Lochgrundes wird, falls erforderlich, durch ein Sinnbild angegeben.

Das **Sinnbild U** z.B. bedeutet einen **flachen Lochgrund** (zylindrische Senkung).

Linienbreiten

Bei Löchern, die vereinfacht dargestellt werden, sind in

- der Draufsicht das Achsenkreuz
- achsparalleler Darstellung die Lage der Löcher

mit breiten Volllinien zu zeichnen.

Gestufte Löcher, Senkungen und Fasen, Innengewinde

Gestufte Löcher

Bei zwei oder mehreren gestuften Löchern werden die Maße untereinander geschrieben. Dabei wird der größte Durchmesser in der ersten Zeile genannt.

Senkungen und Fasen

Bei Senkungen und Bohrungsfasen werden der größte Senkdurchmesser und der Senkungswinkel angegeben.

Innengewinde

Die Gewindelänge und die Bohrlochtiefe werden durch einen Schrägstrich getrennt. Löcher ohne Tiefenangabe werden durchgebohrt.

Beispiele

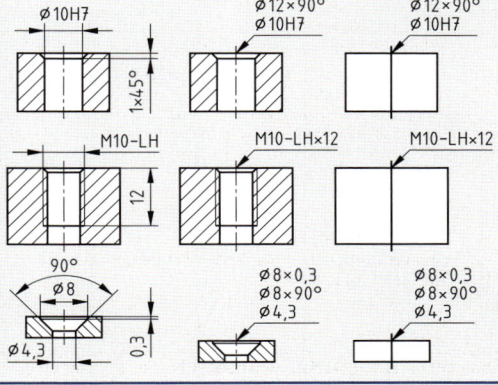

Bohrung ⌀10H7
Bohrung durchgehend
Fase 1 x 45°

Linksgewinde M10
Gewindelänge 12 mm
durchgebohrtes Kernloch

Zylindrische Ansenkung ⌀8
Senktiefe 0,3 mm
Durchgangsbohrung ⌀4,3 mit
kegeliger Ansenkung 90°
Senkdurchmesser ⌀8

K

Darstellung von Zahnrädern

Darstellung von Zahnrädern   vgl. DIN ISO 2203 (1976-06)

K

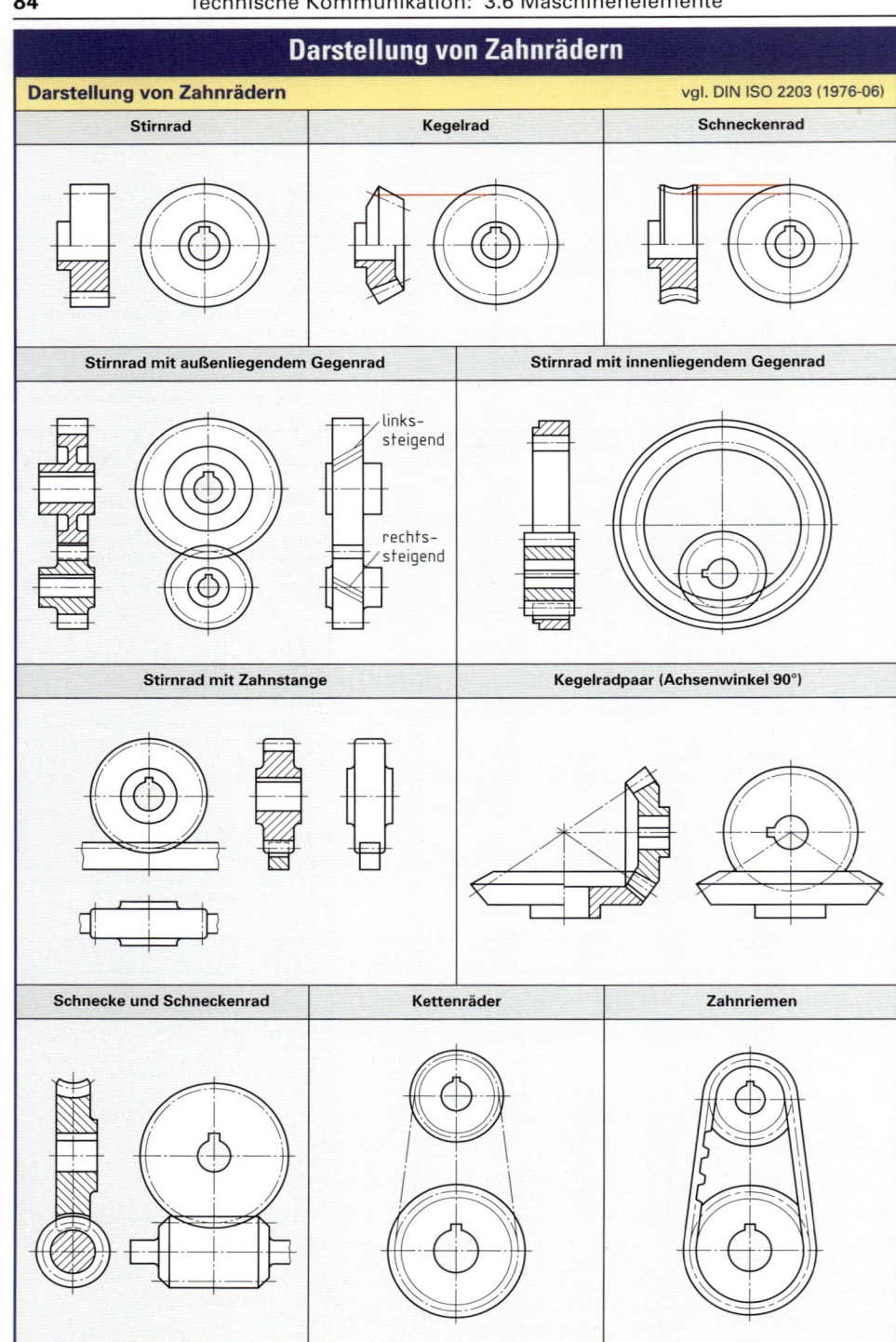

| Stirnrad | Kegelrad | Schneckenrad |

Stirnrad mit außenliegendem Gegenrad   **Stirnrad mit innenliegendem Gegenrad**

links-steigend

rechts-steigend

Stirnrad mit Zahnstange   **Kegelradpaar (Achsenwinkel 90°)**

Schnecke und Schneckenrad   **Kettenräder**   **Zahnriemen**

Darstellung von Wälzlagern

Darstellung von Wälzlagern			vgl. DIN ISO 8826-1 (1990-12) und DIN ISO 8826-2 (1995-10)	
Darstellung			**Elemente der detaillierten vereinfachten Darstellung**	
vereinfacht	bildlich	Erläuterung	Element	Erläuterung, Verwendung
		Für allgemeine Zwecke wird ein Wälzlager durch ein Quadrat oder Rechteck und ein freistehendes, aufrechtes Kreuz dargestellt.	——	Lange, gerade Linie; zur Darstellung der Achse des Wälzelements bei Lagern ohne Einstellmöglichkeit.
			⌒	Lange gebogene Linie; zur Darstellung der Achse des Wälzelements bei Lagern mit Einstellmöglichkeit (Pendellager).
		Falls erforderlich, kann das Wälzlager durch die Umrisse und ein freistehendes, aufrechtes Kreuz dargestellt werden.	│	Kurze gerade Linie; zur Darstellung der Lage und Anzahl der Reihen von Wälzelementen.
			○	Kreis; zur Darstellung von Wälzelementen (Kugel, Rolle, Nadel), die rechtwinklig zu ihrer Achse gezeichnet sind.

Beispiele für die detaillierte vereinfachte Darstellung von Wälzlagern

Darstellung einreihiger Wälzlager			Darstellung zweireihiger Wälzlager		
detailliert vereinfacht	bildlich	Bezeichnung	detailliert vereinfacht	bildlich	Bezeichnung
		Radial-Rillenkugellager, Zylinderrollenlager			Radial-Rillenkugellager, Zylinderrollenlager
		Radial-Pendelrollenlager (Tonnenlager)			Pendelkugellager, Radial-Pendelrollenlager
		Schrägkugellager, Kegelrollenlager			Schrägkugellager
		Nadellager, Nadelkranz			Nadellager, Nadelkranz
		Axial-Rillenkugellager, Axial-Rollenlager			Axial-Rillenkugellager, zweiseitig wirkend
		Axial-Pendelrollenlager			Axial-Rillenkugellager mit kugeligen Gehäusescheiben, zweiseitig wirkend

Kombinierte Lager			Darstellung rechtwinklig zur Wälzkörperachse	
		Kombiniertes Radial-Nadellager mit Schrägkugellager		Wälzlager mit beliebiger Wälzkörperform (Kugeln, Rollen, Nadeln)
		Kombiniertes Axial-Kugellager mit Radial-Nadellager		

K

Darstellung von Dichtungen und Wälzlagern

Vereinfachte Darstellung von Dichtungen — vgl. DIN ISO 9222-1 (1990-12) und DIN ISO 9222-2 (1991-03)

Darstellung			Elemente der detaillierten vereinfachten Darstellung	
vereinfacht	**bildlich**	**Erläuterung**	**Element**	**Erläuterung, Verwendung**
		Für allgemeine Zwecke wird eine Dichtung durch ein Quadrat oder Rechteck und ein freistehendes, diagonales Kreuz dargestellt. Die Dichtrichtung kann durch einen Pfeil angegeben werden.		Lange Linie parallel zur Dichtfläche; für das fest sitzende (statische) Dichtelement.
				Lange diagonale Linie; für das dynamische Dichtelement; z.B. die Dichtlippe. Die Dichtrichtung kann durch einen Pfeil angegeben werden.
				Kurze diagonale Linie; für Staublippen, Abstreifringe.
		Falls erforderlich, kann die Dichtung durch die Umrisse und ein freistehendes, diagonales Kreuz dargestellt werden.		Kurze Linie, die zur Mitte des Sinnbilds zeigt; für den statischen Teil von U- und V-Ringen, Packungen.
				Kurze Linie, die zur Mitte des Sinnbilds zeigt; für Dichtlippen von U- und V-Ringen, Packungen.
				T und U; für berührungsfreie Dichtungen.

Beispiele für die detaillierte vereinfachte Darstellung von Dichtungen

Wellendichtringe und Kolbenstangendichtungen				Profildichtungen, Packungssätze, Labyrinthdichtungen			
		Bezeichnung bei					
detailliert vereinfacht	**bildlich**	**Drehbewegung**	**geradliniger Bewegung**	**detailliert vereinfacht**	**bildlich**	**detailliert vereinfacht**	**bildlich**
		Wellendichtring ohne Staublippe	Stangendichtung ohne Abstreifer				
		Wellendichtring mit Staublippe	Stangendichtung mit Abstreifer				
		Wellendichtring, doppelt wirkend	Stangendichtung, doppelt wirkend				

Beispiele für die vereinfachte Darstellung von Dichtungen und Wälzlagern

Rillenkugellager und Radial-Wellendichtring mit Staublippe[1]

Zweireihiges Rillenkugellager und Radial-Wellendichtring[2]

Packungssatz[2]

[1] Obere Hälfte: vereinfachte Darstellung; untere Hälfte: bildliche Darstellung.
[2] Obere Hälfte: detaillierte vereinfachte Darstellung; untere Hälfte: bildliche Darstellung.

Darstellung von Sicherungsringen, Nuten von Sicherungsringen, Federn, Keilwellen und Kerbverzahnungen

Darstellung von Sicherungsringen und Nuten von Sicherungsringen

	Darstellung	Einbaumaße	Abmaße
Sicherungs-ringe für Wellen (Seite 269)		a = Wälzlager-breite + Sicherungs-ringbreite	Abmaße für d_2: oberes Abmaß: 0 (null) unteres Abmaß: negativ Abmaße für a: oberes Abmaß: positiv unteres Abmaß: 0 (null)
Sicherungs-ringe für Bohrungen (Seite 269)			Abmaße für d_2: oberes Abmaß: positiv unteres Abmaß: 0 (null) Abmaße für a: oberes Abmaß: positiv unteres Abmaß: 0 (null)

[1] Bezugsfläche für die Bemaßung der Nuten ist aus Funktionsgründen die Anlagefläche des zu sichernden Bauteils.

Darstellung von Federn vgl. DIN ISO 2162-1 (1994-08)

Benennung	Darstellung		Sinnbild	Benennung	Darstellung		Sinnbild
	Ansicht	Schnitt			Ansicht	Schnitt	
Zylindrische Schrauben-Druckfeder (runder Draht)				Zylindrische Schrauben-Zugfeder			
Zylindrische Schrauben-Drehfeder				Zylindrische Schrauben-Druckfeder (quadr. Draht)			
Tellerfeder (einfach)				Tellerfeder-paket (Teller wechselsinnig geschichtet)			
Tellerfeder-paket (gleichsinnig geschichtet)							

Darstellung von Keilwellen und Kerbverzahnungen vgl. DIN ISO 6413 (1990-03)

	Welle	Nabe	Verbindung
Keilwellen oder Keil-naben mit geraden Flanken. Symbol:			
Zahnwellen oder Zahn-naben mit Evolventen-flanken oder Kerbverzah-nungen. Symbol:			

⇒ **Keilwelle ISO 14-6 x 26 f7 x 30**: Keilwellenprofil mit geraden Flanken nach ISO 14, Keilzahl N = 6, Innendurchmesser d = 26f7, Außendurchmesser D = 30 (Seite 241)

K

Butzen an Drehteilen, Werkstückkanten

Butzen an Drehteilen
vgl. DIN 6785 (1991-11)

		Größtdurchmesser des Fertigteils in mm							
Butzen-maße		Butzen-maße	bis 3	über 3 bis 5	über 5 bis 8	über 8 bis 12	über 12 bis 18	über 18 bis 26	über 26 bis 40	über 40 bis 60
Beispiel		$d_{2\,max}$ in mm	0,3	0,5	0,8	1,0	1,5	2,0	2,5	3,5
Zeichnungs-eintrag		l_{max} in mm	0,2	0,3	0,5	0,6	0,9	1,2	2,0	3,0

Werkstückkanten
vgl. DIN ISO 13715 (2000-12), Ersatz für DIN 6784

Kante	Werkstückkante liegt bezüglich der ideal-geometrischen Form		
	innerhalb	**außerhalb**	**im Bereich**
Außen-kante	Abtragung	Grat	scharfkantig
Innen-kante	Abtragung	Übergang	scharfkantig
Maß a (mm)	−0,1; −0,3; −0,5; −1,0; −2,5	+0,1; +0,3; +0,5; +1,0; +2,5	−0,05; −0,02; +0,02; +0,05

Sinnbild zur Kennzeichnung von Werkstückkanten	Sinn-bild-element	Bedeutung für		Grat- und Abtragungsrichtung		
		Außenkante	Innenkante		Außenkante	Innenkante
	+	Grat zugelassen, Abtragung nicht zugelassen	Übergang zugelassen, Abtragung nicht zugelassen	Festlegung zugelassen für	Grat	Abtragung
	−	Abtragung gefordert, Grat nicht zugelassen	Abtragung gefordert, Übergang nicht zugelassen	Beispiel		
	± [1]	Grat oder Übergang zugelassen	Abtragung oder Übergang zugelassen	Bedeutung		
	[1] nur mit einer Maßangabe zulässig					

Kennzeichnung von Werkstückkanten

Sammelangaben

Sammelangaben gelten für alle Kanten, für die kein eigener Kantenzustand eingetragen ist.
Kanten, für die die Sammelangabe nicht gilt, müssen in der Zeichnung gekennzeichnet werden.
Hinter der Sammelangabe werden die Ausnahmen in Klammern gesetzt oder durch das Grundsinnbild angedeutet.

Sammelangaben, die **nur für Außen- bzw. Innenkanten** gelten, werden durch entsprechende Sinnbilder eingetragen.

Beispiele

Außenkante ohne Grat. Die zugelassene Abtragung liegt zwischen 0 und 0,3 mm.

Außenkante mit zugelassenem Grat von 0 bis 0,3 mm (Gratrichtung bestimmt).

Innenkante mit zugelassener Abtragung zwischen 0,1 und 0,5 mm (Abtragungsrichtung unbestimmt).

Innenkante mit zugelassener Abtragung zwischen 0 und 0,02 mm oder zugelassenem Übergang bis 0,02 mm (scharfkantig).

Gewindeausläufe, Gewindefreistiche

Gewindeausläufe für Metrische ISO-Gewinde   vgl. DIN 76-1 (2004-06)

Außengewinde

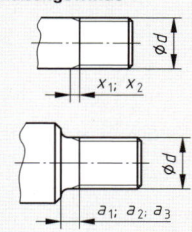

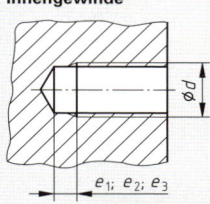

Innengewinde

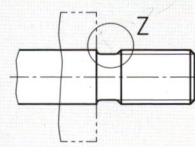

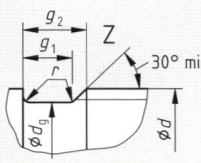

Steigung [1] P	ISO-Regelgewinde d	Gewindeauslauf [2] x_1 max.	a_1 max.	e_1	Steigung [1] P	ISO-Regelgewinde d	Gewindeauslauf [2] x_1 max.	a_1 max.	e_1
0,2	–	0,5	0,6	1,3	1,25	M8	3,2	3,75	6,2
0,25	M1	0,6	0,75	1,5	1,5	M10	3,8	4,5	7,3
0,3	–	0,75	0,9	1,8	1,75	M12	4,3	5,25	8,3
0,35	M1,6	0,9	1,05	2,1	2	M16	5	6	9,3
0,4	M2	1	1,2	2,3	2,5	M20	6,3	7,5	11,2
0,45	M2,5	1,1	1,35	2,6	3	M24	7,5	9	13,1
0,5	M3	1,25	1,5	2,8	3,5	M30	9	10,5	15,2
0,6	–	1,5	1,8	3,4	4	M36	10	12	16,8
0,7	M4	1,75	2,1	3,8	4,5	M42	11	13,5	18,4
0,75	–	1,9	2,25	4	5	M48	12,5	15	20,8
0,8	M5	2	2,4	4,2	5,5	M56	14	16,5	22,4
1	M6	2,5	3	5,1	6	M64	15	18	24

[1] Für Feingewinde sind die Maße des Gewindeauslaufs nach der Steigung P zu wählen.

[2] Regelfall; gilt immer dann, wenn keine anderen Angaben gemacht sind.
Ist ein kurzer Gewindeauslauf erforderlich, so gilt:
$x_2 \approx 0,5 \cdot x_1$; $a_2 \approx 0,67 \cdot a_1$; $e_2 \approx 0,625 \cdot e_1$
Ist ein langer Gewindeauslauf erforderlich, so gilt:
$a_3 \approx 1,3 \cdot a_1$; $e_3 \approx 1,6 \cdot e_1$

K

Gewindefreistiche für Metrische ISO-Gewinde   vgl. DIN 76-1 (2004-06)

Außengewinde
Form A und Form B

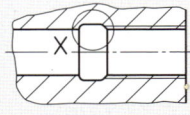

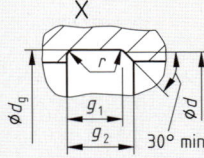

Innengewinde
Form C und Form D

Steigung [1] P	ISO-Regelgewinde d	r	d_g h13	Außengewinde Form A [2] g_1 min.	g_2 max.	Form B [3] g_1 min.	g_2 max.	d_g H13	Innengewinde Form C [2] g_1 min.	g_2 max.	Form D [3] g_1 min.	g_2 max.
0,2	–	0,1	$d-0,3$	0,45	0,7	0,25	0,5	$d+0,1$	0,8	1,2	0,5	0,9
0,25	M1	0,12	$d-0,4$	0,55	0,9	0,25	0,6	$d+0,1$	1	1,4	0,6	1
0,3	–	0,16	$d-0,5$	0,6	1,05	0,3	0,75	$d+0,1$	1,2	1,6	0,75	1,25
0,35	M1,6	0,16	$d-0,6$	0,7	1,2	0,4	0,9	$d+0,2$	1,4	1,9	0,9	1,4
0,4	M2	0,2	$d-0,7$	0,8	1,4	0,5	1	$d+0,2$	1,6	2,2	1	1,6
0,45	M2,5	0,2	$d-0,7$	1	1,6	0,5	1,1	$d+0,2$	1,8	2,4	1,1	1,7
0,5	M3	0,2	$d-0,8$	1,1	1,75	0,5	1,25	$d+0,3$	2	2,7	1,25	2
0,6	–	0,4	$d-1$	1,2	2,1	0,6	1,5	$d+0,3$	2,4	3,3	1,5	2,4
0,7	M4	0,4	$d-1,1$	1,5	2,45	0,8	1,75	$d+0,3$	2,8	3,8	1,75	2,75
0,75	–	0,4	$d-1,2$	1,6	2,6	0,9	1,9	$d+0,3$	3	4	1,9	2,9
0,8	M5	0,4	$d-1,3$	1,7	2,8	0,9	2	$d+0,3$	3,2	4,2	2	3
1	M6	0,6	$d-1,6$	2,1	3,5	1,1	2,5	$d+0,5$	4	5,2	2,5	3,7
1,25	M8	0,6	$d-2$	2,7	4,4	1,5	3,2	$d+0,5$	5	6,7	3,2	4,9
1,5	M10	0,8	$d-2,3$	3,2	5,2	1,8	3,8	$d+0,5$	6	7,8	3,8	5,6
1,75	M12	1	$d-2,6$	3,9	6,1	2,1	4,3	$d+0,5$	7	9,1	4,3	6,4
2	M16	1	$d-3$	4,5	7	2,5	5	$d+0,5$	8	10,3	5	7,3
2,5	M20	1,2	$d-3,6$	5,6	8,7	3,2	6,3	$d+0,5$	10	13	6,3	9,3
3	M24	1,6	$d-4,4$	6,7	10,5	3,7	7,5	$d+0,5$	12	15,2	7,5	10,7
3,5	M30	1,6	$d-5$	7,7	12	4,7	9	$d+0,5$	14	17,7	9	12,7
4	M36	2	$d-5,7$	9	14	5	10	$d+0,5$	16	20	10	14
4,5	M42	2	$d-6,4$	10,5	16	5,5	11	$d+0,5$	18	23	11	16
5	M48	2,5	$d-7$	11,5	17,5	6,5	12,5	$d+0,5$	20	26	12,5	18,5
5,5	M56	3,2	$d-7,7$	12,5	19	7,5	14	$d+0,5$	22	28	14	20
6	M64	3,2	$d-8,3$	14	21	8	15	$d+0,5$	24	30	15	21

⇒ **DIN 76-C:** Gewindefreistich Form C

[1] Für Feingewinde sind die Maße des Gewindefreistichs nach der Steigung P zu wählen.

[2] Regelfall; gilt immer dann, wenn keine anderen Angaben gemacht sind.

[3] Nur für Fälle, bei denen ein kurzer Gewindefreistich erforderlich ist.

Darstellung von Gewinden und Schraubenverbindungen

Darstellung von Gewinden

vgl. DIN ISO 6410-1 (1993-12)

Innengewinde

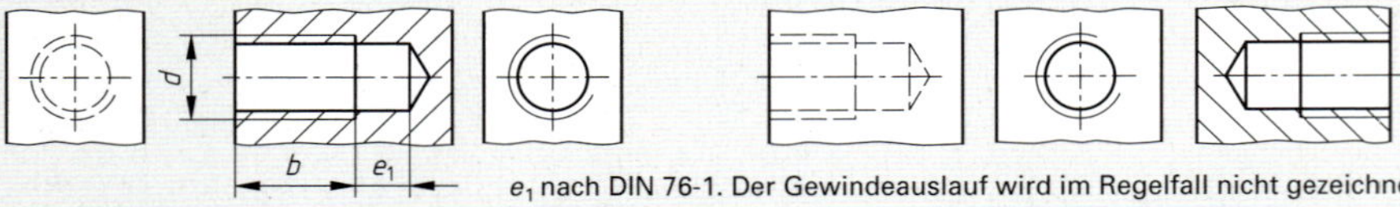

e_1 nach DIN 76-1. Der Gewindeauslauf wird im Regelfall nicht gezeichnet.

Bolzengewinde

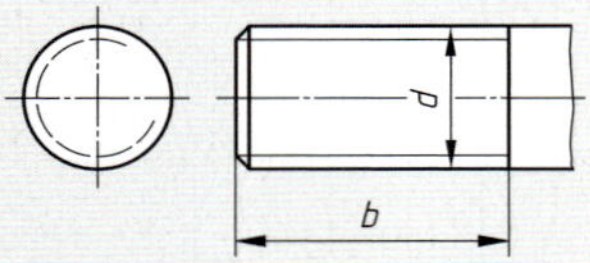

Bolzen in Innengewinde

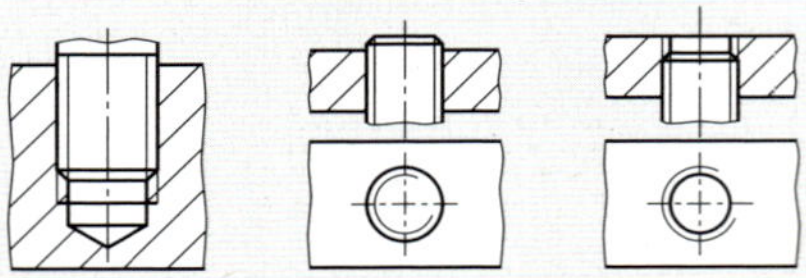

Gewindefreistich

bildlich   sinnbildlich

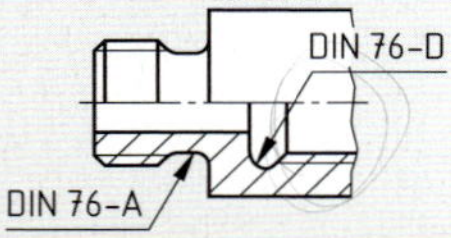

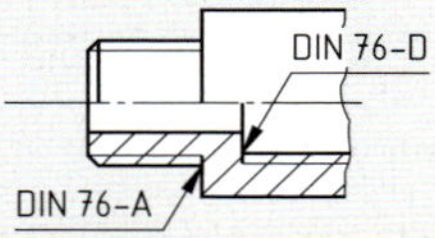

DIN 76-D   DIN 76-D

DIN 76-A   DIN 76-A

Rohrgewinde und Rohrverschraubung

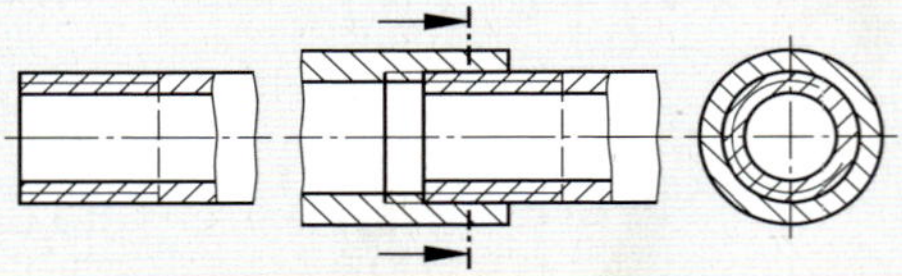

Darstellung von Schraubenverbindungen

Sechskantschraube und Mutter

ausführlich   vereinfacht

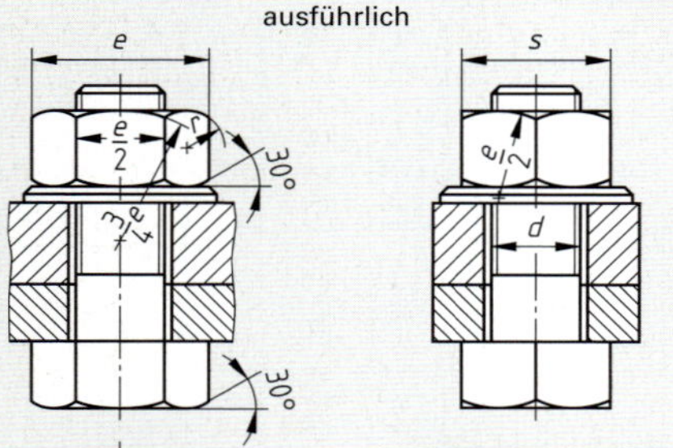

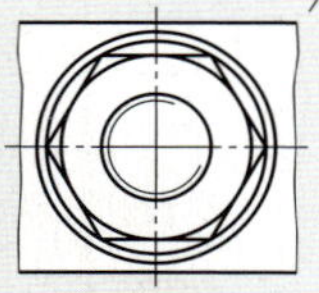

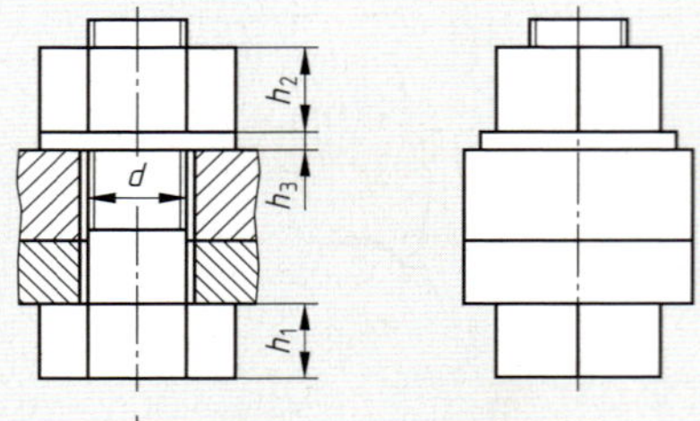

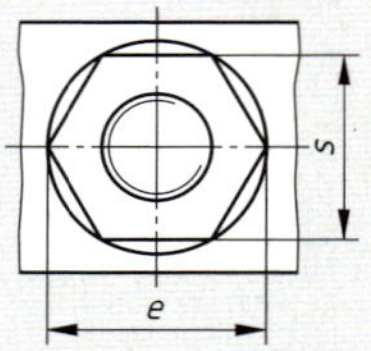

h_1 Schraubenkopfhöhe
h_2 Mutternhöhe
h_3 Scheibenhöhe
e Eckenmaß
s Schlüsselweite
d Gewinde-Nenn-ø

$h_1 \approx 0{,}7 \cdot d$
$h_2 \approx 0{,}8 \cdot d$
$h_3 \approx 0{,}2 \cdot d$
$e \approx 2 \cdot d$
$s \approx 0{,}87 \cdot e$

Verbindung mit Zylinderschraube	Verbindung mit Sechskantschraube	Verbindung mit Senkschraube	Verbindung mit Stiftschraube

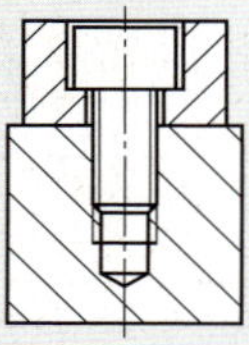

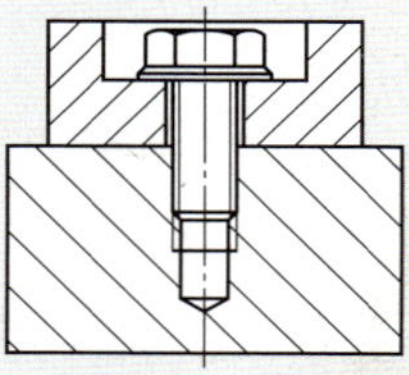

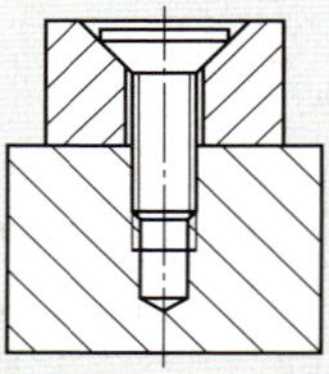

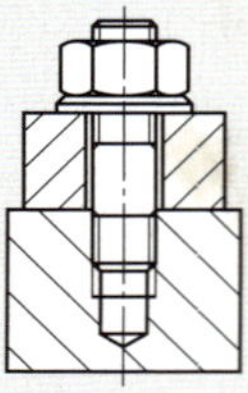

Zentrierbohrungen, Rändel

Zentrierbohrungen

vgl. DIN 332-1 (1986-04)

Form R **Form A**

Form B

Form C

Form		Nennmaße									
	d_1	1	1,25	1,6	2	2,5	3,15	4	5	6,3	8
	d_2	2,12	2,65	3,35	4,25	5,3	6,7	8,5	10,6	13,2	17
R	t_{min}	1,9	2,3	2,9	3,7	4,6	5,8	7,4	9,2	11,4	14,7
	a	3	4	5	6	7	9	11	14	18	22
A	t_{min}	1,9	2,3	2,9	3,7	4,6	5,9	7,4	9,2	11,5	14,8
	a	3	4	5	6	7	9	11	14	18	22
B	t_{min}	2,2	2,7	3,4	4,3	5,4	6,8	8,6	10,8	12,9	16,4
	a	3,5	4,5	5,5	6,6	8,3	10	12,7	15,6	20	25
	b	0,3	0,4	0,5	0,6	0,8	0,9	1,2	1,6	1,4	1,6
	d_3	3,15	4	5	6,3	8	10	12,5	16	18	22,4
C	t_{min}	1,9	2,3	2,9	3,7	4,6	5,9	7,4	9,2	11,5	14,8
	a	3,5	4,5	5,5	6,6	8,3	10	12,7	15,6	20	25
	b	0,4	0,6	0,7	0,9	0,9	1,1	1,7	1,7	2,3	3
	d_4	4,5	5,3	6,3	7,5	9	11,2	14	18	22,4	28
	d_5	5	6	7,1	8,5	10	12,5	16	20	25	31,5

Form
R: gewölbte Laufflächen, ohne Schutzsenkung
A: gerade Laufflächen, ohne Schutzsenkung
B: gerade Laufflächen, kegelförmige Schutzsenkung
C: gerade Laufflächen, kegelstumpfförmige Schutzsenkung

Zeichnungsangabe bei Zentrierbohrungen

vgl. DIN ISO 6411 (1997-11)

Zentrierbohrung **ist** am Fertigteil erforderlich	Zentrierbohrung **darf** am Fertigteil vorhanden sein	Zentrierbohrung **darf** am Fertigteil **nicht** vorhanden sein
ISO 6411-A4/8,5	ISO 6411-A4/8,5	ISO 6411-A4/8,5

⇒ < ISO 6411 – A4/8,5: Zentrierbohrung ISO 6411: Zentrierbohrung ist am Fertigteil erforderlich.
Form und Maße der Zentrierbohrung nach DIN 332: Form A; d_1 = 4 mm; d_2 = 8,5 mm.

Rändel

vgl. DIN 82 (1973-01)

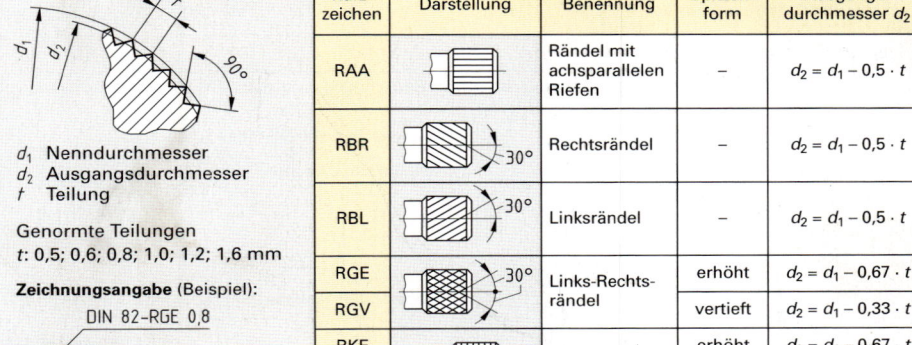

d_1 Nenndurchmesser
d_2 Ausgangsdurchmesser
t Teilung

Genormte Teilungen
t: 0,5; 0,6; 0,8; 1,0; 1,2; 1,6 mm

Zeichnungsangabe (Beispiel):
DIN 82-RGE 0,8

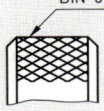

Kurz-zeichen	Darstellung	Benennung	Spitzen-form	Ausgangs-durchmesser d_2
RAA		Rändel mit achsparallelen Riefen	–	$d_2 = d_1 - 0,5 \cdot t$
RBR		Rechtsrändel	–	$d_2 = d_1 - 0,5 \cdot t$
RBL		Linksrändel	–	$d_2 = d_1 - 0,5 \cdot t$
RGE		Links-Rechts-rändel	erhöht	$d_2 = d_1 - 0,67 \cdot t$
RGV			vertieft	$d_2 = d_1 - 0,33 \cdot t$
RKE		Kreuzrändel	erhöht	$d_2 = d_1 - 0,67 \cdot t$
RKV			vertieft	$d_2 = d_1 - 0,33 \cdot t$

⇒ **DIN 82-RGE 0,8:** Links-Rechtsrändel, Spitzen erhöht, t = 0,8 mm

K

Freistiche

Form E	**Form F**	**Form G**	**Form H**
für weiter zu bearbeitende Zylinderfläche	für weiter zu bearbeitende Plan- und Zylinderfläche	für kleinen Übergang (bei geringer Belastung)	für stärker gerundeten Übergang

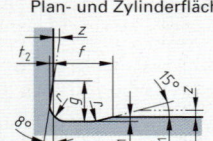 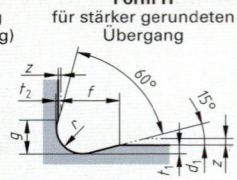

z = Bearbeitungszugabe

⇒   **Freistich DIN 509 – E 0,8 x 0,3:** Form E, Radius r = 0,8 mm, Einstechtiefe t_1 = 0,3 mm

Freistichmaße und Senkungsmaße

Form	$r^{2)} \pm 0,1$ Reihe R1	R2	t_1 + 0,1	f + 0,2	g	t_2 + 0,05	Zuordnung zum Durchmesser $d_1^{3)}$ für Werkstücke mit üblicher Beanspruchung	erhöhter Wechselfestigkeit	Mindestmaß a für Senkung am Gegenstück[4] Freistich $r \times t_1$	Form E	F	G	H
E und F	–	0,2	0,1	1	(0,9)	0,1	> 1…3	–	0,2 x 0,1	0,2	0	–	–
	0,4	–	0,2	2	(1,1)		> 3…18	–	0,4 x 0,2	0,4	0	–	–
G	0,4	–	0,2	1	(1,2)	0,2	> 3…18	–	0,4 x 0,2	–	–	0	–
E und F	–	0,6	0,2	2	(1,4)	0,1	> 10…18	–	0,6 x 0,2	0,8	0,2	–	–
			0,3	2,5	(2,1)	0,2	> 18…80	–	0,6 x 0,3	0,6	0	–	–
	0,8	–			(2,4)			–	0,8 x 0,3	1,0	0	–	–
H	0,8	–	0,3	2	(1,1)	0,05	> 18…80		0,8 x 0,3	–	–	–	0,8
E und F	–	1	0,2	2,5	(1,8)	0,1	–	> 18…50	1,0 x 0,2	1,6	0,8	–	–
			0,4	4	(3,2)	0,3	> 80	–	1,0 x 0,4	1,2	0	–	–
	1,2	–	0,2	2,5	(2)	0,1	–	> 18…50	1,2 x 0,2	2,0	0,5	–	–
			0,4	4	(3,4)	0,3	> 80	–	1,2 x 0,4	1,6	0	–	–
H	1,2	–	0,3	2,5	(1,5)	0,05	–	> 18…50	1,2 x 0,3	–	–	–	1,5
E und F	1,6	–	0,3	4	(3,1)	0,2	–	> 50…80	1,6 x 0,3	2,6	1,1	–	–
	2,5	–	0,4	5	(4,8)	0,3	–	> 80…125	2,5 x 0,4	4,0	1,7	–	–
	4		0,5	7	(6,4)		–	> 125	4,0 x 0,5	7,0	4,0	–	–

[1] Alle Freistichformen gelten sowohl für Wellen als auch für Bohrungen.

[2] Freistiche mit Radien nach DIN 250 (Seite 65) sind zu bevorzugen.

[3] Die Zuordnung zum Durchmesserbereich gilt nicht bei kurzen Ansätzen und dünnwandigen Teilen. Bei Werkstücken mit unterschiedlichen Durchmessern kann es zweckmäßig sein, die Freistiche bei allen Durchmessern in gleicher Form und Größe auszuführen.

[4] Senkungsmaß a am Gegenstück

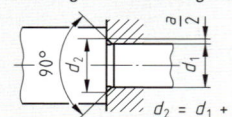

$d_2 = d_1 + a$

Zeichnungsangabe bei Freistichen

In Zeichnungen werden Freistiche meist vereinfacht mit der Bezeichnung dargestellt. Sie können jedoch auch vollständig gezeichnet und bemaßt werden.

Beispiel: Freistich DIN 509 – F1,2 x 0,2   **Beispiel:** Freistich DIN 509 – E1,2 x 0,2

vereinfachte Angabe   **vereinfachte Angabe**

DIN 509–F1,2×0,2   DIN 509–E1,2×0,2

vollständige Angabe   **vollständige Angabe**

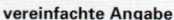

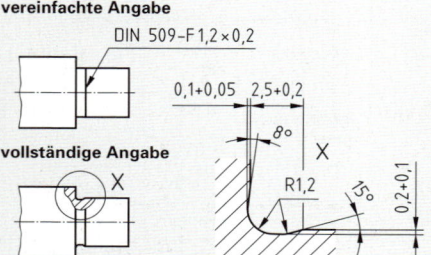

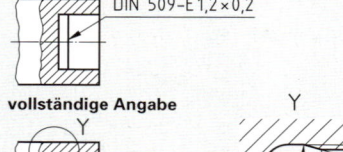

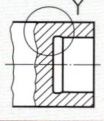

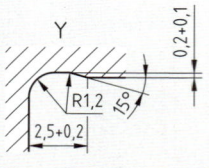

K

Sinnbilder für Schweißen und Löten

Lage der Sinnbilder für Schweißen und Löten in Zeichnungen   vgl. DIN EN 22553 (1997-03)

Grundbegriffe

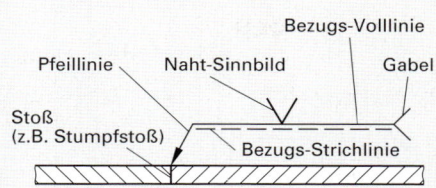

Bezugslinie. Sie besteht aus der Bezugs-Volllinie und der Bezugs-Strichlinie. Die Bezugs-Strichlinie verläuft parallel zur Bezugs-Volllinie oberhalb oder unterhalb dieser. Bei symmetrischen Nähten entfällt die Bezugs-Strichlinie.

Pfeillinie. Sie verbindet die Bezugs-Volllinie mit dem Stoß.

Gabel. In ihr können bei Bedarf zusätzliche Angaben gemacht werden über:

• Verfahren, Prozess   • Arbeitsposition
• Bewertungsgruppe   • Zusatzwerkstoff

Stoß. Lage der zu verbindenden Teile zueinander.

Nahtkennzeichnung

bildlich

sinnbildlich

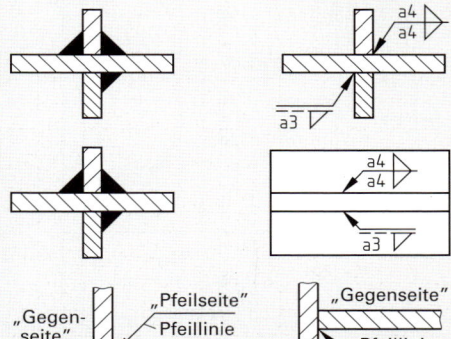

Sinnbild. Das Sinnbild kennzeichnet die Nahtform. Es steht vorzugsweise senkrecht auf der Bezugs-Volllinie, bei Bedarf auf der Bezugs-Strichlinie.

Anordnung des Nahtsinnbildes	
Lage des Nahtsinnbildes	Lage der Naht (Nahtoberfläche)
Bezugs-Vollinie	„Pfeilseite"
Bezugs-Strichlinie	„Gegenseite"

Bei Nähten, die im Schnitt oder in Ansicht dargestellt sind, muss die Stellung des Sinnbilds mit dem Nahtquerschnitt übereinstimmen.

Pfeilseite. Pfeilseite ist diejenige Seite des Stoßes, auf die die Pfeillinie hinweist.

Gegenseite. Gegenseite ist die Seite des Stoßes, die der Pfeilseite gegenüberliegt.

Ergänzungs- und Zusatzsinnbilder   vgl. DIN EN 22553 (1997-03)

	ringsum verlaufende Naht	⌣	Nahtoberfläche: hohl (konkav)
	Baustellennaht (Naht wird auf der Baustelle gefertigt)	—	Nahtoberfläche: flach (eben)
23	Angabe des Schweißprozesses in der Gabel	⌢	Nahtoberfläche: gewölbt (konvex)
			Nahtoberfläche: kerbfrei

Darstellung in Zeichnungen (Grundsinnbilder)   vgl. DIN EN 22553 (1997-03)

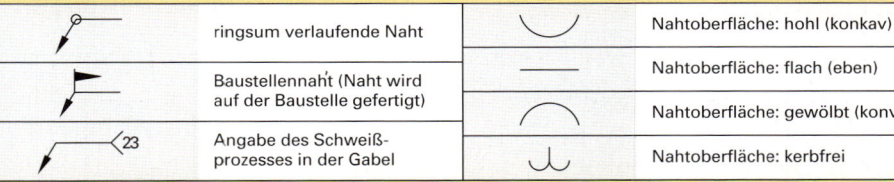

Nahtart/ Sinnbild	Darstellung		Nahtart/ Sinnbild	Darstellung	
	bildlich	sinnbildlich		bildlich	sinnbildlich
I-Naht | |		‖	V-Naht ∨		∨

Sinnbilder für Schweißen und Löten

Darstellung in Zeichnungen (Grundsinnbilder)   vgl. DIN EN 22553 (1997-03)

Nahtart/ Sinnbild	Darstellung bildlich	sinnbildlich	Nahtart/ Sinnbild	Darstellung bildlich	sinnbildlich
Bördelnaht			HV-Naht		
Lochnaht			V-Naht		
Stirnflach-naht			Y-Naht		
Steilflanken-naht			HY-Naht		
Auftragung			U-Naht		
Falznaht			HU-Naht		
ringsum verlaufend			Punktnaht		
Kehlnaht			Liniennaht		
Baustellen-naht mit 3 mm Nahtdicke			Flächennaht		

Sinnbilder für Schweißen und Löten

Zusammengesetzte Sinnbilder für symmetrische Nähte[1] (Beispiele)   vgl. DIN EN 22553 (1997-03)

Nahtart	Sinnbild	Darstellung	Nahtart	Sinnbild	Darstellung
D(oppel)-V-Naht (X-Naht)	X		D(oppel)-HY-Naht	K	
D(oppel)-HV-Naht	K		D(oppel)-U-Naht	X	
D(oppel)-Y-Naht	X		[1] Die Sinnbilder werden symmetrisch zur Bezugslinie angeordnet. Beispiel:	bildlich sinnbildlich	

Anwendungsbeispiele für Zusatzsinnbilder   vgl. DIN EN 22553 (1997-03)

Nahtart	Sinnbild	Darstellung	Nahtart	Sinnbild	Darstellung
Flache V-Naht	▽		Flach nachbearbeitete V-Naht		
Gewölbte Doppel-V-Naht			Flache V-Naht mit flacher Gegenlage		
Y-Naht mit Gegenlage			Hohlkehlnaht, Nahtübergang kerbfrei		

Bemaßungsbeispiele   vgl. DIN EN 22553 (1997-03)

Nahtart	Darstellung und Bemaßung bildlich	sinnbildlich	Bedeutung des sinnbildlichen Maßeintrages
I-Naht (durchgehend)		$s4 \parallel$	I-Naht, durchgehend, Nahtdicke $s = 4$ mm
I-Naht (nicht durchgehend)		$s3 \parallel$	I-Naht, nicht durchgehend, Nahtdicke $s = 3$ mm, über die gesamte Werstücklänge verlaufend
Bördelnaht		$s2 \parallel$	Bördelnaht, nicht vollständig niedergeschmolzen, Nahtdicke $s = 2$ mm
V-Naht (durchgeschweißt) mit Gegenlage		[1] 111/ISO 5817-C/ ISO 6947-PA/ EN 499-E 42 0 RR 12	V-Naht (durchgeschweißt) mit Gegenlage, hergestellt durch Lichtbogenhandschweißen (Kennzahl 111 nach DIN EN ISO 4063), geforderte Bewertungsgruppe C nach ISO 5817; Wannenposition PA nach ISO 6947; Stabelektroden E 42 0 RR 12 nach DIN EN 499

[1] Am Ende einer Bezugslinie können in einer Gabel ergänzende Anforderungen eingetragen werden.

K

Sinnbilder für Schweißen und Löten, Darstellung von Klebe-, Falz- und Druckfügeverbindungen

Bemaßungsbeispiele (Fortsetzung)

Nahtart	Darstellung und Bemaßung		Bedeutung des sinnbildlichen Maßeintrages
	bildlich	sinnbildlich	
Kehlnaht (durch-gehend)		a3	Kehlnaht, Nahtdicke a = 3 mm (Höhe des gleichschenkligen Dreiecks)
		z4	Kehlnaht, Nahtdicke z = 4 mm (Schenkellänge des gleich-schenkligen Dreiecks)
Kehlnaht (unter-brochen)	30 / 20 / 20 / (10)	30 a5 2×20(10)	Kehlnaht (unterbrochen), Nahtdicke a = 4 mm; 2 Einzelnähte mit je l = 20 mm Länge; Nahtabstand e = 10 mm, Vormaß v = 30 mm
Doppel-Kehlnaht (unter-brochen)	30 10 30 10 30	a4 3×30(10) / a4 3×30(10)	Doppel-Kehlnaht (unter-brochen, symmetrisch), Nahtdicke a = 4 mm; Einzelnahtlänge l = 30 mm, Nahtabstand e = 10 mm, ohne Vormaß
Doppel-Kehlnaht (unter-brochen, versetzt)	25 20 30 20 / 20 30 20 30 20	25 z5 2×20(30) / z5 3×20(30)	Doppel-Kehlnaht (unter-brochen, versetzt), Nahtdicke z = 5 mm; Einzelnahtlänge l = 20 mm, Nahtabstand e = 30 mm, Vormaß v = 25 mm

Sinnbildliche Darstellung von Klebe-, Falz- und Druckfügeverbindungen (Beispiele)   vgl. DIN EN ISO 15785 (2002-12)

Verbin-dungsart	Nahtart/ Sinnbild	Bedeutung/ Zeichnungsangabe	Verbin-dungsart	Nahtart/ Sinnbild	Bedeutung/ Zeichnungsangabe
Klebe-verbin-dungen	Flächen-naht[1] ═	20 / 5×20=	Falz-verbin-dung	Falz-naht	7 / 6×7
	Schräg-naht[1] ///		Druck-fügever-bindung	Druckfüge-verbindung	∅5 / 5×4

[1] Bei Klebeverbindungen wird das Klebemittel nicht dargestellt.

Wärmebehandelte Teile – Härteangaben

Angaben wärmebehandelter Teile in Zeichnungen
vgl. DIN 6773 (2001-04)

Aufbau der Wärmebehandlungsangaben

Wortangabe(n) für Werkstoffzustand	Messbare Größen des Werkstoffzustandes			Mögliche Ergänzungen
Beispiele: vergütet gehärtet gehärtet und angelassen geglüht nitriert	Härte-wert	HRC HV HB	Rockwellhärte Vickershärte Brinellhärte	**Messstellen.** Eintragung und Bemaßung in der Zeichnung mit Sinnbild (⊥)
	Härte-tiefe	Eht Nht Rht	Einsatzhärtungstiefe Nitrierhärtetiefe Einhärtungstiefe	**Wärmebehandlungsbild.** Vereinfachte, meist verkleinerte Darstellung des Bauteils in der Nähe des Schriftfeldes
	At VS		Aufkohlungstiefe Verbindungsschichtdicke	**Mindestzugfestigkeit oder Gefügezustand.** Wenn Prüfung an einem mitbehandelten Teil möglich ist
	Alle Angaben erfolgen mit Plus-Toleranzen.			

Kennzeichnung der Oberflächenbereiche bei örtlich begrenzter Wärmebehandlung

Bereich muss wärmebehandelt werden.

Bereich darf wärmebehandelt werden.

Zwischenbereich darf nicht wärmebehandelt werden.

Wärmebehandlungsangaben in Zeichnungen (Beispiele)

Verfahren	Wärmebehandlung des ganzen Teiles		Wärmebehandlung örtlich begrenzt
	gleiche Anforderung	unterschiedliche Anforderung	
Vergüten, Härten, Härten und Anlassen	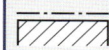 60 vergütet 350 + 50 HBW 2,5/187,5	75 + 10 ① gehärtet und angelassen 58 + 4 HRC ① 40 + 5 HRC	110+5 —·— gehärtet und ganzes Teil angelassen 60 + 3 HRC
Nitrieren, Einsatz-härten	nitriert ≥ 900 HV 10 Nht = 0,3 + 0,1	① ② einsatzgehärtet und angelassen ① 60 + 4 HRC Eht = 0,5 + 0,3 ② ≤ 52 HRC	—·— einsatzgehärtet und angelassen 700 + 100 HV 10 Eht = 1,2 + 0,5
Rand-schicht-härten	—·— randschichtgehärtet 620 + 120 HV 50 Rht 500 = 0,8 + 0,8	① ② ③ 2 5 —·— randschichtgehärtet und ganzes Teil angelassen ① 54 + 6 HRC ② ≤35 HRC ③ ≤30 HRC	—·— randschichtgehärtet und angelassen 61 + 4 HRC Rht 600 = 0,8 + 0,8

Härtungstiefen und Toleranzen in mm

Einsatzhärtungstiefe Eht	0,05+0,03	0,1+0,1	0,3+0,2	0,5+0,3	0,8+0,4	1,2+0,5	1,6+0,6
Nitrierhärtetiefe Nht	0,05+0,02	0,1+0,05	0,15+0,02	0,2+0,1	0,25+0,1	0,3+0,1	0,35+0,15
Induktionshärtetiefe Rht	0,2+0,2	0,4+0,4	0,6+0,6	0,8+0,8	1,0+1,0	1,3+1,1	1,6+1,3
Laser-/Elektronenstrahlhärtetiefe Rht	0,2+0,1	0,4+0,2	0,6+0,3	0,8+0,4	1,0+0,5	1,3+0,6	1,6+0,8

Regelgrenzhärten in den angegebenen Härtungstiefen

Einsatzhärtungstiefe Eht	550 HV 1
Nitrierhärtetiefe Nht	Kernhärte + 50 HV 0,5
Einhärtungstiefe Rht	0,8 · Oberflächenmindesthärte, gerechnet in HV

K

Gestaltabweichungen und Rauheitskenngrößen

Gestaltabweichungen

vgl. DIN 4760 (1982-06)

Gestaltabweichungen sind die Abweichungen der Ist-Oberfläche (messtechnisch erfassbare Oberfläche) von der geometrisch idealen Oberfläche, deren Nennform durch die Zeichnung definiert ist.

Ordnung: Gestaltabweichung (Profilschnitt überhöht dargestellt)	Beispiele	Mögliche Entstehungsursachen
1. Ordnung: Formabweichung	Geradheits-, Rundheits- abweichung	Durchbiegungen des Werkstückes oder der Maschine bei der Herstellung des Teiles, Fehler oder Verschleiß in den Führungen der Werkzeugmaschine
2. Ordnung: Welligkeit	Wellen	Schwingungen der Maschine, Lauf- oder Formabweichungen eines Fräsers bei der Herstellung des Teiles
3. Ordnung: Rauheit	Rillen	Form der Werkzeugschneide, Vorschub oder Zustellung des Werkzeuges bei der Herstellung des Teiles
4. Ordnung: Rauheit	Riefen, Schuppen, Kuppen	Vorgang der Spanbildung (z. B. Reißspan), Oberflächenverformung durch Strahlen bei der Herstellung des Teiles
5. und 6. Ordnung: Rauheit Nicht mehr als einfacher Profilschnitt darstellbar	Gefüge- struktur, Gitteraufbau	Kristallisationsvorgänge, Gefügeänderungen durch Schweißen oder Warmumformungen, Veränderungen durch chemische Einwirkungen, z. B. Korrosion, Beizen

Oberflächenprofile und Kenngrößen

vgl. DIN EN ISO 4287 (1998-10) und DIN EN ISO 4288 (1998-04)

Oberflächenprofil	Kenngrößen	Erläuterungen
Primärprofil (Ist-Profil; P-Profil)	**Gesamthöhe des Profils Pt**	Das **Primärprofil** ist die Grundlage für die Berechnung der Kenngrößen des Primärprofils und Ausgangsbasis für das Welligkeits- und Rauheitsprofil. Die **Gesamthöhe des Profils Pt** ist die Summe aus der Höhe der größten Profilspitze Zp und der Tiefe des größten Profiltales Zv innerhalb der Messstrecke l_n.
Welligkeitsprofil (W-Profil)	**Gesamthöhe des Profils Wt**	Das **Welligkeitsprofil** entsteht durch Tiefpassfilterung, d. h. durch Unterdrücken der kurzwelligen Profilanteile. Die **Gesamthöhe des Profils Wt** ist die Summe aus der Höhe der größten Profilspitze Zp und der Tiefe des größten Profiltales Zv innerhalb der Messstrecke l_n.
Rauheitsprofil (R-Profil)	**Gesamthöhe des Profils Rt**	Das **Rauheitsprofil** entsteht durch Hochpassfilterung, d. h. durch Unterdrücken der langwelligen Profilanteile. Die **Gesamthöhe des Profils Rt** ist die Summe aus der Höhe der größten Profilspitze Zp und der Tiefe des größten Profiltales Zv innerhalb der Messstrecke l_n.
	Rp, Rv	**Höhe der größten Profilspitze Zp, Tiefe des größten Profiltales Zv** innerhalb der Einzelmessstrecke l_r.
	Größte Höhe des Profils Rz[1]	Die **Größte Höhe des Profils Rz** ist die Summe aus der Höhe der größten Profilspitze Zp und der Tiefe des größten Profiltales Zv innerhalb der Einzelmessstrecke l_r.
	Arithmetischer Mittelwert der Profilordinaten Ra[1]	Der **Arithmetische Mittelwert der Profilordinaten Ra** ist der arithmetische Mittelwert der Beträge aller Ordinatenwerte $Z(x)$ innerhalb einer Einzelmessstrecke l_r.
	Materialanteil des Profils Rmr	Der **Materialanteil des Profils Rmr** ergibt sich als Quotient aus der Summe der tragenden Materiallängen in einer vorgegebenen Schnitthöhe und der Messstrecke l_n.
	Mittellinie (x-Achse) x	Die **Mittellinie (x-Achse) x** ist die Linie, die den langwelligen Profilanteilen entspricht, die durch die Profilfilterung unterdrückt werden.

$Z(x)$ Höhe des Profils an beliebiger Position x; Ordinatenwert

l_n Messstrecke

l_r Einzelmessstrecke

[1] Bei Kenngrößen, die über eine Einzelmessstrecke definiert sind, wird nach DIN EN ISO 4288 zur Kenngrößenermittlung im Regelfall das arithmetische Mittel aus fünf Einzelmessstrecken verwendet.

K

Oberflächenprüfung, Oberflächenangaben

Messstrecken für die Rauheit
vgl. DIN EN ISO 4288 (1998-04)

Periodische Profile (z.B. Drehprofile)	Aperiodische Profile (z.B. Schleif- und Läppprofile)		Grenzwellenlänge	Einzel-/Gesamtmessstrecke	Periodische Profile (z.B. Drehprofile)	Aperiodische Profile (z.B. Schleif- und Läppprofile)		Grenzwellenlänge	Einzel-/Gesamtmessstrecke
Rillenbreite RSm mm	Rz µm	Ra µm	µm	l_r, l_n mm	Rillenbreite RSm mm	Rz µm	Ra µm	µm	l_r, l_n mm
> 0,01…0,04	bis 0,1	bis 0,02	0,08	0,08/0,4	> 0,13…0,4	> 0,5…10	> 0,1…2	0,8	0,8/4
> 0,04…0,13	> 0,1…0,5	> 0,02…0,1	0,25	0,25/1,25	> 0,4…1,3	> 10…50	> 2…10	2,5	2,5/12,5

Angabe der Oberflächenbeschaffenheit
vgl. DIN EN ISO 1302 (2002-06)

Sinnbild	Bedeutung	Zusätzliche Angaben
	Alle Fertigungsverfahren sind erlaubt.	a Oberflächenkenngröße[1] mit Zahlenwert in µm, Übertragungscharakteristik[2]/Einzelmessstrecke in mm
	Materialabtrag vorgeschrieben, z.B. drehen, fräsen.	b Zweite Anforderung an die Oberflächenbeschaffenheit (wie bei a beschrieben)
	Materialabtrag unzulässig oder Oberfläche verbleibt im Anlieferungszustand.	c Fertigungsverfahren d Sinnbild für die geforderte Rillenrichtung (Tabelle Seite 100)
	Alle Flächen rundum die Kontur müssen die gleiche Oberflächenbeschaffenheit aufweisen.	e Bearbeitungszugabe in mm

Beispiele

Sinnbild	Bedeutung	Sinnbild	Bedeutung
Rz 10	• materialabtragende Bearbeitung nicht zulässig • Rz = 10 µm (obere Grenze) • Regelübertragungscharakteristik[3] • Regelmessstrecke[4] • „16%-Regel"[5]	Ra 8	• Bearbeitung materialabtragend • Ra = 8 µm (obere Grenze) • Regelübertragungscharakteristik[3] • Regelmessstrecke[4] • „16%-Regel"[5] • gilt rundum die Kontur
Ra 3,5	• Bearbeitung kann beliebig erfolgen • Regelübertragungscharakteristik[3] • Ra = 3,5 µm (obere Grenze) • Regelmessstrecke[4] • „16%-Regel"[5]	geschliffen 0,5 ⊥ 0,008-4/Ra 1,6 0,008-4/Ra 0,8	• Bearbeitung materialabtragend • Fertigungsverfahren Schleifen • Ra = 1,6 µm (obere Grenze) • Ra = 0,8 µm (untere Grenze) • für beide Ra-Werte: „16%-Regel"[5] • Übertragungscharakteristik jeweils 0,008 bis 4 mm • Regelmessstrecke[4] • Bearbeitungszugabe 0,5 mm • Oberflächenrillen senkrecht
Rzmax 0,5	• Bearbeitung materialabtragend • Rz = 0,5 µm (obere Grenze) • Regelübertragungscharakteristik[3] • Regelmessstrecke[4] • „max.-Regel"[6]		

[1] **Oberflächenkenngröße**, z.B. Rz, besteht aus dem Profil (hier: Rauheitsprofil R) und der Kenngröße (hier: z).

[2] **Übertragungscharakteristik:** Wellenlängenbereich zwischen dem Kurzwellenfilter λ_s und dem Langwellenfilter λ_c. Die Wellenlänge des Langwellenfilters entspricht der Einzelmessstrecke l_r. Ist keine Übertragungscharakteristik eingetragen, dann gilt die Regelübertragungscharakteristik[3].

[3] **Regelübertragungscharakteristik:** Die Grenzwellenlängen zur Messung der Rauheitskenngrößen sind abhängig vom Rauheitsprofil und werden Tabellen entnommen.

[4] **Regelmessstrecke** l_n = 5 x Einzelmessstrecke l_r.

[5] **„16%-Regel":** Nur 16% aller gemessenen Werte dürfen die gewählte Kenngröße überschreiten.

[6] **„max.-Regel"** („Höchstwert-Regel"): Kein Messwert darf über dem festgelegten Höchstwert liegen.

K

Oberflächenangaben

Angabe der Oberflächenbeschaffenheit
vgl. DIN EN ISO 1302 (2002-06)

Sinnbilder für die Rillenrichtung

Darstellung der Rillenrichtung							
Sinnbild	=	⊥	X	M	C	R	P
Rillenrichtung	parallel zur Projektionsebene	senkrecht zur Projektionsebene	gekreuzt in zwei schrägen Richtungen	viele Richtungen	annähernd zentrisch zum Mittelpunkt	annähernd radial zum Mittelpunkt	nichtrillige Oberfläche, ungerichtet oder muldig

Größen der Sinnbilder

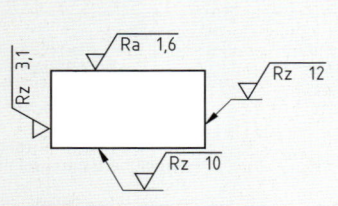

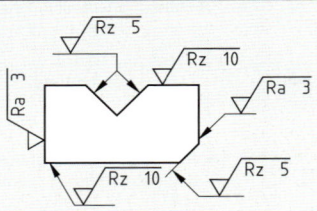

	Schrifthöhe h in mm						
	2,5	3,5	5	7	10	14	20
d	0,25	0,35	0,5	0,7	1,0	1,4	2,0
H_1	3,5	5	7	10	14	20	28
H_2	8	11	15	21	30	42	60

Anordnung der Sinnbilder in Zeichnungen

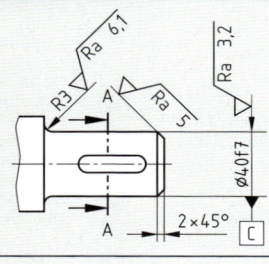

Lesbarkeit
von unten oder von rechts

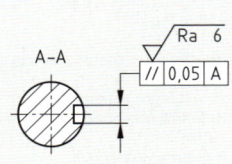

Anordnung
direkt auf der Oberfläche oder mit Bezugs- und Hinweislinie

Beispiele für den Zeichnungseintrag

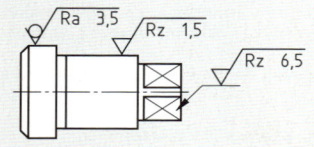

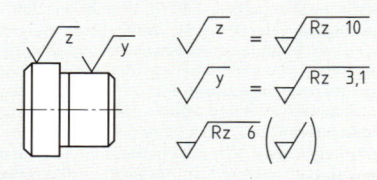

Rauheit von Oberflächen

Empfohlene Zuordnung von Rauheitswerten zu ISO-Toleranzgraden[1]

Nennmaß-bereich über... bis mm	Empfohlene Werte für Rz und Ra µm	ISO-Toleranzgrad						
		5	6	7	8	9	10	11
1...6	Rz	2,5	4	6,3	6,3	10	16	25
	Ra	0,4	0,8	0,8	1,6	1,6	3,2	6,3
6...10	Rz	2,5	4	6,3	10	16	25	40
	Ra	0,4	0,8	0,8	1,6	3,2	6,3	12,5
10...18	Rz	4	4	6,3	10	16	25	40
	Ra	0,8	0,8	0,8	1,6	3,2	6,3	12,5
18...80	Rz	4	6,3	10	16	16	40	63
	Ra	0,8	0,8	1,6	3,2	3,2	6,3	12,5
80...250	Rz	6,3	10	16	25	25	40	63
	Ra	0,8	1,6	1,6	3,2	3,2	6,3	12,5
250...500	Rz	6,3	10	16	25	40	63	100
	Ra	0,8	1,6	1,6	3,2	6,3	12,5	25

Erreichbare Rauheit von Oberflächen[1]

K

Fertigungsverfahren			Rz in µm bei Fertigungsart			Ra in µm bei Fertigungsart		
			genau min.	üblich von...bis	grob max.	genau min.	üblich von...bis	grob max.
Urformen	Gießen:	Druckguss	4	10...100	160	–	0,8...30	–
		Kokillenguss	10	25...160	250	–	3,2...50	–
		Sandformguss	25	63...250	1000	–	12,5...50	–
	Sintern:	Sinterglatt	–	2,5...10	–	–	0,4...1,6	–
		Kalibrierglatt	–	1,6...7	–	–	0,3...0,8	–
Umformen	Fließpressen		4	25...100	400	0,8	3,2...12,5	25
	Gesenkformen		10	63...400	1000	0,8	2,5...12,5	25
	Strangpressen		4	25...100	400	0,8	3,2...12,5	25
	Tiefziehen von Blechen		0,4	4...10	16	0,2	1...3,2	6,3
	Walzen:	Glattwalzen	0,1	0,5...6,3	10	0,025	0,06...1,6	2
Trennen	Abtragen:	Drahterodieren	0,8	2,8...10	16	0,1	0,4...1	3,2
		Senkerodieren	1,5	5...10	31	0,2	0,45	6,3
	Zerteilen:	Autogenes Brennschneiden	16	40...100	1000	3,2	8...16	50
		Laserstrahlschneiden	–	10...100	–	–	1...10	–
		Plasmaschneiden	–	6...280	–	–	1...10	–
		Scherschneiden	–	10...63	–	–	1,6...12,5	–
		Wasserstrahlschneiden	4	16...100	400	1,6	6,3...25	50
	Spanen:	Bohren: ins Volle bohren	16	40...160	250	1,6	6,3...12,5	25
		Aufbohren	0,1	2,5...25	40	0,05	0,4...3,2	12,5
		Senken	6,3	10...25	40	0,8	1,6...6,3	12,5
		Reiben	0,4	4...10	25	0,2	0,8...2	6,3
		Drehen: Längsdrehen	1	4...63	250	0,2	0,8...12,5	50
		Plandrehen	2,5	10...63	250	0,4	1,6...12,5	50
		Fräsen: Umfangs-, Stirnfräsen	1,6	10...63	160	0,4	1,6...12,5	25
		Honen: Kurzhubhonen	0,04	0,1...1	2,5	0,006	0,02...0,17	0,34
		Langhubhonen	0,04	1...11	15	0,006	0,13...0,65	1,6
		Läppen	0,04	0,25...1,6	10	0,006	0,025...0,2	0,21
		Polierläppen	–	0,04...0,25	0,4	–	0,005...0,035	0,05
		Schleifen	0,1	1,6...4	25	0,012	0,2...0,8	6,3

[1] Rauheitswerte, sofern sie nicht in DIN 4766-1 (zurückgezogen) enthalten sind, nach Angaben der Industrie.

Ablese-Beispiel:
Reiben (für Oberflächen-kenngröße Rz)

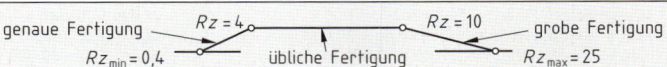

genaue Fertigung — $Rz = 4$
$Rz_{min} = 0,4$ — übliche Fertigung — $Rz = 10$ — grobe Fertigung — $Rz_{max} = 25$

ISO-System für Grenzmaße und Passungen

Begriffe

vgl. DIN ISO 286-1 (1990-11)

Bohrung

N	Nennmaß
G_{oB}	Höchstmaß Bohrung
G_{uB}	Mindestmaß Bohrung
ES	oberes Abmaß Bohrung
EI	unteres Abmaß Bohrung
T_B	Toleranz Bohrung

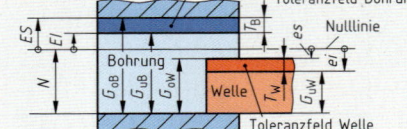

Welle

N	Nennmaß
G_{oW}	Höchstmaß Welle
G_{uW}	Mindestmaß Welle
es	oberes Abmaß Welle
ei	unteres Abmaß Welle
T_W	Toleranz Welle

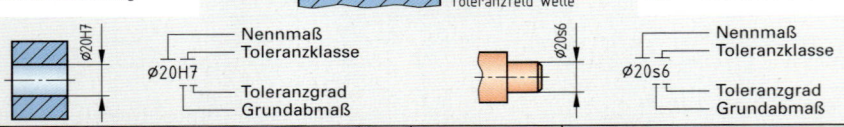

∅20H7 — Nennmaß, Toleranzklasse; ∅20H7 — Toleranzgrad, Grundabmaß

∅20s6 — Nennmaß, Toleranzklasse; ∅20s6 — Toleranzgrad, Grundabmaß

Bezeichnung	Erklärung	Bezeichnung	Erklärung
Nulllinie	Sie stellt das Nennmaß dar, auf das sich die Abmaße und Toleranzen beziehen.	**Grundtoleranz-grad**	Eine Gruppe von Toleranzen, die dem gleichen Genauigkeitsniveau, z. B. IT7, zugeordnet sind.
Grundabmaß	Das Grundabmaß bestimmt die Lage des Toleranzfeldes zur Nulllinie.	**Toleranzgrad**	Zahl des Grundtoleranzgrades, z. B. 7 beim Grundtoleranzgrad IT7.
Toleranz	Differenz zwischen dem Höchstmaß und dem Mindestmaß bzw. zwischen dem oberen und unteren Abmaß.	**Toleranzklasse**	Benennung für eine Kombination eines Grundabmaßes mit einem Toleranzgrad, z. B. H7.
Grundtoleranz	Die einem Grundtoleranzgrad, z. B. IT7, und einem Nennmaßbereich, z. B. 30…50 mm, zugeordnete Toleranz.	**Passung**	Geplanter Fügezustand zwischen Bohrung und Welle.

Grenzmaße, Abmaße und Toleranzen

vgl. DIN ISO 286-1 (1990-11)

Bohrung

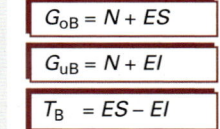

$$G_{oB} = N + ES$$
$$G_{uB} = N + EI$$
$$T_B = ES - EI$$
$$T_B = G_{oB} - G_{uB}$$

Beispiel: Bohrung ∅50+0,3/+0,1; G_{oB} = ?; T_B = ?

G_{oB}= $N + ES$ = 50 mm + 0,3 mm = 50,30 mm
T_B = $ES - EI$ = 0,3 mm – 0,1 mm = 0,2 mm

Welle

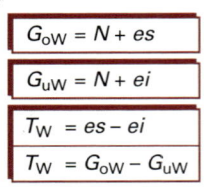

$$G_{oW} = N + es$$
$$G_{uW} = N + ei$$
$$T_W = es - ei$$
$$T_W = G_{oW} - G_{uW}$$

Beispiel: Welle ∅20e8; G_{uW} = ?; T_W = ?
Werte für ei und es: Seite 107
ei = –73 µm = –0,073 mm; es = –40 µm = –0,040 mm
G_{uW} = $N + ei$ = 20 mm + (–0,073 mm) = 19,927 mm
T_W = $es - ei$ = –40 µm – (–73 µm) = 33 µm

Passungen

vgl. DIN ISO 286-1 (1990-11)

Spielpassung

P_{SH}	Höchstspiel
P_{SM}	Mindestspiel

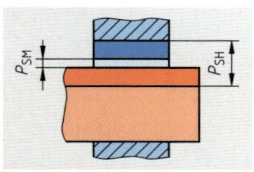

$$P_{SM} = G_{uB} - G_{oW}$$
$$P_{SH} = G_{oB} - G_{uW}$$

Übergangspassung

P_{SH}	Höchstspiel
$P_{ÜH}$	Höchstübermaß

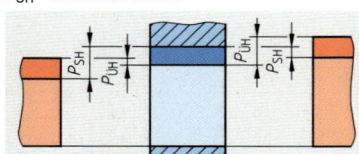

$$P_{ÜH} = G_{uB} - G_{oW}$$

Übermaßpassung

$P_{ÜH}$	Höchstübermaß
$P_{ÜM}$	Mindestübermaß

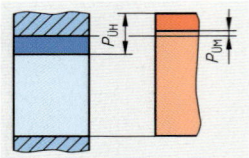

$$P_{ÜM} = G_{oB} - G_{uW}$$

Beispiel: Passung ∅30 H8/f7; P_{SH} = ?; P_{SM} = ?
Werte für ES, EI, es, ei: Seite 107
G_{oB} = $N + ES$ = 30 mm + 0,033 mm = 30,033 mm
G_{uB} = $N + EI$ = 30 mm + 0 mm = 30,000 mm

G_{oW} = $N + es$ = 30 mm + (–0,020 mm) = 29,980 mm
G_{uW} = $N + ei$ = 30 mm + (–0,041 mm) = 29,959 mm
P_{SH} = $G_{oB} - G_{uW}$ = 30,033 mm – 29,959 mm = 0,074 mm
P_{SM} = $G_{uB} - G_{oW}$ = 30,000 mm – 29,980 mm = 0,02 mm

ISO-System für Grenzmaße und Passungen

Passungssysteme
vgl. DIN ISO 286-1 (1990-11)

Passungssystem Einheitsbohrung (alle Bohrungsmaße besitzen das Grundabmaß H)

Grundabmaße für Wellen

Beispiele für Nennmaß 25, Toleranzgrad 7

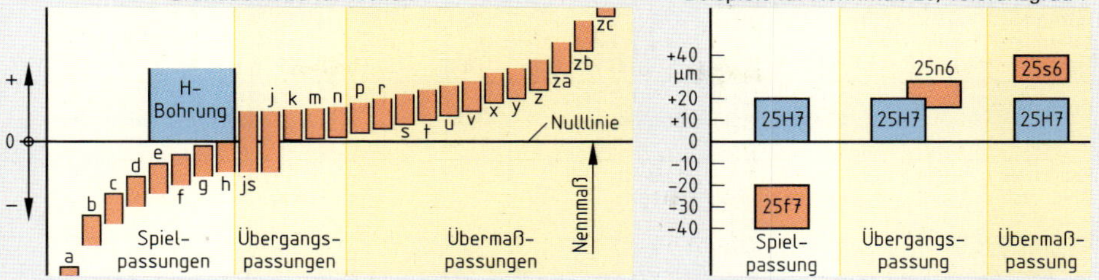

Passungssystem Einheitswelle (alle Wellenmaße besitzen das Grundabmaß h)

Grundabmaße für Bohrungen

Beispiele für Nennmaß 25, Toleranzgrad 6

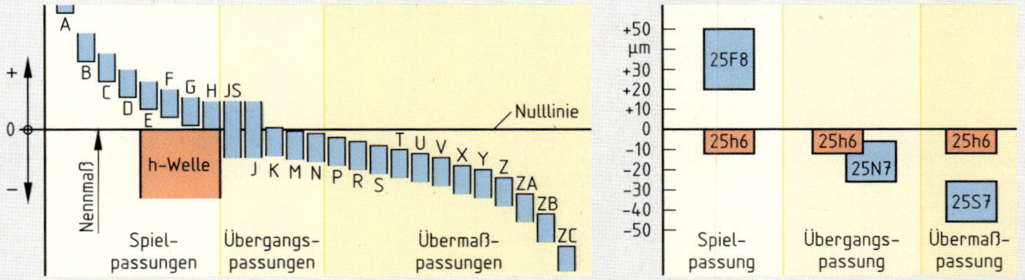

K

Grundtoleranzen
vgl. DIN ISO 286-1 (1990-11)

Nennmaß-bereich über…bis mm	Grundtoleranzgrade																	
	IT1	IT2	IT3	IT4	IT5	IT6	IT7	IT8	IT9	IT10	IT11	IT12	IT13	IT14	IT15	IT16	IT17	IT18
	Grundtoleranzen																	
	μm											mm						
bis 3	0,8	1,2	2	3	4	6	10	14	25	40	60	0,1	0,14	0,25	0,4	0,6	1	1,4
3…6	1	1,5	2,5	4	5	8	12	18	30	48	75	0,12	0,18	0,3	0,48	0,75	1,2	1,8
6…10	1	1,5	2,5	4	6	9	15	22	36	58	90	0,15	0,22	0,36	0,58	0,9	1,5	2,2
10…18	1,2	2	3	5	8	11	18	27	43	70	110	0,18	0,27	0,43	0,7	1,1	1,8	2,7
18…30	1,5	2,5	4	6	9	13	21	33	52	84	130	0,21	0,33	0,52	0,84	1,3	2,1	3,3
30…50	1,5	2,5	4	7	11	16	25	39	62	100	160	0,25	0,39	0,62	1	1,6	2,5	3,9
50…80	2	3	5	8	13	19	30	46	74	120	190	0,3	0,46	0,74	1,2	1,9	3	4,6
80…120	2,5	4	6	10	15	22	35	54	87	140	220	0,35	0,54	0,87	1,4	2,2	3,5	5,4
120…180	3,5	5	8	12	18	25	40	63	100	160	250	0,4	0,63	1	1,6	2,5	4	6,3
180…250	4,5	7	10	14	20	29	46	72	115	185	290	0,46	0,72	1,15	1,85	2,9	4,6	7,2
250…315	6	8	12	16	23	32	52	81	130	210	320	0,52	0,81	1,3	2,1	3,2	5,2	8,1
315…400	7	9	13	18	25	36	57	89	140	230	360	0,57	0,89	1,4	2,3	3,6	5,7	8,9
400…500	8	10	15	20	27	40	63	97	155	250	400	0,63	0,97	1,55	2,5	4	6,3	9,7
500…630	9	11	16	22	32	44	70	110	175	280	440	0,7	1,1	1,75	2,8	4,4	7	11
630…800	10	13	18	25	36	50	80	125	200	320	500	0,8	1,25	2	3,2	5	8	12,5
800…1000	11	15	21	28	40	56	90	140	230	360	560	0,9	1,4	2,3	3,6	5,6	9	14
1000…1250	13	18	24	33	47	66	105	165	260	420	660	1,05	1,65	2,6	4,2	6,6	10,5	16,5
1250…1600	15	21	29	39	55	78	125	195	310	500	780	1,25	1,95	3,1	5	7,8	12,5	19,5
1600…2000	18	25	35	46	65	92	150	230	370	600	920	1,5	2,3	3,7	6	9,2	15	23
2000…2500	22	30	41	55	78	110	175	280	440	700	1100	1,75	2,8	4,4	7	11	17,5	28
2500…3150	26	36	50	68	96	135	210	330	540	860	1350	2,1	3,3	5,4	8,6	13,5	21	33

Die Grenzabmaße der Toleranzgrade für die Grundabmaße h, js, H und JS können aus den Grundtoleranzen abgeleitet werden: **h:** $es = 0$; $ei = -$ IT   **js:** $es = +$ IT/2; $ei = -$ IT/2   **H:** $ES = +$ IT; $EI = 0$ **JS:** $ES = +$ IT/2; $EI = -$ IT/2

ISO-Passungen

Grundabmaße für Wellen (Auswahl)

vgl. DIN ISO 286-1 (1990-11)

Grundabmaße	a	c	d	e	f	g	h	j	k (IT4 bis IT7)	k (über IT7)	m	n	p	r	s
Grundtoleranzgrade	IT9 bis IT13	IT8 bis IT12	IT5 bis IT13	IT5 bis IT10	IT3 bis IT10	IT3 bis IT10	IT1 bis IT18	IT5 bis IT8	IT3 bis IT13		IT3 bis IT9	IT3 bis IT9	IT3 bis IT10	IT3 bis IT10	IT3 bis IT10
Tabelle gültig für	alle Grundtoleranzgrade							IT7	IT4 bis IT7	über IT7	alle Grundtoleranzgrade				
Nennmaß über...bis mm	oberes Abmaß *es* in µm							unteres Abmaß *ei* in µm							
bis 3	− 270	− 60	− 20	− 14	− 6	− 2	0	− 4	0	0	+ 2	+ 4	+ 6	+ 10	+ 14
3...6	− 270	− 70	− 30	− 20	−10	− 4	0	− 4	+1	0	+ 4	+ 8	+12	+ 15	+ 19
6...10	− 280	− 80	− 40	− 25	−13	− 5	0	− 5	+1	0	+ 6	+10	+15	+ 19	+ 23
10...18	− 290	− 95	− 50	− 32	−16	− 6	0	− 6	+1	0	+ 7	+12	+18	+ 23	+ 28
18...30	− 300	−110	− 65	− 40	−20	− 7	0	− 8	+2	0	+ 8	+15	+22	+ 28	+ 35
30...40	− 310	−120	− 80	− 50	−25	− 9	0	−10	+2	0	+ 9	+17	+26	+ 34	+ 43
40...50	− 320	−130	− 80	− 50	−25	− 9	0	−10	+2	0	+ 9	+17	+26	+ 34	+ 43
50...65	− 340	−140	−100	− 60	−30	−10	0	−12	+2	0	+11	+20	+32	+ 41	+ 53
65...80	− 360	−150	−100	− 60	−30	−10	0	−12	+2	0	+11	+20	+32	+ 43	+ 59
80...100	− 380	−170	−120	− 72	−36	−12	0	−15	+3	0	+13	+23	+37	+ 51	+ 71
100...120	− 410	−180	−120	− 72	−36	−12	0	−15	+3	0	+13	+23	+37	+ 54	+ 79
120...140	− 460	−200	−145	− 85	−43	−14	0	−18	+3	0	+15	+27	+43	+ 63	+ 92
140...160	− 520	−210	−145	− 85	−43	−14	0	−18	+3	0	+15	+27	+43	+ 65	+100
160...180	− 580	−230	−145	− 85	−43	−14	0	−18	+3	0	+15	+27	+43	+ 68	+108
180...200	− 660	−240	−170	−100	−50	−15	0	−21	+4	0	+17	+31	+50	+ 77	+122
200...225	− 740	−260	−170	−100	−50	−15	0	−21	+4	0	+17	+31	+50	+ 80	+130
225...250	− 820	−280	−170	−100	−50	−15	0	−21	+4	0	+17	+31	+50	+ 84	+140
250...280	− 920	−300	−190	−110	−56	−17	0	−26	+4	0	+20	+34	+56	+ 94	+158
280...315	−1050	−330	−190	−110	−56	−17	0	−26	+4	0	+20	+34	+56	+ 98	+170
315...355	−1200	−360	−210	−125	−62	−18	0	−28	+4	0	+21	+37	+62	+108	+190
355...400	−1350	−400	−210	−125	−62	−18	0	−28	+4	0	+21	+37	+62	+114	+208
400...450	−1500	−440	−230	−135	−68	−20	0	−32	+5	0	+23	+40	+68	+126	+232
450...500	−1650	−480	−230	−135	−68	−20	0	−32	+5	0	+23	+40	+68	+132	+252

Berechnung von Abmaßen aus den Grundabmaßen für Wellen (Tabelle oben) bzw. Bohrungen (Tabelle Seite 105) und den Grundtoleranzen (Tabelle Seite 103)

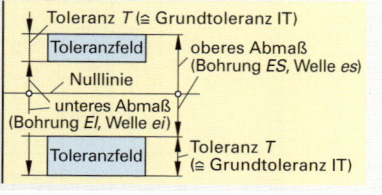

Toleranz T ($\widehat{=}$ Grundtoleranz IT)
Toleranzfeld
oberes Abmaß (Bohrung *ES*, Welle *es*)
Nulllinie
unteres Abmaß (Bohrung *EI*, Welle *ei*)
Toleranzfeld
Toleranz T ($\widehat{=}$ Grundtoleranz IT)

$$ES = EI + IT$$
$$EI = ES - IT$$
$$es = ei + IT$$
$$ei = es - IT$$

Beispiel 1: Welle (Außenmaß) ⌀ 40g5; *es* = ?; *ei* = ?
es (Tabelle oben) = −9 µm
IT5 (Tabelle Seite 103) = 11 µm
ei = *es* − IT = −9 µm − 11 µm = −20 µm

Beispiel 2: Bohrung (Innenmaß) ⌀ 200F7; *EI* = ?; *ES* = ?
EI (Tabelle Seite 105) = +50 µm
IT7 (Tabelle Seite 103) = 46 µm
ES = *EI* + IT = 50 µm + 46 µm = 96 µm

Beispiel 3: Bohrung (Innenmaß) ⌀ 100K6; *ES* = ?; *EI* = ?
ES (Tabelle Seite 105) = −3 µm + Δ = −3 µm + 7 µm = +4 µm
(Wert für Δ nach Tabelle Seite 105: 7 µm)
IT6 (Tabelle Seite 103) = 22 µm
EI = *ES* − IT = 4 µm − 22 µm = −18 µm

K

ISO-Passungen

Grundabmaße für Bohrungen (Auswahl)[1]   vgl. DIN ISO 286-1 (1990-11)

Grundabmaße	A	C	D	E	F	G	H	J	K	M	N	P,R,S	P	R	S
Grundtoleranzgrade	IT9 bis IT13	IT8 bis IT13	IT6 bis IT13	IT5 bis IT10	IT3 bis IT10	IT3 bis IT10	IT1 bis IT18	IT6 bis IT8	IT3 bis IT10	IT3 bis IT10	IT3 bis IT11	IT3 bis IT10			
Tabelle gültig für	alle Grundtoleranzgrade							IT8	IT3 bis IT8	IT3 bis IT8	bis IT7	IT 8 bis IT10			
Nennmaß über…bis mm	unteres Abmaß *EI* in µm							oberes Abmaß *ES* in µm							
bis 3	+ 270	+ 60	+ 20	+ 14	+ 6	+ 2	0	+ 6	0	− 2	− 4	Werte für obere Abmaße *ES*: wie Grundtoleranzgrade IT8 bis IT10, plus Δ	− 6	− 10	− 14
3…6	+ 270	+ 70	+ 30	+ 20	+10	+ 4	0	+10	−1 +Δ	− 4 +Δ	− 8 +Δ		−12	− 15	− 19
6…10	+ 280	+ 80	+ 40	+ 25	+13	+ 5	0	+12	−1 +Δ	− 6 +Δ	−10 +Δ		−15	− 19	− 23
10…18	+ 290	+ 95	+ 50	+ 32	+16	+ 6	0	+15	−1 +Δ	− 7 +Δ	−12 +Δ		−18	− 23	− 28
18…30	+ 300	+110	+ 65	+ 40	+20	+ 7	0	+20	−2 +Δ	− 8 +Δ	−15 +Δ		−22	− 28	− 35
30…40	+ 310	+120	+ 80	+ 50	+25	+ 9	0	+24	−2 +Δ	− 9 +Δ	−17 +Δ		−26	− 34	− 43
40…50	+ 320	+130	+ 80	+ 50	+25	+ 9	0	+24	−2 +Δ	− 9 +Δ	−17 +Δ		−26	− 34	− 43
50…65	+ 340	+140	+100	+ 60	+30	+10	0	+28	−2 +Δ	−11 +Δ	−20 +Δ		−32	− 41	− 53
65…80	+ 360	+150	+100	+ 60	+30	+10	0	+28	−2 +Δ	−11 +Δ	−20 +Δ		−32	− 43	− 59
80…100	+ 380	+170	+120	+ 72	+36	+12	0	+34	−3 +Δ	−13 +Δ	−23 +Δ		−37	− 51	− 71
100…120	+ 410	+180	+120	+ 72	+36	+12	0	+34	−3 +Δ	−13 +Δ	−23 +Δ		−37	− 54	− 79
120…140	+ 460	+200	+145	+ 85	+43	+14	0	+41	−3 +Δ	−15 +Δ	−27 +Δ		−43	− 63	− 92
140…160	+ 520	+210	+145	+ 85	+43	+14	0	+41	−3 +Δ	−15 +Δ	−27 +Δ		−43	− 65	−100
160…180	+ 580	+230	+145	+ 85	+43	+14	0	+41	−3 +Δ	−15 +Δ	−27 +Δ		−43	− 68	−108
180…200	+ 660	+240	+170	+100	+50	+15	0	+47	−4 +Δ	−17 +Δ	−31 +Δ		−50	− 77	−122
200…225	+ 740	+260	+170	+100	+50	+15	0	+47	−4 +Δ	−17 +Δ	−31 +Δ		−50	− 80	−130
225…250	+ 820	+280	+170	+100	+50	+15	0	+47	−4 +Δ	−17 +Δ	−31 +Δ		−50	− 84	−140
250…280	+ 920	+300	+190	+110	+56	+17	0	+55	−4 +Δ	−20 +Δ	−34 +Δ		−56	− 94	−158
280…315	+1050	+330	+190	+110	+56	+17	0	+55	−4 +Δ	−20 +Δ	−34 +Δ		−56	− 98	−170
315…355	+1200	+360	+210	+125	+62	+18	0	+60	−4 +Δ	−21 +Δ	−37 +Δ		−62	−108	−190
355…400	+1350	+400	+210	+125	+62	+18	0	+60	−4 +Δ	−21 +Δ	−37 +Δ		−62	−114	−208
400…450	+1500	+440	+230	+135	+68	+20	0	+66	−5 +Δ	−23 +Δ	−40 +Δ		−68	−126	−232
450…500	+1650	+480	+230	+135	+68	+20	0	+66	−5 +Δ	−23 +Δ	−40 +Δ		−68	−132	−252

Werte für Δ[1] in µm

Grundtoleranzgrad	Nennmaß über…bis in mm											
	3 bis 6	6 bis 10	10 bis 18	18 bis 30	30 bis 50	50 bis 80	80 bis 120	120 bis 180	180 bis 250	250 bis 315	315 bis 400	400 bis 500
IT3	1	1	1	1,5	1,5	2	2	3	3	4	4	5
IT4	1,5	1,5	2	2	3	3	4	4	4	4	5	5
IT5	1	2	3	3	4	5	5	6	6	7	7	7
IT6	3	3	3	4	5	6	7	7	9	9	11	13
IT7	4	6	7	8	9	11	13	15	17	20	21	23
IT8	6	7	9	12	14	16	19	23	26	29	32	34

[1] Berechnungsbeispiele: Seite 104

K

ISO-Passungen

System Einheitsbohrung   vgl. DIN ISO 286-2 (1990-11)

Grenzabmaße in µm für Toleranzklassen[1]

Beim Fügen mit einer H6-Bohrung entsteht eine Spiel-, Übergangs-, Übermaßpassung.
Beim Fügen mit einer H7-Bohrung entsteht eine Spielpassung (f7, g6, h6), Übergangspassung (j6, k6, m6, n6), Übermaßpassung (r6, s6).

Nennmaßbereich über…bis mm	H6	h5	j5	k6	n5	r5	H7	f7	g6	h6	j6	k6	m6	n6	r6	s6
bis 3	+6 / 0	0 / −4	± 2	+6 / 0	+8 / +4	+14 / +10	+10 / 0	−6 / −16	−2 / −8	0 / −6	+4 / −2	+6 / 0	+8 / +2	+10 / +4	+16 / +10	+20 / +14
3…6	+8 / 0	0 / −5	+3 / −2	+9 / +1	+13 / +8	+20 / +15	+12 / 0	−10 / −22	−4 / −12	0 / −8	+6 / −2	+9 / +1	+12 / +4	+16 / +8	+23 / +15	+27 / +19
6…10	+9 / 0	0 / −6	+4 / −2	+10 / +1	+16 / +10	+25 / +19	+15 / 0	−13 / −28	−5 / −14	0 / −9	+7 / −2	+10 / +1	+15 / +6	+19 / +10	+28 / +19	+32 / +23
10…14	+11 / 0	0 / −8	+5 / −3	+12 / +1	+20 / +12	+31 / +23	+18 / 0	−16 / −34	−6 / −17	0 / −11	+8 / −3	+12 / +1	+18 / +7	+23 / +12	+34 / +23	+39 / +28
14…18																
18…24	+13 / 0	0 / −9	+5 / −4	+15 / +2	+24 / +15	+37 / +28	+21 / 0	−20 / −41	−7 / −20	0 / −13	+9 / −4	+15 / +2	+21 / +8	+28 / +15	+41 / +28	+48 / +35
24…30																
30…40	+16 / 0	0 / −11	+6 / −5	+18 / +2	+28 / +17	+45 / +34	+25 / 0	−25 / −50	−9 / −25	0 / −16	+11 / −5	+18 / +2	+25 / +9	+33 / +17	+50 / +34	+59 / +43
40…50																
50…65	+19 / 0	0 / −13	+6 / −7	+21 / +2	+33 / +20	+54 / +41	+30 / 0	−30 / −60	−10 / −29	0 / −19	+12 / −7	+21 / +2	+30 / +11	+39 / +20	+60 / +41	+72 / +53
65…80						+56 / +43									+62 / +43	+78 / +59
80…100	+22 / 0	0 / −15	+6 / −9	+25 / +3	+38 / +23	+66 / +51	+35 / 0	−36 / −71	−12 / −34	0 / −22	+13 / −9	+25 / +3	+35 / +13	+45 / +23	+73 / +51	+93 / +71
100…120						+69 / +54									+76 / +54	+101 / +79
120…140	+25 / 0	0 / −18	+7 / −11	+28 / +3	+45 / +27	+81 / +63	+40 / 0	−43 / −83	−14 / −39	0 / −25	+14 / −11	+28 / +3	+40 / +15	+52 / +27	+88 / +63	+117 / +92
140…160						+83 / +65									+90 / +65	+125 / +100
160…180						+86 / +68									+93 / +68	+133 / +108
180…200	+29 / 0	0 / −20	+7 / −13	+33 / +4	+51 / +31	+97 / +77	+46 / 0	−50 / −96	−15 / −44	0 / −29	+16 / −13	+33 / +4	+46 / +17	+60 / +31	+106 / +77	+151 / +122
200…225						+100 / +80									+109 / +80	+159 / +130
225…250						+104 / +84									+113 / +84	+169 / +140
250…280	+32 / 0	0 / −23	+7 / −16	+36 / +4	+57 / +34	+117 / +94	+52 / 0	−56 / −108	−17 / −49	0 / −32	+16 / −16	+36 / +4	+52 / +20	+66 / +34	+126 / +94	+190 / +158
280…315						+121 / +98									+130 / +98	+202 / +170
315…355	+36 / 0	0 / −25	+7 / −18	+40 / +4	+62 / +37	+133 / +108	+57 / 0	−62 / −119	−18 / −54	0 / −36	+18 / −18	+40 / +4	+57 / +21	+73 / +37	+144 / +108	+226 / +190
355…400						+139 / +114									+150 / +114	+244 / +208
400…450	+40 / 0	0 / −27	+7 / −20	+45 / +5	+67 / +40	+153 / +126	+63 / 0	−68 / −131	−20 / −60	0 / −40	+20 / −20	+45 / +5	+63 / +23	+80 / +40	+166 / +126	+272 / +232
450…500						+159 / +132									+172 / +132	+292 / +252

[1] Die **fett** gedruckten Toleranzklassen entsprechen der Reihe 1 in DIN 7157; sie sind bevorzugt zu verwenden.

K

ISO-Passungen

System Einheitsbohrung
vgl. DIN ISO 286-2 (1990-11)

Grenzabmaße in µm für Toleranzklassen[1]

Für die Spalten "für Wellen" gilt:
- System H8: beim Fügen mit einer H8-Bohrung entsteht eine **Spielpassung** (d9, e8, f7, h9) bzw. eine **Übermaßpassung** (u8[2], x8[2])
- System H11: beim Fügen mit einer H11-Bohrung entsteht eine **Spielpassung** (a11, c11, d9, d11, h9, h11)

Nennmaßbereich über…bis mm	für Bohrung H8	d9	e8	f7	h9	u8[2]	x8[2]	für Bohrung H11	a11	c11	d9	d11	h9	h11
bis 3	+14 / 0	−20 / −45	−14 / −28	−6 / −16	0 / −25	+32 / +18	+34 / +20	+60 / 0	−270 / −330	−60 / −120	−20 / −45	−20 / −80	0 / −25	0 / −60
3…6	+18 / 0	−30 / −60	−20 / −38	−10 / −22	0 / −30	+41 / +23	+46 / +28	+75 / 0	−270 / −345	−70 / −145	−30 / −60	−30 / −105	0 / −30	0 / −75
6…10	+22 / 0	−40 / −76	−25 / −47	−13 / −28	0 / −36	+50 / +28	+56 / +34	+90 / 0	−280 / −370	−80 / −170	−40 / −76	−40 / −130	0 / −36	0 / −90
10…14	+27 / 0	−50 / −93	−32 / −59	−16 / −34	0 / −43	+60 / +33	+67 / +40	+110 / 0	−290 / −400	−95 / −205	−50 / −93	−50 / −160	0 / −43	0 / −110
14…18	+27 / 0	−50 / −93	−32 / −59	−16 / −34	0 / −43	+60 / +33	+72 / +45	+110 / 0	−290 / −400	−95 / −205	−50 / −93	−50 / −160	0 / −43	0 / −110
18…24	+33 / 0	−65 / −117	−40 / −73	−20 / −41	0 / −52	+74 / +41	+87 / +54	+130 / 0	−300 / −430	−110 / −240	−65 / −117	−65 / −195	0 / −52	0 / −130
24…30	+33 / 0	−65 / −117	−40 / −73	−20 / −41	0 / −52	+81 / +48	+97 / +64	+130 / 0	−300 / −430	−110 / −240	−65 / −117	−65 / −195	0 / −52	0 / −130
30…40	+39 / 0	−80 / −142	−50 / −89	−25 / −50	0 / −62	+99 / +60	+119 / +80	+160 / 0	−310 / −470	−120 / −280	−80 / −142	−80 / −240	0 / −62	0 / −160
40…50	+39 / 0	−80 / −142	−50 / −89	−25 / −50	0 / −62	+109 / +70	+136 / +97	+160 / 0	−320 / −480	−130 / −290	−80 / −142	−80 / −240	0 / −62	0 / −160
50…65	+46 / 0	−100 / −174	−60 / −106	−30 / −60	0 / −74	+133 / +87	+168 / +122	+190 / 0	−340 / −530	−140 / −330	−100 / −174	−100 / −290	0 / −74	0 / −190
65…80	+46 / 0	−100 / −174	−60 / −106	−30 / −60	0 / −74	+148 / +102	+192 / +146	+190 / 0	−360 / −550	−150 / −340	−100 / −174	−100 / −290	0 / −74	0 / −190
80…100	+54 / 0	−120 / −207	−72 / −126	−36 / −71	0 / −87	+178 / +124	+232 / +178	+220 / 0	−380 / −600	−170 / −390	−120 / −207	−120 / −340	0 / −87	0 / −220
100…120	+54 / 0	−120 / −207	−72 / −126	−36 / −71	0 / −87	+198 / +144	+264 / +210	+220 / 0	−410 / −630	−180 / −400	−120 / −207	−120 / −340	0 / −87	0 / −220
120…140	+63 / 0	−145 / −245	−85 / −148	−43 / −83	0 / −100	+233 / +170	+311 / +248	+250 / 0	−460 / −710	−200 / −450	−145 / −245	−145 / −395	0 / −100	0 / −250
140…160	+63 / 0	−145 / −245	−85 / −148	−43 / −83	0 / −100	+253 / +190	+343 / +280	+250 / 0	−520 / −770	−210 / −460	−145 / −245	−145 / −395	0 / −100	0 / −250
160…180	+63 / 0	−145 / −245	−85 / −148	−43 / −83	0 / −100	+273 / +210	+373 / +310	+250 / 0	−580 / −830	−230 / −480	−145 / −245	−145 / −395	0 / −100	0 / −250
180…200	+72 / 0	−170 / −285	−100 / −172	−50 / −96	0 / −115	+308 / +236	+422 / +350	+290 / 0	−660 / −950	−240 / −530	−170 / −285	−170 / −460	0 / −115	0 / −290
200…225	+72 / 0	−170 / −285	−100 / −172	−50 / −96	0 / −115	+330 / +258	+457 / +385	+290 / 0	−740 / −1030	−260 / −550	−170 / −285	−170 / −460	0 / −115	0 / −290
225…250	+72 / 0	−170 / −285	−100 / −172	−50 / −96	0 / −115	+356 / +284	+497 / +425	+290 / 0	−820 / −1110	−280 / −570	−170 / −285	−170 / −460	0 / −115	0 / −290
250…280	+81 / 0	−190 / −320	−110 / −191	−56 / −108	0 / −130	+396 / +315	+556 / +475	+320 / 0	−920 / −1240	−300 / −620	−190 / −320	−190 / −510	0 / −130	0 / −320
280…315	+81 / 0	−190 / −320	−110 / −191	−56 / −108	0 / −130	+431 / +350	+606 / +525	+320 / 0	−1050 / −1370	−330 / −650	−190 / −320	−190 / −510	0 / −130	0 / −320
315…355	+89 / 0	−210 / −350	−125 / −214	−62 / −119	0 / −140	+479 / +390	+679 / +590	+360 / 0	−1200 / −1560	−360 / −720	−210 / −350	−210 / −570	0 / −140	0 / −360
355…400	+89 / 0	−210 / −350	−125 / −214	−62 / −119	0 / −140	+524 / +435	+749 / +660	+360 / 0	−1350 / −1710	−400 / −760	−210 / −350	−210 / −570	0 / −140	0 / −360
400…450	+97 / 0	−230 / −385	−135 / −232	−68 / −131	0 / −155	+587 / +490	+837 / +740	+400 / 0	−1500 / −1900	−440 / −840	−230 / −385	−230 / −630	0 / −155	0 / −400
450…500	+97 / 0	−230 / −385	−135 / −232	−68 / −131	0 / −155	+637 / +540	+917 / +820	+400 / 0	−1650 / −2050	−480 / −880	−230 / −385	−230 / −630	0 / −155	0 / −400

[1] Die **fett** gedruckten Toleranzklassen entsprechen der Reihe 1 in DIN 7157; sie sind bevorzugt zu verwenden.
[2] DIN 7157 empfiehlt: Nennmaße bis 24 mm: H8/x8; Nennmaße über 24 mm: H8/u8.

K

ISO-Passungen

System Einheitswelle — vgl. DIN ISO 286-2 (1990-11)

Grenzabmaße in µm für Toleranzklassen[1]

Nennmaßbereich über…bis mm	für Welle h5	für Bohrungen – Beim Fügen mit einer h5-Welle entsteht eine					für Welle h6	für Bohrungen – Beim Fügen mit einer h6-Welle entsteht eine								
		Spielpass.	Übergangspassung		Übermaßpassung			Spielpassung			Übergangspassung				Übermaßpassung	
	h5	H6	J6	M6	N6	P6	h6	F8	G7	**H7**	J7	K7	M7	N7	R7	S7
bis 3	0 / −4	+6 / 0	+2 / −4	−2 / −8	−4 / −10	−6 / −12	0 / −6	+20 / +6	+12 / +2	+10 / 0	+4 / −6	0 / −10	−2 / −12	−4 / −14	−10 / −20	−14 / −24
3…6	0 / −5	+8 / 0	+5 / −3	−1 / −9	−5 / −13	−9 / −17	0 / −8	+28 / +10	+16 / +4	+12 / 0	+6 / −6	+3 / −9	0 / −12	−4 / −16	−11 / −23	−15 / −27
6…10	0 / −6	+9 / 0	+5 / −4	−3 / −12	−7 / −16	−12 / −21	0 / −9	+35 / +13	+20 / +5	+15 / 0	+8 / −7	+5 / −10	0 / −15	−4 / −19	−13 / −28	−17 / −32
10…18	0 / −8	+11 / 0	+6 / −5	−4 / −15	−9 / −20	−15 / −26	0 / −11	+43 / +16	+24 / +6	+18 / 0	+10 / −8	+6 / −12	0 / −18	−5 / −23	−16 / −34	−21 / −39
18…30	0 / −9	+13 / 0	+8 / −5	−4 / −17	−11 / −24	−18 / −31	0 / −13	+53 / +20	+28 / +7	+21 / 0	+12 / −9	+6 / −15	0 / −21	−7 / −28	−20 / −41	−27 / −48
30…40	0 / −11	+16 / 0	+10 / −6	−4 / −20	−12 / −28	−21 / −37	0 / −16	+64 / +25	+34 / +9	+25 / 0	+14 / −11	+7 / −18	0 / −25	−8 / −33	−25 / −50	−34 / −59
40…50	0 / −11	+16 / 0	+10 / −6	−4 / −20	−12 / −28	−21 / −37	0 / −16	+64 / +25	+34 / +9	+25 / 0	+14 / −11	+7 / −18	0 / −25	−8 / −33	−25 / −50	−34 / −59
50…65	0 / −13	+19 / 0	+13 / −6	−5 / −24	−14 / −33	−26 / −45	0 / −19	+76 / +30	+40 / +10	+30 / 0	+18 / −12	+9 / −21	0 / −30	−9 / −39	−30 / −60	−42 / −72
65…80	0 / −13	+19 / 0	+13 / −6	−5 / −24	−14 / −33	−26 / −45	0 / −19	+76 / +30	+40 / +10	+30 / 0	+18 / −12	+9 / −21	0 / −30	−9 / −39	−32 / −62	−48 / −78
80…100	0 / −15	+22 / 0	+16 / −6	−6 / −28	−16 / −38	−30 / −52	0 / −22	+90 / +36	+47 / +12	+35 / 0	+22 / −13	+10 / −25	0 / −35	−10 / −45	−38 / −73	−58 / −93
100…120	0 / −15	+22 / 0	+16 / −6	−6 / −28	−16 / −38	−30 / −52	0 / −22	+90 / +36	+47 / +12	+35 / 0	+22 / −13	+10 / −25	0 / −35	−10 / −45	−41 / −76	−66 / −101
120…140	0 / −18	+25 / 0	+18 / −7	−8 / −33	−20 / −45	−36 / −61	0 / −25	+106 / +43	+54 / +14	+40 / 0	+26 / −14	+12 / −28	0 / −40	−12 / −52	−48 / −88	−77 / −117
140…160	0 / −18	+25 / 0	+18 / −7	−8 / −33	−20 / −45	−36 / −61	0 / −25	+106 / +43	+54 / +14	+40 / 0	+26 / −14	+12 / −28	0 / −40	−12 / −52	−50 / −90	−85 / −125
160…180	0 / −18	+25 / 0	+18 / −7	−8 / −33	−20 / −45	−36 / −61	0 / −25	+106 / +43	+54 / +14	+40 / 0	+26 / −14	+12 / −28	0 / −40	−12 / −52	−53 / −93	−93 / −133
180…200	0 / −20	+29 / 0	+22 / −7	−8 / −37	−22 / −51	−41 / −70	0 / −29	+122 / +50	+61 / +15	+46 / 0	+30 / −16	+13 / −33	0 / −46	−14 / −60	−60 / −106	−105 / −151
200…225	0 / −20	+29 / 0	+22 / −7	−8 / −37	−22 / −51	−41 / −70	0 / −29	+122 / +50	+61 / +15	+46 / 0	+30 / −16	+13 / −33	0 / −46	−14 / −60	−63 / −109	−113 / −159
225…250	0 / −20	+29 / 0	+22 / −7	−8 / −37	−22 / −51	−41 / −70	0 / −29	+122 / +50	+61 / +15	+46 / 0	+30 / −16	+13 / −33	0 / −46	−14 / −60	−67 / −113	−123 / −169
250…280	0 / −23	+32 / 0	+25 / −7	−9 / −41	−25 / −57	−47 / −79	0 / −32	+137 / +56	+69 / +17	+52 / 0	+36 / −16	+16 / −36	0 / −52	−14 / −66	−74 / −126	−138 / −190
280…315	0 / −23	+32 / 0	+25 / −7	−9 / −41	−25 / −57	−47 / −79	0 / −32	+137 / +56	+69 / +17	+52 / 0	+36 / −16	+16 / −36	0 / −52	−14 / −66	−78 / −130	−150 / −202
315…355	0 / −25	+36 / 0	+29 / −7	−10 / −46	−26 / −62	−51 / −87	0 / −36	+151 / +62	+75 / +18	+57 / 0	+39 / −18	+17 / −40	0 / −57	−16 / −73	−87 / −144	−169 / −226
355…400	0 / −25	+36 / 0	+29 / −7	−10 / −46	−26 / −62	−51 / −87	0 / −36	+151 / +62	+75 / +18	+57 / 0	+39 / −18	+17 / −40	0 / −57	−16 / −73	−93 / −150	−187 / −244
400…450	0 / −27	+40 / 0	+33 / −7	−10 / −50	−27 / −67	−55 / −95	0 / −40	+165 / +68	+83 / +20	+63 / 0	+43 / −20	+18 / −45	0 / −63	−17 / −80	−103 / −166	−209 / −272
450…500	0 / −27	+40 / 0	+33 / −7	−10 / −50	−27 / −67	−55 / −95	0 / −40	+165 / +68	+83 / +20	+63 / 0	+43 / −20	+18 / −45	0 / −63	−17 / −80	−109 / −172	−229 / −292

[1] Die **fett** gedruckten Toleranzklassen entsprechen der Reihe 1 in DIN 7157; sie sind bevorzugt zu verwenden.

K

ISO-Passungen

System Einheitswelle — vgl. DIN ISO 286-2 (1990-11)

Grenzabmaße in µm für Toleranzklassen[1]

Nennmaßbereich über...bis mm	für Welle **h9**	für Bohrungen — Beim Fügen mit einer h9-Welle entsteht eine								für Welle **h11**	für Bohrungen — Beim Fügen mit einer h11-Welle entsteht eine			
		Spielpassung						Übergangspassung			Spielpassung			
	h9	**C11**	**D10**	**E9**	**F8**	**H8**	**H11**	**J9/JS9**[2]	**P9**	**h11**	A11	**C11**	**D10**	**H11**
bis 3	0 / − 25	+ 120 / + 60	+ 60 / + 20	+ 39 / + 14	+ 20 / + 6	+ 14 / 0	+ 60 / 0	+ 12,5 / − 12,5	− 6 / − 31	0 / − 60	+ 330 / + 270	+ 120 / + 60	+ 60 / + 20	+ 60 / 0
3...6	0 / − 30	+ 145 / + 70	+ 78 / + 30	+ 50 / + 20	+ 28 / + 10	+ 18 / 0	+ 75 / 0	+ 15 / − 15	− 12 / − 42	0 / − 75	+ 345 / + 270	+ 145 / + 70	+ 78 / + 30	+ 75 / 0
6...10	0 / − 36	+ 170 / + 80	+ 98 / + 40	+ 61 / + 25	+ 35 / + 13	+ 22 / 0	+ 90 / 0	+ 18 / − 18	− 15 / − 51	0 / − 90	+ 370 / + 280	+ 170 / + 80	+ 98 / + 40	+ 90 / 0
10...18	0 / − 43	+ 205 / + 95	+ 120 / + 50	+ 75 / + 32	+ 43 / + 16	+ 27 / 0	+ 100 / 0	+ 21,5 / − 21,5	− 18 / − 61	0 / − 110	+ 400 / + 290	+ 205 / + 95	+ 120 / + 50	+ 110 / 0
18...30	0 / − 52	+ 240 / + 110	+ 149 / + 65	+ 92 / + 40	+ 53 / + 20	+ 33 / 0	+ 130 / 0	+ 26 / − 26	− 22 / − 74	0 / − 130	+ 430 / + 300	+ 240 / + 110	+ 149 / + 65	+ 130 / 0
30...40	0 / − 62	+ 280 / + 120	+ 180 / + 80	+ 112 / + 50	+ 64 / + 25	+ 39 / 0	+ 160 / 0	+ 31 / − 31	− 26 / − 88	0 / − 160	+ 470 / + 310	+ 280 / + 120	+ 180 / + 80	+ 160 / 0
40...50	0 / − 62	+ 290 / + 130	+ 180 / + 80	+ 112 / + 50	+ 64 / + 25	+ 39 / 0	+ 160 / 0	+ 31 / − 31	− 26 / − 88	0 / − 160	+ 480 / + 320	+ 290 / + 130	+ 180 / + 80	+ 160 / 0
50...65	0 / − 74	+ 330 / + 140	+ 220 / + 100	+ 134 / + 60	+ 76 / + 30	+ 46 / 0	+ 190 / 0	+ 37 / − 37	− 32 / − 106	0 / − 190	+ 530 / + 340	+ 330 / + 140	+ 220 / + 100	+ 190 / 0
65...80	0 / − 74	+ 340 / + 150	+ 220 / + 100	+ 134 / + 60	+ 76 / + 30	+ 46 / 0	+ 190 / 0	+ 37 / − 37	− 32 / − 106	0 / − 190	+ 550 / + 360	+ 340 / + 150	+ 220 / + 100	+ 190 / 0
80...100	0 / − 87	+ 390 / + 170	+ 260 / + 120	+ 159 / + 72	+ 90 / + 36	+ 54 / 0	+ 220 / 0	+ 43,5 / − 43,5	− 37 / − 124	0 / − 220	+ 600 / + 380	+ 390 / + 170	+ 260 / + 120	+ 220 / 0
100...120	0 / − 87	+ 400 / + 180	+ 260 / + 120	+ 159 / + 72	+ 90 / + 36	+ 54 / 0	+ 220 / 0	+ 43,5 / − 43,5	− 37 / − 124	0 / − 220	+ 630 / + 410	+ 400 / + 180	+ 260 / + 120	+ 220 / 0
120...140	0 / − 100	+ 450 / + 200	+ 305 / + 145	+ 185 / + 85	+ 106 / + 43	+ 63 / 0	+ 250 / 0	+ 50 / − 50	− 43 / − 143	0 / − 250	+ 710 / + 460	+ 450 / + 200	+ 305 / + 145	+ 250 / 0
140...160	0 / − 100	+ 460 / + 210	+ 305 / + 145	+ 185 / + 85	+ 106 / + 43	+ 63 / 0	+ 250 / 0	+ 50 / − 50	− 43 / − 143	0 / − 250	+ 770 / + 520	+ 460 / + 210	+ 305 / + 145	+ 250 / 0
160...180	0 / − 100	+ 480 / + 230	+ 305 / + 145	+ 185 / + 85	+ 106 / + 43	+ 63 / 0	+ 250 / 0	+ 50 / − 50	− 43 / − 143	0 / − 250	+ 820 / + 580	+ 480 / + 230	+ 305 / + 145	+ 250 / 0
180...200	0 / − 115	+ 530 / + 240	+ 355 / + 170	+ 215 / + 100	+ 122 / + 50	+ 72 / 0	+ 290 / 0	+ 57,5 / − 57,5	− 50 / − 165	0 / − 290	+ 950 / + 660	+ 530 / + 240	+ 355 / + 170	+ 290 / 0
200...225	0 / − 115	+ 550 / + 260	+ 355 / + 170	+ 215 / + 100	+ 122 / + 50	+ 72 / 0	+ 290 / 0	+ 57,5 / − 57,5	− 50 / − 165	0 / − 290	+ 1030 / + 740	+ 550 / + 260	+ 355 / + 170	+ 290 / 0
225...250	0 / − 115	+ 570 / + 280	+ 355 / + 170	+ 215 / + 100	+ 122 / + 50	+ 72 / 0	+ 290 / 0	+ 57,5 / − 57,5	− 50 / − 165	0 / − 290	+ 1110 / + 820	+ 570 / + 280	+ 355 / + 170	+ 290 / 0
250...280	0 / − 130	+ 620 / + 300	+ 400 / + 190	+ 240 / + 110	+ 137 / + 56	+ 81 / 0	+ 320 / 0	+ 65 / − 65	− 56 / − 186	0 / − 320	+ 1240 / + 920	+ 620 / + 300	+ 400 / + 190	+ 320 / 0
280...315	0 / − 130	+ 650 / + 330	+ 400 / + 190	+ 240 / + 110	+ 137 / + 56	+ 81 / 0	+ 320 / 0	+ 65 / − 65	− 56 / − 186	0 / − 320	+ 1370 / + 1050	+ 650 / + 330	+ 400 / + 190	+ 320 / 0
315...355	0 / − 140	+ 720 / + 360	+ 440 / + 210	+ 265 / + 125	+ 151 / + 62	+ 89 / 0	+ 360 / 0	+ 70 / − 70	− 62 / − 202	0 / − 360	+ 1560 / + 1200	+ 720 / + 360	+ 440 / + 210	+ 360 / 0
355...400	0 / − 140	+ 760 / + 400	+ 440 / + 210	+ 265 / + 125	+ 151 / + 62	+ 89 / 0	+ 360 / 0	+ 70 / − 70	− 62 / − 202	0 / − 360	+ 1710 / + 1350	+ 760 / + 400	+ 440 / + 210	+ 360 / 0
400...450	0 / − 155	+ 840 / + 440	+ 480 / + 230	+ 290 / + 135	+ 165 / + 68	+ 97 / 0	+ 400 / 0	+ 77,5 / − 77,5	− 68 / − 223	0 / − 400	+ 1900 / + 1500	+ 840 / + 440	+ 480 / + 230	+ 400 / 0
450...500	0 / − 155	+ 880 / + 480	+ 480 / + 230	+ 290 / + 135	+ 165 / + 68	+ 97 / 0	+ 400 / 0	+ 77,5 / − 77,5	− 68 / − 223	0 / − 400	+ 2050 / + 1650	+ 880 / + 480	+ 480 / + 230	+ 400 / 0

[1] Die **fett** gedruckten Toleranzklassen entsprechen der Reihe 1 in DIN 7157; sie sind bevorzugt zu verwenden.
[2] Die Toleranzfelder J9/JS9, J10/JS10 usw. sind jeweils gleich groß und liegen symmetrisch zur Nulllinie.

K

Allgemeintoleranzen

Allgemeintoleranzen für Längen- und Winkelmaße — vgl. DIN ISO 2768-1 (1991-06)

Toleranz-klasse	Längenmaße							
	Grenzabmaße in mm für Nennmaßbereiche							
	0,5 bis 3	über 3 bis 6	über 6 bis 30	über 30 bis 120	über 120 bis 400	über 400 bis 1000	über 1000 bis 2000	über 2000 bis 4000
f (fein)	± 0,05	± 0,05	± 0,1	± 0,15	± 0,2	± 0,3	± 0,5	–
m (mittel)	± 0,1	± 0,1	± 0,2	± 0,3	± 0,5	± 0,8	± 1,2	± 2
c (grob)	± 0,2	± 0,3	± 0,5	± 0,8	± 1,2	± 2	± 3	± 4
v (sehr grob)	–	± 0,5	± 1	± 1,5	± 2,5	± 4	± 6	± 8

Toleranz-klasse	Radien und Fasen			Winkelmaße				
	Grenzabmaße in mm für Nennmaßbereiche			Grenzabmaße in Grad und Minuten für Nennmaßbereiche (kürzerer Winkelschenkel)				
	0,5 bis 3	über 3 bis 6	über 6	bis 10	über 10 bis 50	über 50 bis 120	über 120 bis 400	über 400
f (fein)	± 0,2	± 0,5	± 1	± 1°	± 0° 30'	± 0° 20'	± 0° 10'	± 0° 5'
m (mittel)	± 0,2	± 0,5	± 1	± 1°	± 0° 30'	± 0° 20'	± 0° 10'	± 0° 5'
c (grob)	± 0,4	± 1	± 2	± 1° 30'	± 1°	± 0° 30'	± 0° 15'	± 0° 10'
v (sehr grob)	± 0,4	± 1	± 2	± 3°	± 2°	± 1°	± 0° 30'	± 0° 20'

Allgemeintoleranzen für Form und Lage — vgl. DIN ISO 2768-2 (1991-04)

Toleranz-klasse	Toleranzen in mm für													
	Geradheit und Ebenheit						Rechtwinkligkeit				Symmetrie			Lauf
	Nennmaßbereiche in mm						Nennmaßbereiche in mm (kürzerer Winkelschenkel)				Nennmaßbereiche in mm (kürzeres Formelement)			
	bis 10	über 10 bis 30	über 30 bis 100	über 100 bis 300	über 300 bis 1000	über 1000 bis 3000	bis 100	über 100 bis 300	über 300 bis 1000	über 1000 bis 3000	bis 100	über 100 bis 300	über 300 bis 1000 / über 1000 bis 3000	
H	0,02	0,05	0,1	0,2	0,3	0,4	0,2	0,3	0,4	0,5	0,5			0,1
K	0,05	0,1	0,2	0,4	0,6	0,8	0,4	0,6	0,8	1	0,6		0,8 / 1	0,2
L	0,1	0,2	0,4	0,8	1,2	1,6	0,6	1	1,5	2	0,6	1	1,5 / 2	0,5

Allgemeintoleranzen für Längen- und Winkelmaße, Form und Lage — vgl. DIN 7168 (1991-04)[1]
– nicht für Neukonstruktionen –

Toleranz-klasse	Längenmaße								
	Grenzabmaße in mm für Nennmaßbereiche								
	0,5 bis 3	über 3 bis 6	über 6 bis 30	über 30 bis 120	über 120 bis 400	über 400 bis 1000	über 1000 bis 2000	über 2000 bis 4000	über 4000 bis 8000
f (fein)	± 0,05	± 0,05	± 0,1	± 0,15	± 0,2	± 0,3	± 0,5	± 0,8	–
m (mittel)	± 0,1	± 0,1	± 0,2	± 0,3	± 0,5	± 0,8	± 1,2	± 2	± 3
g (grob)	± 0,15	± 0,2	± 0,5	± 0,8	± 1,2	± 2	± 3	± 4	± 5
sg (sehr grob)	–	± 0,5	± 1	± 1,5	± 2	± 3	± 4	± 6	± 8

Toleranz-klasse	Radien und Fasen					Winkelmaße				
	Grenzabmaße in mm für Nennmaßbereich					Grenzabmaße in Grad und Minuten für Nennmaßbereich (kürzerer Winkelschenkel)				
	0,5 bis 3	über 3 bis 6	über 6 bis 30	über 30 bis 120	über 120 bis 400	bis 10	über 10 bis 50	über 50 bis 120	über 120 bis 400	über 400
f (fein)	± 0,2	± 0,5	± 1	± 2	± 4	± 1°	± 30'	± 20'	± 10'	± 5'
m (mittel)	± 0,2	± 0,5	± 1	± 2	± 4	± 1°	± 30'	± 20'	± 10'	± 5'
g (grob)	± 0,2	± 1	± 2	± 4	± 8	± 1° 30'	± 50'	± 25'	± 15'	± 10'
sg (sehr grob)	± 0,2	± 1	± 2	± 4	± 8	± 3°	± 2°	± 1°	± 30'	± 20'

Toleranz-klasse	Toleranzen in mm für							Symmetrie	Lauf
	Geradheit und Ebenheit für Nennmaßbereich							kürzeres Formelement	
	bis 6	über 6 bis 30	über 30 bis 120	über 120 bis 400	über 400 bis 1000	über 1000 bis 2000	über 2000 bis 4000		
R	0,004	0,01	0,02	0,04	0,07	0,1	–	0,3	0,1
S	0,008	0,02	0,04	0,08	0,15	0,2	0,3	0,5	0,2
T	0,025	0,06	0,12	0,25	0,4	0,6	0,9	1	0,5
U	0,1	0,25	0,5	1	1,5	2,5	3,5	2	1

[1] Durch diese Norm sollen bestehende Zeichnungen verständlich und lesbar bleiben.

Passungsempfehlungen, Passungsauswahl

Passungsempfehlungen[1]

vgl. DIN 7157 (1966-01)

aus Reihe 1	C11/h9, D10/h9, E9/h9, F8/h9, H8/f7, F8/h6, H7/f7, H8/h9, H7/h6, H7/n6, H7/r6, H8/x8 bzw. u8
aus Reihe 2	C11/h11, D10/h11, H8/d9, H8/e8, H7/g6, G7/h6, H11/h9, H7/j6, H7/k6, H7/s6

Passungsauswahl (Beispiele)

vgl. DIN 7157 (1966-01)

Einheitsbohrung[2]		Merkmal/Anwendungsbeispiele	Einheitswelle[2]	
Spielpassungen				
H8/d9	H8/d9	**Großes Passungsspiel** Distanzbuchsen auf Wellen	D10/h9	D10/h9
H8/e8	H8/e8	**Merkliches Passungsspiel:** Die Teile können sehr leicht von Hand gegeneinander verschoben werden. Hebellagerungen, Stellringe auf Wellen	E9/h9	E9/h9
H8/f7	H8/f7	**Größeres Passungsspiel:** Die Teile können leicht von Hand gegeneinander verschoben werden. Wellen-Gleitlagerungen	F8/h9	F8/h9
H7/f7	H7/f7	**Kleines Passungsspiel:** Die Teile sind noch leicht von Hand gegeneinander verschiebbar. Gleitlager allgemein, Schieberäder, Steuerkolben in Zylindern	F8/h6	F8/h6
H7/g6	H7/g6	**Geringes Passungsspiel:** Die Teile können noch von Hand gegeneinander verschoben werden. Aufnahmebolzen in Bohrungen, Wellen in Gleitlagern	G7/h6	G7/h6
H8/h9	H8/h9	**Kaum merkliches Passungsspiel:** Die Teile können mit Handkraft gegeneinander verschoben werden. Distanzbuchsen, Stellringe auf Wellen	H8/h9	H8/h9
H7/h6	H7/h6	**Ganz geringes Passungsspiel:** Ein Verschieben der Teile mit Handkraft ist eventuell noch möglich. Zentrierungen für Lagerdeckel, Schneidstempel in Stempelplatte	H7/h6	H7/h6
Übergangspassungen				
H7/j6	H7/j6	**Eher Passungsspiel als Passungsübermaß:** Ein Verschieben der Teile mit Handkraft ist eventuell noch möglich. Zahnräder auf Wellen	nicht festgelegt	
H7/n6	H7/n6	**Eher Passungsübermaß als Passungsspiel:** Zum Verschieben der Teile ist eine geringe Presskraft erforderlich. Bohrbuchsen, Auflagebolzen in Vorrichtungen		
Übermaßpassungen				
H7/r6	H7/r6	**Geringes Passungsübermaß:** Zum Verschieben der Teile ist eine größere Presskraft erforderlich. Buchsen in Gehäusen	nicht festgelegt	
H7/s6	H7/s6	**Reichliches Passungsübermaß:** Zum Verschieben der Teile ist eine große Presskraft erforderlich. Gleitlagerbuchsen, Kränze auf Schneckenradkörpern		
H8/u8	H8/u8	**Großes Passungsübermaß:** Die Teile lassen sich nur durch Dehnen oder Schrumpfen fügen. Schrumpfringe, Räder auf Achsen, Kupplungen auf Wellen		
H8/x8	H8/x8	**Sehr großes Passungsübermaß:** Die Teile lassen sich nur durch Dehnen oder Schrumpfen fügen. Schrumpfringe, Räder auf Achsen, Kupplungen auf Wellen		

[1] Von diesen Passungsempfehlungen soll nur in Ausnahmefällen, z.B. beim Einbau von Wälzlagern, abgewichen werden.
[2] Die **fett** gedruckten Passungen sind Toleranzkombinationen nach Reihe 1. Sie sind bevorzugt zu verwenden.

K

Wälzlagerpassungen, Form- und Lagetolerierung

Toleranzen für den Einbau von Wälzlagern
vgl. DIN 5425-1 (1984-11)

Radiallager

Innenring (Welle)					Außenring (Gehäuse)				
Lastfall	Passung	Belastung	Grundabmaße für Welle bei		Lastfall	Passung	Belastung	Grundabmaße für Gehäuse bei	
			Kugellager	Rollenlager				Kugellager	Rollenlager
Umfangs-last	Übergangs- oder Übermaß-passung erforderlich	niedrig	h, k	k, m	Punktlast	Spiel-passung zulässig	beliebig groß	J, H, G, F	
		mittel	j, k, m	k, m, n, p					
		hoch	m, n	n, p, r					
Punktlast	Spiel-passung zulässig	beliebig groß	j, h, g, f		Umfangs-last	Übergangs- oder Übermaß-passung erforderlich	niedrig	J	K
							mittel	K, M	M, N
							hoch	–	N, P

Axiallager

Belastungsart	Lager-Bauform	Wellenscheibe (Welle)		Gehäusescheibe (Gehäuse)	
		Lastfall	Grundabmaße für Welle	Lastfall	Grundabmaße für Gehäuse
Kombinierte Radial-/Axial-Last	Schrägkugellager Pendelrollenlager Kegelrollenlager	Umfangs-last	j, k, m	Punkt-last	H, J
		Punkt-last	j	Umfangs-last	K, M
Reine Axial-Last	Kugellager Rollenlager	–	h, j, k	–	H, G, E

Form- und Lagetolerierung
vgl. DIN ISO 1101 (1985-03)

Bezug	Toleriertes Element

• **Kennzeichnung**

Bezugselement — Bezugsrahmen / Bezugsbuchstabe / Bezugslinie / Bezugsdreieck

• **Bezug** ist

A — Achse   B — Mittelebene   C — Mantellinie   D — Fläche

• **Kennzeichnung**

Sinnbild der Toleranzart / toleriertes Element — Toleranzrahmen / Bezugsbuchstabe / Toleranzwert / Bezugslinie mit Bezugspfeil

• **Toleranz** gilt für

Achse   Mittelebene   Mantellinie   Fläche

Beispiele

Die Achse der Bohrung muss rechtwinklig (Tole-ranzwert 0,04 mm) zur Auflagefläche verlaufen.

Die Mittelebene der Nut muss symmetrisch zur Mittelebene der Außen-flächen verlaufen (Toleranzwert 0,1 mm).

Zur Achse ø20k6 muss die zylindrische Fläche rund laufen und die ebene Fläche plan laufen (Toleranzwert 0,05 mm).

Zur Achse ø25h6 muss die Nut symmetrisch (Toleranzwert 0,06 mm) und parallel (Toleranz-wert 0,02 mm) liegen.

K

Form- und Lagetolerierung

Angaben in Zeichnungen   vgl. DIN ISO 1101 (1985-03)

K

Toleranzart	Sinnbild und tolerierte Eigenschaft		Zeichnungsangabe	Erklärung	Toleranzzone
Formtoleranzen	—	Geradheit	$-\ \varnothing0,04$	Die tolerierte Achse der Welle muss innerhalb eines Zylinders vom Durchmesser $t = 0,04$ mm liegen.	
	▱	Ebenheit	$\square\ 0,03$	Die tolerierte Fläche muss sich zwischen zwei parallelen Ebenen vom Abstand $t = 0,03$ mm befinden.	
	○	Rundheit	$\bigcirc\ 0,08$	In jeder Schnittebene senkrecht zur Achse muss die tolerierte Umfangslinie zwischen zwei konzentrischen Kreisen vom Abstand $t = 0,08$ mm liegen.	
	⌀	Zylinderform	$⌀\ 0,2$	Die tolerierte Mantelfläche des Zylinders muss zwischen zwei koaxialen Zylindern liegen, die einen Abstand von $t = 0,2$ mm haben.	
	⌒	Linienform	$\frown\ 0,06$	Das tolerierte Profil muss sich zwischen zwei Hüll-Linien befinden, deren Abstand durch Kreise vom Durchmesser $t = 0,06$ mm begrenzt wird. Die Mittelpunkte dieser Kreise liegen auf der geometrisch idealen Linie.	
	◠	Flächenform	$\bigtriangleup\ 0,3$	Die tolerierte Fläche muss sich zwischen zwei Hüllflächen befinden, deren Abstand durch Kugeln vom Durchmesser $t = 0,3$ mm begrenzt wird. Die Kugelmittelpunkte liegen auf der geometrisch idealen Fläche.	
Lagetoleranzen · Richtungstoleranzen	//	Parallelität	$//\ 0,02\ A$	Die tolerierte Fläche muss zwischen zwei zur Bezugsebene A parallelen Ebenen liegen, die untereinander einen Abstand von $t = 0,02$ mm besitzen.	
			$//\ 0,02\ A$	Die tolerierte Achse muss zwischen zwei zur Bezugsebene A parallelen Ebenen liegen, die untereinander einen Abstand von $t = 0,02$ mm besitzen.	
			$//\ \varnothing0,03\ A$	Die tolerierte Achse muss innerhalb eines Zylinders vom Durchmesser $t = 0,03$ mm liegen, der parallel zur Bezugsachse A ist.	
	⊥	Rechtwinkligkeit	$\perp\ 0,03\ A$	Die tolerierte Fläche muss zwischen zwei zur Bezugsachse A senkrechten Ebenen vom Abstand $t = 0,03$ mm liegen.	
			$\perp\ \varnothing0,2$	Die tolerierte Achse des Zylinders muss innerhalb eines zur Bezugsfläche senkrechten Zylinders vom Durchmesser $t = 0,2$ mm liegen.	

K

Form- und Lagetolerierung

Angaben in Zeichnungen — vgl. DIN ISO 1101 (1985-03)

Tole-ranz-art	Sinnbild und tolerierte Eigenschaft	Zeichnungsangabe	Erklärung	Toleranzzone
Lagetoleranzen — Richtungstoleranzen	∠ Nei-gung (Winkligkeit)		Die tolerierte Achse muss zwischen zwei parallelen Linien vom Abstand $t = 0,08$ mm liegen, die im Winkel von 15° zur Bezugsachse A geneigt sind.	
			Die tolerierte Neigungsfläche muss zwischen zwei parallelen, zur Bezugsachse B geneigten Ebenen vom Abstand $t = 0,2$ mm liegen. Der geometrisch ideale Winkel muss eine Neigung von 60° haben.	
Ortstoleranzen	⊕ Position		Der tatsächliche Bohrungsmittelpunkt muss in einem Kreis vom Durchmesser $t = 0,2$ mm liegen, dessen Mitte mit dem theoretisch genauen Ort des Punktes übereinstimmt.	
	◎ Konzentrizität und Koaxialität		Die Achse des tolerierten Teiles der Welle muss innerhalb eines zur Bezugsachse A–B koaxialen Zylinders vom Durchmesser $t = 0,3$ mm liegen.	
	≡ Symmetrie		Die tolerierte Mittelebene der Nut muss zwischen zwei parallelen Ebenen vom Abstand $t = 0,05$ mm liegen, die symmetrisch zur Mittelebene der beiden Außenflächen angeordnet sind.	
Lauftoleranzen	↗ Rundlauf		Bei einer Umdrehung der Welle um die Bezugsachse A–B darf die Rundlaufabweichung in jeder Messebene senkrecht zur Achse $t = 0,3$ mm nicht überschreiten.	
	↗ Planlauf		Bei einer Umdrehung der Welle um die Bezugsachse A darf die Planlaufabweichung an jeder beliebigen Messposition $t = 0,3$ mm nicht überschreiten.	
Gesamtlauftoleranzen	↗↗ Rundlauf		Bei mehrmaliger Drehung um die Bezugsachse A–B **und** bei axialer Verschiebung müssen alle Punkte der Oberfläche innerhalb der Gesamt-Rundlauftoleranz $t = 0,3$ mm liegen.	
	↗↗ Planlauf		Bei mehrmaliger Drehung um die Bezugsachse A **und** bei radialer Verschiebung müssen alle Punkte der Oberfläche innerhalb der Gesamt-Planlauftoleranz $t = 0,2$ mm liegen.	

4 Werkstofftechnik

Wolfram (W)	19,27	3390
Zink (Zn)	7,13	419,5
Zinn (Sn)	7,29	231,9

Unlegierte Stähle	Legierte Stähle	Nichtrost. Stähle
S235	16MnCr5	C60E
31CrMo12	Cf45	35S20
60WCrV8	X12Cr13	38Si7

W

Stoffwerte von festen Stoffen

Feste Stoffe

Stoff	Dichte ϱ kg/dm³	Schmelz-temperatur bei 1,013 bar ϑ °C	Siede-temperatur bei 1,013 bar ϑ °C	Spezif. Schmelz-wärme bei 1,013 bar q kJ/kg	Wärme-leitfähig-keit bei 20°C λ W/(m·K)	Mittlere spezif. Wärme-kapazität bei 0...100°C c kJ/(kg·K)	Spezif. Wider-stand bei 20°C ϱ_{20} Ω·mm²/m	Längenaus-dehnungs-koeffizient 0...100°C α_l 1/°C od. 1/K
Aluminium (Al)	2,7	659	2467	356	204	0,94	0,028	0,0000238
Antimon (Sb)	6,69	630,5	1637	163	22	0,21	0,39	0,0000108
Asbest	2,1...2,8	≈ 1300	–	–	–	0,81	–	–
Beryllium (Be)	1,85	1280	≈ 3000	–	165	1,02	0,04	0,0000123
Beton	1,8...2,2	–	–	–	≈ 1	0,88	–	0,00001
Bismut (Bi)	9,8	271	1560	59	8,1	0,12	1,25	0,0000125
Blei (Pb)	11,3	327,4	1751	24,3	34,7	0,13	0,208	0,000029
Cadmium (Cd)	8,64	321	765	54	91	0,23	0,077	0,00003
Chrom (Cr)	7,2	1903	2642	134	69	0,46	0,13	0,0000084
Cobalt (Co)	8,9	1493	2880	268	69,1	0,43	0,062	0,0000127
CuAl-Legierungen	7,4...7,7	1040	2300	–	61	0,44	–	0,0000195
CuSn-Legierungen	7,4...8,9	900	2300	–	46	0,38	0,02...0,03	0,0000175
CuZn-Legierungen	8,4...8,7	900...1000	2300	167	105	0,39	0,05...0,07	0,0000185
Eis	0,92	0	100	332	2,3	2,09	–	0,000051
Eisen, rein (Fe)	7,87	1536	3070	276	81	0,47	0,13	0,000012
Eisenoxid (Rost)	5,1	1570	–	–	0,58 (pulv.)	0,67	–	–
Fette	0,92...0,94	30...175	≈ 300	–	0,21	–	–	–
Gips	2,3	1200	–	–	0,45	1,09	–	–
Glas (Quarzglas)	2,4...2,7	520...550[1]	–	–	0,8...1,0	0,83	10¹⁸	0,000009
Gold (Au)	19,3	1064	2707	67	310	0,13	0,022	0,0000142
Grafit (C)	2,26	≈ 3550	≈ 4800	–	168	0,71	–	0,0000078
Gusseisen	7,25	1150...1200	2500	125	58	0,50	0,6...1,6	0,0000105
Hartmetall (K 20)	14,8	> 2000	≈ 4000	–	81,4	0,80	–	0,000005
Holz (lufttrocken)	0,20...0,72	–	–	–	0,06...0,17	2,1...2,9	–	≈ 0,00004[2]
Iridium (Ir)	22,4	2443	> 4350	135	59	0,13	0,053	0,0000065
Iod (I)	5,0	113,6	183	62	0,44	0,23	–	–
Kohlenst. (Diamant)	3,51	≈ 3550	–	–	–	0,52	–	0,00000118
Koks	1,6...1,9	–	–	–	0,18	0,83	–	–
Konstantan	8,89	1260	≈ 2400	–	23	0,41	0,49	0,0000152
Kork	0,1...0,3	–	–	–	0,04...0,06	1,7...2,1	–	–
Korund (Al₂O₃)	3,9...4,0	2050	2700	–	12...23	0,96	–	0,0000065
Kupfer (Cu)	8,96	1083	≈ 2595	213	384	0,39	0,0179	0,0000168
Magnesium (Mg)	1,74	650	1120	195	172	1,04	0,044	0,000026
Magnesium-Leg.	≈ 1,8	≈ 630	1500	–	46...139	–	–	0,0000245
Mangan (Mn)	7,43	1244	2095	251	21	0,48	0,39	0,000023
Molybdän (Mo)	10,22	2620	4800	287	145	0,26	0,054	0,0000052
Natrium (Na)	0,97	97,8	890	113	126	1,3	0,04	0,000071
Nickel (Ni)	8,91	1455	2730	306	59	0,45	0,095	0,000013
Niob (Nb)	8,55	2468	≈ 4800	288	53	0,273	0,217	0,0000071
Phosphor, gelb (P)	1,82	44	280	21	–	0,80	–	–
Platin (Pt)	21,5	1769	4300	113	70	0,13	0,098	0,000009
Polystyrol	1,05	–	–	–	0,17	1,3	10¹⁰	0,00007
Porzellan	2,3...2,5	≈ 1600	–	–	1,6[3]	1,2[3]	10¹²	0,000004
Quarz, Flint (SiO₂)	2,1...2,5	1480	2230	–	9,9	0,8	–	0,000008
Schaumgummi	0,06...0,25	–	–	–	0,04...0,06	–	–	–
Schwefel (S)	2,07	113	344,6	49	0,2	0,70	–	–
Selen, rot (Se)	4,4	220	688	83	0,2	0,33	–	–
Silber (Ag)	10,5	961,5	2180	105	407	0,23	0,015	0,0000193

[1] Transformationstemperatur   [2] quer zur Faser   [3] bei 800 °C

W

Stoffwerte von festen, flüssigen und gasförmigen Stoffen

Feste Stoffe (Fortsetzung)

Stoff	Dichte ϱ kg/dm³	Schmelz-temperatur bei 1,013 bar ϑ °C	Siede-temperatur bei 1,013 bar ϑ °C	Spezif. Schmelz-wärme bei 1,013 bar q kJ/kg	Wärme-leitfähigkeit bei 20°C λ W/(m · K)	Mittlere spezif. Wärme-kapazität bei 0...100°C c kJ/(kg · K)	Spezif. Wider-stand bei 20°C ϱ_{20} Ω · mm²/m	Längenaus-dehnungs-koeffizient 0...100°C α_l 1/°C od. 1/K
Silicium (Si)	2,33	1423	2355	1658	83	0,75	$2,3 \cdot 10^9$	0,000 004 2
Siliciumkarbid (SiC)	2,4	zerfällt über 3000°C in C und Si			9[1]	1,05[1]	–	
Stahl, unlegiert	7,85	≈ 1500	2500	205	48...58	0,49	0,14...0,18	0,000 011 9
Stahl, legiert	7,9	≈ 1500	–	–	14	0,51	0,7	0,000 016 1
Steinkohle	1,35	–	–	–	0,24	1,02	–	–
Tantal (Ta)	16,6	2996	5400	172	54	0,14	0,124	0,000 006 5
Titan (Ti)	4,5	1670	3280	88	15,5	0,47	0,08	0,000 008 2
Uran (U)	19,1	1133	≈ 3800	356	28	0,12	–	–
Vanadium (V)	6,12	1890	≈ 3380	343	31,4	0,50	0,2	–
Wolfram (W)	19,27	3390	5500	54	130	0,13	0,055	0,000 004 5
Zink (Zn)	7,13	419,5	907	101	113	0,4	0,06	0,000 029
Zinn (Sn)	7,29	231,9	2687	59	65,7	0,24	0,114	0,000 023

Flüssige Stoffe

Stoff	Dichte bei 20°C ϱ kg/dm³	Zünd-temperatur ϑ °C	Gefrier- bzw. Schmelz-temperatur bei 1,013 bar ϑ °C	Siede-temperatur bei 1,013 bar ϑ °C	Spezif. Verdamp-fungs-wärme[2] r kJ/kg	Wärme-leitfähig-keit bei 20°C λ W/(m · K)	Wärme-kapazität bei 20°C c kJ/(kg · K)	Volumen-ausdeh-nungs-koeffizient α_V 1/°C od. 1/K
Äthyläther ($C_2H_5)_2O$	0,71	170	– 116	35	377	0,13	2,28	0,0016
Benzin	0,72...0,75	220	–30...–50	25...210	419	0,13	2,02	0,0011
Dieselkraftstoff	0,81...0,85	220	– 30	150...360	628	0,15	2,05	0,000 96
Heizöl EL	≈ 0,83	220	– 10	> 175	628	0,14	2,07	0,000 96
Maschinenöl	0,91	400	– 20	> 300	–	0,13	2,09	0,000 93
Petroleum	0,76...0,86	550	– 70	> 150	314	0,13	2,16	0,001
Quecksilber (Hg)	13,5	–	– 39	357	285	10	0,14	0,000 18
Spiritus 95 %	0,81	520	– 114	78	854	0,17	2,43	0,0011
Wasser, destilliert	1,00[3]	–	0	100	2256	0,60	4,18	0,000 18

[1] über 1000°C   [2] bei Siedetemperatur und 0,013 bar   [3] bei 4°C

Gasförmige Stoffe

Stoff	Dichte bei 0°C und 1,013 bar ϱ kg/m³	Dichte-zahl[1] ϱ/ϱ_L	Schmelz-temperatur bei 1,013 bar ϑ °C	Siede-temperatur bei 1,013 bar ϑ °C	Wärme-leitfähigkeit bei 20°C λ W/(m · K)	Wärme-leitzahl[2] λ/λ_L	Spezifische Wärmekapazität bei 20°C und 1,013 bar c_p[3] kJ/(kg · K)	c_v[4] kJ/(kg · K)
Acetylen (C_2H_2)	1,17	0,905	– 84	– 82	0,021	0,81	1,64	1,33
Ammoniak (NH_3)	0,77	0,596	– 78	– 33	0,024	0,92	2,06	1,56
Butan (C_4H_{10})	2,70	2,088	– 135	– 0,5	0,016	0,62	–	–
Frigen (CF_2Cl_2)	5,51	4,261	– 140	– 30	0,010	0,39	–	–
Kohlenoxid (CO)	1,25	0,967	– 205	– 190	0,025	0,96	1,05	0,75
Kohlendioxid (CO_2)	1,98	1,531	– 57[5]	– 78	0,016	0,62	0,82	0,63
Luft	1,293	1,0	– 220	– 191	0,026	1,00	1,005	0,716
Methan (CH_4)	0,72	0,557	– 183	– 162	0,033	1,27	2,19	1,68
Propan (C_3H_8)	2,00	1,547	– 190	– 43	0,018	0,69	–	–
Sauerstoff (O_2)	1,43	1,106	– 219	– 183	0,026	1,00	0,91	0,65
Stickstoff (N_2)	1,25	0,967	– 210	– 196	0,026	1,00	1,04	0,74
Wasserstoff (H_2)	0,09	0,07	– 259	– 253	0,180	6,92	14,24	10,10

[1] Dichtezahl = Dichte eines Gases ϱ geteilt durch die Dichte der Luft ϱ_L.
[2] Wärmeleitzahl = Wärmeleitfähigkeit λ eines Gases durch die Wärmeleitfähigkeit λ_L der Luft.
[3] bei konstantem Druck   [4] bei konstantem Volumen   [5] bei 5,3 bar

W

Periodisches System der Elemente

W

Legende

- Ordnungszahl (= Protonenzahl)
- Kurzzeichen
- Elementname; Zustand bei 273 K (0 °C) und 1,013 bar:
  - fest: Schwarze Schrift
  - flüssig: Braune Schrift
  - gasförmig: Blaue Schrift
- Relative Atommasse
- Radioaktive Elemente in Rot, z. B. 222
- künstlich hergestellte Elemente in Klammern, z. B. (261)

Beispiel: 11 Na — Natrium — 22,989

Hauptgruppen / Nebengruppen

Periode	I A	II A	III B	IV B	V B	VI B	VII B	VIII B			I B	II B	III A	IV A	V A	VI A	VII A	VIII A
1	1 H Wasserstoff 1,008																	2 He Helium 4,002
2	3 Li Lithium 6,941	4 Be Beryllium 9,012											5 B Bor 10,811	6 C Kohlenstoff 12,011	7 N Stickstoff 14,007	8 O Sauerstoff 15,999	9 F Fluor 18,998	10 Ne Neon 20,179
3	11 Na Natrium 22,989	12 Mg Magnesium 24,305											13 Al Aluminium 26,982	14 Si Silicium 28,086	15 P Phosphor 30,974	16 S Schwefel 32,066	17 Cl Chlor 35,453	18 Ar Argon 39,948
4	19 K Kalium 39,102	20 Ca Calcium 40,078	21 Sc Scandium 44,950	22 Ti Titan 47,880	23 V Vanadium 50,942	24 Cr Chrom 51,996	25 Mn Mangan 54,938	26 Fe Eisen 55,847	27 Co Cobalt 58,933	28 Ni Nickel 58,690	29 Cu Kupfer 63,546	30 Zn Zink 65,390	31 Ga Gallium 69,732	32 Ge Germanium 75,590	33 As Arsen 74,922	34 Se Selen 78,960	35 Br Brom 79,904	36 Kr Krypton 83,800
5	37 Rb Rubidium 85,468	38 Sr Strontium 87,620	39 Y Yttrium 88,906	40 Zr Zirconium 91,224	41 Nb Niob 92,906	42 Mo Molybdän 95,940	43 Tc Technetium (98)	44 Ru Ruthenium 101,070	45 Rh Rhodium 102,906	46 Pd Palladium 106,420	47 Ag Silber 107,868	48 Cd Cadmium 112,410	49 In Indium 114,820	50 Sn Zinn 118,710	51 Sb Antimon 121,750	52 Te Tellur 127,600	53 I Iod 126,905	54 Xe Xenon 131,290
6	55 Cs Cäsium 132,905	56 Ba Barium 137,340	71 Lu Lutecium 174,967	72 Hf Hafnium 178,490	73 Ta Tantal 180,948	74 W Wolfram 183,850	75 Re Rhenium 186,207	76 Os Osmium 190,200	77 Ir Iridium 192,200	78 Pt Platin 195,080	79 Au Gold 196,967	80 Hg Quecksilber 200,590	81 Tl Thallium 204,383	82 Pb Blei 207,200	83 Bi Bismut 208,980	84 Po Polonium 210	85 At Astat 210	86 Rn Radon 222
7	87 Fr Francium 223	88 Ra Radium 226,025	103 Lr Lawrencium (260)	104 Rf Rutherfordium* (261)	105 Ha Hahnium* (262)	106 Sg Seaborgium* (263)	107 Ns Nielsbohrium* (264)	108 Hs Hassium* (265)	109 Mt Meitnerium* (266)									

Lanthanoide 57…71

57 La	58 Ce	59 Pr	60 Nd	61 Pm	62 Sm	63 Eu	64 Gd	65 Tb	66 Dy	67 Ho	68 Er	69 Tm	70 Yb
Lanthan 138,906	Cer 140,120	Praseodym 140,908	Neodym 144,240	Promethium 145	Samarium 150,360	Europium 151,960	Gadolinium 157,250	Terbium 158,925	Dysprosium 162,500	Holmium 164,930	Erbium 167,260	Thulium 168,934	Ytterbium 173,040

Actinoide 89…103

89 Ac	90 Th	91 Pa	92 U	93 Np	94 Pu	95 Am	96 Cm	97 Bk	98 Cf	99 Es	100 Fm	101 Md	102 No
Actinium 227,028	Thorium 232,038	Protactinium 231,036	Uran 238,029	Neptunium 237	Plutonium 244	Americium (243)	Curium (247)	Berkelium (247)	Californium (251)	Einsteinium (252)	Fermium (257)	Mendelevium (258)	Nobelium (260)

* Für die Elemente 104 bis 109 bestehen nur Namenvorschläge
- * Element 104: auch Kurtschatovium (Ku) oder Dubnium (Db);
- * Element 105: auch Joliotium;
- * Element 106: auch Unilhexium (Unh);
- * Element 106: auch Unilhexium (Uns);
- * Element 107: auch Bohrium (Bh) oder Unilseptium (Uns);
- * Element 108: auch Hahnium (Hn) oder Uniloctium (Uno);
- * Element 109: auch Unilenneadium (Une)

Legende Farben:
- Nichtmetalle
- Halbmetalle
- Leichtmetalle
- Schwermetalle
- Edelmetalle
- Halogene
- Edelgase

Chemikalien der Metalltechnik, Molekülgruppen, pH-Wert

Wichtige Chemikalien der Metalltechnik

Technische Bezeichnung	Chemische Bezeichnung	Formel	Eigenschaften	Verwendung
Aceton	Aceton, Propanon	$(CH_3)_2CO$	farblose, brennbare, leicht verdunstende Flüssigkeit	Lösungsmittel für Farben, Acetylen und Kunststoffe
Acetylen	Acetylen, Äthin	C_2H_2	reaktionsfreudiges, farbloses Gas, hoch explosiv	Brenngas beim Schweißen, Ausgangsstoff für Kunststoffe
Kaltreiniger	organische Lösungsmittel	C_nH_{2n+2}	farblose, z.T. leicht brennbare Flüssigkeiten	Lösungsmittel für Fette und Öle, Reinigungsmittel
Kochsalz	Natriumchlorid	$NaCl$	farbloses, kristallines Salz, leicht wasserlöslich	Würzmittel, für Kältemischungen, zur Chlorgewinnung
Kohlensäure	Kohlendioxid	CO_2	wasserlösliches, unbrennbares Gas, erstarrt bei $-78°C$	Schutzgas beim MAG-Schweißen, Kohlensäureschnee als Kältemittel
Korund	Aluminiumoxid	Al_2O_3	sehr harte, farblose Kristalle, Schmelzpunkt 2050 °C	Schleif- und Poliermittel, oxidkeramische Werkstoffe
Kupfervitriol	Kupfersulfat	$CuSO_4$	blaue, wasserlösliche Kristalle, mäßig giftig	galvanische Bäder, Schädlingsbekämpfung, zum Anreißen
Salmiakgeist	Ammoniumhydroxid	NH_4OH	farblose, stechend riechende Flüssigkeit, schwache Lauge	Reinigungsmittel (Fettlöser), Neutralisation von Säuren
Salpetersäure	Salpetersäure	HNO_3	sehr starke Säure, löst Metalle (außer Edelmetalle) auf	Ätzen und Beizen von Metallen, Herstellung von Chemikalien
Salzsäure	Chlorwasserstoff	HCl	farblose, stechend riechende, starke Säure	Ätzen und Beizen von Metallen, Herstellung von Chemikalien
Schwefelsäure	Schwefelsäure	H_2SO_4	farblose, ölige, geruchlose Flüssigkeit, starke Säure	Beizen von Metallen, galvanische Bäder, Akkumulatoren
Soda	Natriumcarbonat	Na_2CO_3	farblose Kristalle, leicht wasserlöslich, basische Wirkung	Entfettungs- und Reinigungsbäder, Wasserenthärtung
Spiritus	Ethylalkohol, vergällt	C_2H_5OH	farblose, leicht brennbare Flüssigkeit, Siedepunkt 78°C	Lösungsmittel, Reinigungsmittel, für Heizzwecke, Treibstoffzusatz
Tetra	Tetrachlorkohlenstoff	CCl_4	farblose, nicht brennbare Flüssigkeit, gesundheitsschädlich	Lösungsmittel für Fette, Öle und Farben
Wässrige Reiniger	verschiedene Tenside	$--COO-$ $--OSO_3-$ $--SO_3-$	verschiedene wasserlösliche Substanzen	Lösungsmittel, Reinigungsmittel, Emulgatoren und Verdickungsmittel

Häufig vorkommende Molekülgruppen

Molekülgruppe Bezeichnung	Formel	Erläuterung	Beispiel Bezeichnung	Formel
Carbid	$\equiv C$	Kohlenstoffverbindungen; teilweise sehr hart	Siliciumcarbid	SiC
Carbonat	$=CO_3$	Verbindungen der Kohlensäure; spalten bei Wärmeeinwirkung CO_2 ab	Calciumcarbonat	$CaCO_3$
Chlorid	$-Cl$	Salze der Salzsäure; in Wasser meist leicht löslich	Natriumchlorid	$NaCl$
Hydroxid	$-OH$	Hydroxide entstehen aus Metalloxiden und Wasser; sie reagieren basisch	Calciumhydroxid	$Ca(OH)_2$
Nitrat	$-NO_3$	Salze der Salpetersäure; in Wasser meist leicht löslich	Kaliumnitrat	KNO_3
Nitrid	$\equiv N$	Stickstoffverbindungen; teilweise sehr hart	Siliciumnitrid	SiN
Oxid	$=O$	Sauerstoffverbindungen; häufigste Verbindungsgruppe der Erde	Aluminiumoxid	Al_2O_3
Sulfat	$=SO_4$	Salze der Schwefelsäure; in Wasser meist leicht löslich	Kupfersulfat	$CuSO_4$
Sulfid	$=S$	Schwefelverbindungen; wichtige Erze, Spanbrecher in Automatenstählen	Eisen(II)sulfid	FeS

pH-Wert

Art der wässerigen Lösung	← zunehmend sauer	neutral	zunehmend basisch →

pH-Wert	0	1	2	3	4	5	6	7	8	9	10	11	12	13	14
Konzentration H^+ in g/l	10^0	10^{-1}	10^{-2}	10^{-3}	10^{-4}	10^{-5}	10^{-6}	10^{-7}	10^{-8}	10^{-9}	10^{-10}	10^{-11}	10^{-12}	10^{-13}	10^{-14}

W

Definition und Einteilung von Stahl
vgl. DIN EN 10020 (2000-07)

Stahl — Legierung mit Eisen als Hauptbestandteil und einem Kohlenstoffgehalt unter 2,0 %.

Gefüge — Die **Gefügebestandteile**, z.B. Ferrit, Perlit, Karbide, und die **Gefügeausbildung**, z.B. Feinkorn, Grobkorn, Zeilen, bestimmen die **Stahleigenschaften**, z.B. Festigkeit, Zähigkeit, Umformbarkeit, Zerspanbarkeit, Schweißbarkeit.

Beeinflussung durch

Stahlherstellung

Zusammensetzung
– Kohlenstoffgehalt
– Legierungselemente

Reinheitsgrad
– nichtmetallische Einschlüsse
– Phosphor- und Schwefelgehalt

Desoxidation
unberuhigt, beruhigt oder vollberuhigt vergossen

Weiterverarbeitung
Zum Beispiel durch
- **Umformen**: Walzen, Prägen, Ziehen, Biegen …
- **Wärmebehandlung**: Vergüten, Randschichthärten …
- **Glühen**: Normalglühen, Weichglühen, Grobkornglühen …
- **Fügen**: Schweißen, Hartlöten …
- **Beschichten**: Verzinken …

Einteilung

Einteilung

Unlegierte Stähle
Kein Legierungselement erreicht den Grenzwert nach **Tabelle 1**

Legierte Stähle
– mindestens ein Legierungselement erreicht den Grenzwert nach **Tabelle 1**
– Stahlsorten entsprechen nicht der Definition für nichtrostende Stähle

Qualitätsstähle | **Edelstähle**
Edelstähle unterscheiden sich von Qualitätsstählen durch:
– sorgfältigere Herstellung
– höheren Reinheitsgrad
– verbesserte Desoxidation
– genauere Zusammensetzung
– verbesserte Härtbarkeit

Tabelle 1: Grenzwerte für unlegierte Stähle

Element	%	Element	%	Element	%
Al	0,30	Mn	1,65	Se	0,10
Bi	0,10	Mo	0,08	Si	0,60
Co	0,30	Nb	0,06	Ti	0,05
Cu	0,40	Ni	0,30	V	0,10
Cr	0,30	Pb	0,40	W	0,30

Nichtrostende Stähle[1]
– Chromgehalt mindestens 10,5 %
– Kohlenstoffgehalt höchstens 1,2 %

Einteilung nach Haupteigenschaften in
– korrosionsbeständige Stähle
– hitzebeständige Stähle
– warmfeste Stähle

Hauptgüteklassen

Unlegierte Qualitätsstähle		Legierte Qualitätsstähle	
Stahlgruppe (Auszug)	Beispiel	Stahlgruppe (Auszug)	Beispiel
unleg. Baustähle	S235JR	Schienenstähle	R0900Mn
unleg. Vergütungsstähle	C45	Elektroblech und -band	M390-50E
Automatenstähle	10S20	mikrolegierte Stähle mit höheren Streckgrenzen	H400M
unleg. schweißgeeignete Feinkornbaustähle	S275N	phosphorleg. Stähle mit höheren Streckgrenzen	H180P
unleg. Druckbehälterstähle	P235GH		

Unlegierte Edelstähle		Legierte Edelstähle	
Stahlgruppe (Auszug)	Beispiel	Stahlgruppe (Auszug)	Beispiel
unleg. Vergütungsstähle	C45E	leg. Vergütungsstähle	42CrMo4
unleg. Einsatzstähle	C15E	leg. Einsatzstähle	16MnCr5
unleg. Werkzeugstähle	C45U	Nitrierstähle	34CrAlNi7
unleg. Stähle für Flamm- und Induktionshärtung	Cf53	leg. Werkzeugstähle	X40Cr14
		Schnellarbeitsstähle	HS6-5-2-5

[1] Die nichtrostenden Stähle sind in einer eigenen Gruppe zusammengefasst. Es sind legierte Stähle, die nicht in Qualitäts- oder Edelstähle unterteilt werden.

W

Bezeichnung von Stählen durch Werkstoffnummern

Werkstoffnummern
vgl. DIN EN 10027-2 (1992-09), Ersatz für DIN 17007[1]

Zur Identifizierung und Unterscheidung von Stählen werden Kurznamen (Seite 122) oder Werkstoffnummern verwendet.

	Kurzname		Werkstoffnummer (mit Zusatzsymbol +N)
Bezeichnung von Stahl (Beispiele):	42CrMo4+N	oder	1.7225+N

Die Werkstoffnummern bestehen aus einer Zahlenkombination mit jeweils sechs Stellen (fünf Ziffern und ein Punkt). Sie sind für die Datenverarbeitung besser geeignet als die Kurznamen.

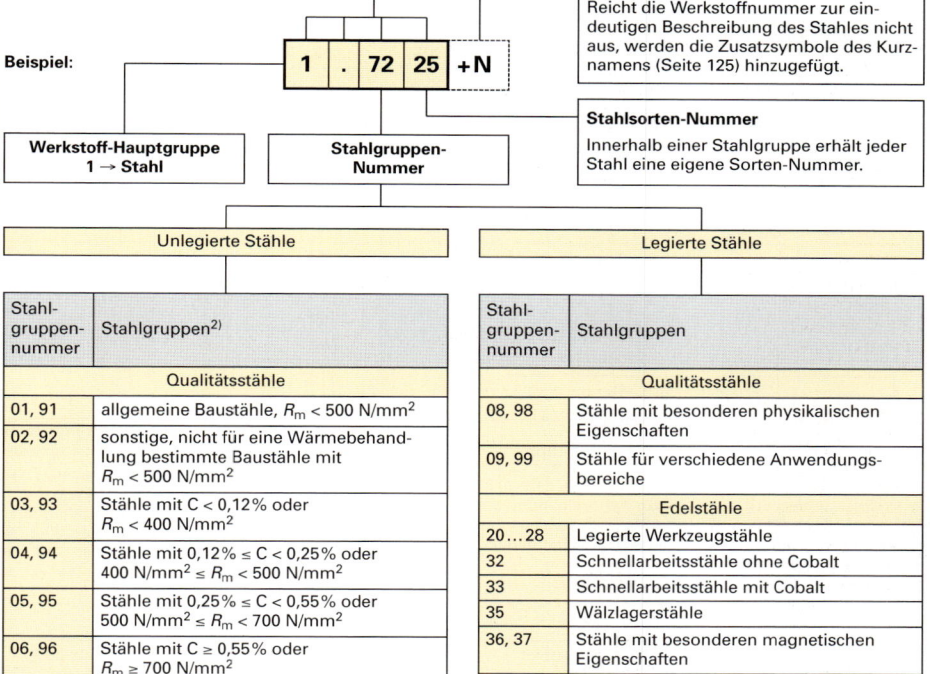

Beispiel:

Werkstoffnummer

| 1 | . | 72 | 25 | +N |

Zusatz-Symbol
Reicht die Werkstoffnummer zur eindeutigen Beschreibung des Stahles nicht aus, werden die Zusatzsymbole des Kurznamens (Seite 125) hinzugefügt.

Stahlsorten-Nummer
Innerhalb einer Stahlgruppe erhält jeder Stahl eine eigene Sorten-Nummer.

Werkstoff-Hauptgruppe
1 → Stahl

Stahlgruppen-Nummer

| Unlegierte Stähle | Legierte Stähle |

W

Stahl- gruppen- nummer	Stahlgruppen[2]
Qualitätsstähle	
01, 91	allgemeine Baustähle, $R_m < 500$ N/mm²
02, 92	sonstige, nicht für eine Wärmebehandlung bestimmte Baustähle mit $R_m < 500$ N/mm²
03, 93	Stähle mit C < 0,12% oder $R_m < 400$ N/mm²
04, 94	Stähle mit 0,12% ≤ C < 0,25% oder 400 N/mm² ≤ R_m < 500 N/mm²
05, 95	Stähle mit 0,25% ≤ C < 0,55% oder 500 N/mm² ≤ R_m < 700 N/mm²
06, 96	Stähle mit C ≥ 0,55% oder $R_m ≥ 700$ N/mm²
07, 97	Stähle mit höherem Phosphor- und Schwefelgehalt
Edelstähle	
10	Stähle mit besonderen physikalischen Eigenschaften
11	Bau-, Maschinenbau- und Behälterstähle mit C < 0,5%
12	Maschinenbaustähle mit C ≥ 0,5%
13	Bau-, Maschinenbau- und Behälterstähle mit besonderen Anforderungen
15…18	Unlegierte Werkzeugstähle

Stahl- gruppen- nummer	Stahlgruppen
Qualitätsstähle	
08, 98	Stähle mit besonderen physikalischen Eigenschaften
09, 99	Stähle für verschiedene Anwendungsbereiche
Edelstähle	
20…28	Legierte Werkzeugstähle
32	Schnellarbeitsstähle ohne Cobalt
33	Schnellarbeitsstähle mit Cobalt
35	Wälzlagerstähle
36, 37	Stähle mit besonderen magnetischen Eigenschaften
38, 39	Stähle mit besonderen physikalischen Eigenschaften
40…45	Nichtrostende Stähle
46	Nickellegierungen, chemisch beständig, hochwarmfest
47, 48	Hitzebeständige Stähle
49	Hochwarmfeste Werkstoffe
50…84	Bau-, Maschinenbau- und Behälterstähle mit verschiedenen Legierungskombinationen
85	Nitrierstähle
87…89	Hochfeste schweißgeeignete Stähle

[1] Bei der Umstellung von DIN 17007 auf DIN EN 10027-2 wurden die Werkstoffnummern unverändert übernommen.

[2] C Kohlenstoff, R_m Zugfestigkeit
Die Werte für die Zugfestigkeit R_m und für den Kohlenstoffgehalt C stellen Mittelwerte dar.

Bezeichnungssystem der Stähle
vgl. DIN EN 10027-1 (1992-09)
und DIN V 17006-100 (1993-11)

Die Kurznamen für Stähle und Stahlguss bestehen aus Hauptsymbolen (DIN EN 10027-1) und Zusatzsymbolen (DIN V 17006-100), die ohne Zwischenräume aneinander gefügt werden.

Hauptgruppen

| Unlegierte Stähle | Legierte Stähle | Nichtrostende Stähle |

Bezeichnung im Hauptsymbol nach — Verwendungszweck
diese Seite, Seite 123 und 124

Bezeichnung im Hauptsymbol nach — Chemischer Zusammensetzung
Seite 125

Bezeichnung nach dem Verwendungszweck; Beispiele und Systematik

Verwendungszweck	Hauptsymbole		Zusatzsymbole		Zusatzsymbole für Stahlerzeugnisse
			Gruppe 1	Gruppe 2	
Stähle für den Stahlbau	S	235	J2G3		
Stähle für den Maschinenbau	E	360	G	C	
Stähle für den Druckbehälterbau	P	265	N	H	
Flacherzeugnisse aus höherfesten Stählen	H	420	M		
Flacherzeugnisse zum Kaltumformen	DX	52	D	–	+Z
Verpackungsblech und -band	T	660	–	–	+SE
Stähle für Leitungsrohre	L	360	N		
Betonstähle	B	500	H	–	
Spannstähle	Y	1770	C		
Elektroblech und -band	M	400	–50A		
Schienenstähle	R	0880	Mn		

Hauptsymbole		Zusatzsymbole		Zusatzsymbole für Stahlerzeugnisse
		Gruppe 1	Gruppe 2	
Kennbuchstabe für die Stahlgruppe	Buchstaben, Zahlen, z.B. zur Kennzeichnung von mechanischen Eigenschaften	Buchstaben, Ziffern, z.B. zur Kennzeichnung der – Kerbschlagarbeit – Wärmebehandlung – Verwendung – Desoxidation	Buchstaben, Ziffern nur in Verbindung mit Gruppe 1 zulässig, z.B. zur Kennzeichnung der Umformbarkeit	Buchstaben, Zahlen, die von den vorhergehenden mit einem Pluszeichen getrennt sind (Seite 124)

Stähle für den Stahlbau

S	Mindeststreckgrenze R_e in N/mm² für die geringste Erzeugnisdicke	Kerbschlagarbeit in Joule			Prüftemperatur in °C	C mit besonderer Kaltumformbarkeit D für Schmelzüberzüge E für Emaillierung F zum Schmieden L für Niedrigtemperaturen M thermomechanisch umgeformt N normalgeglüht oder normalisierend umgeformt O für Offshore (Meerestechnik) Q vergütet S für Schiffbau T für Rohre W wetterfest	nach Tabelle A, B und C, Seite 124, z.B. +C +F +H +Z +ZE
		27 J	40 J	60 J			
		JR	KR	LR	+ 20		
		J0	K0	L0	0		
		J2	K2	L2	– 20		
		J3	K3	L3	– 30		
		J4	K4	L4	– 40		
		J5	K5	L5	– 50		
		J6	K6	L6	– 60		
		A: ausscheidungshärtend G1...G4: Erläuterungen bei den Stählen für den Maschinenbau, Seite 123					

⇒ **S235J2G3**: Stahlbaustahl (S), R_e = 235 N/mm² (235), Kerbschlagarbeit 27 J bei –20°C (J2), vollberuhigt vergossen (G3; Seite 123)

W

Bezeichnungssystem der Stähle
vgl. DIN EN 10027-1 (1992-09)
und DIN V 17006-100 (1993-11)

Bezeichnung nach dem Verwendungszweck (Fortsetzung)

Hauptsymbole		Zusatzsymbole		Zusatzsymbole für Stahlerzeugnisse
Buchstabe	Eigenschaften	Gruppe 1	Gruppe 2	

Stähle für den Maschinenbau

E	Mindeststreck-grenze R_e in N/mm² für die geringste Erzeugnisdicke	G1 unberuhigt vergossen G2 beruhigt vergossen G3 vollberuhigt vergossen G4 vollberuhigt vergossen und vorgeschriebener Anlieferungszustand	C mit besonderer Kaltumformbarkeit	nach Tabelle B, Seite 124, z.B. +A +QT

⇒ **E360C:** Maschinenbaustahl (E), R_e = 360 N/mm² (360), mit besonderer Kaltformbarkeit (C)

Stähle für den Druckbehälterbau

P	Mindeststreck-grenze R_e in N/mm² für die geringste Erzeugnisdicke	M thermomechanisch umgeformt N normalgeglüht oder normalisierend umgeformt Q vergütet B Gasflaschen S einfache Druckbehälter	H Einsatzbereich Hochtemperatur L Einsatzbereich Niedrigtemperatur R Einsatzbereich Raumtemperatur X Einsatzbereich Hoch- und Niedrigtemperatur	nach Tabelle A, B und C, Seite 124, z.B. +T

⇒ **P265NH:** Druckbehälterstahl (P), R_e = 265 N/mm² (265), normalgeglüht oder normalisierend umgeformt (N), für Hochtemperaturen geeignet (H)

Kalt gewalzte Flacherzeugnisse aus höherfesten Stählen

H	Mindeststreck-grenze R_e in N/mm²	M thermomechanisch gewalzt und kalt gewalzt B Bake hardening P Phosphor-legiert X Dualphase Y Interstitial free steel (IF-Stahl)	D Schmelztauchüberzüge	nach Tabelle C, Seite 124, z.B. +ZE
HT	Mindest-zugfestigkeit R_m in N/mm²			

⇒ **H420M:** Kalt gewalztes Flacherzeugnis aus höherfestem Stahl (H), R_e = 420 N/mm² (420), thermomechanisch und kalt gewalzt (M)

⇒ **HT560M+ZE:** Kalt gewalztes Flacherzeugnis aus höherfestem Stahl (HT), R_m = 560 N/mm² (560), thermomechanisch und kalt gewalzt (M), elektrolytisch verzinkt (+ZE)

Flacherzeugnisse zum Kaltformen

D	zweistellige Kennzahl	D Schmelztauchüberzüge EK für konventionelle Emaillierung ED für direkte Emaillierung T für Rohre Chemische Symbole für vorgeschriebene Elemente, z.B. Cu	keine Symbole vorgesehen	nach Tabelle B und C, Seite 124, z.B. +ZE +Z
DC	kalt gewalzt, zweistellige Kennzahl			
DD	warm gewalzt, zweistellige Kennzahl			
DX	Walzzustand nicht vorgeschrieben, zweistellige Kennzahl			

⇒ **DX52D+Z:** Flacherzeugnis zum Kaltumformen (D), ohne Walzvorschrift (X), Kennzahl 52, für Schmelztauchüberzüge (D), feuerverzinkt (+Z)

⇒ **DC02+ZE:** Flacherzeugnis zum Kaltumformen (D), kalt gewalzt (C), Kennzahl 02, elektrolytisch verzinkt (+ZE)

Betonstähle

B	Mindeststreck-grenze R_e in N/mm² für die geringste Erzeugnisdicke	N normale Gleichdehnung H hohe Gleichdehnung	keine Symbole vorgesehen	nach Tabelle C, Seite 124

⇒ **B500H:** Betonstahl (B), R_e = 500 N/mm² (500), hohe Gleichdehnung (H)

W

Bezeichnungssystem der Stähle
vgl. DIN EN 10027-1 (1992-09) und DIN V 17006-100 (1993-11)

Bezeichnung nach dem Verwendungszweck (Fortsetzung)

Hauptsymbole		Zusatzsymbole		Zusatzsymbole für Stahlerzeugnisse
Buchstabe	Eigenschaften	Gruppe 1	Gruppe 2	
Verpackungsblech und -band				
T	Nenndehngrenze $R_{p0,2}$ in N/mm² für doppelt reduzierte Erzeugnisse	keine Symbole vorgesehen	keine Symbole vorgesehen	nach Tabelle B und C unten auf dieser Seite, z. B. +SE +CE
TH	vorgeschriebener mittlerer Härtewert für einfach reduzierte Erzeugnisse			
⇒	**T660+SE:** Weißblech, doppelt reduziert (T), $R_{p0,2}$ = 660 N/mm² (660), elektrolytisch verzinnt (+SE)			
⇒	**TH52+CE:** Feinstblech (TH), Härtegrad 52, einfach reduziert, elektrolytisch spezialverchromt (+CE)			
Stähle für Leitungsrohre				
L	Mindeststreck-grenze R_e in N/mm² für die geringste Erzeugnisdicke	M thermomechanisch umgeformt N normalgeglüht oder normalisierend umgeformt Q vergütet	Anforderungsklassen, falls erforderlich mit einer Ziffer	nach Tabelle A, B und C unten auf dieser Seite
⇒	**L360N:** Stahl für Leitungsrohre (L), R_e = 360 N/mm² (360), normalgeglüht (N)			

Zusatzsymbole für Stahlerzeugnisse
vgl. DIN V 17006-100 (1993-11)

W

Die Norm DIN V 17006-100 sieht die Zusatzsymbole in den Tabellen A, B und C vor.

Die Normen zu den jeweiligen Stahlerzeugnissen, z.B. der verschiedenen Bleche oder Rohre, können darüber hinaus weitere Zusatzsymbole enthalten.

Tabelle A: Für besondere Anforderungen

+C	Grobkornstahl	+F	Feinkornstahl	+H	Mit besonderer Härtbarkeit
+Z15	Mindestbrucheinschnürung senkrecht zur Oberfläche 15%	+Z25	Mindestbrucheinschnürung senkrecht zur Oberfläche 25%	+Z35	Mindestbrucheinschnürung senkrecht zur Oberfläche 35%

Tabelle B: Für den Behandlungszustand[1]

+A	Weichgeglüht	+HC	Warm-Kalt-geformt	+Q	Abgeschreckt bzw. gehärtet
+AC	geglüht zur Erzielung kugeliger Karbide	+LC	Leicht kalt nachgezogen bzw. leicht nachgewalzt (Skin passed)	+QA	Luftgehärtet
+AT	Lösungsgeglüht			+QO	Ölgehärtet
+C	Kaltverfestigt	+M	Thermomechanisch gewalzt	+QT	Vergütet
+Cnnn	Kaltverfestigt auf eine Mindestzugfestigkeit von nnn N/mm²	+N	Normalgeglüht	+QW	Wassergehärtet
		+NT	Normalgeglüht und angelassen	+S	Behandelt auf Kaltscherbarkeit
+CR	Kalt gewalzt			+ST	Lösungsgeglüht
				+T	Angelassen
				+U	Unbehandelt

[1] Um Verwechslungen mit anderen Symbolen aus den Tabellen A und C zu vermeiden, kann den Zusatzsymbolen für den Behandlungszustand der Buchstabe T vorangestellt werden, z.B. +TA.

Tabelle C: Für die Art des Überzuges[2]

+A	Feueraluminiert	+OC	Organisch beschichtet (Coilcoating)	+Z	Feuerverzinkt
+AR	Aluminium-walzplattiert			+ZA	Mit Zn-Al-Legierung überzogen
+AS	Mit Al-Si-Legierung überzogen	+S	Feuerverzinnt	+ZE	Elektrolytisch verzinkt
+AZ	Mit Al-Zn-Legierung überzogen	+SE	Elektrolytisch verzinnt	+ZF	Diffusionsgeglühte Zn-Überzüge
+CE	Elektrolytisch spezial-verchromt	+T	Schmelztauchverfahren mit Pb-Sn-Legierung (Terne)	+ZN	Zn-Ni-Überzug
+CU	Kupferüberzug	+TE	Elektrolytisch mit Pb-Sn-Legierung überzogen		
+IC	Anorganische Beschichtung				

[2] Um Verwechslungen mit anderen Symbolen aus den Tabellen A und B zu vermeiden, kann den Zusatzsymbolen für die Art des Überzugs der Buchstabe S vorangestellt werden, z.B. +SA.

Bezeichnungssystem der Stähle
vgl. DIN EN 10027-1 (1992-09)
und DIN V 17006-100 (1993-11)

Bezeichnung nach der chemischen Zusammensetzung; Beispiele und Systematik

Chemische Zusammensetzung	Hauptsymbole		Zusatzsymbole	Zusatzsymbole für Stahlerzeugnisse
Unlegierte Stähle mit einem Mn-Gehalt < 1%, außer Automatenstähle	C	35	E4	+QT
Unlegierte Stähle mit einem Mn-Gehalt > 1%	–	28Mn6	–	
Unlegierte Automatenstähle	–	11SMn30	–	
Legierte Stähle mit Gehalten der einzelnen Legierungselemente unter 5%	–	31CrMoV5-9	–	
Legierte Stähle (außer Schnellarbeitsstähle), der mittlere Gehalt mindestens eines Legierungselementes liegt über 5%	X	5CrNi18-10	–	+AT
Schnellarbeitsstähle	HS	2-9-1-8	–	

Hauptsymbole		Zusatzsymbole	Zusatzsymbole für Stahlerzeugnisse
Kennbuchstabe für die Stahlgruppe	Zahlen, Buchstaben zur Kennzeichnung von – Kohlenstoffgehalt – Legierungselementen	Buchstaben, Ziffern, z.B. zur Kennzeichnung der Verwendung	Buchstaben, Zahlen, von vorherigen Symbolen durch Pluszeichen getrennt

Unlegierte Stähle mit einem Mn-Gehalt < 1%, außer Automatenstähle

C	Kennzahl für den Kohlenstoffgehalt, Kennzahl = 100 x mittlerer C-Gehalt	E vorgeschriebener max. S-Gehalt[1] R vorgeschriebene Bereiche des S-Gehaltes[1] D zum Drahtziehen	C besondere Kaltumformbarkeit S für Federn U für Werkzeuge W für Schweißdraht	nach Tabelle B, Seite 124, z.B. +QT +A
		G1…G4 Erläuterungen siehe bei Stähle für den Maschinenbau, Seite 123 [1] Kennzahl hinter E und R = Schwefelgehalt x 100		

⇒ **C35E4+QT:** Unlegierter Stahl, 0,35% C-Gehalt (C35), maximaler S-Gehalt = 0,04% (E4), vergütet (+QT)

Unlegierte Stähle mit einem Mn-Gehalt > 1%, unlegierte Automatenstähle, legierte Stähle (ohne Schnellarbeitsstähle) mit Gehalten der einzelnen Legierungselemente unter 5%.

–	Kennzahl für den Kohlenstoffgehalt, Kennzahl = 100 x mittlerer C-Gehalt	Symbole für die Legierungselemente, Kennzahlen für den mittleren Gehalt der Elemente, Kennzahl = mittlerer Gehalt x Faktor	keine Symbole vorgesehen	nach Tabelle A und B, Seite 124, z.B. +U +A +N +QT
		Element / Faktor: Cr, Co, Mn, Ni, Si, W → 4; Al, Be, Cu, Mo, Nb, Pb, Ta, Ti, V, Zr → 10; C, Ce, N, P, S → 100; B → 1000		

⇒ **28Mn6+QT:** Unlegierter Stahl, 0,28% C-Gehalt (28), 1,5% Mn-Gehalt (6), vergütet (+QT)

Legierte Stähle (ohne Schnellarbeitsstähle). Der mittlere Gehalt mindestens eines Legierungselementes liegt über 5%.

X	Kennzahl für den Kohlenstoffgehalt, Kennzahl = 100 x mittlerer C-Gehalt	Symbole für die Legierungselemente, Kennzahlen, durch Bindestrich getrennt, für den mittleren Gehalt der Elemente	keine Symbole vorgesehen	nach Tabelle A und B, Seite 124, z.B. +A +AT

⇒ **X5CrNi18-10+A:** Legierter Stahl, 0,05% C-Gehalt, 18% Cr-Gehalt, 10% Ni-Gehalt, weichgeglüht (+A)

Schnellarbeitsstähle

HS	–	Zahlen, durch Bindestrich getrennt, geben den prozentualen Gehalt in folgender Reihenfolge an: Wolfram – Molybdän – Vanadium – Cobalt	keine Symbole vorgesehen	nach Tabelle B, Seite 124, z.B. +QA

⇒ **HS2-9-1-8:** Schnellarbeitsstahl, 2% W-Gehalt, 9% Mo-Gehalt, 1% V-Gehalt, 8% Co-Gehalt

W

Stähle – Übersicht

Untergruppen, Lieferzustände	Norm	Haupteigenschaften	Anwendungsbereiche	Erzeugnisformen[1]			
				B	S	P	D
Unlegierte Baustähle, warm gewalzt							Seite 130
Stähle für den Stahl- und Maschinenbau	DIN EN 10025	• gut spanend bearbeitbar • schweißbar, außer S185 • kalt und warm umformbar	Schweißkonstruktionen im Stahl- und Maschinenbau, einfache Maschinenteile	•	•	•	•
Stähle für den Maschinenbau		• spanend bearbeitbar • nicht schweißbar • kalt und warm umformbar	Maschinenteile ohne Wärmebehandlung, z.B. durch härten, vergüten	•	•	–	•
Schweißgeeignete Feinkornbaustähle							Seite 131
normalgeglüht	DIN EN 10113-1	• schweißbar • warm umformbar	Schweißkonstruktionen mit hoher Zähigkeit, Sprödbruch- und Alterungsbeständigkeit im Maschinen- und Stahlbau	•	•	•	•
thermomecha-nisch gewalzt	DIN EN 10113-2	• schweißbar • nicht warm umformbar		•	•	–	•
Vergütete Baustähle mit höherer Streckgrenze							Seite 131
legierte Stähle	DIN EN 10113-1	• schweißbar • warm umformbar	hochfeste Schweißkonstruk-tionen im Maschinen- und Stahlbau	•	–	–	–
Vergütungsstähle							Seite 133
unlegierte Qualitätsstähle	DIN EN 10083-2	• im weichgeglühten Zustand gut spanend bearbeitbar • warm umformbar • vergütbar (unsichere Ergebnisse bei unlegierten Qualitätsstählen)	Teile mit höherer Festigkeit, die nicht vergütet werden	•	•	–	•
unlegierte Edelstähle	DIN EN 10083-1		Teile mit höherer Festigkeit und guter Zähigkeit	•	•	–	•
legierte Stähle			hoch beanspruchte Teile mit guter Zähigkeit	•	•	–	•
Einsatzstähle							Seite 132
unlegierte Stähle	DIN EN 10084	• im ungehärteten Zustand gut spanend bearbeitbar • warm umformbar • nach Randaufkohlung oberflächenhärtbar	Kleinteile mit verschleißfester Oberfläche	•	•	–	•
legierte Stähle			dynamisch beanspruchte Teile mit verschleißfester Oberfläche	•	•	–	•
Stähle für Flamm- und Induktionshärtung							Seite 134
unlegierte Stähle	DIN 17212	• im weichgeglühten Zustand gut spanend bearbeitbar • warm umformbar • direkt härtbar; Härtung ein-zelner Werkstückbereiche ist möglich, z.B. Zahnflanken • Vergüten der Werkstücke vor dem Härten	Teile mit geringen Kernfestig-keiten und gehärteten Teil-bereichen	•	•	–	•
legierte Stähle			Teile mit hohen Kernfestig-keiten, gehärteten Teilberei-chen und größeren Abmes-sungen	•	•	–	•
Nitrierstähle							Seite 134
legierte Stähle	DIN EN 10085	• im weichgeglühten Zustand gut spanend bearbeitbar • härtbar durch Nitridbildner, geringster Härteverzug • Vergüten der Werkstücke vor dem Nitrieren	Teile mit erhöhter Dauer-festigkeit, auf Verschleiß beanspruchte Teile, auf Temperatur beanspruchte Teile bis 500°C	•	•	–	•
Federstähle							Seite 138
unlegierte und legierte Stähle	DIN EN 10270, DIN EN 10089	• kalt oder warm umformbar • großes elastisches Form-änderungsvermögen • hohe Dauerfestigkeit	Blattfedern, Schraubenfedern, Tellerfedern, Drehstabfedern	–	–	–	•

[1] Erzeugnisformen: B Bleche, Bänder   S Stäbe, z.B. Flach-, Vierkant- und Rundstäbe
   D Drähte   P Profile, z.B. U-Profile, L-Profile, T-Profile

W

Stähle – Übersicht

Untergruppen, Lieferzustände	Norm	Haupteigenschaften	Anwendungsbereiche	Erzeugnisformen[1]			
				B	S	P	D
Automatenstähle							Seite 134
nicht wärme-behandelbare Stähle	DIN EN 10087	• bestens spanend bearbeitbar (kurzspanig) • nicht schweißbar • beim Einsatzhärten oder Vergüten ggf. nicht gleich-mäßiges Ansprechen auf die Wärmebehandlung	Massendrehteile mit geringen Anforderungen an die Festig-keit	–	•	–	•
Automaten-einsatzstähle	DIN EN 10087		wie unlegierte Einsatzstähle; besser spanend bearbeitbar	–	•	–	•
Automatenver-gütungsstähle	DIN EN 10087		wie unlegierte Vergütungs-stähle; besser spanend bear-beitbar, weniger dauerfest	–	•	–	•
Werkzeugstähle							Seite 135
Kaltarbeits-stähle, unlegiert	DIN EN ISO 4957	• im weichgeglühten Zustand gut spanend bearbeitbar • spanlos kalt und warm umformbar • Durchhärtung bis max. 10 mm Durchmesser	gering beanspruchte Werk-zeuge für spanende und span-lose Formgebung bei Arbeits-temperaturen bis 200 °C	•	•	•	•
Kaltarbeits-stähle, legiert	DIN EN ISO 4957	• im weichgeglühten Zustand spanend bearbeitbar • warm umformbar • größere Einhärtetiefe, höhere Festigkeit, ver-schleißfester als unlegierte Kaltarbeitsstähle	höher beanspruchte Werk-zeuge für spanende und span-lose Formgebung bei Arbeits-temperaturen über 200 °C	•	•	–	•
Warmarbeits-stähle	DIN EN ISO 4957	• im weichgeglühten Zustand spanend bearbeitbar • warm umformbar • Härteannahme über den gesamten Querschnitt	Werkzeuge zur spanlosen Formgebung für Arbeits-temperaturen über 200 °C	•	•	–	•
Schnellarbeits-stähle	DIN EN ISO 4957	• im weichgeglühten Zustand spanend bearbeitbar • warm umformbar • Härteannahme über den gesamten Querschnitt	Schneidstoff für spanende Werkzeuge, Arbeitstempera-turen bis 600 °C, hoch beanspruchte Umform-werkzeuge	•	•	–	•
Nichtrostende Stähle							Seiten 136, 137
Ferritische Stähle	DIN 10022-2, DIN EN 10088-3	• spanend bearbeitbar • gut kalt umformbar • schweißbar • keine Festigkeitssteigerung durch Wärmebehandlung	gering beanspruchte nicht-rostende Teile; Teile mit hoher Beständigkeit gegen chlor-bedingte Spannungsriss-korrosion	•	•	•	•
Austenitische Stähle	DIN 10022-2, DIN EN 10088-3	• spanend bearbeitbar • sehr gut kalt umformbar • schweißbar • keine Festigkeitssteigerung durch Wärmebehandlung	nichtrostende Teile mit hoher Korrosionsbeständigkeit, breitester Anwendungsbereich aller nichtrostenden Stähle	•	•	•	•
Martensitische Stähle	DIN 10022-2, DIN EN 10088-3	• spanend bearbeitbar • im Zustand weichgeglüht kalt umformbar • bei niedrigem Kohlenstoff-gehalt schweißbar • vergütbar	höher beanspruchte nicht-rostende Teile, die auch vergütet werden können	•	•	•	•

[1] Erzeugnisformen:　B Bleche, Bänder　　　　S Stäbe, z.B. Flach-, Vierkant- und Rundstäbe
　　　　　　　　　　　D Drähte　　　　　　　　　P Profile, z.B. U-Profile, L-Profile, T-Profile

W

Auswahl von Baustählen nach dem Verwendungszweck

Unlegierte Stähle

Wärmebehandlung, z. B. härten oder vergüten, nicht vorgesehen	Wärmebehandlung vorgesehen (Seite 129)

Auswahl nach dem Verwendungszweck	Haupteigenschaften werden bestimmt durch

Beispiel: Unlegierte Baustähle (Seite 130)		Zusammensetzung • Kohlenstoff (C) • Mangan (Mn) • Silicium (Si)	Reinheitsgrad • Phosphor (P) • Schwefel (S)	Desoxidation DO[1]	Mikrolegierung L[2]
Mindestanforderungen	Stahlart, Kurzname				

W

Mindestanforderungen	Kurzname	C in %	Mn in %	Si in %	P_{max} in %	S_{max} in %	DO	L
• Festigkeit	S185	nicht festgelegt			nicht festgelegt		freigestellt	
• Festigkeit • Zähigkeit	E295, E335, E360	nicht festgelegt			0,045	0,045	FN	
• Festigkeit • Zähigkeit • bedingte Schweißbarkeit	S235JR	0,17	1,4	–	0,045	0,045	freigestellt	
	S235JRG2	0,17	1,4	–	0,045	0,045	FU	
• Festigkeit • Zähigkeit • Schweißbarkeit	S235JRG2	0,17	1,4	–	0,045	0,045	FN	
	S275JR	0,18	1,5	–	0,045	0,045	FN	
	S355JR	0,24	1,6	0,55	0,045	0,045	FN	
• Festigkeit • höhere Zähigkeit • bessere Schweißbarkeit	S235J0	0,17	1,4	–	0,040	0,040	FN	–
	S275J0	0,18	1,5	–	0,040	0,040	FN	–
	S355J0	0,20	1,6	0,55	0,040	0,040	FN	ja
• Festigkeit • höchste Zähigkeit • beste Schweißbarkeit	S235J2G3	0,17	1,4	–	0,035	0,035	FF	–
	S275J0	0,18	1,5	–	0,035	0,035	FF	–
	S355J2G3	0,20	1,6	0,55	0,035	0,035	FF	ja

Weitere Stahlgruppen, z. B.

• kalt gewalzte Flacherzeugnisse aus höherfesten Stählen • Flacherzeugnisse zum Kaltumformen	• Druckbehälterstähle • Verpackungsblech und -band • Stähle für Leitungsrohre	• Betonstähle • Spannstähle • Elektroblech

Geforderte Eigenschaften werden nicht erreicht

Auswahl nach chemischer Zusammensetzung: Seite 129

[1] DO Desoxidationsart: FU unberuhigter Stahl; FN beruhigter Stahl; FF vollberuhigter Stahl mit stickstoffbindenden Elementen
[2] L zusätzliche Legierungselemente, auch als Mikrolegierungen: Cr, Cu, Mo, Ni, Ti, V, Nb

Auswahl von Baustählen nach der chemischen Zusammensetzung

Unlegierte Stähle

| ja | Wärmebehandlung vorgesehen, z.B. härten oder vergüten | nein | Seite 128 |
| | | | oder |

Auswahl nach dem Kohlenstoffgehalt — Haupteigenschaften werden bestimmt durch

| Mindestan-forderungen | Stahlgruppe | Kurz-name | Zusammensetzung
• Kohlenstoff (C) • Mangan (Mn)
• Silicium (Si)
• weitere Legierungselemente (L) | | Reinheitsgrad
• Phosphor (P)
• Schwefel (S) | Desoxi-dation DO[2] |

			C in %	Mn in %	Si in %	L[1] in %	P_{max} in %	S_{max} in %	DO
• Wärme-behandlung	Einsatz-stähle[3]	C10	0,10	0,45		–			FN
		C15	0,15	0,45	0,40	–	0,045	0,045	FN
	Vergütungs-stähle	C35	0,35	0,65					FN
		C60	0,60	0,75		0,63			FN
• Wärme-behandlung mit gesicher-ten Werten	Einsatz-stähle	C10E	0,10	0,45		–			FN
		C15E	0,15	0,45	0,40	–	0,035	0,035	FN
	Vergütungs-stähle	C35E	0,35	0,65					FN
		C60E	0,60	0,75		0,63			FN

Weitere Anforderungen

[1] L Maximaler Anteil (Cr + Mo + Ni)
[2] DO Desoxidationsart: FN beruhigt vergossen
[3] Die Stähle C10 und C15 wurden in die Norm Einsatzstähle DIN EN 10084 nicht mehr aufgenommen. Sie werden vom Fachhandel weiterhin angeboten.

Legierte Stähle

W

Einfluss der Legierungselemente (Auswahl)

Durch Legierungselemente beeinflusste Eigenschaften	Legierungselemente										
	Cr	Ni	Al	W	V	Co	Mo	Si	Mn	S	P
Zugfestigkeit	●	●	–	●	●	●	●	●	●	–	●
Streckgrenze	●	●	–	●	●	●	●	●	●	–	●
Kerbschlagzähigkeit	○	–	○	–	●	○	●	○	–	○	○
Verschleißfestigkeit	●	○	–	●	●	●	●	○	○	–	–
Warmumformbarkeit	○	●	○	○	●	○	○	●	●	○	–
Kaltumformbarkeit	–	–	–	○	●	–	○	○	○	○	–
Zerspanbarkeit	–	○	–	○	●	–	○	○	○	●	●
Warmfestigkeit	●	●	–	●	●	●	●	●	–	–	–
Korrosionsbeständigkeit	●	●	–	–	●	–	●	●	–	○	–
Härtetemperatur	●	–	●	●	●	–	●	●	○	–	–
Härtbarkeit, Vergütbarkeit	●	●	–	●	●	●	●	●	●	–	–
Nitrierbarkeit	●	–	●	●	●	–	●	○	●	–	–
Schweißbarkeit	○	○	●	–	●	–	○	–	○	○	○

● Erhöhung ○ Verminderung – ohne nennenswerten Einfluss

Beispiel: Zahnräder, einsatzgehärtet, Rohteile gesenkgeschmiedet, sichere Wärmebehandlung wird verlangt
Gesucht: Geeignete Stähle
Lösung: Wärmebehandlung (Einsatzhärtung) vorgesehen → Einsatzstahl, C ≤ 0,2 %
Die Eigenschaften der unlegierten Qualitäts- und Edelstähle reichen nicht aus → legierte Stähle
Steigerung der Warmumformbarkeit: Mn, V; Steigerung der Härtbarkeit: Cr, Ni
Stahlauswahl: 16MnCr5, 20MnCr5, 15NiCr13 (Seite 132)

Unlegierte Baustähle

Unlegierte Baustähle, warm gewalzt
vgl. DIN EN 10025 (1994-03)

Stahlsorte		DO[1]	Kerbschlag-arbeit		Zug-festigkeit R_m[2] N/mm²	Streckgrenze R_e in N/mm² für Erzeugnisdicken in mm				Bruch-deh-nung A[3] %	Eigenschaften, Verwendung
Kurzname	Werk-stoff-nummer		bei °C	KV J		≤ 16	> 16 ≤ 40	> 40 ≤ 63	> 63 ≤ 80		
Stähle für den Stahl- und Maschinenbau											
S185	1.0035	–	–	–	290…510	185	175	–	–	18	nicht schweißbar, einfache Stahlkonstruktionen
S235JR	1.0037	–	20	27	340…470	235	225	–	–	26	
S235JRG1	1.0036	FU	20	27							
S235JRG2	1.0038	FN	20	27	340…470	235	225	215	215	26	Schweißkonstruktionen im Stahl- und Maschinenbau; Hebel, Bolzen, Achsen, Wellen mit geringer Beanspruchung
S235J0	1.0114	FN	0	27							
S235J2G3	1.0116	FF	−20	27	340…470	235	225	215	215	26	
S235J2G4	1.0117	FF	−20	27							
S275JR	1.0044	FN	20	27	410…560	275	265	255	245	22	
S275J0	1.0143	FN	0	27							
S275J2G3	1.0144	FF	−20	27	410…560	275	265	255	245	22	
S275J2G4	1.0145	FF	−20	27							
S355JR	1.0045	FN	20	27	490…630	355	345	335	325	22	hoch beanspruchte Schweißkonstruktionen im Stahl-, Kran- und Brückenbau
S355J0	1.0553	FN	0	27							
S355J2G3	1.0570	FF	−20	27							
S355J2G4	1.0577	FF	−20	27	490…630	355	345	335	325	22	
S355K2G3	1.0595	FF	−20	40							
S355K2G4	1.0596	FF	−20	40							
Stähle für den Maschinenbau											
E295	1.0050	FN	–	–	470…610	295	285	275	265	20	Achsen, Wellen, Bolzen
E335	1.0060	FN	–	–	570…710	335	325	315	305	16	Verschleißteile; Ritzel, Schnecken, Spindeln
E360	1.0070	FN	–	–	670…830	360	355	345	335	11	

[1] DO Desoxidationsart: – dem Hersteller freigestellt;   FU unberuhigt vergossener Stahl;
                             FN beruhigt vergossener Stahl;   FF vollberuhigt vergossener Stahl
[2] Die Werte gelten für Erzeugnisdicken von 3 mm bis 100 mm.
[3] Die Werte gelten für Längsproben und Erzeugnisdicken von 3 mm bis 40 mm.

Zusatzsymbole G1…G4, Lieferzustand[1]

Zusatz-symbol	DO[2]	Lieferzustand für		Zusatz-symbol	DO[2]	Lieferzustand für	
		Bleche, Bänder, Flach- und Rundstäbe				Bleche, Bänder	Flach- und Rundstäbe
G1	FU	nach Vereinbarung		G3	FF	normalgeglüht N	nach Vereinbarung
G2	FN	nach Vereinbarung		G4	FF	nach Wahl des Herstellers	

[1] Wenn der Lieferzustand bei der Bestellung nicht vereinbart wird, bleibt er dem Hersteller überlassen.
[2] DO Desoxidationsart: FU unberuhigt vergossen   FN beruhigt vergossen   FF vollberuhigt vergossen

Technologische Eigenschaften

Schweißbarkeit	Warmumformbarkeit	Kaltumformbarkeit
Stähle mit den Gütegruppen JR – J0 – J2G3 – J2G4 – K2G3 – K2G4 sind nach allen Verfahren schweißbar. Beim Stahl S235JR ist die beruhigte Stahlsorte S235JRG2 zu bevorzugen.	Stähle sind warm umformbar, wenn sie im normalgeglühten oder normalisierend gewalzten Zustand angeliefert werden.	Die Kaltumformbarkeit (Biegen, Abkanten, Ziehen) ist gewährleistet, wenn die Stähle mit dem Zusatzsymbol C bestellt werden, z.B. S235JRC, S355J2G3C. Nicht kalt umformbar ist der Stahl S185.

W

Schweißgeeignete Feinkornbaustähle, vergütete Baustähle

Schweißgeeignete Feinkornbaustähle (Auswahl) vgl. DIN EN 10113 (1993-04)

| Stahlsorte | | L[1] | Kerbschlagarbeit KV[2] in J bei Temperaturen in °C | | | Zug-festigkeit R_m N/mm² | Streckgrenze R_e in N/mm² für Nenndicken in mm | | | Bruch-deh-nung A % | Eigenschaften, Verwendung |
Kurzname	Werk-stoff-nummer		+20	0	−20		≤ 16	> 16 ≤ 40	> 40 ≤ 63		
Unlegierte Qualitätsstähle											
S275N S275M	1.0490 1.8818	N M	55	47	40	370…510 360…510	275	265	255	24	hohe Zähigkeit, sprödbruch- und alterungsbeständig; Schweißkonstruk-tionen im Maschi-nen-, Kran-, Brücken- und Fahrzeugbau, Förderanlagen
S355N S355M	1.0545 1.8823	N M	55	47	40	470…630 450…610	355	345	335	22	
Legierte Edelstähle											
S420N S420M	1.8902 1.8825	N M	55	47	40	520…680 500…660	420	400	390	19	
S460N S460M	1.8901 1.8827	N M	55	47	40	550…720 530…720	460	440	430	17	

[1] L Lieferzustand: N normalgeglüht/normalisierend gewalzt; M thermomechanisch gewalzt
[2] Die Werte gelten für Spitzkerb-Längsproben.
Alle Stähle sind auch mit Mindestwerten für die Kerbschlagarbeit bei niedrigen Temperaturen lieferbar. Im Kurz-namen werden dann die Gütegruppen N und M durch NL oder ML ersetzt, z.B. 275NL, 275ML.

Technologische Eigenschaften

Schweißbarkeit	Warmumformbarkeit	Kaltumformbarkeit
Die Stähle sind nach den gebräuchlichen Verfah-ren schweißbar. Mit zunehmender Nenndicke und steigender Festigkeit können Kaltrisse auf-treten. Eine fachkompetente Planung der Schweißparameter ist empfehlenswert.	Stähle im Lieferzustand N sind warm umformbar. Thermome-chanisch gewalzte Stähle, Liefer-zustand M, dürfen nicht warm umgeformt werden.	Für Nenndicken ≤ 12 mm ist die Kaltumformbarkeit gewährleistet, wenn sie bei der Bestellung vereinbart wurde.

Vergütete Baustähle mit höherer Streckgrenze (Auswahl) vgl. DIN EN 10137-2 (1995-11)

| Stahlsorte | | Kerbschlagarbeit KV in J bei Temperaturen in °C | | | Zug-festigkeit R_m N/mm² | Streckgrenze R_e in N/mm² für Nenndicken in mm | | | Bruch-deh-nung A % | Eigenschaften, Verwendung |
Kurzname[1]	Werk-stoff-nummer	0	−20	−40		≤ 3 ≤ 50	> 50 ≤ 100	> 100 ≤ 150		
S460Q S460QL	1.8908 1.8906	40 50	30 40	– 30	550… 720	460	440	400	17	hohe Zähigkeit, hohe Sprödbruch- und Alterungsbeständig-keit; hoch belastete Schweißkonstruktio-nen im Maschinen-, Kran-, Brücken- und Fahrzeugbau, Förder-anlagen
S500Q S500QL	1.8924 1.8909	40 50	30 40	– 30	590… 770	500	480	440	17	
S620Q S620QL	1.8914 1.8927	40 50	30 40	– 30	700… 890	620	580	560	15	
S890Q S890QL	1.8940 1.8983	40 50	30 40	– 30	940…1100	890	830	–	11	
S960Q S960QL	1.8941 1.8933	40 50	30 40	– 30	980…1150	960	–	–	10	

[1] Q vergütet; QL vergütet, garantierte Mindestwerte für die Kerbschlagarbeit bis −40°C

Technologische Eigenschaften

Schweißbarkeit	Warmumformbarkeit	Kaltumformbarkeit
Die Stähle sind nach den gebräuchlichen Verfah-ren schweißbar. Mit zunehmender Nenndicke und steigender Festigkeit können Kaltrisse auf-treten. Eine fachkompetente Planung der Schweißparameter ist empfehlenswert.	Bis zur Temperaturgrenze für das Spannungsarm-glühen sind die Stähle warm umformbar.	Die Kaltumformbarkeit ist gewährleistet, wenn sie bei der Bestellung vereinbart wurde.

W

Einsatzstähle, unlegiert und legiert

Einsatzstähle (Auswahl)　　　　　　　　　　　　　　vgl. DIN EN 10084 (1998-06)

Stahlsorte		Härte HB im Lieferzustand[2]		Kerneigenschaften nach der Einsatzhärtung[3]			Härteverfahren[4]		Eigenschaften, Verwendung
Kurzname[1]	Werkstoffnummer	+A	+FP	Zugfestigkeit R_m N/mm²	Streckgrenze R_e N/mm²	Bruchdehnung A %	D	E	
Unlegierte Stähle									
C10E C10R	1.1121 1.1207	131	90…125	490…640	295	16	●	●	Kleinteile mit mittlerer Beanspruchung; Hebel, Zapfen, Bolzen, Rollen, Spindeln, Press- und Stanzteile
C15E C15R	1.1141 1.1140	143	103…140	590…780	355	–	●	●	
Legierte Stähle									
17Cr3 17CrS3	1.7016 1.7014	174	–	700…900	450	11	●	●	Teile mit wechselnder Beanspruchung, z.B. im Getriebebau; Zahnräder, Kegel- und Tellerräder, Antriebsritzel, Wellen, Gelenkwellen
28Cr4 28CrS4	1.7030 1.7036	217	156…207	≥ 700	–	–	●	●	
16MnCr5 16MnCrS5	1.7131 1.7139	207	140…187	780…1080 780…1080	590 590	10 10	○	●	
16NiCr4 16NiCrS4	1.5714 1.5715	217	156…207	≥ 900	–	–		●	
18CrMo4 18CrMoS4	1.7243 1.7244	207	140…187	≥ 900	–	–	○		
20MoCr3 20MoCrS3	1.7320 1.7319	217	145…185	≥ 900	–	–	●	–	
20MoCr4 20MoCrS4	1.7321 1.7323	207	140…187	880…1180	590	10	●		
17CrNi6-6 22CrMoS3-3	1.5918 1.7333	229 217	156…207 152…201	≥ 1100 –	– –	– –	– ○	● –	
15NiCr13 10NiCr5-4	1.5752 1.5805	229 192	166…207 137…187	920…1230 ≥ 900	785 –	10 –	– –	● ●	Teile mit hoher wechselnder Beanspruchung, z.B. im Getriebebau; Zahnräder, Kegel- und Tellerräder, Antriebsritzel, Wellen, Gelenkwellen
20NiCrMo2-2 20NiCrMoS2-2	1.6523 1.6526	212	149…194	780…1080	590	10	●	●	
17NiCrMo6-4 17NiCrMoS6-4 20NiCrMoS6-4	1.6566 1.6569 1.6571	229	149…201 149…201 154…207	≥ 1000 ≥ 1000 ≥ 1100	– – –	– – –	–	●	
20MnCr5 20MnCrS5	1.7147 1.7149	217	152…201	980…1270	685	8	○	●	Teile mit größeren Abmessungen; Ritzelwellen, Zahnräder, Tellerräder
18NiCr5-4 14NiCrMo13-4 18CrNiMo7-6	1.5810 1.6657 1.6687	223 241 229	156…207 166…217 159…207	≥ 1100 1030…1390 1060…1320	– – 785	– 10 8	– – –	● ● ●	

[1] Stahlsorten mit Schwefelzusatz, z.B. 16MnCrS5, weisen eine verbesserte Zerspanbarkeit auf.

[2] Lieferzustand: +A weich geglüht; +FP behandelt auf Ferrit-Perlitgefüge und Härtespanne

[3] Die Festigkeitswerte gelten für Proben mit 30 mm Nenndurchmesser.

[4] Härteverfahren: D Direkthärtung: Die Werkstücke werden direkt aus der Aufkohlungstemperatur abgeschreckt.

E Einfachhärtung: Nach der Aufkohlung lässt man die Werkstücke in der Regel auf Raumtemperatur abkühlen. Zum Härten werden sie erneut erwärmt.

● gut geeignet; ○ bedingt geeignet; – nicht geeignet

Wärmebehandlung der Einsatzstähle: Seite 155

Vergütungsstähle, unlegiert und legiert

Vergütungsstähle (Auswahl)   vgl. DIN EN 10083 (1996-10)

Stahlsorte			Festigkeitswerte für Walzdurchmesser d in mm						Eigenschaften, Verwendung
			Zugfestigkeit R_m N/mm²		Streckgrenze R_e N/mm²		Bruchdehnung A in %		
Kurzname	Werk-stoff-nummer	B[1]	> 16 ≤ 40	> 40 ≤ 100	> 16 ≤ 40	> 40 ≤ 100	> 16 ≤ 40	> 40 ≤ 100	
Unlegierte Stähle[2]									
C22	1.0402	+N	410	410	210	210	25	25	Teile mit geringer Beanspruchung und kleinen Vergütungs-durchmessern; Schrauben, Bolzen, Achsen, Wellen, Zahnräder
C22E	1.1151	+QT	470…620	–	290	–	22	–	
C25	1.0406	+N	440	440	230	230	23	23	
C25E	1.1158	+QT	500…650	–	320	–	21	–	
C35	1.0501	+N	520	520	270	270	19	19	
C35E	1.1181	+QT	600…750	550…700	380	320	19	20	
C45	1.0503	+N	580	580	305	305	16	16	
C45E	1.1191	+QT	650…800	630…780	430	370	16	17	
C60	1.0601	+N	670	670	340	340	11	11	
C60E	1.1221	+QT	800…950	750…900	520	450	13	14	
28Mn6	1.1170	+N	600	600	310	310	18	18	
		+QT	700…850	650…800	490	440	15	16	
Legierte Stähle									
38Cr2 38CrS2	1.7003 1.7023	–QT	700… 850	600… 750	450	350	15	17	Teile mit höherer Beanspruchung und größeren Vergü-tungsdurchmessern; Getriebewellen, Schnecken, Zahn-räder
46Cr2 46CrS2	1.7006 1.7025	+QT	800… 950	650… 800	550	400	14	15	
34Cr4 34CrS4	1.7033 1.7037	+QT	800… 950	700… 850	590	460	14	15	
37Cr4 37CrS4	1.7034 1.7038	+QT	850…1000	750… 900	630	510	13	14	
25CrMo4 25CrMoS4	1.7218 1.7213	+QT	800… 950	700… 850	600	450	14	15	
41Cr4 41CrS4	1.7035 1.7039	+QT	900…1100	800… 950	660	560	12	14	Teile mit hoher Beanspruchung und größeren Vergü-tungsdurchmessern; Wellen, Zahnräder, größere Schmiede-teile
34CrMo4 34CrMoS4	1.7220 1.7226	+QT	900…1100	800… 950	650	550	12	14	
42CrMo4 42CrMoS4	1.7225 1.7227	+QT	1000…1200	900…1100	750	650	11	12	
50CrMo4 51CrV4	1.7228 1.8159	+QT	1000…1200	900…1100	780 800	700 700	10	12	
36CrNiMo4 34CrNiMo6	1.6511 1.6582	+QT	1000…1200 1100…1300	900…1100 1000…1200	800 900	700 800	11 10	12 11	Teile mit höchster Beanspruchung und großen Vergütungs-durchmessern
30NiCrMo8 36NiCrMo16	1.6580 1.6773	+QT	1250…1450	1100…1300	1150	900	9	10	

[1] B Behandlungszustand: +N normalgeglüht; +QT vergütet
Bei den unlegierten Vergütungsstählen gelten die Behandlungszustände +N und +QT jeweils für die Qualitäts- und die Edelstähle.

[2] Die unlegierten Stähle C22, C25, C35, C45 und C60 sind Qualitätsstähle, alle anderen Sorten werden als Edel-stähle hergestellt.

Wärmebehandlung der Vergütungsstähle: Seite 156

W

Nitrierstähle, Stähle für Flamm- und Induktionshärtung, Automatenstähle

Nitrierstähle (Auswahl)   vgl. DIN EN 10085 (2001-07), Ersatz für DIN 17211

Stahlsorte		weich-geglüht Härte HB	Zug-festigkeit[1] R_m N/mm²	Streck-grenze[1] R_e N/mm²	Bruch-dehnung[1] A %	Eigenschaften, Verwendung
Kurzname	Werk-stoff-nummer					
31CrMo12	1.8515	248	980…1180	785	11	Verschleißteile bis 250 mm Dicke
31CrMoV9	1.8519	248	1000…1200	800	10	Verschleißteile bis 100 mm Dicke
34CrAlMo5-10	1.8507	248	800…1000	600	14	Verschleißteile bis 80 mm Dicke
40CrAlMo7-10	1.8509	248	900…1100	720	13	warmfeste Verschleißteile bis 500°C
34CrAlNi7-10	1.8550	248	850…1050	650	12	große Teile; Kolbenstangen, Spindeln

[1] Festigkeitswerte: Die Werte für die Zugfestigkeit R_m, die Streckgrenze R_e und die Bruchdehnung A gelten für Erzeugnisdicken von 40…100 mm im vergüteten Zustand.
Wärmebehandlung der Nitrierstähle: Seite 157

Stähle für Flamm- und Induktionshärtung (Auswahl)   vgl. DIN 17212 (1972-08)

Stahlsorte		weich-geglüht Härte HB	B[1]	Zug-festigkeit[1] R_m N/mm²	Streckgrenze R_e in N/mm² für Nenndicken in mm			Bruch-dehnung A %	Eigenschaften, Verwendung
Kurzname	Werk-stoff-nummer				≤ 16	> 16 ≤ 40	> 40 ≤ 100		
Cf45	1.1193	207	+N	590… 740	–	330	330	17	Verschleißteile mit hoher Kernfestigkeit und guter Zähigkeit; Kurbelwellen, Getriebewellen, Nockenwellen, Schnecken, Zahnräder
			+QT	660… 800	480	410	370	16	
45Cr2	1.7005	207	+QT	780… 930	640	540	440	14	
38Cr4	1.7043	217	+QT	830… 980	740	630	510	13	
42Cr4	1.7045	217	+QT	880…1080	780	670	560	12	
41CrMo4	1.7223	217	+QT	980…1180	880	760	640	11	

[1] B Behandlungszustand: +N normalgeglüht; +QT vergütet
Wärmebehandlung der Stähle für Flamm- und Induktionshärtung: Seite 156

Automatenstähle (Auswahl)   vgl. DIN EN 10087 (1999-01)

Stahlsorte			Für Erzeugnisdicken von 16…40 mm				Eigenschaften, Verwendung
Kurzname[1]	Werk-stoff-nummer	B[2]	Härte HB	Zug-festigkeit R_m N/mm²	Streck-grenze R_e N/mm²	Bruch-dehnung A %	
11SMn30	1.0715	+U	112…169	380…570	–	–	• Zur Wärmebehandlung nicht geeignete Stähle
11SMnPb30	1.0718						
11SMn37	1.0736	+U	112…169	380…570	–	–	Kleinteile mit geringer Beanspruchung; Hebel, Zapfen
11SMnPb37	1.0737						
10S20	1.0721	+U	107…156	360…530	–	–	• Einsatzstähle
10SPb20	1.0722						verschleißfeste Kleinteile; Wellen, Bolzen, Stifte
15SMn13	1.0725	+U	128…178	430…600	–	–	
35S20	1.0726	+U	154…201	520…680	–	–	• Vergütungsstähle
35SPb20	1.0756	+QT	–	600…750	380	16	
44SMn28	1.0762	+U	187…238	630…800	–	–	größere Teile mit höherer Beanspruchung; Spindeln, Wellen, Zahnräder
44SMnPb28	1.0763	+QT	–	700…850	420	16	
46S20	1.0727	+U	175…225	590…760	–	–	
46SPb20	1.0757	+QT	–	650…800	430	13	

[1] Stahlsorten mit Bleizusätzen, z.B. 11SMnPb30, sind besser zerspanbar.
[2] B Behandlungszustand: +U unbehandelt; +QT vergütet
Alle Automatenstähle sind unlegierte Qualitätsstähle. Ein gleichmäßiges Ansprechen auf Einsatzhärten oder Vergüten ist nicht gesichert.   Wärmebehandlung der Automatenstähle: Seite 157

W

Kaltarbeitsstähle, Warmarbeitsstähle, Schnellarbeitsstähle

Werkzeugstähle (Auswahl)

vgl. DIN EN ISO 4957 (2001-02), Ersatz für DIN 17350

Stahlsorte Kurzname	Werkstoff-nummer	Härte HB[1] max.	Härte-temperatur °C	A[2]	Anlass-temperatur °C	Anwendungsbeispiele, Eigenschaften
Kaltarbeitsstähle, unlegiert						
C45U	1.1730	190	800…830	W	180…300	ungehärtete Aufbauteile für Werkzeuge, Schraubendreher, Meißel, Messer
C70U	1.1520	190	790…820	Ö	180…300	Zentrierdorne, kleine Gesenke, Schraubstockbacken, Abgratstempel
C80U	1.1525	190	780…810	W	180…300	Gesenke mit flachen Gravuren, Meißel, Kaltschlagmatrizen, Messer
C105U	1.1545	213	770…800	W	180…300	einfache Schneidwerkzeuge, Prägestempel, Reißnadeln, Lochdorne, Spiralbohrer
Kaltarbeitsstähle, legiert						
21MnCr5	1.2162	215	810…840	Ö	150…180	komplizierte einsatzgehärtete Kunststoff-pressformen; gut polierbar
60WCrV8	1.2550	230	880…930	Ö	180…300	Schnitte für Stahlblech von 6 … 15 mm, Kaltlochstempel, Meißel, Körner
90MnCrV8	1.2842	220	790…820	Ö	150…250	Schneidplatten, Stempel, Kunststoffpress-formen, Reibahlen, Messzeuge
102Cr6	1.2067	230	820…850	Ö	100…180	Bohrer, Fräser, Reibahlen, kleine Schneid-platten, Spitzen für Drehmaschinen
X38CrMo16	1.2316	250	1000…1040	Ö	650…700	Werkzeuge für die Verarbeitung von chemisch angreifenden Thermoplasten
40CrMnNiMo8-6-4	1.2738	235	840…870	Ö	180…220	Kunststoffformen aller Art
45NiCrMo16	1.2767	260	840…870	Ö, L	160…250	Biege- und Prägewerkzeuge, Schermesser für dickes Schneidgut
X153CrMoV12	1.2379	250	1020…1050	Ö, L	180…250	bruchempfindliche Schneidwerkzeuge, Fräser, Räumwerkzeuge, Schermesser
X210CrW12	1.2436	255	950…980	Ö, L	180…250	Hochleistungs-Schneidwerkzeuge, Räumwerkzeuge, Presswerkzeuge
Warmarbeitsstähle						
55NiCrMoV7	1.2714	250	840…870	Ö	400…650	Kunststoffpressformen, kleine und mittel-große Gesenke, Warmschermesser
X37CrMoV5-1	1.2343	235	1020…1050	Ö, L	550…650	Druckgießformen für Leichtmetalle, Strangpresswerkzeuge
32CrMoV12-28	1.2365	230	1020…1050	Ö, L	500…670	Druckgießformen für Schwermetalle, Strangpresswerkzeuge für alle Metalle
X38CrMoV5-3	1.2367	235	1030…1080	Ö, L	600…700	hochwertige Gesenke, hoch beanspruchte Werkzeuge zur Schraubenherstellung
Schnellarbeitsstähle						
HS6-5-2C	1.3343	250	1190…1230	Ö, L	540…560	Spiralbohrer, Reibahlen, Fräser, Gewinde-bohrer, Kreissägeblätter
HS6-5-2-5	1.3243	270	1210…1250	Ö, L	550…570	Höchstbeanspruchte Spiralbohrer, Fräser, Schruppwerkzeuge mit hoher Zähigkeit
HS10-4-3-10	1.3207	270	1210…1250	Ö, L	550…570	Drehmeißel für Automatenbearbeitung, hohe Abspanleistung
HS2-9-2	1.3348	250	1190…1230	Ö, L	540…580	Fräser, Spiral- und Gewindebohrer, hohe Schneidhärte, Warmfestigkeit, Zähigkeit

[1] Anlieferungszustand: geglüht   [2] A Abschreckmittel; W Wasser; Ö Öl; L Luft
Bezeichnung der Werkzeugstähle: Seite 125;   Wärmebehandlung der Werkzeugstähle: Seite 155

W

Nichtrostende Stähle

Nichtrostende Stähle (Auswahl)

vgl. DIN EN 10088 (1995-08)

Stahlsorte		L[1]		A[2]	Dicke d mm	Zug-festigkeit R_m N/mm²	Dehn-grenze $R_{p0,2}$ N/mm²	Bruch-dehnung A %	Eigenschaften, Verwendung
Kurzname	Werk-stoff-nummer	B	S						
Austenitische Stähle									
X10CrNi18-8	1.4310	•		C	≤ 6	600...950	250	40	Federn für Temperaturen bis 300°C, Fahrzeugbau
			•	–	≤ 40	500...750	195	40	
X2CrNi18-9	1.4307	•		C	≤ 6	520...670	220	45	Behälter für Haushalt, chemische und Lebens-mittelindustrie
		•		P	≤ 75	500...650	200		
			•	–	≤ 160	450...680	175	45	
X2CrNiN19-11	1.4306	•		C	≤ 6	520...670	220	45	Geräte und Teile, die organischen und Frucht-säuren ausgesetzt sind
		•		P	≤ 75	500...650	200		
			•	–	≤ 160	460...680	180	45	
X2CrNi18-10	1.4311	•		C	≤ 6	550...750	290	40	Geräte des Molkerei- und Brauereigewerbes, Druckgefäße
		•		P	≤ 75	550...750	270		
			•	–	≤ 160	550...760	270	40	
X5CrNi18-10	1.4301	•		C	≤ 6	540...750	230	45	Tiefziehteile in der Nahrungsmittelindustrie, gut polierbar
		•		P	≤ 75	520...720	210		
			•	–	≤ 160	500...700	190	45	
X8CrNiS18-9	1.4305	•		P	≤ 75	500...700	190	35	Teile im Nahrungsmittel- und Molkereigewerbe
			•	–	≤ 160	500...750	190	35	
X6CrNiTi18-10	1.4541	•		C	≤ 6	520...720	220	40	Gebrauchsgegenstände im Haushalt, Teile in der Fotoindustrie
		•		P	≤ 75	500...700	200		
			•	–	≤ 160	500...700	190	40	
X4CrNi18-12	1.4303	•		C	≤ 6	500...650	220	45	Chemische Industrie; Schrauben, Muttern
			•	–	≤ 160	500...700	190	45	
X5CrNiMo17-12-2	1.4401	•		C	≤ 6	530...680	240	40	Teile in der Farben-, Öl- und Textilindustrie
		•		P	≤ 75	520...670	220	45	
			•	–	≤ 160	500...700	200	40	
X6CrNiMoTi17-12-2	1.4571	•		C	≤ 6	540...690	240	40	Teile in der Textil-, Kunstharz- und Gummi-industrie
		•		P	≤ 75	520...670	220		
			•	–	≤ 160	500...700	200	40	
X2CrNiMo18-14-3	1.4435	•		C	≤ 6	550...700	240	40	Teile mit erhöhter chemischer Beständigkeit in der Zellstoffindustrie
		•		P	≤ 75	520...670	220	45	
			•	–	≤ 160	500...700	200	40	
X2CrNiMoN17-13-3	1.4429	•		C	≤ 6	580...780	300	35	Druckbehälter mit erhöhter chemischer Beständigkeit
		•		P	≤ 75		280	40	
			•	–	≤ 160	580...800	280	40	
X2CrNiMoN17-13-5	1.4439	•		C	≤ 6	580...780	290	35	beständig gegen Chlor und höhere Temperatu-ren; chemische Industrie
		•		P	≤ 75		270	40	
			•	–	≤ 160	580...800	280	35	
X1NiCrMoCu25-20-5	1.4539	•		C	≤ 6	530...730	240	35	beständig gegen Phosphor-, Schwefel- und Salzsäure; chemische Industrie
		•		P	≤ 75	520...720	220		
			•	–	≤ 160	530...730	230	35	

[1] L Lieferformen: B Bleche, Bänder; S Stäbe, Profile
[2] A Anlieferungszustand: C kalt gewalzte Bänder; P warm gewalzte Bleche

W

Nichtrostende Stähle

Nichtrostende Stähle (Fortsetzung)   vgl. DIN EN 10088 (1995-08)

Ferritische Stähle

Stahlsorte Kurzname	Werkstoff-nummer	L[1] B	L[1] S	A[2]	Dicke d mm	Zug-festigkeit R_m N/mm²	Dehn-grenze $R_{p0,2}$ N/mm²	Bruch-dehnung A %	Eigenschaften, Verwendung
X2CrNi12	1.4003	•		C P	≤ 6 ≤ 25	450…650	280 250	20 18	Fahrzeug- und Container-bau, Fördertechnik
			•	–	≤ 100	450…600	260	20	
X6Cr13	1.4000	• •		C P	≤ 6 ≤ 25	400…600	240 220	19	beständig gegen Wasser und Dampf; Haushalts-geräte, Beschläge
			•	–	≤ 25	400…630	230	20	
X6Cr17	1.4016	• •		C P	≤ 6 ≤ 25	450…600 430…630	260 240	20	gut kalt umformbar, polierbar; Bestecke, Stoßstangen
			•	–	≤ 100	400…630	240	20	
X2CrTi12	1.4512	•		C	≤ 6	380…560	210	25	Katalysatoren
X6CrMo17-1	1.4113	•		C	≤ 6	450…630	260	18	Automobilbau; Zierleisten, Radkappen
			•	–	≤ 100	440…660	280	18	
X3CrTi17	1.4510	•		C C	≤ 6 ≤ 12	450…600 430…630	260 240	20	Schweißteile im Nahrungsmittelbereich
X2CrMoTi18-2	1.4521	• •		C P	≤ 6 ≤ 12	420…640 420…620	300 280	20	Schrauben, Muttern, Heizkörper

[1] L Lieferformen: B Bleche, Bänder; S Stäbe, Profile
[2] A Anlieferungszustand: C kalt gewalzte Bänder; P warm gewalzte Bleche

Martensitische Stähle

Stahlsorte Kurzname	Werkstoff-nr.	L[1] B	L[1] S	A[2]	Dicke d mm	W[3]	Zug-festigkeit R_m N/mm²	Dehn-grenze $R_{p0,2}$ N/mm²	Bruch-dehnung A %	Eigenschaften, Verwendung
X12Cr13	1.4006	• •		C P	≤ 6 ≤ 75	A QT650	≤ 600 650…850	– 450	20 12	beständig gegen Wasser und Dampf, Lebensmittel-industrie
			•	–	≤ 160	QT650	650…850	450	15	
X20Cr13	1.4021	• •		C P	≤ 6 ≤ 75	A QT750	≤ 700 750…950	– 550	15 10	Achsen, Wellen, Pumpenteile, Schiffsschrauben
			•	–	≤ 160	QT800	800…950	600	12	
X30Cr13	1.4028	• •		C P	≤ 6 ≤ 75	A QT800	≤ 740 800…1000	– 600	15 10	Schrauben, Muttern, Federn, Kolbenstangen
			•	–	≤ 160	QT850	850…1000	650	10	
X46Cr13	1.4034	• •		C –	≤ 6 –	A A	≤ 780 ≤ 800	245 245	12 –	härtbar; Tafel- und Maschinenmesser
X39CrMo17-1	1.4122	• •		C –	≤ 6 ≤ 60	A QT750	≤ 900 750…950	280 550	12 12	Wellen, Spindeln, Armaturen bis 600 °C
X3CrNiMo13-4	1.4313	•		P	≤ 75	QT900	900…1100	800	11	hohe Zähigkeit; Pumpen, Turbinenlauf-räder, Reaktorbau
			•	–	≤ 160	A QT900	760…960 900…1100	550 800	16 12	

[1] L Lieferformen: B Bleche, Bänder; S Stäbe, Profile
[2] A Anlieferungszustand: C kalt gewalzte Bänder; P warm gewalzte Bleche
[3] W Wärmebehandlungszustand: A lösungsgeglüht; QT750 → vergütet auf Mindestzugfestigkeit R_m = 750 N/mm²

W

Federstahl

Stahldraht für Federn, patentiert gezogen — vgl. DIN EN 10270-1 (2001-12), Ersatz für DIN 17223

Draht-sorte	Mindestzugfestigkeit R_m in N/mm² für die Nenndurchmesser d in mm															
	0,5	0,8	1,0	1,5	2,0	2,5	3,0	3,4	4,0	4,5	5,0	6,0	8,0	10,0	15,0	20,0
SL	–	–	1720	1600	1510	1460	1410	1370	1320	1290	1260	1210	1120	1060	–	–
SM	2200	2050	1980	1850	1740	1690	1630	1590	1530	1500	1460	1400	1310	1240	1110	1020
SH	2480	2310	2330	2090	1970	1900	1840	1790	1740	1690	1660	1590	1490	1410	1270	1160
DM	2200	2050	1980	1850	1740	1690	1630	1590	1530	1500	1460	1400	1310	1240	1110	1020
DH	2480	2310	2230	2090	1970	1900	1840	1790	1740	1690	1660	1590	1490	1410	1270	1160

Drahtdurchmesser d in mm (Auswahl)

alle Sorten, außer SL[1]	0,30 – 0,32 – 0,34 – 0,36 – 0,38 – 0,40 – 0,43 – 0,48 – 0,50 – 0,53 – 0,56 – 0,60 – 0,63 – 0,65 – 0,70 – 0,75 – 0,80 – 0,90 – 1,00 – 1,10 – 1,20 – 1,25 – 1,30 – 1,40 – 1,50 – 1,60 – 1,70 – 1,80 – 1,90 – 2,00 – 2,10 – 2,25 – 2,40 – 2,50 – 2,60 – 2,80 – 3,00 – 3,20 – 3,40 – 3,60 – 3,80 – 4,00 – 4,25 – 4,50 – 4,75 – 5,00 – 5,30 – 5,60 – 6,00 – 6,30 – 6,50 – 7,00 – 7,50 – 8,00 – 8,50 – 9,00 – 9,50 – 10,00

[1] Drahtsorte SL ist nur im Durchmesserbereich d = 1…10 mm lieferbar.

Einsatzbedingungen, Verwendung

Draht-sorte	Geeignet für Federn mit	Verwendung
SL	niedriger statischer Beanspruchung	Zugfedern, Druckfedern, Drehfedern in Geräte- und Maschinenbau, Drahtsorte DH ist auch für Formfedern geeignet.
SM	mittlerer statischer **oder** seltener dynamischer Beanspruchung	
SH	hoher statischer **oder** niedriger dynamischer Beanspruchung	
DM	mittlerer dynamischer Beanspruchung	
DH	hoher statischer **oder** mittlerer dynamischer Beanspruchung	

Drahtoberflächen, Lieferformen

Kurz-zeichen	Draht-oberfläche	Kurz-zeichen	Draht-oberfläche	Lieferformen
ph	phosphatiert	Z	mit Zinküberzug	• in Ringen oder auf Spulen • gerichtete Stäbe im Bündel
cu	verkupfert	ZA	mit Zink/Aluminium-Überzug	

⇒ **Federdraht EN 10270-1 DM 3,4 ph**: Drahtsorte DM, d = 3,4 mm, phosphatierte Oberfläche (ph)

Federstahl, warm gewalzt, vergütbar — vgl. DIN EN 10089 (2003-04), Ersatz für DIN 17221

Stahlsorte		warm gewalzt	weich-geglüht +A	im vergüteten Zustand (+QT)[1]			Eigenschaften, Verwendung
Kurz-name	Werk-stoff-nummer	Härte HB	Härte HB	Zug-festigkeit R_m N/mm²	Dehn-grenze $R_{p\,0,2}$ N/mm²	Bruch-dehnung A %	
38Si7	1.5023	240	217	1300…1600	1150	8	federnde Schraubensicherungen
46Si7	1.5024	270	248	1400…1700	1250	7	Blattfedern, Schraubenfedern
55Cr3	1.7176	> 310	248	1400…1700	1250	3	größere Zug- und Druckfedern
54SiCr6	1.7102	310	248	1450…1750	1300	6	Federdraht
61SiCr7	1.7108	310	248	1550…1850	1400	5,5	Blattfedern, Tellerfedern
51CrV4	1.8159	> 310	248	1400…1700	1200	6	hoch beanspruchte Federn

Erläuterung: [1] Die Festigkeitswerte gelten für Proben mit d = 10 mm Durchmesser.

⇒ **Rundstab EN 10089 – 20 x 8000 – 51CrV4+A**: Stabdurchmesser d = 20 mm, Stablänge l = 8000 mm, Stahlsorte 51CrV4, Anlieferungszustand weichgeglüht (+A)

Drahtdurchmesser d in mm (Auswahl)

5,0 – 5,5 – 6,0 – 6,5 – 7,0 – 7,5 – 8,0 – 8,5 – 9,0 – 9,5 – 10,0 – 10,5 – 11,0 – 11,5 – 12,0 … 19,0 – 19,5 – 20,0 – 21,0 – 22,0 – 23,0 … 27,0 – 28,0 – 29,0 – 30,0	**Lieferformen** • gerichtete Stäbe • Drahtringe

W

Bleche und Bänder – Einteilung, Übersicht

Einteilung nach

Lieferformen

Bezeichnung	handelsübliche Formate
Bleche	meist rechteckige Tafeln im Kleinformat: $b \times l$ = 1000 x 2000 mm Mittelformat: $b \times l$ = 1250 x 2500 mm Großformat: $b \times l$ = 1500 x 3000 mm Blechdicken s = 0,14…250 mm
Bänder	zu Rollen (Coils) aufgewickelte Endlos-Blechstreifen Streifendicke s = 0,14… ca. 10 mm Streifenbreite b bis 2000 mm Coildurchmesser bis 2400 mm • zur Beschickung von automatischen Fertigungsanlagen oder für Tafelzuschnitte bei der Weiterverarbeitung

Herstellverfahren

Verfahren	Bemerkungen
warm gewalzt	Blechdicken bis ca. 250 mm, Oberflächen im Walzzustand oder entzundert
kalt gewalzt	Blechdicken bis ca. 10 mm, glatte Oberflächen, enge Fertigungstoleranzen
kalt gewalzt mit Oberflächenveredelung	• höhere Korrosionsbeständigkeit, z.B. durch Verzinken, organische Beschichtung • für dekorative Zwecke, z.B. durch Kunststoffbeschichtung • bessere Umformbarkeit, z.B. durch strukturierte Oberflächen

Blechsorten – Übersicht (Auswahl)

Haupteigenschaften	Bezeichnung, Stahlsorten	Norm	Lieferformen[1] BI	Ba	Dickenbereich
Kalt gewalzte Bleche und Bänder					
• kalt umformbar (Tiefziehen) • schweißbar • Oberfläche lackierbar	Flacherzeugnisse aus weichen Stählen	DIN EN 10130	•	•	0,35…3 mm
	Kaltband aus weichen Stählen	DIN EN 10207	–	•	≤ 10 mm
	Flacherzeugnisse mit hoher Streckgrenze aus mikrolegierten Stählen	DIN EN 10268	•	•	≤ 3 mm
	Flacherzeugnisse zum Emaillieren	DIN EN 10209	•	•	≤ 3 mm
Kalt gewalzte Bleche und Bänder mit Oberflächenveredelung					
• höhere Korrosionsbeständigkeit • ggf. bessere Umformbarkeit	Schmelztauchveredeltes Blech und Band	DIN EN 10143	•	•	≤ 3 mm
	Elektrolytisch verzinkte Flacherzeugnisse aus Stahl zum Kaltumformen	DIN EN 10152	•	•	0,35…3 mm
	Organisch beschichtete Flacherzeugnisse aus Stahl	DIN EN 10169-1	•	•	≤ 3 mm
Kalt gewalzte Bleche und Bänder für Verpackungen					
• korrosionsbeständig • kalt umformbar • schweißbar	Feinstblech zur Herstellung von Weißblech	DIN EN 10205	•	•	0,14…0,49 mm
	Verpackungsblech aus elektrolytisch verzinntem oder verchromtem Stahl	DIN EN 10202	•	•	0,14…0,49 mm
Warm gewalzte Bleche und Bänder					
Eigenschaften wie entsprechende Stahlgruppen (Seite 126, 127)	Blech und Band aus unlegierten und legierten Stählen, z.B. aus Baustählen nach DIN EN 10025, Feinkornbaustählen nach DIN EN 10113, Einsatzstählen nach DIN EN 10084, Vergütungsstählen nach DIN EN 10083, nichtrostenden Stählen nach DIN EN 10088	DIN EN 10051	•	•	Bleche bis 25 mm Dicke, Bänder bis 10 mm Dicke
• hohe Streckgrenze	Blech aus Baustählen mit höherer Streckgrenze in vergütetem Zustand	DIN EN 10137-2	•	–	3…150 mm
• Kaltumformbarkeit	Flacherzeugnisse aus Stählen mit hoher Streckgrenze	DIN EN 10149-1	•	•	Bleche bis 20 mm Dicke

[1] Lieferformen: BI Bleche; Ba Bänder

Kalt gewalzte Bleche und Bänder zur Kaltumformung

Kalt gewalztes Band und Blech aus weichen Stählen
vgl. DIN EN 10130 (1999-02)

Stahlsorte		Ober-flächen-art	Zug-festigkeit R_m N/mm²	Streck-grenze R_e N/mm²	Bruch-dehnung A %	Freiheit von Fließ-figuren[1]	Eigenschaften, Verwendung
Kurzname	Werk-stoff-nummer						
DC01	1.0330	A B	270…410	140 280	28	– 3 Monate	kalt umformbar, z.B. durch Tiefziehen, schweißbar, Oberflächen lackierbar; umgeformte Blechteile im Fahrzeugbau, im allgemeinen Maschinen- und Gerätebau, in der Bauindustrie
DC03	1.0347	A B	270…370	140 240	34	6 Monate	
DC04	1.0338	A B	270…350	140 210	38	6 Monate	
DC05	1.0312	A B	270…330	140 180	40	6 Monate	
DC06	1.0873	A B	270…350	120 180	38	un-begrenzt	
Liefer-formen (Richtwerte)	Blechdicken: 0,25 – 0,35 – 0,4 – 0,5 – 0,6 – 0,7 – 0,8 – 0,9 – 1,0 – 1,2 – 1,5 – 2,0 – 2,5 – 3,0 mm Blechtafel-Abmessungen: 1000 x 2000 mm, 1250 x 2500 mm, 1500 x 3000 mm, 2000 x 6000 mm Bänder (Coils) bis ca. 2000 mm Breite						
Erläuterung	[1] Bei der spanlosen Weiterverarbeitung, z.B. durch Tiefziehen, treten innerhalb der angegebenen Frist keine Fließfiguren auf. Die Frist gilt ab der vereinbarten Lieferung.						

Oberflächenart		Oberflächenausführung		
Bezeichnung	Beschreibung der Oberfläche	Bezeichnung	Ausführung	Mittenrauwert Ra
A	Fehler, z.B. Poren, Riefen, dürfen die Umform-barkeit und die Haftung von Oberflächenüber-zügen nicht beeinträchtigen.	b g	besonders glatt glatt	$Ra ≤ 0,4$ µm $Ra ≤ 0,9$ µm
B	Eine Blechseite muss so weit fehlerfrei sein, dass das Aussehen einer Qualitätslackierung nicht beeinträchtigt wird.	m r	matt rau	$0,6$ µm $< Ra ≤ 1,9$ µm $Ra > 1,6$ µm
⇒	**Blech EN 10130 – DC06 – B – g:** Blech aus Werkstoff DC06, Oberflächenart B, glatte Oberfläche			

Kalt gewalztes Band und Blech aus mikrolegierten Stählen
vgl. DIN EN 10268 (1999-02)

Stahlsorte		Ober-flächen-art	Zug-festigkeit R_m N/mm²	Streck-grenze R_e N/mm²	Bruch-dehnung A %	Freiheit von Fließ-figuren[1]	Eigenschaften, Verwendung
Kurzname	Werk-stoff-nummer						
H240LA H280LA	1.0480 1.0489	A	340 370	240…310 280…360	27 24	un-begrenzt	kalt umformbar, schweißbar, Oberflächen lackierbar; umgeformte Blechteile mit hoher Beanspruchung
H320LA H360LA H400LA	1.0548 1.0550 1.0556	A	400 430 460	320…410 360…460 400…500	22 20 18	un-begrenzt	
Liefer-formen (Richtwerte)	Blechdicken: 0,25 – 0,35 – 0,4 – 0,5 – 0,6 – 0,7 – 0,8 – 0,9 – 1,0 – 1,2 – 1,5 – 2,0 – 2,5 – 3,0 mm Blechtafel-Abmessungen: 1000 x 2000 mm, 1250 x 2500 mm, 1500 x 3000 mm, 2000 x 6000 mm Bänder (Coils) bis ca. 2000 mm Breite						
Erläuterung	[1] Bei der umformenden Weiterverarbeitung, z.B. durch Tiefziehen, treten innerhalb der angegebenen Frist keine Fließfiguren auf. Die Frist gilt ab der vereinbarten Lieferung.						

Oberflächenausführungen für Walzbreiten > 600 mm

Bezeichnung	Ausführung	Mittenrauwert Ra	Bezeichnung	Ausführung	Mittenrauwert Ra
b g	besonders glatt glatt	$Ra ≤ 0,4$ µm $Ra ≤ 0,9$ µm	m r	matt rau	$Ra = 0,6…1,9$ µm $Ra > 1,6$ µm
⇒	**Blech EN 10268 – H360LA – g:** Blech aus mikrolegiertem Stahl (H, LA → Low Alloy), $R_{e\,min} = 360$ N/mm², glatte Oberfläche				

W

Kalt und warm gewalzte Bleche

Feuerverzinktes Band und Blech aus weichen Stählen zum Kaltumformen

vgl. DIN EN 10142 (2000-07)

Stahlsorte		Garantie für Festigkeitswerte[1]	Zugfestigkeit R_m N/mm^2	Streckgrenze R_e N/mm^2	Bruchdehnung A %	Freiheit von Fließfiguren[2]	Kaltumformgüteklasse
Kurzname	Werkstoffnummer						
DX51D+Z DX51D+ZF	1.0226+Z 1.0226+ZF	8 Tage	270…500	–	22	1 Monat	Maschinenfalzgüte
DX52D+Z DX52D+ZF	1.0350+Z 1.0350+ZF	8 Tage	270…420	140…300	26	1 Monat	Ziehgüte
DX53D+Z DX53D+ZF	1.0355+Z 1.0355+ZF	6 Monate	270…380	140…260	30	6 Monate	Tiefziehgüte
DX54D+Z DX54D+ZF	1.0306+Z 1.0306+ZF	6 Monate	270…350	140…220	36 34	6 Monate	Sondertiefziehgüte
DX56D+Z DX56D+ZF	1.0322+Z 1.0322+ZF	6 Monate	270…350	120…180	39 37	6 Monate	Spezialtiefziehgüte

Lieferformen (Richtwerte)	Blechdicken: 0,25 – 0,35 – 0,4 – 0,5 – 0,6 – 0,7 – 0,8 – 0,9 – 1,0 – 1,2 – 1,5 – 2,0 – 2,5 – 3,0 mm Blechtafel-Abmessungen: 1000 x 2000 mm, 1250 x 2500 mm, 1500 x 3000 mm, 2000 x 6000 mm Bänder (Coils) bis ca. 2000 mm Breite
Erläuterungen	[1] Die Kennwerte für die Zugfestigkeit R_m, die Streckgrenze R_e und die Bruchdehnung A werden nur innerhalb der angegebenen Frist garantiert. Die Frist gilt ab der vereinbarten Lieferung. [2] Bei der umformenden Weiterverarbeitung, z.B. durch Tiefziehen, treten innerhalb der angegebenen Frist keine Fließfiguren auf. Die Frist gilt ab der vereinbarten Lieferung.

Zusammensetzung, Eigenschaften und Strukturen der Beschichtung

Bezeichnung	Zusammensetzung, Eigenschaften	Bezeichnung	Struktur
+Z	Beschichtung aus Reinzink, glänzend-blumige Oberfläche, Schutz gegen atmosphärische Korrosion	N	übliche Zinkblumen in unterschiedlicher Größe
		M	kleine Zinkblumen
+ZF	abriebfeste Beschichtung aus einer Zink-Eisen-Legierung, einheitlich mattgraue Oberfläche, Korrosionsschutz wie bei +Z	R	einheitlich mattgraue Oberfläche (Strukturangabe nur in Verbindung mit Beschichtung +ZF)

Oberflächenart

Bezeichnung	Bedeutung
A B C	kleine Oberflächenfehler sind zulässig, z.B. Punkte, Streifen verbesserte Oberfläche gegenüber A beste Oberfläche, auf einer Blechseite muss eine Qualitätslackierung gesichert sein
⇒	**Blech EN 10142 – DX53D+ZF100-R-B:** Blech aus Werkstoff DX53D, Beschichtung aus Eisen-Zink-Legierung mit 100 g/m^2, einheitlich mattgraue (R) und verbesserte (B) Oberfläche

Warm gewalzte Bleche und Bänder

vgl. DIN EN 10051 (1997-11)

Werkstoffe	Warm gewalzte Bleche und Bänder nach DIN EN 10051 werden aus Stählen verschiedener Werkstoffgruppen hergestellt, z.B.			Eigenschaften und Verwendung der Stähle entsprechen den Angaben auf den entsprechenden Stahlseiten.
	Stahlgruppe, Bezeichnung	Norm	Seite	
	Baustähle Einsatzstähle Vergütungsstähle	DIN EN 10025 DIN EN 10084 DIN EN 10083	130 132 133	
	Schweißgeeignete Feinkornbaustähle Vergütbare Baustähle, hohe Streckgrenze	DIN EN 10113 DIN EN 10137	131 131	
	Nichtrostende Stähle Druckbehälterstähle	DIN EN 10088 DIN EN 10028	136 –	

Lieferformen (Richtwerte)	Blechdicken: 0,5 – 1,0 – 1,5 – 2,0 – 2,5 – 3,0 – 3,5 – 4,0 – 4,5 – 5,0 – 6,0 – 8,0 – 10,0 – 12,0 – 15,0 – 18,0 – 20,0 – 25,0 mm. Tafel- und Bandabmessungen siehe DIN EN 10142.
⇒	**Blech EN 10051 – 2,0 x 1200 x 2500:** Blechdicke 2,0 mm, Tafelabmessungen 1200 x 2500 mm **Stahl EN 10083-1 – 34Cr4:** legierter Vergütungsstahl 34Cr4

W

Rohre für den Maschinenbau, Präzisionstahlrohre

Nahtlose Rohre für den Maschinenbau (Auswahl)   vgl. DIN EN 10297-1 (2003-06)

$d \times s$	S cm²	m' kg/m	W_x cm³	I_x cm⁴	$d \times s$	S cm²	m' kg/m	W_x cm³	I_x cm⁴
26,9 x 2,3	1,78	1,40	1,01	1,36	54 x 5,0	7,70	6,04	8,64	23,34
26,9 x 2,6	1,98	1,55	1,10	1,48	54 x 8,0	11,56	9,07	11,67	31,50
26,9 x 3,2	2,38	1,87	1,27	1,70	54 x 10,0	13,82	10,85	13,03	35,18
35 x 2,6	2,65	2,08	2,00	3,50	60,3 x 8	13,14	10,31	15,25	45,99
35 x 4,0	3,90	3,06	2,72	4,76	60,3 x 10	15,80	12,40	17,23	51,95
35 x 6,3	5,68	4,46	3,50	6,13	60,3 x 12,5	18,77	14,73	19,00	57,28
40 x 4	4,52	3,55	3,71	7,42	70 x 8	15,58	12,23	21,75	76,12
40 x 5	5,50	4,32	4,30	8,59	70 x 12,5	22,58	17,73	27,92	97,73
40 x 8	8,04	6,31	5,47	10,94	70 x 16	27,14	21,30	30,75	107,6
44,5 x 4	5,09	4,00	4,74	10,54	82,5 x 8	18,72	14,70	31,85	131,4
44,5 x 5	6,20	4,87	5,53	12,29	82,5 x 12,5	27,49	21,58	42,12	173,7
44,5 x 8	9,17	7,20	7,20	16,01	82,5 x 20	39,27	30,83	51,24	211,4
51 x 5	7,23	5,68	7,58	19,34	88,9 x 10	24,79	19,46	44,09	196,0
51 x 8	10,81	8,49	10,13	25,84	88,9 x 16	36,64	28,76	57,40	255,2
51 x 10	12,88	10,11	11,25	28,68	88,9 x 20	43,29	33,98	62,66	278,6

Legend:
d Außendurchmesser
s Wanddicke
S Querschnittsfläche
m' längenbezogene Masse
W_x axiales Widerstandsmoment
I_x axiales Flächenträgheitsmoment

Werkstoffe, Glühzustand	Stahlgruppe	Stahlsorte, Beispiele	Glühzustand[1]
	Maschinenbaustähle unlegiert	E235, E275, E315	+AR oder +N
	legiert	E355K2, E420J2	+N
	Vergütungsstähle unlegiert	C22E, C45E, C60E	+N oder +QT
	legiert	41Cr4, 42CrMo4	+QT
	Einsatzstähle, unlegiert, legiert	C10E, C15E, 16MnCr5	+A oder +N
	Eigenschaften und Verwendung der Stähle: Seiten 126 und 127		

Präzisionsstahlrohre, nahtlos gezogen (Auswahl)   vgl. DIN EN 10305-1 (2003-02)

Legend:
d Außendurchmesser
s Wanddicke
S Querschnittsfläche
m' längenbezogene Masse
W_x axiales Widerstandsmoment
I_x axiales Flächenträgheitsmoment

$d \times s$	S cm²	m' kg/m	W_x cm³	I_x cm⁴	$d \times s$	S cm²	m' kg/m	W_x cm³	I_x cm⁴
10 x 1	0,28	0,22	0,06	0,03	35 x 3	3,02	2,37	2,23	3,89
10 x 1,5	0,40	0,31	0,07	0,04	35 x 5	4,71	3,70	3,11	5,45
10 x 2	0,50	0,39	0,09	0,04	35 x 8	5,53	4,34	2,53	3,79
12 x 1	0,35	0,27	0,09	0,05	40 x 4	4,52	3,55	3,71	7,42
12 x 1,5	0,49	0,38	0,12	0,07	40 x 5	5,50	4,32	4,30	8,59
12 x 2	0,63	0,49	0,14	0,08	40 x 8	8,04	6,31	5,47	10,94
15 x 2	0,82	0,64	0,24	0,18	50 x 5	7,07	5,55	7,25	18,11
15 x 2,5	0,98	0,77	0,27	0,20	50 x 8	10,56	8,29	9,65	24,12
15 x 3	1,13	0,89	0,29	0,22	50 x 10	12,57	9,87	10,68	26,70
20 x 2,5	1,37	1,08	0,54	0,54	60 x 5	8,64	6,78	10,98	32,94
20 x 4	2,01	1,58	0,68	0,68	60 x 8	13,07	10,26	15,07	45,22
20 x 5	2,36	1,85	0,74	0,74	60 x 10	15,71	12,33	17,02	51,05
25 x 2,5	1,77	1,39	0,91	1,13	70 x 5	10,21	8,01	15,50	54,24
25 x 5	3,14	2,46	1,34	1,67	70 x 8	18,85	14,80	24,91	87,18
25 x 6	3,58	2,81	1,42	1,78	70 x 12	21,87	17,17	27,39	95,88
30 x 3	2,54	1,99	1,56	2,35	80 x 8	18,10	14,21	29,68	118,7
30 x 5	3,93	3,08	2,13	3,19	80 x 10	21,99	17,26	34,36	137,4
30 x 6	4,52	3,55	2,31	3,46	80 x 16	32,17	25,25	43,75	175,0

Werkstoffe, Oberfläche, Glühzustand	Stahlgruppe	Oberflächen	Glühzustand[1]
	unlegierte Baustähle, Automatenstähle, Vergütungsstähle	Rohre mit glatten inneren und äußeren Oberflächen, Oberflächenrauheit $Ra \leq 0{,}4$ µm	+C oder +A oder +N
	Eigenschaften und Verwendung der Stähle: Seiten 126 und 127		

Erläuterung	[1] +A weichgeglüht; +AR Zustand nach der Warmumformung; +C kalt gewalzt; +N normalgeglüht; +QT vergütet

W

Warm gewalzte Stahlprofile

Querschnitt	Bezeichnung, Abmessungen	Norm, Seite	Querschnitt	Bezeichnung, Abmessungen	Norm, Seite
	Rundstahl $d = 8 \dots 200$	DIN EN 10060 Seite 144		**Z-Stahl** $h = 30 \dots 200$	DIN 1027
	Vierkantstahl $a = 8 \dots 120$	DIN EN 10059 Seite 144		**Gleichschenkliger Winkelstahl** $a = 20 \dots 250$	DIN EN 10056-1 Seite 148
	Flachstahl $b \times s = 10 \times 5 \dots 150 \times 60$	DIN EN 10058 Seite 144		**Ungleichschenkliger Winkelstahl** $a \times b =$ $30 \times 20 \dots 200 \times 150$	DIN EN 10056-1 Seite 147
	Quadratisches Hohlprofil $a = 40 \dots 400$	DIN EN 10210-2 Seite 151		**Schmaler I-Träger** I-Reihe $h = 80 \dots 160$	DIN 1025-1 Seite 150
	Rechteckiges Hohlprofil $a \times b =$ $50 \times 25 \dots 500 \times 300$	DIN EN 10210-2 Seite 151		**Mittelbreiter I-Träger** IPE-Reihe $h = 80 \dots 600$	DIN 1025-5 Seite 149
	Rundes Hohlprofil $D \times s =$ $21,3 \times 2,3 \dots 1219 \times 25$	DIN EN 10210-1		**Breiter I-Träger** IPB-Reihe[1] $h = 100 \dots 1000$	DIN 1025-2 Seite 149
	Gleichschenkliger T-Stahl $b = h = 30 \dots 140$	DIN EN 10055 Seite 146		**Breiter I-Träger** IPBl-Reihe[1] $h = 100 \dots 1000$	DIN 1025-3
	U-Stahl $h = 30 \dots 400$	DIN EN 1026-1 Seite 146		**Breiter I-Träger** IPBv-Reihe[1] $h = 100 \dots 1000$	DIN 1025-4

[1] Nach EURONORM 53-62: IPB = HE … B, IPBl = HE … A, IPBv = HE … M

W

Stabstahl, warm gewalzt

Warm gewalzter Rundstahl   vgl. DIN EN 10060 (2004-02), Ersatz für DIN 1013-1

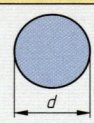

Werkstoff: Unlegierter Baustahl nach DIN 10025 oder Vergütungsstahl nach DIN 10083

Lieferart: Herstelllängen (M) ≥ 3 m < 13 m, Festlängen (F) ≤ 13 m ± 100 mm, Genaulängen (E) < 6 m ± 25 mm, ≥ 6 m < 13 m ± 50 mm

Durchmesser d in mm
10 – 12 – 13 – 14 – 15 – 16 – 18 – 19 – 20 – 22 – 24 – 25 – 26 – 27 – 28 – 30 – 32 – 35 – 36 – 38 – 40 – 42 – 45 – 48 – 50 – 52 – 55 – 60 – 63 – 65 – 70 – 73 – 75 – 80 – 85 – 90 – 95 – 100 – 105 – 110 – 115 – 120 – 125 – 130 – 135 – 140 – 145 – 150 – 155 – 160 – 165 – 170 – 175 – 180 – 190 – 200 – 220 – 250

Durchmesser d in mm	Grenzabmaße in mm	Durchmesser d in mm	Grenzabmaße in mm	Durchmesser d in mm	Grenzabmaße in mm	Durchmesser d in mm	Grenzabmaße in mm
10…15	± 0,4	36…50	± 0,8	105…120	± 1,5	220	± 3,0
16…25	± 0,5	52…80	± 1,0	125…160	± 2,0	250	± 4,0
26…35	± 0,6	85…100	± 1,3	165…200	± 2,5		

⇒   **Rundstab EN 10060 – 40 x 6000 F Stahl EN 100025-S235JR:** Warm gewalzter Rundstahl, d = 40 mm, Festlänge 6000 mm, aus S235JR

Warm gewalzter Vierkantstahl   vgl. DIN EN 10059 (2004-02), Ersatz für DIN 1014-1

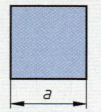

Werkstoff: Unlegierter Baustahl nach DIN 10025

Lieferart: Herstelllängen (M) ≥ 3 m < 13 m, Festlängen (F) ≤ 13 m ± 100 mm, Genaulängen (E) < 6 m ± 25 mm, ≥ 6 m < 13 m ± 50 mm

W

Seitenlänge a in mm
8 – 10 – 12 – 13 – 14 – 15 – 16 – 18 – 20 – 22 – 24 – 25 – 26 – 28 – 30 – 32 – 35 – 40 – 45 – 50 – 55 – 60 – 65 – 70 – 75 – 80 – 90 – 100 – 110 – 120 – 130 – 140 – 150

Seitenlänge a in mm	Grenzabmaße in mm	Seitenlänge a in mm	Grenzabmaße in mm	Seitenlänge a in mm	Grenzabmaße in mm	Seitenlänge a in mm	Grenzabmaße in mm
8…14	± 0,4	26…35	± 0,6	55…90	± 1,0	110…120	± 1,5
15…25	± 0,5	40…50	± 0,8	100	± 1,3	130…150	± 1,8

⇒   **Vierkantstab EN 10059 – 60 x 6000 F Stahl EN 10025-S235JR:** Warm gewalzter Vierkantstahl, a = 60 mm, Festlänge 6000 mm, aus S235JR

Warm gewalzter Flachstahl   vgl. DIN EN 10058 (2004-02), Ersatz für DIN 1017-1

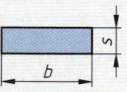

Werkstoff: Unlegierter Baustahl nach DIN 10025

Lieferart: Herstelllängen (M) ≥ 3 m < 13 m, Festlängen (F) ≤ 13 m ± 100 mm, Genaulängen (E) < 6 m ± 25 mm, ≥ 6 m < 13 m ± 50 mm

Nennbreite b in mm
10 – 12 – 15 – 16 – 20 – 25 – 30 – 35 – 40 – 45 – 50 – 60 – 70 – 80 – 90 – 100 – 120 – 150

Nenndicke s in mm
5 – 6 – 8 – 10 – 12 – 15 – 20 – 25 – 30 – 35 – 40 – 50 – 60 – 80

Zulässige Abweichungen der Nennbreite b

Nennbreite b in mm	Grenzabmaße in mm	Nennbreite b in mm	Grenzabmaße in mm	Nennbreite b in mm	Grenzabmaße in mm
10…40	± 0,75	85…100	± 1,5	150	± 2,5
45…80	± 1,0	120	± 2,0		

Zulässige Abweichungen der Nenndicke s

Nenndicke s in mm	Grenzabmaße in mm	Nenndicke s in mm	Grenzabmaße in mm	Nenndicke s in mm	Grenzabmaße in mm
5…20	± 0,5	25…40	± 1,0	50…80	± 1,5

⇒   **Flachstab EN 10058 – 20 x 5 x 6000 F Stahl EN 10025-S235JR:** Warm gewalzter Flachstahl, b = 20 mm, s = 5 mm, Festlänge 6000 mm, aus S235JR

Stabstahl, blank

Gängige Abmessungen blanker Stabstähle (Auswahl)

Bezeichnung	Nennmaße										

Flachstahl

Breite *b*, Höhe *h* in mm

b	h	b	h	b	h	b	h	b	h	b	h
5	2…3	12	2…10	18	2…12	28	2…20	45	2…32	70	4…40
6	2…4	14	2…10	20	2…16	32	2…25	50	2…32	80	5…25
8	2…6	15	2…12	22	2…12	36	2…20	56	3…32	90	5…25
10	2…8	16	2…12	25	2…20	40	2…32	63	3…40	100	5…25

Nenndicken *h* in mm: 2 – 2,5 – 3 – 4 – 5 – 6 – 8 – 10 – 12 – 15 – 16 – 20 – 25 – 30 – 32 – 35 – 40

Vierkantstahl

Seitenlänge *a* in mm

4	6	9	12	16	22	36	50
4,5	7	10	13	18	25	40	63
5	8	11	14	20	28	45	70
							80 / 100

Sechskantstahl

Seitenlänge *s* in mm

2	4	7	12	17	27	41	65
2,5	4,5	8	13	19	30	46	70
3	5	9	14	21	32	50	75
3,2	5,5	10	15	22	36	55	80
3,5	6	11	16	24	38	60	85
							90 / 95 / 100

Rundstahl

Durchmesser *d* in mm

2,5	6,5	11	19	27	38	58	90	160
3	7	12	20	28	40	60	100	180
3,5	7,5	13	21	29	42	63	110	200
4	8	14	22	30	45	65	120	
4,5	8,5	15	23	32	48	70	125	
5	9	16	24	34	50	75	130	
5,5	9,5	17	25	35	52	80	140	
6	10	18	26	36	55	85	150	

Polierter Rundstahl

übliche Lieferdurchmesser	1 mm bis 13 mm	> 13 mm bis 25 mm	> 25 mm bis 50 mm
übliche Durchmesserstufung	0,5 mm	1 mm	5 mm

Lieferzustände

vgl. DIN EN 10278 (1999-12)

gezogen

Kennung	+C	+SH	+SL	+PL
Fertigzustand	kaltgezogen	geschält	geschliffen	poliert

Werkstoffgruppen und zugeordnete Lieferzustände

vgl. DIN EN 10277 (1999-10)

Werkstoffgruppen	Lieferzustände[1]							
	+SH	+C	+C +QT	+QT +C	+A +SH	+A +C	+FP +SH	+FP +C
Stähle für allg. techn. Verwendung	•	•						
Automatenstähle	•	•						
Automateneinsatzstähle	•	•						
Automatenvergütungsstähle	•	•	•	•				
Einsatzstähle unlegiert	•	•			•	•		
Einsatzstähle legiert					•	•	•	•
Vergütungsstähle unlegiert	•	•	•	•				
Vergütungsstähle legiert			•	•	•	•		

[1] Erläuterung Seiten 124 und 125

Längenarten und Grenzabmaße der Länge

vgl. DIN EN 10278 (1999-12)

Längenart	Länge im mm	Grenzabmaße in mm	Bestellangabe
Herstelllänge	3000…9000	± 500	Länge
Lagerlänge	3000…6000	0/+200	z.B. Lager 6000
Genaulänge	bis zu 9000	nach Vereinbarung, min. jedoch ± 5	Länge und Grenzabmaß

W

T-Stahl, U-Stahl

Gleichschenkliger T-Stahl, warm gewalzt — vgl. DIN EN 10055 (1995-12)

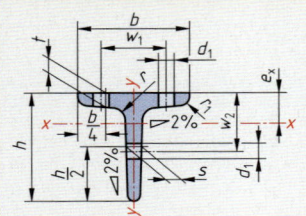

S Querschnittsfläche   W axiales Widerstandsmoment
I Flächenmoment 2. Grades   m′ längenbezogene Masse

Werkstoff: Unlegierter Baustahl DIN EN 10025, z. B. S235JR

Lieferart: Längen auf Bestellung mit dem üblichen Grenzabmaß von ± 100 mm oder den eingeschränkten Grenzabmaßen ± 50 mm, ± 25 mm, ± 10 mm

$$r = s$$

$$r_1 = \frac{s}{2}$$

Kurz-zeichen T	Abmessungen in mm b = h	Abmessungen in mm s = t	S cm²	m' kg/m	Abstand der x-Achse e_x cm	Für die Biegeachse x – x I_x cm⁴	Für die Biegeachse x – x W_x cm³	Für die Biegeachse y – y I_y cm⁴	Für die Biegeachse y – y W_y cm³	Anreißmaße nach DIN 997 w_1 mm	Anreißmaße nach DIN 997 w_2 mm	Anreißmaße nach DIN 997 d_1 mm
30	30	4	2,26	1,77	0,85	1,72	0,80	0,87	0,58	17	17	4,3
35	35	4,5	2,97	2,33	0,99	3,10	1,23	1,04	0,90	19	19	4,3
40	40	5	3,77	2,96	1,12	5,28	1,84	2,58	1,29	21	22	6,4
50	50	6	5,66	4,44	1,39	12,1	3,36	6,06	2,42	30	30	6,4
60	60	7	7,94	6,23	1,66	23,8	5,48	12,2	4,07	34	35	8,4
70	70	8	10,6	8,23	1,94	44,4	8,79	22,1	6,32	38	40	11
80	80	9	13,6	10,7	2,22	73,7	12,8	37,0	9,25	45	45	11
100	100	11	20,9	16,4	2,74	179	24,6	88,3	17,7	60	60	13
120	120	13	29,6	23,2	3,28	366	42,0	179	29,7	70	70	17
140	140	15	39,9	31,3	3,80	660	64,7	330	47,2	80	75	21

⇒ **T-Profil EN 10055 – T50 – S235JR:** T-Stahl, h = 50 mm, aus S235JR

W

U-Stahl, warm gewalzt — vgl. DIN 1026-1 (2000-03)

S Querschnittsfläche   W axiales Widerstandsmoment
I Flächenmoment 2. Grades   m′ längenbezogene Masse

Werkstoff: Unlegierter Baustahl DIN EN 10025, z. B. S235J0

Lieferart: Herstelllängen 3 m bis 15 m; Festlängen bis 15 m ± 50 mm Neigung bei h ≤ 300 mm: 8%; h > 300 mm: 5%

$$r_1 = t$$

$$r_2 \approx \frac{t}{2}$$

$$r_3 \leq 0,3 \cdot t$$

Kurz-zeichen U	Abmessungen in mm h	b	s	t	h_1	S cm²	m' kg/m	Abstand der y-Achse e_y cm	Für die Biegeachse x – x I_x cm⁴	Für die Biegeachse x – x W_x cm³	Für die Biegeachse y – y I_y cm⁴	Für die Biegeachse y – y W_y cm³	Anreißmaße DIN 997 w_1 mm	Anreißmaße DIN 997 d_1 mm
30 x 15	30	15	4	4,5	12	2,21	1,74	0,52	2,53	1,69	0,38	0,39	10	4,3
30	30	33	5	7	10	5,44	4,27	1,31	6,39	4,26	5,33	2,68	20	8,4
40 x 20	40	20	5	5,5	18	3,66	2,87	0,67	7,58	3,97	1,14	0,86	11	6,4
40	40	35	5	7	11	6,21	4,87	1,33	14,1	7,05	6,68	3,08	20	8,4
50 x 25	50	25	5	6	25	4,92	3,86	0,81	16,8	6,73	2,49	1,48	16	8,4
50	50	38	5	7	20	7,12	5,59	1,37	26,4	10,6	9,12	3,75	20	11
60	60	30	6	6	35	6,46	5,07	0,91	31,6	10,5	4,51	2,16	18	8,4
80	80	45	6	8	46	11,0	8,64	1,45	106	26,5	19,4	6,36	25	13
100	100	50	6	8,5	64	13,5	10,6	1,55	206	41,2	29,3	8,49	30	13
120	120	55	7	9	82	17,0	13,4	1,60	364	60,7	43,2	11,1	30	17
160	160	65	7,5	10,5	115	24,0	18,8	1,84	925	116	85,3	18,3	35	21
200	200	75	8,5	11,5	151	32,2	25,3	2,01	1 910	191	148	27,0	40	23
260	260	90	10	14	200	48,3	37,9	2,36	4 820	371	317	47,7	50	25
300	300	100	10	16	232	58,8	46,2	2,70	8 030	535	495	67,8	55	28
350	350	100	14	17,5	276	77,3	60,6	2,40	12 840	734	570	75,0	58	28
400	400	110	14	18	324	91,5	71,8	2,65	20 350	1020	846	102	60	28

⇒ **U-Profil DIN 1026 – U100 – S235J0:** U-Stahl, h = 100 mm, aus S235J0

Winkelstahl

Ungleichschenkliger Winkelstahl, warm gewalzt   vgl. DIN EN 10056-1 (1998-10)

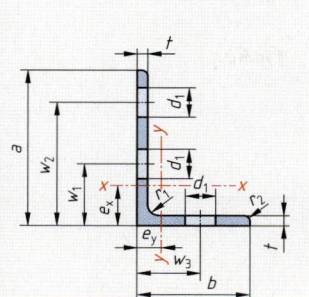

S Querschnittsfläche   *W* axiales Widerstandsmoment
I Flächenmoment 2. Grades   *m'* längenbezogene Masse

Werkstoff: Unlegierter Baustahl DIN EN 10025, z.B. S235J0

Lieferart: Von 30 x 20 x 3 bis 200 x 150 x 15, in Herstelllängen ≥ 6 m < 12 m, Festlängen ≥ 6 m < 12 m ± 100 mm

$$r_1 \approx t$$

$$r_2 \approx \frac{t}{2}$$

Kurz-zeichen	Abmessungen in mm			S	m'	Abstände der Achsen		Für die Biegeachse				Anreißmaße nach DIN 997			
								$x-x$		$y-y$					
L	a	b	t	cm^2	kg/m	e_x cm	e_y cm	I_x cm⁴	W_x cm³	I_y cm⁴	W_y cm³	w_1 mm	w_2 mm	w_3 mm	d_1 mm
30 x 20 x 3	30	20	3	1,43	1,12	0,99	0,50	1,25	0,62	0,44	0,29	17	–	12	8,4
30 x 20 x 4	30	20	4	1,86	1,46	1,03	0,54	1,59	0,81	0,55	0,38	17	–	12	8,4
40 x 20 x 4	40	20	4	2,26	1,77	1,47	0,48	3,59	1,42	0,60	0,39	22	–	12	11
40 x 25 x 4	40	25	4	2,46	1,93	1,36	0,62	3,89	1,47	1,16	0,69	22	–	15	11
45 x 30 x 4	45	30	4	2,87	2,25	1,48	0,74	5,78	1,91	2,05	0,91	25	–	17	13
50 x 30 x 5	50	30	5	3,78	2,96	1,73	0,74	9,36	2,86	2,51	1,11	30	–	17	13
60 x 30 x 5	60	30	5	4,28	3,36	2,17	0,68	15,6	4,07	2,63	1,14	35	–	17	17
60 x 40 x 5	60	40	5	4,79	3,76	1,96	0,97	17,2	4,25	6,11	2,02	35	–	22	17
60 x 40 x 6	60	40	6	5,68	4,46	2,00	1,01	20,1	5,03	7,12	2,38	35	–	22	17
65 x 50 x 5	65	50	5	5,54	4,35	1,99	1,25	23,2	5,14	11,9	3,19	35	–	30	21
70 x 50 x 6	70	50	6	6,89	5,41	2,23	1,25	33,4	7,01	14,2	3,78	40	–	30	21
75 x 50 x 6	75	50	6	7,19	5,65	2,44	1,21	40,5	8,01	14,4	3,81	40	–	30	21
75 x 50 x 8	75	50	8	9,41	7,39	2,52	1,29	52,0	10,4	18,4	4,95	40	–	30	23
80 x 40 x 6	80	40	6	6,89	5,41	2,85	0,88	44,9	8,73	7,59	2,44	45	–	22	23
80 x 40 x 8	80	40	8	9,01	7,07	2,94	0,96	57,6	11,4	9,61	3,16	45	–	22	23
80 x 60 x 7	80	60	7	9,38	7,36	2,51	1,52	59,0	10,7	28,4	6,34	45	–	35	23
100 x 50 x 6	100	50	6	8,71	6,84	3,51	1,05	89,9	13,8	15,4	3,89	55	–	30	25
100 x 50 x 8	100	50	8	11,4	8,97	3,60	1,13	116	18,2	19,7	5,08	55	–	30	25
100 x 65 x 7	100	65	7	11,2	8,77	3,23	1,51	113	16,6	37,6	7,53	55	–	35	25
100 x 65 x 8	100	65	8	12,7	9,94	3,27	1,55	127	18,9	42,2	8,54	55	–	35	25
100 x 65 x 10	100	65	10	15,6	12,3	3,36	1,63	154	23,2	51,0	10,5	55	–	35	25
100 x 75 x 8	100	75	8	13,5	10,6	3,10	1,87	133	19,3	64,1	11,4	55	–	40	25
100 x 75 x 10	100	75	10	16,6	13,0	3,19	1,95	162	23,8	77,6	14,0	55	–	40	25
100 x 75 x 12	100	75	12	19,7	15,4	3,27	2,03	189	28,0	90,2	16,5	55	–	40	25
120 x 80 x 8	120	80	8	15,5	12,2	3,83	1,87	226	27,6	80,8	13,2	50	80	45	25
120 x 80 x 10	120	80	10	19,1	15,0	3,92	1,95	276	34,1	98,1	16,2	50	80	45	25
120 x 80 x 12	120	80	12	22,7	17,8	4,00	2,03	323	40,4	114	19,1	50	80	45	25
125 x 75 x 8	125	75	8	15,5	12,2	4,14	1,68	247	29,6	67,6	11,6	50	–	40	25
125 x 75 x 10	125	75	10	19,1	15,0	4,23	1,76	302	36,5	82,1	14,3	50	–	40	25
125 x 75 x 12	125	75	12	22,7	17,8	4,31	1,84	354	43,2	95,5	16,9	50	–	40	25
135 x 65 x 8	135	65	8	15,5	12,2	4,78	1,34	291	33,4	45,2	8,75	50	–	35	25
135 x 65 x 10	135	65	10	19,1	15,0	4,88	1,42	356	41,3	54,7	10,8	50	–	35	25
150 x 75 x 9	150	75	9	19,6	15,4	5,26	1,57	455	46,7	77,9	13,1	60	105	40	28
150 x 75 x 10	150	75	10	21,7	17,0	5,30	1,61	501	51,6	85,6	14,5	60	105	40	28
150 x 75 x 12	150	75	12	25,7	20,2	5,40	1,69	588	61,3	99,6	17,1	60	105	40	28
150 x 75 x 15	150	75	15	31,7	24,8	5,52	1,81	713	75,2	119	21,0	60	105	40	28

⇒ **L-Profil EN 10056-1 – 65 x 50 x 5 – S235J0:** Ungleichschenkliger Winkelstahl, *a* = 65 mm, *b* = 50 mm, *t* = 5 mm, aus S235J0

W

Winkelstahl

Gleichschenkliger Winkelstahl, warm gewalzt — vgl. DIN EN 10056-1 (1998-10)

S   Querschnittsfläche
I   Flächenmoment 2. Grades

W   axiales Widerstandsmoment
m' längenbezogene Masse

Werkstoff: Unlegierter Baustahl DIN EN 10025, z. B. S235J0

Lieferart: Von 20 x 20 x 3 bis 200 x 250 x 35, in Herstelllängen ≥ 6 m <12 m, Festlängen ≥ 6 m < 12 m ± 100 mm

$$r_1 \approx t$$

$$r_2 \approx \frac{t}{2}$$

W

Kurz-zeichen	Abmessungen in mm				Abstände der Achsen	Für die Biegeachse $x-x$ und $y-y$		Anreißmaße nach DIN 997		
L	a	t	S cm²	m' kg/m	e cm	$I_x = I_y$ cm⁴	$W_x = W_y$ cm³	w_1 mm	w_2 mm	d_1 mm
20 x 20 x 3	20	3	1,12	0,882	0,598	0,39	0,28	12	–	4,3
25 x 25 x 3	25	3	1,42	1,12	0,723	0,80	0,45	15	–	6,4
25 x 25 x 4	25	4	1,85	1,45	0,762	1,02	0,59	15	–	6,5
30 x 30 x 3	30	3	1,74	1,36	0,835	1,40	0,65	17	–	8,4
30 x 30 x 4	30	4	2,27	1,78	0,878	1,80	0,85	17	–	8,4
35 x 35 x 4	35	4	2,67	2,09	1,00	2,95	1,18	18	–	11
40 x 40 x 4	40	4	3,08	2,42	1,12	4,47	1,55	22	–	11
40 x 40 x 5	40	5	3,79	2,97	1,16	5,43	1,91	22	–	11
45 x 45 x 4,5	45	4,5	3,90	3,06	1,25	7,14	2,20	25	–	13
50 x 50 x 4	50	4	3,89	3,06	1,36	8,97	2,46	30	–	13
50 x 50 x 5	50	5	4,80	3,77	1,40	11,0	3,05	30	–	13
50 x 50 x 6	50	6	5,69	4,47	1,45	12,8	3,61	30	–	13
60 x 60 x 5	60	5	5,82	4,57	1,64	19,4	4,45	35	–	17
60 x 60 x 6	60	6	6,91	5,42	1,69	22,8	5,29	35	–	17
60 x 60 x 8	60	8	9,03	7,09	1,77	29,2	6,89	35	–	17
65 x 65 x 7	65	7	8,70	6,83	1,85	33,4	7,18	35	–	21
70 x 70 x 6	70	6	8,13	6,38	1,93	36,9	7,27	40	–	21
70 x 70 x 7	70	7	9,40	7,38	1,97	42,3	8,41	40	–	21
75 x 75 x 6	75	6	8,73	6,85	2,05	45,8	8,41	40	–	23
75 x 75 x 8	75	8	11,4	8,99	2,14	59,1	11,0	40	–	23
80 x 80 x 8	80	8	12,3	9,63	2,26	72,2	12,6	45	–	23
80 x 80 x 10	80	10	15,1	11,9	2,34	87,5	15,4	45	–	23
90 x 90 x 7	90	7	12,2	9,61	2,45	92,6	14,1	50	–	25
90 x 90 x 8	90	8	13,9	10,9	2,50	104	16,1	50	–	25
90 x 90 x 9	90	9	15,5	12,2	2,54	116	17,9	50	–	25
90 x 90 x 10	90	10	17,1	13,4	2,58	127	19,8	50	–	25
100 x 100 x 8	100	8	15,5	12,2	2,74	145	19,9	55	–	25
100 x 100 x 10	100	10	19,2	15,0	2,82	177	24,6	55	–	25
100 x 100 x 12	100	12	22,7	17,8	2,90	207	29,1	55	–	25
120 x 120 x 10	120	10	23,2	18,2	3,31	313	36,0	50	80	25
120 x 120 x 12	120	12	27,5	21,6	3,40	368	42,7	50	80	25
130 x 130 x 12	130	12	30,0	23,6	3,64	472	50,4	50	90	25
150 x 150 x 10	150	10	29,3	23,0	4,03	624	56,9	60	105	28
150 x 150 x 12	150	12	34,8	27,3	4,12	737	67,7	60	105	28
150 x 150 x 15	150	15	43,0	33,8	4,25	898	83,5	60	105	28

⇒ **L-Profil EN 10056-1 – 70 x 70 x 7 – S235J0:** Gleichschenkliger Winkelstahl, a = 70 mm, t = 7 mm, aus S235J0

Mittelbreite und breite I-Träger

Mittelbreite I-Träger (IPE), mit parallelen Flanschflächen, warm gewalzt   vgl. DIN 1025-5 (1995-03)

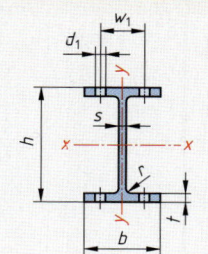

S Querschnittsfläche W axiales Widerstandsmoment
I Flächenmoment 2. Grades m' längenbezogene Masse

Werkstoff: Unlegierter Baustahl DIN EN 10025, z.B. S235JR

Lieferart: Normallängen, 8 m bis 16 m ± 50 mm bei $h < 300$ mm,
                 8 m bis 18 m ± 50 mm bei $h \geq 300$ mm

| Kurz-zeichen | Abmessungen in mm | | | | | S | m' | Für die Biegeachse | | | | Anreißmaße nach DIN 997 | |
| | | | | | | | | $x-x$ | | $y-y$ | | | |
IPE	h	b	s	t	r	cm^2	$\frac{kg}{m}$	I_x cm^4	W_x cm^3	I_y cm^4	W_y cm^3	w_1 mm	d_1 mm
80	80	46	3,8	5,2	5	7,64	6,0	80,1	20,0	8,5	3,7	26	6,4
100	100	55	4,1	5,7	7	10,3	8,1	171	34,2	15,9	5,8	30	8,4
120	120	64	4,4	6,3	7	13,2	10,4	318	53,0	27,7	8,7	36	8,4
140	140	73	4,7	6,9	7	16,4	12,9	541	77,3	44,9	12,3	40	11
160	160	82	5,0	7,4	9	20,1	15,8	869	109	68,3	16,7	44	13
180	180	91	5,3	8,0	9	23,9	18,8	1320	146	101	22,2	50	13
200	200	100	5,6	8,5	12	28,5	22,4	1940	194	142	28,5	56	13
220	220	110	5,9	9,2	12	33,4	26,2	2770	252	205	37,3	60	17
240	240	120	6,2	9,8	15	39,1	30,7	3890	324	284	47,3	68	17
270	270	135	6,6	10,2	15	45,9	36,1	5790	429	420	62,2	72	21
300	300	150	7,1	10,7	15	53,8	42,2	8360	557	604	80,5	80	23
330	330	160	7,5	11,5	18	62,6	49,1	11770	713	788	98,5	86	25
360	360	170	8,0	12,7	18	72,7	57,1	16270	904	1040	123	90	25
400	400	180	8,6	13,5	21	84,5	66,3	23130	1160	1320	146	96	28
450	450	190	9,4	14,6	21	98,8	77,6	33740	1500	1680	176	106	28
500	500	200	10,2	16,0	21	116	90,7	48200	1930	2140	214	110	28
550	550	210	11,1	17,2	24	134	106	67120	2440	2670	254	120	28
600	600	220	12,0	19,0	24	156	122	92080	3070	3390	308	120	28

⇒   **I-Profil DIN 1025 – IPE 300 – S235JR:** Mittelbreiter I-Träger mit parallelen Flanschflächen, $h = 300$ mm, aus S235JR

Breite I-Träger (IPB), mit parallelen Flanschflächen, warm gewalzt   vgl. DIN 1025-2 (1995-11)

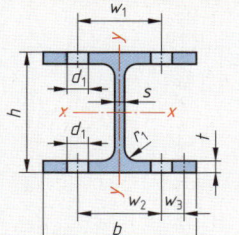

S Querschnittsfläche W axiales Widerstandsmoment
I Flächenmoment 2. Grades m' längenbezogene Masse

Werkstoff: Unlegierter Baustahl DIN EN 10025, z.B. S235JR

Lieferart: Normallängen, 8 m bis 16 m ± 50 mm bei $h < 300$ mm,
                 8 m bis 18 m ± 50 mm bei $h \geq 300$ mm

$$r_1 \approx 2 \cdot s$$

| Kurz-zeichen | Abmessungen in mm | | | | S | m' | Für die Biegeachse | | | | Anreißmaße nach DIN 997 | |
| | | | | | | | $x-x$ | | $y-y$ | | | |
IPB	h	b	s	t	cm^2	$\frac{kg}{m}$	I_x cm^4	W_x cm^3	I_y cm^4	W_y cm^3	w_1 mm	d_1 mm
100	100	100	6	10	26,0	20,4	450	89,9	167	33,5	56	13
120	120	120	6,5	11	34,0	26,7	864	144	318	52,9	66	17
140	140	140	7	12	43,0	33,7	1510	216	550	78,5	76	21
160	160	160	8	13	54,3	42,6	2490	311	889	111	86	23
180	180	180	8,5	14	65,3	51,2	3830	426	1360	151	100	25
200	200	200	9	15	78,1	61,3	5700	570	2000	200	110	25

Fortsetzung der Tabelle: Seite 150

W

Breite und schmale I-Träger

Breite I-Träger (IPB), mit parallelen Flanschflächen, warm gewalzt (Fortsetzung) vgl. DIN 1025-2 (1995-11)

Kurz-zeichen IPB	\multicolumn{4}{}{Abmessungen in mm}				S cm²	m' kg/m	I_x cm⁴	W_x cm³	I_y cm⁴	W_y cm³	w_1	w_2	w_3	d_1
	h	b	s	t	S cm²	m' kg/m	I_x cm⁴	W_x cm³	I_y cm⁴	W_y cm³	w_1	w_2	w_3	d_1
220	220	220	9,5	16	91	71,5	8090	736	2840	258	120	–	–	25
240	240	240	10	17	106	83,2	11260	938	3920	327	–	96	35	25
260	260	260	10	17,5	118	93,0	14920	1150	5130	395	–	106	40	25
280	280	280	10,5	18	131	103	19270	1380	6590	471	–	110	45	25
300	300	300	11	19	149	117	25170	1680	8560	571	–	120	45	28
320	320	300	11,5	20,5	161	127	30820	1930	9240	616	–	120	45	28
340	340	300	12	21,5	171	134	36660	2160	9690	646	–	120	45	28
360	360	300	12,5	22,5	181	142	43190	2400	10140	676	–	120	45	28
400	400	300	13,5	24	198	155	57680	2880	10820	721	–	120	45	28
450	450	300	14	26	218	171	78890	3550	11720	781	–	120	45	28
500	500	300	14,5	28	239	187	107200	4290	12620	842	–	120	45	28
550	550	300	15	29	254	199	136700	4970	13080	872	–	120	45	28
600	600	300	15,5	30	270	212	171000	5700	13530	902	–	120	45	28
650	650	300	16	31	286	225	210600	6480	13980	932	–	120	45	28
700	700	300	17	32	306	241	256900	7340	14440	963	–	126	45	28
800	800	300	17,5	33	334	262	359100	8980	14900	994	–	130	40	28
900	900	300	18,5	35	371	291	494100	10980	15820	1050	–	130	40	28
1000	1000	300	19	36	400	314	644700	12890	16280	1090	–	130	40	28

⇒ **I-Profil DIN 1025 – IPB 240 – S235JR:** Breiter I-Träger mit parallelen Flanschflächen, h = 240 mm, aus S235JR

Bezeichnung nach EURONORM 53-62: **HE 240 B**

Schmale I-Träger, warm gewalzt vgl. DIN 1025-1 (1995-05)

W

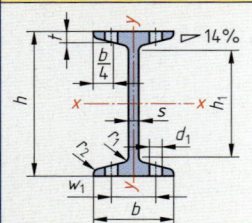

S Querschnittsfläche
I Flächenmoment 2. Grades
W axiales Widerstandsmoment
m' längenbezogene Masse

Werkstoff: Unlegierter Baustahl DIN EN 10025, z.B. S235JR

Lieferart: Normallängen, 8 m bis 16 m ± 50 mm bei h < 300 mm, 8 m bis 18 m ± 50 mm bei h ≥ 300 mm

$$r_1 = s \qquad r_2 \approx 0,6 \cdot s$$

Kurz-zeichen I	h	b	s	t	h_1	S cm²	m' kg/m	I_x cm⁴	W_x cm³	I_y cm⁴	W_y cm³	w_1 mm	d_1 mm
80	80	42	3,9	5,9	59	7,57	5,94	77,8	19,5	6,29	3,00	22	6,4
100	100	50	4,5	6,8	75	10,6	8,34	171	34,2	12,2	4,88	28	6,4
120	120	58	5,1	7,7	92	14,2	11,1	328	54,7	21,5	7,41	32	8,4
140	140	66	5,7	8,6	109	18,2	14,3	573	81,9	35,2	10,7	34	11
160	160	74	6,3	9,5	125	22,8	17,9	935	117	54,7	14,8	40	11
180	180	82	6,9	10,4	142	27,9	21,9	1450	161	83,3	19,8	44	13
200	200	90	7,5	11,3	159	33,4	26,2	2140	214	117	26,0	48	13
220	220	98	8,1	12,2	175	39,5	31,1	3060	278	162	33,1	52	13
240	240	106	8,7	13,1	192	46,1	36,2	4250	354	221	41,7	56	17
260	260	113	9,4	14,1	208	53,3	41,9	5740	442	288	51,0	60	17
280	280	119	10,1	15,2	225	61,0	47,9	7590	542	364	61,2	60	17
300	300	125	10,8	16,2	241	69,0	54,2	9800	653	451	72,2	64	21
320	320	131	11,5	17,3	257	77,7	61,0	12510	782	555	84,7	70	21
340	340	137	12,2	18,3	274	86,7	68,0	15700	923	674	98,4	74	21
360	360	143	13,0	19,5	290	97,0	76,1	19610	1090	818	114	76	23
380	380	149	13,7	20,5	306	107	84,0	24010	1260	975	131	82	23
400	400	155	14,4	21,6	322	118	92,4	29210	1460	1160	149	82	23
450	450	170	16,2	24,3	363	147	115	45850	2040	1730	203	94	25
500	500	185	18,0	27,0	404	179	141	68740	2750	2480	268	100	28
550	550	200	19,0	30,0	445	212	166	99180	3610	3490	349	110	28

⇒ **I-Profil DIN 1025 – I 180 – S235JR:** Schmaler I-Träger, h = 180 mm, aus S235JR

Hohlprofile

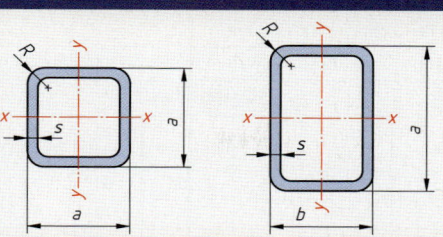

Werkstoff: Unlegierter Baustahl DIN EN 10025 oder Feinkornbaustahl DIN EN 10113

Lieferart: DIN EN 10210-2
Herstelllängen 4 m bis 16 m,
Profilmaße $a \times a$ = 20 x 20...400 x 400
DIN EN 10219-2
Herstelllängen 4 m bis 16 m,
Profilmaße $a \times a$ = 20 x 20...400 x 400
DIN EN 10210 und DIN EN 10219 enthalten außer quadratischen und rechteckigen Profilen auch runde Hohlprofile.

Warm gefertigte quadratische und rechteckige Hohlprofile — vgl. DIN EN 10210-2 (1997-11)

Nennmaß $a \times a$ $a \times b$ mm	Wand-dicke s mm	Längen-bezogene Masse m' kg/m	Quer-schnitt S cm²	Flächen- und Widerstandsmomente					
				für die Biegeachsen				für Torsion	
				$x-x$		$y-y$			
				I_x cm⁴	W_x cm³	I_y cm⁴	W_y cm³	I_p cm⁴	W_p cm³
40 x 40	3,0	3,41	4,34	9,78	4,89	9,78	4,89	15,7	7,10
	4,0	4,39	5,59	11,8	5,91	11,8	5,91	19,5	8,54
50 x 50	2,5	3,68	4,68	17,5	6,99	17,5	6,99	27,5	10,2
	3,0	4,35	5,54	20,2	8,08	20,2	8,08	32,1	11,8
60 x 60	3,0	5,29	6,74	36,2	12,1	36,2	12,1	56,9	17,7
	4,0	6,90	8,79	45,4	15,1	45,4	15,1	72,5	22,0
	5,0	8,42	10,7	53,3	17,8	53,3	17,8	86,4	25,7
50 x 30	3,0	3,41	4,34	13,6	5,43	5,94	3,96	13,5	6,51
	4,0	4,39	5,59	16,5	6,60	7,08	4,72	16,6	7,77
60 x 40	3,0	4,35	5,54	26,5	8,82	13,9	6,95	29,2	11,2
	4,0	5,64	7,19	32,8	10,9	17,0	8,52	36,7	13,7
80 x 40	4,0	6,90	8,79	68,2	17,1	22,2	11,1	55,2	18,9
	5,0	8,42	10,7	80,3	20,1	25,7	12,9	65,1	21,9
	6,0	9,87	12,6	90,5	22,6	28,5	14,2	73,4	24,2
100 x 50	4,0	8,78	11,2	140	27,9	46,2	18,5	113	31,4
	5,0	10,8	13,7	167	33,3	54,3	21,7	135	36,9

⇒ **Hohlprofil DIN EN 10210 – 60 x 60 x 5 – S355J0:** Quadratisches Hohlprofil, a = 60 mm, s = 5 mm, aus S355J0

Kalt gefertigte, geschweißte, quadratische und rechteckige Hohlprofile vgl. DIN EN 10219-2 (1997-11)

Nennmaß $a \times a$ $a \times b$ mm	Wand-dicke s mm	Längen-bezogene Masse m' kg/m	Quer-schnitt S cm²	Flächen- und Widerstandsmomente					
				für die Biegeachsen				für Torsion	
				$x-x$		$y-y$			
				I_x cm⁴	W_x cm³	I_y cm⁴	W_y cm³	I_p cm⁴	W_p cm³
30 x 30	2,0	1,68	2,14	2,72	1,81	2,72	1,81	4,54	2,75
	2,5	2,03	2,59	3,16	2,10	3,16	2,10	5,40	3,20
	3,0	2,36	3,01	3,50	2,34	3,50	2,34	6,15	3,58
40 x 40	2,0	2,31	2,94	6,94	3,47	6,94	3,47	11,3	5,23
	2,5	2,82	3,59	8,22	4,11	8,22	4,11	13,6	6,21
	3,0	3,30	4,21	9,32	4,66	9,32	4,66	15,8	7,07
	4,0	4,20	5,35	11,1	5,54	11,1	5,54	19,4	8,48
80 x 80	3,0	7,07	9,01	87,8	22,0	87,8	22,0	140	33,0
	4,0	9,22	11,7	111	27,8	111	27,8	180	41,8
	5,0	11,3	14,4	131	32,9	131	32,9	218	49,7
40 x 20	2,0	1,68	2,14	4,05	2,02	1,34	1,34	3,45	2,36
	2,5	2,03	2,59	4,69	2,35	1,54	1,54	4,06	2,72
	3,0	2,36	3,01	5,21	2,60	1,68	1,68	4,57	3,00
60 x 40	3,0	4,25	5,41	25,4	8,46	13,4	6,72	29,3	11,2
	4,0	5,45	6,95	31,0	10,3	16,3	8,14	36,7	13,7
	5,0	6,56	8,36	35,3	11,8	18,4	9,21	42,8	15,6
80 x 40	3,0	5,19	6,61	52,3	13,1	17,6	8,78	43,9	15,3
	4,0	6,71	8,55	64,8	16,2	21,5	10,7	55,2	18,8
	5,0	8,13	10,4	75,1	18,8	24,6	12,3	65,0	21,7
100 x 40	3,0	6,13	7,81	92,3	18,5	21,7	10,8	59,0	19,4
	4,0	7,97	10,1	116	23,1	26,7	13,3	74,5	24,0
	5,0	9,70	12,4	136	27,1	30,8	15,4	87,9	27,9

⇒ **Hohlprofil DIN EN 10219 – 60 x 40 x 4 – S355J0:** Rechteckiges Hohlprofil, a = 60 mm, b = 40 mm, s = 4 mm, aus S355J0

W

Längen- und flächenbezogene Masse

Längenbezogene Masse[1] (Tabellenwerte für Stahl mit der Dichte $\varrho = 7,85$ kg/dm³)

d Durchmesser m' längenbezogene Masse a Seitenlänge   SW Schlüsselweite

Stahldraht						Rundstahl					
d mm	m' kg/1000 m	d mm	m' kg/1000 m	d mm	m' kg/1000 m	d mm	m' kg/m	d mm	m' kg/m	d mm	m' kg/m
0,10	0,062	0,55	1,87	1,1	7,46	3	0,055	18	2,00	60	22,2
0,16	0,158	0,60	2,22	1,2	8,88	4	0,099	20	2,47	70	30,2
0,20	0,247	0,65	2,60	1,3	10,4	5	0,154	25	3,85	80	39,5
0,25	0,385	0,70	3,02	1,4	12,1	6	0,222	30	5,55	100	61,7
0,30	0,555	0,75	3,47	1,5	13,9	8	0,395	35	7,55	120	88,8
0,35	0,755	0,80	3,95	1,6	15,8	10	0,617	40	9,86	140	121
0,40	0,986	0,85	4,45	1,7	17,8	12	0,888	45	12,5	150	139
0,45	1,25	0,90	4,99	1,8	20,0	15	1,39	50	15,4	160	158
0,50	1,54	1,0	6,17	2,0	24,7	16	1,58	55	18,7	200	247

Vierkantstahl						Sechskantstahl					
a mm	m' kg/m	a mm	m' kg/m	a mm	m' kg/m	SW mm	m' kg/m	SW mm	m' kg/m	SW mm	m' kg/m
6	0,283	20	3,14	40	12,6	6	0,245	20	2,72	40	10,9
8	0,502	22	3,80	50	19,6	8	0,435	22	3,29	50	17,0
10	0,785	25	4,91	60	28,3	10	0,680	25	4,25	60	24,5
12	1,13	28	6,15	70	38,5	12	0,979	28	5,33	70	33,3
14	1,54	30	7,07	80	50,2	14	1,33	30	6,12	80	43,5
16	2,01	32	8,04	90	63,6	16	1,74	32	6,96	90	55,1
18	2,54	35	9,62	100	78,5	18	2,20	35	8,33	100	68,0

Längenbezogene Masse sonstiger Profile

Profil		Seite	Profil		Seite
T-Stahl	EN 10055	146	Hohlprofile	EN 10210-2	151
Winkelstahl, gleichschenklig	EN 10056-1	148	Hohlprofile	EN 10219-2	151
Winkelstahl, ungleichschenklig	EN 10056-1	147	Aluminium-Rundstangen	DIN 1798	169
U-Stahl	DIN 1026-1	146	Aluminium-Vierkantstangen	DIN 1796	169
I-Träger IPE	DIN 1025-5	149	Aluminium-Rechteckstangen	DIN 1769	170
I-Träger IPB	DIN 1025-2	149	Aluminium-Rundrohre	DIN 1795	171
I-Träger, schmal	DIN 1025-1	150	Aluminium-U-Profile	DIN 9713	171

Flächenbezogene Masse[1] (Tabellenwerte für Stahl mit der Dichte $\varrho = 7,85$ kg/dm³)

Bleche

s Dicke des Bleches m'' flächenbezogene Masse

s mm	m'' kg/m²	s mm	m'' kg/m²	s mm	m'' kg/m²	s mm	m'' kg/m²	s mm	m'' kg/m²	s mm	m'' kg/m²
0,35	2,75	0,70	5,50	1,2	9,42	3,0	23,6	4,75	37,3	10,0	78,5
0,40	3,14	0,80	6,28	1,5	11,8	3,5	27,5	5,0	39,3	12,0	94,2
0,50	3,93	0,90	7,07	2,0	15,7	4,0	31,4	6,0	47,1	14,0	110
0,60	4,71	1,0	7,85	2,5	19,6	4,5	35,3	8,0	62,8	15,0	118

[1] Die Tabellenwerte können auf andere Werkstoffe im Verhältnis der Dichte des anderen Werkstoffes zur Dichte von Stahl (7,85 kg/dm³) umgerechnet werden.

Beispiel: Blech mit $s = 4,0$ mm aus AlMg3Mn (Dichte 2,66 kg/dm³). Aus Tabelle: $m'' = 31,4$ kg/m² für Stahl.
AlMg₃Mn: $m'' = 31,4$ kg/m² · 2,66 kg/dm³/7,85 kg/dm³ = **10,64 kg/m²**

Eisen-Kohlenstoff-Zustands-Diagramm

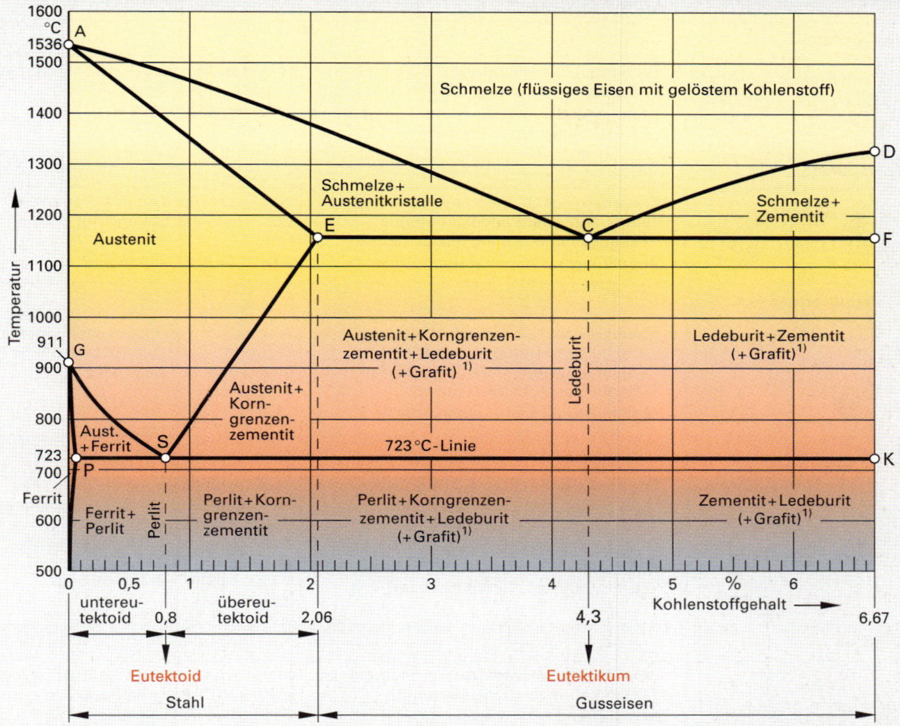

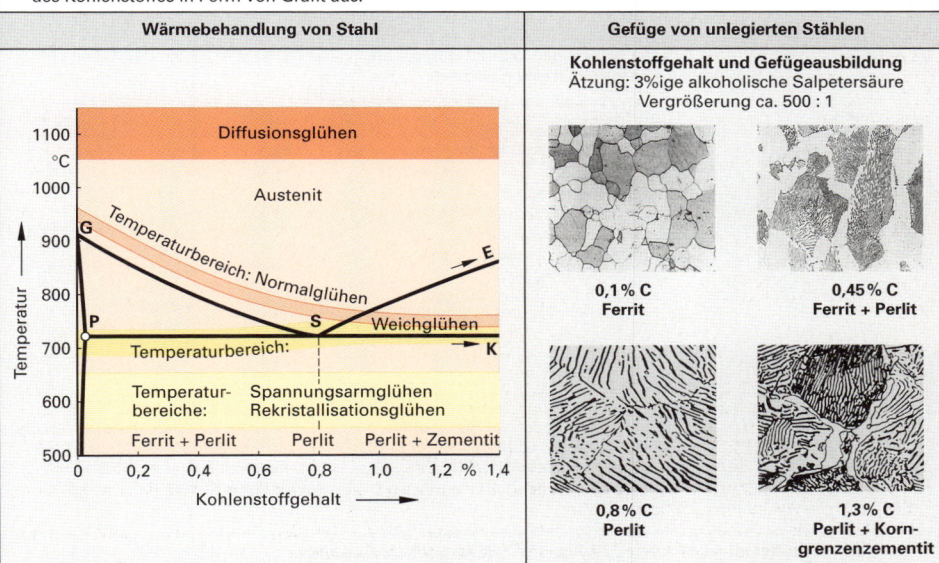

Schmelze (flüssiges Eisen mit gelöstem Kohlenstoff)

A — 1536 °C

D — 1300

Schmelze + Austenitkristalle

Schmelze + Zementit

E — 1200 — C — F

Austenit

G — 911 / 900

Austenit + Korngrenzen-zementit + Ledeburit (+Grafit)[1]

Ledeburit + Zementit (+Grafit)[1]

Ledeburit

Austenit + Korn-grenzen-zementit

Aust. + Ferrit — S

723 °C-Linie

P — 723 / 700 — K

Ferrit

Ferrit + Perlit

Perlit

Perlit + Korn-grenzen-zementit

Perlit + Korngrenzen-zementit + Ledeburit (+Grafit)[1]

Zementit + Ledeburit (+Grafit)[1]

Temperatur (°C): 1600, 1500, 1400, 1300, 1200, 1100, 1000, 900, 800, 700, 600, 500

Kohlenstoffgehalt: 0, 0,5, 1, 2, 3, 4, 5, %, 6, 6,67

untereu-tektoid — 0,8 — übereu-tektoid — 2,06 — 4,3

Eutektoid — Eutektikum

Stahl — Gusseisen

[1] Bei Eisensorten mit einem C-Gehalt über 2,06% (Gusseisen) und zusätzlichem Si-Gehalt scheidet sich ein Teil des Kohlenstoffes in Form von Grafit aus.

Wärmebehandlung von Stahl	Gefüge von unlegierten Stählen

Gefüge von unlegierten Stählen

Kohlenstoffgehalt und Gefügeausbildung
Ätzung: 3%ige alkoholische Salpetersäure
Vergrößerung ca. 500 : 1

Wärmebehandlung von Stahl

Diffusionsglühen

Austenit

G — 900

Temperaturbereich: Normalglühen

E

P — 700

Weichglühen

S — K

Temperaturbereich:

Temperatur-bereiche: Spannungsarmglühen / Rekristallisationsglühen

Ferrit + Perlit — Perlit — Perlit + Zementit

Temperatur (°C): 1100, 1000, 900, 800, 700, 600, 500

Kohlenstoffgehalt: 0, 0,2, 0,4, 0,6, 0,8, 1,0, 1,2 %, 1,4

0,1% C
Ferrit

0,45% C
Ferrit + Perlit

0,8% C
Perlit

1,3% C
Perlit + Korn-grenzenzementit

Wärmebehandlung der Stähle – Übersicht

Bild	Kurzbeschreibung	Anwendung, Hinweise[1]

Normalglühen

- **Erwärmen** und Halten auf Glühtemperatur → Gefügeumwandlung (Austenit)
- gesteuerte **Abkühlung** auf Raumtemperatur → feinkörniges Normalgefüge

normalisieren von Grobkorngefügen in Walz-, Guss-, Schweiß- und Schmiedeerzeugnissen

Weichglühen

- **Erwärmen** auf Glühtemperatur, Halten der Temperatur oder Pendelglühung → kugelige Einformung des Zementits
- **Abkühlung** auf Raumtemperatur

verbessern der Kaltumformbarkeit, der Zerspanbarkeit und der Härtbarkeit; anwendbar auf alle Stähle

Spannungsarmglühen

- **Erwärmen** und Halten auf Glühtemperatur (unterhalb der Gefügeumwandlung) → Spannungsabbau durch plastische Verformung der Werkstücke
- **Abkühlung** auf Raumtemperatur

vermindern von Eigenspannungen in Schweiß-, Guss- und Schmiedeteilen; anwendbar auf alle Stähle

Härten

- **Erwärmen** und Halten auf Härtetemperatur → Gefügeumwandlung (Austenit)
- **Abschrecken** in Öl, Wasser, Luft → sprödhartes, feines Gefüge (Martensit)
- **Anlassen** → Umwandlung von Martensit, höhere Zähigkeit, Gebrauchshärte

verschleißbeanspruchte Teile, z.B. Werkzeuge, Federn, Führungsbahnen, Pressformen; zur Wärmebehandlung geeignete Stähle mit C > 0,3%, z.B. C70U, 102Cr6, C45E, HS6-5-2C, X38CrMoV5-3

Vergüten

- **Erwärmen** und Halten auf Härtetemperatur → Gefügeumwandlung (Austenit)
- **Abschrecken** in Öl, Wasser, Luft → sprödhartes, feines Gefüge (Martensit), bei größeren Abmessungen feines Kerngefüge (Zwischenstufengefüge)
- **Anlassen** bei höheren Temperaturen als beim Härten → Martensitabbau, feines Gefüge, hohe Festigkeit bei guter Zähigkeit

meist dynamisch beanspruchte Werkstücke mit hoher Festigkeit und guter Zähigkeit, z.B. Wellen, Zahnräder, Schauben; Vergütungsstähle: Seite 133, Nitrierstähle: Seite 134, Stähle für Flamm- und Induktionshärtung: Seite 134, Stähle für vergütbare Federn: Seite 138

Einsatzhärten

- **Aufkohlung** bearbeiteter Werkstücke in der Randschicht
- **Abkühlung** auf Raumtemperatur → Normalgefüge (Ferrit, Perlit, Karbide)
- **Härten** (Ablauf siehe Härten) → Randhärtung: Erwärmung auf Randhärtetemperatur Kernhärtung: Erwärmung auf Härtetemperatur des Kernbereiches

Werkstücke mit verschleißfester Oberfläche, hoher Dauer- und guter Kernfestigkeit, z.B. Zahnräder, Wellen, Bolzen; **Randhärtung:** hohe Verschleißfestigkeit, geringere Kernfestigkeit **Kernhärtung:** hohe Kernfestigkeit, sprödharte Oberfläche; Einsatzstähle: Seite 133, Automatenstähle: Seite 134

Nitrieren

- **Glühen** meist fertig bearbeiteter Werkstücke in Stickstoff abgebender Atmosphäre → Bildung harter, verschleißfester und temperaturbeständiger Nitride
- **Abkühlung** an ruhender Luft oder im Stickstoffstrom

Werkstücke mit verschleißfester Oberfläche, hoher Dauerfestigkeit und guter Temperaturbeständigkeit, z.B. Ventile, Kolbenstangen, Spindeln; Nitrierstähle: Seite 134

[1] Glüh- und Anlasstemperaturen, Abschreckmedien und erreichbare Härtewerte: Seiten 155 bis 157

Werkzeugstähle, Einsatzstähle

Wärmebehandlung von unlegierten Kaltarbeitsstählen

vgl. DIN EN ISO 4957 (2001-02)

Stahlsorte		Warmform- gebungs- temperatur °C	Weichglühen		Härten				Oberflächenhärte in HRC ≈			
Kurzname	Werk- stoff- Nr.		Tempe- ratur °C	Härte HB max.	Tempe- ratur °C	Ab- kühl- mittel	Ein- härte- tiefe[1] mm	Durch- härtung bis ⌀ mm	nach dem Här- ten	nach dem Anlassen[2] bei		
										100 °C	200 °C	300 °C
C45U	1.1730	1000…800	680…710	207	800…820	Wasser	3,5	15	58	58	54	48
C70U	1.1520			183	790…810		3,0	10	64	63	60	53
C80U	1.1525	1050…800	680…710	192	780…800	Wasser	3,0	10	64	64	60	54
C90U	1.1535	1050…800		207	770…790				64	64	61	54
C105U	1.1545	1000…800		212	770…790				65	64	62	56

[1] Für Durchmesser von 30 mm.
[2] Die Höhe der Anlasstemperatur richtet sich nach dem Verwendungszweck und der gewünschten Gebrauchshärte. Die Stähle werden in der Regel weichgeglüht angeliefert.

Wärmebehandlung von legierten Kaltarbeitsstählen, Warmarbeitsstählen und Schnellarbeitsstählen

vgl. DIN EN ISO 4957 (2001-02)

Stahlsorte		Warmform- gebungs- temperatur °C	Weichglühen		Härten		Oberflächenhärte in HRC ≈					
Kurzname	Werk- stoff- Nr.		Tempe- ratur °C	Härte HB max.	Tempe- ratur[1] °C	Ab- kühl- mittel	nach dem Härten	nach dem Anlassen[2] bei				
								200 °C	300 °C	400 °C	500 °C	550 °C
105V	1.2834	1050…850	710…750	212	780…800	Wasser	68	64	56	48	40	36
X153CrMoV12	1.2379		800…850	255	1010…1030	Luft	63	61	59	58	58	56
X210CrW12	1.2436	1050…850	800…840	255	960…980	Öl	64	62	60	58	56	52
90MnCrV8	1.2842		680…720	229	780…800		65	62	56	50	42	40
102Cr6	1.2067		710…750	223	830…850		65	62	57	50	43	40
60WCrV8	1.2550	1050…850	710…750	229	900…920	Öl	62	60	58	53	48	46
X37CrMoV5-1	1.2343	1100…900	750…800	229	1010…1030		53	52	52	53	54	52
HS6-5-2C	1.3343	1100…900	770…840	269	1200…1220	Öl,	64	62	62	62	65	65
HS10-4-3-10	1.3207			302	1220…1240	Warm-	66	61	61	62	66	67
HS2-9-1-8	1.3247			277	1180…1200	bad, Luft	66	62	62	61	68	69

[1] Die Austenitisierungsdauer ist die Dauer des Haltens auf Härtetemperatur und beträgt bei Kaltarbeitsstählen ca. 25 min, bei Schnellarbeitsstählen ca. 3 min. Das Erwärmen erfolgt in Stufen.
[2] Schnellarbeitsstähle werden mindestens zweimal bei 540…570 °C angelassen. Diese Temperatur wird mindestens 60 min gehalten.

Wärmebehandlung von Einsatzstählen

vgl. DIN EN 10084 (1998-06)

Stahlsorte[1]		Auf- kohlungs- temperatur °C	Härten von		Anlassen °C	Abkühl- mittel	Stirnabschreckversuch				
Kurzname	Werk- stoff- Nr.		Kernhärte- temperatur °C	Randhärte- temperatur °C			Temp. °C	Härte HRC im Abstand			
								max.[2]	3 mm	5 mm	7 mm
C10E	1.1121		880…920			Wasser	–	–	–	–	–
C15E	1.1141						–	–	–	–	–
17Cr3	1.7016		860…900				880	47	44	40	33
16MnCr5	1.7131						870	47	46	44	41
20MnCr5	1.7147	880…980		780…820	150…200	Öl	870	49	49	48	46
20MoCr4	1.7321						910	49	47	44	41
17CrNi6-6	1.5918		830…870				870	47	47	46	45
15NiCr13	1.5752		840…880				880	48	48	48	47
20NiCrMo2-2	1.6523		860…900				920	49	48	45	42
18CrNiMo7-6	1.6587		830…870				860	48	48	48	48

[1] Für Stähle mit geregeltem Schwefelgehalt, z. B. C10R, 20MnCrS5, gelten dieselben Werte.
[2] Für Stähle mit normaler Härtbarkeit (+H) in 1,5 mm Abstand von der Stirnfläche.

W

Flamm- und Induktionshärtung, Vergütungsstahl

Wärmebehandlung von Stählen für Flamm- und Induktionshärtung   vgl. DIN 17212 (1972-08)

Stahlsorte		Warmform-gebung °C	Weich-glühen °C	Normal-glühen °C	Vergüten			Randschichthärten	
Kurzname	Werk-stoff-Nr.				Härten in Wasser °C	in Öl °C	Anlassen °C	in Wasser °C	Härte HRC min.
Cf35	1.1183	1100…850	650…700	860…890	840…870	850…880	550…660	850…930	51
Cf45	1.1193	1100…850		840…870	820…850	830…860		820…900	55
Cf53	1.1213	1050…850		830…860	805…835	815…845		805…885	57
Cf70	1.1249	1000…800		820…850	790…820	–		790…870	60
45Cr2	1.7005	1100…850	650…700	840…870	820…850	830…860	550…660	820…900	55
38Cr4	1.7043	1050…850	680…720	845…885	825…855	835…865	540…680	825…905	53
42Cr4	1.7045	1050…850	680…720	840…880	820…850	830…860	540…680	820…900	54
41CrMo4	1.7223	1050…850	680…720	840…880	820…850	830…860	540…680	820…900	54
49CrMo4	1.7238								56

Wärmebehandlung von Vergütungsstählen   vgl. DIN EN 10083 (1996-10)

Stahlsorte[1]		Normal-glühen °C	Stirnabschreckversuch				Härten[3] °C	Vergüten	
Kurzname	Werk-stoff-Nr.		°C	Härte HRC für Härtbarkeit[2]				Abschreckmittel	Anlassen[4] °C
				+H	+HH	+HL			
C22	1.0402	880…920	–	–	–	–	860…900	Wasser	550…660
C25	1.0406	880…920					860…900		
C30	1.0528	870…910					850…890		
C35	1.0501	860…900	870	48…58	51…58	48…55	840…880	Wasser oder Öl	550…660
C40	1.0511	850…890	870	51…60	54…60	51…57	830…870		
C45	1.0503	840…880	850	55…62	57…62	55…60	820…860		
C50	1.0540	830…870	850	56…63	58…63	56…61	810…850	Öl oder Wasser	550…660
C55	1.0535	825…865	830	58…65	60…65	58…63	805…845		
C60	1.0601	820…860	830	60…67	62…67	60…65	800…840		
28Mn6	1.1170	850…890		45…54	48…54	45…51	830…870	Wasser oder Öl	540…680
38Cr2	1.7003	–	850	51…59	54…59	51…56	830…870	Öl oder Wasser	
46Cr2	1.7006	–		54…63	57…63	54…60	820…860	Öl oder Wasser	
34Cr4	1.7033	–		49…57	52…57	49…54	830…870	Wasser oder Öl	540…680
37Cr4	1.7034	–	850	51…59	54…59	51…56	825…865	Öl oder Wasser	
41Cr4	1.7035	–		53…61	55…61	53…58	820…860	Öl oder Wasser	
25CrMo4	1.7218	–		44…52	47…52	44…49	840…880	Wasser oder Öl	540…680
34CrMo4	1.7220	–	850	49…57	52…57	49…54	830…870	Öl oder Wasser	
42CrMo4	1.7225	–		53…61	56…61	53…58	820…860	Öl oder Wasser	
50CrMo4	1.7228	–		58…65	60…65	58…63	820…860	Öl	540…680
51CrV4	1.8159	–	850	57…65	60…65	57…62	820…860	Öl	
36CrNiMo4	1.6511	–		51…59	54…59	51…56	820…850	Öl oder Wasser	
34CrNiMo6	1.6582	–		50…58	53…58	50…55	830…860	Öl	540…660
30CrNiMo8	1.6580	–	850	48…56	51…56	48…53	830…860	Öl	540…660
36NiCrMo16	1.6773	–		50…57	52…57	50…55	865…885	Luft oder Öl	550…650

[1] Für unlegierte Edelstähle, z.B. C22E, und Stähle mit geregeltem Schwefelgehalt, z.B. C35R, 25CrMoS4, gelten dieselben Werte.

[2] Härtbarkeitsanforderungen: +H: normale Härtbarkeit; +HH, +HL: eingeschränkte Härtbarkeitsstreuung.

[3] Der untere Temperaturbereich gilt für das Abschrecken in Wasser, der obere für das Abschrecken in Öl.

[4] Anlassdauer mindestens 60 min.

Härtbarkeit und Einhärtungstiefe der Vergütungsstähle (Streubänder)

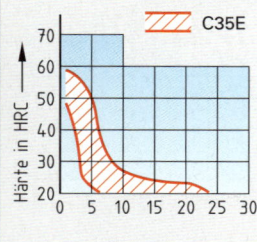
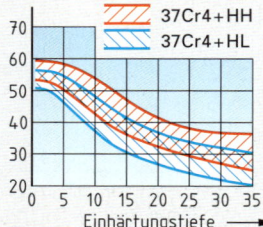
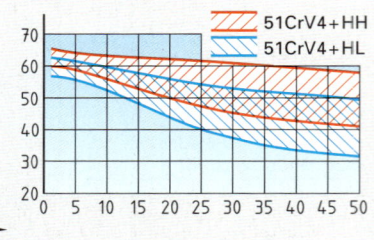

C35E

37Cr4+HH
37Cr4+HL

51CrV4+HH
51CrV4+HL

Härte in HRC

Einhärtungstiefe

Nitrierstähle, Automatenstähle, Aluminiumlegierungen

Wärmebehandlung von Nitrierstählen
vgl. DIN EN 10085 (2001-01)

Stahlsorte		Wärmebehandlung vor dem Nitrieren Vergüten				Nitrierbehandlung[1]		
Kurzname	Werk-stoff-nummer	Weich-glühen Temperatur °C	Härten Tempe-ratur[2] °C	Abkühl-mittel	Anlass-tempe-ratur[3][4] °C	Gas-nitrieren °C	Nitrocar-burieren °C	Härte[5] HV1
24CrMo13-6	1.8516	650…700	870…970	Öl oder Wasser	580… 700	500… 600	570… 650	–
31CrMo12	1.8515	650…700	870…930					800
32CrAlMo7-10	1.8505	650…750	870…930					–
31CrMoV9	1.8519	680…720	870…930					800
33CrMoV12-9	1.8522	680…720	870…970					–
34CrAlNi7-10	1.8550	650…700	870…930					950
41CrAlMo7-10	1.8509	650…750	870…930					950
40CrMoV13-9	1.8523	680…720	870…970					–
34CrAlMo5-10	1.8507	650…750	870…930					950

[1] Die Nitrierdauer hängt von der gewünschten Nitrierhärtetiefe ab.
[2] Austenitisierungsdauer mindestens 0,5 Stunden.
[3] Anlassdauer mindestens 1 Stunde.
[4] Die Anlasstemperatur sollte nicht weniger als 50 °C über der Nitriertemperatur liegen.
[5] Härte der nitrierten Oberfläche.

Wärmebehandlung von Automatenstählen
vgl. DIN EN 10087 (1999-01)

Automateneinsatzstähle

Stahlsorte		Aufkohlungs-temperatur °C	Kernhärte-temperatur °C	Randhärte-temperatur °C	Abkühlmittel[1]	Anlass-temperatur[2] °C
Kurzname	Werk-stoff-nummer					
10S20 10SPb20 15SMn13	1.0721 1.0722 1.0725	880 … 980	880 … 920	780 … 820	Wasser, Öl, Emulsion	150 … 200

Automatenvergütungsstähle

Stahlsorte		Härte-temperatur °C	Abkühlmittel[1]	Vergütungs-temperatur °C	vergütet[3]		
Kurzname	Werk-stoff-nummer				R_e N/mm²	R_m N/mm²	A %
35S20 35SPb20	1.0726 1.0756	860…890	Wasser oder Öl	540 … 680	430	630 … 780	15
36SMn14 36SMnPb14	1.0764 1.0765	850…880			460		14
38SMn28 38SMnPb28	1.0760 1.0761	850…880	Öl oder Wasser		460	700 … 850	15
44SMn28 44SMnPb28	1.0762 1.0763	840…870			480		16
46S20	1.0757				490		12

[1] Die Wahl des Abkühlmittels hängt von der Gestalt der Werkstücke ab.   [2] Anlassdauer mindestens 1 Stunde.
[3] Die Werte beziehen sich auf einen Durchmesser $10 < d \leq 16$.

Aushärten von Aluminiumlegierungen

Legierung EN AW-		Auslage-rungsart[2]	Lösungs-glüh-temperatur °C	Warmauslagerung		Kaltaus–lagerzeit Tage	ausgelagert	
Kurzname	Werkstoff-nummer			Temperatur °C	Haltezeit h		R_m N/mm²	A %
Al Cu4MgSi	2017	T4	500	480 … 540	8 … 24	5 … 8	390	12
Al Cu4SiMg	2014	T6				–	420	8
Al MgSi	6060	T4	525			5 … 8	130	15
Al MgSi1MgMn	6082	T6				–	280	6
Al Zn4,5Mg1	7020	T6	470			–	210	12
Al Zn5,5MgCu	7075	T6				–	545	8
Al Si7Mg[1]	42000[1]	T4	525			4	250	1

[1] Aluminiumgusslegierung EN AC-Al Si7Mg bzw. EN AC 42000.
[2] T4 lösungsgeglüht und kalt ausgelagert; T6 lösungsgeglüht und warm ausgelagert.

W

Bezeichnungssystem für Gusseisenwerkstoffe

Kurznamen und Werkstoffnummern   vgl. DIN EN 1560 (1997-08)

Gusseisenwerkstoffe werden entweder mit einem Kurznamen oder mit einer Werkstoffnummer angegeben.

Beispiel:

Gusseisen mit Lamellengrafit, Zugfestigkeit R_m = 300 N/mm²

Kurzname	Werkstoffnummer
EN-GJL-300	EN-JL1050

Werkstoffkurznamen

Werkstoffkurznamen haben bis zu sechs Bezeichnungspositionen ohne Zwischenraum, beginnend mit **EN** (europäische Norm) und **GJ** (Guss-Eisen; I Iron)

Bezeichnungsbeispiele:

EN	-	GJ	L		-	350		Gusseisen mit Lamellengrafit
EN	-	GJ	L		-	HB155		Gusseisen mit Lamellengrafit
EN	-	GJ	S		-	350-22U		Gusseisen mit Kugelgrafit
EN	-	GJ	M	B	-	450-6		Temperguss – schwarz
EN	-	GJ	M	W	-	360-12	W	Temperguss – weiß
EN	-	GJ	M		-	HV600(XCr14)		Verschleißfestes Gusseisen
EN	-	GJ	L	A	-	XNiCuCr15-6-2		Austenitisches Gusseisen

Grafitstruktur
(Buchstabe)

L Lamellen-
grafit
S Kugelgrafit
M Temperkohle
V Vermikular-
grafit
N grafitfrei
Y Sonder-
struktur

Mikro- oder Makrostruktur
(Buchstabe)

A Austenit
F Ferrit
P Perlit
M Martensit
L Ledeburit
Q abgeschreckt
T vergütet
B nicht
entkohlend
geglüht
W entkohlend
geglüht

Mechanische Eigenschaften oder chemische Zusammensetzung
(Zahlen/Buchstaben)

Mechanische Eigenschaften

350	Mindestzugfestigkeit R_m in N/mm²
350-22	zusätzlich Bruchdehnung A in %
S	**Probe** getrennt gegossen
U	angegossen
C	dem Gussstück entnommen
HB155	max. Härte

Chemische Zusammensetzung

Angaben entsprechen den Stahlbezeichnungen Seite 125

Zusätzliche Anforderungen

D Rohguss-
stück
H wärme-
behandeltes
Gussstück
W schweiß-
geeignet
Z zusätzliche
Anforderun-
gen

W

Werkstoffnummern

Werkstoffnummern haben sieben Bezeichnungspositionen ohne Zwischenraum, beginnend mit **EN** (europäische Norm) und **J** (Eisen; I Iron)

Bezeichnungsbeispiele:

EN	-	J	L	2	0 4	7	Gusseisen mit Lamellengrafit und Härte als Merkmal
EN	-	J	S	1	0 2	2	Kugelgrafitguss mit angegossenem Probestück, Merkmal R_m
EN	-	J	M	1	1 3	0	Temperguss ohne besondere Anforderungen, Merkmal R_m

Grafitstruktur
(Buchstabe)

L Lamellen-
grafit
S Kugelgrafit
M Temperkohle
V Vermikular-
grafit
N grafitfrei
Y Sonder-
struktur

Hauptmerkmal
(Ziffer)

1 Zugfestigkeit
2 Härte
3 chemische
Zusammen-
setzung

Werkstoff-kennziffer

Jedem Gusseisen-
werkstoff wird eine
zweistellige Kennziffer
zugeordnet. Eine
höhere Kennziffer
weist auf höhere
Festigkeit hin.

Werkstoffanforderungen
(Ziffer)

0 keine besonderen Anforderungen
1 getrennt gegossenes Probestück
2 angegossenes Probestück
3 Probe aus dem Gussstück
4 Zähigkeit bei Raumtemperatur
5 Zähigkeit bei Tieftemperatur
6 festgelegte Schweißeignung
7 Rohgussstück
8 wärmebehandeltes Gussstück
9 zusätzliche Anforderungen

Einteilung der Eisen-Gusswerkstoffe

Art	Norm	Beispiele/ Werkstoff- nummer	Zug- festigkeit R_m N/mm^2	Eigenschaften	Anwendungsbeispiele
Gusseisen					
mit Lamellen- grafit	DIN EN 1561	EN-GJL-150 (GG-15)[1] EN-JL1020	100 bis 450	sehr gute Gießbarkeit, gute Druckfestigkeit, Dämpfungsfähigkeit und Notlauffähigkeit sowie gute Korrosionsbeständig- keit	für konturenreiche, komplizierte Werkstücke; sehr vielseitig einsetzbar. Maschinengestelle, Getriebegehäuse
mit Kugelgrafit	DIN EN 1563	EN-GJS-400 (GGG-40)[1] EN-JS1030	350 bis 900	sehr gute Gießbarkeit, hohe Festigkeit auch bei dynamischer Belastung, oberflächenhärtbar	verschleißbeanspruchte Werkstücke; Kupplungsteile, Fittings, Motorenbau
mit Vermikular- grafit	DIN EN 1560	EN-GJV-200	200 bis 600	sehr gute Gießbarkeit, hohe Festigkeit ohne teure Legierungszusätze	Fahrzeugteile, Motorenbau, Getriebegehäuse
Bainitisches Gusseisen	DIN EN 1564	EN-GJS-800-8 EN-JS1100	800 bis 1400	durch Wärmebehandlung und gesteuerte Abkühlung entstehen Bainit und Austenit mit hoher Festig- keit bei guter Zähigkeit	hoch beanspruchte Bauteile, z.B. Radnaben, Zahnkränze, ADI-Guss[2]
verschleiß- beständiger Guss, Hartguss	DIN EN 12513	EN-GJN-HV350 EN-JN2019	> 1000	Verschleißfestigkeit durch Martensit und Karbide, auch mit Cr und Ni legiert.	verschleißfestes Gusseisen, z.B. Abrichtrollen, Baggerschaufeln, Laufräder für Pumpen
Temperguss					
entkohlend geglüht (weiß)	DIN EN 1562	EN-GJMW-350 (GTW-35)[1] EN-JM1010	270 bis 570	Entkohlung der Randschicht durch Tempern. Hohe Festigkeit und Zähigkeit, plastisch verformbar.	formgenaue, dünnwandige, stoßbeanspruchte Teile; Hebel, Bremstrommeln
nicht entkohlend geglüht (schwarz)	DIN EN 1562	EN-GJMB-450 (GTS-45)[1] EN-JM1140	300 bis 800	Flockiger Grafit im ganzen Querschnitt durch Tempern. Hohe Festigkeit und Zähigkeit bei größeren Wandstärken.	formgenaue, dickwandige, stoßbeanspruchte Teile; Hebel, Kardangabeln
Stahlguss					
für allgemeine Verwendung	DIN 1681[3]	GS-45 1.0446	380 bis 600	unlegierter und niedrig- legierter Stahlguss für allgemeine Verwendung	mechanische Mindestwerte von −10°C bis 300°C
mit verbesserter Schweiß- eignung	DIN 17182[3]	GS-20Mn5 1.1120	430 bis 650	geringer Kohlenstoffgehalt mit Mangan und Mikro- legierung	Schweißverbundkonstruk- tionen, Feinkornbaustähle mit großer Wanddicke
für Druck- behälter	DIN EN 10213	GP280GH 1.0625	420 bis 960	Sorten mit hoher Festigkeit und Zähigkeit bei tiefen und bei hohen Temperaturen	Druckbehälter für heiße bzw. kalte Medien, warmfest und kaltzäh; nichtrostend
Vergütungs- stahlguss	DIN EN 17205[3]	G30CrMoV6-4 1.7725	500 bis 1250	feines Vergütungsgefüge mit hoher Zähigkeit	Ketten, Panzerungen
nichtrostend	DIN EN 10283	GX6CrNiN26-7 1.4347	450 bis 1100	Beständigkeit gegenüber chemischer Beanspruchung und Korrosion	Pumpenlaufräder in Säuren, Duplex-Stahl
hitzebeständig	DIN EN 10295	GX25CrNiSi18-9 1.4825	400 bis 550	Beständigkeit gegenüber verzundernden Gasen	Turbinenteile, Ofenroste

[1] bisherige Bezeichnung   [2] ADI → Austempered Ductile Iron („angelassenes zähes Eisen")
[3] Mit Erscheinen der DIN EN 10293 (Entwurf) werden die genannten Normen zurückgezogen.

W

Gusseisen mit Lamellengrafit, Gusseisen mit Kugelgrafit

Gusseisen mit Lamellengrafit — vgl. DIN EN 1561 (1997-08)

Zugfestigkeit R_m als kennzeichnende Eigenschaft				Härte HB als kennzeichnende Eigenschaft			
Sorte[1]		Wanddicke	Zugfestigkeit R_m	Sorte		Wanddicke	Brinellhärte
Kurzname	Werkstoff-nummer	mm	N/mm²	Kurzname	Werkstoff-nummer	mm	HB30
EN-GJL-100 (GG-10)	EN-JL1010 (0.6010)	5…40	100…200	EN-GJL-HB155 (GG-150 HB)	EN-JL2010 (0.6012)	40…80	max. 155
EN-GJL-150 (GG-15)	EN-JL1020 (0.6015)	2,5…300	150…250	EN-GJL-HB175 (GG-170 HB)	EN-JL2020 (0.6017)	40…80	100…175
EN-GJL-200 (GG-20)	EN-JL-1030 (0.6020)	2,5…300	200…300	EN-GJL-HB195 (GG-190 HB)	EN-JL2030 (0.6022)	40…80	120…195
EN-GJL-250 (GG-25)	EN-JL1040 (0.6025)	5…300	250…350	EN-GJL-HB215 (GG-220 HB)	EN-JL2040 (0.6027)	40…80	145…215
EN-GJL-300 (GG-30)	EN-JL1050 (0.6030)	10…300	300…400	EN-GJL-HB235 (GG-240 HB)	EN-JL2050 (0.6032)	40…80	165…235
EN-GJL-350	EN-JL1060	10…300	350…450	EN-GJL-HB255	EN-JL2060	40…80	185…255

⇒ **EN-GJL-100**: Gusseisen mit Lamellengrafit, Mindestzugfestigkeit R_m = 100 N/mm²

⇒ **EN-GJL-HB215**: Gusseisen mit Lamellengrafit, maximale Brinellhärte = 215 HB

Eigenschaften und Verwendung

Gut gießbar und zerspanbar, schwingungsdämpfend, korrosionsbeständig, hohe Druckfestigkeit, gute Gleiteigenschaften.
Maschinengestelle, Lagergehäuse, Gleitlager, druckfeste Teile, Turbinengehäuse.
Die Härte als kennzeichnende Eigenschaft gibt Hinweise auf die Zerspanbarkeit.

Gusseisen mit Kugelgrafit — vgl. DIN EN 1563 (2003-02)

Zugfestigkeit R_m als kennzeichnende Eigenschaft

Sorte[1]		Zugfestigkeit R_m	Dehngrenze $R_{p\,0,2}$	Dehnung A	Eigenschaften, Anwendungsbeispiele
Kurzname	Werkstoff-nummer	N/mm²	N/mm²	%	
EN-GJS-350-22 (GGG-35.3)	EN-JS1010 (0.7033)	350	220	22	gut bearbeitbar, geringe Verschleißfestigkeit; Gehäuse
EN-GJS-400-18	EN-JS1020	400	250	18	
EN-GJS-400-15 (GGG-40)	EN-JS1030 (0.7040)	400	250	15	
EN-GJS-450-10	EN-JS1040	450	310	10	
EN-GJS-500-7 (GGG-50)	EN-JS1050 (0.7050)	500	320	7	gut bearbeitbar, mittlere Verschleißfestigkeit; Fittings, Pressenkörper
EN-GJS-600-3	EN-JS1060	600	370	3	
EN-GJS-700-2	EN-JS1070	700	420	2	
EN-GJS-800-2	EN-JS1080	800	480	2	gute Oberflächenhärte; Zahnräder, Lenk- und Kupplungsteile, Ketten
EN-GJS-900-2	EN-JS1090	900	600	2	

⇒ **EN-GJS-400-18**: Gusseisen mit Kugelgrafit, Mindestzugfestigkeit R_m = 400 N/mm²; Bruchdehnung A = 18 %

Härte HB als kennzeichnende Eigenschaft

Sorte		Zugfestigkeit R_m	Dehngrenze $R_{p\,0,2}$	Brinellhärte	Eigenschaften, Anwendungsbeispiele
Kurzname	Werkstoff-nummer	N/mm²	N/mm²	HB	
EN-GJS-HB130	EN-JS2010	350	220	< 160	Durch die Angabe der Härtewerte kann der Besteller seine Bearbeitungs-maschinen besser auf die Zerspanung der Gussstücke einstellen. Anwendungen wie oben.
EN-GJS-HB150	EN-JS2020	400	250	130…175	
EN-GJS-HB200	EN-JS2050	500	320	170…230	
EN-GJS-HB230	EN-JS2060	600	370	190…270	
EN-GJS-HB265	EN-JS2070	700	420	225…305	
EN-GJS-HB300	EN-JS2080	800	480	245…335	
EN-GJS-HB330	EN-JS2090	900	600	270…360	

⇒ **EN-GJS-HB130**: Gusseisen mit Kugelgrafit, Brinellhärte HB130, Maximalhärte HB160

[1] ( ) bisherige Bezeichnungen; Auswahl

Temperguss, Stahlguss

Temperguss[1]

vgl. DIN EN 1562 (1997-08)

Sorte Kurzname	Werkstoff-nummer	Zugfestig-keit R_m N/mm²	Dehn-grenze $R_{p\,0,2}$ N/mm²	Bruch-dehnung A %	Brinell-härte HB	Eigenschaften, Anwendungsbeispiele
Entkohlend geglühter Temperguss (weißer Temperguss)						
EN-GJMW-350-4	EN-JM1010	350	–	4	230	Alle Sorten sind gut gießbar und gut spanend bearbeitbar. Werkstücke mit kleiner Wanddicke, z.B. Hebel, Kettenglieder
EN-GJMW-400-5	EN-JM1030	400	220	5	220	
EN-GJMW-450-7	EN-JM1040	450	260	7	250	
EN-GJMW-550-4	EN-JM1050	550	340	4	250	
EN-GJMW-360-12	EN-JM1020	360	190	12	200	Zum Schweißen besonders geeignet.

⇒ **EN-GJMW-350-4**: Entkohlend geglühter Temperguss, $R_m = 350$ N/mm², $A = 4\%$

Sorte Kurzname	Werkstoff-nummer	Zugfestig-keit R_m N/mm²	Dehn-grenze $R_{p\,0,2}$ N/mm²	Bruch-dehnung A %	Brinell-härte HB	Eigenschaften, Anwendungsbeispiele
Nicht entkohlend geglühter Temperguss (schwarzer Temperguss)						
EN-GJMB-300-6	EN-JM1110	300	–	6	…150	hohe Druckdichtheit
EN-GJMB-350-10	EN-JM1130	350	200	10	…150	Alle Sorten sind gut gießbar und gut spanend bearbeitbar. Werkstücke mit größerer Wanddicke, z.B. Gehäuse, Kardangabeln, Kolben
EN-GJMB-450-6	EN-JM1140	450	270	6	150…200	
EN-GJMB-500-5	EN-JM1150	500	300	5	165…215	
EN-GJMB-550-4	EN-JM1160	550	340	4	180…230	
EN-GJMB-600-3	EN-JM1170	600	390	3	195…245	
EN-GJMB-650-2	EN-JM1180	650	430	2	210…260	
EN-GJMB-700-2	EN-JM1190	700	530	2	240…290	
EN-GJMB-800-1	EN-JM1200	800	600	1	270…320	

⇒ **EN-GJMB-350-10**: Nicht entkohlend geglühter Temperguss, $R_m = 350$ N/mm², $A = 10\%$

[1] Bisherige Bezeichnungen: Seite 159

Stahlguss für allgemeine Verwendungszwecke

vgl. DIN 1681 (1985-06)

Sorte Kurzname	Werkstoff-nummer	Zugfestig-keit R_m N/mm²	Dehn-grenze $R_{p\,0,2}$ N/mm²	Bruch-dehnung A %	Kohlen-stoff-gehalt %	Eigenschaften, Anwendungsbeispiele
GS-38	1.0420	380	200	25	≈ 0,15	für Werkstücke mit mittleren dyna-mischen und stoßartigen Beanspru-chungen, z.B. Radsterne, Hebel
GS-45	1.0446	450	230	22	≈ 0,25	
GS-52	1.0552	520	260	18	≈ 0,35	
GS-60	1.0558	600	300	15	≈ 0,45	

Stahlguss mit verbesserter Schweißeignung und Zähigkeit

vgl. DIN 17182 (1992-05)

Sorte Kurzname	Werkstoff-nummer	Zugfestig-keit[1] R_m N/mm²	Dehn-grenze[1] $R_{p\,0,2}$ N/mm²	Bruch-dehnung A %	Kerb-schlag-arbeit K_v J	Eigenschaften, Anwendungsbeispiele
GS-16Mn5N[2]	1.1131	430	200	25	65	Schweißverbundkonstruktionen
GS-20Mn5N	1.1120	500	300	22	55	
GS-20Mn5V[3]	1.1120	500	360	24	75	

[1] Werte bei einer Wanddicke bis 40 mm   [2] normalgeglüht   [3] vergütet

Stahlguss für Druckbehälter

vgl. DIN EN 10213 (2004-03)

Sorte Kurzname	Werkstoff-nummer	Zugfestig-keit[1] R_m N/mm²	Dehn-grenze[1] $R_{p\,0,2}$ N/mm²	Bruch-dehnung A %	Kerb-schlag-arbeit K_v J	Eigenschaften, Anwendungsbeispiele
GP240GH	1.0619	420	240	22	27	Für hohe und tiefe Temperaturen, z.B. Dampfturbinen, Heißdampf-armaturen, auch korrosionsbeständig
G17CrMo5-5	1.7357	490	315	20	27	
GX8CrNi12	1.4107	540	355	18	45	
GX4CrNiMo16-5-1	1.4405	760	540	15	60	

[1] Werte bei einer Wanddicke bis 40 mm

W

Modelle, Modelleinrichtungen und Kernkästen — vgl. DIN EN 12890 (2000-06)

Werkstoffe und Güteklassen

Merkmale	Werkstoffe		
	Holz	Kunststoff	Metall
Werkstoffart	Sperrholz-, Span- oder Verbundplatten, Hart- und Weichholz	Epoxidharze oder Polyurethane mit Füllstoffen	Cu-, Sn-, Zn-Legierung Al-Legierung Gusseisen oder Stahl
Verwendung	Wiederkehrende Einzelstücke und kleinere Serien, geringere Anforderung an die Genauigkeit; meist Handformerei	Einzel- und Serienfertigung mit höherer Anforderung an die Genauigkeit; Hand- und Maschinenformerei	mittlere bis große Serien mit hohen Anforderungen an die Genauigkeit; Maschinenformerei
Max. Stückzahl beim Formen	ca. 750	ca. 10 000	ca. 150 000
Güteklassen[1]	H1[2], H2, H3	K1[2], K2	M1[2], M2
Oberflächengüte	Schleifpapier Korngröße 60…80	Ra = 12,5 µm	Ra = 3,2…6,3 µm

[1] Klassifizierungssystem für die Herstellung und Verwendung von Modellen, Modelleinrichtungen und Kernkästen, über deren Zweckeignung, Qualität und Haltbarkeitsdauer: H Holz; K Kunststoff; M Metall
[2] beste Güteklasse

Formschrägen

Höhe H	Formschräge T in mm					
	kleine Aushebeflächen			hohe Aushebeflächen		
	Handformerei		Maschinenformerei	Handformerei		Maschinenformerei
mm	Formsand tongebunden	Formsand chem. geb.		Formsand tongebunden	Formsand chem. geb.	
…30	1,0	1,0	1,0	1,5	1,0	1,0
> 30…80	2,0	2,0	2,0	2,5	2,0	2,0
> 80…180	3,0	2,5	2,5	3,0	3,0	3,0
> 180…250	3,5	3,0	3,0	4,0	4,0	4,0
> 250…1000	+ 1,0 mm je 250 mm					
> 1000…4000	+ 2,0 mm je 1000 mm					

Anstrich und Farbkennzeichnung der Modelle

Fläche oder Flächenteil	Stahlguss	Gusseisen mit Kugelgrafit	Gusseisen mit Lamellengrafit	Temperguss	Schwermetallguss	Leichtmetallguss
Grundfarbe für Flächen, die am Gussteil unbearbeitet bleiben	blau	violett	rot	grau	gelb	grün
Am Gussteil zu bearbeitende Flächen	gelbe Streifen	gelbe Streifen	gelbe Streifen	gelbe Streifen	rote Streifen	gelbe Streifen
Sitzstellen für Losteile und deren Befestigungen			schwarz umrandet			
Stellen für Abschreckplatten	rot	rot	blau	rot	blau	blau
Kernmarken			schwarz			
Speiser			gelbe Streifen			

Schwindmaße, Maßtoleranzen, Form- und Gießverfahren

Schwindmaße

vgl. DIN EN 12890 (2000-06)

Gusseisen	Schwind-maß in %	Sonstige Gusswerkstoffe	Schwind-maß in %
mit Lamellengrafit	1,0	Stahlguss	2,0
mit Kugelgrafit, geglüht	0,5	Manganhartstahlguss	2,3
mit Kugelgrafit, ungeglüht	1,2	Al-, Mg-, CuZn-Legierungen	1,2
austenitisch	2,5	CuSnZn-, Zn-Legierungen	1,3
Temperguss, entkohlend geglüht	1,6	CuSn-Legierungen	1,5
Temperguss, nicht entkohlend geglüht	0,5	Cu	1,9

Maßtoleranzen und Bearbeitungszugaben, RMA

vgl. DIN ISO 8062 (1998-08)

Beispiele für die Toleranzangabe in einer Zeichnung:

1. ISO 8062-CT12-RMA6 (H)
   Toleranzgrad 12, Materialzugabe 6 mm

2. Individuelle Toleranzen und Bearbeitungszugaben werden direkt nach einem Maß angegeben.

R	Rohgussstück – Nennmaß
F	Maß nach der Endbearbeitung
CT	Gusstoleranzgrad
T	gesamte Gusstoleranz
RMA	Materialzugabe für eine Bearbeitung

$$R = F + 2 \cdot RMA + T/2$$

Gusstoleranzen

Nennmaß in mm	gesamte Gusstoleranz T in mm bei Gusstoleranzgrad CT															
	1	2	3	4	5	6	7	8	9	10	11	12	13	14	15	16
… 10	0,09	0,13	0,18	0,26	0,36	0,52	0,74	1,0	1,5	2,0	2,8	4,2	–	–	–	–
> 10…16	0,10	0,14	0,20	0,28	0,38	0,54	0,78	1,1	1,6	2,2	3,0	4,4	–	–	–	–
> 16…25	0,11	0,15	0,22	0,30	0,42	0,58	0,82	1,2	1,7	2,4	3,2	4,6	6	8	10	12
> 25…40	0,12	0,17	0,24	0,32	0,46	0,64	0,9	1,3	1,8	2,6	3,6	5	7	9	11	14
> 40…63	0,13	0,18	0,26	0,36	0,50	0,70	1,0	1,4	2,0	2,8	4,0	5,6	8	10	12	16
> 63…100	0,14	0,20	0,28	0,40	0,56	0,78	1,1	1,6	2,2	3,2	4,4	6	9	11	14	18
> 100…160	0,15	0,22	0,30	0,44	0,62	0,88	1,2	1,8	2,5	3,6	5	7	10	12	16	20
> 160…250	–	0,24	0,34	0,50	0,70	1,0	1,4	2,0	2,8	4,0	5,6	8	11	14	18	22
> 250…400	–	–	0,40	0,56	0,78	1,1	1,6	2,2	3,2	4,4	6,2	9	12	16	20	25
> 400…630	–	–	–	0,64	0,90	1,2	1,8	2,6	3,6	5	7	10	14	18	22	28
> 630…1000	–	–	–	–	1,0	1,4	2,0	2,8	4	6	8	11	16	20	25	32

Form- und Gießverfahren

Verfahren	Anwendung	Vor- und Nachteile	Gusswerkstoffe	Relative Maßgenauigkeit[1] in mm/mm	Erreichbare Rauheit Ra in µm
Handformen	große Gussstücke, Kleinserien	alle Größen, teuer, geringe Maßgenauigkeit	GJL, GJS, GS, GJM, Al- und Cu-Leg.	0,00…0,10	40…320
Maschinen-formen	kleine bis mittel-große Teile, Serien	maßgenau, gute Oberfläche	GJL, GJS, GS, GJM, Al-Leg.	0,00…0,06	20…160
Vakuum-formen	mittlere bis große Teile, Serien	maßgenaue, gute Oberfläche, hohe Investition	GJL, GJS, GS, GJM, Al- und Cu-Leg.	0,00…0,08	40…160
Masken-formen	kleine Teile, große Serien	maßgenau, hohe Formkosten	GJL, GS, Al- und Cu-Leg.	0,00…0,06	20…160
Feingießen	kleine Teile, große Serien	komplizierte Teile, hohe Formkosten	GS, Al-Leg.	0,00…0,04	10…80
Druckgießen	kleine bis mittel-große Teile, große Serien	maßgenau auch bei geringen Wanddicken, feinkörniges Gefüge, hohe Investition	Warmkammer: Zn, Pb, Sn, Mg Kaltkammer: Cu, Al	0,00…0,04	10…40

[1] Als relative Maßgenauigkeit bezeichnet man das Verhältnis von größtem Abmaß zum Nennmaß.

W

Aluminium, Aluminiumlegierungen – Übersicht

Legie-rungs-gruppe	Werkstoff-nummer	Haupteigenschaften	Hauptanwendungsbereiche	Erzeugnis-formen[1] B	S	R
Reinaluminium						Seite 166
Al (Al-Gehalt > 99,00%)	AW-1000 bis AW-1990 (Serie 1000)	• sehr gut kalt umformbar • schweiß- und hartlötbar • schwer spanend bearbeitbar • korrosionsbeständig • für dekorative Zwecke anodisch oxidierbar	Behälter, Rohrleitungen und Einrichtungen in der Nahrungs-mittel- und chemischen Industrie, elektrische Leiter, Reflektoren, Zierleisten, Kennzeichen im Fahrzeugbau	•	•	•
Aluminium, Aluminium-Knetlegierungen, nicht aushärtbar (Auswahl)						Seite 166
AlMn	AW-3000 bis AW-3990 (Serie 3000)	• kalt umformbar • schweiß- und lötbar • im kalt verfestigten Zustand gut spanend bearbeitbar Im Vergleich mit Serie 1000: • höhere Festigkeit • verbesserte Laugenbeständigkeit	Dachdeckungen, Fassaden-verkleidungen und tragende Konstruktionen in der Bautechnik, Teile für Kühler und Klimaanlagen in der Fahrzeugtechnik, Getränke- und Konservendosen in der Verpackungsindustrie	•	•	•
AlMg	AW-5000 bis AW-5990 (Serie 5000)	• gut kalt umformbar mit hoher Kaltverfestigung • bedingt schweißbar • im kalt verfestigten Zustand und bei höheren Legierungsanteilen gut spanend bearbeitbar • witterungs- und seewasser-beständig	Leichtbauwerkstoff für Aufbauten von Nutzfahrzeugen, Tank- und Silofahrzeuge, Metallschilder, Verkehrszeichen, Rollläden und Rolltore, Fenster, Türen, Beschläge in der Bautechnik, Maschinengestelle, Teile im Vorrichtungs- und Formenbau	•	•	•
AlMgMn		• gut kalt umformbar mit hoher Kaltverfestigung • gut schweißbar • gut spanend bearbeitbar • seewasserbeständig		•	•	•
Aluminium, Aluminium-Knetlegierungen, aushärtbar (Auswahl)						Seite 167
AlMgSi	AW-6000 bis AW-6990 (Serie 6000)	• gut kalt und warm umformbar • korrosionsbeständig • gut schweißbar • im ausgehärteten Zustand gut spanend bearbeitbar	tragende Konstruktionen in der Bautechnik, Fenster, Türen, Maschinentische, Hydraulik- und Pneumatikteile; mit Pb-, Sn- oder Bi-Anteilen: sehr gut spanend bearbeitbare Automatenlegierungen	•[2]	•[2]	•[2]
AlCuMg	AW-2000 bis AW-2990 (Serie 2000)	• hohe Festigkeitswerte • gute Warmfestigkeit • bedingt korrosionsbeständig • bedingt schweißbar • im ausgehärteten Zustand gut spanend bearbeitbar	Leichtbauwerkstoff im Fahrzeug- und Flugzeugbau; mit Pb-, Sn- oder Bi-Anteilen: sehr gut spanend bearbeitbare Automatenlegierungen	•[2]	•[2]	•[2]
AlZnMgCu	AW-7000 bis AW-7990 (Serie 7000)	• höchste Festigkeit aller Al-Legie-rungen • beste Korrosionsbeständigkeit im Zustand warm ausgehärtet • bedingt schweißbar • im ausgehärteten Zustand gut spanend bearbeitbar	hochfester Leichtbauwerkstoff im Flugzeug- und Maschinenbau, Werkzeuge und Formen zur Kunststoffformung, Schrauben, Fließpressteile	•	•	•

[1] Erzeugnisformen: B Bleche; S Stangen; R Rohre
[2] Automatenlegierungen werden nur als Stangen oder als Rohre geliefert.

W

Aluminium, Aluminium-Knetlegierungen: Kurznamen und Werkstoffnummern

Kurznamen für Aluminium und Aluminium-Knetlegierungen · vgl. DIN EN 573-2 (1994-12)

Die Kurznamen gelten für Halbzeuge, z.B. Bleche, Stangen, Rohre, Drähte und für Schmiedeteile.

Bezeichnungsbeispiele: · **EN AW - Al 99,98**
EN AW - Al Mg1SiCu - H111

| EN | Europäische Norm |
| AW | Aluminium-Halbzeug |

Chemische Zusammensetzung, Reinheitsgrad

| Al 99,98 | → | Reinaluminium, Reinheitsgrad 99,98% Al |
| Al Mg1SiCu | → | 1% Mg, geringe Anteile Si und Cu |

Werkstoffzustand (Auszug) · vgl. DIN EN 515 (1993-12)

Zustand	Kurz-zeichen	Bedeutung der Kurzzeichen	Bedeutung der Werkstoffzustände
Herstell-zustand	F	Die Halbzeuge werden ohne Festlegung mechanischer Grenzwerte hergestellt, z.B. Zugfestigkeit, Streckgrenze, Bruchdehnung.	Halbzeuge ohne Nachbehandlung
weich geglüht	O O1 O2	Weichglühen kann durch Warmumformung ersetzt werden. lösungsgeglüht, langsame Abkühlung auf Raumtemperatur, thermomechanisch umgeformt, höchste Umformbarkeit	Wiederherstellung der Umformbarkeit nach einer Kaltumformung
kalt verfestigt	H12 bis H18	kalt verfestigt mit folgenden Härtegraden: H12 H14 H16 H18 $1/4$-hart $1/2$-hart $3/4$-hart $4/4$-hart	Einhaltung garantier-ter mechanischer Kennwerte, z.B. Zugfestigkeit, Streckgrenze
	H111 H112	geglüht mit nachfolgender geringer Kaltverfestigung geringe Kaltverfestigung	
wärme-behandelt	T1 T2 T3	lösungsgeglüht, entspannt und kalt ausgelagert, nicht nachgerichtet abgeschreckt wie T1, kalt umgeformt und kalt ausgelagert lösungsgekühlt, kalt umgeformt und kalt ausgelagert	Erhöhung der Zug-festigkeit, der Streck-grenze und der Härte, Verringerung der Kalt-umformbarkeit
	T3510 T3511	lösungsgeglüht, entspannt und kalt ausgelagert wie T3510, nachgerichtet zur Einhaltung der Grenzabmaße	
	T4 T4510	lösungsgeglüht, kalt ausgelagert lösungsgeglüht, entspannt und kalt ausgelagert, nicht nachgerichtet	
	T6 T6510	lösungsgeglüht, warm ausgelagert lösungsgeglüht, entspannt und warm ausgelagert, nicht nachgerichtet	
	T8 T9	lösungsgeglüht, kalt umgeformt, warm ausgelagert lösungsgeglüht, warm ausgelagert, kalt umgeformt	

Werkstoffnummern für Aluminium und Aluminium-Knetlegierungen · vgl. DIN EN 573-1 (1994-12)

Die Werkstoffnummern gelten für Halbzeuge, z.B. Bleche, Stangen, Rohre, Drähte, und für Schmiedeteile.

Bezeichnungsbeispiele: · **EN AW - 1050A**
EN AW - 5154

| EN | Europäische Norm |
| AW | Aluminium-Halbzeug |

Innerhalb eines Landes sind von der Original-legierung abweichende Grenzwerte festgelegt.

Legierungsgruppen

Ziffer	Gruppe	Ziffer	Gruppe
1	Rein-Al	5	AlMg
2	AlCu	6	AlMgSi
3	AlMn	7	AlZn
4	AlSi	8	sonstige

Legierungsabwandlungen

| 0 | → | Originallegierung |
| 1…9 | → | Legierungen, die von der Originallegierung abweichen |

Sorten-Nummer

Innerhalb einer Legierungs-gruppe, z.B. AlMgSi, erhält jede Sorte eine eigene Nummer.

W

Aluminium, Aluminium-Knetlegierungen

| Aluminium und Aluminium-Knetlegierungen, nicht aushärtbar (Auswahl) | | | | | | | | vgl. DIN EN 485-2 (1995-03), DIN EN 754-2, 755-2 (1997-08) |

Kurzname (Werkstoffnummer)[1]	Lieferformen[2] S	B	A[3]	Werkstoffzustand[4]	Dicke/Durchmesser mm	Zugfestigkeit R_m N/mm²	Dehngrenze $R_{p0,2}$ N/mm²	Bruchdehnung A %	Verwendung, Beispiele
Al 99,5 (1050A)	•	–	p	F, H112	≤ 200	≥ 60	≥ 20	25	Apparatebau, Druckbehälter, Schilder, Verpackungen, Zierleisten
			z	O, H111	≤ 80	60…95	–	25	
			z	H14	≤ 40	100…135	≥ 70	6	
	–	•	w	O, H111	0,5…1,4	65…95	≥ 20	22	
					1,5…2,9	65…95	≥ 20	26	
					3,0…5,9	65…95	≥ 20	29	
Al Mn1 (3103)	•	–	p	F, H112	≤ 200	≥ 95	≥ 35	25	Apparatebau, Fließpressteile, Fahrzeugaufbauten, Wärmetauscher
			z	O, H111	≤ 60	95…130	≥ 35	25	
			z	H14	≤ 10	130…165	≥ 110	6	
	–	•	w	O, H111	0,5…1,4	90…130	≥ 35	19	
					1,5…2,9	90…130	≥ 35	21	
					3,0…5,9	90…130	≥ 35	24	
Al Mn1Cu (3003)	•	–	p	F, H112	≤ 200	≥ 95	≥ 35	25	Dachdeckungen, Fassaden, tragende Konstruktionen im Metallbau
			z	O, H111	≤ 80	95…130	≥ 35	25	
			z	H14	≤ 40	130…165	≥ 110	6	
	–	•	w	O, H111	0,5…1,4	95…135	≥ 35	17	
					1,5…2,9	95…135	≥ 35	20	
					3,0…5,9	95…135	≥ 35	23	
Al Mg1 (5005)	•	–	p	F, H112	≤ 200	≥ 100	≥ 40	18	Dachdeckungen, Fassaden, Fenster, Türen, Beschläge
			z	O, H111	≤ 80	100…145	≥ 40	18	
			z	H14	≤ 40	≥ 140	≥ 110	6	
	–	•	w	O, H111	0,5…1,49	100…145	≥ 35	19	
					1,5…2,9	100…145	≥ 35	20	
					3,0…5,9	100…145	≥ 35	22	
Al Mg2 (5251)	•	–	p	F, H112	≤ 200	≥ 160	≥ 60	16	Einrichtungen und Geräte der Nahrungsmittelindustrie
			z	O, H111	≤ 80	150…200	≥ 60	17	
			z	H14	≤ 30	200…240	≥ 160	5	
	–	•	w	O, H111	0,5…1,4	160…200	≥ 60	14	
					1,5…2,9	160…200	≥ 60	16	
					3,0…5,9	160…200	≥ 60	18	
Al Mg3 (5754)	•	–	p	F, H112	≤ 150	≥ 180	≥ 80	14	Apparatebau, Flugzeugbau, Karosserieteile, Formenbau
			z	O, H111	≤ 80	180…250	≥ 80	16	
			z	H14	≤ 25	240…290	≥ 180	4	
	–	•	w	O, H111	0,5…1,4	190…240	≥ 80	14	
					1,5…2,9	190…240	≥ 80	16	
					3,0…5,9	190…240	≥ 80	18	
Al Mg5 (5019)	•	–	p	F, H112	≤ 200	≥ 250	≥ 110	14	optische Geräte, Verpackungen
			z	O, H111	≤ 80	250…320	≥ 110	16	
			z	H14	≤ 40	270…350	≥ 180	8	
Al Mg3Mn (5454)	•	–	p	F, H112	≤ 200	≥ 200	≥ 85	10	Behälterbau, auch Druckbehälter, Rohrleitungen, Tank- und Silofahrzeuge
				O, H111		200…275	≥ 85	18	
	–	•	w	O, H111	0,5…1,4	215…275	≥ 85	13	
					1,5…2,9	215…275	≥ 85	15	
					3,0…5,9	215…275	≥ 85	17	
Al Mg4,5Mn0,7 (5083)	•	–	p	F, H111	≤ 200	≥ 270	≥ 110	12	Formen- und Vorrichtungsbau, Maschinengestelle
			z	O, H111	≤ 80	270…350	≥ 110	16	
			z	H12	≤ 30	≥ 280	≥ 200	6	

[1] Zur Vereinfachung sind alle Kurznamen und Werkstoffnummern ohne den Zusatz „EN AW-" geschrieben.
[2] Lieferformen: S Rundstäbe; B Bleche, Bänder
[3] A Anlieferungszustand: p stranggepresst; z gezogen; w kalt gewalzt
[4] Werkstoffzustände: Seite 165

Aluminium-Knetlegierungen

Aluminium-Knetlegierungen, aushärtbar (Auswahl)

vgl. DIN EN 485-2 (1995-03), DIN EN 754-2, 755-2 (1997-08)

Kurzname (Werkstoffnummer)[1]	Lieferformen[2] S	B	A[3]	Werkstoffzustand[4]	Dicke/Durchmesser mm	Zugfestigkeit R_m N/mm²	Dehngrenze $R_{p\,0,2}$ N/mm²	Bruchdehnung A %	Verwendung, Beispiele
Al CuPbMgMn (2007)	•	–	p	T4, T4510	≤ 80	≥ 370	≥ 250	8	Automatenlegierungen, auch bei hohen Spanleistungen gut zerspanbar, z. B. für Drehteile, Frästeile
			z	T3	≤ 30	≥ 370	≥ 240	7	
			z	T3	30…80	≥ 340	≥ 220	6	
Al Cu4PbMg (2030)	•	–	p	T4, T4510	≤ 80	≥ 370	≥ 250	8	
			z	T3	≤ 30	≥ 370	≥ 240	7	
			z	T3	30…80	≥ 340	≥ 220	6	
Al MgSiPb (6012)	•	–	p	T5, T6510	≤ 150	≥ 310	≥ 260	8	
			z	T3	≤ 80	≥ 200	≥ 100	10	
			z	T6	≤ 80	≥ 310	≥ 260	8	
Al Cu4SiMg (2014)	•	–	p	O, H111	≤ 200	≤ 250	≤ 135	12	Teile in der Hydraulik, der Pneumatik, im Fahrzeug- und Flugzeugbau, tragende Konstruktionen im Metallbau
			z	T3	≤ 80	≥ 380	≥ 290	8	
			z	T4	≤ 80	≥ 380	≥ 220	12	
	–	•	w	O	0,5…1,4	≤ 220	≤ 140	12	
					1,5…2,9	≤ 220	≤ 140	13	
					3,0…5,9	≤ 220	≤ 140	16	
Al Cu4Mg1 (2024)	•	–	p	O, H111	≤ 200	≤ 250	≤ 150	12	Teile im Fahrzeug- und Flugzeugbau, tragende Konstruktionen im Metallbau
			z	T3	10…80	≥ 425	≥ 290	9	
			z	T6	≤ 80	≥ 425	≥ 315	5	
	–	•	w	O	0,5…1,4	≤ 220	≤ 140	12	
					1,5…2,9	≤ 220	≤ 140	13	
					3,0…5,9	≤ 220	≤ 140	13	
Al MgSi (6060)	•	–	p	T4	≤ 150	≤ 120	≤ 60	16	Fenster, Türen, Fahrzeugaufbauten, Maschinentische, optische Geräte
			z	T4	≤ 80	≥ 130	≥ 65	15	
			z	T6	≤ 80	≥ 215	≥ 160	12	
Al Si1MgMn (6082)	•	–	p	O, H111	≤ 200	≤ 160	≤ 110	14	Beschläge, Teile im Formen- und Vorrichtungsbau, Maschinentische, Geräte in der Nahrungsmittelindustrie
			z	T4	≤ 80	≥ 205	≥ 110	14	
			z	T6	≤ 80	≥ 310	≥ 255	10	
	–	•	w	O	0,5…1,4	≤ 150	≤ 85	14	
					1,5…2,9	≤ 150	≤ 85	16	
					3,0…5,9	≤ 150	≤ 85	18	
Al Zn4,5Mg1 (7020)	•	–	p	T6	≤ 50	≥ 350	≥ 290	10	Teile im Fahrzeug- und Flugzeugbau, Maschinentische, Aufbauten von Schienenfahrzeugen
			z	T6	≤ 80	≥ 350	≥ 280	10	
	–	•	w	O	0,5…1,4	≤ 220	≤ 140	12	
					1,5…2,9	≤ 220	≤ 140	13	
					3,0…5,9	≤ 220	≤ 140	15	
Al Zn5Mg3Cu (7022)	•	–	p	T6, T6510	≤ 80	≥ 490	≥ 420	7	Teile in der Hydraulik, Pneumatik und im Flugzeugbau, Schrauben
			z	T6	≤ 80	≥ 460	≥ 380	8	
	–	•	w	T6	3,0…12	≥ 450	≥ 370	8	
					12,5…24	≥ 450	≥ 370	8	
					25…50	≥ 450	≥ 370	7	
Al Zn5,5MgCu (7075)	•	–	p	O, H111	≤ 200	≤ 275	≤ 165	10	Teile im Fahrzeug-, Flugzeug-, Formen- und Vorrichtungsbau, Schrauben
			z	T6	≤ 80	≥ 540	≥ 485	7	
			z	T73	≤ 80	≥ 455	≥ 385	10	
	–	•	w	O	0,4…0,75	≥ 275	≥ 145	10	
					0,8…1,45	≥ 275	≥ 145	10	
					1,5…2,9	≥ 275	≥ 145	10	

[1] Zur Vereinfachung sind alle Kurznamen und Werkstoffnummern ohne den Zusatz „EN AW-" geschrieben.

[2] Lieferformen: S Rundstäbe; B Bleche, Bänder

[3] A Anlieferungszustand: p stranggepresst; z gezogen; w kalt gewalzt

[4] Werkstoffzustände: Seite 165

W

Aluminium-Gusslegierungen

Bezeichnung von Aluminium-Gussstücken   vgl. DIN EN 1780-1…3 (2003-01), DIN EN 1706 (1998-06)

Aluminium-Gussstücke werden durch Kurznamen oder durch Werkstoffnummern bezeichnet.

Bezeichnungs-beispiele:	Kurzname EN AC - Al Mg5KF	Werkstoffnummer EN AC - 51300KF

| EN Europäische Norm
AC Aluminium-Gussstück | K → Gießverfahren
F → Werkstoffzustand
(Tabelle unten) | K → Gießverfahren
F → Werkstoffzustand
(Tabelle unten) |

Chemische Zusammensetzung

Beispiel	Legierungsanteile
AlMg5 AlSi6Cu	5% Mg 6% Si, 4% Cu
AlCu4MgTi	4% Cu, Anteile Mg und Ti

Legierungsgruppen

Ziffern	Gruppe	Ziffern	Gruppe
21	AlCu	46	AlSi9Cu
41	AlSiMgTi	47	AlSi(Cu)
42	AlSi7Mg	51	AlMg
44	AlSi	71	AlZnMg

Sorten-Nummer

Innerhalb einer Legierungsgruppe erhält jede Sorte eine eigene Nummer.

Gießverfahren		Werkstoffzustand	
Buch-stabe	Gießverfahren	Buch-stabe	Bedeutung
S K D L	Sandguss Kokillenguss Druckguss Feinguss	F O	Gusszustand, ohne Nachbehandlung weich geglüht
		T1 T4	kontrolliertes Abkühlen nach dem Gießen, kalt ausgelagert lösungsgeglüht und kalt ausgelagert
		T5 T6	kontrolliertes Abkühlen nach dem Gießen, warm ausgelagert lösungsgeglüht und warm ausgelagert

Aluminium-Gusslegierungen   vgl. DIN EN 1706 (1998-03)

Kurzname (Werkstoff-nummer)[1]	V[2]	W[3]	Festigkeitswerte im Gusszustand (F)				Eigenschaften[4]			
			Härte HB	Zugfestig-keit R_m N/mm²	Dehn-grenze $R_{p\,0,2}$ N/mm²	Bruch-dehnung A %	G	D	Z	Verwendung
AC-AlMg3 (AC-51000)	S K	F F	50 50	140 150	70 70	3 5	– 	– 	● 	korrosionsbeständig, polierbar, für dekorative Zwecke anodisch oxidierbar; Beschlagteile, Haushaltsgeräte, Schiffbau, chemische Industrie
AC-AlMg5 (AC-51300)	S K	F F	55 60	160 180	90 100	3 4	– 	– 	● 	
AC-AlMg5(Si) (AC-51400)	S K	F F	60 65	160 180	100 110	3 3	– 	– 	● 	
AC-AlSi12 (AC-44100)	S K L	F F F	50 55 60	150 170 160	70 80 80	4 5 1	● 	● 	○ 	beständig gegen Witterungseinflüsse, für komplizierte, dünnwandige und druckdichte Teile; Pumpen- und Motorengehäuse, Zylinderköpfe, Teile im Flugzeugbau
AC-AlSi7Mg (AC-42000)	S K L	T6 T6 T6	75 90 75	220 260 240	180 220 190	2 1 1	○ 	● 	○ 	
AC-AlSi12(Cu) (AC-47000)	S K	F F	50 55	150 170	80 90	1 2	● 	● 	– 	
AC-AlCu4Ti (AC-21100)	S K	T6 T6	95 95	300 330	200 220	3 7	– 	– 	● 	höchste Festigkeitswerte, schwingungs- und warmfest; einfache Gussstücke

[1] Zur Vereinfachung sind alle Kurznamen und Werkstoffnummern ohne den Zusatz „EN" geschrieben, z.B. AC-AlMg3 statt EN AC-AlMg3 oder AC-51000 statt EN AC-51000.
[2] V Gießverfahren (Tabelle oben)   [3] W Werkstoffzustände (Tabelle oben)
[4] G Gießbarkeit, D Druckdichtheit, Z Zerspanbarkeit; ● sehr gut, ○ gut, – bedingt gut

W

Aluminium-Profile – Übersicht, Rundstangen, Vierkantstangen

Aluminium-Profile, Übersicht

Bild	Herstellung, Abmessungen	Norm	Bild	Herstellung, Abmessungen	Norm
Rundstangen			**Rundrohre**		
	stranggepresst $d = 3 \ldots 100$ mm	DIN EN 755-3		nahtlos gepresst $d = 20 \ldots 250$ mm	DIN EN 755-7
	gezogen $d = 8 \ldots 320$ mm	DIN EN 754-3		nahtlos gezogen $d = 3 \ldots 270$ mm	DIN EN 754-7
Vierkantstangen			**Quadratrohre**		
	stranggepresst $s = 10 \ldots 220$ mm	DIN EN 755-4		stranggepresst $a = 15 \ldots 100$ mm	DIN EN 754-4
	gezogen $s = 3 \ldots 100$ mm	DIN EN 754-4			
Rechteckstangen			**Rechteckrohre**		
	stranggepresst $b = 10 \ldots 600$ mm $s = 2 \ldots 240$ mm	DIN EN 755-4		nahtlos gepresst $a = 15 \ldots 250$ mm $b = 10 \ldots 100$ mm	DIN EN 755-7
	gezogen $b = 5 \ldots 200$ mm $s = 2 \ldots 60$ mm	DIN EN 754-4		nahtlos gezogen $a = 15 \ldots 250$ mm $b = 10 \ldots 100$ mm	DIN EN 754-7
Bleche und Bänder			**L-Profile**		
	gewalzt $s = 0,4 \ldots 15$ mm	DIN EN 485		scharfkantig oder rundkantig $h = 10 \ldots 200$ mm	DIN 1771[1]
U-Profile			**T-Profile**		
	scharfkantig oder rundkantig $h = 10 \ldots 160$ mm	DIN 9713[1]		scharfkantig oder rundkantig $h = 15 \ldots 100$ mm	DIN 9714[1]

[1] Die Normen wurden ersatzlos zurückgezogen.

Rundstangen, Vierkantstangen, gezogen — vgl. DIN EN 754-3, 754-4 (1996-01), DIN 1798[1], DIN 1796[1]

	d, a mm	S cm^2 (○)	S cm^2 (□)	m' kg/m (○)	m' kg/m (□)	$W_x = W_y$ cm^3 (○)	$W_x = W_y$ cm^3 (□)	$I_x = I_y$ cm^4 (○)	$I_x = I_y$ cm^4 (□)
S Querschnittsfläche	10	0,79	1,00	0,21	0,27	0,10	0,17	0,05	0,08
m' längenbezogene Masse	12	1,13	1,44	0,31	0,39	0,17	0,29	0,10	0,17
	16	2,01	2,56	0,54	0,69	0,40	0,68	0,32	0,55
W axiales Widerstandsmoment	20	3,14	4,00	0,85	1,08	0,79	1,33	0,79	1,33
	25	4,91	6,25	1,33	1,69	1,53	2,60	1,77	3,26
	30	7,07	9,00	1,91	2,43	2,65	4,50	3,98	6,75
I axiales Flächenträgheitsmoment	35	9,62	12,25	2,60	3,31	4,21	7,15	7,37	12,51
	40	12,57	16,00	3,40	4,32	6,28	10,68	12,57	21,33
	45	15,90	20,25	4,30	5,47	8,95	15,19	20,13	34,17
	50	19,64	25,00	5,30	6,75	12,28	20,83	30,69	52,08
	55	23,76	30,25	6,42	8,17	16,33	27,73	44,98	76,26
	60	28,27	36,00	7,63	9,72	21,21	36,00	63,62	108,00

Werkstoffe	Aluminium-Knetlegierungen: Seiten 166 und 167

[1] DIN 1796 und DIN 1798 wurden durch DIN EN 754-3 bzw. DIN EN 754-4 ersetzt. Die DIN EN-Normen enthalten keine Abmessungen. Der Fachhandel bietet jedoch Rund- und Vierkantstangen weiterhin nach DIN 1798 und DIN 1796 an.

○ Rundstangen; □ Vierkantstangen

W

Rechteckstangen aus Aluminium-Legierungen

Rechteckstangen, gezogen (Auswahl)   vgl. DIN EN 754-5 (1996-01), Ersatz für DIN 1769[1]

	$b \times h$	S	m'	e_x	e_y	W_x	I_x	W_y	I_y
S Querschnittsfläche	mm	cm²	kg/m	cm	cm	cm³	cm⁴	cm³	cm⁴

$b \times h$ mm	S cm²	m' kg/m	e_x cm	e_y cm	W_x cm³	I_x cm⁴	W_y cm³	I_y cm⁴
10 × 3	0,30	0,08	0,15	0,5	0,015	0,0007	0,033	0,016
10 × 6	0,60	0,16	0,3	0,5	0,060	0,018	0,100	0,050
10 × 8	0,80	0,22	0,4	0,5	0,106	0,042	0,133	0,066
15 × 3	0,45	0,12	0,15	0,75	0,022	0,003	0,112	0,084
15 × 5	0,75	0,24	0,25	0,75	0,090	0,027	0,225	0,168
15 × 8	1,20	0,32	0,4	0,75	0,230	0,064	0,300	0,225
20 × 5	1,00	0,27	0,25	1,0	0,083	0,020	0,333	0,333
20 × 8	1,60	0,43	0,4	1,0	0,213	0,085	0,533	0,533
20 × 10	2,00	0,54	0,5	1,0	0,333	0,166	0,666	0,666
20 × 15	3,00	0,81	0,75	1,0	0,750	0,562	1,000	1,000
25 × 5	1,25	0,34	0,25	1,25	0,104	0,026	0,520	0,651
25 × 8	2,00	0,54	0,4	1,25	0,266	0,106	0,833	1,041
25 × 10	2,50	0,67	0,5	1,25	0,416	0,208	1,041	1,302
25 × 15	3,75	1,01	0,75	1,25	0,937	0,703	1,562	1,953
25 × 20	5,00	1,35	1,0	1,25	1,666	1,666	2,083	2,604
30 × 10	3,00	0,81	0,5	1,5	0,500	0,250	1,500	2,250
30 × 15	4,50	1,22	0,75	1,5	1,125	0,843	2,250	3,375
30 × 20	6,00	1,62	1,0	1,5	2,000	2,000	3,000	4,500
40 × 10	4,00	1,08	0,5	2,0	0,666	0,333	2,666	5,333
40 × 15	6,00	1,62	0,75	2,0	1,500	1,125	4,000	8,000
40 × 20	8,00	2,16	1,0	2,0	2,666	2,666	5,333	10,666
40 × 25	10,00	2,70	1,25	2,0	4,166	5,208	6,666	13,333
40 × 30	12,00	3,24	1,5	2,0	6,000	9,000	8,000	16,000
40 × 35	14,00	3,78	1,75	2,0	8,166	14,291	9,333	18,666
50 × 10	5,00	1,35	0,5	2,5	0,833	0,416	4,166	10,416
50 × 15	7,50	2,03	0,75	2,5	1,875	1,406	6,250	15,625
50 × 20	10,00	2,70	1,0	2,5	3,333	3,333	8,333	20,833
50 × 25	12,50	3,37	1,25	2,5	5,208	6,510	10,416	26,041
50 × 30	15,00	4,05	1,5	2,5	7,500	11,250	12,500	31,250
50 × 35	17,50	4,73	1,75	2,5	10,208	17,864	14,583	36,458
50 × 40	20,00	5,40	2,0	2,5	13,333	26,666	16,666	41,668
60 × 10	6,00	1,62	0,5	3,0	1,000	0,500	6,000	18,000
60 × 15	9,00	2,43	0,75	3,0	2,250	1,687	9,000	27,000
60 × 20	12,00	3,24	1,0	3,0	4,000	4,000	12,000	36,000
60 × 25	15,00	4,05	1,25	3,0	6,250	7,812	15,000	45,000
60 × 30	18,00	4,86	1,5	3,0	9,000	13,500	18,000	54,000
60 × 35	21,00	5,67	1,75	3,0	12,250	21,437	21,000	63,000
60 × 40	24,00	6,48	2,0	3,0	16,000	32,000	24,000	72,000
80 × 10	8,00	2,16	0,5	4,0	1,333	0,666	10,666	42,666
80 × 15	12,00	3,24	0,75	4,0	3,000	2,250	16,000	64,000
80 × 20	16,00	4,52	1,0	4,0	5,433	5,333	21,333	85,333
80 × 25	20,00	5,40	1,25	4,0	8,333	10,416	26,666	106,66
80 × 30	24,00	6,48	1,5	4,0	12,000	18,000	32,000	128,00
80 × 35	28,00	7,56	1,75	4,0	16,333	28,583	37,333	149,33
80 × 40	32,00	8,64	2,0	4,0	21,333	42,666	42,666	170,66
100 × 20	20,00	5,40	1,0	5,0	6,666	3,666	33,333	166,66
100 × 30	30,00	8,10	1,5	5,0	15,000	22,500	50,000	250,00
100 × 40	40,00	10,8	2,0	5,0	26,666	53,333	66,666	333,33

Legende (linke Spalte):

S Querschnittsfläche
m′ längenbezogene Masse
e Randabstände
W axiales Widerstandsmoment
I axiales Flächenträgheitsmoment

W

Kantenradien r

h mm	r_{max} mm
≤ 10	0,6
> 10...30	1,0
> 30...60	2,0

Werkst. Aluminium-Knetlegierungen: Seiten 166 und 167

[1] DIN EN 754-5 enthält keine Abmessungen. Der Fachhandel bietet aber Rechteckstangen weiterhin in Abmessungen nach DIN 1769 an.

Rundrohre, U-Profile aus Aluminium-Legierungen

Rundrohre, nahtlos gezogen (Auswahl) vgl. DIN EN 754-7 (1998-10), Ersatz für DIN 1795[1]

d	Außendurchmesser
s	Wanddicke
S	Querschnittsfläche
m'	längenbezogene Masse
W	axiales Widerstandsmoment
I	axiales Flächenträgheitsmoment

$d \times s$ mm	S cm^2	m' kg/m	W_x cm^3	I_x cm^4	$d \times s$ mm	S cm^2	m' kg/m	W_x cm^3	I_x cm^4
10 × 1	0,281	0,076	0,058	0,029	35 × 3	3,016	0,814	2,225	3,894
10 × 1,5	0,401	0,108	0,075	0,037	35 × 5	4,712	1,272	3,114	5,449
10 × 2	0,503	0,136	0,085	0,043	35 × 10	7,854	2,121	4,067	7,118
12 × 1	0,346	0,093	0,088	0,053	40 × 3	3,487	0,942	3,003	6,007
12 × 1,5	0,495	0,134	0,116	0,070	40 × 5	5,498	1,484	4,295	8,590
12 × 2	0,628	0,170	0,136	0,082	40 × 10	9,425	2,545	5,890	11,781
16 × 1	0,471	0,127	0,133	0,133	50 × 3	4,430	1,196	4,912	12,281
16 × 2	0,880	0,238	0,220	0,220	50 × 5	7,069	1,909	7,245	18,113
16 × 3	1,225	0,331	0,273	0,273	50 × 10	12,566	3,393	10,681	26,704
20 × 1,5	0,872	0,235	0,375	0,375	55 × 3	4,901	1,323	6,044	16,201
20 × 3	1,602	0,433	0,597	0,597	55 × 5	7,854	2,110	9,014	24,789
20 × 5	2,356	0,636	0,736	0,736	55 × 10	14,137	3,817	13,655	37,552
25 × 2	1,445	0,390	0,770	0,963	60 × 5	8,639	2,333	10,979	32,938
25 × 3	2,073	0,560	1,022	1,278	60 × 10	15,708	4,241	17,017	51,051
25 × 5	3,142	0,848	1,335	1,669	60 × 16	22,117	4,890	20,200	60,600
30 × 2	1,759	0,475	1,155	1,733	70 × 5	10,210	2,757	15,498	54,242
30 × 4	3,267	0,882	1,884	2,826	70 × 10	18,850	5,089	24,908	87,179
30 × 6	4,524	1,220	2,307	3,461	70 × 16	27,143	7,331	30,750	107,62

Werkstoffe	z. B. Aluminium-Legierungen, nicht aushärtbar: Seite 166 Aluminium-Legierungen, aushärtbar: Seite 167

[1] DIN EN 754-7 enthält keine Abmessungen. Der Fachhandel bietet aber Rundrohre weiterhin in Abmessungen nach DIN 1795 an.

W

U-Profile, gepresst (Auswahl) vgl. DIN 9713 (1981-09)[1]

b	Breite
h	Höhe
S	Querschnittsfläche
m'	längenbezogene Masse
W	axiales Widerstandsmoment
I	axiales Flächenträgheitsmoment

$b \times h \times s \times t$ mm	S cm^2	m' kg/m	e_x cm	e_y cm	W_x cm^3	I_x cm^4	W_y cm^3	I_y cm^4
20 × 20 × 3 × 3	1,62	0,437	1,00	0,780	0,945	0,945	0,805	0,628
30 × 30 × 3 × 3	2,52	0,687	1,50	1,10	2,43	3,64	2,06	2,29
35 × 35 × 3 × 3	2,97	0,802	1,75	1,28	3,44	6,02	2,91	3,73
40 × 15 × 3 × 3	1,92	0,518	2,0	0,431	2,04	4,07	0,810	0,349
40 × 20 × 3 × 3	2,25	0,608	2,0	0,610	2,59	5,17	1,30	0,795
40 × 30 × 3 × 3	2,85	0,770	2,0	3,62	7,24	2,49	2,49	2,52
40 × 30 × 4 × 4	3,71	1,00	2,0	1,05	4,49	8,97	3,03	3,17
40 × 40 × 4 × 4	4,51	1,22	2,0	1,49	5,80	11,6	4,80	7,12
40 × 40 × 5 × 5	5,57	1,50	2,0	1,52	6,80	13,6	5,64	8,59
50 × 30 × 3 × 3	3,15	0,851	2,5	0,929	4,88	12,2	2,91	2,70
50 × 30 × 4 × 4	4,91	1,33	2,5	1,38	7,83	19,6	5,65	7,80
50 × 40 × 5 × 5	6,07	1,64	2,5	1,42	9,32	23,3	6,54	9,26
60 × 30 × 4 × 4	4,51	1,22	3,0	0,896	7,90	23,7	4,12	3,69
60 × 40 × 4 × 4	5,31	1,43	3,0	1,29	10,1	30,3	6,35	8,20
60 × 40 × 5 × 5	6,57	1,77	3,0	1,33	12,0	36,0	7,47	9,94
80 × 40 × 6 × 6	8,95	2,42	4,0	1,22	20,6	82,4	10,6	20,6
80 × 45 × 6 × 8	11,2	3,02	4,0	1,57	27,1	108	13,9	21,8
100 × 40 × 6 × 6	10,1	2,74	5,0	1,11	28,3	142	12,5	13,8
100 × 50 × 6 × 9	14,1	3,80	5,0	1,72	43,4	217	19,9	34,3
120 × 55 × 7 × 9	17,2	4,64	6,0	1,74	61,9	295	28,2	49,1
140 × 60 × 4 × 6	12,35	3,35	7,0	1,83	56,4	350	24,7	45,2

Rundungen r_1 und r_2

t mm	r_1 mm	r_2 mm
3 u. 4	2,5	0,4
5 u. 6	4	0,6
8 u. 9	6	0,6

Werkstoffe	AlMgSi0,5; AlMgSi1; AlZn4,5Mg1

[1] DIN 9713 wurde ersatzlos zurückgezogen. Der Fachhandel bietet aber U-Profile weiterhin nach dieser Norm an.

Magnesiumlegierungen, Titan, Titanlegierungen

Magnesium-Knetlegierungen (Auswahl)   vgl. DIN 9715 (1982-08)

Kurzname	Werk-stoff-nummer	Lieferfor-men[1] S	R	G	W[2]	Stangen-durch-messer mm	Zug-festigkeit R_m N/mm²	Streck-grenze $R_{p0,2}$ N/mm²	Bruch-dehnung A %	Eigenschaften, Verwendung
MgMn2	3.3520	•	•	•	F20	≤ 80	200	145	15	korrosionsbeständig, schweißbar, kalt umformbar; Verkleidungen, Behälter
MgAl3Zn	3.5312	•	•	•	F24	≤ 80	240	155	10	
MgAl6Zn	3.5612	•	•	•	F27	≤ 80	270	195	10	höhere Festigkeit, bedingt schweißbar; Leichtbauwerk-stoff im Fahrzeug-, Maschi-nen- und Flugzeugbau
MgAl8Zn	3.5812	•	•	•	F29	≤ 80	290	205	10	
					F31	≤ 80	310	215	6	

[1] Lieferformen: S Stangen, z.B. Rundstangen; R Rohre; G Gesenkschmiedestücke
[2] W Werkstoffzustand F20 → $R_m = 10 \cdot 20 = 200$ N/mm²

Magnesium-Gusslegierungen (Auswahl)   vgl. DIN EN 1753 (1997-08)

Kurzname[1]	Werk-stoff-nummer[1]	V[2]	Werk-stoff-zu-stand[3]	Härte HB	Zugfestigkeit R_m N/mm²	Streck-grenze $R_{p0,2}$ N/mm²	Bruch-dehnung A %	Eigenschaften, Verwendung
MCMgAl8Zn1	MC21110	S	F	50…65	160	90	2	sehr gut gießbar, dynamisch belastbar, schweißbar; Getriebe- und Motoren-gehäuse
			T6	50…65	240	90	8	
		K	F	50…65	160	90	2	
		K	T4	50…65	160	90	8	
		D	F	60…85	200…250	140…160	≤ 7	
MCMgAl9Zn1	MC21120	S	F	55…70	160	90	6	hohe Festigkeiten, gute Gleiteigenschaften, schweißbar; Fahr- und Flugzeugbau, Armaturen
			T6	60…90	240	150	2	
		K	F	55…70	160	110	2	
		K	T6	60…90	240	150	2	
		D	F	65…85	200…260	140…170	1…6	
MCMgAl6Mn	MC21230	D	F	55…70	190…250	120…150	4…14	dauerfest, dynamisch belastbar, warmfest; Getriebe- und Motoren-gehäuse
MCMgAl7Mn	MC21240	D	F	60…75	200…260	130…160	3…10	
MCMgAl4Si	MC21320	D	F	55…80	200…250	120…150	3…12	

[1] Zur Vereinfachung sind die Kurznamen und die Werkstoffnummern ohne den Zusatz „EN-" geschrieben, z.B. MCMgAlBZn1 anstatt EN-MCMgAl8Zn1.
[2] V Gießverfahren: S Sandguss; K Kokillenguss; D Druckguss
[3] Werkstoffzustand siehe Bezeichnung von Aluminium-Gusslegierungen: Seite 168

Titan, Titanlegierungen (Auswahl)   vgl. DIN 17860 (1990-11)

Kurzname	Werk-stoff-nummer	Lieferfor-men[1] B	S	R	Blech-dicke s mm	Härte HB	Zugfestigkeit R_m N/mm²	Streck-grenze $R_{p0,2}$ N/mm²	Bruch-dehnung A %	Eigenschaften, Verwendung
Ti1	3.7025	•	•	•	0,4…35	120	290…410	180	30	schweiß-, löt-, klebbar, spanend bearbeitbar, kalt und warm umform-bar, dauerfest, korrosionsbeständig; Masse sparende Kon-struktionen im Maschi-nenbau, der Elektrotech-nik, der Feinmechanik, der Optik und der Medizintechnik, chemische Industrie, Lebensmittelindustrie, Flugzeugbau
Ti2	3.7035					150	390…540	250	22	
Ti3	3.7055					170	460…590	320	18	
Ti1Pd	3.7225	•	•	•	0,4…35	120	290…410	180	30	
Ti2Pd	3.7235					150	390…540	250	22	
TiAl6V6Sn2	3.7175	•	•	•	< 6	320	≥ 1070	1000	10	
					6…50	320	≥ 1000	950	8	
TiAl6V4	3.7165	•	•	•	< 6	310	≥ 920	870	8	
					6…100	310	≥ 900	830	8	
TiAl4Mo4Sn2	3.7185	•	•	•	6…65	350	≥ 1050	1050	9	

[1] Lieferformen: B Bleche und Bänder; S Stangen, z.B. Rundstangen; R Rohre

W

Übersicht über die Schwermetalle

Schwermetalle sind Nichteisenmetalle mit einer Dichte $\varrho > 5$ kg/dm^3.
- Konstruktionswerkstoffe im Maschinen- und Anlagenbau: Kupfer, Zinn, Zink, Nickel, Blei und ihre Legierungen
- Legierungsmetalle: Chrom, Vanadium, Cobalt (Einfluss der Legierungsmetalle: Seite 129)
- Edelmetalle: Gold, Silber, Platin

Reinmetalle: Homogenes Gefüge; geringe Festigkeiten; untergeordnete Bedeutung als Konstruktionswerkstoffe; Anwendung meist aufgrund werkstofftypischer Eigenschaften, wie z.B. guter elektrischer Leitfähigkeit.

Schwermetall-Legierungen: Verbesserte Eigenschaften gegenüber ihren Grundmetallen, wie z.B. höhere Festigkeit, höhere Härte, bessere Zerspanbarkeit und Korrosionsbeständigkeit; Konstruktionswerkstoffe für unterschiedlichste Einsatzbereiche. Nach der Herstellung in **Knetlegierungen und Gusslegierungen** eingeteilt.

Übersicht über gängige Schwermetalle und Schwermetall-Legierungen

Metall, Legierungsgruppe	Haupteigenschaften	Anwendungsbeispiele
Kupfer (Cu)	hohe elektrische Leitfähigkeit und Wärmeleitfähigkeit, hemmt Bakterien, Viren und Pilze, korrosionsbeständig, optisch ansprechend, gut recycelbar	Rohre in Heizungs- und Sanitärtechnik, Kühl- und Heizschlangen, elektrische Leitungen, elektrotechnische Bauteile, Kochgeschirr, Fassadenverkleidungen
CuZn (Messing)	verschleißfest, korrosionsbeständig, gut warm und kalt umformbar, gut zerspanbar, polierbar, goldglänzend, mittlere Festigkeiten	• Knetlegierungen: Tiefziehteile, Schrauben, Federn, Rohre, Instrumententeile • Gusslegierungen: Armaturengehäuse, Gleitlager, Feinmechanikteile
CuZnPb	sehr gut zerspanbar, bedingt kalt umformbar, sehr gut warm umformbar	Automatendrehteile, Feinmechanikteile, Fittings, Warmpressteile
CuZn-Mehrstoff	gut warm umformbar, hohe Festigkeiten, verschleißbeständig, witterungsbeständig	Armaturengehäuse, Gleitlager, Flansche, Ventilteile, Wassergehäuse
CuSn (Bronze)	sehr korrosionsbeständig, gute Gleiteigenschaften, gute Verschleißfestigkeit, Festigkeit durch Kaltumformen stark veränderbar	• Knetlegierungen: Beschläge, Schrauben, Federn, Metallschläuche • Gusslegierungen: Spindelmuttern, Schneckenräder, Massivgleitlager
CuAl	hohe Festigkeit und Zähigkeit, sehr korrosionsbeständig, meerwasserbeständig, warmfest, hohe Kavitationsbeständigkeit	• Knetlegierungen: hoch belastete Druckmuttern, Schalträder • Gusslegierungen: Armaturen in chemischer Industrie, Pumpenkörper, Propeller
CuNi(Zn)	äußerst korrosionsbeständig, silberartiges Aussehen, gut zerspanbar, polierbar, kalt umformbar	Münzen, elektrische Widerstände, Wärmetauscher, Pumpen, Ventile in Meerwasserkühlsystemen, Schiffsbau
Zink (Zn)	beständig gegen atmosphärische Korrosion	Korrosionsschutz von Stahlteilen
ZnTi	gut umformbar, durch Weichlöten fügbar	Dachverkleidungen, Regenrinnen, Fallrohre
ZnAlCu	sehr gut gießbar	dünnwandige, feingliedrige Druckgussteile
Zinn (Sn)	gute chemische Beständigkeit, ungiftig	Beschichtung von Stahlblechen
SnPb	dünnflüssig	Weichlote
SnSb	gute Notlaufeigenschaften	kleine, maßgenaue Druckgussteile, Gleitlager mit mittlerer Belastung
Nickel (Ni)	korrosionsbeständig, warmfest	Korrosionsschutzschicht auf Stahlteilen
NiCu	äußerst korrosionsbeständig und warmfest	Apparate, Kondensatoren, Wärmetauscher
NiCr	äußerst korrosionsbeständig, sehr warmfest und zunderbeständig, z.T. aushärtbar	chemische Anlagen, Heizrohre, Kesseleinbauten in Kraftwerken, Gasturbinen
Blei (Pb)	schirmt gegen Röntgen- und Gammastrahlen ab, korrosionsbeständig, giftig	Abschirmungen, Kabelummantelungen, Rohre für chemischen Apparatebau
PbSn	dünnflüssig, weich, gute Notlaufeigenschaften	Weichlote, Gleitschichten
PbSbSn	dünnflüssig, korrosionsbeständig, gute Lauf- und Gleiteigenschaften	Gleitlager, kleine, maßgenaue Druckgussteile wie Pendel, Teile für Messgeräte, Zähler

W

Bezeichnung von Schwermetallen

Systematische Bezeichnung (Auszug) · vgl. DIN 1700 (1954-07)[1]

Beispiel:

NiCu30Fe F45
GD - Sn80Sb

Herstellung, Verwendung

E	Elektrowerkstoff
G	Sandguss
GC	Strangguss
GD	Druckguss
GK	Kokillenguss
GZ	Schleuderguss
L	Lot
S	Schweißzusatzlegierung

Chemische Zusammensetzung

Beispiel	Bemerkung
NiCu30Fe	Ni-Cu-Legierung, 30% Cu, Anteile Eisen
Sn80Sb	Sn-Sb-Legierung, 80% Sn, ca. 20% Sb

Besondere Eigenschaften

F45	Mindestzugfestigkeit $R_m = 10 \cdot 45$ N/mm² = 450 N/mm²
a	ausgehärtet
g	geglüht
h	hart
ka	kalt ausgehärtet
ku	kalt umgeformt
ta	teilausgehärtet
wa	warm ausgehärtet
wu	warm umgeformt
zh	ziehhart

[1] Die Norm wurde zurückgezogen. In Einzelnormen werden die Werkstoff-Kurzzeichen jedoch noch verwendet.

Systematische Bezeichnung von Kupferlegierungen · vgl. DIN EN 1982 (1998-12) und 1173 (1995-11)

Beispiele:

CuZn31Si - R620
CuZn38Pb2
CuSn11Pb2 - C - GS

Gießverfahren

GS Sandguss	GM Kokillenguss
GZ Schleuderguss	GC Strangguss
GP Druckguss	

Chemische Zusammensetzung

Beispiel	Bedeutung
CuZn31Si	Cu-Legierung, 31% Zn, Anteile Si
CuZn38Pb2	Cu-Legierung, 38% Zn, 2% Pb
CuSn11Pb2	Cu-Legierung, 11% Sn, 2% Pb

Erzeugnisformen

C	Werkstoff in Form von Gussstücken
	Knetlegierung (ohne Kennbuchstabe)

Werkstoffzustand

Beispiel	Bedeutung	Beispiel	Bedeutung
A007	Bruchdehnung A = 7%	Y450	Dehngrenze R_p = 450 N/mm²
D	gezogen, ohne Festlegung mechanischer Eigenschaften	M	Herstellzustand, ohne Festlegung mechanischer Eigenschaften
H160	Vickershärte HV = 160	R620	Mindestzugfestigkeit R_m = 620 N/mm²

Werkstoffnummern für Kupfer und Kupferlegierungen · vgl. DIN EN 1412 (1995-12)

Beispiel:

C W 024 A

C	Kupferwerkstoff

C	Gusswerkstoff
B	Werkstoff in Blockform
W	Knetwerkstoff

Zahl zwischen 000 und 999 ohne bestimmte Bedeutung (Zählnummer)

Kennbuchstabe für Werkstoffgruppen

Buchstabe	Werkstoffgruppe	Buchstabe	Werkstoffgruppe
A oder B	Kupfer	H	Kupfer-Nickel-Legierungen
C oder D	Kupferlegierungen, Anteil der Legierungselemente < 5%	J	Kupfer-Zink-Legierungen
		K	Kupfer-Zinn-Legierungen
E oder F	Kupferlegierungen, Anteil der Legierungselemente ≥ 5%	L oder M	Kupfer-Zink-Zweistoff-Legierungen
		N oder P	Kupfer-Zink-Blei-Legierungen
G	Kupfer-Aluminium-Legierungen	R oder S	Kupfer-Zink-Mehrstoff-Legierungen

Werkstoffnummern für Gussstücke aus Zinklegierungen · vgl. DIN EN 12844 (1999-01)

Beispiel:

Z P 04 1 0

Z	Zinklegierung

P	Gussstück

Al-Gehalt
04 ≙ 4% Aluminium

Cu-Gehalt
1 ≙ 1% Kupfer

Gehalt des nächsthöheren Legierungselementes
0 = nächsthöheres Legierungslement < 1%

W

Kupferlegierungen

Kupfer-Knetlegierungen

Bezeichnung, Kurzname (Werkstoff-nummer[1])	Z[2]	Stangen D[3] mm	Härte HB	Zug-festigkeit R_m N/mm²	Dehn-grenze $R_{p0,2}$ N/mm²	Bruch-dehnung A %	Eigenschaften, Anwendungsbeispiele
Kupfer-Zink-Legierungen							vgl. DIN EN 12163 (1998-04)
CuZn28 (CW504L)	R310 R460	4…80 4…10	– –	310 460	120 420	27 –	sehr gut kalt umformbar, gut warm umformbar, zerspanbar, sehr gut polierbar; Instrumententeile, Hülsen
	H085 H145	4…80 4…10	85…115 ≥ 145	– –	– –	– –	
CuZn37 (CW508L)	R310 R440	2…80 2…10	– –	310 440	120 400	30 –	sehr gut kalt umformbar, gut warm umformbar, zerspanbar, sehr gut polierbar; Tiefziehteile, Schrauben, Federn, Druckwalzen
	H070 H140	4…80 4…10	70…100 ≥ 140	– –	– –	– –	
CuZn40 (CW509L)	R340 H080	2…80	– ≥ 80	340 –	260 –	25 –	sehr gut warm umformbar, zerspanbar; Niete, Schrauben
Kupfer-Zink-Legierungen (Mehrstofflegierungen)							vgl. DIN EN 12163 (1998-04)
CuZn31Si (CW708R)	R460 R530	5…40 5…14	– –	460 530	250 330	22 12	gut kalt umformbar, warm umformbar, zerspanbar, gute Gleiteigen-schaften; Gleitelemente, Lagerbuchsen, Führungen
	H115 H140	5…40 5…14	115…145 ≥ 140	– –	– –	– –	
CuZn38Mn1Al (CW716R)	R490 R550	5…40 5…14	– –	490 550	210 280	18 10	gut warm umformbar, kalt umform-bar, zerspanbar, gute Gleiteigen-schaften, witterungsbeständig; Gleitelemente, Führungen
	H120 H150	5…40 5…14	120…150 ≥ 150	– –	– –	– –	
CuZn40Mn2Fe1 (CW723R)	R460 R540	5…40 5…14	– –	460 540	270 320	20 8	gut warm umformbar, kalt umform-bar, zerspanbar, mittlere Festigkeit, witterungsbeständig; Apparatebau, Architektur
	H110 H150	5…40 5…14	110…140 ≥ 150	– –	– –	– –	
Kupfer-Zink-Blei-Legierungen							vgl. DIN EN 12164 (2000-09)
CuZn36Pb3 (CW603N)	R340 R550	40…80 2… 4	90 150	340 550	160 450	20 –	sehr gut zerspanbar, begrenzt kalt umformbar; Automatendrehteile
CuZn38Pb2 (CW608N)	R360 R550	40…80 2… 6	90 150	360 550	150 420	25 –	sehr gut zerspanbar, gut kalt und warm umformbar; Automatenteile
CuZn40Pb2 (CW617N)	R360 R550	40…80 2… 4	90 150	360 550	150 420	20 –	sehr gut zerspanbar, gut warm umformbar; Platinen, Zahnräder
Kupfer-Zinn-Legierungen							vgl. DIN EN 12163 (1998-04)
CuSn6 (CW452K)	R340 R550	2…60 2… 6	– –	340 550	230 500	45 –	hohe chemische Beständigkeit, gute Festigkeit; Federn, Metallschläuche, Rohre und Hülsen für Federungskörper
	H085 H180	2…60 2… 6	85…115 ≥ 180	– –	– –	– –	
CuSn8 (CW453K)	R390 R620	2…60 2… 6	– –	390 620	260 550	45 –	hohe chemische Beständigkeit, hohe Festigkeit, gute Gleiteigen-schaften; Gleitlager, gerollte Lager-buchsen, Kontaktfedern
	H090 H185	2…60 2… 6	90…120 ≥ 185	– –	– –	– –	
CuSn8P (CW459K)	R390 R620	2…60 2… 6	– –	390 620	260 550	45 –	sehr gute Gleiteigenschaften, hohe Verschleißfestigkeit, dauerschwing-fest; hoch belastete Gleitlager im Fahrzeug- und Maschinenbau
	H090 H185	2…60 2… 6	90…120 ≥ 185	– –	– –	– –	

[1] Werkstoffnummern nach DIN EN 1412: Seite 174.

[2] Z Werkstoffzustand nach DIN EN 1173: Seite 174. Im Herstellzustand M sind alle Legierungen bis zum Durch-messer D = 80 mm lieferbar.

[3] D Durchmesser bei Rundstangen, Schlüsselweite bei Vier- und Sechskantstangen, Dicke bei Rechteckstangen.

W

Kupfer- und Feinzink-Legierungen

Bezeichnung, Kurzname (Werkstoff- nummer[1])	Z [2]	Stangen D [3] mm	Härte HB	Zug- festigkeit R_m N/mm²	Dehn- grenze $R_{p0,2}$ N/mm²	Bruch- dehnung A %	Eigenschaften, Anwendungsbeispiele
Kupfer-Aluminium-Legierungen							vgl. DIN EN 12163 (1998-04)
CuAl10Fe3Mn2 (CW306G)	R590	10…80	–	590	330	12	korrosionsbeständig, verschleißfest, dauerfest, warmfest; Schrauben, Wellen, Zahnräder, Schneckenräder, Ventilsitze
	R690	10…50	–	690	510	6	
	H140	10…80	140…180	–	–	–	
	H170	10…50	≥ 170	–	–	–	
CuAl10Ni5Fe4 (CW307G)	R680	10…80	–	680	480	10	korrosionsbeständig, verschleißfest, zunderbeständig, dauerfest, warmfest; Kondensatorböden, Steuerteile für Hydraulik
	R740		–	740	530	8	
	H170	10…80	170…210	–	–	–	
	H200		≥ 200	–	–	–	
Kupfer-Nickel-Zink-Legierungen							vgl. DIN EN 12163 (1998-04)
CuNi12Zn24 (CW430J)	R380	2…50	–	380	270	38	sehr gut kalt umformbar, zerspanbar, gut polierbar; Tiefziehteile, Bestecke, Kunstgewerbe, Architektur, Kontaktfedern
	R640	2… 4	–	640	550	–	
	H090	2…50	90…130	–	–	–	
	H190	2… 4	≥ 190	–	–	–	
CuNi18Zn20 (CW409J)	R400	2…50	–	400	280	35	gut kalt umformbar, zerspanbar, anlaufbeständig, gut polierbar; Membranen, Kontaktfedern, Bestecke
	R650	2… 4	–	650	580	–	
	H100	2…50	100…140	–	–	–	
	H200	2… 4	≥ 200	–	–	–	

[1] Werkstoffnummern nach DIN EN 1412: Seite 174.   [2] Z Werkstoffzustand nach DIN EN 1173: Seite 174.
[3] D Durchmesser bei Rundstangen, Schlüsselweite bei Vier- und Sechskantstangen, Dicke bei Rechteckstangen.

Kupfer-Gusslegierungen   vgl. DIN EN 1982 (1998-12)

Bezeichnung, Kurzname (Werkstoffnummer[1])	Zugfestigkeit R_m N/mm²	Dehngrenze $R_{p0,2}$ N/mm²	Bruch- dehnung A %	Härte HB	Eigenschaften, Verwendung
CuZn15As-C (CC760S)	160	70	20	45	sehr gut weich- und hartlötbar, meerwasserbeständig; Flansche
CuZn32Pb2-C (CC750S)	180	70	12	45	gut zerspanbar, beständig gegen Brauchwasser bis 90 °C; Armaturen
CuZn25Al5Mn4Fe-C (CC762S)	750	450	8	180	sehr hohe Festigkeit und Härte, gut zerspanbar; Gleitlager
CuSn12-C (CC483K)	260	140	7	80	hohe Verschleißfestigkeit; Spindelmuttern, Schneckenräder
CuSn11Pb2-C (CC482K)	240	130	5	80	verschleißfest, gute Notlaufeigen- schaften; Gleitlager
CuAl10Fe2-C (CC331G)	500	180	18	100	mechanisch beanspruchte Teile; Hebel, Gehäuse, Kegelräder
CuAl10Ni3Fe2-C (CC332G)	500	180	18	130	korrosionsbeanspruchte Teile; Armaturen, Schiffsschrauben
CuAl10Fe5Ni5-C (CC333G)	600	250	13	140	auf Festigkeit und Korrosion beanspruchte Teile; Pumpen

[1] Werkstoffnummern nach DIN EN 1412: Seite 174. Weitere Cu-Gusslegierungen für Gleitlager: Seite 261.
Die Festigkeitswerte gelten für getrennt gegossene Sandgussprobestäbe.

Feinzink-Gusslegierungen   vgl. DIN EN 12844 (1999-01)

	Zugfestigkeit R_m N/mm²	Dehngrenze $R_{p0,2}$ N/mm²	Bruch- dehnung A %	Härte HB	Eigenschaften, Verwendung
ZP3 (ZP0400)	280	200	10	83	sehr gut gießbar; Vorzugslegierungen für Druckgussstücke
ZP5 (ZP0410)	330	250	5	92	
ZP2 (ZP0430)	335	270	5	102	gut gießbar; sehr gut zerspanbar, universell einsetzbar;
ZP8 (ZP0810)	370	220	8	100	
ZP12 (ZP1110)	400	300	5	100	Spritzgieß-, Blas- und Tiefziehformen für Kunststoffe, Blechformwerkzeuge
ZP27 (ZP2720)	425	300	2,5	120	

W

Verbundwerkstoffe, keramische Werkstoffe

Verbundwerkstoffe

Verbund-werkstoff	Grund-werk-stoff[1]	Faser-anteil	Dichte	Zug-festig-keit	Reiß-dehnung	Elastizi-täts-modul	Ge-brauchs-tempe-ratur	Anwendungsbeispiele
		%	ϱ g/cm^3	σ_B N/mm^2	ε_R %	E N/mm^2	bis °C	
GFK (glasfaser-verstärkter Kunststoff)	EP	60	–	365	3,5	–	–	Wellen, Gelenke, Pleuel, Bootskörper, Rotorblätter
	UP	35	1,5	130	3,5	10800	50	Behälter, Tanks, Rohre, Lichtkuppeln, Karosserieteile
	PA 66	35	1,4	160[2]	5[3]	5000	190	großflächige, steife Gehäuseteile, Kraftstromstecker
	PC	30	1,42	90[2]	3,5[3]	6000	145	Gehäuse für Drucker, Rechner, Fernsehgeräte
	PPS	30	1,56	140	3,5	11200	260	Lampenfassungen und Spulen in der Elektrotechnik
	PAI	30	1,56	205	7	11700	280	Lager, Ventilsitzringe, Dichtungen, Kolbenringe
	PEEK	30	1,44	155	2,2	10300	315	Leichtbauwerkstoff in der Luft- und Raumfahrt, Metallersatz
CFK (kohlen-stofffaser-verstärkter Kunststoff)	PPS	30	1,45	190	2,5	17150	260	wie GFK-PPS
	PAI	30	1,42	205	6	11700	180	wie GFK-PAI
	PEEK	30	1,44	210	1,3	13000	315	wie GFK-PEEK

[1] EP   Epoxid   UP   ungesättigter Polyester   PA 66 Polyamid 66, teilkristallin   PC Polycarbonat
   PPS Polyphenylensulfid   PAI Polyamidimid   PEEK   Polyetheretherketon

[2] σ_Y Streckspannung   [3] ε_S Dehnung bei Streckspannung

Keramische Werkstoffe

Werkstoff		Dichte	Biege-festig-keit	Elastizi-täts-modul	Längenaus-dehnungs-koeffizient	Eigenschaften, Anwendungsbeispiele
Bezeich-nung	Kurz-name	ϱ g/cm^3	σ_b N/mm^2	E N/mm^2	α 1/K	
Alu-minium-silikat	C130	2,5	160	100000	0,000005	hart, verschleißfest, chemisch und thermisch beständig, hoher Isolationswiderstand; Isolatoren, Katalysatoren, feuerfeste Gehäuse
Alu-minium-oxid	C799	3,7	300	300000	0,000007	hart, verschleißfest, chemisch und thermisch beständig; Schneidkeramik, Ziehsteine, Biomedizin
Zirkonium-dioxid	ZrO$_2$	5,5	800	210000	0,000010	bruchunempfindlich, hochfest, thermisch und chemisch beständig, verschleißfest; Ziehringe, Strangpressmatrizen
Silicium-karbid	SiC	3,1	600	440000	0,000005	hart, verschleißfest, temperaturwechselbeständig, korrosionsbeständig auch bei hohen Temperaturen; Schleifmittel, Ventile, Lager, Brennkammern
Silicium-nitrid	Si$_3$N$_4$	3,2	900	330000	0,000004	bruchunempfindlich, temperaturwechselbeständig, hochfest; Schneidkeramik, Leit- und Laufschaufeln für Gasturbinen
Alu-minium-nitrid	AlN	3,0	200	300000	0,000005	hohe Wärmeleitfähigkeit, hohes elektrisches Isolationsvermögen; Halbleiter, Gehäuse, Kühlkörper, Isolierteile

W

W

Sintermetalle

Bezeichnungssystem der Sintermetalle
vgl. DIN 30910-1 (1990-10)

Bezeichnungsbeispiel: Sint - A 1 0 sinterglatt

Sintermetall

2. Kennziffer für weitere Unterscheidung ohne Systematik

Kennbuchstabe für Werkstoffklasse

Kenn-buchstabe	Raumerfüllung R_x in %	Einsatzgebiet
AF	< 73	Filter
A	75 ± 2,5	Gleitlager
B	80 ± 2,5	Gleitlager Formteile mit Gleiteigenschaften
C	85 ± 2,5	Gleitlager, Formteile
D	90 ± 2,5	Formteile
E	94 ± 1,5	Formteile
F	> 95,5	sintergeschmiedete Formteile

1. Kennziffer für chemische Zusammensetzung

Kenn-ziffer	Chemische Zusammensetzung Massenanteil in %
0	**Sintereisen, Sinterstahl,** Cu < 1% mit oder ohne C
1	**Sinterstahl,** 1% bis 5% Cu, mit oder ohne C
2	**Sinterstahl,** Cu > 5%, mit oder ohne C
3	**Sinterstahl,** mit oder ohne Cu bzw. C, andere Legierungselemente < 6%, z. B. Ni
4	**Sinterstahl,** mit oder ohne Cu bzw. C, andere Legierungselemente > 6%, z. B. Ni, Cr
5	**Sinterlegierungen,** Cu > 60%, z. B. Sinter-CuSn
6	**Sinterbuntmetalle,** außerhalb Kennziffer 5
7	**Sinterleichtmetalle,** z. B. Sinteraluminium
8 u. 9	**Reserveziffern**

Behandlungszustand

Behandlungszustand des Werkstoffes	Behandlungszustand der Oberfläche
• gesintert • dampfbehandelt • kalibriert • sintergeschmiedet • wärmebehandelt • isostatisch gepresst	• sinterglatt • mechanisch bearbeitet • kalibrierglatt • oberflächenbehandelt • sinterschmiedeglatt

Sintermetalle (Auswahl, ohne weichmagnetische Sintermetalle)
vgl. DIN 30910-2...6 (1990-10)

Kurzname	Härte HB_{min}	Zugfestigkeit R_m N/mm²	chemische Zusammensetzung	Eigenschaften, Anwendungsbeispiele
Sint-AF40	–	80...200	Sinterstahl, Cr 16...19%, Ni 10...14%	Filterteile für Gas- und Flüssigkeitsfilter
Sint-AF50	–	40...160	Sinterbronze, Sn 9...11%, Rest Cu	
Sint-A00	> 25	> 60	Sintereisen, C < 0,3%, Cu < 1%	Lagerwerkstoffe mit besonders großem Poren-raum für beste Notlauf-eigenschaften; Lager-schalen, Lagerbuchsen
Sint-A20	> 40	> 150	Sinterstahl, C < 0,3%, Cu > 5%	
Sint-A50	> 25	> 70	Sinterbronze, C < 0,2%, Sn 9...1%, Rest Cu	
Sint-A51	> 18	> 60	Sinterbronze, C 0,2...2%, Sn 9...11%, Rest Cu	
Sint-B00	> 30	> 80	Sintereisen, C < 0,3%, Cu < 1%	Gleitlager mit sehr guten Notlaufeigenschaften; nied-rig beanspruchte Formteile
Sint-B10	> 40	> 150	Sinterstahl, C < 0,2%, Cu 1...5%	
Sint-B50	> 25	> 90	Sinterbronze, C < 0,2%, Sn 9...11%, Rest Cu	
Sint-C00	> 45	> 150	Sintereisen, C < 0,3%, Cu < 1%	Gleitlager, Formteile mitt-lerer Beanspruchung mit guten Gleiteigenschaften; Kfz-Teile, Hebel, Kupplungs-teile
Sint-C20	> 60	> 200	Sinterstahl, C < 0,3%, Cu > 5%	
Sint-C40	> 100	> 300	Sintereisen, Cr 16...19%, Ni 10...14%, Mo 2%	
Sint-C50	> 30	> 140	Sinterbronze, C < 0,2%, Sn 9...11%, Rest Cu	
Sint-D00	> 50	> 250	Sintereisen, C < 0,3%, Cu < 1%	Formteile für höhere Beanspruchung; verschleiß-feste Pumpenteile, Zahn-räder, z. T. korrosions-beständig
Sint-D10	> 80	> 300	Sinterstahl, C < 0,3%, Cu 1...5%	
Sint-D30	> 110	> 550	Sinterstahl, C < 0,3%, Cu 1...5%, Ni 1...5%	
Sint-D40	> 100	> 450	Sintereisen, Cr 16...19%, Ni 10...14%, Mo 2%	
Sint-E02	> 55	> 200	Sintereisen, C < 0,1%	Formteile der Fein-mechanik, für Haushalts-geräte, für Elektroindustrie
Sint-E10	> 100	> 350	Sinterstahl, C < 0,3%, Cu 1...5%	
Sint-E73	> 55	> 200	Sinteraluminium, Cu 4...6%	
Sint-F00	> 140	> 600	Sinterschmiedestahl, C- und Mn-haltig	Dichtringe, Flansche für Schalldämpfersysteme
Sint-F31	> 180	> 770	Sinterschmiedestahl, C-, Ni-, Mn-, Mo-haltig	

Übersicht über die Kunststoffe

| Allgemeine Eigenschaften | Vorteile:
• geringe Dichte
• elektrisch isolierend
• wärme- und schalldämmend
• dekorative Oberfläche
• kostengünstige Formgebung
• witterungs- und chemikalienbeständig | | Nachteile:
• im Vergleich zu Metallen geringere Festigkeit und Wärmebeständigkeit
• zum Teil brennbar
• zum Teil unbeständig gegen Lösungsmittel
• nur begrenzt wieder verwertbar | |

Einteilung	Thermoplaste	Duroplaste	Elastomere
Bearbeitung	warm umformbar schweißbar im Allgemeinen klebbar zerspanbar	nicht umformbar nicht schweißbar klebbar zerspanbar	nicht umformbar nicht schweißbar klebbar zerspanbar bei tiefen Temperaturen
Verarbeitung	Spritzgießen Spritzblasen Extrudieren	Pressen Spritzpressen Spritzgießen, Gießen	Pressen Spritzgießen Extrudieren
Recycling	gut recycelbar	nicht recycelbar, evtl. als Füllstoff verwertbar	nicht recycelbar

Struktur	Temperaturverhalten
amorphe Thermoplaste fadenförmige Makromoleküle ohne Vernetzung	
teilkristalline Thermoplaste — Lamellen (kristallin) kristalline Bereiche haben größere Bindungskräfte — amorphe Zwischenschichten	
fadenförmige Duroplaste Makromoleküle mit vielen Vernetzungsstellen	
fadenförmige Elastomere Makromoleküle in ungeordnetem Zustand mit wenig Vernetzungsstellen	

W

Basis-Polymere, Füll- und Verstärkungsstoffe

Kurzzeichen für Basis-Polymere

vgl. DIN EN ISO 1043-1 (2002-06)

Kurz-zeichen	Bedeutung	Art[1]	Kurz-zeichen	Bedeutung	Art[1]	Kurz-zeichen	Bedeutung	Art[1]
ABS	Acrylnitril-Butadien-Styrol	T	PAK	Polyacrylat	T	PTFE	Polytetrafluorethylen	T
			PAN	Polyacrylnitril	T	PUR	Polyurethan	D
AMMA	Acrylnitril-Methyl-methacrylat	T	PB	Polybuten	T	PVAC	Polyvinylacetat	T
			PBT	Polybutylenterephthalat	T	PVB	Polyvinylbutyrat	T
ASA	Acrylnitril-Styrol-Acrylat	T	PC	Polycarbonat	T	PVC	Polyvinylchlorid	T
CA	Celluloseacetat	T	PCTFE	Polychlortrifluorethylen	T	PVDC	Polyvinylidenchlorid	T
CAB	Celluloseacetatbutyrat	T	PE	Polyethylen	T	PVF	Polyvinylfluorid	T
CF	Cresol-Formaldehyd	D	PET	Polyethylenterephthalat	T	PVFM	Polyvinylformal	T
CMC	Carboxymethylcellulose	AN	PF	Phenol-Formaldehyd	D	PVK	Poly-N-vinylcarbazol	T
CN	Cellulosenitrat	AN	PIB	Polyisobuten	T	SAN	Styrol-Acrylnitril	T
CP	Cellulosepropionat	T	PMMA	Polymethylmethacrylat	T	SB	Styrol-Butadien	T
EC	Ethylcellulose	AN	POM	Polyoxymethylen;	T	SI	Silikon	D
EP	Epoxid	D		Polyformaldehyd		SMS	Styrol-α-Methylstyrol	T
EVAC	Ethylen-Vinylacetat	E	PP	Polypropylen	T	UF	Urea-Formaldehyd	D
MF	Melamin-Formaldehyd	D	PS	Polystyrol	T	UP	Ungesättigter Polyester	D
PA	Polyamid	T	PSU	Polysulfon	T	VCE	Vinylchlorid-Ethylen	T

[1] AN abgewandelte Naturstoffe; E Elastomere; D Duroplaste; T Thermoplaste

Kennbuchstaben zur Kennzeichnung besonderer Eigenschaften

vgl. DIN EN ISO 1043-1 (2002-06)

K[1]	Besondere Eigenschaften	K[1]	Besondere Eigenschaften	K[1]	Besondere Eigenschaften	K[1]	Besondere Eigenschaften
B	Block, bromiert	F	flexibel; flüssig	N	normal; Novolak	T	Temperatur
C	chloriert; kristallin	H	hoch; homo	O	orientiert	U	ultra; weichmacherfrei
D	Dichte	I	schlagzäh	P	weichmacherhaltig	V	sehr
E	verschäumt;	L	linear, niedrig	R	erhöht; Resol; hart	W	Gewicht
	elastomer	M	mittel, molekular	S	gesättigt; sulfoniert	X	vernetzt, vernetzbar

⇒ **PVC-P:** Polyvinylchlorid, weichmacherhaltig; **PE-LLD:** Lineares Polyethylen niedriger Dichte

[1] Kennbuchstabe

Kennbuchstaben und Kurzzeichen für Füll- und Verstärkungsstoffe

vgl. DIN ISO 1043-2 (2002-04)

Kurzzeichen für Material[1]

Kurz-zeichen	Material	Kurz-zeichen	Material	Kurz-zeichen	Material	Kurz-zeichen	Material
B	Bor	G	Glas	P	Glimmer	T	Talk
C	Kohlenstoff	K	Calciumkarbonat	Q	Silikat	W	Holz
D	Aluminiumtrihydrat	L	Cellulose	R	Aramid	X	nicht festgelegt
E	Ton	M	Mineral, Metall[2]	S	Sythetische Stoffe	Z	andere

Kurzzeichen für Form und Struktur

Kurz-zeichen	Form, Struktur	Kurz-zeichen	Form, Struktur	Kurz-zeichen	Form, Struktur	Kurz-zeichen	Form, Struktur
B	Perlen, Kugeln, Bällchen	G	Mahlgut	N	Faservlies (dünn)	VV	Furnier
		H	Whisker	P	Papier	W	Gewebe
C	Chips, Schnitzel	K	Wirkwaren	R	Roving	X	nicht festgelegt
D	Pulver	L	Lagen	S	Schalen, Flocken	Y	Garn
F	Fasern	M	Matte, dick	T	gedrehtes Garn, Cord	Z	andere

⇒ **GF:** Glasfaser; **CH:** Kohlenstoff-Whisker; **MD:** mineralisches Pulver

[1] Die Materialien können zusätzlich gekennzeichnet werden, z.B. durch ihr chemisches Symbol oder ein anderes Symbol aus entsprechenden internationalen Normen.

[2] Bei Metallen (M) muss die Art des Metalls durch das chemische Symbol angegeben werden.

Erkennung, Unterscheidungsmerkmale

Verfahren zur Erkennung von Kunststoffen

Schwebeprobe		Löslichkeit in Lösungsmitteln	Optisches Untersuchen Aussehen der Probe ist		Verhalten beim Erwärmen
Lösungen mit Dichte in g/cm³	Kunststoffe schweben		transparent	trüb	
0,9 bis 1,0	PB, PE, PIB, PP	Duroplaste und PTFE sind nicht löslich. Sonstige Thermoplaste sind in bestimmten Lösungsmitteln löslich; z.B. PS ist in Benzol oder Aceton löslich.	CA, CAB, CP, EP, PC, PS, PMMA, PVC, SAN	ABS, ASA, PA, PE, POM, PP, PTFE	• Thermoplaste erweichen und schmelzen. • Duroplaste und Elastomere zersetzen sich direkt.
1,0 bis 1,2	ABS, ASA, CAB, CP, PA, PC, PMMA, PS, SAN, SB				
1,2 bis 1,5	CA, PBT, PET, POM, PSU, PUR		**Betasten**		**Brennprobe**
1,5 bis 1,8	organisch gefüllte Pressmassen		Wachsartiger Griff bei: PE, PTFE, POM, PP		• Flammenfärbung • Brandverhalten • Rußbildung • Geruch der Rauchschwaden
1,8 bis 2,2	PTFE				

Unterscheidungsmerkmale der Kunststoffe

Kurz-zeichen[1]	Dichte g/cm³	Brennverhalten	Sonstige Merkmale
ABS	≈ 1,05	gelbe Flamme, rußt stark, riecht nach Leuchtgas	zähelastisch, wird von Tetrachlorkohlenstoff nicht angelöst, klingt dumpf
CA	1,31	gelbe, sprühende Flamme, tropft, riecht nach Essigsäure und verbranntem Papier	angenehmer Griff, klingt dumpf
CAB	1,19	gelbe, sprühende Flamme, tropft brennend, riecht nach ranziger Butter	klingt dumpf
MF	1,50	schwer entflammbar, verkohlt mit weißen Kanten, riecht nach Ammoniak	schwer zerbrechlich, klingt scheppernd (vgl. UF)
PA	≈ 1,10	blaue Flamme mit gelblichem Rand, tropft fadenziehend, riecht nach verbranntem Horn	zähelastisch, unzerbrechlich, klingt dumpf
PC	1,20	gelbe Flamme, erlischt nach Wegnahme der Flamme, rußt, riecht nach Phenol	zähhart, unzerbrechlich, klingt scheppernd
PE	0,92	helle Flamme mit blauem Kern, tropft brennend ab, Geruch paraffinartig, Dämpfe kaum sichtbar (vgl. PP)	wachsartige Oberfläche, mit dem Fingernagel ritzbar, Verarbeitungstemperatur > 230 °C
PF	1,40	schwer entflammbar, gelbe Flamme, verkohlt, riecht nach Phenol und verbranntem Holz	schwer zerbrechlich, klingt scheppernd
PMMA	1,18	leuchtende Flamme, fruchtiger Geruch, knistert, tropft	uneingefärbt glasklar, klingt dumpf
POM	1,42	bläuliche Flamme, tropft, riecht nach Formaldehyd	unzerbrechlich, klingt scheppernd
PP	0,91	helle Flamme mit blauem Kern, tropft brennend ab, Geruch paraffinartig, Dämpfe kaum sichtbar (vgl. PE)	nicht mit dem Fingernagel markierbar, unzerbrechlich
PS	1,05	gelbe Flamme, rußt stark, riecht süßlich nach Leuchtgas, tropft brennend ab	spröde, klingt metallisch blechern, wird u.a. von Tetrachlorkohlenstoff angelöst
PTFE	2,20	unbrennbar, bei Rotglut stechender Geruch	wachsartige Oberfläche
PUR	1,26	gelbe Flamme, stark stechender Geruch	Polyurethan, gummielastisch
PUR	≈ 0,05		Polyurethan-Schaum
PVC-U	1,38	schwer entflammbar, erlischt nach Wegnahme der Flamme, riecht nach Salzsäure, verkohlt	klingt scheppernd (U = hart)
PVC-P	1,20...1,35	je nach Weichmacher besser brennbar als PVC-U, riecht nach Salzsäure, verkohlt	gummiartig flexibel, klanglos (P = weich)
SAN	1,08	gelbe Flamme, rußt stark, riecht nach Leuchtgas, tropft brennend ab	zähelastisch, wird von Tetrachlorkohlenstoff nicht angelöst
SB	1,05	gelbe Flamme, rußt stark, riecht nach Leuchtgas und Gummi, tropft brennend ab	nicht so spröde wie PS, wird u.a. von Tetrachlorkohlenstoff angelöst
UF	1,50	schwer entflammbar, verkohlt mit weißen Kanten, riecht nach Ammoniak	schwer zerbrechlich, klingt scheppernd (vgl. MF)
UP	2,00	leuchtende Flamme, verkohlt, rußt, riecht nach Styrol, Glasfaserrückstand	schwer zerbrechlich, klingt scheppernd

[1] vgl. Seite 180

W

Thermoplaste (Auswahl)

Kurz-zeichen	Bezeichnung	Handelsnamen	Dichte g/cm³	Zug-festigkeit[1] N/mm²	Schlag-zähigkeit mJ/mm²	Gebrauchs-temperatur, langzeitig[2] °C	Anwendungsbeispiele
ABS	Acrylnitril-Butadien-Styrol	Terluran, Novodur	≈ 1,05	35…56	80… k.B.[3]	85…100	Telefongehäuse, Armaturbretter, Surfbretter
PA 6	Polyamid 6	Durethan, Maranyl, Resistan, Ultramid, Rilsan	1,14	43	k.B.[3]	80…100	Zahnräder, Gleitlager, Schrauben, Seile, Gehäuse
PA 66	Polyamid 66		1,14	57	21[4]	80…100	
PE-HD	Polyethylen, hohe Dichte	Hostalen, Lupolen, Vestolen A	0,96	20…30	k.B.[3]	80…100	Batteriekästen, Kraftstoffbehälter, Mülltonnen, Rohre, Kabelisolationen, Folien, Flaschen
PE-LD	Polyethylen, niedere Dichte		0,92	8…10	k.B.[3]	60…80	
PMMA	Polymethyl-methacrylat	Plexiglas, Degalan, Lucryl	1,18	70…76	18	70…100	Optische Gläser, Blinklichter, Skalen, Leuchtbuchstaben
POM	Polyoxymethylen	Delrin, Hostaform, Ultraform	1,42	50…70	100	95	Zahnräder, Gleitlager, Ventilkörper, Gehäuseteile
PP	Polypropylen	Hostalen PP, Novolen, Procom, Vestolen P	0,91	21…37	k.B.[3]	100…110	Heizkanäle, Waschmaschinenteile, Fittings, Pumpengehäuse
PS	Polystyrol	Styropor, Polystyrol, Vestyron	1,05	40…65	13…20	55…85	Verpackungsmaterial, Geschirr, Filmspulen, Wärmedämmplatten
PTFE	Polytetrafluor-ethylen	Hostaflon, Teflon, Fluon	2,20	15…35	k.B.[3]	280	Wartungsfreie Lager, Kolbenringe, Dichtungen, Pumpen
PVC-P	Polyvinylchlorid, weichmacher-haltig	Hostalit, Vinoflex, Vestolit, Vinnolit, Solvic	1,20 …1,35	20…29	2[4]	60…80	Schläuche, Dichtungen, Kabelummantelungen, Rohre, Fittings, Behälter
PVC-U	Polyvinylchlorid, weichmacher-frei		1,38	35…60	k.B.[3]	< 60	
SAN	Styrol-Acrylnitril Copolymer	Luran, Vestyron, Lustran	1,08	78	23…25	85	Skalenscheiben, Batteriegehäuse, Scheinwerfergehäuse
SB	Styrol-Butadien Copolymer	Vestyron, Styrolux	1,05	22…50	40… k.B.[3]	55…75	Fernsehgehäuse, Verpackungsmaterial, Kleiderbügel, Verteilerdosen

[1] Werte hängen von der Temperatur und der Prüfgeschwindigkeit ab.
[2] Zeitdauer der Temperatureinwirkung hat wesentlichen Einfluss.
[3] k.B. ≙ kein Bruch der Probe
[4] Kerbschlagzähigkeit

Kennzeichnung thermoplastischer Formmassen

Polyethylen PE
Polypropylen PP

vgl. DIN EN ISO 1872-1 (1999-10)
vgl. DIN EN ISO 1873-1 (1995-12)

Bezeichnungssystem

Benennungs-Block:	Normnummer-Block	Daten-Block 1	Daten-Block 2	Daten-Block 3	Daten-Block 4	Daten-Block 5[1]
Beispiel:						
Thermoplast	ISO 1873 –	PP-R ,	EL ,	06-16-003	„[2]	ISO 8773

Datenblock 1

Im Datenblock 1 wird nach einem Bindestrich die Formmasse durch ihr Kurzzeichen PE bzw. PP bezeichnet.
Bei Polypropylen folgen noch zusätzliche Informationen: **PP-H** Homopolymerisate des Propylens, **PP-B** Thermoplastisches, schlagzähes PP (sog. Block-Copolymer); **PP-R** Thermoplastische, statische Copolymerisate des Propylens.

Datenblock 2

Vorgesehene Anwendungen und/oder Verarbeitungsverfahren bei PE und PP				Wesentliche Eigenschaften, Additive und Einfärbung für PE und PP			
Zeichen	Position 1	Zeichen	Position 1	Zeichen	Position 2 bis 8	Zeichen	Position 2 bis 8
B	Blasformen	L	Monofilextrusion	A	Verarbeitungsstabilisator	L	Lichtstabilisator
C	Kalandrieren	M	Spritzgießen	B	Antiblockmittel	N	Naturfarben
E	Extrusion	Q	Pressen	C	Farbmittel	P	schlagzäh
F	Extrusion (Folien)	R	Rotationsformen	D	Pulver	R	Entformungs-Hilfsmittel
G	Allg. Anwendung	S	Pulversintern	E	Treibmittel	S	Gleit- und Schmiermittel
H	Beschichtung	X	keine Angabe	F	Brandschutzmittel	T	erhöhte Transparenz
K	Kabelisolierung	Y	Faserherstellung[3]	G	Granulat	X	vernetzbar
				H	Wärmealterungsstabilisator	Y	erhöhte elektr. Leitfähigkeit
						Z	Antistatikum

Datenblock 3

Dichte bei PE in kg/m³		Elastizitätsmodul bei PP in MPa (N/mm²)		Schmelze-Massefließrate in g/10 min				
Zeichen	über…bis	Zeichen	über…bis	Bedingungen für PE			Zeichen	für PP und PE über…bis
					Temp. in °C	Auflast in kg		
00	…901	02	… 400	E	190	0,325	000	… 0,1
03	901…906	06	400… 800	D	190	2,16	001	0,1… 0,2
08	906…911	10	800…1200	T	190	5,00	003	0,2… 0,4
				G	190	21,6		
13	911…916	16	1200…2000				006	0,4… 0,8
18	916…921	28	2000…3500				012	0,8… 1,5
23	921…925	40	3500				022	1,5… 3,0
27	925…930	Kerbschlagzähigkeit bei PP in kJ/m²					0,45	3,0… 6,0
33	930…936	02	… 3			–	090	6 …12
40	936…942	05	3… 6				200	12 …25
45	942…948	09	6…12				400	25 …50
50	948…954	15	12…20				700	50
57	954…960	25	20…30			–		
62	960	35	30					

Datenblock 4 bei PE und PP

Position 1: Zeichen für Füll-/Verstärkungsgrad

Position 2: Zeichen für physikalische Form

Zeichen	Material	Zeichen	Material	Zeichen	Form	Zeichen	Form
B	Bor	S	synthetisch, organisch	B	Perlen, Kugeln	S	Blättchen, Flocken
C	Kohlenstoff			D	Pulver		
G	Glas	T	Talkum	F	Faser	X	nicht festgelegt
K	Kreide	W	Holz	G	Mahlgut	Z	andere
L	Zellulose	X	nicht festgelegt	H	Whisker		
M	Mineral, Metall	Z	andere				

Position 3: Massenanteil des Füllstoffes in Prozent

⇒ **Thermoplast ISO 1873-PP-H, M 40-02-045, TD40:** Polypropylen-Formmasse, Homopolymer, Verarbeitung durch Spritzgießen, Elastizitätsmodul 3500 MPa; Kerbschlagzähigkeit 3 kJ/m², Schmelze-Massefließrate 4,5 g/10 min, Füllstoff 40% Talkum-Pulver

[1] **Datenblock 5** freiwillig, Angabe zusätzlicher Anforderungen   [2] 2 Kommas: Datenblock entfällt   [3] nur bei PP

W

Duroplastische Formmassen, Schichtpressstoffe

Kennzeichnung und Eigenschaften duroplastischer Formmassen (härtbar)

Typ	Zusammensetzung		Biege-festigkeit N/mm^2	Schlag-zähigkeit kJ/m^2	Tempe-ratur für Formbe-ständigk. °C	Wasser-aufnahme mg max.	Verwendung, Eigenschaften
	Harz	Füllstoff					

Phenolplast-Formmassetypen (PF) — vgl. DIN 7708-2 (1975-10)

Typ	Harz	Füllstoff	Biege	Schlag	Temp	Wasser	Verwendung, Eigenschaften
31		Holzmehl	70	6	125	150	allgemeine Verwendung
85		Holzmehl/Zellstoff	70	5	125	200	
51		Zellstoff u.a.	60	5	125	300	
83		Baumwollkurzfasern	60	5	125	180	
71		Baumwollfasern u.a.	60	6	125	250	erhöhte Kerbschlagzähigkeit
84		Baumwollgewebe	60	6	125	150	
74		Baumwollgewebe	60	12	125	300	
75	PF	Kunstseidenstränge	60	14	125	300	
12		Asbestfasern[1]	50	3,5	150	60	erhöhte Formbeständigkeit in der Wärme, mit Asbestfasern mechanisch hoch beanspruchbar
15		Asbestfasern[1]	50	5	150	130	
16		Asbestschnur[1]	70	15	150	90	
11.5		Gesteinsmehl	50	3,5	150	45	erhöhte elektrische Eigenschaften, spezifischer elektrischer Widerstand 10^{11} Ω · cm
13		Glimmer	50	3	150	20	
13.9		Glimmer	50	3	150	20	sonstige zusätzliche Eigenschaften, ammoniakfrei
51.5		Zellstoff	60	5	125	300	

⇒ **Formmasse Typ 31 DIN 7708:** Phenolplast-Formmasse Typ 31

Aminoplast-Formmassetypen (UF, MF, MP) — vgl. DIN 7708-3 (1975-10)

Typ	Harz	Füllstoff	Biege	Schlag	Temp	Wasser	Verwendung, Eigenschaften
131	UF	Zellstoff	80	6,5	100	300	allgemeine Verwendung (sanitäre Teile, Haushaltsgeräte); UF nicht für Ess- und Trinkgeschirr
150	MF	Holzmehl	70	6	120	250	
180	MP	Holzmehl	80	6	120	180	
153	MF	Baumwollfasern	60	5	125	300	erhöhte Kerbschlagzähigkeit
154	MF	Baumwollgewebe	60	6	125	300	
155	MF	Gesteinsmehl	40	2,5	130	200	erhöhte Formbeständigkeit in der Wärme
156	MF	Asbestfasern[1]	50	3,5	140	200	
131.5	UF	Zellstoff	80	6,5	100	300	erhöhte elektrische Eigenschaften (Elektro- und Installationsmaterial)
183	MP	Zellstoff/Gesteinsmehl	70	5	120	120	
152.7	MF	Zellstoff	80	7	120	200	Sonderanforderungen; für Ess- und Trinkgeschirr

Schichtpressstoffe[2] — vgl. DIN EN 60893-3-1 (2004-09)

Harztypen		Typen des Verstärkungsmaterials	
Harztyp	Bezeichnung	Kurzname	Bezeichnung
EP	Epoxidharz	CC	Baumwollgewebe
MF	Melamin-Formaldehydharz	CP	Zellulosepapier
PF	Phenol-Formaldehydharz	CR	Kombiniertes Verstärkungsmaterial
UP	Ungesättigtes Polyesterharz	GC	Glasgewebe
SI	Siliconharz	GM	Glasmatte
PI	Polimidharz	PC	Polyesterfasergewebe
–	–	WV	Holzfurniere

⇒ **Schichtpressstoff PF CP 204:** Harztyp Phenol-Formaldehyd-Harz, Verstärkungsmaterial Zellulosepapier, Seriennummer der International Electronical Commission (IEC) = 204

[1] Asbest ist als Krebs erzeugender Arbeitsstoff ausgewiesen. Seine Verwendung ist in Deutschland und einigen anderen Ländern gesetzlich verboten.

[2] Schichtpressstoffe werden wegen ihrer guten mechanischen Eigenschaften sowie ihrer guten elektrischen Isolierungseigenschaften vorwiegend als Platten oder Rohre in der Elektrotechnik verwendet. Im Maschinenbau werden z.B. Lagerschalen, Rollen und Zahnräder daraus hergestellt.

W

Elastomere, Schaumstoffe

Elastomere (Kautschuke)

Kurz-zei-chen[1]	Bezeichnung	Dichte g/cm³	Zug-festigkeit[2] N/mm²	Bruch-dehnung %	Anwen-dungs-temperatur °C	Eigenschaften, Verwendungsbeispiele
BR	Butadien-Kautschuk	0,94	2 (18)	450	−60…+90	hohe Abriebfestigkeit; Reifen, Gurte, Keilriemen
CO	Epichlorhydrin-Kautschuk	1,27 …1,36	5 (15)	250	−30…+120 −10…+120	schwingungsdämpfend, öl- und benzin-beständig; Dichtungen, wärmebe-ständige Dämpfungselemente
CR	Chloropren-Kautschuk	1,25	11 (25)	400	−30…+110	öl- und säurebeständig, schwer entflamm-bar; Dichtungen, Schläuche, Keilriemen
CSM	Chlorsulfoniertes Polyethylen	1,25	18 (20)	300	−30…+120	alterungs- und wetterbeständig, ölbestän-dig; Isolierwerkstoff, Formartikel, Folien
EPDM	Ethylen-Propylen-Kautschuk	0,86	4 (25)	500	−50…+120	guter elektrischer Isolator, gegen Öl und Benzin unbeständig; Dichtungen, Profile, Stoßfänger, Kühlwasserschläuche
FKM	Fluor-Kautschuk	1,85	2 (15)	450	−10…+190	abriebfest, beste thermische Beständig-keit; Luft- und Raumfahrt, Kfz-Industrie; Radialwellendichtringe, O-Ringe
IIR	Isobuten-Isopren-Kautschuk	0,93	5 (21)	600	−30…+120	wetter- und ozonbeständig; Kabelisolierungen, Autoschläuche
IR	Isopren-Kautschuk	0,93	1 (24)	500	−60…+60	wenig ölbeständig, hohe Festigkeit; Lkw-Reifen, Federelemente
NBR	Acrylnitril-Butadien-Kautschuk	1,00	6 (25)	450	−20…+110	abriebfest, öl- und benzinbeständig, elektr. Leiter; O-Ringe, Hydraulikschläuche, Radialwellendichtringe, Axialdichtungen
NR	Naturkautschuk Isopren-Kautschuk	0,93	22 (27)	600	−60…+70	wenig ölbeständig, hohe Festigkeit; Lkw-Reifen, Federelemente
PUR	Polyurethan-Kautschuk	1,25	20 (30)	450	−30…+100	elastisch, verschleißfest; Zahnriemen, Dichtungen, Kupplungen
SIR	Styrol-Isopren-Kautschuk	1,25	1 (8)	250	−80…+180	guter elektr. Isolator, wasserabweisend; O-Ringe, Zündkerzenkappen, Zylinder-kopf- und Fugendichtungen
SBR	Styrol-Butadien-Kautschuk	0,94	5 (25)	500	−30…+80	wenig öl- und benzinbeständig; Pkw-Reifen, Schläuche, Kabelummantelungen

[1] vgl. DIN ISO 1629 (1992-03)   [2] Klammerwert = mit Zusatz- oder Füllstoffen verstärktes Elastomer

Schaumstoffe   vgl. DIN 7726 (1982-05)

Schaumstoffe bestehen aus offenen, geschlossenen oder einer Mischung aus geschlossenen und offenen Zellen. Ihre Rohdichte ist niedriger als diejenige der Gerüstsubstanz. Man unterscheidet harten, halbharten, weichen, elastischen, weich-elastischen und Integral-Schaumstoff.

Steifig-keit, Härte	Rohstoff-Basis des Schaumstoffes	Zellstruktur	Dichte kg/m³	Temperatur-Anwendungs-bereich °C[1]	Wärmeleit-fähigkeit W/(K · m)	Wasseraufnah-me in 7 Tagen Vol.-%
hart	Polystyrol	überwiegend geschlossen-zellig	15 … 30	75 (100)	0,035	2…3
	Polyvinylchlorid		50 …130	60 (80)	0,038	< 1
	Polyethersulfon		45 … 55	180 (210)	0,05	15
	Polyurethan		20 …100	80 (150)	0,021	1…4
	Phenolharz	offenzellig	40 …100	130 (250)	0,025	7…10
	Harnstoffharz		5 … 15	90 (100)	0,03	20
halb-hart bis weich-ela-stisch	Polyethylen	überwiegend geschlossen-zellig	25 … 40	bis 100	0,036	1…2
	Polyvinylchlorid		50 … 70	−60…+50	0,036	1…4
	Melaminharz		10,5 … 11,5	bis 150	0,033	ca. 1
	Polyurethan Polyester-Typ	offenzellig	20 … 45	−40…+100	0,045	−
	Polyurethan Polyether-Typ					

[1] Gebrauchstemperatur langzeitig, in Klammern kurzzeitig

W

W

Kunststoffverarbeitung

Spritzgießen und Extrudieren

Kurz-zeichen	Spritzgießen Temperatur in °C		Spritzdruck in bar	Extrudieren Verar-beitungs-temperatur in °C	Schwindung in %	Toleranzgruppe[1] für		
	Masse	Werkzeug				Allge-mein-tole-ranzen	Maße mit direkt eingetragenen Abmaßen	
							Reihe 1[2]	Reihe 2[2]
PE	160...300	20... 70	500	190...230	1,5...3,5	150	140	130
PP	170...300	20...100	1200	235...270	0,8...2[3]	150	140	130
PVC, hart	170...210[4]	30... 60	1000...1800	170...190	0,2...0,5	130	120	110
PVC, weich	170...200[4]	20... 60	300	150...200	1 ...2,5	–	–	–
PS	180...250	30... 60	–	180...220	0,3...0,7	130	120	110
SB	180...250	20... 70	–	180...220	0,4...0,7	130	120	110
SAN	200...260	40... 80	–	180...200	0,5...0,6	130	120	110
ABS	200...240	40... 85	800...1800	180...220	0,4...0,7	130	120	110
PMMA	200...250	50... 90	400...1200	180...250	0,3...0,8	130	120	110
PA	210...290	80...120	700...1200	230...275	1 ...2	130	120	110
POM	180...230[4]	50...120	800...1700	180...220	1 ...3,5	140	130	120
PC	280...320[4]	80...120	> 800	240...290	0,7...0,8	130	120	110
PF[5]	90...110[4]	170...190	800...2500	–	0,5...1,5[3]	140	130	120
MF[6]	95...110[4]	160...180	1500...2500	–	0,6...1,7[3]	130	120	110
UF[5]	95...110	150...160	1500...2500	–	0,4...0,6	140	130	120

[1] vgl. Tabelle unten   [2] Reihe 1: ohne besonderen Aufwand einzuhalten, Reihe 2: erfordert höheren Fertigungsauf-wand   [3] Quer- und Längsschwindung können unterschiedlich sein   [4] mit Schnecken-Spritzgießmaschine   [5] mit organischen Füllstoffen   [6] mit anorganischen Füllstoffen

Toleranzen für Kunststoff-Formteile   vgl. DIN 16901 (1982-11)

Toleranz-gruppe aus obiger Tabelle	Kenn-buch-stabe[1]	Nennmaßbereich über... bis in mm											
		0...1	1...3	3...6	6...10	10...15	15...22	22...30	30...40	40...53	53...70	70...90	90...120	120...160
Allgemeintoleranzen													
150	A	±0,23	±0,25	±0,27	±0,30	±0,34	±0,38	±0,43	±0,49	±0,57	±0,68	±0,81	±0,97	±1,20
	B	±0,13	±0,15	±0,17	±0,20	±0,24	±0,28	±0,33	±0,39	±0,47	±0,58	±0,71	±0,87	±1,10
140	A	±0,20	±0,21	±0,22	±0,24	±0,27	±0,30	±0,34	±0,38	±0,43	±0,50	±0,60	±0,70	±0,85
	B	±0,10	±0,11	±0,12	±0,14	±0,17	±0,20	±0,24	±0,28	±0,33	±0,40	±0,50	±0,60	±0,75
130	A	±0,18	±0,19	±0,20	±0,21	±0,23	±0,25	±0,27	±0,30	±0,34	±0,38	±0,44	±0,51	±0,60
	B	±0,08	±0,09	±0,10	±0,11	±0,13	±0,15	±0,17	±0,20	±0,24	±0,28	±0,34	±0,41	±0,50
Toleranzen für Maße mit direkt eingetragenen Abmaßen													
140	A	0,40	0,42	0,44	0,48	0,54	0,60	0,68	0,76	0,86	1,00	1,20	1,40	1,70
	B	0,20	0,22	0,24	0,28	0,34	0,40	0,48	0,56	0,66	0,80	1,00	1,20	1,50
130	A	0,36	0,38	0,40	0,42	0,46	0,50	0,54	0,60	0,68	0,76	0,88	1,02	1,20
	B	0,16	0,18	0,20	0,22	0,26	0,30	0,34	0,40	0,48	0,56	0,68	0,82	1,00
120	A	0,32	0,34	0,36	0,38	0,40	0,42	0,46	0,50	0,54	0,60	0,68	0,78	0,90
	B	0,12	0,14	0,16	0,18	0,20	0,22	0,26	0,30	0,34	0,40	0,48	0,58	0,70
110	A	0,18	0,20	0,22	0,24	0,26	0,28	0,30	0,32	0,36	0,40	0,44	0,50	0,58
	B	0,08	0,10	0,12	0,14	0,16	0,18	0,20	0,22	0,26	0,30	0,34	0,40	0,48

[1] A für nicht werkzeuggebundene Maße; B für werkzeuggebundene Maße

Hochtemperatur-Kunststoffe, Polyblends, Verstärkungsfasern

Hochtemperatur-Kunststoffe

Kurz-zeichen	Bezeichnung	Zugfes-tigkeit N/mm²	Anwendungs-temperatur von…bis	Besondere Eigenschaften	Anwendungsbeispiele
PTFE	Polytetra-fluoretylen Handelsname „Teflon"	10	−20…260 °C, kurzfristig bis 300 °C	hohe Temperaturfestigkeit und Chemikalienbeständigkeit, geringe Festigkeit, Härte und Reibungszahl	Lager, Dichtungen, Beschich-tungen, Hochfrequenzkabel, chemische Apparate
PEEK	Polyether-etherketon	97	−65…250 °C, kurzfristig bis 300 °C	hohe Temperaturfestigkeit und Chemikalienbeständigkeit, günstiges Gleitverhalten	Lager, Zahnräder, Dichtungen, Luft- und Raumfahrt (anstelle von Metallen)
PPS	Polyphenylen-sulfid	70	−200…220 °C, kurzfristig bis 260 °C	hohe Festigkeit, Härte, Steifig-keit, hohe Chemikalien-, Witte-rungs- und Strahlenbeständig-keit	Pumpengehäuse, Lagerbuchsen, Raumfahrt, Kernenergieanlagen
PSU	Polysulfon	140 …240	−40…150 °C, kurzfristig bis 200 °C	hohe Festigkeit, Härte, Steifig-keit, hohe Chemikalien- und Strahlenbeständigkeit, glasklar	Mikrowellengeschirr, Spulen, Leiterplatten, Ölstands-anzeiger, Nadellagerkäfige
PI	Polyimid Handelsname „Vespel"	75 …100	−240…360 °C, kurzfristig bis 400 °C	hohe Festigkeit in großem Temperaturbereich, strahlenbeständig, dunkel, undurchsichtig	Strahltriebwerke, Flugzeug-nasen, Kolbenringe, Ventilsitze, Dichtungen, elektronische Verbindungselemente

Polyblends

Polyblends (kurz Blends) sind Mischungen verschiedener Thermoplaste. Die besonderen Eigenschaften dieser Misch-polymerisate ergeben sich aus vielfältig möglichen Kombinationen der Eigenschaften der Ausgangsstoffe.

Kurz-zeichen	Bezeichnung	Bestandteile	Besondere Eigenschaften	Anwendungsbeispiele
S/B	Styrol/Butadien	90 % Polystyrol, 10 % Butadien-Kautschuk	spröd-hart, bei tiefen Tem-peraturen nicht schlagzäh	Stapelkästen, Lüfter-gehäuse, Radiogehäuse
ABS	Acrylnitril/Butadien/ Styrol	90 % Styrol-Acrylnitril, 10 % Nitrilgummi	spröd-hart, schlagzäh auch bei tiefen Tempera-turen	Telefone, Armaturen-bretter, Radkappen
PPE + PS	Polyphenylenether + Polystyrol	unterschiedliche Zusammensetzung; kann ggf. mit 30 % Glas-faser verstärkt werden	hohe Härte, hohe Kalt-schlagzähigkeit bis −40 °C, physiologisch unbedenk-lich	Kühlergrill, Computerteile, medizinische Geräte, Sonnenkollektoren, Zierleisten
PC + ABS	Polycarbonat + Acrylnitril/Butadien/ Styrol	unterschiedliche Zusammensetzung	hohe Festigkeit, Härte, Zähigkeit, Wärmeform-beständigkeit, schlagzäh, stoßfest	Armaturenbretter, Kot-flügel, Büromaschinen-gehäuse, Lampengehäuse im Kfz
PC + PET	Polycarbonat + Poly-ethylenterephthalat	unterschiedliche Zusammensetzung	besonders schlagzäh und stoßfest	Schutzhelme für Motorrad-fahrer, Kraftfahrzeugteile

Verstärkungsfasern

Bezeich-nung	Dichte kg/dm³	Zugfestig-keit N/mm²	Bruch-dehnung %	Besondere Eigenschaften	Anwendungsbeispiele
Glasfaser GF	2,52	3400	4,5	isotrop[1], gute Festigkeit, hohe Warmfestigkeit, billig	Karosserieteile, Flugzeugbau, Segelboote
Aramid-faser AF[3]	1,45	3400 … 3800	2,0…4,0	leichteste Verstärkungsfaser, zäh, bruchzäh, stark anisotrop[1], radardurchlässig	hoch beanspruchte Leichtbau-teile, Sturzhelme, durchschuss-sichere Westen
Kohlen-stofffaser CF	1,6…2,0	1750 … 5000[2]	0,35…2,1[2]	stark anisotrop[1], hochfest, leicht, korrosionsbeständig, guter Stromleiter	Automobilteile im Rennsport, Segel für Rennyachten, Luft- und Raumfahrt

Als Einbettungsmaterial (sog. **Matrix**) kommen vor allem Duroplaste (z. B. UP- und EP-Harze) sowie Thermoplaste mit hohen Gebrauchstemperaturen (z. B. PSU, PPE, PPS, PEEK, PI) zur Anwendung.

[1] isotrop = in allen Richtungen gleiche Werkstoffkennwerte; anisotrop = Werkstoffeigenschaften in Faserrichtung unterscheiden sich von denen quer zur Faser
[2] hängt wesentlich von den sich während der Herstellung ausbildenden Fehlstellen in der Faser ab
[3] Handelsname „Kevlar"

W

Prüfverfahren – Übersicht

Bild	Verfahren	Anwendung, Hinweise

Zugversuch   Seite 190

	Genormte Zugproben werden bis zum Bruch gedehnt. Die Änderungen der Zugkraft und der Verlängerung werden gemessen und in einem Diagramm aufgezeichnet. Durch Umrechnung entsteht daraus das Spannungs-Dehnungs-Diagramm.	Ermittlung von Werkstoffkennwerten, zum Beispiel – zur Festigkeitsrechnung bei statischer Beanspruchung, – zur Beurteilung des Umformverhaltens, – zur Ermittlung von Daten für die spanende Fertigung

Härteprüfung nach Brinell HB   Seite 192

	• Belastung der Prüfkugel mit genormter Prüfkraft F
	  – Prüfkraft hängt ab vom Kugeldurchmesser D und von der Werkstoffgruppe
	    → Beanspruchungsgrad: Seite 192
	• Messung des Eindruckdruchmessers d
	• Ermittlung der Härte aus Prüfkraft und Eindruckoberfläche
		Härteprüfung, z.B. an Stählen, Gusseisenwerkstoffen, Nichteisenmetallen, die
		– nicht gehärtet sind,
		– eine metallisch blanke Prüffläche besitzen,
		– weicher sind als 650 HB

Härteprüfung nach Rockwell   Seite 193

	• Belastung des Prüfkörpers (Diamantkegel, Hartmetallkugel) mit der Prüfvorkraft → Messbasis • Beaufschlagung mit Prüfzusatzkraft → bleibende Verformung der Probe • Wegnahme der Zusatzkraft • Direkte Anzeige der Härte am Prüfgerät. Eindringtiefe h ist Basis der Härteermittlung.	Härteprüfung nach verschiedenen Verfahren, z.B. an Stählen und NE-Metallen, – im weichen oder gehärteten Zustand, – mit geringen Dicken **Verfahren HRA, HRC:** gehärtete und hochfeste Metalle **Verfahren HRB, HRF:** weicher Stahl, Nichteisenmetalle

Härteprüfung nach Vickers   Seite 193

	• Belastung der Diamantpyramide mit variablen Kräften – Prüfkraft richtet sich z.B. nach der Probendicke und der Korngröße im Gefüge • Messung der Eindruckdiagonalen • Ermittlung der Härte aus Prüfkraft und Eindruckoberfläche	Universalverfahren zur Prüfung – weicher und gehärteter Werkstoffe, – dünner Schichten, – einzelner Gefügebestandteile bei Metallen

Härteprüfung durch Eindringprüfung (Martenshärte)   Seite 194

	• Belastung der Diamantpyramide mit variablen Kräften – Prüfkraft richtet sich z.B. nach der Probendicke oder der Korngröße • kontinuierliche Aufzeichnung der Kraft in Abhängigkeit der Eindringtiefe • Ermittlung der Martenshärte **während** der Belastung	Verfahren zur Prüfung aller Werkstoffe, z.B. – weiche und gehärtete Metalle, – dünne Schichten, auch Hartmetallbeschichtungen und Farbschichten, – einzelne Gefügebestandteile, – Keramik, Hartstoffe …

Härteprüfung durch Kugeleindruckversuch   Seite 195

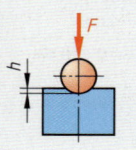	• Belastung der Prüfkugel mit Vorlast → Messbasis • Beaufschlagung mit festgelegter Prüfkraft – Prüfkraft muss eine Eindringtiefe von 0,15…0,35 mm ergeben • Messung der Eindringtiefe nach 30 s Belastungszeit • Ermittlung der Kugeldruckhärte	Prüfung von Kunststoffen und Hartgummi. Kugeldruckhärte liefert Vergleichswerte für Forschung, Entwicklung und Qualitätskontrolle.

W

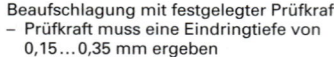

Werkstoffprüfverfahren – Übersicht

Bild	Verfahren	Anwendung, Hinweise

Härteprüfung nach Shore — Seite 195

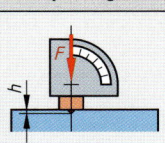

- Das Prüfgerät (Durometer) wird mit der Anpresskraft *F* auf die Probe gedrückt.
- Der federbelastete Eindringkörper dringt in die Probe ein.
- Einwirkdauer 15 s
- Direkte Anzeige der Shorehärte am Gerät.

Kontrolle von Kunststoffen (Elastomeren). Aus der ermittelten Shorehärte lassen sich kaum Beziehungen zu anderen Werkstoffeigenschaften ableiten.

Scherversuch — Seite 191

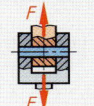

- Zylindrische Proben werden in genormten Vorrichtungen bis zum Bruch auf Abscherung belastet.
- Ermittlung der Bruchfestigkeit aus maximaler Scherkraft und Probenquerschnitt.

Ermittlung der Scherfestigkeit τ_{aB}, z.B.
- zur Festigkeitsberechnung scherbeanspruchter Teile, z.B. Stifte,
- zur Ermittlung von Schneidkräften in der Umformtechnik

Kerbschlagbiegeversuch — Seite 191

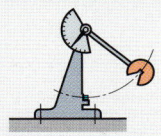

- Gekerbte Proben werden mit dem Pendelschlaghammer auf Biegung beansprucht und getrennt.
- Kerbschlagarbeit = Arbeit zur Umformung und Trennung der Probe

- Prüfung metallischer Werkstoffe auf Verhalten gegenüber stoßartiger Biegebeanspruchung
- Kontrolle von Wärmebehandlungsergebnissen, z.B. beim Vergüten
- Prüfung des Temperaturverhaltens von Stählen

Tiefungsversuch nach Erichsen — Seite 191

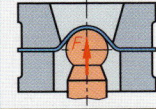

- Allseitig eingespannte Bleche werden durch eine Kugel bis zur Rissbildung verformt.
- Die Verformungstiefe bis zum Rissbeginn ist ein Maß für die Tiefziehfähigkeit.

- Prüfung von Blechen und Bändern auf ihre Tiefziehfähigkeit
- Beurteilung der Blechoberfläche auf Veränderungen beim Kaltumformen

Dauerschwingversuch

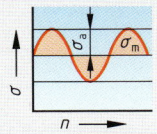

- Zylindrische Proben mit polierter Oberfläche werden bei konstanter Mittelspannung σ_m und variablem Spannungsausschlag σ_A wechselbelastet, in der Regel bis zum Bruch. Die grafische Darstellung der Versuchsreihe ergibt die Wöhlerlinie.

Ermittlung von Werkstoffkennwerten bei dynamischer Beanspruchung, z.B.
- Dauerfestigkeit, Wechsel- und Schwellfestigkeit
- Zeitfestigkeit

Ultraschallprüfung

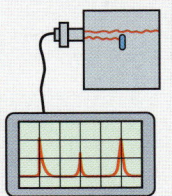

- Ein Schallkopf sendet Ultraschallwellen durch das Werkstück. Die Wellen werden an der Vorderwand, der Rückwand und an Fehlern bestimmter Größe reflektiert.
- Der Bildschirm des Prüfgerätes zeigt die Echos an.
- Die Prüffrequenz bestimmt die erkennbare Fehlergröße. Sie wird durch die Korngröße der Proben begrenzt.

- zerstörungsfreie Prüfung von Teilen, z.B. auf Risse, Lunker, Gasblasen, Einschlüsse, Bindefehler, Gefügeunterschiede
- Erkennung der Fehlerform, der Größe und der Lage der Fehler
- Messung von Wand- und Schichtdicken

Metallographie

Durch Ätzen metallografischer Proben (Schliffen) wird das Gefüge entwickelt und unter dem Metallmikroskop sichtbar.
Probenpräparation:
Entnahme → Gefügeveränderung vermeiden
Einbetten → randscharfe Schliffe
Schleifen → Abbau von Verformungsschichten
Polieren → hohe Oberflächenqualität
Ätzen → Gefügeentwicklung

- Kontrolle der Gefügeausbildung
- Überwachung von Wärmebehandlungen, Umform- und Fügevorgängen
- Ermittlung der Kornverteilung und der Korngröße
- Schadensprüfung

W

Zugversuch, Zugproben

Zugversuch
vgl. DIN EN 10002-1 (2001-12)

Spannungs-Dehnungs-Diagramm mit ausgeprägter Streckgrenze, z.B. bei weichem Stahl

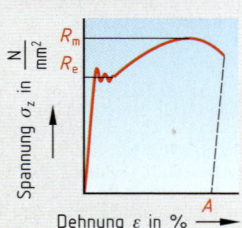

F	Zugkraft	
F_m	Höchstkraft	
L_0	Anfangsmesslänge	
L_u	Messlänge nach dem Bruch	
d_0	Anfangsdurchmesser der Probe	
S_0	Anfangsquerschnitt der Probe	
S_u	kleinster Probenquerschnitt nach dem Bruch	
ε	Dehnung	
A	Bruchdehnung	
Z	Brucheinschnürung	
σ_z	Zugspannung	
R_m	Zugfestigkeit	
R_e	Streckgrenze	
$R_{p0,2}$	Dehngrenze bei 0,2% bleibender Dehnung	
E	Elastizitätsmodul	
V_s	Streckgrenzenverhältnis	

Zugspannung

$$\sigma_z = \frac{F}{S_0}$$

Zugfestigkeit

$$R_m = \frac{F_m}{S_0}$$

Dehnung

$$\varepsilon = \frac{L - L_0}{L_0} \cdot 100\%$$

Bruchdehnung

$$A = \frac{L_u - L_0}{L_0} \cdot 100\%$$

Brucheinschnürung

$$Z = \frac{S_0 - S_u}{S_0} \cdot 100\%$$

Elastizitätsmodul

$$E = \frac{\sigma_z}{\varepsilon} \cdot 100\%$$

Spannungs-Dehnungs-Diagramm ohne ausgeprägte Streckgrenze, z.B. bei vergütetem Stahl

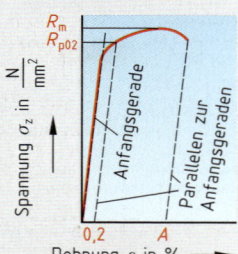

Zugproben

In der Regel werden runde Proportionalstäbe mit der Anfangsmesslänge $L_0 = 5 \cdot d_0$ verwendet.

Unbearbeitete Proben sind zulässig bei
– gleich bleibenden Querschnitten, z.B. bei Proben aus Blechen, Profilen, Drähten,
– gegossenen Probestücken, z.B. aus Gusseisenwerkstoffen oder NE-Gusslegierungen.

Streckgrenzenverhältnis: $V_s = R_e (R_{p0,2})/R_m$

Es gibt Aufschluss über den Wärmebehandlungszustand der Stähle:

normalgeglüht $V_s \approx 0,5\ldots0,7$
vergütet $V_s \approx 0,7\ldots0,95$

Elastizitätsmodul E

Die Ermittlung des Elastizitätsmoduls erfordert Feindehnungsmessungen im elastischen Bereich der Proben.

Zugproben
vgl. DIN 50125 (2004-01)

Form A

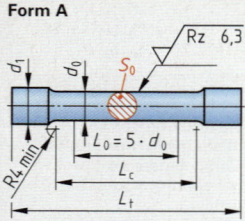

Runde Zugproben mit glatten Zylinderköpfen, Formen A und B

	d_0	4	5	6	8	10	12	14	Formen, Verwendung
	L_0	20	25	30	40	50	60	70	**Form A:** bearbeitete Proben zum Einspannen in Spannkeile
	L_c	24	30	36	48	60	72	84	
Form A	d_1	5	6	8	10	12	15	17	**Form B:** bearbeitete Proben mit Gewindeköpfen ergeben genauere Messung der Verlängerung
	L_t	65	80	95	115	140	160	185	
Form B	d_1	M6	M8	M10	M12	M16	M18	M20	
	L_t	40	50	60	75	90	110	125	

Zugproben, weitere Formen

	a	3	4	5	6	7	8	10	Formen, Verwendung
	b	8	10	10	20	22	25	25	Flachprobe mit Köpfen für Spannkeile,
Form E	L_0	30	35	40	60	70	80	90	
	B	12	15	15	27	29	33	33	Zugproben aus Bändern, Blechen, Flachstäben und Profilen
	L_c	38	45	50	80	90	105	115	
	L_t	115	135	140	210	230	260	270	

Form C	bearbeitete Rundproben mit Schulterköpfen
Form D	bearbeitete Rundproben mit Kegelköpfen
Form F	unbearbeitete Abschnitte von Rundstangen
Form G	unbearbeitete Abschnitte von Flachstählen und Profilen
Form H	Flachproben zur Blechenprüfung zwischen 0,1 und 3 mm Dicke
⇒	**Zugprobe DIN 50125 – A10x50:** Form A, $d_0 = 10$ mm, $L_0 = 50$ mm

Form E

W

Scherversuch, Kerbschlagbiegeversuch, Tiefungsversuch

Scherversuch
vgl. DIN 50141 (1982-12)

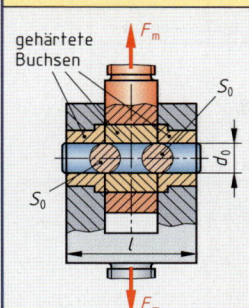

F_m Höchstscherkraft
d_0 Anfangsdurchmesser der Probe
l Probenlänge

S_0 Anfangsquerschnitt der Probe
τ_{aB} Scherfestigkeit

Scherfestigkeit

$$\tau_{aB} = \frac{F_m}{2 \cdot S_0}$$

Die Versuche werden auf Zugprüfmaschinen mit genormten Schergeräten durchgeführt.

Scherproben

d_0	3	4	5	6	8	10	12	16
Grenz-abmaße	−0,020 −0,370	−0,020 −0,370	−0,030 −0,390	−0,030 −0,345	−0,040 −0,370	−0,013 −0,186	−0,016 −0,193	−0,016 −0,193
l	50	50	50	50	50	110	110	110

Kerbschlagbiegeversuch nach Charpy
vgl. DIN EN 10045 (1991-04)

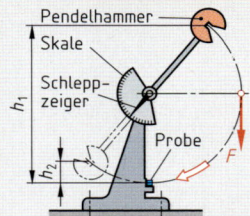

KU Kerbschlagarbeit in J, gemessen an einer Probe mit U-Kerbe
KV Kerbschlagarbeit in J, gemessen an einer Probe mit V-Kerbe

Proben
Die Proben müssen vollständig bearbeitet sein. Bei der Herstellung soll der Proben-werkstoff möglichst keine Gefügeveränderung erfahren. Im Kerbgrund dürfen mit bloßem Auge keine Kerben sichtbar sein, die parallel zur Kerbachse verlaufen.

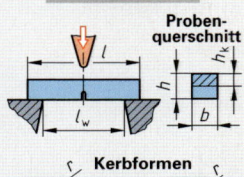

Kerbschlagproben

Bezeichnung	Kerb-form	Probenmaße in mm oder Grad (°)						
		l	l_w	h	b	h_k	r	α
Normalprobe	U	55	40	10	10	5	1,0	–
Normalprobe	V	55	40	10	10	8	0,25	45°
DVM-Probe[1]	U	55	40	10	10	7	1,0	–

Erläuterung	[1] Deutscher Verband für Materialprüfung
⇒	**KU = 115 J:** Normalprobe mit U-Kerbe, Kerbschlagarbeit 115 J, Arbeitsvermögen des Pendelschlagwerkes 300 J
	KV150 = 85 J: Normalprobe mit V-Kerbe, Kerbschlagarbeit 85 J, Arbeitsvermögen des Pendelschlagwerkes 150 J

Tiefungsversuch nach Erichsen
vgl. DIN EN ISO 20482 (2003-12), Ersatz für DIN 50101 und 50102

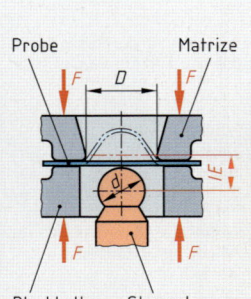

IE Erichsen-Tiefenwert in mm
F Blechhaltekraft in kN
l Länge des Probenbleches

D Bohrungsdurchmesser der Matrize
d Kugeldurchmesser des Stempels
t Dicke des Probebleches
b Breite des Probenbleches

Proben
Die Proben müssen eben sein und dürfen keine Grate aufweisen. Vor dem Einspan-nen sind die Bleche mit einem grafitierten Fett dünn einzufetten.

Werkzeug- und Probenmaße

Kurz-zeichen	Werkzeugmaße			Probenmaße			Verwendung
	D mm	d mm	F kN	l mm	b mm	t mm	
IE	27	20	10	≥ 90	≥ 90	0,2…2	Standardprüfung
IE40	40	20	10	≥ 90	≥ 90	2 …3	Prüfungen an dickeren oder schmaleren Bändern
IE21	21	15	10	≥ b	55…90	0,2…2	
IE11	11	8	10	≥ b	30…55	0,1…1	
⇒	**IE = 12 mm:** Erichsen-Tiefung = 12 mm, Standardprüfung						

W

Härteprüfung nach Brinell

Härteprüfung nach Brinell   vgl. DIN EN ISO 6506-1 (1999-10), Ersatz für DIN EN 10003

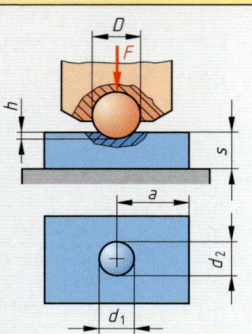

F	Prüfkraft in N
D	Kugeldurchmesser in mm
d	Eindruckdurchmesser in mm
d_1, d_2	Einzelmesswerte der Eindruckdurchmesser in mm
h	Eindrucktiefe in mm
s	Mindestdicke der Probe in mm
a	Randabstand in mm

Eindruckdurchmesser

$$d = \frac{d_1 + d_2}{2}$$

Brinellhärte

$$HBW = \frac{0{,}204 \cdot F}{\pi \cdot D \cdot (D - \sqrt{D^2 - d^2})}$$

Prüfbedingungen

Eindruckdurchmesser
$0{,}24 \cdot D \leq d \leq 0{,}6 \cdot D$
Mindestprobendicke $s \geq 8 \cdot h$
Randabstand $a \geq 3 \cdot d$
Probenoberfläche: metallisch blank

Bezeichnungsbeispiele:

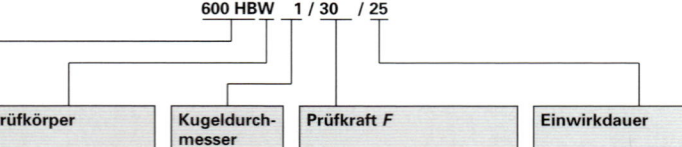

180 HBW 2,5 / 62,5
600 HBW 1 / 30 / 25

Härtewert	Prüfkörper	Kugeldurch-messer	Prüfkraft F	Einwirkdauer
Brinellhärte 180 Brinellhärte 600	W Hartmetallkugel	2,5 mm 1 mm	62,5 · 9,80665 N = 612,9 N 30 · 9,80665 N = 294,2 N	ohne Angabe: 10 bis 15 s Wertangabe: 25 s

Beanspruchungsgrad, Kugeldurchmesser, Prüfkräfte und Probenwerkstoffe

Beanspru-chungsgrad $0{,}102 \cdot F/D^2$	Prüfkraft F in N bei Kugeldurchmesser D[1)] in mm					Werkstoffe der zu prüfenden Teile (Proben)
	1	2	2,5	5	10	
30	294,2	1177	1839	7355	29420	Stahl, Ni- und Titanlegierungen ≤ 650 HBW, Gusseisen ≥ 140 HBW, Cu-Leg. > 200 HBW
15	–	–	–	–	14710	Aluminium-Legierungen ≥ 35 HBW
10	98,1	392,3	612,9	2452	9807	Gusseisen < 140 HBW, Cu-Leg. 35…200 HBW, Aluminium-Legierungen ≥ 35 HBW
5	49	196,1	306,5	1226	4903	Cu-Legierungen < 35 HBW, Aluminium-Legierungen 35…80 HBW
2,5	24,5	98,1	153,2	612,9	2452	Aluminium-Legierungen < 35 HBW
1	9,8	39,2	61,3	245,2	980,7	Blei, Zinn

[1)] Kleine Kugeldurchmesser bei feinkörnigen Werkstoffen, dünnen Proben oder bei Härteprüfungen in der Randschicht. Für die Härteprüfung an Gusseisen muss der Kugeldurchmesser D ≥ 2,5 mm sein. Härtewerte sind nur vergleichbar, wenn die Prüfungen mit gleichem Beanspuchungsgrad durchgeführt wurden.

Mindestdicke s der Proben

Kugeldurch-messer D in mm	Mindestdicke s in mm für Eindruckdurchmesser d[1)] in mm																	
	0,25	0,35	0,5	0,6	0,8	1,0	1,2	1,3	1,5	2,0	2,4	3,0	3,5	4,0	4,5	5,0	5,5	6,0
1	0,13	0,25	0,54	0,8														
2			0,23	0,37	0,67	1,07	1,6						Beispiel: D = 2,5 mm, d = 1,2 mm					
2,5				0,29	0,53	0,83	1,23	1,46	2,0				→ Mindestprobendicke					
5					0,58	0,69	0,92	1,67	2,45	4,0			s = 1,23 mm					
10							1,17	1,84	2,53	3,34	4,28	5,36	6,59	8,0				

[1)] Tabellenfelder ohne Dickenangabe liegen außerhalb des Prüfbereiches $0{,}24 \cdot D \leq d \leq 0{,}6 \cdot D$

W

Härteprüfung nach Rockwell, Härteprüfung nach Vickers

Härteprüfung nach Rockwell
vgl. DIN EN ISO 6508-1 (1999-10)

Härteprüfung
1. Schritt 2. Schritt 3. Schritt

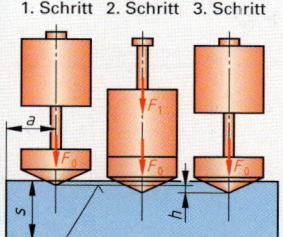

Bezugsebene für Messung

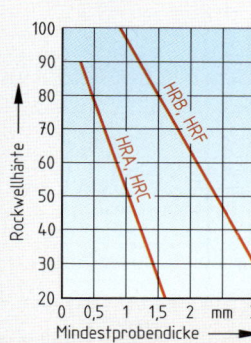

Rockwellhärte

Mindestprobendicke

F_0 Prüfvorkraft in N
F_1 Prüfkraft in N
h bleibende Eindringtiefe in mm
s Probendicke
a Randabstand

Prüfbedingungen
Probenoberfläche geschliffen mit $Ra = 0,8…1,6$ µm. Die Bearbeitung der Probe darf keine Gefügeveränderungen zur Folge haben.
Randabstand $a \geq 1$ mm

Bezeichnungsbeispiele:

Rockwellhärte HRA, HRC

$$HRA,\ HRC = 100 - \frac{h}{0,002\ mm}$$

Rockwellhärte HRB, HRF

$$HRB,\ HRF = 130 - \frac{h}{0,002\ mm}$$

65 HRC
70 HRBW

Härtewert	Prüfverfahren	
65 70	HRC Rockwellhärte – C, Prüfung mit Diamantkegel	HRBW Rockwellhärte – B, Prüfung mit Hartmetallkugel

Prüfverfahren, Anwendungen (Auswahl)

Verfahren	Eindringkörper	F_0 in N	F_1 in N	Messbereich von…bis	Anwendung
HRA	Diamantkegel,	98	490,3	20… 88 HRA	gehärteter Stahl,
HRC	Kegelwinkel 120°	98	1373	20… 70 HRC	hochfeste Metalle
HRB	Hartmetallkugel (W)	98	882,6	20…100 HRB	weicher Stahl,
HRF	1,5785 mm	98	490,3	20…100 HRF	NE-Metalle

Härteprüfung nach Vickers
vgl. DIN EN ISO 6507-1 (1990-01)

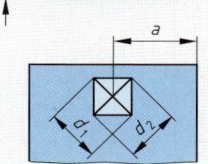

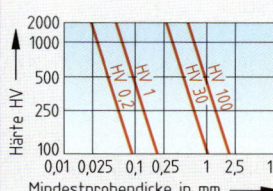

Härte HV

Mindestprobendicke in mm

F Prüfkraft in N
d Diagonale des Eindrucks in mm
s Probendicke
a Randabstand

Prüfbedingungen
Probenoberfläche geschliffen mit $Ra = 0,4…0,8$ µm. Die Bearbeitung der Probe darf keine Gefügeveränderungen zur Folge haben.
Randabstand $a \geq 2,5 \cdot d$

Bezeichnungsbeispiele:

Diagonale des Eindrucks

$$d = \frac{d_1 + d_2}{2}$$

Vickershärte

$$HV = 0,1891 \cdot \frac{F}{d^2}$$

540 HV 1 / 20
650 HV 5

Härtewert	Prüfkraft F	Einwirkdauer
Vickershärte 540 Vickershärte 650	1 · 9,80665 N = 9,807 N 5 · 9,80665 N = 49,03 N	Wertangabe: 20 s ohne Angabe: 10 bis 15 s

Prüfbedingungen und Prüfkräfte für die Härteprüfung nach Vickers

Prüfbedingung	HV100	HV50	HV30	HV20	HV10	HV5
Prüfkraft in N	980,7	490,3	294,2	196,1	98,07	49,03
Prüfbedingung	HV3	HV2	HV1	HV0,5	HV0,3	HV0,2
Prüfkraft in N	29,42	19,61	9,807	4,903	2,942	1,961

W

Martenshärte, Umrechnung von Härtewerten

Martenshärte durch Eindringprüfung
vgl. DIN EN ISO 14577 (2003-05)

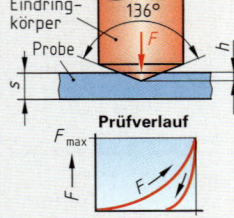

F Prüfkraft in N
h Eindringtiefe in mm
s Probendicke in mm

Probenoberflächen

Werkstoff	Mittenrauwert Ra bei F		
	0,1 N	2 N	100 N
Aluminium	0,13	0,55	4,00
Stahl	0,08	0,30	2,20
Hartmetall	0,03	0,10	0,80

Martenshärte

$$HM = \frac{F}{26{,}43 \cdot h^2}$$

Bezeichnung: HM 0,5 / 20 / 20 = 5700 N/mm²

Prüfverfahren	Prüfkraft F	Prüfdauer	Kraftaufbringung	Martens-Härtewert
Martenshärte	0,5 N	20 s	innerhalb von 20 s	5700 N/mm²

Prüfbereich	Bedingungen	Anwendungen
Makrobereich	$2\,N \leq F \leq 30\,kN$	Universal-Härteprüfung, z.B. für alle Metalle, Kunststoffe, Hartmetalle, keramischen Werkstoffe; Mikro- und Nanobereich: Dünnschichtmessung, Gefügebestandteile
Mikrobereich	$F < 2\,N$ oder $H > 0{,}2\,\mu m$	
Nanobereich	$h \leq 0{,}2\,\mu m$	

Umwertungstabelle für Härtewerte und Zugfestigkeit[1]
vgl. DIN EN ISO 18265 (2003-11)

Zug-festigkeit R_m N/mm²	Vickers-härte HV ($F \geqq 98\,N$)	Brinell-härte HB30	Rockwellhärte				Zug-festigkeit R_m N/mm²	Vickers-härte HV ($F \geqq 98\,N$)	Brinell-härte HB30	Rockwellhärte	
			HRC	HRA	HRB[2]	HRF[2]				HRC	HRA
255	80	76	–	–	–	–	1155	360	342	37	69
285	90	86	–	–	48	83	1220	380	361	39	70
320	100	95	–	–	56	87	1290	400	380	41	71
350	110	105	–	–	62	91	1350	420	399	43	72
385	120	114	–	–	67	94	1420	440	418	45	73
415	130	124	–	–	71	96	1485	460	437	46	74
450	140	133	–	–	75	99	1555	480	456	48	75
480	150	143	–	–	79	(101)	1595	490	466	48	75
510	160	152	–	–	82	(104)	1665	510	485	50	76
545	170	162	–	–	85	(106)	1740	530	504	51	76
575	180	171	–	–	87	(107)	1810	550	523	52	77
610	190	181	–	–	90	(109)	1880	570	542	54	78
640	200	190	–	–	92	(110)	1955	590	561	55	78
675	210	199	–	–	94	(111)	2030	610	580	56	79
705	220	209	–	–	95	(112)	2105	630	599	57	80
740	230	219	–	–	97	(113)	2180	650	618	58	80
770	240	228	20	61	98	(114)	–	670	–	59	81
800	250	238	22	62	100	(115)	–	690	–	60	81
835	260	247	24	62	(101)	–	–	720	–	61	82
865	270	257	26	63	(102)	–	–	760	–	63	83
900	280	266	27	64	(104)	–	–	800	–	64	83
930	290	276	29	65	(105)	–	–	840	–	65	84
965	300	285	30	65	–	–	–	880	–	66	85
1030	320	304	32	66	–	–	–	920	–	68	85
1095	340	323	34	68	–	–	–	940	–	68	86

[1] Gültig für unlegierte und niedriglegierte Stähle und Stahlguss. Für Vergütungs-, Kaltarbeits- und Schnellarbeitsstähle sowie für verschiedene Hartmetallsorten sind gesonderte Tabellen dieser Norm zu verwenden. Bei hochlegierten und/oder kaltverfestigten Stählen sind erhebliche Abweichungen zu erwarten.
[2] Die in Klammern angegebenen Werte liegen außerhalb des Messbereiches.

W

Kunststoffprüfung: Zugeigenschaften, Härteprüfung

Bestimmung der Zugeigenschaften an Kunststoffen
vgl. DIN EN ISO 527-1 (1996-04)

typische Spannungs-Dehnungs-Kurven

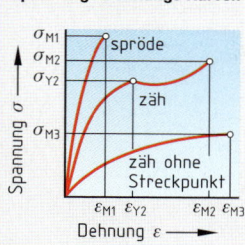

Probenkörper

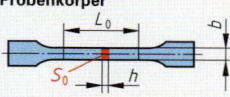

F_M	Höchstkraft
F_Y	Streckspannungskraft
ΔL_{FM}	Längenänderung bei Höchstkraft
ΔL_{FY}	Längenänderung bei Streckspannungskraft

L_0	Messlänge
S_0	Anfangsquerschnitt
σ_M	Zugfestigkeit
σ_Y	Streckspannung
ε_M	Höchstdehnung
ε_Y	Streckdehnung

Proben

Für jede Eigenschaft, z.B. Zugfestigkeit, Streckspannung, Streckdehung, müssen mindestens fünf Probenkörper geprüft werden.

Anwendung
– thermoplastische Spritzguss- und Extrusionsmassen
– thermoplastische Platten und Folien
– duroplastische Formmassen
– duroplastische Platten
– faserverstärkte Verbundwerkstoffe, thermoplastisch und duroplastisch

Zugfestigkeit

$$\sigma_M = \frac{F_M}{S_0}$$

Streckspannung

$$\sigma_Y = \frac{F_Y}{S_0}$$

Höchstdehnung

$$\varepsilon_M = \frac{\Delta L_{FM}}{L_0} \cdot 100\%$$

Streckdehnung

$$\varepsilon_Y = \frac{\Delta L_{FY}}{L_0} \cdot 100\%$$

Prüfgeschwindigkeiten			Probenkörper nach							
			DIN EN ISO 527-2 für Formmassen				DIN EN ISO 527-3 für Folien			
Prüfgeschwindigkeit in mm/min		Toleranz	Typ	1A	1B	5A	5B	2	4	5
			L_0 mm	50 ± 0,5	50 ± 0,5	20 ± 0,5	10 ± 0,2	50 ± 0,5	50 ± 0,5	25 ± 0,25
1	2	5	10	±20%	h mm	4 ± 0,2	4 ± 0,2	≥ 2	≥ 1	≤ 1	≤ 1	≤ 1
20	50	100	200	±10%	b mm	10 ± 0,2	10 ± 0,2	4 ± 0,1	2 ± 0,1	10…25	25,4 ± 0,1	6 ± 0,4

⇒ **Zugversuch ISO 527-2/1A/50:** Zugversuch nach ISO 527-2; Probentyp 1A; Prüfgeschwindigkeit 50 mm/min

Härteprüfung an Kunststoffen
vgl. DIN EN ISO 2039-1 (2003-06)

Kugeleindruckversuch

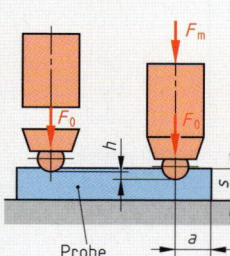

Probe

| F_0 | Vorlast 9,8 N |
| F_m | Prüfkraft |

| h | Eindringtiefe |
| a | Randabstand |

| s | Probendicke |

Proben

Randabstand $a ≥ 10$ mm, Mindestprobendicke $s ≥ 4$ mm

Prüfkraft F_m in N	Kugeldruckhärte H in N/mm² bei Eindrucktiefe h in mm									
	0,16	0,18	0,20	0,22	0,24	0,26	0,28	0,30	0,32	0,34
49	22	19	16	15	13	12	11	10	9	9
132	59	51	44	39	35	32	30	27	25	24
358	160	137	120	106	96	87	80	74	68	64
961	430	370	320	290	260	234	214	198	184	171

⇒ **Kugeldruckhärte ISO 2039-1 H 132:** $H = 31$ N/mm² bei $F_m = 132$ N

Härteprüfung nach Shore an Kunststoffen
vgl. DIN EN ISO 868 (2003-06)

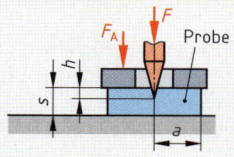

Probe

Eindringkörper für

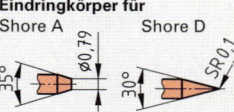

Shore A   Shore D

| F_A | Anpresskraft in N |
| F | Prüfkraft |

| h | Eindringtiefe |
| a | Randabstand |

| s | Probendicke |

Proben

Randabstand $a ≥ 9$ mm, Mindestprobendicke $s ≥ 4$ mm

Prüfbedingungen für die Verfahren Shore A und Shore D			
Prüfverfahren	F_{max} in N	F_A in N	Verwendung
A	7,30	10	wenn Shorehärte mit Typ D < 20 ist
D	40,05	50	wenn Shorehärte mit Typ A > 90 ist

⇒ **85 Shore A:** Härtewert 85; Prüfverfahren Shore A

W

Korrosion

Elektrochemische Spannungsreihe der Metalle

Bei der elektrochemischen Korrosion laufen die gleichen Vorgänge ab wie in galvanischen Elementen. Dabei wird das unedlere Metall zerstört. Die zwischen den beiden unterschiedlichen Metallen unter Einwirkung einer leitenden Flüssigkeit (Elektrolyt) auftretende Spannung kann aus den Normalpotenzialen der elektrochemischen Spannungsreihe entnommen werden. Als Normalpotenzial bezeichnet man die Spannung zwischen dem Elektrodenwerkstoff und einer mit Wasserstoff umspülten Platinelektrode.
Durch Passivierung (Bildung von Schutzschichten) ändert sich die Spannung zwischen den Elementen.

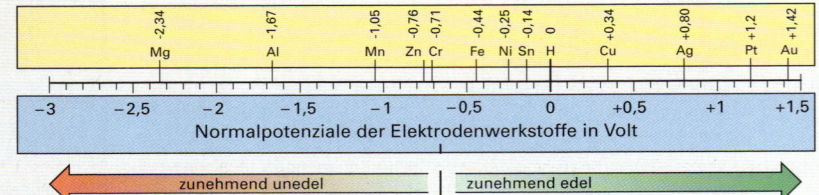

Beispiel: Die Normalpotenziale von Cu = +0,34 V und Al = −1,67 V ergeben eine Spannung zwischen Cu und Al von
U = +0,34 V − (−1,67 V) = 2,01 V

Korrosionsverhalten der metallischen Werkstoffe

Werkstoffe	Korrosionsverhalten	Beständigkeit in folgender Umgebung				
		trockene Raumluft	Land-luft	Industrie-luft	Meer-luft	Meer-wasser
Unlegierte und legierte Stähle	nur in trockenen Räumen beständig	●	◖	◖	○	○
Nichtrostende Stähle	beständig, aber nicht gegen aggressive Chemikalien	●	●	◑	◑	◑
Aluminium und Al-Legierungen	beständig, außer den Cu-haltigen Al-Legierungen	●	◑	◑	◑	●...◖
Kupfer und Cu-Legierungen	beständig, vor allem Ni-haltige Cu-Legierungen	●	●	◑	◑	●...◖

● beständig   ◑ ziemlich beständig   ◖ unbeständig   ○ unbrauchbar

Korrosionsschutz

Vorbereitung von Metalloberflächen vor der Beschichtung

Arbeitsschritt	Zweck	Verfahren
Mechanisches Reinigen und Erzeugen einer guten Haftgrundlage	Beseitigen von Walzzunder, Rost und Verschmutzungen	Schleifen, Bürsten, Strahlen mit Wasserstrahl, dem Quarzsand beigemischt ist
Chemisches Reinigen und Erzeugen einer günstigen Oberflächenbeschaffenheit	Beseitigen von Walzzunder, Rost und Fettrückständen Aufrauen oder Glätten der Oberfläche	Beizen mit Säure oder Lauge; Entfetten mit Lösungsmitteln; chemisches oder elektrochemisches Polieren

Korrosionsschutz-Maßnahmen

Maßnahmen	Beispiele
Wahl geeigneter Werkstoffe	Nichtrostender Stahl für Teile zur Aufbereitung bei der Papierherstellung
Korrosionsschutzgerechte Konstruktion	gleiche Werkstoffe an Kontaktstellen, Isolierschichten zwischen den Bauteilen, Vermeidung von Spalten
Schutzschichten: • Schutzöl oder Schutzfett • Chemische Oberflächenbehandlung • Schutzanstriche	Einölen von Gleitbahnen und Messzeugen Phosphatieren, Brünieren Lackschicht, eventuell nach vorherigem Phosphatieren
Metallische Überzüge	Feuerverzinken galvanische Metallüberzüge, z.B. verchromen
Katodischer Korrosionsschutz	Zu schützendes Bauteil, z.B. eine Schiffsschraube, wird mit einer Opferanode verbunden.
Anodische Oxidation von Al-Werkstoffen	Auf dem Bauteil, z.B. einer Felge, wird eine korrosionsbeständige, feste Oxidschicht erzeugt.

W

Entsorgung von Stoffen

Abfallrecht
vgl. Kreislaufwirtschafts- und Abfallgesetz (2001-10)

Wichtige Grundsätze der Kreislaufwirtschaft:

- Abfälle vermeiden, z. B. durch anlageninterne Kreislaufführung oder eine abfallarme Produktgestaltung.
- Abfälle stofflich verwerten, z. B. durch Gewinnung von Rohstoffen aus Abfällen (sekundäre Rohstoffe).
- Abfälle zur Gewinnung von Energie nutzen (energetische Nutzung), z. B. Einsatz als Ersatzbrennstoff.
- Die Verwertung von Abfällen hat ordnungsgemäß ohne Beeinträchtigung des Wohls der Allgemeinheit zu erfolgen.

Die Entsorgung von Abfällen unterliegt der Überwachung durch die zuständige Behörde (meist Landkreise). In besonderem Maße gesundheits-, luft- oder wassergefärdende, explosible, brennbare Abfälle sind besonders überwachungsbedürftig.

Entsorgungspflichtig und nachweispflichtig ist der Abfallerzeuger.

Auswahl besonders überwachungsbedürftiger Abfälle (Sonderabfälle) in Metallbetrieben[1]

Abfall-schlüssel	Bezeichnung der Abfallart	Vorkommen, Beschreibung, Entstehung	Besondere Hinweise, Maßnahmen
150199D1	Verpackungen mit schädlichen Verunreinigungen	Fässer, Kanister, Eimer und Dosen, die Reste von Farben, Lacken, Lösemitteln, Kaltreiniger, Rostschutzmittel, Rost- und Silikonentferner, Spachtelmassen usw. enthalten.	Entleerte, tropffreie, pinsel- oder spachtelreine Behältnisse sind kein besonders überwachungsbedürftiger Abfall. Sie entsprechen Verkaufspackungen. Entsorgung über das Duale System oder in Metallbehältnissen über Schrotthändler. Behältnisse mit eingetrocknetem Lack sind hausmüllähnlicher Gewerbeabfall.
		Spraydosen mit Restinhalten	Auf Spraydosen möglichst verzichten, Entsorgung als Sonderabfall.
160602	Nickel-Cadmium-Batterien	Akkus, z. B. aus Bohrmaschinen und Schraubern usw.	Alle schadstoffhaltigen Batterien sind gekennzeichnet. Sie müssen vom Handel unentgeltlich zurückgenommen werden. Für Verbraucher gilt Rückgabepflicht an den Handel oder an öffentliche Sammelstellen.
160603	Quecksilbertrockenzellen	Knopfzellen, quecksilberhaltige Monozellen	
160604	Alkalibatterien	Nichtaufladbare Batterien	
060404	Quecksilberhaltige Abfälle	Leuchtstofflampen (sog. „Neonröhren")	Können verwertet werden. Unzerstört beim Handel oder beim Entsorger abgeben. Nicht ins Glasrecycling geben!
120106	Verbrauchte Bearbeitungsöle, halogenhaltig, keine Emulsion	Wasserfreie Bohr-, Dreh-, Schleif- und Schneideöle, sog. Kühlschmierstoffe (KSS)	KSS möglichst vermeiden, z. B. durch • Trockenbearbeitung • Minimalmengen-Kühlschmierung Getrenntes Sammeln verschiedener KSS-Öle, -Emulsionen, -Lösungen. Rücknahmemöglichkeit zur Aufarbeitung oder Verbrennung (energetische Verwertung) beim Lieferanten erfragen.
120107	Verbrauchte Bearbeitungsöle, halogenfrei, keine Emulsion	Überalterte, wasserfreie Honöle	
110	Synthetische Bearbeitungsöle	KSS-Öle aus synthetischen Ölen, z. B. auf Estherbasis	
130202	Nichtchlorierte Maschinen-, Getriebe- und Schmieröle	Altöl und Getriebeöl, Hydrauliköl, Kompressorenöl von Kolbenluftverdichtern	Rücknahmepflicht durch Lieferanten. Altöle bekannter Herkunft können verwertet werden durch Zweitraffination oder energetische Verwertung. Nicht mit anderen Stoffen mischen!
150299D1	Aufsaug- und Filtermaterialien, Wischtücher und Schutzkleidung mit schädlichen Verunreinigungen	z. B. Altlumpen, Putzlappen; mit Öl oder Wachs verschmutzte Pinsel, Ölbinder, Öl- und Fettdosen	Möglichkeit, einen Mietservice für Putzlappen zu nutzen.
130505	Andere Emulsionen	Kondensatwasser aus Kompressoren	Kompressorenöle mit demulgierenden Eigenschaften verwenden; Möglichkeit ölfreier Kompressoren erkunden.
140102	Andere halogenierte Lösemittel und Lösemittelgemische	Per (-chlorethen) Tri (-chlorethen) Vermischte Lösemittel	Rücknahme durch Lieferanten und Ersatz durch wässrige Reinigungsmittel prüfen.

[1] Verordnung zur Bestimmung besonders überwachungsbedürftiger Abfälle zur Beseitigung und zur Verwertung – BestbüAbfV (1999-01), **Anlage 1:** Abfälle des Europäischen Abfallkatalogs (EAK-Abfälle) gelten als besonders gefährlich. **Anlage 2:** Besonders überwachungsbedürftige EAK-Abfälle sowie nicht in EAK-Liste aufgeführte Abfallarten (Buchstabe „D" im Abfallschlüssel).

W

Gefahrstoffe, gefährliche Gase

Gefahrstoffe (TRK- und MAK-Werte) vgl. TRGS 900[1) (2003-11)

Nach § 3 der Gefahrstoffverordnung (GefStoffV) werden folgende Grenzwerte in der Luft am Arbeitsplatz (Luftgrenzwerte) unterschieden:

- **Technische Richtkonzentration (TRK)** ist die Konzentration eines Krebs erzeugenden und krebsverdächtigen Stoffes in der Luft am Arbeitsplatz, die derzeit nach dem Stand der Technik erreicht werden kann. Die Einhaltung der TRK soll das Risiko einer Beeinträchtigung der Gesundheit vermindern, was jedoch nicht vollständig ausgeschlossen werden kann.
- **Maximale Arbeitsplatzkonzentration (MAK)** ist die Konzentration eines Stoffes in der Luft am Arbeitsplatz, bei der im Allgemeinen die Gesundheit der Arbeitnehmer nicht beeinträchtigt wird.

Luftgrenzwerte sind Mittelwerte. Es wird zu Grunde gelegt, dass der Beschäftigte dem Gefahrstoff täglich acht bzw. wöchentlich durchschnittlich 40 Stunden ausgesetzt ist.

Stoff	MAK/TRK[2) ml/m³	mg/m³	ÜF[3)	Bemer-kung[4)	Stoff	MAK/TRK[2) ml/m³	mg/m³	ÜF[3)	Bemer-kung[4)
Aceton	500	1200	1,5	–	Mineralfasern	5)	–	–	TRK, K3
Acrylnitril	3	7	4,0	H, TRK; K2	Kupfer	–	1	4	–
Ammoniak	50	35	=1=	Y	Molybdänverb.	–	5	4	–
Asbest	–	–	–	K1	Nickel	–	0,5	4	K3
Benzol	1	3,25	4	H, TRK; K1, M2	Nikotin	0,07	0,47	4	H
Beryllium	–	0,002	4	TRK, K2	Ozon	0,1	0,2	=1=	K3
Blei	–	0,1	4	RE1, RF3	Phenol	5	19	=1=	H; M3
Cadmium	–	0,015	4	TRK, K2	Propan	1000	1800	4	–
Chromverbind. (Schweißrauch)	–	0,1	4	TRK, K2	Quecksilber	–	0,1	4	–
Flusssäure (HF)	3	2,5	=1=	H	Schwefeldioxid	0,5	1,3	1	Y
Kohlendioxid	5000	9100	4	–	Styrol	20	86	4	Y
Kohlenmonoxid	30	35	2	RE1	Tetrachlorethen (PER)	50	345	4	H; K3; RE3
Kühlschmier-stoffe	–	10	–	–	Trichlorethen (Tri)	50	270	4	Y; K2; M3

[1)] Technische Regeln für Gefahrstoffe (Auswahl aus dem Bundesarbeitsblatt) sowie EG-Richtlinie 67/548/EWG.
[2)] Normalerweise sind MAK-Werte angegeben; TRK-Werte nur dann, wenn bei „Bemerkungen" erwähnt.
[3)] ÜF Überschreitungsfaktoren für Kurzzeitwerte; =1= Grenzwert darf nicht überschritten werden.
[4)] H Hautresorptive Stoffe. Sie können leicht durch die Haut in den Körper gelangen und zu gesundheitlichen Schäden führen. Hautkontakt mit diesen Stoffen vermeiden (vgl. R21, R24, R27).
    K Krebs erzeugend; Kategorie 1: beim Menschen nachgewiesen; Kategorie 2: durch Tierversuche nachgewiesen; Kategorie 3: Verdacht
    M erbgutverändernd; Kategorie 1 bis 3 wie bei K
    RF Beeinträchtigung der Fortpflanzungsfähigkeit und Fruchtbarkeit; Kategorien 1 bis 3 wie bei K
    RE fruchtschädigend; entwicklungsschädigend; Kategorien 1 bis 3 wie bei K
    Y Fruchtschädigung bei Einhaltung der MAK-Werte nicht zu befürchten
[5)] 250 000 Fasern/m³

Stoffwerte gefährlicher Gase

Gas	Dichte-verhältnis zu Luft	Zünd-temperatur	untere Zündgrenze Vol.-% Gas in Luft	obere Zündgrenze Vol.-% Gas in Luft	Sonstige Hinweise
Acetylen	0,91	305 °C	1,5	82	Bei einem Druck p_e > 2 bar Selbstzerfall und Explosion
Argon	1,38	unbrennbar	–	–	Verdrängt Atemluft; Erstickungsgefahr
Butan	2,11	365 °C	1,5	8,5	Narkotische Wirkung; wirkt erstickend
Kohlendioxid	1,53	unbrennbar	–	–	Flüssiges CO_2 und Trockeneis führen zu schweren Erfrierungen
Kohlenmonoxid	0,97	605 °C	12,5	74	Starkes Blutgift; Seh-, Lungen-, Leber-, Nieren- und Gehörschäden
Propan	1,55	470 °C	2,1	9,5	Verdrängt Atemluft, flüssiges Propan verursacht Haut- und Augenschäden
Sauerstoff	1,1	unbrennbar	–	–	Fette und Öle reagieren mit Sauerstoff explosionsartig; brandförderndes Gas
Stickstoff	0,97	unbrennbar	–	–	In geschlossenen Räumen wird Atemluft verdrängt; Erstickungsgefahr
Wasserstoff	0,07	570 °C	4	75,6	Selbstentzündung bei hohen Ausström-geschwindigkeiten; bildet mit Luft, O_2 und Cl explosionsfähige Gemische

W

Gefahrstoffe, R-Sätze

Gefahrstoffe beeinträchtigen die Sicherheit und Gesundheit des Menschen und gefährden die Umwelt. Sie müssen besonders gekennzeichnet sein (vgl. Seite 342). Die nachfolgenden R-Sätze[1] sind Standardsätze und weisen auf die besonderen Risiken beim Umgang mit einem Gefahrstoff hin. Spezielle Sicherheitsdatenblätter für jeden Gefahrstoff enthalten weiter gehende Informationen.

R-Sätze: Hinweise auf besondere Risiken

vgl. RL 67/548/EWG[2] (2004-04)

R-Satz[3]	Bedeutung	R-Satz[3]	Bedeutung
R 1	Im trockenen Zustand explosionsgefährlich	R 34	Verursacht Verätzungen
R 2	Durch Schlag, Reibung, Feuer oder andere Zündquellen explosionsgefährlich	R 35	Verursacht schwere Verätzungen
R 3	Durch Schlag, Reibung, Feuer oder andere Zündquellen besonders explosionsgefährlich	R 36	Reizt die Augen
		R 37	Reizt die Atmungsorgane
R 4	Bildet hochempfindliche explosionsgefährliche Metallverbindungen	R 38	Reizt die Haut
		R 39	Ernste Gefahr irreversiblen Schadens
R 5	Beim Erwärmen explosionsfähig	R 40	Verdacht auf Krebs erzeugende Wirkung
R 6	Mit oder ohne Luft explosionsfähig	R 41	Gefahr ernster Augenschäden
R 7	Kann Brand verursachen	R 42	Sensibilisierung durch Einatmen möglich
R 8	Feuergefahr bei Berührung mit brennbaren Stoffen	R 43	Sensibilisierung durch Hautkontakt möglich
		R 44	Explosionsgefahr bei Erhitzen unter Einschluss
R 10	Entzündlich	R 45	Kann Krebs erzeugen
R 11	Leichtentzündlich	R 46	Kann vererbbare Schäden verursachen
R 12	Hochentzündlich	R 48	Gefahr ernster Gesundheitsschäden bei längerer Exposition (Ausgesetztsein)
R 13	Hochentzündliches Flüssiggas		
		R 49	Kann Krebs erzeugen beim Einatmen
R 14	Reagiert heftig mit Wasser	R 50	Sehr giftig für Wasserorganismen
R 15	Reagiert mit Wasser unter Bildung hochentzündlicher Gase	R 51	Giftig für Wasserorganismen
		R 52	Schädlich für Wasserorganismen
R 16	Explosionsgefährlich in Mischung mit brandfördernden Stoffen	R 53	Kann in Gewässern längerfristig schädliche Wirkungen haben
R 17	Selbstentzündlich an der Luft		
		R 54	Giftig für Pflanzen
R 18	Bei Gebrauch Bildung explosionsfähiger/leichtentzündlicher Dampf-Luftgemische möglich	R 55	Giftig für Tiere
		R 56	Giftig für Bodenorganismen
R 19	Kann explosionsfähige Peroxide bilden	R 57	Giftig für Bienen
R 20	Gesundheitsschädlich beim Einatmen	R 58	Kann längerfristig schädliche Wirkungen auf die Umwelt haben
R 21	Gesundheitsschädlich bei Berühren mit der Hand		
		R 59	Gefährlich für die Ozonschicht
R 22	Gesundheitsschädlich beim Verschlucken	R 60	Kann die Fortpflanzungsfähigkeit beeinträchtigen
R 23	Giftig beim Einatmen		
R 24	Giftig bei Berührung mit der Haut	R 61	Kann das Kind im Mutterleib schädigen
R 25	Giftig beim Verschlucken	R 62	Kann möglicherweise die Fortpflanzungsfähigkeit beeinträchtigen
R 26	Sehr giftig beim Einatmen		
R 27	Sehr giftig bei Berührung mit der Haut	R 63	Kann das Kind im Mutterleib möglicherweise schädigen
R 28	Sehr giftig beim Verschlucken		
R 29	Entwickelt bei Berührung mit Wasser giftige Gase	R 64	Kann Säuglinge über die Muttermilch schädigen
R 30	Kann bei Gebrauch leicht entzündlich werden	R 65	Gesundheitsschädlich: kann beim Verschlucken Lungenschäden verursachen
R 31	Entwickelt bei Berührung mit Säure giftige Gase		
		R 66	Wiederholter Kontakt kann zu spröder oder rissiger Haut führen
R 32	Entwickelt bei Berührung mit Säure sehr giftige Gase	R 67	Dämpfe können Schläfrigkeit und Benommenheit verursachen
R 33	Gefahr kumulativer Wirkungen	R 68	Irreversibler Schaden möglich

[1] R = Risiko   [2] EG-Richtlinie, Anhang III
[3] Kombinationen der R-Sätze sind möglich; z.B. R 23/24: Giftig beim Einatmen und bei Berührung mit der Haut.

W

Gefahrstoffe, S-Sätze

Die nachfolgenden standardisierten Sicherheitsratschläge (S-Sätze)[1] sind im Umgang mit gefährlichen Stoffen und Zubereitungen zu beachten. Durch ihre Einhaltung können Gefahren vermieden bzw. vermindert werden.

S-Sätze: Sicherheitsratschläge   vgl. RL 67/548/EWG[2] (2004-04)

S-Satz[3]	Bedeutung	S-Satz[3]	Bedeutung
S 1	Unter Verschluss aufbewahren	S 39	Schutzbrille/Gesichtsschutz tragen
S 2	Darf nicht in die Hände von Kindern gelangen	S 40	Fußboden und verunreinigte Gegenstände mit … reinigen (vom Hersteller anzugeben)
S 3	Kühl aufbewahren		
S 4	Von Wohnplätzen fernhalten	S 41	Explosions- und Brandgase nicht einatmen
S 5	Unter … aufbewahren (geeignete Flüssigkeit vom Hersteller anzugeben)	S 42	Beim Räuchern/Versprühen geeignetes Atemschutzgerät anlegen (geeignete Bezeichnung[en] vom Hersteller anzugeben)
S 6	Unter … aufbewahren (inertes Gas vom Hersteller anzugeben)	S 43	Zum Löschen … (vom Hersteller anzugeben) verwenden; (wenn Wasser die Gefahr erhöht, anfügen: „kein Wasser verwenden")
S 7	Behälter dicht geschlossen halten		
S 8	Behälter trocken halten		
S 9	Behälter gut gelüftet aufbewahren	S 45	Bei Unfall oder Unwohlsein sofort Arzt hinzuziehen (wenn möglich dieses Etikett vorzeigen)
S 12	Behälter nicht gasdicht verschließen		
S 13	Von Nahrungsmitteln, Getränken und Futtermitteln fernhalten	S 46	Bei Verschlucken sofort ärztlichen Rat einholen und Verpackung oder Etikett vorzeigen
S 14	Von … fernhalten (inkompatible Substanzen sind vom Hersteller anzugeben)	S 47	Bei Temperaturen über … °C aufbewahren (vom Hersteller anzugeben)
S 15	Vor Hitze schützen	S 48	Feucht halten mit … (geeignetes Mittel vom Hersteller anzugeben)
S 16	Von Zündquellen fernhalten – Nicht rauchen		
S 17	Von brennbaren Stoffen fernhalten	S 49	Nur im Originalbehälter aufbewahren
S 18	Behälter mit Vorsicht öffnen und handhaben	S 50	Nicht mischen mit … (vom Hersteller anzugeben)
S 20	Bei der Arbeit nicht essen und trinken		
S 21	Bei der Arbeit nicht rauchen	S 51	Nur in gut gelüfteten Bereichen verwenden
S 22	Staub nicht einatmen	S 52	Nicht großflächig für Wohn- und Aufenthaltsräume zu verwenden
S 23	Gas/Rauch/Aerosol nicht einatmen (geeignete Bezeichnung[en] sind vom Hersteller anzugeben)	S 53	Exposition vermeiden[4], vor Gebrauch besondere Anweisungen einholen
S 24	Berührung mit der Haut vermeiden	S 56	Diesen Stoff und seinen Behälter der Problemabfallentsorgung zuführen
S 25	Berührung mit den Augen vermeiden		
S 26	Bei Berührung mit den Augen gründlich mit Wasser abspülen und Arzt konsultieren	S 57	Zur Vermeidung einer Kontamination[5] der Umwelt geeigneten Behälter verwenden
S 27	Beschmutzte, getränkte Kleidung sofort ausziehen	S 59	Information zur Wiederverwendung/Wiederverwertung beim Hersteller/Lieferanten erfragen
S 28	Bei Berührung mit der Haut sofort abwaschen mit viel … (vom Hersteller anzugeben)	S 60	Dieses Produkt und sein Behälter sind als gefährlicher Abfall zu entsorgen
S 29	Nicht in die Kanalisation gelangen lassen		
S 30	Niemals Wasser hinzugießen	S 61	Freisetzung in die Umwelt vermeiden. Besondere Anweisungen einholen/Sicherheitsdatenblatt zu Rate ziehen
S 33	Maßnahmen gegen elektrostatische Aufladungen treffen		
S 35	Abfälle und Behälter müssen in gesicherter Weise beseitigt werden	S 62	Bei Verschlucken kein Erbrechen herbeiführen. Sofort ärztlichen Rat einholen und Verpackung oder dieses Etikett vorzeigen
S 36	Bei der Arbeit geeignete Schutzkleidung tragen	S 63	Bei Unfall durch Einatmen: Verunfallten an die frische Luft bringen und ruhig stellen
S 37	Geeignete Schutzhandschuhe tragen		
S 38	Bei unzureichender Belüftung Atemschutzgerät anlegen	S 64	Bei Verschlucken Mund mit Wasser ausspülen (nur wenn Verunfallter bei Bewusstsein ist)

[1] S = Sicherheit   [2] EG-Richtlinie, Anhang IV
[3] Kombinationen der S-Sätze sind möglich; z. B. S 20/21: Bei der Arbeit nicht essen, trinken, rauchen.
[4] d.h. sich dieser Gefahr nicht aussetzen   [5] Verunreinigung, Verseuchung

W

5 Maschinenelemente

M

Übersicht über die Gewindearten
vgl. DIN 202 (1999-11)

Rechtsgewinde, eingängig

Gewinde-benennung	Gewindeprofil	Kenn-buch-stabe	Bezeichnungs-beispiel	Nenngröße	Anwendung
Metr. Gewinde ISO-Gewinde		M	DIN 14 – M 08	0,3 bis 0,9 mm	Uhren, Feinwerktechnik
			DIN 13 – M 30	1 bis 68 mm	allgemein (Regelgewinde)
			DIN 13 – M 20 × 1	1 bis 1000 mm	allgemein (Feingewinde)
Metr. Gewinde mit großem Spiel			DIN 2510 – M 36	12 bis 180 mm	Schrauben mit Dehnschaft
Metr. zylindrisches Innengewinde			DIN 158 – M 30 × 2	6 bis 60 mm	Verschlussschrauben und Schmiernippel
Metrisches kegeliges Außengewinde		M	DIN 158 – M 30 × 2 keg	6 bis 60 mm	Verschlussschrauben und Schmiernippel
Rohrgewinde, zylindrisch		G	DIN ISO 228 – G1$\frac{1}{2}$ (innen) DIN ISO 228 – G$\frac{1}{2}$A (außen)	$\frac{1}{8}$ bis 6 inch	nicht im Gewinde dichtend
Zylindrisches Rohrgewinde (Innengewinde)		Rp	DIN 2999 – Rp $\frac{1}{2}$	$\frac{1}{16}$ bis 6 inch	Rohrgewinde, im Gewinde dichtend; für Gewinderohre, Fittings, Rohr-verschraubungen
			DIN 3858 – Rp $\frac{1}{8}$	$\frac{1}{8}$ bis 1 $\frac{1}{2}$ inch	
Kegeliges Rohrgewinde (Außengewinde)		R	DIN 2999 – R $\frac{1}{2}$	$\frac{1}{16}$ bis 6 inch	
			DIN 3858 – R $\frac{1}{8}$-1	$\frac{1}{8}$ bis 1 $\frac{1}{2}$ inch	
Metrisches ISO-Trapezgewinde		Tr	DIN 103 – Tr 40 × 7	8 bis 300 mm	allgemein als Be-wegungsgewinde
Sägengewinde		S	DIN 513 – S 48 × 8	10 bis 640 mm	allgemein als Be-wegungsgewinde
Rundgewinde		Rd	DIN 405 – Rd 40 × $\frac{1}{6}$	8 bis 200 mm	allgemein
			DIN 20400 – Rd 40 × 5	10 bis 300 mm	Rundgewinde mit großer Tragtiefe
Blechschrauben-gewinde		ST	ISO 1478 – ST 3,5	1,5 bis 9,5 mm	für Blech-schrauben

Bezeichnung von links- und mehrgängigen Gewinden
vgl. DIN ISO 965-1 (1999-11)

Gewindeart	Erläuterung	Kurzbezeichnung (Beispiele)
Linksgewinde	Das Kurzzeichen „LH" ist hinter die vollständige Gewindebezeichnung zu setzen (LH = Left-Hand).	M 30 – LH Tr 40 × 7 – LH
Mehrgängiges Rechtsgewinde	Hinter dem Kurzzeichen und dem Gewindedurch-messer folgt die Steigung P_h und die Teilung P.	M 16 x P_h 3 P 1,5 oder M 16 x P_h 3 P 1,5 (zweigängig)
Mehrgängiges Linksgewinde	Hinter die Gewindebezeichnung des mehrgängigen Gewindes wird „LH" gesetzt.[1]	M 14 x P_h 6 P 2-LH oder M 14 x P_h 6 P 2 (dreigängig)-LH

[1] Bei Teilen, die mit Rechts- und Linksgewinde versehen sind, ist hinter die Gewindebezeichnung des Rechtsgewin-des das Kurzzeichen „RH" (RH = Right-Hand) und hinter das Linksgewinde „LH" (LH = Left-Hand) zu setzen. Die Gangzahl bei mehrgängigen Gewinden ergibt sich aus der Beziehung **Gangzahl = Steigung P_h : Teilung P**.

M

Gewinde nach ausländischen Normen (Auswahl)[1]

Gewindebenennung	Gewindeprofil	Kurz-zeichen	Bezeichnungs-beispiel	Bedeutung	Land[2]
Einheitsgewinde, grob (Unified National Coarse Thread)		UNC	$1/4 - 20$ UNC – 2A	ISO-UNC-Gewinde mit $1/4$ inch Nenn-durchmesser, 20 Gewinde-gänge/inch, Passungsklasse 2A	ARG, AUS, GBR, IND, JPN, NOR, PAK, SWE u. a.
Einheits-Feingewinde (Unified National Fine Thread)	Innengewinde	UNF	$1/4 - 28$ UNF – 3A	ISO-UNF-Gewinde mit $1/4$ inch Nenn-durchmesser, 28 Gewinde-gänge/inch, Passungsklasse 3A	ARG, AUS, GBR, IND, JPN, NOR, PAK, SWE, u. a.
Einheitsgewinde, extra fein (Unified Extra-fine Thread)	60° 60° Außengewinde P	UNEF	$1/4 - 32$ UNEF – 3A	ISO-UNEF-Gewinde mit $1/4$ inch Nenn-durchmesser, 32 Gewinde-gänge/inch, Passungsklasse 3A	AUS, GBR, IND, NOR, PAK, SWE u. a.
Einheits-Sonderge-winde, besondere Durchmesser/ Steigungskombi-nationen (Unified Special Thread)		UNS	$1/4 - 27$ UNS	UNS-Gewinde mit $1/4$ inch Nenn-durchmesser, 27 Gewinde-gänge/inch	AUS, GBR, NZL, USA
Zylindrisches Rohr-gewinde für mecha-nische Verbindungen (Straight Pipe Threads for Mechanical joints)	zylindrisches Innengewinde P 60° zylindrisches Außengewinde	NPSM	$1/2 - 14$ NPSM	NPSM-Gewinde mit $1/2$ inch Nenn-durchmesser, 14 Gewinde-gänge/inch	USA
Amerikanisches Standard-Rohr-gewinde, kegelig (American National Standard Taper-Pipe Thread) nicht dichtend	kegeliges Innengewinde 1:16	NPT	$3/8 - 18$ NPT	NPT-Gewinde mit $3/8$ inch Nenn-durchmesser, 18 Gewinde-gänge/inch	BRA, FRA, USA u. a.
Amerikanisches kegeliges Fein-Rohrgewinde (American Standard Taper Pipe Thread, Fuel)	60° P kegeliges Außengewinde	NPTF	$1/2 - 14$ NPTF (dryseal)	NPTF-Gewinde mit $1/2$ inch Nenn-durchmesser, 14 Gewinde-gänge/inch (trocken dichtend)	BRA, USA
Amerikanisches Trapezgewinde $h = 0,5 \cdot P$	Innengewinde P 29°	Acme	$1^3/4 - 4$ Acme – 2G	Acme-Gewinde mit $1^3/4$ inch Nenn-durchmesser, 4 Gewinde-gänge/inch, Passungsklasse 2G	AUS, GBR, NZL, USA
Amerikanisches abgeflachtes Trapezgewinde $h = 0,3 \cdot P$	Außengewinde	Stub-Acme	$1/2 - 20$ Stub-Acme	Stub-Acme-Ge-winde mit $1/2$ inch Nenndurchmesser, 20 Gewinde-gänge/inch	USA

[1] vgl. Kaufmann, Manfred: „Wegweiser zu den Gewindenormen verschiedener Länder", DIN, 2000
[2] Drei-Buchstaben-Codes für Länder, vgl. DIN EN ISO 3166-1 (1998-04)

M

Metrische Gewinde und Feingewinde

Metrisches ISO-Gewinde für allgemeine Anwendung, Nennprofile   vgl. DIN 13-19 (1999-11)

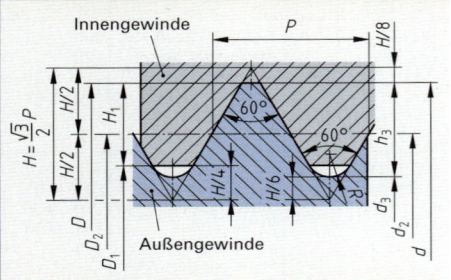

Gewinde-Nenndurchmesser	$d = D$
Steigung	P
Gewindetiefe des Außengewindes	$h_3 = 0{,}6134 \cdot P$
Gewindetiefe des Innengewindes	$H_1 = 0{,}5413 \cdot P$
Rundung	$R = 0{,}1443 \cdot P$
Flanken-∅	$d_2 = D_2 = d - 0{,}6495 \cdot P$
Kern-∅ des Außengewindes	$d_3 = d - 1{,}2269 \cdot P$
Kern-∅ des Innengewindes	$D_1 = d - 1{,}0825 \cdot P$
Kernlochbohrer-∅	$= d - P$
Flankenwinkel	$60°$
Spannungsquerschnitt	$S = \dfrac{\pi}{4} \cdot \left(\dfrac{d_2 + d_3}{2} \right)^2$

Nennmaße für Regelgewinde Reihe 1[1] (Maße in mm)   vgl. DIN 13-1 (1999-11)

Gewinde-bezeich-nung	Stei-gung	Flan-ken-∅	Kern-∅ Außen-gewinde	Kern-∅ Innen-gewinde	Gewindetiefe Außen-gewinde	Gewindetiefe Innen-gewinde	Run-dung	Span-nungs-quer-schnitt S	Bohrer-∅ für Gewinde-kern-loch[2]	Sechs-kant-schlüs-sel-weite[3]
$d = D$	P	$d_2 = D_2$	d_3	D_1	h_3	H_1	R	mm²		
M 1	0,25	0,84	0,69	0,73	0,15	0,14	0,04	0,46	0,75	–
M 1,2	0,25	1,04	0,89	0,93	0,15	0,14	0,04	0,73	0,95	–
M 1,6	0,35	1,38	1,17	1,22	0,22	0,19	0,05	1,27	1,25	3,2
M 2	0,4	1,74	1,51	1,57	0,25	0,22	0,06	2,07	1,6	4
M 2,5	0,45	2,21	1,95	2,01	0,28	0,24	0,07	3,39	2,05	5
M 3	0,5	2,68	2,39	2,46	0,31	0,27	0,07	5,03	2,5	5,5
M 4	0,7	3,55	3,14	3,24	0,43	0,38	0,10	8,78	3,3	7
M 5	0,8	4,48	4,02	4,13	0,49	0,43	0,12	14,2	4,2	8
M 6	1	5,35	4,77	4,92	0,61	0,54	0,14	20,1	5,0	10
M 8	1,25	7,19	6,47	6,65	0,77	0,68	0,18	36,6	6,8	13
M 10	1,5	9,03	8,16	8,38	0,92	0,81	0,22	58,0	8,5	16
M 12	1,75	10,86	9,85	10,11	1,07	0,95	0,25	84,3	10,2	18
M 16	2	14,70	13,55	13,84	1,23	1,08	0,29	157	14	24
M 20	2,5	18,38	16,93	17,29	1,53	1,35	0,36	245	17,5	30
M 24	3	22,05	20,32	20,75	1,84	1,62	0,43	353	21	36
M 30	3,5	27,73	25,71	26,21	2,15	1,89	0,51	561	26,5	46
M 36	4	33,40	31,09	31,67	2,45	2,17	0,58	817	32	55
M 42	4,5	39,08	36,48	37,13	2,76	2,44	0,65	1121	37,5	65
M 48	5	44,75	41,87	42,59	3,07	2,71	0,72	1473	43	75
M 56	5,5	52,43	49,25	50,05	3,37	2,98	0,79	2030	50,5	85
M 64	6	60,10	56,64	57,51	3,68	3,25	0,87	2676	58	95

Nennmaße für Feingewinde (Maße in mm)   vgl. DIN 13-2…10 (1999-11)

Gewinde-bezeichnung	Flan-ken-∅	Kern-∅ Außeng.	Kern-∅ Inneng.	Gewinde-bezeichnung	Flan-ken-∅	Kern-∅ Außeng.	Kern-∅ Inneng.	Gewinde-bezeichnung	Flan-ken-∅	Kern-∅ Außeng.	Kern-∅ Inneng.
$d \times P$	$d_2 = D_2$	d_3	D_1	$d \times P$	$d_2 = D_2$	d_3	D_1	$d \times P$	$d_2 = D_2$	d_3	D_1
M 2 × 0,25	1,84	1,69	1,73	M 10 × 0,25	9,84	9,69	9,73	M 24 × 2	22,70	21,55	21,84
M 3 × 0,25	2,84	2,69	2,73	M 10 × 0,5	9,68	9,39	9,46	M 30 × 1,5	29,03	28,16	28,38
M 4 × 0,2	3,87	3,76	3,78	M 10 × 1	9,35	8,77	8,92	M 30 × 2	28,70	27,55	27,84
M 4 × 0,35	3,77	3,57	3,62	M 12 × 0,35	11,77	11,57	11,62	M 36 × 1,5	35,03	34,16	34,38
M 5 × 0,25	4,84	4,69	4,73	M 12 × 0,5	11,68	11,39	11,46	M 36 × 2	34,70	33,55	33,84
M 5 × 0,5	4,68	4,39	4,46	M 12 × 1	11,35	10,77	10,92	M 42 × 1,5	41,03	40,16	40,38
M 6 × 0,25	5,84	5,69	5,73	M 16 × 0,5	15,68	15,39	15,46	M 42 × 2	40,70	39,55	39,84
M 6 × 0,5	5,68	5,39	5,46	M 16 × 1	15,35	14,77	14,92	M 48 × 1,5	47,03	46,16	46,38
M 6 × 0,75	5,51	5,08	5,19	M 16 × 1,5	15,03	14,16	14,38	M 48 × 2	46,70	45,55	45,84
M 8 × 0,25	7,84	7,69	7,73	M 20 × 1	19,35	18,77	18,92	M 56 × 1,5	55,03	54,16	54,38
M 8 × 0,5	7,68	7,39	7,46	M 20 × 1,5	19,03	18,16	18,38	M 56 × 2	54,70	53,55	53,84
M 8 × 1	7,35	6,77	6,92	M 24 × 1,5	23,03	22,16	22,38	M 64 × 2	62,70	61,55	61,84

[1] Reihe 2 und Reihe 3 enthalten auch Zwischengrößen (z. B. M7, M9, M 14).
[2] vgl. DIN 336 (2003-07)   [3] vgl. DIN ISO 272 (1979-10)

M

Metrisches Kegelgewinde

Metrisches kegeliges Außengewinde mit zugehörigem zylindrischen Innengewinde (Regelausführung)[1] vgl. DIN 158-1 (1997-06)

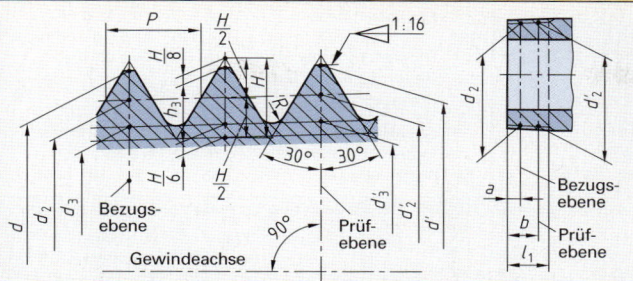

Gewindemaße des Außengewindes

Flanken-$\varnothing$	$d_2 = d - 0{,}650 \cdot P$
Kern-$\varnothing$	$d_3 = d - 1{,}23 \cdot P$
Höhe	$H_1 = 0{,}866 \cdot P$
Gewindetiefe	$h_3 = 0{,}613 \cdot P$
Radius	$R = 0{,}144 \cdot P$

	Gewindemaße		Maße in der Bezugsebene				Maße in der Prüfebene			
Gewinde-bezeichnung $d \times P$	Gewinde-länge l_1	Gewinde-tiefe h_3 max.	Ab-stand a	$d = D$[2]	$d_2 = D_2$[3]	d_3	Ab-stand b	d'	d'_2	d'_3
M 5 keg	5	0,52	2	5	4,48	4,02	2,8	5,05	4,5	4,07
M 6 keg				6	5,35	4,77		6,06	5,4	4,84
M 8 × 1 keg				8	7,35	6,77		8,06	7,4	6,84
M 10 × 1 keg	5,5	0,66	2,5	10	9,35	8,77	3,5	10,06	9,4	8,84
M 12 × 1 keg				12	11,35	10,77		12,06	11,4	10,84
M 10 × 1,25 keg	7	0,82	3	10	9,19	8,47	5	10,13	9,3	8,59
M 12 × 1,25 keg				12	11,19	10,47		12,13	11,3	10,59
M 12 × 1,5 keg				12	11,03	10,16		12,19	11,2	10,35
M 14 × 1,5 keg				14	13,03	12,16		14,19	13,2	12,35
M 16 × 1,5 keg				16	15,03	14,16		16,19	15,2	14,35
M 18 × 1,5 keg	8,5	0,98	3,5	18	17,03	16,16	6,5	18,19	17,2	16,35
M 20 × 1,5 keg				20	19,03	18,16		20,19	19,2	18,35
M 22 × 1,5 keg				22	21,03	20,16		22,19	21,2	20,35
M 24 × 1,5 keg				24	23,03	22,16		24,19	23,2	22,35
M 26 × 1,5 keg				26	25,03	24,16		26,19	25,2	24,35
M 30 × 1,5 keg				30	29,03	28,16		30,19	29,2	28,35
M 36 × 1,5 keg				36	35,03	34,16		36,22	35,2	34,38
M 38 × 1,5 keg				38	37,03	36,16		38,22	37,2	36,38
M 42 × 1,5 keg	10,5	1,01	4,5	42	41,03	40,16	8	42,22	41,2	40,38
M 45 × 1,5 keg				45	44,03	43,16		45,22	44,2	43,38
M 48 × 1,5 keg				48	47,03	46,16		48,22	47,2	46,38
M 52 × 1,5 keg				52	51,03	50,16		52,22	51,2	50,38
M 27 × 2 keg				27	25,70	24,55		27,25	25,9	24,80
M 30 × 2 keg	12	1,32	5	30	28,70	27,55	9	30,25	28,9	27,80
M 33 × 2 keg				33	31,70	30,55		33,25	31,9	30,80
M 36 × 2 keg				36	34,70	33,55		36,25	34,9	33,80
M 39 × 2 keg				39	37,70	36,55		39,25	37,9	36,80
M 42 × 2 keg				42	40,70	39,55		42,25	40,9	39,80
M 45 × 2 keg	13	1,34	6	45	43,70	42,55	10	45,25	43,9	42,80
M 48 × 2 keg				48	46,70	45,55		48,25	46,9	45,80
M 52 × 2 keg				52	50,70	49,55		52,25	50,9	49,80
M 56 × 2 keg				56	54,70	53,55		56,25	54,9	53,80
M 60 × 2 keg				60	58,70	57,55		60,25	58,9	57,80

⇒ **Gewinde DIN 158 – M 30 x 2 keg:** Metrisches kegeliges Außengewinde, $d = 30$ mm, $P = 2$ mm, Regelausführung

[1] Für selbstdichtende Verbindungen (z.B. Verschlussschrauben, Schmiernippel). Bei größeren Nenndurchmessern wird ein im Gewinde wirkendes Dichtmittel empfohlen.

[2] D Außendurchmesser des Innengewindes   [3] D_2 Flankendurchmesser des Innengewindes

M

Whitworth-Gewinde, Rohrgewinde

Whitworth-Gewinde　　　　　　　　　　　　　　　　　　　　(nicht genormt)

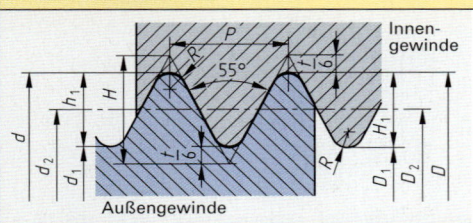

Außendurchmesser	$d = D$
Kerndurchmesser	$d_1 = D_1 = d - 1,28 \cdot P$
	$= d - 2 \cdot t_1$
Flankendurchmesser	$d_2 = D_2 = d - 0,640 \cdot P$
Gangzahl je inch (Zoll)	Z
Steigung	$P = \dfrac{25,4 \text{ mm}}{Z}$
Gewindetiefe	$h_1 = H_1 = 0,640 \cdot P$
Radius	$R = 0,137 \cdot P$
Flankenwinkel	$55°$

Gewinde-bezeichnung d	Maße in mm für Außen- und Innengewinde						Gewinde-bezeichnung d	Maße in mm für Außen- und Innengewinde					
	Außen-∅ $d = D$	Kern-∅ $d_1 = D_1$	Flan-ken-∅ $d_2 = D_2$	Gang-zahl je inch Z	Gewin-detiefe $h_1 = H_1$	Kern-quer-schnitt mm²		Außen-∅ $d = D$	Kern-∅ $d_1 = D_1$	Flan-ken-∅ $d_2 = D_2$	Gang-zahl je inch Z	Gewin-detiefe $h_1 = H_1$	Kern-quer-schnitt mm²
$\frac{1}{4}"$	6,35	4,72	5,54	20	0,81	17,5	$1\frac{1}{4}"$	31,75	27,10	29,43	7	2,32	577
$\frac{5}{16}"$	7,94	6,13	7,03	18	0,90	29,5	$1\frac{1}{2}"$	38,10	32,68	35,39	6	2,71	839
$\frac{3}{8}"$	9,53	7,49	8,51	16	1,02	44,1	$1\frac{3}{4}"$	44,45	37,95	41,20	5	3,25	1 131
$\frac{1}{2}"$	12,70	9,99	11,35	12	1,36	78,4	$2"$	50,80	43,57	47,19	4,5	3,61	1 491
$\frac{5}{8}"$	15,88	12,92	14,40	11	1,48	131	$2\frac{1}{4}"$	57,15	49,02	53,09	4	4,07	1 886
$\frac{3}{4}"$	19,05	15,80	17,42	10	1,63	196	$2\frac{1}{2}"$	63,50	55,37	59,44	4	4,07	2 408
$\frac{7}{8}"$	22,23	18,61	20,42	9	1,81	272	$3"$	76,20	66,91	72,56	3,5	4,65	3 516
$1"$	25,40	21,34	23,37	8	2,03	358	$3\frac{1}{2}"$	88,90	78,89	83,89	3,25	5,00	4 888

Rohrgewinde　　　　　　　　　　　　vgl. DIN ISO 228-1 (2003-05), DIN EN 10226-1 (2004-10)

Rohrgewinde DIN ISO 228-1
für nicht im Gewinde dichtende Verbindungen;
Innen- und Außengewinde zylindrisch

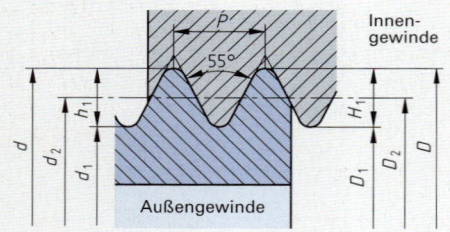

Whitworth-Rohrgewinde DIN EN 10226-1
im Gewinde dichtend;
Innengewinde zylindrisch, Außengewinde kegelig

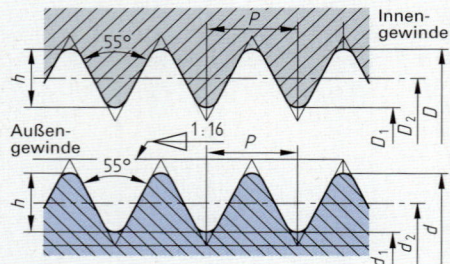

vgl. amerikanisches kegeliges Standard-Rohrgewinde NPT: Seite 203

Gewindebezeichnung			Außen-durch-messer $d = D$	Flanken-durch-messer $d_2 = D_2$	Kern-durch-messer $d_1 = D_1$	Stei-gung P	Anzahl der Teilungen auf 25,4 mm Z	Profil-höhe $h = h_1 = H_1$	Nutzbare Länge des Außen-gewindes $\geq$
DIN ISO 228-1 Außen- und Innengewinde	DIN EN 10226-1 Außen-gewinde	DIN EN 10226-1 Innen-gewinde							
$G\frac{1}{16}$	$R\frac{1}{16}$	$Rp\frac{1}{16}$	7,72	7,14	6,56	0,91	28	0,58	6,5
$G\frac{1}{8}$	$R\frac{1}{8}$	$Rp\frac{1}{8}$	9,73	9,15	8,57	0,91	28	0,58	6,5
$G\frac{1}{4}$	$R\frac{1}{4}$	$Rp\frac{1}{4}$	13,16	12,30	11,45	1,34	19	0,86	9,7
$G\frac{3}{8}$	$R\frac{3}{8}$	$Rp\frac{3}{8}$	16,66	15,81	14,95	1,34	19	0,86	10,1
$G\frac{1}{2}$	$R\frac{1}{2}$	$Rp\frac{1}{2}$	20,96	19,79	18,63	1,81	14	1,16	13,2
$G\frac{3}{4}$	$R\frac{3}{4}$	$Rp\frac{3}{4}$	26,44	25,28	24,12	1,81	14	1,16	14,5
$G1$	$R1$	$Rp1$	33,25	31,77	30,29	2,31	11	1,48	16,8
$G1\frac{1}{4}$	$R1\frac{1}{4}$	$Rp1\frac{1}{4}$	41,91	40,43	38,95	2,31	11	1,48	19,1
$G1\frac{1}{2}$	$R1\frac{1}{2}$	$Rp1\frac{1}{2}$	47,80	46,32	44,85	2,31	11	1,48	19,1
$G2$	$R2$	$Rp2$	59,61	58,14	56,66	2,31	11	1,48	23,4
$G2\frac{1}{2}$	$R2\frac{1}{2}$	$Rp2\frac{1}{2}$	75,18	73,71	72,23	2,31	11	1,48	26,7
$G3$	$R3$	$Rp3$	87,88	86,41	84,93	2,31	11	1,48	29,8
$G4$	$R4$	$Rp4$	113,03	111,55	110,07	2,31	11	1,48	35,8
$G5$	$R5$	$Rp5$	138,43	136,95	135,37	2,31	11	1,48	40,1
$G6$	$R6$	$Rp6$	163,83	162,35	160,87	2,31	11	1,48	40,1

M

Trapez- und Sägengewinde

Metrisches ISO-Trapezgewinde

vgl. DIN 103-1 (1977-04)

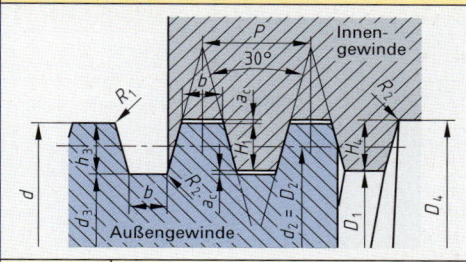

Nenndurchmesser	d	
Steigung eingäng. Gewinde u. Teilung mehrgäng. Gewinde	P	
Steigung mehrgäng. Gewinde	P_h	
Gangzahl	n	$= P_h : P$
Kern-$\varnothing$ Außengewinde	d_3	$= d - (P + 2 \cdot a_c)$
Außen-$\varnothing$ Innengewinde	D_4	$= d + 2 \cdot a_c$
Kern-$\varnothing$ Innengewinde	D_1	$= d - P$
Flanken-$\varnothing$	$d_2 = D_2$	$= d - 0,5 \cdot P$
Gewindetiefe	$h_3 = H_4$	$= 0,5 \cdot P + a_c$
Flankenüberdeckung	H_1	$= 0,5 \cdot P$
Spitzenspiel	a_c	
Radius	R_1 und R_2	
Breite	$b = 0,366 \cdot P - 0,54 \cdot a_c$	
Flankenwinkel	$30°$	

Maß	für Steigungen P in mm			
	1,5	2…5	6…12	14…44
a_c	0,15	0.25	0,5	1
R_1	0,075	0,125	0,25	0,5
R_2	0,15	0,25	0,5	1

Gewindebezeichnung $d \times P$	Flanken-$\varnothing$ $d_2 = D_2$	Kern-$\varnothing$ Außeng. d_3	Kern-$\varnothing$ Inneng. D_1	Außen-$\varnothing$ D_4	Gewindetiefe $h_3 = H_4$	Breite b	Gewindebezeichnung $d \times P$	Flanken-$\varnothing$ $d_2 = D_2$	Kern-$\varnothing$ Außeng. d_3	Kern-$\varnothing$ Inneng. D_1	Außen-$\varnothing$ D_4	Gewindetiefe $h_3 = H_4$	Breite b
Tr 10 × 2	9	7,5	8	10,5	1,25	0,60	Tr 40 × 7	36,5	32	33	41	4	2,29
Tr 12 × 3	10,5	8,5	9	12,5	1,75	0,96	Tr 44 × 7	40,5	36	37	45	4	2,29
Tr 16 × 4	14	11,5	12	16,5	2,25	1,33	Tr 48 × 8	44	39	40	49	4,5	2,66
Tr 20 × 4	18	15,5	16	20,5	2,25	1,33	Tr 52 × 8	48	43	44	53	4,5	2,66
Tr 24 × 5	21,5	18,5	19	24,5	2,75	1,70	Tr 60 × 9	55,5	50	51	61	5	3,02
Tr 28 × 5	25,5	22,5	23	28,5	2,75	1,70	Tr 70 × 10	65	59	60	71	5,5	3,39
Tr 32 × 6	29	25	26	33	3,5	1,93	Tr 80 × 10	75	69	70	81	5,5	3,39
Tr 36 × 3	34,5	32,5	33	36,5	2,0	0,83	Tr 90 × 12	84	77	78	91	6,5	4,12
Tr 36 × 6	33	29	30	37	3,5	1,93	Tr 100 × 12	94	87	88	101	6,5	4,12
Tr 36 × 10	31	25	26	37	5,5	3,39	Tr 140 × 14	133	124	126	142	8	4,58

Metrisches Sägengewinde

vgl. DIN 513 (1985-04)

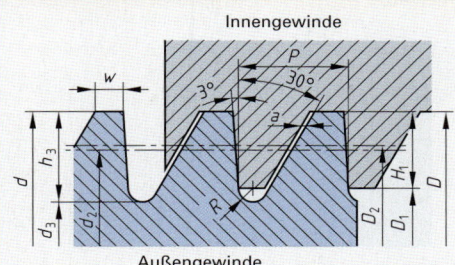

Nennmaß des Gewindes	$d = D$	
Steigung	P	
Kern-$\varnothing$ Außengewinde	$d_3 = d - 1,736 \cdot P$	
Kern-$\varnothing$ Innengewinde	$D_1 = d - 1,5 \cdot P$	
Flanken-$\varnothing$ Außengewinde	$d_2 = d - 0,75 \cdot P$	
Flanken-$\varnothing$ Innengewinde	$D_2 = d - 0,75 \cdot P + 3,176 \cdot a$	
Axialspiel	$a = 0,1 \cdot \sqrt{P}$	
Gewindetiefe Außengewinde	$h_3 = 0,8678 \cdot P$	
Gewindetiefe Innengewinde	$H_1 = 0,75 \cdot P$	
Radius	$R = 0,124 \cdot P$	
Profilbreite am Außen-$\varnothing$	$w = 0,264 \cdot P$	
Flankenwinkel	$33°$	

Gewindebezeichnung $d \times P$	Außengewinde Kern-$\varnothing$ d_3	Außengewinde Gewindetiefe h_3	Innengewinde Kern-$\varnothing$ D_1	Innengewinde Gewindetiefe H_1	Flanken-$\varnothing$ d_2	Gewindebezeichnung $d \times P$	Außengewinde Kern-$\varnothing$ d_3	Außengewinde Gewindetiefe h_3	Innengewinde Kern-$\varnothing$ D_1	Innengewinde Gewindetiefe H_1	Flanken-$\varnothing$ d_2
S 12 × 3	6,79	2,60	7,5	2,25	9,75	S 44 × 7	31,85	6,07	33,5	5,25	38,75
S 16 × 4	9,06	3,47	10,0	3,00	13,00	S 48 × 8	34,12	6,94	36	6,00	42,00
S 20 × 4	13,06	3,47	14,0	3,00	17,00	S 52 × 8	38,11	6,94	40	6,00	46,00
S 24 × 5	15,32	4,34	16,5	3,75	20,25	S 60 × 9	44,38	7,81	46,5	6,75	53,25
S 28 × 5	19,32	4,34	20,5	3,75	24,25	S 70 × 10	52,64	8,68	55	7,50	62,50
S 32 × 6	21,58	5,21	23,0	4,50	27,50	S 80 × 10	62,64	8,68	65	7,50	72,50
S 36 × 6	25,59	5,21	27,0	4,50	31,50	S 90 × 12	69,17	10,41	72	9,00	81,00
S 40 × 7	27,85	6,07	29,5	5,25	34,75	S 100 × 12	79,17	10,41	82	9,00	91,00

M

Gewindetoleranzen

Toleranzklassen für Metrische ISO-Gewinde   vgl. DIN ISO 965-1 (1999-11)

Gewindetoleranzen sollen die Funktion und Austauschbarkeit von Innen- und Außengewinden gewährleisten. Sie hängen von den in dieser Norm festgelegten Durchmessertoleranzen sowie von der Genauigkeit der Steigung und des Flankenwinkels ab.

Die Toleranzklasse (fein, mittel und grob) ist auch vom **Oberflächenzustand** der Gewinde abhängig. Dicke galvanische Schutzschichten erfordern mehr Spiel (z.B. Toleranzklasse 6G) als blanke oder phosphatierte Oberflächen (Toleranzklasse 5H).

Gewindetoleranz	Innengewinde	Außengewinde
Gültig für	Flanken- und Kerndurchmesser	Flanken- und Außendurchmesser
Kennzeichnung durch	Großbuchstaben	Kleinbuchstaben
Toleranzklasse (Beispiel)	5H	6g
Toleranzgrad (Größe der Toleranz)	5	6
Toleranzfeld (Lage der Nulllinie)	H	g

Bezeichnungsbeispiele	Erläuterungen
M12 × 1 – 5g 6g	Außen-Feingewinde, Nenn-∅ 12 mm, Steigung 1 mm; 5g → Toleranzklasse für Flanken-∅; 6g → Toleranzklasse für Außen-∅
M12 – 6g	Außen-Regelgewinde, Nenn-∅ 12 mm; 6g → Toleranzklasse für Flanken- und Außen-∅
M24 – 6G/6e	Gewindepassung für Regelgewinde, Nenn-∅ 24 mm, 6G → Toleranzklasse des Innengewindes, 6e → Toleranzklasse des Außengewindes
M16	Gewinde ohne Toleranzangabe, es gilt die Toleranzklasse mittel 6H/6g

In DIN ISO 965-1 werden für die Toleranzklasse „mittel" (allgemeine Anwendung) und die Einschraublänge „normal" des Gewindes die Toleranzklassen 6H/6g angegeben, vgl. Tabelle unten.

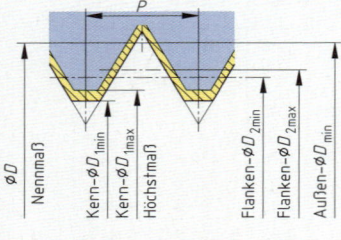

Innengewinde, Toleranzfeldlage H

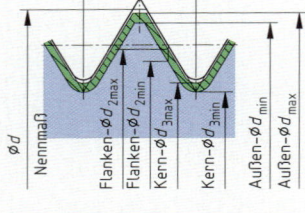

Außengewinde, Toleranzfeldlage g

Grenzmaße für Außen- und Innengewinde (Auswahl)   vgl. DIN ISO 965-2 (1999-11)

Gewinde	Außen-∅ D min.	Innengewinde – Toleranzklasse 6H				Außengewinde – Toleranzklasse 6g					
		Flanken-∅ D_2		Kern-∅ D_1		Außen-∅ d	Flanken-∅ d_2		Kern-∅[1] d_3	
		min.	max.	min.	max.	max.	min.	max.	min.	max.	min.
M3	3,0	2,675	2,775	2,459	2,599	2,980	2,874	2,655	2,580	2,367	2,273
M4	4,0	3,545	3,663	3,242	3,422	3,978	3,838	3,523	3,433	3,119	2,002
M5	5,0	4,480	4,605	4,134	4,334	4,976	4,826	4,456	4,361	3,995	3,869
M6	6,0	5,350	5,500	4,917	5,135	5,974	5,794	5,324	5,212	4,747	4,596
M8	8,0	7,188	7,348	6,647	6,912	7,972	7,760	7,160	7,042	6,438	6,272
M8 × 1	8,0	7,350	7,500	6,917	7,153	7,974	7,794	7,324	7,212	6,747	6,563
M10	10,0	9,026	9,206	8,376	8,676	9,968	9,732	8,994	8,862	8,128	7,838
M10 × 1	10,0	9,350	9,500	8,917	9,153	9,974	9,794	9,324	9,212	8,747	8,596
M12	12,0	10,863	11,063	10,106	10,441	11,966	11,701	10,829	10,679	9,819	9,602
M12 × 1	12,0	11,350	11,510	10,917	11,153	11,974	11,794	11,324	11,206	10,747	10,590
M16	16,0	14,701	14,913	13,835	14,210	15,962	15,682	14,663	14,503	13,508	13,204
M16 × 1	16,0	15,350	15,510	14,917	15,153	15,974	15,794	15,324	15,206	14,747	14,590
M20	20,0	18,376	18,600	17,294	17,744	19,958	19,623	18,334	18,164	16,891	16,625
M20 × 1	20,0	19,350	19,510	18,917	19,153	19,974	19,794	19,324	19,206	18,747	18,590
M24	24,0	22,051	22,316	20,752	21,252	23,952	23,577	22,003	21,803	20,271	19,955
M24 × 1	24,0	23,350	23,520	22,917	23,153	23,974	23,794	23,324	23,199	22,747	22,583
M30	30,0	27,727	28,007	26,211	26,771	29,947	29,522	27,674	27,462	25,653	25,306
M30 × 2	30,0	28,701	28,925	27,835	28,210	29,962	29,682	28,663	28,493	27,508	27,261
M36	36,0	33,402	33,702	31,670	32,270	35,940	35,465	33,342	33,118	31,033	30,655
M36 × 2	36,0	34,701	34,925	33,835	34,210	35,962	35,682	34,663	34,493	33,508	33,261

[1] vgl. DIN 13-20 (2000-08) und DIN 13-21 (1983-10)

M

Schrauben – Übersicht

Bild	Ausführung	Normbereich von…bis	Norm	Verwendung, Eigenschaften
Sechskantschrauben				Seite 212…214
	mit Schaft und Regelgewinde	M1,6 … M64	DIN EN ISO 4014	am häufigsten verwendete Schrauben im Maschinen-, Geräte- und Fahrzeugbau;
	mit Regelgewinde bis zum Kopf	M1,6 … M64	DIN EN ISO 4017	**bei Gewinde bis zum Kopf:** höhere Dauerfestigkeit
	mit Schaft und Feingewinde	M8x1 … M64x4	DIN EN ISO 8765	**im Vergleich zu Regelgewinde:** kleinere Gewindetiefe, kleinere Steigung, höher belastbar, größere Mindesteinschraubtiefen l_e
	mit Feingewinde bis zum Kopf	M8x1 … M64x4	DIN EN ISO 8676	
	mit Dünnschaft	M3 … M20	DIN EN ISO 24015	Dehnschrauben; für dynamische Belastungen, bei fachgerechter Montage keine Sicherung erforderlich
	Passschraube	M8 … M48	DIN 609	Lagefixierung von Bauteilen gegen Verschiebung, Passschaft überträgt Querkräfte
Sechskantschrauben für Stahlkonstruktionen				Seite 214
	mit großer Schlüsselweite	M12 … M36	DIN 6914	Stahlbau; gleitfeste Verbindungen (GV), Scher-/Lochleibungs-Verbindungen (SL)
	Passschraube mit großer Schlüsselweite	M12 … M30	DIN 7999	Stahlbau; gleitfeste Verbindungen (GVP), Scher-/Lochleibungs-Verbindungen (SLP)
Zylinderschrauben				Seite 215, 216
	mit Innensechskant, Regelgewinde	M1,6 … M64	DIN EN ISO 4762	Maschinen-, Geräte- und Fahrzeugbau; kleiner Raumbedarf, Kopf versenkbar
	mit Innensechskant, Feingewinde	M8x1 … M64x4	DIN EN ISO 21269	**bei niedrigem Kopf:** kleinere Bauhöhe, geringe Belastung
	mit Innensechskant und niedrigem Kopf	M3 … M24	DIN 7984	**Schrauben mit Schlitz:** Kleinschrauben, geringe Belastungen
	mit Schlitz	M1,6 … M10	DIN EN ISO 1207	**Feingewinde:** kleinere Gewindetiefe, höher belastbar, größere Mindesteinschraubtiefen l_e
Senkschrauben				Seite 216, 217
	mit Schlitz	M1,6 … M10	DIN EN ISO 2009	vielseitige Anwendung im Maschinen-, Geräte- und Fahrzeugbau;
	mit Innensechskant	M3 … M20	DIN EN ISO 10642	**bei Schrauben mit Innensechskant:** höhere Belastbarkeit
	mit Linsensenkkopf und Schlitz	M1,6 … M10	DIN EN ISO 2010	**bei Schrauben mit Kreuzschlitz:** sichereres Anziehen und Lösen gegenüber Schrauben mit Schlitz
	mit Linsensenkkopf und Kreuzschlitz	M1,6 … M10	DIN EN ISO 7047	
Blechschrauben mit Blechschraubengewinde				Seite 217, 218
	Linsenkopfschraube	ST2,2 … ST9,5	DIN ISO 7049	Karosserie- und Blechbau. Die zu verbindenden Bleche weisen Kernlöcher auf. Das Gewinde wird durch die Schraube geformt. Nur bei dünnen Blechen ist eine Sicherung notwendig.
	Senkschraube	ST2,2 … ST6,3	DIN ISO 7050	
	Linsensenkschraube	ST2,2 … ST9,9	DIN ISO 7051	

M

Schrauben – Übersicht, Bezeichnung von Schrauben

Bild	Ausführung	Normbereich von … bis	Norm	Verwendung, Eigenschaften
Bohrschrauben mit Blechschraubengewinde				
	Flachkopf mit Kreuzschlitz	ST2,2 … ST6,3	DIN EN ISO 15481	Karosserie- und Blechbau; Bohrschrauben bohren beim Ein- schrauben das Kernloch und formen das Gewinde aus.
	Linsensenkkopf mit Kreuzschlitz	ST2,2 … ST6,3	DIN EN ISO 15483	
Stiftschrauben				Seite 219
$l_e \approx 2 \cdot d$ l_e	$l_e \approx 2 \cdot d$ $l_e \approx 1,25 \cdot d$ $l_e \approx 1 \cdot d$	M4 … M24 M4 … M48 M3 … M48	DIN 835 DIN 939 DIN 938	für Aluminiumlegierungen für Gusseisenwerkstoffe für Stahl
Gewindestifte				Seite 220
	mit Zapfen und Schlitz	M1,6 … M12	DIN EN 27435	auf Druck beanspruchbare Schrauben zur Lagesicherung von Bauteilen, z.B. Hebeln, Lager- buchsen, Naben;
	mit Zapfen und Innensechskant	M1,6 … M24	DIN EN ISO 4028	
	mit Spitze und Schlitz	M1,6 … M12	DIN EN 27434	Gewindestifte sind zur Leistungs- übertragung von Torsionsmomenten, z.B. als Verbindung von Welle und Nabe, nicht geeignet.
	mit Spitze und Innensechskant	M1,6 … M24	DIN EN ISO 4027	
	mit Kegelkuppe und Schlitz	M1,6 … M12	DIN EN 24766	
	mit Kegelkuppe und Innensechskant	M1,6 … M24	DIN EN ISO 4026	
Verschlussschrauben				Seite 219
	mit Bund und Innen- oder Außensechskant	M10x1 … M52x1,5	DIN 908 DIN 910	Getriebebau; Füll-, Überlauf- und Ent- leerschrauben für Getriebeöl; spanen- de Bearbeitung des Dichtflansches am Gehäuse erforderlich, Verwen- dung mit Dichtringen DIN 7603
Gewindefurchende Schrauben				Seite 218
	verschiedene Kopf- formen, z.B. Sechs- kant, Zylinderkopf	M2 … M10	DIN 7500-1	bei geringer Beanspruchung in spanlos formbaren Werkstoffen, z.B. S235, DC01…DC04, NE-Metallen; Verwendung ohne Schraubensiche- rung
Ringschrauben				Seite 219
	mit Regelgewinde	M8 … M100x6	DIN 580	Transportösen an Maschinen und Geräten; Belastung hängt vom Last- zugwinkel ab, spanende Bearbeitung der Auflagefläche des Flansches erforderlich

Bezeichnung von Schrauben
vgl. DIN 962 (2001-11)

Beispiele:

Sechskantschraube	ISO 4017	– M12 x 80	– A2-70	
Verschlussschraube	DIN 910	– M24 x 1,5	– St	
Zylinderschraube	ISO 4762	– M10 x 55	– 8.8	

Bezeichnung	Bezugsnorm, z.B. ISO, DIN, EN; Nummer des Normblattes[1]	Nenndaten, z.B. M → metrisches Gewinde 12 → Nenndurchmesser d 80 → Schaftlänge l	Festigkeitsklasse, z.B. 8.8, 10.9, A2-70,A4-70 Werkstoff, z.B. St Stahl, CuZn Kupfer-Zink-Legierung

[1] Schrauben, die nach ISO, DIN EN oder DIN EN ISO genormt sind, erhalten in der Bezeichnung das Kurzzeichen **ISO**. Schrauben, die nach DIN genormt sind, erhalten in der Bezeichnung das Kurzzeichen **DIN**.

M

Festigkeitsklassen, Produktklassen, Durchgangslöcher, Mindesteinschraubtiefen

Festigkeitsklassen von Schrauben
vgl. DIN EN ISO 898-1 (1999-11), DIN EN ISO 3506-1 (1998-03)

Beispiele:

unlegierte und legierte Stähle
DIN EN ISO 898-1

9 . 8

nichtrostende Stähle
DIN EN ISO 3506-1

A 2 – 70

Zugfestigkeit R_m	Streckgrenze R_e	Stahlgefüge	Stahlgruppe	Zugfestigkeit R_m
$R_m = \mathbf{9} \cdot 100$ N/mm² = 900 N/mm²	$R_e = \mathbf{9} \cdot \mathbf{8} \cdot 10$ N/mm² = 720 N/mm²	A austenitisch F ferritisch	2 legiert mit Cr, Ni 4 legiert mit Cr, Ni, Mo	$R_m = \mathbf{70} \cdot 10$ N/mm² = 700 N/mm²

Festigkeitsklassen und Werkstoffkennwerte

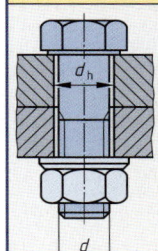

Werkstoffkennwerte	Festigkeitsklassen für Schrauben aus								
	unlegierten und legierten Stählen						nichtrostenden Stählen[1]		
	5.8	6.8	8.8	9.8	10.9	12.9	A2-50	A4-50	A2-70
Zugfestigkeit R_m in N/mm²	500	600	800	900	1000	1200	500	500	700
Streckgrenze R_e in N/mm²	400	480	640	720	900	1080	210	210	450
Bruchdehnung A in %	10	8	12	10	9	8	20	20	13

[1] Die Werkstoffkennwerte gelten für Gewinde ≤ M20.

Produktklassen für Schrauben und Muttern
vgl. DIN EN ISO 4759-1 (2001-04)

Produkt-klasse	Tole-ranzen	Erläuterung, Verwendung
A	fein	Die Maß-, Form- und Lagetoleranzen für Schrauben und Muttern mit ISO-Gewinden sind in den Toleranzklassen A, B, C festgelegt.
B	mittel	
C	groß	

Durchgangslöcher für Schrauben
vgl. DIN EN 20273 (1990-02)

Ge-winde d	Durchgangsloch d_h[1] Reihe			Ge-winde d	Durchgangsloch d_h[1] Reihe			Ge-winde d	Durchgangsloch d_h[1] Reihe		
	fein	mittel	grob		fein	mittel	grob		fein	mittel	grob
M1	1,1	1,2	1,3	M5	5,3	5,5	5,8	M24	25	26	28
M1,2	1,3	1,4	1,5	M6	6,4	6,6	7	M30	31	33	35
M1,6	1,7	1,8	2	M8	8,4	9	10	M36	37	39	42
M2	2,2	2,4	2,6	M10	10,5	11	12	M42	43	45	48
M2,5	2,7	2,9	3,1	M12	13	13,5	14,5	M48	50	52	56
M3	3,2	3,4	3,6	M16	17	17,5	18,5	M56	58	62	66
M4	4,3	4,5	4,8	M20	21	22	24	M64	66	70	74

[1] Toleranzklassen für d_h; Reihe fein: H12, Reihe mittel: H13, Reihe grob: H14

Mindesteinschraubtiefen in Grundlochgewinde

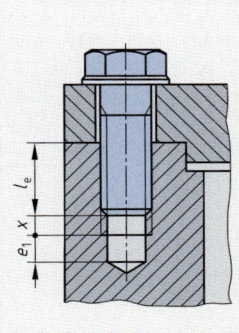

Anwendungsbereich		Mindesteinschraubtiefen l_e[1] für Regelgewinde und Festigkeitsklasse			
		3.6, 4.6	4.8…6.8	8.8	10.9
Bau-stahl	$R_m \leq 400$ N/mm²	$0,8 \cdot d$	$1,2 \cdot d$	–	–
	$R_m = 400…600$ N/mm²	$0,8 \cdot d$	$1,2 \cdot d$	$1,2 \cdot d$	–
	$R_m > 600…800$ N/mm²	$0,8 \cdot d$	$1,2 \cdot d$	$1,2 \cdot d$	$1,2 \cdot d$
	$R_m > 800$ N/mm²	$0,8 \cdot d$	$1,2 \cdot d$	$1,0 \cdot d$	$1,0 \cdot d$
Gusseisenwerkstoffe		$1,3 \cdot d$	$1,5 \cdot d$	$1,5 \cdot d$	–
Kupferlegierungen		$1,3 \cdot d$	$1,3 \cdot d$	–	–
Aluminium-Gusslegierungen		$1,6 \cdot d$	$2,2 \cdot d$	–	–
Al-Legierungen, ausgehärtet		$0,8 \cdot d$	$1,2 \cdot d$	$1,6 \cdot d$	–
Al-Legierungen, nicht ausgehärtet		$1,2 \cdot d$	$1,6 \cdot d$	–	–
Kunststoffe		$2,5 \cdot d$	–	–	–

$x \approx 3 \cdot P$ (Gewindesteigung)
e_1 nach DIN 76: Seite 89

[1] Einschraubtiefe für Feingewinde $l_e = 1,25 \cdot$ Einschraubtiefe für Regelgewinde

M

Sechskantschrauben

Sechskantschrauben mit Schaft und Regelgewinde · vgl. DIN EN ISO 4014 (2001-03)

Gültige Norm DIN EN ISO	Ersatz für DIN EN	DIN
4014	24014	931

1) für $l <$ 125 mm
2) für $l =$ 125…200 mm
3) für $l >$ 200 mm

d	M1,6	M2	M2,5	M3	M4	M5	M6	M8	M10
SW	3,2	4	5	5,5	7	8	10	13	16
k_{max}	1,1	1,4	1,7	2	2,8	3,5	4	5,3	6,4
d_w	2,3	3,1	4,1	4,6	5,9	6,9	8,9	11,6	14,6
e	3,4	4,3	5,5	6	7,7	8,8	11,1	14,4	17,8
b	9	10	11	12	14	16	18	22	26
l von	12	16	16	20	25	25	30	40	45
l bis	16	20	25	30	40	50	60	80	100
Festigkeits- klassen	5.6, 8.8, 9.8, 10.9, A2-70, A4-70								

d	M12	M16	M20	M24	M30	M36	M42	M48	M56
SW	18	24	30	36	46	55	65	75	85
k_{max}	7,5	10	12,5	15	18,7	22,5	26	30	35
d_w	16,6	22	27,7	33,3	42,8	51,1	60	69,5	78,7
e	20	26,2	33	39,6	50,9	60,8	71,3	82,6	93,6
$b^{1)}$	30	38	46	54	66	–	–	–	–
$b^{2)}$	–	44	52	60	72	84	96	108	–
$b^{3)}$	–	–	–	73	85	97	109	121	137
l von	50	65	80	90	110	140	160	180	220
l bis	120	160	200	240	300	360	440	500	500
Festigkeits- klassen	5.6, 8.8, 9.8, 10.9						nach Vereinbarung		
	A2-70, A4-70				A2-50, A4-50				

Produktklassen (Seite 211)

Gewinde d	l in mm	Klasse
≤ M12	alle	A
M16…M24	$l ≤$ 150	A
	$l ≥$ 160	B
≥ M30	alle	B

Nennlängen l: 12, 16, 20, 25, 30, 35…60, 65, 70, 80, 90…140, 150, 160, 180, 200…460, 480, 500 mm

⇒ **Sechskantschraube ISO 4014 – M10 x 60 – 8.8:**
d = M10, l = 60 mm, Festigkeitsklasse 8.8

Sechskantschrauben mit Regelgewinde bis zum Kopf · vgl. DIN EN ISO 4017 (2001-03)

Gültige Norm DIN EN ISO	Ersatz für DIN EN	DIN
4017	24017	933

d	M1,6	M2	M2,5	M3	M4	M5	M6	M8	M10
SW	3,2	4	5	5,5	7	8	10	13	16
k_{max}	1,1	1,4	1,7	2	2,8	3,5	4	5,3	6,4
d_w	2,3	3,1	4,1	4,6	5,9	6,9	8,9	11,6	14,6
e	3,4	4,3	5,5	6	7,7	8,8	11,1	14,4	17,8
l von	2	4	5	6	8	10	12	16	20
l bis	16	20	25	30	40	50	60	80	100
Festigkeits- klassen	5.6, 8.8, 9.8, 10.9, A2-70, A4-70								

d	M12	M16	M20	M24	M30	M36	M42	M48	M56
SW	18	24	30	36	46	55	65	75	85
k_{max}	7,5	10	12,5	15	18,7	22,5	26	30	35
d_w	16,6	22	27,7	33,3	42,8	51,1	60	69,5	78,7
e	20	26,2	33	39,6	50,9	60,8	71,3	82,6	93,6
l von	25	30	40	50	60	70	80	100	110
l bis	120	200	200	200	200	200	200	200	200
Festigkeits- klassen	5.6, 8.8, 9.8, 10.9						nach Vereinbarung		
	A2-70, A4-70				A2-50, A4-50				

Produktklassen (Seite 211)

Gewinde d	l in mm	Klasse
≤ M12	alle	A
M16…M24	$l ≤$ 150	A
	$l ≥$ 160	B
≥ M30	alle	B

Nennlängen l: 2, 3, 4, 5, 6, 8, 10, 12, 16, 20, 25, 30, 35…60, 65, 70, 80, 90…140, 150, 160, 180, 200 mm

⇒ **Sechskantschraube ISO 4017 – M8 x 40 – A4-50:**
d = M8, l = 40 mm, Festigkeitsklasse A4-50

M

Sechskantschrauben

Sechskantschrauben mit Schaft und Feingewinde   vgl. DIN EN ISO 8765 (2001-03)

Gültige Norm DIN EN ISO	Ersatz für DIN EN	DIN	d	M8 x1	M10 x1	M12 x1,5	M16 x1,5	M20 x1,5	M24 x2	M30 x2	M36 x3	M42 x3	M48 x3	M56 x4
8765	28765	960	SW	13	16	18	24	30	36	46	55	65	75	85
			k	5,3	6,4	7,5	10	12,5	15	18,7	22,5	26	30	35
			d_w	11,6	14,6	16,6	22,5	28,2	33,6	42,8	51,1	60	69,5	78,7
			e	14,4	17,8	20	26,2	33	39,6	50,9	60,8	71,3	82,6	93,6
			b[1]	22	26	30	38	46	54	66	–	–	–	–
			b[2]	–	–	–	44	52	60	72	84	96	108	–
			b[3]	–	–	–	–	–	73	85	97	109	121	137
			l von bis	40 80	45 100	50 120	65 160	80 200	100 240	120 300	140 360	160 440	200 480	220 500

Produktklassen (Seite 211)

Gewinde d	l in mm	Klasse
≤ M12x1,5	alle	A
M16x1,5...	≤ 150	A
M24x2	> 150	B
≥ M30x2	alle	B

Nennlängen l: 40, 45, 50, 55, 60, 65, 70, 80, 90 ... 140, 150, 160, 180, 200, 220...460, 480, 500 mm

Festigkeitsklassen: $d ≤$ M24x2: 5.6, 8.8, 10.9, A2-70, A4-70 — $d =$ M30x2...M36x2: 5.6, 8.8, 10.9, A2-50, A4-50 — $d ≥$ M42x3: nach Vereinbarung

Erläuterungen: [1] für $l < 125$ mm   [2] für $l = 125 ... 200$ mm   [3] für $l > 200$ mm

⇒ **Sechskantschraube ISO 8765 – M20 x 1,5 x 120 – 5.6:** $d =$ M20 x 1,5, $l = 120$ mm, Festigkeitsklasse 5.6

Sechskantschrauben mit Feingewinde bis zum Kopf   vgl. DIN EN ISO 8676 (2001-03)

Gültige Norm DIN EN ISO	Ersatz für DIN EN	DIN	d	M8 x1	M10 x1	M12 x1,5	M16 x1,5	M20 x1,5	M24 x2	M30 x2	M36 x3	M42 x3	M48 x3	M56 x4
8676	28676	961	SW	13	16	18	24	30	36	46	55	65	75	85
			k	5,3	6,4	7,5	10	12,5	15	18,7	22,5	26	30	35
			d_w	11,6	14,6	16,6	22,5	28,2	33,6	42,8	51,1	60	69,5	78,7
			e	14,4	17,8	20	26,2	33	39,6	50,9	60,8	71,3	82,6	93,6
			l von bis	16 80	20 100	25 120	35 160	40 200	40 200	40 200	40 200	90 420	100 480	120 500

Nennlängen l: 16, 20, 25, 30, 35...60, 65, 70, 80, 90...140, 150, 160, 180, 200, 220...460, 480, 500 mm

Festigkeitsklassen: $d ≤$ M24x2: 5.6, 8.8, 10.9, A2-70, A4-70 — $d =$ M30x2...M36x2: 5.6, 8.8, 10.9, A2-50, A4-50 — $d ≥$ M42x3: nach Vereinbarung

Produktklassen nach DIN EN ISO 8765

⇒ **Sechskantschraube ISO 8676 – M8 x 1,5 x 55 – 8.8:** $d =$ M8 x 1,5, $l = 55$ mm, Festigkeitsklasse 8.8

Sechskantschrauben mit Dünnschaft   vgl. DIN EN 24015 (1991-12)

d	M3	M4	M5	M6	M8	M10	M12	M16	M20
SW	5,5	7	8	10	13	16	18	24	30
k	2	2,8	3,5	4	5,3	6,4	7,5	10	12,5
d_w	4,4	5,7	6,7	8,7	11,4	14,4	16,4	22	27,7
d_s	2,6	3,5	4,4	5,3	7,1	8,9	10,7	14,5	18,2
e	6	7,5	8,7	10,9	14,2	17,6	19,9	26,2	33
b[1]	12	14	16	18	22	26	30	38	46
b[2]	–	–	–	–	28	32	36	44	52
l von bis	20 30	20 40	25 50	25 60	30 80	40 100	45 120	55 150	65 150

Nennlängen l: 20, 25, 30...65, 70, 75, 80, 90, 100...130, 140, 150 mm

Festigkeitskl.: 5.8, 6.8, 8.8, A2-70

Produktklassen (Seite 211)

Erläuterungen: [1] für $l ≤ 120$ mm   [2] für $l > 125$ mm

Gewinde d	l in mm	Klasse
≤ M20	alle	B

⇒ **Sechskantschraube ISO 4015 – M8 x 45 – 8.8:** $d =$ M8, $l = 45$ mm, Festigkeitsklasse 8.8

M

Sechskantschrauben

Sechskant-Passschrauben mit langem Gewindezapfen   vgl. DIN 609 (1995-02)

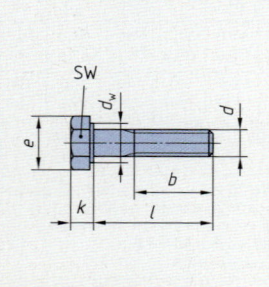

d	M8 M8 x1	M10 M10 x1	M12 M12 x1,5	M16 M16 x1,5	M20 M20 x1,5	M24 M24 x2	M30 M30 x2	M36 M36 x3	M42 M42 x3	M48 M48 x3
SW k	13 5,3	16 6,4	18 7,5	24 10	30 12,5	36 15	46 19	55 22	65 26	75 30
d_s k6 e	9 14,4	11 17,8	13 19,9	17 26,2	21 33	25 39,6	32 50,9	38 60,8	44 71,3	50 82,6
$b^{1)}$ $b^{2)}$ $b^{3)}$	14,5 16,5 –	17,5 19,5 –	20,5 22,5 –	25 27 32	28,5 30,5 35,5	– 36,5 41,5	– 43 48	– 49 54	– 56 61	– 63 68
l von bis	25 80	30 100	32 120	38 150	45 150	55 150	65 200	70 200	80 200	85 200
Nennlängen l	25, 28, 30, 32, 35, 38, 40, 42, 45, 48, 50, 55, 60…150, 160…200 mm										
Festigkeits- klassen	8.8								nach Ver- einbarung	
		A2-70					A2-50				
Erläuterungen	$^{1)}$ für $l \leq 150$ mm $^{2)}$ für $l = 50…150$ mm $^{3)}$ für $l > 150$ mm									
⇒	**Passschraube DIN 609 – M16 x 1,5 x 125 – A2-70:** d = M16 x 1,5, l = 125 mm, Festigkeitsklasse A2-70									

Produktklassen (Seite 211)

d in mm	l in mm	Klasse
≤ 10	alle	A
≥ 12	alle	B

Sechskantschrauben mit großen Schlüsselweiten
HV-Schrauben in Stahlkonstruktionen   vgl. DIN 6914 (1989-10)

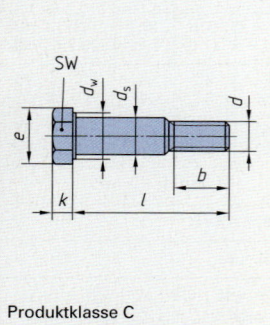

d	M12	M16	M20	M22	M24	M27	M30	M36
SW k d_w	22 8 20	27 10 25	32 13 30	36 14 34	41 15 39	46 17 43,5	50 19 47,5	60 23 57
e b	23,9 21	29,6 26	35 31	39,6 32	45,2 34	50,9 37	55,4 40	66,4 48
l von bis	30 95	40 130	45 155	50 165	60 195	70 200	75 200	85 200
Nennlängen l	30, 35, 40, 45, 50, 55…185, 190, 195, 200 mm							
Festigkeitskl.	alle Schrauben: Festigkeitsklasse 10.9							
⇒	**Sechskantschraube DIN 6914 – M12 x 65:** d = M12, l = 65 mm, Festigkeitsklasse 10.9							

Produktklasse C

Sechskant-Passschrauben mit großen Schlüsselweiten   vgl. DIN 7999 (1983-12)

d	M12	M16	M20	M22	M24	M27	M30
SW k d_w	21 8 19	27 10 25	34 13 32	36 14 34	41 15 39	46 17 43,5	50 19 47,5
d_s b11 e b	13 22,8 18,5	17 29,6 22	21 37,3 26	23 39,6 28	25 45,2 29,5	28 50,9 32,5	31 55,4 35
l von bis	40 120	45 160	50 180	55 200	55 200	60 200	65 200
Nennlängen l	40, 45, 50, 55, 60, 65…180, 185, 190, 195, 200 mm						
Festigkeitskl.	alle Schrauben: Festigkeitsklasse 10.9						
⇒	**Sechskantschraube DIN 7999 – M24 x 165:** d = M24, l = 165 mm, Festigkeitsklasse 10.9						

Produktklasse C

M

Zylinderschrauben mit Innensechskant

Zylinderschrauben mit Innensechskant und Regelgewinde   vgl. DIN EN ISO 4762 (2004-06)

Gültige Norm DIN EN ISO	Ersatz für DIN	d	M1,6	M2	M2,5	M3	M4	M5	M6	M8	M10
4762	912	SW k d_k	1,5 1,6 3	1,5 2 3,8	2 2,5 4,5	2,5 3 5,5	3 4 7	4 5 8,5	5 6 10	6 8 13	8 10 16
		b für l	– –	16 20	17 25	18 ≥ 25	20 ≥ 30	22 ≥ 30	24 ≥ 35	28 ≥ 40	32 ≥ 45
		l_1 für l	1,1 ≤ 16	1,2 ≤ 16	1,4 ≤ 20	1,5 ≤ 20	2,1 ≤ 25	2,4 ≤ 25	3 ≤ 30	3,8 ≤ 35	4,5 ≤ 40
		l von bis	2,5 16	3 20	4 25	5 30	6 40	8 50	10 60	12 80	16 100

Festigkeits-klassen	nach Vereinbarung	8.8, 10.9, 12.9								
	nichtrostende Stähle A2-70, A4-70									

d	M12	M16	M20	M24	M30	M36	M42	M48	M56
SW k d_k	10 12 18	14 16 24	17 20 30	19 24 36	22 30 45	27 36 54	32 42 63	36 48 72	41 56 84
b für l	36 ≥ 55	44 ≥ 65	52 ≥ 80	60 ≥ 90	72 ≥ 110	84 ≥ 120	96 ≥ 140	108 ≥ 160	124 ≥ 180
l_1 für l	5,3 ≤ 50	6 ≤ 60	7,5 ≤ 70	9 ≤ 80	10,5 ≤ 100	12 ≤ 110	13,5 ≤ 130	15 ≤ 150	16,5 ≤ 160
l von bis	20 120	25 160	30 200	40 200	45 200	45 200	60 300	70 300	80 300

Festigkeits-klassen	8.8, 10.9, 12.9						nach Vereinbarung		
	A2-70, A4-70			A2-50, A4-50					

Nenn-längen l	2,5, 3, 4, 5, 6, 8, 10, 12, 16, 20, 25, 30 … 65, 70, 80 … 150, 160, 180, 200, 220, 240, 260, 280, 300 mm

Produktklassen (Seite 211)

Gewinde d	Klasse	⇒	**Zylinderschraube ISO 4762 – M10 x 55 – 10.9:** d = M10, l = 55 mm, Festigkeitsklasse 10.9
M1,6 … M56	A		

M

Zylinderschrauben mit Innensechskant, niedriger Kopf   vgl. DIN 7984 (2002-12)

d	M3	M4	M5	M6	M8	M10	M12	M16	M20	M24
SW k d_k	2 2 5,5	2,5 2,8 7	3 3,5 8,5	4 4 10	5 5 13	7 6 16	8 7 18	12 9 24	14 11 30	17 13 36
b für l	12 ≥ 20	14 ≥ 25	16 ≥ 30	18 ≥ 30	22 ≥ 35	26 ≥ 40	30 ≥ 50	38 ≥ 60	44 ≥ 70	46 ≥ 90
l_1 für l	1,5 ≤ 16	2,1 ≤ 20	2,4 ≤ 25	3 ≤ 25	3,8 ≤ 30	4,5 ≤ 35	5,3 ≤ 45	6 ≤ 50	7,5 ≤ 60	9 ≤ 80
l von bis	5 20	6 25	8 30	10 40	12 80	16 100	20 80	30 80	40 100	50 100

Nennlängen l	5, 6, 8, 10, 12, 16, 20, 25, 30, 35, 40, 45, 50, 60, 70, 80, 90, 100 mm

Festigkeits-klassen	8.8, A2-70, A4-70

Produktklassen (Seite 211)

Gewinde d	Klasse	⇒	**Zylinderschraube DIN 7984 – M12 x 50 – A2-70:** d = M12, l = 50 mm, Festigkeitsklasse A2-70
M3 … M24	A		

Zylinderschrauben, Senkschrauben

Zylinderschrauben mit Innensechskant und Feingewinde — vgl. DIN EN ISO 21269 (2004-06)

d	M8 x1	M10 x1	M12 x1,5	M16 x1,5	M20 x1,5	M24 x2	M30 x2	M36 x3	M42 x3	M48 3x	M56 x4
SW	6	8	10	14	17	19	22	27	32	36	41
k	8	10	12	16	20	24	30	36	42	48	56
d_k	13	16	18	24	30	36	45	54	63	72	84
b für l	28 ≥40	32 ≥45	36 ≥55	44 ≥65	52 ≥80	60 ≥90	72 ≥110	84 ≥120	96 ≥140	108 ≥160	124 ≥180
l_1 für l	3 ≤35	3 ≤40	4,5 ≤50	4,5 ≤60	4,5 ≤70	6 ≤70	6 ≤100	9 ≤110	9 ≤130	9 ≤150	9 ≤160
l von bis	12 80	20 100	20 120	25 160	30 200	40 200	45 200	55 200	60 300	70 300	80 300
Nenn-längen l	12, 16, 20, 25, 30, 35, 40, 45, 50, 55, 60, 65, 70, 80, 90, 100, 110, 120, 130, 140, 150, 160, 180, 200, 220, 240, 260, 280, 300 mm										

Festigkeits-klassen	8.8, 10.9, 12.9	nach Vereinbarung
	A2-70, A4-70 1)	

Erläuterung   1) Festigkeitsklassen A2-50, A4-50 (nichtrostende Stähle)

Produktklasse A (Seite 211)

⇒ **Sechskantschraube ISO 21269 – M20 x 1,5 x 120 – 10.9:**
d = M20x1,5, l = 120 mm, Festigkeitsklasse 10.9

Zylinderschrauben mit Schlitz — vgl. DIN EN ISO 1207 (1994-10)

d	M1,6	M2	M2,5	M3	M4	M5	M6	M8	M10
d_k	3	3,8	4,5	5,5	7	8,5	10	13	16
k	1,1	1,4	1,8	2	2,6	3,3	3,9	5	6
n	0,4	0,5	0,6	0,8	1,2	1,2	1,6	2	2,5
t	0,5	0,6	0,7	0,9	1,1	1,3	1,6	2	2,4
l von bis	2 16	3 20	3 25	4 30	5 40	6 50	8 60	10 80	12 80
b	für l < 45 mm → Gewinde annähernd bis zum Kopf für l ≥ 45 mm → b = 38 mm								

Nennlängen l 2, 3, 4, 5, 6, 8, 10, 12, 16, 20, 25 … 45, 50, 60, 70, 80 mm

Festigkeitskl.   4.8, 5.8, A2-50, A4-50

Produktklasse A (Seite 211)

⇒ **Zylinderschraube ISO 1207 – M6 x 25 – 5.8:**
d = M6, l = 25 mm, Festigkeitsklasse 5.8

Senkschrauben mit Innensechskant — vgl. DIN EN ISO 10642 (2004-06), Ersatz für DIN 7991

d	M3	M4	M5	M6	M8	M10	M12	M16	M20
SW	2	2,5	3	4	5	6	8	10	12
d_k	5,5	7,5	9,4	11,3	15,2	19,2	23,1	29	36
k	1,9	2,5	3,1	3,7	5	6,2	7,4	8,8	10,2
b für l	18 ≥ 30	20 ≥ 30	22 ≥ 35	24 ≥ 40	28 ≥ 50	32 ≥ 55	36 ≥ 65	44 ≥ 80	52 100
l_1 für l	1,5 ≤ 25	2,1 ≤ 25	2,4 ≤ 30	3 ≤ 35	3,8 ≤ 45	4,5 ≤ 50	5,3 ≤ 60	6 ≤ 70	7,5 ≤ 90
l von bis	8 30	8 40	8 50	8 60	10 80	12 100	20 100	30 100	35 100

Festigkeitskl.   8.8, 10.9, 12.9

Nennlängen l 8, 10, 12, 16, 20, 25, 30, 35, 40, 45, 50, 55, 60, 65, 70, 80, 90, 100 mm

Produktklasse A (Seite 211)

⇒ **Senkschraube ISO 10642 – M5 x 30 – 8.8:**
d = M5, l = 30 mm, Festigkeitsklasse 8.8

M

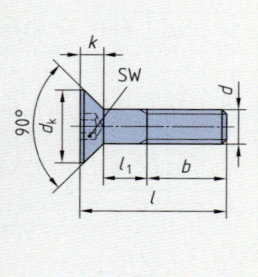

Senkschrauben, Linsensenkschrauben, Blechschrauben

Linsensenkschrauben mit Schlitz
Linsensenkschrauben mit Kreuzschlitz

vgl. DIN EN ISO 2010 (1994-10)
vgl. DIN EN ISO 7047 (1994-10)

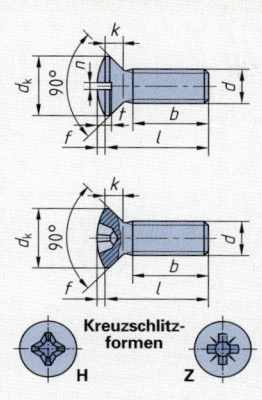

Kreuzschlitz-formen
H   Z

Produktklasse A (Seite 211)

d		M1,6	M2	M2,5	M3	M4	M5	M6	M8	M10
d_k		3	3,8	4,7	5,5	8,4	9,3	11,3	15,8	18,3
k		1	1,2	1,5	1,7	2,7	2,7	3,3	4,7	5
n		0,4	0,5	0,6	0,8	1,2	1,2	1,6	2	2,5
f		0,4	0,5	0,6	0,7	1,0	1,2	1,4	2	2,3
t		0,6	0,8	1,0	1,2	1,6	2,0	2,4	3,2	3,8
$K^{1)}$		0		1		2		3		4
l	von	2,5	3	4	5	6	8	8	10	12
	bis	16	20	25	30	40	50	60	80	80
b		für $l < 45$ mm → $b \approx l$; für $l \geq 45$ mm → $b = 38$ mm								
Festigkeits-klassen		DIN EN ISO 2010: 4.8, 5.8, A2-50, A2-70 DIN EN ISO 7047: 4.8, A2-50, A2-70								
Nennlängen l		2,5, 3, 4, 5, 6, 8, 10, 12, 16, 20, 25…45, 50, 60, 70, 80 mm								
Erläuterung		$^{1)}$ K Kreuzschlitzgröße, Formen H und Z								
⇒		**Senkschraube ISO 7047 – M3 x 20 – 4.8 – H:** d = M3, l = 20 mm, Festigkeitsklasse 5.8, Kreuzschlitzform H								

Senkschrauben mit Schlitz
Senkschrauben mit Kreuzschlitz

vgl. DIN EN ISO 2009 (1994-10)
vgl. DIN EN ISO 7046-1 (1994-10)

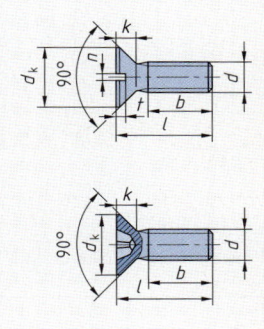

Produktklasse A (Seite 211)

d		M1,6	M2	M2,5	M3	M4	M5	M6	M8	M10
d_k		3	3,8	4,7	5,5	8,4	9,3	11,3	15,8	18,3
k		1	1,2	1,5	1,7	2,7	2,7	3,3	4,7	5
n		0,4	0,5	0,6	0,8	1,2	1,2	1,6	2	2,5
t		0,5	0,6	0,8	0,9	1,3	1,4	1,6	2,3	2,6
$K^{1)}$		0		1		2		3		4
l	von	2,5	3	4	5	6	8	8	10	12
	bis	16	20	25	30	40	50	60	80	80
b		für $l < 45$ mm → $b \approx l$; für $l \geq 45$ mm → $b = 38$ mm								
Festigkeits-klassen		DIN EN ISO 2009: 4.8, 5.8, A2-50, A2-70 DIN EN ISO 7046-1: 4.8, A2-50, A2-70								
Nennlängen l		2,5, 3, 4, 5, 6, 8, 10, 12, 16, 20, 25…45, 50, 60, 70, 80 mm								
Erläuterung		$^{1)}$ K Kreuzschlitzgröße, Formen H und Z (DIN EN 2010)								
⇒		**Senkschraube ISO 7046-1 – M5 x 40 – 4.8 – H:** d = M3, l = 40 mm, Festigkeitsklasse 4.8, Kreuzschlitzform H								

M

Senk-Blechschrauben
Linsensenk-Blechschrauben

vgl. DIN EN ISO 7050 (1990-08)
vgl. DIN EN ISO 7051 (1990-08)

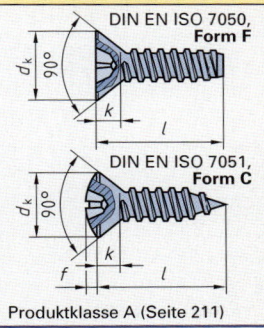

DIN EN ISO 7050,
Form F

DIN EN ISO 7051,
Form C

Produktklasse A (Seite 211)

d		ST2,2	ST2,9	ST3,5	ST4,2	ST4,8	ST5,5	ST6,3
d_k		3,8	5,5	7,3	8,4	9,3	10,3	11,3
k		1,1	1,7	2,4	2,6	2,8	3	3,2
f		0,5	0,7	0,8	1,0	1,2	1,3	1,4
l	von	4,5	6,5	9,5	9,5	9,5	13	13
	bis	16	19	25	32	32	38	38
$K^{1)}$		0	1		2		3	
Nennlängen l		4,5, 6,5, 9,5, 13, 16, 19, 22, 25, 32, 38 mm						
Formen		Form C mit Spitze, Form F mit Zapfen						
Erläuterung		$^{1)}$ K Kreuzschlitzgröße, Formen H und Z (DIN EN 2010)						
⇒		**Blechschraube ISO 7050 – ST4,8 x 32 – F – Z:** d = ST4,8, l = 32 mm, Form F, Kreuzschlitzform Z						

Blechschrauben, Gewindefurchende Schrauben

Linsen-Blechschrauben

vgl. DIN EN ISO 7049 (1990-08)

d		ST2,2	ST2,9	ST3,5	ST4,2	ST4,8	ST5,5	ST6,3
d_k		4	5,6	7	8	9,5	11	13
k		1,6	2,4	2,6	3,1	3,7	4	4,6
l	von	4,5	6,5	9,5	9,5	9,5	13	13
	bis	16	19	25	32	32	38	38
K[1]		0	1	2			3	
Nennlängen l		4,5, 6,5, 9,5, 13, 16, 19, 22, 25, 32, 38 mm						
Formen		Form C mit Spitze, Form F mit Zapfen						
Erläuterung		[1] K Kreuzschlitzgröße, Formen H und Z (DIN EN 2010)						

Produktklasse A (Seite 211)

⇒ **Blechschraube ISO 7049 – ST2,9 x 13 – C – H:**
d = ST2,9, l = 13 mm, Form C, Kreuzschlitzform H

Kernlochdurchmesser für Blechschrauben (Auszug)

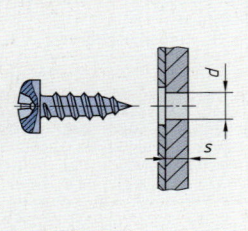

Blechdicke s in mm von...bis	Kernlochdurchmesser d für Blechschraubengewinde						
	ST2,2	ST2,9	ST3,5	ST4,2	ST4,8	ST5,5	ST6,3
0...0,5	1,6	2,2	2,6	–	–	–	–
0,6...0,8	1,7	2,3	2,7	3,2	3,7	–	–
0,9...1,1	1,8	2,4	2,8	3,2	3,7	4,9	6,4
1,2...1,4	1,8	2,4	2,8	3,3	3,9	4,9	6,4
1,5...1,7	–	2,5	2,9	3,5	3,9	5,0	6,5
1,8...2,0	–	2,6	3,0	3,5	4,0	5,2	6,7
2,0...2,5	–	–	3,0	3,5	4,0	5,3	6,8
2,6...3,0	–	–	3,0	3,8	4,1	5,3	6,8
3,1...3,5	–	–	–	3,9	4,3	5,8	7,2

Gewindefurchende Schrauben

vgl. DIN 7500-1 (2000-07)

Form	d	M2	M2,5	M3	M4	M5	M6	M8	M10
DE	SW	4	5	5,5	7	8	10	13	16
	k	1,4	1,7	2	2,8	3,5	4	5,3	6,4
	d_k	3,1	4,1	4,6	5,9	6,9	8,9	11,6	14,6
	e	4,3	5,5	6,0	7,7	8,8	11,1	14,4	17,8
EE	SW	1,5	2	2,5	3	4	5	6	8
	k	2	2,5	3	4	5	6	8	10
	d_k	3,8	4,5	5,5	7	8,5	10	13	16
AE	d_k	3,8	4,5	5,5	7	8,5	10	13	16
	k	1,4	1,8	2	2,6	3,3	3,9	5	8
	n	0,4	0,5	0,8	1,2	1,2	1,6	2	2,5
	t	0,5	0,6	0,9	1,1	1,3	1,6	2	2,4
NE	d_k	3,8	4,7	5,5	8,4	9,3	11,3	15,8	18,3
	k	1,2	1,5	1,7	2,7	2,7	3,3	4,7	5
	f	0,4	0,5	1	1,2	1,4	1,4	2	2,3
	K[1]	0	1		2		3		4
l	von	3	4	4	6	8	8	10	12
	bis	16	20	25	30	40	50	60	80
Nennlängen l		3, 4, 5, 6, 8, 10, 12, 16, 20, 25, 30...50, 55, 60, 70, 80 mm							
Erläuterung		[1] K Kreuzschlitzgröße, Formen H und Z (DIN EN 2010)							

Form DE
Form EE
Form AE
Form NE

Produktklasse A (Seite 211)

⇒ **Schraube DIN 7500 – DE – M8 x 25 – St:**
DE Sechskantkopf, d = M8, l = 25 mm, Werkstoff Stahl

M

Stiftschrauben, Ringschrauben, Verschlussschrauben

Stiftschrauben

vgl. DIN 835, 938, 939 (1995-02)

Produktklasse A (Seite 211)

d		M3	M4	M5	M6	M8 M8 x1	M10 M10 x1,25	M12 M12 x1,25	M16 M16 x1,5	M20 M20 x1,5	M24 M24 x2
b für	l < 125	12	14	16	18	22	26	30	38	46	54
	l > 125	18	20	22	24	28	32	36	44	52	60
e	DIN 835	–	8	10	12	16	20	24	32	40	48
	DIN 938	3	4	5	6	8	10	12	16	20	24
	DIN 939	–	5	6,5	7,5	10	12	15	20	25	30
l	von	20	20	25	25	30	35	40	50	60	70
	bis	30	40	50	60	80	100	120	170	200	200

Verwendung				Festigkeitskl.	5.6, 8.8, 10.9
DIN	zum Einschrauben in			Nennlängen l	20, 25, 30…75, 80, 90…180, 190, 200 mm
835	Aluminiumlegierungen			⇒	**Stiftschraube DIN 939 – M10 x 65 – 8.8:**
938	Stahl				d = M10, l = 65 mm, Festigkeitsklasse 8.8
939	Gusseisen				

Ringschrauben

vgl. DIN 580 (2003-08)

Belas-
tungs-
richtungen

senkrecht   unter 45°
(einsträngig)   (zweisträngig)

d	M8	M10	M12	M16	M20	M24	M30	M36	M42	M48	M56
h	18	22,5	26	30,5	35	45	55	65	75	85	95
d_1	36	45	54	63	72	90	108	126	144	166	184
d_2	20	25	30	35	40	50	60	70	80	90	100
d_3	20	25	30	35	40	50	65	75	85	100	110
l	13	17	20,5	27	30	36	45	54	63	68	78

Werkstoffe	Einsatzstahl C15E, A2, A3, A4, A5										
	Tragfähigkeit in t bei Belastungsrichtung										
senkrecht	0,14	0,23	0,34	0,70	1,20	1,80	3,20	4,60	6,30	8,60	11,5
unter 45°	0,10	0,17	0,24	0,50	0,86	1,29	2,30	3,30	4,50	6,10	8,20
⇒	**Ringschraube DIN 580 – M20 – C15E:** d = M20, Werkstoff C15E										

Verschlussschrauben mit Bund und Außensechskant

vgl. DIN 910 (1992-01)

M

d	M10 x1	M12 x1,5	M16 x1,5	M20 x1,5	M24 x1,5	M30 x1,5	M36 x1,5	M42 x1,5	M48 x1,5	M52 x1,5
d_1	14	17	21	25	29	36	42	49	55	60
l	17	21	21	26	27	30	32	33	33	33
i	8	12	12	14	14	16	16	16	16	16
c	3	3	3	4	4	4	4	5	5	5
SW	10	13	17	19	22	24	27	30	30	30
e	10,9	14,2	18,7	20,9	23,9	26,1	29,6	33	33	33

Werkstoffe	St Stahl, Al Al-Legierung, CuZn Kupfer-Zink-Legierung
⇒	**Verschlussschraube DIN 910 – M24 x 1,5 – St:** d = M24 x 1,5, Werkstoff Stahl

Verschlussschrauben mit Bund und Innensechskant

vgl. DIN 908 (1992-01)

d	M10 x1	M12 x1,5	M16 x1,5	M20 x1,5	M24 x1,5	M30 x1,5	M36 x1,5	M42 x1,5	M48 x1,5	M52 x1,5
d_1	14	17	21	25	29	36	42	49	55	60
l	11	15	15	18	18	20	21	21	21	21
c	3	3	3	4	4	4	5	5	5	5
SW	5	6	8	10	12	17	19	22	24	24
t	5	7	7,5	7,5	7,5	9	10,5	10,5	10,5	10,5
e	5,7	6,9	9,2	11,4	13,7	19,4	21,7	25,2	27,4	27,4

Werkstoffe	St Stahl, Al Al-Legierung, CuZn Kupfer-Zink-Legierung
⇒	**Verschlussschraube DIN 908 – M20 x 1,5 – CuZn:** d = M24 x 1,5, Werkstoff Kupfer-Zink-Legierung

Gewindestifte

Gewindestifte mit Schlitz

vgl. DIN EN 27434, 27435, 24766 (alle 1992-12)

		d	M1,2	M1,6	M2	M2,5	M3	M4	M5	M6	M8	M10	M12
mit Spitze	DIN EN 27434	d_1	0,1	0,2	0,2	0,3	0,3	0,4	0,5	1,5	2	2,5	3,6
		n	0,2	0,3	0,3	0,4	0,4	0,6	0,8	1	1,2	1,6	2
		t	0,5	0,7	0,8	1	1,1	1,4	1,6	2	2,5	3	3
		l von	2	2	3	3	4	6	8	5	10	12	16
		l bis	6	8	10	12	16	25	30	35	40	55	60
mit Zapfen	DIN EN 27435	d_1	–	0,8	1	1,5	2	2,5	3,5	4,3	5,5	7	8,5
		z	–	1,1	1,3	1,5	1,8	2,3	2,8	3,3	4,3	5,3	6,3
		n	–	0,3	0,3	0,4	0,4	0,6	0,8	1	1,2	1,6	2
		t	–	0,7	0,8	1	1,1	1,4	1,6	2	2,5	3	3
		l von	–	2,5	3	4	5	6	8	8	10	12	16
		l bis	–	8	10	12	16	20	25	30	40	50	60
mit Kegelkuppe	DIN EN 24766	d_1	0,6	0,8	1	1,5	2	2,5	3,5	4	5,5	7	8,5
		n	0,2	0,3	0,3	0,4	0,4	0,6	0,8	1	1,2	1,6	2
		t	0,5	0,7	0,8	1	1,1	1,4	1,6	2	2,5	3	3,6
		l von	2	2	2	2,5	3	4	5	6	8	10	12
		l bis	6	8	10	12	16	20	25	30	40	50	60

Produktklasse A (Seite 211)	Festigkeitskl.	45H, A1-12H, A2-21H, A3-21H, A4-21H, A5-21H

Gültige Norm	Ersatz für	Nennlängen l	2, 2,5, 3, 4, 5, 6, 8, 10, 12, 16, 20, 25, 30…50, 55, 60 mm
DIN EN 27434	DIN 553	⇒	**Gewindestift ISO 7434 – M6 x 25 – 14H:**
DIN EN 27435	DIN 417		d = M6, l = 25 mm, Festigkeitsklasse 14H
DIN EN 24766	DIN 551		

Gewindestifte mit Innensechskant

vgl. DIN EN ISO 4026, 4027, 4028 (2003-05)

		d	M2	M2,5	M3	M4	M5	M6	M8	M10	M12	M16	M20
mit Spitze	DIN EN ISO 4027	d_1	0,5	0,7	0,8	1	1,3	1,5	2	2,5	3	4	5
		SW	0,9	1,3	1,5	2	2,5	3	4	5	6	8	10
		e	1	1,5	1,7	2,3	2,9	3,4	4,6	5,7	6,9	9,1	11,4
		t	0,8	1,2	1,2	1,5	2	2	3	4	4,8	6,4	8
		l von	2	2,5	3	4	5	6	8	10	12	16	20
		l bis	10	12	16	20	25	30	40	50	60	60	60
mit Zapfen	DIN EN ISO 4028	d_1	1	1,5	2	2,5	3,5	4	5,5	7	8,5	12	15
		z	1,3	1,5	1,8	2,3	2,8	3,3	4,3	5,3	6,3	8,4	10,4
		SW	0,9	1,3	1,5	2	2,5	3	4	5	6	8	10
		e	1	1,5	1,7	2,3	2,9	3,4	4,6	5,7	6,9	9,1	11,4
		t	0,8	1,2	1,2	1,5	2	2	3	4	4,8	6,4	8
		l von	2,5	3	4	5	6	8	8	20	12	16	20
		l bis	10	12	16	20	25	30	40	50	60	60	60
mit Kegelkuppe	DIN EN ISO 4026	d_1	1	1,5	2	2,5	3,5	4	5,5	7	8,5	12	15
		SW	0,9	1,3	1,5	2	2,5	3	4	5	6	8	10
		e	1	1,5	1,7	2,3	2,9	3,4	4,6	5,7	6,9	9,2	11,4
		t	0,8	1,2	1,2	1,5	2	2	3	4	4,8	6,4	8
		l von	2	2,5	3	4	5	6	8	10	12	16	20
		l bis	10	12	16	20	25	30	40	50	60	60	60

Produktklasse A (Seite 211)	Festigkeitskl.	45H, A1-12H, A2-21H, A3-21H, A4-21H, A5-21H

Gültige Norm	Ersatz für	Nennlängen l	2, 2,5, 3, 4, 5, 6, 8, 10, 12, 16, 20, 25, 30…55, 60 mm
DIN EN ISO 4026	DIN 913	⇒	**Gewindestift ISO 4026 – M6 x 25 – A5-21H:**
DIN EN ISO 4027	DIN 914		d = M6, l = 25 mm, A5 nichtrostender Stahl, Festigkeitsklasse 21H
DIN EN ISO 4028	DIN 915		

Berechnung von Schraubenverbindungen

Verspannungs-Schaubild

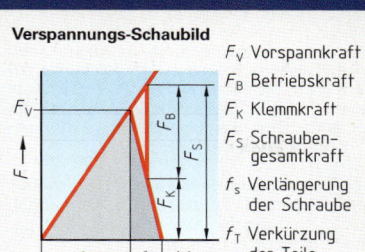

F_V Vorspannkraft
F_B Betriebskraft
F_K Klemmkraft
F_S Schraubengesamtkraft
f_s Verlängerung der Schraube
f_T Verkürzung der Teile

Richtwerte zur Vorwahl von Schaftschrauben

Belastung	Betriebskraft je Schraube F_B[1] in kN							
statisch	2,5	4	6,3	10	16	25	40	63
dynamisch	1,6	2,5	4	6,3	10	16	25	40
Festigkeitsklasse 4.8, 5.6	M6	M8	M10	M12	M16	M20	M24	M30
5.8, 6.8	M5	M6	M8	M10	M12	M16	M20	M24
8.8	M5	M6	M8	M8	M10	M16	M16	M20
10.9	M4	M5	M6	M8	M10	M12	M16	M16
12.9	M4	M5	M5	M8	M8	M10	M12	M16

[1] Für Dehnschrauben nächsthöhere Betriebskraftstufe wählen.

Vorspannkräfte und Anziehdrehmomente

Gewinde	F[3]	A_s[1] in mm²	Schaftschrauben F_V in kN (μ 0,08)	0,12	0,14	M_A in N·m (μ 0,08)	0,12	0,14	A_T[2] in mm²	Dehnschrauben F_V in kN (μ 0,08)	0,12	0,14	M_A in N·m (μ 0,08)	0,12	0,14
M8	8.8	36,6	18,6	17,2	16,5	17,9	23,1	25,3	26,6	12,9	11,8	11,2	13,6	17,6	19,2
	10.9		27,1	25,2	24,2	26,2	34	37,2		19	17,3	16,4	20	25,8	28,2
	12.9		31,9	29,5	28,3	30,7	39,6	43,6		22,2	20,2	19,2	23,4	30,2	33
M8 x 1	8.8	39,2	20,3	18,8	18,1	18,8	24,8	27,3	29,2	14,6	13,4	12,7	13,6	17,6	19,2
	10.9		29,7	27,7	26,6	27,7	36,4	40,1		21,5	19,6	18,7	20	25,8	28,2
	12.9		34,8	32,4	31,1	32,4	42,6	47,1		25,1	23	21,9	23,4	30,2	33
M10	8.8	58,0	29,5	27,3	26,2	36	46	51	42,4	20,7	18,9	17,9	25	32	35
	10.9		43,3	40,2	38,5	53	68	75		30,4	27,7	26,4	37	47	51
	12.9		50,7	47	45	61	80	88		35,6	32,4	30,8	43	55	60
M10x1,25	8.8	61,2	31,5	29,4	28,3	37	49	54	45,6	22,7	20,9	19,9	27	35	38
	10.9		46,5	43,2	41,5	55	72	80		33,5	30,6	29,2	40	51	56
	12.9		54,4	50,6	48,6	64	84	93		39,2	35,9	34,4	46	60	65
M12	8.8	84,3	43	39,9	38,3	61	80	87	61,7	30,3	27,6	26,3	43	55	60
	10.9		63	58,5	56,2	90	117	128		44,6	40,6	38,6	63	81	88
	12.9		73,9	68,5	65,8	105	137	150		52,1	47,7	45,2	74	95	103
M12x1,5	8.8	88,1	48,2	45	43,2	65	87	96	65,8	35	32,6	31	48	63	69
	10.9		70,8	66	63,5	96	128	141		52	47,8	45,7	71	93	102
	12.9		82,7	77,3	74,3	112	150	165		61	56	53,4	83	108	119
M16	8.8	157	81	75,3	72,4	147	194	214	117	58,4	53,4	51	106	137	150
	10.9		119	111	106	216	285	314		85,8	78,5	74,8	156	202	221
	12.9		140	130	124	253	333	367		100	91,8	87,5	182	236	258
M16x1,5	8.8	167	88	82,2	79,2	154	207	229	128	65,5	60,2	57,4	115	151	166
	10.9		129	121	116	227	304	336		96,2	88,4	84,5	169	222	244
	12.9		151	141	136	265	355	394		113	104	99	197	260	285
M20	8.8	245	131	121	117	297	391	430	182	92	86	82	215	278	304
	10.9		186	173	166	423	557	615		134	123	117	306	395	432
	12.9		218	202	194	495	653	720		157	144	137	358	462	505
M20x1,5	8.8	272	149	138	134	320	433	482	210	113	104	100	242	322	355
	10.9		212	200	190	455	618	685		160	148	142	345	460	508
	12.9		247	231	225	533	721	802		188	173	166	402	540	594
M24	8.8	353	188	175	168	512	675	743	262	136	124	118	370	480	523
	10.9		268	250	238	730	960	1060		193	177	168	527	682	745
	12.9		313	291	280	855	1125	1240		225	207	196	617	800	871
M24x2	8.8	384	210	196	189	545	735	816	295	158	145	139	410	543	600
	10.9		300	280	268	776	1046	1160		224	207	198	582	775	852
	12.9		350	327	315	908	1224	1360		263	242	230	682	905	998

Bei Montage mit dem Anziehdrehmoment M_A wird die Streckgrenze des Schraubenwerkstoffes zu ca. 90% ausgenutzt.

[1] A_s Spannungsquerschnitt
[2] A_T Taillenquerschnitt
[3] F Festigkeitsklasse der Schraube

[4] $\mu = 0,08$: Schraube MoS_2 geschmiert
$\mu = 0,12$: Schraube leicht geölt
$\mu = 0,14$: Schraube mit mikroverkapseltem Kunststoff gesichert

M

Schraubensicherungen

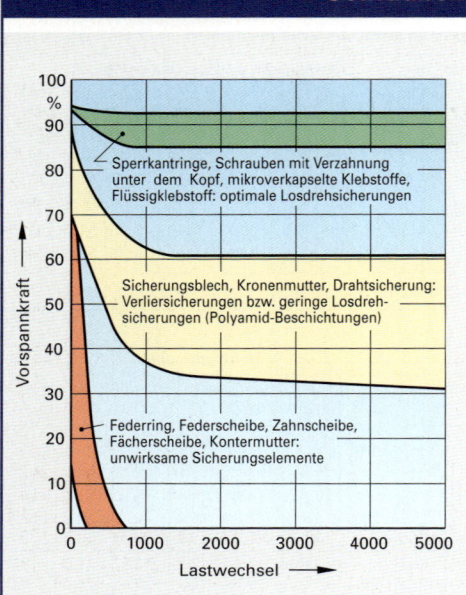

Vibrationsprüfung DIN 65151 verschiedener Sicherungselemente

Geprüft wurde das Sicherungsverhalten von Schraubenverbindungen unter Querbelastung an Schrauben ISO 4014-M10.

Bei ausreichend dimensionierten und zuverlässig montierten Schraubenverbindungen ist im Allgemeinen keine Schraubensicherung notwendig. Die Klemmkräfte verhindern ein Verschieben der verschraubten Teile bzw. ein Lockern der Schrauben und Muttern. In der Praxis kann es trotzdem aus folgenden Ursachen zum Verlust der Klemmkraft kommen:

• **Lockern der Schraubenverbindung** infolge von hohen Flächenpressungen, die plastische Verformungen auslösen (sog. Setzungen) und die Vorspannkraft der Schraubenverbindung vermindern.

Abhilfe: möglichst wenig Trennfugen, geringe Oberflächenrauheit, Einsatz hochfester Schrauben (große Vorspannkraft).

• **Losdrehen der Schraubenverbindung:** Bei dynamisch senkrecht zur Schraubenachse belasteten Verbindungen kann ein vollständiges selbsttätiges Losdrehen erfolgen.

Abhilfe erfolgt durch Sicherungselemente. Sie können je nach ihrer Wirkung in drei Gruppen unterschieden werden:

Unwirksame Sicherungselemente (z. B. Federringe und Zahnscheiben).

Verliersicherungen, die ein teilweises Losdrehen zulassen, jedoch verhindern, dass die Schraubverbindung auseinander fällt.

Losdrehsicherungen (z. B. Kleber oder Sperrzahnschrauben). Die Vorspannkraft bleibt dabei annähernd erhalten. Die Mutter bzw. Schraube kann sich nicht lösen (beste Sicherungsmöglichkeit).

Übersicht über Schraubensicherungen

Verbindung	Sicherungselement	Norm	Art, Eigenschaft
mitverspannt, federnd	Federring Federscheibe Zahnscheibe Fächerscheibe	zurückgezogen zurückgezogen zurückgezogen zurückgezogen	unwirksam unwirksam unwirksam unwirksam
formschlüssig	Sicherungsblech Kronenmutter mit Splint Drahtsicherung	zurückgezogen DIN 935-1+2 –	Verliersicherung Verliersicherung Verliersicherung
kraftschlüssig (klemmend)	Kontermutter	–	unwirksam, Losdrehen möglich
	Schrauben und Muttern mit klemmender Polyamid-Beschichtung	DIN 267-28 ISO 2320	Verliersicherung bzw. geringe Losdrehsicherung
sperrend (kraft- und formschlüssig)	Schrauben mit Verzahnung unter dem Kopf	–	Losdrehsicherung, nicht für gehärtete Bauteile geeignet
	Sperrkantringe, Sperrkantscheiben, selbsthemmendes Scheibenpaar	– –	Losdrehsicherung, nicht für gehärtete Bauteile geeignet Losdrehsicherung
stoffschlüssig	mikroverkapselte Klebstoffe im Gewinde	DIN 267-27	Losdrehsicherung, dichtende Verbindung; Temperaturbereich −50°C bis 150°C
	Flüssigklebstoff	–	Losdrehsicherung

M

Schlüsselweiten, Antriebsarten von Schrauben

Schlüsselweiten für Schrauben, Armaturen und Fittings
vgl. DIN 475-1 (1984-01)

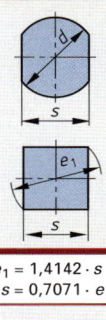

$e_1 = 1,4142 \cdot s$
$s = 0,7071 \cdot e_1$

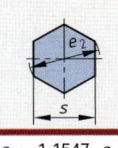

$e_2 = 1,1547 \cdot s$
$s = 0,8660 \cdot e_2$

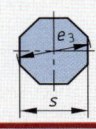

$e_3 = 1,0824 \cdot s$
$s = 0,9239 \cdot e_3$

Schlüssel-weite (SW) Nennmaß s	Eckenmaß			Schlüssel-weite (SW) Nennmaß s	Eckenmaß			
	Zwei-kant d	Vier-kant e_1	Sechs-kant e_2[1]		Zwei-kant d	Vier-kant e_1	Sechs-kant e_2[1]	Acht-kant e_3
3,2	3,7	4,5	3,5	21	24	29,7	23,4	22,7
3,5	4	4,9	3,8	22	25	31,1	24,5	23,8
4	4,5	5,7	4,4	23	26	32,5	25,6	24,9
4,5	5	6,4	4,9	24	28	33,9	26,8	26,0
5	6	7,1	5,5	25	29	35,5	27,9	27,0
5,5	7	7,8	6,0	26	31	36,8	29,0	28,1
6	7	8,5	6,6	27	32	38,2	30,1	29,1
7	8	9,9	7,7	28	33	39,6	31,3	30,2
8	9	11,3	8,8	30	35	42,4	33,5	32,5
9	10	12,7	9,9	32	38	45,3	35,7	34,6
10	12	14,1	11,1	34	40	48,0	37,7	36,7
11	13	15,6	12,1	36	42	50,9	40,0	39,0
12	14	17,0	13,3	41	48	58,0	45,6	44,4
13	15	18,4	14,4	46	52	65,1	51,3	49,8
14	16	19,8	15,5	50	58	70,7	55,8	54,1
15	17	21,2	16,6	55	65	77,8	61,3	59,5
16	18	22,6	17,8	60	70	84,8	67,0	64,9
17	19	24,0	18,9	65	75	91,9	72,6	70,3
18	21	25,4	20,0	70	82	99,0	78,3	75,7
19	22	26,9	21,1	75	88	106	83,9	81,2
20	23	28,3	22,2	80	92	113	89,6	86,6

⇒ **DIN 475 – SW 16:** Schlüsselweite mit Nennmaß s = 16 mm

[1] In DIN 475 sind die Eckenmaße kleiner als beim scharfkantigen Sechskant. Diese kleineren Maße gelten für fertig gepresste Sechskantprodukte. Das Eckenmaß kann mit der Formel $e_2 = 1,1547 \cdot s$ berechnet werden.

Antriebsarten von Schrauben

Bezeichnung	Eigenschaften	Bezeichnung	Eigenschaften
Außensechskant	Hohe übertragbare Drehmomente, keine Axialkraft erforderlich, relativ preisgünstig, Werkzeug für Schraube und Mutter identisch, viele Varianten, Werkzeug relativ groß	Außenvielzahn	Höhere Drehmomentübertragung als bei Außensechskant
Innensechskant	Wie bei Außensechskant, aber übertragbares Drehmoment etwas kleiner, geringerer Platzbedarf für Werkzeug als beim Außensechskant	Innenvielzahn	Sehr gute Drehmomentübertragung, geringer Platzbedarf für Werkzeug
Innensechskant mit Stift	Sicherheitsschraube, nur mit Spezialwerkzeug zu lösen, besondere Eignung für Schutz gegen Zerstörungen und Diebstahl, trotzdem gute Drehmomentübertragung	Innenvielzahn mit Sicherungsstift	Sicherheitsschraube, nur mit Spezialwerkzeug zu lösen, besondere Eignung für Schutz gegen Zerstörungen und Diebstahl, trotzdem gute Drehmomentübertragung
Längsschlitz	Preisgünstiges, gängiges, allerdings schlecht zentrierbares Werkzeug, niedriges übertragbares Drehmoment, große Flächenpressung an den Kraftangriffsflächen	Kreuzschlitz Pozidriv Z	Höheres Drehmoment als bei Schrauben mit Längsschlitz, bessere Zentrierbarkeit des Werkzeuges, geringere Flächenpressung, ohne Diagonalkerben auch als Kreuzschlitz Phillips H erhältlich

M

Senkungen für Senkschrauben

Senkungen für Senkschrauben mit Einheitsköpfen nach DIN ISO 7721 $\quad$ vgl. DIN 66 (1990-04)

Nenngröße	1,6	2	2,5	3	3,5	4	5	5,5
Metr. Schrauben	M1,6	M2	M2,5	M3	M3,5	M4	M5	–
Blechschrauben	–	ST2,2	–	ST2,9	ST3,5	ST4,2	ST4,8	ST5,5
d_1 H13 (mittel)	1,8	2,4	2,9	3,4	3,9	4,5	5,5	6
d_2	3,6	4,4	5,5	6,3	8,2	9,4	10,4	11,5
Grenzabmaße für d_2	+0,1/0			+0,2/0			+0,25/0	
$t_1 \approx$	1,0	1,1	1,4	1,6	2,3	2,6	2,6	2,9

Nenngröße	6	8	10	12	14	16	18	20
Metr. Schrauben	M6	M8	M10	M12	M14	M16	M18	M20
Blechschrauben	ST6,3	ST8	ST9,5	–	–	–	–	–
d_1 H13 (mittel)[1]	6,6	9	11	13,5	15,5	17,5	20	22
d_2	12,6	17,3	20	24	28	32	36	40
Grenzabmaße für d_2	+0,25/0			+0,3/0			+0,4/0	
$t_1 \approx$	3,1	4,3	4,7	5,4	6,4	7,5	8,2	9,2

$\Rightarrow$ **Senkung DIN 66 – 8**: Nenngröße 8 (metr. Gewinde M8 bzw. Blechschraubengewinde ST8)

Anwendung für Schrauben

Senkschrauben mit Schlitz	DIN EN ISO 2009
Senkschrauben mit Kreuzschlitz	DIN EN ISO 7046-1
Linsensenkschrauben mit Schlitz	DIN EN ISO 2010
Linsensenkschrauben mit Kreuzschlitz	DIN EN ISO 7047
Senk-Blechschrauben mit Schlitz	DIN ISO 1482
Senk-Blechschrauben mit Kreuzschlitz	DIN ISO 7050
Linsensenk-Blechschrauben mit Schlitz	DIN ISO 1483
Linsensenk-Blechschrauben mit Kreuzschlitz	DIN ISO 7051
Gewindeschneidschrauben	DIN 7513 u. DIN 7516
Gewindefurchende Schrauben	DIN 7500

90°±1° d_2 d_1H13 t

Zeichnerische Darstellung: Seite 83

Senkungen für Senkschrauben $\quad$ vgl. DIN 74 (2003-04)

90°±1° d_2 H13 d_1H13 t_1

Form A und Form F

Form A	Gewinde-Ø	1,6	2	2,5	3	4	4,5	5	6	7	8
	d_1 H13[1]	1,8	2,4	2,9	3,4	4,5	5	5,5	6,6	7,6	9
	d_2 H13	3,7	4,6	5,7	6,5	8,6	9,5	10,4	12,4	14,4	16,4
	$t_1 \approx$	0,9	1,1	1,4	1,6	2,1	2,3	2,5	2,9	3,3	3,7

$\Rightarrow$ **Senkung DIN 74 – A4**: Form A, Gewindedurchmesser 4 mm

Anwendung der Form A für:

Senk-Holzschrauben	DIN 97 und DIN 7997
Linsensenk-Holzschrauben	DIN 95 und DIN 7995

Form E	Gewinde-Ø	10	12	16	20	22	24
	d_1 H13[1]	10,5	13	17	21	23	25
	d_2 H13	19	24	31	34	37	40
	$t_1 \approx$	5,5	7	9	11,5	12	13
	α	75° ± 1°			60° ± 1°		

$\Rightarrow$ **Senkung DIN 74 – E12**: Form E, Gewindedurchmesser 12 mm

Anwendung der Form E für: Senkschrauben für Stahlkonstruktionen DIN 7969

α d_2 H13 d_1H13 t_1

Form E

Form F	Gewinde-Ø	3	4	5	6	8	10	12	14	16	20
	d_1 H13[1]	3,4	4,5	5,5	6,6	9	11	13,5	15,5	17,5	22
	d_2 H13	6,9	9,2	11,5	13,7	18,3	22,7	27,2	31,2	34,0	40,7
	$t_1 \approx$	1,8	2,3	3,0	3,6	4,6	5,9	6,9	7,8	8,2	9,4

$\Rightarrow$ **Senkung DIN 74 – F12**: Form F, Gewindedurchmesser 12 mm

Anwendung der Form F für: Senkschrauben mit Innensechskant DIN EN ISO 10642 (Ersatz für DIN 7991)

1) Durchgangsloch mittel nach DIN EN 20273, Seite 211

Zeichnerische Darstellung: Seite 83

Formen B, C und D nicht mehr genormt

M

Senkungen für Zylinder- und Sechskantschrauben

Senkungen für Schrauben mit Zylinderkopf
vgl. DIN 974-1 (1991-05)

	d	3	4	5	6	8	10	12	16	20	24	27	30	36
	d_h H13[1])	3,4	4,5	5,5	6,6	9	11	13,5	17,5	22	26	30	33	39
d_1 H13	Reihe 1	6,5	8	10	11	15	18	20	26	33	40	46	50	58
	Reihe 2	7	9	11	13	18	24	–	–	–	–	–	–	–
	Reihe 3	6,5	8	10	11	15	18	20	26	33	40	46	50	58
	Reihe 4	7	9	11	13	16	20	24	30	36	43	46	54	63
	Reihe 5	9	10	13	15	18	24	26	33	40	48	54	61	69
	Reihe 6	8	10	13	15	20	24	33	43	48	58	63	73	–
t[2])	ISO 1207	2,4	3,0	3,7	4,3	5,6	6,6	–	–	–	–	–	–	–
	ISO 4762	3,4	4,4	5,4	6,4	8,6	10,6	12,6	16,6	20,6	24,8	31,0	34,0	37,0
	DIN 7984	2,4	3,2	3,9	4,4	5,4	6,4	7,6	9,6	11,6	13,8	–	–	–

⇒ DIN 974 sieht keine Kurzbezeichnung für Senkungen vor.

Reihe	Schrauben mit Zylinderkopf ohne Unterlegteile
1	Schrauben ISO 1207, ISO 4762, DIN 6912, DIN 7984
2	Schrauben ISO 1580, DIN 7985
	Schrauben mit Zylinderkopf und folgenden Unterlegteilen:
3	Schrauben ISO 1207, ISO 4762, DIN 7984 mit Federringen DIN 7980[3])
4	Scheiben DIN EN ISO 7092 — Federscheiben DIN 137 Form A[3]) — Federringe DIN 128 + DIN 6905[3]) — Zahnscheiben DIN 6797[3]) — Fächerscheiben DIN 6798[3]) — Fächerscheiben DIN 6907[3])
5	Scheiben DIN EN ISO 7090 — Scheiben DIN 6902 Form A[3]) — Federscheiben DIN 137 Form B[3]) — Federscheiben DIN 6904[3])
6	Spannscheiben DIN 6796

Zeichnerische Darstellung: Seite 83

[1]) Durchgangsloch nach DIN EN ISO 273, Reihe mittel, Seite 211
[2]) Für Schrauben ohne Unterlegteile   [3]) Normen zurückgezogen

Senkungen für Sechskantschrauben und Sechskantmuttern
vgl. DIN 974-2 (1991-05)

	d	4	5	6	8	10	12	14	16	20	24	27	30	33	36	42
	s	7	8	10	13	16	18	21	24	30	36	41	46	50	55	65
	d_h H13	4,5	5,5	6,6	9	11	13,5	15,5	17,5	22	26	30	33	36	39	45
d_1 H13	Reihe 1	13	15	18	24	28	33	36	40	46	58	61	73	76	82	98
	Reihe 2	15	18	20	26	33	36	43	46	54	73	76	82	89	93	107
	Reihe 3	10	11	13	18	22	26	30	33	40	48	54	61	69	73	82
t[1])	Sechsk.schr.	3,2	3,9	4,4	5,7	6,8	8,1	–	10,6	13,1	15,8	–	19,7	23,5	–	–

⇒ DIN 974 sieht keine Kurzbezeichnung für Senkungen vor.

Reihe 1: für Steckschlüssel DIN 659, DIN 896, DIN 3112 oder Steckschlüsseleinsätze DIN 3124
Reihe 2: für Ringschlüssel DIN 838, DIN 897 oder Steckschlüsseleinsätze DIN 3129
Reihe 3: für Ansenkungen bei beengten Raumverhältnissen (für Spannscheiben nicht geeignet)
[1]) Für Sechskantschrauben ISO 4014, ISO 4017, ISO 8765, ISO 8676 ohne Unterlegteile

Zeichnerische Darstellung: Seite 83

M

Berechnung der Senktiefe für bündigen Abschluss (für DIN 974-1 und DIN 974-2)

Ermittlung der Zugabe Z

Gewinde-Nenn-⌀ d	von 1 bis 1,4	über 1,4 bis 6	über 6 bis 20	über 20 bis 27	über 27 bis 100
Zugabe Z	0,2	0,4	0,6	0,8	1,0

t Senktiefe
k_{max} maximale Kopfhöhe der Schraube
h_{max} maximale Höhe des Unterlegteiles
Z Zugabe entspr. dem Gewinde-Nenndurchmesser (vgl. Tabelle)

Senktiefe[1])

$$t = k_{max} + h_{max} + Z$$

[1]) Falls die Werte k_{max} und h_{max} nicht zur Verfügung stehen, können näherungsweise die Werte k und h verwendet werden.

Muttern – Übersicht

Bild	Ausführung	Normbereich von … bis	Norm	Verwendung, Eigenschaften
Sechskantmuttern, Typ 1				Seite 228
	mit Regelgewinde	M1,6 … M64	DIN EN ISO 4032	am häufigsten verwendete Muttern, Verwendung für Schrauben bis zur gleichen Festigkeitsklasse;
	mit Feingewinde	M8x1 … M64x4	DIN EN ISO 8673	**Feingewinde:** höhere Kraftübertragung als bei Regelgewinden
Sechskantmuttern, Typ 2				Seite 229
	mit Regelgewinde	M5 … M36	DIN EN ISO 4033	Mutterhöhe m ist ca. 10% höher als bei Muttern des Typs 1, Verwendung für Schrauben bis zur gleichen Festigkeitsklasse;
	mit Feingewinde	M8x1 … M36x3	DIN EN ISO 8674	**Feingewinde:** höhere Kraftübertragung als bei Regelgewinden
Niedrige Sechskantmuttern				Seite 229, 230
	mit Regelgewinde	M1,6 … M64	DIN EN ISO 4035	Verwendung bei niedrigen Einbauhöhen und geringen Belastungen;
	mit Feingewinde	M8x1 … M64x4	DIN EN ISO 8675	**Feingewinde:** höhere Kraftübertragung als bei Regelgewinden
Sechskantmuttern mit Klemmteil				Seite 230
	mit Regelgewinde	M3 … M36	DIN EN ISO 7040	selbstsichernde Muttern mit voller Belastbarkeit und nichtmetallischem Einsatz, bis zu Betriebstemperaturen von 120°C;
	mit Feingewinde	M8x1 … M36x3	DIN EN ISO 10512	**Feingewinde:** höhere Kraftübertragung als bei Regelgewinden
	mit Regelgewinde	M5 … M36	DIN EN ISO 7719	selbstsichernde Ganzmetallmuttern mit voller Belastbarkeit;
	mit Feingewinde	M8x1 … M36x3	DIN EN ISO 10513	**Feingewinde:** höhere Kraftübertragung als bei Regelgewinden
Sechskantmuttern, andere Formen				Seite 230, 232
	mit großen Schlüsselweiten, Regelgewinde	M12 … M36	DIN 6915	für HV-Verbindungen (**H**ochfest-**V**orgespannt) in Stahlkonstruktionen, Verwendung mit Sechskantschrauben DIN 6914
	mit Flansch, Regelgewinde	M5 … M20	DIN EN 1661	Verwendung z. B. bei großen Durchgangsbohrungen oder zur Verringerung der Flächenpressung
	Schweißmuttern, Regelgewinde	M3 … M16 M8x1 … M16x1,5	DIN 929	Verwendung in Blechkonstruktionen; Muttern werden mit den Blechen meist durch Buckelschweißen verbunden
Kronenmuttern, Splinte				Seite 232
	hohe Form, Regel- oder Feingewinde	M4 … M100 M8x1 … M100x4	DIN 935	Verwendung z. B. zur axialen Fixierung von Lagern, Naben, in Sicherheitsverschraubungen (Lenkungsbereich von Fahrzeugen)
	niedrige Form, Regel- oder Feingewinde	M6 … M48 M8x1 … M48x3	DIN 979	Sicherung mit Splint und Querbohrung in der Schraube, bei voller Belastung der Schrauben werden die Splinte ab Festigkeitsklasse 8.8 abgeschert
	Splinte	0,6x12 … 20x280	DIN EN ISO 1234	

M

Muttern – Übersicht, Bezeichnung von Muttern

Bild	Ausführung	Normbereich von ... bis	Norm	Verwendung, Eigenschaften

Hutmuttern   Seite 231

| | hohe Form, Regel- oder Feingewinde | M4 ... M36 M8x1 ... M24x2 | DIN 1587 | dekorativer und dichter Abschluss von Verschraubungen nach außen, Schutz für das Gewinde, Schutz vor Verletzungen |
| | niedrige Form, Regel- oder Feingewinde | M4 ... M48 M8x1 ... M48x3 | DIN 917 | |

Ringmuttern, Ringschrauben   Seite 231

| | Ringmuttern, Regel- oder Feingewinde | M8 ... M100x6 M20x2 ... M100x4 | DIN 582 | Transportösen an Maschinen und Geräten; Belastung hängt vom Lastzugwinkel ab, spanende Bearbeitung der Auflagefläche des Flansches erforderlich |

Nutmuttern, Sicherungsbleche   Seite 231

	Nutmuttern mit Feingewinde	M10x1 ... M200x1,5	DIN 70852	zur axialen Fixierung, z.B. von Naben, bei kleinen Einbauhöhen und geringen Belastungen, Sicherung mit Sicherungsblech
	Sicherungsbleche	10 ... 200	DIN 70952	
	Nutmuttern mit Feingewinde	M10x0,75 ... M115x2 (KM0 ... KM23)	DIN 981	zur axialen Fixierung von Wälzlagern, zur Einstellung des Lagerspieles, z.B. bei Kegelrollenlagern, Sicherung mit Sicherungsblech
	Sicherungsbleche	10 ... 115 (MB0 ... MB23)	DIN 5406	

Rändelmuttern   Seite 232

| | hohe Form, Regelgewinde | M1 ... M10 | DIN 466 | Verwendung bei Verschraubungen, die häufig geöffnet werden, z.B. im Vorrichtungsbau, in Schaltschränken |
| | niedrige Form, Regelgewinde | M1 ... M10 | DIN 467 | |

Sechskant-Spannschlossmuttern

| | Regelgewinde | M6 ... M30 | DIN 1479 | zur Verbindung und Einstellung, z.B. von Gewinde- und Schubstangen, mit Links- und Rechtsgewinde; Sicherung mit Gegenmuttern |

Bezeichnung von Muttern   vgl. DIN 962 (2001-11)

Beispiele:

	Sechskantmutter	ISO 4032	– M12	– 8
	Kronenmutter	DIN 929	– M8 x 1	– St
	Sechskantmutter	EN 1661	– M12	– 10

| Bezeichnung | Bezugsnorm, z.B. ISO, DIN, EN; Nummer des Normblattes[1] | Nenndaten, z.B. M → metrisches Gewinde 8 → Nenndurchmesser d 1 → Gewindesteigung P bei Feingewinden | Festigkeitsklasse, z.B. 05, 8, 10 Werkstoff, z.B.: St Stahl GT Temperguss |

[1] Muttern, die nach ISO oder DIN EN ISO genormt sind, erhalten in der Bezeichnung das Kurzzeichen **ISO**.
Muttern, die nach DIN genormt sind, erhalten in der Bezeichnung das Kurzzeichen **DIN**.
Muttern, die nach DIN EN genormt sind, erhalten in der Bezeichnung das Kurzzeichen **EN**.

M

Festigkeitsklassen, Sechskantmuttern mit Regelgewinde

Festigkeitsklassen von Muttern

vgl. DIN EN 20898-2 (1994-02),
DIN EN ISO 3506-2 (1998-03)

Beispiele:

unlegierte und legierte Stähle	nichtrostende Stähle
DIN EN 29898-2	DIN EN ISO 3506-2
Mutterhöhe $m \geq 0,8 \cdot d$:　**8**	Mutterhöhe $m \geq 0,8 \cdot d$:　**A 2 – 70**
Mutterhöhe $m < 0,8 \cdot d$:　**04**	Mutterhöhe $m < 0,8 \cdot d$:　**A 4 – 035**

Kennzahlen	Stahlgefüge	Stahlgruppe	Kennzahlen
8 Festigkeitsklasse 04 niedrige Mutter, Prüf- spannung = 4 · 100 N/mm²	A austenitisch F ferritisch	1 Automatenlegierung 2 legiert mit Cr, Ni 4 legiert mit Cr, Ni, Mo	70 Prüfspannung = 70 · 10 N/mm² 035 niedrige Mutter, Prüfspannung = 35 · 10 N/mm²

Zulässige Kombinationen von Muttern und Schrauben

vgl. DIN EN 20898-2 (1994-02)

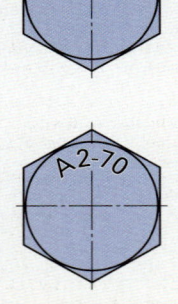

Festigkeits-klasse der Mutter	verwendbare Schrauben bis zur Festigkeitsklasse										
	unlegierte und legierte Stähle							nichtrostende Stähle			
	4.8	5.8	6.8	8.8	9.8	10.9	12.9	A2-50	A2-70	A4-50	A4-70
4											
5											
6											
8											
9											
10											
12											
A2-50											
A2-70											
A4-50											
A4-70											

zulässige Kombinationen von Festigkeitsklassen bei Muttern und Schrauben

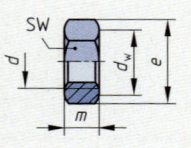

04, 05, A2-025, A4-025	Festigkeitsklassen für niedrige Muttern. Die Muttern sind für kleine Belastungen ausgelegt. Schrauben und Muttern der gleichen Werkstoffgruppe, z.B. nichtrostender Stahl, sind miteinander kombinierbar.

M

Sechskantmuttern mit Regelgewinde, Typ 1[1)]

vgl. DIN EN ISO 4032 (2001-03)

Gültige Norm	Ersatz für										
DIN EN ISO	DIN EN	DIN	d	M1,6	M2	M2,5	M3	M4	M5	M6	M8	M10
4032	24032	934	SW d_w	3,2 2,4	4 3,1	5 4,1	5,5 4,6	7 5,9	8 6,9	10 8,9	13 11,6	16 14,6
			e m	3,4 1,3	4,3 1,6	5,5 2	6 2,4	7,7 3,2	8,8 4,7	11,1 5,2	14,4 6,8	17,8 8,4

Festigkeits-klassen	nach Vereinbarung	6, 8, 10
	A2-70, A4-70	

d	M12	M16	M20	M24	M30	M36	M42	M48	M56
SW d_w	18 16,6	24 22,5	30 27,7	36 33,3	46 42,8	55 51,1	65 60	75 69,5	85 78,7
e m	20 10,8	26,8 14,8	33 18	39,6 21,5	50,9 25,6	60,8 31	71,3 34	82,6 38	93,6 45

Produktklassen (Seite 211)	Festigkeits-klassen	6, 8, 10		nach Vereinbarung
Gewinde d	Klasse	A2-70, A4-70	A2-50, A4-50	–
M1,6…M16	A			
M20…M64	B	Erläuterung	[1)] Typ1: Mutterhöhe $m \geq 0,8 \cdot d$	
		⇒	**Sechskantmutter ISO 4032 – M10 – 10:** d = M10, Festigkeitsklasse 10	

Sechskantmuttern

Sechskantmuttern mit Regelgewinde, Typ 2[1]   vgl. DIN EN ISO 4033 (2001-03), Ersatz für DIN EN 24033

d	M5	M6	M8	M10	M12	M16	M20	M24	M30	M36
SW	8	10	13	16	18	24	30	36	46	55
d_w	6,9	8,9	11,6	14,8	14,6	22,5	27,7	33,2	42,7	51,1
e	8,8	11,1	14,4	17,8	20	26,8	33	39,6	50,9	60,8
m	5,1	5,7	7,5	9,3	12	16,4	20,3	23,9	28,6	34,7

Produktklassen (Seite 211)		Festigkeitskl.	9, 12
Gewinde d	Klasse	Erläuterung	[1] Sechskantmuttern des Typs 2 sind ca. 10% höher als Muttern des Typs 1.
M1,6...M16	A		
M20...M64	B	⇒	**Sechskantmutter ISO 4033 – M24 – 9:** d = M24, Festigkeitsklasse 9

Sechskantmuttern mit Feingewinde, Typ 1 und Typ 2[1]   vgl. DIN EN ISO 8673 und 8674 (2001-03)

Gültige Norm DIN EN ISO	Ersatz für DIN EN	DIN	d	M8 x1	M10 x1	M12 x1,5	M16 x1,5	M20 x1,5	M24 x2	M30 x2	M36 x3	M42 x3	M48 x3	M56 x4
8673	28673	934	SW	13	16	18	24	30	36	46	55	65	75	85
8674	28674	971	d_w	11,6	14,6	16,6	22,5	27,7	33,3	42,8	51,1	60	69,5	78,6

	e	14,4	17,8	20	26,8	33	39,6	50,9	60,8	71,3	82,6	93,6
	m_1[1]	6,8	8,4	10,8	14,8	18	21,5	25,6	31	34	38	45
	m_2[1]	7,5	9,3	12	16,4	20,3	23,9	28,6	34,7	–	–	–

Festig-keits-klassen	Typ 1	6, 8		nach Vereinbarung
		A2-70, A4-70	A2-50, A4-50	
	Typ 2	8, 10, 12	10	–

Produktklassen (Seite 211)		Erläuterung	[1] Sechskantmutter Typ 1: DIN EN ISO 8673, Mutterhöhe $m_1 \geq 0,8 \cdot d$ Sechskantmutter Typ 2: DIN EN ISO 8674, Mutterhöhe m_2 ist ca. 10% größer als bei Muttern des Typs 1.
Gewinde d	Klasse		
M8x1...M16x1,5	A		
M20x1,5...M64x3	B	⇒	**Sechskantmutter ISO 8673 – M8x1 – 6:** d = M8x1, Festigkeitsklasse 6

Niedrige Sechskantmuttern mit Regelgewinde[1]   vgl. DIN EN ISO 4035 (2001-03)

Gültige Norm DIN EN ISO	Ersatz für DIN EN	d	M1,6	M2	M2,5	M3	M4	M5	M6	M8	M10
4035	24035	SW	3,2	4	5	5,5	7	8	10	13	16
		d_w	2,4	3,1	4,1	4,6	5,9	6,9	8,9	11,6	14,6

	e	3,4	4,3	5,5	6	7,7	8,8	11,1	14,4	17,8
	m	1	1,2	1,6	1,8	2,2	2,7	3,2	4	5

Festigkeits-klassen	nach Vereinbarung		04, 05						
	A2-035, A4-035								

d	M12	M16	M20	M24	M30	M36	M42	M48	M56
SW	18	24	30	36	46	55	65	75	85
d_w	16,6	22,5	27,7	33,2	42,8	51,1	60	69,5	78,7
e	20	26,8	33	39,6	50,9	60,8	71,3	82,6	93,6
m	6	8	10	12	15	18	21	24	28

Festigkeits-klassen	04, 05			nach Vereinbarung		
	A2-035, A4-035		A2-025, A4-025		–	

Produktklassen (Seite 211)		Erläuterung	[1] Niedrige Sechskantmuttern (Mutterhöhe $m < 0,8 \cdot d$) sind geringer belastbar als Muttern des Typs 1.
Gewinde d	Klasse		
M1,6...M16	A		
M20...M36	B	⇒	**Sechskantmutter ISO 4035 – M16 – A2-035:** d = M16, Festigkeitsklasse A2-035

M

Sechskantmuttern

Niedrige Sechskantmuttern mit Feingewinde[1]

vgl. DIN EN ISO 8675 (2001-03)

Gültige Norm DIN EN ISO	Ersatz für DIN EN	d	M8 x1	M10 x1	M12 x1,5	M16 x1,5	M20 x1,5	M24 x2	M30 x2	M36 x3	M42 x3	M48 x4	M56 x4
8675	28675	SW	13	16	18	24	30	36	46	55	65	75	85
		d_w	11,6	14,6	16,6	22,5	27,7	33,3	42,8	51,1	60	69,5	76,7
		e	14,4	17,8	20	26,8	33	39,6	50,9	60,8	71,3	82,6	93,6
		m	4	5	6	8	10	12	15	18	21	24	28

Festigkeits-klassen	04, 05	nach Vereinbarung
	A2-035, A4-035	[2]

Produktklassen (Seite 211)

Gewinde d	Klasse
M8x1...M16x1,5	A
M20x1,5...M64x3	B

Erläuterungen

[1] Niedrige Sechskantmuttern (Mutterhöhe $m < 0,8 \cdot d$) sind geringer belastbar als Muttern des Typs 1.
[2] Festigkeitsklassen für nichtrostende Stähle: A2-025, A4-025

⇒ **Sechskantmutter ISO 8675 – M20x1,5 – A2-035:**
d = M20x1,5, Festigkeitsklasse A2-035

Sechskantmuttern mit Klemmteil, Typ 1[1]

vgl. DIN EN ISO 7040 und 10512 (2001-03)

Gültige Norm DIN EN ISO	Ersatz für DIN EN	DIN	d	M4 –	M5 –	M6 –	M8 M8x1	M10 M10x1	M12 M12x1,5	M16 M16x1,5	M20 M20x1,5	M24 M24x2	M30 M30x2	M36 M36x3
7040 10512	27040	982	SW	7	8	10	13	16	18	24	30	36	46	55
			d_w	5,9	8,9	8,9	11,6	14,6	16,6	22,5	27,7	33,3	42,8	51,1
			e	7,7	8,8	11,1	14,4	17,8	20	26,8	33	39,6	50,9	60,8
			h	6	6,8	8	9,5	11,9	14,9	19,1	22,8	27,1	32,6	38,9
			m	2,9	4,4	4,9	6,4	8	10,4	14,1	16,9	20,2	24,3	29,4

Festigkeitskl.	bei DIN EN ISO 7040: 5, 8, 10 — bei DIN EN ISO 10512: 6, 8, 10

Erläuterung

[1] Sechskantmuttern Typ 1 (Mutterhöhe $m \geq 0,8 \cdot d$)
DIN EN ISO 7040: Muttern mit Regelgewinde
DIN EN ISO 10512: Muttern mit Feingewinde

Produktklassen siehe DIN EN ISO 4032

⇒ **Sechskantmutter ISO 7040 – M16-10:** d = M10, Festigkeitsklasse 10

Sechskantmuttern mit großen Schlüsselweiten[1]

vgl. DIN 6915 (1999-12)

d	M12	M16	M20	M22	M24	M27	M30	M36
SW	22	27	32	36	41	46	50	60
d_w	20	25	30	34	39	43,5	47,5	57
e	23,9	29,6	35	39,6	45,2	50,9	55,4	66,4
m	10	13	16	18	20	22	24	29

Festigkeitskl.	10 (Angabe in der Bezeichnung ist nicht erforderlich)

Erläuterung

[1] für HV-Verbindungen (Hochfest-Vorgespannt) im Stahlbau, Verwendung mit Sechskantschrauben DIN 6914 (Seite 214)

Produktklasse B

⇒ **Sechskantmutter DIN 6915 – M24:** d = M24, Festigkeitsklasse 10

Sechskantmuttern mit Flansch

vgl. DIN EN 1661 (1998-02)

d	M5	M6	M8	M10	M12	M16	M20
SW	8	10	13	16	18	24	30
d_w	9,8	12,2	15,8	19,6	23,8	31,9	39,9
d_c	11,8	14,2	17,9	21,8	26	34,5	42,8
e	8,8	11,1	14,4	17,8	20	26,8	33
m	5	6	8	10	12	16	20

Festigkeitskl.	8, 10, A2-70

Produktklassen siehe DIN EN ISO 4032

⇒ **Sechskantmutter EN 1661 – M16-8:** d = M16, Festigkeitsklasse 8

M

Sechskant-Hutmuttern, Nutmuttern, Ringmuttern

Sechskant-Hutmuttern, hohe Form

vgl. DIN 1587 (2000-10)

Produktklasse A oder B
nach Wahl des Herstellers

d	M4 –	M5 –	M6 –	M8 M8 x1	M10 M10 x1	M12 M12 x1,5	M16 M16 x1,5	M20 M20 x2	M24 M24 x2
SW	7	8	10	13	16	18	24	30	36
d_1	6,5	7,5	9,5	12,5	15	17	23	28	34
m	3,2	4	5	6,5	8	10	13	16	19
e	7,7	8,8	11,1	14,4	17,8	20	26,8	33,5	40
h	8	10	12	15	18	22	28	34	42
t	5,3	7,2	7,8	10,7	13,3	16,3	20,6	25,6	30,5
g_2	$g \approx 2 \cdot P$ (P Gewindesteigung)					Gewindefreistich DIN 76-D			
Festigkeitskl.	6, A1-50								
$\Rightarrow$	**Hutmutter DIN 1587 – M20 – 6:** d = M20, Festigkeitsklasse 6								

Nutmuttern

vgl. DIN 70852 (1989-06)

d	M12 x1,5	M16 x1,5	M20 x1,5	M24 x1,5	M30 x1,5	M35 x1,5	M40 x1,5	M48 x1,5	M55 x1,5	M60 x1,5	M65 x1,5
d_1	22	28	32	38	44	50	56	65	75	80	85
d_2	18	23	27	32	38	43	49	57	67	71	76
m	6	6	6	7	7	8	8	8	8	9	9
b	4,5	5,5	5,5	6,5	6,5	7	7	8	8	11	11
t	1,8	2,3	2,3	2,8	2,8	3,3	3,3	3,8	3,8	4,3	4,3
Werkstoff	St (Stahl)										
$\Rightarrow$	**Nutmutter DIN 70852 – M16x1,5 – St:** d = M16x1,5, Werkstoff Stahl										

Sicherungsbleche

vgl. DIN 70952 (1976-05)

Wellen-
nut

d	12	16	20	24	30	35	40	48	55	60	65
d_1	24	29	35	40	48	53	59	67	79	83	88
t	0,75	1	1	1	1,2	1,2	1,2	1,2	1,2	1,5	1,5
a	3	3	4	4	5	5	5	5	6	6	6
b	4	5	5	6	7	7	8	8	10	10	10
b_1 C11	4	5	5	6	7	7	8	8	10	10	10
t_1	1,2	1,2	1,2	1,2	1,5	1,5	1,5	1,5	1,5	2	2
Werkstoff	St (Stahlblech)										
$\Rightarrow$	**Sicherungsblech DIN 70952-16 – St:** d = 16 mm, Werkstoff Stahl										

Ringmuttern

vgl. DIN 582 (2003-08)

Belas-
tungs-
richtungen

senkrecht
(einsträngig)   unter 45°
(zweisträngig)

d	M8	M10	M12	M16	M20	M24	M30	M36	M42	M48	M56
h	18	22,5	26	30,5	35	45	55	65	75	85	95
d_1	36	45	54	63	72	90	108	126	144	166	184
d_2	20	25	30	35	40	50	60	70	80	90	100
d_3	20	25	30	35	40	50	65	75	85	100	110
Tragfähigkeit[1] in t bei Belastungsrichtung											
senkrecht	0,14	0,23	0,34	0,70	1,20	1,80	3,20	4,60	6,30	8,60	11,5
unter 45°	0,10	0,17	0,24	0,50	0,86	1,29	2,30	3,30	4,50	6,10	8,20
Werkstoffe	Einsatzstahl C15, A2, A3, A4, A5										
Erläuterung	[1] Die Werte enthalten eine Sicherheit ν = 6, bezogen auf die Bruchkraft.										
$\Rightarrow$	**Ringmutter DIN 582 – M36 – C15E:** d = M36x3, Werkstoff C15E										

M

Kronenmuttern, Splinte, Schweißmuttern, Rändelmuttern

Kronenmuttern, hohe Form vgl. DIN 935-1 (2000-10)

d	M4 –	M5 –	M6 –	M8 M8 x1	M10 M10 x1	M12 M12 x1,5	M16 M16 x1,5	M20 M20 x2	M24 M24 x2	M30 M30 x2
s	7	8	10	13	16	18	24	30	36	46
e	7,7	8,8	11,1	14,4	17,8	20	26,8	33	39,6	50,9
m	5	6	7,5	9,5	12	15	19	22	27	33
d_1	kein zylindrischer Ansatz					15,6	21,5	27,7	33,2	42,7
n	1,2	1,4	2	2,5	2,8	3,5	4,5	4,5	5,5	7
w	3,2	4	5	6,5	8	10	13	16	19	24

Produktklassen (Seite 211)

Gewinde d	Klasse
M1,6...M16	A
M20...M100	B

Festigkeits-klassen	6, 8, 10	
	A2-70	A2-50

⇒   **Kronenmutter DIN 935 – M20 – 8**: d = M20, Festigkeitsklasse 8

Splinte vgl. DIN EN ISO 1234 (1998-02)

$d^{1)}$	1	1,2	1,6	2	2,5	3,2	4	5	6,3	8
b	3	3	3,2	4	5	6,4	8	10	12,6	16
c	1,6	2	2,8	3,6	4,6	5,8	7,4	9,2	11,8	15
a	1,6	2,5	2,5	2,5	2,5	3,2	4	4	4	4
l von	6	8	8	10	12	14	18	22	28	36
bis	20	25	32	40	50	63	80	100	125	160
$d_1^{2)}$ über	3,5	4,5	5,5	7	9	11	14	20	27	39
bis	4,5	5,5	7	9	11	14	20	27	39	56

Nenn-längen	6, 8, 10, 12, 14, 16, 18, 20, 22, 25, 28, 32, 36, 40, 45, 50, 56, 63, 71, 80, 90, 100, 112, 125, 140, 160 mm

Erläuterungen	1) d Nenngröße = Splintlochdurchmesser 2) d_1 zugehöriger Schraubendurchmesser

⇒   **Splint ISO 1234 – 2,5x32 – St:**
d = 2,5 mm, l = 32 mm, Werkstoff Stahl

Sechskant-Schweißmuttern vgl. DIN 929 (2000-01)

d	M3	M4	M5	M6	M8	M10	M12	M16
s	7,5	9	10	11	14	17	19	24
d_1	4,5	6	7	8	10,5	12,5	14,8	18,8
e	8,2	9,8	11	12	15,4	18,7	20,9	26,5
m	3	3,5	4	5	6,5	8	10	13
h	0,3	0,3	0,3	0,4	0,4	0,5	0,6	0,8
Werkstoff	St – Stahl mit einem maximalen Kohlenstoffgehalt von 0,25 %							

Produktklasse A

⇒   **Schweißmutter DIN 929 – M16 – St**: d = M16, Werkstoff Stahl

Rändelmuttern vgl. DIN 466 und 467 (1986-09)

d	M1,2	M1,6	M2	M2,5	M3	M4	M5	M6	M8	M10
d_k	6	7,5	9	11	12	16	20	24	30	36
d_s	3	3,8	4,5	5	6	8	10	12	16	20
k	1,5	2	2	2,5	2,5	3,5	4	5	8	8
$h^{1)}$	4	5	5,3	6,5	7,5	9,5	11,5	15	18	23
$h^{2)}$	2	2,5	2,5	3	3	4	5	6	8	10

Festigkeitskl.	5, A1-50	

Erläuterungen	1) Mutterhöhe für DIN 466 hohe Form 2) Mutterhöhe für DIN 467 niedrige Form

⇒   **Rändelmutter DIN 467 – M6 – A1-50:** d = M6, Festigkeitsklasse A1-50

M

Übersicht, flache Scheiben

Bezeichnungsbeispiel:

Scheibe ISO 7090 – 8 – 300 HV – A2[1]

| Benennung | Norm | Nenngröße (Gewinde-Nenn-∅) | Härteklasse | Werkstoff |

[1] Nichtrostender Stahl, Stahlgruppe A2

Übersicht

Bild	Ausführung Normbereich von…bis	W[1]	Norm	Bild	Ausführung Normbereich von…bis	W[1]	Norm
	Flache Scheibe mit Fase Produktklasse A[2] M5 … M64 Tabelle unten	Stahl, nichtrosten-der Stahl	DIN EN ISO 7090		Scheiben, rund, für HV-Schrauben M12 … M30 Seite 235	Stahl	DIN 6916
	Flache Scheibe kleine Reihe Produktklasse A[2] M1,6 … M36 Seite 234	Stahl, nichtrosten-der Stahl	DIN EN ISO 7092		Scheiben, vierkant, für U- und I-Träger M8 … M27 Seite 235	Stahl	DIN 434 DIN 435
	Flache Scheiben normale Reihe Produktklasse C[2] M1,6 … M64 Seite 234	Stahl	DIN EN ISO 7091		Scheiben für Bolzen Produktklasse A[2] d = 3 … 100 mm Seite 235	Stahl	DIN EN 28738
	Scheiben für Stahl-konstruktionen, Pro-duktklasse A[2], C[2] M10 … M30 Seite 234	Stahl	DIN 7989-1		Spannscheiben für Schrauben-verbindungen d = 2 … 30 mm Seite 235	Feder-stahl	DIN 6796

[1] Werkstoff Stahl mit entsprechender Härteklasse (z. B. 200 HV; 300 HV); andere Werkstoffe nach Vereinbarung.
[2] Produktklassen unterscheiden sich in der Toleranz und im Fertigungsverfahren.

M

Flache Scheiben mit Fase, normale Reihe   vgl. DIN EN ISO 7090 (2000-11), Ersatz für DIN 125-1+2

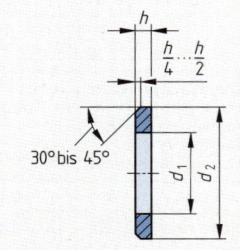

für Gewinde	M5	M6	M8	M10	M12	M16	M20
Nenngröße	5	6	8	10	12	16	20
d_1 min.[1]	5,3	6,4	8,4	10,5	13,0	17,0	21,0
d_2 max.[1]	10,0	12,0	16,0	20,0	24,0	30,0	37,0
h[1]	1	1,6	1,6	2	2,5	3	3
für Gewinde	M24	M30	M36	M42	M48	M56	M64
Nenngröße	24	30	36	42	48	56	64
d_1 min.[1]	25,0	31,0	37,0	45,0	52,0	62,0	70,0
d_2 max.[1]	44,0	56,0	66,0	78,0	92,0	105,0	115,0
h[1]	4	4	5	8	8	10	10

Werkstoffe[2]	Stahl		Nichtrostender Stahl	
Sorte	–	–	A2, A4, F1, C1, C4 (ISO 3506)[3]	
Härteklasse	200 HV	300 HV (vergütet)	200 HV	
⇒	**Scheibe ISO 7090-20-200 HV:** Nenngröße (= Gewinde-Nenn-∅) = 20 mm, Härteklasse 200 HV, aus Stahl			

Härteklasse 200 HV geeignet für:
- Sechskantschrauben und -muttern mit Festigkeitsklassen ≤ 8.8 bzw. ≤ 8 (Mutter)
- Sechskantschrauben und -muttern aus nichtrostendem Stahl

Härteklasse 300 HV geeignet für:
- Sechskantschrauben und -muttern mit Festigkeitsklassen ≤ 10.9 bzw. ≤ 10 (Mutter)

[1] jeweils Nennmaße
[2] Nichteisenmetalle und andere Werkstoffe nach Vereinbarung
[3] vgl. Seite 211

Flache Scheiben, Scheiben für Stahlkonstruktionen

Flache Scheiben, kleine Reihe
vgl. DIN EN ISO 7092 (2000-11), Ersatz für DIN 433-1+2

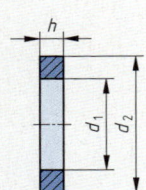

für Gewinde	M1,6	M2	M2,5	M3	M4	M5	M6	M8
Nenngröße	1,6	2	2,5	3	4	5	6	8
d_1 min.[1]	1,7	2,2	2,7	3,2	4,3	5,3	6,4	8,4
d_2 max.[1]	3,5	4,5	5	6	8	9	11	15
h_{max}	0,35	0,35	0,55	0,55	0,55	1,1	1,8	1,8
für Gewinde	M10	M12	M14[2]	M16	M20	M24	M30	M36
Nenngröße	10	12	14	16	20	24	30	36
d_1 min.[1]	10,5	13,0	15,0	17,0	21,0	25,0	31,0	37,0
d_2 max.[1]	18,0	20,0	24,0	28,0	34,0	39,0	50,0	60,0
h_{max}	1,8	2,2	2,7	2,7	3,3	4,3	4,3	5,6

Werkstoffe[3]	Stahl		Nichtrostender Stahl	
Sorte	–	–	A2, A4, F1, C1, C4 (ISO 3506)[4]	
Härteklasse	200 HV	300 HV (vergütet)	200 HV	

Härteklasse 200 HV geeignet für:
- Zylinderschrauben mit Festigkeitsklassen ≤ 8.8 oder aus nichtrostendem Stahl
- Zylinderschrauben mit Innensechskant mit Festigkeitsklassen ≤ 8.8 oder aus nichtrostendem Stahl

Härteklasse 300 HV geeignet für:
- Zylinderschrauben mit Innensechskant mit Festigkeitsklassen ≤ 10.9

⇒ **Scheibe ISO 7092-8-200 HV-A2:** Nenngröße (= Gewinde-Nenn-∅) = 8 mm, kleine Reihe, Härteklasse 200 HV, aus nichtrostendem Stahl A2

[1] jeweils Nennmaße
[2] diese Größe möglichst vermeiden
[3] Nichteisenmetalle und andere Werkstoffe nach Vereinbarung
[4] vgl. Seite 211

Flache Scheiben, normale Reihe
vgl. DIN EN ISO 7091 (2000-11), Ersatz für DIN 126

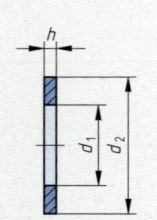

für Gewinde	M2	M3	M4	M5	M6	M8	M10	M12
Nenngröße	2	3	4	5	6	8	10	12
d_1 min.[1]	2,4	3,4	4,5	5,5	6,6	9,0	11,0	13,5
d_2 max.[1]	5,0	7,0	9,0	10,0	12,0	16,0	20,0	24,0
h[1]	0,3	0,5	0,8	1,0	1,6	1,6	2	2,5
für Gewinde	M16	M20	M24	M30	M36	M42	M48	M64
Nenngröße	16	20	24	30	36	42	48	64
d_1 min.[1]	17,5	22,0	26,0	33,0	39,0	45,0	52,0	70,0
d_2 max.[1]	30,0	37,0	44,0	56,0	66,0	78,0	92,0	115,0
h[1]	3	3	4	4	5	8	8	10

Härteklasse 100 HV geeignet für:
- Sechskantschrauben, Produktklasse C, mit Festigkeitsklassen ≤ 6.8
- Sechskantmuttern, Produktklasse C, mit Festigkeitsklassen ≤ 6

⇒ **Scheibe ISO 7091-12-100 HV:** Nenngröße (= Gewinde-Nenn-∅), d = 12 mm, Härteklasse 100 HV

[1] jeweils Nennmaße

Scheiben für Stahlkonstruktionen
vgl. DIN 7989-1 und DIN 7989-2 (2000-04)

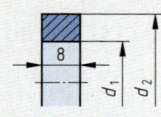

für Gewinde[1]	M10	M12	M16	M20	M24	M27	M30
d_1 min.	11,0	13,5	17,5	22,0	26,0	30,0	33,0
d_2 max.	20,0	24,0	30,0	37,0	44,0	50,0	56,0

⇒ **Scheibe DIN 7989-16-C-100 HV:** Gewinde Nenn-∅ d = 16 mm, Produktklasse C, Härteklasse 100

Für Schrauben nach DIN 7968, DIN 7969, DIN 7990 in Verbindung mit Muttern nach ISO 4032 und ISO 4034 geeignet.

Ausführungen: Produktklasse C (gestanzte Ausführung) Dicke h = (8 ± 1,2) mm
Produktklasse A (gedrehte Ausführung) Dicke h = (8 ± 1) mm

[1] Nennmaße

M

Scheiben für HV-Schrauben, U- und I-Träger, Bolzen, Spannscheiben

Scheiben für HV-Schrauben in Stahlkonstruktionen vgl. DIN 6916 (1989-10)

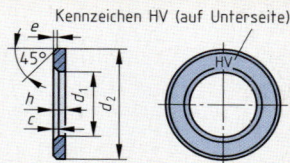

Kennzeichen HV (auf Unterseite)

Gewinde	M12	M16	M20	M22	M24	M27	M30
d_1 min.[1]	13	17	21	23	25	28	31
d_2 max.	24	30	37	39	44	50	56
h	3	4	4	4	4	5	5
⇒	Scheibe DIN 6916-17: Nenngröße d_1 = 17 mm						

Werkstoff: Stahl, vergütet auf 295 HV 10 bis 350 HV 10 (z. B. C45)
[1] Nenndurchmesser

Scheiben, vierkant, keilförmig, für U- und I-Träger vgl. DIN 434 (2000-04), DIN 435 (2000-01)

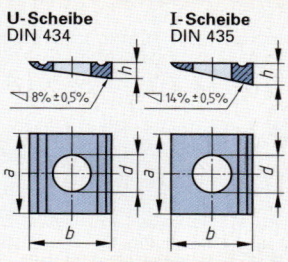

U-Scheibe DIN 434

I-Scheibe DIN 435

⊿ 8 % ±0,5 %   ⊿ 14 % ±0,5 %

Gewinde	M8	M10	M12	M16	M20	M22	M24
d_1 min.[1]	9	11	13,5	17,5	22	24	26
a	22	22	26	32	40	44	56
b	22	22	30	36	44	50	56
h DIN 434	3,8	3,8	4,9	5,8	7	8	8,5
h DIN 435	4,6	4,6	6,2	7,5	9,2	10	10,8
⇒	I-Scheibe DIN 435-13,5: Nenngröße d_1 = 13,5 mm						

Werkstoff: Stahl, Härte 100 HV 10 bis 250 HV 10
[1] Nenndurchmesser

Scheiben für Bolzen, Produktklasse A[1] vgl. DIN EN 28738 (1992-10)

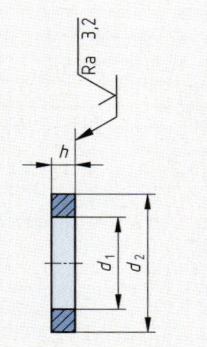

Ra 3,2

d_1 min.[2]	3	4	5	6	8	10	12
d_2 max.	6	8	10	12	15	18	20
h	0,8		1	1,6	2	2,5	3
d_1 min.[2]	14	16	18	20	22	24	27
d_2 max.	22	24	28	30	34	37	39
h	3			4			5
d_1 min.[2]	30	36	40	50	60	80	100
d_2 max.	44	50	56	66	78	98	120
h	5		6	8	10	12	
⇒	Scheibe ISO 8738-14-160 HV: d_1 min. = 14 mm, Härteklasse 160 HV						

Werkstoff: Stahl, Härte 160 bis 250 HV
Verwendung: Für Bolzen nach ISO 2340 und ISO 2341 (Seite 238), nur auf der Splintseite.
[1] Produktklassen unterscheiden sich in der Toleranz und im Fertigungsverfahren.
[2] jeweils Nennmaße

Spannscheiben für Schraubenverbindungen vgl. DIN 6796 (1987-10)

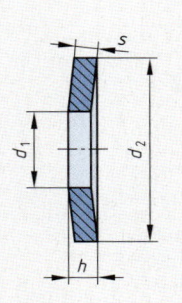

Gewinde	M2	M3	M4	M5	M6	M8	M10
d_1 H14	2,2	3,2	4,3	5,3	6,4	8,4	10,5
d_2 h14	5	7	9	11	14	18	23
h max.	0,6	0,85	1,3	1,55	2	2,6	3,2
s	0,4	0,6	1	1,2	1,5	2	2,5
Gewinde	M12	M16	M20	M22	M24	M27	M30
d_1 H14	13	17	21	23	25	28	31
d_2 h14	29	39	45	49	56	60	70
h max.	3,95	5,25	6,4	7,05	7,75	8,35	9,2
s	3	4	5	5,5	6	6,5	7
⇒	Spannscheibe DIN 6796-10-FSt: für Gewinde M10, aus Federstahl						

Werkstoff: Federstahl (FSt) nach DIN 267-26
Verwendung: Spannscheiben sollen einem Lockern der Schraubenverbindungen entgegenwirken. Dies gilt nicht für wechselnde Querbelastung. Die Anwendung beschränkt sich deshalb auf überwiegend axial belastete, kurze Schrauben der Festigkeitsklassen 8.8 bis 10.9.

M

Übersicht, Stifte und Bolzen

Bezeichnungsbeispiel: **Kegelstift** ISO 2339 – A – 10x40 – St

Benennung	Norm	Form bzw. Typ[1]	Nenn-∅ x Nennlänge	Werkstoff

z. B. St = Stahl
Nichtrostende Stähle:
A1 = austenitisch
C1 = martensitisch

Stifte mit DIN-EN-Hauptnummern werden mit ISO-Nummern bezeichnet.
ISO-Nummer = DIN-EN-Nummer – 20000; Beispiel: DIN EN 22338 = ISO 2338
[1] falls vorhanden

Bild	Bezeichnung, Normbereich von…bis	Norm	Bild	Bezeichnung, Normbereich von…bis	Norm
Stifte					
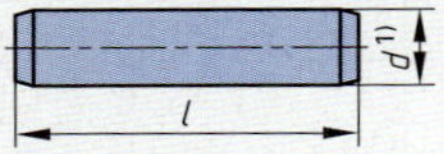 [1] Toleranz m6 oder h8	Zylinderstift, ungehärtet $d = 1…50$ mm	DIN EN ISO 2338	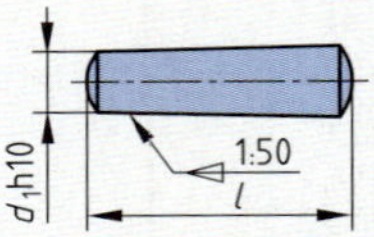	Kegelstift, $d_1 = 0,6…50$ mm	DIN EN 22339
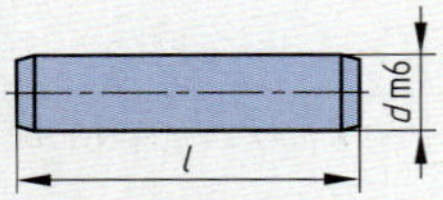	Zylinderstift, gehärtet $d = 0,8…20$ mm	DIN EN ISO 8734	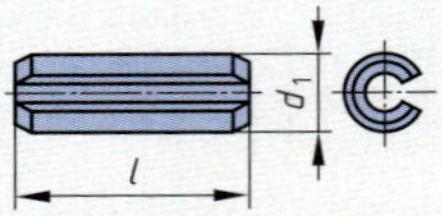	Spannstift (Spannhülsen), geschlitzt $d_1 = 1…50$ mm	DIN EN ISO 8752 DIN EN ISO 13337
Kerbstifte, Kerbnägel					
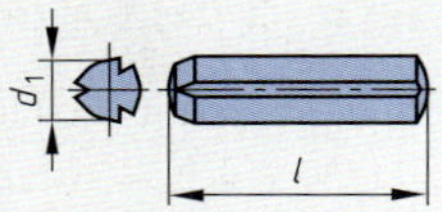	Zylinderkerbstift mit Fase $d_1 = 1,5…25$ mm	DIN EN ISO 8740	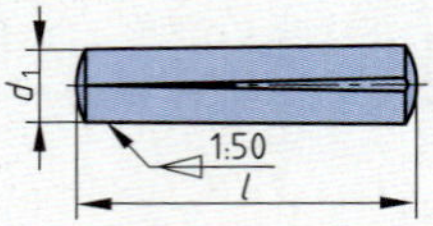	Kegelkerbstift $d_1 = 1,5…25$ mm	DIN EN ISO 8744
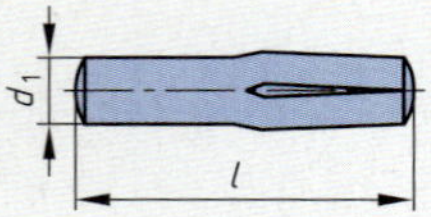	Steckkerbstift $d_1 = 1,5…25$ mm	DIN EN ISO 8741	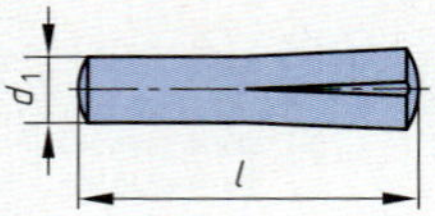	Passkerbstift $d_1 = 1,2…25$ mm	DIN EN ISO 8745
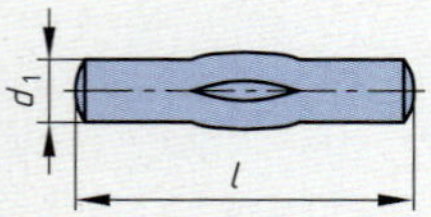	Knebelkerbstift, $^1/_3$ der Länge gekerbt $d_1 = 1,2…25$ mm	DIN EN ISO 8742	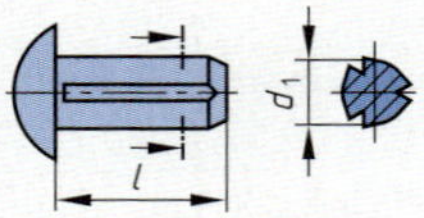	Halbrund-kerbnagel $d_1 = 1,4…20$ mm	DIN EN ISO 8746
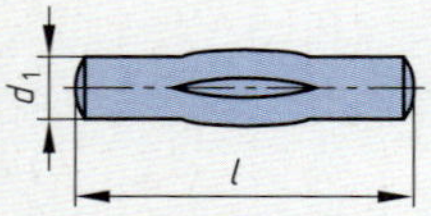	Knebelkerbstift mit langen Kerben $d_1 = 1,2…25$ mm	DIN EN ISO 8743	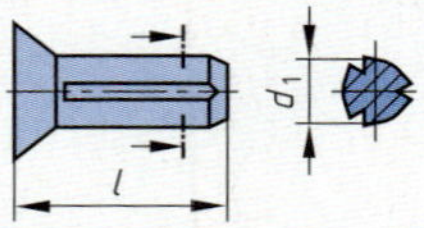	Senkkerbnagel $d_1 = 1,4…20$ mm	DIN EN ISO 8747
Bolzen					
Form A 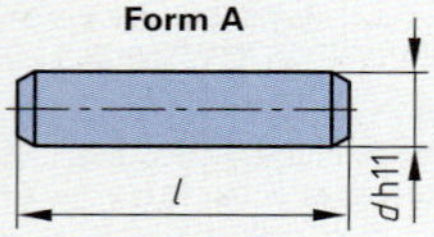	Bolzen ohne Kopf, Form A ohne, Form B mit Splintloch $d = 3…100$ mm	DIN EN 22340	**Form A** 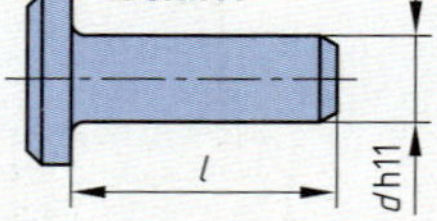	Bolzen mit Kopf, Form A ohne, Form B mit Splintloch $d = 3…100$ mm	DIN EN 22341

M

Zylinder-, Kegel-, Spannstifte

Zylinderstifte aus ungehärtetem Stahl und austenitischem nichtrostendem Stahl
vgl. DIN EN ISO 2338 (1998-02)

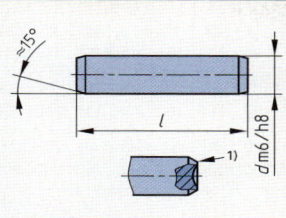

d m6/h8[2]	0,6	0,8	1	1,2	1,5	2	2,5	3	4	5
l von	2	2	4	4	4	6	6	8	8	10
l bis	6	8	10	12	16	20	24	30	40	50
d m6/h8[2]	6	8	10	12	16	20	25	30	40	50
l von	12	14	18	22	26	35	50	60	80	95
l bis	60	80	95	140	180	200	200	200	200	200

Nennlängen l: 2, 3, 4, 5, 6, 8, 10, 12, 14, 16, 18, 20, 22, 24, 26, 28, 30, 32, 35, 40…95, 100, 120, 140, 160, 180, 200 mm.

⇒ **Zylinderstift ISO 2338 – 6 m6 x 30 – St**: $d = 6$ mm, Toleranzklasse m6, $l = 30$ mm, aus Stahl

1) Radius und Einsenkung am Stiftende zulässig

2) lieferbar in den Toleranzklassen m6 und h8

Zylinderstifte, gehärtet
vgl. DIN EN ISO 8734 (1998-03)

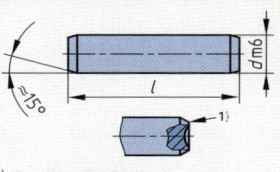

d m6	1	1,5	2	2,5	3	4	5	6	8	10	12	16	20
l von	3	4	5	6	8	10	12	14	18	22	26	40	50
l bis	10	16	20	24	30	40	50	60	80	100			

Nennlängen l: 3, 4, 5, 6, 8, 10, 12, 14, 16, 18, 20, 22, 24, 26, 28, 30, 32, 35, 40, 45, 50, 55, 60, 65, 70, 75, 80, 85, 90, 95, 100 mm

Werkstoffe:
- Stahl: Typ A Stift durchgehärtet, Typ B einsatzgehärtet
- Nichtrostender Stahl Sorte C1

⇒ **Zylinderstift ISO 8734 – 6 x 30 – C1**: $d = 6$ mm, $l = 30$ mm, aus nichtrostendem Stahl der Sorte C1

1) Radius und Einsenkung am Stiftende zulässig

Kegelstifte, ungehärtet
vgl. DIN EN 22339 (1992-10)

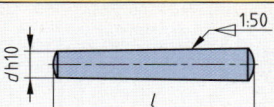

1:50

d h10	1	2	3	4	5	6	8	10	12	16	20	25	30
l von	6	10	12	14	18	22	22	26	32	40	45	50	55
l bis	10	35	45	55	60	90	120	160	180	200			

Nennlängen l: 2, 3, 4, 5, 6, 8, 10, 12, 14, 16, 18, 20, 22, 24, 26, 28, 30, 32, 35, 40, 45…95, 100, 120…180, 200 mm

Typ A geschliffen, $Ra = 0{,}8$ μm; Typ B gedreht, $Ra = 3{,}2$ μm

⇒ **Kegelstift ISO 2339 – A – 10 x 40 – St**: Typ A, $d = 10$ mm, $l = 40$ mm, aus Stahl

Spannstifte (Spannhülsen), geschlitzt, schwere Ausführung
vgl. DIN EN ISO 8752 (1998-03)
Spannstifte (Spannhülsen), geschlitzt, leichte Ausführung
vgl. DIN EN ISO 13337 (1998-02)

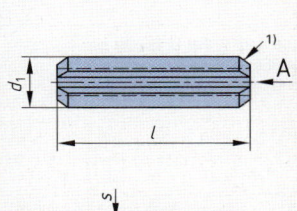

Nenn-Ø d_1	2	2,5	3	4	5	6	8	10	12
d_1 max.	2,4	2,9	3,5	4,6	5,6	6,7	8,8	10,8	12,8
s ISO 8752	0,4	0,5	0,6	0,8	1	1,2	1,5	2	2,5
s ISO 13337	0,2	0,25	0,3	0,5	0,5	0,75	0,75	1	1
l von	4	4	4	4	5	10	10	10	10
l bis	20	30	40	50	80	100	120	160	180
Nenn-Ø d_1	14	16	20	25	30	35	40	45	50
d_1 max.	14,8	16,8	20,9	25,9	30,9	35,9	40,9	45,9	50,9
s ISO 8752	3	3	4	5	6	7	7,5	8,5	9,5
s ISO 13337	1,5	1,5	2	2	2,5	3,5	4	4	5
l von	10			14			20		
l bis	200			200			200		

Nennlängen l: 4, 5, 6, 8, 10, 12, 14, 16, 18, 20, 22, 24, 26, 28, 30, 32, 35, 40, 45…95, 100, 120, 140, 160, 180, 200 mm

Werkstoffe:
- Stahl: gehärtet und angelassen auf 420 HV 30…520 HV 30
- Nichtrostender Stahl: Sorte A oder Sorte C

Anwendung: Der Durchmesser der Aufnahmebohrung (Toleranzklasse H12) muss gleich dem Nenndurchmesser d_1 des dazugehörigen Stiftes sein. Nach Einbau des Stiftes in die kleinste Aufnahmebohrung darf der Schlitz nicht ganz geschlossen sein.

1) Für Spannstifte mit einem Nenndurchmesser $d_1 \geq 10$ mm ist auch nur eine Fase zulässig.

⇒ **Spannstift ISO 8752 – 6 x 30 – St**: $d_1 = 6$ mm, $l = 30$ mm, aus Stahl

M

Kerbstifte, Kerbnägel, Bolzen

Kerbstifte, Kerbnägel — vgl. DIN EN ISO 8740...8747 (1998-03)

	d_1	1,5	2	2,5	3	4	5	6	8	10	12	16	20	25
Zylinderkerbstifte mit Fase ISO 8740	l von	8	8	10	10	10	14	14	14	14	18	22	26	26
	bis	20	30	30	40	60	60	80	100	100	100	100	100	100
Steckkerbstifte ISO 8741	l von	8	8	8	8	10	10	12	14	18	26	26	26	26
	bis	20	30	30	40	60	60	80	100	160	200	200	200	200
Knebelkerbstifte ISO 8742+8743	l von	8	12	12	12	18	18	22	26	32	40	45	45	45
	bis	20	30	40	60	60	80	100	160	200	200	200	200	200
Kegelkerbstifte ISO 8744	l von	8	8	8	8	8	8	10	12	14	14	24	26	26
	bis	20	30	30	40	60	60	80	100	120	120	120	120	120
Passkerbstifte ISO 8745	l von	8	8	8	8	10	10	10	14	14	18	26	26	26
	bis	20	30	30	40	60	60	80	100	200	200	200	200	200

	d_1	1,4	1,6	2	2,5	3	4	5	6	8	10	12	16	20
Halbrundkerbnägel ISO 8746	l von	3	3	3	3	4	5	6	8	10	12	16	20	25
	bis	6	8	10	12	16	20	25	30	40	40	40	40	40
Senkkerbnägel ISO 8747	l von	3	3	4	4	5	6	8	8	10	12	16	20	25
	bis	6	8	10	12	16	20	25	30	40	40	40	40	40

Nennlängen l: Stifte: 8, 10...30, 32, 35, 40...100, 120, 140...180, 200 mm
Nägel: 3, 4, 5, 6, 8, 10, 12, 16, 20, 25, 30, 35, 40 mm

⇒ **Kerbstift ISO 8740 – 6 x 50 – St**: d_1 = 6 mm, l = 50 mm, aus Stahl

Bolzen ohne Kopf und mit Kopf — vgl. DIN EN 22340, 22341 (1992-10)

Bolzen ohne Kopf ISO 2340

Bolzen mit Kopf ISO 2341

Form A ohne Splintloch, **Form B** mit Splintloch

d h11	3	4	5	6	8	10	12	14	16	18	20	22	24
d_1 H13	0,8	1	1,2	1,6	2	3,2	3,2	4	4	5	5	5	6,3
d_k h14	5	6	8	10	14	18	20	22	25	28	30	33	36
k js14	1	1	1,6	2	3	4	4	4	4,5	5	5	5,5	6
l_e	1,6	2,2	2,9	3,2	3,5	4,5	5,5	6	6	7	8	8	9
l von	6	8	10	12	16	20	24	28	30	35	40	45	50
l bis	30	40	50	60	80	100	120	140	160	180	200	200	200

Nennlängen l: 6, 8, 10...30, 32, 35, 40...95, 100, 120, 140...180, 200 mm

⇒ **Bolzen ISO 2340 – B – 20 x 100 – St**: Form B, d = 20 mm, l = 100 mm, aus Automatenstahl

Bolzen mit Kopf und Gewindezapfen — vgl. DIN 1445 (1977-02)

d_1 h11	8	10	12	14	16	18	20	24	30	40	50
b min	11	14	17	20	20	20	25	29	36	42	49
d_2	M6	M8	M10	M12	M12	M12	M16	M20	M24	M30	M36
d_3 h14	14	18	20	22	25	28	30	36	44	55	66
k js14	3	4	4	4	4,5	5	5	6	8	8	9
s	11	13	17	19	22	24	27	32	36	50	60

Nennlängen l_2: 16, 20, 25, 30, 35...125, 130, 140, 150...190, 200 mm

⇒ **Bolzen DIN 1445 – 12h11 x 30 x 50 – St**: d_1 = 12 mm, Toleranzklasse h11, l_1 = 30 mm, l_2 = 50 mm, aus 9SMnPb28 (St)

1) Klemmlänge

M

Keile, Nasenkeile

Bezeichnungsbeispiel: **Passfeder DIN 6885 – A – 12x8x56 – E295**

Benennung	Norm	Form bzw. Typ	Breite x Höhe x Länge	Werkstoff, z.B. Stahl

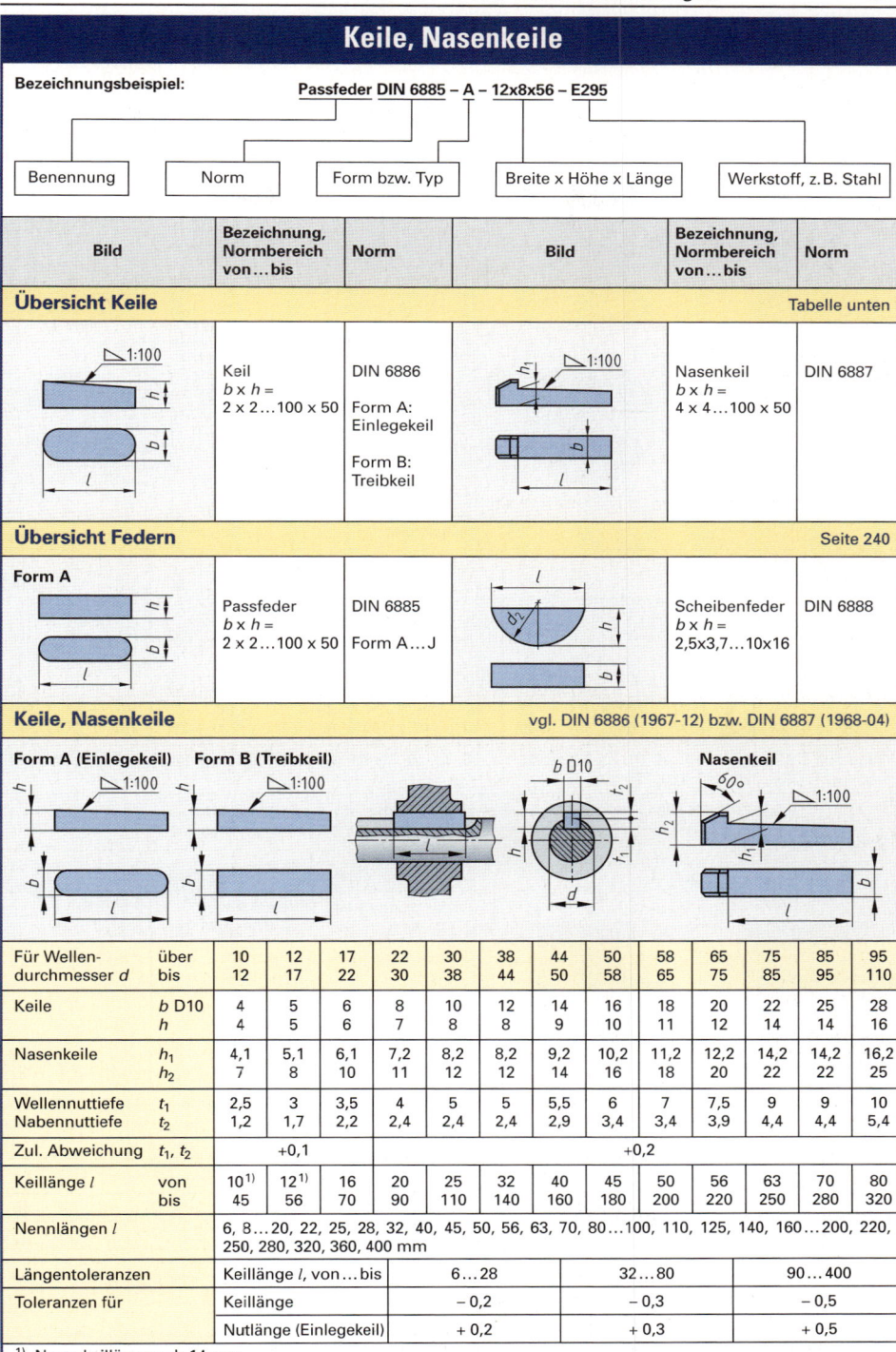

Bild	Bezeichnung, Normbereich von…bis	Norm	Bild	Bezeichnung, Normbereich von…bis	Norm
Übersicht Keile					Tabelle unten
	Keil $b \times h$ = 2 x 2…100 x 50	DIN 6886 Form A: Einlegekeil Form B: Treibkeil		Nasenkeil $b \times h$ = 4 x 4…100 x 50	DIN 6887
Übersicht Federn					Seite 240
Form A	Passfeder $b \times h$ = 2 x 2…100 x 50	DIN 6885 Form A…J		Scheibenfeder $b \times h$ = 2,5x3,7…10x16	DIN 6888

Keile, Nasenkeile   vgl. DIN 6886 (1967-12) bzw. DIN 6887 (1968-04)

Form A (Einlegekeil)   Form B (Treibkeil)   Nasenkeil

Für Wellen-durchmesser d	über	10	12	17	22	30	38	44	50	58	65	75	85	95
	bis	12	17	22	30	38	44	50	58	65	75	85	95	110
Keile	b D10	4	5	6	8	10	12	14	16	18	20	22	25	28
	h	4	5	6	7	8	8	9	10	11	12	14	14	16
Nasenkeile	h_1	4,1	5,1	6,1	7,2	8,2	8,2	9,2	10,2	11,2	12,2	14,2	14,2	16,2
	h_2	7	8	10	11	12	12	14	16	18	20	22	22	25
Wellennuttiefe	t_1	2,5	3	3,5	4	5	5	5,5	6	7	7,5	9	9	10
Nabennuttiefe	t_2	1,2	1,7	2,2	2,4	2,4	2,4	2,9	3,4	3,4	3,9	4,4	4,4	5,4
Zul. Abweichung	t_1, t_2	+0,1			+0,2									
Keillänge l	von	10[1]	12[1]	16	20	25	32	40	45	50	56	63	70	80
	bis	45	56	70	90	110	140	160	180	200	220	250	280	320

Nennlängen l	6, 8…20, 22, 25, 28, 32, 40, 45, 50, 56, 63, 70, 80…100, 110, 125, 140, 160…200, 220, 250, 280, 320, 360, 400 mm		
Längentoleranzen	Keillänge l, von…bis	6…28	32…80	90…400

Toleranzen für	Keillänge	– 0,2	– 0,3	– 0,5
	Nutlänge (Einlegekeil)	+ 0,2	+ 0,3	+ 0,5

[1] Nasenkeillängen ab 14 mm

M

Passfedern, Scheibenfedern

Passfedern (hohe Form) — vgl. DIN 6885-1 (1968-08)

Form A · Form B · Form C · Form D · Form E · Form F

Toleranzen für Passfedernuten

Wellennutenbreite b	fester Sitz leichter Sitz	P 9 N 9		
Nabennutenbreite b	fester Sitz leichter Sitz	P 9 JS 9		
zul. Abweichung bei d_1		≤ 22	≤ 130	> 130
Wellennutentiefe t_1 Nabennutentiefe t_2		+ 0,1 + 0,1	+ 0,2 + 0,2	+ 0,3 + 0,3
zul. Abweichung bei Länge l		6…28	32…80	90…400
Längentoleranzen für Feder		− 0,2	− 0,3	− 0,5
Längentoleranzen für Nut		+ 0,2	+ 0,3	+ 0,5

d_1 über	6	8	10	12	17	22	30	38	44	50	58	65	75	85	95	110
d_1 bis	8	10	12	17	22	30	38	44	50	58	65	75	85	95	110	130
b	2	3	4	5	6	8	10	12	14	16	18	20	22	25	28	32
h	2	3	4	5	6	7	8	8	9	10	11	12	14	14	16	18
t_1	1,2	1,8	2,5	3	3,5	4	5	5	5,5	6	7	7,5	9	9	10	11
t_2	1	1,4	1,8	2,3	2,8	3,3	3,3	3,3	3,8	4,3	4,4	4,9	5,4	5,4	6,4	7,4
l von	6	6	8	10	14	18	20	28	36	45	50	56	63	70	80	90
l bis	20	36	45	56	70	90	110	140	160	180	200	220	250	280	320	360

Nennlängen l	6, 8, 10, 12, 14, 16, 18, 20, 22, 25, 28, 32, 36, 40, 45, 50, 56, 63, 70, 80, 90, 100, 110, 125, 140, 160, 180, 200, 220, 250, 280, 320 mm

⇒ **Passfeder DIN 6885 – A – 12 x 8 x 56**: Form A, b = 12 mm, h = 8 mm, l = 56 mm

Scheibenfedern — vgl. DIN 6888 (1956-08)

Toleranzen für Scheibenfedernuten

Wellennutenbreite b	fester Sitz leichter Sitz	P 9 (P 8)[1] N 9 (N 8)[1]					
Nabennutenbreite b	fester Sitz leichter Sitz	P 9 (P 8)[1] J 9 (J 8)[1]					
zul. Abweich. bei b und h	b h	≤ 5 ≤ 7,5	5 > 7,5	6 ≤ 9	6 > 9	8 –	10 –
Wellennutentiefe t_1 Nabennutentiefe t_2		+0,1 +0,1	+0,2 +0,1	+0,1 +0,1	+0,2 +0,1	+0,2 +0,1	+0,2 +0,2

d_1 über d_1 bis	8 10		10 12		12 17			17 22			22 30			30 38					
b h9	2,5	3			4			5			6			8			10		
h h12	3,7	3,7	5	6,5	5	6,5	7,5	6,5	7,5	9	7,5	9	11	9	11	13	11	13	16
d_2	10	10	13	16	13	16	19	16	19	22	19	22	28	22	28	32	28	32	45
t_1	2,9	2,5	3,8	5,3	3,5	5	6	4,5	5,5	7	5,1	6,6	8,6	6,2	8,2	10,2	7,8	9,8	12,8
t_2	1	1,4			1,7			2,2			2,6			3			3,4		
l ≈	9,7	9,7	12,7	15,7	12,7	15,7	18,6	15,7	18,6	21,6	18,6	21,6	27,4	21,6	27,4	31,4	27,4	31,4	43,1

⇒ **Scheibenfeder DIN 6888 – 6 x 9**: b = 6 mm, h = 9 mm

[1] Toleranzklasse bei geräumten Nuten

M

Keilwellenverbindungen und Blindniete

Keilwellenverbindungen mit geraden Flanken und Innenzentrierung vgl. DIN ISO 14 (1986-12)

Nabe

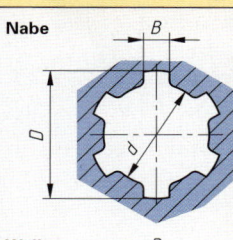

Welle

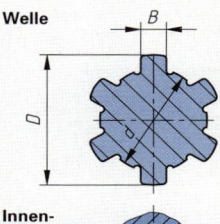

Innen-zentrierung

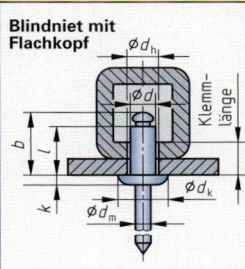

	Leichte Reihe			Mittlere Reihe				Leichte Reihe			Mittlere Reihe		
d	$N^{1)}$	D	B	$N^{1)}$	D	B	d	$N^{1)}$	D	B	$N^{1)}$	D	B
11	–	–	–	6	14	3	42	8	46	8	8	48	8
13	–	–	–	6	16	3,5	46	8	50	9	8	54	9
16	–	–	–	6	20	4	52	8	58	10	8	60	10
18	–	–	–	6	22	5	56	8	62	10	8	65	10
21	–	–	–	6	25	5	62	8	68	12	8	72	12
23	6	26	6	6	28	6	72	10	78	12	10	82	12
26	6	30	6	6	32	6	82	10	88	12	10	92	12
28	6	32	7	6	34	7	92	10	98	14	10	102	14
32	8	36	6	8	38	6	102	10	108	16	10	112	16
36	8	40	7	8	42	7	112	10	120	18	10	125	18

Toleranzklassen für die Nabe						Toleranzklassen für die Welle				
nicht wärme-behandelt Maße			wärme-behandelt Maße			Maße	Einbauart			
							Gleit-sitz	Über-gangssitz	Festsitz	
B	D	d	B	D	d	B	d10	f9	h10	
						D	a11	a11	a11	
H9	H10	H7	H11	H10	H7	d	f7	g7	h7	

⇒ **Welle (oder Nabe) DIN ISO 14 – 6 x 23 x 26:** $N = 6$, $d = 23$ mm, $D = 26$ mm

[1] N Anzahl der Keile

Offene Blindniete mit Sollbruchdorn und Flachkopf vgl. DIN EN ISO 15977 (2003-04)
Offene Blindniete mit Sollbruchdorn und Senkkopf vgl. DIN EN ISO 15978 (2003-08)

Blindniet mit Flachkopf

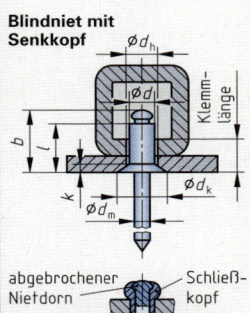

abgebrochener Nietdorn — Schließ-kopf

Setzkopf

fertige Nietverbindung

Blindniet mit Senkkopf

abgebrochener Nietdorn — Schließ-kopf

Setzkopf

fertige Nietverbindung

M

Niet-∅ d (Nennmaß)		3	4	5	$6^{1)}$
Kopf-∅ d_k max.		6,3	8,4	10,5	12,6
Kopfhöhe k		1,3	1,7	2,1	2,5
Nietdorn-∅ d_m	max.	2	2,45	2,95	3,4
Nietloch-∅ d_{h1}	min.	3,1	4,1	5,1	6,1
	max.	3,2	4,2	5,2	6,2
Einbaulänge b		$l_{max} + 3,5$	$l_{max} + 4$	$l_{max} + 4,5$	$l_{max} + 5$

Schaftlänge l		Empfohlene Klemmlängenbereiche			
min.	max.				
4	5	$0,5 … 1,5^{1)}$	–	–	–
6	7	$2,0 … 3,5$ $1,5 … 3,5^{1)}$	$1 … 3^{1)}$	$1,5 … 2,5^{1)}$	–
8	9	$3,5 … 5,0$	$2 … 5$ $3 … 5^{1)}$	$2,5 … 4,0$	$2 … 3$
10	11	$5 … 7$	$5,0 … 6,5$	$4 … 6$	$3 … 5$
12	13	$7 … 9$	$6,5 … 8,5$	$6 … 8$	$5 … 7$
16	17	$9 … 13$	$8,5 … 12,5$	$8 … 12$	$7 … 11$
20	21	$13 … 17$	$12,5 … 16,5$	$12 … 15$	$11 … 15$
25	26	$17 … 22$	$16,5 … 21,0$	$15 … 20$	$15 … 20$
30	31			$20 … 25$	$20 … 25$

Festigkeits-klassen	L (niedrig) und H (hoch) unterscheiden sich in den Mindestscher- und Mindestzugkräften der Niete.
Werkstoffe[2]	Niethülse aus Aluminium-Legierung (AlA) Nietdorn aus Stahl (St)
⇒	**Blindniet ISO 15977 – 4 x 12 – AlA/St – L:** Blindniet mit Flachkopf; $d = 4$ mm, $l = 12$ mm, Niethülse aus Aluminiumlegierung, Nietdorn aus Stahl, Festigkeitsklasse L (niedrig)

[1] nur für Flachkopfniete ISO 15977
[2] Weitere genormte Werkstoffkombinationen für Niethülsen/Nietdorn sind: St/St; AlA/AlA; A2/A2; Cu/St; NiCu/St u. a.

Metrische Kegel, Morse-, Steilkegel

Morsekegel und Metrische Kegel   vgl. DIN 228-1 (1987-05)

Form A: Kegelschaft mit Anzuggewinde   **Form B:** Kegelschaft mit Austreiblappen

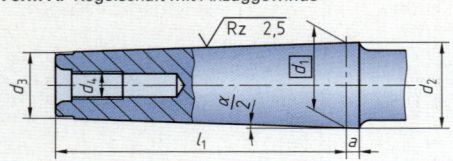
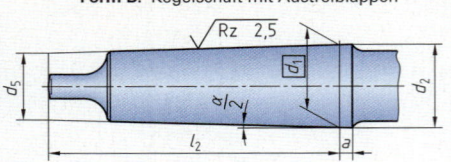

Form C: Kegelhülse für Kegelschäfte mit Anzuggewinde   **Form D:** Kegelhülse für Kegelschäfte mit Austreiblappen

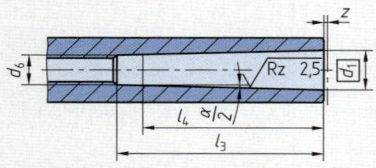
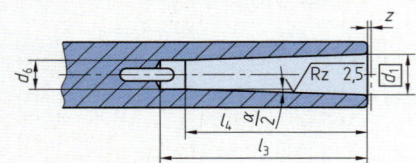

Die **Formen AK, BK CK** und **DK** haben jeweils eine Zuführung für Kühlschmierstoffe.

Kegel-art	Größe	Kegelschaft d_1	d_2	d_3	d_4	d_5	l_1	a	l_2	Kegelschaft d_6 H11	l_3	l_4	z[1]	Kegel Ver-jüngung	$\frac{\alpha}{2}$
Metr. Kegel (ME)	4	4	4,1	2,9	–	–	23	2	–	3	25	20	0,5	1 : 20	1,432°
	6	6	6,2	4,4	–	–	32	3	–	4,6	34	28	0,5		
Morse-Kegel (MK)	0	9,045	9,2	6,4	–	6,1	50	3	56,5	6,7	52	45	1	1 : 19,212	1,491°
	1	12,065	12,2	9,4	M6	9	53,5	3,5	62	9,7	56	47	1	1 : 20,047	1,429°
	2	17,780	18,0	14,6	M10	14	64	5	75	14,9	67	58	1	1 : 20,020	1,431°
	3	23,825	24,1	19,8	M12	19,1	81	5	94	20,2	84	72	1	1 : 19,922	1,438°
	4	31,267	31,6	25,9	M16	25,2	102,5	6,5	117,5	26,5	107	92	1	1 : 19,254	1,488°
	5	44,399	44,7	37,6	M20	36,5	129,5	6,5	149,5	38,2	135	118	1	1 : 19,002	1,507°
	6	63,348	63,8	53,9	M24	52,4	182	8	210	54,8	188	164	1	1 : 19,180	1,493°
Metr. Kegel (MK)	80	80	80,4	70,2	M30	69	196	8	220	71,5	202	170	1,5	1 : 20	1,432°
	100	100	100,5	88,4	M36	87	232	10	260	90	240	200	1,5		
	120	120	120,6	106,6	M36	105	268	12	300	108,5	276	230	1,5		
	160	160	160,8	143	M48	141	340	16	380	145,5	350	290	2		
	200	200	201,0	179,4	M48	177	412	20	460	182,5	424	350	2		

⇒ **Kegelschaft DIN 228 – ME – B 80 AT6:** Metr. Kegelschaft, Form B, Größe 80, Kegelwinkel-Toleranzqualität AT6

[1] Das Prüfmaß d_1 kann bis maximal im Abstand z vor der Kegelhülse liegen.

Steilkegelschäfte für Werkzeuge und Spannzeuge Form A   vgl. DIN 2080-1 (1978-12)

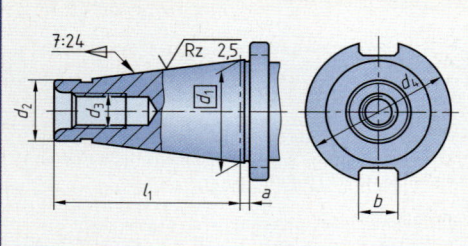

Nr.	d_1	d_2 a10	d_3	d_4 – 0,4	l_1	$a \pm 0,2$	b H12
30	31,75	17,4	M12	50	68,4	1,6	16,1
40	44,45	25,3	M16	63	93,4	1,6	16,1
50	69,85	39,6	M24	97,5	126,8	3,2	25,7
60	107,95	60,2	M30	156	206,8	3,2	25,7
70	165,1	92	M36	230	296	4	32,4
80	254	140	M48	350	469	6	40,5

⇒ **Steilkegelschaft DIN 2080 – A 40 AT4:** Form A, Nr. 40, Kegelwinkel-Toleranzqualität AT4

M

Werkzeug-Aufnahmen

Werkzeug-Aufnahmen haben die Funktion, das Werkzeug mit der Spindel der Werkzeugmaschine zu verbinden. Sie übertragen das Drehmoment und sind mit für einen genauen Rundlauf verantwortlich.

Bauformen	Funktion, Vor- (+) und Nachteile (–)	Anwendung, Größen

Metrische Kegel (ME) und Morsekegel (MK) — vgl. DIN 228-1 und -2 (1987-05)

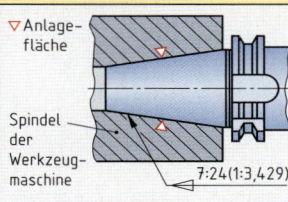

▽ Anlage-
fläche

1:20
Spindel der Werkzeugmaschine

Metrische Kegel 1 : 20;
Morsekegel 1 : 19,002 bis 1 : 20,047

Übertragung des Drehmoments:
* kraftschlüssig über die Kegelfläche

+ Reduzierhülsen passen unterschiedliche Kegeldurchmesser an
– nicht geeignet für automatische Werkzeugwechsel

Spannmittel beim konventionellen Bohren und Fräsen.

Kegelschaft-Nummern:
* ME 4; 6
* MK 0; 1; 2; 3; 4; 5; 6
* ME 80; 100; 120; (140); 160; (180); 200

Steilkegelschaft (SK) — vgl. DIN 2080-1 (1978-12) und -2 (1979-09) und DIN 69871-1 (1995-10)

▽ Anlage-
fläche

Spindel
der
Werkzeug-
maschine

7:24 (1:3,429)

Befestigung in der Maschinenspindel:
Form A: mit Anzugsstange
Form B: durch Frontbefestigung
Kegel 7 : 24 (1 : 3,429) nach DIN 254

Übertragung des Drehmoments:
* formschlüssig über Nuten am Kegelrand. Der Steilkegel ist nicht für die Übertragung von Kräften vorgesehen, er zentriert das Werkzeug lediglich. Die axiale Sicherung erfolgt über das Gewinde oder die Ringnut.

+ DIN 69871-1 für automatischen Werkzeugwechsel geeignet
– großes Gewicht, daher weniger geeignet für schnelle Werkzeugwechsel mit hoher axialer Wiederhol-Spanngenauigkeit und für hohe Drehzahlen

Einsatz bei CNC-Werkzeugmaschinen, insbesondere Bearbeitungszentren; weniger geeignet für Hochgeschwindigkeits-Zerspanung (HSC)

Steilkegel-Nummern:
* DIN 2080-1 (Form A): 30; 40; 45; 50; 55; 60; 65; 70; 75; 80
* DIN 69871-1: 30; 40; 45; 50; 60

Kegel-Hohlschaft (Bezeichnung HSK) — vgl. DIN 69893-1 und -2 (2003-05)

Mit-   Gewinde für   Bohrung für
nehmer Fräseranschlag Werkzeug

Nenn-∅ d_1

1 : 9,98   Spindel der
Werkzeugmaschine

Kegel 1 : 9,98   ▽ Anlagefläche

Übertragung des Drehmoments:
* kraftschlüssig über die Kegel- und Anlagefläche sowie
* formschlüssig über die Mitnehmernuten am Schaftende.

+ geringeres Gewicht, daher
+ hohe statische und dynamische Steifigkeit
+ hohe Wiederhol-Spanngenauigkeit (3 μm)
+ hohe Drehzahlen
– im Vergleich zum Steilkegel höherer Preis

Sicherer Einsatz bei der Hochgeschwindigkeits-Zerspanung

Nenngrößen: d_1 = 32; 40; 50; 63; 80; 100; 125; 160 mm

Form A: mit Bund und Greifnut für automatischen Werkzeugwechsel
Form C: nur manuell wechselbar

Schrumpffutter

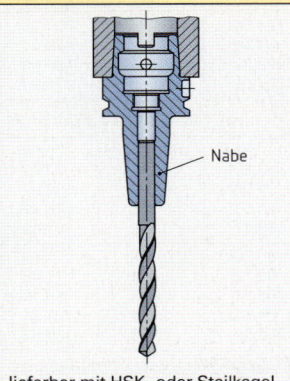

Nabe

lieferbar mit HSK- oder Steilkegel

Übertragung des Drehmoments wie beim HSK.

Spannen des Werkzeugs durch rasche, induktive Erwärmung (ca. 340 °C) der Nabe im Schrumpffutter. Durch das Übermaß des Werkzeugs (ca. 3 … 7 μm) entsteht nach dem Fügen und Abkühlen eine Schrumpfverbindung.

+ Übertragung hoher Drehmomente
+ hohe radiale Steifigkeit
+ höhere Schnittwerte möglich
+ kürzere Bearbeitungszeiten
+ guter Rundlauf
+ größere Laufruhe
+ bessere Oberflächengüte
+ sicherer Werkzeugwechsel
– relativ teuer
– zusätzliches Induktions- und Abkühlgerät erforderlich

Universell einsetzbar für Werkzeugmaschinen mit Steilkegel- oder Hohlschaftkegel-Aufnahmen; geeignet für Werkzeuge mit zylindrischem Schaft aus HSS oder Hartmetall.

Schaftdurchmesser: 6; 8; 10; 12; 14; 16; 18; 20; 25 mm

M

Zylindrische Schrauben-Zugfedern

d Drahtdurchmesser in mm
D_a äußerer Windungsdurchmesser in mm
D_h kleinster Hülsendurchmesser in mm
L_0 Länge der unbelasteten Feder in mm
L_k Länge des unbelasteten Federkörpers in mm
L_n größte Federlänge
F_0 innere Vorspannkraft in N
F_n größte zulässige Federkraft in N
R Federrate in N/mm
s_n größter zulässiger Federweg bei F_n in mm

d	D_a	D_h	L_0	L_k	F_0	F_n	R	s_n
Zugfedern aus patentiert-gezogenem, unlegiertem Federstahldraht[1]						vgl. DIN EN 10270-1 (2001-12)		
0,20	3,00	3,50	8,6	4,35	0,06	1,26	0,036	33,37
0,25	5,00	5,70	10,0	2,63	0,03	1,46	0,039	36,51
0,32	5,50	6,30	10,0	2,08	0,08	2,71	0,140	18,85
0,36	6,00	6,90	11,0	2,34	0,16	3,50	0,173	19,23
0,40	7,00	8,00	12,7	2,60	0,16	4,06	0,165	23,67
0,45	7,50	8,60	13,7	3,04	0,25	5,31	0,207	24,41
0,50	10,00	11,10	20,0	5,25	0,02	5,40	0,078	68,79
0,55	6,00	7,10	13,9	5,78	0,88	11,66	0,606	17,78
0,63	8,60	9,90	19,9	7,88	0,79	12,13	0,276	41,15
0,70	10,00	11,40	23,6	9,63	0,83	14,13	0,239	55,78
0,80	10,80	12,30	25,1	10,20	1,22	19,10	0,355	50,36
0,90	10,00	11,70	23,0	9,45	1,99	28,59	0,934	28,49
1,00	13,50	15,40	31,4	12,50	1,77	28,63	0,454	59,22
1,10	12,00	14,00	27,8	11,83	2,99	41,95	1,181	32,98
1,25	17,20	19,50	39,8	15,63	2,77	42,35	0,533	74,25
1,30	11,30	13,50	134,0	118,95	5,771	70,59	0,322	201,60
1,40	15,00	17,50	34,9	15,05	5,44	66,08	1,596	38,00
1,50	20,00	22,70	48,9	21,75	3,99	60,54	0,603	93,72
1,60	21,60	24,50	50,2	20,00	3,99	67,40	0,726	87,38
1,80	20,00	23,20	46,0	19,35	6,88	100,90	1,819	51,70
2,00	27,00	30,50	62,8	25,00	6,88	101,20	0,907	104,00
2,20	24,00	27,80	55,6	23,10	9,81	148,00	2,425	57,02
2,50	34,50	38,90	79,7	31,25	9,88	148,50	1,056	131,33
2,80	30,00	34,70	69,8	29,40	17,77	233,40	3,257	65,85
3,00	40,00	45,10	140,0	86,25	11,50	214,20	0,587	345,31
3,20	43,20	46,60	100,0	40,00	11,88	238,40	1,451	156,13
3,60	40,00	46,00	92,1	37,80	19,60	357,10	3,735	90,38
4,00	44,00	50,60	117,0	58,00	24,50	436,30	3,019	136,43
4,50	50,00	57,60	194,0	128,25	28,00	532,30	1,613	312,74
5,00	50,00	58,30	207,0	142,50	47,00	707,90	2,541	260,12
5,50	60,00	69,30	236,0	156,75	38,00	774,50	2,094	351,72
6,30	70,00	80,00	272,0	179,55	45,00	968,50	2,258	429,00
7,00	80,00	92,00	306,0	199,50	70,00	1132,00	2,286	464,83
8,00	80,00	94,00	330,0	228,00	120,00	1627,00	4,065	370,91
Zugfedern aus nichtrostendem Federstahldraht[1]						vgl. DIN EN 10270-3 (2001-08)		
0,20	3,00	3,50	8,60	4,35	0,05	0,99	0,031	30,54
0,40	7,00	8,00	12,70	2,60	0,121	3,251	0,142	22,11
0,63	8,60	9,90	19,90	7,88	0,631	9,861	0,237	38,97
0,80	10,80	12,30	25,1	10,20	0,971	15,67	0,305	48,19
1,00	13,50	15,40	31,4	12,50	1,411	23,77	0,390	57,40
1,25	17,20	19,50	39,8	15,63	2,211	35,50	0,458	72,73
1,40	15,00	17,50	34,9	15,05	4,351	55,72	1,371	37,48
1,60	21,60	24,50	50,2	20,00	3,211	56,93	0,623	86,19
2,00	27,00	30,50	62,8	25,00	5,501	84,86	0,779	101,86
4,00	44,00	50,60	117,0	58,00	19,600	366,50	2,593	133,83

[1] Außer der aufgeführten Federauswahl gibt es im Handel zu jedem Drahtdurchmesser verschiedene Außendurchmesser und Längen.

Zylindrische Schrauben-Druckfedern vgl. DIN 2098-1 (1968-10), -2 (1970-08)

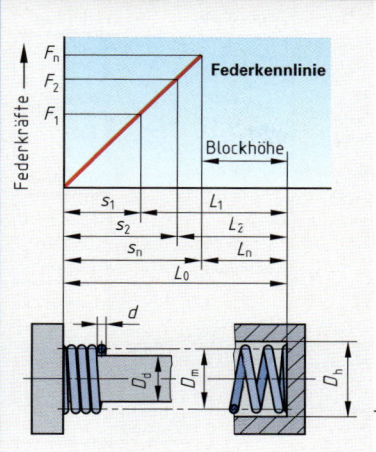

d	Drahtdurchmesser
D_m	mittlerer Windungsdurchmesser
D_d	Dorndurchmesser
D_h	Hülsendurchmesser
L_0	Länge der unbelasteten Feder
L_1, L_2	Länge der belasteten Feder bei F_1, F_2
L_n	kleinste zulässige Prüflänge der Feder
F_1, F_2	Federkräfte bei L_1, L_2
F_n	größte zulässige Federkraft bei s_n
s_1, s_2	Federwege bei F_1, F_2
s_n	größter zulässiger Federweg bei F_n
i_f	Anzahl der federnden Windungen
i_g	Gesamtwindungszahl (Enden geschliffen)
R	Federrate in N/mm

Gesamt-windungszahl

$$i_g = i_f + 2$$

⇒ Druckfeder DIN 2098 – 2 x 20 x 94:
d = 2 mm, D_m = 20 mm und L_0 = 94 mm

d	D_m	D_d max.	D_h min.	F_n in N	$i_f = 3{,}5$			$i_f = 5{,}5$			$i_f = 8{,}5$			$i_f = 12{,}5$		
					L_0	s_n	R	L_0	s_n	R	L_0	s_n	R	L_0	s_n	R
0,2	2,5	2,0	3,1	1,00	5,4	3,8	0,26	8,2	6,0	0,17	12,4	9,3	0,11	17,9	13,7	0,07
	2	1,5	2,6	1,24	4,0	2,4	0,51	5,9	3,8	0,33	8,7	5,9	0,21	12,6	8,6	0,15
	1,6	1,1	2,1	1,50	3,0	1,5	1,0	4,4	2,4	0,65	6,4	3,6	0,42	9,2	5,4	0,28
0,5	6,3	5,3	7,5	6,6	13,5	9,2	0,73	20,0	14,0	0,46	30,0	21,3	0,30	44,0	31,8	0,21
	4	3,1	5,0	9,3	7,0	3,3	2,84	10,0	4,9	1,81	15,0	7,9	1,17	21,5	11,7	0,79
	2,5	1,7	3,4	10,4	4,4	0,9	11,6	6,1	1,4	7,43	8,7	2,2	4,80	12,0	3,0	3,27
1	12,5	10,8	14,4	22	24,0	14,6	1,49	36,5	23,1	0,95	55,5	36,1	0,61	80,5	53,1	0,41
	8	6,5	9,6	33,2	13,0	5,7	5,68	19,0	8,9	3,61	28,5	14,2	2,33	40,5	20,6	1,59
	5	3,6	6,5	43,8	8,5	1,9	23,2	12,0	3,0	14,8	17,0	4,4	9,57	24,0	6,6	6,51
1,6	20	17,5	22,6	84,9	48,0	35,6	2,38	73,5	55,9	1,52	110	84,5	0,99	165	129	0,67
	12,5	10,3	14,7	135	24,0	14,0	9,76	36,0	21,9	6,23	53,5	33,4	4,0	78,0	50,0	2,73
	8	5,9	10,1	212	14,5	5,5	37,3	21,5	8,9	23,7	31,5	13,6	15,4	45,0	20,2	10,4
2	25	22,0	28,0	128	58,0	43,0	2,98	88,5	67,1	1,90	135	104	1,23	195	151	0,83
	16	13,4	18,6	198	30,0	17,5	11,4	45,0	27,3	7,24	68,0	42,5	4,69	98	62,1	3,19
	10	7,5	12,5	318	18,0	6,8	46,6	26,5	10,9	29,7	38,5	16,5	19,2	55	24,4	13,0
2,5	32	28,3	36,0	182	71,5	52,2	3,48	110	82,1	2,22	170	129	1,43	245	187	0,97
	25	21,6	28,4	233	49,0	32,2	7,29	74,5	50,5	4,64	115	80,2	3,0	165	116	2,04
	20	16,8	23,2	292	36,0	20,5	14,2	54,0	32,1	9,05	81,5	50,0	5,86	120	75,7	3,98
	16	12,9	19,1	365	27,5	12,9	27,8	41,0	20,5	17,7	61,0	31,7	11,5	88,0	49,9	7,78
3,2	40	35,6	44,6	288	82,0	60,8	4,76	125	95,3	3,03	190	148	1,96	275	216	1,33
	32	27,6	36,5	361	58,5	38,7	9,3	88,5	61,1	5,92	135	96,2	3,82	190	136	2,61
	25	21,1	28,9	461	42,5	23,4	19,4	63,5	37,2	12,4	94,5	57,4	8,0	135	83,4	5,45
	20	16,1	23,9	577	33,5	15,0	38,2	49,5	23,6	24,2	74,0	36,9	15,7	105	53,4	10,7
4	50	44,0	56,0	427	99,0	71,6	5,95	150	111	3,79	230	175	2,45	335	257	1,65
	40	34,8	45,2	533	71,0	45,8	11,7	105	69,9	7,41	160	110	4,79	235	165	3,26
	32	27,0	37,0	666	53,5	29,5	22,8	79,5	46,2	14,4	120	72,8	9,35	170	104	6,36
	25	20,3	29,7	852	41,0	18,1	47,7	60,5	28,3	30,3	89,5	43,5	19,6	130	65,5	13,3
5	63	56,0	70,0	623	120	87,7	7,27	180	135	4,63	275	210	2,99	395	304	2,03
	50	43,0	57,0	785	85,0	54,1	14,5	130	86,8	9,25	195	133	5,98	280	194	4,07
	40	34,0	46,0	981	64,0	34,4	28,4	95,5	54,5	18,1	140	81,6	11,7	205	124	7,95
	32	26,0	38,0	1226	51,0	22,3	55,4	75,0	34,8	35,3	110	52,5	22,9	160	79,5	15,5
6,3	80	71,0	89,0	932	145	103	8,96	220	160	5,70	335	250	3,69	490	370	2,51
	63	55,0	71,5	1177	105	65,0	18,3	155	99,0	11,7	235	155	7,55	340	277	5,13
	50	42,0	58,0	1481	80,0	42,0	36,7	115	62,0	23,3	175	100	15,1	250	145	10,3
	40	32,6	47,5	1854	60,0	24,0	71,7	90,0	39,7	45,6	135	63,2	29,5	195	95,0	20,1
8	100	89,0	111	1413	170	118	11,9	260	187	7,58	390	286	4,9	570	423	3,34
	80	69,0	91,0	1766	125	76,0	23,2	180	111	14,8	285	186	9,58	410	271	6,51
	63	53,0	73,0	2237	95,0	48,0	47,0	140	74,0	30,3	205	112	19,6	300	169	13,3
	50	40,5	60,0	2825	75,0	30,0	95,4	110	46,8	60,8	160	70,0	39,2	230	103	26,7

M

Tellerfedern
vgl. DIN 2093 (1992-01)

Einzelfeder

$$h_0 \approx l_0 - t$$

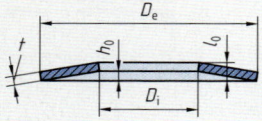

Federkennlinie

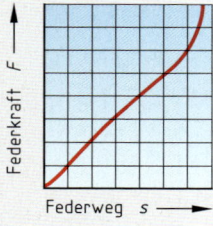

D_e Außendurchmesser
D_i Innendurchmesser
t Dicke der Einzeltellerfeder
t' Reduzierte Dicke bei Tellerfedern mit Auflagefläche
h_0 Federhöhe (theoretischer Federweg bis zur Planlage)
l_0 Bauhöhe der unbelasteten Einzeltellerfeder
s Federweg der Einzeltellerfeder
s_S Federweg von geschichteten Tellerfedern
F Federkraft der Einzeltellerfedern
F_S Federkraft von geschichteten Tellerfedern
L_0 Länge von unbelasteten geschichteten Tellerfedern
n Anzahl der Tellerfedern im Federpaket
i Anzahl der Tellerfedern in der Federsäule

Federsäule

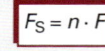

Federkraft
$$F_S = F$$

Federweg
$$s_S = i \cdot s$$

Federlänge
$$L_0 = i \cdot l_0$$

Federpaket

Federkraft
$$F_S = n \cdot F$$

Federweg
$$s_S = s$$

Federlänge
$$L_0 = l_0 + (n - 1) \cdot t$$

Gruppe	D_e h12	D_i H12	Reihe A: harte Federn $D_e/t \approx 18$; $h_0/t \approx 0,4$					Reihe B: mittelharte Federn $D_e/t \approx 28$; $h_0/t \approx 0,75$					Reihe C: weiche Federn $D_e/t \approx 40$; $h_0/t \approx 1,3$				
			t	t'	l_0	F in kN[1]	s[2]	t	t'	l_0	F in kN[1]	s[2]	t	t'	l_0	F in kN[1]	s[2]
Gr. 1: $t < 1,25$ mm	8	4,2	0,4	–	0,6	0,21	0,15	0,3	–	0,55	0,12	0,19	0,2	–	0,45	0,04	0,19
	10	5,2	0,5	–	0,75	0,33	0,19	0,4	–	0,7	0,21	0,23	0,25	–	0,55	0,06	0,23
	14	7,2	0,8	–	1,1	0,81	0,23	0,5	–	0,9	0,28	0,30	0,35	–	0,8	0,12	0,34
	16	8,2	0,9	–	1,25	1,00	0,26	0,6	–	1,05	0,41	0,34	0,4	–	0,9	0,16	0,38
	20	10,2	1,1	–	1,55	1,53	0,34	0,8	–	1,35	0,75	0,41	0,5	–	1,15	0,25	0,49
	25	12,2	–	–	–	–	–	0,9	–	1,6	0,87	0,53	0,7	–	1,6	0,60	0,68
	28	14,2	–	–	–	–	–	1,0	–	1,8	1,11	0,60	0,8	–	1,8	0,80	0,75
	40	20,4	–	–	–	–	–	–	–	–	–	–	1	–	2,3	1,02	0,98
Gruppe 2: $t = 1,25\ldots6$ mm	25	12,2	1,5	–	2,05	2,91	0,41	–	–	–	–	–	–	–	–	–	–
	28	14,2	1,5	–	2,15	2,85	0,49	–	–	–	–	–	–	–	–	–	–
	40	20,4	2,2	–	3,15	6,54	0,68	1,5	–	2,6	2,62	0,86	–	–	–	–	–
	45	22,4	2,5	–	4,1	7,72	0,75	1,7	–	3,0	3,66	0,98	1,25	–	2,85	1,89	1,20
	50	25,4	3	–	4,3	12,0	0,83	2	–	3,4	4,76	1,05	1,25	–	2,85	1,55	1,20
	56	28,5	3	–	4,9	11,4	0,98	2	–	3,6	4,44	1,20	1,5	–	3,45	2,62	1,46
	63	31	3,5	–	5,6	15,0	1,05	2,5	–	4,2	7,18	1,31	1,8	–	4,15	4,24	1,76
	71	36	4	–	6,7	20,5	1,20	2,5	–	4,5	6,73	1,50	2	–	4,6	5,14	1,95
	80	41	5	–	7	33,7	1,28	3	–	5,3	10,5	1,73	2,25	–	5,2	6,61	2,21
	90	46	5	–	8,2	31,4	1,50	3,5	–	6	14,2	1,88	2,5	–	5,7	7,68	2,40
	100	51	6	–	8,5	48,0	1,65	3,5	–	6,3	13,1	2,10	2,7	–	6,2	8,61	2,63
	125	64	–	–	–	–	–	5	–	8,5	30,0	2,63	3,5	–	8	15,4	3,38
	140	72	–	–	–	–	–	5	–	9	27,9	3,00	3,8	–	8,7	17,2	3,68
	160	82	–	–	–	–	–	6	–	10,5	41,1	3,38	4,3	–	9,9	21,8	4,20
	180	92	–	–	–	–	–	6	–	11,1	37,5	3,83	4,8	–	11	26,4	4,65
Gr. 3: $t > 6\ldots14$ mm	125	64	8	7,5	10,6	85,9	1,95	–	–	–	–	–	–	–	–	–	–
	140	72	8	7,5	11,2	85,3	2,40	–	–	–	–	–	–	–	–	–	–
	160	82	10	9,4	13,5	139	2,63	–	–	–	–	–	–	–	–	–	–
	180	92	10	9,4	14	125	3,00	–	–	–	–	–	–	–	–	–	–
	200	102	12	11,25	16,2	183	3,15	8	7,5	13,6	76,4	4,20	–	–	–	–	–
	225	112	12	11,25	17	171	3,75	8	7,5	14,5	70,8	4,88	6,5	6,2	13,6	44,6	5,33
	250	127	14	13,1	19,6	249	4,20	10	9,4	17	119	5,25	7	6,7	14,8	50,5	5,85

⇒ **Tellerfeder DIN 2093 – A 16:** Reihe A, $D_e = 16$ mm, $t = 0,9$ mm

[1] Federkraft F des Einzeltellers bei Federweg $s \approx 0,75 \cdot h_0$
[2] $s \approx 0,75 \cdot h_0$

M

Bohrbuchsen

Bohrbuchsen — vgl. DIN 179 (1992-11)

Form A   **Form B**

Härte 780 + 80 HV 10

$\sqrt{Rz\ 4}$ $\sqrt{Rz\ 25}\left(\sqrt{Rz\ 4}\right)$

d_1 F7		1	1,8	2,6	3,3	4	5	6	8	10	12	15	18	22	26
über / bis		1,8	2,6	3,3	4	5	6	8	10	12	15	18	22	26	30
l_1	kurz	6		8		10		12		16		20		25	
	mittel	9		12		16		20		28		36		45	
	lang	–		16		20		25		36		45		56	
d_2 n6		4	5	6	7	8	10	12	15	18	22	26	30	35	42
r		1				1		1,5		2				3	

⇒ **Bohrbuchse DIN 179 – A 18 x 16**: Form A, $d_1 = 18$ mm, $l_1 = 16$ mm

Bundbohrbuchsen — vgl. DIN 172 (1992-11)

Form A   **Form B**

Härte 780 + 80 HV 10

$\sqrt{}=\sqrt{Rz\ 4}$ $\sqrt{Rz\ 6,3}$ $\sqrt{Rz\ 25}\left(\sqrt{Rz\ 4}\ \sqrt{Rz\ 6,3}\right)$

d_1 F7		1	1,8	2,6	3,3	4	5	6	8	10	12	15	18	22	26
über / bis		1,8	2,6	3,3	4	5	6	8	10	12	15	18	22	26	30
l_1	kurz	6		8		10		12		16		20		25	
	mittel	9		12		16		20		28		36		45	
	lang	–		16		20		25		36		45		56	
d_2 n6		4	5	6	7	8	10	12	15	18	22	26	30	35	42
d_3		7	8	9	10	11	13	15	18	22	26	30	34	39	46
l_2		2		2,5				3				4		5	
r		1				1		1,5		2				3	

⇒ **Bohrbuchse DIN 172 – A 22 x 36**: Form A, $d_1 = 22$ mm, $l_1 = 36$ mm

Steckbohrbuchsen — vgl. DIN 173-1 (1992-11)

Form K Schnellwechselbuchsen für rechtsschneidende Werkzeuge

Form L Auswechselbuchsen (Maße wie Form K)

Härte 780 + 80 HV 10

$\sqrt{Rz\ 4}$ $\sqrt{Rz\ 6,3}$ $\sqrt{Rz\ 25}\left(\sqrt{Rz\ 4}\ \sqrt{Rz\ 6,3}\right)$

d_1 F7		4	6	8	10	12	15	18	22	26	30	35	42	48
über / bis		6	8	10	12	15	18	22	26	30	35	42	48	55
d_2 m6		10	12	15	18	22	26	30	35	42	48	55	62	70
l_1	kurz	12		17		20		25		30			35	
	mittel	20		28		36		45		56			67	
	lang	25		36		45		56		67			78	
d_3		6,5	8,5	10,5	12,5	15,5	19	23	27	31	36	43	50	57
d_4		18	22	26	30	34	39	46	52	59	66	74	82	90
d_5		15	18	22	26	30	35	42	46	53	60	68	76	84
d_6 H7		2,5	3		5			6				8		
l_2		8	10		12				16					
α		65°	60°	50°		35°		30°				25°		
l_3		1								1,5		2		
l_4		4,25	6			7				9		8		
l_5		3	4			5,5				7				
l_6	mittel	8		12		16		20		26			32	
	lang	13		20		25		31		37			43	
t		4				5	6	7	8	9	10	12		14
r_1		2					3					3,5		
r_2		7	8,5			10,5				12,5				
e_1		13	16,5	18	20	23,5	26	29,5	32,5	36	41,5	45,5	49	53

⇒ **Bohrbuchse DIN 173 – K 15 x 22 x 36**: Form K, $d_1 = 15$ mm, $d_2 = 22$ mm, $l_1 = 36$ mm

M

Gewindestifte, Druckstücke, Kugelknöpfe

Gewindestifte mit Druckzapfen — vgl. DIN 6332 (2003-04)

Form S (M6 bis M20)

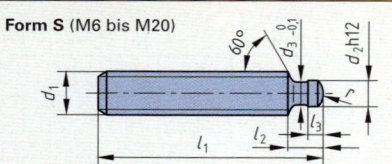

Anwendungsbeispiele als Spannschrauben

mit Kreuzgriff[1] DIN 6335 M6 bis M20 | mit Rändelmutter DIN 6303 M6 bis M10 | mit Flügelmutter DIN 315 M6 bis M10

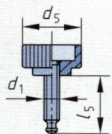 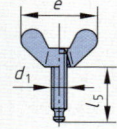

d_1	M6		M8		M10		M12			M16		
d_2	4,8		6		8		8			12		
d_3	4		5,4		7,2		7,2			11		
r	3		5		6		6			9		
l_2	6		7,5		9		10			12		
l_3	2,5		3		4,5		4,5			5		
d_4	32		40		50		63			80		
d_5	24		30		36		–			–		
e	33		39		51		65			73		
l_1	30	50	40	60	60	80	60	80	100	80	100	125
l_4	20	40	27	47	44	64	40	60	80	–	–	–
l_5	22	42	30	50	48	68	–	–	–	–	–	–

⇒ **Gewindestift DIN 6332 – S M 12 x 60:** Form S mit Gewinde d_1 = M12, l_1 = 60 mm

[1] oder Sterngriff DIN 6336 M6 bis M16

Druckstücke — vgl. DIN 6311 (2002-06)

Form S mit Sprengring

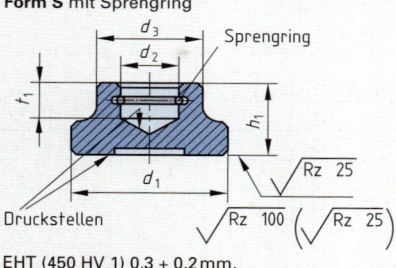

Druckstellen

Rz 25

Rz 100 (Rz 25)

EHT (450 HV 1) 0,3 + 0,2 mm, Oberflächenhärte 550 + 100 HV 10

d_1	d_2 H12	d_3	h_1	t_1	Sprengring DIN 7993	Gewindestift DIN 6332
12	4,6	10	7	4	–	M6
16	6,1	12	9	5	–	M8
20	8,1	15	11	6	8	M10
25	8,1	18	13	7	8	M12
32	12,1	22	15	7,5	12	M16
40	15,6	28	16	8	16	M20

⇒ **Druckstück DIN 6311 – S 40:** Form S, d_1 = 40 mm, mit eingesetztem Sprengring

Kugelknöpfe — vgl. DIN 319 (2002-04)

Form C mit Gewinde   **Form L** mit Klemmhülse

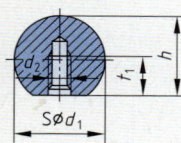 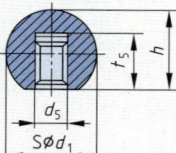

Form M mit kegeliger Bohrung   **Form E** mit Gewindebuchse

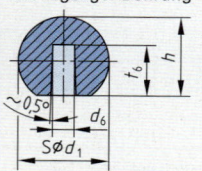

d_1	16	20	25			32			40			50		
d_2	M4	M5	M6			M8			M10			M12		
t_1	7	9	11			14,5			18			21		
t_3	6	7,5	9			12			15			18		
d_5	4	5	6	8	10	8	10	12	10	12	16	12	16	20
t_5	11	13	16	15	15	15	20	20	20	23	23	20	23	28
d_6	4	5	6	8	–	8	10	–	10	12	–	12	16	–
t_6	9	12	15	15	–	15	15	–	20	20	–	22	22	–
h	15	18	22,5			29			37			46		

⇒ **Kugelknopf DIN 319 – E 25 PF:** Form E, d_1 = 25 mm, aus Phenol-Formmasse PF (Duroplast)

Werkstoff: Kugelknopf aus Phenol-Formmasse PF (Duroplast); Gewindebuchse aus Stahl (St) nach Wahl des Herstellers; andere Werkstoffe nach Vereinbarung.

Farbe: schwarz

Weitere Formen nicht mehr genormt.

M

Griffe, Aufnahme- und Auflagebolzen

Kreuzgriffe
vgl. DIN 6335 (1996-01)

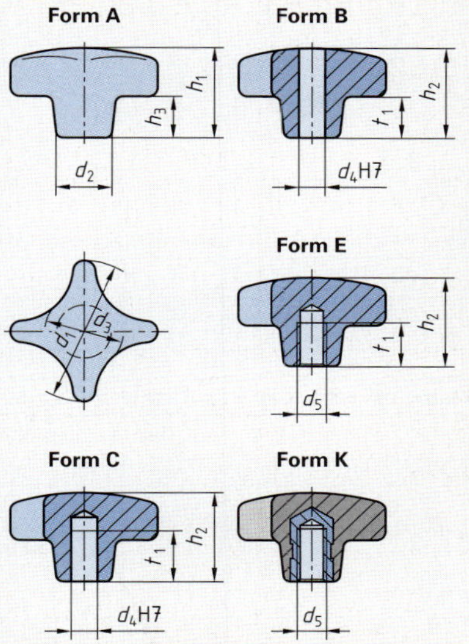

Form A   **Form B**

d_1	d_2	d_3	d_4	d_5	h_1	h_2	h_3	t_1
32	12	18	6	M6	21	20	10	12
40	14	21	8	M8	26	25	14	15
50	18	25	10	M10	34	32	20	18
63	20	32	12	M12	42	40	25	22
80	25	40	16	M16	52	50	30	28
100[1]	32	48	20	M20	65	60	38	36

Form E

Form	Beschreibung
A bis E	Metallgriffe
A	Rohteil aus Metall
B	mit durchgehender Bohrung d_4
C	mit nicht durchgehender Bohrung d_4
D	mit durchgehender Gewindebohrung d_5
E	mit nicht durchgehender Gewindebohrung d_5
K[2]	aus Formstoff (Kunststoff) mit Gewindebuchse d_5 (aus Metall)
L[2]	aus Formstoff (Kunststoff) mit Gewindebolzen d_5 (aus Metall)

Form C   **Form K**

⇒ **Kreuzgriff DIN 6335 – A 50 AL:** Form A, d_1 = 50 mm, aus Aluminium

[1] Diese Größe gibt es nicht aus Formstoff.
[2] Teilweise geringfügig andere Abmessungen; Werkstoff wie bei Sterngriffen DIN 6336

Sterngriffe
vgl. DIN 6336 (1996-01)

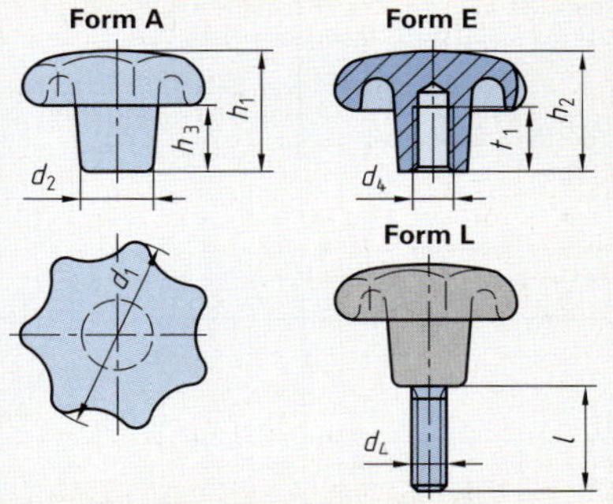

Form A   **Form E**

d_1	d_2	d_4	h_1	h_2	h_3	t_1	l	
32	12	M6	21	20	10	12	20	30
40	14	M8	26	25	13	15	20	30
50	18	M10	34	32	17	18	25	30
63	20	M12	42	40	21	22	30	40
80	25	M16	52	50	25	28	30	40

Form L

⇒ **Sterngriff DIN 6336 – L 40 x 30:** Form L (Formstoff) d_1 = 40 mm, l = 30 mm

Formen A bis E (Metallgriffe) sowie K und L (Griffe aus Formstoffen) entsprechend wie bei Kreuzgriffen DIN 6335

Werkstoffe: Gusseisen, Aluminium, Formmasse (PF 31 N RAL 9005 DIN 7708-2)

Aufnahme- und Auflagebolzen
vgl. DIN 6321 (2002-10)

Form A
Auflage-
bolzen

Form B
Aufnahme-
bolzen
zylindrisch

Form C
Aufnahme-
bolzen
abgeflacht

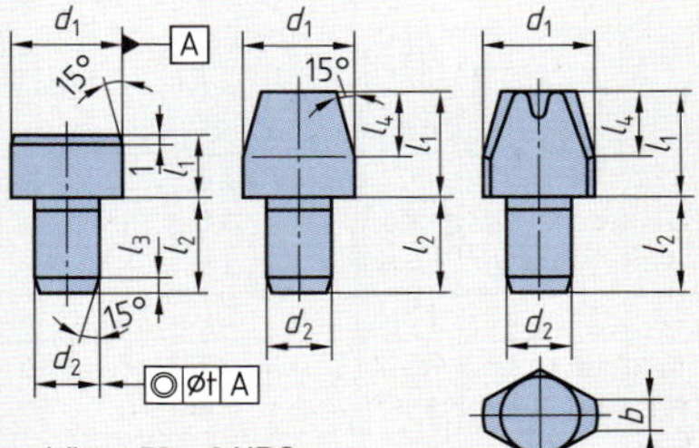

d_1 g6	l_1 Form A h9	l_1 Form B und C		b	d_2[1] n6	l_2	l_3	l_4	t
		kurz	lang						
6	5	7	12	1	4	6	1,2	4	
8	–		16	1,6					
10	6	10	18	2,5	6	9	1,6	6	0,02
12	–								
16	8	13	22	3,5	8	12	2	8	
20	–	15	25	5	12	18	2,5	9	0,04
25	10								

⇒ **Bolzen DIN 6321 – C 20 x 25:** Form C, d_1 = 20 mm, l_1 = 25 mm

gehärtet 53 + 6 HRC

[1] zugehörige Bohrungstoleranz: H7

M

T-Nuten und Zubehör, Kugelscheiben, Kegelpfannen

T-Nuten und Muttern für T-Nuten
vgl. DIN 650 (1989-10) und 508 (2002-06)

Breite *a*	8	10	12	14	18	22	28	36	42
Abmaße von *a*	−0,3/−0,5		−0,3/−0,6				−0,4/−0,7		
b	14,5	16	19	23	30	37	46	56	68
Abmaße von *b*	1,5/0	+2/0			+3/0		+4/0		
c	7	7	8	9	12	16	20	25	32
Abmaße von *c*	+1/0			+2/0			+3/0		
h max.	18	21	25	28	36	45	56	71	85
h min.	15	17	20	23	30	38	48	61	74
Gewinde *d*	M6	M8	M10	M12	M16	M20	M24	M30	M36
e	13	15	18	22	28	35	44	54	65
h_1	10	12	14	16	20	28	36	44	52
k	6	6	7	8	10	14	18	22	26
Abmaße von *k*	0/−0,5				0/−1				
⇒	**Mutter DIN 508 – M 10 x 12:** d = M10, a = 12 mm								

[1] Toleranzklasse H8 für Richt- und Spann-Nuten; H12 für Spann-Nuten

Schrauben für T-Nuten
vgl. DIN 787 (2002-06)

a	8	10	12	14	18	22	28	36
b von	22	30	35	35	45	55	70	80
bis	50	60	120	150	150	190	240	300
d_1	M8	M10	M12		M16	M20	M24	M30
e_1	13	15	18	22	28	35	44	54
h_1	12	14	16	20	24	32	41	50
k	6	6	7	8	10	14	18	22
Nenn-längen *l*	25, 32, 40, 50, 63, 80, 100, 125, 160, 200, 250, 315, 400, 500 mm							
⇒	**Schraube DIN 787 – M 10 x 10 x 100 – 8.8:** d_1 = M10, a = 10 mm, l = 100 mm, Festigkeitsklasse 8.8							

Lose Nutensteine
vgl. DIN 6323 (2003-08)

Form A $b_1 > b_2$
Form B $b_1 = b_2$
Form C $b_1 < b_2$

Übrige Maße und Angaben wie **Form A**

gehärtet, Härte 650 + 100 HV10

b_1 h6	b_2 h6	Form	b_3	h_1	h_2	h_3	h_4	*l*
12	6	A	–	12	3,6	–	–	20
	8							
	10							
	12	B	5	28,6	–	5,5	9	20
20	12	A	–	14	5,5	–	–	32
	14							
	18							
	22	C	9	50,5	–	7	18	40
	28		12	61,5			24	
	36		16	76,5			30	50
	42		19	90,5			36	
⇒	**Nutenstein DIN 6323 – C 20 x 28:** Form C, b_1 = 20 mm, b_2 = 28 mm							

Kugelscheiben und Kegelpfannen
vgl. DIN 6319 (2001-10)

Kugelscheibe
Form C

Kegelpfanne
Form D $d_4 = d_3$ Form G $d_4 > d_3$

d_1 H13	d_2 H13	d_3	d_4 Form D	d_4 Form G	d_5	h_2	h_3 Form D	h_3 Form G	R Kugel
6,4	7,1	12	12	17	11	2,3	2,8	4	9
8,4	9,6	17	17	24	14,5	3,2	3,5	5	12
10,5	12	21	21	30	18,5	4	4,2	5	15
13	14,2	24	24	36	20	4,6	5	6	17
17	19	30	30	44	26	5,3	6,2	7	22
21	23,2	36	36	50	31	6,3	7,5	8	27
⇒	**Kugelscheibe DIN 6319 – C 17:** Form C, d_1 = 17 mm								

M

Einspannzapfen, Schneidstempel, Platten

Einspannzapfen Form A[1]

vgl. DIN ISO 10242-1 und -2 (2000-03)

Form A

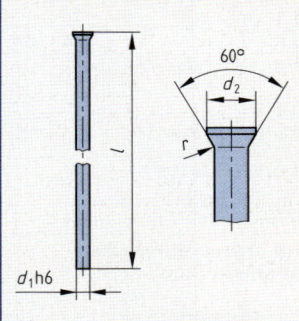

Gewindefreistich DIN 76-A

d_1 f9	d_2	d_3	l_1	l_2	l_3	l_4	l_5	SW
20	15	M16 × 1,5	40	2	12	58	4	17
25	20	M16 × 1,5 M20 × 1,5	45	2,5	16	68	6	21
32	25	M20 × 1,5 M24 × 1,5	56	3	16	79	6	27
40	32	M24 × 1,5 M27 × 2 M30 × 2	70	4	26	93	12	36
50	42	M30 × 2	80	5	26	108	12	41

⇒ **Einspannzapfen ISO 10242-1 A – 40 x M30 x 2:** Form A, d_1 = 40 mm, d_3 = M30 × 2

[1] Form C mit Befestigungsflansch anstatt Einschraubgewinde

Runde Schneidstempel Form D[1]

vgl. DIN 9861-1 (1992-07)

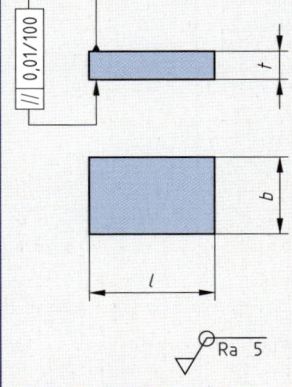

d_1h6

$d_2 \approx (1{,}1...1{,}8) \cdot d_1$ (je nach ⌀ d_1)

d_1 h6 von...bis	Stufung	l 0/+0,5			Werkstoff	Härte	
						Schaft	Kopf
0,5...0,95	0,05	71	80	–	WS[2]	62 ± 2 HRC	45 ± 5 HRC
1,0...2,9	0,1						
3,0...6,4	0,1	71	80	100	HWS[3]	64 ± 2 HRC	50 ± 5 HRC
6,5...20	0,5				HSS[4]		

⇒ **Schneidstempel DIN 9861 D – 5,6 x 71 HWS:** Form D, d_1 = 5,6 mm, l = 71 mm, aus hochlegiertem Kaltarbeitsstahl

[1] Form DA mit zulässiger Verdickung unterhalb des Kopfes
[2] WS legierte Kaltarbeitsstähle
[3] HWS hochlegierte Kaltarbeitsstähle
[4] HSS Schnellarbeitsstähle

Bearbeitete Platten für Werkzeuge der Stanztechnik und für Vorrichtungen

vgl. DIN ISO 6753-1 (2000-03)

l	Plattendicke t für Plattenmaß b									
	80	100	125	160	200	250	315	400	500	630
160	20, 25, 32			–	–	–	–	–	–	–
200	–	25, 32, 40			–	–	–	–	–	–
250	–	–	25, 32, 40			–	–	–	–	–
315	–	–	–	32, 40, 50			–	–	–	–
400	–	–	–	–	32, 40, 50			–	–	–
500	–	–	–	–	–	32, 40, 50			–	–
630	–	–	–	–	–	–	32, 40, 50, 63			

⇒ **Bearbeitete Platte ISO 6753-1 1 – 315 x 200 x 32:** durch Brennschneiden hergestellt (1), l = 315 mm, b = 200 mm, t = 32 mm

Kurzzeichen	Herstellverfahren	Toleranz für Länge l und Breite b ($l \leq 630$ mm)	Toleranz für Dicke
1	Brennschneiden Strahlschneiden	+ 4 + 1	± 2
2	Fräsen	+0,4 +0,2	± 2

Anmerkung: Diese Oberflächenrauheitswerte gelten nur für gefräste Platten.

M

Säulengestelle

Säulengestelle mit rechteckiger Arbeitsfläche Formen C und CG[1] vgl. DIN 9812 (1981-12)

$a_1 \times b_1$	c_1	c_2	c_3	d_2	d_3	e	l
80 × 63 100 × 63	50	30	80	19	M20 × 1,5	125 145	160
100 × 80 160 × 80	50	30	80	25	M20 × 1,5	155 215	160
125 × 100 250 × 100	50	40	90	25 32	M24 × 1,5	180 315	170 180
160 × 125 315 × 125	56	40	90	32	M24 × 1,5	225 380	180
200 × 160 315 × 160	56 63	50	100	32 40	M30 × 2	265 395	200 220
250 × 200 315 × 250	63	50	100	40	M30 × 2	330 395	220

⇒ **Säulengestell DIN 9812 – C 100 x 80:** Form C, $a_1 \times b_1 = 100$ mm × 80 mm

[1] Form C ohne Gewinde; Form CG mit Gewinde d_3

Säulengestelle mit runder Arbeitsfläche Formen D und DG[2] vgl. DIN 9812 (1981-12)

d_1	c_1	c_2	c_3	d_2	d_3	e	l
50 63	40	25	65	16	M16 × 1,5	80 95	125 140
80				19		125	
100	50	30	80	25	M20 × 1,5	155	160
125				25		180	
160						225	180
180	56	40	90	32	M24 × 1,5	245	180
200						265	190
250 315	56 63	50	100	40	M30 × 2	330 395	200 220

⇒ **Säulengestell DIN 9812 – D 160:** Form D, $d = 160$ mm

[2] Form D ohne Gewinde; Form DG mit Gewinde d_3

Säulengestelle mit mittigstehenden Führungssäulen und dicker Säulenführungsplatte, Form DF vgl. DIN 9816 (1981-12)

d_1	c_1	c_2	d_2	e	f_1	f_2	f_3	l
80	50	80	19	125	16	10	36	170
100	50	85	25	155	18	11	40	180
125	50	90	25	180	18	11	40	190
160	56	100	32	225	23	11	45	220
200	56	110	32	265	23	11	45	240

⇒ **Säulengestell DIN 9816 – DF 100 GG:** Form DF, $d_1 = 100$ mm, Gleitführung aus Gusseisen

Säulengestelle mit übereckstehenden Führungssäulen, Formen C und CG[3] vgl. DIN 9819 (1981-12)

$a_1 \times b_1$	a_2	b_2	c_1	c_2	c_3	d_2	e_1	e_2	l
80 × 63	135	180		30	80	19	75	103	160
125 × 80	190	215	50			25	120	128	160
125 × 100	190	235		40	90	25		148	170
250 × 100	325	255					245	158	170
160 × 125	235	280	56	40	90	32	155	183	180
315 × 125	390						310	183	180

⇒ **Säulengestell DIN 9819 – C 160 x 80 GG:** Form C, $a_1 = 160$ mm, $b_1 = 80$ mm, aus Gusseisen

[3] Form C ohne Gewinde; Form CG mit Gewinde d_3

M

Keilriemen, Synchronriemen

Bauformen

Bezeichnung	Abmessungsbereich		Geschwindigkeitsbereich	Leistungsbereich	Eigenschaften; Anwendungsbeispiele
	$h^{1)}$ in mm	$L^{2)}$ in mm			
Norm für die Riemen	Norm für die Scheiben		v_{max} in m/s	P'_{max} in kW$^{3)}$	
Normalkeilriemen DIN 2215, ISO 4184	4…25	185…19000	30	65	für höhere Reißlasten, sicheres Durchzugsvermögen; Baumaschinen, Bergbauverstellgetriebe, Landmaschinen, Fördertechnik, allgemeiner Maschinenbau
	DIN 2217, ISO 4183				
Schmalkeilriemen DIN 7753, ISO 4184	8…18	630…12500	40	70	gute Leistungsübertragung, bei gleicher Breite doppelte Leistung wie Normalkeilriemen; Getriebebau, Holzbearbeitungsmaschinen, Werkzeugmaschinen, Klimatechnik
	DIN 2211, ISO 4183				
flankenoffene Keilriemen DIN 2215, DIN 7753	4…25	800…3150	50	70	geringe Dehnung, kleinere Scheibendurchmesser, höhere Temperaturbeständigkeit von −30°C bis +80°C; Pkw-Generatorantrieb, Getriebebau, Pumpen, Klimatechnik
	DIN 2211, DIN 2217				
Verbundkeilriemen (Kraftband) DIN 2211, DIN 2217	10…26	1250…15000	30	65	schwingungs- und stoßunempfindlich, kein Verdrehen von Einzelriemen in den Scheiben, absolut gleichmäßige Kraftverteilung, hohe Reißlasten, für große Achsabstände; Papiermaschinen
Keilrippenriemen (Rippenband) DIN 7867	3…17	600…15000	60	20	große Übersetzungen möglich, vibrationsarmer Lauf; Pkw-Generatorantrieb, Kompressorantrieb in der Klimatechnik, Kleinmaschinen
	DIN 7867				
Breitkeilriemen DIN 7719	6…18	468…2500	30	85	ausgezeichnete Querfestigkeit, optimale Profilanpassung, sehr hohe Reißlast, flexibel; Drehzahlverstellgetriebe, Werkzeugmaschinen, Textilmaschinen, Druckereimaschinen, Landmaschinen
	DIN 7719				
Doppelkeilriemen (Hexagonalriemen) DIN 7722, ISO 5289	10…25	2000…6900	30	20	gute Leistungsübertragung für Antriebe mit mehreren Scheiben und wechselnder Drehrichtung, 10% geringerer Wirkungsgrad als Normalkeilriemen; Landmaschinen, Textilmaschinen, allgemeiner Maschinenbau
	DIN 2217				
Synchronriemen DIN 7721, DIN ISO 5296	0,7…5,0	100…3620	40…80	0,5…900	Wirkungsgrad $\eta_{max} \geq 0{,}98$, synchroner Lauf, geringe Vorspannkräfte, daher geringe Lagerbelastung; Feinwerkantriebe, Büromaschinenantriebe, Kfz-Technik, CNC-Spindelantriebe
	DIN ISO 5294				

$^{1)}$ Riemenhöhe (Seiten 254, 255) $^{2)}$ Riemenlänge $^{3)}$ übertragbare Leistung pro Riemen

M

Schmalkeilriemen

Schmalkeilriemen
DIN 7753-1 (1988-01)

Schmalkeilriemen-scheibe
DIN 2211-1 (1984-03)

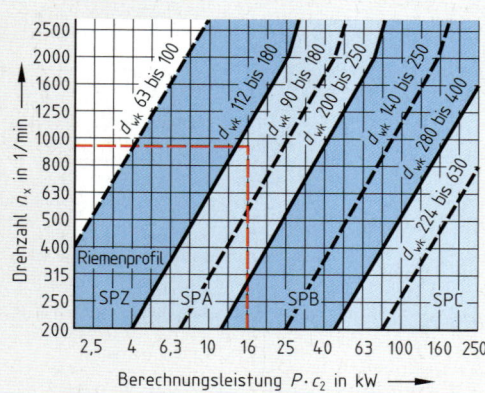

Wirkdurchmesser

$$d_\mathrm{w} = d_\mathrm{a} - 2 \cdot c$$

⇒ **Schmalkeilriemen DIN 7753 – XPZ 710:**
Schmalkeilriemen, Profil flankenoffen gezahnt, Richtlänge 710 mm

Bezeichnungen		Schmalkeilriemen, Keilriemenscheiben			
Riemenprofil (ISO-Kurzzeichen)		SPZ	SPA	SPB	SPC
b_o	obere Riemenbreite	9,7	12,7	16,3	22
b_w	Wirkbreite	8,5	11	14	19
h	Riemenhöhe	8	10	13	18
h_w	Abstand	2	2,8	3,5	4,8
d_wk	kleinster zulässiger Wirk-∅	63	90	140	224
b_1	obere Rillenbreite	9,7	12,7	16,3	22
c	Abstand Wirk-∅ bis Außen-∅	2	2,8	3,5	4,8
t	kleinstzulässige Rillentiefe	11	13,8	17,5	23,8
e	Rillenabstand bei mehrrilligen Scheiben	12	15	19	25,5
f	Rillenabstand vom Rande	8	10	12,5	17
α	34° für Wirk-∅ bis	80	118	190	315
	38° für Wirk-∅ über	80	118	190	315

Winkelfaktor c_1	1	1,02	1,05	1,08	1,12	1,16	1,22	1,28	1,37	1,47
Umschlingungswinkel β	180°	170°	160°	150°	140°	130°	120°	110°	100°	90°

Betriebsfaktor c_2

tägliche Betriebsdauer in Stunden			angetriebene Arbeitsmaschinen (Beispiele)
bis 10	über 10 bis 16	über 16	
1,0	1,1	1,2	Kreiselpumpen, Ventilatoren, Bandförderer für leichtes Gut
1,1	1,2	1,3	Werkzeugmaschinen, Pressen, Blechscheren, Druckereimaschinen
1,2	1,3	1,4	Mahlwerke, Kolbenpumpen, Stoßförderer, Textil- u. Papiermaschinen
1,3	1,4	1,5	Steinbrecher, Mischer, Winden, Krane, Bagger

Leistungswerte für Schmalkeilriemen

vgl. DIN 7753-2 (1976-04)

Riemenprofil	SPZ			SPA			SPB			SPC		
d_wk der kleineren Scheibe	63	100	180	90	160	250	140	250	400	224	400	630
n_k der kleineren Scheibe	Nennleistung P_N in kW je Riemen											
400	0,35	0,79	1,71	0,75	2,04	3,62	1,92	4,86	8,64	5,19	12,56	21,42
700	0,54	1,28	2,81	1,17	3,80	5,88	3,02	7,84	13,82	8,13	19,79	32,37
950	0,68	1,66	3,65	1,48	4,27	7,60	8,83	10,04	17,39	10,19	24,52	37,37
1450	0,93	2,36	5,19	2,02	6,01	10,53	5,19	13,66	22,02	13,22	29,46	31,74
2000	1,17	3,05	6,63	2,49	7,60	12,85	6,31	16,19	22,07	14,58	25,81	–
2800	1,45	3,90	8,20	3,00	9,24	14,13	7,15	16,44	9,37	11,89	–	–

Bestimmung des Profils für Schmalkeilriemen

Drehzahl n_x in 1/min

Berechnungsleistung $P \cdot c_2$ in kW ⟶

P zu übertragende Leistung
P_N Nennleistung je Riemen
z Anzahl der Riemen
c_1 Winkelfaktor
c_2 Betriebsfaktor

Anzahl der Riemen

$$z = \frac{P \cdot c_1 \cdot c_2}{P_\mathrm{N}}$$

Beispiel:

Zu übertragen sind P = 12 kW bei c_1 = 1,12; c_2 = 1,4; d_wk = 160 mm, n_k = 950 mm; β_k = ?, z = ?
1. $P \cdot c_2$ = 12 kW · 1,4 = 16,8 kW
2. nach Diagramm aus n_k = 950 mm und $P \cdot c_2$ = 16,8 kW → Profil **SPA**
3. P_N = 4,27 kW nach Tabelle
4. $z = \dfrac{P \cdot c_1 \cdot c_2}{P_\mathrm{N}} = \dfrac{12\ \mathrm{kW} \cdot 1,12 \cdot 1,4}{4,27\ \mathrm{kW}} = 4,4$
5. gewählt: z = **5 Riemen**

M

Synchronriemen

Synchronriemen (Zahnriemen)
vgl. DIN 7721-1 (1989-06)

Einfachverzahnung

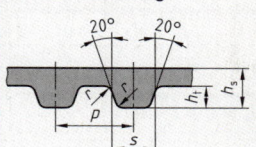

Doppelverzahnung

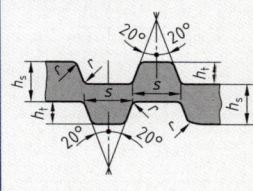

Nicht genormte Zahnformen

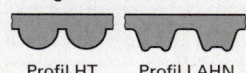

Profil HT   Profil LAHN

Zahnteilung Kurzzeichen	p	Maße der Zähne			Nenndicke h_s	Synchronriemenbreite b			
		s	h_t	r					
T2,5	2,5	1,5	0,7	0,2	1,3	–	4	6	10
T5	5	2,7	1,2	0,4	2,2	6	10	16	25
T10	10	5,3	2,5	0,6	4,5	16	25	32	50

Wirklänge[1]	Zähnezahl für		Wirklänge[1]	Zähnezahl für		Wirklänge[1]	Zähnezahl für
	T2,5	T5		T2,5	T5		T10
120	48	–	530	–	53	1010	101
150	–	30	560	112	56	1080	108
160	64	–	610	122	61	1150	115
200	80	40	630	126	63	1210	121
245	98	49	660	–	66	1250	125
270	–	54	700	–	70	1320	132
285	114	–	720	144	72	1390	139
305	–	61	780	156	78	1460	146
330	132	66	840	168	84	1560	156
390	–	78	880	–	88	1610	161
420	168	84	900	180	–	1780	178
455	–	91	920	184	92	1880	188
480	192	96	960	–	96	1960	196
500	200	100	990	198	–	2250	225

⇒ **Riemen DIN 7721 – 6 T2,5 x 480:** b = 6 mm, Teilung p = 2,5 mm, Wirklänge = 480 mm, Einfachverzahnung

Bei Synchronriemen mit Doppel-Verzahnung wird der Kennnbuchstabe D angehängt.
[1] Wirklängen von 100…3620 mm, in Sonderanfertigung bis 25000 mm

Synchronriemenscheiben
vgl. DIN 7721-2 (1989-06)

Zahnlückenmaße

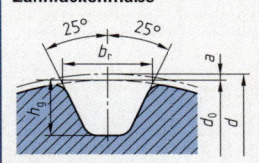

Wirkdurchmesser

$$d = d_0 + 2 \cdot a$$

[1] Form SE für ≤ 20 Zahnlücken
[2] Form N für > 20 Zahnlücken

Scheibenmaße

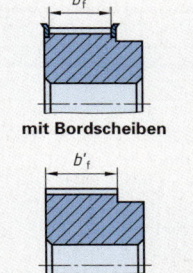

mit Bordscheiben

ohne Bordscheiben

Zahnlücken	Scheibenaußen-∅ d_0 für			Zahnlücken	Scheibenaußen-∅ d_0 für			Zahnlücken	Scheibenaußen-∅ d_0 für		
	T2,5	T5	T10		T2,5	T5	T10		T2,5	T5	T10
10	7,4	15,0	–	17	13,0	26,2	52,2	32	24,9	50,1	100,0
11	8,2	16,6	–	18	13,8	27,8	55,4	36	28,1	56,4	112,7
12	9,0	18,2	36,3	19	14,6	29,4	58,6	40	31,3	62,8	125,4
13	9,8	19,8	39,5	20	15,4	31,0	61,8	48	37,7	75,5	150,9
14	10,6	21,4	42,7	22	17,0	34,1	68,2	60	47,2	94,6	189,1
15	11,4	23,0	45,9	25	19,3	38,9	77,7	72	56,8	113,7	227,3
16	12,2	24,6	49,1	28	21,7	43,7	87,2	84	66,3	132,9	265,5

Kurzzeichen	Zahnlückenmaße				
	Lückenbreite b_r		Lückenhöhe h_g		2 a
	Form SE[1]	Form N[2]	Form SE[1]	Form N[2]	
T2,5	1,75	1,83	0,75	1	0,6
T5	2,96	3,32	1,25	1,95	1
T10	6,02	6,57	2,6	3,4	2

Kurzzeichen	Riemenbreite b	Scheibenbreite	
		mit Bord b_f	ohne Bord b_f'
T2,5	4	5,5	8
	6	7,5	10
	10	11,5	14
T5	6	7,5	10
	10	11,5	14
	16	17,5	20
	25	26,5	29
T10	16	18	21
	25	27	30
	32	34	37
	50	52	55

M

Geradverzahnte Stirnräder

Nicht korrigierte Stirnräder mit Geradverzahnung

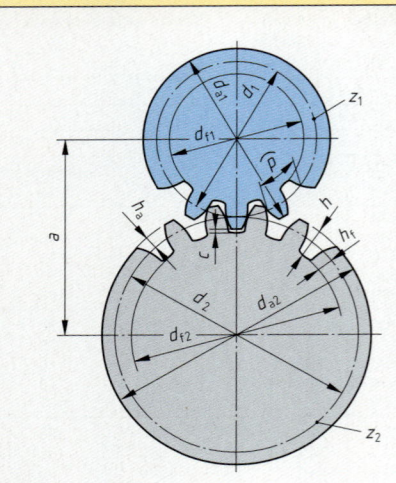

m Modul
p Teilung
c Kopfspiel
h Zahnhöhe
h_a Zahnkopfhöhe
h_f Zahnfußhöhe
a Achsabstand

z, z_1, z_2 Zähnezahlen
d, d_1, d_2 Teilkreisdurchmesser
d_a, d_{a1}, d_{a2} Kopfkreisdurchmesser
d_f, d_{f1}, d_{f2} Fußkreisdurchmesser

Beispiel:

Außenverzahntes Stirnrad,
$m = 2$ mm; $z = 32$; $c = 0,167 \cdot m$; $d = ?$; $d_a = ?$; $h = ?$
$d = m \cdot z = 2$ mm $\cdot\ 32 = \textbf{64 mm}$
$d_a = d + 2 \cdot m = 64$ mm $+ 2 \cdot 2$ mm $= \textbf{68 mm}$
$h = 2 \cdot m + c = 2 \cdot 2$ mm $+ 0,167 \cdot 2$ mm $= \textbf{4,33 mm}$

M

Außenverzahnung

Zähnezahl	$z = \dfrac{d}{m} = \dfrac{d_a - 2 \cdot m}{m}$
Kopfkreisdurchmesser	$d_a = d + 2 \cdot m = m \cdot (z + 2)$
Fußkreisdurchmesser	$d_f = d - 2 \cdot (m + c)$
Achsabstand	$a = \dfrac{d_1 + d_2}{2} = \dfrac{m \cdot (z_1 + z_2)}{2}$

Außen- und Innenverzahnung

Modul	$m = \dfrac{p}{\pi} = \dfrac{d}{z}$
Teilung	$p = \pi \cdot m$
Teilkreisdurchmesser	$d = m \cdot z$
Kopfspiel	$c = 0,1 \cdot m$ bis $0,3 \cdot m$ häufig $c = 0,167 \cdot m$
Zahnkopfhöhe	$h_a = m$
Zahnfußhöhe	$h_f = m + c$
Zahnhöhe	$h = 2 \cdot m + c$

Innenverzahnung

Zähnezahl	$z = \dfrac{d}{m} = \dfrac{d_a + 2 \cdot m}{m}$
Kopfkreisdurchmesser	$d_a = d - 2 \cdot m = m \cdot (z - 2)$
Fußkreisdurchmesser	$d_f = d + 2 \cdot (m + c)$
Achsabstand	$a = \dfrac{d_2 - d_1}{2} = \dfrac{m \cdot (z_2 - z_1)}{2}$

Beispiel:

Innenverzahntes Stirnrad, $m = 1,5$ mm; $z = 80$;
$c = 0,167 \cdot m$; $d = ?$; $d_a = ?$; $h = ?$
$d = m \cdot z = 1,5$ mm $\cdot\ 80 = \textbf{120 mm}$
$d_a = d - 2 \cdot m = 120$ mm $- 2 \cdot 1,5$ mm $= \textbf{117 mm}$
$h = 2 \cdot m + c = 2 \cdot 1,5$ mm $+ 0,167 \cdot 1,5$ mm $= \textbf{3,25 mm}$

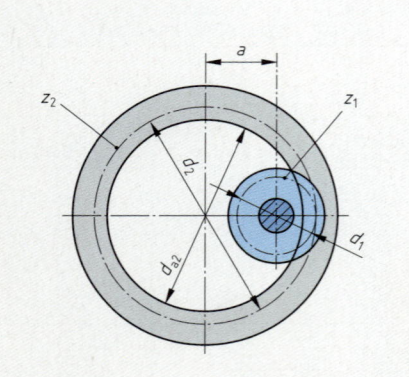

Schrägverzahnte Stirnräder, Modulreihe für Stirnräder

Nicht korrigierte Stirnräder mit Schrägverzahnung

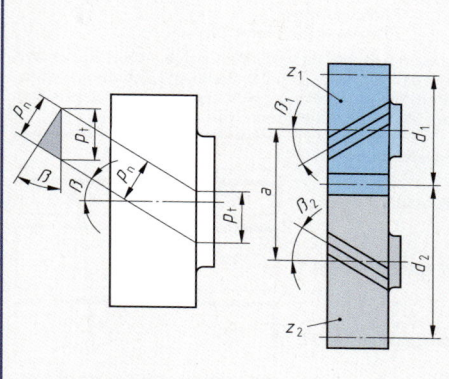

m_t	Stirnmodul
m_n	Normalmodul
p_t	Stirnteilung
p_n	Normalteilung
β	Schrägungswinkel (meist $\beta = 8°$ bis $25°$)
z, z_1, z_2	Zähnezahlen
d, d_1, d_2	Teilkreisdurchmesser
d_a	Kopfkreisdurchmesser
a	Achsabstand

Stirnmodul
$$m_t = \frac{m_n}{\cos\beta} = \frac{p_t}{\pi}$$

Stirnteilung
$$p_t = \frac{p_n}{\cos\beta} = \frac{\pi \cdot m_n}{\cos\beta}$$

Teilkreisdurchmesser
$$d = m_t \cdot z = \frac{z \cdot m_n}{\cos\beta}$$

Zähnezahl
$$z = \frac{d}{m_t} = \frac{\pi \cdot d}{p_t}$$

Bei Stirnrädern mit Schrägverzahnung verlaufen die Zähne schraubenförmig auf dem zylindrischen Radkörper. Die Werkzeuge zur Herstellung von Stirnrädern und Schraubenrädern richten sich nach dem Normalmodul.

Bei parallelen Achsen haben beide Räder gleiche Schrägungswinkel, aber entgegengesetzte Schrägungsrichtungen, d.h., ein Rad ist rechts-, das andere linkssteigend ($\beta_1 = -\beta_2$).

Normalmodul
$$m_n = \frac{p_n}{\pi} = m_t \cdot \cos\beta$$

Normalteilung
$$p_n = \pi \cdot m_n = p_t \cdot \cos\beta$$

Kopfkreisdurchmesser
$$d_a = d + 2 \cdot m_n$$

M

Achsabstand
$$a = \frac{d_1 + d_2}{2}$$

Beispiel:

Schrägverzahnung, $z = 32$; $m_n = 1,5$ mm;
$\beta = 19,5°$; $c = 0,167 \cdot m$; $m_t = ?$; $d_a = ?$; $d = ?$; $h = ?$

$m_t = \dfrac{m_n}{\cos\beta} = \dfrac{1,5\,mm}{\cos 19,5°} = \mathbf{1,591\,mm}$

$d_a = d + 2 \cdot m_n = 50,9\,mm + 2 \cdot 1,5\,mm = \mathbf{53,9\,mm}$

$d = m_t \cdot z = 1,591\,mm \cdot 32 = \mathbf{50,9\,mm}$

$h = 2 \cdot m_n + c = 2 \cdot 1,5\,mm + 0,167 \cdot 1,5\,mm$
$= \mathbf{3,25\,mm}$

Zahnhöhe, Zahnkopfhöhe, Zahnfußhöhe, Kopfspiel und Fußkreisdurchmesser werden wie bei Stirnrädern mit Geradverzahnung (Seite 256) berechnet. In den Formeln wird der Modul m durch den Normalmodul m_n ersetzt.

Modulreihe für Stirnräder (Reihe I)

vgl. DIN 780-1 und -2 (1977-05)

Modul	0,2	0,25	0,3	0,4	0,5	0,6	0,7	0,8	0,9	1,0	1,25
Teilung	0,628	0,785	0,943	1,257	1,571	1,885	2,199	2,513	2,827	3,142	3,927
Modul	1,5	2,0	2,5	3,0	4,0	5,0	6,0	8,0	10,0	12,0	16,0
Teilung	4,712	6,283	7,854	9,425	12,566	15,708	18,850	25,132	31,416	37,699	50,265

Einteilung des Satzes von 8 Modul-Scheibenfräsern (bis zu $m = 9$ mm)[1]

Fräser-Nr.	1	2	3	4	5	6	7	8	
Zähnezahl	12…13	14…16	17…20	21…25	26…34	35…54	55…134	135…Zahnstange	

[1] Die Herstellung der Zahnräder mit Scheibenfräsern entspricht keinem Abwälzvorgang. Es entsteht nur angenähert die Evolventenform der Zahnflanken. Dieses Herstellungsverfahren ist daher nur für untergeordnete Verzahnungen geeignet. Für Zahnräder mit $m > 9$ mm wird ein Satz mit 15 Modul-Scheibenfräsern verwendet.

Kegelräder, Schneckentrieb

Nicht korrigierte Kegelräder mit Geradverzahnung

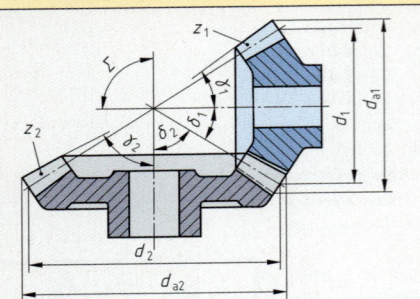

m	Modul	z, z_1, z_2	Zähnezahlen
d, d_1, d_2	Teilkreisdurchmesser	$\delta, \delta_1, \delta_2$	Teilkegelwinkel
d_a, d_{a1}, d_{a2}			Kopfkreisdurchmesser
γ_1, γ_2	Kopfkegelwinkel		
Σ	Achsenwinkel (meist 90°)		

Teilung und Zahnhöhe verjüngen sich zur Kegelspitze hin, sodass ein Kegelrad an jeder Stelle der Zahnbreite einen anderen Modul, Teilkreisdurchmesser usw. besitzt. Der äußere Modul entspricht dem Normmodul.

Teilkreisdurchmesser	$$d = m \cdot z$$
Kopfkreisdurchmesser	$$d_a = d + 2 \cdot m \cdot \cos\delta$$
Kopfkegelwinkel Rad 1	$$\tan\gamma_1 = \frac{z_1 + 2 \cdot \cos\delta_1}{z_2 - 2 \cdot \sin\delta_1}$$
Kopfkegelwinkel Rad 2	$$\tan\gamma_2 = \frac{z_2 + 2 \cdot \cos\delta_2}{z_1 - 2 \cdot \sin\delta_2}$$
Teilkegelwinkel Rad 1	$$\tan\delta_1 = \frac{d_1}{d_2} = \frac{z_1}{z_2} = \frac{1}{i}$$
Teilkegelwinkel Rad 2	$$\tan\delta_2 = \frac{d_2}{d_1} = \frac{z_2}{z_1} = i$$
Achsenwinkel	$$\Sigma = \delta_1 + \delta_2$$

Neben den eingetragenen Maßen an den Außenkanten sind für die Fertigung auch die Maße in den Zahnmitten und Innenkanten wichtig.

Zahnhöhe, Zahnkopfhöhe, Kopfspiel usw. werden wie bei Strinrädern mit Geradverzahnung (Seite 256) berechnet.

Beispiel:

> Kegelrädergetriebe, $m = 2$ mm; $z_1 = 30$; $z_2 = 120$; $\Sigma = 90°$. Die Maße zum Drehen des treibenden Kegelrades sind zu berechnen.
>
> $\tan\delta_1 = \dfrac{z_1}{z_2} = \dfrac{30}{120} = \mathbf{0{,}2500}$; $\delta_1 = \mathbf{14{,}04°}$
>
> $d_1 = m \cdot z_1 = 2 \text{ mm} \cdot 30 = \mathbf{60 \text{ mm}}$
>
> $d_{a1} = d_1 + 2 \cdot m \cdot \cos\delta_1$
> $= 60 \text{ mm} + 2 \cdot 2 \text{ mm} \cdot \cos 14{,}04° = \mathbf{63{,}88 \text{ mm}}$
>
> $\tan\gamma_1 = \dfrac{z_1 + 2 \cdot \cos\delta_1}{z_2 - 2 \cdot \sin\delta_1} = \dfrac{30 + 2 \cdot \cos 14{,}04°}{120 - 2 \cdot \sin 14{,}04°} = \mathbf{0{,}267}$
>
> $\gamma_1 = \mathbf{14{,}95°}$

Schneckentrieb

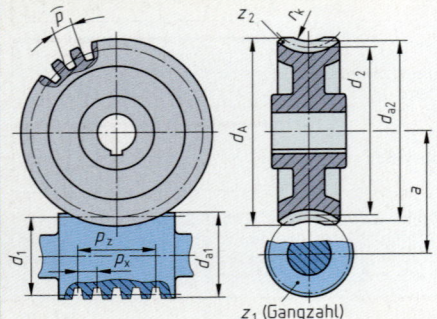

m	Modul	z_1, z_2	Zähnezahlen
d, d_1, d_2	Teilkreisdurchmesser	p_z	Steigungshöhe
d_a, d_{a1}, d_{a2}	Kopfkreisdurchmesser	p_x, p	(Axial-)Teilung
r_k	Kopfkehlhalbmesser	d_A	Außen-⌀

Schnecke

Teilkreisdurchmesser	$$d_1 = \text{Nennmaß}$$
Axialteilung Schnecke	$$p_x = \pi \cdot m$$
Kopfkreisdurchmesser	$$d_{a1} = d_1 + 2 \cdot m$$
Steigungshöhe	$$p_z = p_x \cdot z_1 = \pi \cdot m \cdot z_1$$

Schneckenrad

Teilkreisdurchmesser	$$d_2 = m \cdot z_2$$
Teilung	$$p = \pi \cdot m$$
Kopfkreisdurchmesser	$$d_{a2} = d_2 + 2 \cdot m$$
Außendurchmesser	$$d_A \approx d_{a2} + m$$
Kopfkehlhalbmesser	$$r_k = \frac{d_1}{2} - m$$

Beispiel:

> Schneckentrieb, $m = 2{,}5$ mm; $z_1 = 2$; $d_1 = 40$ mm; $z_2 = 40$; $d_{a1} = ?$; $d_2 = ?$; $d_A = ?$; $r_k = ?$; $a = ?$
>
> $d_{a1} = d_1 + 2 \cdot m = 40 \text{ mm} + 2 \cdot 2{,}5 \text{ mm} = \mathbf{45 \text{ mm}}$
>
> $d_2 = m \cdot z_2 = 2{,}5 \text{ mm} \cdot 40 = \mathbf{100 \text{ mm}}$
>
> $d_{a2} = d_2 + 2 \cdot m = 100 \text{ mm} + 2 \cdot 2{,}5 \text{ mm} = \mathbf{105 \text{ mm}}$
>
> $d_A \approx d_{a2} + m = 105 \text{ mm} + 2{,}5 = \mathbf{107{,}5 \text{ mm}}$
>
> $r_k = \dfrac{d_1}{2} - m = \dfrac{40 \text{ mm}}{2} - 2{,}5 \text{ mm} = \mathbf{17{,}5 \text{ mm}}$
>
> $a = \dfrac{d_1 + d_2}{2} = \dfrac{40 \text{ mm} + 100 \text{ mm}}{2} = \mathbf{70 \text{ mm}}$

Kopfspiel, Zahnhöhe, Zahnkopfhöhe, Zahnfußhöhe und Achsabstand wie bei Stirnrädern (Seite 256).

Übersetzungen

Zahnradtrieb

einfache Übersetzung

treibend   getrieben

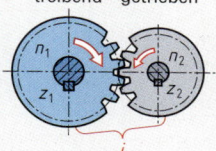

$z_1, z_3, z_5 \dots$ Zähnezahlen } treibende
$n_1, n_3, n_5 \dots$ Drehzahlen } Räder
$z_2, z_4, z_6 \dots$ Zähnezahlen } getriebene
$n_2, n_4, n_6 \dots$ Drehzahlen } Räder
n_a Anfangsdrehzahl
n_e Enddrehzahl
i Gesamtübersetzungsverhältnis
$i_1, i_2, i_3 \dots$ Einzelübersetzungsverhältnisse

mehrfache Übersetzung

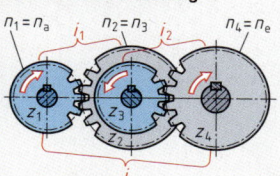

Antriebsformel

$$n_1 \cdot z_1 = n_2 \cdot z_2$$

Übersetzungsverhältnis

$$i = \frac{z_2}{z_1} = \frac{n_1}{n_2} = \frac{n_a}{n_e}$$

Gesamtübersetzungsverhältnis

$$i = \frac{z_2 \cdot z_4 \cdot z_6 \dots}{z_1 \cdot z_3 \cdot z_5 \dots}$$

$$i = i_1 \cdot i_2 \cdot i_3 \dots$$

Beispiel:

$i = 0{,}4;\ n_1 = 180/\text{min};\ z_2 = 24;\ n_2 = ?;\ z_1 = ?$

$$n_2 = \frac{n_1}{i} = \frac{180/\text{min}}{0{,}4} = \mathbf{450/\text{min}}$$

$$z_1 = \frac{n_2 \cdot z_2}{n_1} = \frac{450/\text{min} \cdot 24}{180/\text{min}} = \mathbf{60}$$

Drehmomente bei Zahnrädern Seite 37

Riementrieb

einfache Übersetzung

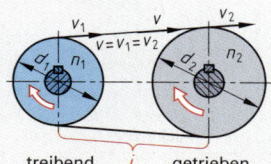

treibend i getrieben

$d_1, d_3, d_5 \dots$ Durchmesser } treibende
$n_1, n_3, n_5 \dots$ Drehzahlen } Scheiben
$d_2, d_4, d_6 \dots$ Durchmesser } getriebene
$n_2, n_4, n_6 \dots$ Drehzahlen } Scheiben
n_a Anfangsdrehzahl
n_e Enddrehzahl
i Gesamtübersetzungsverhältnis
$i_1, i_2, i_3 \dots$ Einzelübersetzungsverhältnisse
v, v_1, v_2 Umfangsgeschwindigkeiten

mehrfache Übersetzung

getrieben

treibend

Geschwindigkeit

$$v = v_1 = v_2$$

Antriebsformel

$$n_1 \cdot d_1 = n_2 \cdot d_2$$

Übersetzungsverhältnis

$$i = \frac{d_2}{d_1} = \frac{n_1}{n_2} = \frac{n_a}{n_e}$$

Gesamtübersetzungsverhältnis

$$i = \frac{d_2 \cdot d_4 \cdot d_6 \dots}{d_1 \cdot d_3 \cdot d_5 \dots}$$

$$i = i_1 \cdot i_2 \cdot i_3 \dots$$

Beispiel:

$n_1 = 600/\text{min};\ n_2 = 400/\text{min};$
$d_1 = 240\ \text{mm};\ i = ?;\ d_2 = ?$

$$i = \frac{n_1}{n_2} = \frac{600/\text{min}}{400/\text{min}} = \frac{1{,}5}{1} = \mathbf{1{,}5}$$

$$d_2 = \frac{n_1 \cdot d_1}{n_2} = \frac{600/\text{min} \cdot 240\ \text{mm}}{400/\text{min}}$$
$$= \mathbf{360\ mm}$$

Schneckentrieb

getrieben

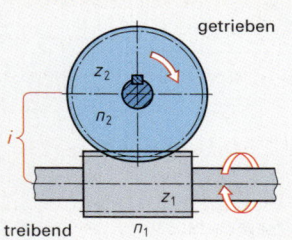

treibend n_1

z_1 Zähnezahl (Gangzahl) der Schnecke
n_1 Drehzahl der Schnecke
z_2 Zähnezahl des Schneckenrades
n_2 Drehzahl des Schneckenrades
i Übersetzungsverhältnis

Beispiel:

$i = 25;\ n_1 = 1500/\text{min};\ z_1 = 3;\ n_2 = ?$

$$n_2 = \frac{n_1}{i} = \frac{1500/\text{min}}{25} = \mathbf{60/\text{min}}$$

Antriebsformel

$$n_1 \cdot z_1 = n_2 \cdot z_2$$

Übersetzungsverhältnis

$$i = \frac{n_1}{n_2} = \frac{z_2}{z_1}$$

M

Drehzahldiagramm

Die Bestimmung der Drehzahl n einer Werkzeugmaschine aus dem Werkstück- bzw. dem Werkzeugdurchmesser d und der gewählten Schnittgeschwindigkeit v_c kann
- rechnerisch mit Hilfe der Formel oder
- grafisch mit dem Drehzahldiagramm erfolgen.

Drehzahldiagramme enthalten die an der Maschine einstellbaren Lastdrehzahlen. Diese sind geometrisch gestuft. Bei stufenlosen Antrieben kann die ermittelte Drehzahl genau eingestellt werden.

Drehzahl

$$n = \frac{v_c}{\pi \cdot d}$$

Drehzahldiagramm mit logarithmisch geteilten Koordinaten

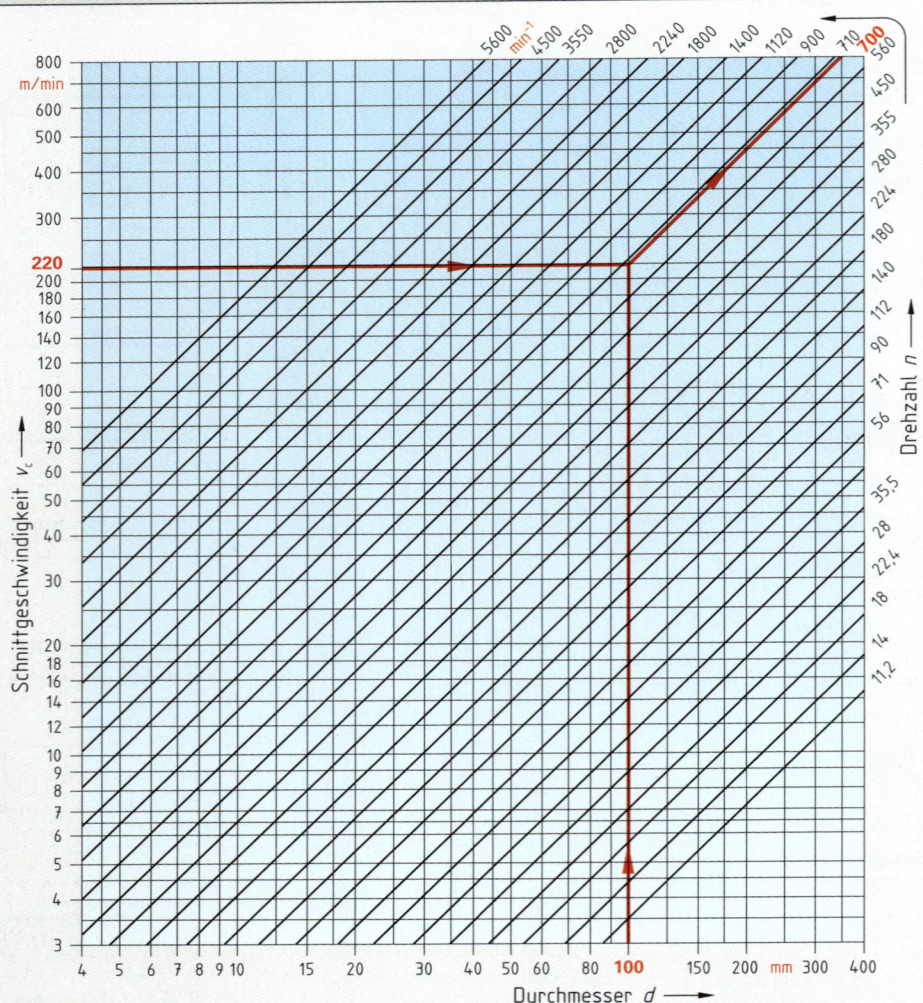

Beispiel: $d = 100$ mm; $v_c = 220\, \dfrac{m}{min}$; $n = ?$

Berechnung: $n = \dfrac{v_c}{\pi \cdot d} = \dfrac{220\, \frac{m}{min}}{\pi \cdot 0,1\, m} = 700,3\, \dfrac{1}{min}$; abgelesen aus obigem Drehzahldiagramm: $n \approx 700\, \dfrac{1}{min}$

M

Gleitlager, Übersicht

Gleitlager[1] (Auswahl nach Art der Schmierung)

Hydrodynamische Gleitlager	Hydrostatische Gleitlager	Trockenlauf-Gleitlager
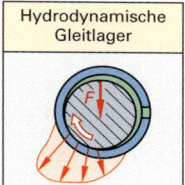	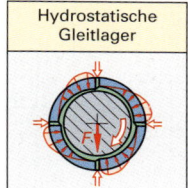	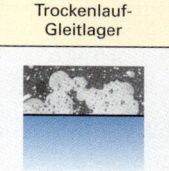

geeignet für	geeignet für	geeignet für
– verschleißarmen Dauerbetrieb – hohe Drehzahlen – hohe stoßartige Belastungen	– verschleißfreien Dauerbetrieb – geringe Reibungsverluste – niedrige Drehzahlen möglich	– wartungsfreien oder wartungs- armen Betrieb – mit oder ohne Schmierstoff
Einsatzbereiche	**Einsatzbereiche**	**Einsatzbereiche**
– Haupt- und Pleuellager – Getriebe – Elektromotoren – Turbinen, Verdichter – Hebezeuge, Landmaschinen	– Präzisionslagerungen – Weltraumteleskope und -antennen – Werkzeugmaschinen – Axiallager bei hohen Kräften	– Baumaschinen – Armaturen und Geräte – Verpackungsmaschinen – Strahltriebwerke – Haushaltsgeräte

[1] Weitere Gleitlager: luft- bzw. gas- und wassergeschmierte Gleitlager, Magnetlager

Eigenschaften von Gleitwerkstoffen

Kurzzeichen, Werkstoff-nummer	Dehn-grenze $R_{p\,0,2}$ N/mm²	spezifische Lager-belastung p_L[1] N/mm²	Mindest-härte der Welle	Gleit-eigen-schaften	Gleitge-schwin-digkeit	Not-laufver-halten	Eigenschaften, Verwendung
Blei- und Zinn-Gusslegierungen							vgl. DIN ISO 4381 (2001-02)
G-PbSb15Sn10[2] 2.3391	43	7	160 HB	◔	◑	◔	mittlere Belastung; allgemeine Gleitlager
G-SnSb12Cu6Pb 2.3790	61	10	160 HB	●	●	◔	gute Schlagbeanspruchung; Turbinen, Verdichter, E-Maschinen
Kupfer-Gusslegierungen und Kupfer-Knetlegierungen							vgl. DIN ISO 4382-1 und -2 (1992-11)
CuSn8Pb2-C 2.1810	130	21	280 HB				geringe bis mäßige Belastung, ausreichende Schmierung
CuZn31Si1 2.1831	250	58	55 HRC	◔	◔	◑	hohe Belastung, hohe Schlag- und Stoßbelastung
CuPb10Sn10-C[2] 2.1816	80	18	250 HB	◔	◔	◑	hohe Flächendrücke; Fahrzeuglager, Lager in Warmwalzwerken
CuPb20Sn5-C 2.1818	60	11	150 HB	●	●	●	geeignet für Wasserschmierung, beständig gegen Schwefelsäure
Thermoplastische Kunststoffe							vgl. DIN ISO 6691 (2001-05)
PA 6 (Polyamid)	–	12	50 HRC	●	○	●	stoß- und verschleißfest; Lager in Landmaschinen
POM (Polyoxy-methylen)	–	18	50 HRC				härter und druckbelastbarer als PA; Lager in der Feinwerktechnik; geeignet für Trockenlauf

[1] Lagerkraft, bezogen auf die projizierte Lagerfläche
[2] Verbundwerkstoff nach DIN ISO 4383 für dünnwandige Gleitlager

● sehr gut   ◔ gut   ◑ normal
◕ eingeschränkt   ○ schlecht

M

Gleitlagerbuchsen

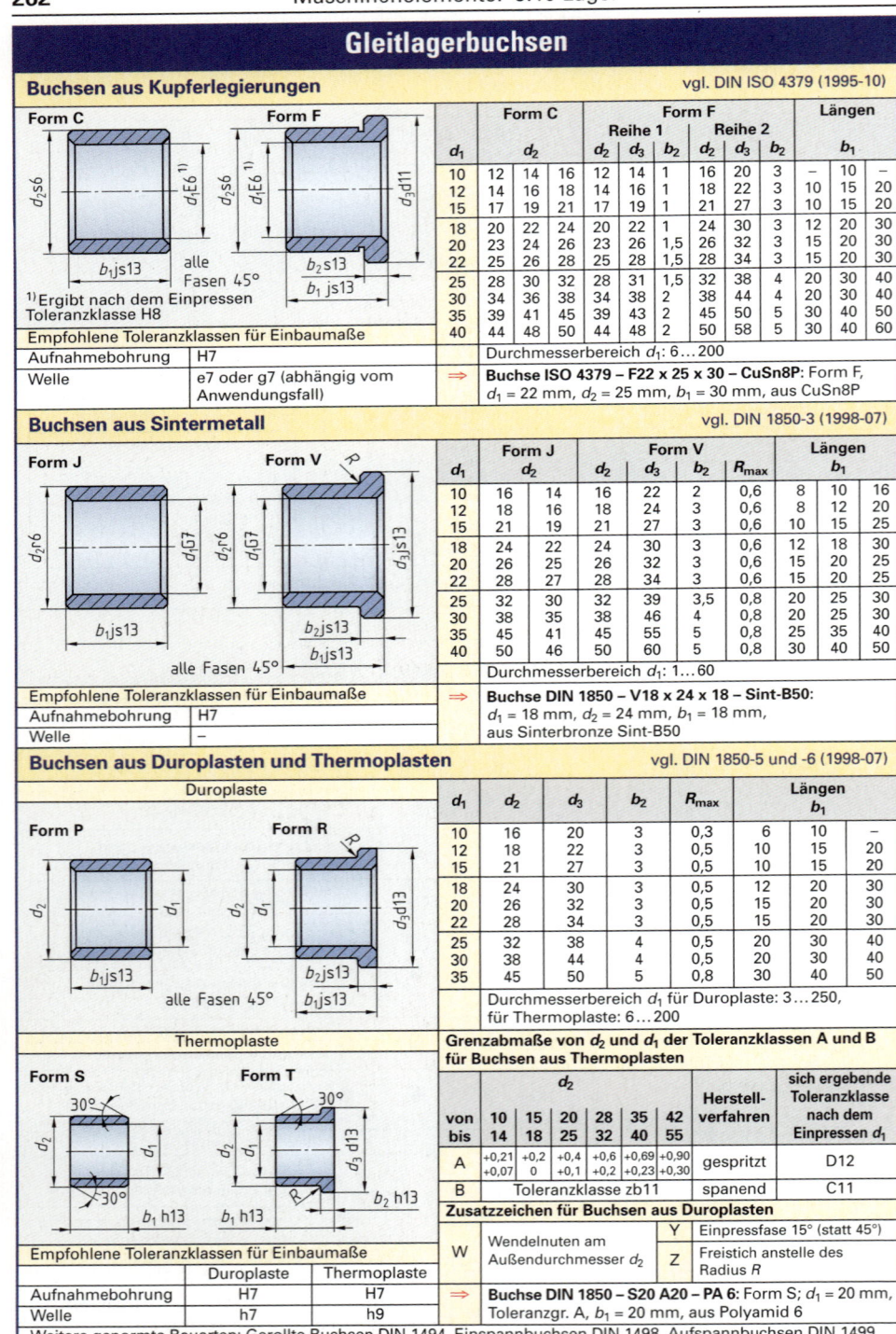

Buchsen aus Kupferlegierungen

vgl. DIN ISO 4379 (1995-10)

Form C — d_2s6, d_1E6[1], $b_1$js13

Form F — d_2s6, d_1E6[1], d_2s13, b_1 js13, d_3d11

alle Fasen 45°

[1] Ergibt nach dem Einpressen Toleranzklasse H8

	Form C		Form F Reihe 1			Form F Reihe 2			Längen
d_1	d_2	d_2	d_3	b_2	d_2	d_3	b_2	b_1	
10	12	14	16	12	14	1	16	20	3	–	10	–
12	14	16	18	14	16	1	18	22	3	10	15	20
15	17	19	21	17	19	1	21	27	3	10	15	20
18	20	22	24	20	22	1	24	30	3	12	20	30
20	23	24	26	23	26	1,5	26	32	3	15	20	30
22	25	26	28	25	28	1,5	28	34	3	15	20	30
25	28	30	32	28	31	1,5	32	38	4	20	30	40
30	34	36	38	34	38	2	38	44	4	20	30	40
35	39	41	45	39	43	2	45	50	5	30	40	50
40	44	48	50	44	48	2	50	58	5	30	40	60

Empfohlene Toleranzklassen für Einbaumaße

Aufnahmebohrung	H7
Welle	e7 oder g7 (abhängig vom Anwendungsfall)

Durchmesserbereich d_1: 6…200

⇒ **Buchse ISO 4379 – F22 x 25 x 30 – CuSn8P:** Form F, d_1 = 22 mm, d_2 = 25 mm, b_1 = 30 mm, aus CuSn8P

Buchsen aus Sintermetall

vgl. DIN 1850-3 (1998-07)

Form J — d_2r6, d_1G7

Form V — d_2r6, d_1G7, $b_2$js13, $b_1$js13, $d_3$js13, R

alle Fasen 45°

	Form J		Form V				Längen
d_1	d_2	d_2	d_3	b_2	R_{max}	b_1	
10	16	14	16	22	2	0,6	8	10	16
12	18	16	18	24	3	0,6	8	12	20
15	21	19	21	27	3	0,6	10	15	25
18	24	22	24	30	3	0,6	12	18	30
20	26	25	26	32	3	0,6	15	20	25
22	28	27	28	34	3	0,6	15	20	25
25	32	30	32	39	3,5	0,8	20	25	30
30	38	35	38	46	4	0,8	20	25	30
35	45	41	45	55	5	0,8	25	35	40
40	50	46	50	60	5	0,8	30	40	50

Durchmesserbereich d_1: 1…60

Empfohlene Toleranzklassen für Einbaumaße

Aufnahmebohrung	H7
Welle	–

⇒ **Buchse DIN 1850 – V18 x 24 x 18 – Sint-B50:** d_1 = 18 mm, d_2 = 24 mm, b_1 = 18 mm, aus Sinterbronze Sint-B50

Buchsen aus Duroplasten und Thermoplasten

vgl. DIN 1850-5 und -6 (1998-07)

Duroplaste

Form P — d_2, d_1, $b_1$js13

Form R — d_2, d_1, $b_2$js13, $b_1$js13, d_3d13, R

alle Fasen 45°

d_1	d_2	d_3	b_2	R_{max}	Längen b_1		
10	16	20	3	0,3	6	10	–
12	18	22	3	0,5	10	15	20
15	21	27	3	0,5	10	15	20
18	24	30	3	0,5	12	20	30
20	26	32	3	0,5	15	20	30
22	28	34	3	0,5	15	20	30
25	32	38	4	0,5	20	30	40
30	38	44	4	0,5	20	30	40
35	45	50	5	0,8	30	40	50

Durchmesserbereich d_1 für Duroplaste: 3…250, für Thermoplaste: 6…200

Thermoplaste

Form S — d_2, d_1, 30°, 30°, b_1 h13

Form T — d_2, d_1, 30°, d_3 d13, R, b_2 h13, b_1 h13

Grenzabmaße von d_2 und d_1 der Toleranzklassen A und B für Buchsen aus Thermoplasten

	d_2						Herstell-verfahren	sich ergebende Toleranzklasse nach dem Einpressen d_1
von	10	15	20	28	35	42		
bis	14	18	25	32	40	55		
A	+0,21 +0,07	+0,2 0	+0,4 +0,1	+0,6 +0,2	+0,69 +0,23	+0,90 +0,30	gespritzt	D12
B	Toleranzklasse zb11						spanend	C11

Zusatzzeichen für Buchsen aus Duroplasten

W	Wendelnuten am Außendurchmesser d_2	Y	Einpressfase 15° (statt 45°)
		Z	Freistich anstelle des Radius R

Empfohlene Toleranzklassen für Einbaumaße

	Duroplaste	Thermoplaste
Aufnahmebohrung	H7	H7
Welle	h7	h9

⇒ **Buchse DIN 1850 – S20 A20 – PA 6:** Form S; d_1 = 20 mm, Toleranzgr. A, b_1 = 20 mm, aus Polyamid 6

Weitere genormte Bauarten: Gerollte Buchsen DIN 1494, Einspannbuchsen DIN 1498, Aufspannbuchsen DIN 1499

M

Wälzlager, Übersicht

Wälzlager (Auswahl)

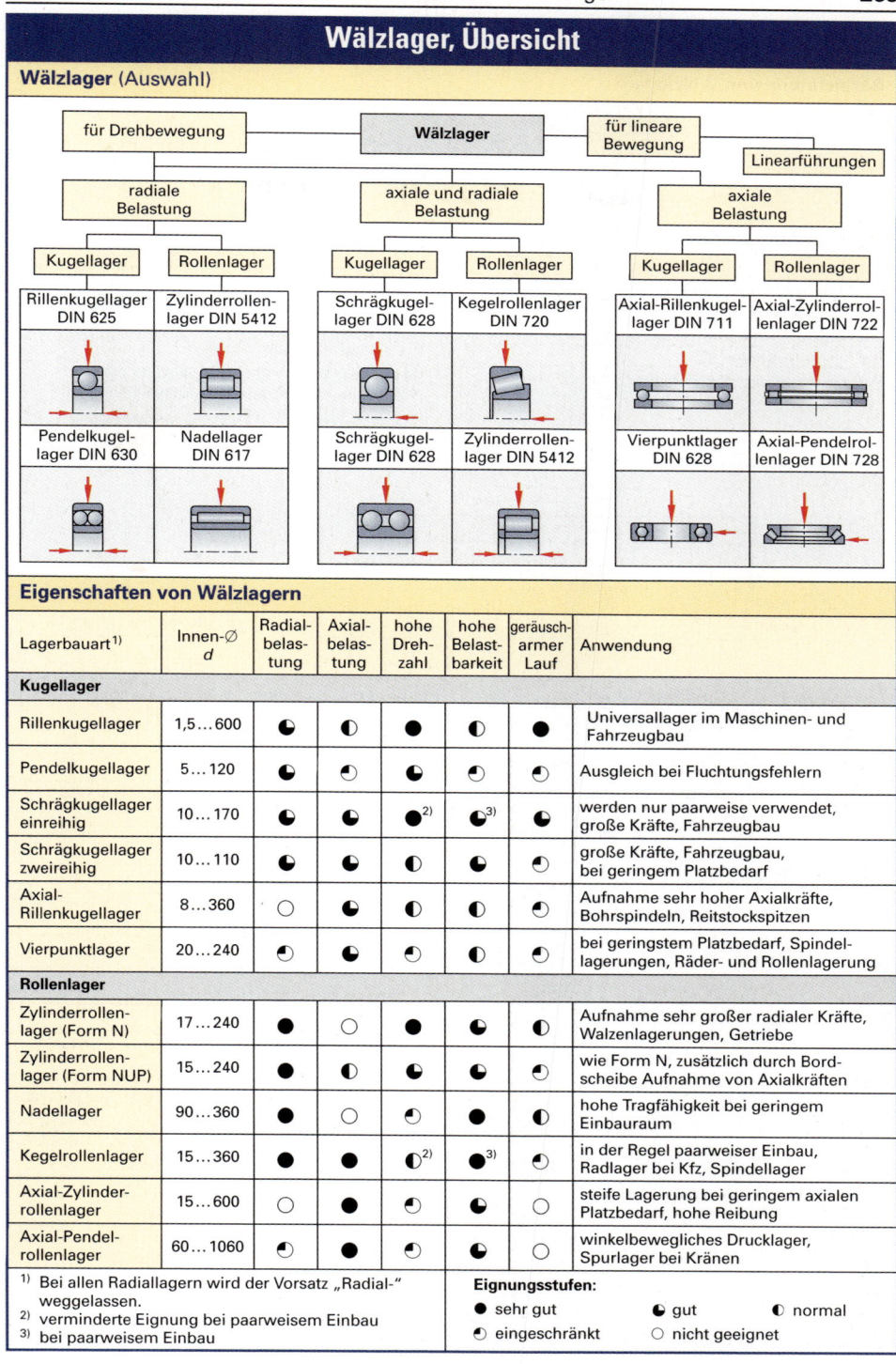

Eigenschaften von Wälzlagern

Lagerbauart[1]	Innen-∅ d	Radial-belastung	Axial-belastung	hohe Dreh-zahl	hohe Belast-barkeit	geräusch-armer Lauf	Anwendung
Kugellager							
Rillenkugellager	1,5…600	◕	◑	●	◑	●	Universallager im Maschinen- und Fahrzeugbau
Pendelkugellager	5…120	◕	◔	◕	◔	◔	Ausgleich bei Fluchtungsfehlern
Schrägkugellager einreihig	10…170	◕	◕	●[2]	◕[3]	●	werden nur paarweise verwendet, große Kräfte, Fahrzeugbau
Schrägkugellager zweireihig	10…110	◕	◕	◑	●	◔	große Kräfte, Fahrzeugbau, bei geringem Platzbedarf
Axial-Rillenkugellager	8…360	○	◕	◑	◕	◔	Aufnahme sehr hoher Axialkräfte, Bohrspindeln, Reitstockspitzen
Vierpunktlager	20…240	◔	◕	◔	◑	◔	bei geringstem Platzbedarf, Spindellagerungen, Räder- und Rollenlagerung
Rollenlager							
Zylinderrollenlager (Form N)	17…240	●	○	●	◕	◑	Aufnahme sehr großer radialer Kräfte, Walzenlagerungen, Getriebe
Zylinderrollenlager (Form NUP)	15…240	●	◑	◕	●	◕	wie Form N, zusätzlich durch Bordscheibe Aufnahme von Axialkräften
Nadellager	90…360	●	○	◔	◕	◑	hohe Tragfähigkeit bei geringem Einbauraum
Kegelrollenlager	15…360	●	●	◕[2]	◕[3]	◔	in der Regel paarweiser Einbau, Radlager bei Kfz, Spindellager
Axial-Zylinderrollenlager	15…600	○	●	◔	◕	○	steife Lagerung bei geringem axialen Platzbedarf, hohe Reibung
Axial-Pendelrollenlager	60…1060	◔	●	◔	◕	○	winkelbewegliches Drucklager, Spurlager bei Kränen

[1] Bei allen Radiallagern wird der Vorsatz „Radial-" weggelassen.
[2] verminderte Eignung bei paarweisem Einbau
[3] bei paarweisem Einbau

Eignungsstufen:
● sehr gut   ◕ gut   ◑ normal
◔ eingeschränkt   ○ nicht geeignet

M

Wälzlager, Bezeichnung

Bezeichnung von Wälzlagern

vgl. DIN 623-1 (1993-05)

Beispiel: **Kegelrollenlager DIN 720 – S 30208 P2**

Benennung	Norm	Vorsetzzeichen	Basiszeichen	Nachsetzzeichen

Vorsetzzeichen

K	Käfig mit Wälzkörpern
L	Freier Ring
R	Ring mit Wälzkörpersatz
S	Nichtrostender Stahl

Nachsetzzeichen (Auswahl)

K	Lager mit kegeliger Bohrung
Z	Lager mit Deckscheibe auf einer Seite
2Z	Lager mit Deckscheibe auf zwei Seiten
E	Verstärkte Ausführung
RS	Lager mit Dichtscheibe auf einer Seite
2RS	Lager mit Dichtscheibe auf beiden Seiten
P2	Höchste Maß-, Form- und Laufgenauigkeit

Beispiel für das Basiszeichen: 3 0 2 08

Lagerreihe 302

Breitenreihe 0 · Durchmesserreihe 2

Lagerart 3 · Maßreihe 02 · Bohrungskennzahl 08

Lagerart	Ausführung
0	Schrägkugellager, zweireihig
1	Pendelkugellager
2	Tonnen- und Pendelrollenlager
3	Kegelrollenlager
4	Rillenkugellager, zweireihig
5	Axial-Rillenkugellager
6	Rillenkugellager, einreihig
7	Schrägkugellager, einreihig
8	Axial-Zylinderrollenlager
NA	Nadellager
QJ	Vierpunktlager
N, NJ, NJP, NN, NNU, NU, NUP	Zylinder-Rollenlager

Bohrungs-kennzahl	Bohrungs-$\varnothing$ d	Bohrungs-kennzahl	Bohrungs-$\varnothing$ d
00	10	12	60
01	12	13	65
02	15	14	70
03	17	15	75
04	20	16	80
05	25	17	85
06	30	18	90
07	35	19	95
08	40	20	100
09	45	21	105
10	50	22	110
11	55	23	115

Maßreihen (Auswahl)

vgl. DIN 616 (1994-06)

Erläuterung	Aufbau der Maßreihen	Beispiel: Kegelrollenlager[1]

Erläuterung

Die Maßpläne in DIN 616 enthalten Durchmesserreihen, in denen jedem Nenndurchmesser einer Lagerbohrung d (= Wellendurchmesser) mehrere
• Außendurchmesser und
• Breitenreihen (bei Radiallagern) bzw.
• Höhenreihen (bei Axiallagern) zugeordnet sind.

Beispiel: Kegelrollenlager[1]

Maßreihe 02

Bohrungs-kennzahl	Boh-rungs-$\varnothing$ d	D	B
07	35	72	17
08	40	80	18
09	45	85	19
10	50	90	20

[1] weitere Abmessungen: S. 267

M

Kugellager

Rillenkugellager
vgl. DIN 625-1 (1989-04)

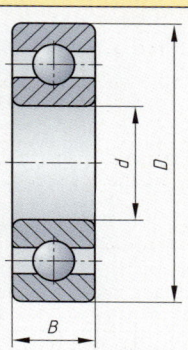

d von 1,5 … 600 mm

Einbaumaße nach DIN 5418:

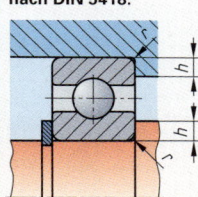

| d | Lagerreihe 60 | | | | | Lagerreihe 62 | | | | | Lagerreihe 63 | | | | |

d	D	B	r max	h min	Basiszeichen	D	B	r max	h min	Basiszeichen	D	B	r max	h min	Basiszeichen
10	26	8	0,3	1	6000	30	9	0,6	2,1	6200	35	11	0,6	2,1	6300
12	28	8	0,3	1	6001	32	10	0,6	2,1	6201	37	12	1	2,8	6301
15	32	9	0,3	1	6002	35	11	0,6	2,1	6202	42	13	1	2,8	6302
17	35	10	0,3	1	6003	40	12	0,6	2,1	6203	47	14	1	2,8	6303
20	42	12	0,6	1,6	6004	47	14	1	2	6204	52	15	1	3,5	6304
25	47	12	0,6	1,6	6005	52	15	1	2	6205	62	17	1	3,5	6305
30	55	13	1	2,3	6006	62	16	1	2	6206	72	19	1	3,5	6306
35	62	14	1	2,3	6007	72	17	1	2	6207	80	21	1,5	4,5	6307
40	68	15	1	2,3	6008	80	18	1	3,5	6208	90	23	1,5	4,5	6308
45	75	16	1	2,3	6009	85	19	1	3,5	6209	100	25	1,5	4,5	6309
50	80	16	1	2,3	6010	90	20	1	3,5	6210	110	27	2	5,5	6310
55	90	18	1	3	6011	100	21	1,5	4,5	6211	120	29	2	5,5	6311
60	95	18	1	3	6012	110	22	1,5	4,5	6212	130	31	2,1	6	6312
65	100	18	1	3	6013	120	23	1,5	4,5	6213	140	33	2,1	6	6313
70	110	20	1	3	6014	125	24	1,5	4,5	6214	150	35	2,1	6	6314
75	115	20	1	3	6015	130	25	2	5,5	6215	160	37	2,1	6	6315
80	125	22	1	3	6016	140	26	2	5,5	6216	170	39	2,5	7	6316
85	130	22	1,5	3,5	6017	150	28	2,1	6	6217	180	41	2,5	7	6317
90	140	24	1,5	3,5	6018	160	30	2,1	6	6218	190	43	2,5	7	6318
95	145	24	1,5	3,5	6019	170	32	2,1	6	6219	200	45	2,5	7	6319
100	150	24	1,5	3,5	6020	180	34	2,1	6	6220	215	47	2,5	7	6320

⇒ **Rillenkugellager DIN 625 – 6208 – 2Z – P2:** Rillenkugellager (Lagerart 6), Breitenreihe 0[1], Durchmesserreihe 2, Bohrungskennzahl 08 ($d = 8 \cdot 5$ mm = 40 mm), Ausführung mit 2 Deckscheiben, Lager mit höchster Maß-, Form- und Laufgenauigkeit (ISO-Toleranzklasse 2)

Schrägkugellager
vgl. DIN 628-1 und -3 (1993-12)

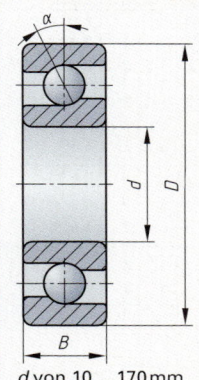

d von 10 …170 mm

Einbaumaße nach DIN 5418:

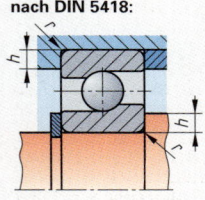

d	D	B	r max	h min	Basiszeichen[2]	D	B	r max	h min	Basiszeichen[2]	D	B	r max	h min	Basiszeichen[3]
	Lagerreihe 72					Lagerreihe 73					Lagerreihe 33 (zweireihig)				
15	35	11	0,6	2,1	7202B	42	13	1	2,8	7302B	42	19	1	2,8	3302
17	40	12	0,6	2,1	7203B	47	14	1	2,8	7303B	47	22,2	1	2,8	3303
20	47	14	1	2,8	7204B	52	15	1	3,5	7304B	52	22,2	1	3,5	3304
25	52	15	1	2,8	7205B	62	17	1	3,5	7305B	62	25,4	1	3,5	3305
30	62	16	1	2,8	7206B	72	19	1	3,5	7306B	72	30,2	1	3,5	3306
35	72	17	1	3,5	7207B	80	21	1,5	4,5	7307B	80	34,9	1,5	4,5	3307
40	80	18	1	3,5	7208B	90	23	1,5	4,5	7308B	90	36,5	1,5	4,5	3308
45	85	19	1	3,5	7209B	100	25	1,5	4,5	7309B	100	39,7	1,5	4,5	3309
50	90	20	1	3,5	7210B	110	27	2	5,5	7310B	110	44,4	2	5,5	3310
55	100	21	1,5	4,5	7211B	120	29	2	5,5	7311B	120	49,2	2	5,5	3311
60	110	22	1,5	4,5	7212B	130	31	2,1	6	7312B	130	54	2,1	6	3312
65	120	23	1,5	4,5	7213B	140	33	2,1	6	7313B	140	58,7	2,1	6	3313
70	125	24	1,5	4,5	7214B	150	35	2,1	6	7314B	150	63,5	2,1	6	3314
75	130	25	1,5	4,5	7215B	160	37	2,1	6	7315B	160	68,3	2,1	6	3315
80	140	26	2	5,5	7216B	170	39	2,1	6	7316B	170	68,3	2,1	6	3316
85	150	28	2	5,5	7217B	180	41	2,5	7	7317B	180	73	2,5	7	3317
90	160	30	2	5,5	7218B	190	43	2,5	7	7318B	190	73	2,5	7	3318
95	170	32	2,1	6	7219B	200	45	2,5	7	7319B	200	77,8	2,5	7	3319
100	180	34	2,1	6	7220B	215	47	2,5	7	7320B	215	82,6	2,5	7	3320

⇒ **Schrägkugellager DIN 628 – 7309B:** Schrägkugellager (Lagerart 7), Breitenreihe 0[1], Durchmesserreihe 3, Bohrungskennzahl 09 (Bohrungsdurchmesser $d = 9 \cdot 5$ mm = 45 mm), Berührungswinkel $\alpha = 40°$ (B)

[1] Bei der Bezeichnung von Rillen- und Schrägkugellagern wird nach DIN 623-1 die 0 für die Breitenreihe teilweise weggelassen.
[2] Berührungswinkel $\alpha = 40°$
[3] Berührungswinkel nicht genormt

M

Kugellager, Rollenlager

Axial-Rillenkugellager

vgl. DIN 711 (1988-02)

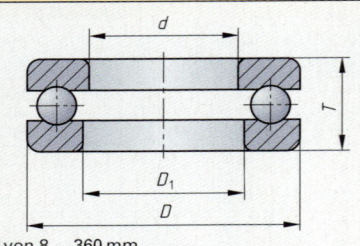

d von 8 ... 360 mm

Einbaumaße nach DIN 5418:

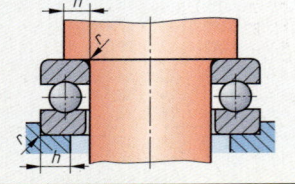

		Lagerreihe 512					Lagerreihe 513				
d	*D*$_1$	*D*	*T*	*r* max	*h* min	Basiszeichen	*D*	*T*	*r* max	*h* min	Basiszeichen
25	27	47	15	0,6	6	51205	52	18	1	7	51305
30	32	52	16	0,6	6	51206	60	21	1	8	51306
35	37	62	18	1	7	51207	68	24	1	9	51307
40	42	68	19	1	7	51208	78	26	1	10	51308
45	47	73	20	1	7	51209	85	28	1	10	51309
50	52	78	22	1	7	51210	95	31	1	12	51310
55	57	90	25	1	9	51211	105	35	1	13	51311
60	62	95	26	1	9	51212	110	35	1	13	51312
65	67	100	27	1	9	51213	115	36	1	13	51313
70	72	105	27	1	9	51214	125	40	1	14	51314
75	77	110	27	1	9	51215	135	44	1,5	15	51315
80	82	115	28	1	9	51216	140	44	1,5	15	51316

⇒ **Axial-Rillenkugellager DIN 711 – 51210:** Axial-Rillenkugellager der Lagerreihe 512 mit Lagerart 5, Breitenreihe 1, Durchmesserreihe 2 und Bohrungskennzahl 10

Zylinderrollenlager

vgl. DIN 5412-1 (2000-04)

Form N   Form NU

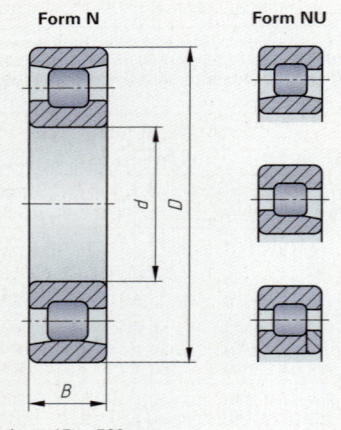

d von 15 ... 500 mm

Einbaumaße nach DIN 5418:

Form N   Form NU

ohne Bord   mit festem Bord

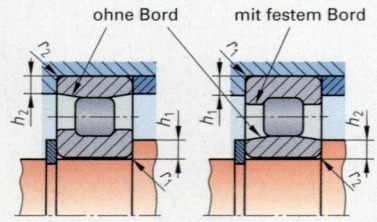

	Lagerreihen N2, NU2, NJ2, NUP2						Lagerreihen N3, NU3, NJ3, NUP3						Bohrungskennzahl
d	*D*	*B*	*r*$_1$ max	*h*$_1$ min	*r*$_2$ max	*h*$_2$ min	*D*	*B*	*r*$_1$ max	*h*$_1$ min	*r*$_2$ max	*h*$_2$ min	
17	40	12	0,6	2,1	0,3	1,2	47	14	1	2,8	1	2,8	03
20	47	14	1	2,8	0,6	2,1	52	15	1,1	3,5	1	2,8	04
25	52	15	1	2,8	0,6	2,1	62	17	1,1	3,5	1	2,8	05
30	62	16	1	2,8	0,6	2,1	72	19	1,1	3,5	1	2,8	06
35	72	17	1	3,5	0,6	2,1	80	21	1,5	4,5	1	2,8	07
40	80	18	1	3,5	1	3,5	90	23	1,5	4,5	2	5,5	08
45	85	19	1	3,5	1	3,5	100	25	1,5	4,5	2	5,5	09
50	90	20	1	3,5	1	3,5	110	27	2	5,5	2	5,5	10
55	100	21	1,5	4,5	1	3,5	120	29	2	5,5	2	5,5	11
60	110	22	1,5	4,5	1,5	4,5	130	31	2,1	6	2	5,5	12
65	120	23	1,5	4,5	1,5	4,5	140	33	2,1	6	2	5,5	13
70	125	24	1,5	4,5	1,5	4,5	150	35	2,1	6	2	5,5	14
75	130	25	1,5	4,5	1,5	4,5	160	37	2,1	6	2	5,5	15
80	140	26	2	5,5	2	5,5	170	39	2,1	6	2	5,5	16
85	150	28	2	5,5	2	5,5	180	41	3	7	3	7	17
90	160	30	2	5,5	2	5,5	190	43	3	7	3	7	18
95	170	32	2,1	6	2,1	6	200	45	3	7	3	7	19
100	180	34	2,1	6	2,1	6	215	47	3	7	3	7	20
105	–	–	–	–	–	–	225	49	3	7	3	7	21
110	200	38	2,1	6	2,1	6	240	50	3	7	3	7	22
120	215	40	2,1	6	2,1	6	260	55	3	7	3	7	24

⇒ **Zylinderrollenlager DIN 5412 – NUP 312 E:** Zylinderrollenlager der Lagerreihe NUP3 mit Lagerart NUP, Breitenreihe 0, Durchmesserreihe 3 und Bohrungskennzahl 12, verstärkte Ausführung

Die Normalausführung der Maßreihen 02, 22, 03 und 23 wurde ersatzlos aus der Norm gestrichen und durch die verstärkte Ausführung (Nachsetzzeichen E) ersetzt.

M

Rollenlager

Kegelrollenlager

vgl. DIN 720 (1979-02) und DIN 5418 (1993-02)

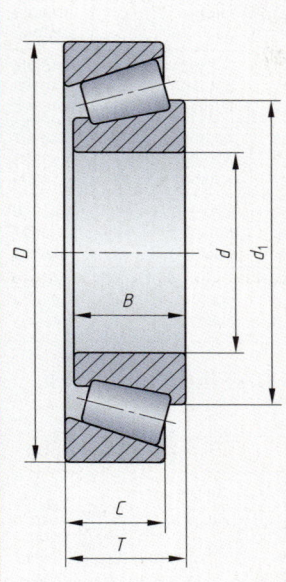

Lagerreihe 302

d	D	B	C	T	d_1	d_a max	d_b min	D_a min	D_a max	D_b min	c_a min	c_b min	r_{as} max	r_{bs} max	Basiszeichen
20	47	14	12	15,25	33,2	27	26	40	41	43	2	3	1	1	30204
25	52	15	13	16,25	37,4	31	31	44	46	48	2	2	1	1	30205
30	62	16	14	17,25	44,6	37	36	53	56	57	2	3	1	1	30206
35	72	17	15	18,15	51,8	44	42	62	65	67	3	3	1,5	1,5	30207
40	80	18	16	19,75	57,5	49	47	69	73	74	3	3,5	1,5	1,5	30208
45	85	19	16	20,75	63	54	52	74	78	80	3	4,5	1,5	1,5	30209
50	90	20	17	21,75	67,9	58	57	79	83	85	3	4,5	1,5	1,5	30210
55	100	21	18	22,75	74,6	64	64	88	91	94	4	4,5	2	1,5	30211
60	110	22	19	23,75	81,5	70	69	96	101	103	4	4,5	2	1,5	30212
65	120	23	20	24,75	89	77	74	106	111	113	4	4,5	2	1,5	30213
70	125	24	21	26,25	93,9	81	79	110	116	118	4	5	2	1,5	30214
75	130	25	22	27,25	99,2	86	84	115	121	124	4	5	2	1,5	30215
80	140	26	22	28,25	105	91	90	124	130	132	4	6	2,5	2	30216
85	150	28	24	30,5	112	97	95	132	140	141	5	6,5	2,5	2	30217
90	160	30	26	32,5	118	103	100	140	150	150	5	6,5	2,5	2	30218
95	170	32	27	34,5	126	110	107	149	158	159	5	7,5	3	2,5	30219
100	180	34	29	37	133	116	112	157	168	168	5	8	3	2,5	30220
105	190	36	30	39	141	122	117	165	178	177	6	9	3	2,5	30221
110	200	38	32	41	148	129	122	174	188	187	6	9	3	2,5	30222
120	215	40	34	43,5	161	140	132	187	203	201	6	9,5	3	2,5	30224

Lagerreihe 303

d	D	B	C	T	d_1	d_a max	d_b min	D_a min	D_a max	D_b min	c_a min	c_b min	r_{as} max	r_{bs} max	Basiszeichen
20	52	15	13	16,25	34,3	28	27	44	45	47	2	3	1,5	1,5	30304
25	62	17	15	18,25	41,5	34	32	54	55	57	2	3	1,5	1,5	30305
30	72	19	16	20,75	44,8	40	37	62	65	66	3	4,5	1,5	1,5	30306
35	80	21	18	22,75	54,5	45	44	70	71	74	3	4,5	2	1,5	30307
40	90	23	20	25,25	62,5	52	49	77	81	82	3	5	2	1,5	30308
45	100	25	22	27,25	70,1	59	54	86	91	92	3	5	2	1,5	30309
50	110	27	23	29,25	77,2	65	60	95	100	102	4	6	2,5	2	30310
55	120	29	25	31,5	84	71	65	104	110	111	4	6,5	2,5	2	30311
60	130	31	26	33,5	91,9	77	72	112	118	120	5	7,5	3	2,5	30312
65	140	33	28	36	98,6	83	77	122	128	130	5	8	3	2,5	30313
70	150	35	30	38	105	89	82	120	138	140	5	8	3	2,5	30314
75	160	37	31	40	112	95	87	139	148	149	5	9	3	2,5	30315
80	170	39	33	42,5	120	102	92	148	158	159	5	9,5	3	2,5	30316
85	180	41	34	44,5	126	107	99	156	166	167	6	10,5	4	3	30317
90	190	43	36	46,5	132	113	104	165	176	176	6	10,5	4	3	30318
95	200	45	38	49,5	139	118	109	172	186	184	6	11,5	4	3	30319
100	215	47	39	51,5	148	127	114	184	201	197	6	12,5	4	3	30320
105	225	49	41	53,5	155	132	119	193	211	206	7	12,5	4	3	30321
110	240	50	42	54,5	165	141	124	206	226	220	8	12,5	4	3	30322
120	260	55	46	59,5	178	152	134	221	246	237	8	13,5	4	3	30324

Einbaumaße nach DIN 5418:

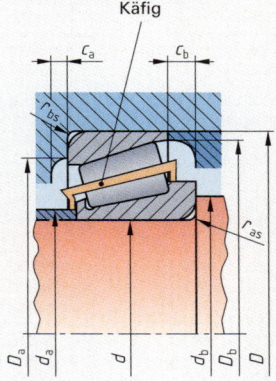

Bei Kegelrollenlagern steht der Käfig über die Seitenfläche des Außenrings vor.

Damit der Käfig nicht an anderen Bauteilen streift, müssen die Einbaumaße nach DIN 5418 eingehalten werden.

⇒ **Kegelrollenlager DIN 720 – 30212:** Kegelrollenlager der Lagerreihe 302 mit Lagerart 3, Breitenreihe 0, Durchmesserreihe 2, Bohrungskennzahl 12

M

Nadellager, Nutmuttern

Nadellager (Auswahl)

vgl. DIN 617 (1993-04)

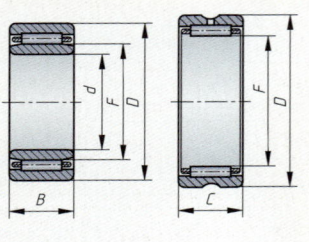

Einbaumaße nach DIN 5418:

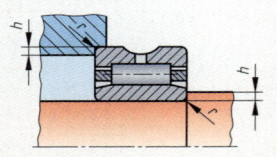

d	D	F	r max	h min	Lagerreihe NA49		Lagerreihe NA69	
					B	Basis-zeichen	B	Basis-zeichen
20	37	25	0,3	1	17	NA4904	30	NA6904
25	42	28	0,3	1	17	NA4905	30	NA6905
30	47	30	0,3	1	17	NA4906	30	NA6906
35	55	42	0,6	1,6	20	NA4907	36	NA6907
40	62	48	0,6	1,6	22	NA4908	40	NA6908
45	68	52	0,6	1,6	22	NA4909	40	NA6909
50	72	58	0,6	1,6	22	NA4910	40	NA6910
55	80	63	1	2,3	25	NA4911	45	NA6911
60	85	68	1	2,3	25	NA4912	45	NA6912
65	90	72	1	2,3	25	NA4913	45	NA6913
70	100	80	1	2,3	30	NA4914	54	NA6914
75	105	85	1	2,3	30	NA4915	54	NA6915

⇒ **Nadellager DIN 617 – NA4909:**
Nadellager der Lagerreihe NA49 mit Lagerart NA, Breitenreihe 4, Durchmesserreihe 9, Bohrungskennzahl 09

ab NA6907 doppelreihig

Nutmuttern für Wälzlager (Auswahl)

vgl. DIN 981 (1993-02)

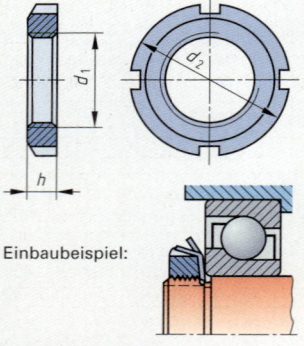

Einbaubeispiel:

d_1 von M10…M200

d_1	d_2	h	Kurz-zeichen	d_1	d_2	h	Kurz-zeichen
M10 × 0,75	18	4	KM0	M60 × 2	80	11	KM12
M12 × 1	22	4	KM1	M65 × 2	85	12	KM13
M15 × 1	25	5	KM2	M70 × 2	92	12	KM14
M17 × 1	28	5	KM3	M75 × 2	98	13	KM15
M20 × 1	32	6	KM4	M80 × 2	105	15	KM16
M25 × 1,5	38	7	KM5	M85 × 2	110	16	KM17
M30 × 1,5	45	7	KM6	M90 × 2	120	16	KM18
M35 × 1,5	52	8	KM7	M95 × 2	125	17	KM19
M40 × 1,5	58	9	KM8	M100 × 2	130	18	KM20
M45 × 1,5	65	10	KM9	M105 × 2	140	18	KM21
M50 × 1,5	70	11	KM10	M110 × 2	145	19	KM22
M55 × 2	75	11	KM11	M115 × 2	150	19	KM23

⇒ **Nutmutter DIN 981 – KM6:** Nutmutter mit d_1 = M30 x 1,5

Sicherungsbleche (Auswahl)

vgl. DIN 5406 (1993-02)

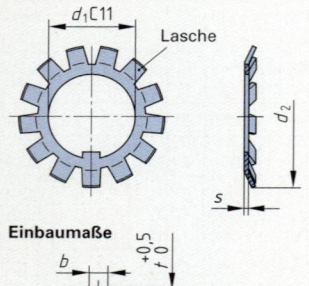

Einbaumaße

d_1 von 10…200 mm

d_1	d_2	s	b H11	t	Kurz-zeichen	d_1	d_2	s	b H11	t	Kurz-zeichen
10	21	1	4	2	MB0	60	86	1,5	9	4	MB12
12	25	1	4	2	MB1	65	92	1,5	9	4	MB13
15	28	1	5	2	MB2	70	98	1,5	9	5	MB14
17	32	1	5	2	MB3	75	104	1,5	9	5	MB15
20	36	1	5	2	MB4	80	112	1,7	11	5	MB16
25	42	1,2	6	3	MB5	85	119	1,7	11	5	MB17
30	49	1,2	6	4	MB6	90	126	1,7	11	5	MB18
35	57	1,2	7	4	MB7	95	133	1,7	11	5	MB19
40	62	1,2	7	4	MB8	100	142	1,7	14	6	MB20
45	69	1,2	7	4	MB9	105	145	1,7	14	6	MB21
50	74	1,2	7	4	MB10	110	154	1,7	14	6	MB22
55	81	1,5	9	4	MB11	115	159	2	14	6	MB23

⇒ **Sicherungsblech DIN 5406 – MB6:** Sicherungsblech mit d_1 = 30 mm

M

Sicherungsringe, Sicherungsscheiben

Sicherungsringe (Regelausführung)[1]

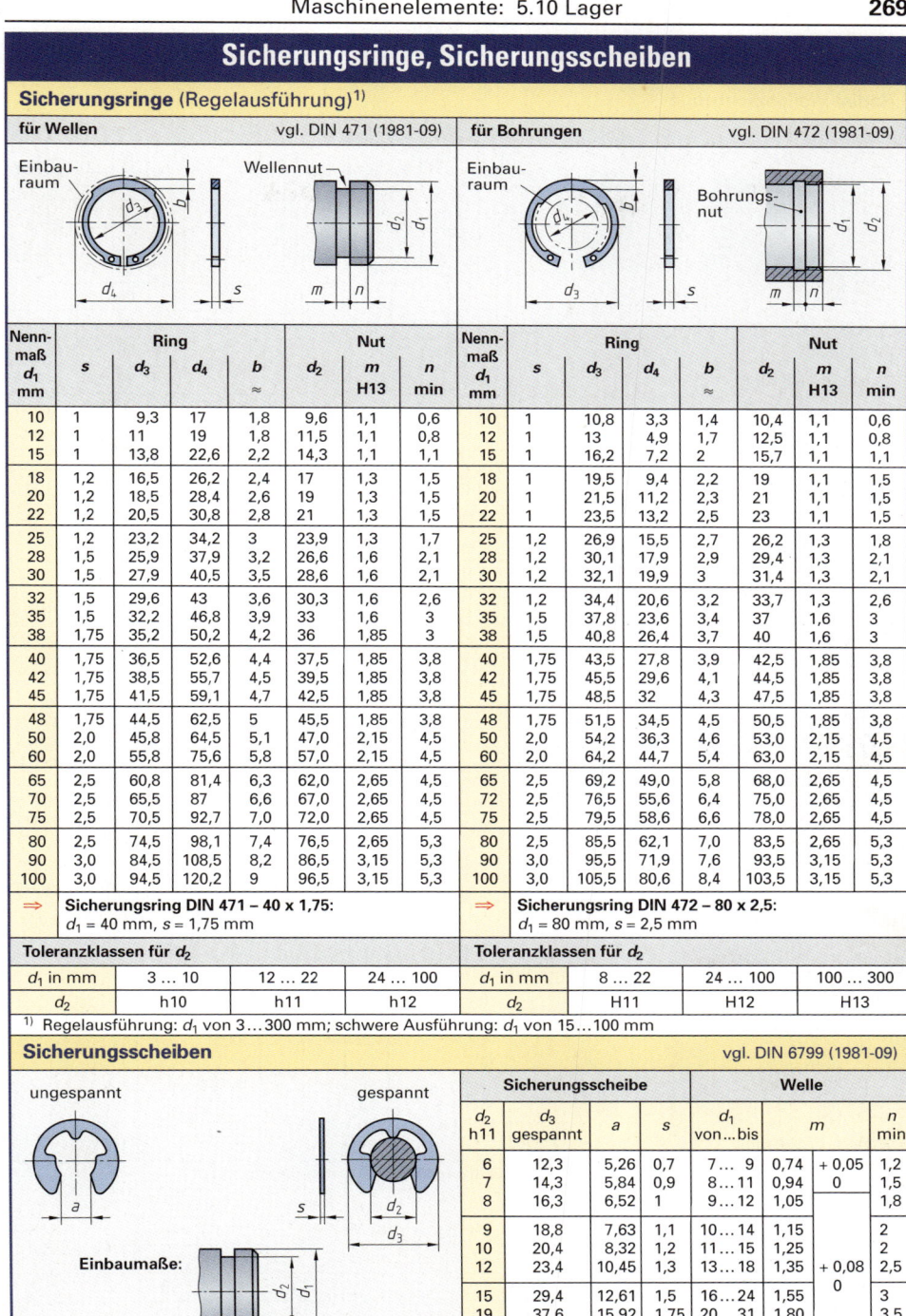

für Wellen — vgl. DIN 471 (1981-09)

Nenn-maß d_1 mm	Ring s	Ring d_3	Ring d_4	Ring b ≈	Nut d_2	Nut m H13	Nut n min
10	1	9,3	17	1,8	9,6	1,1	0,6
12	1	11	19	1,8	11,5	1,1	0,8
15	1	13,8	22,6	2,2	14,3	1,1	1,1
18	1,2	16,5	26,2	2,4	17	1,3	1,5
20	1,2	18,5	28,4	2,6	19	1,3	1,5
22	1,2	20,5	30,8	2,8	21	1,3	1,5
25	1,2	23,2	34,2	3	23,9	1,3	1,7
28	1,5	25,9	37,9	3,2	26,6	1,6	2,1
30	1,5	27,9	40,5	3,5	28,6	1,6	2,1
32	1,5	29,6	43	3,6	30,3	1,6	2,6
35	1,5	32,2	46,8	3,9	33	1,6	3
38	1,75	35,2	50,2	4,2	36	1,85	3
40	1,75	36,5	52,6	4,4	37,5	1,85	3,8
42	1,75	38,5	55,7	4,5	39,5	1,85	3,8
45	1,75	41,5	59,1	4,7	42,5	1,85	3,8
48	1,75	44,5	62,5	5	45,5	1,85	3,8
50	2,0	45,8	64,5	5,1	47,0	2,15	4,5
60	2,0	55,8	75,6	5,8	57,0	2,15	4,5
65	2,5	60,8	81,4	6,3	62,0	2,65	4,5
70	2,5	65,5	87	6,6	67,0	2,65	4,5
75	2,5	70,5	92,7	7,0	72,0	2,65	4,5
80	2,5	74,5	98,1	7,4	76,5	2,65	5,3
90	3,0	84,5	108,5	8,2	86,5	3,15	5,3
100	3,0	94,5	120,2	9	96,5	3,15	5,3

⇒ **Sicherungsring DIN 471 – 40 x 1,75:** $d_1 = 40$ mm, $s = 1,75$ mm

für Bohrungen — vgl. DIN 472 (1981-09)

Nenn-maß d_1 mm	Ring s	Ring d_3	Ring d_4	Ring b ≈	Nut d_2	Nut m H13	Nut n min
10	1	10,8	3,3	1,4	10,4	1,1	0,6
12	1	13	4,9	1,7	12,5	1,1	0,8
15	1	16,2	7,2	2	15,7	1,1	1,1
18	1	19,5	9,4	2,1	19	1,1	1,5
20	1	21,5	11,2	2,3	21	1,1	1,5
22	1	23,5	13,2	2,5	23	1,1	1,5
25	1,2	26,9	15,5	2,7	26,2	1,3	1,8
28	1,2	30,1	17,9	2,9	29,4	1,3	2,1
30	1,2	32,1	19,9	3	31,4	1,3	2,1
32	1,2	34,4	20,6	3,2	33,7	1,3	2,6
35	1,5	37,8	23,6	3,4	37	1,6	3
38	1,5	40,8	26,4	3,7	40	1,6	3
40	1,75	43,5	27,8	3,9	42,5	1,85	3,8
42	1,75	45,5	29,6	4,1	44,5	1,85	3,8
45	1,75	48,5	32	4,3	47,5	1,85	3,8
48	1,75	51,5	34,5	4,5	50,5	1,85	3,8
50	2,0	54,2	36,3	4,6	53,0	2,15	4,5
60	2,0	64,2	44,7	5,4	63,0	2,15	4,5
65	2,5	69,2	49,0	5,8	68,0	2,65	4,5
72	2,5	76,5	55,6	6,4	75,0	2,65	4,5
75	2,5	79,5	58,6	6,6	78,0	2,65	4,5
80	2,5	85,5	62,1	7,0	83,5	2,65	5,3
90	3,0	95,5	71,9	7,6	93,5	3,15	5,3
100	3,0	105,5	80,6	8,4	103,5	3,15	5,3

⇒ **Sicherungsring DIN 472 – 80 x 2,5:** $d_1 = 80$ mm, $s = 2,5$ mm

Toleranzklassen für d_2

d_1 in mm	3 … 10	12 … 22	24 … 100
d_2	h10	h11	h12

Toleranzklassen für d_2

d_1 in mm	8 … 22	24 … 100	100 … 300
d_2	H11	H12	H13

[1] Regelausführung: d_1 von 3…300 mm; schwere Ausführung: d_1 von 15…100 mm

Sicherungsscheiben — vgl. DIN 6799 (1981-09)

ungespannt   gespannt

Sicherungsscheibe d_2 h11	Sicherungsscheibe d_3 gespannt	a	s	Welle d_1 von…bis	Welle m	Welle n min
6	12,3	5,26	0,7	7… 9	0,74	1,2
7	14,3	5,84	0,9	8…11	0,94 (+0,05 / 0)	1,5
8	16,3	6,52	1	9…12	1,05	1,8
9	18,8	7,63	1,1	10…14	1,15	2
10	20,4	8,32	1,2	11…15	1,25	2
12	23,4	10,45	1,3	13…18	1,35 (+0,08 / 0)	2,5
15	29,4	12,61	1,5	16…24	1,55	3
19	37,6	15,92	1,75	20…31	1,80	3,5
24	44,6	21,88	2	25…38	2,05	4

Einbaumaße:

d_2 von 0,8…30 mm

⇒ **Sicherungsscheibe DIN 6799 – 15:** $d_2 = 15$ mm

M

Dichtelemente

Radial-Wellendichtringe   vgl. DIN 3760 (1996-09)

Form A   b   Form AS

Einbaumaße:

drallfrei

$\sqrt{\ } = \triangledown$

mit Ra0,2 bis Ra0,8 oder Rz1 bis Rz5

10° bis 20°   15° bis 30°   a)

$b + 0{,}3_{min}$ $0{,}85 \cdot b_{min}$ $R\,0{,}5_{max}$

d_2H8 d_1h11 d_3

a) = Kanten gerundet

d_1 von 6...500 mm

d_1	d_2	b	d_3	d_1	d_2	b	d_3	d_1	d_2	b	d_3
10	22 26	7	8,5	28	40 52	7	25,5	50	65 72	8	46,5
	25 –				47 –				68 –		
12	22 30	7	10	30	40 47	8	27,5	55	70 80	8	51
	25 –				42 52				72 –		
14	24 30	7	12	32	45 52	8	29	60	75 85	8	56
15	26 35	7	13		47 –				80 –		
	30 –			35	47 52	8	32	65	85 90	10	61
16	30 35	7	14		50 55			70	90 95	10	66
18	30 35	7	16	38	55 62	8	35	75	95 100	10	70,5
20	30 40	7	18	40	52 62	8	37	80	100 110	10	75,5
	35 –				55 –			85	110 120	12	80,5
22	35 47	7	19,5	42	55 62	8	38,5	90	110 120	12	85,5
	40 –			45	60 65	8	41,5	95	120 125	12	90,5
25	35 47	7	22,5		62 –			100	120 130	12	94,5
	40 52			48	62 –				125 –		

⇒ **RWDR DIN 3760 – A25 x 40 x 7 – NB:** Radial-Wellendichtring (RWDR) der Form A mit d_1 = 25 mm, d_2 = 40 mm und b = 7 mm, Elastomerteil aus Nitril-Butadien-Kautschuk (NB)

Filzringe   vgl. DIN 5419 (1959-09)

Einbaumaße:

d_1h11 d_3H12 d_4H12   14° f H13

d_1 von 17...180 mm

Abmessungen			Einbaumaße			Abmessungen			Einbaumaße		
d_1	d_2	b	d_3	d_4	f	d_1	d_2	b	d_3	d_4	f
20	30	4	21	31	3	60	76	6,5	61,5	77	5
25	37	5	26	38	4	65	81	6,5	66,5	82	5
30	42	5	31	43	4	70	88	7,5	71,5	89	6
35	47	5	36	48	4	75	93	7,5	76,5	94	6
40	52	5	41	53	4	80	99	7,5	81,5	99	6
45	57	5	46	58	4	85	103	7,5	86,5	104	6
50	66	6,5	51	67	5	90	110	9,5	92	111	7
55	71	6,5	56	72	5	100	124	10	102	125	8

⇒ **Filzring DIN 5419 M5-40:** Filzring mit d_1 = 40 mm, Filzhärte M5

O-Ringe   vgl. DIN 3771-1 (1984-12) und -5 (1993-11)

Einbaumaße nach DIN 3771-5:

außendichtend   0° bis 5° h+0,1 r_2 b +0,25

axialdichtend   innendichtend   0° bis 5°

d_1 von 1,8...670 mm, d_2 von 1,8...7 mm

d_1	d_2	d_1	d_2	d_1	d_2	d_1	d_2
5		18		56		85	
6		20		58		90	
8	1,8	25	2,65 3,55	60		95	
9		28		63		100	
10		30		67	3,55 5,3	103	3,55 5,3
14		40		69		106	
15		45		71		109	
16	1,8 2,65	50	3,55 5,3	75		112	
17		53		80		115	

Einbaumaße bei ruhender Belastung

d_2	r_1	r_2	innen- und außendichtend			axialdichtend	
			b	innen	außen	b	h
				h	h		
1,8	0,3	0,2	2,4	1,4	1,3	2,6	1,3
2,65			3,6	2,1	1,95	3,8	2
3,55	0,6	0,2	4,8	2,85	2,65	5	2,75
5,3			7,1	4,3	4,15	7,3	4,25

M

Schmieröle

Bezeichnung von Schmierölen
vgl. DIN 51502 (1990-08)

Bezeichnung durch Kennbuchstaben

PGLP 220

Kennbuchstabe für Schmieröle	Zusatzkennbuchstaben	ISO-Viskositätsklassifikation

Bezeichnung durch Sinnbilder

CL 100	PGLP 220
Schmieröl auf Mineralölbasis	Schmieröl auf Silikonbasis

⇒ **Schmieröl DIN 51517 – CL 100:** Umlaufschmieröl auf Mineralölbasis (C), erhöhte Korrosions- und Alterungsbeständigkeit (L), ISO-Viskositätsklasse VG 100 (100)

⇒ **Schmieröl DIN 51517 – PGLP 220:** Polyglykolöl (PG), erhöhte Korrosions- und Alterungsbeständigkeit (L), erhöhter Verschleißschutz (P), ISO-Viskositätsklasse VG 220 (220)

Schmierölarten
vgl. DIN 51502 (1990-08)

Kennbuchstabe	Schmierstoffart und Eigenschaften	Norm	Anwendung
Mineralöle			
AN	Normalschmieröle ohne Zusätze	DIN 51501	Durch- und Umlaufschmierung bei Öltemperaturen bis 50°
B	Bitumenhaltige Schmieröle mit hoher Haftfähigkeit	DIN 51513	Hand-, Durchlauf- und Tauchschmierungen, vorwiegend für offene Schmierstellen
C	Umlaufschmieröle, ohne Zusätze	DIN 51517	Gleitlager, Wälzlager, Getriebe
CG	Gleitbahnöle mit Wirkstoffen zur Verschleißminderung	DIN 8659 T2	Im Mischreibungsbetrieb für Gleit- und Führungsbahnen sowie Schneckengetriebe
Syntheseflüssigkeiten			
E	Esteröle mit besonders geringer Viskositätsänderung	–	Lagerstellen mit stark wechselnden Temperaturen
PG	Polyglykolöle mit hoher Alterungsbeständigkeit	–	Lagerstellen mit häufigen Mischreibungszuständen
SI	Silikonöle mit hoher Alterungsbeständigkeit	–	Lagerstellen mit besonders hohen und tiefen Temperaturen, stark wasserabstoßend

Zusatzkennbuchstaben
vgl. DIN 51502 (1990-08)

Zusatzkennbuchstabe	Anwendung und Erläuterung
E	für Schmierstoffe, die mit Wasser gemischt werden, z.B. Kühlschmierstoff SE
F	für Schmierstoffe mit Festschmierstoffzusatz, z.B. Grafit, Molybdändisulfid
L	für Schmierstoffe mit Wirkstoffen zum Erhöhen des Korrosionsschutzes und/oder der Alterungsbeständigkeit
P	für Schmierstoffe mit Wirkstoffen zum Herabsetzen der Reibung und des Verschleißes im Mischreibungsgebiet und/oder zur Erhöhung der Belastbarkeit

M

ISO-Viskositätsklassen für flüssige Industrie-Schmierstoffe
vgl. DIN 51519 (1998-08)

Viskositätsklasse	Kinetische Viskosität in mm²/s bei			Viskositätsklasse	Kinetische Viskosität in mm²/s bei			Viskositätsklasse	Kinetische Viskosität in mm²/s bei		
	20°C	40°C	50°C		20°C	40°C	50°C		20°C	40°C	50°C
ISO VG 2	3,3	2,2	1,3	ISO VG 22	–	22	15	ISO VG 220	–	220	130
ISO VG 3	5	3,2	2,7	ISO VG 32	–	32	20	ISO VG 320	–	320	180
ISO VG 5	8	4,6	3,7	ISO VG 46	–	46	30	ISO VG 460	–	460	250
ISO VG 7	13	6,8	5,2	ISO VG 68	–	68	40	ISO VG 680	–	680	360
ISO VG 10	21	10	7	ISO VG 100	–	100	60	ISO VG 1000	–	1000	510
ISO VG 15	34	15	11	ISO VG 150	–	150	90	ISO VG 1500	–	1500	740

Schmierfette, Festschmierstoffe　vgl. DIN 51502 (1990-08)

Bezeichnung von Schmierfetten

Bezeichnung durch Kennbuchstaben

Bezeichnung durch Sinnbild

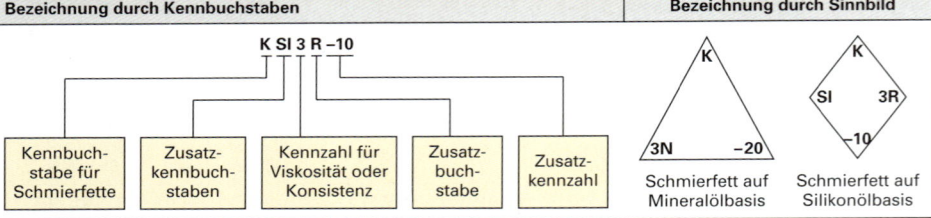

K SI 3 R –10

Kennbuch-stabe für Schmierfette	Zusatz-kennbuch-staben	Kennzahl für Viskosität oder Konsistenz	Zusatz-buch-stabe	Zusatz-kennzahl

Schmierfett auf Mineralölbasis

Schmierfett auf Silikonölbasis

⇒ **Schmierfett DIN 51517 – K3N –20:** Schmierfett für Wälz- und Gleitlager (K) auf Mineralölbasis (NLGI-Klasse 3) (3), obere Gebrauchstemperatur +140 °C (N), untere Gebrauchstemperatur –20 °C (–20)

⇒ **Schmierfett DIN 51517 – KSI3R –10:** Schmierfett für Wälz- und Gleitlager (K) auf Silikonölbasis (SI), NLGI-Klasse 3 (3), obere Gebrauchstemperatur +180 °C (R), untere Gebrauchstemperatur –10 °C (–10)

Schmierfette

Kenn-buchstabe	Anwendung/Zusätze	Kenn-buchstabe	Anwendung
K	Allgemein: Wälzlager, Gleitlager, Gleitflächen	G	Geschlossene Getriebe
KP	Wie K, jedoch mit Zusätzen für Herabsetzung der Reibung	OG	Offene Getriebe (Haftschmierstoff ohne Bitumen)
KF	Wie K, jedoch mit Festschmierstoff-Zusätzen	M	Für Gleitlagerungen und Dichtungen (geringe Anforderungen)

Konsistenz[1]-Einteilung für Schmierfette

NLGI-Klasse[3]	Walkpenetration[2]	NLGI-Klasse[3]	Walkpenetration[2]	NLGI-Klasse[3]	Walkpenetration[2]
000	445 ... 475 (sehr weich)	1	310 ... 340	4	175 ... 205
00	400 ... 430	2	265 ... 295	5	130 ... 160
0	355 ... 385	3	220 ... 250	6	85 ... 115 (sehr fest)

[1] Kennzeichen für das Fließverhalten
[2] Maß der Eindringtiefe eines genormten Prüfkegels in durchgeknetetes (gewalktes) Fett
[3] National Lubrication Grease Institute (NLGI), Nationales Schmierfett Institut, USA

M

Zusatzbuchstaben für Schmierfette

Zusatz-buch-stabe[1]	obere Gebrauchs-temperatur °C	Bewer-tungs-stufe[2]	Zusatz-buch-stabe[1]	obere Gebrauchs-temperatur °C	Bewer-tungs-stufe[2]	Zusatz-buch-stabe[1]	obere Gebrauchs-temperatur °C	Bewer-tungs-stufe[2]
C	+ 60	0 oder 1	G	+ 100	0 oder 1	N	+140	
D	+ 60	2 oder 3	H	+ 100	2 oder 3	P	+160	
						R	+180	nach
						S	+200	Verein-
E	+ 80	0 oder 1	K	+ 120	0 oder 1	T	+220	barung
F	+ 80	2 oder 3	M	+ 120	2 oder 3	U	+220	

[1] An den Zusatzkennbuchstaben kann der Zahlenwert für die untere Gebrauchstemperatur angehängt werden; z.B. –20 für –20 °C
[2] Bewertungsstufen für das Verhalten gegenüber Wasser, vgl. DIN 51807-1:
0: keine Veränderung; 1: geringe Veränderung; 2: mäßige Veränderung; 3: starke Veränderung

Festschmierstoffe

Schmier-stoff	Kurz-zeichen	Gebrauchs-temperatur	Anwendung
Grafit	C	–18 ... +450°	Als Pulver oder Paste sowie Beimengungen zu Schmierölen und Schmierfetten, nicht in Sauerstoff, Stickstoff und Vakuum
Molybdän-disulfid	MoS_2	–180 ... +400°	Als mineralölfreie Paste, Gleitlack oder Beimengung zu Schmierölen und Schmierfetten, geeignet für sehr hohe Flächenpressung
Polytetra-fluorethylen	PTFE	–250 ... +260°	Als Pulver in Gleitlacken und synthetischen Schmierfetten sowie als Lagerwerkstoff, sehr niedrige Gleitreibungszahl $\mu = 0{,}04$ bis $0{,}09$

6 Fertigungstechnik

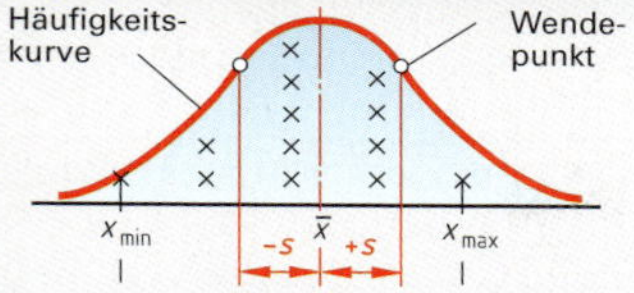

Häufigkeits-
kurve

Wende-
punkt

x_{min} $-s$ $\bar{x}$ $+s$ x_{max}

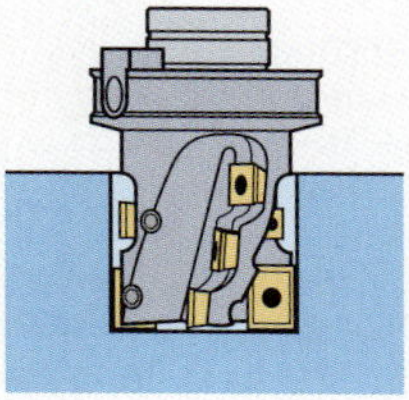

Werkstoffgemeinkosten
in Prozent der Werkstoffeinzel-
kosten, z.B. Einkaufskosten,
Lagerkosten u.a.

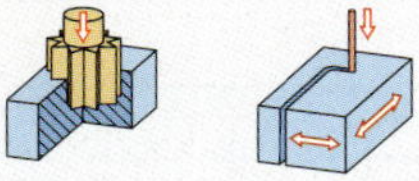

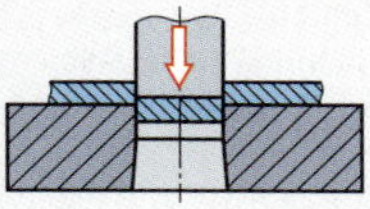

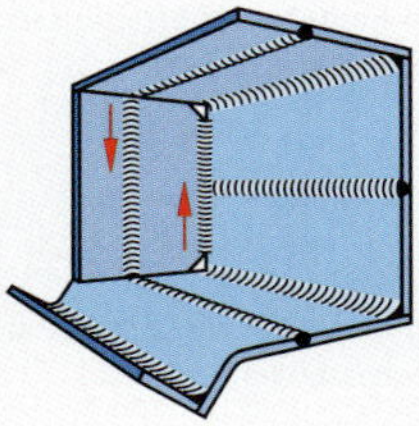

F

Augenschutz
benutzen

Kopfschutz
benutzen

Normen ISO 9000 … 9004

Die Normen der ISO-9000-Familie sollen Organisationen jeder Art und Größe beim Verwirklichen von Qualitätsmanagementsystemen und beim Arbeiten mit bereits bestehenden Qualitätsmanagementsystemen helfen sowie das gegenseitige Verständnis im nationalen und internationalen Handel erleichtern.

Normen zum Qualitätsmanagement   vgl. DIN EN ISO 9000, 9001, 9004 (2000-12)

Norm	Erläuterung, Inhalte
DIN EN ISO 9000	**Grundlagen für Qualitätsmanagementsysteme** **Grundsätze des Qualitätsmanagements** • Kundenorientierung • Systemorientierter Ansatz • Führung • Ständige Verbesserung • Einbeziehung der Personen • Sachbezogener Ansatz zur Entscheidungsfindung • Prozessorientierter Ansatz • Lieferantenbeziehungen zum gegenseitigen Nutzen **Grundlagen für Qualitätsmanagementsysteme (QM-Systeme)** • Begründung für QM-Systeme • Beurteilen von QM-Systemen • Anforderungen an QM-Systeme und Produkte • Ständige Verbesserung • Schrittweiser Ansatz für QM-Systeme • Rolle statistischer Methoden • Prozessorientierte Betrachtung • QM-Systeme als Teil des Gesamtmanagementsystems • Qualitätspolitik und Qualitätsziele • Rolle der obersten Leitung im QM-System • Anforderungen an QM-Systeme und die vergleichende Beurteilung von Organisationen • Dokumentation; Nutzen und Arten anhand von Kriterien aus Exzellenzmodellen **Terminologie für Qualitätsmanagementsysteme** Eine Auswahl von Begriffsdefinitionen und Begriffserläuterungen: Seite 275.
DIN EN ISO 9001[1])	**Anforderungen an ein Qualitätsmanagementsystem** Diese internationale Norm gilt für Organisationen in jedem beliebigen Industrie- oder Wirtschaftssektor unabhängig von der angebotenen Produktkategorie. Sie legt, aufbauend auf den in ISO 9000 beschriebenen Grundlagen, Anforderungen an ein QM-System fest, wenn eine Organisation • ihre Fähigkeit darlegen muss, Produkte bereitzustellen, die die Anforderungen der Kunden und die behördlichen Anforderungen erfüllen werden, • anstrebt, die Kundenzufriedenheit zu erhöhen, einschließlich der Prozesse zur ständigen Verbesserung des Systems. Die festgelegten Anforderungen können verwendet werden für: • interne Anwendungen durch Organisationen • Zertifizierungszwecke • Vertragszwecke Die Norm basiert auf **einer prozessorientierten Betrachtungsweise**, d.h. jede Tätigkeit oder jede Aneinanderreihung von Tätigkeiten, die Ressourcen verwendet, um Eingaben in Ergebnisse umzuwandeln, wird als Prozess angesehen. **Anforderungen** Die Organisation muss • alle für das QM-System erforderlichen Prozesse und ihre Anwendung in der Organisation erkennen, • die Abfolge und Wechselwirkungen dieser Prozesse festlegen, • Kriterien und Methoden festlegen, um Durchführung und Lenkung dieser Prozesse sicherzustellen, • die Verfügbarkeit von Ressourcen und Informationen für diese Prozesse sicherstellen, • diese Prozesse überwachen, messen und analysieren, • erforderliche Maßnahmen zur ständigen Verbesserung dieser Prozesse treffen, • Anforderungen an die Dokumentation des QM-Systems erfüllen und • Festlegungen für die Lenkung von Dokumenten einhalten. [1]) Diese Norm ersetzt auch die früheren Normen 9002 und 9003.
DIN EN ISO 9004	**Leitfaden zur Betrachtung der Gesamtleistung, Wirksamkeit und Effizienz von Qualitätsmanagementsystemen** Ziel dieser Norm ist die Verbesserung der Organisation und die Verbesserung der Zufriedenheit der Kunden und anderer interessierter Parteien. Sie ist nicht für Zertifizierungs- und Vertragszwecke vorgesehen.

F

Begriffe

Begriffe (Auswahl)	Definitionen/Erläuterungen	vgl. DIN EN ISO 9000 (2000-12)
Qualitätsbezogene Begriffe		
Qualität	Grad, in dem die Merkmale eines Produkts die Anforderungen an dieses Produkt erfüllen.	
Anforderung	Vorausgesetztes oder verpflichtendes Erfordernis an die Merkmale einer Einheit, z.B. Nennwerte, Toleranzen, Funktionsfähigkeit oder Sicherheit.	
Kundenzufriedenheit	Wahrnehmung des Kunden zu dem Grad, in dem seine Anforderungen erfüllt worden sind.	
Fähigkeit	Eignung einer Organisation, eines Systems oder eines Prozesses zum Realisieren eines Produktes, das die Qualitätsanforderungen an dieses Produkt erfüllen wird.	
Merkmals- und konformitätsbezogene Begriffe		
Qualitätsmerkmal	Kennzeichnende Eigenschaft eines Produktes oder Prozesses, die infolge der gestellten Qualitätsanforderungen zur Beurteilung der Qualität herangezogen wird. • Quantitative (variable) Merkmale: diskrete Merkmale (Zählwerte), z.B. Bohrungsanzahl, Stückzahl kontinuierliche Merkmale (Messwerte), z.B. Länge, Lage, Masse • Qualitative Merkmale: Ordinalmerkmale (mit Ordnungsbeziehung), z.B. hellblau – blau – dunkelblau Nominalmerkmale (keine Ordnungsbeziehung), z.B. gut – schlecht, blau – gelb Kennzeichnende Eigenschaft eines Produkts, eines Prozesses oder eines Systems, die sich auf eine Anforderung bezieht.	
Konformität	Erfüllung einer festgelegten Anforderung, z.B. einer Maßtoleranz	
Fehler	Nichterfüllung einer festgelegten Forderung, z.B. Nichteinhalten einer geforderten Maßtoleranz oder Oberflächengüte.	
Nacharbeit	Maßnahme an einem fehlerhaften Produkt, damit es die Anforderungen erfüllt.	
Prozess- und produktbezogene Begriffe		
Prozess	In Wechselbeziehung stehende Mittel und Tätigkeiten, die Eingaben in Ergebnisse umzusetzen. Als Mittel gelten z.B. Personal, Finanzen, Anlagen und Fertigungsmethoden.	
Verfahren	Festgelegte Art und Weise, wie eine Tätigkeit oder ein Prozess ausgeführt wird. In schriftlicher Form auch als Verfahrensanweisung bezeichnet.	
Produkt	Ergebnis eines Prozesses, z.B. Bauteil, Montageergebnis, Dienstleistung, verfahrenstechnisches Erzeugnis, Wissen, Entwurf, Schriftstück, Vertrag, Schadstoff.	
Organisationsbezogene Begriffe		
Organisation	Gruppe von Personen und Einrichtungen mit einem Gefüge von Verantwortungen, Befugnissen und Beziehungen.	
Kunde	Organisation oder Person, die ein Produkt vom Lieferanten empfängt.	
Lieferant	Organisation oder Person, die einem Kunden ein Produkt bereitstellt.	
Managementbezogene Begriffe		
Qualitäts-managementsystem	Erforderliche Organisation und Organisationsstrukturen, Verfahren und Prozesse eines Betriebes, um ein Qualitätsmanagement verwirklichen zu können.	
Qualitäts-management	Alle aufeinander abgestimmten Tätigkeiten zum Leiten und Lenken einer Organisation bezüglich Qualität durch: • Festlegen der Qualitätspolitik • Qualitätslenkung • Festlegen der Qualitätsziele • Qualitätssicherung • Qualitätsplanung • Qualitätsverbesserung	
Qualitätsplanung	Tätigkeiten, die auf das Festlegen der Qualitätsziele und der notwendigen Ausführungsprozesse sowie der zugehörigen Ressourcen zur Erfüllung der Qualitätsziele gerichtet sind.	
Qualitätslenkung	Arbeitstätigkeiten und Techniken, um trotz unvermeidbarer Qualitätsschwankungen die Anforderungen dauerhaft zu erfüllen. Beinhaltet im Wesentlichen die Prozessüberwachung und die Beseitigung von Schwachstellen.	
Qualitätssicherung	Durchführung und geforderte Dokumentation aller Tätigkeiten im Bereich des QM-Systems mit dem Ziel, firmenintern und beim Kunden Vertrauen zu schaffen, dass die Qualitätsanforderungen erfüllt werden.	
Qualitäts-verbesserung	In der gesamten Organisation ergriffene Maßnahmen zur Erhöhung der Fähigkeit zur Erfüllung der Qualitätsanforderungen.	
QM-Handbuch	Dokument, in dem die Qualitätspolitik und die Qualitätsziele sowie das Qualitätsmanagementsystem einer Organisation beschrieben werden.	

F

Qualitätsplanung, Qualitätslenkung, Qualitätsprüfung

Qualitätsplanung

Verzehnfachungsregel

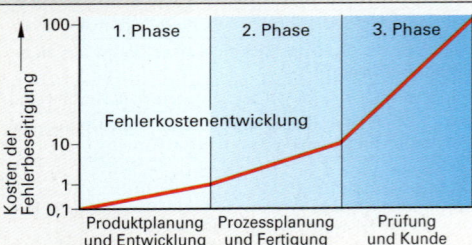

Die erforderlichen Kosten zur Fehlerbeseitigung bzw. die Folgekosten eines Fehlers steigen im Produktlebenslauf von Phase zu Phase etwa um den Faktor 10.

Beispiel: Ein Toleranzfehler an einem Einzelteil kann beim Konstruieren ohne nennenswerte Mehrkosten korrigiert werden. Wird der Fehler erst während der Produktion der Teile bemerkt, entstehen viel größere Fehlerkosten. Führt der Fehler zu Montageproblemen oder Funktionsbeeinträchtigung am Fertigprodukt oder gar zu einer Rückrufaktion, werden riesige Kosten verursacht.

Qualitätslenkung

Qualitätsregelkreis

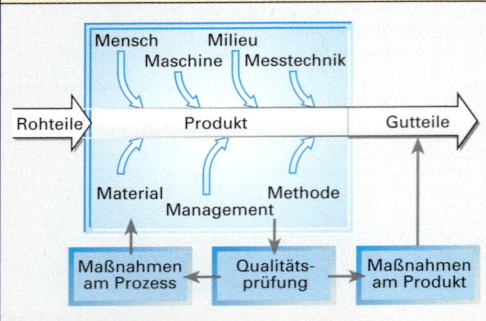

Einflüsse auf die Streuung der Qualität

Einfluss	Beispiele
Mensch	Qualifikation, Motivation, Belastungsgrad
Maschine	Maschinensteifigkeit, Positioniergenauigkeit, Verschleißzustand
Material	Abmaße, Werkstoffeigenschaften, Werkstoffunterschiede
Methode	Arbeitsfolge, Fertigungsverfahren, Prüfbedingungen
Milieu (Umwelt)	Temperatur, Erschütterungen, Licht, Lärm, Staub
Management	falsche Qualitätsziele oder -politik
Messbarkeit	Messunsicherheit

Qualitätsprüfung   vgl. DIN 55 350-17 (1988-08)

Begriffe	Erläuterungen
Qualitätsprüfung	feststellen, inwieweit eine Einheit die gestellten Qualitätsforderungen erfüllt
Prüfplan, Prüfanweisung	Festlegung und Beschreibung von Art und Umfang der Prüfungen, z.B. Prüfmittel, Prüfhäufigkeit, Prüfperson, Prüfort
Vollständige Prüfung	Prüfung einer Einheit hinsichtlich aller festgelegten Qualitätsmerkmale, z.B. vollständige Überprüfung eines Einzelwerkstückes hinsichtlich aller Forderungen
100%-Prüfung	Prüfung aller Einheiten eines Prüfloses, z.B. Sichtprüfung aller gelieferten Teile
Statistische Prüfung (Stichprobenprüfung)	Qualitätsprüfung mit Hilfe statistischer Methoden, z.B. Beurteilung einer großen Anzahl von Werkstücken durch Auswertung von daraus entnommenen Stichproben
Prüflos (Stichprobenprüfung)	Gesamtheit der in Betracht gezogenen Einheiten, z.B. eine Produktion von 5000 gleichen Werkstücken
Stichprobe	eine oder mehrere Einheiten, die aus der Grundgesamtheit oder einer Teilgesamtheit entnommen werden, z.B. 50 Teile aus der Tagesproduktion von 400 Teilen

Wahrscheinlichkeit (Fehlerwahrscheinlichkeit)

Wahrscheinlichkeit eines fehlerhaften Bauteils innerhalb einer bestimmten Gesamtanzahl von Bauteilen.

P Wahrscheinlichkeit in % m Gesamtanzahl der Bauteile
g Anzahl fehlerhafter Bauteile

Beispiel:

In einer Kiste befinden sich $m = 400$ Werkstücke, wobei $g = 10$ Werkstücke einen Maßfehler aufweisen. Wie groß ist die Wahrscheinlichkeit P, beim Herausgreifen eines Werkstückes ein fehlerhaftes Teil zu entnehmen?

Wahrscheinlichkeit $P = \dfrac{g}{m} \cdot 100\% = \dfrac{10}{400} \cdot 100\% = \mathbf{2{,}5\%}$

Wahrscheinlichkeit

$$P = \frac{g}{m} \cdot 100\%$$

F

Statistische Auswertung

Statistische Auswertung von kontinuierlichen Merkmalen
vgl. DIN 53 804-1 (2002-04)

Darstellung der Prüfdaten	Beispiel

Urliste

Die Urliste ist die Dokumentation aller Beobachtungswerte aus dem Prüflos oder einer Stichprobe in der Reihenfolge, in der sie anfallen.

Stichprobenumfang: 40 Teile
Prüfmerkmal: Bauteildurchmesser $d = 8 \pm 0,05$ mm

Gemessener Bauteildurchmesser d in mm

Teile 1...10	7,98	7,96	7,99	8,01	8,02	7,96	8,03	7,99	7,99	8,01
Teile 11...20	7,96	7,99	8,00	8,02	8,02	7,99	8,02	8,00	8,01	8,01
Teile 21...30	7,99	8,05	8,03	8,00	8,03	7,99	7,98	7,99	8,01	8,02
Teile 31...40	8,02	8,01	8,05	7,94	7,98	8,00	8,01	8,01	8,02	8,00

Strichliste

Die Strichliste ermöglicht eine übersichtlichere Darstellung der Beobachtungswerte und eine Einteilung in Klassen (Bereiche) mit bestimmter Klassenweite.

n Anzahl der Einzelwerte
k Anzahl der Klassen
w Klassenweite
R Spannweite (Seite 278)
n_j absolute Häufigkeit
h_j relative Häufigkeit in %

Klasse Nr.	Messwert $\geq$	Messwert $<$	Strichliste	n_j	h_j in %
1	7,94	7,96	I	1	2,5
2	7,96	7,98	III	3	7,5
3	7,98	8,00	HHT HHT I	11	27,5
4	8,00	8,02	HHT HHT III	13	32,5
5	8,02	8,04	HHT HHT	10	25
6	8,04	8,06	II	2	5
			$\Sigma =$	40	100

$k = \sqrt{n} = \sqrt{40} = 6,3 \approx 6$

$w = \dfrac{R}{k} = \dfrac{0,11 \text{ mm}}{6} = 0,018 \text{ mm} \approx 0,02 \text{ mm}$

Anzahl der Klassen

$$k \approx \sqrt{n}$$

Klassenweite

$$w \approx \frac{R}{k}$$

Relative Häufigkeit

$$h_j = \frac{n_j}{n} \cdot 100\%$$

Histogramm

Das Histogramm ist ein Balkendiagramm zur Erkennung und Darstellung der Verteilung von erfassten Einzelwerten.

Summenlinie im Wahrscheinlichkeitsnetz

Die Summenlinie im Wahrscheinlichkeitsnetz ist eine einfache und anschauliche grafische Methode, um das Vorliegen einer Normalverteilung (Seite 278) zu prüfen.

Ergeben die Summen der relativen Häufigkeiten im Wahrscheinlichkeitsnetz angenähert eine Gerade, so kann auf eine Normalverteilung der Einzelwerte geschlossen werden, d.h., es darf eine weitere Auswertung nach DIN 53 804-1 (Seite 278) erfolgen.

Zusätzlich lassen sich in diesem Fall Kennwerte der Stichproben entnehmen.

Ablesebeispiel:

Arithmetischer Mittelwert $\overline{x}$ (bei $F_j = 50\%$) und Standardabweichung s (als Differenz 68,26% : 2 zwischen $F_j = 50\%$ und 84,13%):

$\overline{x} \approx 8,003$ mm; $s \approx 0,02$ mm

Im Gesamtlos zu erwartende Überschreitungsanteile:

0,6% zu dünne Teile
3% zu dicke Teile

UGW unterer Grenzwert; OGW oberer Grenzwert

F

Normalverteilung

Gauß'sche Normalverteilung

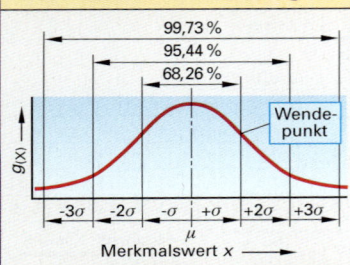

Kontinuierliche Merkmalswerte weisen in ihrer Verteilung häufig eine Charakteristik auf, die sich mit dem Modell der **Gauß'schen Normalverteilung** näherungsweise mathematisch beschreiben lässt. Für unendlich viele Einzelwerte ergibt die Wahrscheinlichkeitsdichte einer Normalverteilung die typische **Glockenkurve**. Diese symmetrische und stetige Verteilungskurve wird durch folgende Parameter eindeutig beschrieben:

Der **Mittelwert** μ liegt beim Kurvenmaximum und kennzeichnet die Lage der Verteilung.

Die **Standardabweichung** σ kennzeichnet die Streuung, d.h. das Abweichverhalten vom Mittelwert.

Normalverteilung in Stichproben   vgl. DIN 53804-1 (2002-04) bzw. DGQ 16-31 (1990)

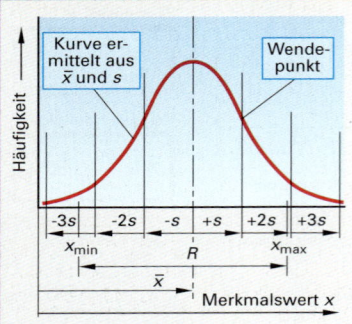

n	Anzahl der Einzelwerte (Stichprobenumfang)
x_i	Wert des messbaren Merkmals, z.B. Einzelwert
x_{max}	größter Messwert
x_{min}	kleinster Messwert
$\bar{x}$	Arithmetischer Mittelwert
$\tilde{x}$	Medianwert (Zentralwert)[1], mittlerer Wert der nach Größe geordneten Messwerte
s	Standardabweichung
R	Spannweite
D	Modalwert (am häufigsten auftretender Messwert einer Messreihe)
$g_{(x)}$	Wahrscheinlichkeitsdichte

Arithmetischer Mittelwert[2]

$$\bar{x} = \frac{x_1 + x_2 + \ldots + x_n}{n}$$

Standardabweichung[2]

$$s = \sqrt{\frac{\sum(x_i - \bar{x})^2}{n-1}}$$

Spannweite

$$R = x_{max} - x_{min}$$

Mittlere Spannweite

$$\bar{R} = \frac{R_1 + R_2 + \ldots + R_m}{m}$$

Gesamtmittelwert

$$\bar{\bar{x}} = \frac{\bar{x}_1 + \bar{x}_2 + \ldots + \bar{x}_m}{m}$$

Mittelwert der Standardabweichungen

$$\bar{s} = \frac{s_1 + s_2 + \ldots + s_m}{m}$$

Bei Auswertung mehrerer Stichproben:

m	Anzahl der Stichproben	$\bar{R}$	mittlere Spannweite
$\bar{\bar{x}}$	Gesamtmittelwert	$\bar{s}$	Mittelwert der Standardabweichungen

Beispiel: Auswertung der Stichprobenwerte von Seite 277:

$\bar{x} = 8,00225$ mm $R = 0,11$ mm $\tilde{x} = 8,005$ mm $s = 0,02348$ mm $D = 7,99$ mm

[1] Medianwert bei
ungerader Anzahl der Einzelwerte:
z.B. x_1; x_2; x_3; x_4; x_5:
$\tilde{x} = x_3$

gerader Anzahl der Einzelwerte:
z.B. x_1; x_2; x_3; x_4; x_5; x_6:
$\tilde{x} = (x_3 + x_4)/2$

[2] Die meisten gängigen Taschenrechnermodelle sind mit Sonderfunktionen für die Berechnung von Mittelwert und Standardabweichung ausgestattet. Mehrmaliges Auftreten gleicher Messwerte kann durch einen entsprechenden Faktor berücksichtigt werden.

Normalverteilung im Prüflos

Die Parameter der Grundgesamtheit werden beim Stichprobenverfahren anhand der Kennwerte aus der Stichprobe geschätzt (beurteilende Statistik). Um Stichprobenkennwerte klar von Parametern der Gesamtheit unterscheiden zu können, werden auch andere Kurzbezeichnungen verwendet. Durch die Kennzeichnung mit einem ^ (Dach) erfolgt auch eine Abgrenzung dieser Schätzwerte gegenüber den rechnerisch ermittelbaren Prozesswerten bei einer 100%-Prüfung (beschreibende Statistik).

Stichprobe	Grundgesamtheit aus Stichprobe ermittelt	Grundgesamtheit bei 100%-Prüfung
Werteumfang n	Werteumfang N	Werteumfang N
Arithmetischer Mittelwert x	geschätzter Prozessmittelwert $\hat{\mu}$ (Erwartungswert)	Prozessmittelwert μ
Standardabweichung s	geschätzte Prozessstandardabweichung $\hat{\sigma}$ (auch σ^{n-1})	Prozessstandardabweichung σ (auch σ^n)

F

Statistische Prozesslenkung

Qualitätsregelkarten (QRK)

Prozessregelkarten	Annahmequalitätsregelkarten
Prozessregelkarten dienen zur Überwachung eines Prozesses bezüglich Veränderungen gegenüber einem Sollwert oder eines bisherigen Prozesswertes. Die Eingriffs- und Warngrenzen werden über die Prozessschätzwerte einer Grundgesamtheit oder eines Vorlaufes bestimmt.	Annahmequalitätsregelkarten dienen der Überwachung eines Prozesses im Hinblick auf vorgegebene Grenzwerte (Grenzmaße). Die Eingriffsgrenzen werden über die Toleranzgrenzen berechnet. Dabei wird nur die Lage der Messwerte, nicht die Streuung untersucht.

Prozessregelkarten für quantitative Merkmale (Shewhart-Regelkarten)[1]

Urwertkarte	Regelgrenzen	Beispiel: 5 Einzelwerte je Stichprobe
Die Urwertkarte ist eine Dokumentation aller Messwerte durch Eintragung der Werte ohne weitere Berechnungen. Sie setzt einen angenähert normalverteilten Prozess voraus und ist aufgrund der vielen Eintragungen relativ unübersichtlich.	M — Mittelwert des Merkmals OWG — obere Warngrenze UWG — untere Warngrenze OEG — obere Eingriffsgrenze UEG — untere Eingriffsgrenze OGW — oberer Grenzwert UGW — unterer Grenzwert	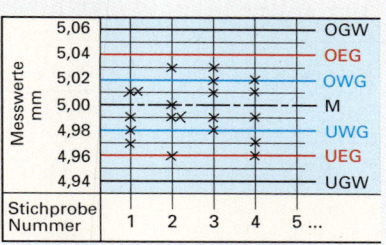

Zentralwert-Spannweiten-Karte ($\tilde{x}$-R-Karte)

Bei diesen Karten lässt sich ohne großen Rechenaufwand die Fertigungsstreuung verdeutlichen. Sie sind für eine manuelle Regelkartenführung geeignet.

Beispiel:

Prüfmerkmal: Durchmesser			Kontrollmaß: 5±0,05	
Stichprobenumfang: $n = 5$			Kontrollintervall: 60 min	
x_1	4,98	4,96	5,03	4,97
x_2	4,97	4,99	5,01	4,96
x_3	4,99	5,03	5,02	5,01
x_4	5,01	4,99	4,99	4,99
x_5	5,01	5,00	4,98	5,02
Σx	24,96	24,97	25,03	24,95
$\tilde{x}$	4,99	4,99	5,01	4,99
R	0,04	0,07	0,05	0,06

Medianwerte $\tilde{x}$ in mm:
5,04 — OEG
5,02 — OWG
5,00 — M
4,98 — UWG
4,96 — UEG

Spannweite R in mm:
0,08 — OEG
0,06 — OWG
0,04 — UWG
0,02 — UEG
0

Probennr.	1	2	3	4
Uhrzeit	6 00	7 00	8 00	9 00

Mittelwert-Standardabweichungs-Karte ($\bar{x}$-s-Karte)

Diese Karten verdeutlichen die Tendenz der Mittelwertentwicklung und weisen eine größere Empfindlichkeit als $\tilde{x}$-R-Karten auf. Sie erfordern eine rechnergestützte Regelkartenführung.

Beispiel:

Prüfmerkmal: Durchmesser			Kontrollmaß: 5±0,05	
Stichprobenumfang: $n = 5$			Kontrollintervall: 60 min	
x_1	4,98	4,96	5,03	4,97
x_2	4,97	4,99	5,01	4,96
x_3	4,99	5,03	5,02	5,01
x_4	5,01	4,99	4,99	4,99
x_5	5,01	5,00	4,98	5,02
$\bar{x}$	4,992	4,994	5,006	4,990
s	0,018	0,025	0,021	0,025

Mittelwerte $\bar{x}$ in mm:
5,02 — OEG
5,01 — OWG
5,00 — M
4,99 — UWG
4,98 — UEG

Standardabweichung s:
0,026 — OEG
0,024 — OWG
0,022
0,020
0,018 — UWG
0,016 — UEG

Probennr.	1	2	3	4
Uhrzeit	6 00	7 00	8 00	9 00

F

[1] Walter Andrew Shewhart (1891–1967), amerikanischer Wissenschaftler

Prozessverlauf, Annahmestichprobenprüfung und -stichprobenplan

Prozessverläufe

Prozessverlauf	Bezeichnung/Beobachtung	Mögliche Ursachen → Maßnahmen
OEG / M / UEG	**Natürlicher Verlauf** 2/3 aller Werte liegen im Bereich ± Standardabweichung s und alle Werte liegen innerhalb der Eingriffsgrenzen.	Der Prozess ist unter Kontrolle und kann ohne Eingriff weitergeführt werden.
OEG / M / UEG	**Überschreiten der Eingriffsgrenzen** Die Werte über- bzw. unterschreiten die Eingriffsgrenzen.	Überjustierte Maschine, verschiedene Materialchargen, beschädigte Maschine; → In Prozess eingreifen und Teile seit letzter Stichprobe 100%-prüfen
OEG / M / UEG	**RUN (in Folge)** 7 oder mehr aufeinander folgende Werte liegen auf einer Seite der Mittellinie.	Werkzeugverschleiß, andere Materialcharge, neues Werkzeug, neues Personal; → Verschärftes Beobachten des Prozesses
OEG / M / UEG	**Trend** 7 oder mehr aufeinander folgende Werte zeigen eine steigende oder fallende Tendenz.	Verschleiß an Werkzeug, Vorrichtungen oder Messgeräten, Personalermüdung; → Prozess unterbrechen, um Verschiebung zu ergründen
OEG / M / UEG	**Middle Third** Mindestens 15 Werte liegen aufeinander folgend innerhalb ± Standardabweichung s.	Verbesserte Fertigung, bessere Beaufsichtigung, beschönigte Prüfergebnisse; → Feststellen, wodurch Prozess verbessert wurde bzw. Prüfergebnisse überprüfen
OEG / M / UEG	**Perioden** Die Werte wechseln periodisch um die Mittellinie.	Unterschiedliche Messgeräte, systematische Aufteilung der Daten; → Fertigungsprozess nach Einflüssen untersuchen

Annahmestichprobenprüfung (Attributprüfung)   vgl. DIN ISO 2859-1 (2004-01)

Bei einer Attributprüfung handelt es sich um eine Annahmestichprobenprüfung, bei der anhand der fehlerhaften Einheiten oder der Fehler in den einzelnen Stichproben die Annehmbarkeit des Prüfloses festgestellt wird.

Der **Anteil fehlerhafter Einheiten oder die Anzahl der Fehler je hundert Einheiten im Los** wird durch die **Qualitätslage** ausgedrückt. Die annehmbare Qualitätsgrenzlage ist die festgelegte Qualitätslage in kontinuierlich vorgestellten Losen, bei der diese in den meisten Fällen vom Kunden angenommen werden. Die entsprechenden Stichprobenanweisungen sind in Leittabellen zusammengefasst.

Annahmestichprobenplan für Einfach-Stichprobenprüfung als normale Prüfung (Auszug aus Leittabelle)

Losgröße	Annehmbare Qualitätsgrenzlage, AQL (Vorzugswerte)									
	0,04	0,065	0,10	0,15	0,25	0,40	0,65	1,0	1,5	2,5
2... 8	↓	↓	↓	↓	↓	↓	↓	↓	↓	↓
9... 15	↓	↓	↓	↓	↓	↓	↓	↓	8 0	5 0
16... 25	↓	↓	↓	↓	↓	↓	↓	13 0	8 0	5 0
26... 50	↓	↓	↓	↓	↓	↓	20 0	13 0	8 0	5 0
51... 90	↓	↓	↓	↓	50 0	32 0	20 0	13 0	8 0	20 1
91... 150	↓	↓	↓	80 0	50 0	32 0	20 0	13 0	32 1	20 1
151... 280	↓	↓	125 0	80 0	50 0	32 0	20 0	50 1	32 1	32 2
281... 500	↓	200 0	125 0	80 0	50 0	32 0	80 1	50 1	50 2	50 3
501...1200	315 0	200 0	125 0	80 0	50 0	125 1	80 1	80 2	80 3	80 5

Erläuterung:

↓ — Anwenden der ersten Stichprobenanweisung dieser Spalte. Soweit Stichprobenumfang größer oder gleich Losumfang: 100%-Prüfung durchführen.

50 2 — Zweite Zahl: Annahmezahl = Anzahl der geduldeten fehlerhaften mitgelieferten Einheiten

— Erste Zahl: Stichprobenumfang = Anzahl der zu prüfenden Einheiten

F

Qualitätsfähigkeit, Qualitätsregelkarten

Qualitätsfähigkeit, Qualitätsregelkarten
vgl. DGQ 16-33 (1990)

Bei der Beurteilung der Qualitätsfähigkeit eines Prozesses durch **Fähigkeitskennzahlen** (Fähigkeitsindizes) muss zwischen der **Kurzzeitfähigkeit (Maschinenfähigkeit)** und der **Langzeitfähigkeit (Prozessfähigkeit)** unterschieden werden.

Die **Maschinenfähigkeit** ist eine Bewertung der Maschine, ob diese im Rahmen ihrer normalen Schwankungen mit genügender Wahrscheinlichkeit innerhalb der vorgegebenen Grenzwerte fertigen kann.

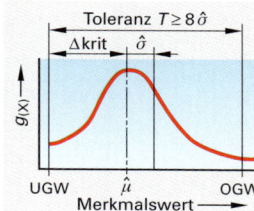

Wenn $C_m \geq 1{,}33$ und $C_{mk} \geq 1{,}0$ betragen, bedeutet dies, dass 99,994% (Bereich $\pm 4\,\hat{\sigma}$) der Merkmalswerte innerhalb der Grenzwerte liegen und der Mittelwert $\hat{\mu}$ mindestens um die Größe $3\,\hat{\sigma}$ von den Toleranzgrenzen entfernt liegt.

Die **Prozessfähigkeit** ist eine Bewertung des Fertigungsprozesses, ob dieser im Rahmen seiner normalen Schwankungen mit genügender Wahrscheinlichkeit die festgelegten Forderungen erfüllen kann.

Maschinenfähigkeitsindex

$$C_m = \frac{T}{6 \cdot \hat{\sigma}}$$

$$C_{mk} = \frac{\Delta krit}{3 \cdot \hat{\sigma}}$$

Eine Maschinenfähigkeit gilt üblicherweise als nachgewiesen, wenn

- $C_m \geq 1{,}33$ und
- $C_{mk} \geq 1{,}0$ ist.

UGW	unterer Grenzwert
OGW	oberer Grenzwert
$\hat{\sigma}$	geschätzte Standardabweichung
$\hat{\mu}$	geschätzter Mittelwert
$\Delta krit$	kleinster Abstand zwischen Mittelwert und Toleranzgrenze
C_m, C_{mk}	Maschinenfähigkeitsindex
C_p, C_{pk}	Prozessfähigkeitsindex

Prozessfähigkeitsindex

$$C_p = \frac{T}{6 \cdot \hat{\sigma}}$$

$$C_{pk} = \frac{\Delta krit}{3 \cdot \hat{\sigma}}$$

Beispiel:

Maschinenfähigkeitsuntersuchung für Fertigungsmaß $80 \pm 0{,}05$;
Werte aus Vorlauf: $\hat{\sigma} = 0{,}012$ mm; $\hat{\mu} = 79{,}99$ mm

$$C_m = \frac{T}{6 \cdot \hat{\sigma}} = \frac{0{,}1 \text{ mm}}{6 \cdot 0{,}012 \text{ mm}} = \mathbf{1{,}388}; \quad C_{mk} = \frac{\Delta krit}{3 \cdot \hat{\sigma}} = \frac{0{,}04 \text{ mm}}{3 \cdot 0{,}012 \text{ mm}} = \mathbf{1{,}11}$$

Die Maschinenfähigkeit ist für diese Fertigung nachgewiesen.

Die Prozessfähigkeit gilt üblicherweise als nachgewiesen, wenn

- $C_p \geq 1{,}33$ und
- $C_{pk} \geq 1{,}0$ ist.

Qualitätsregelkarten für qualitative Merkmale
vgl. DGQ 16-33 (1990); DGQ 11-19 (1994)

Fehlersammelkarte

Fehlersammelkarten erfassen die fehlerhaften Einheiten, die Fehlerarten und ihre Häufigkeit in einer Stichprobe.

Ablesebeispiel für F3:

$n = 9 \cdot 50 = 450$

Fehler in % $= \dfrac{\sum i_j}{n} \cdot 100\%$

$= \dfrac{3}{450} \cdot 100\% = \mathbf{0{,}66\,\%}$

Beispiel:

Teil: **Deckel**		Stichprobenumfang $n = 50$										Prüfintervall: 60 min		
Fehlerart		Fehlerhäufigkeit i_j									Σi_j	%	Fehleranteil
Lackschaden	F1		1					1			2	0,44	
Druckstellen	F2	1	2		2	1	2	2	2	2	14	3,11	
Korrosion	F3		1			1		1			3	0,66	
Grat	F4	1									1	0,22	
Rissbildungen	F5		1								1	0,22	
Winkelfehler	F6	2		3	1		3	1		2	12	2,66	
Verbogen	F7				1						1	0,22	
Gewinde fehlt	F8		1								1	0,22	
Fehler je Probe		4	6	3	3	3	5	4	3	4	35		
Stichprobennr.		1	2	3	4	5	6	7	8	9			

Pareto[1]-Diagramm

Das Pareto-Diagramm klassifiziert Kriterien (z.B. Fehler) nach Art und Häufigkeit und ist damit ein wichtiges Hilfsmittel, um Kriterien zu analysieren und Prioritäten zu ermitteln.

Beispiel für F2:

Anteil an gesamten Fehlern

$= \dfrac{14}{35} \cdot 100\% = \mathbf{40\%}$

[1] Pareto – italienischer Soziologe

Beispiel:

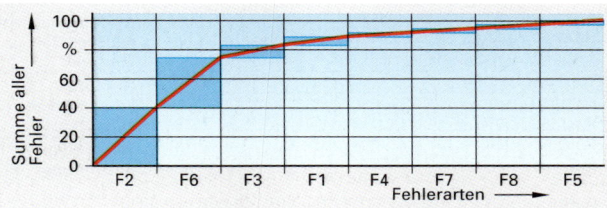

Ablesebeispiel: Die Druckstellen (F2) und die Winkelfehler (F6) machen zusammen ca. 74% der gesamten Fehler aus.

F

Auftragszeit[1]

Gliederung der Zeitarten für den Menschen

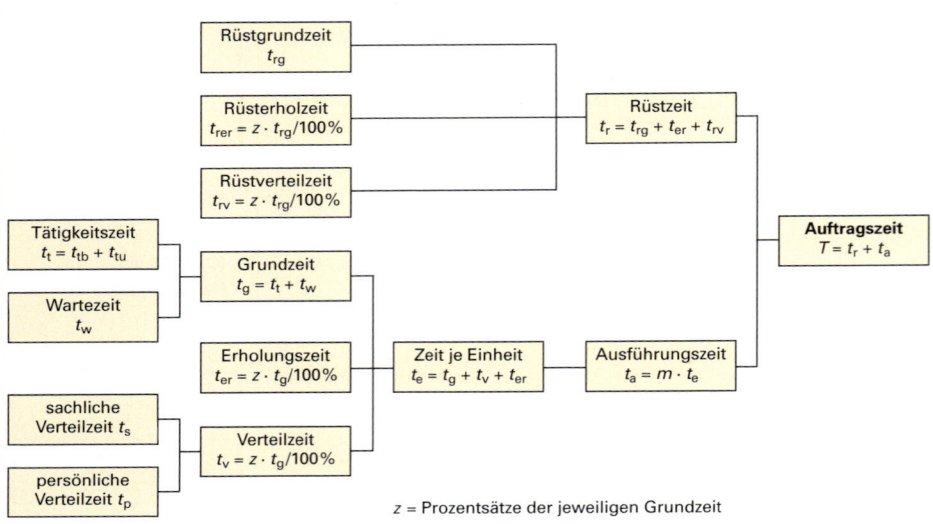

z = Prozentsätze der jeweiligen Grundzeit

Zeichen	Bezeichnung	Erläuterung mit Beispielen
T	Auftragszeit	Vorgabezeit zur Herstellung einer Losgröße
t_r	Rüstzeit	Vorbereiten für die Erfüllung eines gesamten Auftrages • Rüstgrundzeit t_{rg} → Maschine einstellen • Rüsterholzeit t_{rer} → Erholungszeit nach anstrengender Umrüstung • Rüstverteilzeit t_{rv} → kurze Maschinenstörung beseitigen
t_a	Ausführungszeit	Vorgabezeit für das Ausführen einer Losgröße (ohne Rüsten)
t_{er}	Erholungszeit	Erholen des Menschen, um Arbeitsermüdung abzubauen
t_v	Verteilzeit	• sachliche Verteilzeit t_s → unvorhergesehenes Werkzeugschleifen • persönliche Verteilzeit t_p → Arbeitszeiten prüfen, Bedürfnis erledigen
t_t	Tätigkeitszeit	Zeiten, in denen das eigentliche Auftrag bearbeitet wird • beeinflussbare Zeiten t_{tb} → Montage- oder Entgratarbeiten • unbeeinflussbare Zeiten t_{tu} → Ablauf eines CNC-Programms
t_w	Wartezeit	Warten auf das nächste Werkstück in der Fließfertigung
m	Auftragsmenge	Anzahl der zu fertigenden Einheiten eines Auftrages (Losgröße)

F

Beispiel: Drehen von drei Wellen auf einer Drehmaschine

Rüstzeiten:		min	Ausführungszeiten:		min
Auftrag rüsten		= 4,50	Tätigkeitszeit	t_t	= 14,70
Maschine rüsten		= 10,00	Wartezeit	t_w	= 3,75
Werkzeug rüsten		= 12,50	Grundzeit	$t_g = t_t + t_w$	= 18,45
Rüstgrundzeit	t_{rg}	= 27,00	Erholungszeit	t_{er} durch t_w abgegolten	–
Rüsterholungszeit	t_{rer} = 4% von t_{rg}	= 1,08	Verteilzeit	t_v = 8% von t_g	= 1,48
Rüstverteilzeit	t_{rv} = 14% von t_{rg}	= 3,78	Zeit je Einheit	$t_e = t_g + t_{er} + t_v$	= 19,93
Rüstzeit	$t_r = t_{rg} + t_{rer} + t_{rv}$	= 31,86	**Ausführungszeit**	$t_a = m \cdot t_e$	= 59,79

Auftragszeit $T = t_r + t_a \approx 32$ min + 60 min = **92 min** (= 1,53 h)

[1] nach REFA Verband für Arbeitsgestaltung, Betriebsorganisation und Unternehmensentwicklung e.V.

Belegungszeit[1]

Gliederung der Zeitarten für das Betriebsmittel (BM)

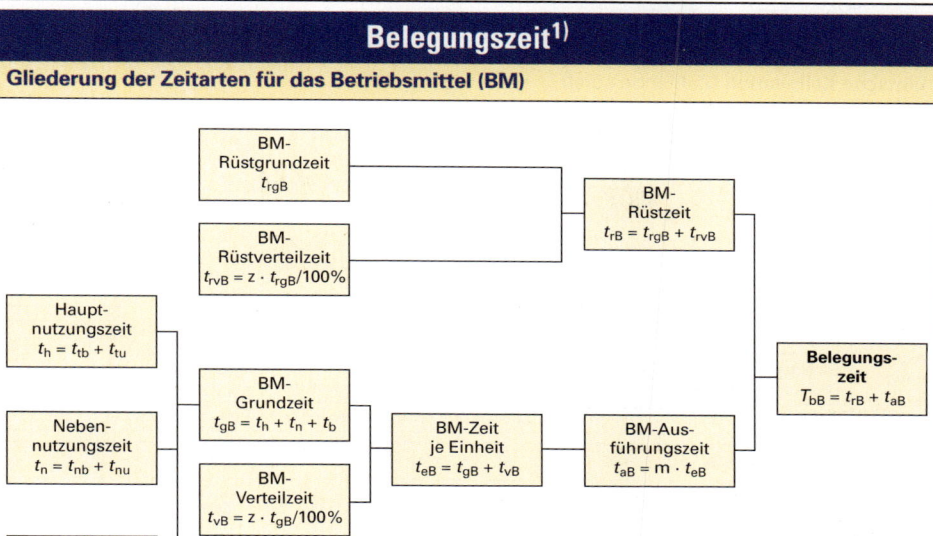

z = Prozentsätze der jeweiligen Grundzeit

Zeichen	Bezeichnung	Erläuterung mit Beispielen
T_{bB}	Belegungszeit	Vorgabezeit für die Belegung eines Betriebsmittels zur Herstellung einer Losgröße
t_{rB}	Betriebsmittel-Rüstzeit	Vorbereiten des Betriebsmittels für die Erfüllung eines gesamten Auftrages • BM-Rüstgrundzeit t_{rgB} → Vorrichtung auf Maschine spannen • Rüstverteilzeit t_{rvB} → Optimierung eines CNC-Programmes
t_{aB}	Betriebsmittel-Ausführungszeit	Vorgabezeit für die Ausführungsarbeiten einer Losgröße (ohne Rüsten)
t_{vB}	Betriebsmittel-Verteilzeit	Zeiten, in denen das Betriebsmittel nicht genutzt ist oder zusätzlich genutzt wird; Stromausfall, nicht geplante Reparaturarbeiten …
t_h	Haupt-nutzungszeit	Zeiten, in denen der Arbeitsgegenstand planmäßig bearbeitet wird • beeinflussbare Zeiten t_{tb} → manuelles Bohren • unbeeinflussbare Zeiten t_{tu} → Ablauf eines CNC-Programms
t_n	Neben-nutzungszeit	Betriebsmittel wird für die Hauptnutzung vorbereitet, beschickt oder entleert • beeinflussbare Zeiten t_{nb} → manuelles Spannen • unbeeinflussbare Zeiten t_{nu} → automatischer Werkstückwechsel
t_b	Brachzeit	Ablauf- oder erholungsbedingte Unterbrechung; Füllen eines Magazins
m	Auftragsmenge	Anzahl der zu fertigenden Einheiten eines Auftrages (Losgröße)

Beispiel: Fräsen der Auflagefläche von 20 Grundplatten auf einer Senkrechtfräsmaschine

Rüstzeiten:	min
Auftrag und Zeichnung lesen	= 4,54
Bereitstellen und Weglegen des Planfräsers	= 3,65
Fräser ein- und ausspannen	= 3,10
Maschine einstellen	= 2,84
Betriebsmittel-Rüstggrundzeit t_{rgB}	= 14,13
Betriebsmittel-Rüstverteilzeit t_{rvB} = 10% von t_{rgB}	1,41
Betriebsmittel-Rüstzeit $t_{rB} = t_{rgB} + t_{rvB}$	**= 15,54**

Ausführungszeiten:	min
Fräsen ≙ Hauptnutzungszeit t_h	= 3,52
Werkstück spannen ≙ Nebennutzungszeit t_n	= 4,00
Werkstück transportieren ≙ Brachzeit t_b	= 1,20
Betriebsmittel-Grundzeit $t_{gB} = t_h + t_n + t_b$	= 8,72
Betriebsmittel-Verteilzeit t_{vB} = 10% von t_{gB}	= 0,87
Betriebsmittelzeit je Einheit $t_{eB} = t_{gB} + t_{vB}$	= 9,59
Betriebsmittel-Ausführungszeit $t_{aB} = m \cdot t_{eB}$	**= 191,80**

Belegungszeit $T_{bB} = t_{rB} + t_{aB} \approx$ 16 min + 192 min = 208 min (= 3,47 h)

[1] nach REFA Verband für Arbeitsgestaltung, Betriebsorganisation und Unternehmensentwicklung e.V.

F

Kalkulation

Einfache Kalkulation (Zahlenbeispiel)

| | Einzelkosten (EK)[1] jeweils einem Produkt *direkt* zurechenbar | | Gemeinkosten (GK)[1] | |
			einem Produkt *nicht direkt* zurechenbar	Zuschlagsatz in Prozent der Lohnkosten
Kosten-arten[1]	Werkstoffkosten	80.000,00 €	Abschreibungen	50.000,00 €	$\dfrac{220.000,00\ € \cdot 100\%}{120.000,00\ €} = 183,33\%$
	Lohnkosten	120.000,00 €	Gehälter (inkl. Unternehmerlohn)	80.000,00 €	
			Zinsen	40.000,00 €	Jede Lohnstunde erhält einen Zuschlag von aufgerundet 185%, damit die Gemeinkosten gedeckt sind.
			Sonstige Kosten	50.000,00 €	
			Σ Gemeinkosten	220.000,00 €	

Kosten-rech-nung	Lohnstunden = 10 000 h	Lohnkosten/h = 12,00 €/h	Werkstoffkosten eines Auftrages	124,75 €
	Stundenverrechnungssatz = 12,00 €/h + 185% (GK) = 34,20 €/h (Verwendung in Handwerkerrechnung; Unternehmerlohn = Gewinn)		Arbeitszeit 5 h x 34,20 €/h	171,00 €
	[1] Die Kosten müssen für jeden Betrieb periodisch ermittelt werden.		Preis ohne MwSt	295,75 €

Erweiterte Kalkulation (Schema)

Werkstoffkosten

+

Fertigungseinzelkosten
Fertigungslöhne, die einem Erzeugnis zurechenbar sind

+

Fertigungsgemeinkosten[1]
Maschinenkosten
Abschreibung, Verzinsung, Raum-, Energie- und Instandhaltungskosten
Restgemeinkosten
In Prozent der Fertigungslöhne, z.B. Sozialkosten, Räume, Betriebsstoffe u.a.

Fertigungskosten

+

Sondereinzelkosten der Fertigung

Herstellkosten

+

Verwaltungs- und Vertriebsgemeinkosten
In Prozent der Herstellkosten

Selbstkosten

+

Gewinn
In Prozent der Selbstkosten

Rohpreis

+

Provisionen, Skonti, Rabatte
In Prozent vom Verkaufspreis

Verkaufspreis ohne MwSt

Werkstoffeinzelkosten
Beschaffungskosten

+

Werkstoffgemeinkosten
In Prozent der Werkstoffeinzel-kosten, z.B. Einkaufskosten, Lagerkosten u.a.

Werkstoffkosten

[1] Werden **keine** Maschinenstun-densätze berechnet, sind diese in den Fertigungsgemeinkos-ten enthalten und erhöhen den Zuschlagssatz. Die Gemein-kostenzuschlagssätze werden dem Betriebsabrechnungs-bogen (BAB) entnommen.

Konstruktionskosten
Gehälter u.a.

+

Vorrichtungskosten
Bohrvorrichtung, Gussform …

+

Sonderwerkzeuge
Spezialbohrer …

+

Auswärtige Bearbeitung
Warmbehandlung …

Sondereinzelkosten der Fertigung

Beispiel:

Werkstoffeinzelkosten	1.255,00 €
Werkstoffgemeinkosten 5%	61,25 €
Fertigungslöhne 10 h x 15,– €/h	150,00 €
Maschinenkosten 8 h x 30,– €/h	240,00 €
Restgemeinkosten 200% der Fertigungslöhne	300,00 €
Sonderwerkzeug	125,00 €
Herstellkosten	**2.101,25 €**
Verw.- und Vertr.-Gemeinkosten 12% der Herstellkosten	252,15 €
Selbstkosten	**2.353,40 €**
Gewinnzuschlag 10% der Selbstkosten	235,34 €
Rohpreis	**2.588,74 €**
Provisionen 5% vom Verkaufspreis	136,25 €
Verkaufspreis ohne MwSt	**2.724,99 €**

F

Maschinenstundensatzrechnung

Maschinenstundensatzrechnung

Ein durchschnittlicher Fertigungsgemeinkostensatz berücksichtigt nicht die unterschiedlich hohen Maschinenkosten, die einem Produkt zuzurechnen sind. Die Kalkulation wird verfälscht.
Zieht man aus den Fertigungsgemeinkosten die Maschinenkosten heraus und rechnet diese auf die Stunde um, die die Maschine belegt war, so erhält man den **Maschinenstundensatz**.

Zusammensetzung der Maschinenkosten

Maschinenkosten sind:

- **Kalkulatorische Abschreibung**
  linearer Wertverlust über die Lebensdauer der Maschine bezogen auf die Wiederbeschaffung
- **Kalkulatorische Verzinsung**
  Durchschnittsverzinsung des für die Maschine investierten Kapitals
- **Raumkosten**
  Kosten der durch die Maschine belegten Stell- und Verkehrsfläche

- **Energiekosten**
  Kosten, die durch Strom-, Gas-, Dampf- oder Benzinverbrauch entstehen
- **Instandhaltungskosten**
  Kosten für Reparaturen und regelmäßige Wartung
- **Weitere Kostenarten**
  Kosten für Werkzeugverbrauch, Versicherungsprämien, Kühl- und Schmiermittelentsorgung usw.

Maschinenlaufzeit, Maschinenstundensatz

nach VDI-Richtlinie 3258

T_L Maschinenlaufzeit in Stunden/Periode
T_G gesamte theoretische Maschinenzeit in Stunden/Periode
T_{ST} Stillstandzeiten, z.B. arbeitsfreie Tage, Arbeitsunterbrechungen usw., meist in % von T_G
T_{IH} Zeiten für Wartung und Instandhaltung, meist in % von T_G

K_M Summe der Maschinenkosten pro Periode (meist pro Jahr)
K_{Mh} Kosten einer Maschine pro Stunde; Maschinenstundensatz
K_f fixe Kosten einer Maschine pro Jahr; z.B. Abschreibung
K_v/h variable Kosten einer Maschine pro Stunde; z.B. Stromverbrauch

Maschinenlaufzeit

$$T_L = T_G - T_{ST} - T_{IH}$$

Maschinenstundensatz

$$K_{Mh} = \frac{K_f}{T_L} + K_v/h$$

Berechnung des Maschinenstundensatzes (Beispiel)

Werkzeugmaschine:

Beschaffungswert 160.000,– €
Leistungsaufnahme 8 kW
Raumkosten 10,– €/m² · Monat
zusätzliche Instandhaltung 5 €/Std.

Nutzungsdauer 10 Jahre
Kosten pro kWh 0,15 €
Raumbedarf 15 m²
Normalauslastung
T_L = 1200 h/Jahr (100%)

kalkulatorische Zinsen 8%
Grundgebühr 20,– €/Monat
Instandhaltung 8.000,– €/Jahr
tatsächliche Auslastung 80%

Maschinenstundensatz bei Normalauslastung und bei einer Auslastung von 80%?

Kostenart	Berechnung	Fixe Kosten €/Jahr	Variable Kosten €/h
kalkulatorische Abschreibung	$\dfrac{\text{Beschaffungswert}}{\text{Nutzungsdauer in Jahren}} = \dfrac{160.000,- €}{10 \text{ Jahre}}$	16.000,00 €	
kalkulatorische Zinsen	$\dfrac{\frac{1}{2} \text{Beschaffungswert in € x Zins}}{100\%} = \dfrac{80.000,- € \times 8\%}{100\%}$	6.400,00 €	
Instandhaltungskosten	Instandhaltungsfaktor x Abschreibung – z.B. 0,5 x 16.000,– € Die Instandhaltung ist von der Auslastung abhängig.	8.000,00 €	5,00 €
Energiekosten	Grundgebühr für Strombereitstellung = 20,– €/Monat x 12 Mon. Leistungsaufnahme x Energiekosten = 8 kW x 0,15 €/kWh	240,00 €	1,20 €
anteilige Raumkosten	Raumkostensatz x Flächenbedarf = 10,– €/m² · Monat x 15 m² x 12 Monate	1.800,00 €	
	Summe der Maschinenkosten (KM)	**32.440,00 €**	**6,20 €**

Maschinenstundensatz (K_{Mh}) bei 100% Auslastung $= \dfrac{K_f}{T_L} + K_v/h = \dfrac{32440,00 €}{1200 \text{ h}} + 6,20 €/h = \textbf{33,23 €/h}$

Maschinenstundensatz (K_{Mh}) bei 80% Auslastung $= \dfrac{K_f}{0,8 \cdot T_L} + K_v/h = \dfrac{32440,00 €}{0,8 \cdot 1200 \text{ h}} + 6,20 €/h = \textbf{40,00 €/h}$

Der Maschinenstundensatz umfasst nicht die Kosten der Bedienperson.

F

Teilkostenrechnung[1]

Deckungsbeitragsrechnung (mit Zahlenbeispiel)

Die Deckungsbeitragsrechnung nimmt den Marktpreis eines Produktes in die Betrachtung mit auf. Der Marktpreis muss mindestens die variablen Kosten (Preisuntergrenze) decken. Der Rest ist Deckungsbeitrag. Die Deckungsbeiträge aller Produkte tragen die Kosten der Betriebsbereitschaft.

Deckungsbeitrag

$$\frac{DB}{\text{Stück}} = \frac{E}{\text{Stück}} - \frac{K_v}{\text{Stück}}$$

$$DB = \frac{DB}{\text{Stück}} \cdot \text{Menge}$$

E/Stück	Marktpreis; Erlös pro Stück
E	Erlös (Umsatz) eines Produktes
DB	Deckungsbeitrag eines Produktes
DB/Stück	Deckungsbeitrag pro Stück

K_f	Fixe Kosten
K_v	variable Kosten
G	Gewinn bzw. Erfolg
Gs	Gewinnschwelle

Gewinn

$$G = DB - K_f$$

	Variable Kosten (K_v)[2] von der Produktionsmenge abhängig		Fixe Kosten (K_f) von der Produktionsmenge unabhängig		Deckungsbeitrag (DB) $DB = E/\text{Stück} - K_v/\text{Stück}$
Kostenarten	Werkstoffkosten	30,00 €/Stück	Abschreibungen	50.000,00 €	Der Erlös von 110,– €/Stück muss zuerst alle variablen Kosten decken. Der Rest trägt zur Deckung der gesamten fixen Kosten bei und erbringt den Gewinn.
	Lohnkosten	20,00 €/Stück	Gehälter	80.000,00 €	
	Energiekosten	10,00 €/Stück	Zinsen	40.000,00 €	
			Sonstige K_f	30.000,00 €	
	Σ Variable Kosten	60,00 €/Stück	Σ Fixe Kosten	200.000,00 €	

Kostenrechnung	Produzierte Stückzahl	5000 Stück	Deckungsbeitrag 110,00 € – 60,00 € = 50,00 €/Stück	**Gewinnschwelle**
	Gesamtdeckungsbeitrag 5000 Stück · 50,00 €/Stück = 250.000,00 € Σ Fixkosten 200.000,00 € Gewinn 50.000,00 €			$$Gs = \frac{K_f}{DB/\text{Stück}}$$
	Gewinnschwelle $Gs = \dfrac{K_f}{DB/\text{Stück}} = \dfrac{200.000,00\ €}{50,00\ €/\text{Stück}} = 4000$ Stück			

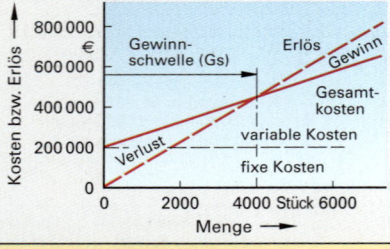

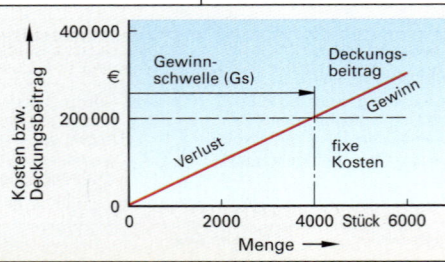

Kostenvergleichsrechnung

Bei der Kostenvergleichsrechnung ist die Maschine oder Anlage zu wählen, die für eine bestimmte Produktionsmenge die geringsten Kosten verursacht.

Beispiel für 5000 Stück

Maschine 1: K_{f1} = 100.000,– €/Jahr; K_{v1} = 75,– €/Stück
100.000,– €/J + 75,– €/Stück · 5000 Stück = 475.000,– €

Maschine 2: K_{f2} = 200.000,– €/Jahr; K_{v2} = 50,– €/Stück
200.000,– €/J + 50,– €/Stück · 5000 Stück = 450.000,– €

Kosten Maschine 1 > Kosten Maschine 2

Grenzstückzahl $M_{Gr} = \dfrac{K_{f2} - K_{f1}}{K_{v1}/\text{Stück} - K_{v2}/\text{Stück}}$

$M_{Gr} = \dfrac{200.000,00\ € - 100.000,00\ €}{75,00\ €/\text{Stück} - 50,00\ €/\text{Stück}} = 4000$ Stück

Über 4000 Stück ist Maschine 2 günstiger.

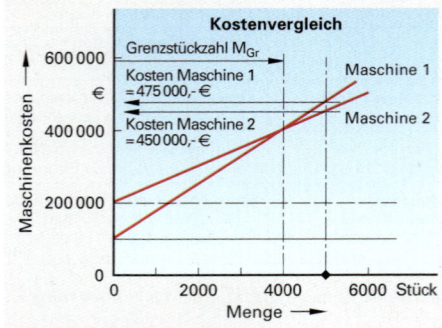

[1] Die Teilkostenrechnung trennt die Kosten in fixe Kosten (Kosten für Betriebsbereitschaft) und variable Kosten (direkte Kosten).
[2] Die variablen Kosten werden für jeden Auftrag ermittelt und mit dem Erlös verglichen.

Drehen, Gewindedrehen

Längs-Runddrehen und Quer-Plandrehen mit konstanter Drehzahl

t_h Hauptnutzungszeit
d Außendurchmesser
d_1 Innendurchmesser
d_m mittlerer Durchmesser[1]
l Werkstücklänge
l_a Anlauf

l_u Überlauf
L Vorschubweg
f Vorschub je Umdrehung
n Drehzahl
i Anzahl der Schnitte
v_c Schnittgeschwindigkeit

Hauptnutzungszeit

$$t_h = \frac{L \cdot i}{n \cdot f}$$

Berechnung des Vorschubweges L, des mittleren Durchmessers d_m und der Drehzahl n

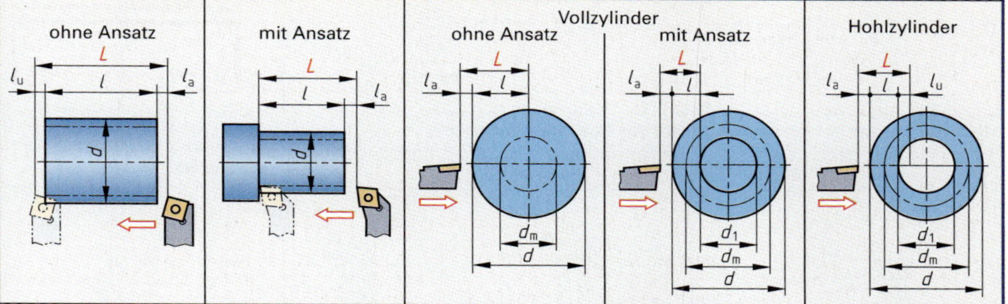

Längs-Runddrehen		Quer-Plandrehen		
		Vollzylinder		Hohlzylinder
ohne Ansatz	mit Ansatz	ohne Ansatz	mit Ansatz	

$L = l + l_a + l_u$	$L = l + l_a$	$L = \dfrac{d}{2} + l_a$	$L = \dfrac{d - d_1}{2} + l_a$	$L = \dfrac{d - d_1}{2} + l_a + l_u$
$n = \dfrac{v_c}{\pi \cdot d}$		$d_m = \dfrac{d}{2};\quad n = \dfrac{v_c}{\pi \cdot d_m}$	$d_m = \dfrac{d + d_1}{2};\quad n = \dfrac{v_c}{\pi \cdot d_m}$	

[1] Die Verwendung des mittleren Durchmessers d_m führt zu höheren Schnittgeschwindigkeiten. Dadurch ist garantiert, dass bei kleinen Durchmessern (Innenbereich) noch annehmbare Schnittbedingungen herrschen.

Beispiel:

Längs-Runddrehen ohne Ansatz, $l = 1240$ mm;
$l_a = l_u = 2$ mm; $f = 0,6$ mm; $v_c = 120$ m/min;
$i = 2$; $d = 160$ mm;
$L = ?$; $n = ?$ (für stufenlose Drehzahleinstellung)
$t_h = ?$

$L = l + l_a + l_u = 1240$ mm $+ 2$ mm $+ 2$ mm $= \mathbf{1244\ mm}$

$$n = \frac{v_c}{\pi \cdot d} = \frac{120 \ \frac{m}{min}}{\pi \cdot 0,16 \ m} \approx \mathbf{239} \ \frac{1}{min}$$

$$t_h = \frac{L \cdot i}{n \cdot f} = \frac{1244 \text{ mm} \cdot 2}{239 \ \frac{1}{min} \cdot 0,6 \text{ mm}} \approx \mathbf{17,4 \ min}$$

Gewindedrehen

t_h Hauptnutzungszeit
L Gesamtweg des Gewindedrehmeißels
l Gewindelänge
l_a Anlauf
l_u Überlauf
i Anzahl der Schnitte

P Gewindesteigung
n Drehzahl
g Gangzahl
h Gewindetiefe
a Schnitttiefe
v_c Schnittgeschwindigkeit

F

Hauptnutzungszeit

$$t_h = \frac{L \cdot i \cdot g}{P \cdot n}$$

Anzahl der Schnitte

$$i = \frac{h}{a}$$

Beispiel:

Gewinde M 24; $l = 76$ mm; $l_a = l_u = 2$ mm;
$f = 0,6$ mm; $v_c = 6$ m/min; $i = 2$; $a = 0,15$ mm;
$h = 1,84$ mm; $P = 3$ mm; $g = 1$;
$L = ?$; $n = ?$; $i = ?$; $t_h = ?$

$$i = \frac{h}{a} = \frac{1,84 \text{ mm}}{0,15 \text{ mm}} = 12,2 \approx \mathbf{13}$$

$L = l + l_a + l_u = 76$ mm $+ 2 \cdot 2$ mm $= \mathbf{80\ mm}$

$$n = \frac{v_c}{\pi \cdot d} = \frac{6 \ \frac{m}{min}}{\pi \cdot 0,024 \ m} \approx \mathbf{80} \ \frac{1}{min}$$

$$t_h = \frac{L \cdot i \cdot g}{P \cdot n} = \frac{80 \text{ mm} \cdot 13 \cdot 1}{3 \text{ mm} \cdot 80 \ \frac{1}{min}} = \mathbf{4,3 \ min}$$

Drehen

Längs-Runddrehen und Quer-Plandrehen mit konstanter Schnittgeschwindigkeit

Muss die Drehzahl aus Sicherheitsgründen durch die Vorgabe einer Grenz-drehzahl n_g begrenzt werden, so erfolgt für Drehdurchmesser $d <$ Übergangs-durchmesser d_g die Drehbearbeitung mit konstanter Drehzahl (Seite 287).

d_g	Übergangsdurchmesser	i	Anzahl der Schnitte
v_c	Schnittgeschwindigkeit	d	Außendurchmesser
n_g	Grenzdrehzahl	d_1	Innendurchmesser
t_h	Hauptnutzungszeit	a	Spanungstiefe
d_e	Ersatzdurchmesser	l_a	Anlauf
L	Vorschubweg	l_u	Überlauf
f	Vorschub		

Übergangsdurchmesser

$$d_g = \frac{v_c}{\pi \cdot n_g}$$

Hauptnutzungszeit

$$t_h = \frac{\pi \cdot d_e \cdot L \cdot i}{v_c \cdot f}$$

Anzahl der Schnitte beim Längs-Runddrehen

$$i = \frac{d - d_1}{2 \cdot a}$$

Berechnung des Vorschubweges L und des Ersatzdurchmessers d_e

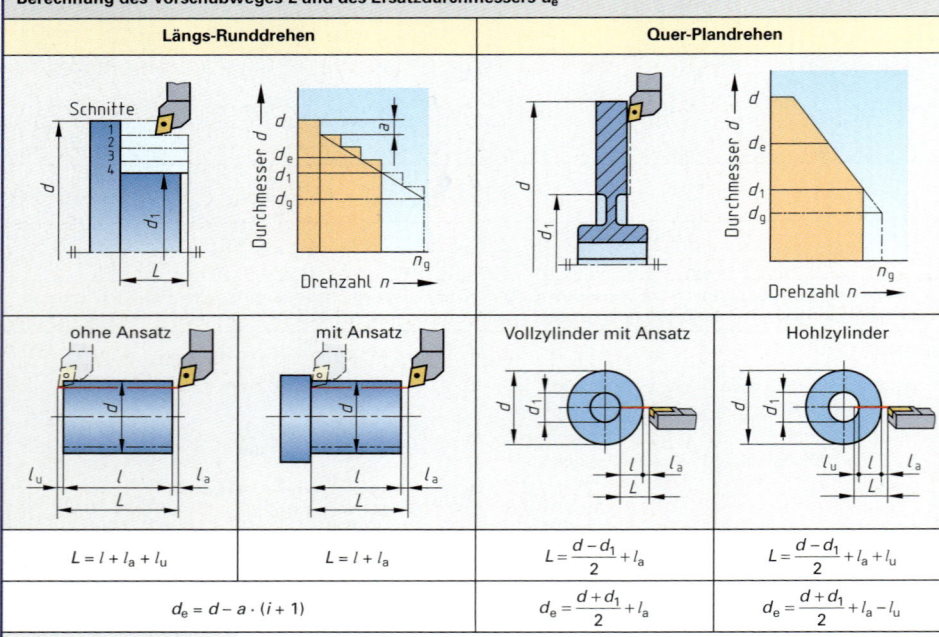

Längs-Runddrehen		Quer-Plandrehen	
ohne Ansatz	mit Ansatz	Vollzylinder mit Ansatz	Hohlzylinder
$L = l + l_a + l_u$	$L = l + l_a$	$L = \dfrac{d - d_1}{2} + l_a$	$L = \dfrac{d - d_1}{2} + l_a + l_u$
$d_e = d - a \cdot (i + 1)$		$d_e = \dfrac{d + d_1}{2} + l_a$	$d_e = \dfrac{d + d_1}{2} + l_a - l_u$

F

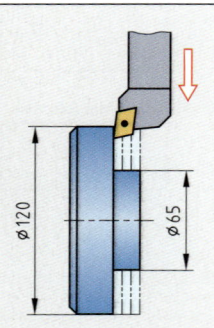

Beispiel:

Quer-Plandrehen; $l_a = 1{,}5$ mm; $v_c = 220$ m/min; $f = 0{,}2$ mm; $i = 2$; $n_g = 3000$/min; $d_g = ?$; $L = ?$; $d_e = ?$; $t_h = ?$

$$d_g = \frac{v_c}{\pi \cdot n_g} = \frac{220\,000\,\dfrac{\text{mm}}{\text{min}}}{\pi \cdot 3000\,\dfrac{1}{\text{min}}} = 23{,}3\text{ mm }(d_1 > d_g)$$

$$L = \frac{d - d_1}{2} + l_a = \frac{120\text{ mm} - 65\text{ mm}}{2} + 1{,}5\text{ mm} = 29\text{ mm}$$

$$d_e = \frac{d + d_1}{2} + l_a = \frac{120\text{ mm} + 65\text{ mm}}{2} + 1{,}5\text{ mm} = 94\text{ mm}$$

$$t_h = \frac{\pi \cdot d_e \cdot L \cdot i}{v_c \cdot f} = \frac{\pi \cdot 94\text{ mm} \cdot 29\text{ mm} \cdot 2}{220\,000\,\dfrac{\text{mm}}{\text{min}} \cdot 0{,}2\text{ mm}} = 0{,}39\text{ min}$$

Bohren, Reiben, Senken, Hobeln, Stoßen

Bohren, Reiben, Senken

Anschnitt l_s	
σ	l_s
80°	$0{,}6 \cdot d$
118°	$0{,}3 \cdot d$
130°	$0{,}23 \cdot d$
140°	$0{,}18 \cdot d$

t_h	Hauptnutzungszeit
d	Werkzeugdurchmesser
l	Bohrungstiefe
l_a	Anlauf
l_u	Überlauf
l_s	Anschnitt

L	Vorschubweg
f	Vorschub je Umdrehung
n	Drehzahl
v_c	Schnittgeschwindigkeit
i	Anzahl der Schnitte
σ	Spitzenwinkel

Hauptnutzungszeit

$$t_h = \frac{L \cdot i}{n \cdot f}$$

Drehzahl

$$n = \frac{v_c}{\pi \cdot d}$$

Berechnung des Vorschubweges L

beim Bohren und Reiben		beim Senken
Durchgangsbohrung	Grundlochbohrung	

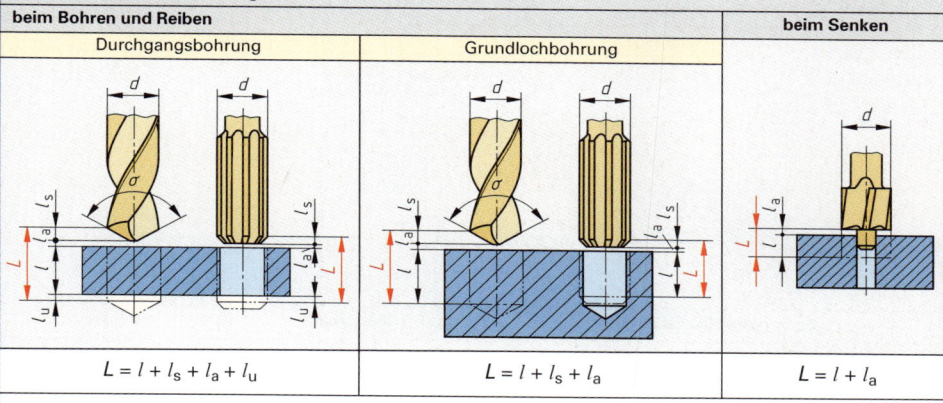

$$L = l + l_s + l_a + l_u \qquad\qquad L = l + l_s + l_a \qquad\qquad L = l + l_a$$

Beispiel:

Grundlochbohrung mit $d = 30$ mm;
$l = 90$ mm; $f = 0{,}15$ mm;
$n = 450$/min; $i = 15$; $l_a = 1$ mm;
$\sigma = 130°$; $L = ?$; $t_h = ?$

$L = l + l_s + l_a = 90$ mm $+ 0{,}23 \cdot 30$ mm $+ 1$ mm $=$ **98 mm**

$$t_h = \frac{L \cdot i}{n \cdot f} = \frac{98 \text{ mm} \cdot 15}{450 \frac{1}{\text{min}} \cdot 0{,}15 \text{ mm}} = \textbf{21,78 min}$$

Hobeln und Stoßen

t_h	Hauptnutzungszeit
l	Werkstücklänge
l_a	Anlauf
l_u	Überlauf
L	Hublänge
b	Werkstückbreite
b_a	Anlaufbreite

b_u	Überlaufbreite
n	Doppelhubzahl je Minute
v_c	Schnitt-, Vorlaufgeschwindigkeit
v_r	Rücklaufgeschwindigkeit
B	Hobel-, Stoßbreite
f	Vorschub je Doppelhub
i	Anzahl der Schnitte

Hauptnutzungszeit

$$t_h = \frac{B \cdot i}{n \cdot f}$$

$$t_h = \left(\frac{L}{v_c} + \frac{L}{v_r} \right) \cdot \frac{B \cdot i}{f}$$

Berechnung der Hublänge L und Hobelbreite B

Werkstücke ohne Ansatz	Werkstücke mit Ansatz

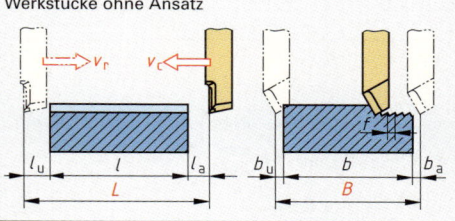
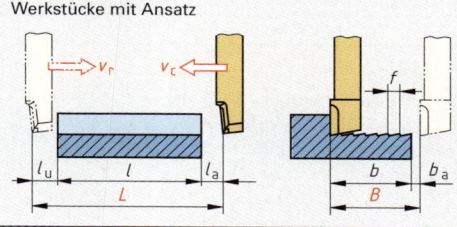
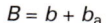

$$L = l + l_a + l_u \qquad B = b + b_a + b_u \qquad\qquad L = l + l_a + l_u \qquad B = b + b_a$$

F

Fräsen

t_h	Hauptnutzungszeit	z	Zähnezahl des Fräsers
l	Werkstücklänge	v_f	Vorschubgeschwindigkeit
l_a	Anlauf	i	Anzahl der Schnitte
l_u	Überlauf	b	Werkstückbreite
l_s	Anschnitt	n	Drehzahl
L	Vorschubweg	a	Spanungstiefe
f_z	Vorschub je Fräserzahn	t	Nuttiefe
v_c	Schnittgeschwindigkeit	f	Vorschub je Fräserumdrehung
d	Fräserdurchmesser		

Vorschubgeschwindigkeit

$$v_f = n \cdot f$$

$$v_f = n \cdot f_z \cdot z$$

Vorschub je Umdrehung

$$f = f_z \cdot z$$

Hauptnutzungszeit

$$t_h = \frac{L \cdot i}{v_f}$$

$$t_h = \frac{L \cdot i}{n \cdot f}$$

Berechnung des Vorschubweges L

Umfangs-Planfräsen	**Stirn-Umfangs-Planfräsen**

Walzenfräser

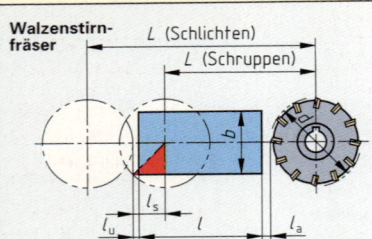

Scheibenfräser, Walzenstirnfräser

L (Schlichten)
L (Schruppen)

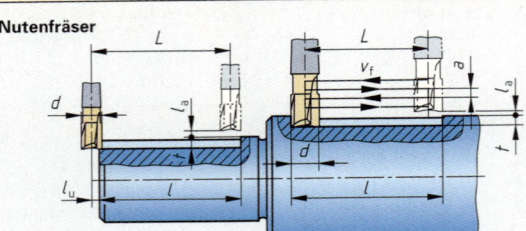

Schruppen oder Schlichten	**Schruppen**	**Schlichten**
$L = l + l_s + l_a + l_u$	$L = l + l_s + l_a + l_u$	$L = l + 2 \cdot l_s + l_a + l_u$
$l_s = \sqrt{d \cdot a - a^2}$; $\quad l_a = l_u$	$l_s = \sqrt{d \cdot a - a^2}$; $\quad l_a = l_u$	

Stirn-Planfräsen (mittig)	**Nutenfräsen**

Walzenstirnfräser

L (Schlichten)
L (Schruppen)

Nutenfräser

Schruppen	**Schlichten**	**Einseitig offene Nut**	**Geschlossene Nut**
$L = l + \dfrac{d}{2} - l_s + l_a + l_u$	$L = l + d + l_a + l_u$	$L = l - \dfrac{d}{2} + l_u$	$L = l - d$
$l_s = \dfrac{1}{2} \cdot \sqrt{d^2 - b^2}$	–	$i = \dfrac{t + l_a}{a}$	
$l_a = l_u \approx 1{,}5$ mm		$l_u = l_a \approx 1{,}5$ mm	

Beispiel:

Umfangs-Planfräsen, $l = 176$ mm;
$l_a = l_u = 1{,}5$ mm; $d = 100$; $z = 8$; $n = 640$/min;
$f_z = 0{,}1$ mm; $a = 8$ mm; $i = 1$;
$L = ?$; $f = ?$; $v_f = ?$; $t_h = ?$

$f = f_z \cdot z = 0{,}1$ mm $\cdot 8 = \mathbf{0{,}8}$ **mm**

$L = l + l_s + l_a + l_u$
$\quad = 176$ mm $+ \sqrt{100 \text{ mm} \cdot 8 \text{ mm} - (8 \text{ mm})^2} + 2 \cdot 1{,}5$ mm $= \mathbf{206}$ **mm**

$v_f = n \cdot f = 640 \dfrac{1}{\text{min}} \cdot 0{,}8$ mm $= \mathbf{512} \dfrac{\textbf{mm}}{\textbf{min}}$

$t_h = \dfrac{L \cdot i}{v_f} = \dfrac{206 \text{ mm} \cdot 1}{512 \frac{\text{mm}}{\text{min}}} = \mathbf{0{,}4}$ **min**

F

Schleifen

Längs-Rundschleifen

t_h Hauptnutzungszeit
L Vorschubweg
i Anzahl der Schnitte
n Drehzahl des Werkstücks
f Vorschub je Umdrehung des Werkstücks
v_f Vorschubgeschwindigkeit
d_1 Ausgangsdurchmesser des Werkstücks
d Fertigdurchmesser des Werkstücks
a Spanungstiefe, Zustellung
l Werkstücklänge
b_s Schleifscheibenbreite
l_u Überlauf
t Schleifzugabe

Hauptnutzungszeit

$$t_h = \frac{L \cdot i}{n \cdot f}$$

Drehzahl des Werkstücks

$$n = \frac{v_f}{\pi \cdot d_1}$$

Anzahl der Schnitte

für Außenrundschleifen

$$i = \frac{d_1 - d}{2 \cdot a} + 2^{1)}$$

für Innenrundschleifen

$$i = \frac{d - d_1}{2 \cdot a} + 2^{1)}$$

[1] 2 Schnitte zum Ausfeuern, bei niedrigerem Toleranzgrad sind zusätzliche Schnitte erforderlich

Berechnung des Vorschubweges L

Werkstücke ohne Ansatz

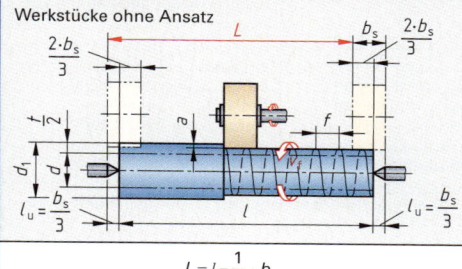

$$L = l - \frac{1}{3} \cdot b_s$$

Werkstücke mit Ansatz

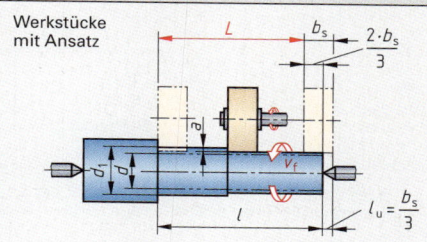

$$L = l - \frac{2}{3} \cdot b_s$$

Vorschub beim Schruppen $f = \frac{2}{3} \cdot b_s$ bis $\frac{3}{4} \cdot b_s$;   Vorschub beim Schlichten $f = \frac{1}{4} \cdot b_s$ bis $\frac{1}{2} \cdot b_s$

Umfangs-Planschleifen (Flachschleifen)

t_h Hauptnutzungszeit
l Werkstücklänge
l_a Anlauf, Überlauf
L Vorschubweg
b Werkstückbreite
b_u Überlaufbreite
B Schleifbreite

f Quervorschub je Hub
n Hubzahl je Minute
v_f Vorschubgeschwindigkeit
i Anzahl der Schnitte
t Schleifzugabe
b_s Schleifscheibenbreite
a Spanungstiefe, Zustellung

Anzahl der Schnitte

$$i = \frac{t}{a} + 2^{1)}$$

[1] 2 Schnitte zum Ausfeuern

Hubzahl

$$n = \frac{v_f}{L}$$

Hauptnutzungszeit

$$t_h = \frac{i}{n} \cdot \left(\frac{B}{f} + 1 \right)$$

Berechnung des Vorschubweges L und der Schleifbreite B

Werkstücke ohne Ansatz

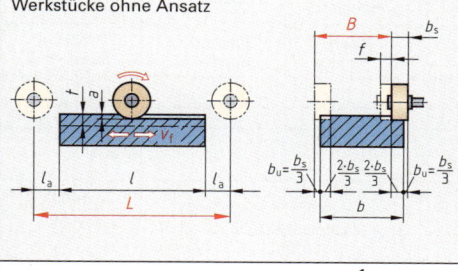

$$L = l + 2 \cdot l_a \qquad\qquad B = b - \frac{1}{3} \cdot b_s$$

Werkstücke mit Ansatz

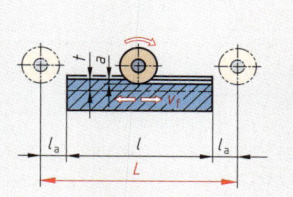

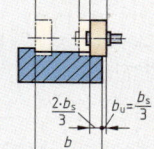

$$L = l + 2 \cdot l_a \qquad\qquad B = b - \frac{2}{3} \cdot b_s$$

Quervorschub beim Schruppen $f = \frac{2}{3} \cdot b_s$ bis $\frac{4}{5} \cdot b_s$;   Vorschub beim Schlichten $f = \frac{1}{2} \cdot b_s$ bis $\frac{2}{3} \cdot b_s$

F

Kühlschmierstoffe für die spanende Formgebung der Metalle

Begriffe und Anwendungsbereiche für Kühlschmierstoffe

vgl. DIN 51385 (1991-06)

Art des Kühl-schmierstoffes	Wirkungs-weise	Gruppe	Erläuterung	
			Zusammensetzung	Anwendungen
SESW Kühlschmier-lösungen	zunehmende Kühlwirkung ← → zunehmende Schmierwirkung	Lösungen/ Dispersionen	anorganische Stoffe in Wasser	Schleifen
			organische oder synthetische Stoffe in Wasser	Spanen mit hoher Schnittgeschwindigkeit
SEMW Kühlschmier-emulsionen (Öl in Wasser)		Emulsionen	2%…20% emulgier-barer (mischbarer) Kühlschmierstoff in Wasser	gute Kühlwirkung, aber geringe Schmierwirkung, z.B. Spanen (Drehen, Fräsen, Bohren) mit hoher Schnitt-geschwindigkeit bei leicht bearbeitbaren Werkstoffen, für hohe Arbeitstemperaturen; anfällig gegen Bakterien- oder Pilzbefall
SN nichtwasser-mischbare Kühlschmier-stoffe		Schneidöl	Mineralöle mit polaren Zusätzen (Fettstoffen oder synthetischen Estern) bzw. EP-Zusät-zen[2] zur Erhöhung der Schmierfähigkeit	bei niedriger Schnittge-schwindigkeit, hoher Ober-flächengüte, bei schwer zerspanbaren Werkstoffen, sehr gute Schmier- und Korrosionsschutzwirkung

[1] Kühlschmierstoffe können gesundheitsgefährdend sein (Seite 198) und werden daher nur in geringen Mengen ein-gesetzt.

[2] EP extreme pressure = Hochdruck; Zusätze zur Steigerung der Aufnahme hoher Flächenpressung zwischen Span und Werkzeug

Richtlinien für die Auswahl von Kühlschmierstoffen

Fertigungsverfahren		Stahl	Gusseisen, Temperguss	Cu, Cu-Legierungen	Al, Al-Legierungen	Mg-Legierungen
Drehen	Schruppen	Emulsion, Lösung	trocken	trocken	Emulsion, Schneidöl	trocken, Schneidöl
	Schlichten	Emulsion, Schneidöl	Emulsion, Schneidöl	trocken, Emulsion	trocken, Schneidöl	trocken, Schneidöl
Fräsen		Emulsion, Lösung, Schneidöl	trocken, Emulsion	trocken, Emulsion, Schneidöl	Schneidöl, Emulsion	trocken, Schneidöl
Bohren		Emulsion, Schneidöl	trocken, Emulsion	trocken, Schneidöl, Emulsion	Schneidöl, Emulsion	trocken, Schneidöl
Reiben		Schneidöl, Emulsion	trocken, Schneidöl	trocken, Schneidöl	Schneidöl	Schneidöl
Sägen		Emulsion	trocken, Emulsion	trocken, Schneidöl	Schneidöl, Emulsion	trocken, Schneidöl
Räumen		Schneidöl, Emulsion	Emulsion	Schneidöl	Schneidöl	Schneidöl
Wälzfräsen, Wälzstoßen		Schneidöl	Schneidöl, Emulsion	–	–	–
Gewindeschneiden		Schneidöl	Schneidöl, Emulsion	Schneidöl	Schneidöl	Schneidöl, trocken
Schleifen		Emulsion, Lösung, Schneidöl	Lösung, Emulsion	Emulsion, Lösung	Emulsion	–
Honen, Läppen		Schneidöl	Schneidöl	–	–	–

F

Hart- und Trockenzerspanung, Hochgeschwindigkeitsfräsen, MMKS

Hartdrehen mit kubischem Bornitrid (CBN)

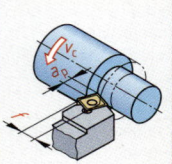

Drehverfahren	Werkstoff gehärteter Stahl HRC	Schnittgeschwindigkeit v_c m/min	Vorschub f mm/Umdrehung	Schnitttiefe a_p mm
Außendrehen	45…58	60…220	0,05…0,3	0,05…0,5
Innendrehen		60…180	0,05…0,2	0,05…0,2
Außendrehen	>58…65	50…190	0,05…0,25	0,05…0,4
Innendrehen		50…150	0,05…0,2	0,05…0,2

Hartfräsen mit beschichteten Vollhartmetall-(VHM-)Werkzeugen

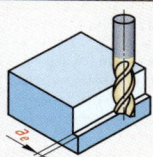

Werkstoff gehärteter Stahl HRC	Schnittgeschwindigkeit v_c m/min	Arbeitseingriff $a_{e\ max}$ mm	Vorschub je Zahn f_z in mm bei Fräserdurchmesser d in mm 2…8	> 8…12	> 12…20
bis 35	80…90	$0,05 \cdot d$	0,04	0,05	0,06
36…45	60…70	$0,05 \cdot d$			
46…54	50…60	$0,05 \cdot d$	0,03	0,04	0,05

Hochgeschwindigkeitszerspanung (HSC = High Speed Cutting) mit PKD

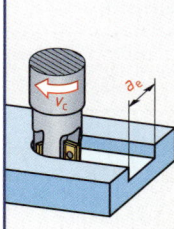

Werkstoffgruppe	Schnittgeschwindigkeit v_c m/min	Fräserdurchmesser d in mm 10 a_e mm	10 f_z mm	20 a_e mm	20 f_z mm
Stahl R_m 850…1100 > 1100…1400	280…360 210…270	0,25	0,09…0,13	0,40	0,13…0,18
Stahl gehärtet 48…55 HRC > 55…67 HRC	90…240 75…120	0,25 0,20	0,09…0,13	0,40 0,35	0,13…0,18
EN-GJS > 180HB	300…360	0,25	0,09…0,13	0,40	0,13…0,18
Titanlegierung	90…270	0,20…0,25	0,09…0,13	0,35…0,40	0,13…0,18
Cu-Legierung	90…140	0,20	0,09…0,13	0,35	0,13…0,18

Trockenzerspanung

Verfahren	Schneidstoffe und Kühlschmierung für Eisen-Werkstoffe Vergütungsstähle	hochleg. Stähle	Gusseisen	Al-Werkstoffe Guss-Leg.	Knet-Leg.
Bohren	TiN, trocken	TiAlN[1], MMKS	TiN, trocken	TiAlN, MMKS	TiAlN, MMKS
Reiben	PKD, MMKS	_[2]	PKD, MMKS	TiAlN, PKD, MMKS	TiAlN, MMKS
Fräsen	TiN, trocken	TiAlN, MMKS	TiN, trocken	TiAlN, trocken	TiAlN, MMKS
Sägen	MMKS	MMKS	_[2]	TiAlN, MMKS	TiAlN, MMKS

Minimalmengenkühlschmierung (MMKS oder MMS)[3]

Abhängigkeit der MMKS-Menge vom spanenden Fertigungsverfahren	Eignung der Minimalmengenschmierung für die zu spanenden Werkstoffe
Fräsen Bohren Schleifen Läppen Drehen Reiben Honen ⟶ zunehmender Schmierstoffbedarf	Cu Legierungen Al-Gussleg. Stahl ferritisch Mg-Leg. Al-Knetleg. perlitisch Eisen-Gusswerkstoffe Nichtrostende Stähle ⟵ zunehmende Werkstoffeignung

[1] Titan Aluminium Nitrid (Superhartbeschichtung)   [2] Anwendung unüblich   [3] im Allgemeinen 0,01…3 l/h

F

Schneidstoffe

Kennzeichnung der Schneidstoffe
vgl. E-DIN ISO 513 (2004-07) und DIN 6599 (1998-06)

DIN ISO 513 definiert die Bezeichnung harter Schneidstoffe für die Zerspanung und deren Anwendung. Sie klassifiziert die Schneidstoffe nach Zerspanungs-Hauptgruppen. Diese werden in Anwendungsgruppen unterteilt.
DIN 6599 enthält in Ergänzung zu DIN ISO 513 Angaben über den zu zerspanenden Werkstoff sowie über Zähigkeitsmerkmale und Leistungskennwerte des harten Schneidstoffs.

Beispiel:

Kennbuchstabe (Tabelle unten) HC – K 20 N – M zum Fräsen geeignet, Angabe freigestellt

Zerspanungs-Hauptgruppe P (BLAU) M (GELB) K (ROT) — Anwendungsgruppe — Kennbuchstabe für Werkstoffe N NE-Metalle H Stahl, gehärtet S schwer spanbar

Schneidstoffgruppe	K[1]	Bestandteile	Eigenschaften	Einsatzgebiete
Hartmetalle (HM)	HW	unbeschichtetes Hartmetall aus Wolframcarbid (WC), auch als Feinkornhartmetall (Korngröße < 2,5 µm)	große Warmhärte bis 1000 °C, hohe Verschleißfestigkeit, hohe Druckfestigkeit, schwingungsdämpfend	Wendeschneidplatten für Bohr-, Dreh- und Fräswerkzeuge, auch für Vollhartmetallwerkzeuge
	HT	unbeschichtetes Hartmetall aus Titancarbid (TiC), Titannitrid (TiN) oder aus beiden, auch **Cermet** genannt	wie HW, jedoch große Schneidkantenstabilität, chemische Beständigkeit	Wendeschneidplatten für Dreh- und Fräswerkzeuge zum Schlichten bei hoher Schnittgeschwindigkeit
	HC	HW und HT, aber beschichtet mit Titankarbonitrid (TiCN)	Vergrößerung der Verschleißfestigkeit ohne Minderung der Zähigkeit	Verdrängen zunehmend die unbeschichteten Hartmetalle
Schneidkeramik	CA	Oxidkeramik, vorwiegend aus Aluminiumoxid (Al_2O_3)	große Härte und Warmhärte bis 1200 °C, empfindlich gegen starke Temperaturwechsel	Zerspanen von Gusseisen, meist ohne Kühlschmierung
	CM	Mischkeramik auf der Basis von Aluminiumoxid (Al_2O_3) sowie anderen Oxiden	zäher als Reinkeramik, bessere Temperaturwechselbeständigkeit	Hartfeindrehen von gehärtetem Stahl, Zerspanen mit hoher Schnittgeschwindigkeit
	CN	Nitridkeramik, vorwiegend aus Siliziumnitrid (Si_3N_4)	große Zähigkeit, hohe Schneidkantenstabilität	Zerspanen von Gusseisen mit großer Schnittgeschwindigkeit
	CC	Schneidkeramik wie CA, CM und CN, aber beschichtet mit Titankarbonitrid (TiCN)	Vergrößerung der Verschleißfestigkeit ohne Minderung der Zähigkeit	Verdrängen zunehmend die unbeschichteten Schneidkeramiken
Bornitrid	BN	polykristallines kubisches Bornitrid (BN), Bezeichnung auch **CBN** oder **PKB** oder „hochharte Schneidstoffe"	sehr große Härte und Warmhärte bis 2000 °C, hohe Verschleißfestigkeit, chemische Beständigkeit	Schlichtbearbeitung harter Werkstoffe (HRC > 48) bei hoher Oberflächenqualität
Diamant	DP	polykristalliner Diamant, Bezeichnung auch PKD oder „hochharte Schneidstoffe", aus Kohlenstoff (C) hergestellt	hohe Verschleißfestigkeit, sehr spröde, Temperaturbeständigkeit bis 600 °C, reagiert mit Legierungselementen	Zerspanen von Nichteisenmetallen und Al-Legierungen mit hohem Siliziumgehalt
Werkzeugstahl[2]	HSS	Hochleistungsschnellarbeitsstahl mit Legierungselementen Wolfram (W), Molybdän (Mo), Vanadium (V) und Cobalt (Co), meist beschichtet mit Titannitrid (TiN)	große Zähigkeit, hohe Biegefestigkeit, geringe Härte, Temperaturbeständigkeit bis 600 °C	bei stark wechselnder Schnittkraft, Kunststoffbearbeitung, für die Zerspanung von Al- und Cu-Legierungen

[1] Kennbuchstabe nach E-DIN ISO 513   [2] Werkzeugstähle sind in E-DIN ISO 513 oder DIN 6599 nicht enthalten

Schneidstoffe

Zerspanungs-Hauptgruppen und Anwendungsgruppen der Schneidstoffe vgl. E-DIN ISO 513 (2004-07)

Haupt-gruppe, Kenn-farbe	Kurz-zei-chen	Zerspanungs-Anwendungsgruppe		Schneid-stoffeigen-schaften	Spanungs-werte
		Werkstoff	Zerspanungsverfahren und Schnittbedingungen		
P BLAU		Langspanende Stähle und Eisen-Gusswerkstoffe			
	P01	Stahl, Stahlguss	Feindrehen und Feinbohren mit hohen Schnittgeschwindigkeiten und kleinen Spanungsquerschnitten		
	P10	Stahl, Stahlguss, langspanender Temperguss	Drehen, Fräsen, Gewindeherstellung; hohe Schnittgeschwindigkeiten bei kleinen bis mittleren Spanungsquerschnitten		
	P20	Stahl, Stahlguss, langspanender Temperguss	Drehen, Kopierdrehen, Fräsen mit mittleren Schnittgeschwindigkeiten und mittleren Spanungsquerschnitten		
	P30	Stahl, Stahlguss mit Lunkern	Drehen mit niedrigen Schnittgeschwindigkeiten und großen Spanungsquerschnitten		
	P40	Stahl, Stahlguss mit Lunkern	Bearbeitung unter ungünstigen Spanungs-bedingungen, große Spanwinkel möglich		
	P50	Stahl, Stahlguss mittlerer Festigkeit mit Lunkern und Sandeinschlüssen	Bearbeitung unter ungünstigen Spanungs-bedingungen, bei denen ein zäher Schneidstoff erforderlich ist; große Spanwinkel und Spanungsquerschnitte bei kleiner Schnittge-schwindigkeit sind möglich		
M GELB		Lang- oder kurzspanende Stähle, Eisen-Gusswerkstoffe und Nichteisenmetalle			
	M10	Stahl, Stahlguss, Gusseisen, Manganhartstahl	Drehen mit mittleren bis hohen Schnitt-geschwindigkeiten und kleinen bis mittleren Spanungsquerschnitten		
	M20	Stahl, Stahlguss, Gusseisen, auste-nitischer Stahl	Drehen und Fräsen mit mittlerer Schnitt-geschwindigkeit und mittlerem Spanungs-querschnitt		
	M30	Stahl, Gusseisen, hochwarmfeste Legierungen	Drehen und Fräsen mit mittlerer Schnitt-geschwindigkeit und mittleren bis großen Spanungsquerschnitten		
	M40	Automatenstahl, Schwermetalle, Leichtmetalle	Drehen, Abstechen, besonders auf Automaten		
K ROT		Kurzspanende Stähle, Eisen-Gusswerkstoffe, Nichteisenmetalle und nichtmetallische Werkstoffe			
	K01	hartes Gusseisen, Al-Si-Legierungen, Duroplaste	Drehen, Schäldrehen, Fräsen, Schaben		
	K10	Gusseisen HB ≥ 220, harter Stahl, Gestein, Keramik	Drehen, Fräsen, Bohren, Innendrehen, Räumen, Schaben		
	K20	Gusseisen HB ≥ 220, NE-Metalle	Drehen, Fräsen, Innendrehen; wenn große Zähigkeit des Schneidstoffs erforderlich ist		
	K30	Stahl, Gusseisen niedriger Härte	Drehen, Fräsen, Nutenfräsen; große Spanwinkel sind möglich		
	K40	NE-Metalle, Holz	Bearbeitung mit großen Spanwinkeln		

Schneidstoffeigenschaften: zunehmende Verschleißfestigkeit ↑ / zunehmende Zähigkeit ↓

Spanungswerte: zunehmende Schnittgeschwindigkeit ↑ / zunehmende Schneidenbelastung ↓

F

Bezeichnung von Wendeschneidplatten aus Hartmetall — vgl. DIN 4987 (1987-03)

Bezeichnungsbeispiele:

Wendeschneidplatte aus Hartmetall mit Eckenrundungen (DIN 4968) ohne Bohrung

Schneidplatte DIN 4898 – T N G N 16 03 08 T – P20

Wendeschneidplatte aus Hartmetall mit Planschneiden (DIN 6590)

Schneidplatte DIN 6590 – S P E N 15 04 ED R – P10

Norm-Nummer ——— ① ② ③ ④ ⑤ ⑥ ⑦ ⑧ ⑨ ⑩

① **Grundform**						
gleichseitig und gleichwinklig	H	O	P	R	S	T
gleichseitig und ungleichwinklig	C 80°	D 55°	E 75°	M 86°	V 35°	W 80°
ungleichseitig und L gleichwinklig A, B, K ungleichwinklig	L	A 85°	B 82°		K 55°	

Neben den genormten Formen werden viele firmenspezifische Formen verwendet.

② **Normal-Freiwinkel** α_n an der Platte	A	B	C	D	E	F	G	N	P	O
	3°	5°	7°	15°	20°	25°	30°	0°	11°	bes. Angaben

③ **Toleranzklasse**	Zulässige Abweichungen für		
	Prüfmaß d ± 0,013…± 0,05	Prüfmaß m ± 0,005…± 0,025	Plattendicke s ± 0,025…± 0,13

④ **Spanflächen** und **Befestigungsmerkmale**	N		K		B	
	R		W		H	
	F		T		C	
	A		Q		J	
	M		U		X	bes. Angaben

⑤ **Plattengröße**	Als Schneidenlänge wird bei ungleichseitigen Platten die längere Schneide angegeben, bei runden Platten der Durchmesser.
⑥ **Plattendicke**	Die Plattendicke wird ohne Dezimalstellen in mm angegeben.

⑦ **Ausführung der Schneidenecke**	**Kennzahl** multipliziert mit Faktor 0,1 = Eckenradius r_ε								
	1. Kennbuchstabe für den Einstellwinkel $\varkappa_r$ der Hauptschneide					A	D	E	F	P
						45°	60°	75°	85°	90°
	2. Kennbuchstabe für den Freiwinkel α'_n an der Planschneide (Eckenfase)	A	B	C	D	E	F	G	N	P
		3°	5°	7°	15°	20°	25°	30°	0°	11°

⑧ **Schneide**	F scharf	E gerundet	T gefast	S gefast und gerundet	K doppelgefast	P doppelgefast und gerundet

⑨ **Schneidrichtung**	R rechtsschneidend	L linksschneidend	N rechts- und linksschneidend

⑩ **Schneidstoff**	Hartmetall mit Zerspanungs-Anwendungsgruppe oder Schneidkeramik

F

Bezeichnung von Klemmhaltern und Kurzklemmhaltern

vgl. DIN 4983
(2004-07)

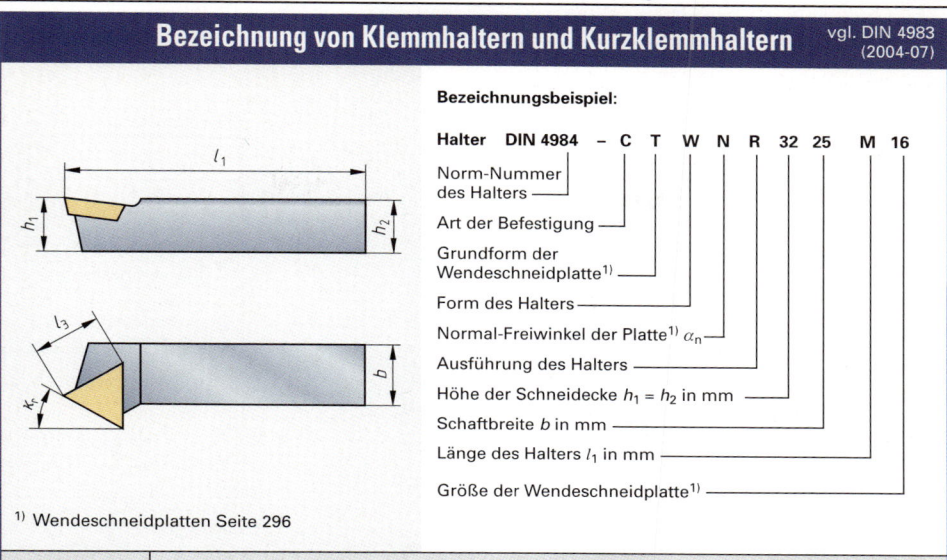

Bezeichnungsbeispiel:

Halter DIN 4984 – C T W N R 32 25 M 16

- Norm-Nummer des Halters
- Art der Befestigung
- Grundform der Wendeschneidplatte[1]
- Form des Halters
- Normal-Freiwinkel der Platte[1] α_n
- Ausführung des Halters
- Höhe der Schneidecke $h_1 = h_2$ in mm
- Schaftbreite b in mm
- Länge des Halters l_1 in mm
- Größe der Wendeschneidplatte[1]

[1] Wendeschneidplatten Seite 296

Kennzeichen		Ausführungen			
Platten-befestigung	Kennbuchstabe	C	M	P	S
	Befestigung der Wendeschneid-platte	von oben geklemmt	von oben und über Bohrung geklemmt	über Bohrung geklemmt	durch Befesti-gungssenkung geschraubt

Form des Halters	Kennbuchstabe	A	B	D	E	M	N	V	G	H	J	R	T
gerade	Seiten-Einstellwinkel κ_r	90°	75°	45°	60°	50°	63°	72,5°	90°	107,5°	93°	75°	60°
	Schaftausführung	gerade							abgesetzt				
	Kennbuchstabe	C	F	K	S	U	W	Y	Form D und S auch mit runden Wendeschneid-platten der Grundform R				
abgesetzt	Seiten-Einstellwinkel κ_r	90°	90°	75°	45°	93°	60°	85°					
	Schaftausführung	gerade	abgesetzt										

Ausführung des Halters	Kennbuchstabe	R	rechter Halter		L	linker Halter		N	neutral (beidseitig)			

Länge des Halters	Kennbuchstabe	A	B	C	D	E	F	G	H	J	K	L	M
	l_1 in mm	32	40	50	60	70	80	90	100	110	125	140	150
	Kennbuchstabe	N	P	Q	R	S	T	U	V	W	X	Y	
	l_1 in mm	160	170	180	200	250	300	350	400	450	Sonderlänge	500	

⇒ **Halter DIN 4984 – CTWNR 3225 M 16:** Klemmhalter mit Vierkantschaft, von oben geklemmte (C), dreieckige Wendeschneidplatte (T), $\kappa_r = 60°$ (W), $\alpha_n = 0°$ (N), rechte Ausführung (R), $h_1 = h_2 = 32$ mm, $b = 25$ mm, $l_1 = 150$ mm (M), $l_3 = 16,5$ mm (16).

F

Spezifische Schnittkraft, Richtwerte

Spezifische Schnittkraft

k_c spezifische Schnittkraft in N/mm²
k Tabellenwert für die spezifische Schnittkraft in N/mm²
$k_{c1.1}$ Hauptwert der spezifischen Schnittkraft in N/mm²
m_c Werkstoffkonstante
h Spanungsdicke
C_1 Korrekturfaktor für die Schnittgeschwindigkeit
C_2 Korrekturfaktor für das Fertigungsverfahren
v_c Schnittgeschwindigkeit in m/min

Spezifische Schnittkraft

$$k_c = k \cdot C_1 \cdot C_2$$

$$k_c = \frac{k_{c1.1}}{h^{m_c}} \cdot C_1 \cdot C_2$$

Korrekturfaktoren	
Schnitt-geschwindigkeit v_c in m/min	C_1
10... 30	1,3
31... 80	1,1
81... 400	1,0
> 400	0,9
Fertigungs-verfahren	C_2
Fräsen	0,8
Drehen	1,0
Bohren	1,2

Beispiel:

Eine Welle aus C45 wird mit v_c = 75 m/min und h = 0,31 mm überdreht.

Gesucht: Korrekturfaktoren C_1 und C_2; spezifische Schnittkraft k_c

Lösung: Tabelle Korrekturfaktoren: C_1 = 1,1 und C_2 = 1,0
Tabelle **k = 1990 N/mm²**

$$k_c = k \cdot C_1 \cdot C_2 = 1990 \text{ N/mm}^2 \cdot 1,1 \cdot 1,0 = 2189 \text{ N/mm}^2$$

oder

$$k_c = \frac{k_{c1.1}}{h^{m_c}} \cdot C_1 \cdot C_2 = \frac{1450 \frac{\text{N}}{\text{mm}^2}}{0,31^{0,27}} \cdot 1,1 \cdot 1,0 = 2188,2 \text{ N/mm}^2$$

Richtwerte für die spezifische Schnittkraft[1]

Werkstoff	$k_{c1.1}$ N/mm²	m_c	spezifische Schnittkraft k in N/mm² für die Spanungsdicke h in mm								
			0,08	0,1	0,16	0,2	0,31	0,5	0,8	1,0	1,6
E295	1500	0,3	3200	2995	2600	2430	2130	1845	1605	1500	1305
C35, C45	1450	0,27	2870	2700	2380	2240	1990	1750	1540	1450	1275
C60	1690	0,22	2945	2805	2530	2410	2185	1970	1690	1690	1525
9S20	1390	0,18	2190	2105	1935	1855	1715	1575	1445	1390	1275
9SMn28	1310	0,18	2065	1985	1820	1750	1615	1485	1365	1310	1205
35S20	1420	0,17	2180	2100	1940	1865	1735	1600	1475	1420	1310
16MnCr5	1400	0,30	2985	2795	2425	2270	1990	1725	1495	1400	1215
18CrNi8	1450	0,27	2870	2700	2380	2240	1990	1750	1540	1450	1275
20MnCr5	1465	0,26	2825	2665	2360	2225	1985	1755	1555	1465	1295
34CrMo4	1550	0,28	3145	2955	2590	2430	2150	1880	1650	1550	1360
37MnSi5	1580	0,25	2970	2810	2500	2365	2115	1880	1670	1580	1405
40Mn4	1600	0,26	3085	2910	2575	2430	2170	1915	1695	1600	1415
42CrMo4	1565	0,26	3020	2850	2520	2380	2120	1875	1660	1565	1385
50CrV4	1585	0,27	3135	2950	2600	2450	2175	1910	1685	1585	1395
X210Cr12	1720	0,26	3315	3130	2770	2615	2330	2060	1825	1720	1520
EN-GJL-200	825	0,33	1900	1765	1510	1405	1215	1035	890	825	705
EN-GJL-300	900	0,42	2600	2365	1945	1740	1470	1205	990	900	740
CuZn37	1180	0,15	1725	1665	1555	1500	1405	1310	1220	1180	1100
CuZn36Pb1,5	835	0,15	1220	1180	1100	1065	995	925	865	835	780
CuZn40Pb2	500	0,32	1120	1045	900	835	725	625	535	500	430

Bedeutung der Schnittkraftwerte $k_{c1.1}$, k und k_c

Wert	Schnittkraft F_C, jeweils für den Spanungsquerschnitt A = 1 mm² unter folgenden Bedingungen:
$k_{c1.1}$	Spanungsbreite b = 1 mm, Spanungsdicke h = 1 mm
k	Spanungsdicke h nach Fertigungsplanung
k_c	spezifische Schnittkraft k mit Berücksichtigung des Fertigungsverfahrens und der Schnittgeschwindigkeit v_c.

[1] Die Richtwerte gelten für Hartmetall-werkzeuge mit folgenden Spanwinkeln:
γ_0 = +6° für Stähle
γ_0 = +2° für Gusseisenwerkstoffe
γ_0 = +8° für Kupferlegierungen

F

Kräfte und Leistungen beim Drehen und Bohren

Drehen

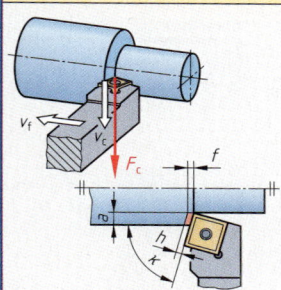

F_c Schnittkraft in N
A Spanungsquerschnitt in mm²
a Schnitttiefe in mm
f Vorschub in mm
$\varkappa$ Einstellwinkel in Grad (°)
h Spanungsdicke in mm
v_c Schnittgeschwindigkeit in m/min
k_c spezifische Schnittkraft in N/mm² (Seite 298)
Q Zeitspanungsvolumen in mm³/min
P_c Schnittleistung in kW

Spanungsquerschnitt

$$A = a \cdot f$$

Schnittkraft

$$F_c = A \cdot k_c$$

Spanungsdicke

$$h = f \cdot \sin \varkappa$$

Zeitspanungsvolumen

$$Q = A \cdot v_c = a \cdot f \cdot v_c$$

Schnittleistung

$$P_c = F_c \cdot v_c = Q \cdot k_c$$

Beispiel:

Eine Welle aus 16MnCr5 wird mit $a = 5$ mm, $f = 0{,}32$ mm, $\varkappa = 75°$ und $v_c = 160$ m/min zerspant.

Gesucht: h; k_c; A; F_c; P_c

Lösung: $h = f \cdot \sin \varkappa = 0{,}32$ mm $\cdot \sin 75° = \mathbf{0{,}31\,mm}$

$k_c = k \cdot C_1 \cdot C_2$; $k = 1990 \frac{N}{mm^2}$ (Seite 298)

$= 1990 \frac{N}{mm^2} \cdot 1{,}0 \cdot 1{,}0 = \mathbf{1990\,\frac{N}{mm^2}}$

$F_c = a \cdot f \cdot k_c = 5$ mm $\cdot 0{,}32$ mm $\cdot 1990 \frac{N}{mm^2} = \mathbf{3184\,N}$

$P_c = F_c \cdot v_c = \dfrac{3184\,N \cdot 160\,m}{60\,s} = 8491\,W = \mathbf{8{,}49\,kW}$

Bohren

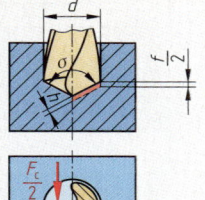

F_c Schnittkraft in N
A Spanungsquerschnitt in mm²
d Bohrerdurchmesser in mm
f Vorschub je Umdrehung in mm
σ Spitzenwinkel in Grad (°)
h Spanungsdicke in mm
v_c Schnittgeschwindigkeit in m/min
k_c spezifische Schnittkraft in N/mm² (Seite 298)
M_c Schnittmoment in N · m
Q Zeitspanungsvolumen in mm³/min
P_c Schnittleistung in kW

Spanungsdicke

$$h = \frac{f}{2} \cdot \sin\frac{\sigma}{2}$$

Spanungsquerschnitt

$$A = \frac{d \cdot f}{2}$$

Schnittkraft

$$F_c = A \cdot k_c$$

Schnittmoment

$$M_c = \frac{F_c \cdot d}{4}$$

Zeitspanungsvolumen

$$Q = \frac{A \cdot v_c}{2}$$

Schnittleistung

$$P_c = \frac{F_c \cdot v_c}{2} = Q \cdot k_c$$

Beispiel:

Werkstoff 37MnSi5, Bohrerdurchmesser $d = 16$ mm, $v_c = 12$ m/min, $f = 0{,}18$ mm, $\sigma = 118°$

Gesucht: h; k_c; F_c; M_c

Lösung: $h = \dfrac{f}{2} \cdot \sin\dfrac{\sigma}{2} = \dfrac{0{,}18\,mm}{2} \cdot \sin 59° = \mathbf{0{,}08\,mm}$

$k_c = k \cdot C_1 \cdot C_2$ (Seite 298)

$= 2970 \frac{N}{mm^2} \cdot 1{,}3 \cdot 1{,}2 = \mathbf{4633\,\frac{N}{mm^2}}$

$A = \dfrac{d \cdot f}{2} = \dfrac{16\,mm \cdot 0{,}18\,mm}{2} = \mathbf{1{,}44\,mm^2}$

$F_c = A \cdot k_c = 1{,}44$ mm² $\cdot 4633 \frac{N}{mm^2} = \mathbf{6672\,N}$

$M_c = \dfrac{F \cdot d}{4} = \dfrac{6672\,N \cdot 0{,}016\,m}{4} = \mathbf{26{,}7\,N \cdot m}$

F

Kräfte und Leistungen beim Stirnfräsen

Stirnfräsen

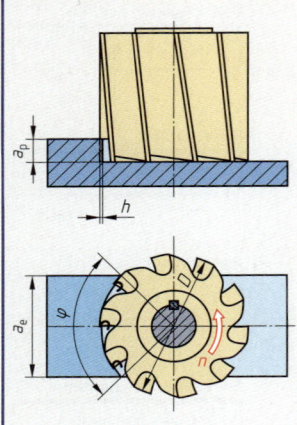

F_c Schnittkraft in N
A Spanungsquerschnitt in mm²
k_c spezifische Schnittkraft in N/mm² (Seite 298)
a_p Schnitttiefe in mm
a_e Arbeitseingriff (Fräsbreite) in mm
v_c Schnittgeschwindigkeit in m/min
v_f Vorschubgeschwindigkeit in mm/min
n Drehzahl in 1/min
D Fräserdurchmesser in mm
z Anzahl der Schneiden
f Vorschub je Umdrehung in mm
f_z Vorschub je Schneide in mm
h Spanungsdicke in mm
z_e Anzahl der Schneiden im Eingriff
φ_s Winkel zwischen Fräserein- und Fräseraustritt in Grad (°)
Q Zeitspanungsvolumen in mm³/min
P_c Schnittleistung in kW

Vorschub

$$f = f_z \cdot z$$

Vorschubgeschwindigkeit

$$v_f = f_z \cdot z \cdot n = f \cdot n$$

Spanungsdicke

$$h \approx 0{,}9 \cdot f_z$$

Eingriffswinkel

$$\sin \frac{\varphi_s}{2} = \frac{a_e}{D}$$

Schneiden im Eingriff

$$z_e = \frac{\varphi_s \cdot z}{360°}$$

Spanungsquerschnitt

$$A = a_p \cdot h \cdot z_e$$

Schnittkraft

$$F_c = A \cdot k_c$$

Zeitspanungsvolumen

$$Q = a_p \cdot a_e \cdot v_f$$

Schnittleistung

$$P_c = F_c \cdot v_c = Q \cdot k_c$$

Beispiel:

Werkstoff 16MnCr5; D = 160 mm; z = 12; a_e = 120 mm; a_p = 6 mm; f_z = 0,2 mm; v_c = 85 m/min

Gesucht: n; v_f; φ_s; z_e; h; A; k_c; F_c; Q; P_c

Lösung: $n = \dfrac{v}{\pi \cdot d} = \dfrac{85 \frac{m}{min}}{\pi \cdot 0{,}16\ m} = \mathbf{169/min}$

$v_f = f_z \cdot z \cdot n = 0{,}2\ mm \cdot 12 \cdot 169/min = \mathbf{406\ \frac{mm}{min}}$

$\sin \dfrac{\varphi_s}{2} = \dfrac{a_e}{D} = \dfrac{120\ mm}{160\ mm} = 0{,}75;\ \varphi_s = \mathbf{97{,}2°}$

$z_e = \dfrac{\varphi_s \cdot z}{360°} = \dfrac{97{,}2° \cdot 12}{360°} = \mathbf{3{,}24}$

$h \approx 0{,}9 \cdot f_z = 0{,}9 \cdot 0{,}2\ mm = \mathbf{0{,}18\ mm}$

$A = a_p \cdot h \cdot z_e = 6\ mm \cdot 0{,}18\ mm \cdot 3{,}24 = \mathbf{3{,}5\ mm^2}$

$k_c = k \cdot C_1 \cdot C_2;$

$k = 2348\ N/mm^2$ (Mittelwert, Seite 298)

$k_c = 2348\ N/mm^2 \cdot 0{,}8 \cdot 1 = \mathbf{1879\ \dfrac{N}{mm^2}}$

$F_c = A \cdot k_c = 3{,}5\ mm^2 \cdot 1879\ \dfrac{N}{mm^2} = \mathbf{6577\ N}$

$Q = a_p \cdot a_e \cdot v_f = 6\ mm \cdot 120\ mm \cdot 405{,}6\ \dfrac{mm}{min} = \mathbf{292\ \dfrac{cm^3}{min}}$

$P_c = F_c \cdot v_c = \dfrac{6577\ N \cdot 85\ m}{60\ s} = 9317\ W = \mathbf{9{,}3\ kW}$

oder:

$P_c = Q \cdot k_c = \dfrac{292\ cm^3 \cdot 187\,900 \frac{N}{cm^2}}{60\ s} = 914\,447\ \dfrac{N \cdot cm}{s}$

$= \mathbf{9{,}1\ kW}$

F

Bohren

Spiralbohrer aus Schnellarbeitsstahl (HSS)

vgl. DIN 1414-1 (1998-06)

Drallwinkel

Spitzenwinkel

Typ[1]	Anwendung	Drallwinkel[2]	Spitzenwinkel[3]
N	Universeller Einsatz für Werkstoffe bis $R_m \approx 1000$ N/mm², z.B. Bau-, Einsatz-, Vergütungsstähle	30°...40°	118°
H	Bohren von spröden, kurzspanenden NE-Metallen und Kunststoffen, z.B. CuZn-Legierungen und PMMA (Plexiglas)	13°...19°	118°
W	Bohren von weichen, langspanenden NE-Metallen und Kunststoffen, z.B. Al- und Mg-Legierungen, PA (Polyamid) und PVC	40°...47°	130°

[1] Werkzeug-Anwendungsgruppen für HSS-Werkzeuge nach DIN 1835
[2] abhängig von Bohrerdurchmesser und Steigung
[3] Regelausführung

Richtwerte für das Bohren mit HSS-Spiralbohrern[1]

Werkstoff des Werkstücks		Schnittgeschwindigkeit[2] v_c m/min	Bohrerdurchmesser d in mm				
Werkstoffgruppe	Zugfestigkeit R_m in N/mm² bzw. Härte HB		2...3	>3...6	>6...12	>12...25	>25...50
			Vorschub f in mm/Umdrehung				
Stähle, niedrige Festigkeit	$R_m \leq 800$	40	0,05	0,10	0,15	0,25	0,35
Stähle, hohe Festigkeit	$R_m > 800$	20	0,04	0,08	0,10	0,15	0,20
Nichtrostende Stähle	$R_m \geq 800$	12	0,03	0,06	0,08	0,12	0,18
Gusseisen, Temperguss	≤ 250 HB	20	0,10	0,20	0,30	0,40	0,60
Al-Legierungen	$R_m \leq 350$	45	0,10	0,20	0,30	0,40	0,60
Cu-Legierungen	$R_m \leq 500$	60	0,10	0,15	0,30	0,40	0,60
Thermoplaste	–	50	0,10	0,15	0,30	0,40	0,60
Duroplaste	–	25	0,05	0,10	0,18	0,27	0,35

Richtwerte für das Bohren mit Hartmetallbohrern[1]

Werkstoff des Werkstücks		Schnittgeschwindigkeit[2] v_c m/min	Bohrerdurchmesser d in mm				
Werkstoffgruppe	Zugfestigkeit R_m in N/mm² bzw. Härte HB		2...3	>3...6	>6...12	>12...25	>25...50
			Vorschub f in mm/Umdrehung				
Stähle, niedrige Festigkeit	$R_m \leq 800$	90	0,05	0,10	0,15	0,25	0,40
Stähle, hohe Festigkeit	$R_m > 800$	80	0,08	0,13	0,20	0,30	0,40
Nichtrostende Stähle	$R_m \geq 800$	40	0,08	0,13	0,20	0,30	0,40
Gusseisen, Temperguss	≤ 250 HB	100	0,10	0,15	0,30	0,45	0,70
Al-Legierungen	$R_m \leq 350$	180	0,15	0,25	0,40	0,60	0,80
Cu-Legierungen	$R_m \leq 500$	200	0,12	0,16	0,30	0,45	0,60
Thermoplaste	–	80	0,05	0,10	0,20	0,30	0,40
Duroplaste	–	80	0,05	0,10	0,20	0,30	0,40

Richtwerte bei veränderten Bedingungen

Die Richtwerte für Schnittgeschwindigkeit und Vorschub gelten für **mittlere Bedingungen**:
• Standzeit ca. 30 min   • mittlere Festigkeit des Werkstoffs   • Bohrtiefe < 5 · d • kurze Bohrer
Die Richtwerte werden bei • günstigeren Bedingungen **erhöht,**
• ungünstigeren Bedingungen **herabgesetzt.**

[1] Kühlschmierung Seiten 292 und 293   [2] Werte für beschichtete Bohrer

F

Reiben und Gewindebohren

Richtwerte für das Reiben mit HSS-Reibahlen[1]

Werkstoff des Werkstücks		Schnittge-schwindig-keit v_c m/min	Werkzeugdurchmesser d in mm					Reibzugabe für d in mm	
Werkstoffgruppe	Zugfestigkeit R_m in N/mm² bzw. Härte HB		2...3	>3...6	>6...12	>12...25	>25...50	...20	>20...50
			Vorschub f in mm/Umdrehung						
Stähle, niedrige Festigkeit	$R_m \leq 800$	15	0,06	0,12	0,18	0,32	0,50	0,20	0,30
Stähle, hohe Festigkeit	$R_m > 800$	10	0,05	0,10	0,15	0,25	0,40		
Nichtrostende Stähle	$R_m \geq 800$	8	0,05	0,10	0,15	0,25	0,40		
Gusseisen, Temperguss	≤ 250 HB	15	0,06	0,12	0,18	0,32	0,50		
Al-Legierungen	$R_m \leq 350$	26	0,10	0,18	0,30	0,50	0,80		
Cu-Legierungen	$R_m \leq 500$	26	0,10	0,18	0,30	0,50	0,80	0,30	0,60
Thermoplaste	–	14	0,12	0,20	0,35	0,60	1,00		
Duroplaste	–	14	0,12	0,20	0,35	0,60	1,00		

Richtwerte für das Reiben mit Hartmetall-Reibahlen[1]

Werkstoff des Werkstücks		Schnittge-schwindig-keit v_c m/min	Werkzeugdurchmesser d in mm					Reibzugabe für d in mm	
Werkstoffgruppe	Zugfestigkeit R_m in N/mm² bzw. Härte HB		2...3	>3...6	>6...12	>12...25	>25...50	...20	>20...50
			Vorschub f in mm/Umdrehung						
Stähle, niedrige Festigkeit	$R_m \leq 800$	15	0,06	0,12	0,18	0,32	0,50	0,20	0,30
Stähle, hohe Festigkeit	$R_m > 800$	10	0,05	0,10	0,15	0,25	0,40		
Nichtrostende Stähle	$R_m \geq 800$	10	0,05	0,10	0,15	0,25	0,40		
Gusseisen, Temperguss	≤ 250 HB	25	0,10	0,18	0,28	0,50	0,80		
Al-Legierungen	$R_m \leq 350$	30	0,12	0,20	0,35	0,50	1,00		
Cu-Legierungen	$R_m \leq 500$	30	0,12	0,20	0,35	0,50	1,00	0,30	0,60
Thermoplaste	–	20	0,12	0,20	0,35	0,50	1,00		
Duroplaste	–	30	0,12	0,20	0,35	0,50	1,00		

Richtwerte für das Gewindebohren und Gewindeformen[1]

Werkstoff des Werkstücks		Werkzeug aus HSS		Werkzeug aus Hartmetall	
Werkstoffgruppe	Zugfestigkeit R_m in N/mm² bzw. Härte HB	Gewinde-bohren[2]	Gewinde-formen[2]	Gewinde-bohren[2]	Gewinde-formen[2]
		Schnittgeschwindigkeit v_c m/min		Schnittgeschwindigkeit v_c m/min	
Stähle, niedrige Festigkeit	$R_m \leq 800$	40...50	40...50	–	40...60
Stähle, hohe Festigkeit	$R_m > 800$	20...30	15...20	–	20...30
Nichtrostende Stähle	$R_m \geq 800$	8...12	10...20	–	20...30
Gusseisen, Temperguss	≤ 250 HB	15...20	–	25...35	–
Al-Legierungen	$R_m \leq 350$	20...40	30...50	60...80	60...80
Cu-Legierungen	$R_m \leq 500$	30...40	25...35	30...40	50...70
Thermoplaste	–	20...30	–	50...70	–
Duroplaste	–	10...15	–	25...35	–

[1] Kühlschmierung Seiten 292 und 293
[2] Obere Grenzwerte: Werkstoffe der Werkstoffgruppe mit den kleineren Festigkeiten; kurze Gewinde
Untere Grenzwerte: Werkstoffe der Werkstoffgruppe mit den höheren Festigkeiten; lange Gewinde

F

Drehen

Rautiefe in Abhängigkeit von Eckenradius und Vorschub

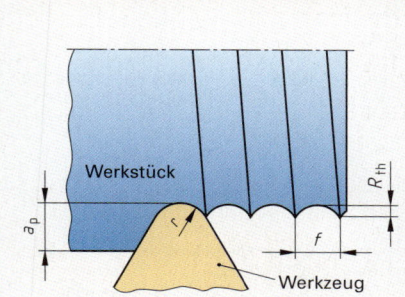

R_{th} theoretische Rautiefe
r Eckenradius
f Vorschub
a_p Schnitttiefe

Beispiel:

$R_{th} = 25\ \mu m;\ r = 1,2\ mm;\ f = ?$

$f = \sqrt{8 \cdot r \cdot R_{th}}$
$= \sqrt{8 \cdot 1,2\ mm \cdot 0,025\ mm} \approx \mathbf{0,5\ mm}$

Theoretische Rautiefe

$$R_{th} \approx \frac{f^2}{8 \cdot r}$$

$R_{th} \approx R_z$

$f = 0,25\ mm$

Rautiefe R_{th} in µm	Eckenradius r in mm			
	0,4	0,8	1,2	1,6
	Vorschub f in mm			
1,6	0,07	0,10	0,12	0,14
4	0,11	0,15	0,19	0,22
10	0,17	0,24	0,29	0,34
16	0,22	0,30	0,37	0,43
25	0,27	0,38	0,47	0,54

Richtwerte für das Drehen mit HSS-Werkzeugen[1)2)]

Werkstoff des Werkstücks		Schnittge-schwindigkeit v_c in m/min	Vorschub f in mm	Schnitttiefe a_p in mm
Werkstoffgruppe	Zugfestigkeit R_m in N/mm² bzw. Härte HB			
Stähle, niedrige Festigkeit	$R_m \le 800$	40…80		
Stähle, hohe Festigkeit	$R_m > 800$	30…60		
Nichtrostende Stähle	$R_m \ge 800$	30…60		
Gusseisen, Temperguss	≤ 250 HB	20…35	0,1…0,5	0,5…4,0
Al-Legierungen	$R_m \le 350$	120…180		
Cu-Legierungen	$R_m \le 500$	100…125		
Thermoplaste	–	100…500		
Duroplaste	–	80…400		

Richtwerte für das Drehen mit beschichteten Hartmetall-Werkzeugen[2)]

Werkstoff des Werkstücks		Schnittge-schwindigkeit v_c in m/min	Vorschub f in mm	Schnitttiefe a_p in mm
Werkstoffgruppe	Zugfestigkeit R_m in N/mm² bzw. Härte HB			
Stähle, niedrige Festigkeit	$R_m \le 800$	200…350		
Stähle, hohe Festigkeit	$R_m > 800$	100…200		
Nichtrostende Stähle	$R_m \ge 800$	80…200		
Gusseisen, Temperguss	≤ 250 HB	100…300	0,1…0,5	0,3…5,0
Al-Legierungen	$R_m \le 350$	400…800		
Cu-Legierungen	$R_m \le 500$	150…300		
Thermoplaste	–	500…2000		
Duroplaste	–	400…1000		

Anwendung der Schnittdatenbereiche

Beispiel: Richtwerte für das Drehen von Stählen mit niedriger Festigkeit mit Hartmetall-Werkzeugen

Obere Werte	Anwendung	Untere Werte	Anwendung
$v_c = 350$ m/min	• Fertigbearbeitung (Schlichten) • stabiles Werkzeug und Werkstück	$v_c = 200$ m/min	• Vorbearbeitung (Schruppen) • unstabiles Werkzeug oder Werkstück
$f = 0,5$ mm, $a_p = 5,0$ mm	• Vorbearbeitung (Schruppen) • stabiles Werkzeug und Werkstück	$f = 0,1$ mm, $a_p = 0,3$ mm	• Fertigbearbeitung (Schlichten) • unstabiles Werkzeug oder Werkstück

[1)] Die HSS-Drehwerkzeuge wurden weitgehend durch Drehwerkzeuge mit Hartmetall-Wendeschneidplatten verdrängt.

[2)] Kühlschmierung Seiten 292 und 293

F

Kegeldrehen

Bezeichnungen am Kegel
vgl. DIN ISO 3040 (1991-09)

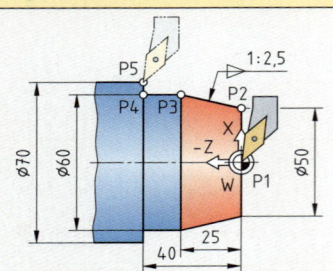

$1:x$ (Kegelverjüngung)

$\frac{\alpha}{2}$ ▷ $1:2x$ (Neigung)

D großer Kegeldurchmesser
d kleiner Kegeldurchmesser
L Kegellänge
α Kegelwinkel
$\frac{\alpha}{2}$ Kegelerzeugungswinkel (Einstellwinkel)
C Kegelverjüngung

$\frac{C}{2}$ Kegelneigung

$1:x$ Kegelverjüngung:
Auf eine Kegellänge von x mm ändert sich der Kegeldurchmesser um 1 mm.

Kegeldrehen auf CNC-Drehmaschinen

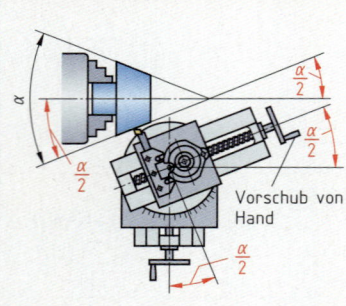

1:2,5

P5
P4 P3 P2
∅70 ∅60 ∅50
X
−Z
W P1
25
40

CNC-Programm nach DIN 66025[1] zur Herstellung des Werkstücks mit Kegel (Bild):

N10	G00	X0	Z2		Anfahrbewegung im Eilgang
N20	G01	X0	Z0	F0.15	Verfahrbewegung zu P1
N30	G01	X50			Verfahrbewegung zu P2
N40	G01	X60	Z-25		Verfahrbewegung zu P3
N50	G01		Z-40		Verfahrbewegung zu P4
N60	G01	X72			Verfahrbewegung über P5
N70	G00	X100	Z150		Werkzeugwechselpunkt

[1] vgl. Seite 387

Kegeldrehen durch Einstellen des Oberschlittens

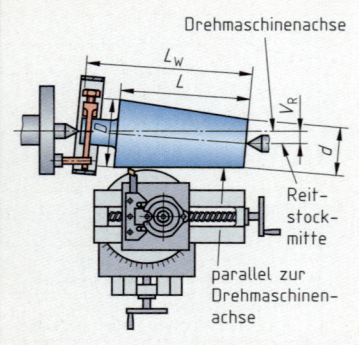

Vorschub von Hand

Beispiel:

$D = 225$ mm, $d = 150$ mm, $L = 100$ mm;
$\frac{\alpha}{2} = ?$; $C = ?$

$$\tan\frac{\alpha}{2} = \frac{D-d}{2 \cdot L}$$

$$= \frac{(225 - 150) \text{ mm}}{2 \cdot 100 \text{ mm}} = 0{,}375$$

$$\frac{\alpha}{2} = \mathbf{20{,}556°} = \mathbf{20° \, 33' \, 22''}$$

$$C = \frac{D-d}{L} = \frac{(225 - 150) \text{ mm}}{100 \text{ mm}} = 0{,}75 = \mathbf{1 : 1{,}33}$$

Einstellwinkel

$$\tan\frac{\alpha}{2} = \frac{C}{2}$$

$$\tan\frac{\alpha}{2} = \frac{D-d}{2 \cdot L}$$

Kegelverjüngung

$$C = \frac{D-d}{L}$$

$$C = 1 : x$$

Kegeldrehen durch Verstellen des Reitstocks

Drehmaschinenachse
L_W
L
V_R
d

Reit-
stock-
mitte

parallel zur
Drehmaschinen-
achse

V_R Reitstockverstellung
$V_{R \, max}$ maximal zulässige Reitstockverstellung
L_W Werkstücklänge

Beispiel:

$D = 20$ mm; $d = 18$ mm;
$L = 80$ mm; $L_W = 100$ mm
$V_R = ?$; $V_{R \, max} = ?$

$$V_R = \frac{D-d}{2} \cdot \frac{L_W}{L}$$

$$= \frac{(20 - 18) \text{ mm}}{2} \cdot \frac{100 \text{ mm}}{80 \text{ mm}} = \mathbf{1{,}25 \text{ mm}}$$

$$V_{R \, max} \le \frac{L_W}{50} = \frac{100 \text{ mm}}{50} = \mathbf{2 \text{ mm}}$$

Reitstockverstellung

$$V_R = \frac{C}{2} \cdot L_W$$

$$V_R = \frac{D-d}{2} \cdot \frac{L_W}{L}$$

Maximal zulässige Reitstockverstellung[1]

$$V_{R \, max} \le \frac{L_W}{50}$$

[1] Bei zu großer Reitstockverstellung kann das Werkstück nicht mehr sicher zwischen Spitzen gespannt werden.

F

Fräsen

Richtwerte für das Fräsen mit HSS-Fräsern

Werkstoff des Werkstücks		Schnittge-schwindigkeit v_c in m/min	Vorschub f_z in mm			
Werkstoffgruppe	Zugfestigkeit R_m in N/mm² bzw. Härte HB		Fräser (außer Schaftfräser)	Schaftfräser d in mm		
				6	12	20
Stähle, niedrige Festigkeit	$R_m \leq 800$	50...100	0,05...0,15	0,06	0,08	0,10
Stähle, hohe Festigkeit	$R_m > 800$	30... 60				
Nichtrostende Stähle	$R_m \geq 800$	15... 30				
Gusseisen, Temperguss	≤ 250 HB	25... 40				
Al-Legierungen	$R_m \leq 350$	50...150				
Cu-Legierungen	$R_m \leq 500$	50...100				
Thermoplaste	–	100...400	0,10...0,20	0,10	0,15	0,20
Duroplaste	–	100...400				

Richtwerte für das Fräsen mit beschichteten Hartmetallen

Werkstoff des Werkstücks		Schnittge-schwindigkeit v_c in m/min	Vorschub f_z in mm			
Werkstoffgruppe	Zugfestigkeit R_m in N/mm² bzw. Härte HB		Fräser (außer Schaftfräser)	Schaftfräser d in mm		
				6	12	20
Stähle, niedrige Festigkeit	$R_m \leq 800$	200... 400	0,05...0,15	0,06	0,08	0,10
Stähle, hohe Festigkeit	$R_m > 800$	150... 300				
Nichtrostende Stähle	$R_m \geq 800$	150... 300				
Gusseisen, Temperguss	≤ 250 HB	150... 300				
Al-Legierungen	$R_m \leq 350$	400... 800				
Cu-Legierungen	$R_m \leq 500$	200... 400				
Thermoplaste	–	500...1500	0,10...0,20	0,10	0,15	0,20
Duroplaste	–	400...1000				

Erhöhung des empfohlenen Vorschubes je Zahn f_z beim Nutenfräsen mit Scheibenfräsen

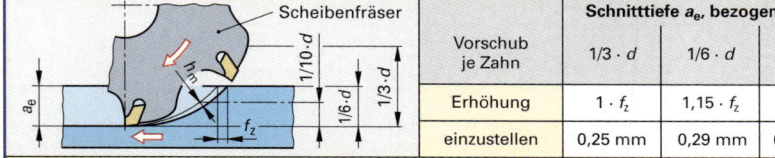

	Schnitttiefe a_e, bezogen auf den Fräser-∅ d			
Vorschub je Zahn	$1/3 \cdot d$	$1/6 \cdot d$	$1/10 \cdot d$	$1/20 \cdot d$
Erhöhung	$1 \cdot f_z$	$1,15 \cdot f_z$	$1,45 \cdot f_z$	$2 \cdot f_z$
einzustellen	0,25 mm	0,29 mm	0,36 mm	0,50 mm

Bedeutung der Schnittdatenbereiche

Beispiel: Richtwerte für das Fräsen von Stählen mit niedriger Festigkeit mit HSS-Fräsern

Obere Werte	Anwendung	Untere Werte	Anwendung
v_c = 100 m/min	• Fertigbearbeitung (Schlichten) • stabiles Werkzeug und Werkstück	v_c = 50 m/min	• Vorbearbeitung (Schruppen) • unstabiles Werkzeug oder Werkstück
f_z = 0,15 mm	• Vorbearbeitung (Schruppen) • stabiles Werkzeug und Werkstück	f_z = 0,05 mm	• Fertigbearbeitung (Schlichten) • unstabiles Werkzeug oder Werkstück

Berechnung der einzustellenden Vorschubgeschwindigkeit

v_f Vorschubgeschwindigkeit in mm/min n Drehzahl des Fräsers in 1/min
f_z Vorschub je Zahn in mm z Zähnezahl des Fräsers

Beispiel:

v_c = 100 m/min; d = 40 mm; f_z = 0,12 mm; z = 10

$n = \dfrac{v_c}{\pi \cdot d} = \dfrac{100 \text{ m/min}}{\pi \cdot 0,04 \text{ m}} = 796 \text{ 1/min};$ $v_f = n \cdot f_z \cdot z = 796/\text{min} \cdot 0,12 \text{ mm} \cdot 10 = \textbf{955 mm/min}$

Vorschub-geschwindigkeit

$$v_f = n \cdot f_z \cdot z$$

F

Probleme und deren Abhilfe beim Bohren, Drehen und Fräsen

Verfahren und Probleme[1]	mögliche Abhilfe-Maßnahmen

Bohren

Bohrerspitze zerstört	Verschleiß am Außendurchmesser	Übermaß der Bohrung	Spänestau in den Spannuten	Ausbröckelung der Kanten	Bohrung unrund	Geringe Standlänge	Vibrationen	mögliche Abhilfe-Maßnahmen
•	•	•		•				Schneidengeometrie überprüfen
			•			•		Kühlschmierstoffzufuhr erhöhen
		⇓	⇓		⇓		⇓	Vorschub verkleinern
			⇑	⇑				Schnittgeschwindigkeit vergrößern
•	•		•			•	•	Auskraglänge verkleinern
•	•	•	•			•	•	Schnittwerte überprüfen
•	•			•		•		Hartmetallsorte prüfen

Drehen

Hoher Verschleiß (Frei- u. Spanfläche)	Deformation der Schneidkante	Bildung von Aufbauschneiden	Risse senkrecht zur Schneidkante	Ausbröckelung der Schneidkanten	Bruch der Wendeschneidplatte	Lange Spiralspäne	Vibrationen	mögliche Abhilfe-Maßnahmen
⇓	⇓	⇑		⇑			⇓	Schnittgeschwindigkeit v_c ändern
				⇓	⇑	⇑		Vorschub f ändern
				⇓			⇓	Schnitttiefe verringern
•	•							verschleißfestere Hartmetall-Sorte wählen
			•	•	•			zähere Hartmetall-Sorte wählen
•		•		•			•	positive Schneidengeometrie wählen

Fräsen

Hoher Verschleiß (Frei- u. Spanfläche)	Deformation der Schneidkante	Bildung von Aufbauschneiden	Risse senkrecht zur Schneidkante	Ausbröckelung der Schneidkanten	Bruch der Wendeschneidplatte	Schlechte Oberflächengüte	Vibrationen	mögliche Abhilfe-Maßnahmen
⇓	⇓	⇑	⇓	⇑				Schnittgeschwindigkeit v_c ändern
⇑		⇑		⇑	⇓	⇓	⇑	Vorschub f_z ändern
	•					•		verschleißfestere Hartmetall-Sorte wählen
			•	•	•			zähere Hartmetall-Sorte wählen
							•	Fräser mit weiter Teilung verwenden
						•	•	Fräserposition ändern
		•	•	•				trocken fräsen

[1] • zu lösendes Problem   ⇑ Schnittwert erhöhen   ⇓ Schnittwert verkleinern

Teilen mit dem Teilkopf

Direktes Teilen

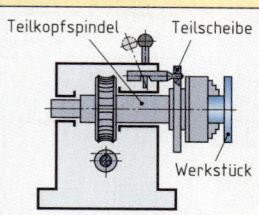

Teilkopfspindel   Teilscheibe

Werkstück

Schnecke außer Eingriff

Beim direkten Teilen wird die Teilkopfspindel mit der Teilscheibe und dem Werkstück um den gewünschten Teilschritt gedreht. Dabei sind Schnecke und Schneckenrad außer Eingriff.

T Teilzahl α Winkelteilung
n_L Anzahl der Löcher der Teilscheibe
n_l Teilschritt; Anzahl der weiterzuschaltenden Lochabstände

Beispiel:

$$n_L = 24;\ T = 8;\ n_l = ? \qquad \boldsymbol{n_l = \frac{n_L}{T} = \frac{24}{8} = 3}$$

Teilschritt

$$n_l = \frac{n_L}{T}$$

$$n_l = \frac{\alpha \cdot n_L}{360°}$$

Indirektes Teilen

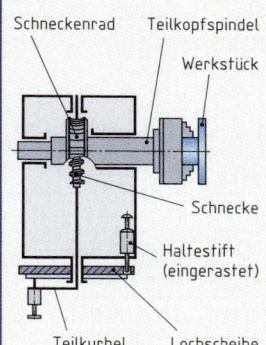

Schneckenrad   Teilkopfspindel

Werkstück

Schnecke

Haltestift (eingerastet)

Teilkurbel   Lochscheibe

Beim indirekten Teilen wird die Teilkopfspindel durch die Schnecke über das Schneckenrad angetrieben.

T Teilzahl α Winkelteilung
i Übersetzungsverhältnis des Teilkopfs
n_k Teilschritt; Anzahl der Teilkurbelumdrehungen für eine Teilung

Beispiel 1:

$$T = 68;\ i = 40;\ n_k = ? \qquad \boldsymbol{n_k = \frac{i}{T} = \frac{40}{68} = \frac{10}{17}}$$

Beispiel 2:

$$\alpha = 37,2°;\ i = 40;\ n_k = ?$$
$$\boldsymbol{n_k = \frac{i \cdot \alpha}{360°} = \frac{40 \cdot 37,2°}{360°} = \frac{37,2}{9} = \frac{186}{9 \cdot 5} = 4\frac{2}{15}}$$

Teilschritt

$$n_k = \frac{i}{T}$$

$$n_k = \frac{i \cdot \alpha}{360°}$$

Lochkreise der Lochscheiben					
15	16	17	18	19	20
21	23	27	29	31	33
37	39	41	43	47	49
oder					
17	19	23	24	26	27
28	29	30	31	33	37
39	41	42	43	47	49
51	53	57	59	61	63

Ausgleichsteilen (Differenzialteilen)

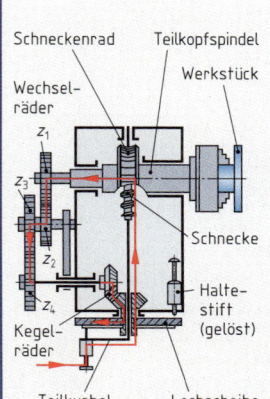

Schneckenrad   Teilkopfspindel

Wechsel-räder
z_1
z_3
Werkstück

Schnecke

z_2

z_4
Halte-stift (gelöst)
Kegel-räder

Teilkurbel   Lochscheibe

Beim Ausgleichsteilen wird die Teilkopfspindel wie beim indirekten Teilen über Schnecke und Schneckenrad angetrieben. Gleichzeitig dreht aber die Teilkopfspindel über Wechselräder die Lochscheibe mit.

T Teilzahl α Winkelteilung
T' Hilfsteilzahl
i Übersetzungsverhältnis des Teilkopfs
n_k Teilschritt; Anzahl der Teilkurbelumdrehungen für eine Teilung
z_t Zähnezahlen der treibenden Räder (z_1, z_3)
z_g Zähnezahlen der getriebenen Räder (z_2, z_4)
Bei gewählter Hilfsteilzahl T' gilt:
$T' > T$: Teilkurbel und Lochscheibe müssen gleiche Drehrichtungen haben.
$T' < T$: Teilkurbel und Lochscheibe müssen entgegengesetzte Drehrichtungen haben.
Die erforderliche Drehrichtung erreicht man gegebenenfalls durch ein Zwischenrad.

Beispiel:

$$i = 40;\ T = 97;\ n_k = ?;\ \frac{z_t}{z_g} = ?;\ T' \text{ gewählt} = 100$$

(Teilkurbel und Lochscheibe müssen gleiche Drehrichtungen haben.)

$$\boldsymbol{n_k = \frac{i}{T'} = \frac{40}{100} = \frac{8}{20}}$$

$$\frac{z_t}{z_g} = \frac{i}{T'} \cdot (T' - T) = \frac{40}{100} \cdot (100 - 97) = \frac{2}{5} \cdot 3 = \frac{6}{5} = \boldsymbol{\frac{48}{40}}$$

Teilschritt

$$n_k = \frac{i}{T'}$$

Zähnezahlen der Wechselräder

$$\frac{z_t}{z_g} = \frac{i}{T'} \cdot (T' - T)$$

Zähnezahlen der Wechselräder			
24	24	28	32
36	40	44	48
56	64	72	80
84	86	96	100

F

Schleifen

Planschleifen

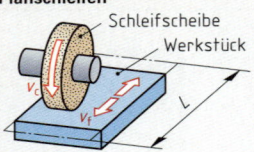

Schleifscheibe
Werkstück

v_c
v_f
L

Längsrundschleifen

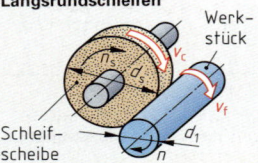

Werk-
stück
v_c
n_s d_s
v_f
Schleif- d_1
scheibe n

v_c Schnittgeschwindigkeit
d_s Durchmesser der Schleifscheibe
n_s Drehzahl der Schleifscheibe
v_f Vorschubgeschwindigkeit
L Vorschubweg
n_H Hubzahl
d_1 Durchmesser des Werkstücks
n Drehzahl des Werkstücks
q Geschwindigkeitsverhältnis

Schnittgeschwindigkeit

$$v_c = \pi \cdot d_s \cdot n_s$$

Vorschub-geschwindigkeit

Planschleifen
$$v_f = L \cdot n_H$$

Längsrund-schleifen
$$v_f = \pi \cdot d_1 \cdot n$$

Geschwindigkeits-verhältnis

$$q = \frac{v_c}{v_f}$$

Beispiel:

$v_c = 30$ m/s; $v_f = 20$ m/min; $q = ?$

$$q = \frac{v_c}{v_f} = \frac{30 \text{ m/s} \cdot 60 \text{ s/min}}{20 \text{ m/min}} = \frac{1800 \text{ m/min}}{20 \text{ m/min}} = 90$$

Richtwerte für Schnittgeschwindigkeit v_c, Vorschubgeschwindigkeit v_f, Geschwindigkeitsverhältnis q

Werkstoff	Planschleifen						Längsrundschleifen					
	Umfangsschleifen			Seitenschleifen			Außenrundschleifen			Innenrundschleifen		
	v_c m/s	v_f m/min	q	v_c m/s	v_f m/min	q	v_c m/s	v_f m/min	q	v_c m/s	v_f m/min	q
Stahl	30	10…35	80	25	6…25	50	35	10	125	25	19…23	80
Gusseisen	30	10…35	65	25	6…30	40	25	11	100	25	23	65
Hartmetall	10	4	115	8	4	115	8	4	100	8	8	60
Al-Legierungen	18	15…40	30	18	24…45	20	18	24…30	50	16	30…40	30
Cu-Legierungen	25	15…40	50	18	20…45	30	30	16	80	25	25	50

Schleifdaten für Stahl und Gusseisen mit Korund- oder Siliciumcarbid-Schleifscheiben

Verfahren	Körnung	Aufmaß in mm	Zustellung in mm	Rz in µm
Vorschleifen	30…46	0,5…0,2	0,02…0,1	3…10
Fertigschleifen	46…80	0,02…0,1	0,005…0,05	1…5
Feinschleifen	80…120	0,005…0,02	0,002…0,008	1,6…3

Arbeitshöchstgeschwindigkeit für Schleifkörper   vgl. DIN EN 12413 (1999-06)

Schleifscheibenform	Schleifmaschinenart	Führung[1]	Höchstgeschwindigkeit v_c in m/s bei Bindung[2]							
			B	BF	E	M	R	RF	PL	V
gerade Schleif-scheibe	ortsfest	zg oder hg	50	63	40	25	50	–	50	40
	Handschleifmaschine	zg	50	80	–	–	50	80	50	–
gerade Trennschleif-scheibe	ortsfest	zg oder hg	80	100	63	–	63	80	–	–
	Handschleifmaschine	Freihand	–	80	–	–	–	–	–	–

[1] zg zwangsgeführt: Vorschub durch mechanische Hilfsmittel; hg handgeführt: Vorschub durch Bedienperson, Freihand: Schleifmaschine wird vollständig von Hand geführt;   [2] Bindungsarten: Seite 309

Verwendungseinschränkungen (VE) für Schleifkörper[3]   vgl. BGV D12[4] (2001-10)

VE	Bedeutung	VE	Bedeutung
VE1	nicht zulässig für Freihand- und handgeführtes Schleifen	VE6	nicht zulässig für Seitenschleifen
		VE7	nicht zulässig für Freihandschleifen
VE2	nicht zulässig für Freihandtrennschleifen	VE8	nicht zulässig mit Stützteller
VE3	nicht zulässig für Nassschleifen	VE10	nicht zulässig für Trockenschleifen
VE4	nicht zulässig bei geschlossenem Arbeitsbereich	VE11	nicht zulässig für Freihand- und handgeführtes Trennschleifen
VE5	nicht zulässig ohne Absaugung		

[3] Fehlt die Einschränkung, so ist das Schleifwerkzeug für alle Einsatzformen geeignet.

Farbstreifen für höchstzulässige Umfangsgeschwindigkeiten ≥ 50 m/s   vgl. BGV D12[4] (2001-10)

Farbstreifen	blau	gelb	rot	grün	blau + gelb	blau + rot	blau + grün
v_c max in m/s	50	63	80	100	125	140	160
Farbstreifen	gelb + rot	gelb + grün	rot + grün	blau + blau	gelb + gelb	rot + rot	grün + grün
v_c max in m/s	180	200	225	250	280	320	360

[4] BGV Berufsgenossenschaftliche Vorschrift

F

Schleifmittel, Bindung

Schleifmittel
vgl. DIN ISO 525 (2000-08)

Zei-chen	Schleifmittel	chemische Zusammensetzung	Knoop-härte	Anwendungsgebiete
A	Normalkorund	Al_2O_3 + Beimengungen	18000	unlegierter, ungehärteter Stahl, Stahlguss, Temperguss
A	Edelkorund	Al_2O_3 in kristalliner Form	21000	hoch- und niedriglegierter Stahl, gehärteter Stahl, Einsatzstahl, Werkzeugstahl, Titan
Z	Zirkonkorund	Al_2O_3 + ZrO_2	–	nichtrostende Stähle
C	Siliziumkarbid	SiC + Beimengungen	24800	harte Werkstoffe: Hartmetall, Gusseisen, HSS, Keramik, Glas; weiche Werkstoffe: Kupfer, Aluminium, Kunststoffe
BK	Borkarbid	B_4C in kristalliner Form	47000	Läppen, Polieren von Hartmetall und gehärtetem Stahl
CBN	Bornitrid	BN in kristalliner Form	60000	Schnellarbeitsstähle, Kalt- und Warmarbeitsstähle
D	Diamant	C in kristalliner Form	70000	Hartmetall, Gusseisen, Glas, Keramik, Stein, Nichteisenmetalle, nicht für Stahl; Abrichten von Schleifscheiben

Härtegrad
vgl. DIN ISO 525 (2000-08)

Bezeichnung	Härtegrad	Anwendung	Bezeichnung	Härtegrad	Anwendung
äußerst weich	A B C D	Tief- und Seitenschleifen harter Werkstoffe	hart	P Q R S	Außenrundschleifen weicher Werkstoffe
sehr weich	E F G		sehr hart	T U V W	
weich	H I J K	herkömmliches Metallschleifen	äußerst hart	X Y Z	
mittel	L M N O				

Korngröße
vgl. DIN ISO 525 (2000-08)

Körnungsbezeichnung bei gebundenen Schleifmitteln

Körnungsbereiche	grob	mittel	fein	sehr fein
Körnungsbezeichnung	F4, F5, F6, …, F24	F30, F36, F46, …, F60	F70, F80, F90, …, F220	F230, …, F1200
erreichbar: Rz in µm	≈ 10…5	≈ 5…2,5	≈ 2,5…1,0	≈ 1,0…0,4

Gefüge
vgl. DIN ISO 525 (2000-08)

Kennziffer	0 1 2 3 4 5 6 7 8 9 10 11 12 13 14 usw. bis 30
Gefüge	⟵ geschlossen (dicht) offen (porös) ⟶

Bindung
vgl. DIN ISO 525 (2000-008) und VDI 3411 (2000-08)

Zei-chen	Bindungsart	Eigenschaften	Anwendungsgebiete
V	Keramikbindung	porös, spröde, unempfindlich gegen Wasser, Öl, Wärme	Vor- und Feinschleifen von Stählen mit Korund und Siliciumkarbid
B BF	Kunstharzbindung, faserverstärkt	dicht oder porös, elastisch, ölbeständig, kühler Schliff	Vor- oder Trennschleifen, Profilschleifen mit Diamant und Bornitrid, Hochdruckschleifen
M	Metallbindung	dicht oder porös, zäh, unempfindlich gegen Druck und Wärme	Profil- und Werkzeugschleifen mit Diamant oder Bornitrid, Nassschliff
G	Galvanische Bindung	hohe Griffigkeit durch herausragende Körner	Innenschleifen von Hartmetall, Handschliff
R RF	Gummibindung, faserverstärkt	elastisch, kühler Schliff, empfindlich gegen Öl u. Wärme	Trennschleifen
E	Schellackbindung	temperaturempfindlich, zäh-elastisch, stoßunempfindlich	Sägen- und Formschliff, Regelscheibe beim spitzenlosen Schleifen
MG	Magnesitbindung	weich, elastisch, wasserempfindlich	Trockenschliff, Messerschliff
⇒	**Schleifscheibe ISO 603-1 1 N-300 x 50 x 76,2 – A/F 36 L 5 V – 50:** Form 1 (gerade Schleifscheibe), Randform N, Außendurchmesser 300 mm, Breite 50 mm, Bohrungsdurchmesser 76,2 mm, Schleifmittel A (Elektrokorund), Korngröße F 36 (mittel), Härtegrad L (mittel), Gefüge 5, Keramikbindung (V), Höchstumfangsgeschwindigkeit 50 m/s.		

F

Auswahl von Schleifscheiben

Richtwerte für die Auswahl von Schleifscheiben (ohne Diamant und Bornitrid)

Längsrundschleifen

Werkstoff	Schleifmittel	Schruppen		Schlichten mit Scheibendurchmesser bis 500 mm		über 500 mm		Feinschlichten	
		Körnung	Härte	Körnung	Härte	Körnung	Härte	Körnung	Härte
Stahl, ungehärtet	A	54	M...N	80	M...N	60	L...M	180	L...M
Stahl, gehärtet, unleg. u. legiert	A	46	L...M	80	K...L	60	J...K	240...500	H...N
Stahl, gehärtet, hochlegiert	A, C	80	M...N	80	N...O	60	M...N	240...500	H...N
Hartmetall, Keramik	C	60	K	80	K	60	K	240...500	H...N
Gusseisen	A, C	60	L	80	L	60	L	100	M
NE-Metalle, z.B. Al, Cu, CuZn	C	46	K	60	K	60	K	–	–

Innenrundschleifen

Werkstoff	Schleifmittel	Schleifscheibendurchmesser in mm bis 20		über 20 bis 40		über 40 bis 80		über 80	
		Körnung	Härte	Körnung	Härte	Körnung	Härte	Körnung	Härte
Stahl, ungehärtet	A	80	M	60	L...M	54	L...M	46	K
Stahl, gehärtet, unleg. u. legiert	A	80	K...L	120	M...N	80	M...N	80	L
Stahl, gehärtet, hochlegiert	A, C	80	J...K	100	K	80	K	60	J
Hartmetall, Keramik	C	80	G	120	H	120	H	80	G
Gusseisen	A	80	L...M	80	K...L	60	M	46	M
NE-Metalle, z.B. Al, Cu, CuZn	C	80	I...J	120	K	60	J...K	54	J

Umfangsplanschleifen

Werkstoff	Schleifmittel	Topfscheiben $D < 300$ mm		Gerade Schleifscheiben $D \le 300$ mm		$D > 300$ mm		Schleifsegmente	
		Körnung	Härte	Körnung	Härte	Körnung	Härte	Körnung	Härte
Stahl, ungehärtet	A	46	J	46	J	36	J	24	J
Stahl, gehärtet, unleg. u. legiert	A	46	J	60	J	46	J	36	J
Stahl, gehärtet, hochlegiert	A	46	H...J	60	I...J	46	I...J	36	I...J
Hartmetall, Keramik	C	46	J	60	J	60	J	46	J
Gusseisen	A	46	J	46	J	46	J	24	J
NE-Metalle, z.B. Al, Cu, CuZn	C	46	J	60	J	60	J	36	J

Werkzeugschleifen

Schneidstoff	Schleifmittel	Gerade Schleifscheiben $D \le 225$ Körnung	$D > 225$ Körnung	Härte	Schleifteller $D \le 100$ Körnung	$D > 100$ Körnung	Härte	Topfscheiben Körnung	Härte
Werkzeugstahl	A	80	60	M	80	60	M	46	K
Schnellarbeitsstahl	A	60	46	K	60	46	K	46	H
Hartmetall	C	80	54	K	80	54	K	46	H

Trennen auf stationären Maschinen

Werkstoff	Schleifmittel	Gerade Trennscheiben v_c bis 80 m/s $D \le 200$ mm		$D > 200$ mm		Gerade Trennscheiben v_c bis 100 m/s $D \le 500$ mm		$D > 500$ mm	
		Körnung	Härte	Körnung	Härte	Körnung	Härte	Körnung	Härte
Stahl, ungehärtet	A	80	Q...R	46	Q...R	24	U	20	Q...R
Gusseisen	A	60	Q...R	46	Q...R	24	U...V	20	U...V
NE-Metalle, z.B. Al, Cu, CuZn	A	60	Q...R	46	Q...R	30	S	24	S

Schleifen und Trennen mit Handmaschinen

Werkstoff	Schleifmittel	Trennscheiben v_c bis 80 m/s		Schruppscheiben v_c bis 45 m/s		v_c bis 80 m/s		Schleifstifte	
		Körnung	Härte	Körnung	Härte	Körnung	Härte	Körnung	Härte
Stahl, ungehärtet	A	30	T	24	M	24	R	36	Q...R
Stahl, korrosionsbeständig	A	30	R	16	M	24	R	36	S
Gusseisen	A, C	30	T	20	R	24	R	30	T
NE-Metalle, z.B. Al, Cu, CuZn	A, C	30	R	20	R	–	–	–	–

F

Schleifen mit Diamant und Bornitrid

Körnungsbezeichnung

vgl. DIN ISO 848 (1998-03)

Anwendungsbereiche		Vorschleifen	Fertigschleifen	Feinschleifen	Läppen
Körnungs bezeichnung[1]	Diamant	D251...D151	D126...D76	D64, D54, D46	D20, D15, D7
	Bornitrid	B251...B151	B126...B76	B64, B54, B46	B30, B6
erreichbar: Ra in µm		≈ 0,55...0,50	≈ 0,45...0,33	≈ 0,18...0,15	≈ 0,05...0,025

[1] lichte Maschenweite der Prüfsiebe in µm

Richtwerte für Schnittgeschwindigkeiten

Verfahren	Schleif- mittel	Schnittgeschwindigkeit v_c in m/s bei Bindungsart[1]							
		B		M		G		V	
		trocken	nass	trocken	nass	trocken	nass	trocken	nass
Planschleifen	CBN	–	30...50	–	30...60	–	30...60	–	30...60
	D	–	22...50	–	22...27	20...30	22...50	–	25...50
Außenrund- schleifen[2]	CBN	–	30...50	–	30...60	–	30...60	–	30...60
	D	–	22...40	–	20...30	20...30	22...40	–	25...50
Innenrund- schleifen	CBN	27...35	30...40	–	30...60	24...40	30...50	–	30...50
	D	12...18	15...30	8...15	18...27	12...20	18...40	–	25...50
Werkzeug- schleifen	CBN	27...35	30...50	22...30	30...40	27...35	30...50	–	30...50
	D	15...22	22...50	15...22	15...27	15...30	22...35	–	–
Trenn- schleifen	CBN	27...35	30...50	–	30...60	27...40	30...60	–	–
	D	12...18	22...35	–	22...27	22...40	22...40	–	–

[1] Bindungsarten Seite 309   [2] Bei Hochgeschwindigkeitsschleifen (HSG) ca. vierfache Werte

Richtwerte für Zustellung und Vorschub bei Diamant-Schleifscheiben

Verfahren	Zustellung pro Hub in mm bei Korngröße			Vorschub m/min	Quervorschub bezüglich der Scheibenbreite b
	D181	D126	D64		
Planschleifen[1]	0,02...0,04	0,01...0,02	0,005...0,01	10...15	$^1/_4$ ... $^1/_2 \cdot b$
Außenrundschleifen[1]	0,01...0,03	0,0...0,02	0,005...0,01	0,3... 2,0	–
Innenrundschleifen	0,002...0,007	0,002...0,005	0,001...0,003	0,5... 2,0	–
Werkzeugschleifen	0,01...0,03	0,005...0,015	0,002...0,005	0,3... 4,0	–
Nutenschleifen	–	1,0 ...5,0	0,5...3,0	0,01... 2,0	–

[1] Bei Hochgeschwindigkeitsschleifen (High Speed Grinding = HSG) ca. dreifache Werte

Richtwerte für Zustellung und Vorschub bei CBN-Schleifscheiben

Verfahren	Zustellung pro Hub in mm bei Korngröße			Vorschub m/min	Quervorschub bezüglich der Scheibenbreite b
	B252/B181	B151/B126	B91/B76		
Planschleifen	0,03...0,05	0,02...0,04	0,01...0,015	20...30	$^1/_4$ ... $^1/_3 \cdot b$
Außenrundschleifen	0,02...0,04	0,02...0,03	0,015...0,02	0,5...2,0	–
Innenrundschleifen	0,005...0,015	0,005...0,01	0,002...0,005	0,5...2,0	–
Werkzeugschleifen	0,002...0,1	0,01...0,005	0,005...0,015	0,5...4,0	–
Nutenschleifen	1,0...10	1,0...5,0	0,5...3,0	0,01...2,0	–

Hochleistungsschleifen mit CBN-Schleifscheiben

vgl. VDI 3411 (2000-08)

Schleifprozesse mit stark erhöhten Zeitspanvolumina durch Einsatz spezieller Maschinen und Werkzeuge, mit denen erhöhte Schnittgeschwindigkeiten (> 80 m/s) und angepasste Kühlschmierung ermöglicht wird. Überwiegend beim Plan- und Außenrundschleifen metallischer Werkstoffe eingesetzt.

F

Einsatzvorbereitung der Schleifscheiben (Konditionieren)

Arbeitsschritt	Abrichten		Reinigen
	Profilieren	Schärfen	
Vorgang	Abtrennen von Korn und Bindung	Zurücksetzen der Bindung	keine Veränderung des Schleifbelags
Arbeitsziel	Herstellen von Rundlauf und Scheibenprofil	Erzeugen der Scheiben- oberflächenstruktur	Beseitigen von Spänen aus den Spanräumen

Höchstzulässige Umfangsgeschwindigkeiten beim Hochleistungsschleifen

Bindungsart[1]	B	V	M	G
höchstzulässige Umfangsgeschwindigkeit in m/s	140	200	180	280

[1] Bindungsarten Seite 309

Honen

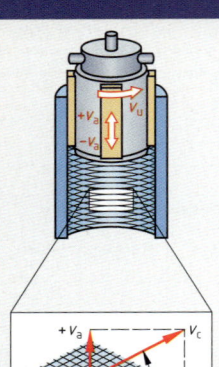

v_c Schnittgeschwindigkeit
v_a Axialgeschwindigkeit
v_u Umfangsgeschwindigkeit
α Überschneidungswinkel der Bearbeitungsspuren
p Anpressdruck

A Anlagefläche der Honsteine
F_r radiale Zustellkraft
n Anzahl der Honsteine
b Breite der Honsteine
l Länge der Honsteine

Beispiel:

Gehärteter Stahl, Fertighonen, $v_u = ?$; $v_a = ?$; $v_c = ?$; $\alpha = ?$
aus Tabelle gewählt: $v_u = 25$ m/min; $v_a = 12$ m/min

$$v_c = \sqrt{v_a^2 + v_u^2} = \sqrt{\left(12\,\frac{m}{min}\right)^2 + \left(25\,\frac{m}{min}\right)^2} \approx 28\,\frac{m}{min}$$

$$\tan\frac{\alpha}{2} = \frac{v_a}{v_u} = \frac{12\text{ m/min}}{25\text{ m/min}} = 0,48; \quad \alpha = 51,3°$$

Schnittgeschwindigkeit

$$v_c = \sqrt{v_a^2 + v_u^2}$$

Überschneidungswinkel

$$\tan\frac{\alpha}{2} = \frac{v_a}{v_u}$$

Anpressdruck

$$p = \frac{F_r}{A}$$

$$p = \frac{F_r}{n \cdot b \cdot l}$$

Schnittgeschwindigkeit und Bearbeitungszugaben

Werkstoff	Umfangsgeschwindigkeit v_u in m/min		Axialgeschwindigkeit v_a in m/min		Bearbeitungszugaben in mm für Bohrungsdurchmesser in mm		
	Vorhonen	Fertighonen	Vorhonen	Fertighonen	2...15	15...100	100...500
Stahl, ungehärtet	18...40	20...40	9...20	10...20	0,02...0,05	0,03...0,15	0,06...0,3
Stahl, gehärtet	14...40	15...40	5...20	6...20	0,01...0,03	0,02...0,05	0,03...0,1
legierte Stähle	23...40	25...40	10...20	11...20	0,02...0,05	0,03...0,15	0,06...0,3
Gusseisen	23...40	25...40	10...20	11...20			
Aluminium-Legierungen	22...40	24...40	9...20	10...20			

Honen mit Diamantkorn v_u bis 40 m/min und v_a bis 60 m/min; $\alpha = 60°...90°$

Anpressdruck von Honwerkzeugen

Honverfahren	Anpressdruck p in N/cm^2			
	keramische Honsteine	kunststoffgebundene Honsteine	Diamant-Honleisten	Bornitrid-Honleisten
Vorhonen	50...250	200...400	300...700	200...400
Fertighonen	20...100	40...250	100...300	100...200

Auswahl der Honsteine aus Korund, Siliciumkarbid, CBN und Diamant

Werkstoff	Zugfestigkeit N/mm^2	Verfahren	Rautiefe Rz μm	Honsteine aus Korund und Siliciumkarbid[2]					CBN oder Diamant
				Honmittel	Körnung	Härte	Bindung	Gefüge	Körnung
Stahl	< 500 (ungehärtet)	Vorhonen	8...12	A	700	R		1	D126
		Zwischenhonen	2...5		400	R	B	5	D54
		Fertighonen	0,5...1,5		1200	M		2	D15
	500...700 (gehärtet)	Vorhonen	5...10	A	80	R		3	B76
		Zwischenhonen	2...3		400	O	B	5	B54
		Fertighonen	0,5...2		700	N		3	B30
Gusseisen	–	Vorhonen	5...8	C	80	M		3	D91
		Fertighonen	2...3		120	K	V	7	D46
		Plateauhonen[1]	3...6		900	H		8	D25
NE-Metalle	–	Vorhonen	6...10	A	80	O		3	D64
		Zwischenhonen	2...3	A	400	O	V	1	D35
		Fertighonen	0,5...1	C	1000	N		5	D15

[1] Beim Plateauhonen werden die obersten Spitzen der Werkstückoberfläche abgetragen.   [2] vgl. Seite 309

Auswahl der Honsteine aus Diamant und kubischem Bornitrid (CBN)

Schleifstoff	Natürlicher Diamant	Synthetischer Diamant	CBN
Werkstoff	Stahl, Hartmetall	Gusseisen, nitrierter Stahl, NE-Metalle, Glas, Keramik	gehärteter Stahl

F

Hauptnutzungszeit und Richtwerte beim Abtragen

Funkenerosives Schneiden (Drahterodieren)

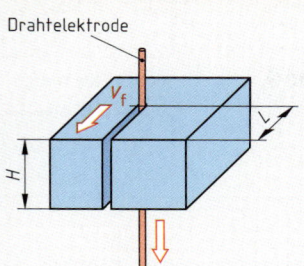

t_h Hauptnutzungszeit in min
v_f Vorschubgeschwindigkeit in mm/min
L Vorschubweg, Schnittlänge in mm
H Schnitthöhe in mm
T Formtoleranz in µm

Hauptnutzungszeit

$$t_h = \frac{L}{v_f}$$

Beispiel:

Werkstoff: Stahl, H = 30 mm; L = 320 mm;
T = 30 µm; v_f = ?; t_h = ?

v_f **= 1,8 mm/min** (nach Tabelle)

$$t_h = \frac{L}{v_f} = \frac{320 \text{ mm}}{1,8 \text{ mm/min}} = \textbf{178 min}$$

Vorschubgeschwindigkeit v_f (Richtwerte)[1]

Schnitt-höhe H in mm	Vorschubgeschwindigkeit v_f in mm/min										
	Stahlbearbeitung					Kupferbearbeitung			Hartmetallbearbeitung		
	angestrebte Formtolanz T in µm										
	60	40	30	20	10	40	20	10	80	20	10
10	9,0	8,5	4,0	3,9	2,1	7,5	3,5	2,0	4,5	0,7	0,6
20	5,1	5,5	2,5	2,5	1,5	4,7	2,4	1,5	3,1	0,3	0,3
30	3,7	4,0	1,8	1,8	1,1	4,0	1,9	1,1	2,3	0,2	0,2
50	2,5	2,5	1,2	1,2	0,8	2,6	1,4	0,7	1,4	0,2	0,2

[1] Die angegebenen Richtwerte sind Durchschnittswerte aus dem Hauptschnitt und allen zur Erzielung der Konturtoleranz erforderlichen Nachschnitten. Bei ungünstigen Spülverhältnissen sinkt die erzielbare Vorschubgeschwindigkeit erheblich ab.

Eigenschaften und Anwendung üblicher Drahtelektroden

Draht-werkstoff	el. Leitfähigkeit in m/($\Omega \cdot mm^2$)	Zugfestigkeit in N/mm²	übliche Drahtdurch-messer in mm	Anwendung
CuZn-Leg.	13,5	400…900	0,2 …0,33	universell
Molybdän	18,5	1900	0,025…0,125	Schnitte mit sehr kleiner Formtoleranz
Wolfram	18,2	2500	0,025…0,125	dünne Schneidspalte, kleine Eckenradien

Funkenerosives Senken (Senkerodieren)

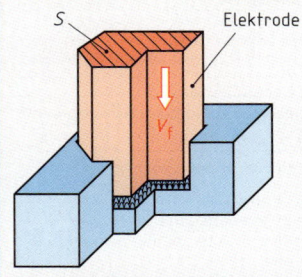

t_h Hauptnutzungszeit in min
S abtragender Querschnitt der Elektrode in mm²
V Abtragvolumen in mm³
V_W Abtragrate in mm³/min

Hauptnutzungszeit

$$t_h = \frac{V}{V_W}$$

Beispiel:

Schruppen von Stahl; Grafitelektrode,
S = 150 mm²; V = 3060 mm³; V_W = ?; t_h = ?

V_W **= 31 mm³/min** (nach Tabelle)

$$t_h = \frac{V}{V_W} = \frac{3060 \text{ mm}^3}{31 \text{ mm}^3/\text{min}} = \textbf{99 min}$$

Abtragrate V_W (Richtwerte)[1]

Bear-beiteter Werk-stoff	Elektrode	Abtragrate V_W in mm³/min										
		Schruppen abtragender Querschnitt S in mm²						Schlichten angestrebte Rautiefe Rz in µm				
		10 bis 50	50 bis 100	100 bis 200	200 bis 300	300 bis 400	400 bis 600	2 bis 3	3 bis 4	4 bis 6	6 bis 8	8 bis 10
Stahl	Grafit	7,0	18	31	62	81	105	–	–	–	2	5
	Kupfer	13,3	22	28	51	85	105	0,1	0,5	1,9	3,8	5
Hartmetall	Kupfer	6,0	15	18	28	30	33	–	0,1	0,5	2,2	5,2

[1] Die Werte schwanken infolge verfahrenstechnischer Einflüsse stark. Siehe hierzu Seite 314.

F

Verfahrenstechnische Einflüsse beim funkenerosiven Senken

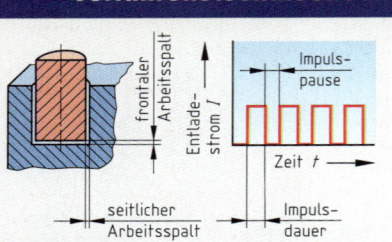

		Abtragrate in mm³/min
V_W		Abtragrate in mm³/min
V		Abtragvolumen in mm³
t		Abtragzeit in min
V_E		absoluter Werkzeug- verschleiß in mm³
V_{rel}		relativer Werkzeug- verschleiß in %

Abtragrate

$$V_W = \frac{V}{t}$$

relativer Werkzeug- verschleiß

$$V_{rel} = \frac{V_E}{V} \cdot 100\%$$

Einfluss		Erläuterungen, Eigenschaften und Verwendung
Elek- troden- werk- stoff	**Elektrolytkupfer**	Universelle Anwendung; geringes Verschleißverhalten; hohe Abtragrate; für Schlicht- und Schruppbearbeitung; Elektrodenherstellung durch Zerspanung schwierig; starke Wärmeausdehnung; keine brüchigen Kanten; verzugsanfällig
	Grafit in verschiedenen Körnungen	Universelle Anwendung; sehr geringer Verschleiß; größere Stromdichten als Cu; geringes Elektrodengewicht; Elektrodenherstellung durch Zerspanung einfach; verzugsfrei; geringe Wärmeausdehnung; je feingliedriger die Elektrode desto feiner die gewählte Grafitkörnung; nicht für Hartmetallbearbeitung geeignet
	Wolfram-Kupfer	Kleine feingliedrige Elektroden; sehr geringer Verschleiß; sehr hohe Abtragraten bei relativ kleinen Entladeströmen trotz großen Stromdichten; nur in begrenzten Abmessungen herstellbar; hohes Elektrodengewicht
	Kupfer-Grafit	Spezieller Einsatz für kleine Elektrodenabmessungen und gleichzeitig hohe Elektrodenfestigkeit; Verschleiß und Abtragrate spielen bei speziellem Einsatz eine untergeordnete Rolle.
Dielek- trikum	**Synthetische Öle,** die gefiltert und gekühlt werden; vom Maschinen- hersteller vorgegeben	Anforderungen an Dielektrikum: • niedriger und konstanter Leitwert für stabile Funkenbildung • geringe Viskosität für Filtrierbarkeit und Eindringfähigkeit in engen Spalten • wenig Verdunstung wegen schädlicher Dämpfe • hoher Flammpunkt wegen Brandgefahr • hoher Wärmeleitwert für gute Kühlung • extrem niedrige Gesundheitsgefährdung des Bedienpersonals
Spülung	**Erneuerung des Dielektrikums** an der Wirkstelle; **Zersetzungs- produkte** aus dem Spalt entfernen	Je nach Erfordernis und Möglichkeit kommen verschiedene Spülverfahren zur Anwendung, um die Erodierleistung stabil zu halten: • Überflutung (häufigste Methode, gleichzeitig Wärmeabfuhr) • Druckspülung durch hohle Elektrode oder neben der Elektrode • Saugspülung durch hohle Elektrode oder neben der Elektrode • Intervallspülung durch Zurückziehen der Elektrode verursacht • Bewegungsspülung durch Relativbewegung zwischen Werkstück und Elektrode, ohne den Erodiervorgang zu unterbrechen.
Polarität	**positiv**	Elektrode wird positiv gepolt; für geringen Elektrodenabbrand beim Schruppen mit großer Impulsdauer und niedriger Frequenz
	negativ	Elektrode wird negativ gepolt; für Erodieren mit kleiner Impulsdauer und hoher Frequenz
Arbeits- spalt	**frontal**	Mit Vorschub (geregelt über die Entladespannung) konstant gehalten. Regelempfindlichkeit zu hoch eingestellt: Elektrode schwingt ständig ein und aus, geregelte Entladungen können nicht stattfinden. Regelempfindlichkeit zu niedrig eingestellt: Anomale Entladungen häufen sich oder Spalt bleibt zu groß für Entladungen.
	seitlich	Im Wesentlichen durch Dauer und Höhe der Entladeimpulse, durch die Material- paarung und die Leerlaufspannung bestimmt
Entlade- strom	**gering**	Abtragleistung gering, kleiner Werkzeugverschleiß bei Kupferelektroden, großer Ver- schleiß bei Grafitelektroden
	groß	Abtragleistung hoch, großer Werkzeugverschleiß bei Kupferelektroden, geringer Ver- schleiß bei Grafitelektroden
Impuls- dauer	**klein**	Elektrodenverschleiß bei positiver Polarität wird größer, geringe Abtragrate
	groß	Elektrodenverschleiß bei positiver Polarität wird kleiner, Abtragrate größer

F

Schneidkraft, Einsatzbedingungen von Pressen

Schneidkraft, Schneidarbeit

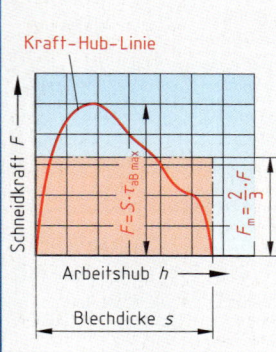

F Schneidkraft
F_m gemittelte Schneidkraft
S Scherfläche
$R_{m\,max}$ maximale Zugfestigkeit
$\tau_{aB\,max}$ maximale Scherfestigkeit
W Schneidarbeit
s Blechdicke

Beispiel:

$S = 236\ mm^2$; $s = 2{,}5\ mm$; $R_{m\,max} = 510\ N/mm^2$

Gesucht: $\tau_{aB\,max}$; F; W

Lösung: $\tau_{aB\,max} = 0{,}8 \cdot R_{m\,max}$
$= 0{,}8 \cdot 510\ N/mm^2 = \mathbf{408\ N/mm^2}$

$F = S \cdot \tau_{aB\,max} = 236\ mm^2 \cdot 408\ N/mm^2$
$= 96\,288\ N = \mathbf{96{,}288\ kN}$

$W = \dfrac{2}{3} \cdot F \cdot s = \dfrac{2}{3} \cdot 96{,}288\ kN \cdot 2{,}5\ mm$

$\approx 160\ kN \cdot mm = \mathbf{160\ N \cdot m}$

Schneidkraft

$$F = S \cdot \tau_{aB\,max}$$

max. Scherfestigkeit

$$\tau_{aB\,max} \approx 0{,}8 \cdot R_{m\,max}$$

Schneidarbeit

$$W = \dfrac{2}{3} \cdot F \cdot s$$

Einsatzbedingungen bei Exzenter- und Kurbelpressen

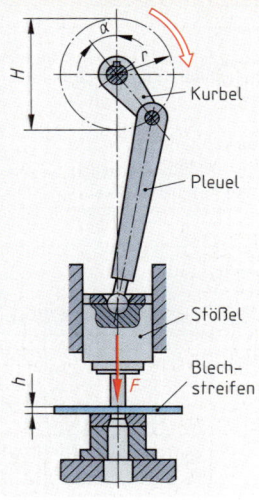

In der Regel sind die Pressenantriebe so ausgelegt, dass die Nenn-Presskraft beim Kurbelwinkel $\alpha = 30°$ wirken kann.

Im Dauerhub arbeiten die Maschinen ohne Unterbrechung. Im Einzelhub werden die Pressen nach jedem Hub stillgesetzt. Bei Pressen mit einstellbarem Hub ist die zulässige Presskraft kleiner als die Nenn-Presskraft.

F Schneidkraft, Umformkraft
F_n Nenn-Presskraft
F_{zul} zul. Presskraft bei einstellbarem Hub
H Hub, maximaler Hub bei einstellbarem Hub
H_e eingestellter Hub
h Arbeitsweg ($\hat{=}$ Blechdicke s)
α Kurbelwinkel
W Schneidarbeit, Umformarbeit
W_D Arbeitsvermögen im Dauerhub
W_E Arbeitsvermögen im Einzelhub

Arbeitsvermögen im Dauerhub

$$W_D = \dfrac{F_n \cdot H}{15}$$

Arbeitsvermögen im Einzelhub

$$W_E = 2 \cdot W_D$$

F

Einsatzbedingungen
Bei festem Hub
$F \leq F_n$ $W \leq W_D$ oder $W \leq W_E$
Bei einstellbarem Hub
$F \leq F_{zul}$ $F_{zul} = \dfrac{F_n \cdot H}{4 \cdot \sqrt{H_e \cdot h - h^2}}$ $W \leq W_D$ oder $W \leq W_E$

Beispiel:

Exzenterpresse mit festem Hub, $F_n = 250\ kN$; $H = 30\ mm$; $F = 207\ kN$; $s = 4\ mm$

Gesucht: W; W_D. Ist die Presse im Dauerhub einsetzbar?

Lösung: $W = \dfrac{2}{3} \cdot F \cdot s = \dfrac{2}{3} \cdot 207\ kN \cdot 4\ mm = 552\ kN \cdot mm = \mathbf{552\ N \cdot m}$

$W_D = \dfrac{F_n \cdot H}{15} = \dfrac{250\ kN \cdot 30\ mm}{15} = 500\ kN \cdot mm = \mathbf{500\ N \cdot m}$

Wenn $F < F_n$, aber $W > W_D$, dann ist die Presse für dieses Werkstück im Dauerhub nicht einsetzbar.

Werkzeug- und Werkstückmaße

Schneidstempel- und Schneidplattenmaße
vgl. VDI 3368 (1982-05)

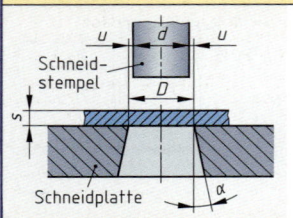

d Schneid-
   stempelmaß
D Schneid-
   plattenmaß
u Schneidspalt
s Blechdicke
α Freiwinkel

Verfahren	Lochen	Ausschneiden
Form des Werkstücks		
Für das Sollmaß ist maßgebend:	Maß des Schneidstempels d	Maß der Schneidplatte D
Maß des Gegenwerkzeugs	Schneidplatte $D = d + 2 \cdot u$	Schneidstempel $d = D - 2 \cdot u$

Schneidspalt u in Abhängigkeit vom Werkstoff und der Blechdicke

Blechdicke s mm	Schneidplattendurchbruch mit Freiwinkel α				Schneidplattendurchbruch ohne Freiwinkel α			
	Scherfestigkeit τ_{aB} in N/mm²				Scherfestigkeit τ_{aB} in N/mm²			
	bis 250	251...400	401...600	über 600	bis 250	251...400	401...600	über 600
	Schneidspalt u in mm				Schneidspalt u in mm			
0,4...0,6	0,01	0,015	0,02	0,025	0,015	0,02	0,025	0,03
0,7...0,8	0,015	0,02	0,03	0,04	0,025	0,03	0,04	0,05
0,9...1	0,02	0,03	0,04	0,05	0,03	0,04	0,05	0,05
1,5...2	0,03	0,05	0,06	0,08	0,05	0,07	0,09	0,11
2,5...3	0,04	0,07	0,10	0,12	0,08	0,11	0,14	0,17
3,5...4	0,06	0,09	0,12	0,16	0,11	0,15	0,19	0,23

Stegbreite, Randbreite, Seitenschneiderabfall für metallische Werkstoffe

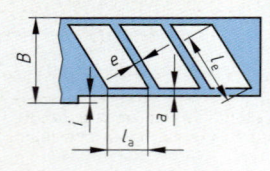

eckige Werkstücke

a   Randbreite
e   Stegbreite
l_a Randlänge
l_e Steglänge
B   Streifenbreite
i   Seitenschneiderabfall

Eckige Werkstücke:
Bei der Ermittlung von Steg- und Randbreite wird das jeweils größere Maß der Steg- oder Randlänge benützt.

Runde Werkstücke:
Für die Steg- und Randbreite gelten für alle Durchmesser die Werte, die für $l_e = l_a = 10$ mm bei den eckigen Werkstücken angegeben sind.

Streifenbreite B mm	Steglänge l_e Randlänge l_a mm	Stegbreite e Randbreite a	Blechdicke s in mm										
			0,1	0,3	0,5	0,75	1,0	1,25	1,5	1,75	2,0	2,5	3,0
bis 100 mm	bis 10	e	0,8	0,8	0,8	0,9	1,0	1,2	1,3	1,5	1,6	1,9	2,1
		a	1,0	0,9	0,9								
	11... 50	e	1,6	1,2	0,9	1,0	1,1	1,4	1,4	1,6	1,7	2,0	2,3
		a	1,9	1,5	1,0								
	51...100	e	1,8	1,4	1,0	1,2	1,3	1,6	1,6	1,8	1,9	2,2	2,5
		a	2,2	1,7	1,2								
	über 100	e	2,0	1,6	1,2	1,4	1,5	1,8	1,8	2,0	2,1	2,4	2,7
		a	2,4	1,9	1,5								
	Seitenschneiderabfall i		1,5				1,8	2,2	2,5	3,0	3,5	4,5	
über 100 mm bis 200 mm	bis 10	e	0,9	1,0	1,0	1,0	1,1	1,3	1,4	1,6	1,7	2,0	2,3
		a	1,2	1,1	1,1								
	11... 50	e	1,8	1,4	1,0	1,2	1,3	1,6	1,6	1,8	1,9	2,2	2,5
		a	2,2	1,7	1,2								
	51...100	e	2,0	1,6	1,2	1,4	1,5	1,8	1,8	2,0	2,1	2,4	2,7
		a	2,4	1,9	1,5								
	101...200	e	2,2	1,8	1,4	1,6	1,7	2,0	2,0	2,2	2,3	2,6	2,9
		a	2,7	2,2	1,7								
	Seitenschneiderabfall i		1,5				1,8	2,0	2,5	3,0	3,5	4,0	5,0

F

Lage des Einspannzapfens, Streifenausnutzung

Lage des Einspannzapfens bei Stempelformen mit bekanntem Schwerpunkt

Stempelanordnung   **Werkstück**

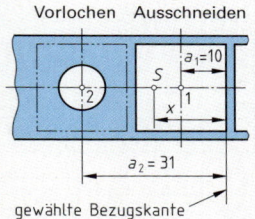

Vorlochen   Ausschneiden

gewählte Bezugskante

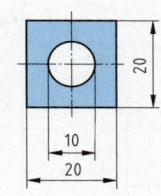

$U_1, U_2, U_3 \dots$ Umfänge der einzelnen Stempel

$a_1, a_2, a_3 \dots$ Abstände der Stempelschwerpunkte von der gewählten Bezugskante

x Abstand des Kräftemittelpunktes S von der gewählten Bezugskante

Abstand des Kräftemittelpunktes

$$x = \frac{U_1 \cdot a_1 + U_2 \cdot a_2 + U_3 \cdot a_3 + \dots}{U_1 + U_2 + U_3 + \dots}$$

Beispiel:

Gesucht ist der Abstand x des Kräftemittelpunktes S im Bild links.

Lösung:

Als Bezugskante wird die äußere Fläche des Ausschneidstempels gewählt.

Ausschneidstempel: $U_1 = 4 \cdot 20$ mm $= 80$ mm; $a_1 = 10$ mm

Lochstempel: $U_2 = \pi \cdot 10$ mm $= 31{,}4$ mm; $a_2 = 31$ mm

$$x = \frac{U_1 \cdot a_1 + U_2 \cdot a_2}{U_1 + U_2}$$

$$x = \frac{80 \text{ mm} \cdot 10 \text{ mm} + 31{,}4 \text{ mm} \cdot 31 \text{ mm}}{80 \text{ mm} + 31{,}4 \text{ mm}} \approx \mathbf{16 \text{ mm}}$$

Lage des Einspannzapfens bei Stempelformen mit unbekanntem Schwerpunkt

Der Kräftemittelpunkt entspricht dem Linienschwerpunkt[1] aller Schneidkanten.

Stempelanordnung   **Werkstück**

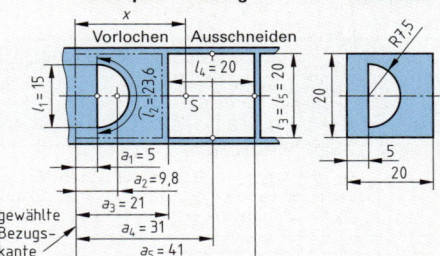

gewählte Bezugskante

$l_1, l_2, l_3 \dots l_n$ Schneidkantenlängen

$a_1, a_2, a_3 \dots a_n$ Abstände der Linienschwerpunkte von den gewählten Bezugskanten

x Abstand des Kräftemittelpunktes von der gewählten Bezugskante

n Nummer der Schneidkante

[1] Linienschwerpunkte: Seite 32

Abstand des Kräftemittelpunktes

$$x = \frac{l_1 \cdot a_1 + l_2 \cdot a_2 + l_3 \cdot a_3 + \dots}{l_1 + l_2 + l_3 + \dots}$$

$$x = \frac{\sum l_n \cdot a_n}{\sum l_n}$$

Beispiel:

Für das Werkstück (Bild links) ist die Lage des Einspannzapfens am Schneidwerkzeug zu berechnen.

Lösung:

n	l_n in mm	a_n in mm	$l_n \cdot a_n$ in mm^2
1	15	5	75
2	23,6	9,8	231,28
3	20	21	420
4	2 · 20	31	1240
5	20	41	820
Σ	118,6	–	2786,28

$$x = \frac{\sum l_n \cdot a_n}{\sum l_n} = \frac{2786{,}28 \text{ mm}^2}{118{,}6 \text{ mm}} = \mathbf{23{,}5 \text{ mm}}$$

Streifenausnutzung bei einreihigem Ausschneiden

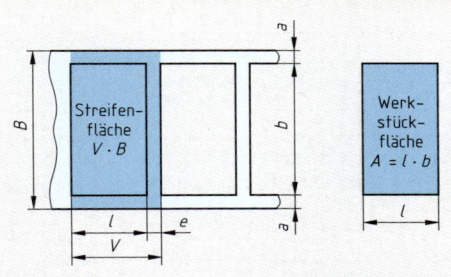

l Werkstücklänge

b Werkstückbreite

B Streifenbreite

a Randbreite

e Stegbreite

V Streifenvorschub

A Fläche eines Werkstücks (einschl. Lochungen)

R Anzahl der Reihen

η Ausnutzungsgrad

Streifenbreite

$$B = b + 2 \cdot a$$

Streifenvorschub

$$V = l + e$$

Ausnutzungsgrad

$$\eta = \frac{R \cdot A}{V \cdot B}$$

F

Biegeradius, Ausgleichswerte, Zuschnittsermittlung

Kleinster zulässiger Biegeradius für Biegeteile aus NE-Metallen $\qquad$ vgl. DIN 5520 (2002-07)

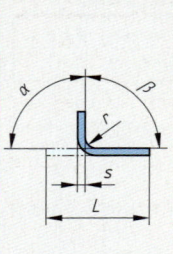

Werkstoff	Werkstoffzustand	Dicke s in mm						
		0,8	1	1,5	2	3	4	5	6
		Mindest-Biegeradius $r^{1)}$ in mm						
AlMg3-01	weich geglüht	0,6	1	2	3	4	6	8	10
AlMg3-H14	kalt verfestigt	1,6	2,5	4	6	10	14	18	–
AlMg3-H111	kalt verfestigt und geglüht	1	1,5	3	4,5	6	8	10	–
AlMg4,5Mn-H112	weich geglüht gerichtet	1	1,5	2,5	4	6	8	10	14
AlMg4,5Mn-H111	kalt verfestigt und geglüht	1,6	2,5	4	6	10	16	20	25
AlMgSi1-T6	lösungsgeglüht und warm ausgelagert	4	5	8	12	16	23	28	36
CuZn37-R600	hart	2,5	4	5	8	10	12	18	24

[1] für Biegewinkel α = 90°, unabhängig von der Walzrichtung

Kleinster zulässiger Biegeradius für das Kaltbiegen von Stahl $\qquad$ vgl. DIN 6935 (1975-10)

Mindestzugfestigkeit R_m in N/mm² über … bis	Kleinster Biegeradius[1] r für Blechdicke s in mm														
	1	1,5	2,5	3	4	5	6	7	8	10	12	14	16	18	20
bis 390	1	1,6	2,5	3	5	6	8	10	12	16	20	25	28	36	40
390…490	1,2	2	3	4	5	8	10	12	16	20	25	28	32	40	45
490…640	1,6	2,5	4	5	6	8	10	12	16	20	25	32	36	45	50

[1] Werte gelten für Biegewinkel $\alpha \leq 120°$ und Biegen quer zur Walzrichtung. Beim Biegen längs zur Walzrichtung und Biegewinkeln $\alpha > 120°$ ist der Wert der nächsthöheren Blechdicke zu wählen.

Ausgleichswerte v für Biegewinkel α = 90° $\qquad$ vgl. Beiblatt 2 zu DIN 6935 (1983-02)

Biege-radius r in mm	Ausgleichswert v je Biegestelle in mm für Blechdicke s in mm														
	0,4	0,6	0,8	1	1,5	2	2,5	3	3,5	4	4,5	5	6	8	10
1	1,0	1,3	1,7	1,9	–	–	–	–	–	–	–	–	–	–	–
1,6	1,3	1,6	1,8	2,1	2,9	–	–	–	–	–	–	–	–	–	–
2,5	1,6	2,0	2,2	2,4	3,2	4,0	4,8	–	–	–	–	–	–	–	–
4	–	2,5	2,8	3,0	3,7	4,5	5,2	6,0	6,9	–	–	–	–	–	–
6	–	–	3,4	3,8	4,5	5,2	5,9	6,7	7,5	8,3	9,0	9,9	–	–	–
10	–	–	–	5,5	6,1	6,7	7,4	8,1	8,9	9,6	10,4	11,2	12,7	–	–
16	–	–	–	8,1	8,7	9,3	9,9	10,5	11,2	11,9	12,6	13,3	14,8	17,8	21,0
20	–	–	–	9,8	10,4	11,0	11,6	12,2	12,8	13,4	14,1	14,9	16,3	19,3	22,3
25	–	–	–	11,9	12,6	13,2	13,8	14,4	15,0	15,6	16,2	16,8	18,2	21,1	24,1
32	–	–	–	15,0	15,6	16,2	16,8	17,4	18,0	18,6	19,2	19,8	21,0	23,8	26,7
40	–	–	–	18,4	19,0	19,6	20,2	20,8	21,4	22,0	22,6	23,2	24,5	26,9	29,7
50	–	–	–	22,7	23,3	23,9	24,5	25,1	25,7	26,3	26,9	27,5	28,8	31,2	33,6

F

Zuschnittsermittlung für 90°-Biegeteile $\qquad$ vgl. DIN 6935 (1975-10)

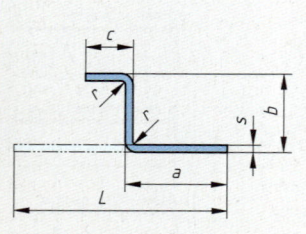

L gestreckte Länge[1]
a, b, c Längen der Schenkel
s Dicke
r Biegeradius
n Anzahl der Biegestellen
v Ausgleichswert

Beispiel (vgl. Bild):

a = 25 mm; b = 20 mm; c = 15 mm; n = 2; s = 2 mm;
r = 4 mm; Werkstoff S235JR; v = ?; L = ?
v = 4,5 mm (aus obiger Tabelle)
$L = a + b + c - n \cdot v = (25 + 20 + 15 - 2 \cdot 4,5)$ mm = 51 mm

Gestreckte Länge[2]

$$L = a + b + c + \ldots - n \cdot v$$

[2] Die berechneten gestreckten Längen sind auf volle mm aufzurunden.

[1] Bei einem Verhältnis $r/s > 5$ kann auch mit der Formel für gestreckte Längen (Seite 24) gerechnet werden.

Zuschnittsermittlung, Rückfederung beim Biegen

Zuschnittsermittlung für Teile mit beliebigem Biegewinkel
vgl. DIN 6935 (1975-10)

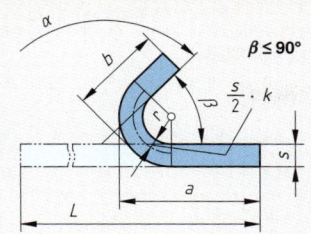

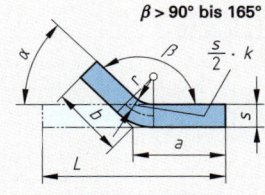

Korrekturfaktor

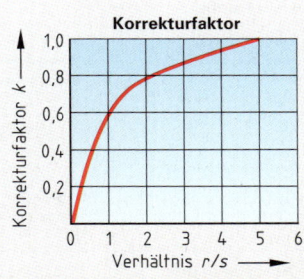

L	gestreckte Länge	*s*	Blechdicke
a, b	Länge der Schenkel	*r*	Biegeradius
v	Ausgleichswert	*β*	Öffnungswinkel
k	Korrekturfaktor		

Gestreckte Länge [1]

$$L = a + b - v$$

Ausgleichswert für $\beta = 0°$ bis $90°$

$$v = 2 \cdot (r+s) - \pi \cdot \left(\frac{180° - \beta}{180°} \right) \cdot \left(r + \frac{s}{2} \cdot k \right)$$

Ausgleichswert für β über $90°$ bis $165°$

$$v = 2 \cdot (r+s) \cdot \tan \frac{180° - \beta}{2} - \pi \cdot \left(\frac{180° - \beta}{180°} \right) \cdot \left(r + \frac{s}{2} \cdot k \right)$$

Ausgleichswert für β über $165°$ bis $180°$
$v \approx 0$ (vernachlässigbar klein)

Korrekturfaktor

$$k = 0{,}65 + 0{,}5 \cdot \log \frac{r}{s}$$

Beispiel:

Biegeteil mit $\beta = 60°$, $a = 16$ mm, $b = 21$ mm, $r = 6$ mm, $s = 5$ mm; $k = ?$; $v = ?$; $L = ?$;

$\dfrac{r}{s} = \dfrac{6 \text{ mm}}{5 \text{ mm}} = 1{,}2$; **$k = 0{,}7$** (aus Diagramm);

$k = 0{,}689$ (mit Formel berechnet)

$v = 2 \cdot (r+s) - \pi \cdot \left(\dfrac{180° - \beta}{180°} \right) \cdot \left(r + \dfrac{s}{2} \cdot k \right)$

$= 2 \cdot (6+5) \text{ mm} - \pi \cdot \left(\dfrac{180° - 60°}{180°} \right) \cdot \left(6 + \dfrac{5}{2} \cdot 0{,}7 \right) \text{ mm} = \mathbf{5{,}77 \text{ mm}}$

$L = a + b - v = 16 \text{ mm} + 21 \text{ mm} - 5{,}77 \text{ mm} \approx \mathbf{32 \text{ mm}}$

[1] Bei $r/s > 5$ kann mit hinreichender Genauigkeit auch mit der gestreckten Länge (Seite 24) gerechnet werden.

Rückfederung beim Biegen

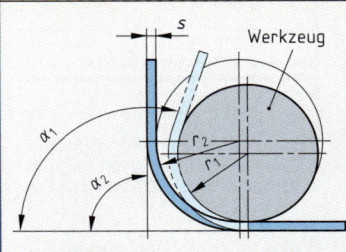

α_1	Biegewinkel vor Rück- federung (am Werkzeug)
α_2	Biegewinkel nach Rück- federung (am Werkstück)
r_1	Radius am Werkzeug
r_2	Biegeradius am Werkstück
k_R	Rückfederungsfaktor
s	Blechdicke

Radius am Werkzeug

$$r_1 = k_R \cdot (r_2 + 0{,}5 \cdot s) - 0{,}5 \cdot s$$

Biegewinkel vor Rückfederung

$$\alpha_1 = \frac{\alpha_2}{k_R}$$

F

Werkstoff der Biegeteile	Rückfederungsfaktor k_R für das Verhältnis r_2/s										
	1	1,6	2,5	4	6,3	10	16	25	40	63	100
DC04	0,99	0,99	0,99	0,98	0,97	0,97	0,96	0,94	0,91	0,87	0,83
DC01	0,99	0,99	0,99	0,97	0,96	0,96	0,93	0,90	0,85	0,77	0,66
X12CrNi18-8	0,99	0,98	0,97	0,95	0,93	0,89	0,84	0,76	0,63	–	–
E-Cu-R20	0,98	0,97	0,97	0,96	0,95	0,93	0,90	0,85	0,79	0,72	0,6
CuZn33-R29	0,97	0,97	0,96	0,95	0,94	0,93	0,89	0,86	0,83	0,77	0,73
CuNi18Zn20	–	–	–	0,97	0,96	0,95	0,92	0,87	0,82	0,72	–
EN AW-Al99,0	0,99	0,99	0,99	0,99	0,98	0,98	0,97	0,97	0,96	0,95	0,93
EN AW-AlCuMg1	0,98	0,98	0,98	0,98	0,97	0,97	0,96	0,95	0,93	0,91	0,87
EN AW-AlSiMgMn	0,98	0,98	0,97	0,96	0,95	0,93	0,90	0,86	0,82	0,76	0,72

Korrekturfaktor-Diagramm: Korrekturfaktor k über Verhältnis r/s (0 bis 6), Werte von 0,2 bis 1,0.

Tiefziehen

Berechnung der Zuschnittdurchmesser

Ziehteil	Zuschnittdurchmesser D	Ziehteil	Zuschnittdurchmesser D
	ohne Rand d_2 $D = \sqrt{d_1^2 + 4 \cdot d_1 \cdot h}$ **mit Rand d_2** $D = \sqrt{d_2^2 + 4 \cdot d_1 \cdot h}$		**ohne Rand d_2** $D = \sqrt{2 \cdot d_1^2 + 4 \cdot d_1 \cdot h}$ **mit Rand d_2** $D = \sqrt{2 \cdot d_1^2 + 4 \cdot d_1 \cdot h + (d_2^2 - d_1^2)}$
	ohne Rand d_3 $D = \sqrt{d_2^2 + 4 \cdot (d_1 \cdot h_1 + d_2 \cdot h_2)}$ **mit Rand d_3** $D = \sqrt{d_3^2 + 4 \cdot (d_1 \cdot h_1 + d_2 \cdot h_2)}$		**ohne Rand d_2** $D = \sqrt{d_1^2 + 4 \cdot h_1^2 + 4 \cdot d_1 \cdot h_2}$ **mit Rand d_2** $D = \sqrt{d_1^2 + 4 \cdot h_1^2 + 4 \cdot d_1 \cdot h_2 + (d_2^2 - d_1^2)}$
	ohne Rand d_4 $D = \sqrt{d_1^2 + 4 \cdot d_2 \cdot l}$ **mit Rand d_4** $D = \sqrt{d_1^2 + 4 \cdot d_2 \cdot l + (d_4^2 - d_3^2)}$		**ohne Rand d_2** $D = \sqrt{2 \cdot d_1^2} = 1{,}414 \cdot d$ **mit Rand d_2** $D = \sqrt{d_1^2 + d_2^2}$

Beispiel:

Zylindrisches Ziehteil ohne Rand d_2 (Bild oben links) mit $d_1 = 50$ mm, $h = 30$ mm; $D = ?$

$$D = \sqrt{d_1^2 + 4 \cdot d_1 \cdot h} = \sqrt{50^2 \text{ mm}^2 + 4 \cdot 50 \text{ mm} \cdot 30 \text{ mm}} = \textbf{92,2 mm}$$

Ziehspalt und Radien am Ziehring und Ziehstempel

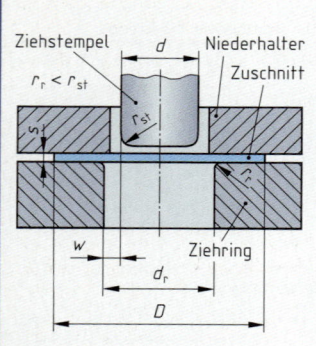

w	Ziehspalt
s	Blechdicke
k	Werkstofffaktor
r_r	Radius am Ziehring
r_{st}	Radius am Ziehstempel
D	Zuschnittdurchmesser
d	Stempeldurchmesser
d_r	Ziehringdurchmesser

Ziehspalt in mm

$$w = s + k \cdot \sqrt{10 \cdot s}$$

Radius am Ziehring in mm

$$r_r = 0{,}035 \cdot [50 + (D - d)] \cdot \sqrt{s}$$

Bei jedem Weiterzug ist der Radius am Ziehring um 20 bis 40 % zu verkleinern.

Ziehspalt

$$w = \frac{d_r - d}{2}$$

Radius am Ziehstempel in mm

$$r_{st} = (4...5) \cdot s$$

Werkstofffaktor k

Stahl	0,07
Aluminium	0,02
Sonstige NE-Metalle	0,04

Beispiel:

Stahlblech; $D = 51$ mm; $d = 25$ mm; $s = 2$ mm; $w = ?$; $r_r = ?$; $r_{st} = ?$

k = **0,07** (aus Tabelle)

$w = s + k \cdot \sqrt{10 \cdot s} = 2 + 0{,}07 \cdot \sqrt{10 \cdot 2} = \textbf{2,3 mm}$

$r_r = 0{,}035 \cdot [50 + (D - d)] \cdot \sqrt{s} = 0{,}035 \cdot [50 + (51 - 25)] \cdot \sqrt{2} = \textbf{3,8 mm}$

$r_{st} = 4{,}5 \cdot s = 4{,}5 \cdot 2 \text{ mm} = \textbf{9 mm}$

F

Tiefziehen

Ziehstufen und Ziehverhältnisse

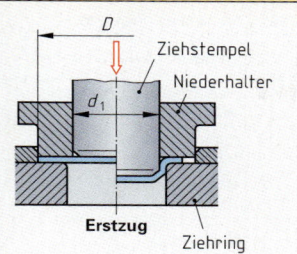

Erstzug

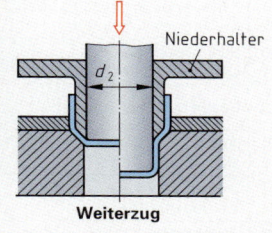

Weiterzug

D	Zuschnittdurchmesser
d	Innendurchmesser des fertigen Ziehteils
d_1	Stempeldurchmesser beim 1. Zug
d_2	Stempeldurchmesser beim 2. Zug
d_n	Stempeldurchmesser beim n. Zug
β_1	Ziehverhältnis für 1. Zug
β_2	Ziehverhältnis für 2. Zug
β_{ges}	Gesamt-Ziehverhältnis
s	Blechdicke

Beispiel:

Napf ohne Rand aus DC04 (St 14) mit $d = 50$ mm; $h = 60$ mm; $D = ?$; $\beta_1 = ?$; $\beta_2 = ?$; $d_1 = ?$; $d_2 = ?$

$$D = \sqrt{d^2 + 4 \cdot d \cdot h}$$
$$= \sqrt{(50\ \text{mm})^2 + 4 \cdot 50\ \text{mm} \cdot 60\ \text{mm}} \approx 120\ \text{mm}$$

$\beta_1 = 2,0$; $\beta_2 = 1,3$ (nach Tabelle unten)

$$d_1 = \frac{D}{\beta_1} = \frac{120\ \text{mm}}{2,0} = 60\ \text{mm}$$

$$d_2 = \frac{d_1}{\beta_2} = \frac{60\ \text{mm}}{1,3} = 46\ \text{mm}$$

2 Züge ausreichend, da $d_2 < d$

Ziehverhältnis

1. Zug

$$\beta_1 = \frac{D}{d_1}$$

2. Zug

$$\beta_2 = \frac{d_1}{d_2}$$

Gesamt-Ziehverhältnis

$$\beta_{ges} = \beta_1 \cdot \beta_2 \cdot \ldots$$

$$\beta_{ges} = \frac{D}{d_n}$$

Werkstoff	Max. Ziehverhältnisse[1]		R_m[2]	Werkstoff	Max. Ziehverhältnisse[1]		R_m[2]	Werkstoff	Max. Ziehverhältnisse[1]		R_m[2]
	β_1	β_2	N/mm²		β_1	β_2	N/mm²		β_1	β_2	N/mm²
DCO1 (St12)	1,8	1,2	410	CuZn30-R270	2,1	1,3	270	Al99,5 H111	2,1	1,6	95
DCO3 (St13)	1,9	1,3	370	CuZn37-R300	2,1	1,4	300	AlMg1 H111	1,9	1,3	145
DCO4 (St14)	2,0	1,3	350	CuZn37-R410	1,9	1,2	410	AlCu4Mg1 T4	2,0	1,5	425
X10CrNi18-8	1,8	1,2	750	CuSn6-R350	1,5	1,2	350	AlSi1MgMn T6	2,1	1,4	310

[1] Die Werte gelten bis $d_1 : s = 300$; sie wurden für $d_1 = 100$ mm und $s = 1$ mm ermittelt. Für andere Blechdicken und Stempeldurchmesser ändern sich die Werte geringfügig.   [2] maximale Zugfestigkeit

Bodenreißkraft, Tiefziehkraft, Niederhalterkraft

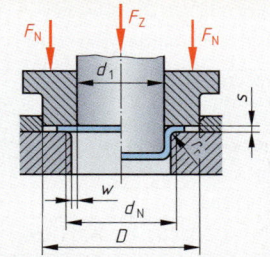

F_B	Bodenreißkraft
F_Z	Tiefziehkraft
d_1	Stempeldurchmesser
s	Blechdicke
R_m	Zugfestigkeit
β	Ziehverhältnis
β_{max}	höchstmögliches Ziehverhältnis
F_N	Niederhalterkraft
D	Zuschnittdurchmesser
d_N	Auflagedurchmesser des Niederhalters
p	Niederhalterdruck
r_r	Radius am Ziehring
w	Ziehspalt

Niederhalterdruck p in N/mm²

Stahl	2,5
Cu-Legierungen	2,0...2,4
Al-Legierungen	1,2...1,5

Bodenreißkraft

$$F_B = \pi \cdot (d_1 + s) \cdot s \cdot R_m$$

Tiefziehkraft

$$F_Z = \pi \cdot (d_1 + s) \cdot s \cdot R_m \cdot 1,2 \cdot \frac{\beta - 1}{\beta_{max} - 1}$$

Niederhalterkraft

$$F_N = \frac{\pi}{4} \cdot (D^2 - d_N^2) \cdot p$$

Auflagedurchmesser des Niederhalters

$$d_N = d_1 + 2 \cdot (r_r + w)$$

F

Beispiel:

$D = 210$ mm; $d_1 = 140$ mm; $s = 1$ mm; $R_m = 380$ N/mm²; $\beta = 1,5$; $\beta_{max} = 1,9$; $F_Z = ?$

$$F_Z = \pi \cdot (d_1 + s) \cdot s \cdot R_m \cdot 1,2 \cdot \frac{\beta - 1}{\beta_{max} - 1} = \pi \cdot (140\ \text{mm} + 1\ \text{mm}) \cdot 1\ \text{mm} \cdot 380\ \frac{N}{mm^2} \cdot 1,2 \cdot \frac{1,5 - 1}{1,9 - 1} = \mathbf{112\,218\ N}$$

Verfahren, Schweißpositionen, Allgemeintoleranzen

Schweißen, Schneiden, Löten und verwandte Prozesse — vgl. DIN EN ISO 4063 (2000-04)

N[1]	Verfahren, Prozess	N[1]	Verfahren, Prozess	N[1]	Verfahren, Prozess
1	**Lichtbogenschweißen**	24 25	Abbrennstumpfschweißen Pressstumpfschweißen	**7**	**Andere Schweißverfahren**
101 111	Metall-Lichtbogenschweißen Lichtbogenhandschweißen	**3**	**Gasschmelzschweißen**	73 74	Elektrogasschweißen Induktionsschweißen
11	Metall-Lichtbogenschweißen ohne Gasschutz	311	Gasschweißen mit Sauerstoff- Acetylen-Flamme	75 753	Lichtstrahlschweißen Infrarotschweißen
12 13	Unterpulverschweißen Metall-Schutzgasschweißen	312	Gasschweißen mit Sauerstoff- Propan-Flamme	78 788	Bolzenschweißen Reibbolzenschweißen
131 135	Metall-Inertgasschw. (MIG) Metall-Aktivgasschw. (MAG)	**4**	**Pressschweißen**	**8**	**Schneiden**
136	Metall-Aktivgasschweißen mit Fülldrahtelektrode	41 42	Ultraschallschweißen Reibschweißen	81 82	Autogenes Brennschneiden Lichtbogenschneiden
137	Metall-Inertgasschweißen mit Fülldrahtelektrode	45 47	Diffusionsschweißen Gaspressschweißen	83 84	Plasmaschneiden Laserstrahlschneiden
14 141	Wolfram-Schutzgasschw. Wolfram-Inertgasschw. (WIG)	**5**	**Strahlschweißen**	**9**	**Hartlöten, Weichlöten**
15 151	Plasmaschweißen Plasma-WIG-Schweißen	51 52	Elektronenstrahlschweißen Laserstrahlschweißen	91 912	Hartlöten Flammhartlöten
2	**Widerstandsschweißen**	511	Elektronenstrahlschweißen unter Vakuum	914 924	Lotbadhartlöten Vakuumhartlöten
21 22	Widerstands-Punktschweißen Rollennahtschweißen	521	Festkörper-Laserstrahl- schweißen	94 944	Weichlöten Lotbadweichlöten
225 23	Folienstumpfnahtschweißen Buckelschweißen	522	Gas-Laserstrahlschweißen	946 952	Induktionsweichlöten Kolbenweichlöten

⇒ **Prozess ISO 4063–111**: Vorgeschriebener Schweißprozess → Lichtbogenhandschweißen (111)

[1] N Referenznummer zur Kennzeichnung der Verfahren und Prozesse in Zeichnungen, Arbeitsanweisungen und in der Datenverarbeitung

Schweißpositionen — vgl. DIN EN ISO 6947 (1997-05)

Kurz-zeichen	Benennung	Hauptposition, Beschreibung
PA	Wannenposition	Nahtmittellinie senkrecht, waagerechtes Arbeiten, Decklage oben
PB	Horizontalposition	horizontales Arbeiten, Decklage oben
PC	Querposition	Nahtmittellinie horizontal, waagrechtes Arbeiten
PD	Horizontal-Überkopf-Position	horizontales Arbeiten, Überkopf, Decklage unten
PE	Überkopfposition	horizontales Arbeiten, Nahtmittellinie senkrecht, Decklage unten
PF	Steigposition	steigendes Arbeiten
PG	Fallposition	fallendes Arbeiten

Allgemeintoleranzen für Schweißkonstruktionen — vgl. DIN EN ISO 13920 (1996-11)

	Zulässige Abweichungen									
	für Längenmaße Δl in mm Nennmaßbereich l[1]						für Winkelmaße $\Delta \alpha$ in ° und ′ Nennmaßbereich l[1]		
Genauig-keitsgrad	bis 30	über 30 bis 120	über 120 bis 400	über 400 bis 1000	über 1000 bis 2000	über 2000 bis 4000	bis 400	über 400 bis 1000	über 1000
A	±1	±1	±1	±2	±3	± 4	±20′	±15′	±10′
B	±1	±2	±2	±3	±4	± 6	±45′	±30′	±20′
C	±1	±3	±4	±6	±8	±11	±1°	±45′	±30′

[1] l kürzerer Schenkel

F

Nahtvorbereitung — vgl. DIN EN 29692 (1994-04)

Benennung, Symbol der Schweißnaht Seiten 93...95	Werkstückdicke t mm	A [1]	Fugenform	Spalt b mm	Steg c mm	Winkel α in °	Empfohlene Schweißverfahren [2]	Bemerkungen
Bördelnaht 八	0 ... 2	e		–	–	–	3, 111, 141, 131, 135	Dünnblechschweißung, meist ohne Zusatzwerkstoff
I-Naht ‖	0 ... 4	e		$\approx t$	–	–	3, 111, 141	wenig Zusatzwerkstoff, keine Nahtvorbereitung
	0 ... 8	b		$\approx t/2$	–	–	111, 141	
				$\leq t/2$	–	–	131, 135	
V-Naht V	3 ... 10	e		≤ 4	$c \leq 2$	40° ... 60°	3	–
	3 ... 40	b		≤ 3	$c \leq 2$	$\approx 60°$	111, 141	mit Gegenlage
						40° ... 60°	131, 135	
Y-Naht Y	5 ... 40	e		1 ... 4	2 ... 4	$\approx 60°$	111, 131, 135, 141	–
	> 10	b		1 ... 3	2 ... 4	$\approx 60°$	111, 141	mit Wurzel- und Gegenlage
						40° ... 60°	131, 135	
D-V-Naht X	> 10	b		1 ... 3	$c \leq 2$	$\approx 60°$	111, 141	symmetrische Fugenform, $h = t/2$
						40° ... 60°	131, 135	
HV-Naht V	3 ... 10	e		2 ... 4	1 ... 2	35° ... 60°	111, 131, 135, 141	–
	3 ... 30	b		1 ... 4	$c \leq 2$	35° ... 60°	111, 131, 135, 141	mit Gegenlage
D-HV-Naht K	> 10	b		1 ... 4	$c \leq 2$	35° ... 60°	111, 131, 135, 141	symmetrische Fugenform, $h = t/2$
Kehlnaht △	> 2	e		≤ 2	–	70° ... 100°	3, 111, 131, 135, 141	T-Stoß
	> 3	b		≤ 2	–	70° ... 110°	3, 111, 131, 135, 141	Doppelkehlnaht, Eckstoß

[1] A Ausführung: e einseitig geschweißt; b beidseitig geschweißt

[2] Schweißverfahren: Seite 322

F

Druckgasflaschen, Gasschweißstäbe

Druckgasflaschen
vgl. DIN EN 1089 (2004-06)

Gasart	Farbkennzeichnung[1) nach DIN EN 1089-3 Mantel	Schulter	bisher	Anschluss-gewinde	Volumen V l	Fülldruck p_F bar	Füll-menge
Sauerstoff	blau	weiß	blau	R3/4	40 50	150 200	6 m³ 10 m³
Acetylen	kastanien-braun	kastanien-braun	gelb	Spannbügel	40 50	19 19	8 kg 10 kg
Wasserstoff	rot	rot	rot	W21,80x1/14	10 50	200 200	2 m³ 10 m³
Argon	grau	dunkel-grün	grau	W21,80x1/14	10 50	200 200	2 m³ 10 m³
Helium	grau	braun	grau	W21,80x1/14	10 50	200 200	2 m³ 10 m³
Argon-Kohlen-dioxid-Gemisch	grau	leuchtend-grün	grau	W21,80x1/14	20 50	200 200	4 m³ 10 m³
Kohlendioxid	grau	grau	grau	W21,80x1/14	10 50	58 58	7,5 kg 20 kg
Stickstoff	grau	schwarz	dunkel-grün	W24,32x1/14	40 50	150 200	6 m³ 10 m³

[1) Die Umstellung auf die neue Farbkennzeichnung soll bis zum 01.07.2006 abgeschlossen sein. In der Übergangszeit ist der Gefahrgutaufkleber (Seite 331) die einzige verbindliche Kennzeichnung.

Gasschweißstäbe für das Verbindungsschweißen von Stahl
vgl. DIN EN 12536 (2000-08), Ersatz für DIN 8554-1

Einteilung, Schweißgutanalyse, Schweißverhalten

Kurzname neu	bisher	Schweißgutanalyse in % (Richtwerte) C	Si	Mn	Mo	Ni	Cr	Schweißverhalten Fließverhalten	Spritzer	Poren-neigung
O I	G I	<0,1	<0,20	<0,65	–	–	–	dünnfließend	viel	ja
O II	G II	<0,2	<0,25	<1,20	–	–	–	weniger dünnfließend	wenig	ja
O III	G III	<0,15	<0,25	<1,25	–	<0,80	–	zähfließend	keine	nein
O IV	G IV	<0,15	<0,25	<1,20	<0,65	–	<1,20	zähfließend	keine	nein
O V	G V	<0,10	<0,25	<1,20	<0,65	–	<1,20	zähfließend	keine	nein

Anwendungsbereich, mechanische Eigenschaften

Anwendungs-bereich	Stahlsorten	Schweiß-stab, Kurz-name	B[1)	Streck-grenze R_e N/mm²	Zug-festigkeit R_m N/mm²	Bruch-dehnung A %	KA[2) K_v J
Bleche, Rohre	S235, S275	O I	U	> 260	360…410	> 20	> 30
Behälter, Rohrleitungen	S235, S275, P235GH, P265GH	O II	U	> 300	390…440	> 20	> 47
	S235, S275, P235GH, P265GH	O III	U	> 310	400…460	> 22	> 47
Kessel, Rohr-leitungen, warm-fest bis 530 °C	S235, S355, S275, P235, P235GH, P265GH, P295GH, 16Mo3	O IV	U	> 260	440…490	> 22	> 47
Kessel, Rohr-leitungen, warm-fest bis 570 °C	13CrMo4-5, 16CrMo3	O V	A	> 315	490…590	> 18	> 47
⇒	**Stab EN 12536 – O IV:** Gasschweißstab der Klasse IV						

[1) B Behandlungszustand der Schweißnaht: U unbehandelt (Schweißzustand); A anlassgeglüht
[2) KA Kerbschlagarbeit bei +20°C, ermittelt an einer ISO-V-Probe

F

Schutzgase, Drahtelektroden

Schutzgase zum Lichtbogenschweißen von Stahl vgl. DIN EN 439 (1995-05)

Kurz-name	Zusammensetzung[1]	Gasart, Wirkung	Schweiß-verfahren	Werkstoffe; Anwendung
R1	$H_2 < 15\%$, Rest Ar oder He	Reduktions-gase	WIG-, Plasma-schweißen	hochlegierte Stähle, Ni, Ni-Legierungen
R2	$(15...35)\%\ H_2$, Rest Ar oder He			
I1	100% Ar	Inertgase (neutrales Verhalten)	MIG-, WIG-, Plasma-schweißen	Al, Al-Legierungen, Cu, Cu-Legierungen
I2	100% He			
I3	He < 95%, Rest Ar			
M11	$CO_2 \leq 5\%$, $H_2 \leq 5\%$, Rest Ar oder He	Mischgase, schwach oxidierend	MAG-Schweißen	legierte Cr-Ni-Stähle; vorwiegend rost- und säurebeständige Stähle
M12	$(3...10)\%\ CO_2$, Rest Ar oder He			
M13	$O_2 < 3\%$, Rest Ar			
M21	$(5...25)\%\ CO_2$, Rest Ar oder He	Mischgase, stärker oxidierend	MAG-Schweißen	niedriglegierte und mittellegierte Stähle
M22	$(3...10)\%\ CO_2$, Rest Ar oder He			
M23	$CO_2 \leq 5\%$, $(3...10)\%\ O$, Rest Ar oder He			
M31	$(25...50)\%\ CO_2$, Rest Ar oder He	Mischgase, mittelstark oxidierend	MAG-Schweißen	unlegierte und niedriglegierte Stähle; Grobbleche
M32	$(10...15)\%\ O_2$, Rest Ar oder He			
M33	$(5...50)\%\ CO_2$, $(8...15)\%\ O_2$, Rest Ar oder He			
C1	100% CO_2	stark oxidie-rende Gase	MAG-Schweißen	unlegierte Stähle
C2	$O_2 \leq 30\%$, Rest CO_2			

⇒ **Schutzgas EN 439-I3:** Inertgas mit bis 95% Helium , Rest Argon

[1] Ar Argon   He Helium O_2 Sauerstoff CO_2 Kohlendioxid H_2 Wasserstoff

Drahtelektroden und Schweißgut zum Metall-Schutzgasschweißen von unlegierten Stählen und Feinkornbaustählen vgl. DIN EN 440 (1994-11)

Bezeichnungsbeispiel (Schweißgut):

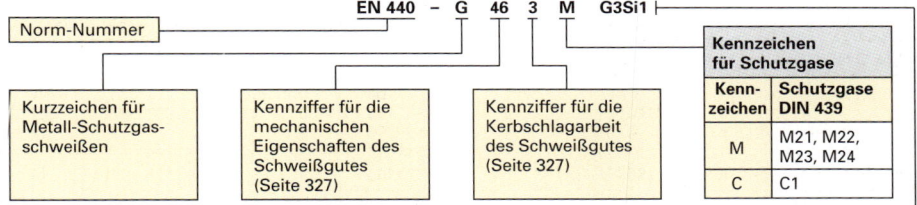

EN 440 – G 46 3 M G3Si1

Norm-Nummer				Kennzeichen für Schutzgase	
				Kenn-zeichen	Schutzgase DIN 439
Kurzzeichen für Metall-Schutzgas-schweißen	Kennziffer für die mechanischen Eigenschaften des Schweißgutes (Seite 327)	Kennziffer für die Kerbschlagarbeit des Schweißgutes (Seite 327)		M	M21, M22, M23, M24
				C	C1

Chemische Zusammensetzung der Drahtelektroden (Beispiele)

Kurz-zeichen	Hauptlegierungselemente	Kurz-zeichen	Hauptlegierungselemente
G0	Jede vereinbarte Zusammensetzung	G2Ti	0,5...0,8% Si, 0,9...1,4% Mn, 0,05...0,25% Ti
G3Si1	0,7...1,0% Si, 1,3...1,6% Mn	G2Ni2	0,4...0,8% Si, 0,8...1,4% Mn, 2,1...2,7% Ni

⇒ **EN 440 – G 46 4 M G3Si1:** Eigenschaften des Schweißgutes: Mindeststreckgrenze R_e = 460 N/mm^2, Kerbschlagarbeit bei $-40\,°C$ = 47 J; Mischgas M21...M24, Elektrode mit 0,7...1,0% Si, 1,3...1,6% Mn

Drahtelektroden (Auswahl)

Bezeichnung nach DIN EN 440	Schweiß-verfahren	Schutzgase	verwendbar für Stähle, Beispiele	Anwendung, Eigenschaften, Beispiele
G 46 4 M G3Si1	MAG	M21...M24, C1	S185...S355, E295, E335, P235...P355, GP240R,	Verbindungs- und Auftrags-schweißung
G 50 4 M G4Si1	MAG	M21...M24, C1	L210...L360	wie G3Si1, jedoch höhere Festigkeitswerte
G 46 M G2Ni2	MAG	M21	12Ni14, 13MnNi6-3, S(P)275...S(P)420	Feinkornbaustähle und kaltzähe Stähle

F

Richtwerte für das Schutzgasschweißen, Schweißzusätze für Aluminium

Nahtform	Nahtplanung			Einstellwerte				Leistungswerte	
	Naht dicke *a* mm	Draht-durch-messer mm	Anzahl der Lagen	Span-nung V	Strom A	Draht-vorschub-geschw.[1] m/min	Schutz-gas l/min	Schweiß-zusatz g/m	Haupt-nutzungs-zeit min/m

MAG-Schweißen, Richtwerte für unlegierte Baustähle

Schweißposition: PB   Drahtelektrode DIN EN 440 – G 46 4 M G3Si1   Schutzgas DIN EN 439 – M21

Nahtform	Naht dicke	Draht-durch-messer	Anzahl der Lagen	Spannung	Strom	Draht-vorschub-geschw.	Schutz-gas	Schweiß-zusatz	Haupt-nutzungs-zeit
	2	0,8		20	105	7		45	1,5
	3	1,0	1	22	215	11	10	90	1,4
	4	1,0		23	220	11		140	2,1
	5	1,0	1					215	2,6
	6	1,0	1	30	300	10	15	300	3,5
	7	1,2	3					390	4,6
	8	1,2	3	30	300	10	15	545	6,4
	10		4					805	9,5

MIG-Schweißen, Richtwerte für Aluminiumlegierungen

Schweißposition: PA   Schweißzusatz DIN 1732 – SG – AlMg5   Schutzgas DIN EN 439 – I1

Nahtform	Naht dicke	Draht-durch-messer	Anzahl der Lagen	Spannung	Strom	Draht-vorschub-geschw.	Schutz-gas	Schweiß-zusatz	Haupt-nutzungs-zeit
	4	1,2		23	180	3	12	30	2,9
	5	1,6	1	25	200	4	18	77	3,3
	6	1,6		26	230	7	18	147	3,9
	5		1	22	160	6		126	4,2
	6	1,6	2	22	170	6	18	147	4,6
	8		2	26	220	7		183	5,0

[1] Beim MIG-Schweißen: Schweißgeschwindigkeit

WIG – Schweißen, Richtwerte für Aluminiumlegierungen

Schweißposition: PA   Schweißzusatz DIN 1732 – SG – AlMg5   Schutzgas DIN EN 439 – I1

Nahtform	Naht dicke	Draht-durch-messer	Anzahl der Lagen	Spannung	Strom	Draht-vorschub-geschw.	Schutz-gas	Schweiß-zusatz	Haupt-nutzungs-zeit
	1	3,0	1		75	0,3	5	19	3,8
	1,5				90	0,2		22	4,3
	2	3,0	1	–	110	0,2	6	28	1,8
	3				125				5,9
	4				160	0,2	8	38	6,7
	5	3,0	1	–	185	0,1	10	47	7,1
	6				210	0,1	10	47	12
	5	4,0	1. Lage 2. Lage	–	165	0,1 0,2	12	105	13
	6	4,0	1. Lage 2. Lage	–	165	0,1 0,2	12	190	16

Schweißzusatzwerkstoffe für Aluminium   vgl. DIN 1732 (1988-06)

Kurzzeichen[1]		Werkstoff-nummer	Verwendung für Grundwerkstoffe (Kurzbezeichnungen ohne den Zusatz EN AW)
SG-Al99,8	(EL-Al99,8)	3.0286	Al99,7, Al99,5
SG-Al99,5Ti	(EL-Al99,5Ti)	3.0805	Al99,0, Al99,5
SG-AlMn1	(EL-AlMn1)	3.0516	AlMn1, AlMn1Cu
SG-AlMg3		3.3536	AlMg1(C), AlMg3
SG-AlMg5		3.3556	AlMg3, AlMg4, AlMg5, AlSi1MgMn, AlMg1SiCu, AlZn4,5Mg1, G-AlMg5, G-AlMgSi, G-AlMg3, G-AlMg3Si
SG-AlMg4,5Mn		3.3548	AlMg4, AlMg5, AlSi1MgMn, AlMg1SiCu, AlZn4,5Mg1, G-AlMg5, G-AlMgSi
SG-AlSi5	(EL-AlSi5)	3.2245	AlMgSi1Cu, AlZn4,5Mg1
SG-AlSi12	(EL-AlSi12)	3.2585	G-AlSi1, G-AlSi9Mg, G-AlSi7Mg, G-AlSi5Mg

[1] SG Schweißzusätze mit blanker Oberfläche; EL umhüllte Stabelektroden

F

Stabelektroden zum Lichtbogenschweißen

Umhüllte Stabelektroden für unlegierte Stähle und Feinkornstähle   vgl. DIN EN 499 (1995-01)

Bezeichnungsbeispiel:

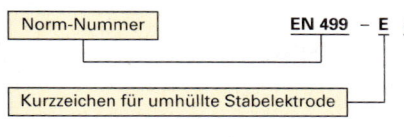

Norm-Nummer   EN 499 – E 46 3 B 5 4 H5

Kurzzeichen für umhüllte Stabelektrode

H Wasserstoffgehalt
5 –> 5 ml/100 g
Schweißgut

Kennziffer für die mechanischen Eigenschaften des Schweißgutes

Kenn-ziffer	Mindest-streck-grenze N/mm^2	Zug-festigkeit N/mm^2	Mindest-bruch-dehnung A_5 in %
35	355	440…570	22
38	380	470…600	20
42	420	500…640	20
46	460	530…680	20
50	500	560…720	18

Kennzeichen für die Kerbschlagarbeit des Schweißgutes

Kennbuchstabe/ Kennziffer	Mindestkerbschlagarbeit 47 J bei °C
Z	keine Anforderungen
A	+ 20
0	0
2	– 20
3	– 30
4	– 40

Kennziffer für die Schweißposition

Kenn-ziffer	Schweißposition
1	alle Positionen
2	alle Positionen, außer Fallnaht
3	Stumpfnaht in Wannenposition, Kehlnaht in Wannen- und Horizontalposition
4	Stumpf- und Kehlnaht in Wannenposition
5	für Fallnaht und wie Ziffer 3

Kennziffer für Ausbringung und Stromart

Kenn-ziffer	Ausbringung %	Stromart
1	> 105	Wechsel- und Gleichstrom
2	> 105	Gleichstrom
3	> 105 ≤ 125	Wechsel- und Gleichstrom
4	> 105 ≤ 125	Gleichstrom
5	> 125 ≤ 160	Wechsel- und Gleichstrom
6	> 125 ≤ 160	Gleichstrom
7	> 160	Wechsel- und Gleichstrom
8	> 160	Gleichstrom

Kurzzeichen für den Umhüllungstyp

Kurz-zeichen	Art der Umhüllung	Schweißtechnische Eigenschaften, Anwendungsbereiche
A	sauer-umhüllt	feiner Tropfenübergang, flache, glatte Schweißnähte, begrenzter Einsatz in Zwangslagen
B	basisch-umhüllt	höchste Kerbschlagarbeit des Schweißgutes, geringe Kaltrissempfindlichkeit
C	zellulose-umhüllt	optimale Eignung zur Fallnahtschweißung
R	rutil-umhüllt	Dünnblechschweißung, alle Schweißpositionen außer Fallnähten
RA	rutilsauer-umhüllt	hohe Abtropfleistung, glatte Nähte, alle Schweißpositionen außer Fallnähten
RB	rutilbasisch-umhüllt	gute Kerbschlagzähigkeit des Schweißgutes, risssicheres Schweißen, alle Schweißpositionen außer Fallnähten
RC	rutil-zellulose-umhüllt	mitteltropfig, auch für Fallnähte geeignet
RR	dick-rutil-umhüllt	vielseitig anwendbar, feinschuppige Nähte, gutes Wiederzünden, für alle Schweißpositionen außer Fallnähten

⇒ **EN 499 – E 42 A RR 12**: Schweißguteigenschaften: Mindeststreckgrenze = 420 N/mm^2 (42), Kerbschlagarbeit bei 20°C = 47 J (A), Umhüllungstyp: dick-rutil (RR), Ausbringung >105% (1), alle Schweißpositionen außer Fall-nähten (2)

F

Stabelektroden, Nahtplanung für lichtbogengeschweißte Nähte

Stabelektroden für unlegierte Stähle (Auswahl)

Bezeichnung nach DIN EN 499[1]	verwendbar für Stähle (Beispiele)	Anwendung, Eigenschaften (Beispiele)
E 35 Z A 13	S185…S275, DC01, DC03, DC04	für Dünnblechschweißung, z. B. Karosseriebau; gute Spaltüberbrückung
E 35 2 C 25	S235, S275, P235, P355, L210…L360	Rundnähte an Rohrleitungen; geeignet für Wurzel-, Füll- und Decklagen
E 35 A R 12	S185…S235, P235, P235GH…P265GH	für Dünnblechschweißung; leichtes Zünden, Schlacke gut entfernbar
E 38 0 RC 11	S185…S355, P235, P265, GP240R	Universalelektrode, glatte Nähte mit kerbfreiem Übergang, Schlacke teilweise selbstlösend
E 42 0 RC 11	S185…S355, P235GH, P265GH, P235…P355	Universalelektrode, glatte Nähte mit kerbfreiem Übergang, Schlacke teilweise selbstlösend
E 42 A RR 12	S185…S355, P235GH, P265GH, P235	für Bleche und Profile; leichtes Zünden, glatte Nähte mit kerbfreiem Übergang
E 38 2 RB 12	S185…S355, P235, P265, P235GH…P295GH, GP240R	Rohrleitungs- und Behälterbau; saubere Nähte mit kerbfreiem Übergang, Schlacke leicht lösbar
E 38 2 RA 73	S185…S355, P235GH, P265GH, P295GH	Hochleistungselektrode; sehr glatte Nähte mit kerbfreiem Übergang, Schlacke leicht entfernbar
E 42 0 RR 53	S185…S355, P235GH, P265GH, P295GH, GP240R	Hochleistungselektrode für Stumpf- und Kehlnähte; glatte Nähte mit kerbfreiem Übergang
E 42 5 B 42 H 10	S185…S355, E295, E355, P25…P295, L210…L360	für rissfreie und zähe Verbindungen; auch für Stähle mit C bis 0,4 %
E 42 3 B 42 H 10	S185…S355, P235GH, P265GH, P295GH, P235…P355	für rissfreie und zähe Verbindungen; auch für Stähle mit C bis 0,4 %, alterungsbeständig

[1] Die Elektrodenhersteller bieten zu jeder Elektrode nach DIN EN 499 mehrere Sorten an, die sich in ihrer Zusammensetzung und im Anwendungsbereich unterscheiden.

Nahtplanung für lichtbogengeschweißte V-Nähte

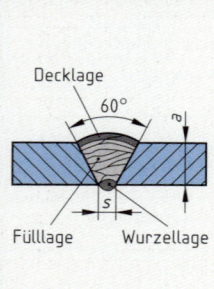

Naht-dicke a mm	Spalt s mm	Anzahl und Art der Lagen[1]	Elektroden-abmessungen $d \times l$ mm	spez. Elek-trodenbedarf z_s Stück/m	Nahtmasse je Lagenart m_s g/m	Nahtmasse gesamt m g/m
4	1	1 W 1 D	3,2 × 450 4 × 450	3 2	75 80	155
5	1,5	1 W 1 D	3,2 × 450 4 × 450	4 2,9	100 110	210
6	2	1 W 2 D	3,2 × 450 4 × 450	4 4,7	100 185	285
8	2	1 W 1 F 1 D	3,2 × 450 4 × 450 5 × 450	4 3,7 3,5	100 145 215	460
10	2	1 W 1 F 1 D	3,2 × 450 4 × 450 5 × 450	4 4 6,2	100 195 380	675

Nahtplanung für lichtbogengeschweißte Kehlnähte

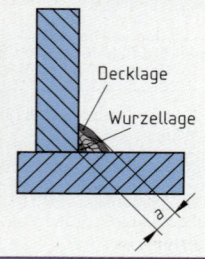

3 4	–	1 1	3,2 × 450 4 × 450	3,2 3,6	80 140	80 140
5 6	–	3 3	3,2 × 450 4 × 450	8,6 8	215 310	215 310
8	–	1 W 2 D	4 × 450 5 × 450	3 7	120 430	550
10	–	1 W 4 D	4 × 450 5 × 450	3 12,3	120 745	865
12	–	1 W 4 D	4 × 450 5 × 450	3 18,5	120 1125	1245

[1] W Wurzellage;   F Fülllage;   D Decklage

Anwendungsbereiche und Richtwerte für das Strahlschneiden

Anwendungsbereiche für Trennverfahren

Werkstoffe	Blechdicke s in mm
	1 2 4 6 8 10 20 40 100
Baustähle, unlegiert und legiert	Autogenes Brennschneiden Laserschneiden Plasmaschneiden Wasserstrahlschneiden
Chrom-Nickel-Stähle	Pulverbrennschneiden Laserschneiden Plasmaschneiden Wasserstrahlschneiden
Alumium, Aluminiumlegierungen	Laserschneiden Plasmaschneiden Wasserstrahlschneiden
Titan, Glas, Keramik, Gestein, Kunststoffe, Gummi, Schaumstoffe …	Wasserstrahlschneiden

Richtwerte für das autogene Brennschneiden

Werkstoff: unlegierter Baustahl;   Brenngas: Acetylen

Blech-dicke s mm	Schneid-düse mm	Schnitt-fugen-breite mm	Sauerstoffdruck		Acetylen-druck bar	Gesamt-sauerstoff-verbrauch m^3/h	Acetylen-verbrauch m^3/h	Schneidgeschwindigkeit	
			Schneiden bar	Heizen bar				Qualitäts-schnitt m/min	Trenn-schnitt m/min
5			2,0			1,67	0,27	0,69	0,84
8	3…10	1,5	2,5	2,0	0,2	1,92	0,32	0,64	0,78
10			3,0			2,14	0,34	0,60	0,74
10			2,5			2,46	0,36	0,62	0,75
15	10…25	1,8	3,0	2,5	0,2	2,67	0,37	0,52	0,69
20			3,5			2,98	0,38	0,45	0,64
25			4,0			3,20	0,40	0,41	0,60
30	25…40	2,0	4,3	2,5	0,2	3,42	0,42	0,38	0,57
35			4,5			3,54	0,44	0,36	0,55

Richtwerte für das Plasmaschneiden[1]

Blech-dicke s mm	Werkstoff: hochlegierte Baustähle Schneidtechnik: Argon-Wasserstoff							Werkstoff: Aluminium Schneidtechnik: Argon-Wasserstoff					
	Stromstärke		Schneidge-schwindigkeit		Verbrauchswerte			Stromstärke		Schneidge-schwindigkeit		Verbrauchswerte	
	Qualitäts-schnitt A	Trenn-schnitt A	Qualitäts-schnitt m/min	Trenn-schnitt m/min	Argon m^3/h	Wasser-stoff m^3/h	Stick-stoff m^3/h	Qualitäts-schnitt A	Trenn-schnitt A	Qualitäts-schnitt m/min	Trenn-schnitt m/min	Argon m^3/h	Wasser-stoff m^3/h
4			1,4	2,4	0,6	–	1,2			3,6	6,0		
5	70	120	1,1	2,0	0,6	–	1,2	70	120	1,9	5,0	1,2	0,5
10			0,65	0,95	1,2	0,24	–			1,1	1,6		
15			0,35	0,6	1,2	0,24	–			0,6	1,3		
20	70	120	0,25	0,45	1,2	0,24	–	70	120	0,35	0,75	1,2	0,5
25			0,35	0,35	1,5	0,48	–			0,2	0,5		

[1] Die Werte gelten für eine Lichtbogenleistung von ca. 12 kW und 1,2 mm Schneiddüsen-Durchmesser.

F

Richtwerte, Güte und Maßtoleranzen für das Strahlschneiden

Richtwerte für das Laserstrahlschneiden[1]

W[2]	Blech-dicke s mm	Laserleistung 1 kW			Laserleistung 1,5 kW			Laserleistung 2 kW		
		Schneid-geschw. v m/min	Schneid-gas	Schneid-gasdruck p bar	Schneid-geschw. v m/min	Schneid-gas	Schneid-gasdruck p bar	Schneid-geschw. v m/min	Schneid-gas	Schneid-gasdruck p bar
Stahl unlegiert	1	5,0...8,0			7,0...10			7,0...10		
	1,5	4,0...7,0			5,5...7,5			5,6...7,4		
	2	4,0...6,0	O$_2$	1,5...3,5	4,8...6,2	O$_2$	1,5...3,5	4,8...6,1	O$_2$	1,5...3,5
	2,5	3,5...5,0			4,2...5,0			4,2...5,0		
	3	3,5...4,0			3,5...4,2			3,6...2,8		
	4	2,5...3,0			2,8...3,3			2,8...3,4		
	5	1,8...2,3			2,3...2,7			2,5...3,0		
	6	1,3...1,6			1,9...2,2			2,1...2,5		
Stahl rostfrei	1	4,0...5,5		8	5,0...7,0		6	4,5...9,0		12
	1,5	2,8...3,6		10	3,5...5,2		10	3,8...6,6		13
	2	2,2...2,8	N$_2$	14	2,0...4,0	N$_2$	10	3,4...5,3	N$_2$	14
	2,5	1,6...2,0			1,9...3,2		14	2,7...3,8		
	3	1,3...1,4		15	1,8...2,4		14	2,2...2,7		14
	4	–			1,0...1,1		15	1,4...1,8		16

[1] Die Tabellenwerte gelten für eine Linsenbrennweite f = 127 mm (5") und eine Schnittspaltbreite b = 0,15 mm.
[2] W Werkstoffgruppe

Güte und Maßtoleranzen für strahlgeschnittene Teile

Güte der Schnittfläche — Toleranz-klasse

DIN 2310 – II K

l	Nennlänge
s	Werkstückdicke
u	Rechtwinkligkeitstoleranz
I, II	Güte der Schnittfläche
A, B...	Toleranzklasse
Rz	Oberflächenkenngröße
Δl	Grenzabmaße

Güte der Schnittfläche	Rechtwinklig-keitstoleranz u in mm	Oberflächen-rauheit Rz in µm	Tole-ranz-klasse	Werkstück-dicke s in mm	Grenzabmaße Δl für Nennlängen l in mm			
Autogenes Brennschneiden							vgl. DIN 2310-1 (1987-11)	
					35 bis < 315	315 bis < 1000	1000 bis < 2000	2000 bis < 4000
I	$u < (0{,}4 + 0{,}01 \cdot s)$	$Rz < (70 + 1{,}2 \cdot s)$	A B	3 ... 12	± 1,0 ± 2,0	± 1,5 ± 3,5	± 2,0 ± 4,5	± 3,0 ± 5,0
II	$u < (1 + 0{,}015 \cdot s)$	$Rz < (110 + 1{,}8 \cdot s)$	A B	> 12 ... 50	± 0,5 ± 1,5	± 1,0 ± 2,5	± 1,5 ± 3,0	± 2,0 ± 3,5
			A B	> 50 ... 100	± 1,0 ± 2,5	± 2,0 ± 3,5	± 2,5 ± 4,0	± 3,0 ± 4,5
Laserstrahlschneiden							vgl. DIN 2310-5 (1990-12)	
					> 10 bis 30	> 30 bis 120	> 120 bis 315	> 315 bis 1000
I	$u < (0{,}1 + 0{,}015 \cdot s)$	$Rz < (10 + 2 \cdot s)$	K L	> 1 ... 3	± 0,12 ± 0,4	± 0,15 ± 0,5	± 0,2 ± 0,6	± 0,25 ± 0,7
			K L	> 3 ... 6	± 0,25 ± 0,6	± 0,3 ± 0,8	± 0,35 ± 1,0	± 0,45 ± 1,2
II	$u < (0{,}25 + 0{,}025 \cdot s)$	$Rz < (60 + 4 \cdot s)$	K L	> 6 ... 10	± 0,4 ± 0,8	± 0,5 ± 1,0	± 0,6 ± 1,2	± 0,7 ± 1,6

Beispiel: Laserstrahlschneiden, Güte I, Toleranzklasse K, s = 6 mm, l = 250 mm; gesucht: u, Rz, Δl
$u < (0{,}1 + 0{,}015 \cdot s) < (0{,}1 + 0{,}015 \cdot 6) <$ **0,19 mm**, $Rz < (10 + 2 \cdot s) < (10 + 2 \cdot 6) <$ **22 µm**, $\Delta l = \pm$ **0,2 mm**

F

Gasflaschen-Kennzeichnung

Gefahrgutaufkleber
vgl. DIN EN 1089-2 (2002-11)

Die einzig verbindliche Kennzeichnung des Gasinhalts einer Gasflasche erfolgt auf dem Gefahrgutaufkleber.
Dieser soll bevorzugt auf der Schulter der Gasflasche oder unmittelbar darunter angebracht werden.

Risiko- und Sicherheits-hinweise

Produktbezeichnung, z.B. Sauerstoff

Gaszusammen-setzung

EWG-Nr. bei Einzelstoffen oder das Wort „Gasgemisch"

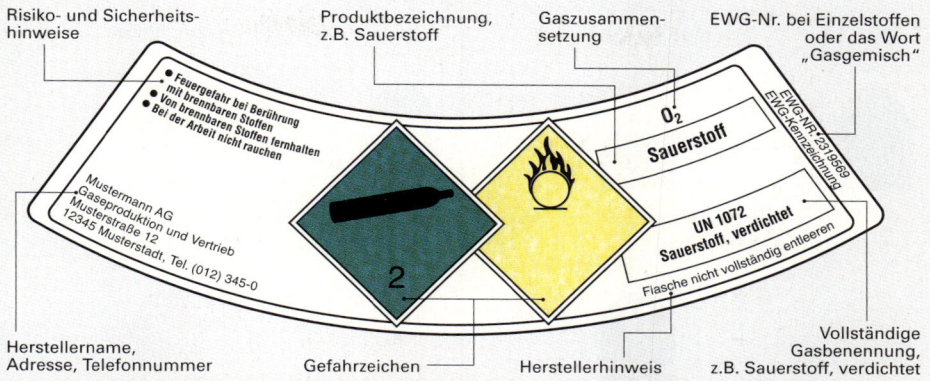

Herstellername, Adresse, Telefonnummer

Gefahrzeichen

Herstellerhinweis

Vollständige Gasbenennung, z.B. Sauerstoff, verdichtet

Gefahrzeichen

giftig   feuergefährlich   ätzend   entzündend   Gas[1]

Farbcodierung
vgl. DIN EN 1089-3 (2004-06)

Die Farbcodierung der Flaschenschulter dient als zusätzliche Information über die Eigenschaften der Gase.
Sie ist bereits erkennbar, wenn der Gefahrgutaufkleber wegen zu großer Entfernung noch nicht lesbar ist.
Diese Farbcodierung gilt nicht für Flüssiggase.

Farbcodierung allgemein

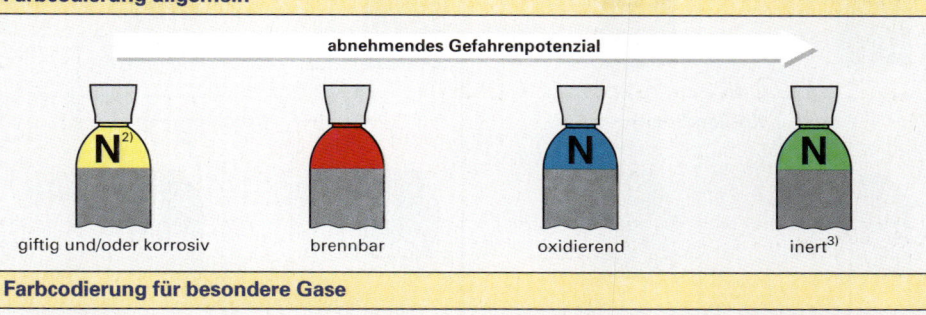

abnehmendes Gefahrenpotenzial

giftig und/oder korrosiv   brennbar   oxidierend   inert[3]

Farbcodierung für besondere Gase

Sauerstoff   Acetylen   Argon   Stickstoff   Kohlendioxid   Helium

[1] nicht brennbar und nicht giftig   [2] N = neu   [3] ungiftig, nicht korrosiv, nicht brennbar, nicht oxidierend

F

Gasflaschen-Kennzeichnung

Reingase und Gasgemische für den industriellen Einsatz
Farbkennzeichnung (Beispiele) vgl. Merkblatt des Industriegaseverbandes

Kennzeichnung bisher	Kennzeichnung neu[1][2]	Kennzeichnung bisher	Kennzeichnung neu[1][2]
Sauerstoff		**Xenon, Krypton, Neon**	
blau / blau	weiß / blau	grau / grau (schwarz)	leuchtendgrün / grau
Acetylen		**Wasserstoff**	
gelb / gelb (schwarz)	kastanienbraun / kastanienbraun	rot / rot	rot / rot
Argon		**Formiergas** (Gemisch Stickstoff/Wasserstoff)	
grau / grau	dunkelgrün / grau	rot / rot (dunkelgrün)	rot / grau
Stickstoff		**Gemisch Argon/Kohlendioxid**	
dunkelgrün / dunkelgrün	schwarz / grau	grau / grau	leuchtendgrün / grau
Kohlendioxid		**Druckluft**	
grau / grau	grau / grau	grau / grau	leuchtendgrün / grau
Helium			
grau / grau	braun / grau		

[1] Bei Gasflaschen, die nach DIN EN 1089 gekennzeichnet sind, muss der Buchstabe „N" (= Neu) zweimal (gegenüberliegend) auf der Schulter der Flasche angebracht sein. Bei Flaschen, deren Kennzeichnungsfarbe sich nicht ändert, ist das „N"nicht erforderlich.

[2] Der zylindrische Flaschenmantel kann auch mit einer anderen Farbe versehen werden. Diese darf aber nicht zu einer Missdeutung der Gefahr des Flascheninhalts führen.

F

Hartlote

Hartlote für Schwermetalle
vgl. DIN EN 1044 (1999-07)

Silberhaltige Lote

Gruppe	Lotwerkstoff Kurzzeichen[1]	Werkstoff-Nr.	bisherige Kurzzeichen DIN 8513	Arbeits-temperatur °C	Löt-stoß[2]	Lot-zufuhr[3]	Werkstoffe
AgCuCdZn	AG 301	2.5143	L-Ag50Cd	640	S	a, e	Edelmetalle, Stähle, Kupferlegierungen
AgCuCdZn	AG 302	2.5146	L-Ag45Cd	620	S	a, e	Edelmetalle, Stähle, Kupferlegierungen
AgCuCdZn	AG 304	2.5141	L-Ag40Cd	610	S	a, e	Stähle, Temperguss, Kupfer, Kupfer-legierungen, Nickel, Nickellegierungen
AgCuCdZn	AG 309	2.1215	L-Ag20Cd	750	S, F	a, e	Stähle, Temperguss, Kupfer, Kupfer-legierungen, Nickel, Nickellegierungen
AgCuZn(Sn)	AG 104	2.5158	L-Ag45Sn	670	S	a, e	
AgCuZn(Sn)	AG 106	2.5157	L-Ag34Sn	710	S	a, e	Stähle, Temperguss, Kupfer, Kupferlegierungen, Nickel, Nickellegierungen
AgCuZn(Sn)	AG 203	2.5147	L-Ag44	730	S	a, e	Stähle, Temperguss, Kupfer, Kupferlegierungen, Nickel, Nickellegierungen
AgCuZn(Sn)	AG 205	2.1216	L-Ag25	780	S	a, e	
Silbergehalt unter 20%	AG 207	2.1207	L-Ag12	830	S	a, e	Stähle, Temperguss, Kupfer, Kupfer-legierungen, Nickel, Nickellegierungen
Silbergehalt unter 20%	AG 208	2.1205	L-Ag5	860	S, F	a, e	Stähle, Temperguss, Kupfer, Kupfer-legierungen, Nickel, Nickellegierungen
Silbergehalt unter 20%	CP 102	2.1210	L-Ag15P	710	S, F	a, e	Kupfer u. nickelfreie Kupferlegierungen. **Nicht** geeignet für Fe- oder Ni-haltige Werkstoffe
Silbergehalt unter 20%	CP 104	2.1466	L-Ag5P	710	S, F	a, e	Kupfer u. nickelfreie Kupferlegierungen. **Nicht** geeignet für Fe- oder Ni-haltige Werkstoffe
Silbergehalt unter 20%	CP 105	2.1467	L-Ag2P	710	S, F	a, e	Kupfer u. nickelfreie Kupferlegierungen. **Nicht** geeignet für Fe- oder Ni-haltige Werkstoffe
Sonder-Hartlote	AG 351	2.5160	L-Ag50CdNi	660	S	a, e	Cu-Legierungen
Sonder-Hartlote	AG 403	2.5162	L-Ag56InNi	730	S	a, e	Chrom, Chrom-Nickel-Stähle
Sonder-Hartlote	AG 502	2.5156	L-Ag49	690	S	a, e	Hartmetall auf Stahl, Wolfram- und Molybdän-Werkstoffe

Kupferbasislote

Gruppe	Lotwerkstoff Kurzzeichen[1]	Werkstoff-Nr.	bisherige Kurzzeichen DIN 8513	Arbeits-temperatur °C	Löt-stoß[2]	Lot-zufuhr[3]	Werkstoffe
	CU 104	2.0091	L-SFCu	1100	S	e	Stähle
	CU 201	2.1021	L-CuSn6	1040	S	e	Eisen- und Nickelwerkstoffe
	CU 202	2.1055	L-CuSn12	990	S	e	Eisen- und Nickelwerkstoffe
	CU 301	2.0367	L-CuZn40	900	S, F	a, e	St, Temperguss, Cu, Ni, Cu- und Ni-Leg.
	CU 305	2.0711	L-CuNi10Zn42	910	S, F	a, e	Stähle, Temperguss, Ni, Ni-Legierungen
	CU 305	2.0711	L-CuNi10Zn42	910	F	a	Gusseisen
	CP 202	2.1463	L-CuP7	720	S	a, e	Cu, Fe-freie und Ni-freie Cu-Legierungen

Nickelbasislote zum Hochtemperaturlöten

Gruppe	Lotwerkstoff Kurzzeichen[1]	Werkstoff-Nr.	bisherige Kurzzeichen DIN 8513	Arbeits-temperatur °C	Löt-stoß[2]	Lot-zufuhr[3]	Werkstoffe
	NI 101	2.4140	L-Ni1	[4]	[4]	[4]	Nickel, Cobalt, Nickel- und Cobaltlegierungen, unlegierte und legierte Stähle
	NI 103	2.4143	L-Ni3	[4]	[4]	[4]	Nickel, Cobalt, Nickel- und Cobaltlegierungen, unlegierte und legierte Stähle
	NI 105	2.4148	L-Ni5	[4]	[4]	[4]	Nickel, Cobalt, Nickel- und Cobaltlegierungen, unlegierte und legierte Stähle
	NI 107	2.4150	L-Ni7	[4]	[4]	[4]	Nickel, Cobalt, Nickel- und Cobaltlegierungen, unlegierte und legierte Stähle

Aluminiumbasislote

Gruppe	Lotwerkstoff Kurzzeichen[1]	Werkstoff-Nr.	bisherige Kurzzeichen DIN 8513	Arbeits-temperatur °C	Löt-stoß[2]	Lot-zufuhr[3]	Werkstoffe
	AL 102	3.2280	L-AlSi7,5	610	S	a, e	Aluminium und Al-Legierungen der Typen AlMn, AlMgMn, G-AlSi; bedingt für Al-Legierungen der Typen AlMg, AlMgSi bis zu 2% Mg-Gehalt
	AL 103	3.2282	L-AlSi10	600	S	a, e	Aluminium und Al-Legierungen der Typen AlMn, AlMgMn, G-AlSi; bedingt für Al-Legierungen der Typen AlMg, AlMgSi bis zu 2% Mg-Gehalt
	AL 104	3.2285	L-AlSi12	595	S	a, e	Aluminium und Al-Legierungen der Typen AlMn, AlMgMn, G-AlSi; bedingt für Al-Legierungen der Typen AlMg, AlMgSi bis zu 2% Mg-Gehalt

[1] Die beiden Buchstaben geben die Legierungsgruppe an, während die dreistelligen Zahlen reine Zählnummern in aufsteigender Form darstellen.

[2] S geeignet für Spaltlöten; F geeignet für Fugenlöten

[3] a Lot angesetzt; e Lot eingelegt

[4] Hier sind die Herstellerangaben zu übernehmen.

Lötstoß

Spaltlöten: $b < 0,25\,mm$

Fugenlöten: $b > 0,3\,mm$

F

Weichlote und Flussmittel

Weichlote

vgl. DIN EN 29453 (1994-02)

Legierungs-gruppe[1]	Legie-rungs-Nr.[2]	Legierungs-kurzzeichen	bisherige Kurzzeichen DIN 1707	Arbeits-temperatur °C	Anwendungsbeispiele
Zinn-Blei	1	S-Sn63Pb37	L-Sn63Pb	183	Feinwerktechnik
	1a	S-Sn63Pb37E	L-Sn63Pb	183	Elektronik, gedruckte Schaltungen
	2	S-Sn60Pb40	L-Sn60Pb	183...190	gedruckte Schaltungen, Edelstahl
	3	S-Pb50Sn50	L-Sn50Pb	183...215	Elektroindustrie, Verzinnung
	5	S-Pb60Sn40	L-PbSn40	183...235	Feinblechpackungen, Metallwaren
	7	S-Pb70Sn30	–	183...255	Klempnerarbeiten, Zink, Zinklegierungen
	10	S-Pb98Sn2	L-PbSn2	320...325	Kühlerbau
Zinn-Blei mit Antimon	11	S-Sn63Pb37Sb	–	183	Feinwerktechnik
	12	S-Sn60Pb40Sb	L-Sn60Pb(Sb)	183...190	Feinwerktechnik, Elektroindustrie
	14	S-Pb58Sn40Sb2	L-PbSn40Sb	185...231	Kühlerbau, Schmierlot
	16	S-Pb74Sn25Sb1	L-PbSn25Sb	185...263	Schmierlot, Bleilötungen
Zinn-Blei-Bismut	19	S-Sn69Pb38Bi2	–	180...185	Feinlötungen
	21	S-Bi57Sn43	–	138	Niedertemperaturlot, Schmelzsicherungen
Zinn-Blei-Cadmium	22	S-Sn50Pb32Cd18	L-SnPbCd18	145	Thermosicherungen, Kabellötungen
Zinn-Blei-Kupfer	24	S-Sn97Cu3	L-SnPbCu3	230...250	
	25	S-Sn60Pb38Cu2	L-Sn60Cu	183...190	Elektrogerätebau, Feinwerktechnik
	26	S-Sn50Pb49Cu1	L-Sn50PbCu	183...215	
Zinn-Blei-Silber	28	S-Sn96Ag4	–	221	Kupferrohrinstallation, Edelstahl
	31	S-Sn60Pb36Ag4	L-Sn60PbAg	178...180	Elektrogeräte, gedruckte Schaltungen
	33	S-Pb95Ag5	L-PbAg5	304...365	für hohe Betriebstemperaturen
	34	S-Pb93Sn5Ag2	–	296...301	Elektromotoren, Elektrotechnik

[1] Cadmium- und zinkhaltige Weichlote sowie Weichlote für Aluminium sind in DIN EN 29453 nicht mehr enthalten.
[2] Die Legierungsnummern ersetzen die Werkstoffnummern nach DIN 1707.

Flussmittel zum Weichlöten

vgl. DIN EN 29454-1 (1994-02)

	Kennzeichen nach den Hauptbestandteilen			Einteilung nach der Wirkung		
Flussmittel-typ	Flussmittelbasis	Flussmittelaktivator	Flussmittel-art	Kurzzeichen DIN EN	DIN 8511	Wirkung der Rückstände
1 Harz	1 Kolophonium	1 ohne Aktivator		3.2.2...	F-SW11	stark
	2 ohne Kolophonium			3.1.1...	F-SW12	korrodierend
2 orga-nisch	1 wasserlöslich	2 mit Halogenen aktiviert	A flüssig	3.2.1...	F-SW13	
	2 nicht wasserlöslich	3 ohne Halogene aktiviert		3.1.1...	F-SW21	bedingt korrodierend
3 anor-ganisch	1 Salze	1 mit Ammoniumchlorid	B fest	2.1.3...	F-SW23	
		2 ohne Ammoniumchlorid		2.1.2...	F-SW25	
	2 Säuren	1 Phosphorsäure	C Paste	1.2.2...	F-SW28	
		2 andere Säuren		1.1.1...	F-SW31	nicht korrodierend
	3 alkalisch	1 Amine und/oder Ammoniak		1.2.3...	F-SW33	

⇒ **Flussmittel ISO 9454 – 1.2.2.C:** Flussmittel vom Typ Harz (1), Basis ohne Kolophonium (2), mit Halogenen aktiviert (2), geliefert in Pastenform (C)

Flussmittel zum Hartlöten

vgl. DIN EN 1045 (1997-08)

Flussmittel	Wirktemperatur	Hinweise für die Verwendung
FH10	550...800 °C	Vielzweckflussmittel; Rückstände sind abzuwaschen oder abzubeizen.
FH11	550...800 °C	Cu-Al-Legierungen; Rückstände sind abzuwaschen oder abzubeizen.
FH12	550...850 °C	Rostfreie und hochlegierte Stähle, Hartmetalle; Rückstände sind abzubeizen.
FH20	700...1000 °C	Vielzweckflussmittel; Rückstände sind abzuwaschen oder abzubeizen.
FH21	750...1100 °C	Vielzweckflussmittel; Rückstände sind mechanisch entfernbar oder abzubeizen.
FH30	über 1000 °C	Für Kupfer- und Nickellote; Rückstände sind mechanisch entfernbar.
FH40	650...1000 °C	Borfreies Flussmittel; Rückstände sind abzuwaschen oder abzubeizen.
FL10	400...700 °C	Leichtmetalle; Rückstände sind abzuwaschen oder abzubeizen.
FL20	400...700 °C	Leichtmetalle; Rückstände sind nicht korrosiv, jedoch vor Feuchtigkeit zu schützen.

F

Lötverbindungen

Einteilung der Lötverfahren

Unterscheidungs-merkmale	Lötverfahren		
	Weichlöten	Hartlöten	Hochtemperaturlöten
Arbeitstemperatur	< 450 °C	> 450 °C	> 900 °C
Energiequelle	Kolben, Lötbad, elektrischer Widerstand	Flamme, Ofen	Flamme, Laserstrahl, elektrische Induktion
Grundwerkstoff	Cu-, Ag-, Al-Legierungen, Nichtrostender Stahl, Stahl, Cu-, Ni-Legierungen	Stahl, Hartmetall-Schneidplatten	Stahl, Hartmetall
Lotwerkstoff	Sn-, Pb-Legierungen	Cu-, Ag-Legierungen	Ni-Cr-Legierungen, Ag-Au-Pd-Legierungen
Hilfsmittel	Flussmittel	Flussmittel, Vakuum	Vakuum, Schutzgas

Richtwerte für Lötspaltbreiten

Grundwerkstoff	Lötspaltbreite in mm		
	für Weichlote	für Hartlote auf	
		Kupferbasis	Messingbasis	Silberbasis
Stahl, unlegiert	0,05...0,2	0,05...0,15	0,1...0,3	0,05...0,2
Stahl, legiert	0,1...0,25	0,1...0,2	0,1...0,35	0,1...0,25
Cu, Cu-Legierungen	0,05...0,2	–	–	0,05...0,25
Hartmetall	–	0,3...0,5	–	0,3...0,5

Gestaltungsregeln für Lötverbindungen

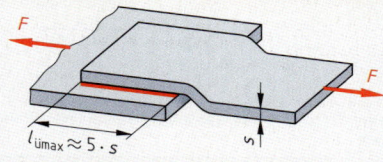

$l_{ümax} \approx 5 \cdot s$

auf Abscheren belastete Lötverbindung

Entlastung der Lötnaht durch Falz

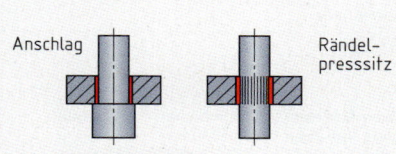

Anschlag   Rändel-presssitz

Fertigungserleichterung

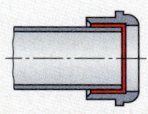

auf Rohr gelötete Kugelbuchse

Vorbedingungen
- Lötspaltbreite so groß, dass Flussmittel und Lot durch die Kapillarwirkung den Lötspalt sicher füllen (Tabelle oben)
- Parallelität der beiden Lötflächen
- Die durch die Bearbeitung vorhandene Rautiefe bei Cu-Loten Rz = 10...16 µm, bei Ag-Loten Rz = 25 µm kann bestehen bleiben.

Kraftübertragung
- Die Lötnaht ist so anzuordnen, dass sie möglichst auf Abscheren (Schub) beansprucht wird. Insbesondere Weichlötnähte dürfen nicht auf Zug oder schälend beansprucht werden.
- Bei Lötspalttiefen $l_ü$ > 5 · s füllt sich der Spalt nicht mehr zuverlässig mit Lot. Deshalb kann die Belastbarkeit durch eine größere Spalttiefe nicht erhöht werden.
- Die Kraftübertragung kann z.B. durch Falzen vergrößert werden

Fertigungserleichterung
- Beim Löten muss die Position der zu verbindenden Bauteile z.B. durch entsprechende Gestaltung, durch eine Vorrichtung oder durch Rändelpresssitze gewährleistet werden.

Anwendungsbeispiele
- Rohre und Fittings
- Blechteile
- Werkzeuge mit aufgelöteten Hartmetallschneiden

F

Klebstoffe, Vorbehandlung der Fügeflächen

Eigenschaften und Einsatzbedingungen von Klebstoffen[1]

Klebstoff	Handels-name	Aushärte-bedingungen		max. Betriebs-tempera-tur °C	Zugscher-festigkeit τ_B N/mm²	Elastizität	Verwendung, besondere Eigenschaften
		Temperatur °C	Zeit				
Acrylharz	Agomet M, Acronal, Stabilit-Express	20	24 h	120	6...30	gering	Metalle, Duroplaste, Keramik, Glas
Epoxidharz (EP)	Araldit, Metallon, Uhu-Plus	20...200	1 h... 12 h	50...200	10...35	gering	Metalle, Duroplaste, Glas, Keramik, Beton, Holz Merkmal: lange Härtezeit
Phenolharz (PF)	Porodur, Pertinax, Bakelite	120...200	60 s	140	20	gering	Metalle, Duroplaste, Glas, Elastomere, Holz, Keramik
Polyvinyl-chlorid (PVC)	Hostalit, Isodur, Macroplast	20	> 24 h	60	60	gering	Metalle, Duroplaste, Glas, Elastomere, Holz, Keramik
Polyurethan (PUR)	Desmocoll, Delopur, Baydur	50	24 h	40	50	vorhanden	Metalle, Elastomere, Glas, Holz, einige Thermoplaste
Polyester-harz (UP)	Fibron, Leguval, Verstopal	25	1 h	170	60	gering	Metalle, Duroplaste, Keramik, Glas
Poly-chloroprene (CR)	Baypren, Contitec, Fastbond	50	1 h	110	5	vorhanden	Kontaktkleber für Metalle und Kunststoffe
Cyanacrylat	Perma-bond, Sicomet 77	20	40 s	85	20...25	gering	Schnellkleber für Metalle, Kunststoffe, Elastomere
Schmelz-klebstoffe	Jet-Melt, Ecomelt, Vesta-Melt	20	> 30 s	50	2...5	vorhanden	Werkstoffe aller Art, Klebewirkung durch Erkalten

[1] Aufgrund der unterschiedlichen chemischen Zusammensetzung der Klebstoffe sind die angegebenen Werte nur grobe Richtwerte. Exakte Angaben sind beim Hersteller zu erfragen.

Vorbehandlung von Fügeteilen für Klebeverbindungen

vgl. VDI 2229 (1979-06)

Werkstoff	Behandlungsfolge[1] für Beanspruchungsart[2]			Werkstoff	Behandlungsfolge[1] für Beanspruchungsart[2]		
	niedrig	mittel	hoch		niedrig	mittel	hoch
Al-Legierungen		1-6-5-3-4	1-2-7-8-3-4	Stahl, blank		1-6-2-3-4	1-7-2-3-4
Mg-Legierungen	1-2-3-4	1-6-2-3-4	1-7-2-9-3-4	Stahl, verzinkt	1-2-3-4	1-2-3-4	1-2-3-4
Ti-Legierungen		1-6-2-3-4	1-2-10-3-4	Stahl, phosphatiert		1-2-3-4	1-6-2-3-4
Cu-Legierungen	1-2-3-4	1-6-2-3-4	1-7-2-3-4	Übrige Metalle	1-2-3-4	1-6-2-3-4	1-7-2-3-4

[1] **Kennziffern für die Behandlungsart**

1 **Reinigen** von Schmutz, Zunder, Rost
2 **Entfetten** mit organischen Lösungsmitteln oder wässrigen Reinigungsmitteln
3 **Spülen** mit klarem Wasser
4 **Trocknen** in Warmluft bis 65 °C
5 **Entfetten** mit gleichzeitigem Beizen
6 **Mechanisches Aufrauen** durch Schleifen oder Bürsten
7 **Mechanisches Aufrauen** durch Strahlen
8 **Beizen 30 min**, bei 60 °C in 27,5 %iger Schwefelsäure
9 **Beizen 1 min**, bei 20 °C in 20 %iger Salpetersäure
10 **Beizen 3 min**, bei 20 °C in 15 %iger Flusssäure

[2] **Beanspruchungsarten für Klebeverbindungen**

niedrig: Zugscherfestigkeit bis 5 N/mm²; trockene Umgebung; für Feinmechanik, Elektrotechnik
mittel: Zugscherfestigkeit bis 10 N/mm²; feuchte Luft; Kontakt mit Öl; für Maschinen und Fahrzeugbau
hoch: Zugscherfestigkeit bis 10 N/mm²; direkte Berührung mit Flüssigkeiten; für Flugzeug-, Schiffs- und Behälterbau

F

Klebekonstruktionen, Prüfverfahren

Konstruktionsbeispiele

Stumpfstoß/Überlappstoß

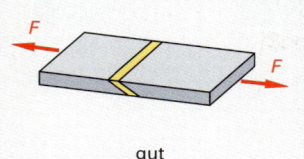

gut

weniger gut

T-Stoß

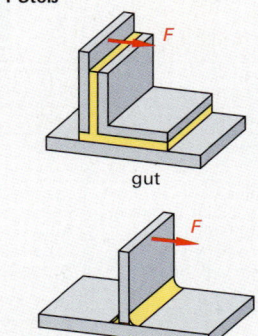

gut

weniger gut

Rohrverbindung

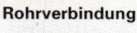
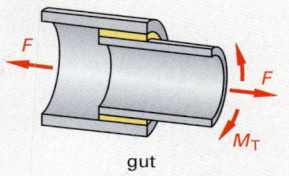

gut

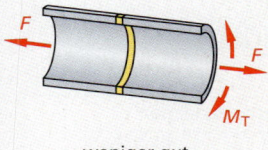

weniger gut

Prüfverfahren

Prüfverfahren Norm	Inhalt
Biegeschälversuch DIN 54461	Bestimmung des Widerstands von Klebeverbindungen gegen abschälende Kräfte
Zugscherversuch DIN EN 1465	Bestimmung der Zugscherfestigkeit hochfester Überlappungsklebungen
Zeitstandsversuch DIN 53284	Bestimmung der Zeitstand- und Dauerfestigkeit von einschnittig überlappten Klebungen
Ermüdungsprüfung DIN EN ISO 9664	Bestimmung der Ermüdungseigenschaften von Strukturklebungen
Zugversuch DIN EN 26922	Bestimmung der Zugfestigkeit von Stumpfklebungen rechtwinklig zur Klebefläche
Rollenschälversuch DIN EN 1464	Bestimmung des Widerstands gegen abschälende Kräfte
Druckscherversuch DIN 54452	Bestimmung der Scherfestigkeit vorwiegend anaerober[1] Klebstoffe

[1] unter Luftabschluss aushärtend

Klebstoffverhalten in Abhängigkeit von Temperatur und Größe der Klebefläche

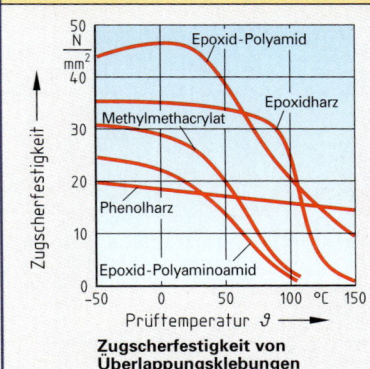

Zugscherfestigkeit von Überlappungsklebungen

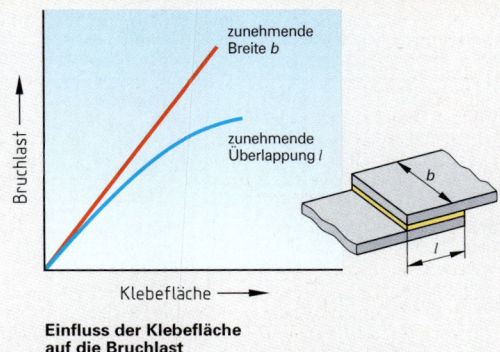

Einfluss der Klebefläche auf die Bruchlast

F

Sicherheitsfarben, Verbotszeichen

Sicherheitsfarben

vgl. DIN 4844-1 (2002-11) und BGV A8[1] (2002-04)

Farbe	rot	gelb	grün	blau
Bedeutung	Halt, Verbot	Vorsicht! Mögliche Gefahr	Gefahrlosigkeit, Erste Hilfe	Gebotszeichen, Hinweise
Kontrastfarbe	weiß	schwarz	weiß	weiß
Farbe des Bildzeichens	schwarz	schwarz	weiß	weiß
Anwendungs-beispiele (vgl. Seiten 340 und 341)	Haltezeichen, Not-Aus, Verbotszeichen, Material zur Feuerbekämpfung	Hinweis auf Gefahren (z.B. Feuer, Explosion, Strahlen); Hinweis auf Hindernisse (z.B. Schwellen, Gruben)	Kennzeichnung von Rettungswegen und Notausgängen; Erste-Hilfe- und Rettungsstationen	Verpflichtung zum Tragen einer persönlichen Schutzausrüstung; Standort eines Telefons

Verbotszeichen

vgl. DIN 4844-2 (2001-02) und BGV A8[1] (2002-04)

Verbot	Rauchen verboten	Feuer, offenes Licht und Rauchen verboten	Für Fußgänger verboten	Mit Wasser löschen verboten	Kein Trinkwasser
Zutritt für Unbefugte verboten	Für Flurförderzeuge verboten	Berühren verboten	Berühren verboten – Gehäuse unter Spannung	Schalten verboten	Verbot für Personen mit Herzschrittmacher
Abstellen oder Lagern verboten	Personenbeförderung verboten	Betreten der Fläche verboten	Mit Wasser spritzen verboten	Mobilfunk verboten	Essen und Trinken verboten
Mitführen von magnetischen oder elektronischen Datenträgern verboten	Besteigen für Unbefugte verboten	Verbot, das gekennzeichnete Gerät in der Badewanne, Dusche oder im Waschbecken zu benutzen	Hineinfassen verboten	Bedienung mit langen Haaren verboten	Nicht zulässig für Freihand- und handgeführtes Schleifen

[1] Berufsgenossenschaftliche Unfallverhütungsvorschrift BGV A8 (Ersatz für VGB 125)

F

Warnzeichen

Warnung vor einer Gefahrenstelle

Warnung vor feuergefährlichen Stoffen

Warnung vor explosionsgefährlichen Stoffen

Warnung vor giftigen Stoffen

Warnung vor ätzenden Stoffen

Warnung vor radioaktiven Stoffen oder ionisierenden Strahlen

Warnung vor schwebender Last

Warnung vor Flurförderzeugen

Warnung vor gefährlicher, elektrischer Spannung

Warnung vor optischer Strahlung

Warnung vor Laserstrahl

Warnung vor brandfördernden Stoffen

Warnung vor nichtionisierender, elektromagnetischer Strahlung

Warnung vor magnetischem Feld

Warnung vor Stolpergefahr

Warnung vor Absturzgefahr

Warnung vor Biogefährdung

Warnung vor Kälte

Warnung vor gesundheitsschädlichen oder reizenden Stoffen

Warnung vor Gasflaschen

Warnung vor Gefahren durch Batterien

Warnung vor explosionsfähiger Atmosphäre

Warnung vor Fräswelle

Warnung vor Quetschgefahr

Warnung vor Kippgefahr beim Walzen

Warnung vor automatischem Anlauf

Warnung vor heißer Oberfläche

Warnung vor Handverletzungen

Warnung vor Rutschgefahr

Warnung vor Gefahren durch eine Förderanlage im Gleis

[1] Berufsgenossenschaftliche Unfallverhütungsvorschrift BGV A8 (Ersatz für VGB 125)

F

Sicherheitskennzeichnung

vgl. DIN 4844-2 (2001-02)
und BGV A8[1] (2002-04)

Gebotszeichen

Allgemeines
Gebotszeichen

Augenschutz
benutzen

Kopfschutz
benutzen

Gehörschutz
benutzen

Atemschutz
benutzen

Fußschutz
benutzen

Handschutz
benutzen

Schutzkleidung
benutzen

Gesichtsschutz
benutzen

Auffanggurt
anlegen

Für Fußgänger

Sicherheitsgurt
benutzen

Übergang
benutzen

Vor Öffnen Netz-
stecker ziehen

Vor Arbeiten
freischalten

Rettungsweste
anlegen

Hupen

Gebrauchsan-
weisung beachten

Rettungszeichen für Rettungswege und Notausgänge

Richtungsangabe für Erste-Hilfe-
Einrichtungen, Rettungswege und
Notausgänge[2]

Erste Hilfe

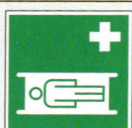

Krankentrage

Notdusche

Augenspül-
einrichtung

Notruftelefon

Arzt

Defibrillator

Rettungsweg/Notausgang

Sammelstelle

Brandschutzzeichen und Zusatzzeichen

Richtungsangabe

Wandhydrant
Löschschlauch

Leiter

Feuerlöscher

Brandmelde-
telefon

Mittel und Geräte
zur Brand-
bekämpfung

Brandmelder

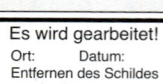

Es wird gearbeitet!
Ort: Datum:
Entfernen des Schildes
nur durch:

Zusatzzeichen, das zusammen
mit einem Sicherheitszeichen
weitere Informationen gibt

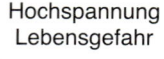

Hochspannung
Lebensgefahr

Zusatzzeichen, das zusammen
mit einem Sicherheitszeichen
weitere Informationen gibt

[1] Berufsgenossenschaftliche Unfallverhütungsvorschrift BGV A8   [2] nur in Verbindung mit weiterem Rettungszeichen

F

Sicherheitskennzeichnung

vgl. DIN 4844-2 (2001-02)
und BGV A8[1] (2002-04)

Hinweiszeichen

Entladezeit länger als 1 Minute	Teil kann im Fehlerfall unter Spannung stehen	Vor Berühren: - Entladen - Erden - Kurzschließen	5 Sicherheitsregeln Vor Beginn der Arbeiten - Freischalten - Gegen Wiedereinschalten sichern - Spannungsfreiheit feststellen - Erden und Kurzschließen - Benachbarte, unter Spannung stehende Teile abdecken oder abschranken

Kombinationszeichen

Es wird gearbeitet!

Ort: Datum:

Entfernen des Schildes nur durch:

Schalten verboten

Hochspannung Lebensgefahr

Warnung vor Hochspannung

Kombinationszeichen für Flucht-
wege oder Notausgänge mit den
entsprechenden Richtungs-
angaben durch Pfeile

Sanitätsraum	Betreten des Daches verboten	Löschdecke	Motor abstellen, Vergiftungsgefahr
Erste Hilfe im Sanitätsraum	Verbot! Das Dach darf nicht betreten werden.	Löschdecke zur Brandbekämpfung	Warnung vor giftigen Gasen

[1] Berufsgenossenschaftliche Unfallverhütungsvorschrift BGV A8 (Ersatz für VGB 125)

F

Gefahrensymbole und Gefahrenbezeichnungen

RL 67/548/EWG (2004-04)[1]

Kennbuchstabe, Gefahrensymbol, -bezeichnung	Gefährlichkeitsmerkmale von Stoffen	Kennbuchstabe, Gefahrensymbol, -bezeichnung	Gefährlichkeitsmerkmale von Stoffen	Kennbuchstabe, Gefahrensymbol, -bezeichnung	Gefährlichkeitsmerkmale von Stoffen
T+ Sehr giftig	Führen bei Aufnahme in sehr geringer Menge zum Tode oder können akute oder chronische Gesundheitsschäden verursachen T = Toxic	**Xi** Reizend	Können bei Kontakt mit der Haut oder Schleimhaut Entzündungen hervorrufen X = Andreaskreuz i = irritating	**F** Leichtentzündlich	Feste Stoffe können durch eine Zündquelle leicht entzündet werden. Flüssige Stoffe, mit Flammpunkt < 21 °C F = Flammable
T Giftig	Führen bei Aufnahme in geringer Menge zum Tode oder können akute oder chronische Gesundheitsschäden verursachen T = Toxic	**E** Explosionsgefährlich	Durch Schlag, Reibung, Feuer oder andere Zündquellen können Stoffe explodieren. E = Explosive	**N** Umweltgefährlich	Stoffe verändern Wasser, Boden, Luft, Klima, Tiere, Pflanzen u. a. derart, dass dadurch Gefahren für die Umwelt herbeigeführt werden. N = Noxious (schädlich)
Xn Gesundheitsschädlich	Führen bei Aufnahme zum Tode oder können akute oder chronische Gesundheitsschäden verursachen X = Andreaskreuz n = noxious	**O** Brandfördernd	Stoffe, die durch Sauerstoff-Abgabe die Brandgefahr und die Heftigkeit eines Brandes beträchtlich erhöhen. O = Oxidizing	**T mit R 45** Krebserzeugend	Stoffe können beim Einatmen, Verschlucken oder bei Aufnahme über die Haut Krebs erregen. R 45: kann Krebs erzeugen T = Toxic
C Ätzend	Lebendes Gewebe kann durch Berührung zerstört werden. C = Corrosive	**F+** Hochentzündlich	Flüssige Stoffe mit Flammpunkt < 0 °C u. Siedepunkt < 35 °C; gasförmige Stoffe, die bei Luftkontakt entzündlich sind F = Flammable	**T mit R 46** Erbgutverändernde Stoffe	Stoffe, die auf den Menschen erbgutverändernd wirken R 46: kann vererbbare Schäden verursachen T = Toxic
Xn mit R 40 Verdacht auf erbgutverändernde Wirkung	Stoffe, die wegen möglicher erbgutverändernder Wirkung auf den Menschen zu Besorgnis Anlass geben. Es liegen jedoch noch nicht genügend Informationen vor, die auf einen Nachweis schließen lassen. X = Andreaskreuz n = noxious R 40 = irreversibler Schaden möglich (Seite 199)	**T mit R 60, R 61** Fortpflanzungsgefährdend	Stoffe, die beim Menschen die Fortpflanzungsfähigkeit bzw. die Fruchtbarkeit bekanntermaßen beeinträchtigen T = Toxic R 60 = kann die Fortpfanzungsfähigkeit beeinträchtigen R 61 = kann das Kind im Mutterleib schädigen	**Xn mit R 62, R 63** Verdacht auf Beeinträchtigung der Fortpflanzungsfähigkeit	Stoffe, die wegen möglicher Beeinträchtigung der Fortpflanzungsfähigkeit der Menschen zu Besorgnis Anlass geben X = Andreaskreuz n = noxious R 62 = kann möglicherweise die Fortpflanzungsfähigkeit beeinträchtigen R 63 = kann das Kind im Mutterleib möglicherweise schädigen

[1] EG-Richtlinie, Anhang II

F

Kennzeichnung von Rohrleitungen

Kennzeichnung nach dem Durchflussstoff　　　vgl. DIN 2403 (1984-03)

Zweck: Eine genaue Kennzeichnung der Rohrleitung nach dem Durchflussstoff ist aus Gründen der Sicherheit, der Brandbekämpfung und der sachgerechten Wartung und Reparatur notwendig.

Die Kennzeichnung erfolgt durch

- Schilder mit Namen, Formel, Kennzahl der Kurzzeichen des Durchflussstoffes oder mit der dem Durchflussstoff zugeordneten Gruppenfarbe,
- Farbringe in der Gruppenfarbe oder
- Farbanstrich der gesamten Rohrleitung in der Gruppenfarbe.

Kennzeichnung durch Schilder

Die Abmessungen der Schilder sind nach DIN 825-1 genormt. Das spitze Ende der Schilder kennzeichnet die Durchflussrichtung. Der Durchflussstoff Wasserdampf kann z.B. durch jeweils eine der folgenden Darstellungen gekennzeichnet werden:

| Kreislaufdampf | H₂O | 2.6 | Kreislaufdampf |

Umrandung in der Schriftfarbe　　Spitze in Durchflussrichtung　　Gruppenfarbe vgl. Tabelle unten　　Gruppe Wasserdampf　　Stoffgattung Kreislaufdampf　　Wechselnde Durchflussrichtung

Kennzeichnung durch Farben und Kennzahlen

Farbzuordnung					Zuordnung nach Stoffgattung (Beispiele)	
Durchflussstoff	Gruppe	Gruppenfarbe	Farbmuster RAL	Farbe der Beschriftung	Kennzahl	Stoffgattung
Wasser	1	grün	6018	weiß	Gruppe 1	Wasser
Wasserdampf	2	rot	3000	weiß	1.0	Trinkwasser
Luft	3	grau	7001	schwarz	1.1	Rohrwasser
brennbare Gase	4	gelb oder gelb mit ZF[1] rot	1021 3000	schwarz	1.2	Brauchwasser
					1.3	aufbereitetes Wasser
nicht brennbare Gase	5	gelb mit ZF[1] schwarz, oder schwarz	1021 9005 9005	schwarz weiß	1.4	destilliertes Wasser, Kondensat
					1.5	Presswasser, Sperrwasser
Säuren	6	orange	2003	schwarz	1.6	Kreislaufwasser
Laugen	7	violett	4001	weiß	1.7	schweres Wasser
brennbare Flüssigkeiten	8	braun oder braun mit ZF[1] rot	8001 8001 3000	weiß	1.9	Abwasser
					Gruppe 2	Wasserdampf
nicht brennbare Flüssigkeiten	9	braun mit ZF[1] schwarz, oder schwarz	8001 9005 9005	weiß weiß	2.0	Niederdruck-Dampf (< 1,5 bar)
					2.2	Hochdruck-Sattdampf
					2.3	Hochdruck-Heißdampf
Sauerstoff	10	blau	5015	weiß	2.6	Kreislaufdampf

[1] ZF = Zusatzfarbe

Beispiele für Farbringkennzeichnung

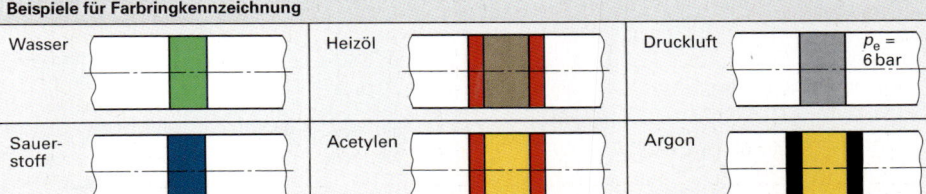

Wasser　　Heizöl　　Druckluft $p_e = 6\,bar$

Sauerstoff　　Acetylen　　Argon

F

Schall und Lärm

Schalltechnische Begriffe

Begriff	Erläuterung
Schall	Schall entsteht durch mechanische Schwingungen. Er breitet sich in gasförmigen, flüssigen und festen Körpern aus.
Frequenz	Anzahl der Schwingungen pro Sekunde. Einheit: 1 Hertz = 1 Hz = 1/s. Die Tonhöhe steigt mit der Frequenz. Frequenzbereich des menschlichen Hörens: 16 Hz ... 20 000 Hz.
Schallpegel	Ein Maß für die Stärke des Schalls (Schallenergie).
Lärm	Unerwünschte, belästigende oder schmerzhafte Schallwellen; Schädigung ist abhängig von der Stärke, Dauer, Frequenz und Regelmäßigkeit der Einwirkung. Bei einem Lärmpegel von 85 dB (A) und mehr droht die Gefahr der unheilbaren Schwerhörigkeit.
Dezibel (dB)	Genormte Einheit für den Schallpegel.
dB (A)	Da das menschliche Ohr verschieden hohe Töne (Frequenzen) des gleichen Schallpegels verschieden stark empfindet, muss der Lärm mit Filtern bei bestimmten Frequenzen entsprechend gedämpft werden. Die Frequenzbewertungskurve mit Filter A berücksichtigt dies und gibt den subjektiven Gehöreindruck an. Ein Unterschied von 3 dB (A) entspricht etwa einer Verdoppelung (oder Halbierung) der Schallintensität.

Schallpegel

Schallart	dB (A)	Schallart	dB (A)	Schallart	dB (A)
Beginn der Hörempfindlichkeit	4	Normales Sprechen in 1 m Abstand	70	Schwere Stanzen	95...110
Atemgeräusche in 30 cm Abstand	10	Werkzeugmaschinen	75... 90	Winkelschleifer	95...115
Leises Blätterrauschen	20	Lautes Sprechen in 1 m Abstand	80	Autohupe in 5 m Entfernung	100
Flüstern	30	Schweißbrenner, Drehmaschine	85	Diskomusik	100...115
Zerreißen von Papier	40	Schlagbohrmaschine, Motorrad	90	Richtarbeiten	110
Leise Unterhaltung	50...60	Motorenprüfstand, Walkman	90...110	Düsentriebwerk	120...130

Lärmschutzverordnung   vgl. Unfallverhütungsvorschrift „Lärm" BGV B3 (1997-01)

Unfallverhütungsvorschrift für Lärm erzeugende Betriebe	§ 15 Arbeitsstättenverordnung	
• Kennzeichnungspflicht für Lärmbereiche ab 90 dB (A).	Lärmgrenzwert für:	max. dB (A)
• Ab 85 dB (A) müssen Schallschutzmittel zur Verfügung stehen und ab 90 dB (A) müssen diese benutzt werden.	überwiegend geistige Tätigkeit	55
• Steigt durch Lärm die Unfallgefahr, so müssen entsprechende Maßnahmen getroffen werden.	einfache, überwiegend mechanisierte Tätigkeiten	70
• Regelmäßige Vorsorgeuntersuchungen sind Pflicht.	alle sonstigen Tätigkeiten (Wert darf bis 5 dB überschritten werden)	85
• Neue Arbeitseinrichtungen müssen dem fortschrittlichsten Stand der Lärmminderung entsprechen.	Pausen-, Bereitschafts- und Sanitätsräume	55

Gesundheitsschädlicher Lärm

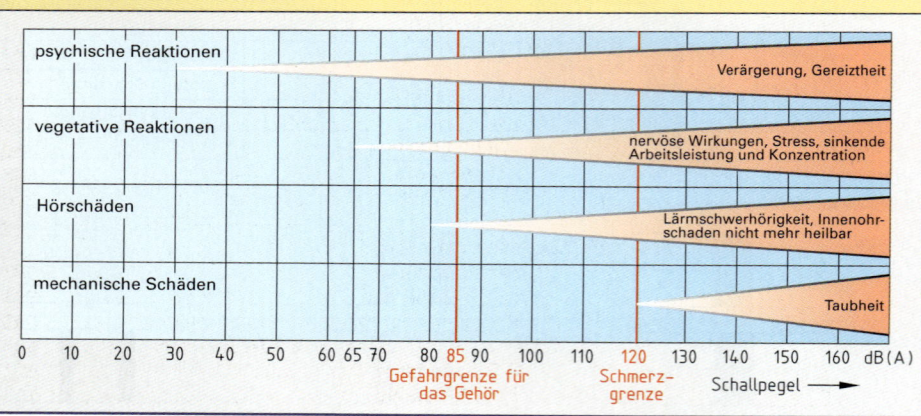

7 Automatisierungs- und Informationstechnik

A

Grundbegriffe der Steuerungs- und Regelungstechnik

Grundbegriffe
vgl. DIN 19226-1 bis -5 (1994-02)

Steuern	Regeln
Beim Steuern wird die Ausgangsgröße, z.B. die Temperatur in einem Härteofen, von der Eingangsgröße, z.B. dem Strom in der Heizwicklung, beeinflusst. Die Ausgangsgröße wirkt auf die Eingangsgröße nicht zurück. Die Steuerung hat einen offenen Wirkungsweg.	Beim Regeln wird die Regelgröße, z.B. die Ist-Temperatur in einem Härteofen, fortlaufend erfasst, mit der Soll-Temperatur als Führungsgröße verglichen und bei Abweichungen an die Führungsgröße angeglichen. Die Regelung hat einen geschlossenen Wirkungskreislauf.

Beispiel: Härteofen

Schema-darstellung

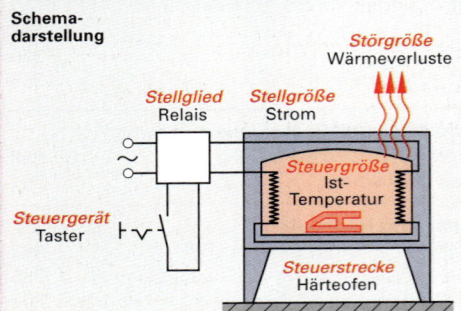

Schema-darstellung

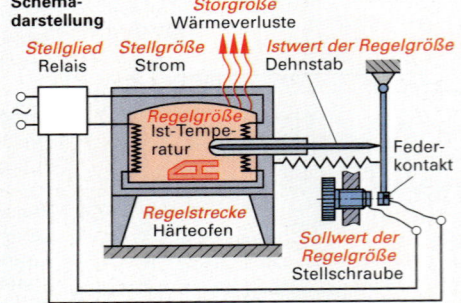

Wirkungsplan der Steuerkette

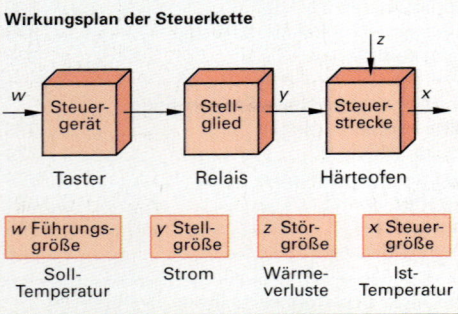

vereinfachter Wirkungsplan des Regelkreises

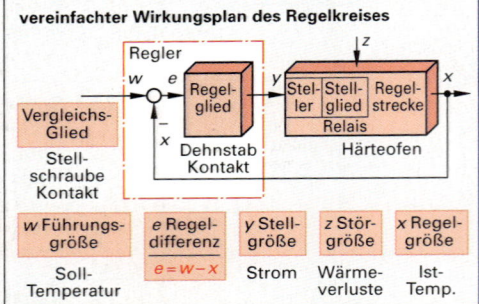

Aufgabenbezogene Kennbuchstaben
vgl. DIN 19227-1 (1993-10)

Bezeichnungsbeispiel: **P D I C**

Erstbuchstaben	Ergänzungsbuchstaben	Folgebuchstaben
D Dichte	D Differenz	A Störungsmeldung
E Elektrische Größen	F Verhältnis	C selbsttätige Regelung
F Durchfluss, Durchsatz	J Messstellenabfrage	H oberer Grenzwert
G Abstand, Stellung, Länge	Q Summe, Integral	I Anzeige
H Handeingabe, Handeingriff		L unterer Grenzwert
K Zeit		R Registrierung
L Stand (z.B. Füllstand)		
M Feuchte		
P Druck		
Q Qualitätsgrößen		
R Strahlungsgrößen		
S Geschwindigkeit, Drehzahl		
T Temperatur		
W Gewichtskraft, Masse		

Beispiel: Differenzdruckregelung

Erläuterung: P   Druck
D   Differenz
I   Anzeige
C   Selbsttätige Regelung

umgangssprachlich: Differenzdruckregelung und Anzeige der Druckdifferenz

A

Bildzeichen

vgl. DIN 19227-1 (1993-10)

Ausgabe- und Bedienort

Sinnbild	Erläuterung
oder	vor Ort, allgemein
	Prozessleitwarte
	örtlicher Leitstand
	vor Ort, realisiert mit einem Prozessleitsystem
	vor Ort, realisiert mit einem Prozessrechner

Einwirkung auf die Strecke

Sinnbild	Erläuterung
○	Stellantrieb, allgemein
	Stellantrieb; bei Ausfall der Hilfsenergie wird die Stellung für minimalen Massenstrom oder Energiefluss eingestellt
	Stellantrieb; bei Ausfall der Hilfsenergie wird die Stellung für maximalen Massenstrom oder Energiefluss eingestellt.
	Stellantrieb; bei Ausfall der Hilfsenergie bleibt das Stellgerät in der zuletzt eingenommenen Stellung.

Messort, Stellort

Sinnbild	Erläuterung
——	Bezugslinie
○——	Messort, Fühler
▽	Stellglied, Stellort

Beispiel:

Temperatur T
Registrierung R selbsttätige Regelung C

Temperaturregelung und Registrierung im örtlichen Leitstand Messstelle 310

Lösungsbezogene Bildzeichen für Geräte

vgl. DIN 19227-2 (1991-02)

Sinnbild	Erläuterung	Sinnbild	Erläuterung	Sinnbild	Erläuterung
Aufnehmer		**Regler**		**Stell- und Bediengeräte**	
T oder ○—T	Aufnehmer für Temperatur, allgemein		Regler, allgemein	Ⓜ	Ventilstellglied mit Motor-Antrieb
P	Aufnehmer für Druck	PID	Zweipunktregler mit schaltendem Ausgang und PID-Verhalten		Ventilstellglied mit Magnet-Antrieb
L	Aufnehmer für Stand mit Schwimmer		Dreipunktregler mit schaltendem Ausgang	↗ ʃ	Signaleinsteller für elektrisches Signal
W	Aufnehmer für Gewichtskraft, Waage; anzeigend	**Anpasser**		**Signalkennzeichen**	
		P ʃ A	Messumformer für Druck mit pneumatischem Signalausgang	ʃ A ∩ #	Signal, elektrisch Signal, pneumatisch Analogsignal Digitalsignal
Ausgeber		**Beispiel: Temperaturregler**			
↗	Basissymbol, Anzeiger allgemein				
ʃ 6 ∩	Schreiber, analog, Anzahl der Kanäle als Ziffer				
▢	Bildschirm				

Beispiel: Temperaturregler

PID-Regler

Regelgröße x   Stellgröße y

Führungsgröße w

Signalverstärker für Stellsignal

Messumformer für Temperatur und elektr. Signalausgang

Signaleinsteller für elektr. Signal zur Einstellung der Führungsgröße w

Temperaturfühler

Wasserbad

Ventilstellglied, motorgetrieben

Dampf

A

Analoge Regler

Analoge (stetige) Regler		vgl. DIN 19225 (1981-12) und DIN 19226-2 (1994-02)	
	Bei analogen Reglern kann die Stellgröße y innerhalb des Stellbereiches jeden beliebigen Wert annehmen.		

Reglerart	Beispiel Niveauregelung, Beschreibung	Übergangsfunktion	Sinnbild[1] Blockdarstellung[2]
P-Regler Proportional wirkender Regler Die Ausgangsgröße ist proportional der Eingangsgröße. P-Regler besitzen eine bleibende Regeldifferenz.		x Regelgröße y Stellgröße e Regeldifferenz — Sprungfunktion[3] — Sprungantwort[4] 	
I-Regler Integral wirkender Regler I-Regler sind langsamer als P-Regler, beseitigen aber die Regeldifferenz vollständig.			
PI-Regler Proportionalintegral wirkender Regler Beim PI-Regler werden ein P-Regler und ein I-Regler parallel geschaltet.			
D-Regler Differenzierend wirkender Regler	D-Regeleinrichtungen kommen nur zusammen mit P- oder PI-Regeleinrichtungen vor, da reines D-Verhalten bei konstanter Regeldifferenz keine Stellgröße und damit keine Regelung liefert.		
PD-Regler Proportionaldifferenzierend wirkender Regler	PD-Regler entstehen durch die Parallelschaltung eines P-Reglers mit einem D-Glied. Der D-Anteil ändert die Ausgangsgröße proportional zur Änderungsgeschwindigkeit der Eingangsgröße. Der P-Anteil ändert die Ausgangsgröße proportional zur Eingangsgröße. PD-Regler wirken schnell.		
PID-Regler Proportionalintegraldifferenzierend wirkender Regler	PID-Regler entstehen durch die Parallelschaltung eines P-, eines I- und eines D-Reglers. Am Anfang reagiert der D-Anteil mit einer großen Steuersignaländerung, danach wird diese Veränderung etwa bis zum Anteil des D-Gliedes verringert, um anschließend durch den Einfluss des I-Gliedes linear anzusteigen.		

[1] Sinnbild nach DIN 19227-2
[3] Signalverlauf am Eingang der Regelstrecke
[2] Blockdarstellung nach DIN 19226-2
[4] Signalverlauf am Ausgang der Regelstrecke

A

Unstetige und digitale Regler

Schaltende (unstetige) Regler vgl. DIN 19225 (1981-12) und DIN 19226-2 (1994-02)

Schaltende Regler verändern die Stellgröße y unstetig durch Schalten in mehreren Stufen.

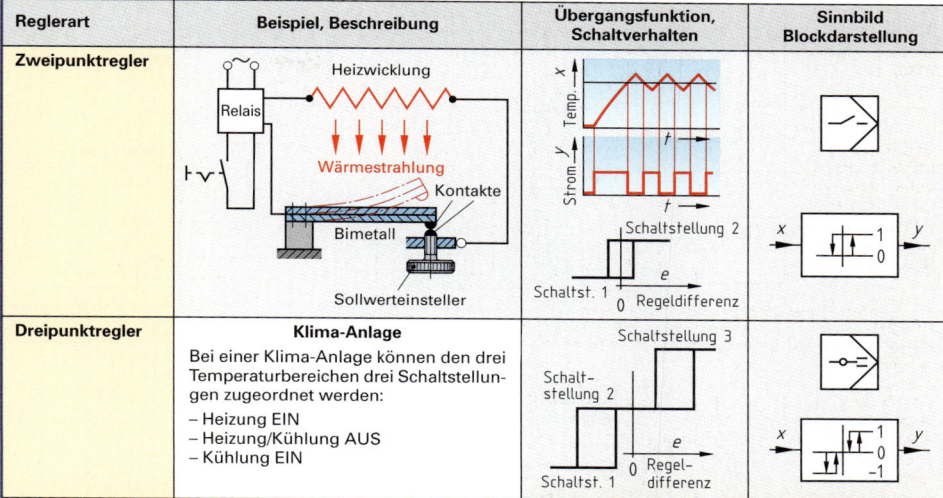

Reglerart	Beispiel, Beschreibung	Übergangsfunktion, Schaltverhalten	Sinnbild Blockdarstellung
Zweipunktregler	Relais / Heizwicklung / Wärmestrahlung / Kontakte / Bimetall / Sollwerteinsteller	x Temp. ... t / y Strom ... t / Schaltstellung 2 / Schaltst. 1 / Regeldifferenz e	x — 1 0 — y
Dreipunktregler	**Klima-Anlage** Bei einer Klima-Anlage können den drei Temperaturbereichen drei Schaltstellungen zugeordnet werden: – Heizung EIN – Heizung/Kühlung AUS – Kühlung EIN	Schaltstellung 3 / Schaltstellung 2 / Schaltst. 1 / Regeldifferenz e	x — 1 0 −1 — y

Digitale Regler (Software-Regler) vgl. DIN 19225 (1981-12) und DIN 19226-2 (1994-02)

Die Funktionsweise des digitalen Reglers ist als Programm im Computer realisiert.

Reglerart	Beispiel (vereinfacht)	Übergangsfunktion	Erläuterung
Computer **Speicher-programmierbare Steuerungen (SPS)** **Mikrocontroller** **Mikroprozessoren**	Start → Eingabe der Führungsgröße w → Erfassen der Regelgröße x → Bildung der Regeldifferenz $e = w - x$ → PID-Regelalgorithmus → Ausgabe Stellgröße y **Digitaler PID-Regler**	Regeldifferenz–Sprung e / Zeit t / Einzelanteile: D-Anteil, I-Anteil, P-Anteil / Zeit t / Aufsummierung / Sprungantwort / Zeit t	Das Computerprogramm hat folgende Aufgaben: – Bildung der Regeldifferenz e – Berechnung der Stellgröße y auf Grund der programmierten Regelalgorithmen Bei der Sprungantwort werden alle P-, D- und I-Anteile aufsummiert. Die Abtastung der analogen Signale und deren Umwandlung in digitale Werte sowie der interne Programmablauf bewirken eine zeitliche Verzögerung der Regelgröße x (ähnlich wie bei einer T-Strecke).

P-Regelstrecken mit zeitlicher Verzögerung (T-Anteil) vgl. DIN 19226-2 (1994-02)

Reglerart	Beispiel	Übergangsfunktion	Erläuterung
P-Strecke mit Verzögerung 1. Ordnung (P-T$_1$-Strecke)	Füllen eines Gasbehälters	x / Zeit t / y / Zeit t	Wird der Druckbehälter durch einen Gasstrom gefüllt, erreicht der Druck p_1 im Behälter allmählich den Druck des Gasstroms.
P-Strecke mit Verzögerung 2. Ordnung (P-T$_2$-Strecke)	Füllen von zwei Gasbehältern	x / Zeit t / y / Zeit t	Werden zwei Behälter hintereinander geschaltet, steigt der Druck p_2 im zweiten Behälter langsamer an als der Druck p_1 im ersten Behälter.

A

Binäre Verknüpfungen vgl. DIN EN 60617-12 (1999-04)

Funktion	Schaltzeichen Logische Gleichung	Funktionstabelle	technische Realisierung	
			pneumatisch	elektrisch
UND (AND)	E1 E2 & A A = E1 ∧ E2	E1 E2 A / 0 0 0 / 0 1 0 / 1 0 0 / 1 1 1		
ODER (OR)	E1 E2 ≥1 A A = E1 ∨ E2	E1 E2 A / 0 0 0 / 0 1 1 / 1 0 1 / 1 1 1		
NICHT (NOT)	E 1 A A = E̅	E1 A / 0 1 / 1 0		
UND-NICHT (NAND)	E1 E2 & A A = E1 ∧ E2	E1 E2 A / 0 0 1 / 0 1 1 / 1 0 1 / 1 1 0		
ODER-NICHT (NOR)	E1 E2 ≥1 A A = E1 ∨ E2	E1 E2 A / 0 0 1 / 0 1 0 / 1 0 0 / 1 1 0		
exklusiv ODER (XOR)	E1 E2 =1 A A = (E1 ∧ E̅2) ∨ (E̅1 ∧ E2)	E1 E2 A / 0 0 0 / 0 1 1 / 1 0 1 / 1 1 0		
Speicher (RS-Flip-Flop) S Setzen R Rücksetzen	E1 S A1 E2 R A2	E1 E2 A1 A2 / 0 0 • • / 0 1 0 1 / 1 0 1 0 / 1 1 □ □ • Zustand unverändert □ Zustand unbestimmt		

E = Eingänge A = Ausgänge, z.B. Lampen K = Relais, Kontakte

A

Schaltzeichen
vgl. DIN EN 60617-1 bis -12 (1999-04)

Allgemeine Schaltzeichen

Symbol	Bezeichnung	Symbol	Bezeichnung	Symbol	Bezeichnung	Symbol	Bezeichnung
	Widerstand, allgemein		Induktivität, Spule		Lampe, allgemein, wahlweise Darstellung		galvanisches Element
	Sicherung		nichtgenormte Darstellung		Summer		Umsetzer, Umformer
	Kondensator		Dauermagnet		Hupe		

Leiter, Verbinder und Anschlüsse

Symbol	Bezeichnung	Symbol	Bezeichnung	Symbol	Bezeichnung	Symbol	Bezeichnung
	Leiter, allgemein		Schutzleiter, PE		Abzweig, wahlweise Darstellung		Massenanschluss, wahlweise Darstellung
	Leiter, beweglich		Neutralleiter, PN				Erdung
	Leiter, geschirmt		Neutralleiter mit Schutzfunktion PEN		Doppelabzweig, wahlweise Darstellung		Schutzleiteranschluss

Geräte und Maschinen | ### Halbleiterelemente

Symbol	Bezeichnung	Symbol	Bezeichnung	Symbol	Bezeichnung	Symbol	Bezeichnung
	Messgerät, Maschine		Transformation, wahlweise Darstellung		Halbleiterdiode, allgemein		PNP-Transistor
	Messgerät, aufzeichnend		Ventil		Leuchtdiode LED (engl.: light emitting diode)		NPN-Transistor

Kennzeichen | ### Stromarten | ### Schaltungsarten

Symbol	Veränderbarkeit	Symbol	Funktion	Symbol	Bezeichnung	Symbol	Bezeichnung
	allgemein		**Funktion** gestuft	==	Gleichstrom	Y	Sternschaltung
	einstellbar		stetig	~	Wechselstrom mit niedriger Frequenz	△	Dreieckschaltung
	geregelt		**Wirkung** thermisch / Strahlung	≈	Wechselstrom mit hoher Frequenz	Y△	Stern-Dreieckschaltung

Schaltzeichen in Installationsplänen

Symbol	Bezeichnung	Symbol	Bezeichnung	Symbol	Bezeichnung	Symbol	Bezeichnung
a) b)	Ausschalter a) einpolig b) zweipolig		Wechselschalter, beleuchtet	IP 44	Schalter dreipolig, Schutzart IP 44		Motor-Schutz-schalter
	Sensorschalter		Schutzkontaktsteckdose		Leitungs-Schutz-schalter		Fehlerstrom-Schutz-schalter
	Serienschalter		Taster				

Anwendungsbeispiele

Symbol	Bezeichnung	Symbol	Bezeichnung	Symbol	Bezeichnung	Symbol	Bezeichnung
	Spule, veränderbar		Wechselrichter, geregelt		dreiadrige Leitung mit Abzweigung		Gleichstrommotor
5	Widerstand, 5-stufig verstellbar		Gleich- oder Wechselstrom (Allstrom)	3 G 1,5	Leitung mit 3 Adern, mit Schutzleiter (G) und 1,5 mm² Querschnitt		Drehstrommotor

A

Schaltzeichen
vgl. DIN EN 60617-1 bis -12 (1999-04)

Relaiskontakte

Schließer, Einschaltglied

Öffner, Ausschaltglied

Wechsler, Umschaltglied

Betätigungsarten

von Hand, allgemein

durch Drücken

durch Ziehen

durch Drehen

durch Kippen

durch Schlüssel

durch Pedal

durch Rolle

durch Druckenergie

durch Annähern

durch Berühren

durch Bimetall (thermisch)

El.-mech. Relais

Relaisspule, allgemein

mit Ansprechverzögerung

mit Rückfallverzögerung

mit Ansprech- und Rückfallverzögerung

Schaltverhalten

Raste, verhindert selbsttätige Rückkehr

a)
b)
verzögerte Wirkung (Fallschirmwirkung) bei Bewegung a) nach rechts b) nach links

Kennzeichen für „betätigter Zustand"

Sensoren

Kapazitiver Sensor, reagiert bei Annäherung aller Stoffe

induktiver Sensor, reagiert bei Annäherung von Metallen

magnetischer Sensor, reagiert bei Annäherung eines Magneten (Reedschalter)

optischer Sensor, reagiert auf Reflexion von Infrarotstrahlung

Anwendungsbeispiele für Schalter

Schließer mit Handbetätigung

Stellschalter mit 1 Schließer und 1 Öffner

Öffner mit Rollenbetätigung

a) b) Schließer a) schließt b) öffnet verzögert bei Betätigung

Pilz-Not-druck-Taster

a) b) a) Öffner b) Schließer Darstellung im betätigten Zustand

Näherungsschalter mit Schließkontakt und dauermagnetischer Betätigung

Ventil mit elektromagnetischer Betätigung

Bistabile Elemente

Verzögerungselemente

RS[1]-Flip-Flop

Funktionstabelle[2]

E1	E2	A1	A2
0	0	●	●
0	1	0	1
1	0	1	0
1	1	□	□

E1 S A1
E2 R A2

RS-Flip-Flop Setzen dominant

Funktionstabelle

E1	E2	A1	A2
0	0	●	●
0	1	0	1
1	0	1	0
1	1	1	0

E1 S1 1 A1
E2 R 1 A2

RS-Flip-Flop Rücksetzen dominant

Funktionstabelle

E1	E2	A1	A2
0	0	●	●
0	1	0	1
1	0	1	0
1	1	0	1

E1 S 1 A1
E2 R1 1 A2

mit Einschaltverzögerung

Bei Anliegen eines Signals am Eingang E nimmt der Ausgang A nach Ablauf der Zeit t_1 den Wert 1 an.

E t_1 0 A

mit Ausschaltverzögerung

Bei Wegfall des Signals am Eingang E nimmt der Ausgang A nach Ablauf der Zeit t_2 den Wert 0 an.

E 0 t_2 A

Flip-Flops sind integrierte Schaltkreise, die Signalzustände speichern.

[1] R = Rücksetzen
S = Setzen

[2] ● Zustand unverändert
□ Zustand unbestimmt

Die Ziffer 1 hinter einem R- oder S-Eingang gibt an, dass der Logik-Zustand dieses Eingangs dominant ist.

Steht bei den Eingängen E1 und E2 gleichzeitig ein Signal an (E1 = 1 und E2 = 1) gilt:

Der nicht mit der Ziffer 1 versehene Eingang (R beim dominant setzenden, S beim dominant rücksetzenden RS-Flip-Flop) wird immer auf den logischen Zustand 0 gesetzt.

A

Kennzeichnungen in Schaltplänen

Kennzeichnung von Betriebsmitteln in Schaltungsunterlagen   vgl. DIN EN 61082-1 (1995-05)

Beispiel: S 2 E

Art des Betriebsmittels	Zählnummer	Funktion des Betriebsmittels

Kennbuchstaben für die Art (Auswahl)	Kennbuchstaben für die Funktion (Auswahl)	Beispiel Stromlaufplan
B Sensor D Binäres Element F Sicherung H Signalleuchte K Relais R Widerstand S Schalter, Grenztaster Y Magnetventil	A Funktion AUS B Bewegungsrichtung E Funktion EIN G Prüfung K Tastbetrieb R Rückstellen S Speichern, Setzen	

Kennzeichnung von Leitern und Anschlüssen   vgl. DIN EN 60446 (1999-10) und DIN EN 60445 (2000-08)

Isolierte Leiter

Art des Leiters		Kennzeichnung			Beispiel
		Kurz-zei-chen	Farbe des Leiters	Bildzeichen	
Gleich-stromnetz	Positiv	L+	schwarz[1]	+	Gleichrichterschaltung
	Negativ	L–	schwarz[1]	–	
	Mittelleiter	M	hellblau		
Wechsel-stromnetz	Außenleiter 1	L1	schwarz[1]		
	Außenleiter 2	L2	schwarz[1]		
	Außenleiter 3	L3	schwarz[1]		
	Neutralleiter	N	hellblau		
Schutzleiter		PE	grün-gelb		
PEN-Leiter (Neutralleiter mit Schutzfunktion, PE + N)		PEN	grün-gelb[2]		
Erder		E	schwarz[1]		

Betriebsmittelanschlüsse

Anschluss für	Kennzeichnung	Beispiel
Außenleiter 1	U	Kurzschlussläufermotor in Sternschaltung
Außenleiter 2	V	
Außenleiter 3	W	

[1] Farbe ist nicht festgelegt. Empfohlen wird schwarz, für Unterscheidung braun. Nicht verwendet werden darf grün-gelb.

[2] PEN-Leiter haben durchgängig eine grün-gelbe Aderfarbe. Um Verwechslungen mit dem PE-Leiter zu vermeiden, sind PEN-Leiter an den Leitungsenden zusätzlich hellblau gekennzeichnet, z.B. mit einem Leitungsclip oder Klebeband.

A

Stromlaufpläne   vgl. DIN EN 61082 (1998-09)

Anschlussbezeichnungen an Relais

Beispiel:
Relais mit 2 Schließern
und 2 Öffnern

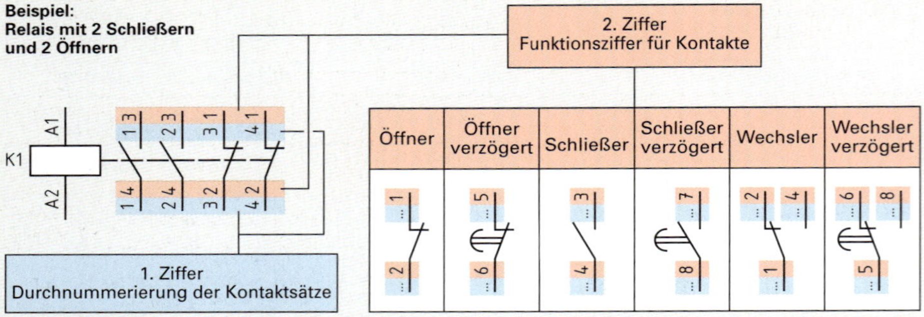

2. Ziffer
Funktionsziffer für Kontakte

1. Ziffer
Durchnummerierung der Kontaktsätze

Öffner	Öffner verzögert	Schließer	Schließer verzögert	Wechsler	Wechsler verzögert

Gestaltung von Stromlaufplänen

Stromwege und Aufteilung der Stromkreise

- Jedes elektrische Betriebsmittel erhält einen senkrechten Strompfad ohne Rücksicht auf die räumliche Anordnung der Elemente.
- Die Strompfade werden von links nach rechts durchnummeriert.
- Der **Steuerstromkreis** enthält die Geräte für die Signaleingabe und die Signalverarbeitung.
- Der **Hauptstromkreis** enthält die für die Betätigung der Arbeitsglieder erforderlichen Stellglieder.
- Die räumliche Zusammengehörigkeit z.B. von Relaisspule und Relaiskontakt wird nicht dargestellt.

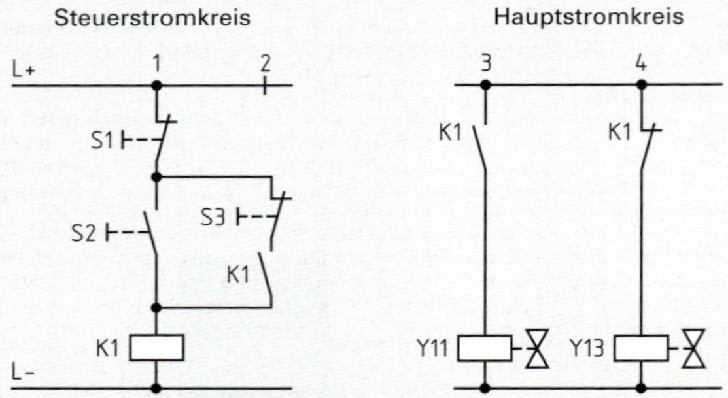

Steuerstromkreis   Hauptstromkreis

Kennzeichnung der Betriebsmittel

- Kontakte und die zugehörige Relaisspule werden mit der gleichen Kennziffer bezeichnet.
  Beispiel: Stromwege 1, 2 und 3
- Zur Relaisspule K1 gehören 2 Schließer, die beide mit K1 bezeichnet werden. Sie dienen der Selbsthaltung der Relaisspule.
- Alle Kontakte eines Relais werden als vollständiger Kontaktsatz oder als Tabelle unter dem Strompfad des Relais eingetragen. Beide Darstellungen geben Auskunft, in welchem Strompfad ein Kontakt zu finden ist.

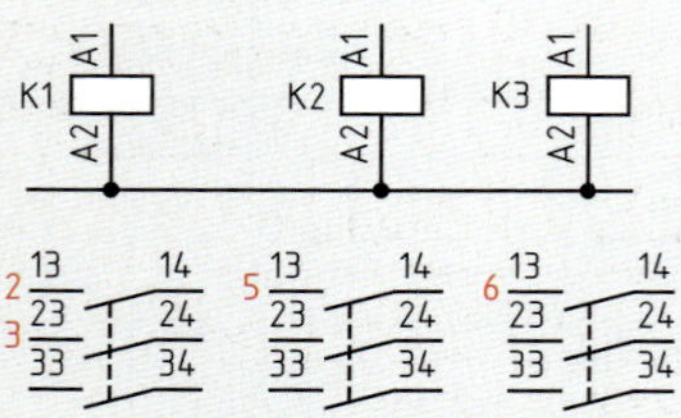

A

Darstellung als Kontaktsatz

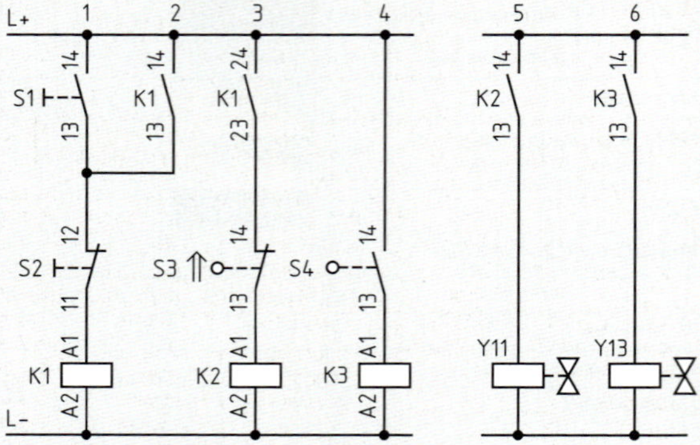

Kontakte K1	Pfad	Kontakte K2	Pfad	Kontakte K3	Pfad
13 – 14	2	13 – 14	5	13 – 14	6
23 – 24	3				

Darstellung als Tabelle

Sensoren

Sensoren (Auswahl)

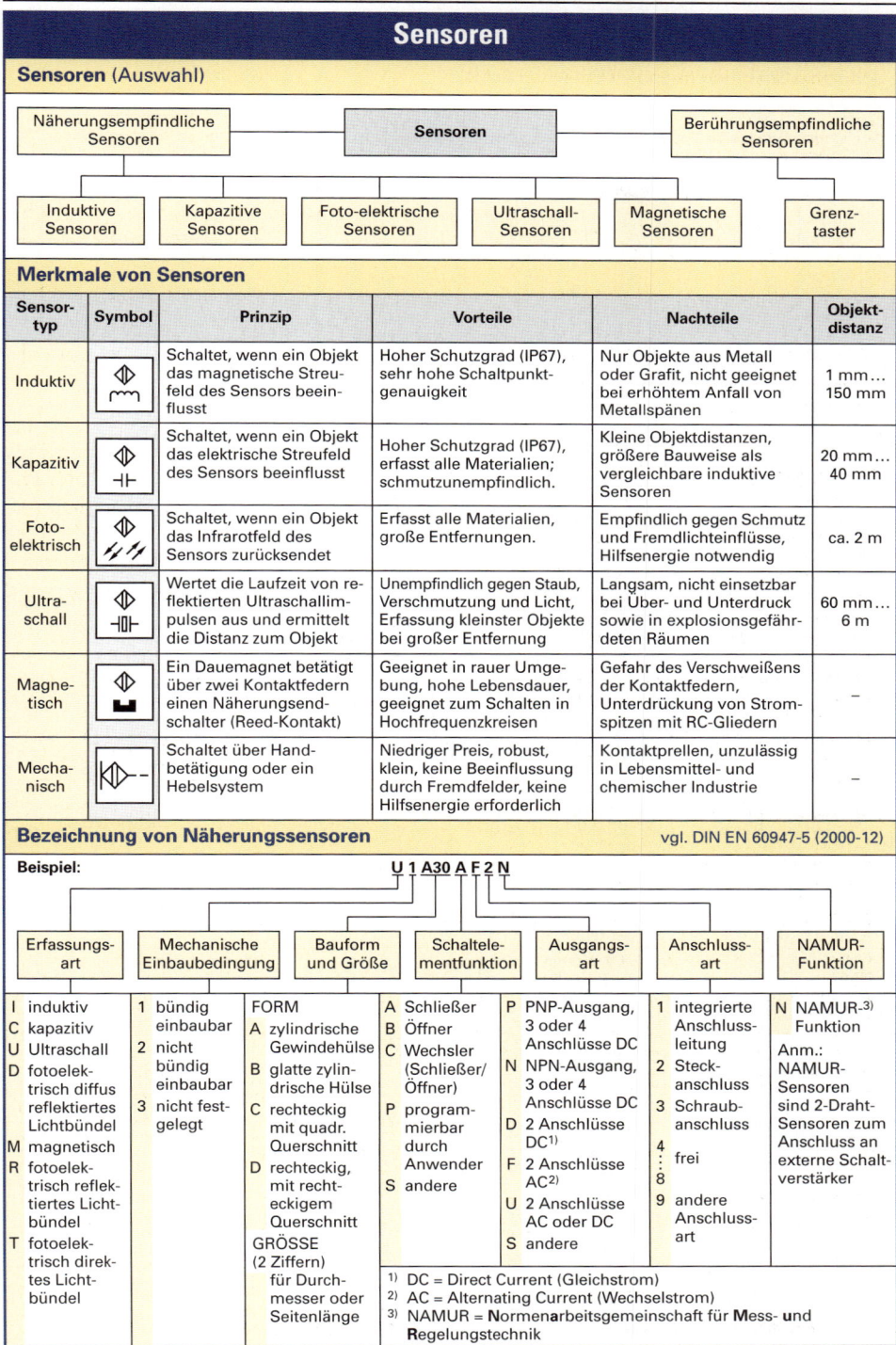

```
Näherungsempfindliche          Sensoren          Berührungsempfindliche
      Sensoren                                          Sensoren
```

| Induktive Sensoren | Kapazitive Sensoren | Foto-elektrische Sensoren | Ultraschall-Sensoren | Magnetische Sensoren | Grenz-taster |

Merkmale von Sensoren

Sensor-typ	Symbol	Prinzip	Vorteile	Nachteile	Objekt-distanz
Induktiv		Schaltet, wenn ein Objekt das magnetische Streu-feld des Sensors beein-flusst	Hoher Schutzgrad (IP67), sehr hohe Schaltpunkt-genauigkeit	Nur Objekte aus Metall oder Grafit, nicht geeignet bei erhöhtem Anfall von Metallspänen	1 mm... 150 mm
Kapazitiv		Schaltet, wenn ein Objekt das elektrische Streufeld des Sensors beeinflusst	Hoher Schutzgrad (IP67), erfasst alle Materialien; schmutzunempfindlich.	Kleine Objektdistanzen, größere Bauweise als vergleichbare induktive Sensoren	20 mm... 40 mm
Foto-elektrisch		Schaltet, wenn ein Objekt das Infrarotfeld des Sensors zurücksendet	Erfasst alle Materialien, große Entfernungen.	Empfindlich gegen Schmutz und Fremdlichteinflüsse, Hilfsenergie notwendig	ca. 2 m
Ultra-schall		Wertet die Laufzeit von re-flektierten Ultraschallim-pulsen aus und ermittelt die Distanz zum Objekt	Unempfindlich gegen Staub, Verschmutzung und Licht, Erfassung kleinster Objekte bei großer Entfernung	Langsam, nicht einsetzbar bei Über- und Unterdruck sowie in explosionsgefähr-deten Räumen	60 mm... 6 m
Magne-tisch		Ein Dauermagnet betätigt über zwei Kontaktfedern einen Näherungsend-schalter (Reed-Kontakt)	Geeignet in rauer Umge-bung, hohe Lebensdauer, geeignet zum Schalten in Hochfrequenzkreisen	Gefahr des Verschweißens der Kontaktfedern, Unterdrückung von Strom-spitzen mit RC-Gliedern	–
Mecha-nisch		Schaltet über Hand-betätigung oder ein Hebelsystem	Niedriger Preis, robust, klein, keine Beeinflussung durch Fremdfelder, keine Hilfsenergie erforderlich	Kontaktprellen, unzulässig in Lebensmittel- und chemischer Industrie	–

Bezeichnung von Näherungssensoren   vgl. DIN EN 60947-5 (2000-12)

Beispiel: **U 1 A30 A F 2 N**

Erfassungs-art	Mechanische Einbaubedingung	Bauform und Größe	Schaltele-mentfunktion	Ausgangs-art	Anschluss-art	NAMUR-Funktion
I induktiv	1 bündig einbaubar	FORM	A Schließer	P PNP-Ausgang, 3 oder 4 Anschlüsse DC	1 integrierte Anschluss-leitung	N NAMUR-[3] Funktion
C kapazitiv	2 nicht bündig einbaubar	A zylindrische Gewindehülse	B Öffner			
U Ultraschall			C Wechsler (Schließer/ Öffner)	N NPN-Ausgang, 3 oder 4 Anschlüsse DC	2 Steck-anschluss	Anm.: NAMUR-Sensoren sind 2-Draht-Sensoren zum Anschluss an externe Schalt-verstärker
D fotoelek-trisch diffus reflektiertes Lichtbündel	3 nicht fest-gelegt	B glatte zylin-drische Hülse			3 Schraub-anschluss	
		C rechteckig mit quadr. Querschnitt	P program-mierbar durch Anwender	D 2 Anschlüsse DC[1]	4 ... 8 frei	
M magnetisch		D rechteckig, mit recht-eckigem Querschnitt	S andere	F 2 Anschlüsse AC[2]		
R fotoelek-trisch reflek-tiertes Licht-bündel				U 2 Anschlüsse AC oder DC	9 andere Anschluss-art	
T fotoelek-trisch direk-tes Licht-bündel		GRÖSSE (2 Ziffern) für Durch-messer oder Seitenlänge		S andere		

[1] DC = Direct Current (Gleichstrom)
[2] AC = Alternating Current (Wechselstrom)
[3] NAMUR = **N**ormen**a**rbeitsgemeinschaft für **M**ess- **u**nd **R**egelungstechnik

A

Schutzmaßnahmen

Schutzmaßnahmen gegen elektrischen Schlag   vgl. DIN VDE 0 100-410 (2003-06)

Schutz gegen direktes Berühren und bei indirektem Berühren	Schutz gegen elektrischen Schlag unter normalen Bedingungen: gegen direktes Berühren	Schutz gegen elektrischen Schlag unter Fehlerbedingungen: bei indirektem Berühren
Schutz durch: – Schutzkleinspannung SELV (engl.: Savety Extra Low Voltage) – Funktionskleinspannung mit sicherer Trennung PELV (engl.: Protective Extra Low Voltage) – Funktionskleinspannung ohne sichere Trennung FELV (engl.: Functional Extra Low Voltage)	Schutz durch: – Schutzisolierung von aktiven Teilen, z.B. Kabel – Umhüllung als Isolierung, z.B. Gehäuse an elektr. Geräten – Abstand, z.B. Schutzhauben, Gehäuse aus Maschinengitter – Hindernisse, z.B. Schutzgitter, Abschrankung	Schutz durch: – automatische Abschaltung oder Meldung, z.B. Fehler-strom-Schutzeinrichtungen – Potenzialausgleich – nichtleitende Räume, z.B. durch isolierende Beläge – Schutzisolierung, z.B. isolier-stoffgekapselte Gehäuse

Zusätzlicher Schutz durch Fehlerstrom-Schutzschalter RCDs:
(engl.: Residual Current Device = Reststrom-Schaltung)

Wirkung von Wechselstrom   vgl. IEC 60479-1 (1994)

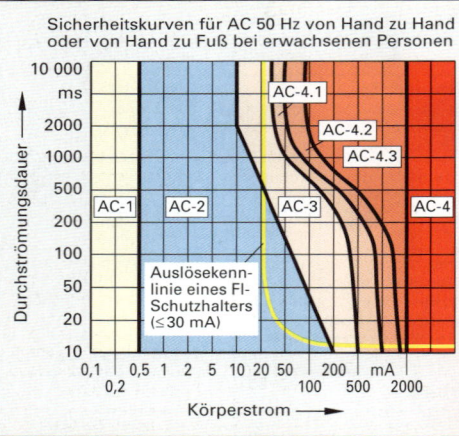

Sicherheitskurven für AC 50 Hz von Hand zu Hand oder von Hand zu Fuß bei erwachsenen Personen

Zone	Körperliche Auswirkungen
AC-1	normalerweise keine Wirkung
AC-2	normalerweise keine schädlichen körperlichen Auswirkungen
AC-3	meist kein organischer Schaden, Atemschwierigkeiten (>2s), Muskelkrämpfe
AC-4.1	5-prozentige Wahrscheinlichkeit von Herzkammerflimmern
AC-4.2	bis 50-prozentige Wahrscheinlichkeit von Herzkammerflimmern
AC-4.3	über 50-prozentige Wahrscheinlichkeit von Herzkammerflimmern
AC-4	Herzstillstand, Atemstillstand und schwere Verbrennungen (zunehmend mit Einwirkungsdauer und Stromstärke)

Leitungsschutzsicherungen und Leitungsquerschnitte   vgl. DIN VDE 0 1000-430 (1991-11)

Nennstrom der Sicherung I_n in A	Kennfarbe der Sicherung	Mindestquerschnitt in mm² für Cu-Leitungen bei Verlegeart								Nennstrom der Sicherung I_n in A	Kennfarbe der Sicherung	Mindestquerschnitt in mm² für Cu-Leitungen bei Verlegeart							
		A1		B1	B2		C					A1		B1	B2		C		
		und Anzahl der belasteten Adern										und Anzahl der belasteten Adern							
		2	3	3	3	2	3	2	3			2	3	3	3	2	3	2	3
10 (13)	rot	1,5	1,5	1,5	1,5	1,5	1,5	1,5	1,5	25	gelb	4	4	2,5	4	4	4	2,5	2,5
16	grau	1,5	2,5	1,5	1,5	1,5	1,5	1,5	1,5	35	schwarz	6	6	6	6	6	6	4	4
20	blau	2,5	2,5	2,5	2,5	2,5	2,5	1,5	2,5	50	weiß	10	16	10	10	10	10	10	10

Verlegeart von Kabeln und isolierten Leitungen   vgl. DIN VDE 0 298-4 (2003-08)

A1	Verlegung in wärmegedämmten Wänden, im Elektroinstallationsrohr	B2	Verlegung im Elektroinstallationsrohr auf oder in der Wand, im Installationskanal oder hinter Sockelleisten
B1	Verlegung im Elektroinstallationsrohr auf oder in der Wand oder im Installationskanal	C	Verlegung direkt auf oder in der Wand

A

Schutzmaßnahmen

Schutzarten elektrischer Betriebsmittel
vgl. DIN EN 60529 (2000-09)

Beispiel: **IP 3 4 C M**

| Schutzartkennzeichnung IP (engl.: International Protection = Internationale Schutzart) | 1. Kennziffer für Schutz des Betriebsmittels[1] gegen Eindringen von festen Fremdkörpern | 2. Kennziffer für Schutz des Betriebsmittels[1] gegen Wasser mit schädlicher Wirkung | Zusätzlicher Kennbuchstabe[2] | Ergänzender Buchstabe |

Kenn-ziffer	1. Kennziffer		Kenn-ziffer	2. Kennziffer		Zusätzlicher Kennbuchstabe	
	Berührungsschutz	Fremdkörperschutz		Wasserschutz	Symbol		
0	kein Schutz	kein Schutz	0	kein Schutz	ohne	A	Schutz gegen Berührung mit dem Handrücken
1	Schutz gegen Berührung mit dem Handrücken	Schutz gegen Eindringen von Fremdkörpern $d \geq 50$ mm	1	Schutz gegen senkrechte Tropfen	💧		
2	Schutz gegen Berührung mit dem Finger $d = 12$ mm	Schutz gegen Eindringen von Fremdkörpern $d \geq 12{,}5$ mm	2	Schutz gegen Tropfen, wenn Gerät um 15° geneigt ist	💧	B	Schutz gegen Berührung mit dem Finger $d = 12$ mm, 80 mm lang
3	Schutz gegen Berührung mit einem Werkzeug $d = 2{,}5$ mm	Schutz gegen Eindringen von Fremdkörpern $d \geq 2{,}5$ mm	3	Schutz gegen Sprühwasser, das mit 60° auf das Gerät trifft	💧	C	Schutz gegen Berührung mit einem Werkzeug $d = 2{,}5$ mm, 100 mm lang
4	Schutz gegen Berührung mit einem Draht $d = 1$ mm	Schutz gegen Eindringen von Fremdkörpern $d \geq 1$ mm	4	Schutz gegen Spritzwasser aus allen Richtungen	💧	D	Schutz gegen Berührung mit einem Draht $d = 1$ mm, 100 mm lang

Symbol (Fremdkörperschutz Kennziffer 5): staubgeschützt ※

Symbol (Fremdkörperschutz Kennziffer 6): staubdicht ▦

Kenn-ziffer	Berührungsschutz	Fremdkörperschutz	Ergänzender Buchstabe	
5	Schutz gegen Berührung mit einem Draht $d = 1$ mm	staubgeschützt	H	Betriebsmittel für Hochspannung
			5 Schutz gegen Wasserstrahl aus allen Richtungen 💧💧	
6	Schutz gegen Berührung mit einem Draht $d = 1$ mm	staubdicht	M	geprüft auf Wassereintritt bei laufender Maschine
			6 Schutz gegen starken Wasserstrahl aus allen Richtungen 💧💧	
			S	geprüft auf Wassereintritt bei stillstehender Maschine
			7 Schutz gegen zeitweiliges Untertauchen in Wasser 💧💧	
			W	geeignet bei festgelegten Witterungsbedingungen
			8 Schutz gegen dauerndes Untertauchen in Wasser 💧💧 ...kPa	

[1] Ist eine Kennziffer nicht angegeben, steht an deren Stelle der Buchstabe X, z. B. IP X6 oder IP 3X

[2] Wird nur angegeben, wenn der Schutz größer ist als die 1. Kennziffer.

Elektrische Betriebsmittel für explosionsgefährdete Bereiche
vgl. DIN EN 13237 (2003-01)

Beispiel: **EEx de II/B T2**

| Symbol für Explosionsschutz | Zündschutzart | Elektrische Betriebsmittelgruppe | Temperaturklasse |

Kurz-zeichen	Zündschutzart	Gruppe II			Kurz-zeichen	Oberflächen-temperatur
		A	B	C		
o	Ölkapselung	Explosionsgefahr durch Auftreten folgender Gase:			T1	450 °C
p	Überdruckkapselung	Methan, Propan, Butan, Propen, Styrol, Benzol, Toluol, Naphthalin, Terpentin, Petroleum, Benzin, Heizöl, Dieselöl, Kohlenmonoxid, Methanol, Metaldehyd, Aceton, Säuren, Chloride	Ethylen, Acrylnitril, Cyanwasserstoff, Dimethylether, Propylenoxid, Koksofengas, Tetrafluorethylen	Wasserstoff, Actylen, Schwefelkohlenstoff, Etylnitrat	T2	300 °C
q	Sandkapselung				T3	200 °C
d	druckfeste Kapselung				T4	135 °C
e	erhöhte Sicherheit				T5	100 °C
i	Eigensicherheit				T6	85 °C

A

Funktionspläne, Symbole

vgl. DIN EN 60848 (2002-12)
DIN 40719-6 (1992-02)

DIN EN 60848 und DIN 40719-6 dürfen nebeneinander verwendet werden.
Die Gültigkeit von DIN 40719-6 ist am 1.4.2005 erloschen.

Der Funktionsplan ist eine grafische Entwurfssprache für Ablaufsteuerungen. Er macht jedoch keine Aussage über die Art der verwendeten Geräte, der Führung der Leitungen und den Einbau der Betriebsmittel.

Grafische Darstellung der Sprachelemente

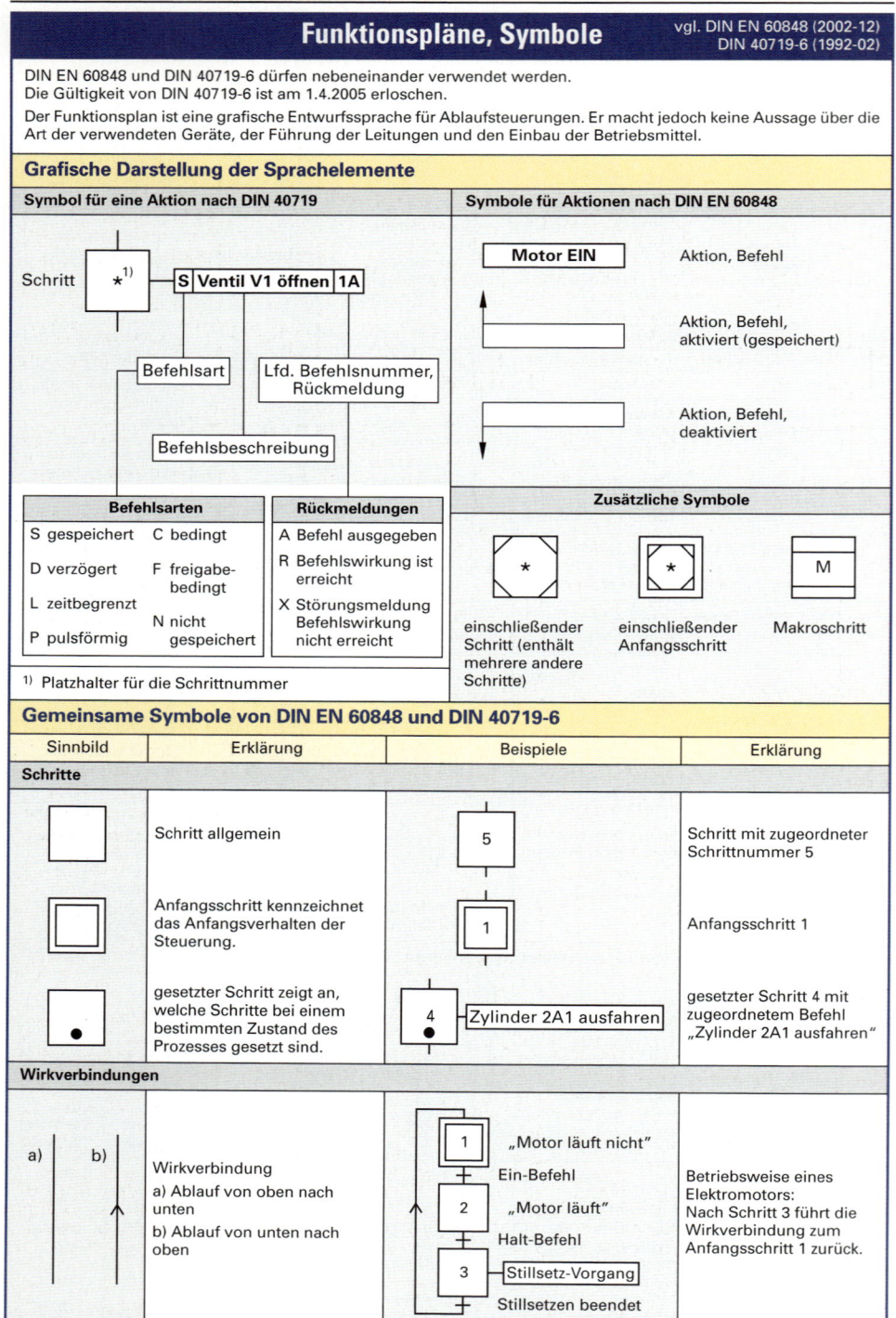

Symbol für eine Aktion nach DIN 40719

Schritt ☆¹⁾ | S | Ventil V1 öffnen | 1A |

Befehlsart
Lfd. Befehlsnummer, Rückmeldung
Befehlsbeschreibung

Befehlsarten		Rückmeldungen
S gespeichert	C bedingt	A Befehl ausgegeben
D verzögert	F freigabe-bedingt	R Befehlswirkung ist erreicht
L zeitbegrenzt		X Störungsmeldung Befehlswirkung nicht erreicht
P pulsförmig	N nicht gespeichert	

¹⁾ Platzhalter für die Schrittnummer

Symbole für Aktionen nach DIN EN 60848

| Motor EIN | Aktion, Befehl |

Aktion, Befehl, aktiviert (gespeichert)

Aktion, Befehl, deaktiviert

Zusätzliche Symbole

einschließender Schritt (enthält mehrere andere Schritte)
einschließender Anfangsschritt
Makroschritt

Gemeinsame Symbole von DIN EN 60848 und DIN 40719-6

Sinnbild	Erklärung	Beispiele	Erklärung
Schritte			
	Schritt allgemein	5	Schritt mit zugeordneter Schrittnummer 5
	Anfangsschritt kennzeichnet das Anfangsverhalten der Steuerung.	1	Anfangsschritt 1
●	gesetzter Schritt zeigt an, welche Schritte bei einem bestimmten Zustand des Prozesses gesetzt sind.	4 ● —Zylinder 2A1 ausfahren	gesetzter Schritt 4 mit zugeordnetem Befehl „Zylinder 2A1 ausfahren"
Wirkverbindungen			
a) b)	Wirkverbindung a) Ablauf von oben nach unten b) Ablauf von unten nach oben	1 „Motor läuft nicht" ⊣⊢ Ein-Befehl 2 „Motor läuft" ⊣⊢ Halt-Befehl 3 Stillsetz-Vorgang ⊣⊢ Stillsetzen beendet	Betriebsweise eines Elektromotors: Nach Schritt 3 führt die Wirkverbindung zum Anfangsschritt 1 zurück.

A

Funktionspläne, Symbole

vgl. DIN EN 60848 (2002-12)
DIN 40719-6 (1992-02)

Grundformen von Schrittketten

Sinnbild	Erklärung	Beispiele	Erklärung

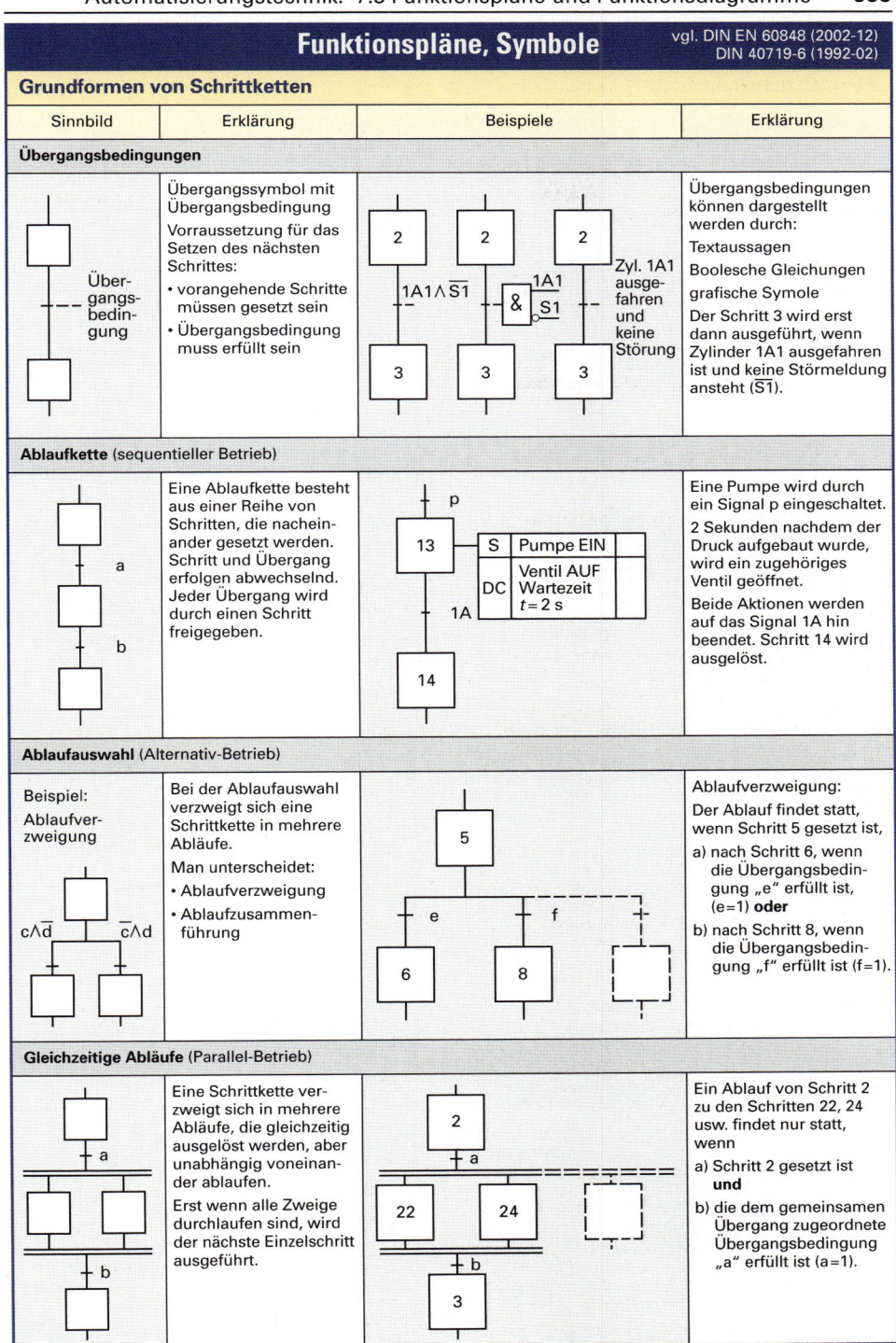

Übergangsbedingungen

Sinnbild: Übergangsbedingung

Erklärung: Übergangssymbol mit Übergangsbedingung
Vorraussetzung für das Setzen des nächsten Schrittes:
• vorangehende Schritte müssen gesetzt sein
• Übergangsbedingung muss erfüllt sein

Beispiele:
2 — 1A1∧$\overline{S1}$ — 3
2 — & 1A1 / $\overline{S1}$ — 3
2 — Zyl. 1A1 ausgefahren und keine Störung — 3

Erklärung: Übergangsbedingungen können dargestellt werden durch:
Textaussagen
Boolesche Gleichungen
grafische Symole
Der Schritt 3 wird erst dann ausgeführt, wenn Zylinder 1A1 ausgefahren ist und keine Störmeldung ansteht ($\overline{S1}$).

Ablaufkette (sequentieller Betrieb)

Erklärung: Eine Ablaufkette besteht aus einer Reihe von Schritten, die nacheinander gesetzt werden. Schritt und Übergang erfolgen abwechselnd. Jeder Übergang wird durch einen Schritt freigegeben.

Beispiele:
p
13 — S Pumpe EIN / DC Ventil AUF Wartezeit $t = 2$ s
1A
14

Erklärung: Eine Pumpe wird durch ein Signal p eingeschaltet. 2 Sekunden nachdem der Druck aufgebaut wurde, wird ein zugehöriges Ventil geöffnet. Beide Aktionen werden auf das Signal 1A hin beendet. Schritt 14 wird ausgelöst.

Ablaufauswahl (Alternativ-Betrieb)

Sinnbild: Beispiel: Ablaufverzweigung
c∧$\overline{d}$ $\overline{c}$∧d

Erklärung: Bei der Ablaufauswahl verzweigt sich eine Schrittkette in mehrere Abläufe.
Man unterscheidet:
• Ablaufverzweigung
• Ablaufzusammenführung

Beispiele:
5
e   f
6   8

Erklärung: Ablaufverzweigung:
Der Ablauf findet statt, wenn Schritt 5 gesetzt ist,
a) nach Schritt 6, wenn die Übergangsbedingung „e" erfüllt ist, (e=1) **oder**
b) nach Schritt 8, wenn die Übergangsbedingung „f" erfüllt ist (f=1).

Gleichzeitige Abläufe (Parallel-Betrieb)

Sinnbild:
a
b

Erklärung: Eine Schrittkette verzweigt sich in mehrere Abläufe, die gleichzeitig ausgelöst werden, aber unabhängig voneinander ablaufen.
Erst wenn alle Zweige durchlaufen sind, wird der nächste Einzelschritt ausgeführt.

Beispiele:
2
a
22   24
b
3

Erklärung: Ein Ablauf von Schritt 2 zu den Schritten 22, 24 usw. findet nur statt, wenn
a) Schritt 2 gesetzt ist **und**
b) die dem gemeinsamen Übergang zugeordnete Übergangsbedingung „a" erfüllt ist (a=1).

A

Funktionspläne, Beispiele

vgl. DIN EN 60848 (2002-12)
DIN 40719-6 (1992-02)

Beispiel: Hubeinrichtung

Werkstücke sollen durch einen Hubzylinder angehoben und anschließend durch einen Verschiebezylinder auf eine Rollenbahn geschoben werden.

Durch die Betätigung des Hauptventils und des Starttasters fährt der Hubzylinder 1A1 aus, hebt das Werkstück an und betätigt in der Endstellung den Grenztaster 1S2. Dadurch fährt der Verschiebezylinder 2A1 aus, schiebt das Werkstück auf die Rollenbahn und betätigt den Grenztaster 2S2. Zylinder 1A1 fährt in seine Ausgangstellung zurück, betätigt 1S1 und bewirkt dadurch die Rückstellung von Zylinder 2A1.

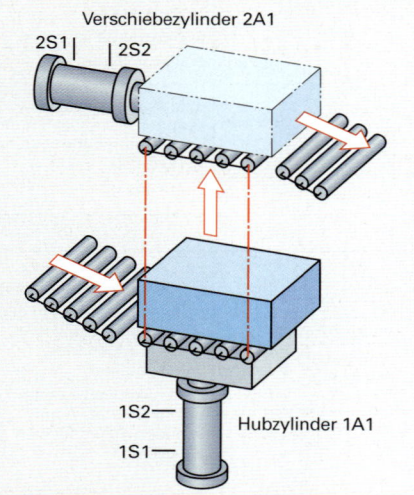

Verschiebezylinder 2A1

2S1   2S2

1S2

1S1   Hubzylinder 1A1

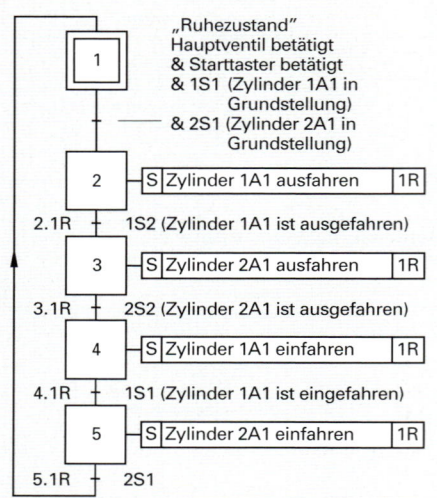

	1		„Ruhezustand" Hauptventil betätigt & Starttaster betätigt & 1S1 (Zylinder 1A1 in Grundstellung) & 2S1 (Zylinder 2A1 in Grundstellung)	
	2	S	Zylinder 1A1 ausfahren	1R
2.1R		1S2 (Zylinder 1A1 ist ausgefahren)		
	3	S	Zylinder 2A1 ausfahren	1R
3.1R		2S2 (Zylinder 2A1 ist ausgefahren)		
	4	S	Zylinder 1A1 einfahren	1R
4.1R		1S1 (Zylinder 1A1 ist eingefahren)		
	5	S	Zylinder 2A1 einfahren	1R
5.1R		2S1		

Beispiel: Rührwerksteuerung

Farbe soll in einen Rührwerksbehälter einlaufen, dort umgerührt und danach wieder abgepumpt werden. Durch Öffnen des Ventils Y1 läuft die Farbe bis zu einer Füllstandsmarke ein. Anschließend wird der Motor M1 eingeschaltet und die Farbe 2 Minuten umgerührt. Nach dem Abschalten des Rührwerkmotors M1 und dem Einschalten des Pumpenmotors M2 (Laufzeit mindestens 10 s) wird der Behälter leer gepumpt. Abschaltkriterium für den Pumpenmotor M2 ist das Absinken der Motorantriebsleistung unter 1 kW (Behälter ist leer).

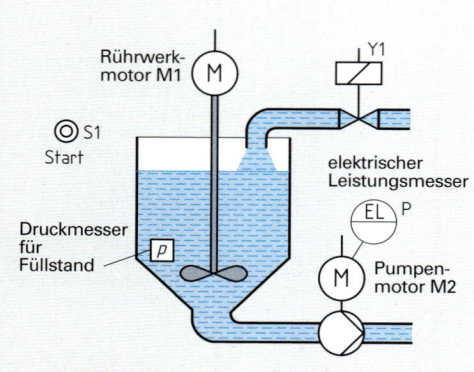

Rührwerk-motor M1

S1 Start

Druckmesser für Füllstand

Y1

elektrischer Leistungsmesser

Pumpen-motor M2

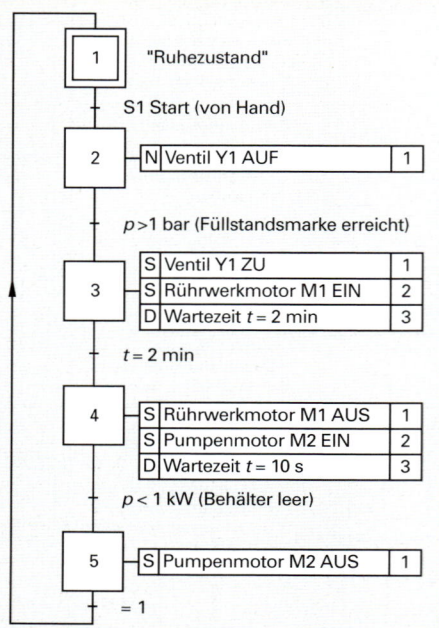

	1		"Ruhezustand"	
		S1 Start (von Hand)		
	2	N	Ventil Y1 AUF	1
		$p > 1$ bar (Füllstandsmarke erreicht)		
	3	S	Ventil Y1 ZU	1
		S	Rührwerkmotor M1 EIN	2
		D	Wartezeit $t = 2$ min	3
		$t = 2$ min		
	4	S	Rührwerkmotor M1 AUS	1
		S	Pumpenmotor M2 EIN	2
		D	Wartezeit $t = 10$ s	3
		$p < 1$ kW (Behälter leer)		
	5	S	Pumpenmotor M2 AUS	1
		$= 1$		

A

Funktionsdiagramme, Symbole

In Funktionsdiagrammen werden die Zustände und Zustandsänderungen von Arbeitsmaschinen und Fertigungs-anlagen grafisch dargestellt. Man unterteilt sie in Weg- und Zustandsdiagramme.

Wegdiagramme stellen die Wege eines Arbeitsgliedes durch Bildzeichen dar.

Zustandsdiagramme stellen die Funktionsfolgen einer oder mehrerer Arbeitseinheiten und die steuerungstechnische Verknüpfung der zugehörigen Bauglieder in zwei Koordinaten dar. Auf der senkrechten Achse wird der Zustand der Bauglieder, auf der waagrechten Koordinate die Zeit und/oder die Schritte des Steuerungsablaufes abgetragen.

Symbole bei Funktionsdiagrammen

Bewegungen und Funktionen

Wege und Bewegungen	Funktionslinien	Weg- und Bewegungsabgrenzungen
→ geradlinige Arbeitsbewegung	—— Ruhe- und Ausgangs-stellung der Bauglieder	→• Wegbegrenzung allgemein
- - - → geradlinige Leerbewegung	—— für alle von der Ruhe- oder Ausgangsstellung abweichenden Zustände	- - -• Wegbegrenzung über Signalglied

Signalglieder

Manuelle Betätigung	Mechanische Betätigung	Hydraulische bzw. pneumatische Betätigung
⌀ EIN	⤷ Grenztaster in Einlage betätigt	[p] 6 bar Druckschalter eingestellt auf 6 bar
⌀ AUS	⤷ Grenztaster über längere Wegstrecke betätigt	[t] 2 s Zeitglied, eingestellt auf 2 s
⌀ EIN/AUS		

Signalverknüpfungen

Die Signallinie beginnt am Signalausgang und endet an der Stelle, wo eine Änderung des Zustandes eingeleitet wird.	Die Signalverzweigung wird mit einem Punkt markiert.	UND-Bedingung: Die Signalverknüpfung wird mit einem breiten Schrägstrich markiert.

Ausführung eines Funktionsdiagramms

Zylinder	Ventil mit zwei Schaltstellungen	Signalglied manuell betätigt
 0 1 2 3 4	0 1 2 3 4 5	0 1 2 3 4 5
Schritt 1: von der Ausgangsstel-lung 1 zur Lage 2 fahren Schritt2: Verharren Schritt 3: von der Lage 2 zur Aus-gangsstellung 1 fahren	Schritt 1: Um-schalten von Aus-gangsstellung b in Stellung a Schritt 2 und 3: Verharren Schritt 4: Umschalten von Stellung a in Aus-gangsstellung b	Schritt 2: Einschalten; Steuerglied schaltet von b nach a

Beispiel: Stellglied mechanisch betätigt

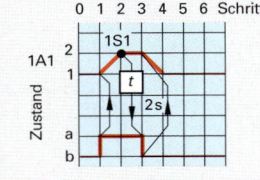

Schritt 1: Stellglied schaltet Wegeventil von b nach a und bewirkt das Ausfahren von Zylinder 1A1.

Schritt 2: Zylinder betätigt Signalglied 1S1 Signalglied 1S1 steuert Zeitglied an Zeitglied läuft ab (2 s).

Schritt 3: Zeitglied steuert Wegeventil von a nach b Zylinder 1A1 fährt wieder ein.

A

Funktionsdiagramme, Beispiel

Beispiel: Pneumatisch gesteuerte Hubeinrichtung

Lageplan	Funktionsdiagramm

Lageplan:
- Verschiebezylinder 2A1 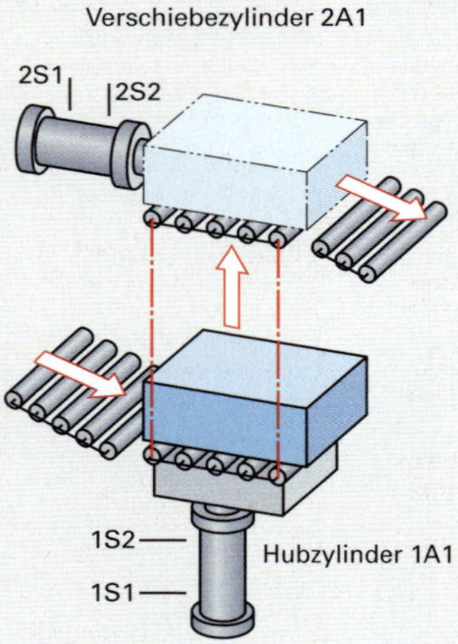
- 2S1, 2S2
- 1S2, 1S1
- Hubzylinder 1A1

Funktionsdiagramm:

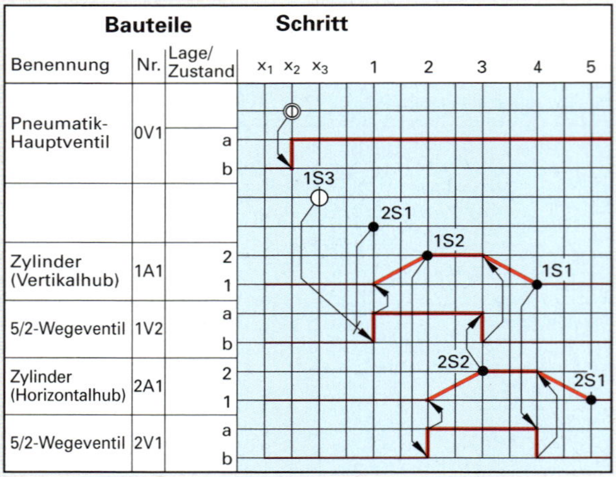

Bauteile			Schritt							
Benennung	Nr.	Lage/Zustand	x_1	x_2	x_3	1	2	3	4	5
Pneumatik-Hauptventil	0V1	a								
		b		1S3						
Zylinder (Vertikalhub)	1A1	2					2S1	1S2	1S1	
		1								
5/2-Wegeventil	1V2	a								
		b								
Zylinder (Horizontalhub)	2A1	2						2S2		2S1
		1								
5/2-Wegeventil	2V1	a								
		b								

Pneumatik-Schaltplan

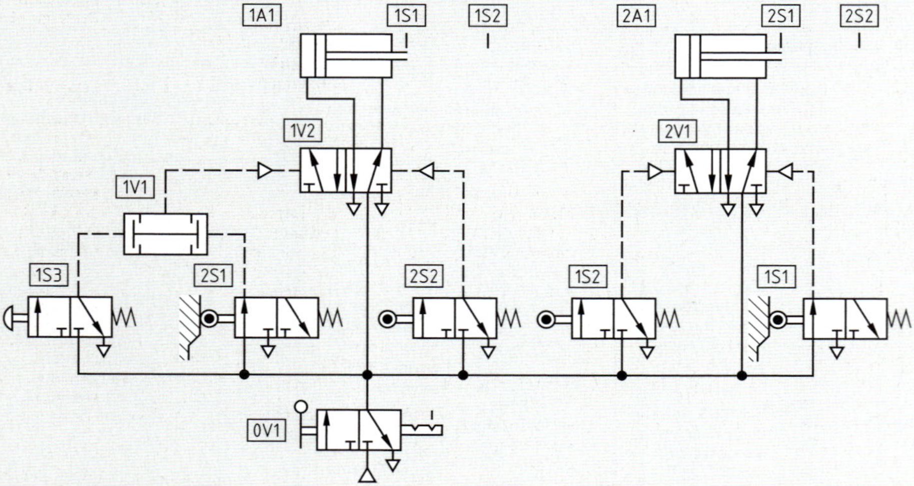

Bauteilliste

Kennzeichen	Benennung	Kennzeichen	Benennung
1A1	Zylinder, doppeltwirkend	1S1	3/2-Wegeventil, rollenbetätigt
2A1	Zylinder, doppeltwirkend	1S2	3/2-Wegeventil, rollenbetätigt
		1S3	3/2-Wegeventil, Betätigung durch Druckknopf
0V1	3/2-Wegeventil mit Raste, handbetätigt	2S1	3/2-Wegeventil, rollenbetätigt
1V1	Zweidruckventil	2S2	3/2-Wegeventil, rollenbetätigt
1V2	5/2-Wegeventil, druckbetätigt		
2V1	5/2-Wegeventil, druckbetätigt		

A

Schaltzeichen — vgl. DIN ISO 1219-1 (1996-03)

Funktionselemente

Hydrostrom / Druckluftstrom	Strömungsrichtung	Drehrichtung / Verstellbarkeit	Feder / Drosselung

Energieübertragung

Druckquelle hydraulisch	Leitungsverbindung	Geräuschdämpfer	Filter oder Sieb
Druckquelle pneumatisch	Leitungskreuzung	Behälter	Wasserabscheider
Arbeitsleitung	Schnellkupplung	Druckbehälter	Lufttrockner
Steuerleitung Leckstromleitung	Entlüftung ohne Anschluss	Hydrospeicher	Öler
Umrahmung von Baugruppen	Entlüftung mit Anschluss	Aufbereitungseinheit	

Pumpen, Kompressoren, Motoren

Konstant-Hydropumpe, eine Drehrichtung	Hydraulik-Konstantmotor, eine Drehrichtung	Hydraulik-Verstellmotor, zwei Drehrichtungen	Hydraulik-Drehantrieb
Verstell-Hydropumpe, zwei Drehrichtungen	Pneumatik-Konstantmotor, eine Drehrichtung	Pneumatik-Verstellmotor, zwei Drehrichtungen	Pneumatik-Drehantrieb
Kompressor, eine Drehrichtung			Elektromotor

Einfachwirkende Zylinder / Doppeltwirkende Zylinder

einfachwirkender Zylinder, Rückhub durch nicht definierte Kraft (vereinfacht) — einfachwirkender Zylinder, Rückhub durch eingebaute Feder (vereinfacht) — doppeltwirkender Zylinder mit einseitiger Kolbenstange (vereinfacht) — doppeltwirkender Zylinder mit einseitiger Kolbenstange und beidseitig einstellbarer Endlagendämpfung (vereinfacht)

Sperrventile / Druckventile / Stromventile

Sperrventile	Druckventile	Stromventile
Rückschlagventil, unbelastet	Druckbegrenzungsventil	Drosselventil verstellbar
Rückschlagventil, federbelastet	Folgeventil	2-Wege-Stromregelventil mit veränderlichem Auslassstrom
Wechselventil (ODER-Funktion)	2-Wege-Druckreduzierventil, direktwirkend	3-Wege-Stromregelventil mit veränderlichem Auslassstrom, Entlastungsöffnung zum Behälter
Schnellentlüftungsventil	Druckschalter, gibt bei einem voreingestellten Druck ein elektrisches Signal ab	
Entsperrbares Rückschlagventil		
Drosselrückschlagventil		
Zweidruckventil (UND-Funktion)		

A

Schaltzeichen

Anschluss- und Kurzbezeichnung von Wegventilen   vgl. DIN ISO 1219-1 (1996-03)

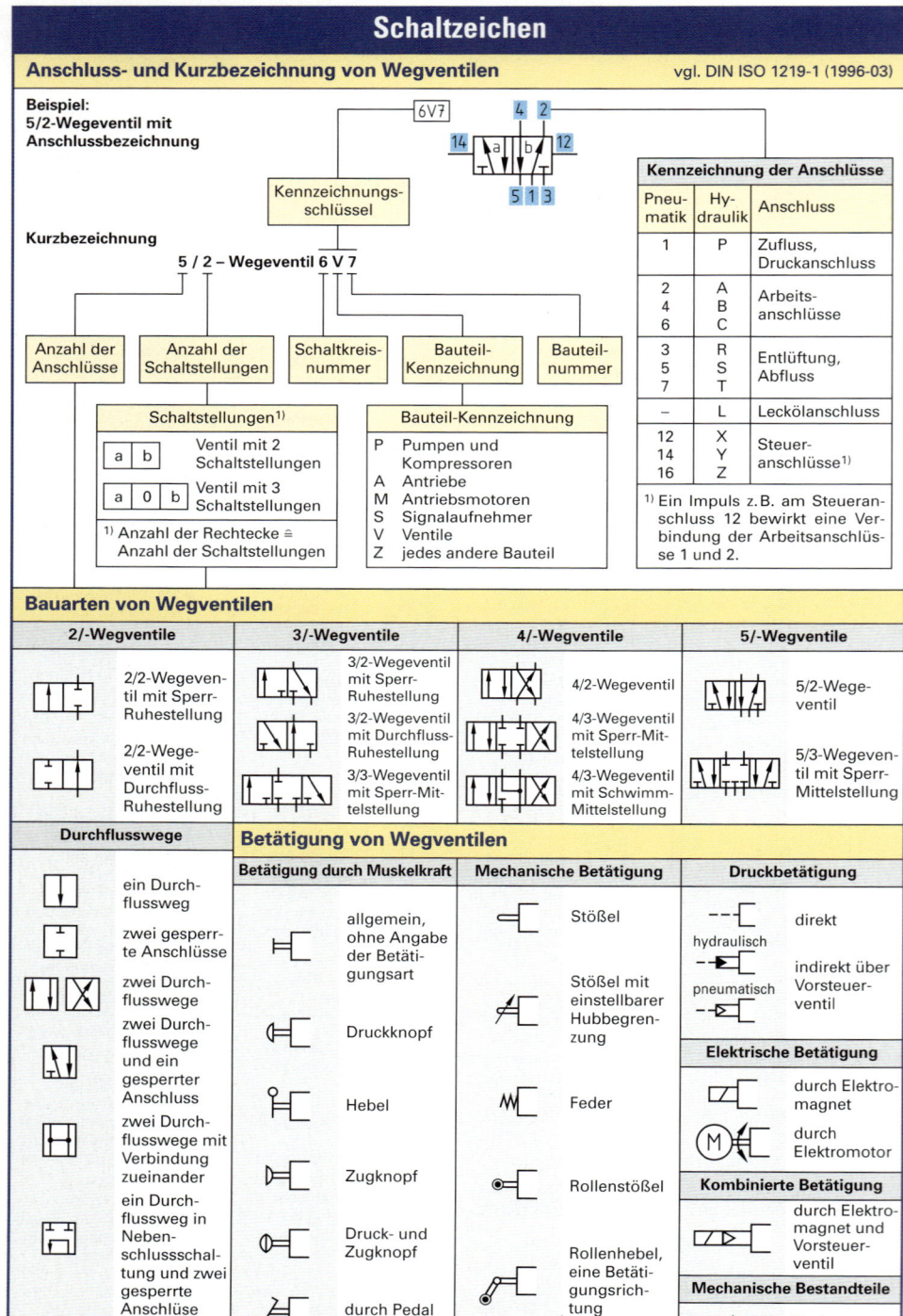

Beispiel:
5/2-Wegeventil mit Anschlussbezeichnung

6V7

Kennzeichnungsschlüssel

Kurzbezeichnung

5 / 2 – Wegeventil 6 V 7

Anzahl der Anschlüsse | Anzahl der Schaltstellungen | Schaltkreisnummer | Bauteil-Kennzeichnung | Bauteilnummer

Schaltstellungen[1]

| a | b | Ventil mit 2 Schaltstellungen |
| a | 0 | b | Ventil mit 3 Schaltstellungen |

[1] Anzahl der Rechtecke ≙ Anzahl der Schaltstellungen

Bauteil-Kennzeichnung

P Pumpen und Kompressoren
A Antriebe
M Antriebsmotoren
S Signalaufnehmer
V Ventile
Z jedes andere Bauteil

Kennzeichnung der Anschlüsse

Pneumatik	Hydraulik	Anschluss
1	P	Zufluss, Druckanschluss
2 4 6	A B C	Arbeitsanschlüsse
3 5 7	R S T	Entlüftung, Abfluss
–	L	Leckölanschluss
12 14 16	X Y Z	Steueranschlüsse[1]

[1] Ein Impuls z.B. am Steueranschluss 12 bewirkt eine Verbindung der Arbeitsanschlüsse 1 und 2.

Bauarten von Wegventilen

2/-Wegventile	3/-Wegventile	4/-Wegventile	5/-Wegventile
2/2-Wegeventil mit Sperr-Ruhestellung	3/2-Wegeventil mit Sperr-Ruhestellung	4/2-Wegeventil	5/2-Wegeventil
2/2-Wegeventil mit Durchfluss-Ruhestellung	3/2-Wegeventil mit Durchfluss-Ruhestellung	4/3-Wegeventil mit Sperr-Mittelstellung	5/3-Wegeventil mit Sperr-Mittelstellung
	3/3-Wegeventil mit Sperr-Mittelstellung	4/3-Wegeventil mit Schwimm-Mittelstellung	

Durchflusswege

ein Durchflussweg
zwei gesperrte Anschlüsse
zwei Durchflusswege
zwei Durchflusswege und ein gesperrter Anschluss
zwei Durchflusswege mit Verbindung zueinander
ein Durchflussweg in Nebenschlussschaltung und zwei gesperrte Anschlüse

Betätigung von Wegventilen

Betätigung durch Muskelkraft

allgemein, ohne Angabe der Betätigungsart
Druckknopf
Hebel
Zugknopf
Druck- und Zugknopf
durch Pedal

Mechanische Betätigung

Stößel
Stößel mit einstellbarer Hubbegrenzung
Feder
Rollenstößel
Rollenhebel, eine Betätigungsrichtung

Druckbetätigung

direkt
hydraulisch
indirekt über Vorsteuerventil
pneumatisch

Elektrische Betätigung

durch Elektromagnet
durch Elektromotor

Kombinierte Betätigung

durch Elektromagnet und Vorsteuerventil

Mechanische Bestandteile

Raste

A

Schaltpläne
vgl. DIN ISO 1219-2 (1996-11)

Aufbau eines Schaltplans

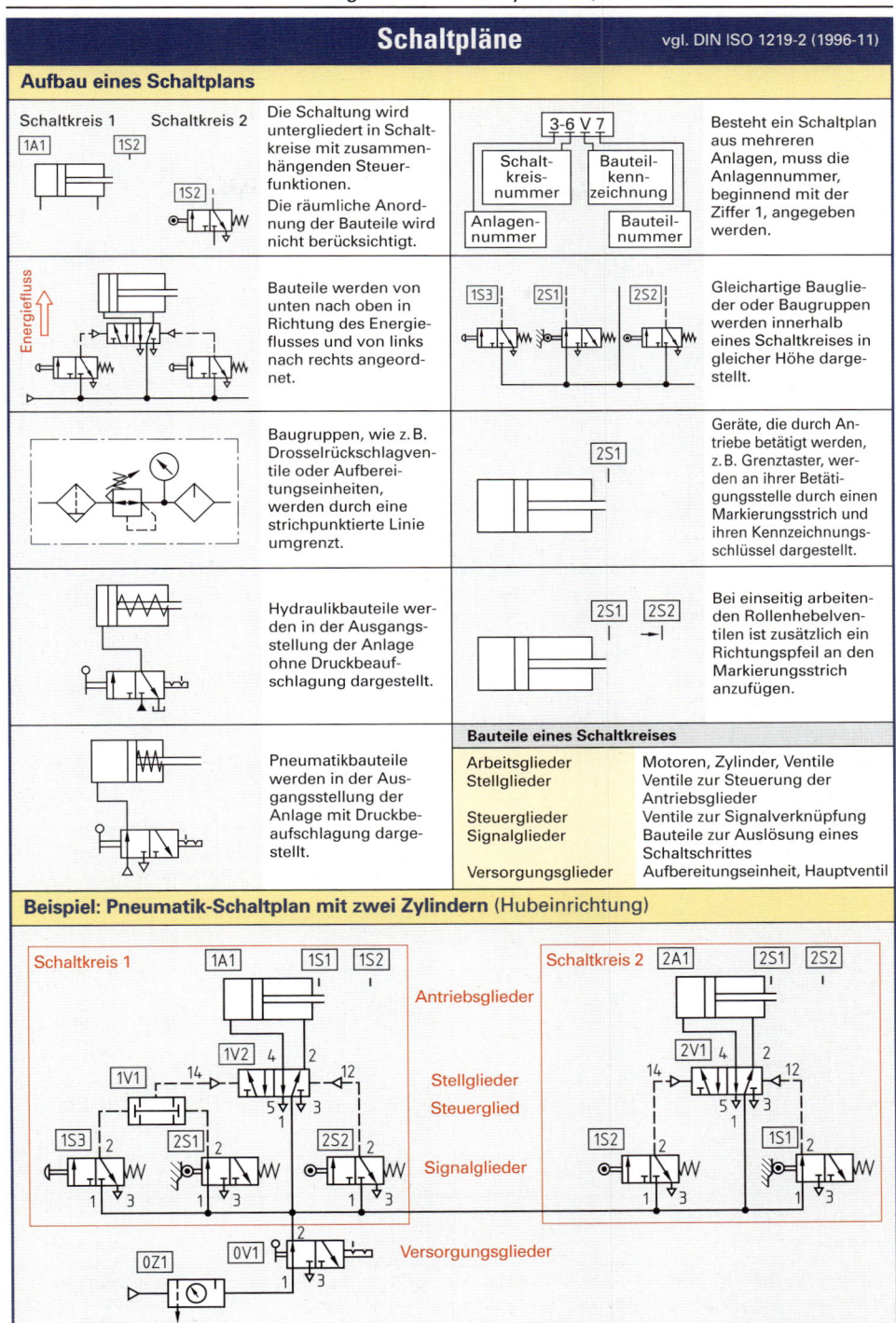

Schaltkreis 1   Schaltkreis 2

1A1   1S2

1S2

Die Schaltung wird untergliedert in Schaltkreise mit zusammenhängenden Steuerfunktionen.

Die räumliche Anordnung der Bauteile wird nicht berücksichtigt.

3-6 V 7

Schalt-kreis-nummer	Bauteil-kenn-zeichnung
Anlagen-nummer	Bauteil-nummer

Besteht ein Schaltplan aus mehreren Anlagen, muss die Anlagennummer, beginnend mit der Ziffer 1, angegeben werden.

Energiefluss

Bauteile werden von unten nach oben in Richtung des Energieflusses und von links nach rechts angeordnet.

1S3   2S1   2S2

Gleichartige Bauglieder oder Baugruppen werden innerhalb eines Schaltkreises in gleicher Höhe dargestellt.

Baugruppen, wie z.B. Drosselrückschlagventile oder Aufbereitungseinheiten, werden durch eine strichpunktierte Linie umgrenzt.

2S1

Geräte, die durch Antriebe betätigt werden, z.B. Grenztaster, werden an ihrer Betätigungsstelle durch einen Markierungsstrich und ihren Kennzeichnungsschlüssel dargestellt.

Hydraulikbauteile werden in der Ausgangsstellung der Anlage ohne Druckbeaufschlagung dargestellt.

2S1   2S2

Bei einseitig arbeitenden Rollenhebelventilen ist zusätzlich ein Richtungspfeil an den Markierungsstrich anzufügen.

Pneumatikbauteile werden in der Ausgangsstellung der Anlage mit Druckbeaufschlagung dargestellt.

Bauteile eines Schaltkreises

Arbeitsglieder	Motoren, Zylinder, Ventile
Stellglieder	Ventile zur Steuerung der Antriebsglieder
Steuerglieder	Ventile zur Signalverknüpfung
Signalglieder	Bauteile zur Auslösung eines Schaltschrittes
Versorgungsglieder	Aufbereitungseinheit, Hauptventil

Beispiel: Pneumatik-Schaltplan mit zwei Zylindern (Hubeinrichtung)

Schaltkreis 1   1A1   1S1   1S2

Schaltkreis 2   2A1   2S1   2S2

Antriebsglieder

1V2   4   2   2V1   4   2

1V1   14   12   14   12

5   3   5   3

1   1

Stellglieder
Steuerglied

1S3   2   2S1   2   2S2   2   1S2   2   1S1   2

Signalglieder

1   3   1   3   1   3   1   3   1   3

2

0Z1   0V1   Versorgungsglieder

1   3

A

Elektropneumatische Steuerungen

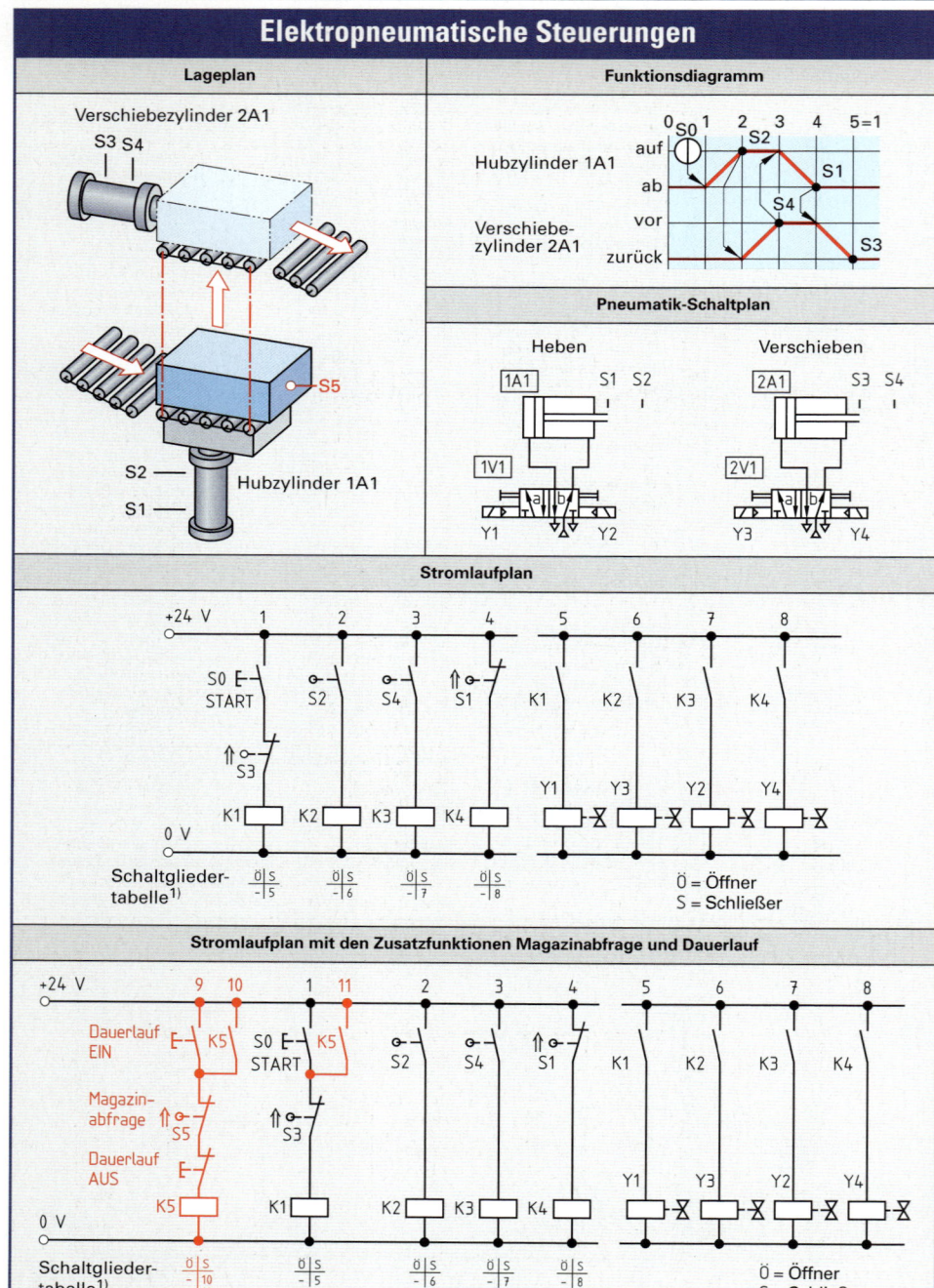

Lageplan

Verschiebezylinder 2A1

S3 S4

S5

S2

S1   Hubzylinder 1A1

Funktionsdiagramm

Hubzylinder 1A1 — auf / ab

Verschiebe-zylinder 2A1 — vor / zurück

Pneumatik-Schaltplan

Heben   1A1   S1 S2   1V1   Y1 Y2

Verschieben   2A1   S3 S4   2V1   Y3 Y4

Stromlaufplan

+24 V   1   2   3   4   5   6   7   8

S0 START   S2   S4   S1   K1   K2   K3   K4

S3

K1   K2   K3   K4   Y1   Y3   Y2   Y4

0 V

Schaltglieder-tabelle[1]

Ö	S		Ö	S		Ö	S		Ö	S
–	5		–	6		–	7		–	8

Ö = Öffner
S = Schließer

Stromlaufplan mit den Zusatzfunktionen Magazinabfrage und Dauerlauf

+24 V   9   10   1   11   2   3   4   5   6   7   8

Dauerlauf EIN   K5   S0 START   K5   S2   S4   S1   K1   K2   K3   K4

Magazin-abfrage S5

Dauerlauf AUS

K5   K1   K2   K3   K4   Y1   Y3   Y2   Y4

0 V

Schaltglieder-tabelle[1]

Ö	S		Ö	S		Ö	S		Ö	S		Ö	S
–	10		–	5		–	6		–	7		–	8
	11											

Ö = Öffner
S = Schließer

Beispiel für Relais K5: Das Relais K5 enthält einen Schließer im Strompfad 10 und einen Schließer im Strompfad 11.

[1] Die Schaltgliedertabelle ähnelt der Kontakttabelle (S. 354) und wird in der Praxis häufig angewandt. Sie ist jedoch nicht genormt. Die Tabelle gibt an, in welchem Strompfad ein Öffner oder ein Schließer des Relais zu finden ist.

A

Elektrohydraulische Steuerungen

Beispiel: Elektrohydraulisch gesteuerte Vorschubeinheit

Der Hydraulikzylinder fährt im Eilgang (EV) vor, wird durch den Schalter S3 auf Arbeitsvorschub (AV) umgesteuert. In der vorderen Endlage wird durch den Schalter S4 nach einer Zeitverzögerung von 4 Sekunden auf Eilrücklauf (ER) geschaltet. Die Geschwindigkeit des Arbeitsvorschubs wird durch das einstellbare Stromregelventil (1V4) bestimmt.

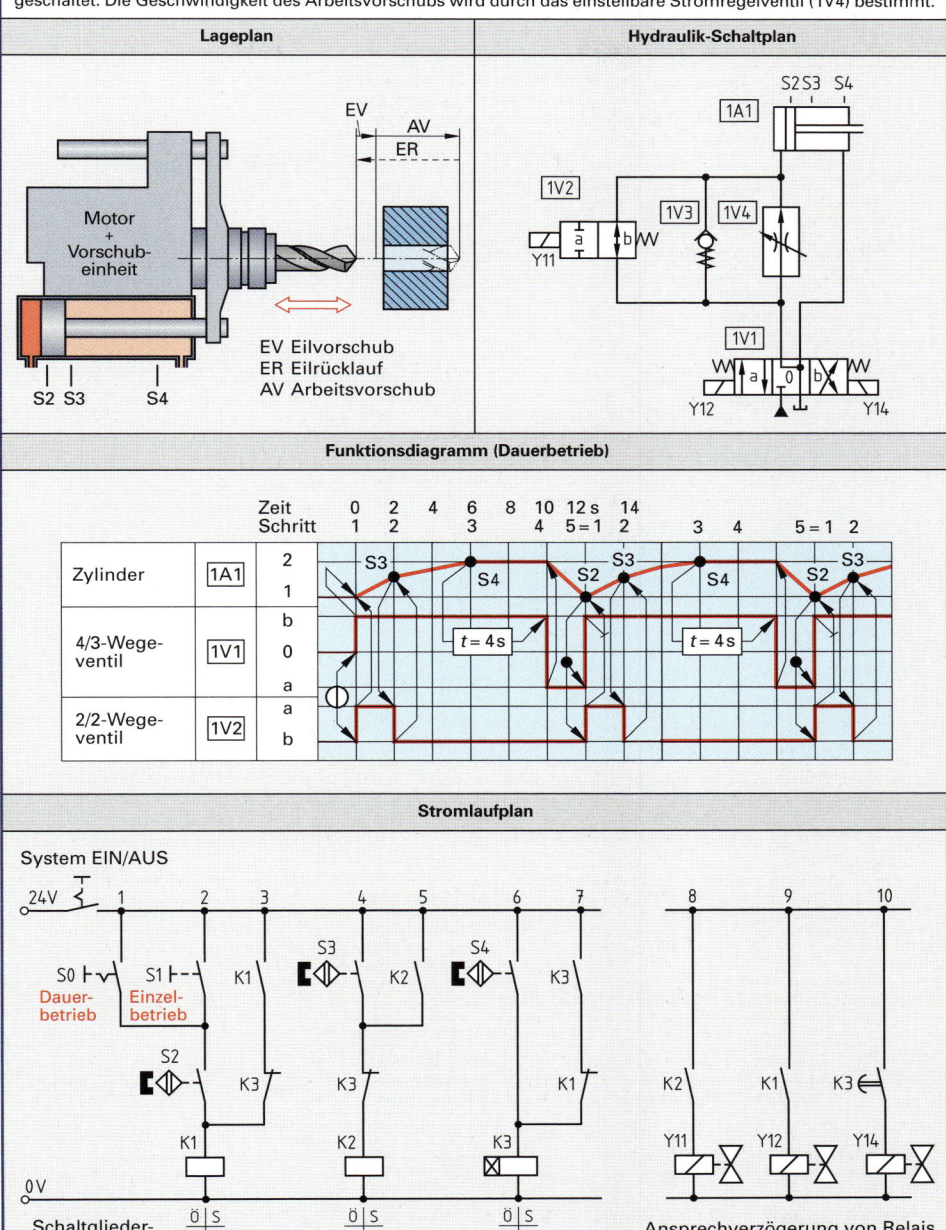

Lageplan

EV
AV
ER

Motor + Vorschub-einheit

EV Eilvorschub
ER Eilrücklauf
AV Arbeitsvorschub

S2 S3 S4

Hydraulik-Schaltplan

S2 S3 S4
1A1
1V2
1V3 1V4
Y11
1V1
Y12 Y14

Funktionsdiagramm (Dauerbetrieb)

| | | Zeit | 0 | 2 | 4 | 6 | 8 | 10 | 12 s | 14 |
| | | Schritt | 1 | 2 | | 3 | | 4 | 5=1 | 2 | 3 | 4 | 5=1 | 2 |

Zylinder — 1A1 — 2 / 1 — S3, S4, S2, S3, S4, S2, S3
4/3-Wege-ventil — 1V1 — b / 0 / a — t = 4 s — t = 4 s
2/2-Wege-ventil — 1V2 — a / b

Stromlaufplan

System EIN/AUS

24V

S0 — Dauer-betrieb — S1 — Einzel-betrieb — K1 — S3 — K2 — S4 — K3

S2 — K3 — K3 — K1

K1 — K2 — K3 — K2 — K1 — K3

Y11 — Y12 — Y14

0 V

Schaltglieder-tabelle

	Ö	S
	7	3
	–	9

	Ö	S
	–	5
	–	8

	Ö	S
	3	7
	4	10

Ansprechverzögerung von Relais K3 auf t = 4 s eingestellt

A

Druckflüssigkeiten

Hydrauliköle auf Mineralölbasis
vgl. DIN 51524-1 bis -3

Typ	Norm	Wirkung der Inhaltsstoffe		Verwendung
HL	DIN 51524-1 (1985-06)	Erhöhung des Korrosionsschutzes +	–	Hydraulikanlagen bis 200 bar, bei hohen Temperaturanforderungen
HLP	DIN 51524-2 (1985-06)		+ Verminderung des Fressverschleißes im Mischreibungsbereich	Hydraulikanlagen mit Hydropumpen und Hydromotoren über 200 bar Betriebsdruck und bei hohen Temperaturanforderungen
HVLP	DIN 51524-3 (1990-08)	Erhöhung der Alterungsbeständigkeit	+ Verminderung des Fressverschleißes im Mischreibungsbereich + Verbesserung des Viskositäts-Temperatur-Verhaltens	

Eigenschaften		HL 10 HLP 10	HL 22 HLP 22	HL 32 HLP 32	HL 46 HLP 46	HL 68 HLP 68	HL 100 HLP 100
Kinematische Viskosität in mm²/s	bei −20 °C	600	–	–	–	–	–
	bei 0 °C	90	300	420	780	1400	2560
	bei 40 °C	10	22	32	46	68	100
	bei 100 °C	2,4	4,1	5,0	6,1	7,8	9,9
Pourpoint[1] gleich oder tiefer als		30 °C	−21 °C	−18 °C	−15 °C	−12 °C	−12 °C
Flammpunkt höher als		125 °C	165 °C	175 °C	185 °C	195 °C	205 °C

[1] Der Pourpoint (engl.: Fließpunkt) ist die Temperatur, bei der das Hydrauliköl unter Schwerkrafteinfluss gerade noch fließt.

⇒ **Hydrauliköl DIN 51524 – HLP 46:** Hydrauliköl vom Typ HLP, kinematische Viskosität = 46 mm²/s bei 40 °C

Viskositäts-Temperatur-Verhalten der HL- und HLP-Hydrauliköle

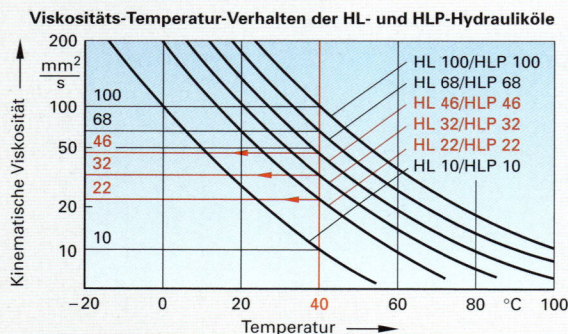

Ablesebeispiel:

Eine Zahnradpumpe arbeitet mit einer mittleren Betriebstemperatur von 40 °C. Während des Betriebs darf die zulässige kinematische Viskosität des Hydrauliköls zwischen 20 bis 50 mm²/s schwanken.

Nach dem Diagramm können 6 geeignete Hydrauliköle ausgewählt werden:

• HL 22/HLP 22
• HL 32/HLP 32
• HL 46/HLP 46

Schwerentflammbare Hydraulikflüssigkeiten

Typ	ISO-Viskositätsklassen	Eignung für Temperaturen °C	Eigenschaften	Verwendung
HFC	15, 22, 32, 46, 68, 100	−20…+60	wässrige Monomer- und/oder Polymerlösungen, guter Verschleißschutz	Bergbau, Druckmaschinen, Schweißautomaten, Schmiedepressen
HFD		−20…+150	wasserfreie synthetische Flüssigkeiten, gut alterungsbeständig, schmierfähig, großer Temperaturbereich	Hydraulische Anlagen mit hohen Betriebstemperaturen

Biologisch abbaubare Hydraulikflüssigkeiten
vgl. VDMA 24569 (1994-03)

Hydraulikflüssigkeit	Eignung und Eigenschaften						
	Tieftemperatur-Fließfähigkeit	Hochtemperatur-Oxidationsstabilität	Rostschutz	Verträglichkeit mit Innenbeschichtungen	Dichtungsverträglichkeit	Wirtschaftlichkeit	Standzeit
ungesättigte Ester	◖	◖	●	◕	◕	◖	◕
gesättigte Ester	●	●	●	◕	●	◕	●
Polyglykolöle	●	●	◕	◕	●	◖	◕

Eignung: ● sehr gut   ◕ gut   ◖ durchschnittlich   ◔ eingeschränkt/schlecht

A

Pneumatikzylinder

Abmessungen und Kolbenkräfte

Kolbendurchmesser		12	16	20	25	32	40	50	63	80	100	125	160	200
Kolbenstangendurchmesser (mm)		6	8	8	10	12	16	20	20	25	25	32	40	40
Anschlussgewinde		M5	M5	$G^{1}/_8$	$G^{1}/_8$	$G^{1}/_8$	$G^{1}/_8$	$G^{1}/_4$	$G^{3}/_8$	$G^{3}/_8$	$G^{1}/_2$	$G^{1}/_2$	$G^{3}/_4$	$G^{3}/_4$
Druckkraft[1] bei $p_e = 6$ bar in N	einfachwirk. Zyl.[2]	50	96	151	241	375	644	968	1560	2530	4010	–	–	–
	doppeltwirk. Zyl.	58	106	164	259	422	665	1040	1650	2660	4150	6480	10600	16600
Zugkraft[1] bei $p_e = 6$ bar in N	doppeltwirk. Zyl.	54	79	137	216	364	560	870	1480	2400	3890	6060	9960	15900
Hublängen in mm	einfachwirk. Zyl.	10, 25, 50					25, 50, 80, 100					–			
	doppeltwirk. Zyl.	bis 160	bis 200	bis 320	10, 25, 50, 80, 100, 160, 200, 250, 320, 400, 500									

[1] Bei einem Zylinderwirkungsgrad $\eta = 0{,}88$. [2] Dabei ist die Rückzugskraft der Feder berücksichtigt.

Luftverbrauch durch Berechnung

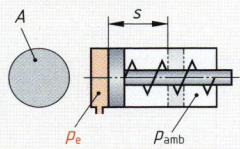

Einfachwirkender Zylinder

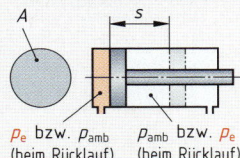

Doppeltwirkender Zylinder

p_e bzw. p_{amb} (beim Rücklauf) p_{amb} bzw. p_e (beim Rücklauf)

Q Luftverbrauch
p_e Überdruck im Zylinder
p_{amb} Luftdruck
n Hubzahl

A Kolbenfläche
q spezifischer Luftverbrauch je cm Kolbenhub
s Kolbenhub

Beispiel:

Einfachwirkender Zylinder mit $d = 50$ mm; $s = 100$ mm; $p_e = 6$ bar; $n = 120$/min; $p_{amb} = 1$ bar; Luftverbrauch Q in l/min?

$$Q = A \cdot s \cdot n \cdot \frac{p_e + p_{amb}}{p_{amb}}$$

$$= \frac{\pi \cdot (5 \text{ cm})^2}{4} \cdot 10 \text{ cm} \cdot 120 \frac{1}{\min} \cdot \frac{(6+1) \text{ bar}}{1 \text{ bar}}$$

$$= 164\,934 \frac{\text{cm}^3}{\min} \approx \mathbf{165 \frac{\text{l}}{\text{min}}}$$

Luftverbrauch[1] einfachwirkender Zylinder

$$Q = A \cdot s \cdot n \cdot \frac{p_e + p_{amb}}{p_{amb}}$$

Luftverbrauch[1] doppeltwirkender Zylinder

$$Q \approx 2 \cdot A \cdot s \cdot n \cdot \frac{p_e + p_{amb}}{p_{amb}}$$

Luftverbrauch durch Ermittlung aus Diagramm

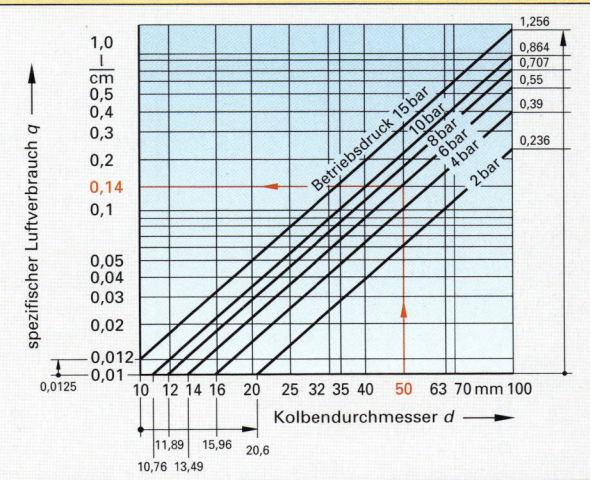

Luftverbrauch[1] einfachwirkender Zylinder

$$Q = q \cdot s \cdot n$$

Luftverbrauch[1] doppeltwirkender Zylinder

$$Q \approx 2 \cdot q \cdot s \cdot n$$

Beispiel:

Der Luftverbrauch eines einfachwirkenden Zylinders mit $d = 50$ mm, $s = 100$ mm und $n = 120$/min soll aus dem Diagramm für $p_e = 6$ bar ermittelt werden. Nach dem Diagramm ist $q = 0{,}14$ l/cm Kolbenhub.

$Q = q \cdot s \cdot n$
$= 0{,}14$ l/cm $\cdot 10$ cm $\cdot 120$/min
$= \mathbf{168 \text{ l/min}}$

A

[1] Durch das Füllen der Toträume kann der wirkliche Luftverbrauch bis zu 25% höher liegen. Toträume sind z.B. Druckluftleitungen zwischen Wegeventil und Zylinder oder nicht nutzbare Räume in der Endstellung des Kolbens. Die Querschnittsfläche der Kolbenstange wird nicht berücksichtigt.

Kräfteberechnung

Kolbenkräfte

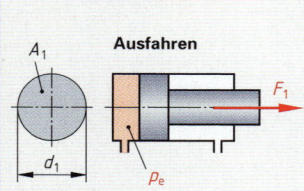

p_e — Überdruck
A_1, A_2 — Kolbenflächen
F_1 — Kolbenkraft beim Ausfahren
F_2 — Kolbenkraft beim Einfahren
d_1 — Kolbendurchmesser
d_2 — Kolbenstangendurchmesser
η — Wirkungsgrad

Wirksame Kolbenkraft

$$F = p_e \cdot A \cdot \eta$$

Beispiel:

Hydrozylinder mit $d_1 = 100$ mm; $d_2 = 70$ mm; $\eta = 0{,}85$ und $p_e = 60$ bar.
Wie groß sind die wirksamen Kolbenkräfte?

Ausfahren:

$$F_1 = p_e \cdot A_1 \cdot \eta = 600 \, \frac{N}{cm^2} \cdot \frac{\pi \cdot (10 \, cm)^2}{4} \cdot 0{,}85$$

$$= \mathbf{40\,055 \ N}$$

Einfahren:

$$F_2 = p_e \cdot A_2 \cdot \eta$$

$$= 600 \, \frac{N}{cm^2} \cdot \frac{\pi \cdot [(10 \, cm)^2 - (7 \, cm)^2]}{4} \cdot 0{,}85$$

$$= \mathbf{20\,428 \ N}$$

Druckeinheiten

$$1 \, Pa = 1 \, \frac{N}{m^2} = 10^{-5} \, bar$$

$$1 \, bar = 10 \, \frac{N}{cm^2} = 0{,}1 \, \frac{N}{mm^2}$$

$$1 \, mbar = 100 \, Pa = 1 \, hPa$$

Hydraulische Presse

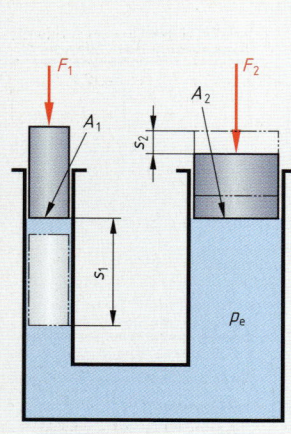

Druck breitet sich in abgeschlossenen Flüssigkeiten oder Gasen nach allen Richtungen gleichmäßig aus.

F_1 — Kraft am Druckkolben
F_2 — Kraft am Arbeitskolben
A_1 — Fläche des Druckkolbens
A_2 — Fläche des Arbeitskolbens
s_1 — Weg des Druckkolbens
s_2 — Weg des Arbeitskolbens
i — hydraulisches Übersetzungsverhältnis

Beispiel:

$F_1 = 200$ N; $A_1 = 5 \, cm^2$; $A_2 = 500 \, cm^2$;
$s_2 = 30$ mm; $F_2 = ?$; $s_1 = ?$; $i = ?$

$$F_2 = \frac{F_1 \cdot A_2}{A_1} = \frac{200 \, N \cdot 500 \, cm^2}{5 \, cm^2} = 20\,000 \, N = \mathbf{20 \, kN}$$

$$s_1 = \frac{s_2 \cdot A_2}{A_1} = \frac{30 \, mm \cdot 500 \, cm^2}{5 \, cm^2} = \mathbf{3000 \, mm}$$

$$i = \frac{F_1}{F_2} = \frac{200 \, N}{20\,000 \, N} = \mathbf{\frac{1}{100}}$$

Verdrängtes Volumen

$$A_1 \cdot s_1 = A_2 \cdot s_2$$

Arbeit an beiden Kolben

$$F_1 \cdot s_1 = F_2 \cdot s_2$$

Verhältnisse: Kräfte, Flächen, Wege

$$\frac{F_2}{F_1} = \frac{A_2}{A_1} = \frac{s_1}{s_2}$$

Übersetzungsverhältnis

$$i = \frac{F_1}{F_2}$$

$$i = \frac{s_2}{s_1}$$

$$i = \frac{A_1}{A_2}$$

Druckübersetzer

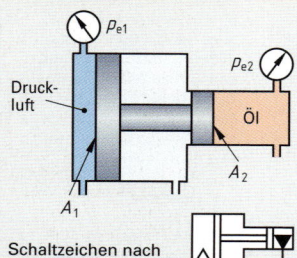

Druckluft

Öl

Schaltzeichen nach DIN ISO 1219-1

A_1, A_2 — Kolbenflächen
p_{e1} — Überdruck an der Kolbenfläche A_1
p_{e2} — Überdruck an der Kolbenfläche A_2
η — Wirkungsgrad des Druckübersetzers

Beispiel:

$A_1 = 200 \, cm^2$; $A_2 = 5 \, cm^2$; $\eta = 0{,}88$;
$p_{e1} = 7$ bar $= 70 \, N/cm^2$; $p_{e2} = ?$

$$p_{e2} = p_{e1} \cdot \frac{A_1}{A_2} \cdot \eta = 70 \, \frac{N}{cm^2} \cdot \frac{200 \, cm^2}{5 \, cm^2} \cdot 0{,}88$$

$$= 2464 \, N/cm^2 = \mathbf{246{,}4 \, bar}$$

Überdruck

$$p_{e2} = p_{e1} \cdot \frac{A_1}{A_2} \cdot \eta$$

A

Geschwindigkeiten, Leistung

Durchflussgeschwindigkeiten

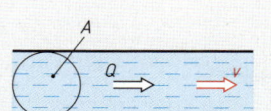

Q, Q_1, Q_2 Volumenströme
A, A_1, A_2 Querschnittsflächen
v, v_1, v_2 Durchflussgeschwindigkeiten

Kontinuitätsgleichung

In einer Rohrleitung mit wechselnden Querschnittsflächen fließt in der Zeit t durch jeden Querschnitt der gleiche Volumenstrom Q.

Beispiel:

Rohrleitung mit $A_1 = 19,6\ \text{cm}^2$; $A_2 = 8,04\ \text{cm}^2$ und $Q = 120$ l/min; $v_1 = ?$; $v_2 = ?$

$$v_1 = \frac{Q}{A_1} = \frac{120\,000\ \text{cm}^3/\text{min}}{19,6\ \text{cm}^2} = 6122\ \frac{\text{cm}}{\text{min}} = \mathbf{1,02}\ \frac{\mathbf{m}}{\mathbf{s}}$$

$$v_2 = \frac{v_1 \cdot A_1}{A_2} = \frac{1,02\ \text{m/s} \cdot 19,6\ \text{cm}^2}{8,04\ \text{cm}^2} = \mathbf{2,49}\ \frac{\mathbf{m}}{\mathbf{s}}$$

Volumenstrom

$$Q = A \cdot v$$

$$Q_1 = Q_2$$

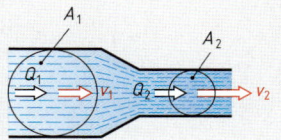

Verhältnis der Durchflussgeschwindigkeiten

$$\frac{v_1}{v_2} = \frac{A_2}{A_1}$$

Kolbengeschwindigkeiten

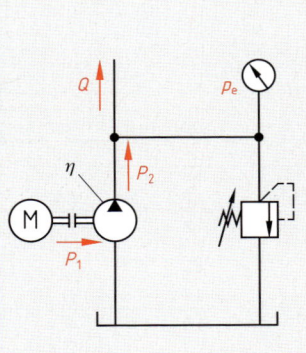

Ausfahren

Einfahren

Q Volumenstrom
A_1, A_2 wirksame Kolbenflächen
v_1, v_2 Kolbengeschwindigkeiten

Beispiel:

Hydrozylinder mit Kolbendurchmesser
$d_1 = 50$ mm; Kolbenstangendurchmesser
$d_2 = 32$ mm und $Q = 12$ l/min.
Wie hoch sind die Kolbengeschwindigkeiten?

Ausfahren:

$$v_1 = \frac{Q}{A_1} = \frac{12\,000\ \text{cm}^3/\text{min}}{\dfrac{\pi \cdot (5\ \text{cm})^2}{4}} = 611\ \frac{\text{cm}}{\text{min}} = \mathbf{6,11}\ \frac{\mathbf{m}}{\mathbf{min}}$$

Einfahren:

$$v_2 = \frac{Q}{A_2} = \frac{12\,000\ \text{cm}^3/\text{min}}{\dfrac{\pi \cdot (5\ \text{cm})^2}{4} - \dfrac{\pi \cdot (3,2\ \text{cm})^2}{4}}$$

$$= 1035\ \frac{\text{cm}}{\text{min}} = \mathbf{10,35}\ \frac{\mathbf{m}}{\mathbf{min}}$$

Kolbengeschwindigkeit

$$v = \frac{Q}{A}$$

Leistung von Pumpen und Zylindern

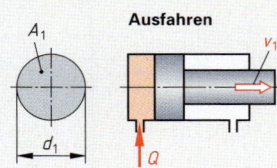

P_1 zugeführte Leistung an der Pumpenantriebswelle
P_2 abgegebene Leistung am Pumpenausgang
Q Volumenstrom
p_e Überdruck
η Wirkungsgrad der Pumpe
M Drehmoment
n Drehzahl
9550 Umrechnungs-
600   faktoren

Beispiel:

Pumpe mit $Q = 40$ l/min; $p_e = 125$ bar; $\eta = 0,84$;
$P_1 = ?$; $P_2 = ?$

$$P_2 = \frac{Q \cdot p_e}{600} = \frac{40 \cdot 125}{600}\ \text{kW} = \mathbf{8,333\ kW}$$

$$P_1 = \frac{P_2}{\eta} = \frac{8,333}{0,84}\ \text{kW} = \mathbf{9,920\ kW}$$

Zugeführte Leistung

$$P_1 = \frac{M \cdot n}{9550}$$

Abgegebene Leistung

$$P_2 = \frac{Q \cdot p_e}{600}$$

Wirkungsgrad

$$\eta = \frac{P_2}{P_1}$$

Formeln für zugeführte und abgegebene Leistung mit:

P in kW, M in N · m,
n in 1/min, Q in l/min,
p_e in bar

A

Rohre

Nahtlose Präzisionsstahlrohre für Hydraulik und Pneumatik

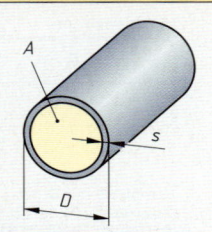

Werkstoffe	E235 (St37.4), E355 (St52.4) nach DIN 1630			
Mechanische Eigenschaften	Werkstoff	Zugfestigkeit R_m N/mm²	Streckgrenze R_e N/mm²	Bruchdehnung A %
	E235	340…480	235	25
	E355	490…630	355	22
	gute Kaltumformbarkeit, Oberfläche phosphatiert oder verzinkt und chromatiert			
Verwendung	für Leitungen in hydraulischen oder pneumatischen Anlagen bei maximalen Nenndrücken bis 500 bar			

Lieferart: Herstellfestlänge: 6 m, normalgeglüht. Die Rohre weisen eine Oberflächenqualität von $Ra \leq 4$ µm auf.

⇒ **Rohr HPL-E235-NBK-20 x 2:** Nahtloses Präzisionsstahlrohr für Hydraulik und Pneumatik, aus E235, normalgeglüht, zugblank, Außendurchmesser 20 mm, Wanddicke 2 mm

Außendurchmesser D mm	Wanddicke s mm	Durchflussquerschnitt A cm²	Außendurchmesser D mm	Wanddicke s mm	Durchflussquerschnitt A cm²	Außendurchmesser D mm	Wanddicke s mm	Durchflussquerschnitt A cm²
4	0,8	0,05	20	2,0	2,01	38	2,5	8,55
4	1,0	0,01	20	2,5	1,77	38	4,0	7,07
5	0,8	0,10	20	3,0	1,54	38	5,0	6,16
5	1,0	0,07	20	4,0	1,13	38	7,0	4,52
6	1,0	0,13	22	1,0	3,14	38	10,0	2,55
6	1,5	0,07	22	2,0	2,54	42	2,0	11,34
8	1,0	0,28	22	3,0	2,01	42	5,0	8,04
8	1,5	0,20	22	3,5	1,77	42	8,0	5,31
8	2,0	0,13	25	1,5	3,80	50	4,0	13,85
10	1,0	0,50	25	2,5	3,14	50	5,0	12,57
10	1,5	0,39	25	3,0	2,84	50	8,0	9,08
10	2,0	0,28	25	3,5	2,55	50	10,0	7,07
12	1,0	0,79	25	4,5	2,01	50	13,0	4,52
12	1,5	0,64	25	6,0	1,33	55	4,0	17,35
12	2,0	0,50	28	1,5	4,91	55	6,0	14,52
14	1,0	1,13	28	2,0	4,52	55	8,0	11,95
14	1,5	0,95	28	3,0	3,80	55	10,0	9,62
14	2,0	0,79	28	3,5	3,46	60	5,0	19,64
15	1,0	1,33	28	4,0	3,14	60	8,0	15,21
15	1,5	1,13	30	2,0	5,31	60	10,0	12,57
15	2,5	0,79	30	2,5	4,91	60	12,5	9,62
16	1,0	1,54	30	3,0	4,52	70	5,0	28,27
16	2,0	1,13	30	5,0	3,14	70	8,0	22,90
16	3,0	0,79	30	6,0	2,55	70	10,0	19,64
16	3,5	0,64	35	2,5	7,07	70	12,5	15,90
18	1,0	2,01	35	3,5	6,16	80	6,0	36,32
18	1,5	1,77	35	4,0	5,73	80	8,0	32,17
18	2,0	1,54	35	5,0	4,91	80	10,0	28,27
18	3,0	1,13	35	6,0	4,16	80	12,5	23,76

Nenndruck in Abhängigkeit der Wanddicke

Außendurchmesser D in mm	Nenndruck p in bar					
	64	100	160	250	320	400
	Wanddicke s in mm					
6	1,0	1,0	1,0	1,0	1,0	1,5
8	1,0	1,0	1,0	1,5	1,5	2,0
10	1,0	1,0	1,0	1,5	1,5	2,0
12	1,0	1,0	1,5	2,0	2,0	2,5
16	1,5	1,5	1,5	2,0	2,5	3,0
20	1,5	1,5	2,0	2,5	3,0	4,0
25	2,0	2,0	2,5	3,0	4,0	5,0
30	2,5	2,5	3,0	4,0	5,0	6,0
38	3,0	3,0	4,0	5,0	6,0	8,0
50	4,0	4,0	5,0	6,0	8,0	10,0

A

Programmiersprachen

SPS-Programmiersprachen (Übersicht)   vgl. DIN EN 61131 (2003-12)

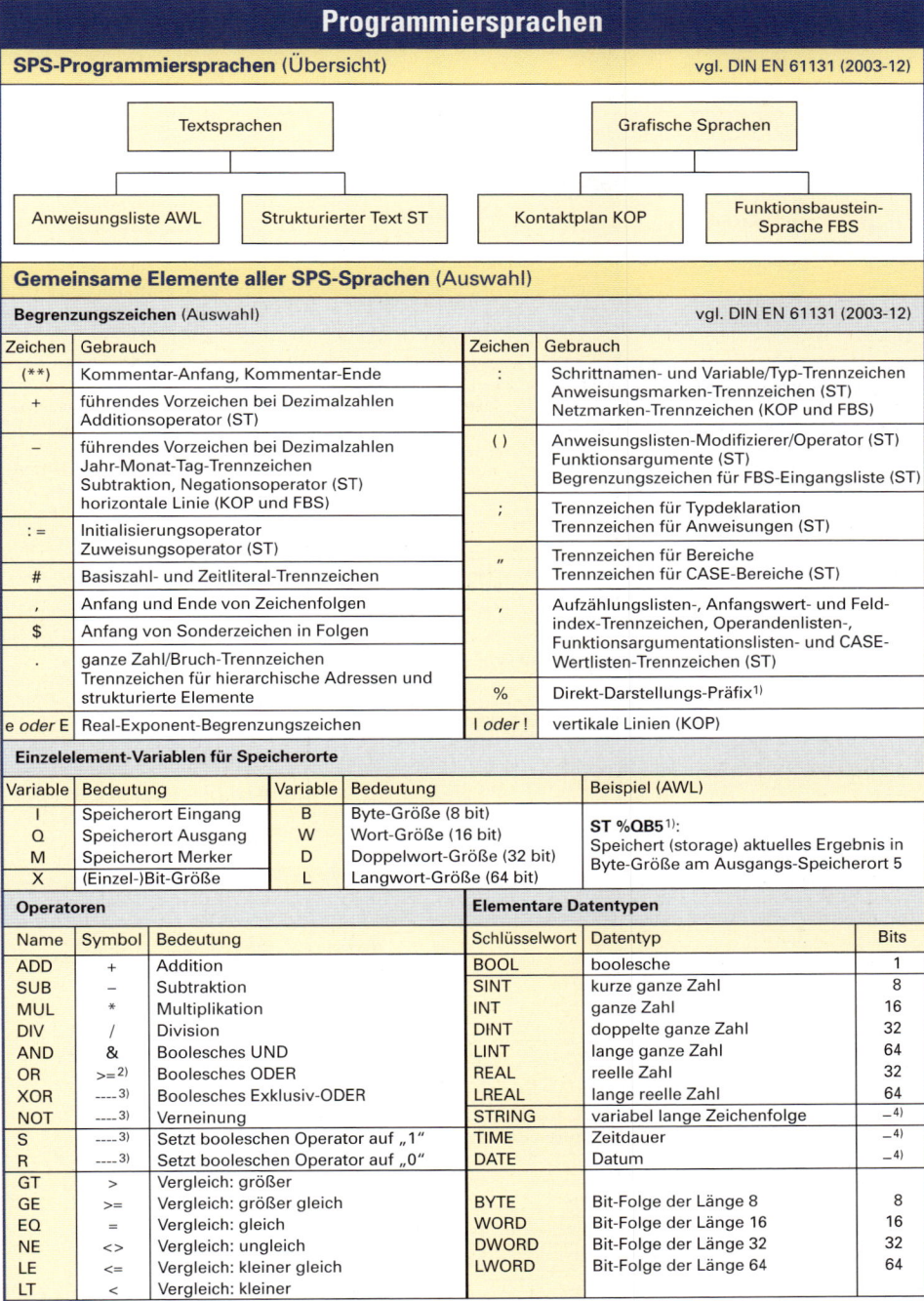

Textsprachen		Grafische Sprachen	
Anweisungsliste AWL	Strukturierter Text ST	Kontaktplan KOP	Funktionsbaustein-Sprache FBS

Gemeinsame Elemente aller SPS-Sprachen (Auswahl)

Begrenzungszeichen (Auswahl)   vgl. DIN EN 61131 (2003-12)

Zeichen	Gebrauch	Zeichen	Gebrauch
(**)	Kommentar-Anfang, Kommentar-Ende	:	Schrittnamen- und Variable/Typ-Trennzeichen Anweisungsmarken-Trennzeichen (ST) Netzmarken-Trennzeichen (KOP und FBS)
+	führendes Vorzeichen bei Dezimalzahlen Additionsoperator (ST)	( )	Anweisungslisten-Modifizierer/Operator (ST) Funktionsargumente (ST) Begrenzungszeichen für FBS-Eingangsliste (ST)
–	führendes Vorzeichen bei Dezimalzahlen Jahr-Monat-Tag-Trennzeichen Subtraktion, Negationsoperator (ST) horizontale Linie (KOP und FBS)	;	Trennzeichen für Typdeklaration Trennzeichen für Anweisungen (ST)
:=	Initialisierungsoperator Zuweisungsoperator (ST)	"	Trennzeichen für Bereiche Trennzeichen für CASE-Bereiche (ST)
#	Basiszahl- und Zeitliteral-Trennzeichen	,	Aufzählungslisten-, Anfangswert- und Feld-index-Trennzeichen, Operandenlisten-, Funktionsargumentationslisten- und CASE-Wertlisten-Trennzeichen (ST)
'	Anfang und Ende von Zeichenfolgen		
$	Anfang von Sonderzeichen in Folgen		
.	ganze Zahl/Bruch-Trennzeichen Trennzeichen für hierarchische Adressen und strukturierte Elemente	%	Direkt-Darstellungs-Präfix[1]
e *oder* E	Real-Exponent-Begrenzungszeichen	I *oder* !	vertikale Linien (KOP)

Einzelelement-Variablen für Speicherorte

Variable	Bedeutung	Variable	Bedeutung	Beispiel (AWL)
I	Speicherort Eingang	B	Byte-Größe (8 bit)	**ST %QB5**[1]: Speichert (storage) aktuelles Ergebnis in Byte-Größe am Ausgangs-Speicherort 5
Q	Speicherort Ausgang	W	Wort-Größe (16 bit)	
M	Speicherort Merker	D	Doppelwort-Größe (32 bit)	
X	(Einzel-)Bit-Größe	L	Langwort-Größe (64 bit)	

Operatoren

Name	Symbol	Bedeutung
ADD	+	Addition
SUB	–	Subtraktion
MUL	*	Multiplikation
DIV	/	Division
AND	&	Boolesches UND
OR	>=[2]	Boolesches ODER
XOR	----[3]	Boolesches Exklusiv-ODER
NOT	----[3]	Verneinung
S	----[3]	Setzt booleschen Operator auf „1"
R	----[3]	Setzt booleschen Operator auf „0"
GT	>	Vergleich: größer
GE	>=	Vergleich: größer gleich
EQ	=	Vergleich: gleich
NE	<>	Vergleich: ungleich
LE	<=	Vergleich: kleiner gleich
LT	<	Vergleich: kleiner

Elementare Datentypen

Schlüsselwort	Datentyp	Bits
BOOL	boolesche	1
SINT	kurze ganze Zahl	8
INT	ganze Zahl	16
DINT	doppelte ganze Zahl	32
LINT	lange ganze Zahl	64
REAL	reelle Zahl	32
LREAL	lange reelle Zahl	64
STRING	variabel lange Zeichenfolge	–[4]
TIME	Zeitdauer	–[4]
DATE	Datum	–[4]
BYTE	Bit-Folge der Länge 8	8
WORD	Bit-Folge der Länge 16	16
DWORD	Bit-Folge der Länge 32	32
LWORD	Bit-Folge der Länge 64	64

[1] Der direkt dargestellten Einzelelement-Variablen wird ein %-Zeichen vorangestellt.
[2] Dieses Symbol ist als Operator in den Textsprachen nicht zulässig.
[3] kein Symbol
[4] herstellerspezifisch

A

Programmiersprachen

Kontaktplan (KOP)

vgl. DIN EN 61131 (2003-12)

Der Kontaktplan stellt den Stromfluss in einem elektromechanischen Relais-System dar.

Symbol	Beschreibung	Symbol	Beschreibung	Symbol	Beschreibung
Linien und Blöcke		Kontakte		Spulen	
horizontale Linie		***[1] Schließer Abfrage auf logisch „1"		***[1] Spule, Zuweisung, Ausgabe	
vertikale Linie				***[1] Negative Spule, negierte Zuweisung, Ausgabe	
Linienverbindung		***[1] Öffner Abfrage auf logisch „0"		***[1] Setze Spule, Speicherung einer Verknüpfung	
Kreuzung ohne Verbindung				***[1] Rücksetze Spule	
***[1] Blöcke mit Verbindungslinien		***[1] Kontakt zur Erkennung von positiven Flanken, Signal von „0" auf „1"		***[1] Spule zur Erkennung von positiven Flanken, Signal von „0" auf „1"	
linke Stromschiene		***[1] Kontakt zur Erkennung von negativen Flanken, Signal von „1" auf „0"		***[1] Spule zur Erkennung von negativen Flanken, Signal von „1" auf „0"	
rechte Stromschiene				[1] Element-Bezeichnung	

Funktionsbaustein-Sprache (FBS)

vgl. DIN EN 61131 (2003-12)

Die Funktionsbaustein-Sprache besteht aus einzelnen Funktionsbausteinen mit statischen Daten. Sie eignet sich bei häufig wiederkehrenden Funktionen.

Symbol	Beschreibung	Symbol	Beschreibung
	Die Elemente sind rechteckig oder quadratisch. Eingangsparameter sind auf der linken, Ausgangsparameter auf der rechten Seite anzubringen.	AND / OR / OR	Die Elemente müssen durch horizontale und vertikale Signalfluss-Linien verbunden werden.
FB 1.2 ADD	Die Funktion des Bausteins wird als Name oder Symbol innerhalb des Bausteins angegeben. Die Bezeichnung des Bausteins steht über dem Element.		Die Negation von booleschen Signalen wird durch einen Kreis am Eingang oder Ausgang angezeigt.

Strukturierter Text (ST)

vgl. DIN EN 61131 (2003-12)

Der Strukturierte Text ist eine Hochsprache und lehnt sich an die Syntax von ISO-PASCAL an.

$$A := A + B \cdot (B - C)$$

Variable — Zuweisungs-Operator — Operand

Anweisung	Typ
:=	Zuweisung
IF	Bedingte Anweisung
CASE	Auswahlanweisung
FOR	Wiederholungsanweisung
WHILE	Wiederholungsanweisung
REPEAT	Wiederholungsanweisung
EXIT	Verlassen einer Wiederholungsanweisung

Gegenüberstellung Funktionsbaustein-Sprache (FBS) – Strukturierter Text (ST)

Funktionsbausteine (Beispiele)	Strukturierter Text (Beispiele)

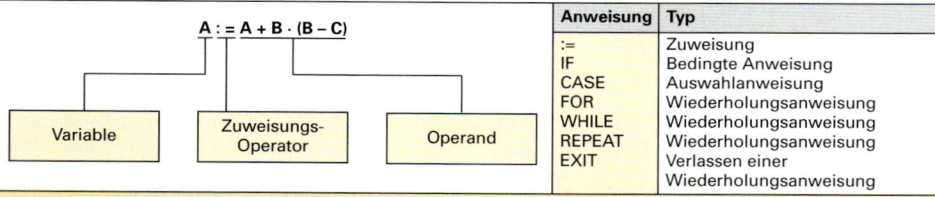

B, C, D → ADD → A *oder* B, C, D → + → A	A:= ADD (B, C, D) *oder* A:= B + C + D
F, G, H → AND → E *oder* F, G, H → & → E	E:= AND (F, G, H) *oder* E:= F & G & H

A

Programmiersprachen

Anweisungsliste (AWL) nach DIN
vgl. DIN EN 61131 (2003-12)

Die Anweisungsliste ist eine maschinennahe, textuelle Programmiersprache, ähnlich der Assemblersprache.

Aufbau einer Anweisung

Start: AND N %MX51 (*gesperrt*)

| Marke | Operator | Operand | Kommentar |

Standard-Operator · Modifikator

Modifikatoren für den Operator

N	Boolesche Negierung des Operanden
C	Anweisung wird nur dann ausgeführt, wenn das ausgewertete Ergebnis eine boolesche 1 ist.
,	Trennt mehrere Operanden
(	Auswertung des Operators wird zurückgestellt, bis „)" erscheint.

Standard-Operatoren

Operator	Modifikator	Bedeutung	Operator	Modifikator	Bedeutung
LD	N	Setzen eines Operanden	DIV	(	Division
ST	N	Speicherung auf Operanden-Adresse	GT	(	Vergleich: >
S	–	Setzt booleschen Operator auf 1	GE	(	Vergleich: >=
R	–	Setzt booleschen Operator auf 0 zurück	EQ	(	Vergleich: =
AND	N,(	Boolesches UND	NE	(	Vergleich: <>
&	N,(	Boolesches UND	LE	(	Vergleich: <=
OR	N,(	Boolesches ODER	LT	(	Vergleich: <
XOR	N,(	Boolesches Exklusiv-ODER	JMP	C,N	Sprung zur Marke
ADD	(	Addition	CAL	C,N	Aufruf Funktionsbaustein
SUB	(	Subtraktion	RET	C,N	Rücksprung
MUL	(	Multiplikation	)	–	Bearbeitung zurückgestellter Operationen

Anweisungsliste (AWL) nach VDI[1]
vgl. VDI 2880 (1985-09)

Aufbau einer Anweisung

Marke 1: R A1.2 „Setze Elektromagnet Y2 zurück"

| Marke | Operator | Operand | Kommentar |

Operatoren zur Programmorganisation		Operatoren zur Signalverarbeitung		Operatoren	
L	Laden	U	UND-Verknüpfung	ZV	Vorwärtszählen
(	Klammer auf	O	ODER-Verknüpfung	ZR	Rückwärtszählen
)	Klammer zu	N	Negation	XO	Exklusiv-ODER
NOP	Nulloperation	UN	UND-NICHT-Verknüpfung	**Operanden**	
SP	unbedingter Sprung	ON	ODER-NICHT-Verknüpfung	E	Eingang
SPB	bedingter Sprung	=	Zuweisung	A	Ausgang
BA	Baustein-Aufruf	ADD	Addition	M	Merker
BAB	bedingter Baustein-Aufruf	SUB	Subtraktion	K	Konstante
BE	Baustein-Ende	MUL	Multiplikation	T	Zeitglied
"	Kommentar-Anfang	DIV	Division	Z	Zähler
"	Kommentar-Ende	S	Setzen	P	Programm-Baustein
PE	Programmende	R	Rücksetzen	F	Funktions-Baustein

[1] In der Praxis existieren noch viele SPS-Steuerungen, die nach den VDI-Richtlinien programmiert werden.

A

Programmiersprachen

Gegenüberstellung der geläufigsten SPS-Programmiersprachen

Funktionen als Bestandteile in Programmen	Anweisungsliste (AWL) nach VDI	Funktionsbaustein-Sprache (FBS)	Kontakplan (KOP)
UND (AND) mit 3 Eingängen	U E11 U E12 UN E13 = A10		
ODER (OR) mit 3 Eingängen	U E11 O E12 O E13 = A10		
UND vor **ODER**	U E11 U E12 O U E13 U E14 = A10		
ODER vor **UND** mit Zwischenmerker	U E11 O E12 = M1 U E13 O E14 U M1 = A10		
Exclusiv **ODER** (XOR)	U E11 UN E12 O (UN E11 U E12) = A10		
RS-Flipflop Setzen dominant	U E12[1] R A11 U E11 S A11		
RS-Flipflop Rücksetzen dominant	U E11[1] S A11 U E12 R A11		
Einschalt- verzögerung	U E11 = T1 U T1 = A10		
Selbsthaltung, EIN (E 12) dominierend	U E12 O A10 UN E11 = A10		

[1] Bei Flipflops gilt: Wenn S = 1 und R = 1, dann dominiert die in der AWL zuletzt programmierte Funktion.

A

SPS-gesteuerte Hubeinrichtung

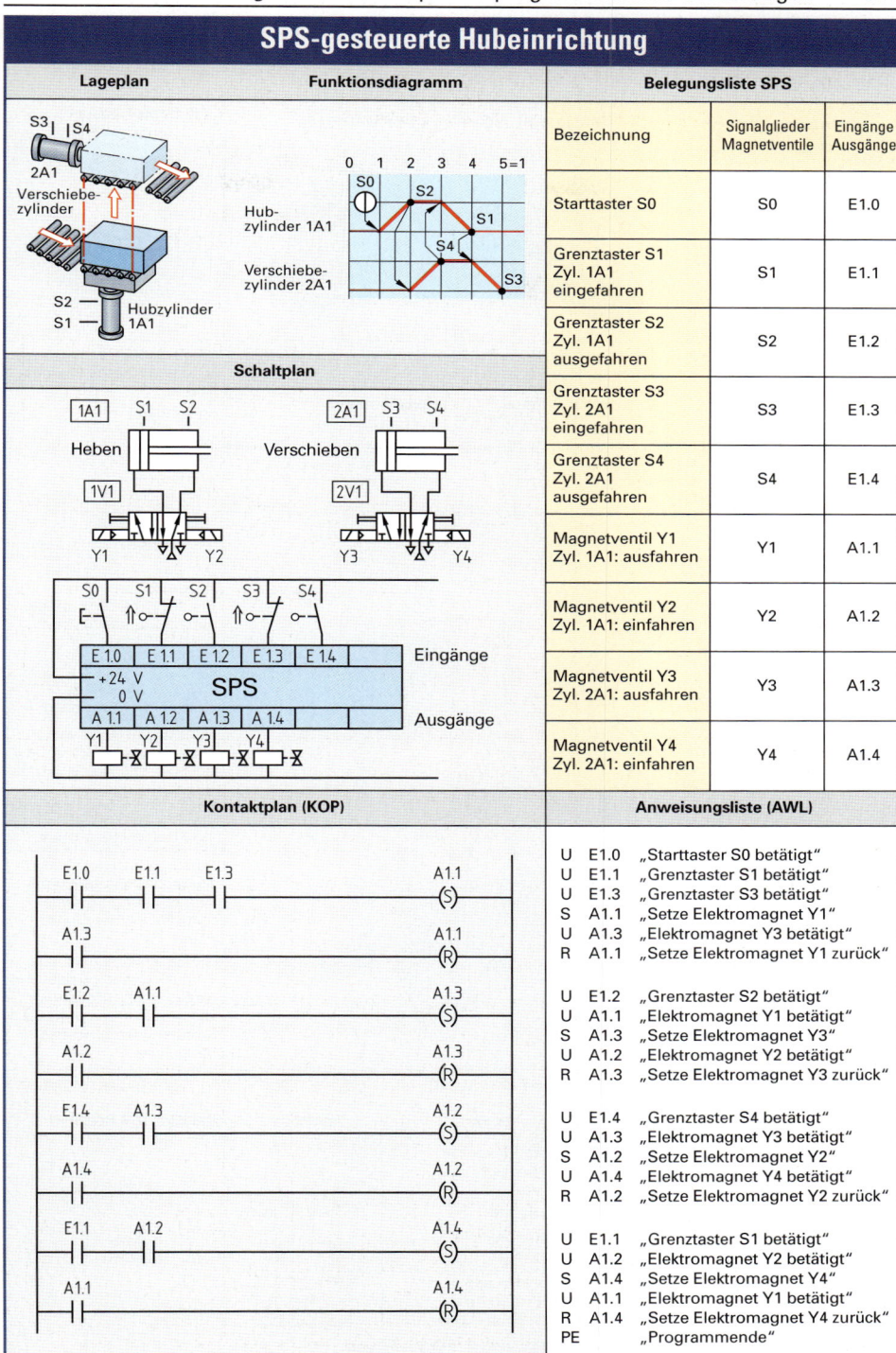

Lageplan	Funktionsdiagramm	Belegungsliste SPS		

Belegungsliste SPS

Bezeichnung	Signalglieder Magnetventile	Eingänge Ausgänge
Starttaster S0	S0	E1.0
Grenztaster S1 Zyl. 1A1 eingefahren	S1	E1.1
Grenztaster S2 Zyl. 1A1 ausgefahren	S2	E1.2
Grenztaster S3 Zyl. 2A1 eingefahren	S3	E1.3
Grenztaster S4 Zyl. 2A1 ausgefahren	S4	E1.4
Magnetventil Y1 Zyl. 1A1: ausfahren	Y1	A1.1
Magnetventil Y2 Zyl. 1A1: einfahren	Y2	A1.2
Magnetventil Y3 Zyl. 2A1: ausfahren	Y3	A1.3
Magnetventil Y4 Zyl. 2A1: einfahren	Y4	A1.4

Schaltplan

Kontaktplan (KOP)

Anweisungsliste (AWL)

```
U   E1.0    „Starttaster S0 betätigt"
U   E1.1    „Grenztaster S1 betätigt"
U   E1.3    „Grenztaster S3 betätigt"
S   A1.1    „Setze Elektromagnet Y1"
U   A1.3    „Elektromagnet Y3 betätigt"
R   A1.1    „Setze Elektromagnet Y1 zurück"

U   E1.2    „Grenztaster S2 betätigt"
U   A1.1    „Elektromagnet Y1 betätigt"
S   A1.3    „Setze Elektromagnet Y3"
U   A1.2    „Elektromagnet Y2 betätigt"
R   A1.3    „Setze Elektromagnet Y3 zurück"

U   E1.4    „Grenztaster S4 betätigt"
U   A1.3    „Elektromagnet Y3 betätigt"
S   A1.2    „Setze Elektromagnet Y2"
U   A1.4    „Elektromagnet Y4 betätigt"
R   A1.2    „Setze Elektromagnet Y2 zurück"

U   E1.1    „Grenztaster S1 betätigt"
U   A1.2    „Elektromagnet Y2 betätigt"
S   A1.4    „Setze Elektromagnet Y4"
U   A1.1    „Elektromagnet Y1 betätigt"
R   A1.4    „Setze Elektromagnet Y4 zurück"
PE          „Programmende"
```

A

Koordinatensysteme und Achsen
vgl. DIN EN ISO 9787 (2000-07)

Roboterachsen

Koordinatensystem	Roboter-Hauptachsen zum Positionieren		Roboter-Nebenachsen zum Orientieren
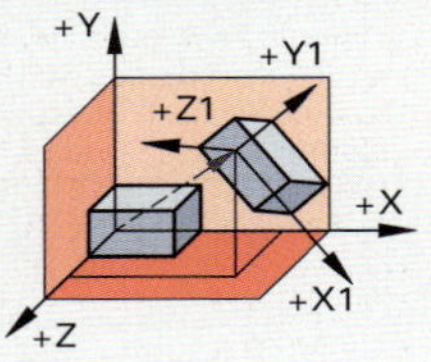	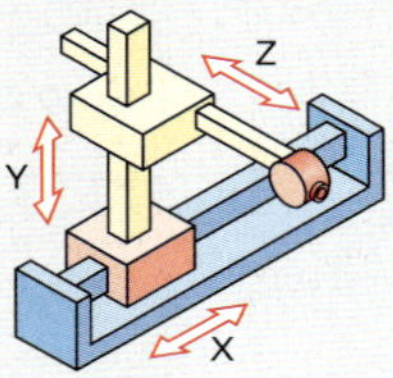	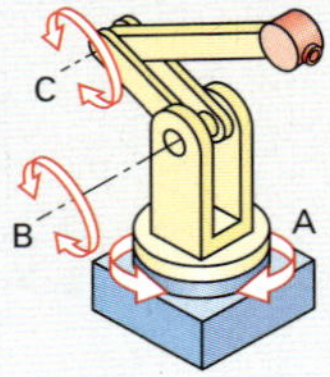	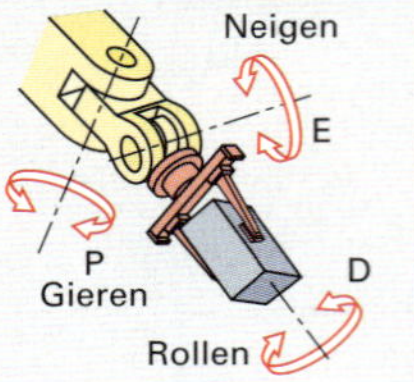
Um Werkstücke oder Werkzeuge im Raum zu handhaben, benötigt man • 3 Freiheitsgrade für die Positionierung und • 3 Freiheitsgrade für die Orientierung	Um einen beliebigen Punkt im Raum zu erreichen, sind 3 Roboter-Hauptachsen notwendig.		3 Roboter-Nebenachsen für die räumliche Orientierung • D (Rollen) • E (Neigen) • P (Gieren)
	Kartesischer Roboter	**Gelenkroboter**	
	3 translatorische Achsen (T-Achsen) mit den Bezeichnungen X, Y und Z	3 rotatorische Achsen (R-Achsen) mit den Bezeichnungen A, B und C	

Koordinatensysteme
vgl. DIN EN ISO 9787 (2000-07)

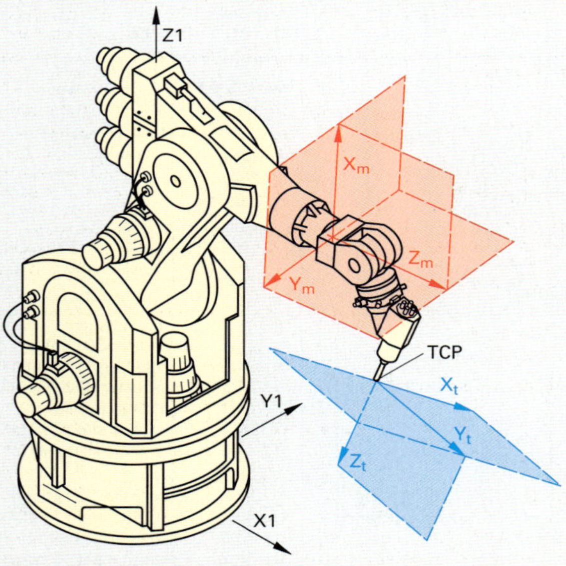

Basis-Koordinatensystem

Das Basis-Koordinatensystem bezieht sich
• in der X-Y-Ebene auf die ebene Aufstellfläche
• in der Z-Achse auf die Robotermitte.

Flansch-Koordinatensystem

Das Flansch-Koordinatensystem bezieht sich auf die Abschlussfläche der letzten Roboterhauptachse.

Werkzeug-Koordinatensystem

Der Ursprung des Werkzeugkoordinatensystems liegt im Werkzeugmittelpunkt *TCP* (*Tool Center Point*).
Die Geschwindigkeit des Werkzeugmittelpunkts wird als Robotergeschwindigkeit und der Wegverlauf als Roboterbewegungsbahn bezeichnet.

Symbole zur Darstellung von Robotern (Auswahl)
vgl. VDI 2861 (1988-06)

Bezeichnung	Sinnbild	Bezeichnung	Sinnbild	Beispiel RRR-Roboter
Translationsachse (T-Achse)[1] Translation fluchtend (Teleskop)		**Rotationsachse (R-Achse)[2]** Rotation fluchtend		
Translation nicht fluchtend		Rotation nicht fluchtend		
Greifer		Nebenachse (z.B. zum Rollen, Neigen und Gieren)		

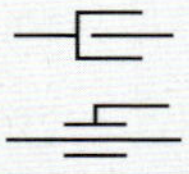

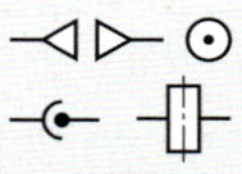

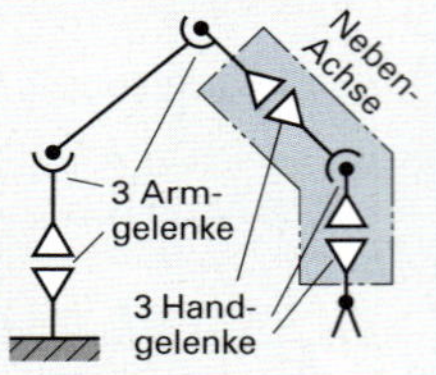

[1] Translation = geradlinige Bewegung   [2] Rotation = Drehbewegung

Aufbau von Robotern

vgl. DIN EN ISO 9787
(2000-07)

Mechanische Struktur[1]	Kinematik[2] und Arbeitsraum	Beispiel	Merkmale, Einsatzgebiete
Kartesischer Roboter	**TTT-Kinematik**		Hauptachsen: • 3 translatorische Einsatzgebiete: • großer Arbeitsraum, deshalb oft in Portalbauweise • Werkzeug- und Werkstückzuführung in Fertigungszellen • Blechbearbeitung durch Laser- und Wasserstrahlschneiden • Palettieren
Zylindrischer Roboter	**RTT-Kinematik**		Hauptachsen: • 1 rotatorische • 2 translatorische Einsatzgebiete: • geeignet für schwere Massen • Handhabung von schweren Schmiede- und Gussteilen • Transport von Paletten und Werkzeugkassetten • Be- und Entladen
Polarroboter 1	**RRT-Kinematik**		Hauptachsen: • 2 rotatorische • 1 translatorische Einsatzgebiete: • teleskopartige Achse 3, dadurch tiefer Arbeitsraum • Punkt- und einfaches Bahnschweißen, z. B. bei Autokarosserien • Be- und Entladearbeiten bei Druckgießmaschinen
Polarroboter 2 Typ: SCARA[3]-Roboter	**RRT-Kinematik**		Hauptachsen: • 2 rotatorische als waagrechter Drehgelenkarm • 1 translatorische Einsatzgebiete: • hauptsächlich im Senkrecht-Montagebereich • Punkt- und einfaches Bahnschweißen • Be- und Entladearbeiten
Gelenkroboter	**RRR-Kinematik**		Hauptachsen: • 3 rotatorische Einsatzgebiete: • Handhabungs- und Montagebereich • kompliziertes Bahnschweißen • Lackierarbeiten • Kleben • geringer Platzbedarf bei großem Arbeitsraum

[1] Achsen werden mit Ziffern bezeichnet, wobei die Achse 1 die erste Bewegungsachse ist.
[2] R = Rotationsachse; T = Translationsachse (Bezeichnungen „R" und „T" sind nicht genormt.)
[3] SCARA engl.: Selective Compliance Assembly Robot Arm = Montageroboterarm mit ausgewählter Nachgiebigkeit

A

Greifer, Arbeitssicherheit

Greifer
vgl. DIN EN ISO 14539 (2002-12) und VDI 2740 (1995-04)

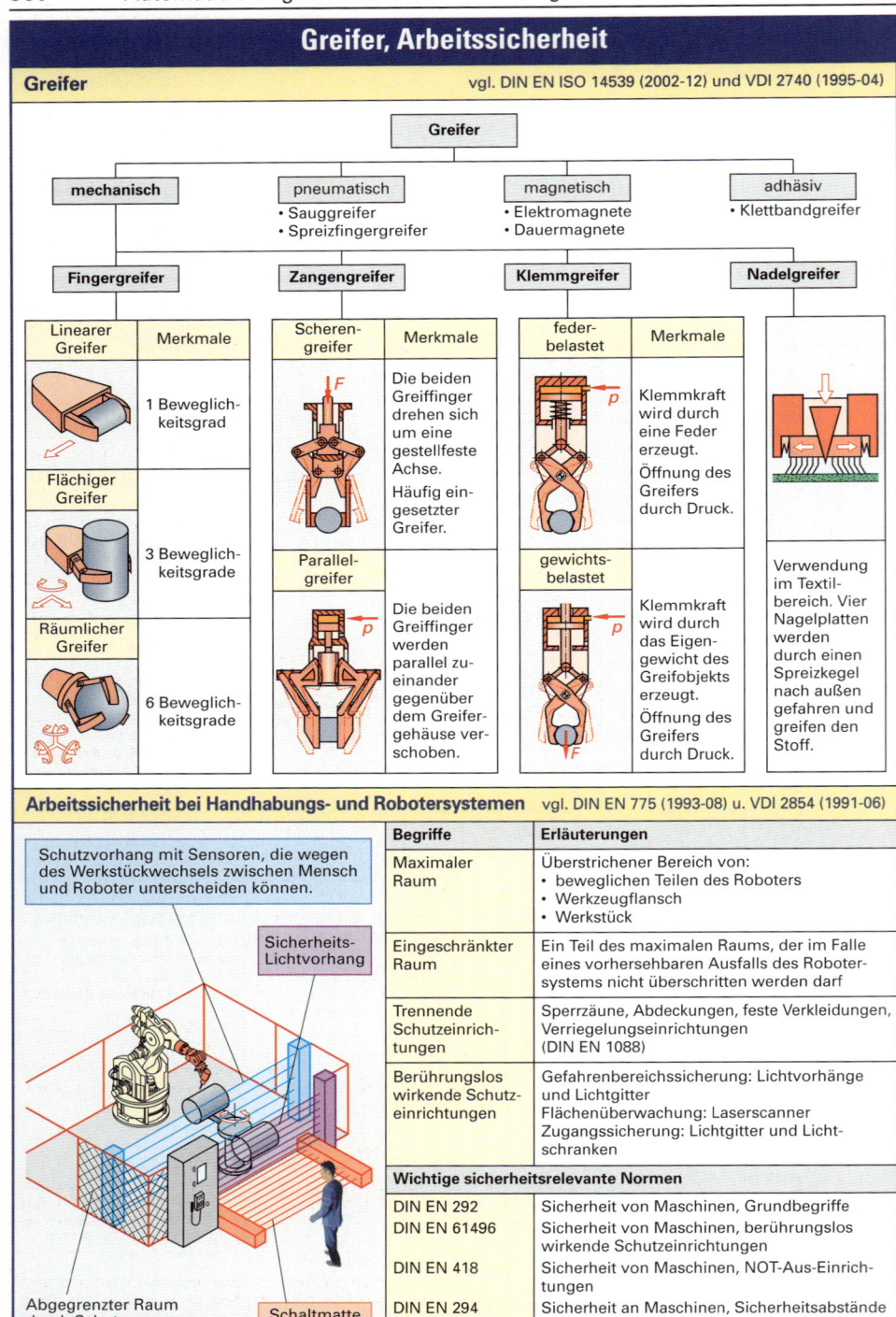

Greifer

- **mechanisch**
- **pneumatisch**
  - Sauggreifer
  - Spreizfingergreifer
- **magnetisch**
  - Elektromagnete
  - Dauermagnete
- **adhäsiv**
  - Klettbandgreifer

Fingergreifer | **Zangengreifer** | **Klemmgreifer** | **Nadelgreifer**

Linearer Greifer	Merkmale	Scheren-greifer	Merkmale	feder-belastet	Merkmale	Nadelgreifer
	1 Beweglich-keitsgrad		Die beiden Greiffinger drehen sich um eine gestellfeste Achse. Häufig eingesetzter Greifer.		Klemmkraft wird durch eine Feder erzeugt. Öffnung des Greifers durch Druck.	
Flächiger Greifer	3 Beweglich-keitsgrade	Parallel-greifer	Die beiden Greiffinger werden parallel zueinander gegenüber dem Greifergehäuse verschoben.	gewichts-belastet	Klemmkraft wird durch das Eigengewicht des Greifobjekts erzeugt. Öffnung des Greifers durch Druck.	Verwendung im Textilbereich. Vier Nagelplatten werden durch einen Spreizkegel nach außen gefahren und greifen den Stoff.
Räumlicher Greifer	6 Beweglich-keitsgrade					

Arbeitssicherheit bei Handhabungs- und Robotersystemen
vgl. DIN EN 775 (1993-08) u. VDI 2854 (1991-06)

Schutzvorhang mit Sensoren, die wegen des Werkstückwechsels zwischen Mensch und Roboter unterscheiden können.

Sicherheits-Lichtvorhang

Abgegrenzter Raum durch Schutzzaun

Schaltmatte

Begriffe	Erläuterungen
Maximaler Raum	Überstrichener Bereich von: • beweglichen Teilen des Roboters • Werkzeugflansch • Werkstück
Eingeschränkter Raum	Ein Teil des maximalen Raums, der im Falle eines vorhersehbaren Ausfalls des Robotersystems nicht überschritten werden darf
Trennende Schutzeinrichtungen	Sperrzäune, Abdeckungen, feste Verkleidungen, Verriegelungseinrichtungen (DIN EN 1088)
Berührungslos wirkende Schutzeinrichtungen	Gefahrenbereichssicherung: Lichtvorhänge und Lichtgitter Flächenüberwachung: Laserscanner Zugangssicherung: Lichtgitter und Lichtschranken

Wichtige sicherheitsrelevante Normen

DIN EN 292	Sicherheit von Maschinen, Grundbegriffe
DIN EN 61496	Sicherheit von Maschinen, berührungslos wirkende Schutzeinrichtungen
DIN EN 418	Sicherheit von Maschinen, NOT-Aus-Einrichtungen
DIN EN 294	Sicherheit an Maschinen, Sicherheitsabstände
DIN EN 457	Akustische Gefahrensignale

A

Koordinatenachsen

vgl. DIN 66217 (1975-12)

Koordinatensystem

Rechte-Hand-Regel

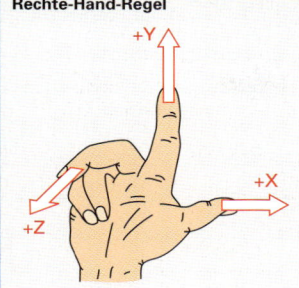

Kartesisches Koordinatensystem

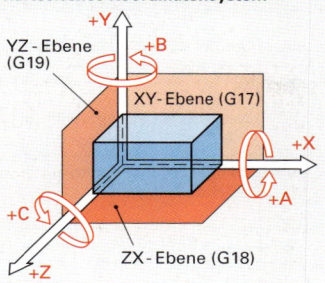

YZ - Ebene (G19)

XY - Ebene (G17)

ZX - Ebene (G18)

Die Koordinatenachsen X, Y und Z stehen senkrecht aufeinander.

Die Zuordnung kannn durch Daumen, Zeigefinger und Mittelfinger der rechten Hand dargestellt werden.

Die Drehachsen A, B und C werden den Koordinatenachsen X, Y und Z zugewiesen.

Blickt man bei einer Achse in die positive Richtung, so ist die Drehung im Uhrzeigersinn die positive Drehrichtung.

Koordinatenachsen beim Programmieren

Senkrecht-Fräsmaschine

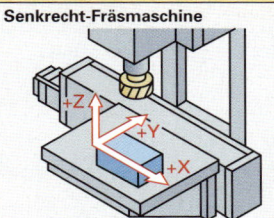

Waagrecht-Fräsmaschine

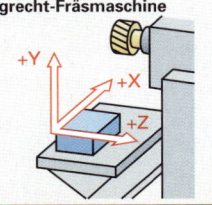

Drehmaschine

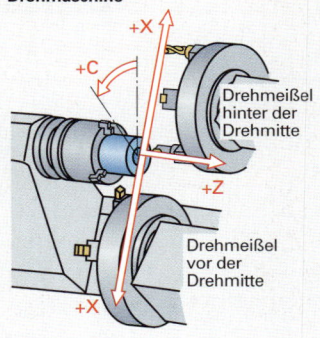

Drehmeißel hinter der Drehmitte

Drehmeißel vor der Drehmitte

Beispiel:
2-Schlitten-Drehmaschine mit programmierbarer Hauptspindel

Die Koordinatenachsen und die daraus resultierenden Bewegungsrichtungen sind auf die Hauptführungsbahnen der CNC-Maschine ausgerichtet und beziehen sich grundsätzlich auf das aufgespannte Werkstück mit dessen Werkstücknullpunkt.

Positive Bewegungsrichtungen ergeben immer eine Vergrößerung der Koordinatenwerte am Werkstück.

Die Z-Achse verläuft immer in Richtung der Hauptspindel.

Um das Programmieren zu vereinfachen, nimmt man an, dass das Werkstück stillsteht und sich nur das Werkzeug bewegt.

Bezugspunkte

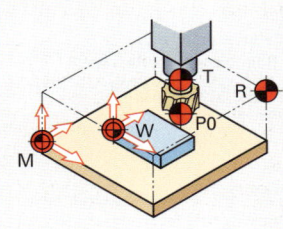

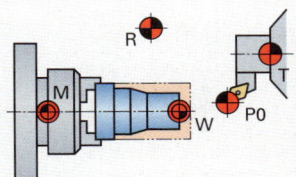

Maschinennullpunkt M
Er ist der Ursprung des Maschinen-Koordinatensystems und wird vom Maschinenhersteller festgelegt.

Programmnullpunkt P0
Er gibt die Koordinaten des Punktes an, an dem sich das Werkzeug vor Beginnn des Programmstarts befindet.

Referenzpunkt R
Er ist der Ursprung des inkrementalen Wegmesssystems mit einem vom Maschinenhersteller festgelegten Abstand zum Maschinennullpunkt.

Werkzeugträger-Bezugspunkt T
Er liegt mittig an der Anschlagfläche der Werkzeugaufnahme. Bei Fräsmaschinen ist dies die Stirnfläche der Werkzeugspindel, bei Drehmaschinen die Anschlagfläche des Werkzeughalters am Revolver.   [1] nicht genormt

Werkstücknullpunkt W
Er ist der Ursprung des Werkstück-Koordinatensystems und wird vom Programmierer nach fertigungstechnischen Gesichtspunkten festgelegt.

A

Programmaufbau

Adressbuchstaben und Sonderzeichen
vgl. DIN 66025-1 (1993-01)

Adressbuchstaben (Auswahl)

A	Drehbewegung um X-Achse	O	Frei verfügbar	%	Programmanfang, unbedingter Stopp beim Programm-Rücksetzen
B	Drehbewegung um Y-Achse	S	Spindeldrehzahl, konstante Schnittgeschwindigkeit		
C	Drehbewegung um Z-Achse				
D[1]	Werkzeugkorrekturspeicher	T	Werkzeug	(	Anmerkungsbeginn
E[1]	Zweiter Vorschub	U[1]	zweite Bewegung parallel zur X-Achse	)	Anmerkungsende
F	Vorschub				
G	Wegbedingung	V[1]	zweite Bewegung parallel zur Y-Achse	+	Plus
H	Frei verfügbar			−	Minus
I	Interpolationsparameter oder Gewindesteigung parallel zur X-Achse	W[1]	zweite Bewegung parallel zur Z-Achse	,	Komma
				.	Dezimalpunkt
J	Interpolationsparameter oder Gewindesteigung parallel zur Y-Achse	X	Bewegung in Richtung der X-Achse	/	Satzunterdrückung
				:	Hauptsatz
K	Interpolationsparameter oder Gewindesteigung parallel zur Z-Achse	Y	Bewegung in Richtung der Y-Achse	[1]	Die Bedeutung dieser Adressbuchstaben kann für einen speziellen Anwendungsfall geändert werden.
L	frei verfügbar	Z	Bewegung in Richtung der Z-Achse		
M	Zusatzfunktion				
N	Satznummer				

Aufbau des Steuerprogramms

Wortaufbau

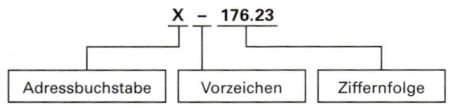

X – 176.23

Adressbuchstabe | Vorzeichen | Ziffernfolge

Ziffernfolgen ohne Vorzeichen sind positive Zahlenwerte.

Erläuterung eines Wortes (Beispiele):

X-176.23 Koordinate des Zielpunktes in negativer X-Richtung mit 176,23 mm

T0207 Werkzeug Nr. 02, Korrekturspeicher Nr. 07

L3403 Aufruf des Unterprogramms mit der Programmnummer 34, 3 Durchläufe

Satzaufbau

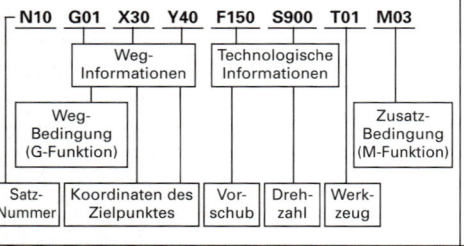

N10 G01 X30 Y40 F150 S900 T01 M03

Weg-Informationen
Technologische Informationen
Weg-Bedingung (G-Funktion)
Zusatz-Bedingung (M-Funktion)
Satz-Nummer | Koordinaten des Zielpunktes | Vor-schub | Dreh-zahl | Werk-zeug

Erläuterung der Wörter:

N10 Satznummer 10
G01 Vorschub, Geradeninterpolation
X30 Koordinate des Zielpunktes in X-Richtung
Y40 Koordinate des Zielpunktes in Y-Richtung
F150 Vorschub 150 mm/min
S900 Drehzahl der Hauptspindel 900/min
T01 Werkzeug Nr. 1
M03 Spindel im Uhrzeigersinn

Programmaufbau

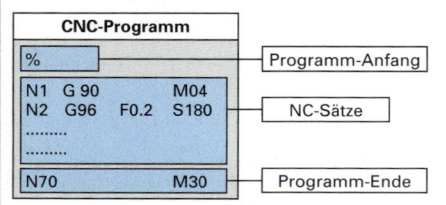

CNC-Programm

%	→ Programm-Anfang
N1 G 90 M04	
N2 G96 F0.2 S180	→ NC-Sätze
....	
....	
N70 M30	→ Programm-Ende

Beispiel:

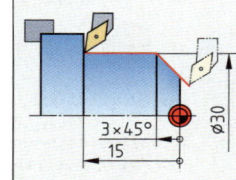

3×45°
15
ø30

CNC-Programm

```
% 01
N1 G90           M04
N2 G96  F0.2   S180
N3 G00  X20    Z2
N4 G01  X30    Z-3
N5             Z-15
N6 G00  X200   Z200
N7             M30
```

A

Wegbedingungen, Zusatzfunktionen

vgl. DIN 66025-2
(1988-09)

Wegbedingungen

Wegbe-dingung	Wirksam-keit	Bedeutung	Wegbe-dingung	Wirksam-keit	Bedeutung
G00	●	Positionieren im Eilgang	G53	●	Aufheben der Verschiebung
G01	●	Geraden-Interpolation	G54 ... ... G59	●	Verschiebung 1 ... ... Verschiebung 6
G02	●	Kreis-Interpolation rechtsdrehend			
G03	●	Kreis-Interpolation linksdrehend	G74	●	Referenzpunkt anfahren
G04	○	Verweilzeit, zeitlich vorbestimmt	G80	○	Arbeitszyklus aufheben
G09	○	Genauhalt	G81 ... ... G89	●	Arbeitszyklus 1 ... ... Arbeitszyklus 9
G17	●	Ebenenauswahl XY			
G18	●	Ebenenauswahl ZX	G90	●	Absolute Maßangaben
G19	●	Ebenenauswahl YZ	G91	●	Inkrementale Maßangaben
G33	●	Gewindeschneiden, Steigung konstant	G94	○	Vorschubgeschwindigkeit in mm/min
G40	●	Aufheben der Werkzeugkorrektur	G95	●	Vorschub in mm
G41	●	Werkzeugbahnkorrektur, links	G96	●	Konst. Schnittgeschwindigkeit
G42	●	Werkzeugbahnkorrektur, rechts	G97	●	Spindeldrehzahl in 1/min

Klassifizierung der Zusatzfunktionen

Klasse	Anwendungsbereich	Klasse	Anwendungsbereich
0	Universelle Zusatzfunktionen (für alle Klassen)	5[1]	Optimierung, Adaptive Steuerung (AC)
1	Fräsmaschinen, Bohrmaschinen Lehrenbohrwerke, Bearbeitungszentren	6	Maschinen mit Mehrfachschlitten, mehreren Spindeln und zugeordneter Handhabungsaus-rüstung
2	Drehmaschinen und -bearbeitungszentren	7	Stanz- und Nibbelmaschinen
3	Schleifmaschinen	8[1]	Ständig frei verfügbar
4	Maschinen zum Brenn-, Laser- und Wasserstrahlschneiden, Drahterodieren	9[1]	Für Erweiterungen vorbehalten

[1] Eine Festlegung in dieser Klasse wurde zum Stand der Normung als nicht sinnvoll angesehen.

Zusatzfunktionen

Zusatz-funktion	Wirksam-keit	Bedeutung	Zusatz-funktion	Wirksam-keit	Bedeutung
Universelle Zusatzfunktionen					
M00	○ ○	Programmierter Halt	M30	○ ○	Programmende mit Rücksetzen
M02	○ ○	Programmende	M48	● ○	Überlagerungen wirksam
M06	○	Werkzeugwechsel	M49	● ○	Überlagerungen unwirksam
M10	●	Klemmen	M60	○ ○	Werkstückwechsel
M11	●	Lösen			

● gespeichert[2]; ○ satzweise[3]; ○ sofort[4]; ○ später[5]

[2] Wegbedingungen oder Zusatzfunktionen, die so lange wirksam bleiben, bis sie durch eine artgleiche Bedingung oder Funktion überschrieben werden.

[3] Wegbedingungen oder Zusatzfunktionen, die nur in dem Satz wirksam sind, in dem sie programmiert sind.

[4] Die Zusatzfunktion wird zusammen mit den übrigen Angaben des Satzes wirksam.

[5] Die Zusatzfunktion wird nach der Ausführung der übrigen Angaben des Satzes wirksam.

A

Zusatzfunktionen

vgl. DIN 66025-2 (1988-09)

Zusatz-funktion	Wirksam-keit	Bedeutung	Zusatz-funktion	Wirksam-keit	Bedeutung
Zusatzfunktionen für Fräs- und Bohrmaschinen, Lehrenbohrwerke, Bearbeitungszentren (Klasse 1)					
M03	gelb ● blau ●	Spindel im Uhrzeigersinn	M19	grün ● blau ●	Definierter Spindelhalt
M04	gelb ● blau ●	Spindel im Gegenuhrzeigersinn	M34	gelb ● blau ●	Spanndruck normal
M05	grün ● blau ●	Spindel Halt	M35	gelb ● blau ●	Spanndruck reduziert
M07	gelb ● blau ●	Kühlschmiermittel 2 Ein	M40	gelb ● blau ●	Automatische Getriebeschaltung
M08	gelb ● blau ●	Kühlschmiermittel 1 Ein	M41 ... ... M45	gelb ● blau ●	Getriebestufe 1 ... ... Getriebestufe 5
M09	grün ● blau ●	Kühlschmiermittel Aus			
Zusatzfunktionen für Drehmaschinen und Dreh-Bearbeitungszentren (Klasse 2)					
M03	gelb ● blau ●	Spindel im Uhrzeigersinn	M54	gelb ● blau ●	Reitstockpinole zurück
M04	gelb ● blau ●	Spindel im Gegenuhrzeigersinn	M55	gelb ● blau ●	Reitstockpinole vor
M05	grün ● blau ●	Spindel Halt	M56	gelb ● blau ●	Reitstock mitschleppen Aus
M07	gelb ● blau ●	Kühlschmiermittel 2 Ein	M57	gelb ● blau ●	Reitstock mitschleppen Ein
M08	gelb ● blau ●	Kühlschmiermittel 1 Ein	M58	gelb ● blau ●	Konstante Spindeldrehzahl Aus
M09	grün ● blau ●	Kühlschmiermittel Aus	M59	gelb ● blau ●	Konstante Spindeldrehzahl Ein
M19	grün ● blau ●	Definierter Spindelhalt	M80	gelb ● blau ●	Lünette 1 öffnen
M34	gelb ● blau ●	Spanndruck normal	M81	gelb ● blau ●	Lünette 1 schließen
M35	gelb ● blau ●	Spanndruck reduziert	M82	gelb ● blau ●	Lünette 2 öffnen
M40	gelb ● blau ●	Automatische Getriebeschaltung	M83	gelb ● blau ●	Lünette 2 schließen
M41 ... ... M42	gelb ● blau ●	Getriebestufe 1 ... ... Getriebestufe 5	M84	gelb ● blau ●	Lünette mitschleppen Aus
			M85	gelb ● blau ●	Lünette mitschleppen Ein
Zusatzfunktionen für Maschinen zum Brenn-, Plasma-, Wasserstrahlschneiden und für Drahterodiermaschinen (Klasse 4)					
M03	grün ● blau ●	Schneiden Aus	M23	gelb ● blau ●	Linker Schrägbrenner Ein
M04	gelb ● blau ●	Schneiden Ein	M24	grün ● blau ●	Rechter Schrägbrenner Aus
M14[1]	grün ● blau ●	Höhenregulierung Aus	M25	gelb ● blau ●	Rechter Schrägbrenner Ein
M15[2]	gelb ● blau ●	Höhenregulierung Ein	M26	grün ● blau ●	Mittelbrenner Aus
M16	grün ● blau ●	Schneidkopf zurück	M27	gelb ● blau ●	Mittelbrenner Ein
M17	grün ● blau ●	Powder Marker Swirl Off	M33	grün ● blau ●	Zeitglied Eckenverzögerung
M18	grün ● blau ●	Signiereinrichtung Aus	M63	gelb ● blau ●	Hilfsgas Luft
M19	gelb ● blau ●	Signiereinrichtung Ein	M64	gelb ● blau ●	Hilfsgas Sauerstoff
M20	grün ● blau ●	Plasmabrenner Aus			
M21	gelb ● blau ●	Plasmabrenner Ein			
M22	grün ● blau ●	Linker Schrägbrenner Aus			

[1] Ausschalten der Höhenregelung und Verharren des Brenners oder Schneidkopfes in der zuletzt erreichten Position.

[2] Einschalten der Höhenregelung, Schneidkopf fährt auf vorgegebenen Abstand.

● gespeichert[3]; ● satzweise[4]; ○ sofort[5]; ● später[6]

[3] Zusatzfunktionen, die so lange wirksam bleiben, bis sie durch eine artgleiche Funktion überschrieben werden.

[4] Zusatzfunktionen, die nur in dem Satz wirksam sind, in dem sie programmiert sind.

[5] Die Zusatzfunktion wird zusammen mit den übrigen Angaben des Satzes wirksam.

[6] Die Zusatzfunktion wird nach der Ausführung der übrigen Angaben des Satzes wirksam.

A

Werkzeug- und Bahnkorrekturen

Drehen	Fräsen

Werkzeugkorrekturen

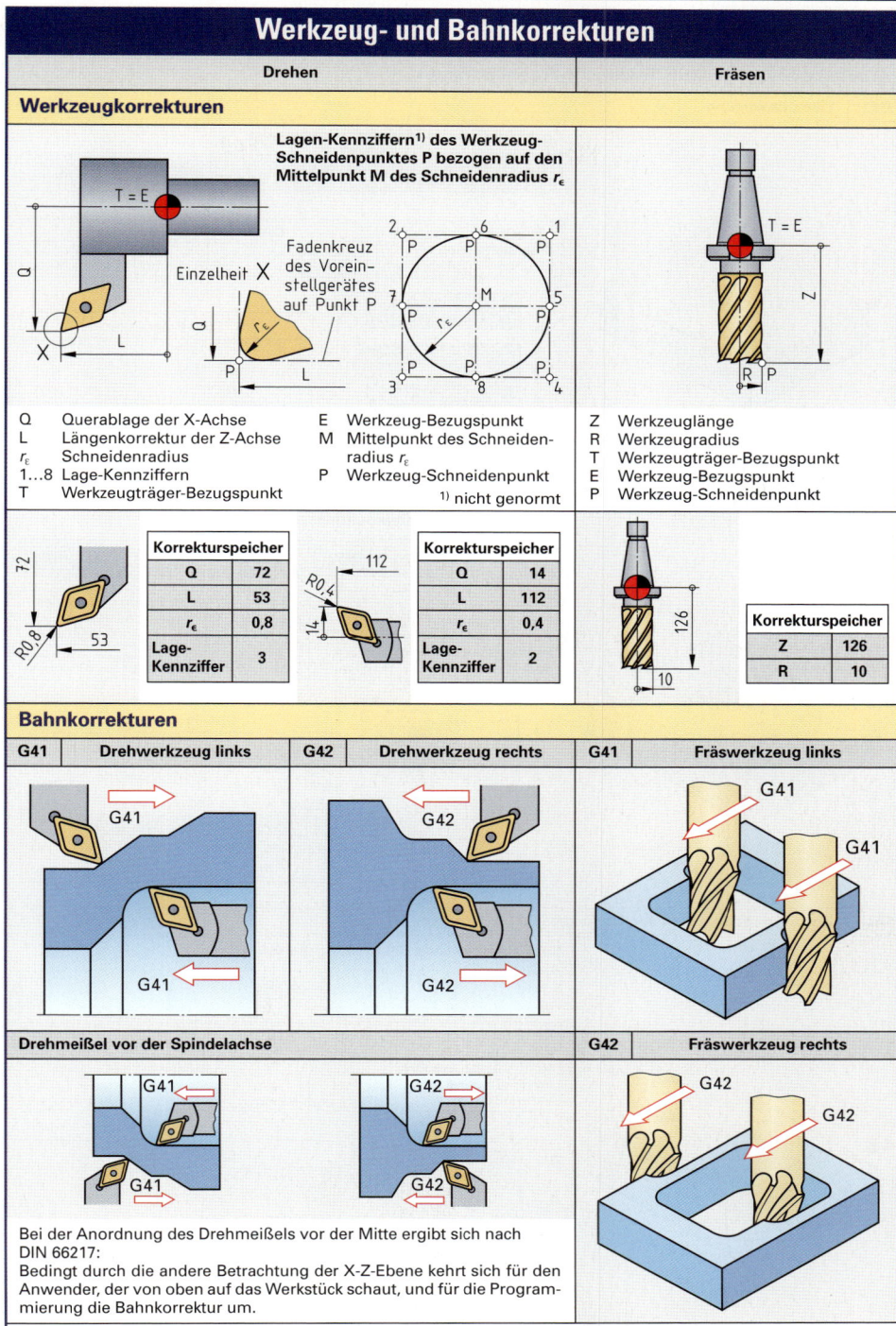

Lagen-Kennziffern[1]) des Werkzeug-Schneidenpunktes P bezogen auf den Mittelpunkt M des Schneidenradius r_ϵ

Einzelheit X

Fadenkreuz des Vorein-stellgerätes auf Punkt P

Q	Querablage der X-Achse	
L	Längenkorrektur der Z-Achse	
r_ϵ	Schneidenradius	
1...8	Lage-Kennziffern	
T	Werkzeugträger-Bezugspunkt	

E	Werkzeug-Bezugspunkt
M	Mittelpunkt des Schneiden-radius r_ϵ
P	Werkzeug-Schneidenpunkt

[1]) nicht genormt

Z	Werkzeuglänge
R	Werkzeugradius
T	Werkzeugträger-Bezugspunkt
E	Werkzeug-Bezugspunkt
P	Werkzeug-Schneidenpunkt

Korrekturspeicher

Q	72
L	53
r_ϵ	0,8
Lage-Kennziffer	3

Korrekturspeicher

Q	14
L	112
r_ϵ	0,4
Lage-Kennziffer	2

Korrekturspeicher

Z	126
R	10

Bahnkorrekturen

G41	Drehwerkzeug links	G42	Drehwerkzeug rechts	G41	Fräswerkzeug links

Drehmeißel vor der Spindelachse		G42	Fräswerkzeug rechts

Bei der Anordnung des Drehmeißels vor der Mitte ergibt sich nach DIN 66217:
Bedingt durch die andere Betrachtung der X-Z-Ebene kehrt sich für den Anwender, der von oben auf das Werkstück schaut, und für die Programmierung die Bahnkorrektur um.

Die Bahnkorrekturen G41 und G42 werden mit der Funktion G40 wieder abgewählt.

A

Programmaufbau bei CNC-Maschinen nach DIN

Arbeitsbewegungen bei Senkrecht-Fräsmaschinen　　　vgl. DIN 66025-2 (1983-01)

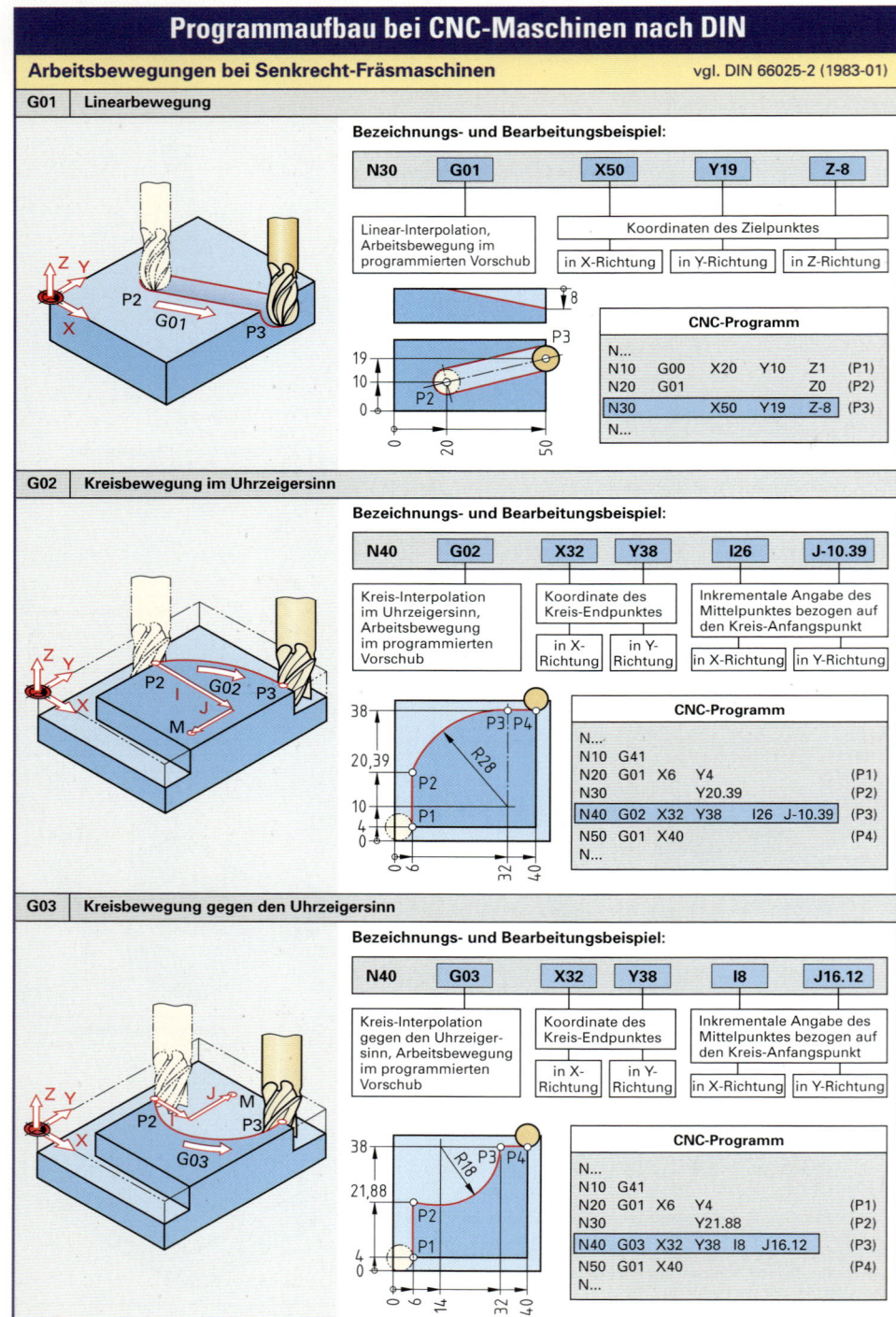

G01　Linearbewegung

Bezeichnungs- und Bearbeitungsbeispiel:

N30	G01	X50	Y19	Z-8

Linear-Interpolation, Arbeitsbewegung im programmierten Vorschub

Koordinaten des Zielpunktes

in X-Richtung　in Y-Richtung　in Z-Richtung

CNC-Programm

N...				
N10	G00	X20	Y10	Z1	(P1)
N20	G01			Z0	(P2)
N30		X50	Y19	Z-8	(P3)
N...				

G02　Kreisbewegung im Uhrzeigersinn

Bezeichnungs- und Bearbeitungsbeispiel:

N40	G02	X32	Y38	I26	J-10.39

Kreis-Interpolation im Uhrzeigersinn, Arbeitsbewegung im programmierten Vorschub

Koordinate des Kreis-Endpunktes

in X-Richtung　in Y-Richtung

Inkrementale Angabe des Mittelpunktes bezogen auf den Kreis-Anfangspunkt

in X-Richtung　in Y-Richtung

CNC-Programm

N...					
N10	G41				
N20	G01	X6	Y4		(P1)
N30			Y20.39		(P2)
N40	G02	X32	Y38	I26	J-10.39	(P3)
N50	G01	X40			(P4)
N...					

G03　Kreisbewegung gegen den Uhrzeigersinn

Bezeichnungs- und Bearbeitungsbeispiel:

N40	G03	X32	Y38	I8	J16.12

Kreis-Interpolation gegen den Uhrzeigersinn, Arbeitsbewegung im programmierten Vorschub

Koordinate des Kreis-Endpunktes

in X-Richtung　in Y-Richtung

Inkrementale Angabe des Mittelpunktes bezogen auf den Kreis-Anfangspunkt

in X-Richtung　in Y-Richtung

CNC-Programm

N...					
N10	G41				
N20	G01	X6	Y4		(P1)
N30			Y21.88		(P2)
N40	G03	X32	Y38	I8	J16.12	(P3)
N50	G01	X40			(P4)
N...					

A

Programmaufbau bei CNC-Maschinen nach DIN

Arbeitsbewegungen bei Drehmaschinen   vgl. DIN 66025-2 (1983-01)

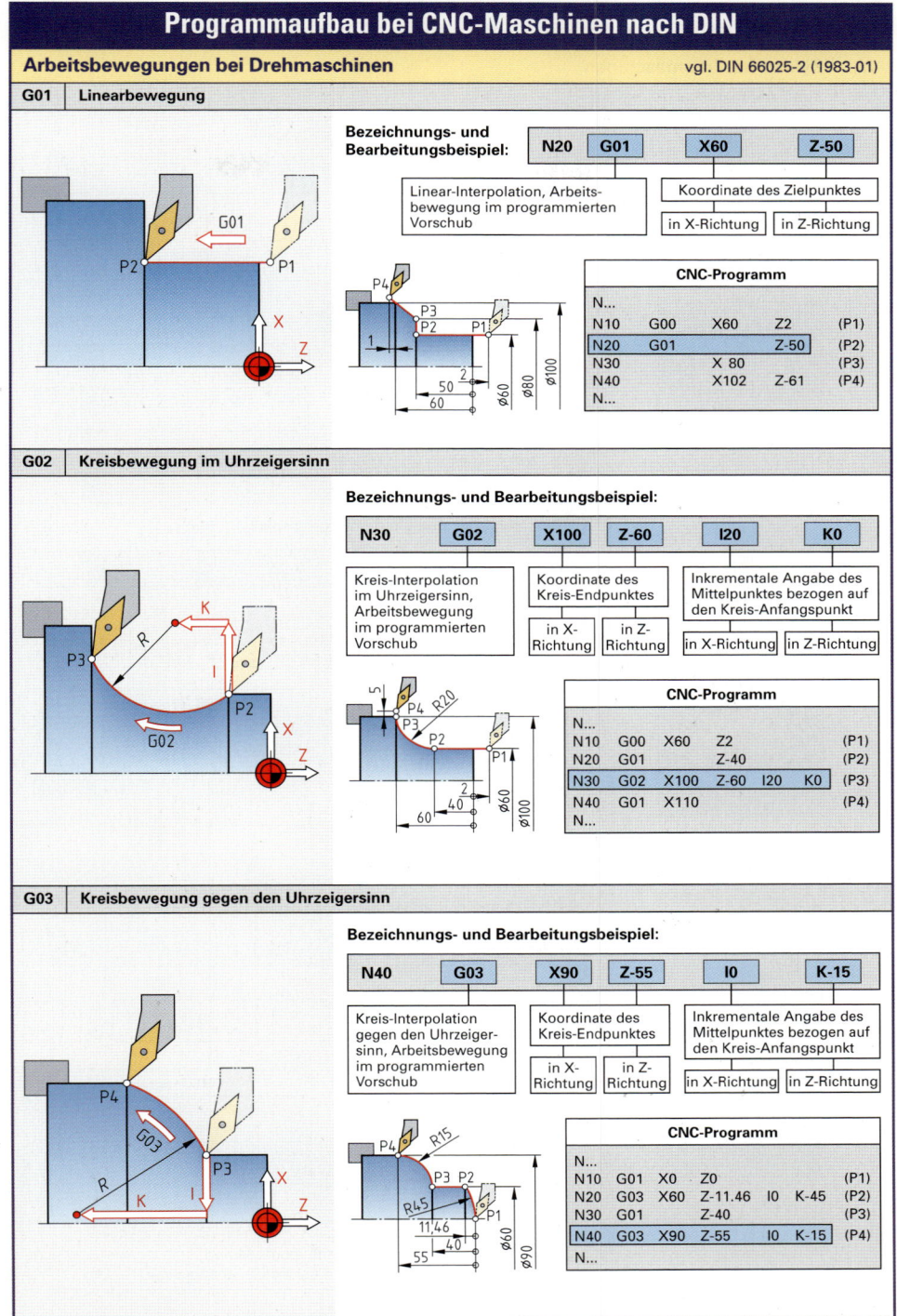

G01 | **Linearbewegung**

Bezeichnungs- und Bearbeitungsbeispiel:

| N20 | G01 | X60 | Z-50 |

Linear-Interpolation, Arbeitsbewegung im programmierten Vorschub

Koordinate des Zielpunktes — in X-Richtung | in Z-Richtung

CNC-Programm

N...			
N10	G00	X60	Z2	(P1)
N20	G01		Z-50	(P2)
N30		X 80		(P3)
N40		X102	Z-61	(P4)
N...			

G02 | **Kreisbewegung im Uhrzeigersinn**

Bezeichnungs- und Bearbeitungsbeispiel:

| N30 | G02 | X100 | Z-60 | I20 | K0 |

Kreis-Interpolation im Uhrzeigersinn, Arbeitsbewegung im programmierten Vorschub

Koordinate des Kreis-Endpunktes — in X-Richtung | in Z-Richtung

Inkrementale Angabe des Mittelpunktes bezogen auf den Kreis-Anfangspunkt — in X-Richtung | in Z-Richtung

CNC-Programm

N...					
N10	G00	X60	Z2		(P1)
N20	G01		Z-40		(P2)
N30	G02	X100	Z-60	I20	K0	(P3)
N40	G01	X110			(P4)
N...					

G03 | **Kreisbewegung gegen den Uhrzeigersinn**

Bezeichnungs- und Bearbeitungsbeispiel:

| N40 | G03 | X90 | Z-55 | I0 | K-15 |

Kreis-Interpolation gegen den Uhrzeigersinn, Arbeitsbewegung im programmierten Vorschub

Koordinate des Kreis-Endpunktes — in X-Richtung | in Z-Richtung

Inkrementale Angabe des Mittelpunktes bezogen auf den Kreis-Anfangspunkt — in X-Richtung | in Z-Richtung

CNC-Programm

N...					
N10	G01	X0	Z0		(P1)
N20	G03	X60	Z-11.46	I0	K-45	(P2)
N30	G01		Z-40		(P3)
N40	G03	X90	Z-55	I0	K-15	(P4)
N...					

A

Programmaufbau bei CNC-Maschinen nach PAL

PAL[1]-Zyklen bei Fräsmaschinen

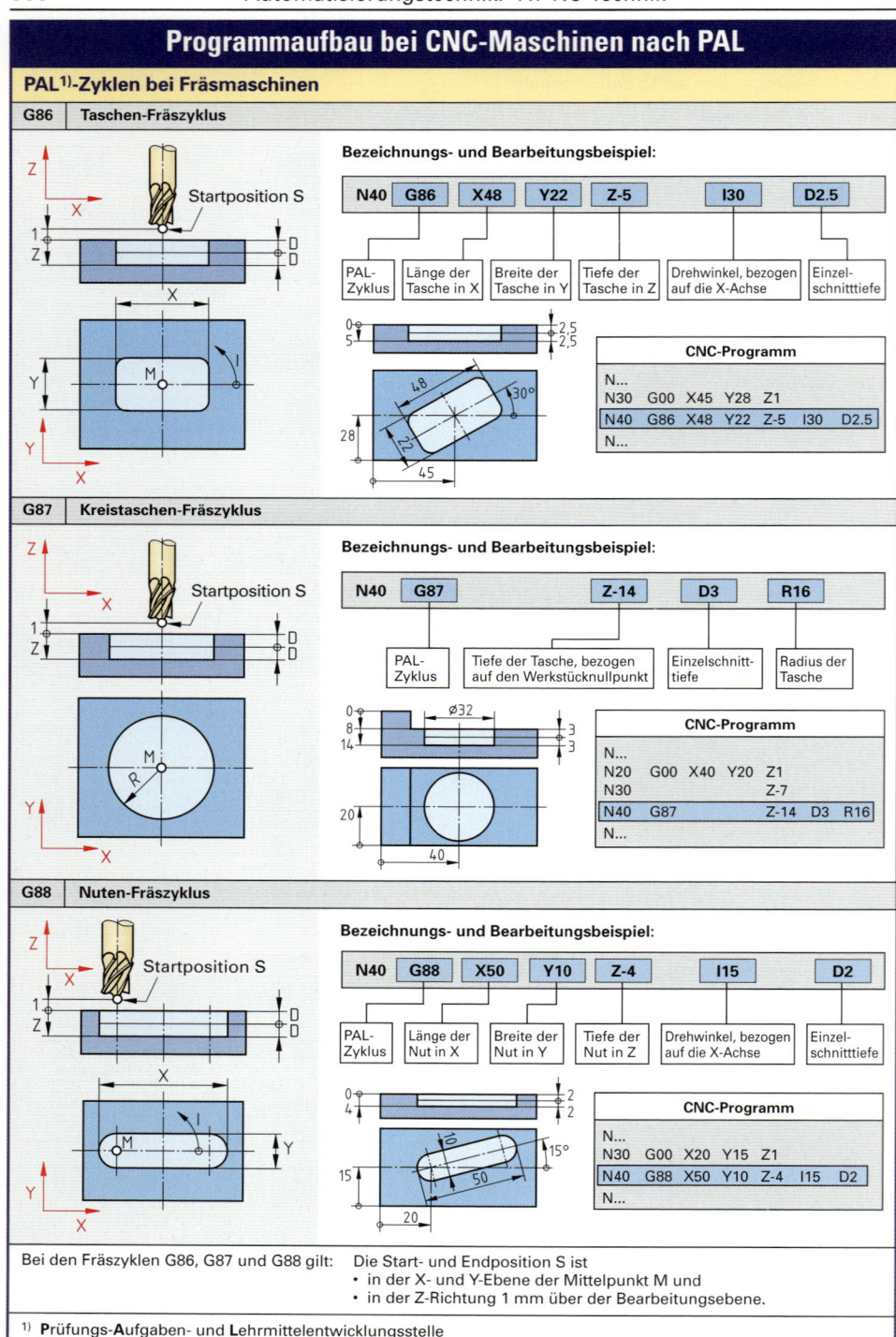

G86 Taschen-Fräszyklus

Bezeichnungs- und Bearbeitungsbeispiel:

| N40 | G86 | X48 | Y22 | Z-5 | I30 | D2.5 |

| PAL-Zyklus | Länge der Tasche in X | Breite der Tasche in Y | Tiefe der Tasche in Z | Drehwinkel, bezogen auf die X-Achse | Einzel-schnitttiefe |

CNC-Programm

```
N...
N30   G00  X45  Y28  Z1
N40   G86  X48  Y22  Z-5  I30  D2.5
N...
```

G87 Kreistaschen-Fräszyklus

Bezeichnungs- und Bearbeitungsbeispiel:

| N40 | G87 | Z-14 | D3 | R16 |

| PAL-Zyklus | Tiefe der Tasche, bezogen auf den Werkstücknullpunkt | Einzelschnitt-tiefe | Radius der Tasche |

CNC-Programm

```
N...
N20   G00  X40  Y20  Z1
N30              Z-7
N40   G87        Z-14  D3  R16
N...
```

G88 Nuten-Fräszyklus

Bezeichnungs- und Bearbeitungsbeispiel:

| N40 | G88 | X50 | Y10 | Z-4 | I15 | D2 |

| PAL-Zyklus | Länge der Nut in X | Breite der Nut in Y | Tiefe der Nut in Z | Drehwinkel, bezogen auf die X-Achse | Einzel-schnitttiefe |

CNC-Programm

```
N...
N30   G00  X20  Y15  Z1
N40   G88  X50  Y10  Z-4  I15  D2
N...
```

A

Bei den Fräszyklen G86, G87 und G88 gilt: Die Start- und Endposition S ist
- in der X- und Y-Ebene der Mittelpunkt M und
- in der Z-Richtung 1 mm über der Bearbeitungsebene.

[1] **P**rüfungs-**A**ufgaben- und **L**ehrmittelentwicklungsstelle

Programmaufbau bei CNC-Maschinen nach PAL

PAL-Zyklen bei Fräsmaschinen

G85 | Teilkreis-Bohrzyklus

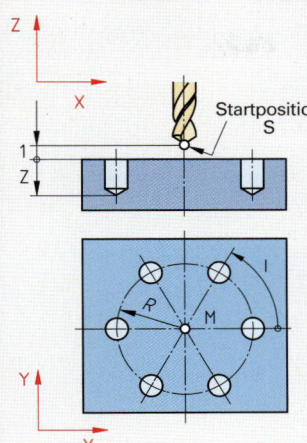

Der PAL-Zyklus G85 erlaubt nur Bohrungen, die gleichmäßig auf dem Teilkreis verteilt sind.

Bezeichnungs- und Bearbeitungsbeispiel: Zentrierungen setzen mit NC-Anbohrer:

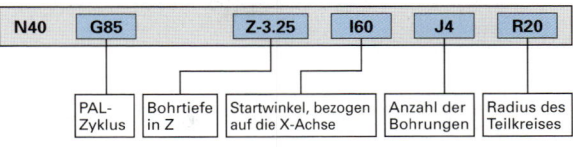

N40	G85	Z-3.25	I60	J4	R20
	PAL-Zyklus	Bohrtiefe in Z	Startwinkel, bezogen auf die X-Achse	Anzahl der Bohrungen	Radius des Teilkreises

Die Start- und Endposition S ist
- in der X- und Y-Ebene der Mittelpunkt M und
- in der Z-Richtung 1 mm über der Bearbeitungsebene.

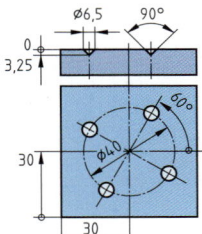

CNC-Programm

N...					
N30	G00 X30 Y30	Z1 F100		S1450	M03
N40	G85	Z-3.25	I60	J4	R20
N...					

G89 | Teilkreis-Gewindebohrzyklus

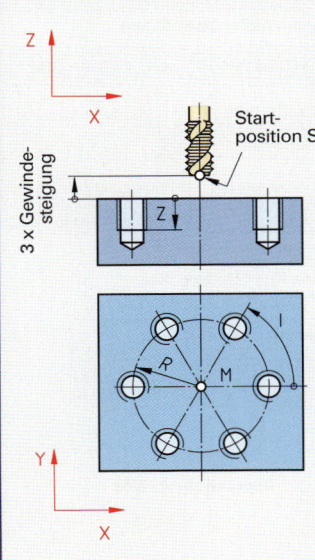

Der PAL-Zyklus G89 erlaubt nur Bohrungen, die gleichmäßig auf dem Teilkreis verteilt sind.

Für Einzelgewinde sind R und I mit 0 und J mit 1 anzugeben.

Bezeichnungs- und Bearbeitungsbeispiel: Zentrieren, Bohren, Gewindebohren M8:

| N32 | | Z3.75 | | | 3 x Gewindesteigung | |

N34	G89	Z-15	I30	J6	F1.25	R25
	PAL-Zyklus	Nutzbare Gewindetiefe in Z	Startwinkel, bezogen auf die X-Achse	Anzahl der Bohrungen	Gewindesteigung (P)	Radius des Teilkreises

Die Start- und Endposition S ist
- in der X- und Y-Ebene der Mittelpunkt M und
- in der Z-Richtung 3 x Gewindesteigung über der Bearbeitungsebene.

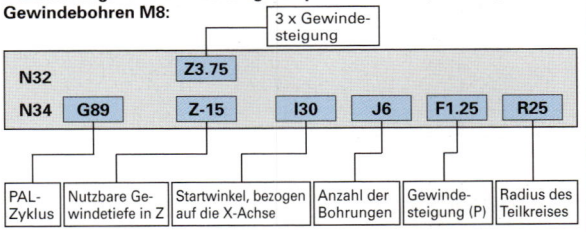

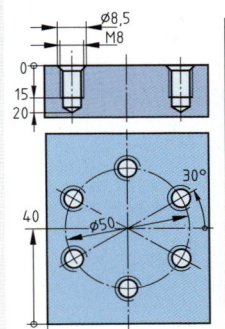

CNC-Programm

N...	(Zentrieren und Senken)				
N12	G00 X32 Y40		F100		S1150
N14		Z1			
N16	G85	Z-4.25	I30	J6	R25
:	(Bohren der Kernlochbohrungen ⌀ 6,8)				
N20	G00 X32 Y40		F150		S1400
N22		Z1			
N24	G85	Z-20	I30	J6	R25
:	(Gewindebohren M8)				
N30	G00 X32 Y40				S390
N32		Z3.75			
N34	G89	Z-15	I30	J6	F1.25 R25
:					

A

Programmaufbau bei CNC-Maschinen nach PAL

PAL-Zyklen bei Drehmaschinen

G81	Abspanzyklus längs, Zustellung in X

Außenbearbeitung

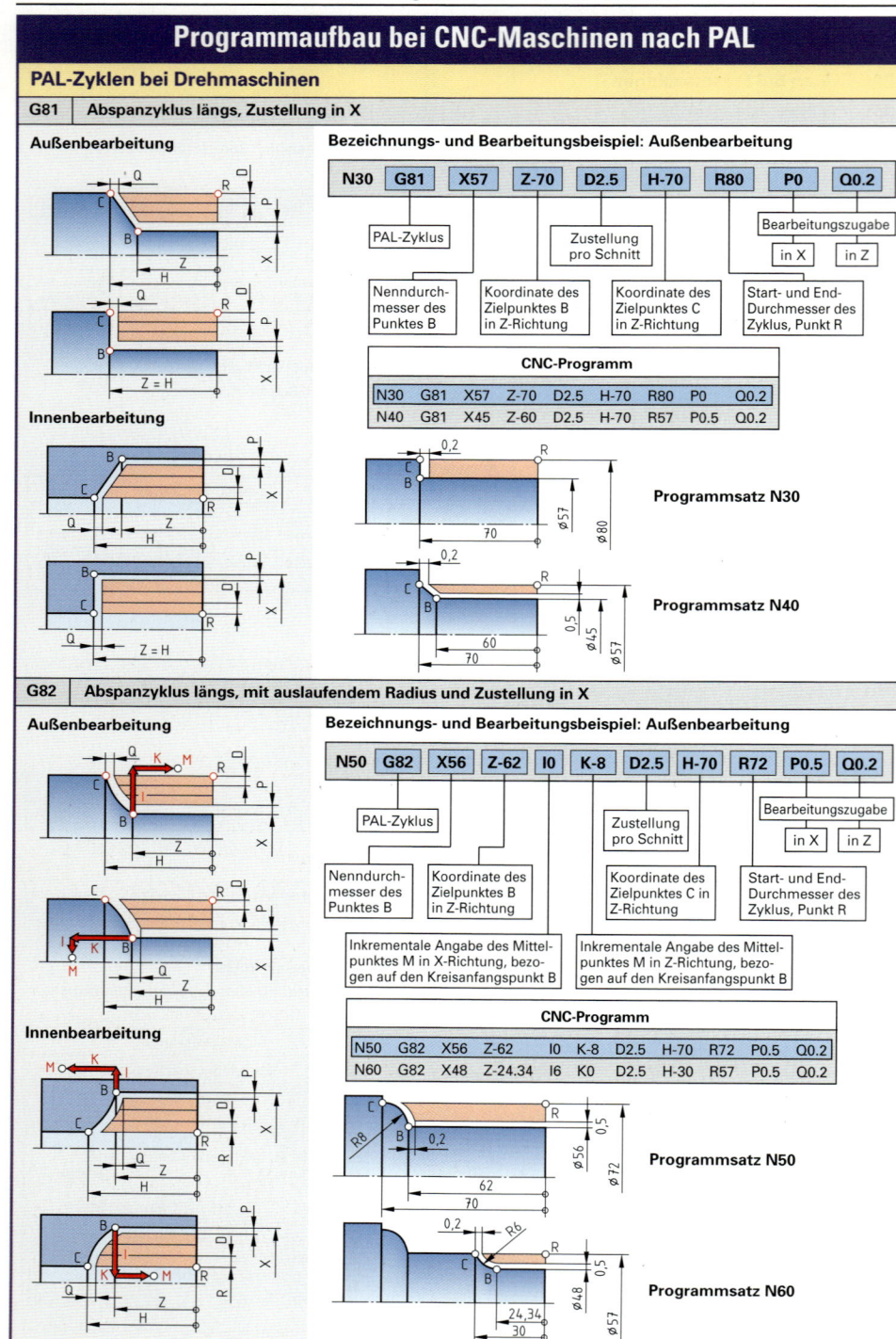

Bezeichnungs- und Bearbeitungsbeispiel: Außenbearbeitung

N30	G81	X57	Z-70	D2.5	H-70	R80	P0	Q0.2

- PAL-Zyklus
- Nenndurchmesser des Punktes B
- Koordinate des Zielpunktes B in Z-Richtung
- Zustellung pro Schnitt
- Koordinate des Zielpunktes C in Z-Richtung
- Start- und End-Durchmesser des Zyklus, Punkt R
- Bearbeitungszugabe in X / in Z

CNC-Programm

| N30 | G81 | X57 | Z-70 | D2.5 | H-70 | R80 | P0 | Q0.2 |
| N40 | G81 | X45 | Z-60 | D2.5 | H-70 | R57 | P0.5 | Q0.2 |

Programmsatz N30

Programmsatz N40

Innenbearbeitung

G82	Abspanzyklus längs, mit auslaufendem Radius und Zustellung in X

Außenbearbeitung

Bezeichnungs- und Bearbeitungsbeispiel: Außenbearbeitung

N50	G82	X56	Z-62	I0	K-8	D2.5	H-70	R72	P0.5	Q0.2

- PAL-Zyklus
- Nenndurchmesser des Punktes B
- Koordinate des Zielpunktes B in Z-Richtung
- Inkrementale Angabe des Mittelpunktes M in X-Richtung, bezogen auf den Kreisanfangspunkt B
- Inkrementale Angabe des Mittelpunktes M in Z-Richtung, bezogen auf den Kreisanfangspunkt B
- Zustellung pro Schnitt
- Koordinate des Zielpunktes C in Z-Richtung
- Start- und End-Durchmesser des Zyklus, Punkt R
- Bearbeitungszugabe in X / in Z

CNC-Programm

| N50 | G82 | X56 | Z-62 | I0 | K-8 | D2.5 | H-70 | R72 | P0.5 | Q0.2 |
| N60 | G82 | X48 | Z-24.34 | I6 | K0 | D2.5 | H-30 | R57 | P0.5 | Q0.2 |

Programmsatz N50

Innenbearbeitung

Programmsatz N60

A

Programmaufbau bei CNC-Maschinen nach PAL

PAL-Zyklen bei Drehmaschinen

G83	Gewindezyklus längs, Zustellung in X

Außengewinde

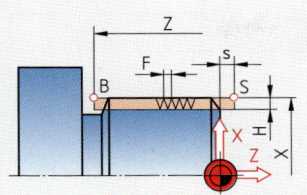

Bezeichnungsbeispiel:

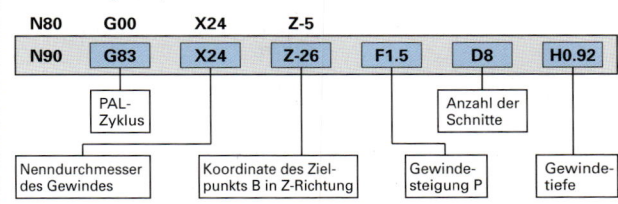

N80	G00	X24	Z-5

| N90 | G83 | X24 | Z-26 | F1.5 | D8 | H0.92 |

- G83 → PAL-Zyklus
- X24 → Nenndurchmesser des Gewindes
- Z-26 → Koordinate des Zielpunkts B in Z-Richtung
- D8 → Anzahl der Schnitte
- F1.5 → Gewindesteigung P
- H0.92 → Gewindetiefe

Innengewinde

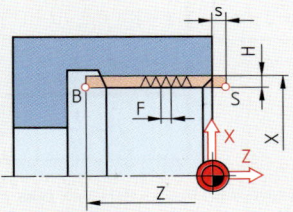

Beim Gewindezyklus G83 nach PAL werden die Koordinaten des Start- und Endpunktes S im vorangegangenen Satz angegeben.

P   Steigung
H   Gewindetiefe
K   Maschinenkenngröße
a   Schnitttiefe
s   Anlaufweg
n   Drehzahl
d   Nenndurchmesser
i   Anzahl der Schnitte
s   Anlaufweg
n   Drehzahl

Gewindetiefe für Metrische ISO-Gewinde

Innengewinde

$$H = 0,5413 \cdot P$$

Außengewinde

$$H = 0,6134 \cdot P$$

Anzahl der Schnitte *i*

$$i = \frac{H}{a}$$

Anlaufweg *s*

$$s = \frac{P \cdot n}{K}$$

Diagramm zum Anlaufweg *s*

Zugrunde liegt die Maschinenkenngröße $K = 333$ min^{-1}.

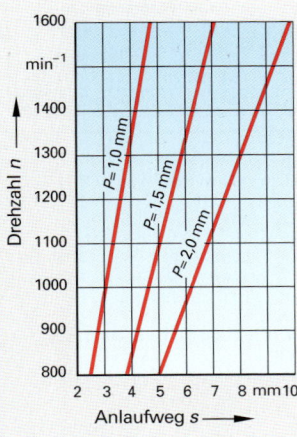

Der Anlaufweg *s* wird bestimmt von der:

- Steigung *P*
- Drehzahl *n* und
- Maschinengröße *K*

Die Maschinenkenngröße *K* berücksichtigt die Masse des Revolverschlittens, der abgebremst und beschleunigt werden muss. Sie ist bei jeder Maschine verschieden und wird durch Versuche ermittelt.

Beispiel: Außengewinde M24 x 1,5, $K = 333$ min^{-1}

$H = 0,6134 \cdot 1,5$ mm $= 0,92$ mm   => CNC-Wort für den Satz N90: **H0.92**

$i = \dfrac{0,92 \text{ mm}}{0,12 \text{ mm}} = 7,66$ => gewählt: 8 Schnitte

=> CNC-Wort für den Satz N90: **D8**

$s = \dfrac{1,5 \text{ mm} \cdot 1500 \text{ min}^{-1}}{333 \text{ min}^{-1}} = 6,75$ mm   oder gewählt aus Diagramm: $s = 7$ mm

Z-Koordinate des Start- und Endpunktes S: Z-Koordinate des Gewindeanfangs + Anlaufweg *s*

$Z = -12$ mm $+ 7$ mm $= -5$ mm   => CNC-Wort für den Satz N80: **Z-5**

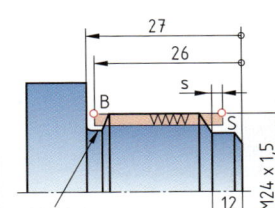

DIN 76-A

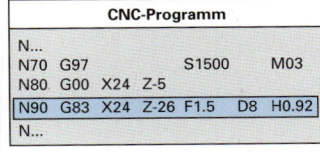

CNC-Programm

```
N...
N70  G97                S1500      M03
N80  G00  X24  Z-5
N90  G83  X24  Z-26  F1.5  D8  H0.92
N...
```

A

Programmaufbau bei CNC-Maschinen nach PAL

PAL-Zyklen bei Drehmaschinen

G84	Bohrzyklus mit Spanentleerung

Bezeichnungs- und Bearbeitungsbeispiel: Bohrzyklus:

N30   G00   X0   Z12

| N40 | G84 | Z-70 | F0.05 | D-48 | H2 |

PAL-Zyklus

Bohrtiefe bezogen auf den Werkstücknullpunkt — Vorschub — Erste Bohrtiefe (inkremental) — Anzahl der Spanentleerungen

Beim Bohrzyklus G84 nach PAL werden die Koordinaten des Start- und Endpunktes S im vorangegangenen Satz angegeben.

Z   Gesamt-Bohrtiefe
D   Erste Bohrtiefe
H   Anzahl der Spanentleerungen
d   Bohrerdurchmesser
t   Rest-Bohrtiefe

Erste Bohrtiefe
$$D = 2 \cdot d$$

Rest-Bohrtiefe
$$t = Z + 0,5 \cdot d - D$$

Anzahl der Spanentleerungen
$$H = \frac{t}{d}$$

Beispiel:

$D = 2 \cdot 24\ mm = 48\ mm$ => CNC-Wort für den Satz N40: **D-48**

$t = 70\ mm + 0,5 \cdot 24\ mm - 48\ mm = 34\ mm$

$H = \dfrac{34\ mm}{24\ mm} = 1,4$; gewählt 2 => CNC-Wort für den Satz N40: **H2**

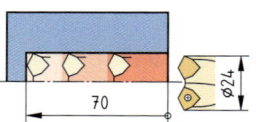

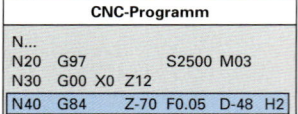

Die erste Bohrtiefe D beträgt 2 x Bohrerdurchmesser und wird, bezogen auf den Start- und Endpunkt, inkremental angegeben.

Alle weiteren Bohrtiefen, außer der letzten, entsprechen dem Bohrerdurchmesser d. Die letzte Bohrtiefe wird von der CNC-Steuerung berechnet.

CNC-Programm		
N...		
N20 G97		S2500 M03
N30 G00 X0 Z12		
N40 G84	Z-70 F0.05 D-48 H2	

Bearbeitungsbeispiel zum Drehen

Verwendete Drehwerkzeuge		
Seitendrehmeißel $r_\varepsilon = 0,8$	T0707	
Seitendrehmeißel $r_\varepsilon = 0,4$	T0909	
Gewindedrehmeißel	T1111	

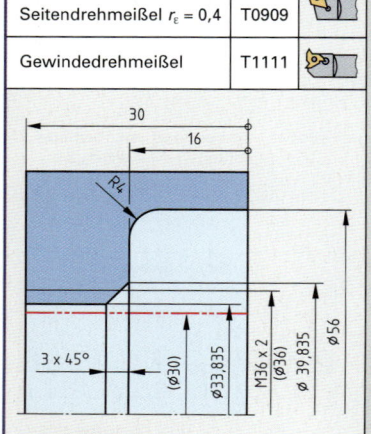

Vorgebohrt mit Wendeplattenbohrer Ø 30

N...				(Vordrehen mit Seitendrehmeißel T0707)		
N20				T0707		
N30	G96	G41		F0.2	S180	M04
N40	G00	X30	Z1			
N50	G81	X48	Z-16	D1.5	H-16	R30 P0.5 Q0.1
N60	G82	X56	Z-12 I-4	K0 D1.5	H-16	R48 P0.5 Q0.1
N...						

N...				(Fertigdrehen mit Seitendrehmeißel T0909)		
N120				T0909		
N130	G96	G41		F0.1	S240	M04
N140	G00	X56	Z1			
N150	G01		Z-12			
N160	G03	X48	Z-16 I-4	K0		
N170	G01	X39.835				
N180		X33.835	Z-19			
N190			Z-32			
N...						

N...				(Gewindedrehen mit Gewindedrehmeißel T1111)		
N220				T1111		
N230	G97			S800	M03	
N240	G00	X33.835				
N250			Z-11			
N260	G83	X36	Z-36	F2	D9	H1.083
N...						
N...				M30		

Zahlensysteme

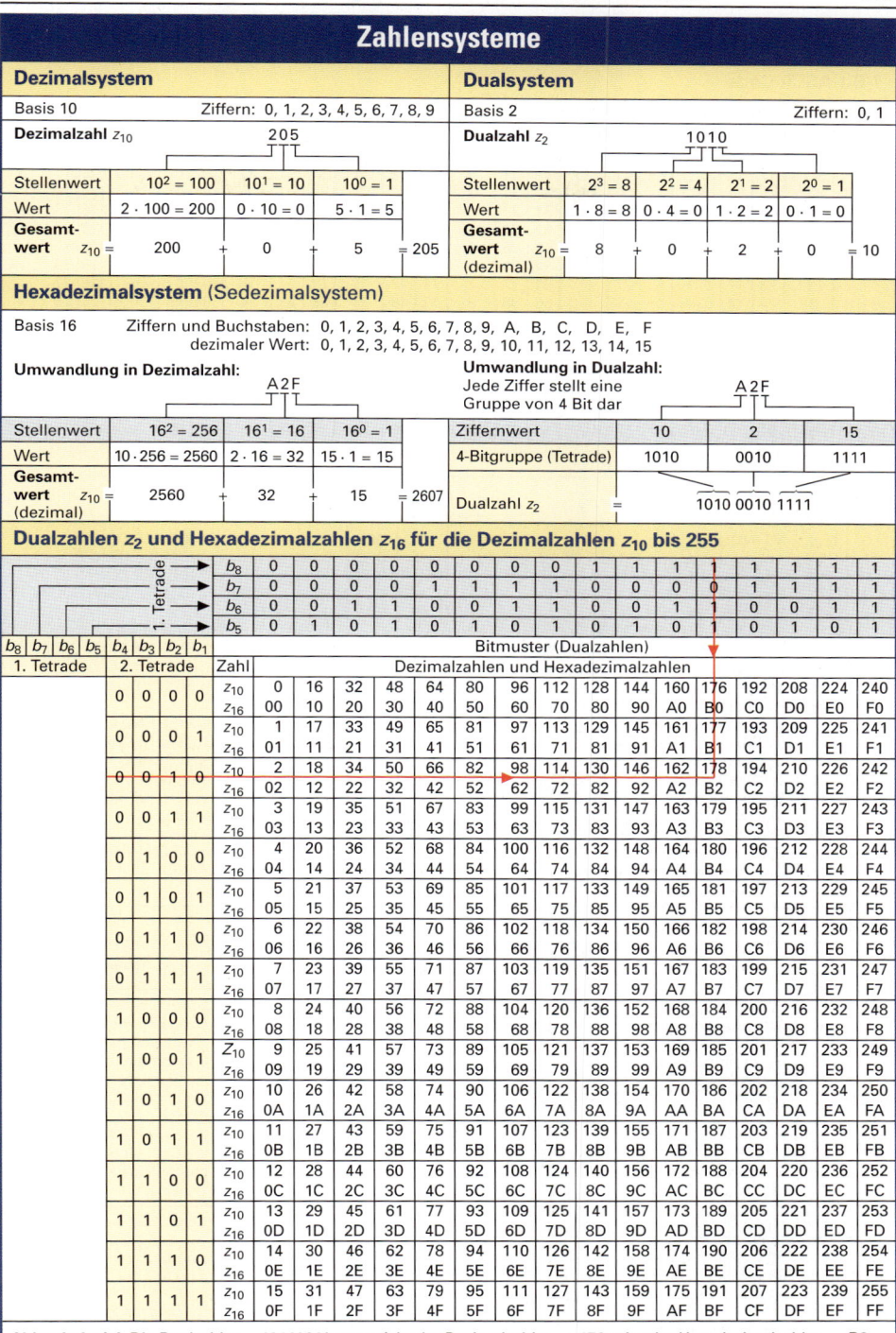

Dezimalsystem

Basis 10   Ziffern: 0, 1, 2, 3, 4, 5, 6, 7, 8, 9

Dezimalzahl z_{10} 205

Stellenwert	$10^2 = 100$	$10^1 = 10$	$10^0 = 1$
Wert	$2 \cdot 100 = 200$	$0 \cdot 10 = 0$	$5 \cdot 1 = 5$
Gesamt-wert $z_{10} =$	200 +	0 +	5 = 205

Dualsystem

Basis 2   Ziffern: 0, 1

Dualzahl z_2 1010

Stellenwert	$2^3 = 8$	$2^2 = 4$	$2^1 = 2$	$2^0 = 1$
Wert	$1 \cdot 8 = 8$	$0 \cdot 4 = 0$	$1 \cdot 2 = 2$	$0 \cdot 1 = 0$
Gesamt-wert $z_{10} =$ (dezimal)	8 +	0 +	2 +	0 = 10

Hexadezimalsystem (Sedezimalsystem)

Basis 16   Ziffern und Buchstaben: 0, 1, 2, 3, 4, 5, 6, 7, 8, 9, A, B, C, D, E, F
                   dezimaler Wert: 0, 1, 2, 3, 4, 5, 6, 7, 8, 9, 10, 11, 12, 13, 14, 15

Umwandlung in Dezimalzahl: A2F

Stellenwert	$16^2 = 256$	$16^1 = 16$	$16^0 = 1$
Wert	$10 \cdot 256 = 2560$	$2 \cdot 16 = 32$	$15 \cdot 1 = 15$
Gesamt-wert $z_{10} =$ (dezimal)	2560 +	32 +	15 = 2607

Umwandlung in Dualzahl:
Jede Ziffer stellt eine
Gruppe von 4 Bit dar   A2F

Ziffernwert	10	2	15
4-Bitgruppe (Tetrade)	1010	0010	1111
Dualzahl z_2 =	1010	0010	1111

Dualzahlen z_2 und Hexadezimalzahlen z_{16} für die Dezimalzahlen z_{10} bis 255

b_8	0	0	0	0	0	0	0	0	1	1	1	1	1	1	1	1
b_7	0	0	0	0	1	1	1	1	0	0	0	0	1	1	1	1
b_6	0	0	1	1	0	0	1	1	0	0	1	1	0	0	1	1
b_5	0	1	0	1	0	1	0	1	0	1	0	1	0	1	0	1

b_8	b_7	b_6	b_5	b_4	b_3	b_2	b_1	Zahl							Bitmuster (Dualzahlen)							
1. Tetrade				2. Tetrade									Dezimalzahlen und Hexadezimalzahlen									
				0	0	0	0	z_{10}	0	16	32	48	64	80	96	112	128	144	160	176	192	208	224	240
								z_{16}	00	10	20	30	40	50	60	70	80	90	A0	B0	C0	D0	E0	F0
				0	0	0	1	z_{10}	1	17	33	49	65	81	97	113	129	145	161	177	193	209	225	241
								z_{16}	01	11	21	31	41	51	61	71	81	91	A1	B1	C1	D1	E1	F1
				0	0	1	0	z_{10}	2	18	34	50	66	82	98	114	130	146	162	178	194	210	226	242
								z_{16}	02	12	22	32	42	52	62	72	82	92	A2	B2	C2	D2	E2	F2
				0	0	1	1	z_{10}	3	19	35	51	67	83	99	115	131	147	163	179	195	211	227	243
								z_{16}	03	13	23	33	43	53	63	73	83	93	A3	B3	C3	D3	E3	F3
				0	1	0	0	z_{10}	4	20	36	52	68	84	100	116	132	148	164	180	196	212	228	244
								z_{16}	04	14	24	34	44	54	64	74	84	94	A4	B4	C4	D4	E4	F4
				0	1	0	1	z_{10}	5	21	37	53	69	85	101	117	133	149	165	181	197	213	229	245
								z_{16}	05	15	25	35	45	55	65	75	85	95	A5	B5	C5	D5	E5	F5
				0	1	1	0	z_{10}	6	22	38	54	70	86	102	118	134	150	166	182	198	214	230	246
								z_{16}	06	16	26	36	46	56	66	76	86	96	A6	B6	C6	D6	E6	F6
				0	1	1	1	z_{10}	7	23	39	55	71	87	103	119	135	151	167	183	199	215	231	247
								z_{16}	07	17	27	37	47	57	67	77	87	97	A7	B7	C7	D7	E7	F7
				1	0	0	0	z_{10}	8	24	40	56	72	88	104	120	136	152	168	184	200	216	232	248
								z_{16}	08	18	28	38	48	58	68	78	88	98	A8	B8	C8	D8	E8	F8
				1	0	0	1	Z_{10}	9	25	41	57	73	89	105	121	137	153	169	185	201	217	233	249
								z_{16}	09	19	29	39	49	59	69	79	89	99	A9	B9	C9	D9	E9	F9
				1	0	1	0	z_{10}	10	26	42	58	74	90	106	122	138	154	170	186	202	218	234	250
								z_{16}	0A	1A	2A	3A	4A	5A	6A	7A	8A	9A	AA	BA	CA	DA	EA	FA
				1	0	1	1	z_{10}	11	27	43	59	75	91	107	123	139	155	171	187	203	219	235	251
								z_{16}	0B	1B	2B	3B	4B	5B	6B	7B	8B	9B	AB	BB	CB	DB	EB	FB
				1	1	0	0	z_{10}	12	28	44	60	76	92	108	124	140	156	172	188	204	220	236	252
								z_{16}	0C	1C	2C	3C	4C	5C	6C	7C	8C	9C	AC	BC	CC	DC	EC	FC
				1	1	0	1	z_{10}	13	29	45	61	77	93	109	125	141	157	173	189	205	221	237	253
								z_{16}	0D	1D	2D	3D	4D	5D	6D	7D	8D	9D	AD	BD	CD	DD	ED	FD
				1	1	1	0	z_{10}	14	30	46	62	78	94	110	126	142	158	174	190	206	222	238	254
								z_{16}	0E	1E	2E	3E	4E	5E	6E	7E	8E	9E	AE	BE	CE	DE	EE	FE
				1	1	1	1	z_{10}	15	31	47	63	79	95	111	127	143	159	175	191	207	223	239	255
								z_{16}	0F	1F	2F	3F	4F	5F	6F	7F	8F	9F	AF	BF	CF	DF	EF	FF

Ablesebeispiel: Die Dualzahl z_2 = **10110010** entspricht der Dezimalzahl z_{10} = **178** oder der Hexadezimalzahl z_{16} = **B2**.

A

ASCII-Zeichensatz[1]

7-Bit-ASCII-Code

Code z_{10}	Code z_{16}	Zeichen	Code z_{10}	Code z_{16}	Zeichen	Code z_{10}	Code z_{16}	Zeichen	Code z_{10}	Code z_{16}	Zeichen	Code z_{10}	Code z_{16}	Zeichen	Code z_{10}	Code z_{16}	Zeichen	Code z_{10}	Code z_{16}	Zeichen	Code z_{10}	Code z_{16}	Zeichen
0	0	NUL	16	10	DLE	32	20	SP	48	30	0	64	40	@	80	50	P	96	60	`	112	70	p
1	1	SOH	17	11	DC1	33	21	!	49	31	1	65	41	A	81	51	Q	97	61	a	113	71	q
2	2	STX	18	12	DC2	34	22	"	50	32	2	66	42	B	82	52	R	98	62	b	114	72	r
3	3	ETX	19	13	DC3	35	23	#	51	33	3	67	43	C	83	53	S	99	63	c	115	73	s
4	4	EOT	20	14	DC4	36	24	$	52	34	4	68	44	D	84	54	T	100	64	d	116	74	t
5	5	ENQ	21	15	NAK	37	25	%	53	35	5	69	45	E	85	55	U	101	65	e	117	75	u
6	6	ACK	22	16	SYN	38	26	&	54	36	6	70	46	F	86	56	V	102	66	f	118	76	v
7	7	BEL	23	17	ETB	39	27	'	55	37	7	71	47	G	87	57	W	103	67	g	119	77	w
8	8	BS	24	18	CAN	40	28	(	56	38	8	72	48	H	88	58	X	104	68	h	120	78	x
9	9	HT	25	19	EM	41	29	)	57	39	9	73	49	I	89	59	Y	105	69	i	121	79	y
10	A	LF	26	1A	SUB	42	2A	*	58	3A	:	74	4A	J	90	5A	Z	106	6A	j	122	7A	z
11	B	VT	27	1B	ESC	43	2B	+	59	3B	;	75	4B	K	91	5B	[	107	6B	k	123	7B	{
12	C	FF	28	1C	FS	44	2C	,	60	3C	<	76	4C	L	92	5C	\	108	6C	l	124	7C	|
13	D	CR	29	1D	QS	45	2D	–	61	3D	=	77	4D	M	93	5D	]	109	6D	m	125	7D	}
14	E	SO	30	1E	RS	46	2E	.	62	3E	>	78	4E	N	94	5E	^	110	6E	n	126	7E	~
15	F	SI	31	1F	US	47	2F	/	63	3F	?	79	4F	O	95	5F	_	111	6F	o	127	7F	DEL

Bedeutung der Steuerzeichen

Code z_{10}	Zeichen	Benennung	Code z_{10}	Zeichen	Benennung
0	NUL	Nil (NULL)	17	DC1	Gerätesteuerung 1 (DEVICE CONTROL 1)
1	SOH	Anfang des Kopfes (START OF HEADING)	18	DC2	Gerätesteuerung 2 (DEVICE CONTROL 2)
2	STX	Anfang des Textes (START OF TEXT)	19	DC3	Gerätesteuerung 3 (DEVICE CONTROL 3)
3	ETX	Ende des Textes (END OF TEXT)	20	DC4	Gerätesteuerung 4 (DEVICE CONTROL 4)
4	EOT	Ende der Übertragung (END OF TRANSMISSION)	21	NAK	Negative Rückmeldung (NEGATIVE ACKNOWLEDGE)
5	ENQ	Stationsaufforderung (ENQUIRY)	22	SYN	Synchronisierung (SYNCHRONOUS IDLE)
6	ACK	Positive Rückmeldung (ACKNOWLEDGE)	23	ETB	Ende der Übertragung (END OF TRANSMISSION BLOCK)
7	BEL	Klingel (BELL)	24	CAN	Ungültig (CANCEL)
8	BS	Rückwärtsschritt (BACKSPACE)	25	EM	Ende der Aufzeichnung (END OF MEDIUM)
9	HT	Horizontal-Tabulator (HORIZONTAL TABULATION)	26	SUB	Substitution (SUBSTITUTE CHARACTER)
10	LF	Zeilenvorschub (LINE FEED)	27	ESC	Code-Umschaltung (ESCAPE)
11	VT	Vertikal-Tabulator (VERTICAL TABULATION)	28	FS	Hauptgruppen-Trennung (FILE SEPERATOR)
12	FF	Formularvorschub (FORM FEED)	29	GS	Gruppen-Trennung (GROUP SEPERATOR)
13	CR	Wagenrücklauf (CARRIAGE RETURN)	30	RS	Untergruppen-Trennung (RECORD SEPERATOR)
14	SO	Dauerumschaltung (SHIFT-OUT)	31	US	Teilgruppen-Trennung (UNIT SEPERATOR)
15	SI	Rückschaltung (SHIFT-IN)	32	SP	Zwischenraum (SPACE)
16	DLE	Übertragungs-Umschaltung (DATA LINK ESCAPE)	127	DEL	Löschen (DELETE)

Bedeutung der Sonderzeichen (internationale Referenzversion)

Code z_{10}	Zeichen	Benennung	Code z_{10}	Zeichen	Benennung	Code z_{10}	Zeichen	Benennung
32		Zwischenraum	43	+	plus	64	@	kommerzielles à, engl. at
33	!	Ausrufungszeichen	44	,	Komma	91	[	eckige Klammer auf
34	"	Anführungszeichen	45	–	minus, Bindestrich	92	\	inverser Schrägstrich
35	#	Nummernzeichen	46	.	Punkt	93	]	eckige Klammer zu
36	$	Währungszeichen	47	/	Schrägstrich	94	^	Aufwärtspfeil, Zirkumflex
37	%	Prozent	58	:	Doppelpunkt	95	—	Unterstreichung
38	&	kommerzielles Und	59	;	Semikolon (Strichpunkt)	96	`	Gravis
39	'	Apostroph	60	<	kleiner als	123	{	geschweifte Klammer auf
40	(	runde Klammer auf	61	=	gleich	124	|	senkrechter Strich
41	)	runde Klammer zu	62	>	größer als	125	}	geschweifte Klammer zu
42	*	Stern	63	?	Fragezeichen	126	~	Tilde

Die Steuerzeichen (0...32 und 127 dezimal) sind am Bildschirm und Drucker nicht darstellbar; sie dienen zur Befehlsübermittlung des Systems.
Die Zeichen 128...255 (dezimal) im erweiterten ASCII-Zeichensatz sind entweder ebenso codiert wie die Zeichen 0...127 oder sie werden für Sonderzeichen genutzt (Kursivzeichen, Grafik-Sinnbilder, selbst definierter Zeichensatz). Zeichen 128 ist zum Beispiel das EURO-Zeichen €.

[1] ASCII = AMERICAN STANDARD CODE FOR INFORMATION INTERCHANGE (Amerikanischer Standardcode für Informationsaustausch)

Sinnbilder für die Informationsverarbeitung

Sinnbilder für Programmablaufpläne   vgl. DIN 66001 (1983-12)

Sinnbild	Benennung, Bemerkung	Sinnbild	Benennung, Bemerkung	Sinnbild	Benennung, Bemerkung
	Verarbeitung, z.B. Addition, Subtraktion Verarbeitungseinheit, z.B. Mensch, Rechner		Daten, allgemein Datenträger, allgemein		Daten im Zentral- speicher Zentralspeicher
	manuelle Verarbeitung, z.B. Lesen, Schreiben manuelle Verarbeitungs- stelle		maschinell zu verarbeiten- de Daten Datenträger für maschinell zu verarbeitende Daten		optische oder akustische Daten, z.B. Bild, Ton optische oder akustische Ausgabeeinheit, z.B. Bildschirm, Lautsprecher
	Verzweigung, z.B. bei Entscheidung Auswahleinheit, z.B. Schalter		manuell zu verarbei- tende Daten manuelle Ablage, z.B. Kartei, Archiv		manuelle, optische oder akustische Daten Eingabeeinheit, z.B. Tastatur, Mikrofon
	Schleifenanfang, Beginn eines sich wiederholenden Programmteiles		Daten auf Schriftstück, z.B. Beleg; Ein-/Ausgabe- einheit für Schriftstück, z.B. Belegleser, Drucker		Verarbeitungsfolge Zugriffsweg
					Datenübertragungsweg
	Schleifenende, Ende eines sich wiederholen- den Programmteiles		Daten auf Karte, z.B. Lochkarte Lochkarteneinheit Leser, Stanzer		Grenzstelle zur Umwelt, z.B. Anfang
					Verbindungsstelle, ver- bindet Darstellungsteile
	Synchronisierung bei paralleler Verarbeitung Synchronisiereinheit		Daten auf Lochstreifen Lochstreifeneinheit Leser, Stanzer		Verfeinerung, entspricht Ausschnittvergrößerung
					Bemerkung zur Anfü- gung erläuternder Texte
	Sprung mit Rückkehr		Daten oder Gerät: Speicher mit **nur** sequentiellem Zugriff, z.B. Magnetband	**Darstellung von Verbindungslinien**	
					Wirkungsrichtung
	Sprung ohne Rückkehr				
	Unterbrechung von außen		Daten oder Gerät: Speicher auch mit direktem Zugriff, z.B. Diskette oder Festplatte		Anschluss an Sinnbild
	Steuerung von außen				Auffächerung

Sinnbilder für Struktogramme (nach Nassi-Shneiderman)   vgl. DIN 66261 (1985-11)

Folgeblock

Anweisung 1
Anweisung 2
Anweisung 3
Anweisung 4

Wiederholungsblock
mit Anfangsbedingung

Anfangsbedingung:
Wiederhole, solange ...

Anweisung 1
Anweisung 2
Anweisung 3

Wiederholungsblock
mit Schlussbedingung

Anweisung 1
Anweisung 2
Anweisung 3

Endbedingung:
Wenn ..., dann wiederhole

Alternative
Einfache Alternative

Bedingung

erfüllt / nicht erfüllt

Anweisung	keine Anweisung (leer)

Alternative
Bedingte Alternative

Bedingung

erfüllt / nicht erfüllt

Anweisung	Anweisung

Alternative
Mehrfache Alternative

Bedingung

Bedingung 1 / Bedingung 2 / Bedingung 3

Anwei- sung	Anwei- sung	Anwei- sung

A

Sinnbilder für die Informationsverarbeitung

Programmablaufplan und Struktogramm

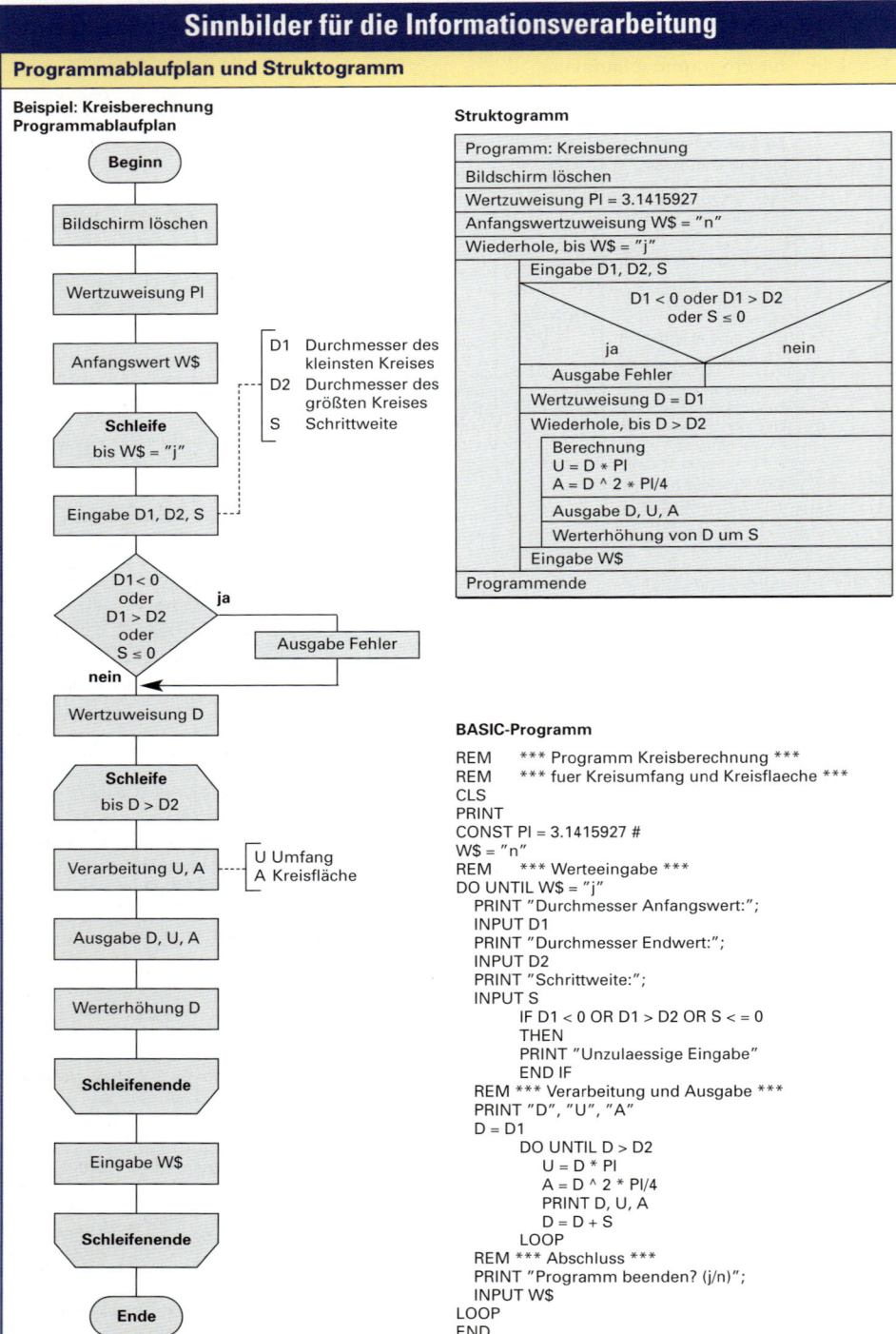

Beispiel: Kreisberechnung
Programmablaufplan

- Beginn
- Bildschirm löschen
- Wertzuweisung PI
- Anfangswert W$
- Schleife bis W$ = "j"
- Eingabe D1, D2, S

D1 Durchmesser des kleinsten Kreises
D2 Durchmesser des größten Kreises
S Schrittweite

- D1 < 0 oder D1 > D2 oder S ≤ 0 — ja — Ausgabe Fehler
- nein
- Wertzuweisung D
- Schleife bis D > D2
- Verarbeitung U, A

U Umfang
A Kreisfläche

- Ausgabe D, U, A
- Werterhöhung D
- Schleifenende
- Eingabe W$
- Schleifenende
- Ende

A

Struktogramm

Programm: Kreisberechnung
Bildschirm löschen
Wertzuweisung PI = 3.1415927
Anfangswertzuweisung W$ = "n"
Wiederhole, bis W$ = "j"

Eingabe D1, D2, S

D1 < 0 oder D1 > D2 oder S ≤ 0
ja   nein

Ausgabe Fehler
Wertzuweisung D = D1
Wiederhole, bis D > D2

Berechnung
U = D * PI
A = D ^ 2 * PI/4

Ausgabe D, U, A
Werterhöhung von D um S

Eingabe W$

Programmende

BASIC-Programm

```
REM    *** Programm Kreisberechnung ***
REM    *** fuer Kreisumfang und Kreisflaeche ***
CLS
PRINT
CONST PI = 3.1415927 #
W$ = "n"
REM    *** Werteeingabe ***
DO UNTIL W$ = "j"
  PRINT "Durchmesser Anfangswert:";
  INPUT D1
  PRINT "Durchmesser Endwert:";
  INPUT D2
  PRINT "Schrittweite:";
  INPUT S
      IF D1 < 0 OR D1 > D2 OR S < = 0
      THEN
      PRINT "Unzulaessige Eingabe"
      END IF
  REM *** Verarbeitung und Ausgabe ***
  PRINT "D", "U", "A"
  D = D1
      DO UNTIL D > D2
        U = D * PI
        A = D ^ 2 * PI/4
        PRINT D, U, A
        D = D + S
      LOOP
  REM *** Abschluss ***
  PRINT "Programm beenden? (j/n)";
  INPUT W$
LOOP
END
```

Befehle der Textverarbeitung Word

Befehl	Erklärung	Befehl	Erklärung
Menü Datei		**Menü Einfügen**	
Neu	Erstellt ein neues Dokument.	Manueller Umbruch	Legt Seiten oder Spaltenwechsel fest.
Öffnen	Öffnet ein bestehendes Dokument.	Seitenzahlen	Legt Ort und Anordnung fest.
Schließen	Schließt das aktuelle Dokument.	Autotext	Fügt vordefinierten Text ein.
Speichern	Speichert das aktuelle Dokument.	Symbol	Fügt Sonderzeichen aus vorhandenen Zeichensätzen ein.
Speichern unter	Speichert das aktuelle Dokument unter einem wählbaren Namen.	Index und Verzeichnisse	Markiert Text für eine Indexliste, erstellt Inhaltsverzeichnisse.
Seite einrichten	Legt Seitenränder, Blattausrichtung, Blattgröße und Papierzufuhr fest.	Grafik	Fügt eine Grafik ein.
Seitenansicht	Zeigt ein Druckbild des Dokuments.	Textfeld	Fügt ein Textfeld ein.
Drucken	Konfiguriert Drucker und Ausdruck.	Datei	Fügt eine Datei ein.
Beenden	Beendet Word.	Objekt	Fügt eine Formel, eine Tabelle usw. ein.
Menü Bearbeiten		Hyperlink	Fügt eine Verknüpfung zu einer URL ein.
Rückgängig	Macht den letzten Arbeitsschritt rückgängig.		URL = Uniform Resource Locator (Internet-Adresse)
Wiederholen	Wiederholt den letzten Arbeitsschritt.	**Menü Fenster**	
Ausschneiden	Löscht markierten Text und speichert ihn in der Zwischenablage.	Neues Fenster	Öffnet neues Fenster mit dem Inhalt des aktuellen Fensters.
Kopieren	Kopiert markierten Text oder Grafik in die Zwischenablage.	Alle anordnen	Ordnet alle geöffneten Dokumente an.
Einfügen	Fügt Inhalt aus der Zwischenablage ein.	Teilen	Teilt ein Dokument in zwei Fenster.
Alles markieren	Markiert ein Dokument vollständig.	1 Dokument 1	Liste der geöffneten Dokumente.
Suchen	Sucht nach Text oder Formatierung.	**Menü Extras**	
Ersetzen	Sucht und ersetzt Text oder Formatierung.	Rechtschreibung und Grammatik	Prüft Dokument auf Rechtschreib- und Grammatikfehler.
Gehe zu	Sprunganweisung zu Text oder Seite.	Sprache	Legt die Sprache für Korrekturhilfe fest.
Menü Ansicht		Briefe und Sendungen	Verknüpft Dokument mit Daten einer Steuerdatei (Datenbank).
Normal	Normalansicht zur Dokumentenerstellung.	Makro	Fasst einzelne Befehle zu einem Befehlsschritt zusammen.
Seiten-Layout	Zeigt Druckbild des Dokuments an.	Anpassen	Stellt Bildschirmansicht ein.
Gliederung	Zeigt Gliederungsansicht eines Dokuments.	Optionen	Legt Einstellungen für Word fest.
Symbolleisten	Schaltet Symbolleisten ein und aus.	**Menü Tabelle**	
Lineal	Blendet Linealzeile ein oder aus.	Tabelle zeichnen	Ermöglicht freies Festlegen einer Tabelle.
Kopf- und Fußzeile	Fügt Text auf einer Seite oben oder unten ein.	Einfügen	Fügt einzelne Zellen (Zeilen, Spalten) ein.
Zoom	Vergrößert oder verkleinert Bildschirmanzeige.	Löschen	Löscht einzelne Zellen (Zeilen, Spalten).
Menü Format		Markieren	Markiert einzelne Zellen (Zeilen, Spalten).
Zeichen	Legt Schriftart und Zeichendarstellung fest.	Zellen verbinden	Verbindet mehrere Zellen zu einer.
Absatz	Legt Absatzdarstellung fest.	Zellen teilen	Teilt einzelne Zellen in mehrere.
Nummerierung und Aufzählung	Legt Nummerierung und Aufzählung fest.	Umwandeln	Wandelt Tabellen in Text und umgekehrt um.
Rahmen und Schattierung	Legt Rahmenart und Schattierung fest.	Tabelleneigenschaften	Legt Zeilenhöhe, Spaltenbreite und Tabellenausrichtung fest.
Tabstopp	Legt die Tabulatorstoppposition fest.		
Absatzrichtung	Ändert Textorientierung von horizontal in vertikal.		

A

Befehle der Tabellenkalkulation Excel

Befehl	Erklärung	Befehl	Erklärung
Menü Datei		**Menü Einfügen**	
Neu	Erstellt eine neue Mappe, Diagramm oder eine Makrovorlage. Beim Öffnen eines Diagramms ändern sich die Befehle der Menüleiste.	Zellen	Fügt einzelne Zellen ein.
		Zeilen	Fügt ganze Zeilen ein.
		Spalten	Fügt ganze Spalten ein.
Öffnen	Öffnet eine bestehende Mappe.	Tabellenblatt	Fügt neues Tabellenblatt in die Mappe ein.
Schließen	Schließt die aktuelle Mappe.		
Speichern	Speichert die aktuelle Mappe.	Diagramm	Fügt Diagramm in die Mappe ein.
Speichern unter	Speichert die aktuelle Mappe unter einem wählbaren Namen und Datei-format.	Seitenumbruch	Legt Seiten- oder Spaltenwechsel fest.
Seite einrichten	Legt Seitenränder, Blattausrichtung, Blattgröße und Kopf-/Fußzeilen fest.	Funktion	Fügt mathematische Funktionen zur Berechnung ein.
Druckbereich	Legt einen wählbaren Druckbereich fest.	Grafik	Fügt eine Grafik ein.
Seitenansicht	Zeigt ein Druckbild der Mappe.	Objekt	Fügt eine Formel, eine Tabelle, ein Diagramm usw. ein.
Drucken	Konfiguriert Drucker und Ausdruck.	Hyperlink	Fügt eine Verknüpfung zu einer URL ein.
Beenden	Beendet Excel.		URL = Uniform Resource Locator (Internet-Adresse)
Menü Bearbeiten		**Menü Fenster**	
Rückgängig	Macht den letzten Arbeitsschritt rückgängig.	Neues Fenster	Öffnet neues Fenster mit dem Inhalt des aktuellen Fensters.
Wiederholen	Wiederholt den letzten Arbeitsschritt.	Anordnen	Legt Fensteranordnung der geöffne-ten Mappen fest.
Ausschneiden	Löscht markierte Tabellenbereiche und speichert sie in der Zwischen-ablage.	Teilen	Teilt eine Mappe in zwei Fenster.
		Fenster fixieren	Fixiert ein Tabellenblatt in der Bild-schirmansicht.
Kopieren	Kopiert markierten Text oder Grafik in die Zwischenablage.	1 Mappe 1	Liste der geöffneten Mappen.
Inhalte einfügen	Fügt aus der Zwischenablage oder anderen Anwendungen Diagramme oder Datenreihen ein.	**Menü Extras**	
Ausfüllen	Kopiert Inhalte markierter Felder nach unten, rechts, oben oder links.	Rechtschreibung	Prüft Tabelle auf Rechtschreibfehler.
		Arbeitsmappe freigeben	Ermöglicht mehreren Benutzern das gleichzeitige Arbeiten an einer Mappe.
Blatt löschen	Löscht Tabellenblatt einer Mappe.		
Blatt verschie-ben/kopieren	Verschiebt oder kopiert einzelne Ta-bellenblätter innerhalb einer Mappe.	Schutz	Schützt Mappe oder einzelne Blätter vor unberechtigtem Zugriff.
Suchen	Sucht nach Text oder Formatierung.	Formel-überwachung	Sucht nach Fehlern innerhalb Funktio-nen und Querverweisen.
Ersetzen	Sucht und ersetzt Text oder Formatierung.		
Menü Daten		Makro	Fasst einzelne Befehle zu einem Befehlsschritt zusammen.
Sortieren	Sortiert Tabellenbereiche in alpha-betischer Reihenfolge.	Anpassen	Stellt Bildschirmansicht ein.
Externe Daten	Ermöglicht das Einlesen externer Datenbanken, Tabellen oder Texte.	Optionen	Legt Einstellungen für Excel fest.
Menü Ansicht		**Menü Format**	
Seitenumbruch-vorschau	Zeigt Ausdehnung einer Tabelle auf einem oder mehreren Blättern an.	Zellen	Legt Zahlenformat, Ausrichtung, Schriftart und Rahmen fest.
Symbolleisten	Schaltet Symbolleisten ein und aus.	Zeile	Legt Zeilenhöhe fest.
Lineal	Blendet Linealzeile ein oder aus.	Spalte	Legt Spaltenbreite fest.
Kopf- und Fußzeile	Fügt Text auf allen Seiten eines Dokuments oben oder unten ein.	Blatt	Legt Blattbenennung fest.
Zoom	Vergrößert oder verkleinert Bild-schirmanzeige.	Bedingte Formatierung	Legt die Formatzuweisung einer Zelle fest, wenn eine Bedingung wahr oder unwahr ist.

A

Verzeichnis der zitierten Normen und anderer Regelwerke

Nr.	Normart und Kurztitel	Seite	Nr.	Normart und Kurztitel	Seite
	DIN			**DIN**	
13	Metrisches ISO-Gewinde	204	820	Normungsarbeit	8
66	Senkungen	224	824	Faltung von Zeichenblättern	66
74	Senkungen	224	835	Stiftschrauben	219
76	Gewindeausläufe	89	908	Verschlussschrauben	219
82	Rändel	91	910	Verschlussschrauben	219
103	Metrisches ISO-Trapezgewinde	207	929	Sechskant-Schweißmuttern	232
125[1]	Flache Scheiben	233	935	Kronenmuttern	232
126[1]	Flache Scheiben	234	938	Stiftschrauben	219
158	Kegliges Gewinde	205	939	Stiftschrauben	219
172	Bundbohrbuchsen	247	962	Bezeichnung von Schrauben	210
173	Steckbohrbuchsen	247	962	Bezeichnung von Muttern	227
179	Bohrbuchsen	247	974	Senkungen	225
202	Gewindearten, Übersicht	202	981	Nutmuttern für Wälzlager	268
228	Morsekegel, Metrische Kegel	242, 243	1013[1]	Warmgewalzter Rundstahl	144
250	Radien	65	1014[1]	Warmgewalzter Vierkantstahl	144
319	Kugelknöpfe	248	1017[1]	Warmgewalzter Flachstahl	144
323	Normzahlen	65	1025	Doppel-T-Träger	149,150
332	Zentrierbohrungen	91	1026	U-Stahl	146
336	Bohrerdurchmesser für Kernlöcher	204	1301	Einheiten im Messwesen	17, 20...22
406	Maßeintragung	75...82	1302	Mathematische Zeichen	19
433[1]	Flache Scheiben	234	1304	Formelzeichen	19
434	Scheiben für U-Träger	235	1414	Spiralbohrer	301
435	Scheiben für I-Träger	235	1445	Bolzen mit Gewindezapfen	238
461	Koordinatensysteme	62, 63	1587	Sechskant-Hutmuttern, hoch	231
466	Rändelmuttern, hohe Form	232	1651[1]	Automatenstähle	134
467	Rändelmuttern, niedrige Form	232	1681	Stahlguss	161
471	Sicherungsringe für Wellen	269	1700[1]	Schwermetalle, Bezeichnung	174
472	Sicherungsringe für Bohrungen	269	1707[1]	Weichlote	334
475	Schlüsselweiten	223	1732	Schweißzusatzwerkstoffe für Al	326
508	Muttern für T-Nuten	250	1850	Gleitlagerbuchsen	262
509	Freistiche	92	2080	Steilkegelschäfte	242, 243
513	Metrisches Sägengewinde	207	2093	Tellerfedern	246
580	Ringschrauben	219	2098	Druckfedern	245
582	Ringmuttern	231	2211	Keilriemenscheiben	254
609	Sechskantschrauben	214	2215	Normalkeilriemen	253
616	Maßreihen von Wälzlagern	264	2215	Keilriemen, flankenoffen	253
617	Nadellager	268	2403	Rohrleitungen, Kennzeichnung	343
623	Wälzlager, Bezeichnung	264	3760	Radial-Wellendichtringe	270
625	Rillenkugellager	265	3771	O-Ringe	270
628	Schrägkugellager	265	4760	Gestaltabweichungen	98
650	T-Nuten	250	4844	Sicherheitskennzeichnung	338...341
711	Axial-Rillenkugellager	266	4983	Klemmhalter, Bezeichnung	297
720	Kegelrollenlager	267	4987	Wendeschneidplatten, Bezeichnung	296
780	Modulreihe für Zahnräder	257	5406	Sicherungsbleche	268
787	Schrauben für T-Nuten	250	5412	Zylinderrollenlager	266

[1] Diese Normen wurden zurückgezogen. Die Ersatznormen sind auf der genannten Buchseite angegeben.

Verzeichnis der zitierten Normen und anderer Regelwerke

Nr.	Normart und Kurztitel	Seite	Nr.	Normart und Kurztitel	Seite
	DIN			**DIN**	
5418	Wälzlager, Einbaumaße	265...267	9812	Säulengestelle	252
5419	Filzringe	270	9816	Säulengestelle	252
5425	Toleranzen für Wälzlagereinbau	112	9819	Säulengestelle	252
5520	Biegeradien, NE-Metalle	318	9861	Schneidstempel	251
6311	Druckstücke	248	16901	Kunststoff-Formteile, Toleranzen	186
			17006	Stähle, Bezeichnungssystem	122...125
6319	Kugelscheiben, Kegelpfannen	250			
6321	Aufnahme-, Auflagebolzen	249	17182	Stahlguss	161
6323	Lose Nutensteine	250	17211[1]	Nitrierstähle	134
6332	Gewindestifte mit Druckzapfen	248	17212	Stähle für Flammhärtung	134, 156
6335	Kreuzgriffe	249	17221[1]	Federstahl	138
			17223[1]	Stahldraht für Federn	138
6336	Sterngriffe	249			
6599	Schneidstoffe, Kennzeichnung	294	17350[1]	Werkzeugstähle	135
6771[1]	Schriftfelder	66	19225	Regler	347...349
6773	Härteangaben in Zeichnungen	97	19226	Grundbegriffe Steuerungstechnik	346...349
6780	Löcher, vereinfachte Darstellung	83	19227	Kennbuchstaben, Bildzeichen	346, 347
			30910	Sintermetalle	178
6784[1]	Werkstückkanten	88			
6785	Butzen an Drehteilen	88	40719	Funktionspläne[1]	358...360
6796	Spannscheiben	235	50101[1]	Tiefungsversuch	191
6799	Sicherungsscheiben	269	50102[1]	Tiefungsversuch	191
6885	Passfedern	240	51385	Kühlschmierstoffe	292
			51502	Schmierstoffe, Bezeichnung	271, 272
6886	Keile	239			
6887	Nasenkeile	239	51519	ISO-Viskositätsklassen	271
6888	Scheibenfedern	240	51524	Hydrauliköle	368
6914	Sechskantschrauben	214	53804	Statistische Auswertung	277, 278
6915	Sechskantmuttern, große SW	230	55350	Qualitätsprüfung	276
			66001	Programmablaufpläne, Sinnbilder	395
6916	Scheiben für HV-Schrauben	235			
6935	Biegeradien, Stahl	318, 319	66025	CNC-Maschinen, Programmaufbau	382...387
7157	Passungsempfehlungen	111	66217	CNC-Maschinen, Koordinaten	381
7168[1]	Allgemeintoleranzen	110	66261	Struktogramme, Sinnbilder	395
7500	Gewindefurchende Schrauben	218	69871	Steilkegelschaft	243
			69893	Kegel-Hohlschaft	243
7708	PF-, UF-, MF-, MP-Formmassen	184			
7719	Breitkeilriemen	253	70852	Nutmuttern	231
7721	Zahnriemen, Synchronriemen	253, 255	70952	Sicherungsbleche	231
7722	Doppelkeilriemen	253			
7726	Schaumstoffe	185		**DIN EN**	
7753	Schmalkeilriemen	253, 254			
7867	Keilrippenriemen	253	439	Schutzgase	325
7984	Zylinderschrauben, Innensechskant	215	440	Drahtelektroden	325
7989	Scheiben für Stahlkonstruktionen	234	485	Aluminium-Knetlegierungen	166, 167
7991	Senkschrauben	216	499	Stabelektroden	327
7999	Sechskant-Passschrauben	214	515	Werkstoffzustand von Al-Legierungen	165
8513[1]	Hartlote	333	573	Bezeichnung von Al-Legierungen	165
8554[1]	Gasschweißstäbe	324	754	Aluminium-Knetlegierungen	166, 167
9713[1]	Al-U-Profile	171	754	Al-Rund- und Vierkantstangen	169, 170
9715	Magnesium-Knetlegierungen	172	755	Aluminium-Knetlegierungen	166, 167

[1] Diese Normen wurden zurückgezogen. Die Ersatznormen sind auf der genannten Buchseite angegeben.

Verzeichnis der zitierten Normen und anderer Regelwerke

Nr.	Normart und Kurztitel	Seite	Nr.	Normart und Kurztitel	Seite
	DIN EN			DIN EN	
775	Arbeitssicherheit bei Robotern	380	10270	Federstahldraht für Zugfedern	244
1044	Hartlote	333	10277	Lieferzustände, Blankstahl	145
1045	Flussmittel zum Hartlöten	334	10278	Blankstahlerzeugnisse	145
1089	Druckgasflaschen	324	10297	Rohre, Maschinenbau	142
1089	Gasflaschen-Kennzeichnung	331, 332	10305	Präzisionsstahlrohre	142
1173	Kupferlegierungen, Werkstoffzustände	174	12163	Kupfer-Zink-Legierungen	175
			12164	Kupfer-Zink-Blei-Legierungen	175
1412	Kupferlegierungen, Werkstoffnummern	174			
1560	Bezeichnung von Gusseisen	158	12413	Schleifen, Höchstgeschwindigkeiten	308
1561	Gusseisen mit Lamellengrafit	160	12536	Gasschweißstäbe	324
1562	Temperguss	161	12844	Feinzink-Gusslegierungen	176
1563	Gusseisen mit Kugelgrafit	160	12890	Modelle	162, 163
			13237	Betriebsmittel im EX-Bereich	357
1661	Sechskantmuttern mit Flansch	230			
1706	Aluminium-Gusslegierungen	168	17860	Titan, Titanlegierungen	172
1753	Magnesium-Gusslegierungen	172	20273	Durchgangslöcher für Schrauben	211
1780	Bezeichnung von Al-Gusslegierungen	168	20898	Festigkeitsklassen von Muttern	228
1982	Kupferlegierungen, Bezeichnung	174, 176	22339	Kegelstifte	237
			22340	Bolzen ohne Kopf	238
6506	Härteprüfung nach Brinell	192			
10002	Zugversuch	190	22341	Bolzen mit Kopf	238
10003[1]	Härteprüfung nach Brinell	192	22553	Sinnbilder Schweißen	93...95
10020	Stähle, Einteilung	120	24015	Sechskantschrauben	213
10025	Unlegierte Baustähle	130	24033[1]	Sechskantmuttern	229
			24766	Gewindestifte, Schlitz	220
10027	Stähle, Bezeichnungssystem	121...125			
10045	Kerbschlagbiegeversuch	191	27434	Gewindestifte, Schlitz	220
10051	Bleche, warm gewalzt	141	27435	Gewindestifte, Schlitz	220
10055	Gleichschenkliger T-Stahl	146	28738	Scheiben für Bolzen	235
10056	Winkelstahl	147, 148	29453	Weichlote	334
			29454	Flussmittel zum Weichlöten	334
10058	Warmgewalzter Flachstahl	144			
10059	Warmgewalzter Vierkantstahl	144	29692	Schweißen, Nahtvorbereitung	323
10060	Warmgewalzter Rundstahl	144	50125	Zugproben	190
10083	Vergütungsstähle	133, 156	50141	Scherversuch	191
10084	Einsatzstähle	132, 155	60445	Elektrische Betriebsmittel	353
			60446	Leiter und Anschlüsse	353
10085	Nitrierstähle	134, 157			
10087	Automatenstähle	134, 157	60529	Schutzarten	357
10088	Nichtrostende Stähle	136, 137	60617	Schaltpläne, grafische Symbole	350...352
10089	Federstahl	138	60848	Funktionspläne	358...360
10113	Feinkornbaustähle	131	60893	Schichtpressstoffe	184
			60947	Näherungssensoren, Bezeichnung	355
10130	Bleche, kalt gewalzt	140			
10137	Vergütete Baustähle	131	61082	Elektrische Schaltpläne	353, 354
10142	Bleche, verzinkt	141	61131	SPS	373...375
10210	Warmgewalzte Hohlprofile	151			
10213	Stahlguss für Druckbehälter	161			
10219	Kaltgewalzte Hohlprofile	151			
10226	Whitworth-Rohrgewinde	206			
10268	Bleche, kalt gewalzt	140			
10270	Stahldraht für Federn	138			

[1] Diese Normen wurden zurückgezogen. Die Ersatznormen sind auf der genannten Buchseite angegeben.

Verzeichnis der zitierten Normen und anderer Regelwerke

Nr.	Normart und Kurztitel	Seite	Nr.	Normart und Kurztitel	Seite
	DIN EN ISO			**DIN EN ISO**	
216	Schreibpapier-Formate	66	7200	Schriftfelder	66
527	Zugeigenschaften von Kunststoffen	195	8673	Sechskantmuttern, Feingewinde	229
868	Härteprüfung nach Shore	195	8674	Sechskantmuttern, Feingewinde	229
898	Festigkeitsklassen von Schrauben	211	8675	Sechskantmuttern, niedrige Form	230
1043	Basis-Polymere	180	8676	Sechskantschrauben	213
1207	Zylinderschrauben, Schlitz	216	8734	Zylinderstifte, gehärtet	237
1234	Splinte	232	8740	Zylinderkerbstifte	238
1302	Angabe der Oberflächenbeschaffenheit	99, 100	8741	Steckkerbstifte	238
1872	PE-Formmassen	183	8742	Knebelkerbstifte	238
1873	PP-Formmassen	183	8743	Knebelkerbstifte	238
2009	Senkschrauben, Schlitz	217	8744	Kegelkerbstifte	238
2010	Linsensenkschrauben, Schlitz	217	8745	Passkerbstifte	238
2039	Härteprüfung an Kunststoffen	195	8746	Halbrundkerbnägel	238
2338	Zylinderstifte	237	8747	Senkkerbnägel	238
3098	Schriften	64	8752	Spannstifte, schwere Ausführung	237
3166	Drei-Buchstaben-Codes für Länder	203	8765	Sechskantschrauben	213
3506	Festigkeitsklassen von Schrauben	211	9000	Qualitätsmanagement	274, 275
3506	Festigkeitsklassen von Muttern	228	9001	Qualitätsmanagement	274
4014	Sechskantschrauben	212	9004	Qualitätsmanagement	274
4017	Sechskantschrauben	212	9787	Industrieroboter	378, 379
4026	Gewindestifte, Innensechskant	220	10512	Sechskantmuttern mit Klemmteil	230
4027	Gewindestifte, Innensechskant	220	10642	Senkschrauben, Innensechskant	216
4028	Gewindestifte, Innensechskant	220	13337	Spannstifte, leichte Ausführung	237
4032	Sechskantmuttern, Regelgewinde	228	13920	Schweißen, Allgemeintoleranzen	322
4033	Sechskantmuttern, Regelgewinde	229	14539	Greifer	380
4035	Sechskantmuttern, niedrige Form	229	14577	Martenshärte	194
4063	Schweißverfahren, Kennzeichnung	322	15785	Klebeverbindungen, Darstellung	96
4287	Oberflächenbeschaffenheit	98	15977	Blindniete (Flachkopf)	241
4288	Oberflächenbeschaffenheit	98, 99	15978	Blindniete (Senkkopf)	241
4759	Produktklassen für Schrauben	211	18265	Umwertungstabelle für Härtewerte	194
4762	Zylinderschrauben, Innensechskant	215	20482	Tiefungsversuch	191
4957	Werkzeugstähle	135, 155	21269	Zylinderschrauben, Innensechskant	216
5457	Zeichnungsvordrucke	66			
6507	Härteprüfung nach Vickers	193			
6508	Härteprüfung nach Rockwell	193			
6947	Schweißpositionen	322			
7040	Sechskantmuttern mit Klemmteil	230			
7046	Senkschrauben, Kreuzschlitz	217			
7047	Linsensenkschrauben, Kreuzschlitz	217			
7049	Linsen-Blechschrauben	218			
7050	Senk-Blechschrauben	217			
7051	Linsensenk-Blechschrauben	217			
7090	Flache Scheiben	233			
7091	Flache Scheiben	234			
7092	Flache Scheiben	234			

1) Diese Normen wurden zurückgezogen. Die Ersatznormen sind auf der genannten Buchseite angegeben.

Verzeichnis der zitierten Normen und anderer Regelwerke

Nr.	Normart und Kurztitel	Seite	Nr.	Normart und Kurztitel	Seite
	DIN ISO			**BGV**	
14	Keilwellenverbindungen	241	A8	Sicherheitskennzeichnung	338...341
128	Linien	67...75	B3	Lärmschutzverordnung	344
228	Rohrgewinde	206	D12	Schleifkörper, Verwendung	308
273	Durchgangslöcher für Schrauben	225			
286	ISO-Passungen	102...109		**DGQ**	
513	Schneidstoffe, Kennzeichnung	294, 295	11-19	Qualitätslehre, Einführung	281
525	Schleifmittel	309	16-31	Normalverteilung in Stichproben	278
848	Körnungsbezeichnung	311	16-33	Qualitätsfähigkeit von Prozessen	281
965	Mehrgängige Gewinde, Bezeichnung	202			
965	Gewindetoleranzklassen	208		**EWG-Richtlinie**	
1101	Form- und Lagetolerierung	112...114	67/548	R-Sätze, S-Sätze	199, 200
1219	Schaltzeichen Fluidtechnik	363...365	67/548	Gefahrensymbole	342
2162	Darstellung von Federn	87			
2203	Darstellung von Zahnrädern	84		**IEC**	
2768	Allgemeintoleranzen	80, 110	60479	Wirkungen von Wechselstrom	356
2859	Annahmestichprobenprüfung	280			
3040	Bezeichnungen am Kegel	304		**TRGS**	
4379	Gleitlagerbuchsen	262	900	Gefahrstoffe	198
4381	Gleitlagerwerkstoffe	261			
4382	Gleitlagerwerkstoffe	261		**VDI**	
5455	Maßstäbe	65	2229	Klebeverbindungen, Vorbehandlung	336
5456	Projektionsmethoden	69, 70	2740	Greifer	380
6410	Gewinde, Darstellung	79, 90	2854	Arbeitssicherheit bei Robotern	380
6411	Zentrierbohrungen, Darstellung	91	2880	SPS-Anweisungen	375
6413	Darstellung von Keilwellen	87	3258	Maschinenlaufzeit	285
6691	Gleitlagerwerkstoffe	261	3368	Schneidstempelmaße	316
6753	Platten für Schneidwerkzeuge	251	3411	Bindung von Schleifmitteln	309, 311
8062	Maßtoleranzen bei Gussstücken	163			
8826	Wälzlager, vereinf. Darstellung	85		**VDMA**	
9222	Dichtungen, vereinf. Darstellung	86	24569	Hydraulikflüssigkeiten, abbaubar	368
10242	Einspannzapfen	251			
13715	Werkstückkanten	88			
	DIN VDE				
0100-410	Schutzmaßnahmen	356			
0100-430	Leitungsschutzsicherungen	356			
	Kreislaufwirtschafts- und Abfallgesetz				
	Verordnung besonders über-wachungsbedürftiger Abfälle	197			

[1] Diese Normen wurden zurückgezogen. Die Ersatznormen sind auf der genannten Buchseite angegeben.

Sachwortverzeichnis

A

B

Sachwortverzeichnis

Sachwortverzeichnis

Sachwortverzeichnis

G

Sachwortverzeichnis

H

I

Sachwortverzeichnis

K

Sachwortverzeichnis

412 Sachwortverzeichnis

Sachwortverzeichnis

M

N

Sachwortverzeichnis

Sachwortverzeichnis

Q

R

Sachwortverzeichnis

Sachwortverzeichnis

Sachwortverzeichnis

Sachwortverzeichnis

Sachwortverzeichnis

Sachwortverzeichnis

Sachwortverzeichnis

422 Sachwortverzeichnis

Sachwortverzeichnis

Formeln für Metallberufe

Inhaltsverzeichnis

Technische Mathematik

Technische Physik

Fertigungstechnik

Automatisierungstechnik

Zahlentabellen

Sachwortverzeichnis

EUROPA-FACHBUCHREIHE
für Metallberufe

Ulrich Fischer   Max Heinzler   Friedrich Näher   Heinz Paetzold
Roland Gomeringer   Roland Kilgus   Stefan Oesterle   Andreas Stephan

Formeln für Metallberufe

8. Auflage

Bildbearbeitung:
Zeichenbüro des Verlages Europa-Lehrmittel, Leinfelden-Echterdingen

Druck   5   4   3
Alle Drucke derselben Auflage sind parallel einsetzbar, da sie bis auf die Behebung von Druck-
fehlern untereinander unverändert sind.

© 2005 by Verlag Europa-Lehrmittel, Nourney, Vollmer GmbH & Co. KG, 42781 Haan-Gruiten
http://www.europa-lehrmittel.de

Satz: Satz+Layout Werkstatt Kluth GmbH, 50374 Erftstadt
Druck: Media-Print Informationstechnologie, 33100 Paderborn

Europa-Nr.: 10714   ISBN 10 3-8085-1208-3
                                         ISBN 13 978-3-8085-1208-1

VERLAG EUROPA-LEHRMITTEL · Nourney, Vollmer GmbH & Co. KG
Düsselberger Straße 23 · 42781 Haan-Gruiten

Umrechnung von Einheiten

Diese Formelsammlung gibt zu allen Größen einer Formel immer das Formelzeichen und eine Einheit an. Setzt man bei Berechnungen die gegebenen Größen in den vorgeschlagenen Einheiten in die Formel ein, erhält man auch die gesuchte Größe in der angegebenen Einheit.

Beispiel:

Formel für die Leistung $P = F \cdot v$ (Seite 24) mit	P Leistung	W
	F Kraft	N
	v Geschwindigkeit	m/s

Berechnungsbeispiel: $F = 12$ kN, $v = 300$ m/min; $P = ?$ kW

Umrechnung der Einheiten: $F = 12$ kN $= 12\,000$ N
                               $v = 300$ m/min $= 300$ m $/\ 60$ s $= 5$ m/s

Lösung: $P = F \cdot v = 12\,000$ N $\cdot 5$ m/s $= \mathbf{60\,000}$ **W** $= 60$ kW

Größe			Einheit		Umrechnung in andere Einheiten
Beispiel	Formel-zeichen	Name		Zei-chen	
Länge					
	l	Meter		m	1 m $= 10$ dm $= 100$ cm $= 1000$ mm 1 mm $= 1000$ µm 1 µm $= \dfrac{1}{1000}$ mm; 1 km $= 1000$ m
Fläche					
	A, S	Quadratmeter		m²	1 m² $= 100$ dm² $= 10\,000$ cm² $= 1\,000\,000$ mm² 1 dm² $= 100$ cm² $= 10\,000$ mm² 1 cm² $= 100$ mm² 1 a $= 100$ m² $\Big\}$ nur für Grundstücksflächen 1 ha $= 10\,000$ m²
Volumen und Hohlmaße					
	V	Kubikmeter Liter		m³ l, L	1 m³ $= 1000$ dm³ $= 1\,000\,000$ cm³ 1 dm³ $= 1000$ cm³ 1 cm³ $= 1000$ mm³ 1 l $= 1$ L $= 1$ dm³ $= 0{,}001$ m³ 1 dl $= 100$ cm³; 1 ml $= 1$ cm³
Winkel (eben)					
	α, β, γ	Grad Minute Sekunde		° ′ ″	$1° = 60′$ für Drehbewegungen auch $1′ = \dfrac{1°}{60} = 60″ = 0{,}016\overline{6}°$ Radiant rad $1″ = \dfrac{1°}{3600} = \dfrac{1′}{60}$ 1 rad $= \dfrac{180°}{\pi} \approx 57{,}296°$
Zeit					
	t	Sekunde Minute Stunde Tag		s min h d	1 s $= \dfrac{1}{60}$ min 1 min $= 60$ s $= \dfrac{1}{60}$ h 1 h $= 60$ min $= 3600$ s 1 d $= 24$ h
Drehzahl, Drehfrequenz					
	n	1 pro Sekunde 1 pro Minute		1/s 1/min	$1/s = 60/\text{min} = 60 \text{ min}^{-1}$ $1/\text{min} = 1 \text{ min}^{-1} = \dfrac{1}{60 \text{ s}}$

Umrechnung von Einheiten

Größe		Einheit		Umrechnung in andere Einheiten
Beispiel	Formel-zeichen	Name	Zei-chen	
Geschwindigkeit				
	v	Meter pro Sekunde	m/s	1 m/s $= 60$ m/min $= 3{,}6$ km/h
		Meter pro Minute	m/min	1 m/min $= \dfrac{1}{60}\dfrac{m}{s} = 0{,}0167\,\dfrac{m}{s}$
		Kilometer pro Stunde	km/h	1 km/h $= \dfrac{1}{3{,}6}\dfrac{m}{s} = 0{,}278\,\dfrac{m}{s}$
Winkelgeschwindigkeit				
	ω	1 pro Sekunde	$\dfrac{1}{s}$	$\dfrac{1}{s} = 1\,\dfrac{rad}{s} \approx \dfrac{57{,}296°}{s}$
Masse				
	m	Kilogramm	kg	1 kg $= 1000$ g
		Gramm	g	1 g $= 1000$ mg
		Tonne	t	1 t $= 1000$ kg $= 1$ Mg
Dichte				
	ϱ	Kilogramm pro Meter hoch drei	kg/m³	1 t/m³ = 1 kg/dm³ = 1 g/cm³ = 1 mg/mm³ bei Gasen: 1 kg/m³ = 1 g/dm³
Kraft, Gewichtskraft				
	F, G, F_G	Newton	N	1 N $= 1\,\dfrac{kg \cdot m}{s^2}$ 1 daN $= 10$ N 1 kN $= 1000$ N $= 10^3$ N 1 MN $= 10^3$ kN $= 1\,000\,000$ N $= 10^6$ N
Druck, mechanische Spannung				
	p σ, τ	Pascal Bar Newton pro Meter hoch zwei	Pa bar N/m²	1 Pa $= 1$ N/m² $= 0{,}01$ mbar 1 bar $= 100\,000$ N/m² $= 10^5$ Pa 1 bar $= 10$ N/cm² $= 1$ daN/cm² $= 0{,}1$ N/mm² 1 mbar $= 100$ Pa $= 1$ hPa 1 N/mm² $= 100$ N/cm² $= 1\,000\,000$ N/m² $= 1$ MPa 1 N/mm² $= 10$ bar
Arbeit, Energie, Wärmemenge				
	W, E, Q	Joule	J	1 J $= 1$ N·m $= 1$ W·s $= 1\,\dfrac{kg \cdot m^2}{s^2}$ 1 kW·h $= 3\,600\,000$ W·s 1 kW·h $= 3600$ kJ $= 3{,}6 \cdot 10^6$ J $= 3{,}6$ MJ
Leistung, Wärmestrom				
	P, Φ	Watt	W	1 W $= 1$ J/s $= 1\,\dfrac{N \cdot m}{s} = 1\,\dfrac{kg \cdot m^2}{s^3}$ 1 W $= 1$ V·A 1 kW $= 1000$ W $= 1$ kJ/s $= 1\,\dfrac{kN \cdot m}{s}$ (= 1,36 PS) 1 MW $= 1\,000\,000$ W $= 10^6$ W 1 PS $= \dfrac{1}{1{,}36}$ kW $= 0{,}736$ kW

Winkelfunktionen, Winkelsumme im Dreieck, Strahlensatz

Winkelfunktionen im rechtwinkligen Dreieck

Bezeichnungen im rechtwinkligen Dreieck	Bezeichnungen der Seitenverhältnisse	Anwendung	
		für ∡ α	für ∡ β
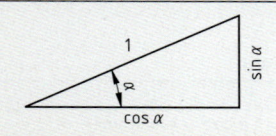	**Sinus** $= \dfrac{\text{Gegenkathete}}{\text{Hypotenuse}}$	$\sin\alpha = \dfrac{a}{c}$	$\sin\beta = \dfrac{b}{c}$
c Hypotenuse, a Gegenkathete von α, b Ankathete von α	**Kosinus** $= \dfrac{\text{Ankathete}}{\text{Hypotenuse}}$	$\cos\alpha = \dfrac{b}{c}$	$\cos\beta = \dfrac{a}{c}$
	Tangens $= \dfrac{\text{Gegenkathete}}{\text{Ankathete}}$	$\tan\alpha = \dfrac{a}{b}$	$\tan\beta = \dfrac{b}{a}$
c Hypotenuse, a Ankathete von β, b Gegenkathete von β	**Kotangens** $= \dfrac{\text{Ankathete}}{\text{Gegenkathete}}$	$\cot\alpha = \dfrac{b}{a}$	$\cot\beta = \dfrac{a}{b}$
	Tabellen der Funktionswerte auf den Seiten 47 und 48		

Beziehungen zwischen den Funktionen eines Winkels

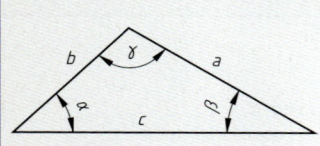

$\sin^2\alpha + \cos^2\alpha = 1$	$\tan\alpha \cdot \cot\alpha = 1$
$\tan\alpha = \dfrac{\sin\alpha}{\cos\alpha}$	$\cot\alpha = \dfrac{\cos\alpha}{\sin\alpha}$

Winkelfunktionen im schiefwinkligen Dreieck

	Sinussatz	Kosinussatz
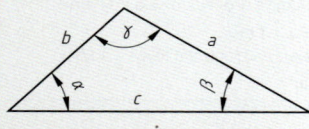	$a : b : c = \sin\alpha : \sin\beta : \sin\gamma$ $\dfrac{a}{\sin\alpha} = \dfrac{b}{\sin\beta} = \dfrac{c}{\sin\gamma}$	$a^2 = b^2 + c^2 - 2 \cdot b \cdot c \cdot \cos\alpha$ $b^2 = a^2 + c^2 - 2 \cdot a \cdot c \cdot \cos\beta$ $c^2 = a^2 + b^2 - 2 \cdot a \cdot b \cdot \cos\gamma$

Winkelsumme im Dreieck

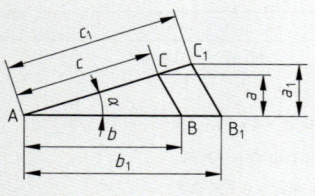

In jedem Dreieck ist die Summe der Innenwinkel gleich 180°.

Winkelsumme im Dreieck

$$\alpha + \beta + \gamma = 180°$$

Strahlensatz

Werden zwei vom Punkt A ausgehende Strahlen von zwei Parallelen BC und B_1C_1 geschnitten, bilden die Abschnitte der Parallelen und die zugehörigen Strahlenabschnitte gleiche Verhältnisse.

Strahlensatz

$$\frac{a}{a_1} = \frac{b}{b_1} = \frac{c}{c_1}$$

$$\frac{a}{b} = \frac{a_1}{b_1} \qquad \frac{b}{c} = \frac{b_1}{c_1}$$

Berechnungen am rechtwinkligen Dreieck

Lehrsatz des Pythagoras

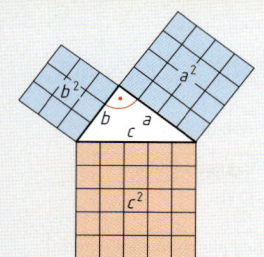

Im **rechtwinkligen Dreieck** ist das Hypotenusenquadrat flächengleich der Summe der beiden Kathetenquadrate.

a	Kathete	mm
b	Kathete	mm
c	Hypotenuse	mm

Satz des Pythagoras

$$c^2 = a^2 + b^2$$

Seitenlängen

$$c = \sqrt{a^2 + b^2}$$

$$a = \sqrt{c^2 - b^2}$$

$$b = \sqrt{c^2 - a^2}$$

Höhe im gleichseitigen Dreieck

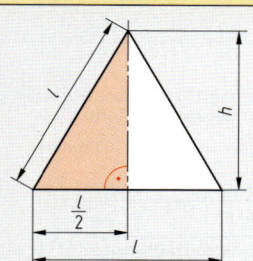

Im **gleichseitigen Dreieck** ergibt sich für die Höhe nach dem Lehrsatz des Pythagoras:

h	Höhe	mm
A	Fläche	mm²
l	Seitenlänge	mm

Höhe

$$h = \frac{1}{2} \cdot \sqrt{3} \cdot l$$

Fläche

$$A = \frac{1}{4} \cdot \sqrt{3} \cdot l^2$$

Lehrsatz des Euklid (Kathetensatz)

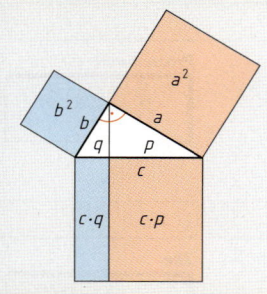

Im **rechtwinkligen Dreieck** ist das Quadrat über einer Kathete flächengleich einem Rechteck aus der Hypotenuse und dem anliegenden Hypotenusenabschnitt.

a, b	Kathete	mm
c	Hypotenuse	mm
p, q	Hypotenusenabschnitte	mm

Kathetensatz

$$b^2 = c \cdot q$$

$$a^2 = c \cdot p$$

$$b = \sqrt{c \cdot q}$$

$$a = \sqrt{c \cdot p}$$

$$p = \frac{a^2}{c}$$

Höhensatz

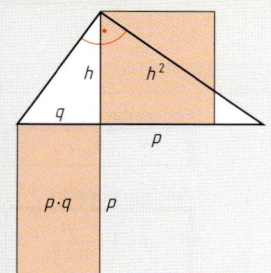

Im **rechtwinkligen Dreieck** ist das Quadrat über der Höhe h flächengleich dem Rechteck aus den Hypotenusenabschnitten p und q.

h	Höhe	mm
p, q	Hypotenusenabschnitte	mm

Höhensatz

$$h^2 = p \cdot q$$

$$h = \sqrt{p \cdot q}$$

$$p = \frac{h^2}{q}$$

$$q = \frac{h^2}{p}$$

Schlussrechnung, Prozentrechnung, Zinsrechnung

Schlussrechnung

Dreisatz für direkt proportionale Verhältnisse

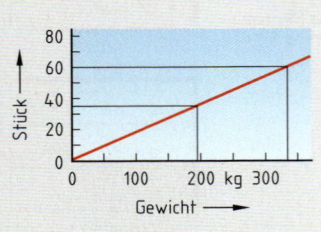

Beispiel:

60 Rohrkrümmer wiegen 330 kg. Wie groß ist das Gewicht von 35 Rohrkrümmern?

1. Satz: | Behauptung | 60 Rohrkrümmer wiegen 330 kg

2. Satz: | Berechnung der Einheit: durch Dividieren |

1 Rohrkrümmer wiegt $\dfrac{330 \text{ kg}}{60}$

3. Satz: | Berechnung der Mehrheit: durch Multiplizieren |

35 Rohrkrümmer wiegen $\dfrac{330 \text{ kg} \cdot 35}{60}$ = **192,5 kg**

Dreisatz für indirekt proportionale Verhältnisse

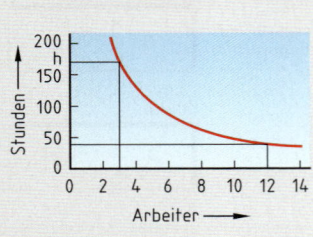

Beispiel:

3 Arbeiter benötigen für einen Auftrag 170 Stunden. Wie viele Stunden benötigen 12 Arbeiter für den gleichen Auftrag?

1. Satz: | Behauptung | 3 Arbeiter benötigen 170 Stunden

2. Satz: | Berechnung der Einheit: durch Multiplizieren |

1 Arbeiter benötigt 3 · 170 h

3. Satz: | Berechnung der Mehrheit: durch Dividieren |

12 Arbeiter benötigen $\dfrac{3 \cdot 170 \text{ h}}{12}$ = **42,5 h**

Prozentrechnung

Der **Prozentsatz** gibt an, wie viel Prozent gerechnet werden sollen.
Der **Grundwert** ist der Wert, von dem die Prozente zu rechnen sind.
Der **Prozentwert** ist der Betrag, den die Prozente des Grundwertes ergeben.

P_s Prozentsatz, Prozent   %
P_w Prozentwert   –
G_w Grundwert   –

Prozentwert

$$P_w = \frac{G_w \cdot P_s}{100\,\%}$$

Zinsrechnung

K_0	Anfangskapital	EUR (€)
K_t	Endkapital	EUR (€)
Z	Zinsen	EUR (€)
p	Zinssatz pro Jahr	%/a
t	Laufzeit in Tagen, Verzinsungszeit	d

1 Zinsjahr (1 a) = 360 Tage (360 d)
360 d = 12 Monate
1 Zinsmonat = 30 Tage

Zins

$$Z = \frac{K_0 \cdot p \cdot t}{100\,\% \cdot 360}$$

Zinseszinsrechnung bei Einmalzahlung

K_0	Anfangskapital	EUR (€)
K_n	Endkapital	EUR (€)
Z	Zinsen	EUR (€)

n	Laufzeit in Jahren	a
q	Aufzinsungsfaktor	–
p	Zinssatz pro Jahr	%

Endkapital

$$K_n = K_0 \cdot q^n$$

Aufzinsungsfaktor

$$q = 1 + \frac{p}{100\,\%}$$

Längen

Teilung von Längen

Randabstand = Teilung

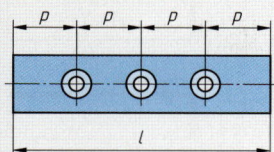

l	Gesamtlänge	mm
p	Teilung	mm
n	Anzahl der Bohrungen, Sägeschnitte …	–

Teilung

$$p = \frac{l}{n+1}$$

$$l = p \cdot (n+1)$$

Randabstand ≠ Teilung

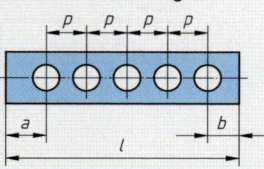

l	Gesamtlänge	mm
p	Teilung	mm
n	Anzahl der Bohrungen, Sägeschnitte …	–
a, b	Randabstände	mm

Teilung

$$p = \frac{l-(a+b)}{n-1}$$

$$l = p \cdot (n-1) + a + b$$

$$n = \frac{l-(a+b)}{p} + 1$$

Trennen von Teilstücken

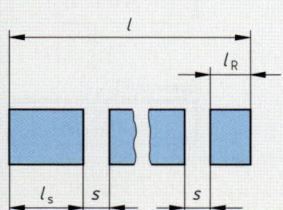

l	Stablänge	mm
l_s	Länge eines Teiles	mm
z	Anzahl der Teile	–
s	Breite der Sägeschnitte	mm
l_R	Restlänge	mm

Anzahl der Teile

$$z = \frac{l}{l_s + s}$$

$$l = z \cdot (l_s + s)$$

Restlänge

$$l_R = l - z \cdot (l_s + s)$$

Gestreckte Länge kreisförmiger Bauteile

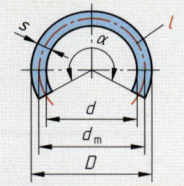

l	gestreckte Länge	mm
d	Innendurchmesser	mm
d_m	mittlerer Durchmesser	mm
D	Außendurchmesser	mm
α	Mittelpunktswinkel	°

Gestreckte Länge

$$l = \frac{\pi \cdot d_m \cdot \alpha}{360°}$$

$$d_m = \frac{D+d}{2}$$

Rohlänge von Schmiede- und Pressstücken

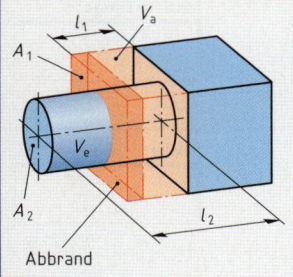

Abbrand

V_a	Volumen des Rohteiles	mm³
V_e	Volumen des Fertigteiles	mm³
A_1	Querschnittsfläche des Rohteiles	mm²
A_2	Querschnittsfläche des Fertigteiles	mm²
l_1	Ausgangslänge der Zugabe	mm
l_2	Länge des angeschmiedeten Teiles	mm
q	Zuschlagfaktor für Abbrand oder Gratverluste	–

Volumen ohne Abbrand

$$V_a = V_e$$

Volumen mit Abbrand

$$V_a = V_e + q \cdot V_e$$

$$V_a = V_e \cdot (1 + q)$$

$$A_1 \cdot l_1 = A_2 \cdot l_2 \cdot (1 + q)$$

Flächen

Quadrat

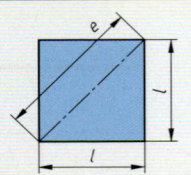

A	Fläche	mm²
l	Seitenlänge	mm
e	Eckenmaß	mm

Fläche

$$A = l^2$$

$$l = \sqrt{A}$$

Eckenmaß

$$e = \sqrt{2} \cdot l$$

Rhombus (Raute)

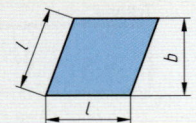

A	Fläche	mm²
l	Seitenlänge	mm
b	Breite	mm

Fläche

$$A = l \cdot b$$

$$l = \frac{A}{b}$$

Rechteck

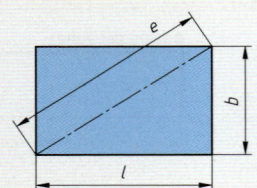

A	Fläche	mm²
l	Länge	mm
b	Breite	mm
e	Eckenmaß	mm

Fläche

$$A = l \cdot b$$

$$l = \frac{A}{b}$$

Eckenmaß

$$e = \sqrt{l^2 + b^2}$$

Rhomboid (Parallelogramm)

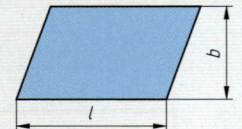

A	Fläche	mm²
l	Länge	mm
b	Breite	mm

Fläche

$$A = l \cdot b$$

$$l = \frac{A}{b}$$

Trapez

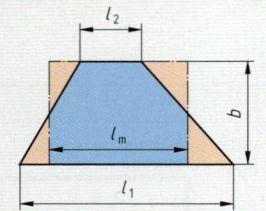

A	Fläche	mm²
l_1	große Länge	mm
l_2	kleine Länge	mm
l_m	mittlere Länge	mm
b	Breite	mm

Fläche

$$A = \frac{l_1 + l_2}{2} \cdot b$$

$$A = l_m \cdot b$$

Mittlere Länge

$$l_m = \frac{l_1 + l_2}{2}$$

Dreieck

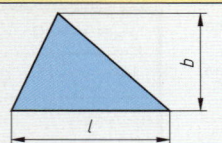

A	Fläche	mm²
l	Seitenlänge	mm
b	Breite	mm

Fläche

$$A = \frac{l \cdot b}{2}$$

$$l = \frac{2 \cdot A}{b} \qquad b = \frac{2 \cdot A}{l}$$

Flächen

Gleichseitiges Dreieck

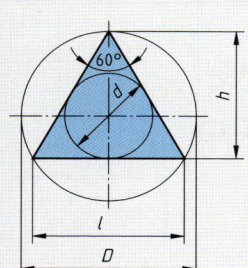

A Fläche mm²
l Seitenlänge mm
D Durchmesser des Umkreises mm
d Durchmesser des Inkreises mm
h Höhe mm

Durchmesser des Umkreises

$$D = \frac{2}{3} \cdot \sqrt{3} \cdot l = 2 \cdot d$$

Fläche

$$A = \frac{1}{4} \cdot \sqrt{3} \cdot l^2$$

Durchmesser des Inkreises

$$d = \frac{1}{3} \cdot \sqrt{3} \cdot l = \frac{D}{2}$$

Höhe

$$h = \frac{1}{2} \cdot \sqrt{3} \cdot l$$

Regelmäßiges Vieleck

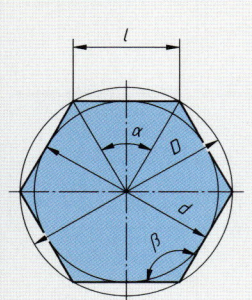

A Fläche mm²
l Seitenlänge mm
D Durchmesser des Umkreises mm
d Durchmesser des Inkreises mm
n Eckenzahl –
α Mittelpunktswinkel °
β Eckenwinkel °

Mittelpunktswinkel

$$\alpha = \frac{360°}{n}$$

Fläche

$$A = \frac{n \cdot l \cdot d}{4}$$

Eckenwinkel

$$\beta = 180° - \alpha$$

Seitenlänge

$$l = D \cdot \sin\left(\frac{180°}{n}\right)$$

Durchmesser des Inkreises

$$d = \sqrt{D^2 - l^2}$$

Kreis

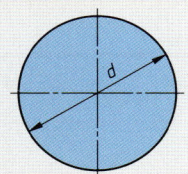

A Fläche mm²
d Durchmesser mm
U Umfang mm

Umfang

$$U = \pi \cdot d$$

$$d = \frac{U}{\pi}$$

Fläche

$$A = \frac{\pi \cdot d^2}{4}$$

$$d = \sqrt{\frac{4 \cdot A}{\pi}}$$

Kreisausschnitt

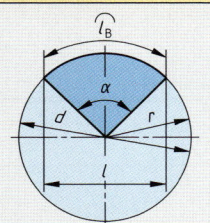

A Fläche mm²
d Durchmesser mm
l_B Bogenlänge mm
l Sehnenlänge mm
r Radius mm
α Mittelpunktswinkel °

Sehnenlänge

$$l = 2 \cdot r \cdot \sin\frac{\alpha}{2}$$

Bogenlänge

$$l_B = \frac{\pi \cdot r \cdot \alpha}{180°}$$

Fläche

$$A = \frac{\pi \cdot d^2}{4} \cdot \frac{\alpha}{360°}$$

$$A = \frac{l_B \cdot r}{2}$$

Flächen

Kreisabschnitt

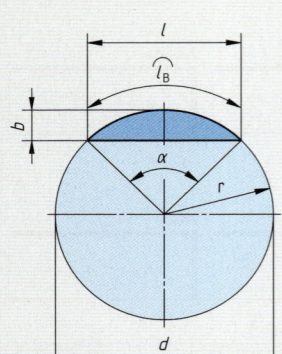

A	Fläche	mm²
d	Durchmesser	mm
r	Radius	mm
l_B	Bogenlänge	mm
l	Sehnenlänge	mm
b	Breite	mm
α	Mittelpunkts-winkel	°

Fläche

$$A = \frac{\pi \cdot d^2}{4} \cdot \frac{\alpha}{360°} - \frac{l \cdot (r-b)}{2}$$

$$A = \frac{l_B \cdot r - l \cdot (r-b)}{2}$$

Bogenlänge

$$l_B = \frac{\pi \cdot r \cdot \alpha}{180°}$$

Breite

$$b = \frac{l}{2} \cdot \tan\frac{\alpha}{4}$$

$$b = r - \sqrt{r^2 - \frac{l^2}{4}}$$

Sehnenlänge

$$l = 2 \cdot r \cdot \sin\frac{\alpha}{2}$$

$$l = 2 \cdot \sqrt{b \cdot (2 \cdot r - b)}$$

Radius

$$r = \frac{b}{2} + \frac{l^2}{8 \cdot b}$$

Kreisring

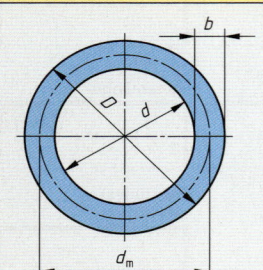

A	Fläche	mm²
D	Außen-durchmesser	mm
d	Innen-durchmesser	mm
d_m	mittlerer Durchmesser	mm
b	Breite	mm

Fläche

$$A = \pi \cdot d_m \cdot b$$

$$A = \frac{\pi}{4} \cdot (D^2 - d^2)$$

$$D = \sqrt{\frac{4 \cdot A}{\pi} + d^2}$$

Kreisringausschnitt

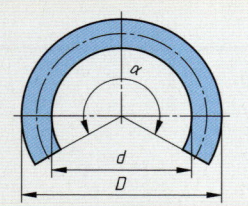

A	Fläche	mm²
D	Außen-durchmesser	mm
d	Innen-durchmesser	mm
α	Mittelpunkts-winkel	°

Fläche

$$A = \frac{\pi \cdot \alpha}{4 \cdot 360°} \cdot (D^2 - d^2)$$

Zusammengesetzte Flächen

Beispiel: 3 Teilflächen

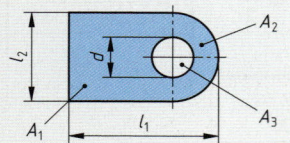

Die Gesamtfläche erhält man durch Addieren bzw. Subtrahieren der Teilflächen.

A	Gesamtfläche	mm²
A_1, A_2, A_3	Teilflächen	mm²
l_1, l_2	Längen	mm
d	Durchmesser	mm

Gesamtfläche

$$A = A_1 + A_2 - A_3$$

Volumen, Oberfläche

Würfel

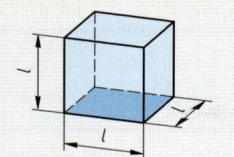

V	Volumen
A_O	Oberfläche
l	Seitenlänge

mm³
mm²
mm

Volumen

$$V = l^3$$

Oberfläche

$$A_O = 6 \cdot l^2$$

$$l = \sqrt[3]{V}$$

$$l = \sqrt{\frac{A_O}{6}}$$

Vierkantprisma, Quader

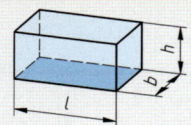

V	Volumen	mm³
A_O	Oberfläche	mm²
l	Seitenlänge	mm
h	Höhe	mm
b	Breite	mm

Volumen

$$V = l \cdot b \cdot h$$

Oberfläche

$$A_O = 2 \cdot (l \cdot b + l \cdot h + b \cdot h)$$

Zylinder

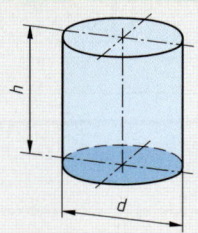

V	Volumen	mm³
A_O	Oberfläche	mm²
A_M	Mantelfläche	mm²
d	Durchmesser	mm
h	Höhe	mm

Mantelfläche

$$A_M = \pi \cdot d \cdot h$$

Volumen

$$V = \frac{\pi \cdot d^2}{4} \cdot h$$

Oberfläche

$$A_O = \pi \cdot d \cdot h + 2 \cdot \frac{\pi \cdot d^2}{4}$$

Hohlzylinder

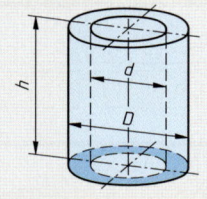

V	Volumen	mm³
A_O	Oberfläche	mm²
D, d	Durchmesser	mm
h	Höhe	mm

Volumen

$$V = \frac{\pi \cdot h}{4} \cdot (D^2 - d^2)$$

Oberfläche

$$A_O = \pi \cdot (D + d) \cdot \left[\frac{1}{2} \cdot (D - d) + h \right]$$

Pyramide

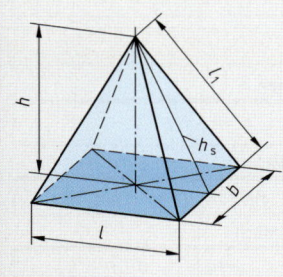

V	Volumen	mm³
h	Höhe	mm
h_s	Mantelhöhe	mm
l	Seitenlänge	mm
l_1	Kantenlänge	mm
b	Breite	mm

Volumen

$$V = \frac{l \cdot b \cdot h}{3}$$

Kantenlänge

$$l_1 = \sqrt{h_s^2 + \frac{b^2}{4}}$$

Mantelhöhe

$$h_s = \sqrt{h^2 + \frac{l^2}{4}}$$

Volumen, Oberfläche

Pyramidenstumpf

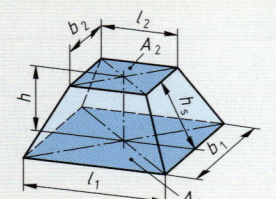

V	Volumen	mm³
A_1	Grundfläche	mm²
A_2	Deckfläche	mm²
h	Höhe	mm
h_s	Mantelhöhe	mm
l_1, l_2	Seitenlänge	mm
b_1, b_2	Breite	mm

Volumen

$$V = \frac{h}{3} \cdot (A_1 + A_2 + \sqrt{A_1 \cdot A_2})$$

Mantelhöhe

$$h_s = \sqrt{h^2 + \left(\frac{l_1 - l_2}{2}\right)^2}$$

Kegel

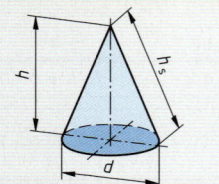

V	Volumen	mm³
A_M	Mantelfläche	mm²
d	Durchmesser	mm
h	Höhe	mm
h_s	Mantelhöhe	mm

Volumen

$$V = \frac{\pi \cdot d^2}{4} \cdot \frac{h}{3}$$

Mantelfläche

$$A_M = \frac{\pi \cdot d \cdot h_s}{2}$$

Mantelhöhe

$$h_s = \sqrt{\frac{d^2}{4} + h^2}$$

Kegelstumpf

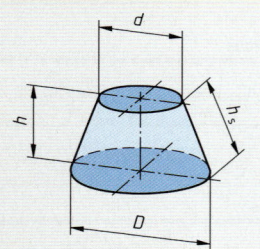

V	Volumen	mm³
A_M	Mantelfläche	mm²
D	großer Durchmesser	mm
d	kleiner Durchmesser	mm
h	Höhe	mm
h_s	Mantelhöhe	mm

Volumen

$$V = \frac{\pi \cdot h}{12} \cdot (D^2 + d^2 + D \cdot d)$$

Mantelfläche

$$A_M = \frac{\pi \cdot h_s}{2} \cdot (D + d)$$

Mantelhöhe

$$h_s = \sqrt{h^2 + \left(\frac{D-d}{2}\right)^2}$$

Kugel

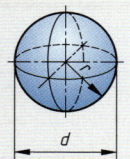

V	Volumen	mm³
A_O	Oberfläche	mm²
d	Kugeldurchmesser	mm

Volumen

$$V = \frac{\pi \cdot d^3}{6}$$

Oberfläche

$$A_O = \pi \cdot d^2$$

Kugelabschnitt

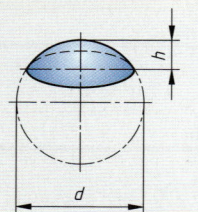

V	Volumen	mm³
A_M	Mantelfläche	mm²
A_O	Oberfläche	mm²
d	Kugeldurchmesser	mm
d_1	kleiner Durchmesser	mm
h	Höhe	mm

Volumen

$$V = \pi \cdot h^2 \cdot \left(\frac{d}{2} - \frac{h}{3}\right)$$

Oberfläche

$$A_O = \pi \cdot h \cdot (2 \cdot d - h)$$

Mantelfläche

$$A_M = \pi \cdot d \cdot h$$

Volumen, Masse

Volumen zusammengesetzter Körper

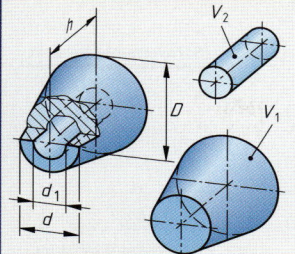

Zusammengesetzte Körper werden zur Berechnung des Gesamtvolumens in Teilvolumen zerlegt.

V Gesamtvolumen mm^3
$V_1, V_2, V_3 ...$ Teilvolumen mm^3

Gesamtvolumen

$$V = V_1 + V_2 + ... - V_3 - V_4$$

Masse, allgemein

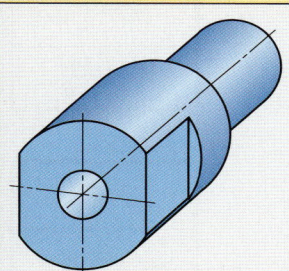

Die Masse eines Körpers wird aus seinem Volumen und seiner Dichte berechnet.

m Masse   kg
V Volumen dm^3
ϱ Dichte kg/dm^3

Umrechnung der Einheiten:

$$1\,\frac{t}{m^3} = 1\,\frac{kg}{dm^3} = 1\,\frac{g}{cm^3} = 1\,\frac{mg}{mm^3}$$

Werte für die Dichte siehe Tabellenbuch.

Masse

$$m = V \cdot \varrho$$

$$V = \frac{m}{\varrho}$$

Längenbezogene Masse

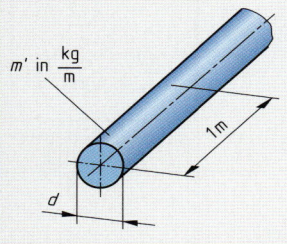

m' in $\frac{kg}{m}$

Die Masse von Profilen, Rohren oder Drähten kann auch mit Hilfe von Tabellenwerten für die längenbezogene Masse m′ berechnet werden.

m Masse   kg
m' längenbezogene Masse   kg/m
l Länge   m

Werte für die längenbezogene Masse m′ siehe Tabellenbuch.

Masse

$$m = m' \cdot l$$

$$m' = \frac{m}{l}$$

Flächenbezogene Masse

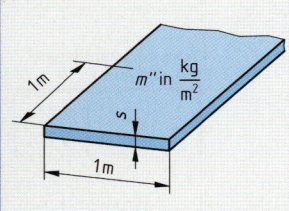

m'' in $\frac{kg}{m^2}$

Die Masse von Blechen, Folien oder Belägen kann auch mit Hilfe von Tabellenwerten für die flächenbezogene Masse m″ berechnet werden.

m Masse   kg
m'' flächenbezogene Masse kg/m^2
A Fläche m^2

Werte für die flächenbezogene Masse m″ siehe Tabellenbuch.

Masse

$$m = m'' \cdot A$$

$$m'' = \frac{m}{A}$$

Linienschwerpunkt

Strecke

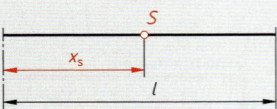

x_s	Schwerpunktabstand	mm
l	Länge	mm
S	Schwerpunkt der Strecke	–

Schwerpunktabstand

$$x_s = \frac{l}{2}$$

Kreisbogen

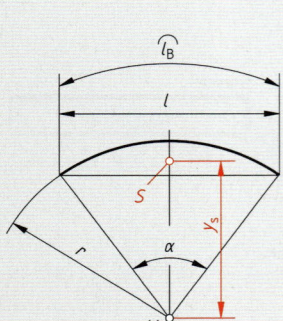

y_s	Schwerpunktabstand	mm
l	Sehnenlänge	mm
l_B	Bogenlänge	mm
r	Radius	mm
α	Mittelpunktswinkel	°

Schwerpunktabstand, allgemein

$$y_s = \frac{r \cdot l}{l_B}$$

$$y_s = \frac{l \cdot 180°}{\pi \cdot \alpha}$$

Sehnenlänge

$$l = 2 \cdot r \cdot \sin \frac{\alpha}{2}$$

Bogenlänge

$$l_B = \frac{\pi \cdot r \cdot \alpha}{180°}$$

Halbkreisbogen

$$y_s = \frac{2 \cdot r}{\pi}$$

$$y_s \approx 0{,}6366 \cdot r$$

Viertelkreisbogen

$$y_s = \frac{\sqrt{2} \cdot 2 \cdot r}{\pi}$$

$$y_s \approx 0{,}9003 \cdot r$$

Zusammengesetzter Linienzug

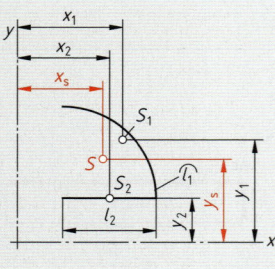

y_s	Schwerpunktabstand	mm
$y_1, y_2 \dots$	Abstände in Y-Richtung	mm
x_s	Schwerpunktabstand	mm
$x_1, x_2 \dots$	Abstände in X-Richtung	mm
$l_1, l_2 \dots$	Längen	mm
$S_1, S_2 \dots S$	Schwerpunkte der Linien	–

Schwerpunktabstand in Y-Richtung

$$y_s = \frac{l_1 \cdot y_1 + l_2 \cdot y_2}{l_1 + l_2}$$

Schwerpunktabstand in X-Richtung

$$x_s = \frac{l_1 \cdot x_1 + l_2 \cdot x_2}{l_1 + l_2}$$

Flächenschwerpunkt

Rechteck, Quadrat

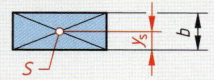

y_s Schwerpunktabstand   mm
b Breite, Höhe   mm
S Schwerpunkt der Strecke   –

Schwerpunktabstand

$$y_\mathrm{s} = \frac{b}{2}$$

Dreieck

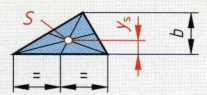

y_s Schwerpunktabstand   mm
b Breite, Höhe   mm

Schwerpunktabstand

$$y_\mathrm{s} = \frac{b}{3}$$

Kreisabschnitt

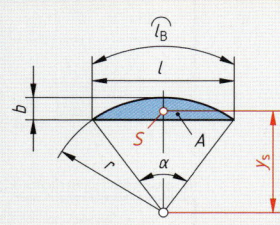

y_s Schwerpunktabstand   mm
l Sehnenlänge   mm
l_B Bogenlänge   mm
r Radius   mm
A Fläche   mm^2
α Mittelpunktswinkel   °

Schwerpunktabstand

$$y_\mathrm{s} = \frac{l^3}{12 \cdot A}$$

Sehnenlänge

$$l = 2 \cdot r \cdot \sin\frac{\alpha}{2}$$

Bogenlänge

$$l_\mathrm{B} = \frac{\pi \cdot r \cdot \alpha}{180°}$$

Fläche

$$A = \frac{l_\mathrm{B} \cdot r - l \cdot (r - b)}{2}$$

Kreisausschnitt

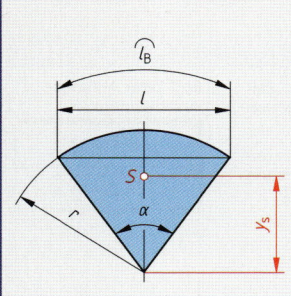

y_s Schwerpunktabstand   mm
l Sehnenlänge   mm
l_B Bogenlänge   mm
r Radius   mm
α Mittelpunktswinkel   °

Schwerpunktabstand

$$y_\mathrm{s} = \frac{2 \cdot r \cdot l}{3 \cdot l_\mathrm{B}}$$

Sehnenlänge

$$l = 2 \cdot r \cdot \sin\frac{\alpha}{2}$$

Bogenlänge

$$l_\mathrm{B} = \frac{\pi \cdot r \cdot \alpha}{180°}$$

Halbkreisfläche

$$y_\mathrm{s} = \frac{4 \cdot r}{3 \cdot \pi}$$

$$y_\mathrm{s} \approx 0{,}4244 \cdot r$$

Viertelkreisfläche

$$y_\mathrm{s} = \frac{\sqrt{2} \cdot 4 \cdot r}{3 \cdot \pi}$$

$$y_\mathrm{s} \approx 0{,}6002 \cdot r$$

Sechstelkreisfläche

$$y_\mathrm{s} = \frac{2 \cdot r}{\pi}$$

$$y_\mathrm{s} \approx 0{,}6366 \cdot r$$

Zusammengesetzte Fläche

Beispiel: 2 Flächen

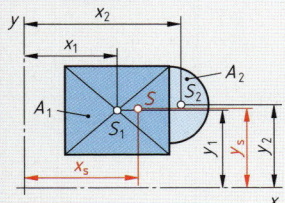

y_s Schwerpunktabstand   mm
$y_1, y_2 \dots$ Abstände in Y-Richtung   mm
x_s Schwerpunktabstand   mm
$x_1, x_2 \dots$ Abstände in X-Richtung   mm
$A_1, A_2 \dots$ Teilflächen   mm^2
$S_1, S_2 \dots S$ Schwerpunkte der Flächen   –

Schwerpunktabstand in Y-Richtung

$$y_\mathrm{s} = \frac{A_1 \cdot y_1 + A_2 \cdot y_2}{A_1 + A_2}$$

Schwerpunktabstand in X-Richtung

$$x_\mathrm{s} = \frac{A_1 \cdot x_1 + A_2 \cdot x_2}{A_1 + A_2}$$

Gleichförmige und gleichförmig beschleunigte Bewegung

Gleichförmige Bewegung

Geradlinige Bewegung

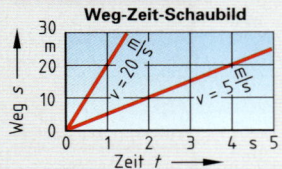

Weg-Zeit-Schaubild

v Geschwindigkeit   m/s
s Weg   m
t Zeit   s

$$1\,\frac{m}{min} = \frac{1}{60}\,\frac{m}{s} = 0,06\,\frac{km}{h}$$

$$1\,\frac{m}{s} = 60\,\frac{m}{min} = 3,6\,\frac{km}{h}$$

Geschwindigkeit

$$v = \frac{s}{t}$$

$$t = \frac{s}{v} \qquad s = v \cdot t$$

Kreisförmige Bewegung

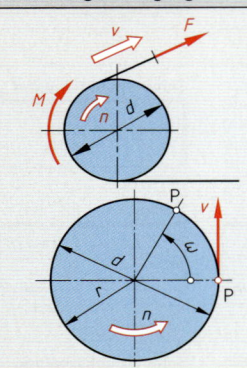

v Umfangsgeschwindigkeit   m/s
ω Winkelgeschwindigkeit   1/s
n Drehzahl, Drehfrequenz   1/s
r Radius   m
d Durchmesser   m

Drehzahl

$$\frac{1}{min} = \frac{1}{60\,s}; \quad \frac{1}{s} = \frac{60}{min}$$

Umfangsgeschwindigkeit

$$1\,\frac{m}{min} = \frac{1}{60}\,\frac{m}{s}$$

$$1\,\frac{m}{s} = 60\,\frac{m}{min}$$

Umfangsgeschwindigkeit

$$v = \pi \cdot d \cdot n$$

$$v = \omega \cdot r$$

$$d = \frac{v}{\pi \cdot n} \qquad n = \frac{v}{\pi \cdot d}$$

Winkelgeschwindigkeit

$$\omega = 2 \cdot \pi \cdot n$$

$$n = \frac{\omega}{2 \cdot \pi}$$

Gleichförmig beschleunigte Bewegung

Geradlinig beschleunigte Bewegung

Geschwindigkeit-Zeit-Schaubild

Die Zunahme der Geschwindigkeit je Zeiteinheit heißt Beschleunigung, die Abnahme Verzögerung.

Die Formeln gelten für die Beschleunigung aus dem Stillstand oder die Verzögerung bis zum Stillstand.

v Endgeschwindigkeit bei Beschleunigung oder Anfangsgeschwindigkeit bei Verzögerung   m/s
s Beschleunigungs- oder Verzögerungsweg   m
a Beschleunigung oder Verzögerung   m/s^2
t Beschleunigungs- oder Verzögerungszeit   s
g Fallbeschleunigung   m/s^2

Der freie Fall ist eine gleichförmig beschleunigte Bewegung, bei der die Fallbeschleunigung g wirksam ist.

$$g = 9,81\,\frac{m}{s^2} \approx 10\,\frac{m}{s^2}$$

End- oder Anfangsgeschwindigkeit

$$v = a \cdot t$$

$$v = \sqrt{2 \cdot a \cdot s}$$

$$a = \frac{v}{t} \qquad t = \frac{v}{a}$$

$$a = \frac{v^2}{2 \cdot s} \qquad s = \frac{v^2}{2 \cdot a}$$

Beschleunigungs- oder Verzögerungsweg

$$s = \frac{1}{2} \cdot v \cdot t$$

$$s = \frac{1}{2} \cdot a \cdot t^2$$

$$v = \frac{2 \cdot s}{t} \qquad t = \frac{2 \cdot s}{v}$$

$$a = \frac{2 \cdot s}{t^2} \qquad t = \sqrt{\frac{2 \cdot s}{a}}$$

Weg-Zeit-Schaubild

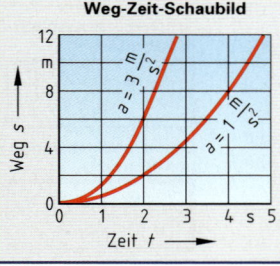

Geschwindigkeiten an Maschinen

Vorschubgeschwindigkeit

Drehen, Bohren

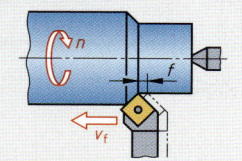

v_f	Vorschubgeschwindigkeit	mm/min
f	Vorschub	mm
n	Drehzahl	1/min

Vorschubgeschwindigkeit

$$v_f = n \cdot f$$

$$f = \frac{v_f}{n}$$

Fräsen

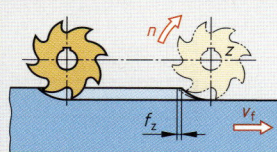

v_f	Vorschubgeschwindigkeit	mm/min
f_z	Vorschub je Schneide	mm
n	Drehzahl	1/min
z	Anzahl der Schneiden	–

Vorschubgeschwindigkeit

$$v_f = n \cdot f_z \cdot z$$

$$f_z = \frac{v_f}{n \cdot z}$$

Schleifen

Längsrundschleifen

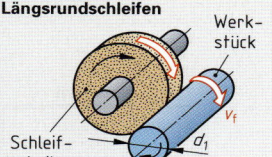

Werkstück
Schleifscheibe

v_f	Vorschubgeschwindigkeit	mm/min
d_1	Durchmesser des Werkstücks	mm
n	Drehzahl des Werkstücks	1/min

Vorschubgeschwindigkeit

$$v_f = \pi \cdot d_1 \cdot n$$

$$n = \frac{v_f}{\pi \cdot d_1}$$

Planschleifen

Schleifscheibe
Werkstück

v_f	Vorschubgeschwindigkeit	mm/min
L	Vorschubweg	mm
n_H	Hubzahl (Einzelhübe)	1/min

Vorschubgeschwindigkeit

$$v_f = L \cdot n_H$$

$$n_H = \frac{v_f}{L}$$

Gewindetrieb

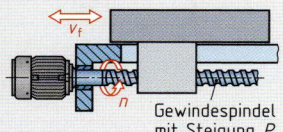

Gewindespindel mit Steigung P

v_f	Vorschubgeschwindigkeit	mm/min
P	Gewindesteigung	mm
n	Drehzahl der Gewindespindel	1/min

Vorschubgeschwindigkeit

$$v_f = n \cdot P$$

$$n = \frac{v_f}{P}$$

Zahnstangentrieb

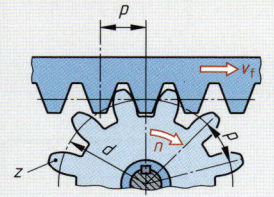

v_f	Vorschubgeschwindigkeit	mm/min
z	Zähnezahl des Ritzels	–
p	Zahnteilung	mm
n	Drehzahl des Ritzels	1/min
d	Teilkreisdurchmesser des Ritzels	mm

Vorschubgeschwindigkeit

$$v_f = n \cdot z \cdot p$$

$$v_f = \pi \cdot d \cdot n$$

$$n = \frac{v_f}{p \cdot z} \qquad n = \frac{v_f}{\pi \cdot d}$$

Geschwindigkeiten an Maschinen, Kräfte

Schnittgeschwindigkeit

Drehen

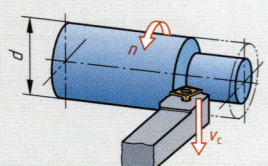

v_c	Schnittgeschwindigkeit	m/min
n	Drehzahl	1/min
d	Durchmesser (Drehen)	m
	Scheibendurchmesser (Schleifen)	
	Bohrerdurchmesser (Bohren)	
	Fräserdurchmesser (Fräsen)	

Schnittgeschwindigkeit

$$v_c = \pi \cdot d \cdot n$$

$$n = \frac{v_c}{\pi \cdot d} \qquad d = \frac{v_c}{\pi \cdot n}$$

Umfangsgeschwindigkeit

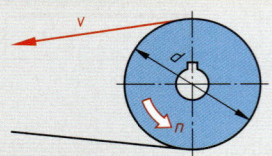

v	Umfangsgeschwindigkeit	m/min
n	Drehzahl	1/min
d	Durchmesser	m

Umfangsgeschwindigkeit

$$v = \pi \cdot d \cdot n$$

$$n = \frac{v_c}{\pi \cdot d} \qquad d = \frac{v}{\pi \cdot n}$$

Mittlere Geschwindigkeit bei Kurbeltrieben

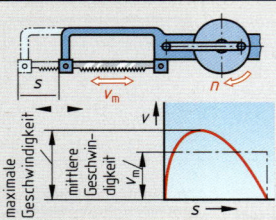

v_m	Mittlere Geschwindigkeit	m/min
n	Anzahl der Doppelhübe	1/min
s	Hublänge	m

Mittlere Geschwindigkeit

$$v_m = 2 \cdot s \cdot n$$

$$n = \frac{v_m}{2 \cdot s} \qquad s = \frac{v_m}{2 \cdot n}$$

Kräfte

Darstellen von Kräften

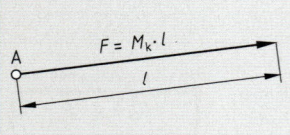

F	Kraft	N
l	Pfeillänge	mm
M_k	Kräftemaßstab	N/mm

Die Einheit der Kraft ist 1 Newton (1 N).

$$1\,N = 1\,kg \cdot 1\,\frac{m}{s^2} = 1\,\frac{kg \cdot m}{s^2}$$

Pfeillänge

$$l = \frac{F}{M_k}$$

$$M_k = \frac{F}{l} \qquad F = M_k \cdot l$$

Addieren von Kräften auf gleicher Wirkungslinie

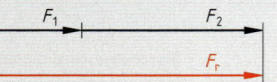

F_1, F_2	Teilkräfte	N
F_r	Resultierende	N

Resultierende

$$F_r = F_1 + F_2$$

Subtrahieren von Kräften auf gleicher Wirkungslinie

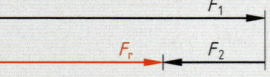

F_1, F_2	Teilkräfte	N
F_r	Resultierende	N

Resultierende

$$F_r = F_1 - F_2$$

Kräfte

Zusammensetzen von Kräften auf verschiedenen Wirkungslinien

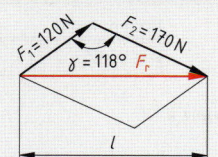

F_1, F_2	Teilkräfte	N
F_r	Resultierende	N
l	Pfeillänge	mm
M_k	Kräftemaßstab	N/mm

Resultierende

$$F_r = M_k \cdot l$$

Die Resultierende entspricht der Diagonalen im Kräfteparallelogramm.

Zerlegen in Kräfte auf verschiedenen Wirkungslinien

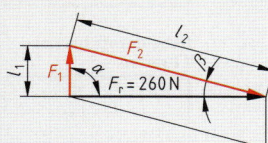

F_1, F_2	Teilkräfte	N
F_r	Resultierende	N
l_1, l_2	Pfeillängen	mm
M_k	Kräftemaßstab	N/mm

Teilkräfte

$$F_1 = M_k \cdot l_1$$

$$F_2 = M_k \cdot l_2$$

Die Teilkräfte entsprechen den Seiten des Kräfteparallelogramms.

Kräfte bei Beschleunigung und Verzögerung

F	Beschleunigungskraft	N
m	Masse	kg
a	Beschleunigung oder Verzögerung	m/s²

$$1 \, \frac{m}{s^2} = \frac{1 \, m/s}{1 \, s}$$

Beschleunigungskraft

$$F = m \cdot a$$

$$a = \frac{F}{m} \qquad m = \frac{F}{a}$$

Gewichtskraft

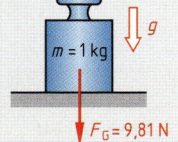

F_G, G	Gewichtskraft	N
m	Masse	kg
g	Fallbeschleunigung	m/s²

$$g = 9{,}81 \, \frac{m}{s^2} \approx 10 \, \frac{m}{s^2}$$

Gewichtskraft

$$F_G = m \cdot g$$

$$m = \frac{F_G}{g}$$

Federkraft

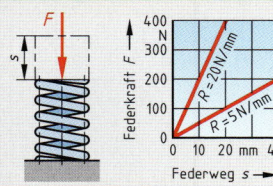

F	Federkraft	N
R	Federrate	N/mm
s	Federweg	mm

Federkraft

$$F = R \cdot s$$

$$R = \frac{F}{s} \qquad s = \frac{F}{R}$$

Fliehkraft

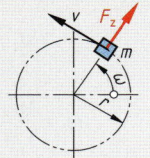

F_z	Fliehkraft	N
m	Masse	kg
r	Radius	m
ω	Winkelgeschwindigkeit	1/s
v	Umfangsgeschwindigkeit	m/s

Fliehkraft

$$F_Z = m \cdot r \cdot \omega^2$$

$$F_Z = \frac{m \cdot v^2}{r}$$

Umfangsgeschwindigkeit: Seite 16, 18

Hebel und Drehmoment

Hebel und Drehmoment

einseitiger Hebel

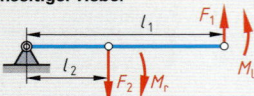

zweiseitiger Hebel

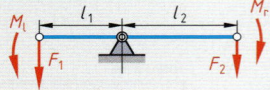

Winkelhebel

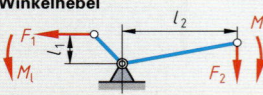

M	Drehmoment	$N \cdot m$
l	wirksame Hebellänge	m
F	Kraft	N
ΣM_l	Summe aller linksdrehenden Momente	$N \cdot m$
ΣM_r	Summe aller rechtsdrehenden Momente	$N \cdot m$

Die wirksame Hebellänge l ist der rechtwinklige Abstand zwischen dem Drehpunkt des Hebels und der Wirkungslinie der Kraft. Bei scheibenförmigen drehbaren Teilen entspricht die Hebellänge dem Radius r.

Drehmoment

$$M = F \cdot l$$

$$F = \frac{M}{l} \qquad l = \frac{M}{F}$$

Hebelgesetz

$$\Sigma M_l = \Sigma M_r$$

Hebelgesetz bei nur 2 Kräften

$$F_1 \cdot l_1 = F_2 \cdot l_2$$

$$F_1 = \frac{F_2 \cdot l_2}{l_1} \qquad F_2 = \frac{F_1 \cdot l_1}{l_2}$$

Auflagerkräfte

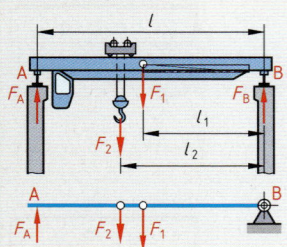

Zur Berechnung der Auflagerkräfte nimmt man einen der Auflagerpunkte als Drehpunkt (z. B. in B) an und berechnet die Auflagerkraft an dem anderen Auflagerpunkt (z. B. in A).

F_A, F_B	Auflagerkräfte	N
F_1, F_2	Kräfte	N
l, l_1, l_2	wirksame Hebellängen	m

Auflagerkraft in A

$$F_A = \frac{F_1 \cdot l_1 + F_2 \cdot l_2 \dots}{l}$$

$$F_A + F_B = F_1 + F_2 \dots$$

$$F_B = F_A - F_1 - F_2 - \dots$$

Drehmoment bei Zahnrädertrieben

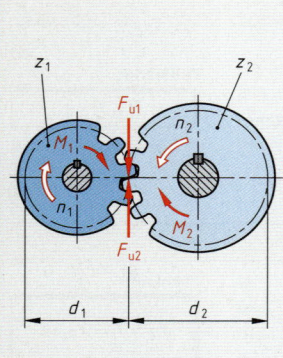

treibendes Rad:

F_{u1}	Umfangskraft	N
M_1	Drehmoment	$N \cdot m$
d_1	Teilkreisdurchmesser	m
z_1	Zähnezahl	–
n_1	Drehzahl	$1/min$

getriebenes Rad:

F_{u2}	Umfangskraft	N
M_2	Drehmoment	$N \cdot m$
d_2	Teilkreisdurchmesser	m
z_2	Zähnezahl	–
n_2	Drehzahl	$1/min$

Für beide Räder:

i	Übersetzungsverhältnis (Seite 35)	–

Drehmoment

$$M_1 = \frac{F_{u1} \cdot d_1}{2}$$

$$M_2 = \frac{F_{u2} \cdot d_2}{2}$$

$$M_2 = i \cdot M_1$$

$$\frac{M_2}{M_1} = \frac{z_2}{z_1}$$

$$\frac{M_2}{M_1} = \frac{n_1}{n_2}$$

$$M_1 = \frac{M_2 \cdot z_1}{z_2}$$

$$M_2 = \frac{M_1 \cdot z_2}{z_1}$$

Arbeit, Energie, Goldene Regel der Mechanik

Mechanische Arbeit, Hubarbeit und Reibungsarbeit

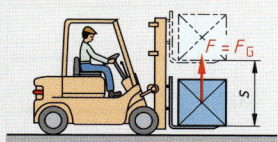

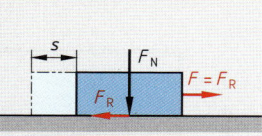

Arbeit wird verrichtet, wenn eine Kraft längs eines Weges wirkt.

F	Kraft in Wegrichtung	N
F_G, G	Gewichtskraft	N
F_R	Reibungskraft	N
W	Arbeit	J
s	Kraftweg	m
s, h	Hubhöhe	m

$$1\,J = 1\,N \cdot 1\,m = 1\,W \cdot s = 1\,\frac{kg \cdot m^2}{s^2}$$

Arbeit

$$W = F \cdot s$$

$$F = \frac{W}{s} \qquad s = \frac{W}{F}$$

Hubarbeit

$$W = F_G \cdot h$$

$$F_G = \frac{W}{h} \qquad h = \frac{W}{F_G}$$

Reibungsarbeit

$$W = \mu \cdot F_N \cdot s$$

Potenzielle Energie

Lageenergie   Federenergie

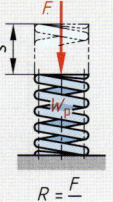

$$R = \frac{F}{s}$$

Potenzielle Energie ist gespeicherte Arbeit (Lageenergie, Federenergie).

E_p, W_p	potenzielle Energie	J
F_G, G	Gewichtskraft	N
F	Kraft	N
R	Federrate	N/m
s, h	Weg, Hub- oder Fallhöhe, Federweg	m

$$1\,N/mm = 1000\,N/m$$

Lageenergie

$$W_p = F \cdot s$$

$$F = \frac{W_p}{s} \qquad s = \frac{W_p}{F}$$

Energie der Feder

$$W_p = \frac{R \cdot s^2}{2}$$

Kinetische Energie

Kinetische Energie ist Energie der Bewegung.

E_k, W_k	kinetische Energie	J
v	Geschwindigkeit	m/s
m	Masse	kg

Kinetische Energie

$$W_k = \frac{m \cdot v^2}{2}$$

$$m = \frac{2 \cdot W_k}{v^2} \qquad v = \sqrt{\frac{2 \cdot W_k}{m}}$$

Goldene Regel der Mechanik

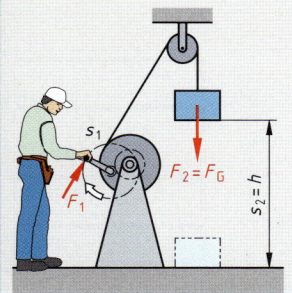

Ohne Berücksichtigung der Reibung gilt: Was an Kraft gewonnen wird, geht an Weg verloren.

W_1	aufgewendete Arbeit	J
F_1	aufgewendete Kraft	N
s_1	Weg der Kraft F_1	m
W_2	abgegebene Arbeit	J
F_2	abgegebene Kraft	N
s_2	Weg der Kraft F_2	m
F_G, G	Gewichtskraft	N
h	Hubhöhe	m
η	Wirkungsgrad	–

„Goldene Regel" der Mechanik

$$W_1 = W_2$$

$$F_1 \cdot s_1 = F_2 \cdot s_2$$

$$F_1 \cdot s_1 = F_G \cdot h$$

Bei Berücksichtigung der Reibung

$$W_1 = \frac{W_2}{\eta}$$

Einfache Maschinen

Feste Rolle[1]

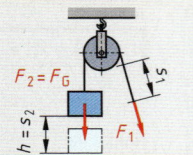

F_1	aufgewendete Kraft	N
s_1	Weg der Kraft F_1	m
F_G, G	Gewichtskraft	N
h	Hubhöhe	m
W_2	abgegebene Arbeit	J

$$F_1 = F_G$$

$$s_1 = h$$

$$W_2 = F_G \cdot h$$

Lose Rolle[1]

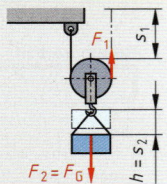

F_1	aufgewendete Kraft	N
s_1	Weg der Kraft F_1	m
F_G, G	Gewichtskraft	N
h	Hubhöhe	m
W_2	abgegebene Arbeit	J

$$F_1 = \frac{F_G}{2}$$

$$s_1 = 2 \cdot h$$

$$W_2 = F_G \cdot h$$

Flaschenzug[1]

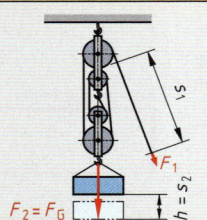

F_1	aufgewendete Kraft	N
s_1	Weg der Kraft F_1	m
F_G, G	Gewichtskraft	N
h	Hubhöhe	m
n	Anzahl der tragenden Seilstränge $\hat{=}$ Anzahl der Rollen	–
W_2	abgegebene Arbeit	J

$$F_1 = \frac{F_G}{n}$$

$$s_1 = n \cdot h$$

$$W_2 = F_G \cdot h$$

Schraube[1]

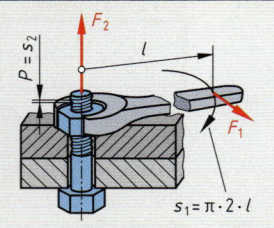

W_1	aufgewendete Arbeit	N·mm
W_2	abgegebene Arbeit	N·mm
F_1	aufgewendete Kraft	N
F_2	abgegebene Kraft	N
s_1	Weg der Kraft F_1	mm
l	Hebellänge	mm
P	Gewindesteigung	mm

Die Berechnung wird stets für eine volle Umdrehung (360°) durchgeführt.

$$F_1 \cdot 2 \cdot \pi \cdot l = F_2 \cdot P$$

$$s_1 = 2 \cdot \pi \cdot l$$

$$W_1 = F_1 \cdot 2 \cdot \pi \cdot l$$

$$W_2 = F_2 \cdot P$$

Keil[1]

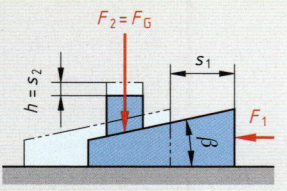

F_1	aufgewendete Kraft	N
F_2	abgegebene Kraft	N
s_1	Weg der Kraft F_1	mm
h	Hubhöhe	mm
β	Neigungswinkel	°
W_2	abgegebene Arbeit	N·mm

$$F_1 \cdot s_1 = F_2 \cdot h$$

$$F_2 = \frac{F_1}{\tan \beta}$$

$$h = s_1 \cdot \tan \beta$$

$$W_2 = F_2 \cdot h$$

[1] Die Formeln gelten für den reibungsfreien Zustand. Bei diesem ist die aufgewendete Arbeit W_1 gleich der abgegebenen Arbeit W_2.

Einfache Maschinen, Reibung

Schiefe Ebene[1]

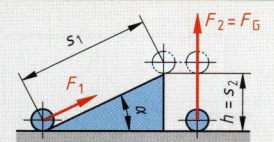

F_1	aufgewendete Kraft	N
s_1	Weg der Kraft F_1	m
F_G, G	Gewichtskraft	N
h	Höhe der schiefen Ebene	m
α	Neigungswinkel	°
W_2	abgegebene Arbeit	J

$$F_1 \cdot s_1 = F_G \cdot h$$

$$F_1 = F_G \cdot \sin\alpha$$

$$W_2 = F_G \cdot h$$

Seilwinde[1]

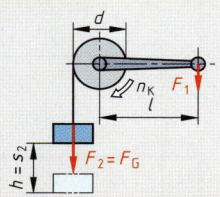

F_1	aufgewendete Kraft	N
F_G, G	Gewichtskraft	N
l	Kurbellänge	m
h	Hubhöhe	m
d	Trommeldurchmesser	m
n_k	Anzahl der Kurbelumdrehungen	–
W_2	abgegebene Arbeit	J

$$F_1 \cdot l = \frac{F_G \cdot d}{2}$$

$$h = \pi \cdot d \cdot n_k$$

$$W_2 = F_G \cdot h$$

Räderwinde[1]

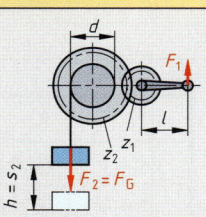

F_1	aufgewendete Kraft	N
F_G, G	Gewichtskraft	N
l	Kurbellänge	m
h	Hubhöhe	m
d	Trommeldurchmesser	m
i	Übersetzungsverhältnis	–
W_2	abgegebene Arbeit	J

$$F_1 \cdot l \cdot i = \frac{F_G \cdot d}{2}$$

$$i = \frac{z_2}{z_1}$$

$$W_2 = F_G \cdot h$$

[1] Die Formeln gelten für den reibungsfreien Zustand. Bei diesem ist die aufgewendete Arbeit W_1 gleich der abgegebenen Arbeit W_2.

Reibungskraft

Haftreibung, Gleitreibung

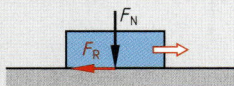

Rollreibung

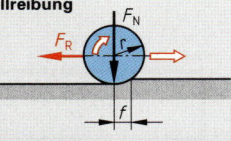

F_N	Normalkraft	N
F_R	Reibungskraft	N
μ	Reibungszahl bei Haft- oder Gleitreibung (Ruhe- oder Bewegungsreibung)	–
f	Rollreibungszahl	mm
r	Radius	mm

μ und f siehe Tabellenbuch Metall

Reibungskraft bei Haft- und Gleitreibung

$$F_R = \mu \cdot F_N$$

$$F_N' = \frac{F_R}{\mu} \qquad \mu = \frac{F_R}{F_N}$$

Reibungskraft bei Rollreibung

$$F_R = \frac{f \cdot F_N}{r}$$

Reibungsmoment und Reibungsleistung in Lagern

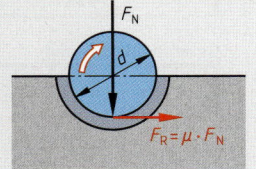

M	Reibungsmoment	N·m
P	Leistung	W
F_N	Normalkraft	N
μ	Reibungszahl	–
d	Durchmesser	m
n	Drehzahl	1/s

$$1\,W = \frac{1\,N \cdot m}{s} = \frac{1\,J}{s}$$

Reibungsmoment

$$M = \frac{\mu \cdot F_N \cdot d}{2}$$

Reibungsleistung

$$P = \mu \cdot F_N \cdot \pi \cdot d \cdot n$$

Leistung und Wirkungsgrad

Leistung bei geradliniger Bewegung

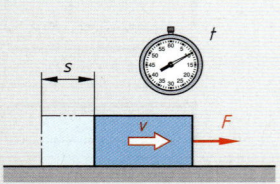

Leistung ist die Arbeit je Zeiteinheit.

P	Leistung	W
W	Arbeit	J
F	Kraft	N
v	Geschwindigkeit	m/s
s	Weg in Kraftrichtung	m
t	Zeit	s

$$1\ W = 1\ \frac{J}{s} = 1\ \frac{N \cdot m}{s}$$

$$1\ kW = 1000\ W = 1{,}36\ PS$$

Hydraulische Leistung: Seite 45

Leistung

$$P = \frac{W}{t}$$

$$W = P \cdot t \qquad t = \frac{W}{P}$$

Leistung

$$P = \frac{F \cdot s}{t}$$

$$F = \frac{P \cdot t}{s} \qquad s = \frac{P \cdot t}{F} \qquad t = \frac{F \cdot s}{P}$$

Leistung

$$P = F \cdot v$$

$$F = \frac{P}{v} \qquad v = \frac{P}{F}$$

Leistung bei kreisförmiger Bewegung

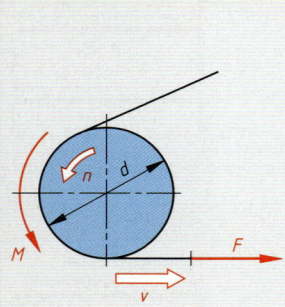

P	Leistung	W
M	Drehmoment	N·m
F	Umfangskraft	N
v	Geschwindigkeit	m/s
s	Weg in Kraftrichtung	m
t	Zeit	s
n	Drehzahl	1/s
ω	Winkelgeschwindigkeit	1/s

$$\frac{1}{min} = 1\ min^{-1} = \frac{1}{60\ s} = 0{,}01667\ s^{-1}$$

Zahlenwertgleichung:
Einsetzen → M in N · m, n in 1/min
Ergebnis → P in kW

Schnittleistung bei Werkzeugmaschinen:
Seite 42

Leistung

$$P = F \cdot v$$

$$P = F \cdot \pi \cdot d \cdot n$$

$$P = M \cdot 2 \cdot \pi \cdot n$$

$$P = M \cdot \omega$$

Leistung

$$P = \frac{M \cdot n}{9550}$$

$$M = 9550 \cdot \frac{P}{n}$$

Wirkungsgrad

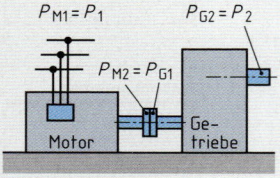

zugeführte Leistung   **abgegebene Leistung**

$P_{M1} = P_1$ $P_{G2} = P_2$

$P_{M2} = P_{G1}$

Motor   Ge-triebe

η_1 η_2

$$\eta = \eta_1 \cdot \eta_2$$

P_1	zugeführte Leistung	W
P_2	abgegebene Leistung	W
W_1	zugeführte Arbeit (Energie)	J
W_2	abgegebene Arbeit (Energie)	J
η	Gesamtwirkungsgrad	–
η_1, η_2, η_3	Teilwirkungsgrade	–
i	Übersetzungsverhältnis	–

Wirkungsgrad

$$\eta = \frac{P_2}{P_1}$$

$$\eta = \frac{W_2}{W_1}$$

Gesamtwirkungsgrad

$$\eta = \eta_1 \cdot \eta_2 \cdot \eta_3 \cdot \ldots$$

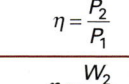

$$\eta_1 = \frac{\eta}{\eta_2 \cdot \eta_3 \cdot \ldots} \qquad \eta_2 = \frac{\eta}{\eta_1 \cdot \eta_3 \cdot \ldots}$$

Festigkeitsberechnungen

Beanspruchung auf Zug

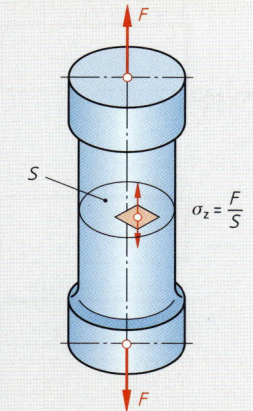

Zugspannung

σ_z	Zugspannung	N/mm²
F	Zugkraft	N
S	Querschnittsfläche	mm²
σ_{zzul}	zulässige Zugspannung	N/mm²
R_e	Streckgrenze	N/mm²
R_m	Zugfestigkeit	N/mm²
v	Sicherheitszahl	–
F_{zul}	zulässige Zugkraft	N

$$\sigma_z = \frac{F}{S}$$

$$S = \frac{F}{\sigma_z}$$

zulässige Zugkraft

$$F_{zul} = \sigma_{zzul} \cdot S$$

zulässige Zugspannung

für Stahl
$$\sigma_{zzul} = \frac{R_e}{v}$$

für Guss-eisen
$$\sigma_{zzul} = \frac{R_m}{v}$$

Beanspruchung auf Druck

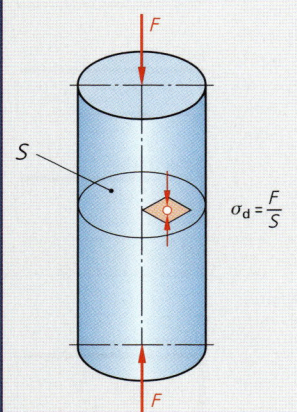

Druckspannung

σ_d	Druckspannung	N/mm²
F	Druckkraft	N
S	Querschnittsfläche	mm²
σ_{dzul}	zulässige Druckspannung	N/mm²
σ_{dF}	Quetschgrenze	N/mm²
R_e	Streckgrenze	N/mm²
R_m	Zugfestigkeit	N/mm²
v	Sicherheitszahl	–
F_{zul}	zulässige Druckkraft	N

$$\sigma_d = \frac{F}{S}$$

$$S = \frac{F}{\sigma_d}$$

zulässige Druckkraft

$$F_{zul} = \sigma_{dzul} \cdot S$$

zulässige Druckspannung

für Stahl
$$\sigma_{dzul} = \frac{\sigma_{dF}}{v}$$

für Guss-eisen
$$\sigma_{dzul} \approx \frac{4 \cdot R_m}{v}$$

Beanspruchung auf Flächenpressung

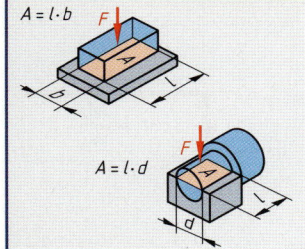

Flächenpressung

F	Kraft	N
p	Flächenpressung	N/mm²
A	Berührungsfläche, projizierte Fläche	mm²
F_{zul}	zulässige Kraft	N
p_{zul}	zulässige Flächenpressung	N/mm²

$$p = \frac{F}{A}$$

$$A = \frac{F}{p}$$

Zulässige Kraft

$$F_{zul} = p_{zul} \cdot A$$

Festigkeitsberechnungen

Beanspruchung auf Abscherung

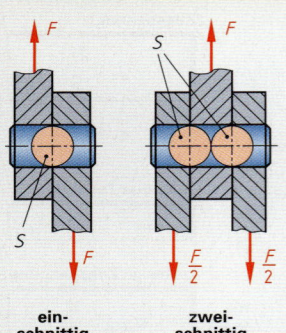

ein-schnittig **zwei-schnittig**

τ_a	Scherspannung	N/mm²
F	Scherkraft	N
S	Querschnittfläche	mm²
$\tau_{a zul}$	zulässige Scherspannung	N/mm²
τ_{aB}	Scherfestigkeit	N/mm²
F_{zul}	zulässige Scherkraft	N
ν	Sicherheitszahl	–

Scherspannung

$$\tau_a = \frac{F}{S}$$

$$S = \frac{F}{\tau_a}$$

zulässige Scherspannung

$$\tau_{a zul} = \frac{\tau_{aB}}{\nu}$$

zulässige Scherkraft

$$F_{zul} = S \cdot \tau_{a zul}$$

Schneiden von Werkstoffen

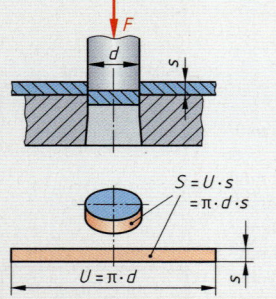

$S = U \cdot s$
$= \pi \cdot d \cdot s$

$U = \pi \cdot d$

$\tau_{aB max}$	maximale Scherfestigkeit	N/mm²
$R_{m max}$	maximale Zugfestigkeit	N/mm²
S	Scherfläche	mm²
F	Schneidkraft	N
U	Umfang	mm
s	Blechdicke	mm

maximale Scherfestigkeit

$$\tau_{aB max} \approx 0{,}8 \cdot R_{m max}$$

Schneidkraft

$$F = S \cdot \tau_{aB max}$$

Scherfläche

$$S = U \cdot s$$

Beanspruchung auf Biegung

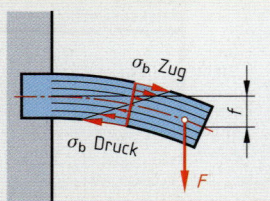

σ_b Zug

σ_b Druck

σ_b	Biegespannung	N/mm²
M_b	Biegemoment	N · mm
W	axiales Widerstandsmoment	mm³
F	Biegekraft	N
f	Durchbiegung	mm

Biegemoment M_b und Durchbiegung f sind abhängig vom jeweiligen Biegebelastungs-fall, z.B. einseitig oder zweiseitig einge-spannt.

Biegespannung

$$\sigma_b = \frac{M_b}{W}$$

Beanspruchung auf Verdrehung (Torsion)

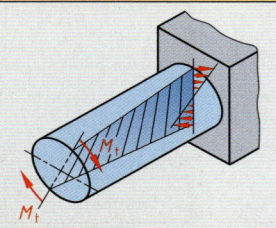

τ_t	Torsionsspannung	N/mm²
M_t	Torsionsmoment	N · mm
W_p	polares Widerstandsmoment	mm³

Torsionsspannung

$$\tau_t = \frac{M_t}{W_p}$$

Werkstoffprüfung

Zugversuch

Spannungs-Dehnungs-Diagramm mit ausgeprägter Streckgrenze, z.B. bei weichem Stahl

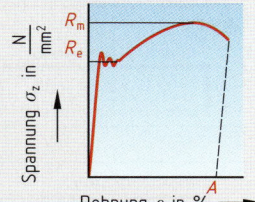

Spannungs-Dehnungs-Diagramm ohne ausgeprägte Streckgrenze, z.B. bei vergütetem Stahl

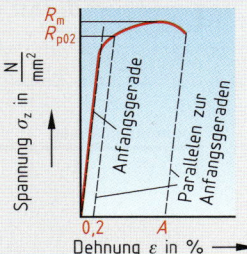

Zugprobe

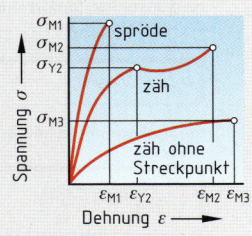

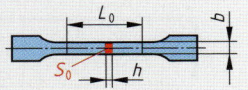

F	Zugkraft	N
F_m	Höchstzugkraft	N
L	Messlänge	mm
L_0	Anfangsmesslänge	mm
L_u	Messlänge nach dem Bruch	mm
d_0	Anfangsdurchmesser der Probe	mm
S_0	Anfangsquerschnitt der Probe	mm²
S_u	kleinster Probenquerschnitt nach dem Bruch	mm²
ε	Dehnung	%
A	Bruchdehnung	%
Z	Brucheinschnürung	%
σ_z	Zugspannung	N/mm²
R_m	Zugfestigkeit	N/mm²
R_e	Streckgrenze	N/mm²
$R_{p\,0,2}$	Dehngrenze bei 0,2% bleibender Dehnung	N/mm²
E	Elastizitätsmodul	N/mm²

Zugspannung

$$\sigma_z = \frac{F}{S_0}$$

$$F = \sigma_z \cdot S_0$$

Zugfestigkeit

$$R_m = \frac{F_m}{S_0}$$

Dehnung

$$\varepsilon = \frac{L - L_0}{L_0} \cdot 100\%$$

Bruchdehnung

$$A = \frac{L_u - L_0}{L_0} \cdot 100\%$$

Brucheinschnürung

$$Z = \frac{S_0 - S_u}{S_0} \cdot 100\%$$

Elastizitätsmodul

$$E = \frac{\sigma_z}{\varepsilon} \cdot 100\%$$

Bestimmung der Eigenschaften von Kunststoffen bei Zugbeanspruchung

typische Spannungs-Dehnungs-Kurven

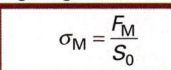

Probekörper

F_M	Höchstkraft	N
F_Y	Streckspannungskraft	N
ΔL_{FM}	Längenänderung bei Höchstkraft	mm
ΔL_{FY}	Längenänderung bei Streckspannungskraft	mm
L_0	Messlänge	mm
S_0	Anfangsquerschnitt	mm²
σ_M	Zugfestigkeit	N/mm²
σ_Y	Streckspannung	N/mm²
ε_M	Höchstdehnung	%
ε_Y	Streckdehnung	%

Zugfestigkeit

$$\sigma_M = \frac{F_M}{S_0}$$

Streckspannung

$$\sigma_Y = \frac{F_Y}{S_0}$$

Höchstdehnung

$$\varepsilon_M = \frac{\Delta L_{FM}}{L_0} \cdot 100\%$$

Streckdehnung

$$\varepsilon_Y = \frac{\Delta L_{FY}}{L_0} \cdot 100\%$$

Wärmetechnik

Temperatureinheiten

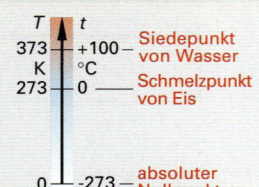

Die thermodynamische Temperatur in Kelvin (K) geht von der tiefstmöglichen Temperatur (vom absoluten Nullpunkt) aus, die Celsiustemperatur vom Schmelzpunkt des Eises.

T	thermodynamische Temperatur	K
t, ϑ	Celsius-Temperatur	°C
t_F	Fahrenheit-Temperatur	°F

Thermodynamische Temperatur

$$T = t + 273$$

$$t = T - 273$$

Fahrenheit-Temperatur

$$t_F = 1{,}8 \cdot t + 32$$

Längenänderung

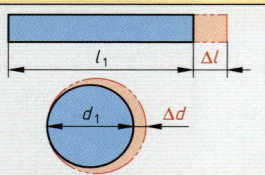

α_l	Längenausdehnungs- koeffizient	1/K, 1/°C
$\Delta t, \Delta\vartheta$	Temperaturänderung	K, °C
Δl	Längenänderung	mm
Δd	Durchmesseränderung	mm
l_1	Anfangslänge	mm
d_1	Anfangsdurchmesser	mm

Längenänderung

$$\Delta l = \alpha_l \cdot l_1 \cdot \Delta t$$

Durchmesseränderung

$$\Delta d = \alpha_l \cdot d_1 \cdot \Delta t$$

Volumenänderung

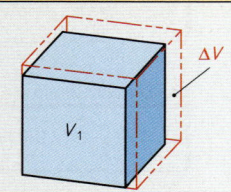

α_V	Volumenausdehnungs- koeffizient	1/K, 1/°C
$\Delta t, \Delta\vartheta$	Temperaturänderung	K, °C
ΔV	Volumenänderung	dm³, l
V_1	Anfangsvolumen	dm³, l

Volumenänderung

$$\Delta V = \alpha_V \cdot V_1 \cdot \Delta t$$

$$\alpha_V \approx 3 \cdot \alpha_l$$

Zustandsänderung von Gasen

Verdichtung

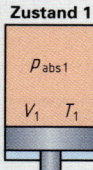 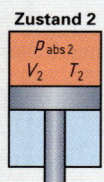

Zustand 1

p_{abs1}	absoluter Druck	bar
V_1	Volumen	dm³, l
T_1	absolute Temperatur	K

Zustand 2

p_{abs2}	absoluter Druck	bar
V_2	Volumen	dm³, l
T_2	absolute Temperatur	K

$1\ l = 1\ dm^3 = 1000\ cm^3 = 0{,}001\ m^3$

Allgemeine Gasgleichung

$$\frac{p_{abs1} \cdot V_1}{T_1} = \frac{p_{abs2} \cdot V_2}{T_2}$$

Sonderfälle:

bei konstanter Temperatur ($T_1 = T_2$): Gesetz von Boyle-Mariotte

$$p_{abs1} \cdot V_1 = p_{abs2} = V_2$$

bei konstantem Volumen ($V_1 = V_2$)

$$\frac{p_{abs1}}{T_1} = \frac{p_{abs2}}{T_2}$$

bei konstantem Druck ($p_{abs1} = p_{abs2}$)

$$\frac{V_1}{T_1} = \frac{V_2}{T_2}$$

Gesetz von Boyle-Mariotte

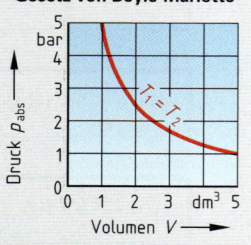

Wärmetechnik

Schwindung

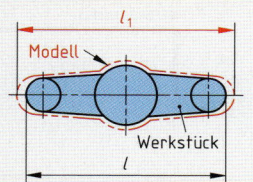

S	Schwindmaß	%
l	Werkstücklänge	mm
l_1	Modelllänge	mm

Modelllänge

$$l_1 = \frac{l \cdot 100\%}{100\% - S}$$

$$l = \frac{l_1 \cdot (100\% - S)}{100\%}$$

Wärmemenge bei Temperaturänderung

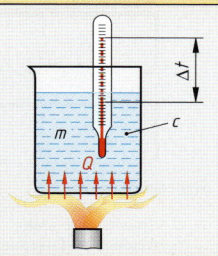

Q	Wärmemenge	kJ
m	Masse	kg
c	spezifische Wärmekapazität	$\frac{kJ}{kg \cdot K}$
$\Delta t, \Delta \vartheta$	Temperaturänderung	K, °C

Wärmemenge

$$Q = c \cdot m \cdot \Delta t$$

$$\Delta t = \frac{Q}{c \cdot m}$$

Schmelzwärme, Verdampfungswärme

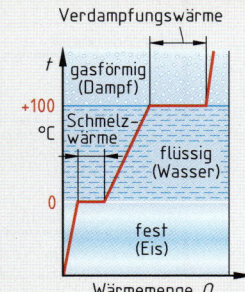

Q	Schmelzwärme, Verdampfungswärme	kJ
q	spezifische Schmelzwärme	kJ/kg
r	spezifische Verdampfungswärme	kJ/kg
m	Masse	kg

Schmelzwärme

$$Q = q \cdot m$$

$$m = \frac{Q}{q}$$

Verdampfungswärme

$$Q = r \cdot m$$

$$m = \frac{Q}{r}$$

Verbrennungswärme

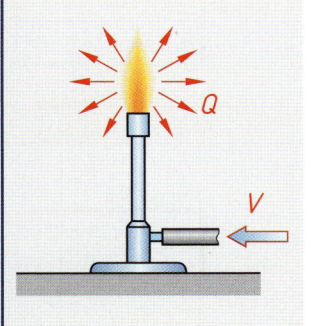

Q	Verbrennungswärme	MJ
H, H_u	spezifischer Heizwert fester und flüssiger Brennstoffe	MJ/kg
H, H_u	spezifischer Heizwert von Gasen	MJ/m³
m	Masse fester und flüssiger Brennstoffe	kg
V	Volumen von Brenngasen	m³

Verbrennungswärme fester und flüssiger Stoffe

$$Q = H_u \cdot m$$

$$m = \frac{Q}{H_u}$$

Verbrennungswärme von Gasen

$$Q = H_u \cdot V$$

$$V = \frac{Q}{H_u}$$

Elektrotechnik

Ohm'sches Gesetz

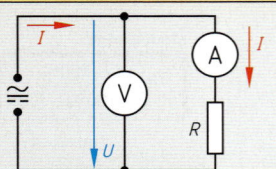

U	Spannung	V
I	Stromstärke	A
R	Widerstand	Ω

$$1\,\Omega = \frac{1\,V}{1\,A}$$

Stromstärke

$$I = \frac{U}{R}$$

$$R = \frac{U}{I} \qquad U = I \cdot R$$

Widerstand und Leitwert

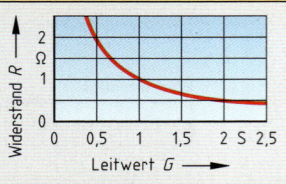

R	Widerstand	Ω
G	Leitwert	S

Widerstand

$$R = \frac{1}{G}$$

Leitwert

$$G = \frac{1}{R}$$

Spezifischer elektrischer Widerstand, elektrische Leitfähigkeit, Leiterwiderstand

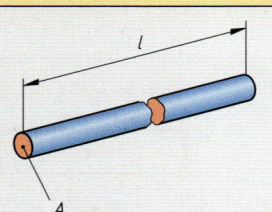

ϱ	spezifischer elektrischer Widerstand	$\Omega \cdot mm^2/m$
γ	elektrische Leitfähigkeit	$m/(\Omega \cdot mm^2)$
R	Widerstand	Ω
A	Leiterquerschnitt	mm^2
l	Leiterlänge	m

Spezifischer elektrischer Widerstand

$$\varrho = \frac{1}{\gamma}$$

Leiterwiderstand

$$R = \frac{\varrho \cdot l}{A}$$

Widerstand und Temperatur

Temperaturkoeffizient α	
Werkstoff	α in 1/K
Aluminium	0,0040
Blei	0,0039
Gold	0,0037
Kupfer	0,0039
Silber	0,0038
Wolfram	0,0044
Zinn	0,0045
Zink	0,0042
Grafit	− 0,0013
Konstantan	± 0,00001

ΔR	Widerstandsänderung	Ω
R_{20}	Widerstand bei 20 °C	Ω
R_t	Widerstand bei der Temperatur t	Ω
α	Temperaturkoeffizient (T_k-Wert)	1/K
Δt	Temperaturdifferenz	K

Widerstandsänderung

$$\Delta R = \alpha \cdot R_{20} \cdot \Delta t$$

Widerstand bei Temperatur t

$$R_t = R_{20} + \Delta R$$

$$R_t = R_{20} \cdot (1 + \alpha \cdot \Delta t)$$

Stromdichte in Leitern

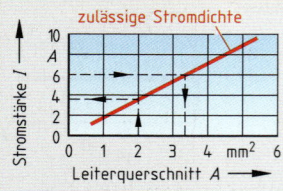

J	Stromdichte	A/mm^2
I	Stromstärke	A
A	Leiterquerschnitt	mm^2

Stromdichte

$$J = \frac{I}{A}$$

Elektrotechnik

Spannungsabfall in Leitern

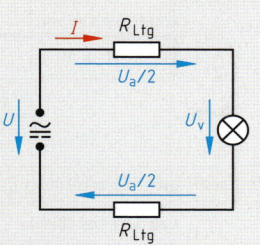

U_a	Spannungsabfall im Leiter	V
U	Klemmenspannung	V
U_v	Spannung am Verbraucher	V
I	Stromstärke	A
R_{Ltg}	Leiterwiderstand für Zuleitung bzw. Rückleitung	Ω

Spannungsabfall

$$U_a = 2 \cdot I \cdot R_{Ltg}$$

Spannung am Verbraucher

$$U_v = U - U_a$$

Reihenschaltung von Widerständen

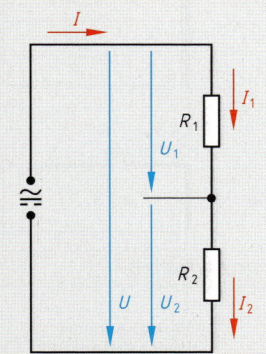

R	Gesamtwiderstand	Ω
I	Gesamtstrom	A
U	Gesamtspannung	V
R_1, R_2	Einzelwiderstände	Ω
I_1, I_2	Teilströme	A
U_1, U_2	Teilspannungen	V

Gesamtwiderstand

$$R = R_1 + R_2 + \ldots$$

Gesamtspannung

$$U = U_1 + U_2 + \ldots$$

Gesamtstrom

$$I = I_1 = I_2 = \ldots$$

Teilspannungen

$$\frac{U_1}{U_2} = \frac{R_1}{R_2}$$

Parallelschaltung von Widerständen

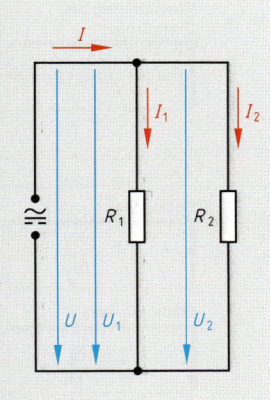

R	Gesamtwiderstand	Ω
I	Gesamtstrom	A
U	Gesamtspannung	V
R_1, R_2	Einzelwiderstände	Ω
I_1, I_2	Teilströme	A
U_1, U_2	Teilspannungen	V

Gesamtwiderstand

$$\frac{1}{R} = \frac{1}{R_1} + \frac{1}{R_2} + \ldots$$

Gesamtwiderstand bei nur 2 Teilwiderständen

$$R = \frac{R_1 \cdot R_2}{R_1 + R_2}$$

Gesamtspannung

$$U = U_1 = U_2 = \ldots$$

Gesamtstrom

$$I = I_1 + I_2 + \ldots$$

Teilströme

$$\frac{I_1}{I_2} = \frac{R_2}{R_1}$$

Elektrotechnik

Elektrische Arbeit

W	elektrische Arbeit	kW·h
P	elektrische Leistung	kW
t	Zeit	h

1 kW·h = 3,6 MJ = 3 600 000 W·s

Elektrische Arbeit

$$W = P \cdot t$$

$$P = \frac{W}{t} \qquad t = \frac{W}{P}$$

Elektrische Leistung bei Gleichstrom und induktionsfreiem Wechsel- oder Drehstrom

Gleich- oder Wechselstrom

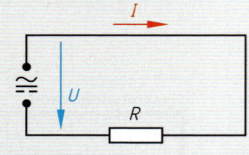

Drehstrom

P	elektrische Leistung	W
U	Spannung (Leiterspannung)	V
I	Stromstärke	A
R	Widerstand	Ω

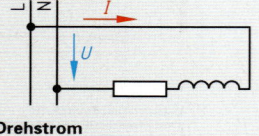

Leistung bei Gleich- oder Wechselstrom

$$P = U \cdot I$$

$$P = I^2 \cdot R$$

$$P = \frac{U^2}{R}$$

Leistung bei Drehstrom

$$P = \sqrt{3} \cdot U \cdot I$$

Elektrische Leistung bei Wechsel- und Drehstrom mit induktivem Lastanteil

Wechselstrom

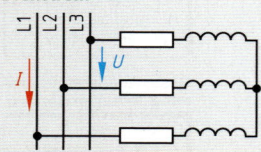

Drehstrom

P	Wirkleistung	W
U	Spannung (Leiterspannung)	V
I	Stromstärke	A
$\cos\varphi$	Leistungsfaktor	–

Wirkleistung bei Wechselstrom

$$P = U \cdot I \cdot \cos\varphi$$

Wirkleistung bei Drehstrom

$$P = \sqrt{3} \cdot U \cdot I \cdot \cos\varphi$$

Transformator

Eingangsseite (Primärspule)   **Ausgangsseite** (Sekundärspule)

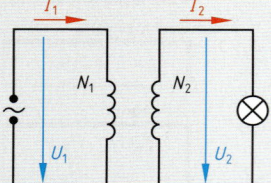

N_1, N_2	Windungszahlen	–
U_1, U_2	Spannungen	V
I_1, I_2	Stromstärken	A

Spannungen

$$\frac{U_1}{U_2} = \frac{N_1}{N_2}$$

Stromstärken

$$\frac{I_1}{I_2} = \frac{N_2}{N_1}$$

$$I_1 = \frac{N_2 \cdot I_2}{N_1} \qquad I_2 = \frac{I_1 \cdot N_1}{N_2}$$

Toleranzen und Passungen

Grenzmaße und Toleranzen für Bohrungen[1]

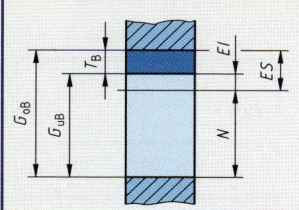

N	Nennmaß	mm
G_{oB}	Höchstmaß Bohrung	mm
G_{uB}	Mindestmaß Bohrung	mm
ES	oberes Abmaß Bohrung	mm
EI	unteres Abmaß Bohrung	mm
T_B	Toleranz Bohrung	mm

Höchstmaß

$$G_{oB} = N + ES$$

Mindestmaß

$$G_{uB} = N + EI$$

Toleranz

$$T_B = ES - EI$$
$$T_B = G_{oB} - G_{uB}$$

Grenzmaße und Toleranzen für Wellen[1]

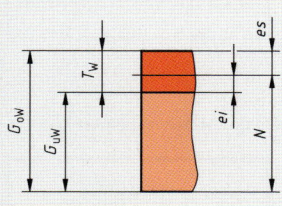

N	Nennmaß	mm
G_{oW}	Höchstmaß Welle	mm
G_{uW}	Mindestmaß Welle	mm
es	oberes Abmaß Welle	mm
ei	unteres Abmaß Welle	mm
T_W	Toleranz Welle	mm

Höchstmaß

$$G_{oW} = N + es$$

Mindestmaß

$$G_{uW} = N + ei$$

Toleranz

$$T_W = es - ei$$
$$T_W = G_{oW} - G_{uW}$$

Passungen

Spielpassung[1]

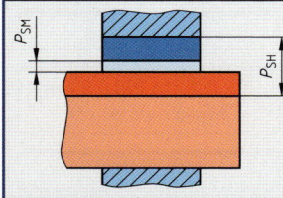

P_{SH}	Höchstspiel	mm
P_{SM}	Mindestspiel	mm

Höchstspiel

$$P_{SH} = G_{oB} - G_{uW}$$
$$P_{SH} = ES - ei$$

Mindestspiel

$$P_{SM} = G_{uB} - G_{oW}$$
$$P_{SM} = EI - es$$

Übergangspassung[1]

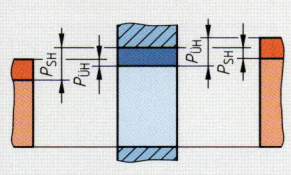

P_{SH}	Höchstspiel	mm
$P_{ÜH}$	Höchstübermaß	mm

Höchstspiel

$$P_{SH} = G_{oB} - G_{uW}$$
$$P_{SH} = ES - ei$$

Höchstübermaß

$$P_{ÜH} = G_{uB} - G_{oW}$$
$$P_{ÜH} = EI - es$$

Übermaßpassung[1]

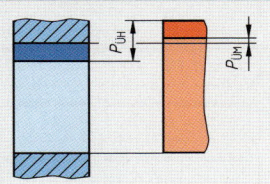

$P_{ÜH}$	Höchstübermaß	mm
$P_{ÜM}$	Mindestübermaß	mm

Höchstübermaß

$$P_{ÜH} = G_{uB} - G_{oW}$$
$$P_{ÜH} = EI - es$$

Mindestübermaß

$$P_{ÜM} = G_{oB} - G_{uW}$$
$$P_{ÜM} = ES - ei$$

[1] Grenzabmaße sind in Tabellen meist in µm angegeben. Zur Berechnung von Grenzmaßen, Toleranzen und Passungen müssen sie zuerst in mm umgerechnet werden.

Zahnradmaße

Nicht korrigierte Stirnräder mit Geradverzahnung

Außenverzahnung

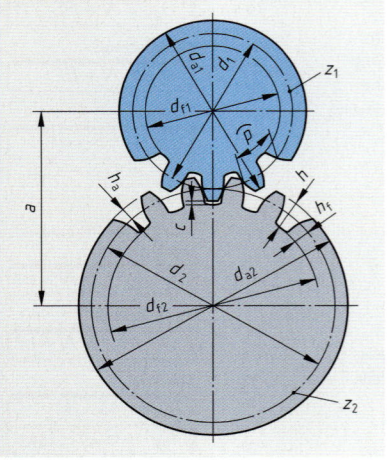

Maße außenverzahnter Räder

Zähnezahl
$$z = \frac{d}{m} = \frac{d_a - 2 \cdot m}{m}$$

Kopfkreisdurchmesser
$$d_a = d + 2 \cdot m = m \cdot (z + 2)$$

Fußkreisdurchmesser
$$d_f = d - 2 \cdot (m + c)$$

Achsabstand
$$a = \frac{d_1 + d_2}{2} = \frac{m \cdot (z_1 + z_2)}{2}$$

Gemeinsame Maße innen- und außenverzahnter Räder

m	Modul	mm
p	Teilung	mm
z, z_1, z_2	Zähnezahlen	–
h	Zahnhöhe	mm
h_a	Zahnkopfhöhe	mm
h_f	Zahnfußhöhe	mm
d, d_1, d_2	Teilkreisdurchmesser	mm
d_a, d_{a1}, d_{a2}	Kopfkreisdurchmesser	mm
d_f, d_{f1}, d_{f2}	Fußkreisdurchmesser	mm
c	Kopfspiel	mm
a	Achsabstand	mm

Modul
$$m = \frac{p}{\pi} = \frac{d}{z}$$

Teilung
$$p = \pi \cdot m$$

Teilkreisdurchmesser
$$d = m \cdot z$$

Kopfspiel
$$c = 0{,}1 \cdot m \text{ bis } 0{,}3 \cdot m$$
häufig $c = 0{,}167 \cdot m$

Zahnkopfhöhe
$$h_a = m$$

Zahnfußhöhe
$$h_f = m + c$$

Zahnhöhe
$$h = 2 \cdot m + c$$

Innenverzahnung

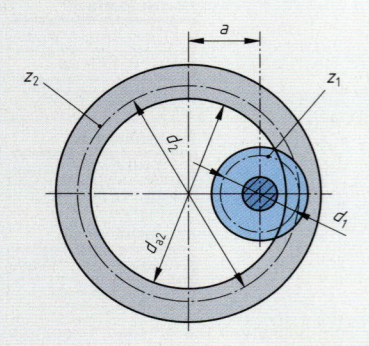

Maße innenverzahnter Räder

Zähnezahl
$$z = \frac{d}{m} = \frac{d_a + 2 \cdot m}{m}$$

Kopfkreisdurchmesser
$$d_a = d - 2 \cdot m = m \cdot (z - 2)$$

Fußkreisdurchmesser
$$d_f = d + 2 \cdot (m + c)$$

Achsabstand
$$a = \frac{d_2 - d_1}{2} = \frac{m \cdot (z_2 - z_1)}{2}$$

Übersetzungen

Zahnradtrieb

einfache Übersetzung

treibend   getrieben

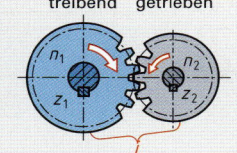

treibende Räder

z_1, z_3, z_5 ...	Zähnezahlen	–
n_1, n_3, n_5 ...	Drehzahlen	1/min
n_a	Anfangsdrehzahl	1/min

getriebene Räder

z_2, z_4, z_6 ...	Zähnezahlen	–
n_2, n_4, n_6 ...	Drehzahlen	1/min
n_e	Enddrehzahl	1/min

für den gesamten Zahnradtrieb

| i | Gesamt-übersetzungs-verhältnis | – |
| i_1, i_2, i_3 ... | Einzel-übersetzungs-verhältnisse | – |

Drehmomente bei Zahnrädern: Seite 20

Antriebsformel

$$n_1 \cdot z_1 = n_2 \cdot z_2$$

Übersetzungsverhältnis

$$i = \frac{z_2}{z_1} = \frac{n_1}{n_2} = \frac{n_a}{n_e}$$

Gesamtübersetzungs-verhältnis

$$i = \frac{z_2 \cdot z_4 \cdot z_6 \cdots}{z_1 \cdot z_3 \cdot z_5 \cdots}$$

$$i = i_1 \cdot i_2 \cdot i_3 \cdots$$

mehrfache Übersetzung

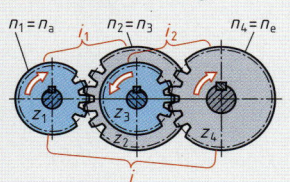

Riementrieb

einfache Übersetzung

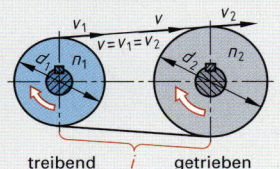

treibend i getrieben

treibende Scheiben

d_1, d_3, d_5 ...	Durchmesser	mm
n_1, n_3, n_5 ...	Drehzahlen	1/min
n_a	Anfangsdrehzahl	1/min

getriebene Scheiben

d_2, d_4, d_6 ...	Durchmesser	mm
n_2, n_4, n_6 ...	Drehzahlen	1/min
n_e	Enddrehzahl	1/min

für den gesamten Riementrieb

i	Gesamt-übersetzungs-verhältnis	–
i_1, i_2, i_3 ...	Einzel-übersetzungs-verhältnisse	–
v, v_1, v_2	Umfangs-geschwindigkeiten	m/min

Berechnung der Umfangs-geschwindigkeiten: Seite 18

Geschwindigkeit

$$v = v_1 = v_2$$

Antriebsformel

$$n_1 \cdot d_1 = n_2 \cdot d_2$$

Übersetzungsverhältnis

$$i = \frac{d_2}{d_1} = \frac{n_1}{n_2} = \frac{n_a}{n_e}$$

Gesamtübersetzungs-verhältnis

$$i = \frac{d_2 \cdot d_4 \cdot d_6 \cdots}{d_1 \cdot d_3 \cdot d_5 \cdots}$$

$$i = i_1 \cdot i_2 \cdot i_3 \cdots$$

mehrfache Übersetzung

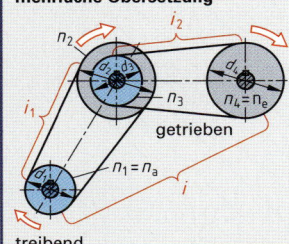

Schneckentrieb

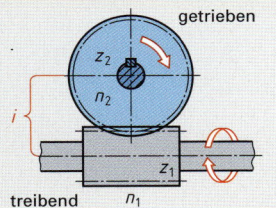

z_1	Zähnezahl (Gangzahl) der Schnecke	–
n_1	Drehzahl der Schnecke	1/min
z_2	Zähnezahl des Schneckenrades	–
n_2	Drehzahl des Schneckenrades	1/min
i	Übersetzungsverhältnis	–

Antriebsformel

$$n_1 \cdot z_1 = n_2 \cdot z_2$$

Übersetzungsverhältnis

$$i = \frac{n_1}{n_2} = \frac{z_2}{z_1}$$

Drehzahldiagramm

n	Drehzahl	1/min
v_c	Schnittgeschwindigkeit	m/min
d	Werkzeug- bzw. Werkstückdurchmesser	m

Drehzahl

$$n = \frac{v_c}{\pi \cdot d}$$

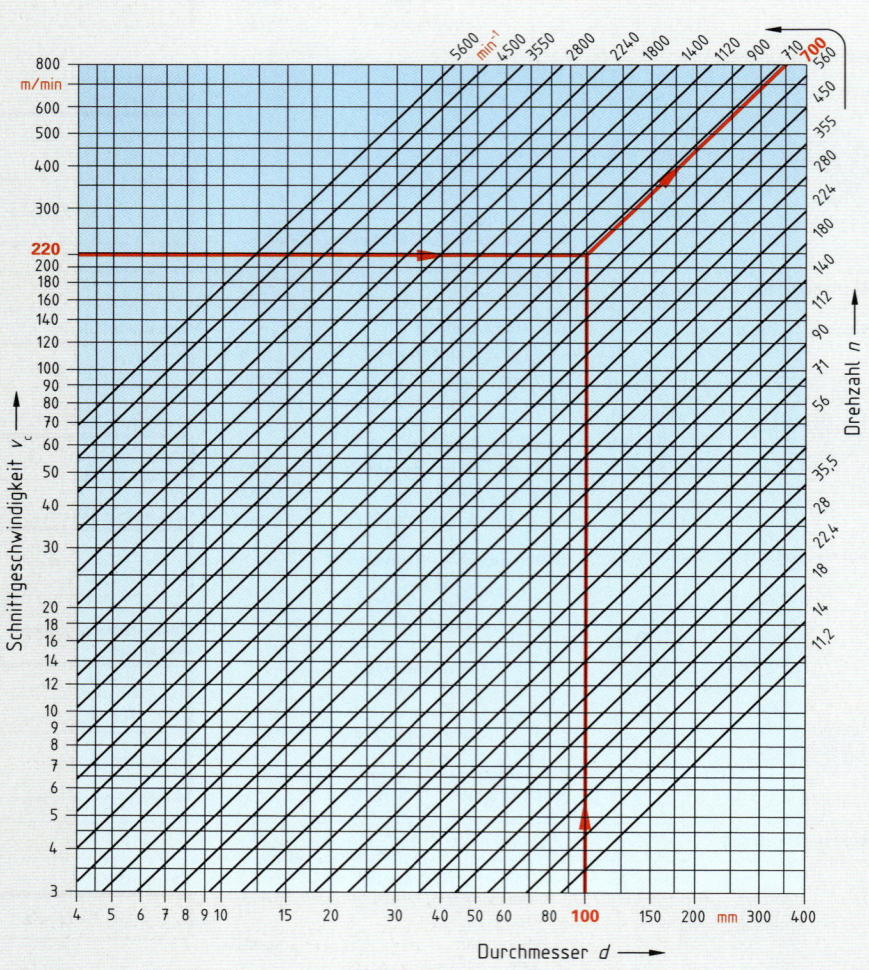

Qualitätsmanagement

Statistische Auswertung (kontinuierliche Merkmale)

Strichliste (Beispiel)

Klasse Nr.	Messwert ≥	Messwert <	Strichliste	n_j	h_j in %
1	7,94	7,96	I	1	2,5
2	7,96	7,98	I I I	3	7,5
6	8,04	8,06	I I	2	5
			$\Sigma =$	40	100

n	Anzahl der Einzelwerte
k	Anzahl der Klassen
w	Klassenweite
R	Spannweite
n_j	absolute Häufigkeit
h_j	relative Häufigkeit

Anzahl der Klassen

$$k \approx \sqrt{n}$$

Klassenweite

$$w \approx \frac{R}{k}$$

Relative Häufigkeit

$$h_j = \frac{n_j}{n} \cdot 100\,\%$$

Gauß'sche Normalverteilung

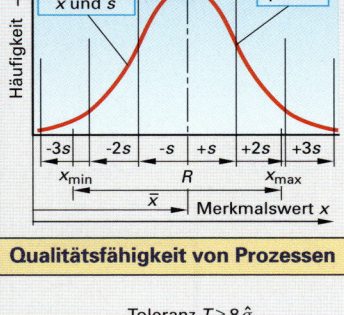

Merkmalswert x

Normalverteilung in Stichproben

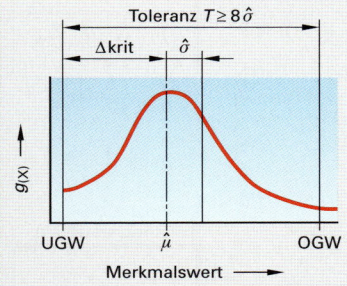

Kennwerte der Stichprobe

n	Anzahl der Einzelwerte (Stichprobenumfang)
x_i	Wert des messbaren Merkmals, z. B. Einzelwert
x_{max}	größter Messwert
x_{min}	kleinster Messwert
$\bar{x}$	Arithmetischer Mittelwert
$\tilde{x}$	Medianwert (Zentralwert), mittlerer Wert der nach Größe geordneten Messwerte
s, σ	Standardabweichung
R	Spannweite
D	Modalwert (häufigster Messwert einer Messreihe)
$g_{(x)}$	Wahrscheinlichkeitsdichte

Kennwerte bei Auswertung mehrerer Stichproben

m	Anzahl der Stichproben
$\bar{R}$	mittlere Spannweite
$\bar{\bar{x}}$	Gesamtmittelwert
$\bar{s}$	Mittelwert der Standardabweichungen

Kennwerte der Grundgesamtheit

$\hat{\mu}$	geschätzter Prozessmittelwert
$\hat{\sigma}$	geschätzte Prozessstandardabweichung

Arithmetischer Mittelwert

$$\bar{x} = \frac{x_1 + x_2 + \ldots + x_n}{n}$$

Standardabweichung

$$s = \sqrt{\frac{\sum (x_i - \bar{x})^2}{n-1}}$$

Spannweite

$$R = x_{max} - x_{min}$$

Mittlere Spannweite

$$\bar{R} = \frac{R_1 + R_2 + \ldots + R_m}{m}$$

Gesamtmittelwert

$$\bar{\bar{x}} = \frac{\bar{x}_1 + \bar{x}_2 + \ldots + \bar{x}_m}{m}$$

Mittelwert der Standardabweichungen

$$\bar{s} = \frac{s_1 + s_2 + \ldots + s_m}{m}$$

Qualitätsfähigkeit von Prozessen

Toleranz $T \geq 8\hat{\sigma}$

Merkmalswert

UGW	unterer Grenzwert
OGW	oberer Grenzwert
T	Toleranz
$\hat{\sigma}$	geschätzte Standardabweichung
$\hat{\mu}$	geschätzter Mittelwert
Δkrit	kleinster Abstand zwischen Mittelwert und Toleranzgrenze
C_m, C_{mk}	Maschinenfähigkeitsindex
C_p, C_{pk}	Prozessfähigkeitsindex

Nachweise: Maschinenfähigkeitsindex

$$C_m = \frac{T}{6 \cdot \hat{\sigma}} \geq 1,33$$

$$C_{mk} = \frac{\Delta krit}{3 \cdot \hat{\sigma}} \geq 1,0$$

Prozessfähigkeitsindex

$$C_p = \frac{T}{6 \cdot \hat{\sigma}} \geq 1,33$$

$$C_{pk} = \frac{\Delta krit}{3 \cdot \hat{\sigma}} \geq 1,0$$

Kegeldrehen

Bezeichnungen am Kegel

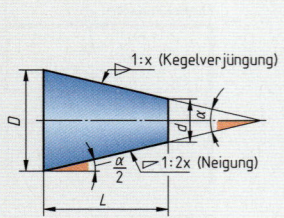

D	großer Kegeldurchmesser	mm
d	kleiner Kegeldurchmesser	mm
L	Kegellänge	mm
α	Kegelwinkel	°
$\alpha/2$	Kegelerzeugungswinkel (Einstellwinkel)	°
C	Kegelverjüngung	–
$C/2$	Kegelneigung	–
$1/x$	Kegelverjüngung	–

Kegel 1 : x bedeutet:
Auf eine Kegellänge von x mm ändert sich der Kegeldurchmesser um 1 mm.

Kegelverjüngung

$$C = \frac{D-d}{L}$$

$$C = 1 : x$$

$$D = d + L \cdot C$$

$$d = D - L \cdot C$$

Kegelneigung

$$\frac{C}{2} = \frac{D-d}{2 \cdot L}$$

$$\frac{C}{2} = \frac{1}{2 \cdot x}$$

Kegeldrehen durch Einstellen des Oberschlittens

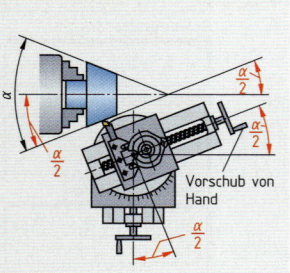

Vorschub von Hand

$\alpha/2$	Kegelerzeugungswinkel, Einstellwinkel	°
C	Kegelverjüngung	–
D	großer Kegeldurchmesser	mm
d	kleiner Kegeldurchmesser	mm
L	Kegellänge	mm
$1/x$	Kegelverjüngung	–

Einstellwinkel

$$\tan \frac{\alpha}{2} = \frac{C}{2}$$

$$\tan \frac{\alpha}{2} = \frac{D-d}{2 \cdot L}$$

$$D = 2 \cdot L \cdot \tan \frac{\alpha}{2} + d$$

$$d = D - 2 \cdot L \cdot \tan \frac{\alpha}{2}$$

Kegeldrehen durch Verstellen des Reitstockes

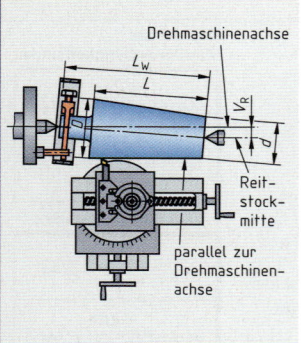

Drehmaschinenachse

Reitstockmitte

parallel zur Drehmaschinenachse

V_R	Reitstockverstellung	mm
$V_{R\,max}$	maximale Reitstockverstellung	mm
C	Kegelverjüngung	–
D	großer Kegeldurchmesser	mm
d	kleiner Kegeldurchmesser	mm
L	Kegellänge	mm
L_W	Werkstücklänge	mm

Reitstockverstellung

$$V_R = \frac{C}{2} \cdot L_w$$

$$V_R = \frac{D-d}{2} \cdot \frac{L_w}{L}$$

$$D = d + \frac{2 \cdot V_R \cdot L}{L_W}$$

$$d = D - \frac{2 \cdot V_R \cdot L}{L_W}$$

Maximal zulässige Reitstockverstellung

$$v_{R\,max} \leq \frac{L_w}{50}$$

Hauptnutzungszeit beim Drehen

Längs-Runddrehen mit konstanter Drehzahl

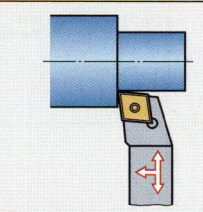

t_h	Hauptnutzungszeit	min
L	Vorschubweg	mm
i	Anzahl der Schnitte	–
n	Drehzahl	1/min
f	Vorschub	mm
v_c	Schnittgeschwindigkeit	m/min
d	Außendurchmesser	m
l_a	Anlauf	mm
l_u	Überlauf	mm

Hauptnutzungszeit

$$t_h = \frac{L \cdot i}{n \cdot f}$$

Drehzahl

$$n = \frac{v_c}{\pi \cdot d}$$

Berechnung des Vorschubweges L

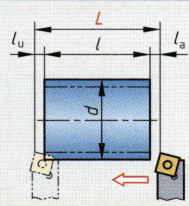

**Vorschubweg
ohne Ansatz**

$$L = l + l_a + l_u$$

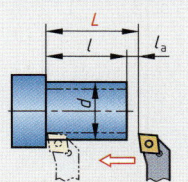

**Vorschubweg
mit Ansatz**

$$L = l + l_a$$

Quer-Plandrehen mit konstanter Drehzahl

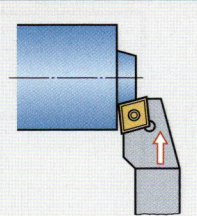

t_h	Hauptnutzungszeit	min
L	Vorschubweg	mm
i	Anzahl der Schnitte	–
n	Drehzahl	1/min
f	Vorschub	mm
v_c	Schnittgeschwindigkeit	m/min
d	Außendurchmesser	mm
d_m	mittlerer Durchmesser[1]	m (mm)
l_a	Anlauf	mm
l_u	Überlauf	mm

Hauptnutzungszeit

$$t_h = \frac{L \cdot i}{n \cdot f}$$

Drehzahl[1]

$$n = \frac{v_c}{\pi \cdot d_m}$$

Berechnung des Vorschubweges L und des mittleren Durchmessers d_m

Vollzylinder ohne Ansatz	Vollzylinder mit Ansatz	Hohlzylinder
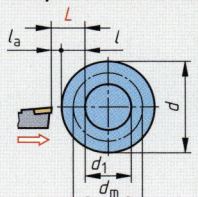		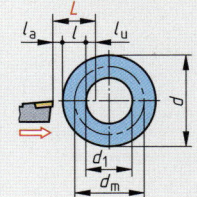

Vorschubweg

$$L = \frac{d}{2} + l_a$$

Vorschubweg

$$L = \frac{d - d_1}{2} + l_a$$

Vorschubweg

$$L = \frac{d - d_1}{2} + l_a + l_u$$

Mittlerer Durchmesser[1]

$$d_m = \frac{d}{2}$$

Mittlerer Durchmesser[1]

$$d_m = \frac{d + d_1}{2}$$

Mittlerer Durchmesser[1]

$$d_m = \frac{d + d_1}{2}$$

[1] Die Verwendung vom mittleren Durchmesser führt zu höheren Schnittgeschwindigkeiten. Damit ist garantiert, dass bei kleineren Durchmessern im Innenbereich noch annehmbare Schnittgeschwindigkeiten herrschen.

Hauptnutzungszeit beim Bohren, Senken, Reiben und Gewindebohren

Hauptnutzungszeit t_h, Drehzahl n

t_h	Hauptnutzungszeit	min	i	Anzahl der Bohrungen	–
d	Werkzeugdurchmesser	m (mm)	n	Drehzahl	1/min
l	Bohrungstiefe	mm	f	Vorschub je Umdrehung	mm
l_a	Anlauf	mm	v_c	Schnittgeschwindigkeit	m/min
l_u	Überlauf	mm	σ	Spitzenwinkel	°
l_s	Anschnitt	mm	P	Steigung	mm
L	Vorschubweg	mm	g	Gangzahl	–

Hauptnutzungszeit

$$t_h = \frac{L \cdot i}{n \cdot f}$$

Drehzahl

$$n = \frac{v_c}{\pi \cdot d}$$

Vorschubweg L und Anschnitt l_s

Durchgangsbohrung beim Bohren und Reiben

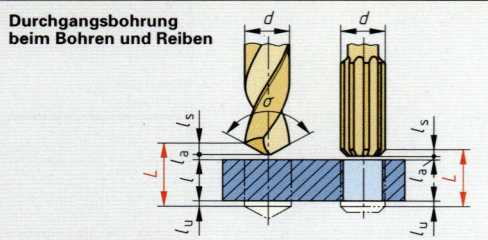

Anschnitt l_s	
σ	l_s
80°	$0{,}6 \cdot d$
118°	$0{,}3 \cdot d$
130°	$0{,}23 \cdot d$
140°	$0{,}18 \cdot d$

Vorschubweg

$$L = l + l_s + l_a + l_u$$

Anschnitt

$$l_s = \frac{d}{2 \cdot \tan \frac{\sigma}{2}}$$

Anschnitt für Bohrertyp N

$$l_s \approx 0{,}3 \cdot d$$

Grundlochbohrung beim Bohren und Reiben

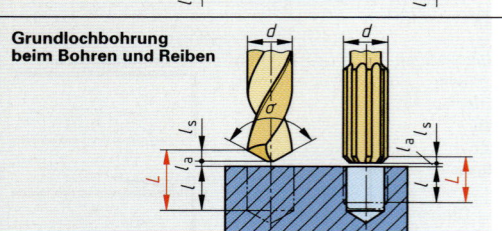

Anschnitt l_s	
σ	l_s
80°	$0{,}6 \cdot d$
118°	$0{,}3 \cdot d$
130°	$0{,}23 \cdot d$
140°	$0{,}18 \cdot d$

Vorschubweg

$$L = l + l_s + l_a$$

Anschnitt

$$l_s = \frac{d}{2 \cdot \tan \frac{\sigma}{2}}$$

Senken

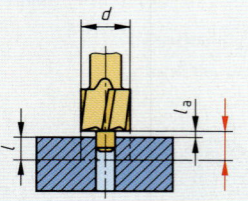

Vorschubweg

$$L = l + l_a$$

Durchgangsgewinde

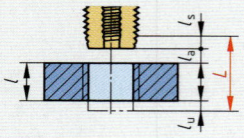

Vorschubweg

$$L = l + l_s + l_a + l_u$$

Anschnitt

$$l_s = g \cdot P$$

Grundlochgewinde

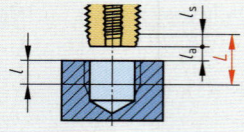

Vorschubweg

$$L = l + l_s + l_a$$

Anschnitt

$$l_s = g \cdot P$$

Hauptnutzungszeit beim Fräsen

Hauptnutzungszeit t_h, Vorschubgeschwindigkeit v_f, Vorschub f, Drehzahl n

t_h	Hauptnutzungszeit	min	d	Fräserdurchmesser	m (mm)
L	Vorschubweg	mm	a	Spanungstiefe	mm
i	Anzahl der Schnitte	–	f	Vorschub je Fräser-	
v_f	Vorschub-			umdrehung	mm
	geschwindigkeit	mm/min	f_z	Vorschub je Fräserzahn	mm
l	Werkstücklänge	mm	z	Zähnezahl des Fräsers	–
l_a	Anlauf	mm	v_c	Schnittgeschwindigkeit	m/min
l_u	Überlauf	mm	n	Drehzahl des Fräsers	1/min
l_s	Anschnitt	mm	b	Werkstückbreite	mm

Hauptnutzungszeit

$$t_h = \frac{L \cdot i}{v_f}$$

Vorschubgeschwindigkeit

$$v_f = n \cdot f$$

Vorschub

$$f = f_z \cdot z$$

Drehzahl

$$n = \frac{v_c}{\pi \cdot d}$$

Vorschubweg L und Anschnitt l_s

Umfangs-Planfräsen

Walzenfräser

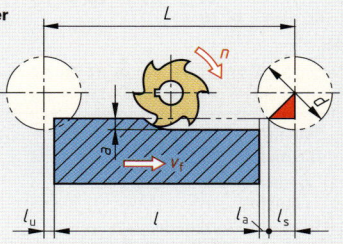

Vorschubweg beim Schruppen oder Schlichten

$$L = l + l_s + l_a + l_u$$

Anschnitt beim Schruppen oder Schlichten

$$l_s = \sqrt{d \cdot a - a^2}$$

Stirnumfangs-Planfräsen

Scheibenfräser, Walzenstirnfräser

L (Schlichten)
L (Schruppen)

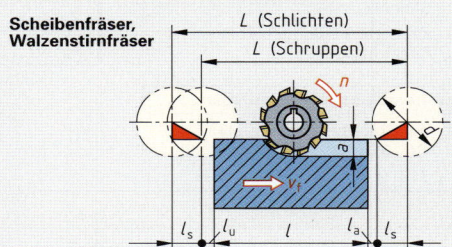

Vorschubweg beim Schruppen

$$L = l + l_s + l_a + l_u$$

Vorschubweg beim Schlichten

$$L = l + 2 \cdot l_s + l_a + l_u$$

Anschnitt beim Schruppen oder Schlichten

$$l_s = \sqrt{d \cdot a - a^2}$$

Stirn-Planfräsen (mittig)

Walzenstirn-fräser

L (Schlichten)
L (Schruppen)

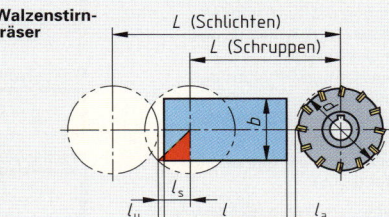

Vorschubweg beim Schruppen

$$L = l + \frac{d}{2} - l_s + l_a + l_u$$

Anschnitt beim Schruppen

$$l_s = 0,5 \cdot \sqrt{d^2 - b^2}$$

Vorschubweg beim Schlichten

$$L = l + d + l_a + l_u$$

Teilen mit dem Teilkopf, Wendelnutenfräsen

Direktes Teilen

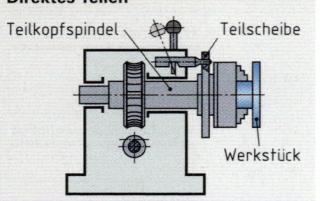

Teilkopfspindel — Teilscheibe
Werkstück
Schnecke außer Eingriff

T	Teilzahl	–
α	Winkelteilung	°
n_L	Anzahl der Löcher der Teilscheibe	–
n_l	Teilschritt; Anzahl der weiterzu-schaltenden Lochabstände	–

Teilschritt

$$n_l = \frac{n_L}{T}$$

$$n_l = \frac{\alpha \cdot n_L}{360°}$$

$$\alpha = \frac{n_l \cdot 360°}{n_L}$$

Indirektes Teilen

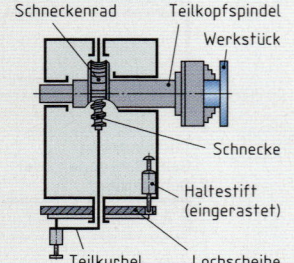

Schneckenrad — Teilkopfspindel
Werkstück
Schnecke
Haltestift (eingerastet)
Teilkurbel — Lochscheibe

T	Teilzahl	–
α	Winkelteilung	°
i	Übersetzungsverhältnis des Teilkopfs	–
n_K	Teilschritt; Anzahl der Teilkurbel-umdrehungen für eine Teilung	–

Teilschritt

$$n_K = \frac{i}{T}$$

$$n_K = \frac{i \cdot \alpha}{360°}$$

$$\alpha = \frac{n_K \cdot 360°}{i}$$

Lochkreise der Teilscheiben

15 16 17 18 19 20 21 23 27 29 31 33
37 39 41 43 47 49

oder

17 19 23 24 26 27 28 29 30 31 33 37
39 41 42 43 47 49 51 53 57 59 61 63

Ausgleichsteilen (Differenzialteilen)

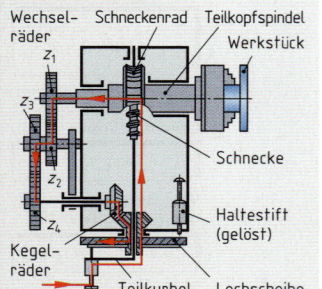

Wechsel-räder — Schneckenrad — Teilkopfspindel
z_1
Werkstück
z_3
z_2
Schnecke
z_4
Haltestift (gelöst)
Kegel-räder
Teilkurbel — Lochscheibe

T	Teilung	–
T'	Hilfsteilzahl	–
i	Übersetzungsverhältnis des Teilkopfes	–
n_K	Teilschritt; Anzahl der Teilkurbel-umdrehungen für eine Teilung	–
z_t	Zähnezahlen der treibenden Räder (z_1, z_3)	–
z_g	Zähnezahlen der getriebenen Räder (z_2, z_4)	–

Teilschritt

$$n_K = \frac{i}{T'}$$

Wechselräder

$$\frac{z_t}{z_g} = \frac{i}{T'} \cdot (T' - T)$$

Zähnezahlen der Wechselräder

24 24 28 32 36 40 44 48
56 64 72 80 84 86 96 100

Wendelnutenfräsen

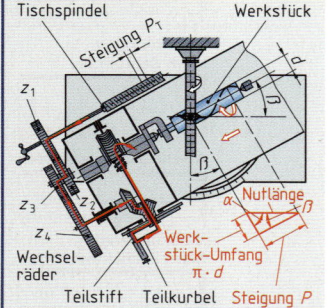

Tischspindel
Steigung P_T
Werkstück
z_1
z_3 z_2
z_4
β
Nutlänge
α β
Werk-stück-Umfang $\pi \cdot d$
Wechsel-räder
Teilstift Teilkurbel Steigung P

α	Steigungswinkel	°
β	Einstellwinkel	°
P	Steigung der Wendel	mm
P_T	Steigung der Tischspindel	mm
i	Übersetzungsverhältnis des Schneckentriebes	–
i_1	Übersetzungsverhältnis der Kegelräder	–
z_t	Zähnezahlen der treibenden Räder (z_1, z_3)	–
z_g	Zähnezahlen der getriebenen Räder (z_2, z_4)	–

Zähnezahlen der Wechselräder wie beim Ausgleichsteilen.

Steigungswinkel

$$\tan \alpha = \frac{P}{\pi \cdot d}$$

$$P = \pi \cdot d \cdot \tan \alpha$$

Einstellwinkel

$$\beta = 90° - \alpha$$

Wechselräder

$$\frac{z_t}{z_g} = \frac{P_T \cdot i \cdot i_1}{P}$$

Kräfte und Leistungen beim Zerspanen

Spezifische Schnittkraft

k_c	spezifische Schnittkraft	N/mm²
k	Tabellenwert für die spezifische Schnittkraft	N/mm²
$k_{c1.1}$	Hauptwert der spezifischen Schnittkraft	N/mm²
m_c	Werkstoffkonstante	–
h	Spanungsdicke	mm
h^{m_c}	Spanungsdickenfaktor	–
C_1	Korrekturfaktor für die Schnittgeschwindigkeit	–
C_2	Korrekturfaktor für das Fertigungsverfahren	–
f	Vorschub	mm
$\varkappa$	Einstellwinkel am Drehwerkzeug	°
σ	Spitzenwinkel am Bohrer	°

Spezifische Schnittkraft

$$k_c = k \cdot C_1 \cdot C_2$$

$$k_c = \frac{k_{c1.1}}{h^{m_c}} \cdot C_1 \cdot C_2$$

Spanungsdicke beim Drehen

$$h = f \cdot \sin \varkappa$$

Spanungsdicke beim Bohren

$$h = \frac{f}{2} \cdot \sin \frac{\sigma}{2}$$

Drehen

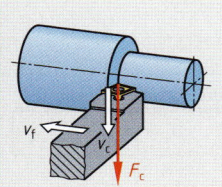

F_c	Schnittkraft	N	v_c	Schnittgeschwindigkeit	m/min
A	Spanungsquerschnitt	mm²	k_c	spezifische Schnittkraft	N/mm²
a	Spanungstiefe	mm	Q	Zeitspanungsvolumen	cm³/min
f	Vorschub	mm	P_c	Schnittleistung	W

Schnittkraft

$$F_c = A \cdot k_c$$

Spanungsquerschnitt

$$A = a \cdot f$$

Zeitspanungsvolumen

$$Q = A \cdot v_c \qquad Q = a \cdot f \cdot v_c$$

In die Formeln einsetzen:
A in cm²; v_c in cm/min

Schnittleistung

$$P_c = F_c \cdot v_c \qquad P_c = Q \cdot k_c$$

In die Formeln einsetzen:
v_c in m/s; Q in m³/s; k_c in N/m²

$$1 \frac{N}{mm^2} = 10^6 \frac{N}{m^2} \qquad 1 \frac{cm^3}{min} = 1{,}67 \cdot 10^{-8} \frac{m^3}{s} \qquad 1\ kW = 1000 \frac{N \cdot m}{s}$$

Bohren

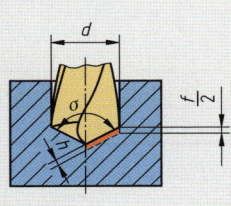

F_c	Schnittkraft	N	k_c	spezifische Schnittkraft	N/mm²
A	Spanungsquerschnitt	mm²	v_c	Schnittgeschwindigkeit	m/min
d	Bohrerdurchmesser	mm	Q	Zeitspanungsvolumen	cm³/min
f	Vorschub je Umdrehung	mm	P_c	Schnittleistung	W

Schnittkraft

$$F_c = A \cdot k_c$$

Spanungsquerschnitt

$$A = \frac{d \cdot f}{2}$$

Zeitspanungsvolumen

$$Q = \frac{A \cdot v_c}{2}$$

In die Formeln einsetzen:
A in cm²; v_c in cm/min

Schnittleistung

$$P_c = \frac{F_c \cdot v_c}{2} \qquad P_c = Q \cdot k_c$$

In die Formeln einsetzen:
v_c in m/s; Q in m³/s; k_c in N/m²

$$1 \frac{N}{mm^2} = 10^6 \frac{N}{m^2} \qquad 1 \frac{cm^3}{min} = 1{,}67 \cdot 10^{-8} \frac{m^3}{s} \qquad 1\ kW = 1000 \frac{N \cdot m}{s}$$

Druck, Auftrieb, Luftverbrauch

Druck

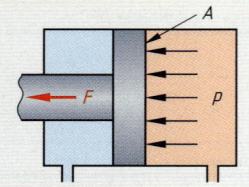

p	Druck	N/cm²
F	Kolbenkraft	N
A	Kolbenfläche	cm²

$$1 \text{ bar} = 10 \ \frac{\text{N}}{\text{cm}^2} = 1000 \ \frac{\text{N}}{\text{dm}^2} = 100\,000 \text{ Pa}$$

$$1 \text{ Pa} = 1 \ \frac{\text{N}}{\text{m}^2} = 10^{-5} \text{ bar}$$

Druck

$$p = \frac{F}{A}$$

$$F = p \cdot A \qquad A = \frac{F}{p}$$

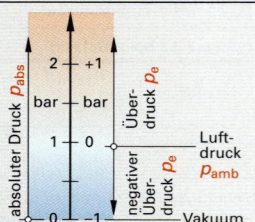

p_e	Überdruck	bar
p_{abs}	absoluter Druck	bar
p_{amb}	Luftdruck	bar

$$p_{amb} \approx 1 \text{ bar}$$

Überdruck

$$p_e = p_{abs} - p_{amb}$$

$$p_{abs} = p_e + p_{amb}$$

$$p_{amb} = p_{abs} - p_e$$

Überdruck, Luftdruck, absoluter Druck

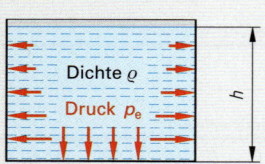

p_e	hydrostatischer Druck	N/dm²
ϱ	Dichte der Flüssigkeit	kg/dm³
g	Fallbeschleunigung	m/s²
h	Flüssigkeitstiefe	dm

$$1 \ \frac{\text{N}}{\text{m}^2} = 0,01 \ \frac{\text{N}}{\text{dm}^2} = 1 \text{ Pa} = 10^{-5} \text{ bar}$$

$$1 \ \frac{\text{g}}{\text{cm}^3} = 1 \ \frac{\text{kg}}{\text{dm}^3} = 1 \ \frac{\text{t}}{\text{m}^3}$$

Hydrostatischer Druck

$$p_e = g \cdot \varrho \cdot h$$

$$h = \frac{p_e}{g \cdot \varrho}$$

Auftrieb in Flüssigkeiten

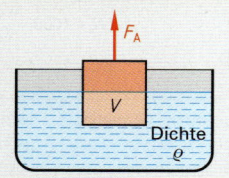

F_A	Auftriebskraft	N
ϱ	Dichte der Flüssigkeit	kg/dm³
g	Fallbeschleunigung	m/s²
V	Eintauchvolumen	dm³, l

$$1 \ \frac{\text{g}}{\text{cm}^3} = 1 \ \frac{\text{kg}}{\text{dm}^3} = 1 \ \frac{\text{t}}{\text{m}^3}$$

Auftriebskraft

$$F_A = g \cdot \varrho \cdot V$$

$$V = \frac{F_A}{g \cdot \varrho}$$

Luftverbrauch pneumatischer Zylinder

Einfachwirkender Zylinder (EZ)

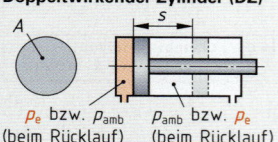

Doppeltwirkender Zylinder (DZ)

p_e bzw. p_{amb} p_{amb} bzw. p_e
(beim Rücklauf)   (beim Rücklauf)

Q	Luftverbrauch	l/min
p_e	Überdruck	bar
p_{amb}	Luftdruck	bar
s	Kolbenhub	dm
n	Hubzahl	1/min
A	Kolbenfläche	dm²
q	spezifischer Luft- verbrauch je dm Kolbenhub	l/dm

$$1 \text{ bar} = 1000 \ \frac{\text{N}}{\text{dm}^2} \qquad 1 \ \frac{\text{N}}{\text{dm}^2} = 0,001 \text{ bar}$$

$$1 \ \frac{\text{l}}{\text{min}} = 1 \ \frac{\text{dm}^3}{\text{min}} = 1000 \ \frac{\text{cm}^3}{\text{min}}$$

Luftverbrauch (EZ)

$$Q = A \cdot s \cdot n \cdot \frac{p_e + p_{amb}}{p_{amb}}$$

$$Q = q \cdot s \cdot n$$

Luftverbrauch (DZ)

$$Q \approx 2 \cdot A \cdot s \cdot n \cdot \frac{p_e + p_{amb}}{p_{amb}}$$

$$Q \approx 2 \cdot q \cdot s \cdot n$$

Hydraulik und Pneumatik

Durchflussgeschwindigkeiten

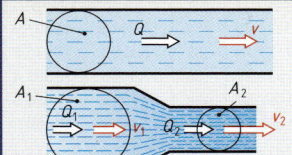

Q, Q_1, Q_2 Volumenströme   l/min = dm³/min

A, A_1, A_2 Querschnittsflächen   dm²

v, v_1, v_2 Durchflussgeschwindigkeiten   dm/min

Volumenstrom
$$Q = A \cdot v$$

Verhältnis der Durchflussgeschwindigkeiten
$$\frac{v_1}{v_2} = \frac{A_2}{A_1}$$

Geschwindigkeit von Hydraulikkolben

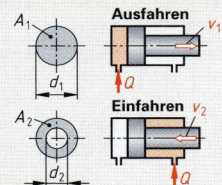

Q Volumenstrom   l/min = dm³/min

A_1, A_2 wirksame Kolbenflächen   dm²

v_1, v_2 Kolbengeschwindigkeiten   dm/min

Kolbengeschwindigkeit beim Ausfahren
$$v_1 = \frac{Q}{A_1}$$

beim Einfahren
$$v_2 = \frac{Q}{A_2}$$

Kolbenkräfte

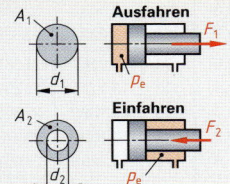

p_e Überdruck   N/cm²

A_1, A_2 wirksame Kolbenflächen   cm²

F_1, F_2 wirksame Kolbenkräfte   N

η Wirkungsgrad des Zylinders   –

$1 \text{ bar} = 10 \, \dfrac{\text{N}}{\text{cm}^2} = 1000 \, \dfrac{\text{N}}{\text{dm}^2}$

Wirksame Kolbenkraft beim Ausfahren
$$F_1 = p_e \cdot A_1 \cdot \eta$$

beim Einfahren
$$F_2 = p_e \cdot A_2 \cdot \eta$$

Hydraulische Presse

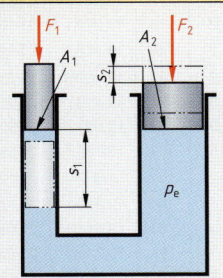

F_1 Kraft am Druckkolben   N

F_2 Kraft am Arbeitskolben   N

A_1 Fläche des Druckkolbens   cm²

A_2 Fläche des Arbeitskolbens   cm²

s_1 Weg des Druckkolbens   cm

s_2 Weg des Arbeitskolbens   cm

i hydraulisches Übersetzungsverhältnis   –

Verdrängtes Volumen
$$A_1 \cdot s_1 = A_2 \cdot s_2$$

Arbeit an den beiden Kolben
$$F_1 \cdot s_1 = F_2 \cdot s_2$$

Kräfte-, Flächen- und Weg-Verhältnisse
$$i = \frac{F_1}{F_2} = \frac{A_1}{A_2} = \frac{s_2}{s_1}$$

Leistung von hydraulischen Pumpen

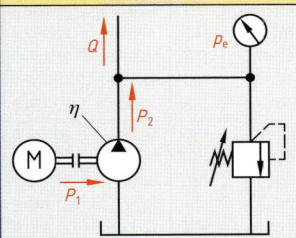

P_1 zugeführte Leistung   kW

P_2 abgegebene Leistung   kW

Q Volumenstrom   l/min

p_e Überdruck   bar

M Drehmoment   N · m

n Drehzahl   1/min

η Wirkungsgrad der Pumpe   –

9550, 600   Umrechnungsfaktoren   –

Zugeführte Leistung (Zahlenwertgleichung)
$$P_1 = \frac{M \cdot n}{9550}$$

Abgegebene Leistung (Zahlenwertgleichung)
$$P_2 = \frac{Q \cdot p_e}{600}$$

Quadratwurzel, Kreisfläche

d	$\sqrt{d}$	$A=\frac{\pi \cdot d^2}{4}$	d	$\sqrt{d}$	$A=\frac{\pi \cdot d^2}{4}$	d	$\sqrt{d}$	$A=\frac{\pi \cdot d^2}{4}$	d	$\sqrt{d}$	$A=\frac{\pi \cdot d^2}{4}$
1	1,0000	0,7854	51	7,1414	2042,82	101	10,0499	8011,85	151	12,2882	17907,9
2	1,4142	3,1416	52	7,2111	2123,72	102	10,0995	8171,28	152	12,3288	18145,8
3	1,7321	7,0686	53	7,2801	2206,18	103	10,1489	8332,29	153	12,3693	18385,4
4	2,0000	12,5664	54	7,3485	2290,22	104	10,1980	8494,87	154	12,4097	18626,5
5	2,2361	19,6350	55	7,4162	2375,83	105	10,2470	8659,01	155	12,4499	18869,2
6	2,4495	28,2743	56	7,4833	2463,01	106	10,2956	8824,73	156	12,4900	19113,4
7	2,6458	38,4845	57	7,5498	2551,76	107	10,3441	8992,02	157	12,5300	19359,3
8	2,8284	50,2655	58	7,6158	2642,08	108	10,3923	9160,88	158	12,5698	19606,7
9	3,0000	63,6173	59	7,6811	2733,97	109	10,4403	9331,32	159	12,6095	19855,7
10	3,1623	78,5398	60	7,7460	2827,43	110	10,4881	9503,32	160	12,6491	20106,2
11	3,3166	95,0332	61	7,8102	2922,47	111	10,5357	9676,89	161	12,6886	20358,3
12	3,4641	113,097	62	7,8740	3019,07	112	10,5830	9852,03	162	12,7279	20612,0
13	3,6056	132,732	63	7,9373	3117,25	113	10,6301	10028,7	163	12,7671	20867,2
14	3,7417	153,938	64	8,0000	3216,99	114	10,6771	10207,0	164	12,8062	21124,1
15	3,8730	176,715	65	8,0623	3318,31	115	10,7238	10386,9	165	12,8452	21382,5
16	4,0000	201,062	66	8,1240	3421,19	116	10,7703	10568,3	166	12,8841	21642,4
17	4,1231	226,980	67	8,1854	3525,65	117	10,8167	10751,3	167	12,9228	21904,0
18	4,2426	254,469	68	8,2462	3631,68	118	10,8628	10935,9	168	12,9615	22167,1
19	4,3589	283,529	69	8,3066	3739,28	119	10,9087	11122,0	169	13,0000	22431,8
20	4,4721	314,159	70	8,3666	3848,45	120	10,9545	11309,7	170	13,0384	22698,0
21	4,5826	346,361	71	8,4261	3959,19	121	11,0000	11499,0	171	13,0767	22965,8
22	4,6904	380,133	72	8,4853	4071,50	122	11,0454	11689,9	172	13,1149	23235,2
23	4,7958	415,476	73	8,5440	4185,39	123	11,0905	11882,3	173	13,1529	23506,2
24	4,8990	452,389	74	8,6023	4300,84	124	11,1355	12076,3	174	13,1909	23778,7
25	5,0000	490,874	75	8,6603	4417,86	125	11,1803	12271,8	175	13,2288	24052,8
26	5,0990	530,929	76	8,7178	4536,46	126	11,2250	12469,0	176	13,2665	24328,5
27	5,1962	572,555	77	8,7750	4656,63	127	11,2694	12667,7	177	13,3041	24605,7
28	5,2915	615,752	78	8,8318	4778,36	128	11,3137	12868,0	178	13,3417	24884,6
29	5,3852	660,520	79	8,8882	4901,67	129	11,3578	13069,8	179	13,3791	25164,9
30	5,4772	706,858	80	8,9443	5026,55	130	11,4018	13273,2	180	13,4164	25446,9
31	5,5678	754,768	81	9,0000	5153,00	131	11,4455	13478,2	181	13,4536	25730,4
32	5,6569	804,248	82	9,0554	5281,02	132	11,4891	13684,8	182	13,4907	26015,5
33	5,7446	855,299	83	9,1104	5410,61	133	11,5326	13892,9	183	13,5277	26302,2
34	5,8310	907,920	84	9,1652	5541,77	134	11,5758	14102,6	184	13,5647	26590,4
35	5,9161	962,113	85	9,2195	5674,50	135	11,6190	14313,9	185	13,6015	26880,3
36	6,0000	1017,88	86	9,2736	5808,80	136	11,6619	14526,7	186	13,6382	27171,6
37	6,0828	1075,21	87	9,3274	5944,68	137	11,7047	14741,1	187	13,6748	27464,6
38	6,1644	1134,11	88	9,3808	6082,12	138	11,7473	14957,1	188	13,7113	27759,1
39	6,2450	1194,59	89	9,4340	6221,14	139	11,7898	15174,7	189	13,7477	28055,2
40	6,3246	1256,64	90	9,4868	6361,73	140	11,8322	15393,8	190	13,7840	28352,9
41	6,4031	1320,25	91	9,5394	6503,88	141	11,8743	15614,5	191	13,8203	28652,1
42	6,4807	1385,44	92	9,5917	6647,61	142	11,9164	15836,8	192	13,8564	28952,9
43	6,5574	1452,20	93	9,6437	6792,91	143	11,9583	16060,6	193	13,8924	29255,3
44	6,6332	1520,53	94	9,6954	6939,78	144	12,0000	16286,0	194	13,9284	29559,2
45	6,7082	1590,43	95	9,7468	7088,22	145	12,0416	16513,0	195	13,9642	29864,8
46	6,7823	1661,90	96	9,7980	7238,23	146	12,0830	16741,5	196	14,0000	30171,9
47	6,8557	1734,94	97	9,8489	7389,81	147	12,1244	16971,7	197	14,0357	30480,5
48	6,9282	1809,56	98	9,8995	7542,96	148	12,1655	17203,4	198	14,0712	30790,7
49	7,0000	1885,74	99	9,9499	7697,69	149	12,2066	17436,6	199	14,1067	31102,6
50	7,0711	1963,50	100	10,0000	7853,98	150	12,2474	17671,5	200	14,1421	31415,9

Winkelfunktionen Sinus und Kosinus

Grad ↓	Sinus 0°...45° Minuten →						Grad ↓	Sinus 45°...90° Minuten →					
	0′	15′	30′	45′	60′			0′	15′	30′	45′	60′	
0°	0,0000	0,0044	0,0087	0,0131	0,0175	89°	45°	0,7071	0,7102	0,7133	0,7163	0,7193	44°
1°	0,0175	0,0218	0,0262	0,0305	0,0349	88°	46°	0,7193	0,7224	0,7254	0,7284	0,7314	43°
2°	0,0349	0,0393	0,0436	0,0480	0,0523	87°	47°	0,7314	0,7343	0,7373	0,7402	0,7431	42°
3°	0,0523	0,0567	0,0610	0,0654	0,0698	86°	48°	0,7431	0,7461	0,7490	0,7518	0,7547	41°
4°	0,0698	0,0741	0,0785	0,0828	0,0872	85°	49°	0,7547	0,7576	0,7604	0,7632	0,7660	**40°**
5°	0,0872	0,0915	0,0958	0,1002	0,1045	84°	**50°**	0,7660	0,7688	0,7716	0,7744	0,7771	39°
6°	0,1045	0,1089	0,1132	0,1175	0,1219	83°	51°	0,7771	0,7799	0,7826	0,7853	0,7880	38°
7°	0,1219	0,1262	0,1305	0,1349	0,1392	82°	52°	0,7880	0,7907	0,7934	0,7960	0,7986	37°
8°	0,1392	0,1435	0,1478	0,1521	0,1564	81°	53°	0,7986	0,8013	0,8039	0,8064	0,8090	36°
9°	0,1564	0,1607	0,1650	0,1693	0,1736	80°	54°	0,8090	0,8116	0,8141	0,8166	0,8192	35°
10°	0,1736	0,1779	0,1822	0,1865	0,1908	79°	55°	0,8192	0,8216	0,8241	0,8266	0,8290	34°
11°	0,1908	0,1951	0,1994	0,2036	0,2079	78°	56°	0,8290	0,8315	0,8339	0,8363	0,8387	33°
12°	0,2079	0,2122	0,2164	0,2207	0,2250	77°	57°	0,8387	0,8410	0,8434	0,8457	0,8480	32°
13°	0,2250	0,2292	0,2334	0,2377	0,2419	76°	58°	0,8480	0,8504	0,8526	0,8549	0,8572	31°
14°	0,2419	0,2462	0,2504	0,2546	0,2588	75°	59°	0,8572	0,8594	0,8616	0,8638	0,8660	**30°**
15°	0,2588	0,2630	0,2672	0,2714	0,2756	74°	**60°**	0,8660	0,8682	0,8704	0,8725	0,8746	29°
16°	0,2756	0,2798	0,2840	0,2882	0,2924	73°	61°	0,8746	0,8767	0,8788	0,8809	0,8829	28°
17°	0,2924	0,2965	0,3007	0,3049	0,3090	72°	62°	0,8829	0,8850	0,8870	0,8890	0,8910	27°
18°	0,3090	0,3132	0,3173	0,3214	0,3256	71°	63°	0,8910	0,8930	0,8949	0,8969	0,8988	26°
19°	0,3256	0,3297	0,3338	0,3379	0,3420	70°	64°	0,8988	0,9007	0,9026	0,9045	0,9063	25°
20°	0,3420	0,3461	0,3502	0,3543	0,3584	69°	65°	0,9063	0,9081	0,9100	0,9118	0,9135	24°
21°	0,3584	0,3624	0,3665	0,3706	0,3746	68°	66°	0,9135	0,9153	0,9171	0,9188	0,9205	23°
22°	0,3746	0,3786	0,3827	0,3867	0,3907	67°	67°	0,9205	0,9222	0,9239	0,9255	0,9272	22°
23°	0,3907	0,3947	0,3987	0,4027	0,4067	66°	68°	0,9272	0,9288	0,9304	0,9320	0,9336	21°
24°	0,4067	0,4107	0,4147	0,4187	0,4226	65°	69°	0,9336	0,9351	0,9367	0,9382	0,9397	**20°**
25°	0,4226	0,4266	0,4305	0,4344	0,4384	64°	**70°**	0,9397	0,9412	0,9426	0,9441	0,9455	19°
26°	0,4384	0,4423	0,4462	0,4501	0,4540	63°	71°	0,9455	0,9469	0,9483	0,9497	0,9511	18°
27°	0,4540	0,4579	0,4617	0,4656	0,4695	62°	72°	0,9511	0,9524	0,9537	0,9550	0,9563	17°
28°	0,4695	0,4733	0,4772	0,4810	0,4848	61°	73°	0,9563	0,9576	0,9588	0,9600	0,9613	16°
29°	0,4848	0,4886	0,4924	0,4962	0,5000	60°	74°	0,9613	0,9625	0,9636	0,9648	0,9659	15°
30°	0,5000	0,5038	0,5075	0,5113	0,5150	59°	75°	0,9659	0,9670	0,9681	0,9692	0,9703	14°
31°	0,5150	0,5188	0,5225	0,5262	0,5299	58°	76°	0,9703	0,9713	0,9724	0,9734	0,9744	13°
32°	0,5299	0,5336	0,5373	0,5410	0,5446	57°	77°	0,9744	0,9753	0,9763	0,9772	0,9781	12°
33°	0,5446	0,5483	0,5519	0,5556	0,5592	56°	78°	0,9781	0,9790	0,9799	0,9808	0,9816	11°
34°	0,5592	0,5628	0,5664	0,5700	0,5736	55°	79°	0,9816	0,9825	0,9833	0,9840	0,9848	**10°**
35°	0,5736	0,5771	0,5807	0,5842	0,5878	54°	**80°**	0,9848	0,9856	0,9863	0,9870	0,9877	9°
36°	0,5878	0,5913	0,5948	0,5983	0,6018	53°	81°	0,9877	0,9884	0,9890	0,9897	0,9903	8°
37°	0,6018	0,6053	0,6088	0,6122	0,6157	52°	82°	0,9903	0,9909	0,9914	0,9920	0,9925	7°
38°	0,6157	0,6191	0,6225	0,6259	0,6293	51°	83°	0,9925	0,9931	0,9936	0,9941	0,9945	6°
39°	0,6293	0,6327	0,6361	0,6394	0,6428	50°	84°	0,9945	0,9950	0,9954	0,9958	0,9962	5°
40°	0,6428	0,6461	0,6494	0,6528	0,6561	49°	85°	0,9962	0,9966	0,9969	0,9973	0,9976	4°
41°	0,6561	0,6593	0,6626	0,6659	0,6691	48°	86°	0,9976	0,9979	0,9981	0,9984	0,9986	3°
42°	0,6691	0,6724	0,6756	0,6788	0,6820	47°	87°	0,9986	0,9988	0,9990	0,9992	0,9994	2°
43°	0,6820	0,6852	0,6884	0,6915	0,6947	46°	88°	0,9994	0,9995	0,9997	0,9998	0,99985	1°
44°	0,6947	0,6978	0,7009	0,7040	0,7071	45°	89°	0,99985	0,99991	0,99996	0,99999	1,0000	**0°**
	60′	45′	30′	15′	0′	↑ Grad		60′	45′	30′	15′	0′	↑ Grad
	← Minuten							← Minuten					
	Kosinus 45°...90°							**Kosinus 0°...45°**					

Winkelfunktionen Tangens und Kotangens

Tangens 0°...45°

Grad ↓	0′	15′	30′	45′	60′	Grad
0°	0,0000	0,0044	0,0087	0,0131	0,0175	89°
1°	0,0175	0,0218	0,0262	0,0306	0,0349	88°
2°	0,0349	0,0393	0,0437	0,0480	0,0524	87°
3°	0,0524	0,0568	0,0612	0,0655	0,0699	86°
4°	0,0699	0,0743	0,0787	0,0831	0,0875	85°
5°	0,0875	0,0919	0,0963	0,1007	0,1051	84°
6°	0,1051	0,1095	0,1139	0,1184	0,1228	83°
7°	0,1228	0,1272	0,1317	0,1361	0,1405	82°
8°	0,1405	0,1450	0,1495	0,1539	0,1584	81°
9°	0,1584	0,1629	0,1673	0,1718	0,1763	80°
10°	0,1763	0,1808	0,1853	0,1899	0,1944	79°
11°	0,1944	0,1989	0,2035	0,2080	0,2126	78°
12°	0,2126	0,2171	0,2217	0,2263	0,2309	77°
13°	0,2309	0,2355	0,2401	0,2447	0,2493	76°
14°	0,2493	0,2540	0,2586	0,2633	0,2679	75°
15°	0,2679	0,2726	0,2773	0,2820	0,2867	74°
16°	0,2867	0,2915	0,2962	0,3010	0,3057	73°
17°	0,3057	0,3105	0,3153	0,3201	0,3249	72°
18°	0,3249	0,3298	0,3346	0,3395	0,3443	71°
19°	0,3443	0,3492	0,3541	0,3590	0,3640	70°
20°	0,3640	0,3689	0,3739	0,3789	0,3839	69°
21°	0,3839	0,3889	0,3939	0,3990	0,4040	68°
22°	0,4040	0,4091	0,4142	0,4193	0,4245	67°
23°	0,4245	0,4296	0,4348	0,4400	0,4452	66°
24°	0,4452	0,4505	0,4557	0,4610	0,4663	65°
25°	0,4663	0,4716	0,4770	0,4823	0,4877	64°
26°	0,4877	0,4931	0,4986	0,5040	0,5095	63°
27°	0,5095	0,5150	0,5206	0,5261	0,5317	62°
28°	0,5317	0,5373	0,5430	0,5486	0,5543	61°
29°	0,5543	0,5600	0,5658	0,5715	0,5774	60°
30°	0,5774	0,5832	0,5890	0,5949	0,6009	59°
31°	0,6009	0,6068	0,6128	0,6188	0,6249	58°
32°	0,6249	0,6310	0,6371	0,6432	0,6494	57°
33°	0,6494	0,6556	0,6619	0,6682	0,6745	56°
34°	0,6745	0,6809	0,6873	0,6937	0,7002	55°
35°	0,7002	0,7067	0,7133	0,7199	0,7265	54°
36°	0,7265	0,7332	0,7400	0,7467	0,7536	53°
37°	0,7536	0,7604	0,7673	0,7743	0,7813	52°
38°	0,7813	0,7883	0,7954	0,8026	0,8098	51°
39°	0,8098	0,8170	0,8243	0,8317	0,8391	50°
40°	0,8391	0,8466	0,8541	0,8617	0,8693	49°
41°	0,8693	0,8770	0,8847	0,8925	0,9004	48°
42°	0,9004	0,9083	0,9163	0,9244	0,9325	47°
43°	0,9325	0,9407	0,9490	0,9573	0,9657	46°
44°	0,9657	0,9742	0,9827	0,9913	1,0000	45°
	60′	45′	30′	15′	0′	Grad ↑

Kotangens 45°...90°

Tangens 45°...90°

Grad ↓	0′	15′	30′	45′	60′	Grad
45°	1,0000	1,0088	1,0176	1,0265	1,0355	44°
46°	1,0355	1,0446	1,0538	1,0630	1,0724	43°
47°	1,0724	1,0818	1,0913	1,1009	1,1106	42°
48°	1,1106	1,1204	1,1303	1,1403	1,1504	41°
49°	1,1504	1,1606	1,1708	1,1812	1,1918	40°
50°	1,1918	1,2024	1,2131	1,2239	1,2349	39°
51°	1,2349	1,2460	1,2572	1,2685	1,2799	38°
52°	1,2799	1,2915	1,3032	1,3151	1,3270	37°
53°	1,3270	1,3392	1,3514	1,3638	1,3764	36°
54°	1,3764	1,3891	1,4019	1,4150	1,4281	35°
55°	1,4281	1,4415	1,4550	1,4687	1,4826	34°
56°	1,4826	1,4966	1,5108	1,5253	1,5399	33°
57°	1,5399	1,5547	1,5697	1,5849	1,6003	32°
58°	1,6003	1,6160	1,6319	1,6479	1,6643	31°
59°	1,6643	1,6808	1,6977	1,7147	1,7321	30°
60°	1,7321	1,7496	1,7675	1,7856	1,8040	29°
61°	1,8040	1,8228	1,8418	1,8611	1,8807	28°
62°	1,8807	1,9007	1,9210	1,9416	1,9626	27°
63°	1,9626	1,9840	2,0057	2,0278	2,0503	26°
64°	2,0503	2,0732	2,0965	2,1203	2,1445	25°
65°	2,1445	2,1692	2,1943	2,2199	2,2460	24°
66°	2,2460	2,2727	2,2998	2,3276	2,3559	23°
67°	2,3559	2,3847	2,4142	2,4443	2,4751	22°
68°	2,4751	2,5065	2,5386	2,5715	2,6051	21°
69°	2,6051	2,6395	2,6746	2,7106	2,7475	20°
70°	2,7475	2,7852	2,8239	2,8636	2,9042	19°
71°	2,9042	2,9459	2,9887	3,0326	3,0777	18°
72°	3,0777	3,1240	3,1716	3,2205	3,2709	17°
73°	3,2709	3,3226	3,3759	3,4308	3,4874	16°
74°	3,4874	3,5457	3,6059	3,6680	3,7321	15°
75°	3,7321	3,7983	3,8667	3,9375	4,0108	14°
76°	4,0108	4,0876	4,1653	4,2468	4,3315	13°
77°	4,3315	4,4194	4,5107	4,6057	4,7046	12°
78°	4,7046	4,8077	4,9152	5,0273	5,1446	11°
79°	5,1446	5,2672	5,3955	5,5301	5,6713	10°
80°	5,6713	5,8197	5,9758	6,1402	6,3138	9°
81°	6,3138	6,4971	6,6912	6,8969	7,1154	8°
82°	7,1154	7,3479	7,5958	7,8606	8,1443	7°
83°	8,1443	8,4490	8,7769	9,1309	9,5144	6°
84°	9,5144	9,9310	10,3854	10,8829	11,4301	5°
85°	11,4301	12,0346	12,7062	13,4566	14,3007	4°
86°	14,3007	15,2571	16,3499	17,6106	19,0811	3°
87°	19,0811	20,8188	22,9038	25,4517	28,6363	2°
88°	28,6363	32,7303	38,1885	45,8294	57,2900	1°
89°	57,2900	76,3900	114,5887	229,1817	∞	0°
	60′	45′	30′	15′	0′	Grad ↑

Kotangens 0°...45°

Sachwortverzeichnis

Europa-Nr.: 10714

ISBN 3-8085-1208-3